*Heinrich Ritter Lorenz von Liburnau*

# Lehrbuch der Forstwirtschaft für Waldbau- und Försterschulen sowie zum forstlichen Unterrichte für Aspiranten des Forstverwaltungsdienstes

Verlag
der
Wissenschaften

Lehrbuch der Forstwirtschaft für Waldbau- und Försterschulen sowie zum forstlichen Unterrichte für Aspiranten des Forstverwaltungsdienstes

*Heinrich Ritter Lorenz von Liburnau*

**Lehrbuch der Forstwirtschaft für Waldbau- und Försterschulen sowie zum forstlichen Unterrichte für Aspiranten des Forstverwaltungsdienstes**

*ISBN/EAN: 9783957001160*

*Auflage: 1*

*Erscheinungsjahr: 2014*

*Erscheinungsort: Norderstedt, Deutschland*

Hergestellt in Europa, USA, Kanada, Australien, Japan
Verlag der Wissenschaften in Hansebooks GmbH, Norderstedt

*Cover: Foto ©daniel stricker / pixelio.de*

ECKERT-LORENZ.

# LEHRBUCH
### der
# FORSTWIRTSCHAFT

## für Waldbau- und Försterschulen

### sowie zum ersten forstlichen Unterrichte für Aspiranten des Forstverwaltungsdienstes.

## II. AUFLAGE.

Herausgegeben von

## Heinrich Ritter Lorenz von Liburnau,

k. k. Forst- und Domänen-Verwalter im Ackerbau-Ministerium, Privatdozent an der k. k. Hochschule für Bodenkultur in Wien.

## IV. BAND.

### Die forstlichen Hilfsgegenstände.

Mit 3 Tafeln und 193 Figuren im Texte.

---

Mitarbeiter der I. Auflage: Der HERAUSGEBER; J. U. DR. J. TRUBRIG, k. k. Forstrat; K. WIZLS-PERGER, k. k. Forstrat; J. LANG, k. k. Forst- und Domänen-Verwalter; DR. L. v. LORENZ-LIBURNAU, k. u. k. Kustos am k. k. naturhistorischen Hof-Museum, Honorardozent an der k. k. Hochschule für Bodenkultur in Wien. — Mitarbeiter der II. Auflage: Der HERAUSGEBER und J. U. DR J. TRUBRIG, k. k. Forstrat.

---

## WIEN.
Verlag der k. u. k. Hofbuchhandlung Wilhelm Frick.
1903.

# Vorwort.

Im allgemeinen war bei Abfassung des vorliegenden vierten Bandes des „Lehrbuch der Forstwirtschaft", mit welchem die Durchführung des im ersten Bande aufgestellten Programmes zum Abschlusse gelangt, die Tendenz, ein späterhin noch als Nachschlagebuch verwendbares, in erster Linie für die Zöglinge der österreichischen Waldbau- und Försterschulen geeignetes Lehrbuch zu liefern, ebenso maßgebend, wie dies im Vorworte des ersten Bandes hinsichtlich des Gesamtwerkes bereits zum Ausdrucke gekommen ist. Auch bezüglich der Druckart befindet sich der vierte Band in Übereinstimmung mit den früheren, indem das Wichtigere, auch in der Schule zu Fordernde mit gewöhnlichem Druck, der übrige Text aber durch Kleindruck festgehalten wurde. Eine Ausnahme hievon machen nur die wörtlich wiedergegebenen Gesetzestexte im V. Teile dieses Bandes, welche zwecks Raumersparnis trotz ihrer Wichtigkeit (Forstgesetz!) durchwegs nur im Kleindruck gebracht wurden.

Im besonderen waren bei Abfassung der einzelnen Teile des vorliegenden vierten Bandes folgende Momente bestimmend.

Die „forstliche Baukunde" wurde in drei Abschnitten (Hochbau, Waldwegebau, Wildbachverbauung) zur Darstellung gebracht; das hier vom Wasserbau (d. i. den überhaupt an Gewässern auszuführenden Bauten) in Betracht Kommende fand teils in obigen Abschnitten gelegentlich Raum, teils wurde es schon im dritten Bande in der Forstbenutzung (Trift!) behandelt. Mit der vorliegenden Baukunde wollte keine den Gegenstand erschöpfende Darstellung gegeben werden; vielmehr habe ich mir nur die Aufgabe gestellt, die wichtigsten Seiten des allgemeinen Bauwesens mit Hinblick auf dessen forstliche Anwendung und die einfachsten forstlichen Bauherstellungen im besonderen soweit zu berühren, daß der Waldbauschüler (beziehungsweise das forsttechnische Hilfsorgan) durch aufmerksames Studium dieser Baukunde in die Lage versetzt werde, die meisten bautechnischen Ausdrücke zu verstehen, die kleineren Bauherstellungs- und Überwachungsarbeiten zu beantragen, beziehungsweise zu besorgen und seine Auffassung in bautechnischer Beziehung überhaupt bis zu einem für seine Dienstessphäre ausreichenden Grade zu schulen.

Das „Situations- und Bauzeichnen" wurde in Absicht darauf behandelt, das Forstschutzorgan zu befähigen, Pläne und Karten verschiedener Art wenn schon nicht selbständig zu verfassen, so doch zeichnerisch auszuführen und zu kopieren, hauptsächlich aber sich in denselben orientieren, sie lesen zu können, was besonders bezüglich unserer Forstkarten von größter Wichtigkeit ist. Das Bauzeichnen, an der Hand eines kleinen Försterhausprojektes erläutert, bildet in gewissem Sinne auch eine Ergänzung der forstlichen Hochbaukunde.

Im „Schreiben" sind die üblichen Handschriftarten (Kurrent und Latein) und die zur Beschreibung der forstlichen Pläne, Karten und Bauzeichnungen geeigneten Planschriftarten kurz berührt; das Hauptgewicht dieses Teiles liegt naturgemäß in den beigegebenen Mustervorlagen.

In dem der „Jagd- und Fischereikunde" gewidmeten Teile wurde die Jagdkunde entsprechend der im ersten Bande dieses Werkes (Einleitung, S. XIV) enthaltenen Ankündigung nicht ausführlicher behandelt, sondern nur eine Anzahl von Werken namhaft gemacht, welche einerseits dem Lehrer an einer Waldbauschule als Behelf für seine Vorträge, anderseits dem Forst- und Jagdschutzorgane, wenn sich das Bedürfnis danach einstellt, zum Studium empfohlen werden können. — Die Fischereikunde wurde in den Kapiteln „Naturgeschichte der Fische", „Künstliche Fischzucht", „Natürliche Fischzucht (Teichwirtschaft)", „Fischereischutz" und „Fischereibetrieb" in gedrängter Kürze, vielfach fast nur in Schlagworten zur Darstellung gebracht, einmal, weil ein entsprechendes Maßhalten mit dem Umfange der einzelnen Gegenstände geboten war, dann aber auch, weil die Erlernung der Fischerei (gleichwie jene der Jagdkunde) bezüglich vieler Details doch wohl der Praxis überlassen bleiben kann, sobald nur einmal die wichtigsten Vorbegriffe vermittelt sind und das Interesse für den Gegenstand erweckt ist.

In der „Gesetzkunde" wurden in erster Linie alle jene Gesetze und Verordnungen behandelt, deren Kenntnis dem Waldbau- oder Försterschüler als künftigen Forstschutzmann bei der Ausübung des Dienstes unerläßlich ist; weiters wurden die Grundlehren des Verfassungslebens, des bürgerlichen Rechtes und des Strafrechtes sowie des Verfahrens, endlich des Steuerwesens tunlichst kurz und übersichtlich dargestellt, insoweit die Kenntnis dieser Gebiete dem Staatsbürger zum Verständnis des öffentlichen Lebens in seinen hauptsächlichen Erscheinungen nützlich sein kann oder für den Förster in seiner Berufstätigkeit notwendig ist; an passender Stelle wurden auch einige zum Verständnisse der gesetzlichen Vorschriften unentbehrliche Grundbegriffe aus der Volkswirtschaftslehre erklärt. Eine Schwierigkeit bei der Darstellung der Gesetzkunde lag darin, den Stoff in die in diesem Werke sonst eingehaltene Gliederung nach Abschnitten, Kapiteln und Paragraphen einzufügen, zumal da im Hinblicke auf den Leserkreis einzelne Gebiete ungleich ausführlicher behandelt werden mußten als andere. Aus diesen Gründen und nach der weiter oben ausgesprochenen allgemeinen Tendenz des Werkes mußte auf eine wissenschaftlich unanfechtbare Gliederung und Begriffsbestimmung sowie auf wissenschaftliche Schärfe im einzelnen öfter verzichtet werden. Besonderen Schwierigkeiten begegnete auch die Darstellung der länderweise verschiedenen Feldschutz-, Jagd- und Fischerei-Gesetzgebung im knappen Rahmen dieses Lehrbuches. Selbst die auszugsweise Wiedergabe der einzelnen Landesgesetze hätte nämlich die der Gesetzkunde gesteckten räumlichen Grenzen wesentlich überschreiten müssen. Es wurde daher der Ausweg eingeschlagen, die länderweise verschiedenen Bestimmungen in Gruppen vergleichend auszugsweise nebeneinanderzustellen; die eingefügten Auszüge sollen mit den Hauptgrundsätzen bekannt machen; stellt sich das Bedürfnis nach eingehenderer Behandlung dieses Stoffes heraus, so wird der Lehrer die betreffenden Landesgesetze als Unterrichtsbehelf leicht beischaffen können. Daß jenen Gesetzen und Verordnungen, welche den öffentlichen Wachdienst betreffen, also die verantwortungsvollste, selbständige Tätigkeit des Forstschutzmannes leiten sollen, auch noch ausführende und zusammenfassende Darlegungen der Gesetzesworte angefügt sind, wird dem Lehrbuche nicht zum Nachteil gereichen; entstammen ja diese Ausführungen fast wörtlich der trefflichen Schrift Dr. H. v. Kadichs „Das Landeskultur-Schutzorgan in Tirol und Vorarlberg".

Die „Erste Hilfe bei Verunglückten" ist mit Zustimmung des Verlegers aus dem „Lese- und Lehrbuch für landwirtschaftliche Unterrichtskurse" von Rozek mit einiger Umarbeitung entnommen worden, für welche letztere Herr k. k. Forstarzt Dr. Eugen Pulitzer mir in liebenswürdigster Weise die nötigen Winke erteilt hat.

Für die detaillierte Bearbeitung des vierten Bandes hat bei dessen erster Auflage der gefertigte Herausgeber ein Arbeitsgerippe entworfen und auf Grundlage desselben die „Forstliche Baukunde" und die „Erste Hilfe bei Verunglückten" abgefaßt. Das „Situations- und Bauzeichnen" sowie das „Schreiben" hat Herrn k. k. Forst- und Domänenverwalter Johann Lang zum Autor; in der „(Jagd- und) Fischereikunde" ist die Naturgeschichte der Fische vom Herrn k. und k. Kustos Dr. Ludwig v. Lorenz-Liburnau, alles übrige in diesem Gegenstande von Herrn k. k. Forstrat Karl Wizlsperger verfaßt worden; die gesamte „Gesetzkunde" endlich stammt aus der Feder des Herrn k. k. Forstrates Dr. Julius Trubrig. — Die Zeichnungen für die Herstellung von Textfiguren und Tafeln sind fast durchaus von den Verfassern der betreffenden Gegenstände angefertigt worden, und zwar sind sie teils aus anderen Werken mit den nötigen Modifikationen nachgebildet, vielfach aber auch Originalzeichnungen der Autoren. Die Revision der Korrekturbogen hat in der ersten Auflage bezüglich der „Baukunde" der Herausgeber allein, bezüglich der übrigen Teile und Abschnitte deren Verfasser im Verein mit dem Herausgeber besorgt. — Die vorliegende zweite Auflage des vierten Bandes unterscheidet sich von der ersten, ja auch erst kürzlich erschienen nur wenig. An Änderungen wäre nur zu erwähnen, daß die Jagdgesetzgebung eine andere Darstellung erfahren hat, in der auch schon das neue Jagdgesetz für Niederösterreich berücksichtigt wurde, und daß die im Jahre 1903 erschienene neue Verordnung über die Staatsprüfung für den Forstschutz- und technischen Hilfsdienst bereits Aufnahme gefunden hat. Die Revision und Verbesserung der Korrekturbogen hat bei der zweiten Auflage bezüglich der „Gesetzkunde" Herr k. k. Forstrat Dr. Julius Trubrig ganz selbständig durchgeführt, bezüglich der übrigen Teile hat sie der Herausgeber mit dankenswerter Unterstützung durch den Herrn k. k. Forstassistenten Ernst Bitterlich besorgt.

Anläßlich des Abschlusses der zweiten Auflage dieses Lehrbuches geziemt es sich wohl desjenigen zu gedenken, der seinerzeit die erste Herausgabe des Werkes mit frischem Mute begonnen und bis zur Hälfte durchgeführt hat, dem es aber nicht gegönnt war, den Erfolg des Unternehmens zu sehen: Franz Eckert,*) k. k. Forst- und Domänenverwalter und durch mehrere Jahre hindurch Direktor der Waldbauschule in Aggsbach, war es, der sich, erfüllt vom edelsten Streben und ausgestattet ebenso mit umfassender Sachkenntnis wie mit seltener didaktischer Begabung, zuerst ernstlich herangewagt hat an die mühevolle Schaffung eines für Waldbau- und Försterschulen brauchbaren Lehrbuches, nach welchem das Bedürfnis schon lange gefühlt wurde, das aber ohne Eckerts tätige Initiative vielleicht noch heute der Vollendung harren würde. Ehre seinem Andenken!

Wien, im März 1903.

**H. v. Lorenz.**

---

*) Vgl. die Biographie Franz Eckerts (geb. zu Reichen bei Wernstadt in Böhmen 1863, gest. zu Kufstein in Tirol 1899) in der „Österr. Forst- und Jagdzeitung", 1899, verfaßt von H. v. Lorenz.

# Inhalts-Übersicht.

### III. Abschnitt. Von der Wildbachverbauung.

#### I. Kapitel. Charakteristik der Wildbäche.



#### II. Kapitel. Die Verbauung der Wildbäche.



### II. Teil. Situations- und Bauzeichnen.

### I. Abschnitt. Ausführung von Situationsplänen und Forstkarten.

#### I. Kapitel. Situationspläne.



#### II. Kapitel. Forstkarten.



### II. Abschnitt. Bauzeichnen.

### IV. Kapitel. Die Gliederung der Verwaltung.

*1. Die Staatsverwaltung.*



*2. Die Selbstverwaltung.*



### V. Kapitel. Die Grundrechte der Staatsbürger.



## II. Abschnitt. Das bürgerliche Recht.

### I. Kapitel. Das bürgerliche Recht im allgemeinen.



### II. Kapitel. Von dem Personenrechte.



### III. Kapitel. Von den Sachenrechten.



*A. Die dinglichen Rechte.*

### IV. Kapitel. Der Besitz.



### V. Kapitel. Das Eigentumsrecht.



### VI. Kapitel. Das Pfandrecht.



### VII. Kapitel. Die Dienstbarkeiten.



### VIII. Kapitel. Die öffentlichen Bücher, insbesondere das Grundbuch.

## VII. Abschnitt. Die Steuern und Umlagen.

### I. Kapitel. Die Steuern.



### II. Kapitel. Die Gemeindeumlagen.



## VI. Teil. Erste Hilfe bei Verunglückten.

# Verzeichnis

der

für den IV. Band benutzten Bücher und Schriften.


Ringhoffer Em.: Lehre vom Hochbau. 2. Aufl. Brünn 1878.

Lizius M.: Handbuch der forstlichen Baukunde. I. Teil. Hochbau. Berlin 1896.

K. k. Güterdirektion Czernowitz: Leitfaden für den Unterricht beim Lehrkurs für Waldaufseher. Czernowitz 1894.

Ölwein A.: Vorträge über Ingenieurwesen, gehalten an der k. k. Hochschule für Bodenkultur in Wien, mitgeschrieben vom Herausgeber.

Wang F.: Vorträge über Wildbachverbauung, gehalten an der k. k. Hochschule für Bodenkultur in Wien, mitgeschrieben vom Herausgeber.

Wang F.: Grundriß der Wildbachverbauung. Leipzig. I. Teil 1901, II. Teil 1903.

Die Wildbachverbauung in den Jahren 1883—1894. Herausgegeben vom k. k. Ackerbauministerium. Wien 1895.

Technischer Unterricht für die k. k. Pioniertruppe. 1887.

Zajicek F.: Lehrbuch der praktischen Meßkunst. Wien 1882.

Hartner F.: Handbuch der niederen Geodäsie. 8. Aufl. Wien 1898.

Benkwitz G.: Die Darstellung der Bauzeichnung. Berlin 1889.

Nitsche H. Dr.: Die Süßwasserfische Deutschlands. Berlin 1898.

Borgmann H.: Die Fischerei im Walde. Berlin 1892.

Schröder Ed. Aug.: Fischerei-Wirtschaftslehre. Dresden 1889.

Borne Max, von dem: Künstliche Fischzucht. 4. Aufl. Berlin 1895.

Gerl G. von: Fischerei-Wirtschaftslehre. Wien 1898.

Manzsche Taschenausgabe der österreichischen Gesetze.

Katechismus der österreichischen Staatsverfassung (Manz).

Kadich H. von: Das Landeskultur-Schutzorgan in Tirol und Vorarlberg. Innsbruck 1897.

Müllers Volksadvokat, 11. Aufl., umgearbeitet von Arthold und Böhm. Teschen 1898.

Stubenrauch Moritz: Kommentar zum allgemeinen bürgerlichen Gesetzbuch. 7. Aufl. Wien 1898.

Mayerhofer Ernst: Handbuch für den politischen Verwaltungsdienst. 5. Auflage. Wien 1898.

Rozek Joh.: Lese- und Lehrbuch für landwirtschaftliche Unterrichtskurse. 2. Aufl. Wien 1899.

# IV. Band.

## Die forstlichen Hilfsgegenstände (Nebenfächer).

### I. Teil.

# Die forstliche Baukunde.

**§ 1. Begriffsfeststellungen und Einteilung der forstlichen Baukunde.**

Die forstliche Baukunde umfaßt die Lehre von der möglichst zweckentsprechenden Herstellung I. kleinerer Wohn- und Betriebsbauten (Forsthäuser, Arbeiterhäuser, Jagdhütten, Wildfutterstadeln etc.), II. der für die Ausnutzung und Beaufsichtigung der Forste notwendigen Waldwege samt den dabei vorkommenden Nebenbauten (wie Brücken, Durchlässe, Böschungsversicherungen etc.), III. solcher Bauten, welche behufs möglichst unschädlicher Ableitung der oft verheerenden Wildbachgewässer ausgeführt werden. Demnach läßt sich unser Stoff in folgende drei Abschnitte einteilen:

I. Die Lehre vom (forstlichen) Hochbau,
II. die Lehre vom Waldwegebau,
III. die Lehre von der Wildbachverbauung.)*

### I. Abschnitt.

# Vom Hochbau.

### I. Kapitel.

## Vorbegriffe.

**§ 2. Haupterfordernisse jedes Gebäudes.**

Die Haupterfordernisse, denen jedes Gebäude entsprechen muß, sind:

1. Hinreichende Festigkeit und Dauerhaftigkeit aller Teile desselben, was durch richtige Wahl der Baumaterialien und deren richtige Verbindung gewährleistet wird.

2. Zweckmäßigkeit, vorwiegend darin bestehend, daß alle Räume bequem benutzt werden können und auch den Forderungen der Sicherheit und Reinlichkeit Genüge geleistet ist.

---

*) Das für uns vom Wasserbau (d. i. den überhaupt an Gewässern auszuführenden Bauten) in Betracht kommende findet teils in obigen Abschnitten gelegentlich Raum, teils wurde es in der Forstbenutzung (Trift!) behandelt.

3. Gefälliges äußeres Ansehen, welches vorzugsweise durch geschmackvolle, übereinstimmende Anordnung der Teile des Gebäudes und Anbringung desselben an einem passenden Platze erreicht wird.

4. Wirtschaftlichkeit, d. h. das Gebäude soll bei den geringsten Herstellungs- und Erhaltungskosten die vorerwähnten drei Haupteigenschaften besitzen.

### § 3. Hauptbestandteile eines einfachen Hauses.

I. Das Fundament; da dasselbe dem ganzen Hause als Unterlage dient, muß es massiv gebaut sein und selbst auf einer festen Basis stehen. Die Fundamentmauern liegen meist unterirdisch und schließen die oft gewölbten Keller zwischen sich ein.

II. Das oberirdische, stehende, aufgehende Mauerwerk, an dem man wieder (vgl. den Grundriß Fig. 1) unterscheiden kann:

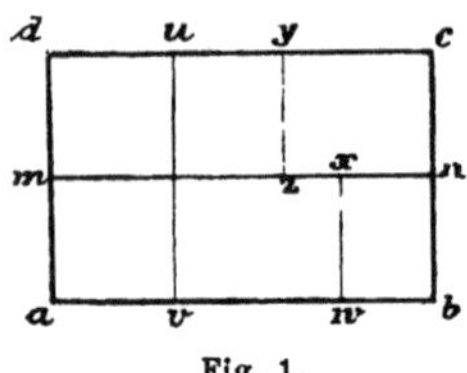

Fig. 1.

1. Hauptmauern $abcd$, die das Gebäude nach außen begrenzen, und von denen man $ab$ und $cd$ als die vordere, beziehungsweise rückwärtige Frontmauer, $ad$ und $bc$ als Stirnmauern bezeichnet.

2. Mittelmauern $(mn)$, die als Auflager der Decken und zur Unterbringung der Schornsteine dienen; sie sind meist parallel zu den Frontmauern und teilen das Haus in einen vorderen und einen rückwärtigen Trakt.

3. Scheidemauern $uv$, $wx$ und $yz$, die das Gebäude (die Trakte) in die einzelnen Räume abteilen.

4. Giebelmauern, die in Dreiecksform ober den Stirnmauern unterm Dach entstehen.

Die Haupt- und Zwischenmauern, womöglich auch die Scheidemauern ruhen auf den entsprechenden Fundamentmauern auf; wo dies bei Scheidemauern nicht der Fall ist, müssen dieselben von unten her durch einen Träger (eine Traverse) unterstützt werden.

III. Das Dach, welches das Haus nach oben abschließt, insbesondere gegen Regen schützt und unter sich die eventuell bewohnbaren sogenannten (Dach-) Bodenräume enthält.

### § 4. Baumaterialienkunde.

Bevor die Ausführung eines Gebäudes beschrieben werden kann, ist die Kenntnis jener Materialien notwendig, mit welchen dabei gearbeitet wird. Es sind daher zu besprechen:

*I. Hauptmaterialien.*

1. Natürliche Steine (vgl. II. Band, Seite 77 u. f.).

A. Massengesteine (Durchbruchgesteine); hieher gehören unter andern:

*a)* Die verschiedenen Granite, von welchen insbesondere die mittelfeinkörnigen Arten einen guten, zwar schwer zu bearbeitenden, aber sehr schönen, festen, dauerhaften und politurfähigen Baustein liefern.

*b)* Porphyr (besonders als Pflaster- und Schotterstein verwendbar).

*c)* Grünsteine (besonders als Pflaster- und Schotterstein brauchbar).

*d)* Trachyt für Quadern und Pflaster.

*e)* Basalt, bei seiner großen Härte vorwiegend als Bruchstein und zu Pflasterungen geeignet.

*B.* Schichtgesteine (Absatzgesteine), welche eine mehrminder deutliche Schichtung aufweisen; hieher gehören u. a.:

*a)* Gneis, von gleicher Zusammensetzung und ebenso guter Verwendbarkeit wie der Granit.

*b)* Die zahlreichen Schieferarten, von denen als Hochbaumaterialien zu erwähnen sind:

*aa)* Der gemeine Tonschiefer von grauer, grünlicher oder rötlicher Farbe und mit unregelmäßigen Quarzwulsten durchzogen; er gibt guten Bruchstein, gestattet aber keine Bearbeitung zu Quadern.

*bb)* Dachschiefer, das sind zumeist graue Tonschiefer, welche sich in dünne, große, ebene Platten spalten lassen; sie sollen feuerbeständig sein, was man dadurch prüft, daß man eine Schieferplatte glühend macht und dann mit Wasser begießt, wobei die Platte unversehrt bleiben soll. Außer zur Dacheindeckung werden derlei Schiefer, wenn hart genug, in dickeren Platten zu Fußbodenfliesen, Verkleidungstafeln u. dgl. verwendet.

*c)* Erdige Tongesteine (Ton, Lehm), die zwar nicht als natürliche Bausteine, wohl aber zur Herstellung der künstlichen Bausteine (Ziegel) dienen.

*d)* Quarzgesteine (Kieselgesteine); hieher gehören: Quarzfels, Quarzschiefer, Feuerstein, Hornstein etc., welche als Baustein wenig verwendet werden, jedoch guten Straßenschotter liefern.

*e)* Kalkgesteine; dieselben gehören zu den gewöhnlichsten Bausteinen. Je nach ihrer Zusammensetzung sind sie sehr gute oder doch brauchbare oder aber auch schlechte Bausteine. Zu Feuerungsanlagen sind sie unbrauchbar, da sie sich mürbe brennen (zu gebranntem Kalk werden), ferner werden sie durch Säuren und Salze angegriffen und sollen daher nicht ohne weiteres bei Unratskanälen u. dgl. verwendet werden. Hervorzuheben sind:

*aa)* Die körnigen und dichten Kalksteine (hieher auch die Marmore), vorwiegend aus reinem kohlensauren Kalk bestehend. Infolge verschiedener Beimengungen kommen sie in den wechselndsten Farben und oft mit bunten Streifungen vor; der gewöhnliche dichte Kalk ist jedoch weiß, gelblich oder grau. Der reine Kalk ist sowohl als Bruchstein, als auch in Form von Quadern als vorzüglicher Baustein geschätzt. Ferner gewinnt man daraus guten gebrannten Kalk zur Mörtelbereitung.

*bb)* Dolomit ist ein viel kohlensaure Bittererde (Magnesia) enthaltender Kalkstein, der mürbe und brüchig ist, leicht verwittert und auch nur einen minderen Straßenschotter liefert.

*cc)* Mergelige Kalke, das sind solche, welche einen größeren Gehalt an Tonerde besitzen; wenig tonhältige Mergel geben noch mittelguten Bruchstein, stark tonhältige dagegen nehmen viel Feuchtigkeit auf und werden leicht mürbe, sind sohin als Baustein unbrauchbar. Beim Brennen liefern gewisse Mergelkalke hydraulischen (wasserfesten) Kalk.

*dd)* Kalktuff ist ein poröser Kalkstein, der — wie auch manche andere gute Bausteine — im Bruch meist weich und sehr leicht zu bearbeiten ist, an der Luft aber erhärtet. Er eignet sich vorzüglich zum Einbau im Innern von Gebäuden, im Freien leidet er jedoch durch Frost.

*ee)* Gips (schwefelsaurer Kalk) ist als Baustein ohne Bedeutung. Brennt und pulverisiert man ihn jedoch, so gibt er bei entsprechender Wasserzugabe eine leicht formbare, an der Luft erhärtende Masse, die als Kitt, zum Verputzen der Decken, zur Herstellung von Verzierungen, Figuren etc. vielfach verwendet wird.

*f)* Trümmergesteine; sie haben davon ihren Namen, daß sie sich aus Trümmern älterer Gesteine gebildet haben, indem diese durch ein Bindemittel (Ton, Kiesel, Kalk) wieder zu einem festen Stein verbunden wurden. Sind die verkitteten Trümmer klein, so entsteht auf obige Art der sogenannte

*aa)* Sandstein; tonigen Sandstein benutzt man zu Feuerungsanlagen, kieseligen und kalkigen zu Bruchstein und Quadern. Kalkhältiger Sandstein darf jedoch weder zu Feuerungsanlagen, noch bei Senkgruben oder Aborten eingebaut werden; in letzterem Falle unterliegt er nämlich dem Mauerfraß, im ersteren Falle brennt er sich mürbe.

*bb)* Konglomerat besteht aus groben, durch ein Bindemittel verkitteten rundlichen Trümmern; ist die Bindung eine feste, so sind auch Konglomerate ein guter Baustein. Dasselbe gilt von den Breccien, das sind aus verkitteten eckigen Trümmern bestehende Gesteine.

Ein guter Baustein muß hart sein, beziehungsweise an der Luft bald genügend erhärten, darf sich nur sehr schwer zerdrücken lassen und keinerlei Sprünge (außer der Schichtung) aufweisen. Die Wetterbeständigkeit des Steines erprobt man durch Untersuchung der jahrelang herumgelegenen Trümmer im Steinbruch oder eines bearbeiteten Stückes, das mindestens ein Jahr lang im Freien gelegen ist; zeigen sich daran Abblätterungen oder sonstige bedenkliche Veränderungen, so ist der Stein zum Hochbau ungeeignet.

### 2. Künstliche Steine.

*A.* Gebrannte Ziegel (Backsteine). Die gewöhnlichen Mauerziegel werden aus Lehm erzeugt, welcher zu diesem Zwecke aus Ton mit einer Quarzsandbeimengung von 20 bis 25% bestehen soll. Meist findet sich der Lehm in der Natur nicht eben in einer zur Ziegelerzeugung günstigen Zusammensetzung und muß daher entsprechend vorbereitet werden. Guter Lehm für Ziegelfabrikation muß folgende Eigenschaften haben:

*a)* Er muß plastisch sein, d. h. mit Wasser abgeknetet eine gut formbare Masse geben, welche Eindrücke annimmt, ohne Risse zu zeigen.

*b)* Der Lehm darf nicht zu fett sein, d. h. nicht zu wenig Sand enthalten, weil er sonst leicht beim Brennen springt, schwindet und seine Gestalt verändert; er darf aber auch nicht zu mager (zu quarzsandhältig) sein, da er dann unplastisch wird.

*c)* Er darf keine schädlichen Beimengungen enthalten. Besonders schädlich sind gröbere Kalkstücke, da diese beim Brennen im Ziegel zu Ätzkalk werden, der beim Zusammentreffen mit Wasser sich bekanntlich erhitzt, aufbläht und den Ziegel zersprengt. War Schwefelkies im Lehm enthalten, so blättern die Ziegel ab; beigemengte Holz- oder Wurzelstücke verbrennen im Ziegelofen, so daß die Backsteine unbeabsichtigterweise Hohlräume bekommen. Dagegen schadet eine Beimengung von Eisenoxyd, durch welche der Lehm meist gelblich gefärbt erscheint, keineswegs, sondern bewirkt eine schön rote Färbung der Ziegel.

Der Lehm wird im Herbste gegraben, über Winter ausgebreitet und so der Frosteinwirkung ausgesetzt, dann im Frühjahr eingesumpft, d. h. in Gruben mit Wasser übergossen, wodurch er zu einem weichen Brei wird. Dieser Brei wird nun in kleineren Partien in eine mit Brettern verkleidete Grube gebracht und dort von Arbeitern mit den bloßen Füßen fleißig durchgetreten, bis die Masse ganz gleichförmig wird; bei dieser Gelegenheit können auch alle beigemengten Steine, Wurzelstücke u. dgl. entfernt werden, anderseits wird dabei einem zu fetten Lehm Sand oder einem zu sandreichen Lehm reinerer Ton beigemengt. Das hinreichend durchgetretene „Ziegelgut" wird nun in hölzerne oder eiserne Formen, die vorher mit Sand bestreut wurden, eingedrückt und der Überschuß mit einem Streichholze abgestrichen („Ziegel-Schlagen"). Die Form muß etwas größer sein, als der zukünftige Ziegel, da der Lehm beim Brennen schwindet. Die „geschlagenen" Ziegel werden nun sofort aus der Form herausgenommen und zunächst flach auf ein Sandbett oder auf Brettergestelle gelegt; sind sie soweit getrocknet, daß man sie, ohne ihre Form zu ändern, aufheben kann, so stellt man sie (der besseren Raumausnutzung halber) hochkantig in einen gedeckten, luftigen Schoppen, bis sie völlig ausgetrocknet sind. Dann werden sie in einen Ziegelofen derart, daß sogenannte Feuergassen entstehen, eingesetzt und nur ganz allmählich (nicht plötzlich!) bis zur Glut erhitzt).*

Die Mauerziegel sind in Österreich meist 29 cm lang, 14 cm breit und 6·5 cm dick; samt den dazukommenden Verbindungsmitteln (Mörtel) aber nimmt jeder Ziegel in der Mauer einen Raum von 30 cm Länge, 15 cm Breite und 7·5 cm Höhe ein. Zu 1 $m^3$ Mauerwerk braucht man 280 Ziegel und 0·27 $m^3$ Mörtel. Außer den gewöhnlichen Mauerziegeln hat man für leichtere Bauten mit Hohlgängen versehene sogenannte Hohlziegel, welche leicht austrocknen; ferner Gewölbziegel von Keilform zum Bau von Gewölbemauerwerk; Pflasterziegel für Pflasterungen; Gesimsziegel von verschiedener Form für Gesimse; Dachziegel, und zwar Flachziegel mit einer Nase zum Aufhängen an die Dachlatten, oder Falzziegel, welche mit Nut und Feder ineinanderpassen, oder endlich Ziegel mit halbrundem Querschnitt, die auch Hohlziegel genannt und welche insbesondere über die Dachkanten gelegt werden; Klinker, das sind unter Zusatz von verglasenden Substanzen stark gebrannte, sehr harte Ziegel, die wasserundurchlässig sind und sich daher zu gewissen Wasserbauten besonders eignen; Chamottziegel = feuerfeste Ziegel für Feuerungsanlagen, für welche die gewöhnlichen Ziegel nicht geeignet sind.

Kennzeichen eines guten Mauerziegels sind:

*a)* Heller Klang beim Anschlagen, *b)* leichtes Zuhauen mit dem Maurerhammer, wobei die Bruchflächen gleichmäßig und die Kanten scharf sein sollen. *c)* Geringe Gewichtszunahme (bis $^1/_{15}$) nach 24stündigem Liegen im Wasser; kalkhältige Ziegel werden dabei springen. *d)* Entschiedene Frostbeständigkeit und eine gewisse Feuerbeständigkeit. *e)* Hinreichende Druckfestigkeit (von mindestens 70 $kg$ pro 1 $cm^2$).

*B.* Ungebrannte Ziegel. Dieselben werden aus Lehm geformt und im Schatten in einem gedeckten Raume allmählich gut, womöglich ein Jahr lang, austrocknen gelassen; so erzeugte Ziegel heißen Luftziegel. Mischt man zum Lehm Häckerling, Hanf o. dgl. bei, so erhält man die sogenannten ägyptischen Steine. Derlei ungebrannte Ziegel sind wenig tragfähig, können daher nur für kleine Bauten mit leichten Dächern verwendet werden und sollen bei einem Hausbau stets mit einem Unterbau von Stein oder gebrannten Ziegeln zur Anwendung kommen, da sie sonst von der Erdfeuchtigkeit angegriffen würden.

3. Holz.

Bezüglich der technischen Eigenschaften der einzelnen Holzarten wird hier auf das in der Forstbenutzung (III. Band) Angeführte hingewiesen. Man wird zum Hochbau womöglich stets das Holz jener Baum-

---

*) Ziegel werden auch fabriksmäßig erzeugt, wobei die Lehmreinigung und Formung durch Maschinen bewirkt wird und große, ständig beschickbare sogenannte Ringöfen zum Brennen der Ziegel zur Anwendung kommen.

art wählen, welches der vorliegenden Beanspruchung am besten genügt; manchmal wird man jedoch, weil das allergeeignetste Holz nur mit unverhältnismäßigen Kosten beschafft werden könnte, zu einer anderen, auch noch geeigneten Holzart greifen müssen, welche dann eventuell durch künstliche Mittel (Dämpfen, Imprägnieren) verbessert werden kann. Das Holz kommt zur Verwendung entweder als:

*a)* Rundholz (Brunnenrohre, Piloten); *b)* Kantholz, behauen (Balken, Schwellen, Unterzüge, Sparren, Träme); *c)* Schnittholz, auf der Säge geschnitten (Bretter, Pfosten, Polsterhölzer etc.); oder endlich *d)* Spaltholz (die gespaltenen Dachschindeln).

Stets soll nur gesundes und gut ausgetrocknetes Holz eingebaut werden. Man soll, wo schon voraussichtlich Holz zu einem Bau benötigt werden wird, die Bäume bereits im Vorjahre fällen, entrinden und möglichst luftig geschlichtet an einem trockenen Orte aufbewahren. Am allerschlechtesten hält sich frisch verwendetes und gleich mit Ölfarbe angestrichenes Holz, welches dann manchmal binnen Jahresfrist vollständig vermodert.

4. Eisen.

Die gewöhnlichsten Arten von Eisen sind das Gußeisen, das Schmiedeeisen und der Stahl; letzterer ist für den Hochbau ziemlich belanglos.

Das Gußeisen ist härter als Schmiedeeisen, spröd, rostet sehr leicht und hat einen körnigen Bruch; es hat nur gegen das Zerdrücken eine besondere Widerstandskraft und wird daher zu Säulen, Röhren etc. (nicht aber als Träger) verwendet.

Das Schmiedeeisen ist weicher, schweißbar, hat einen faserigen Bruch und läßt sich, da es sehr zäh ist, zu Blech oder zu den bekannten eisernen Trägern, welche häufig ungefähr die Form von Eisenbahnschienen haben, walzen. Schmiedeeisen hat eine besondere Festigkeit gegen das Abbrechen und Zerreißen, weshalb solche Eisenträger statt hölzerner Balken vielfach Anwendung finden. Auch Klammern, Draht, Nägel, Schließen bestehen aus Schmiedeeisen. — Ölfarbanstrich ist ein guter Schutz des Eisens gegen Rost.

## *II. Nebenmaterialien.*

1. Blei ist zu Röhren, zur Befestigung des Glases in den Fenstern etc. in Verwendung. Durch fortgesetztes Glühen an der Luft wird aus Blei das bekannte Mennige (rotes Bleioxyd).

2. Kupfer, da sehr geschmeidig, als Blech und Draht in Anwendung.

3. Zink läßt sich sehr gut zu Figuren, Ornamenten u. dgl. gießen, ferner wird es in Blechform zum Dacheindecken u. dgl. benutzt.

4. Zinn; besonders verzinnte Eisenbleche (Weißblech) werden, da sie dann nicht rosten können, häufig angewendet.

5. Messing und Bronze zu verschiedenen kleineren, besonders Ziergegenständen.

6. Wasserglas, Asphalt, Farben, Rohr, Stroh, Seile etc.

## *III. Verbindungsmaterialien.*

1. Luftmörtel, welcher an der Luft ganz allmählich erhärtet; zur Bereitung desselben benötigt man:

*a)* Gebrannten Kalk (Ätzkalk); derselbe wird aus möglichst reinem Kalkstein erzeugt („gebrannt"), indem man diesen im Kalkofen so lang (36 bis 40 Stunden) glüht, bis nach erfolgter Abkühlung ein Stück solchen Kalkes mit Wasser begossen unter starker Erhitzung und Aufblähung durch und durch mürbe wird. Der Ätzkalk wird sodann „gelöscht", indem man ihn in viereckigen, in den Boden versenkten Kasten unter beständigem Umrühren mit säure- und gipsfreiem Wasser (am besten Regen- oder Flußwasser), so stark begießt, daß sich eine möglichst große Hitze ergibt. Zu viel wie zu wenig Wasserzugabe liefert geringere Hitze und schlechtes Material für die Mörtelbereitung; im ersteren Fall sagt man, der Kalk sei „ersäuft", im letzteren er sei „verbrannt" worden. Der gelöschte, „fette" Kalk wird nun am besten in gemauerten Gruben „eingesumpft" (Sumpf- oder Grubenkalk) und bleibt dort, mit Sand bedeckt, jahrelang brauchbar. Nie soll man den Kalk gleich nach dem Löschen zur Mörtelbereitung verwenden, sondern ihn stets mehrere Tage lang abliegen lassen.

*b)* Sand, der wo möglich recht hart, scharfkantig und frei von Erde, Lehm, Ton u. dgl. oder, wie man sagt, „resch" sein soll; schmutziger Sand muß gewaschen werden. Am besten ist ein feiner Kieselsand.

Mischt man nun (in einem Mörteltrog) 1 Teil Grubenkalk mit 2 bis 7 Teilen Sand, so entsteht der gewöhnliche Luftmörtel oder Malter, der bei Mauerungen als Bindemittel für die Steine dient, da er selbst mit der Zeit steinhart wird. Feinerer Sand erfordert mehr Kalkbeigabe als gröberer.

Ersetzt man den Kalk im Mörtel teilweise durch gebrannten Gips, so entsteht ein zum Deckenverputz und für Gesimse besonders geeigneter Mörtel. Der gewöhnliche Kalkmörtel ist, da er sich im Wasser auflöst, für Mauerungen in großer Feuchtigkeit oder unter Wasser ungeeignet; er wird in der Regel nur für das sogenannte aufgehende, in die Luft ragende Mauerwerk benutzt.

### 2. Wassermörtel.

*a)* Hydraulische, magere Mörtel; gewisse Kalksteine, die Tonerde und Kieselerde enthalten, liefern beim Brennen einen Kalk, der die Eigenschaft besitzt, im Wasser oder an der feuchten Luft ziemlich rasch zu erhärten; er wird mit weniger Wasser gelöscht, als der reine Ätzkalk und bläht und erhitzt sich dabei nicht so sehr. Der mit solchem sogenannten magerem Kalk (eventuell mit gewöhnlichem Ätzkalk gemischt) durch Sandbeigabe zubereitete hydraulische, magere Mörtel ist gegen Feuchtigkeit widerstandsfähig und wird daher bei Mauerungen unter der Erde, insbesondere zu den Fundamentmauern der Gebäude, verwendet.

*b)* Zemente. Manche Kalksteine haben eine derartige Zusammensetzung, daß sie, nach dem Brennen mit Wasser zusammengebracht, sich fast gar nicht erhitzen und blähen, sondern schon nach einigen Stunden oder wenigen Tagen, auch unter Wasser, eine steinharte Masse geben (sehr rasch „abbinden"). Meist wird jedoch eine solche Zusammensetzung durch künstliche Mengung in Fabriken erzielt, die dann Zemente von ganz bestimmten, garantierten Eigenschaften liefern können. Diese Zemente werden als graues Pulver in Fässern in den Handel gebracht und sind, da sie mit etwa dem 3- bis 5fachen Volumen Sand gemengt, vollkommen wasserfesten Mörtel geben, zum Wasserbau, zu Fundierungen in sehr nassem Untergrund u. dgl. vorzüglich geeignet. — Da die Zemente ein sehr festes Bindemittel sind (besonders die sogenannten Portlandzemente, minder die sogenannten Romanzemente), kann man, indem man zum Zementmörtel noch möglichst reine, eckige Steine bis etwa Straßenschottergröße beimengt, eine Masse (Beton genannt) erzeugen, die sich, so lange sie weich ist, mit der größten Leichtigkeit (auch unter Wasser) einbauen läßt, dann rasch erhärtet, und steinfest sowie wasserdicht wird. Zementmörtel darf immer nur in kleineren Partien erzeugt und muß sofort verwendet werden.

3. Lehmmörtel entsteht durch Kneten von Lehm mit Wasser. Er dient als Bindemittel für die Mauerung mit ungebrannten Ziegeln, sowie mit einem Zusatz von Blut zur Herstellung gestampfter Böden (Tennen). Auch die Ziegel und Kacheln der Öfen werden mittels Lehmmörtels verbunden, da dieser feuerbeständig ist.

---

## II. Kapitel.

## Baukonstruktionslehre.

### § 5. Von der Bearbeitung des Bauholzes.

Das Bauholz kommt beim Hochbau meist in behauenem Zustande zur Verwendung, und zwar hat man oft die Aufgabe, aus einem Rundstamm den tragfähigsten rein bearbeiteten, vierkantigen Balken heraushauen zu lassen, d. h. einen Balken, bei welchem sich die Breite des rechteckigen Querschnittes zur Höhe verhält wie $5:7$. Um diesen

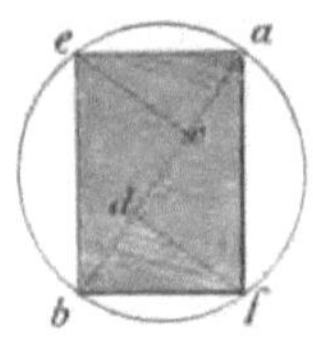

Fig. 2.

Querschnitt zu zeichnen (vgl. Fig. 2), braucht man nur den Durchmesser $ab$ (zuerst am Zopfende, eventuell, wenn die höchste Dauerhaftigkeit gefordert wird, unter Hinweglassung des Splintholzes) in drei gleiche Theile zu teilen, in den Teilungspunkten $c$ und $d$ die Senkrechten $ce$ und $df$ bis zur Kreisperipherie zu errichten und dann die Punkte $aebfa$ in der aus der Figur ersichtlichen Weise geradlinig zu verbinden. Das Behauen selbst besorgt der Zimmermann. Der runde, entrindete Baumstamm wird auf Zimmerböcke gelegt, mit Klammern daran befestigt und an seinen Enden senkrecht auf seine Ache abgeschnitten. Der gewünschte Querschnitt wird hierauf auf das Hirnholz des Zopfendes, dann auf jenes des Stammendes mit Hilfe des Winkelhakens in gleicher Größe und Lage mit dem Zimmermannsstift aufgezeichnet. Dann wird über die gleichliegenden Eckpunkte der Querschnitte eine mit Rötel gefärbte Schnur gespannt und abgeschnellt. Die nun zurückbleibenden Linien deuten den künftigen Balken an, der sodann vorsichtig und stückweise zwischen den in $1\,m$ Entfernung eingehauenen Kerben vollends herausgehauen wird. Der Stamm wird stets so gelegt, daß während des Behauens die jeweils zu erzeugende Fläche lotrecht zu stehen kommt.

### § 6. Die Holzverbindungen und einfachsten Holzkonstruktionen.

1. Der gerade und der schiefe Stoß (Fig. 3 und Fig. 4), stets über einer Unterlage, dienen zur Verlängerung von Balken.

2. Die gerade und die schiefe Überplattung (Fig. 5 und Fig. 6), meist über einer Unterlage, zur Verlängerung von Balken; die Ecküberplattung (Fig. 7). Die Ecküberplattung und die Überplattung sich kreuzender gleich starker Balken wird häufig „bündig" (wie in Fig. 7) gemacht, d. h. so, daß die oberen Flächen der Balken in einer Flucht liegen, was dadurch erreicht wird, daß man von jedem Balken die Hälfte ausschneidet. Dagegen zeigt Fig. 8 eine „nicht bündige" Überplattung sich kreuzender Balken.

3. Die gerad- und die schiefverzahnte Überplattung (Fig. 9 und Fig. 10), eventuell durch einen Keil bei *a* versteift.

4. Die schwalbenschweifartige Überplattung (Fig. 11).

5. Der Tiroler Schnitt (Fig. 12), eine Eckverbindung.

Alle im vorigen zur Verlängerung der Balken und als Eckverbindungen angeführten Holzverbindungen können durch Anschlagen von eisernen Gerüstklammern oder auch, indem man Stifte oder Schraubenbolzen durch sie hindurchführt (sie „verbohrt"), verstärkt werden.

6. Die Aufkämmungen zur Verbindung von sich nicht bündig kreuzenden Balken, z. B. der einfache Kamm (Fig. 13) und der Kreuzkamm (Fig. 14).

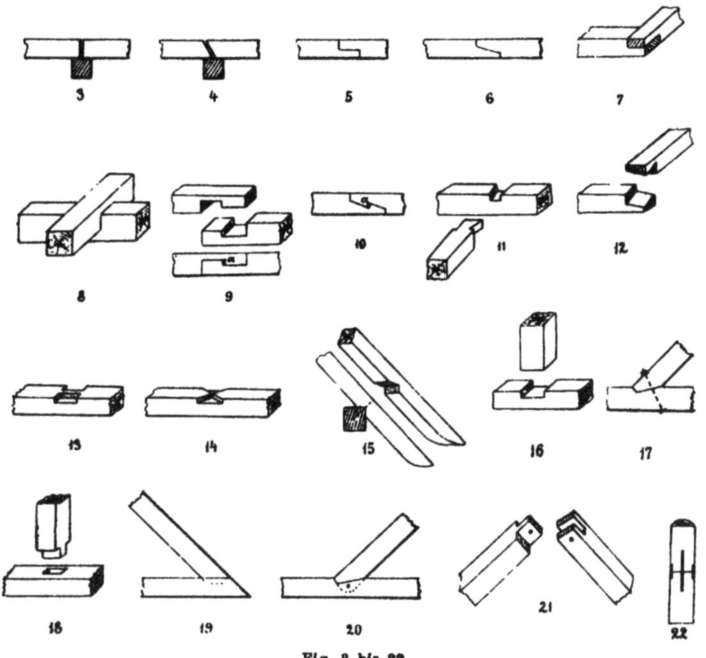

Fig. 8 bis 22.

7. Die Aufklauung (Fig. 15), mitunter durch einen Nagel verstärkt.

8. Die gerade und die schiefe Versatzung (Fig. 16 und Fig. 17), letztere eventuell durch einen Schraubenbolzen verstärkt.

9. Die gerade Verzapfung (Fig. 18) und die schiefe Verzapfung; letztere wird mitunter durch einen Stift verstärkt und heißt, nach Fig. 19 ausgeführt, Zapfen mit Besteck oder zurückgesetzter Zapfen.

10. Die Versatzung mit Zapfen (Fig. 20), eventuell durch einen Stift verstärkt.

11. Zapfen und Gurgel oder der Scheerzapfen (Fig. 21), ebenfalls durch einen Stift verstärkbar. — Die Holzverbindungen Fig. 15 bis Fig. 21 kommen besonders bei den Dachstuhlkonstruktionen vor.

12. **Das Aufpfropfen** (z. B. nach Fig. 22) dient zur Verlängerung von Piloten; man läßt die Rundhölzer sich stumpf stoßen und verbindet sie durch einen zentralen Eisendorn und einen Eisenring, so daß sich, wenn man sich die Verbindung der Länge nach aufgespalten denkt, der in der Figur dargestellte Längsschnitt ergibt.

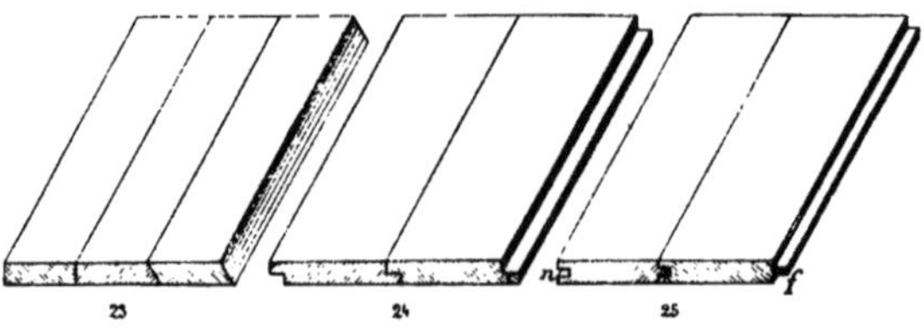

Fig. 23 bis 25.

13. Die Verbindung von Brettern und Pfosten kann erfolgen:

*a)* Durch das „Fugen" (Fig. 23), d. h. bloßes sorgfältiges Aneinanderstoßen, wobei die Fugen „gerade" oder „schief" sein können.

*b)* Durch das einfache Verspunden mit Feder oder „mit halbem Falz" (Fig. 24).

*c)* Durch das Verspunden (Falzen) mit Feder $f$ und Nut $n$ oder „mit ganzem Falz" (Fig. 25). Verwendet man stärkere Hölzer in dieser Verbindung, so entstehen sogenannte Spundwände, welche wasserdicht sind.

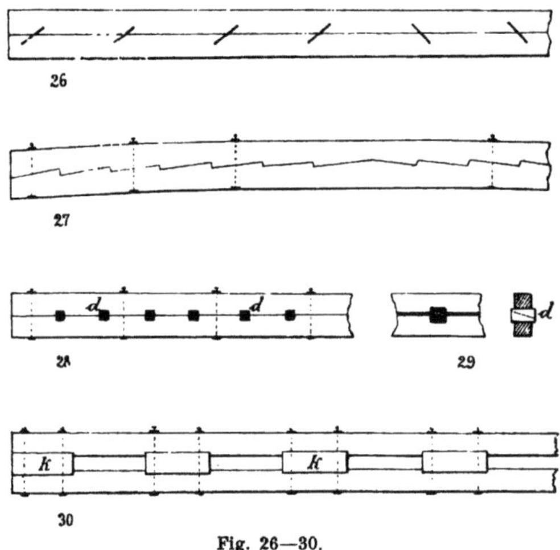

Fig. 26—30.

14. **Gekoppelte Träger** (Fig. 26), wobei zwei Balken übereinander gepaßt und etwa durch eiserne Klammern in der angedeuteten Weise fest miteinander verbunden werden.

15. **Verzahnte Balken** (Fig. 27) dienen als verstärkte Träger für größere Lasten, stets unter Anwendung eiserner Schraubenbolzen; erfolgt

die Verzahnung bei einem gewaltsam (mittels Wagenwinden oder dgl.) gebogenem Zustand der Hölzer, so daß der fertige verzahnte Träger gleichfalls gebogen ist, so heißt ein solcher Träger ein „gesprengtes Roß".

16. Verdübelte Balken (Fig. 28); die Holzstücke $d$ heißen Dübel (Döbel); sie werden in verschiedener Form angewendet, häufig besteht jeder Dübel aus zwei gegeneinander gerichteten Keilen; die beiden verdübelten Balken liegen oft nicht unmittelbar aufeinander auf (vgl. Fig. 29).

17. Klötzelholzträger = österreichische Träger (Fig. 30); es können in der aus der Figur ersichtlichen Weise auch drei oder mehr Balken durch Klötzel $k$ und eiserne Schraubenbolzen übereinander verbunden werden.

18. Gitterträger verschiedener Form (z. B. Fig. 31), wobei $o\,o$ die obere, $u\,u$ die untere „Gurtung" heißt; zwischen die beiden Gurtungen sind in der aus der Figur ersichtlichen Weise die sogenannten „Andreaskreuze" eingefügt.

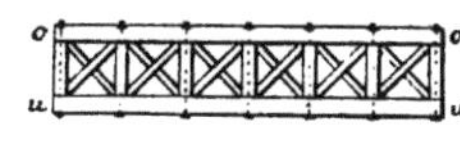

Fig. 31.

Die unter 14 bis 17 beschriebenen Träger können als „zusammengesetzte Träger" bezeichnet werden, speziell die unter 14, 15 und 16 beschriebenen nennt man öfter auch „Tragroste". — Alle zusammengesetzten Träger werden zu dem Zwecke erzeugt, um aus schwächerem Holze durch dessen entsprechende Verbindung tragkräftigere Träger zu gewinnen. — Alle Hölzer, welche auf das Abbrechen beansprucht werden, müssen hochkantig gegen die Richtung ihrer Beanspruchung gelegt werden; das Gleiche gilt auch für die zusammengesetzten Träger, welche eigentlich als höhere Balken aufzufassen sind.

19. Sattelhölzer $s$ (Fig. 32) sind Balkenstücke, die oberhalb einer Unterlage $u$ und unterhalb der Träger $t$ parallel zu diesen gelegt und mit ihnen verschraubt, manchmal außerdem verzahnt oder durch Kopfbüge $b$ fest gegen sie gehalten werden. Die Sattelhölzer verringern die freie Spannweite der Träger zwischen zwei Unterlagen.

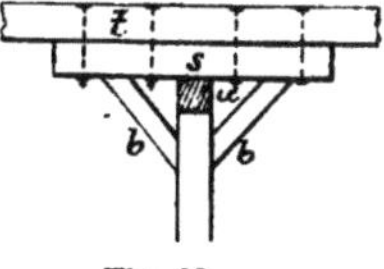

Fig. 32.

20. Unterzüge $u$ (Fig. 33) haben zumeist den Zweck, mehrere gleichlaufende Träger $t$ so zu verbinden, daß die sonst auf einen von ihnen wirkende Last gleichmäßig auf alle Träger verteilt wird. Die Unterzüge werden unterhalb der Träger und zumeist

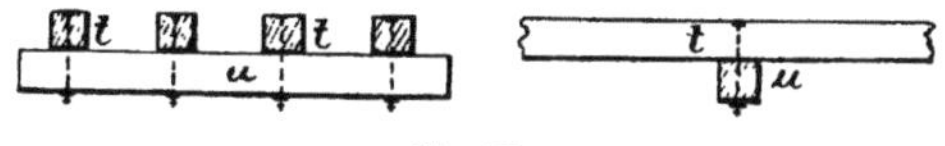

Fig. 33.

senkrecht auf sie angebracht und mit jedem derselben durch Schraubenbolzen oder Eisenbänder verbunden.

21. Hängwerke sind Konstruktionen, durch welche ein Balken von oben derart gehalten wird, daß einem Durchbiegen desselben entgegengewirkt wird.

a) Das einfache Hängwerk (Fig. 34) besteht aus dem gewissermaßen aufgehängten Balken (Träger) $a$, der Hängsäule $b$ und den beiden Hängestreben $c$. $b$ mit $c$ und $c$ mit $a$ sind meist durch Versatzungen verbunden. $b$ ist mit $a$ gewöhnlich durch Eisenbänder oder Schraubenbolzen in Verbindung gebracht oder, wenn durch zwei parallele Hängwerke mehrere Balken unterstützt werden sollen (wie man dies bei Brücken häufig sieht), so werden die Hängsäulen zunächst mit einem Unterzuge verschraubt (Fig. 35), oder letzterer wird in Doppelhängsäulen eingezwängt (Fig. 36), und die Balken ruhen auf dem Unterzuge auf.

*b)* Das doppelte Hängwerk (Fig. 37) unterscheidet sich vom einfachen dadurch, daß zwei Hängsäulen $b_1$ und $b_2$ zur Anwendung kommen, die durch den Spannriegel *d* auseinander gehalten werden.

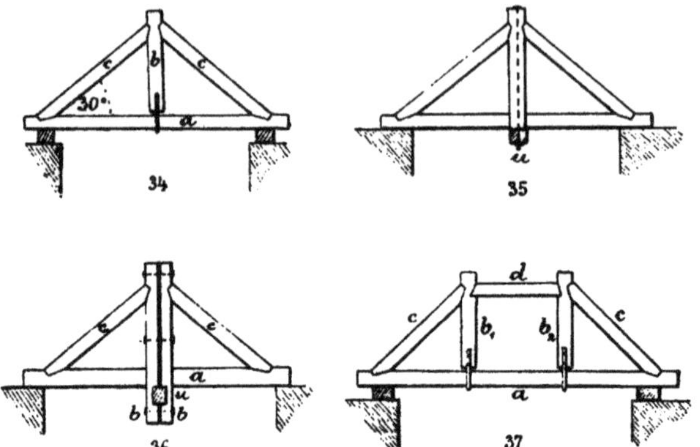

Fig. 34 bis 37. Schematische Darstellung von Hängwerken.

22. Sprengwerke stützen die Balken von unten gegen das Durchbiegen.

*a)* Das einfache Sprengwerk (Fig. 38), bestehend aus dem gesprengten Balken (Träger) *a* und den Sprengstreben *b*, zwischen welche, wenn mehrere Balken durch zwei parallele Sprengwerke unterstützt

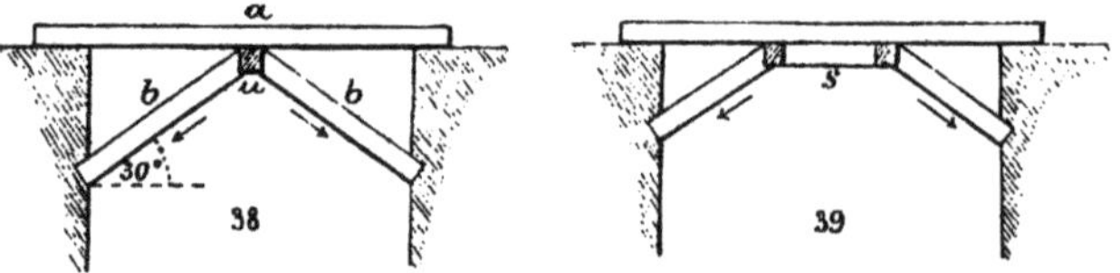

Fig. 38 und 39. Schematische Darstellung von Sprengwerken.

werden sollen, ein Unterzug *u* eingefügt wird; dann pflegt man *b* mit *u* zu verzapfen. Die Sprengstreben werden unten direkt ins Mauerwerk oder besser in eine Holzsäule oder dgl. versetzt, so daß der durch den Pfeil angedeutete Druck auf eine größere Fläche verteilt wird. Wegen des bedeutenden Druckes, den die Sprengstreben nach unten gegen ihre Widerlager ausüben und welcher die Mauern auseinander zu drücken sucht, werden sie im Hochbau wenig angewendet; dagegen bedient man sich ihrer im Brückenbau vielfach, besonders zur Übersetzung felsiger Schluchten, die feste Widerlager bieten.

*b)* Das doppelte Sprengwerk (Fig. 39), von dem einfachen durch das Hinzutreten eines Spannriegels *s* unterschieden.

Sowohl bei Häng- als Sprengwerken soll der Winkel, den die Häng-, beziehungsweise Sprengstreben mit der Horizontalen einschließen, nicht wesentlich kleiner als 30° sein. Häng- und Sprengwerke können noch zu mannigfaltigen, komplizierteren Konstruktionen vereinigt werden.

### § 7. Gewinnung und Bearbeitung der Werksteine.

Zu Bausteinen werden entweder solche Steine verwendet, die sich schon vom festen Fels losgetrennt (als Findlinge) vorfinden und nur mehr einiger Bearbeitung bedürfen, oder der Baustein muß vorerst durch Brechen oder durch Sprengung aus dem Steinbruch gewonnen werden.

1. Die Brecharbeiten. Ist der zu gewinnende Stein so geschichtet (lagerhaft), daß die einzelnen Schichten sich leicht voneinander trennen lassen, so wird man, wenn nicht ohnehin schon natürliche Sprünge in den Schichten vorhanden sind, zunächst mittels scharfer Krampen und eiserner Keile senkrecht auf die Lagerflächen Einkerbungen in der Weise anbringen, daß die Gesteinsschicht längs derselben abbricht, sobald man sie dann mittels Brechstange und Keilen von der ihr benachbarten Schicht loszuheben versucht; so kann man, da jede Schicht meist eine gleichmäßige Dicke hat, sehr schöne Mauersteine für Bruchstein- und selbst Quadermauerwerk (vgl. § 9) gewinnen. Zur Erzeugung von gewöhnlichem Bruchstein, für den sich übrigens auch lagerhafter Stein am besten eignet, wird vorwiegend nur unter Benutzung der schon vorhandenen Gesteinssprünge das Material mittels Krampe und Brechstange vom Fels gebrochen.

Zur Bausteingewinnung im Großen und insbesondere von einem nicht günstig geschichteten Fels treten zu den vorbeschriebenen „Brecharbeiten":

2. Die „Sprengarbeiten" hinzu, wobei zur raschen Lostrennung der künftigen Werksteine vom Fels die Explosion von Pulver oder Dynamit verwendet wird. Zu diesem Behufe wird an womöglich nicht klüftigen Stellen des Felsens (um ein „Ausblasen" der Explosionsgase zu verhüten) mittels des Steinbohrers und Aufschlaghammers meist eine Anzahl von cylindrischen Löchern gebohrt; in diese werden Pulver- oder Dynamitladungen eingeführt und letztere, um Zeitversäumnis zu verhindern, in der Mittagsrast oder zum Feierabend durch Zündschnüre, an deren unterem Ende sich bei Anwendung von Dynamit stets eine Sprengkapsel befinden muß, zur Explosion gebracht.

Dynamit hat eine viel größere aber auch eine zerstörendere Sprengwirkung als Pulver; man arbeitet daher mit ersterem rascher, erhält aber vorwiegend Schutt und wenig Baustein; zur Gewinnung von Werksteinen für den Hochbau wird man daher mehr mit Pulver, das auch minder gefährlich ist, arbeiten. Behufs Schottererzeugung dagegen und für Sprengarbeiten im Großen bedient man sich mit Vorteil des gegen Nässe unempfindlichen Dynamits, das, mit wasserdichten Zündschnüren versehen, in Form von Sprengpatronen sogar unter Wasser zur Anwendung kommen kann. Dynamit ist gegen jede stärkere Erschütterung, insbesondere gegen Stoß mit Metall, sorgfältig zu schützen, da es sonst leicht mit verheerender Wirkung explodiert. Es empfiehlt sich, die Einzelheiten bei der Sprengarbeit im Steinbruch zu beobachten.

Der durch Brechen oder Sprengung gewonnene Baustein bedarf vor seiner Verwendung zu Mauerwerk noch einer weiteren Bearbeitung, welche hauptsächlich mittels eiserner Meißel und Handfäustel vorgenommen wird.

Bruchstein für Bruchsteinmauerwerk pflegt erst beim Einbau so zugehauen zu werden, daß die einzelnen Steinstücke möglichst gut aufeinander passen. Für besonders solide Mauern aus großen Steinen werden an diesen wenigstens die Lager- und Stoßflächen zu ebenen Flächen bearbeitet, was gewöhnlich nach vorher bestimmten Dimensionen schon vor der Zufuhr zur Baustelle geschieht (Erzeugung von Quadersteinen durch den Steinmetz).

### § 8. Eisenverbindungen.

Zur Verbindung eiserner Träger, welche zumeist ungefähr die Form von Eisenbahnschienen, also einen T-förmigen Querschnitt (T-Träger!), oft auch einen I-förmigen Querschnitt (Doppelt-T-Träger!) haben, werden Laschen, d. i. zwei kurze Eisenstücke verwendet, die beiderseits an die Träger angelegt und mit ihnen durch eiserne, die Träger durchdringende Schraubenbolzen verbunden werden, wie wir es auch bei der Verbindung der Eisenbahnschienen sehen. Eiserne Träger verbindet man wie hölzerne zumeist über einer festen Unterlage, auf welcher man an der Auflagerstelle einen passend geformten gußeisernen Schuh (eine Auflagerplatte) anbringt.

Eiserne Bleche verbindet man durch Vernietung; diese wird durch eiserne, an einem Ende mit einem Kopfe versehene Nietbolzen bewirkt, welche in glühendem und daher weichem Zustande durch die früher genau cylindrisch gebohrten Öffnungen der zu verbindenden Eisenteile gesteckt und nun auch an der anderen Seite (am vorragenden Teile) durch Hämmern zu Nietköpfen breitgeschlagen werden. So erfolgt u. a. die Verbindung der Bleche, aus denen die eisernen Gitterträger für den Brückenbau hergestellt werden.

Schließen dienen dazu, um gegenüberliegende, stark belastete Mauern (Hauptmauern, Widerlagermauern für Gewölbe) so fest zu verbinden, daß eine Ausbauchung derselben verhindert wird. Eiserne Schließen (Fig. 40) bestehen aus einer Eisenschiene (Schließenstange), die am Ende ein Auge besitzt, durch welches ein eiserner sogenannter Durchschub hindurchgesteckt werden kann; für die Schiene muß schon bei der Herstellung des Mauerwerkes (am besten in der Mitte der Fensterpfeiler) ein Loch durch die Mauer und für den Durchschub eine Schließenritze an der Außenseite der Mauer hergestellt,

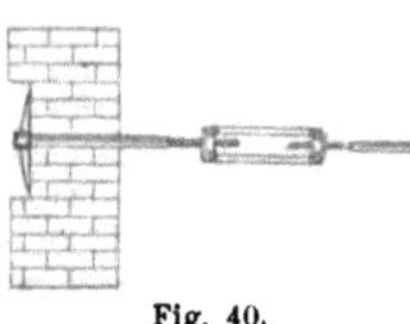

Fig. 40.

beziehungsweise belassen werden. Die Verbindung der Schließenschienen erfolgt womöglich durch eine anspannbare Vorrichtung mittels Keilen oder noch besser durch ein sogenanntes Schraubenschloß (siehe Fig. 40). Die Schließen sollen im Gebäude unauffällig verlaufen und werden daher in der Regel innerhalb der Oberböden angebracht (vgl. später, § 12).

Wo, wie z. B. im Falle der Anwendung hölzerner Decken, Balken von einer Mauer zur gegenüberliegenden laufen, braucht man nur an deren Enden ein Stück eiserner Schiene mit Auge zu befestigen, welches durch die Mauer nach außen geht und nach Anbringung der Durchschübe gleichfalls den Zweck einer Schließe erfüllt (z. B. die sogenannten Tramschließen und Rastschließen; siehe § 12).

## § 9. Vom Mauerwerk.

### *I. Gewöhnliches Mauerwerk (stehende Mauern).*

### 1. Ziegelmauerwerk.

Die gewöhnlichen Ziegel haben eine Länge von 29 *cm*, eine Breite von 14 und eine Dicke von 6·5 *cm* (vgl. Seite 5); da zur Verbindung der Ziegel stets noch eine Mörtelschicht zwischen dieselben kommt, so braucht man zur Herstellung von 1 *m³* Ziegelmauerwerk ungefähr 280 Stück Ziegel und 0·27 *m³* Mörtel. Durch die regelmäßige Form der Ziegel ist ihre rasche und gute Aneinanderreihung (ein guter Verband) leicht möglich. Für den Verband gelten im allgemeinen folgende Grundsätze:

*a)* Alle Ziegel werden auf die flache Seite gelegt, jede Schicht (Schar) ist daher, den Mörtel inbegriffen, etwa 7·5 *cm* hoch.

*b)* Man soll trachten, möglichst viele Ziegel mit ihrer längeren Seite in die Richtung der Dicke der Mauer zu legen; man nennt die Steine in dieser Lage Binder. Wenn jedoch die längere Seite parallel zur Mauerflucht liegt, so sagt man, die Steine liegen als Laufer.

*c)* Die vertikalen Fugen zwischen den Ziegeln (die sogenannten Stoßfugen) einer unteren Schicht sollen stets von den Ziegeln der darüber liegenden Schar vollkommen gedeckt werden (d. h. die Ziegel sollen voll auf Fuge liegen), es dürfen sonach keine fortlaufenden Vertikalfugen vorhanden sein.

Diesen Forderungen entsprechen z. B. folgende Verbände besonders gut:

*a)* Der Blockverband (Fig. 41), bei welchem einerseits die 1., 3., 5.... Schicht, anderseits die 2., 4., 6.... Schicht eine gleiche Lage der Ziegel aufweisen. An den Ecken werden in diesem Beispiel ³/₄-Ziegel notwendig.

*b)* Der Kreuzverband (Fig. 42), welcher eine noch größere Verwechslung der Fugen aufweist; bei diesem Verband gleicht sich die Lage der Ziegel in der 1., 5., 9 . . .; ferner in der 2, 4., 6. . . . und in der 3., 7., 11. . . . Schicht.

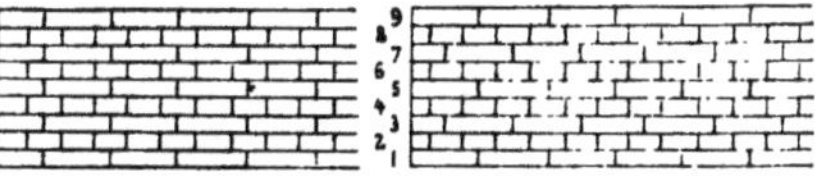

Fig. 41.          Fig. 42.

An den Ecken werden hier halbe Ziegel notwendig.

Mit der Ausführung des Ziegelmauerwerks wird an den Ecken der Mauern begonnen, und die Ziegel werden am Rande mit besonderer Genauigkeit gelegt. In der Regel sollen die Ziegelscharen genau horizontal liegen, was durch die Schrotwage und Waglatte von Zeit zu Zeit geprüft wird. Ebenso muß mittels des Senkbleies öfter untersucht werden, ob die Mauer vertikal anwächst.

Ausnahmsweise, und zwar bei Mauern, die geböscht sind, legt man die Ziegelscharen senkrecht auf die Böschungsfläche. — Wenn eine Mauer nicht in einem Zug vollendet werden kann, so läßt man an ihrem Ende stufenförmige Absätze oder zahnartige Vor- und Rücksprünge (Stufen-, beziehungsweise Zahn-Schmatzen); letztere werden auch dann gemacht, wenn mit einer Mauer eine andere zu verbinden ist. — Der Mörtel darf keinesfalls an den äußeren Fugen hervorquillen, sondern diese müssen auf 1 *cm* Tiefe mörtelleer bleiben, damit sich in den dann vorhandenen Rinnen der Verputz festhalten könne.

### 2. Bruchsteinmauerwerk.

Die Herstellung der Bruchsteinmauern in Mörtel erfordert wegen der meistens sehr unregelmäßigen Gestalt der Bruchsteine eine besondere Vorsicht und Aufmerksamkeit. Auch für die Bruchsteinmauern gilt, daß die Steine auf ihre breite Fläche (wie sie im Bruche lagerten) gelegt werden sollen, ferner daß man möglichst viele längere Steine als Binder einbaut und im Verband möglichst den Grundsatz festhält, daß die Steine voll auf Fuge liegen sollen; endlich wird auch die Mauer in horizontalen Schichten zwischen den zuerst mit möglichster Sorgfalt und aus großen Steinen aufzuführenden Ecken allmählich emporgeführt. Die Fugen zwischen den Bruchsteinen sollen möglichst klein sein und werden sorgfältig mit Mörtel und Steinchen ausgefüllt (verzwickt). Führt man eine Mauer aus Bruchsteinen ohne Mörtel auf (sogenanntes Trockenmauerwerk), so ist auf möglichst gutes Aufeinanderpassen der Steine und sorgfältiges Verzwicken schon während des Aufbaues besondere Aufmerksamkeit zu verwenden; die Steine müssen daher dabei besonders häufig mit dem Steinhammer in die richtige Form gebracht werden. Trockenmauern vertragen nur eine geringe Belastung. Muß man Bruchsteinmauerwerk aus runden Steinen (größeren Geschieben) herstellen, so müssen derlei Steine so bearbeitet, beziehungsweise ebenso wie größere Felsblöcke derart zersprengt werden, daß die nun entstehenden Bruchsteine möglichst gute Lagerflächen bekommen.

Cyklopenmauerwerk nennt man Bruchsteinmauern, in welchen die Steine nicht geschichtet sind, sondern in Vielecksform eng aneinanderschließen und daher keine bestimmte Fugenrichtung haben. Man verwendet hiezu große, möglichst aneinanderpassende Steine, die an den Stoßflächen sorgfältig bearbeitet werden müssen, wodurch das Cyklopenmauerwerk ein schwierig und nur mit großen Kosten herstellbares wird. Die Fugen werden zumeist mit Mörtel sorgfältig ausgefüllt; ein Verzwicken mit kleineren Steinen darf wenigstens an der Ansichtsfläche nicht vorkommen. Gut ausgeführte Cyklopenmauern sind sehr fest und finden in Österreich bei der Wildbachverbauung vielfach Anwendung.

### 3. Quadermauerwerk.

Quadern oder Werkstücke nennt man größere, mit Sorgfalt nach bestimmten Dimensionen behauene Steine, deren Flächen meist die Rechtecksform erhalten. Die Erzeugung der Quadern besorgt der Steinmetz, den Einbau der Maurer. Für den Verband der Quadern gelten im allgemeinen die für das Ziegelmauerwerk aufgestellten Grundsätze. Die einzelnen Werkstücke werden meist durch eine Mörtel- oder Zementlage, wo ein Verschieben der Steine zu befürchten ist, außerdem durch Eisenklammern oder Bolzen miteinander verbunden. Sodann werden die Ansichtsflächen noch vom Steinmetz rein bearbeitet und endlich die Fugen mit Mörtel, Zement oder einem eigenen Kitt verstrichen. Das sehr feste und schöne, aber teure Quadermauerwerk findet bei forstlichen Bauten höchstens zum Unterbau von Gebäuden oder für sehr wichtige Klausdämme Anwendung.

### 4. Gemischtes Mauerwerk.

Eigentliches gemischtes Mauerwerk wird selten angewendet; nur zu Fundamenten verwendet man häufiger ein solches Mauerwerk, das zu $^1/_3$ aus Ziegeln und $^2/_3$ aus Bruchstein hergestellt wird. Viel öfter findet das sogenannte Verkleidungsmauerwerk Anwendung, um einer minderen, billigeren Mauer das äußere Ansehen und teilweise auch die Wetterfestigkeit eines besseren Mauerwerkes zu geben. Man unterscheidet: *a)* Mit Quadern verkleidetes Bruchsteinmauerwerk. *b)* Mit Quadern verkleidetes Ziegelmauerwerk. *c)* Mit Ziegeln verkleidetes Bruchsteinmauerwerk. — Stets muß das Verkleidungsmauerwerk mit dem zu verkleidenden innig verbunden (verschmatzt) sein, was nur dann gelingt, wenn beide Arten von Mauerwerk gleichzeitig emporgeführt werden.

Als Schutz gegen den Einfluß der Nässe erhalten die Gebäude häufig eine sogenannte Sockelverkleidung, bestehend aus Quadern, meist aber aus etwa 1 m hohen Steinplatten, welche etwas vor die Mauerfläche vortreten, unten bis unter den Erdhorizont reichen und mit der Mauer durch eiserne Klammern verbunden sind.

### 5. Pisé- und Betonmauern.

Pisé- (oder gestampftes) Mauerwerk erzeugt man, indem man gut durcheinandergearbeiteten Lehm zwischen hölzernen Wänden, die durch Schraubenbolzen in einer der Mauerstärke entsprechenden Entfernung gehalten werden, schichtenweise anschüttet, feststampft und trocknen läßt, worauf die Holzwände wieder entfernt werden. Solche Pisémauern sollen einen etwa 60 cm hohen Unterbau aus Bruchsteinen oder Ziegelmauerwerk erhalten, damit sie nicht durch die Bodenfeuchtigkeit leiden. Sobald sie völlig ausgetrocknet sind, verputzt man sie mit Mörtel, nachdem man vorher die Mauerflächen oberflächlich geritzt hat, damit der Verputz sich halten könne. Pisémauern haben nur geringe Tragfähigkeit.

Beton- (oder gegossene) Mauern werden ausgeführt, indem man frisch gemengten Beton (vgl. Seite 7) in etwa 6 bis 8 cm hohen Schichten wie bei der Aufführung von Pisémauern zwischen Holzwände eingießt, stampft und erhärten läßt. Nach erfolgter Erhärtung befreit man die Mauer von den Holzwänden. Solche Betonmauern können auch unter Wasser eingebaut werden und sind, wenn gute Zemente zur Betonerzeugung verwendet wurden, so tragfest, daß man beliebige andere Mauern auf sie aufbauen kann.

Man mauert auch mitunter die sichtbaren Mauerflächen, also gleichsam die Hülle der aufzuführenden Mauer, etwa in Bruchstein auf und gießt den verbleibenden Zwischenraum unter schichtenweisem Stampfen mit Beton aus.

Zusatz 1. Stärke der Mauern.

Die Stärke der Mauern hängt hauptsächlich ab:

1. Von ihrer Beanspruchung; Mauern, die eine Last (ein Dach, eine Decke) zu tragen haben und von Schornsteinen durchzogen sind (Haupt- und Mittelmauern), müssen stärker sein, als Mauern, die bloß Räume von einander zu trennen haben (Scheidemauern). Ferner müssen solche Mauern, die einen seitlichen (z. B. Erd-) Druck auszuhalten haben, dementsprechend stärker gebaut werden. Die frei der Witterung (dem Frost) ausgesetzten Mauern müssen dann verhältnismäßig stark gemacht werden, wenn das Material derselben nicht besonders wetterfest ist (minderer Bruchstein).

2. Vom verwendeten Material; bei gleicher Festigkeit verhält sich die zu wählende Stärke von Quadermauern zu jener von guten Ziegelmauern und weiter zu jener von Bruchsteinmauern etwa wie 3 : 4 : 5. Ferner können Mauern aus guten Ziegeln oder schönem, lagerhaftem Bruchstein schwächer gehalten werden, als wenn nur mindere, brüchige Ziegel, beziehungsweise unregelmäßig geformte Bruchsteine, vielleicht auch minder guter Mörtel zur Verfügung stehen, besonders wenn die Arbeiter ungeübt sind.

3. Von der Höhe, teilweise auch von der Länge der Mauern. Hohe, auch lang ohne irgend eine Unterstützung verlaufende Mauern müssen wenigstens unten stärker gehalten werden.

Die geringste zulässige Stärke der Mauern wird übrigens für Hochbauten durch Bauordnungen für die einzelnen Kronländer

Österreichs bestimmt, welche z. B. für Ziegelmauern Nachfolgendes im allgemeinen festsetzen: *a)* Die Hauptmauern des obersten Stockwerkes müssen bis zu einer Zimmertiefe dieses Geschosses von 6·5 *m* eine Dicke von 45 *cm* haben, bei einer Zimmertiefe von mehr als 6·5 *m* aber 60 *cm* dick sein. Bei Anwendung von Tram-(Sturz-)böden sind die Hauptmauern der unteren Geschosse mit Verstärkungen von 15 *cm* derart auszuführen, daß immer nur in je zwei unmittelbar übereinander liegenden Stockwerken die Hauptmauern in gleicher Dicke hergestellt werden. Bei Anwendung von Dippelböden müssen zur Erzielung des freien Auflagers der Dippelbäume vom vorletzten Stockwerke abwärts bis einschließlich des Erdgeschosses die Hauptmauern eine Verstärkung von je 15 *cm* erhalten. Bei Anwendung von gewölbten oder hölzernen Decken auf eisernen Trägern (Traversen-Decken) kann die Mauerstärke in allen Stockwerken bei einer Zimmertiefe des obersten Stockwerkes bis zu 6·5 *m* im Ausmaße von 45 *cm*, bei einer Zimmertiefe von mehr als 6·5 *m* jedoch im Ausmaße von 60 *cm* hergestellt werden, vorausgesetzt, daß die Tragfähigkeit des Mauerwerks durch Verwendung des geeigneten Materials nachgewiesen wird. *b)* Die Mittelmauern müssen bei drei Stock hohen Häusern 60 *cm* in jedem Stockwerke, bei vier Stock hohen Häusern im Erdgeschoß 75 *cm* Stärke, in den übrigen Stockwerken 60 *cm* erhalten. *c)* Die Scheidemauern einer und derselben Wohnung haben eine Stärke von mindestens 15 *cm*, diejenigen aber, welche ganze Wohnungen voneinander trennen, eine Stärke von mindestens 30 *cm* zu erhalten. *d)* Gangmauern, das sind jene, durch welche Räumlichkeiten von den Gängen abgeschlossen werden, können nur mit Bewilligung der Baubehörde eine geringere Stärke als 30 *cm* erhalten. *e)* Die Keller- und Fundamenthauptmauern sind 15 *cm* stärker zu halten als im Erdgeschosse. *f)* Lichthofmauern müssen mindestens 30 *cm*, wenn sie aber Wohnungsräume nach außen abschließen oder zur Auflage von hölzernen Deckenkonstruktionen dienen, 45 *cm* stark sein.

Futtermauern (Stützmauern) kommen mehr beim Straßenbau, als beim Hochbau vor. Sie müssen stark genug sein, um auch gegenüber dem von der Seite wirkenden Erddruck standfest zu bleiben. Futtermauern aus Ziegelmauerwerk erhalten meist (vgl. Fig. 43) nach einer Seite (gewöhnlich nach außen hin) eine Böschung von etwa $^1/_6$ ihrer Höhe, d. h. die Anlage oder der Böschungsfuß *a* beträgt $^1/_6$ der Mauerhöhe *h*. Eine solche Böschung, die man auch als „Böschung 6 : 1" oder als „$^1/_6$ füßig" bezeichnet, vorausgesetzt, gibt die untenstehende Tabelle die bei solider Bauart zu wählende Stärke der Ziegel-Futtermauern an der Krone (das ist die sogenannte Kronenbreite *k*) an, und zwar für

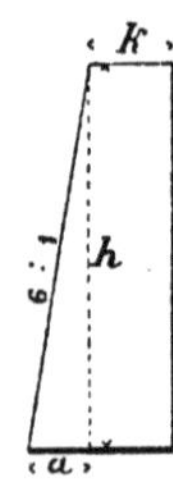

Fig. 43.

Mauerhöhen von 2 bis 7 *m*. Bei großem Erddrucke müssen die Futtermauern stärker gehalten werden, oder man verstärkt sie durch sogenannte Strebepfeiler, indem man in gewissen Zwischenräumen immer ein kurzes Stück der Mauer dicker als die übrige macht. Anstatt die Futtermauern zu böschen, kann man sie auch in Stufen nach unten zu stärker werden lassen, besonders wenn die Verstärkung nach innen (nach der Erdseite hin) erfolgt.

| Höhe der Mauer in *m* | Kronenbreite der in Mörtel gelegten Mauern in *cm* |
|---|---|
| 2 | 60 |
| 3 | 75 |
| 4 | 90 |
| 5 | 105 |
| 6 | 120 |
| 7 | 135 |

### Zusatz 2. Mauergerüstung.

Für unsere forstlichen, selten sehr hohen Gebäude kommen insbesondere zweierlei Gerüste in Betracht: *a)* Die Bockgerüste, bestehend aus hölzernen Böcken, etwa wie sie der Zimmermann als Unterlage beim Behauen der Balken verwendet; über zwei solcher Böcke werden Bretter gelegt. Solche Mauergerüste verwendet man bei Erbauung von Mauern von etwa 1·3 bis 4·0 m Höhe. Bei Mauern, die niedriger als 1·3 m sind, braucht man gar kein Gerüst. *b)* Haupt- oder Lantennengerüste für höhere Mauern. Bei deren Herstellung gräbt man 2 bis 3 m entfernt von der Außenfläche des Gebäudes mit demselben gleich hohe Balken (die sogenannten Lantennen) lotrecht fest in die Erde, so daß sie etwa 3 bis 3·5 m voneinander entfernt in einer Reihe parallel zur künftigen Mauer stehen. Unmittelbar neben die Lantennen werden auf die Höhe eines Geschosses vertikale Ständer aufgestellt und mit den ersteren durch Klammern fest verbunden. Am oberen Ende dieser Ständer ruhen mit einem Ende die Tragbalken, deren anderes Ende in die Mauer eingreift. Senkrecht auf diese Tragbalken werden nun Polsterhölzer und quer über diese Bretter gelegt, wodurch ein fester Boden für den Maurer entsteht. In derselben Weise werden die Gerüste für alle anderen Geschosse ausgeführt. Die so entstehenden Gerüststockwerke verbindet man durch Leitern, besser aber durch Laufbrücken; letztere bestehen aus zwei schräg liegenden Balken, welche mit Brettern belegt werden.

## II. Gesimsmauerwerk.

Gesimse sind streifenartig aus der Mauerfläche hervorragende Mauerteile, welche dazu dienen, die Gebäudefläche vor der Dachtraufe zu schützen, Flächen voneinander zu trennen und das Gebäude zu verzieren.

Man unterscheidet: Hauptgesimse, welche längs des oberen Randes der Hauptmauer verlaufen; Gurtgesimse, die zur äußeren Bezeichnung der Stockwerksabteilungen dienen; Gesimseinfassungen der Fenster und Türen; Verdachungsgesimse über denselben u. a. m.

An Gesimsen, die vornehmlich als Schutz und Bekrönung dienen (z. B. Hauptgesimse, Fig. 44), lassen sich drei Teile unterscheiden: *a)* Der krönende Teil; *b)* der schützende Teil mit der Nase *n; c)* der unterstützende Teil.

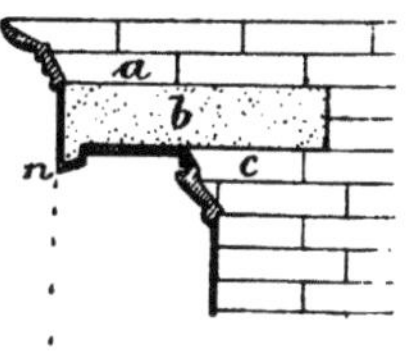

Fig. 44.

Die Gesimse können aus entsprechend bearbeiteten Quadern hergestellt werden. Meist bestehen sie aber aus Ziegeln, die nach Bedarf mit dem Maurerhammer zugehauen werden; nur für den schützenden Teil *b* (Fig. 44) werden gern größere Steinplatten verwendet, besonders wenn das Gesimse weit über die Mauerfläche vorstehen (eine große „Ausladung" erhalten) soll. Auch eigens geformte, meist größere Ziegel (Formziegel) sind für Gesimsmauerwerk in Anwendung.

Wenn die Gesimse verputzt werden sollen, was bei Ziegelgesimsen die Regel bildet, so dient hiezu eine hölzerne Schablone, an welcher die Querprofilsform des gewünschten Gesimses genau ausgeschnitten ist. Das Gesims wird stückweise mit besonders gutem (am besten mit Zement-) Mörtel in der Regel in drei Schichten beworfen, und sodann das Gesimsprofil mittels der Schablone, die mit ihrem „Schlitten" längs zweier Richtungsleisten geführt wird, aus dem noch weichen Mörtelanwurf herausgestrichen. Gesimse mit sehr kleiner Ausladung werden oft (ohne einen Kern von Mauerwerk) ganz aus gutem, schnell erhärtendem Mörtel gebildet und mit der Schablone gezogen.

### III. Gewölbemauerwerk.

Ein Gewölbe ist ein — aus am besten keilförmig geformten Steinen bestehendes — Mauerwerk, welches nach einer oder mehreren krummen Flächen über ein ganzes Gebäude oder über einzelne Teile desselben ausgeführt wird. In der Regel werden die Fenster- und Türöffnungen in den Mauern nach obenhin durch Gewölbe abgeschlossen, häufig sind auch Keller, seltener Gänge und Wohnräume durch Gewölbe eingedeckt; gewölbte Decken haben bei entsprechender Ausführung die Vorzüge der Feuersicherheit, einer bedeutenden Tragkraft und Dauerhaftigkeit.

Die einzelnen Teile, die man an einem Gewölbe unterscheiden kann, sind folgende (vgl. Fig. 45): *a* Die Widerlager; *b c* die Gewölbefüße; *c* die Anläufe oder Kämpfer; *s* der Schluß; *ef* die Gewölbedicke, welche stets am Schluß gemessen wird; *c e c* der Unterbogen; *b g f g b* der Oberbogen; *e o* die Pfeilhöhe; *c c* die Spannweite. Ober- und Unterbogen sind entweder parallel, oder der Oberbogen wird flacher gehalten, wodurch die Gewölbedicke gegen die Kämpfer zu sich vergrößert; letzteres wird bei Gewölben, die größere Lasten zu tragen haben, oft auch durch eine sogenannte Nach-

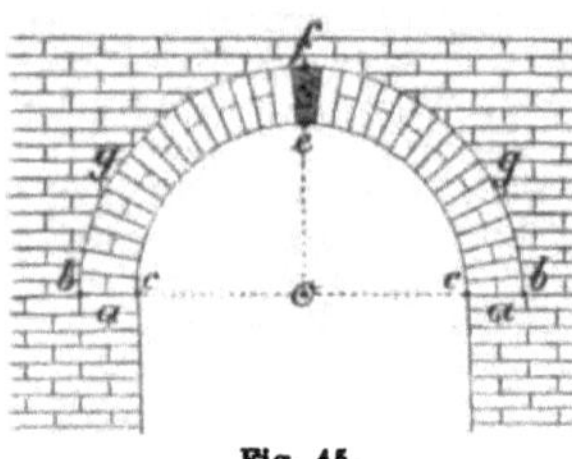

Fig. 45.

mauerung erreicht, die vom Gewölbefuß bis über die Punkte *g* hinauf geführt wird, wodurch man den besonders bruchgefährdeten Gewölbeteil nächst *g* verstärkt (Fig. 53 auf Seite 22 stellt ein flaches Gewölbe mit Nachmauerung dar). — Die gewöhnlichsten Querprofile der Gewölbe sind:

1. Das volle Gewölbe von der Profilsform eines Halbkreises, bei welchem also die Pfeilhöhe gleich der halben Spannweite ist (wie oben, Fig. 45).

2. Das gedrückte oder elliptische Gewölbe, dessen Querprofil eine halbe liegende Ellipse ist (Fig. 46, *a*).

3. Das flache oder Segmentgewölbe mit dem Profil eines Kreissegments, wobei die Pfeilhöhe kleiner ist als die halbe Spannweite (Fig. 46, *b*).

4. Das scheitrechte Gewölbe, bei welchem die Pfeilhöhe gleich oder nahezu gleich Null ist (Fig. 46, *c*).

5. Das überhöhte Gewölbe, dessen Pfeilhöhe größer als die halbe Spannweite ist (Fig. 46, *d*).

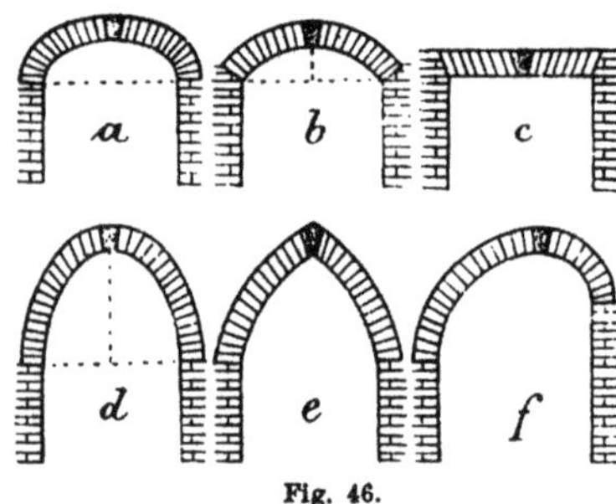

Fig. 46.

6. Das gotische oder Spitzbogengewölbe (Fig. 46, *e*).

7. Das steigende oder Schwanenhalsgewölbe (Fig. 46, *f*).

Die Stärke der Gewölbe, sowie der Widerlager ist von der Spannweite, von der Form des Profils, von der Größe der durch das Gewölbe zu tragenden Last, endlich vom verwendeten Material abhängig; da das Forstschutzorgan wohl nie in die Lage kommen dürfte, größere in Stein gewölbte Objekte selbständig auszuführen, so möge hier nur erwähnt werden, daß für kleinere Ziegelgewölbe ohne besondere Belastung (siehe später einfaches Tonnengewölbe, Fig. 48) bis zu einer Spannweite von etwa 7 m eine Dicke am Schluß von einer Ziegelbreite (15 cm), bei größerer Belastung oder Erschütterung aber eine Dicke von einer Ziegellänge (30 cm) am Schluß vorhanden sein muß; gegen die Anläufe hin werden die stärker beanspruchten Gewölbe durch Nachmauerungen verstärkt. Auch sogenannte Gurten, das sind gemauerte Ringe um den ganzen Umfang der Gewölbe, dienen zu deren Verstärkung. Die Stärke der Widerlager beträgt meist etwa $^1/_8$ bis $^1/_6$, bei starker Gewölbebelastung aber bis $^1/_4$ der Spannweite. Wirken auf ein Widerlager die Drücke oder eigentlich Seitenschübe zweier gleicher Gewölbe in entgegengesetztem Sinne (z. B. bei Mittelpfeilern $m$, Fig. 47), so heben sich diese durch Pfeile angedeuteten Drücke nahezu auf, und die Widerlager brauchen dort nur $^1/_{10}$ der Spannweite als Stärke zu erhalten.

Fig. 47.

Bei Wohngebäuden sind die Haupt- und Mittelmauern in der Regel schon so stark, daß sie als Widerlager der Gewölbe dienen können; zudem werden Schließen (vgl. §§ 8 und 12) so eingezogen, daß sie dem durch die Gewölbe hervorgerufenen Seitenschub entgegenwirken.

Die Gewölbe sind entweder ganz kurz, z. B. jene oberhalb der Fenster und Türen; oder sie haben eine bedeutende Ausdehnung in die Länge, z. B. jene zur Einwölbung eines Ganges; oder endlich, sie sind der Länge und Breite nach ausgedehnt, wenn sie z. B. zur Eindeckung eines Zimmers oder eines ganzen Gebäudes (Kirchen!) dienen.

Fig. 48.

Beispielsweise seien hier als durch die Form ihrer ganzen Oberfläche unterscheidbare Gewölbe erwähnt:

1. Das einfache Tonnengewölbe, zur Eindeckung langer Kellerräume oder Gänge häufig in Verwendung (Fig. 48).

2. Das Kreuzgewölbe, durch Durchdringung zweier gleicher Tonnengewölbe entstehend; die Durchdringungslinien stellen sich, wenn man im überwölbten Raume steht, von unten gesehen als ausspringende Grate oder Rippen dar (Fig. 49). Bei den Punkten $a$, $b$, $c$ und $d$ stützt sich das Gewölbe auf Widerlager. Solche Gewölbe sieht man häufig als Eindeckung von Kirchenräumen, aber auch von Wohnräumen, ebenso wie:

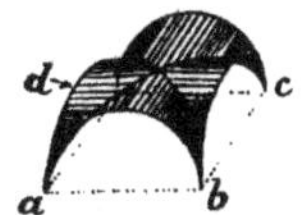

Fig. 49.

3. Das Kappengewölbe (Fig. 50), welches an seinem ganzen unteren Umfang unterstützt wird, mit von unten gesehen einspringenden Kantenwinkeln.

4. Das Spiegelgewölbe, bestehend aus einer ebenen Fläche (dem Spiegel), an dessen ganzen Umfang sich tonnenförmige Gewölbeteile anschließen (Fig. 51). Dieses Gewölbe dient häufig zur Eindeckung von Sälen.

Fig. 50.

5. Das Kuppelgewölbe, z. B. die halbkugelförmige Kuppel zur Eindeckung von Kirchen (Fig. 52), wobei die Kuppel stets an ihrem ganzen Umfange unterstützt wird. Wird nur die Hälfte einer solchen Kuppel angewendet, so erhält man ein sogenanntes Chorgewölbe; kleine solche, als Vertiefung in einer Wand angebrachte Gewölbe nennt man gewölbte Nischen, wie sie häufig zur Aufnahme von Statuen, Brunnen u. dgl. dienen.

Fig. 51.

Zur Ausführung der Gewölbe werden Quadersteine, Ziegel oder Bruchsteine verwendet. Quadersteingewölbe sind sehr fest und dauerhaft; Bruchsteingewölbe sind ziemlich schwierig herzustellen

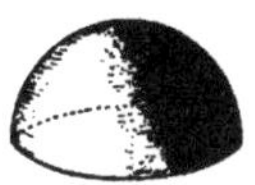

Fig. 52.

und etwas weniger solid. Im Hochbau wendet man vorwiegend Ziegelgewölbe an, die bei hinreichender Festigkeit, Dauerhaftigkeit und Leichtigkeit der Herstellung auch verhältnismäßig schwache Widerlager verlangen,
weil sie kein so bedeutendes Gewicht haben, wie Quadersteingewölbe.

Die meisten Gewölbe bedürfen zu ihrer Ausführung einer Eingerüstung (Fig. 53), welche einerseits dazu dient, um dem Gewölbe genau
die gehörige Form zu geben, anderseits das Gewölbe zu tragen hat, so
lange dasselbe nicht geschlossen ist. Diese Eingerüstung oder Verschalung
wird aus schmalen, gut ausgetrock-
neten Brettern, den sogenannten
Schalbrettern b gebildet, welche von
den Lehrbögen l getragen werden.
Die Schalbretter liegen nach der
Länge, die Lehrbögen in einer Entfernung von 1 m zu 1 m senkrecht
darauf, also in der Richtung des
Querprofils des Gewölbes. Die aus
Bretterstücken anzufertigenden
Lehrbögen werden in der vorzu-
zeichnenden Form des Gewölbeprofils zusammengenagelt und
durch ein Balkengerüst in der gewünschten Lage festgehalten; nun
bringt man über die Lehrbögen

Fig. 53.

die Schallbretter so an, daß sie womöglich nie alle über einem Lehrbogen
zusammenstoßen, wodurch die Bildung eines Absatzes vermieden wird.
Zwischen das Balkengerüst und die Lehrbögen werden Keile k eingefügt,
um die Bögen nach Bedarf etwas heben und senken zu können. Die Aufstellung dieser Eingerüstung muß mit der größten Sorgfalt erfolgen, da
jeder Fehler sich späterhin im fertigen Gewölbe äußern würde. Sodann
erfolgt die Aufmauerung beiderseits von den Widerlagern a gegen den
Schluß s hin.

Dabei sind folgende Regeln zu beachten:

Man baue nie ein ganzes Gewölbe fertig auf frischgemauerte Widerlager; bei Wohngebäuden stellt man daher meist die gesamten Mauern
bis zur Dachgleiche her, läßt also alle Widerlager austrocknen und sich
setzen, und dann werden erst die Wölbungen durchgeführt: nur etwa
ein unteres Drittel des Gewölbes beiderseits schon gleichzeitig mit den
Widerlagern aufzuführen ist ratsam, weil dadurch eine innige Verbindung
zwischen den Widerlagern und Gewölbefüßen eintritt; erst späterhin wird
das übrige Gewölbe bis zum Schlußstein s, der fest eingetrieben werden
soll, fertiggestellt.

Bei allen Gewölben sollen die Steine (Ziegel) in der Regel mit ihren
Lagerflächen in der Richtung der Gewölbelänge und so zu liegen kommen,
daß die Lagerfugen senkrecht auf die Richtung der Tangente stehen, die
man sich in dem betreffenden Punkte des Gewölbeprofils an den Gewölbe-
bogen denken kann. Sonach müssen z. B. bei einem vollen Gewölbe die
Lagerfugen sämtlich die Richtung von Radien jenes Halbkreises besitzen,
den uns das Gewölbeprofil vorstellt. Eine Ausnahme von dieser Regel
macht das scheitrechte Gewölbe, bei welchem (siehe vorne, Fig. 46, c) die
Steine in der aus der Figur ersichtlichen Weise unter einem Winkel von
etwa 60° gegen den Unterbogen (hier eine Gerade) geneigt sind; den
Schlußstein des scheitrechten Gewölbes bildet meist eine Zusammensetzung
mehrerer Steine (Ziegel).

Die Steine des Gewölbes müssen besonders sorgfältig gefügt werden, und die Mörtelfugen sind dünn zu halten, damit sich das Gewölbe wenig setze. Da aber jedes Gewölbe nach Entfernung der Eingerüstung doch eine gewisse Setzung erfährt, müssen die Lehrbögen von vornherein um so viel höher eingefügt werden, als diese Setzung erfahrungsgemäß beträgt: es empfiehlt sich die Anwendung eines ziemlich dickflüssigen, guten (womöglich Zement-) Mörtels.

Ist das Gewölbe fertig, so läßt man es am besten noch so lange durch die Eingerüstung unterstützt, bis der Mörtel nahezu (aber noch nicht ganz) trocken ist; dann entfernt man, mit dem Lüften der Keile beginnend, die Eingerüstung.

### *IV. Fundamentmauerwerk (Fundierungen).*

Die Dauerhaftigkeit und Solidität eines jeden Gebäudes hängt in erster Linie von der Tragfähigkeit des Baugrundes ab, auf dem es steht; gibt der Untergrund nach, so wird, da dies nie ganz gleichmäßig erfolgt, das Mauerwerk des Gebäudes Sprünge erhalten, unter Umständen sogar ganz einstürzen können. Man wird daher wo möglich einen festen Baugrund aufsuchen, und wenn ein solcher nicht vorhanden ist, entsprechende Maßnahmen treffen müssen, um dem Boden die nötige Tragkraft abzugewinnen. Erfahrungen von den Gebäuden der Nachbarschaft geben zumeist gute Anhaltspunkte über die zu benutzenden Baugründe. Muß man einen Baugrund neu untersuchen, so geschieht dies am sichersten durch das Ausgraben von Probegruben, ferner durch Bohrversuche mit eisernen, unten zugespitzten Stangen oder mit Erdbohrern, welche an ihrer Oberfläche kleine Kerben besitzen, in denen nach dem Herausziehen Stückchen des durchdrungenen Untergrundes haften bleiben. Die Leichtigkeit des Eindringens und der hiebei hörbare Klang lassen auf die Art des Untergrundes schließen: Die Stange knirscht im Sand, klingt dagegen dumpf in Humus, Torf und Lehm. Als Baugründe kommen namentlich in Betracht:

1. Fester Fels; derselbe ist ein vorzüglicher Baugrund, wenn er nicht zerklüftet ist; Gestein in dünnen, stärker geneigten Schichten (bröckeliger Schiefer u. dgl.) ist dagegen zu vermeiden (Abrutschungsgefahr!), besonders, wenn es Wasser führt. Jeder Felsuntergrund ist von der darüber befindlichen Vegetationsdecke, Erde und der obersten, verwitterten Gesteinsschicht zu befreien und entsprechend horizontal abzugleichen, was an Lehnen oft vorteilhafterweise nur in Stufenform geschieht.

2. Gewachsener Lehm- und Tegelgrund; er ist, wenn trocken und tief genug, sehr tragkräftig, besonders wenn er mit gröberem, reschem Sand vermengt ist; er bietet dagegen einen unsicheren Baugrund, wenn er den Angriffen des Wassers ausgesetzt ist und besonders in geneigtem Terrain.

3. Sand, besonders wenn er grob, kantig und resch ist und kein Wasser führt, bietet (auch mit Lehm untermischt) dann einen sehr guten Baugrund, wenn er bei eintretender Belastung durch das aufzuführende Gebäude nicht seitlich ausweichen kann; dagegen ist wasserführender, sehr feiner Sand, zumal wenn er seitlich Raum gewinnen kann (an einer Lehne) zu den gefährlichsten Baugründen zu zählen (Triebsand!).

4. Dammerde, Humuserde kann, auch wenn fest gewachsen, nur für leichte Holzbauten als Untergrund dienen; in der Regel muß die Humusschicht schon infolge ihres pflanzlichen Ursprungs (Flüchtigwerden des Humus!) bis auf einen solideren Baugrund abgelöst werden.

5. **Sumpf- und Moorgrund** wird bei geringer Mächtigkeit bis auf einen festereren Untergrund abgegraben; sind jene Schichten hiezu zu tief, so müssen künstliche Fundierungen (siehe weiter unten, Roste) zur Anwendung kommen.

6. **Aufgeschüttetes Erdreich** ist immer sehr zusammendrückbar, daher als Baugrund für solidere Gebäude gleichfalls unbrauchbar; muß man in aufgeschüttetem Erdreich fundieren, so wird das Fundament in der Regel durch dasselbe hindurch bis zu einem festen, gewachsenen Untergrund hinabgeführt werden müssen.

Ist man sich über die Art des Untergrundes im Klaren und hat man danach den geeigneten Bauplatz gewählt, so erfolgt die **Absteckung** und das **Ausgraben der Baugrube.** Nachdem der Grundriß des künftigen Gebäudes mittels Pflöcken und Schnüren am Terrain entsprechend gekennzeichnet ist, wird das Fundament ausgehoben, was mit einer gewissen **Vorsicht** geschehen muß. Die Böschungen der Baugrube dürfen nicht zu steil sein (Einsturzgefahr, Beschädigung der Arbeiter!), oder es müssen, wenn für Böschungen kein Raum ist, Pölzungen zur Anwendung kommen. In die Baugrube eindringendes Wasser muß ausgeschöpft und das Fundament möglichst rasch und mit wasserfestem Mörtel herausgemauert werden. Bei größerem Wasserandrang wird es notwendig, die ganze Baugrube vor deren Aushub durch eine herumgeführte Spundwand (vgl. Seite 10), die bis in undurchlässigen Untergrund reicht und daher den Wasserzutritt verhindert, zu umgeben; solche Spundwände werden aus Mann an Mann angeordneten Piloten (vgl. später, Seite 27) hergestellt, welche so zugerichtet und eingetrieben werden, daß sie mit Feder und Nut (Seite 10) möglichst dicht aneinanderpassen; die Piloten (Spundpfähle) für Spundwände müssen unten unsymmetrisch zugespitzt, beziehungsweise so abgeschrägt werden, daß die jeweils einzutreibende Pilote durch das Einrammen selbst zugleich an die schon eingetriebene benachbarte Pilote angedrückt wird. Muß endlich ein **Fundament unter dem Spiegel eines Gewässers** (Fluß, See) beginnen, so wird das Wasser durch einen etwa aus Ton bestehenden und daher wasserdichten, wenn nötig durch Piloten oder eine vollständige Spundwand verstärkten Fangdamm, hinter welchem man das noch verbleibende Wasser ausschöpft, abgehalten; — oder man zielt überhaupt gar nicht auf Trockenlegung der Baugrube ab, sondern errichtet einen sogenannten Steinwurf, d. h. man wirft größere, kantige Steine so lange an und schlichtet sie mittels Stangen unter Wasser, bis die Anschüttung zum Wasserspiegel reicht, und darauf wird nun die eigentliche Mauer aufgeführt (bei Stützmauern besonders im Straßenbau häufig); noch solider, aber sehr teuer ist eine Schüttung von unter Wasser erhärtendem Beton, der schichtenweise gestampft wird.

Die unterste Fläche der Fundamentmauern, die sogenannte Fundamentsohle, muß horizontal sein oder wenigstens durch horizontale Stufen gebildet werden. Die Fundamentsohle bei gemauerten Wohngebäuden soll stets unter den Bereich des Frostes und der oberirdischen Feuchtigkeit hinabgeführt werden, also mindestens $1\,m$ unter die Erdoberfläche gehen; alle Mauern sollen möglichst gleich tiefe Fundamente erhalten.

Es ist klar, daß die Standfestigkeit einer Mauer größer und die Zusammendrückung des Untergrundes geringer sein wird, wenn man das Fundamentmauerwerk verbreitert und so den Druck auf eine größere Fläche verteilt. Deshalb erhält bei Hochbauten das **Fundament jeder Mauer** eine Verstärkung; diese beträgt bei gutem Baugrund für schwache, z. B. Scheidemauern, welche nur einen geringen Druck auf den Boden ausüben, nach beiden Seiten hin je mindestens 7·5 cm, die Mauer wird also um 15 cm (¹/₂ Ziegellänge) verdickt; für die stärkeren und mannigfach belasteten Hauptmauern beträgt diese Verstärkung (das sogenannte Mauerrecht) nach beiden Seiten mindestens je 15 cm, diese Mauern werden sonach im Fundament um wenigstens 30 cm (1 Ziegellänge) verbreitert. Bei minder guten, zusammendrückbareren Baugründen oder außerordentlich starker Belastung wird eine noch größere Fundamentverstärkung in Form stufenförmiger Absätze gegen die Fundamentsohle hin gegeben.

Für die Herstellung des Fundamentmauerwerks aus Bruchstein gilt, daß man in die unterste Schicht die größten und lagerhaftesten Bruchsteine verwendet und letztere auf die beste Lagerseite legt; die Fugen werden sehr sorgfältig mit geeignetem Mörtel (siehe vorne, Seite 6 und 7, Verbindungsmaterialien) ausgefüllt und gut mit kleinen Steinen verkeilt; im übrigen gelten die für gewöhnliches stehendes Mauerwerk angeführten Grundsätze (vgl. § 9, *I*, 1 bis 5).

**Muß man auf minder gutem oder auf schlechtem Grunde fundieren, so gelangen folgende Mittel zur Anwendung:**

1. **Verdichtung des Erdreiches.**

*a)* Das Erdreich wird mittels schwerer Stößel oder eines Rammklotzes solange zusammengeschlagen, bis es entsprechend dicht und tragfest geworden ist (nur für leichte Bauten auf wenig zusammendrückbarem Grund anwendbar).

*b)* **Verdichtungspfähle oder -Piloten** (siehe Seite 26) werden in entsprechender Anzahl am Baugrund eingetrieben, wodurch das zwischen ihnen liegende Erdreich verdichtet und deshalb tragkräftiger wird.

2. **Betonlager**, das sind wenigstens 45 cm dicke Betonmassen, die wesentlich breiter als die eigentliche Fundamentmauer, welche darauf zu stehen kommt, sein sollen, so daß der Druck der darüber zu erbauenden Mauer sich auf eine größere Fläche verteilt; hauptsächlich aus demselben Grunde sind auch wirksam:

3. **Roste**, die, damit das Holz nicht zu rasch verfaule, stets unter den Bereich des Grundwassers gelegt werden sollen.

*a)* Der **Pfostenrost** (Bohlenrost), bestehend aus nahezu oder ganz aneinanderschließend nach der Länge der darauf zu erbauenden Mauer gelegten Pfosten (Bohlen). Noch verstärkt kann dieser Rost werden, indem man in Entfernungen von etwa 1 m Querpfosten legt. Dieser Rost ist nur auf ziemlich gutem Grunde anwendbar.

*b)* Der **Schwellenrost** (liegender Rost); 20 bis 30 cm starke behauene Balken (Schwellen) werden etwa in 1 m Entfernung der Länge und Breite nach, in zwei sich unter rechtem Winkel kreuzenden Lagen, gelegt, wodurch ein zusammenhängendes Balkengerüste als Unterlage für die künftige Mauer entsteht. Die obere Balkenlage wird an den Kreuzungsstellen mit der unteren durch bündige Überplattung oder, wenn man die Hölzer wenig schwächen will, durch Aufkämmen verbunden. Über den Schwellenrost kann noch eine Pfostenlage gelegt werden. Die

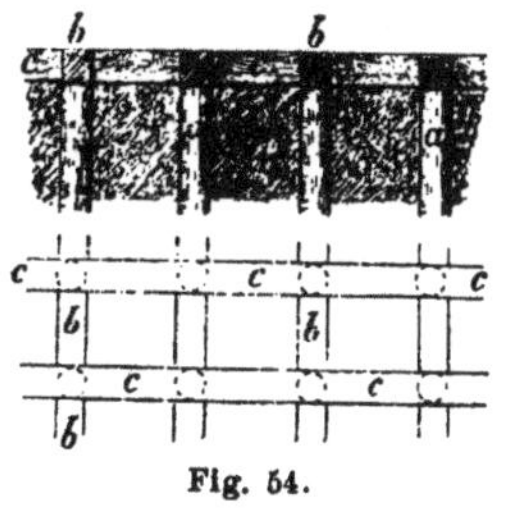

Fig. 54.

viereckigen Zwischenräume zwischen den Schwellen werden häufig mit Steinen ausgelegt und mit Mörtel vergossen oder mit Beton ausgefüllt, so daß keine Hohlräume übrigbleiben. Der Schwellenrost ist auf mittelgutem Baugrunde am Platz.

*c)* Der Pfahlrost oder pilotierte Rost (Fig. 54); es werden Reihen von Pfählen (Piloten) so eingeschlagen, daß der Abstand der Reihen von Mitte zu Mitte 1·0 bis 1·5 *m*, die Entfernung der Pfähle *a* voneinander in den Reihen 0·8 bis 1·0 *m* beträgt. Über diese Pfahlreihen wird dann ein Schwellenrost (*b* und *c*) gelegt, dessen Hölzer mit den Pfählen verzapft werden. Dieser Rost wird auf bis in größere Tiefe schlechtem Baugrund angewendet.

Beim Einschlagen (Einrammen) der Pfähle (Piloten), d. i. beim sogenannten Pilotieren, ist Folgendes zu beachten: Das Zurichten und Armieren der Piloten (vgl. Fig. 55) besteht darin, daß ein der voraussichtlichen Tiefe der Pilotierung entsprechend langer hölzerner Pfahl *a* (gewöhnlich aus rundem Nadelholz, am besten Lärche, und etwa 30 *cm* stark) oben abgeschnitten und unten so zugespitzt wird, daß der eiserne Pilotenschuh *b* gut darauf paßt und mit Nägeln befestigt werden kann; die Köpfe der Nägel müssen, zumal bei steinigem Boden, in Ausnehmungen des Pilotenschuhes versenkt sein, da sie sonst beim Einrammen herausgezogen würden. In weichem Untergrunde ist der Schuh entbehrlich, in mittlerem, von groben Steinen freiem Grunde genügt das Beschlagen mit Eisenbändern. Am oberen Ende wird die Pilote durch einen genau aufgepaßten Eisenring *c* gegen das Zersplittern (Aufbürsten) versichert. Nun wird am oberen Hirnende in der Mitte der Querfläche mittels des Bohrers ein ebenso großes Loch gebohrt, daß der eiserne Dorn *dd* genau hineinpaßt; der Dorn dient dann zur Führung des Rammklotzes (Bär, Hojer) *e*, der meist aus einem eisenbeschlagenen schweren Holzklotz besteht und Handhaben *f* besitzt, an denen er von Arbeitern emporgehoben und wieder auf die Pilote fallen gelassen wird, wodurch letztere allmählich in den Grund eingetrieben wird. Je fester der Untergrund ist, ein desto schwererer Rammklotz (bis 350 *kg*) mit desto mehreren Handhaben muß zur Anwendung kommen. — Zum anfänglichen Festhalten der Pilote und als Standpunkt für die Arbeiter wird ein Gerüst notwendig, das in einfachster Weise etwa aus Zimmerböcken und darübergelegten Pfosten gebildet wird und mit fortschreitendem Eindringen der Pilote in den Boden eine Erniedrigung ermöglichen muß. Bei Pilotierungen in tieferem Wasser wird das Gerüst auf zwei entsprechend verankerten und miteinander verspreizten Schiffen errichtet, zwischen welche die Pilote zu stehen kommt.

Fig. 55.

Wo viel pilotiert werden muß und in sehr schwerem Boden kommen statt der eben beschriebenen Handrammen eigene Vorrichtungen (Zugrammen, Dampframmen) mit schwererem, in einer Führung fallendem Bären zur Anwendung, welche auch ein schiefes Eintreiben der Piloten besser gestatten.

Bei den Handrammen machen die Arbeiter meist nach dem Takt eines passenden Liedes 20 bis 30 Schläge (eine Hitze) nacheinander und rasten dann wieder ein wenig. Eine Pilote, die eine bedeutende Last zu tragen hat, muß so lange eingerammt werden, bis sie in mehreren Hitzen höchstens mehr 5 *mm* eindringt. In manchem Untergrund (Ton) tritt dies oft schon bald ein; wenn man aber nach 14 Tagen neuerdings pilotiert, so dringen die früher schon festgestandenen Piloten wieder leichter in den Untergrund ein; darum muß bei solchen Böden nach einigen Wochen ein Nach-Pilotieren erfolgen, damit die Pfähle sicher feststehen. Trifft die Pilote auf Felsgrund, so tritt ein Federn des Rammklotzes ein, d. h. derselbe hüpft bei jedem Schlag entschieden etwas in die Höhe; in diesem Falle steht die Pilote fest genug und man darf das Rammen nicht fortsetzen, da sie sonst zersplittern (sich aufbürsten) würde.

Pfähle, die selbst wenig oder nichts zu tragen haben (z. B. Verdichtungspfähle), brauchen nicht so vollkommen fest eingerammt zu werden.

Spundwände, wenn sie den Zweck der Wasserabhaltung haben, bestehen aus Mann an Mann geschlagenen, mit Nut und Feder wasserdicht ineinander passenden, bis auf undurchlässigen Untergrund einzutreibenden Piloten (vgl. Seite 10 und 24).

### § 10. Von den hölzernen Wänden.

I. Fach- oder Riegelwände. Dieselben bestehen aus einem hölzernen, gut versteiften Gerippe, dessen Zwischenräume (Fächer) zumeist mit Ziegeln, oder auch mit Bruchstein, Lehm u. dgl. ausgefüllt, oder endlich durch eine Bretterverschalung abgeschlossen werden.

Das Gerippe einer solchen Fach- oder Riegelwand besteht nun aus (siehe Fig. 56) *a)* der Schwelle, die nach ihrer ganzen Länge voll auf dem Sockelmauerwerk *s* aufliegen und möglichst aus einem Stück bestehen soll. In die Schwelle verzapft oder mit ihr durch den Kreuzkamm verbunden sind *b)* die Säulen oder Ständer, welche vertikal stehen und durch ihre Länge die Höhe der Wand bestimmen; solche Säulen kommen jedenfalls an den Ecken und zur Einfassung der Türen und Fenster zur Anwendung, im

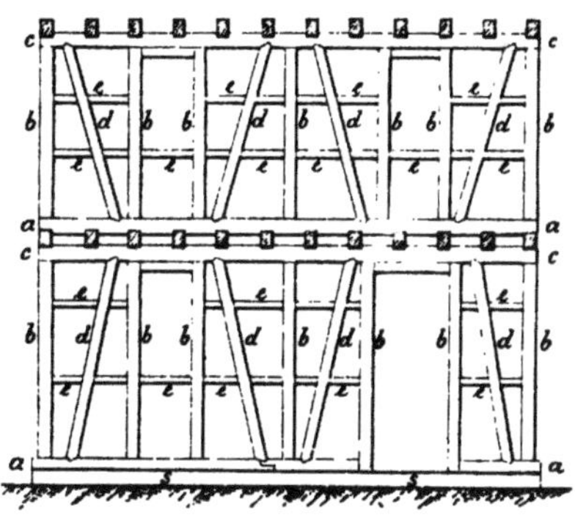

Fig. 56.

übrigen soll die Entfernung zwischen zwei Ständern nicht mehr als 1·5 *m* betragen. Oben sind diese Säulen in *c)* den Wandrahmen (das Kappholz) verzapft, welcher die Wand nach oben begrenzt und aus einem Stück bestehen soll; ist doch ein Anstoßen der Wandrahmen notwendig, so geschieht die Verlängerung möglichst unter einer Säule des oberen Stockwerkes durch die schief verzahnte Überplattung. Nun wird die Wand noch durch schiefliegende *d)* Streben (Windstreben, Büge) versteift, welche symmetrisch nach entgegengesetzten Seiten angebracht und mit der Schwelle wie mit dem Wandrahmen versatzt oder verzapft sein müssen. Endlich werden Säulen wie Streben noch durch kürzere horizontale *e)* Riegel fest verbunden und zugleich die ganze Wand in Fächer von höchstens 1 *m²* eingeteilt; auch dienen diese Riegel als Begrenzung der Türen nach oben und der Fenster nach oben und unten. Die Riegel werden an ihren Enden in die Säulen und Streben verzapft.

Nun handelt es sich darum, die noch offenen Fächer des Gerippes zu schließen oder auszufüllen. Dies kann z. B. geschehen durch Verschalung mittels gestoßener oder verspundeter Bretter; eine solche Verschalung kann nur nach außen oder aber an der Außen- und Innenseite erfolgen, in welch' letzterem Fall man den freien Zwischenraum zwischen beiden Verschalungen mit schlechten Wärmeleitern (Kohllösche, Sägemehl, Torfmull, Moos u. dgl.) ausfüllen und so die Wand wärmehaltend machen kann. Sehr häufig werden die Fächer mit Ziegeln ausgefüllt, in welchem Falle die Stärke der Geripphölzer der Mauerdicke entsprechen und die Breite der Fächer möglichst ein Vielfaches der Ziegellänge betragen soll. Carbolineumanstrich trägt sehr zur Haltbarkeit der Fachwände bei.

II. Blockwände, das sind solche Wände, die ganz massiv aus Holz bestehen; sie verschlingen sehr viel Holz und werden daher in Gegenden, wo Überfluß an Holz vorhanden und dieses dabei von nicht sehr großem Wert ist, oder mangels anderen Baumaterials (in vielen Gebirgsgegenden für Jagdhäuser, Alpenhütten u. dgl.) zur Anwendung gelangen.

Bei den Blockwänden ist die Eckverbindung der Balken beachtenswert; diese kann beispielsweise erfolgen:

1. Durch Verkämmung, welche sowohl bei nur zweiseitig, als auch bei ganz behauenen Balken Anwendung finden kann, und wobei Vorköpfe (Fig. 57, v) entstehen; die Balken werden meist der Länge nach miteinander verdübelt (die hölzernen Dübel sind am obersten Balken der Fig. 57 sichtbar), und etwaige Fugen werden mit getrocknetem Moos u. dgl. verstopft.

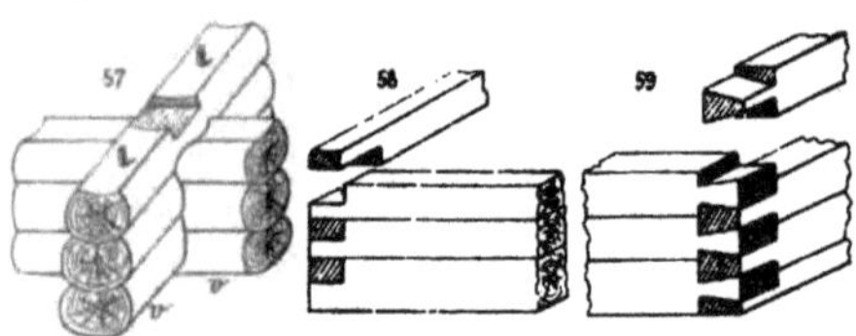

Fig. 57 bis 59. Eckverbindungen bei Blockwänden.

2. Durch Überplattung (Fig. 58).

3. Durch Verzinkung (Fig. 59).

Die Eckverbindungen durch Überplattung und durch Verzinkung, für welch' letztere meist ganz behauenes Holz zur Anwendung gelangt, werden häufig mittels hindurchgeführter vertikaler Holznägel oder eiserner Bolzen versichert.

Da die Blockwände sich nachträglich stets etwas setzen, ist bei den Tür- und Fensteröffnungen zunächst ein entsprechender Spielraum zu belassen, damit späterhin das Öffnen und Schließen anstandslos erfolge.

### § 11. Verputz und Weißigung der Mauern.

Der Verputz oder Anwurf besteht aus einem dünnen Mörtelüberzug, mittels dessen man die Wände gegen die Einflüsse der Witterung schützt, dichtet, glättet und ein hübscheres Aussehen der Bauwerke erzielt. Quadermauern erhalten in der Regel keinen Anwurf, weil sie selbst aus wetterbeständigerem Material bestehen als der Verputz. Dagegen werden Ziegel- und Bruchsteinmauern meist mit gutem Kalkmörtel — wo Feuchtigkeit oder direkter Wasserangriff vorhanden ist, mit Zementmörtel — verputzt. Im Inneren der Gebäude an ganz trockenen Flächen endlich kann auch Gipsmörtel zum Verputz verwendet werden. Mitunter werden auch Riegel- oder reine Holzwände verputzt, was aber erst dann geschehen darf, wenn das Holz sehr gut ausgetrocknet ist, sonst würde es leicht in kürzester Zeit mürbe werden.

Verputz mit Kalkmörtel. Die rohe Mauerfläche (deren Fugen von außen auf etwa 1 *cm* Tiefe mörtelleer belassen wurden und welche von Staub u. dgl. gut gereinigt sein soll, damit der Verputz festhalte) wird tüchtig befeuchtet, und hierauf der mit reinem, reschem Sand angemachte Mörtel mit Kraft angeworfen, so daß er auch in die Fugen dringt. Der Verputz wird in ein, zwei oder drei Lagen und in einer Gesamtdicke von höchstens 2 *cm* aufgetragen, wobei die entsprechende Dicke jeder Lage mit der Kelle hergestellt wird. Bei allen größeren Mauerflächen werden in den Ecken der Wand und dazwischen in Entfernungen von etwa 2 *m* zunächst vertikale Streifen (Lehrstreifen) angeworfen, welche mittels des Richtscheites und Senkbleies geprüft werden und dann beim Anwurf der Zwischenflächen als Richtschnur dienen. Man unterscheidet *a)* den gewöhnlichen Verputz, welcher wieder ein **grober oder ein feiner Verputz** sein kann, *b)* den Zierverputz (Quaderverputz), *c)* den Spritzanwurf. Der **grobe Verputz** wird aus ein oder zwei Lagen gebildet, wobei der Mörtel bloß mit der Latte abgestreift oder mit der Kelle etwas ausgeglichen wird und gröberer Sand zur Verwendung gelangt. Der **feine Verputz** besteht aus drei Lagen Mörtel, deren erstere zwei wie beim groben Verputz aufgetragen werden, während die dritte Lage aus einem mit feingesiebtem Sand und mehr Kalk angemachten Mörtel hergestellt und, um eine glatte Fläche zu erhalten, mit dem Reibbrettchen verrieben wird. Der **Zierverputz** (Quaderverputz) wird aus gewöhnlichem Verputz erzeugt, indem man in denselben Fugen einschneidet, so daß die Wand das Ansehen einer Quadermauer erhält. Die Fugen werden mit einem Messer nach einer Blechschablone gezogen. Der **Spritzanwurf** besitzt eine rauhe, körnige Oberfläche, welche erzeugt wird, indem man auf den frischen gewöhnlichen Verputz kleine Kieselsteinchen anwirft, die daran oberflächlich haften bleiben. Eine andere Art rauhen Verputzes stellt man her, indem man die verputzte Fläche mit kurzen, beschnittenen Reisigbesen gleichmäßig betupft.

Der Verputz wird von oben nach unten zu angeworfen, sobald die Mauern auch innerlich gut ausgetrocknet sind; er muß zu einer solchen Jahreszeit fertiggestellt sein, daß er selbst noch gut erhärten kann, bevor Frostwetter eintritt. Damit der Anwurf haltbar sei, muß, zumal an der Wetterseite, gutes Mörtelmaterial dazu verwendet werden.

Wo Riegelwände verputzt werden sollen, muß deren Holz, bei ganz hölzernen Wänden aber die ganze Fläche mit Rohrstängeln in horizontalem Verlaufe benagelt werden, damit das unvermeidliche Reißen des Holzes keine bedeutenderen Risse im Verputz verursache und auch der Anwurf besser an der Fläche hafte. Auf diese Rohrunterlage („Berohrung") wird der Verputz wie bei den Mauern angeworfen und geglättet.

**Weißigung der Mauern**; sie erfolgt, nachdem der Verputz gehörig ausgetrocknet ist, indem man die Mauern mittels des Weißpinsels mit Kalktünche (Kalkmilch) überzieht. Für neue Mauern genügt ein ein- oder zweimaliger Anstrich; bei alten Mauern muß mitunter eine mehrmalige Weißigung (Durchschlagen der früheren Farben und alten Schmutzflecke!) eintreten, jedenfalls muß vorher die frühere Kalkkruste abgeschabt werden.

Das **Färbeln** der Mauer erfolgt durch ebensolchen Anstrich wie die Weißigung, nur wird der Kalktünche etwas Erdfarbe zugesetzt. Nur matte, sanfte Farben (Ocker, Grünerde) machen einen hübschen Eindruck.

Bei Mitanwendung von Gips lassen sich mit dem Verputz allerhand hübsche Verzierungen an den Wänden (Gesimse!) und Decken anbringen (vgl. Seite 7); solche feinere Verputzarbeiten nennt man **Stuckarbeiten**.

### § 12. Von den Oberböden (Zwischendecken).

Durch die Oberböden (Zwischendecken) werden die übereinander liegenden Geschosse (Stockwerke) voneinander getrennt; sie bestehen aus der eigentlichen tragenden Decke (Plafond) und dem darauf befindlichen Fußboden für das höher liegende Geschoß.

I. Hölzerne Decken. Sie bilden bei den forstlichen Bauten die Regel. Hieher gehören:

1. Die Tramböden; von diesen seien hier erwähnt:

A. Der einfache Tramboden (Fig. 60); er besteht aus den rechtwinklig als Tragbalken behauenen Trämen a, welche hochkantig in Abständen von 1 m voneinander liegen und entweder mit ihren Enden auf

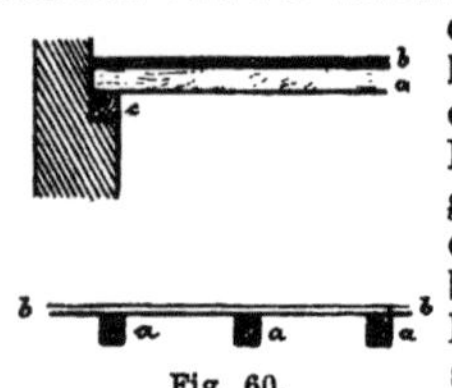

Fig. 60.

den Absätzen der Haupt- und Mittelmauer auf eine halbe Ziegellänge (15 cm) frei aufliegen oder (in der Mittelmauer) ebenso weit eingemauert sind. Diese Träme tragen den aus Brettern oder Pfosten gebildeten Fußboden b, dessen Hölzer, wo ein dichterer Abschluß nötig ist (z. B. bei Schüttböden) gefalzt sind. Auch die untere (Plafond-) Fläche kann mit Brettern verschalt werden. Damit sich der Druck der Träme auf die Mauern gleichmäßig verteile, gibt man den Trämen a eine Unterlage c nach der ganzen Länge der Mauer, und zwar entweder einen $^{15}/_{15}$ cm starken Balken (Rast- oder Rostbalken) oder einen etwa 5 cm dicken, 15 cm breiten Pfosten (Rast- oder Rostladen).

Da die Träme senkrecht auf die vordere und rückwärtige Frontmauer gelegt werden, ergibt sich, daß sie auch als Schließen zur Verbindung dieser Mauern verwendet werden können (siehe § 8), indem man an ihre äußeren Enden Schließenstangen befestigt. Ist ein Gebäude durch eine Mittelmauer in zwei Trakte geteilt, so müssen die an dieser Mauer sich nähernden zu Schließen bestimmten Träme an ihren dortigen Enden mittels Eisenschienen verbunden werden. Solche Tramschließen bringt man als Verbindung der Frontmauern von Mitte zu Mitte der Fensterpfeiler an. In ähnlicher Weise werden die den Trämen als Auflager dienenden Rastbalken, welche die gegenüber liegenden Stirnmauern miteinander verbinden, durch Anbringung von Schließenstangen an ihren Enden als Schließen (Rastschließen) wirksam gemacht; besteht die Rastschließe nicht aus einem Balken, so müssen wieder die sich stoßenden Balken durch Eisenschienen verbunden werden.

Ein Tramboden wie der eben beschriebene kann fast nur für Ställe, Magazine u. dgl. verwendet werden, da er gar nicht feuersicher ist und man zudem jedes Geräusch vom oberen ins untere Stockwerk hören würde. Für ständig benützte Wohngebäude muß daher unter die Fußbodenbretter eine 10 bis 15 cm tiefe Schuttschicht eingefügt werden, wozu sich der aus Bequemlichkeit oft verwendete alte Bauschutt wegen der meist in ihm enthaltenen Krankheits- und Ungeziefer- und Pilzkeime (Hausschwamm!) weniger eignet, sondern womöglich reiner, feiner, trockener Flußkies genommen werden soll; besonders sind erdige und pflanzliche Beimengungen zu vermeiden. Bei einem solchen einfachen Sturztramboden mit Schuttanschüttung (Fig. 61) kommt senkrecht auf die Träme a zuerst eine Verschalung aus sich (um dicht zu sein) am Rand mindestens 2·5 cm übergreifenden Brettern (Sturzboden, b und b'), und darauf die Schuttanschüttung. In die letztere werden die $^{9}/_{12}$ cm starken sogenannten Polsterhölzer d flachkantig in etwa 1 m Entfernung voneinander gelegt und eingebettet, und quer über diese werden dann die zu hobelnden Fußbodenbretter *e* auf jedem Polsterholz mit zwei Nägeln angenagelt. Die gleichfalls anzunagelnden Bretter *f* schließen dann die Decke auch nach unten hin ab.

Denkt man sich auf an die Träme geschraubte Leisten (zwischen die Träme) einen dichten Bretterboden gelegt, darauf eine Schuttanschüttung bis in die Höhe der oberen Flucht der Träme und dann direkt auf die Träme den Fußboden genagelt, so entsteht die sogenannte „Einschubdecke", welche ziemlich schalldicht, billiger und weniger hoch ist, als der in Fig. 61 dargestellte Boden, jedoch eine mindere Feuersicherheit besitzt, als der letztere. Jedenfalls ist die Einschubdecke — welche schließlich nach unten zu durch Plafondbretter verschalt wird — für Wohngebäude dem in Fig. 60 abgebildeten Boden vorzuziehen. Auf Tafel II ist ein als Einschubdecke konstruierter Tramboden dargestellt.

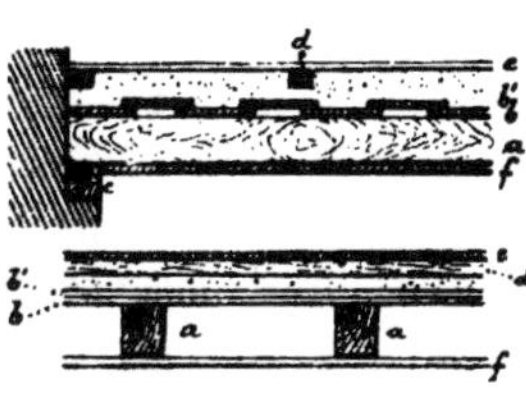

Fig. 61.               Fig. 62.

Bei den ebenbesprochenen einfachen Tramböden erleiden die Plafondbretter *f* (Fig. 61) dieselben Erschütterungen wie die Träme *a*, der Deckenverputz bekommt daher bald Risse und Sprünge. Deshalb stellt man bei besseren Wohngebäuden den Plafond ganz unabhängig von den Hauptträmen (Sturzträmen) *a* her; dies geschieht beim:

*B.* **Sturztramboden mit Fehlträmen** (Fig. 62). Bei diesem werden eigene schwächere Träme, die sogenannten **Blind-** oder **Fehlträme** *g* (3 bis 5 *cm* von den Sturzträmen *a* entfernt und 6·5 *cm* weiter herabreichend als letztere) direkt auf die Rastschließen gelegt, während dort unter die Auflager der Sturzträme 6·5 *cm* starke Brettstücke eingefügt werden müssen. An die Fehlträme *g* werden sodann die nun von den Sturzträmen unabhängigen Plafondbretter *f* angenagelt. Der Fußboden wird auch hier geradeso wie bei den einfachen Sturztramböden mit Schuttanschüttung angebracht. — Die hochkantig zu legenden Sturzträme der Tramböden erhalten bei einer Trakttiefe bis 5 *m* einen Querschnitt von $^{18}/_{24}$ *cm*, bei Trakttiefen von 5 bis 6·5 *m* einen solchen von $^{21}/_{28}$ *cm*, bei Trakttiefen von 6·5—7·5 *m* einen Querschnitt von $^{24}/_{32}$ *cm*. Die Fehlträme werden schwächer ($^{15}/_{20}$ bis $^{18}/_{24}$ *cm*) dimensioniert.

Es ist sehr ratsam, die Hirnenden der Träme gegen Feuchtigkeit zu schützen, sie also z. B. (abgesehen davon, daß nur gut ausgetrocknetes Holz eingebaut werden darf) am „Kopf" durch einen Blechbeschlag oder vorgelegte Brettstücke gegen das besonders anfangs noch etwas feuchte Mauerwerk zu isolieren.

**2. Der Dippelboden** (Fig. 63).

Bei dieser Deckenkonstruktion werden die Balken *b* (hier Dippelbäume genannt) Mann an Mann so nebeneinandergelegt, daß sie beiderseits mit ihren Köpfen 15 *cm* auf der Rastschließe *c* oder einem Rastladen aufliegen. Damit die Dippelbäume *b* in ihrer Gesamtheit einen zusammenhängenden Boden (den Dippelboden) bilden, sind sie in Entfernungen von etwa 2 *m* durch hölzerne Bolzen miteinander verbunden. Man unterscheidet geschnittene und behauene Dippelbäume. Erstere werden (nach

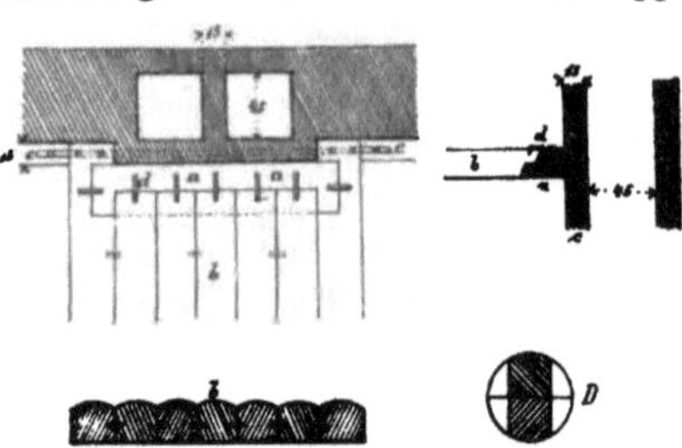
Fig. 63.

Fig. 63, *D*) aus starken runden Baumstämmen erzeugt, welche nach der Länge ihrer Achse in zwei Teile geschnitten werden; an der Seite werden sie auf mindestens 2·5 *cm* Tiefe beiderseits abgesägt, damit sie im Dippelboden dicht aneinandergeschlossen werden können. Für größere Trakttiefen werden jedoch vierkantig behauene Dippelbäume verwendet. Auf den Hauptmauern erhalten sie jedenfalls freie Auflager (Mauerabsatz mit Rastschließe) von 15 *cm* Breite, in die Mittelmauer werden sie mitunter 7·5 *cm* oder 15 *cm* tief eingemauert. Die Hirnflächen der Dippelbaumköpfe lässt man zur Sicherung gegen Feuchtigkeit etwas von der Mauer abstehen und stellt zudem einen Laden oder auch Dachziegel dazwischen. Unmittelbar auf den Dippelboden kommt oben der Schutt mit dem Fußboden ganz so wie bei den Tramböden, während die untere Fläche direkt als Plafond verputzt wird; der Verputz bekommt hier nicht so leicht Sprünge, wie bei den einfachen Tramböden, da der fest zusammenhängende Dippelboden fast keine Durchbiegungen erleidet. Für Trakttiefen bis 5·5 *m* können 20 *cm* hohe, bei Trakttiefen von 5·5 bis 7 *m* 21 bis 26 *cm* hohe Dippelbäume in Anwendung kommen.

Sind in den Mittelmauern, auf welchen die Dippelbäume aufliegen sollen, Öffnungen, z. B. Schornsteinröhren, enthalten, welche das Auflagern der Dippelbaumköpfe an dieser Stelle hindern, so ist das sogenannte Auswechseln der Dippelbäume notwendig; man dürfte sie nämlich (vgl. Fig. 63) dort keinesfalls einmauern, da der Feuersicherheit halber jeder Holzbestandteil in einem Gebäude mindestens 15 *cm* von der inneren Schornsteinwand entfernt bleiben muß. Die Köpfe der Dippelbäume kommen daher in einem solchen Falle auf einen Wechsel *a*, d. i. auf einen Balken zu liegen, der senkrecht auf ihre Lage an der inneren Mauerfläche gelegt wird und beiderseits auf nicht „ausgewechselten" Dippelbäumen aufruht. In der Figur stellen uns die fünf am Wechsel *a* liegenden Dippelbäume sogenannte ausgewechselte Dippelbäume dar. Der Wechsel *a* und alle Dippelbäume (ausgewechselte und nicht ausgewechselte) müssen übrigens in einer und derselben Ebene liegen, um einen ebenen Plafond zu bilden, weshalb sie an ihren Auflagern entsprechend bündig miteinander überplattet werden müssen. Die hölzerne Rastschließe *cc* ist durch den Schornstein unterbrochen; ein eisernes Band dient jedoch in der aus der Figur ersichtlichen Weise dazu, die beim Schornstein gestörte Verbindung der Rastschließenteile herzustellen. Die Dippelbäume werden mit dem Wechsel durch eiserne Klammern *d* verbunden.

Dippelböden werden seltener angewendet, besonders da sie wegen ihres die Durchlüftung verhindernden dichten Abschlusses leichter der Vermorschung ausgesetzt sind, als die bei Wohngebäuden allgemeiner üblichen Tramböden.

Die Balken der Decken werden, besonders wenn nicht vollkommen trockenes Holz eingebaut wurde oder die Mauer etwas feucht ist, zuerst nächst den Köpfen schadhaft, und dann zeigen sich im darunter gelegenen

Deckenverputz Sprünge. In diesem Falle muß der Zustand der Balken durch Abnahme des darüber befindlichen Fußbodens (eventuell Anbohren der Balken) untersucht und müssen schadhafte Balken durch neue ersetzt werden.

II. Decken aus Holz und Eisen. Von diesen sei hier nur die Konstruktion einer einfachen Traversendecke kurz erwähnt.

Zunächst denke man sich anstatt der hölzernen Träme eines einfachen Sturztrambodens schmiedeiserne, gewalzte Hauptträger (Traversen) von I-förmigem Querschnitt; diese liegen auf der Rastschließe nicht direkt auf, sondern es werden als Auflager für diese Traversen Gußeisenplatten auf die Rastschließe gelegt. Auf und quer über die Hauptträger kommen nun hölzerne Zwischenträger. Letztere werden wie bei den Tramböden nach oben hin durch Bretter verschalt, und auf letztere kommt dann die Schuttanschüttung mit dem Fußboden. Die am Plafond nach unten hin vorspringenden Traversen erhalten z. B. durch eine Umhüllung mit Holz und Rohr und einen darauf angebrachten Verputz ein gefälliges Ansehen. Traversendecken werden für Trakte von sehr großer Tiefe angewendet, wo hölzerne Träme schon ungeheuer stark sein müßten, um die nötige Tragkraft für so große Spannweiten zu besitzen. Bei ganz besonders tiefen Trakten endlich müssen die Traversen noch durch gußeiserne Säulen von unten her unterstützt werden.

III. Feuersichere Decken aus Eisen und Mauerwerk. Man legt in gleichen Entfernungen von etwa 1 m eiserne Traversen und spannt zwischen denselben 15 cm starke, zumeist sehr flache Tonnengewölbe, so daß deren Längsrichtung parallel mit jener der Traversen verläuft. Darüber wird dann durch die Schuttanschüttung eine horizontale Unterlage gebildet, auf die der Fußboden in der wiederholt erwähnten Weise aufgelegt wird.

Zusatz 1. Stuckatorung der Oberböden (Deckenverputz). Zumeist gibt man den von Holz hergestellten Pflafonds einen Überzug (den sogenannten Stuck), wodurch sie ein den verputzten Mauern gleiches Ansehen erhalten. Der Stuck (gewöhnlicher, mit grobem Sand angemachter Mörtel, dem behufs rascherer Erhärtung etwa $^1/_3$ Gips beigemengt ist, vgl. S. 7 und 29) würde an der Holzdecke unmittelbar nicht halten. Daher muß die Decke zunächst berohrt, d. h. mit Stuckatorrohr überzogen werden. Letzteres wird an der zu berohrenden Fläche in Entfernungen von etwa 15 cm mittels Stuckatordraht festgehalten, welcher mittels Stuckatornägeln, um deren Köpfe der Draht geschlungen wird, das Rohr an der Decke festhält. Ist der Plafond auf diese Art berohrt (wobei die Stuckatorrohrhalme um ihre Dicke voneinander entfernt liegen), so wird die ganze Fläche mit Stuck beworfen, so daß alle Zwischenräume ausgefüllt sind und die ganze Fläche gleichmäßig überzogen ist. Die Eigenschaft des Gipses, schnell zu erhärten, erheischt es, daß nur immer kleine Quantitäten Stuck auf einmal bereitet und dann gleich verwendet werden. Auf diesen ersten Anwurf kommt nach dessen Trocknung der feine Verputz, der nicht angeworfen, sondern mit Reibbrettchen aufgestrichen wird, wie beim feinen Mauerverputz überhaupt.

Die Stuckatorung erfolgt bei Dippelböden auf der unteren Seite der Dippelbäume, bei den Tramböden auf den unten an die Träme anzunagelnden, 2 bis 2·5 cm dicken Plafondbrettern. Jedenfalls muß das Holz, auf dem der Stuck haften soll, gut ausgetrocknet sein, weil sonst bald Holz und Deckenverputz Sprünge bekommen würden. Um diese nachteilige Wirkung des „Arbeitens” des Holzes noch zu vermindern, pflegt man auch die Bretter der Plafondverschalung (bei Trambödin) vor dem Annageln nach der Länge anzuspalten (zu „spranzen").

Wo die Plafondfläche mit den vertikalen Mauern zusammentrifft, wird gewöhnlich mittels Mörtel eine Abrundung der dort entstehenden einspringenden Winkel vorgenommen, so daß sogenannte Hohlkeblen entstehen; oder man bringt dort zur Verzierung kleine Mörtelgesimse an. Größere Verzierungen in der Stuckatorung erhalten meist einen Kern aus entsprechend geschnitztem Holz oder aus gegossenen Gipsformen, die (besonders an der Decke) eigens befestigt werden müssen.

Zusatz 2. Von den Fußböden.

A. Fußböden von Holz.

a) Der Bretter- (Dielen-) Fußboden, meist aus weichem Holz; derselbe wurde, weil mit der Konstruktion der Oberböden (siehe Seite 30) innig zusammenhängend, bereits besprochen.

b) Der Friesboden. Auf die in die Schuttanschüttung eingebetteten Polsterhölzer c (Fig. 64) werden Friese a (10 bis 15 cm breite Leisten aus Eichenholz) gelegt, so daß der ganze Boden in mehrere größere Felder geteilt ist. Zwischen diese Friese und mit ihnen durch den halben Falz bündig verbunden kommen dann gewöhnliche, häufig weiche Bretter b dicht aneinandergelegt, welche senkrecht zur Richtung der Friese stehen.

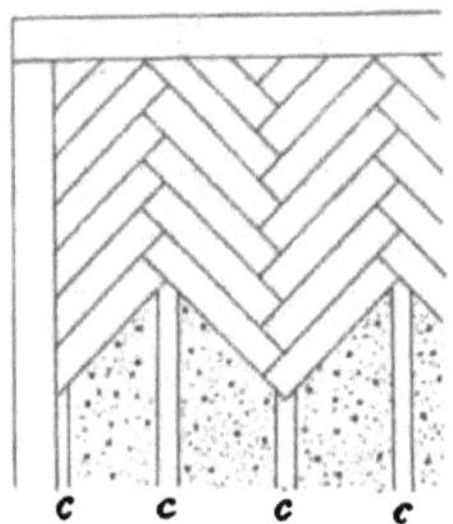

Fig. 64.

Friesböden nach Fig. 65 mit in fischgrätenartiger Lage angebrachten Brettern, die dann schief zur Richtung der Friese liegen und mit Feder und Nut (ganzem Falz) ineinandergreifen, sind sehr solide Fuß-

Fig. 65.

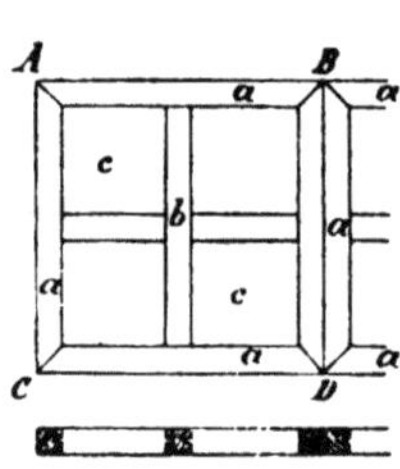

Fig. 66.

böden, besonders, wenn man sie nicht, wie in der Figur, direkt auf die Polsterhölzer c, sondern auf einen über letztere anzubringenden gewöhnlichen, ungehobelten Bretterfußboden (Blindboden) legt. Bei diesen Friesböden kommen Buchenholzbretteln häufig zur Anwendung.

c) Der Parkettboden; er wird für elegante Wohnräume meist angewendet. Auf die Polsterhölzer wird ein gewöhnlicher Blindboden gelegt, und auf diesem werden dann durch ein aufgelegtes Rahmengerippe a (Fig. 66) aus hartem Holz (Eiche!) quadratische Tafeln von etwa 50 cm Seitenlänge erzeugt. Die Quadrate zwischen den Rahmen ABCD werden dann etwa durch Kreuze b noch unterteilt und die kleinen Quadrate c endlich durch Füllbretter ausgefüllt, welche mit ihren Federn in die Nuten der Rahmen und Kreuze passen.

Bei „harten" Parkettböden sind Rahmen, Kreuze und Füllungen aus hartem Holz (meistens Eichenholz) erzeugt, und zwar entweder massiv oder aber fourniert,

d. h. nur die obere Schicht von etwa 6 *mm* Stärke besteht aus hartem Holz und ist auf weiche Tafeln aufgeleimt. Bei „weichen" Parkettböden bestehen die Rahmen aus hartem, die Füllungen aber aus weichem Holz. Als Einrahmung für den ganzen Parkettboden eines Zimmers laufen längs der Wände Leisten, mit denen die Randrahmen der Parkettenquadrate bündig verspundet sind; auf diese Leisten kommen dann noch 5 *cm* hohe, hübsch profilierte weitere Leisten (Sesselleisten) gelegt.

*B*. Fußböden aus Stein (Pflasterungen).

*a)* Ziegelpflasterung. Auf eine etwa 8 *cm* hohe, gut geebnete Schicht von Sand oder Mauerschutt kommt zunächst eine Mörtellage, und auf diese werden dann die Ziegel entweder auf die flache Seite gelegt (liegendes Ziegelpflaster, feuersicher, auf Dachböden!) oder, wenn man eine stärkere Pflasterung wünscht, auf die hohe Kante gestellt (stehendes Ziegelpflaster). Das Einlegen der Ziegel erfolgt zwischen zuerst einzurichtende sogenannte Richtziegel, die in solchen Zwischenräumen gelegt werden, daß man mit der Setzlatte (Abwäglatte, I. Band, Seite 314) auslangt. Man verwendet gewöhnliche, sowie eigene „Pflasterziegel" von verschiedener Form und Klinker; jedenfalls müssen sie besonders gut gebrannt sein. Die Ziegel werden in sorgfältigem Verbande gelegt, und die Fugen, wenn das Pflaster wasserdicht sein soll, mit Mörtel ausgegossen.

*b)* Quader-, Kehlheimer-, Zement-Platten-Pflaster sind Pflasterungen aus verschiedenen natürlichen oder künstlich erzeugten Steinplatten von meist größeren Dimensionen, welche ganz ähnlich wie die Ziegel als liegendes Pflaster in Schutt und Mörtel gebettet werden.

Pflasterungen sind in Kellern, Waschküchen, Gängen, Speise- und Wildbretkammern vorzügliche Böden, weil sie sich gut reinigen lassen und den Raum kühl halten. In Küchen wende man sie (wegen ihrer Feuersicherheit) nur zunächst dem Herde an, da man sonst durch Kälte in den Füßen leiden würde. Wo, wie häufig, auf Wasserabfluß gedacht werden soll (im Freien, in Waschküchen, beim Reinigen der Wildbretkammern, in Fischhütten), soll die Pflasterung eine entsprechende geringe Neigung gegen ein Abflußrohr o. dgl. erhalten.

*C*. Estriche.

*a)* Der Lehm-Estrich wird häufig in trockenen ebenerdigen Räumen (Tennen, Scheunen, Holzlagen), sowie wegen seiner Feuersicherheit am Dachboden angewendet. Lehm wird mit Wasser zu einer zäh-breiartigen Masse angemacht, der man, um Risse beim Trocknen zu verhüten, geschnittenes Stroh, dann auch Rinderblut oder Leim zusetzt, oder in welche man letztere Substanzen bei dem schichtenweisen Auftragen und wiederholten Stampfen (Pracken) durch Aufgießen zwischen die Schichten beigibt. Lehm-Estriche werden etwa 8 *cm* stark gemacht.

*b)* Der Gips-Estrich; auf eine trockene Schuttunterlage wird reiner, breiig angemachter Gips etwa 4 *cm* hoch aufgebracht und zusammengeprackt. Auch der Gips-Estrich ist nur in trockenen Räumen haltbar.

*c)* Der Kalk-Estrich; eine Betonmasse von Kalk und Ziegel- oder Steintrümmern wird in mehreren (etwa drei) Lagen aufgetragen, festgestampft oder gewalzt und zuletzt geglättet. Die oberen Schichten bestehen aus feinerem Material. Auf ganz ähnliche Weise stellt man den Zement-Estrich unter Anwendung von Portlandzement auf einer Betonunterlage her.

*d)* Der Asphalt-Estrich; derselbe erhält als Unterlage eine Betonschicht oder ein liegendes Ziegelpflaster. Darauf wird der durch Hitze erweichte Asphalt mit einem Sandzusatz zwischen eisernen Schienen gleichförmig etwa 2 *cm* dick aufgetragen, mit scharfem, gesiebtem Kiessand bestreut und gewalzt. — Da sich insbesondere in den Kalk- und Asphalt-Estrichen gesundheitsschädliche Stoffe (so wie in den Fugen der

Holzböden) nicht ansammeln können, sind sie als Böden in Ställen und Krankenzimmern von besonderem Wert; wegen ihrer Wasserdichtigkeit eignen sie sich auch für Wildbretkammern und Waschküchen.

## § 13. Von den Dächern.

### I. Allgemeines.

Die Dächer bilden den Abschluß der Gebäude nach oben hin; sie müssen, um ihrem Zwecke zu entsprechen, 1. wetterbeständig sein, so daß insbesondere das Eindringen des Wassers verhindert, das Dach selbst aber durch die Niederschläge und den Wind möglichst wenig beschädigt wird; 2. möglichst feuersicher; 3. mehrminder geneigt sein, letzteres wegen der Wasserabfuhr.

Jedes Dach setzt sich aus zwei Hauptteilen zusammen, nämlich: 1. Der Dachkonstruktion, welche 2. die Dacheindeckung (Dachhaut) trägt.

Die bei kleineren forstlichen Bauten gebräuchlichsten, einfachsten Formen der Dächer sind:

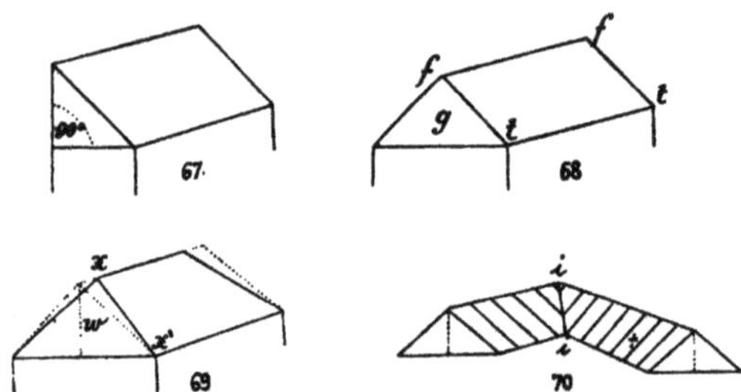


Fig. 67 bis 70. Die einfachsten Dachformen.

1. Das Pultdach (Fig. 67), dessen Querschnitt ein rechtwinkliges Dreieck ist (für Eindeckung von Kohlbarren, Holzschoppen und sonstigen kleinen Bauten).

2. Das Satteldach (Fig. 68), wobei die Giebelseite *g* ein vertikalstehendes gleichschenkliges Dreieck ist. *ff* heißt die Firstlinie, welche ebensolang ist als *tt* die Trauflinie; die Fläche *fftt* heißt Langseite des Daches und ist ein Rechteck.

3. Das Walmdach (Fig. 69), wobei an Stelle der vertikalen Giebelseite eine geneigte, sogenannte Walmseite *w* tritt, der First also kürzer wird als die Trauflinie. Die Schnittlinien *xx'* längs der ausspringenden Winkel, in denen sich die Langseiten mit den Walmseiten (Walmen) schneiden, heißen Grate. Der Punkt *x* heißt Anfallspunkt. — Wo zwei Dächer in einem Winkel zusammenstoßen (Fig. 70) entstehen einspringende Winkel, wobei die Linien wie *ii* Ichsen heißen.

### II. Ausführung der Dächer.

*A.* Die Dachkonstruktionen.

Die einfachsten derselben sind:

1. Das Sparrendach ohne Unterstützung.

Die Dachkonstruktion besteht aus etwa 1 *m* voneinander entfernt vertikal aufgestellten Holzkonstruktionen, den sogenannten Gespärren. Ein solches Gespärre setzt sich in einfachster Weise (Fig. 71) aus dem

Dachbalken *a* und den beiden in diesen (meist mit Zapfen) versatzten Sparren *bb* zusammen, welche am First in der Regel mit Zapfen und Gurgel verbunden sind. Bei der Aufeinanderfolge dieser Gespärre im Dach sollen in einer und derselben Dachseite immer Zapfen- und Gurgelsparren abwechseln. Nur bei schwachen Dächern kann die Verbindung am First durch mittels eines Stiftes verstärkte (verbohrte) Überplattung erfolgen.

Bei derlei Dachkonstruktionen wird es, um durch die nachfolgende Eindeckung annähernd ebene Dachflächen zu erhalten, notwendig, sogenannte Aufschieblinge *c* anzubringen. — Damit ferner alle Gespärre sicher in ihrer vertikalen Lage festgehalten werden, bringt man Windstreben an, die (innen diagonal über die ganze Dachfläche verlaufend) an die Sparren angeschlagen werden. — Die Gespärre werden nicht direkt auf die Mauer, sondern in der Regel auf ein flachkantig gelegtes Holz *d*, die sogenannte Mauerbank, gestellt und mit ihr verkämmt.

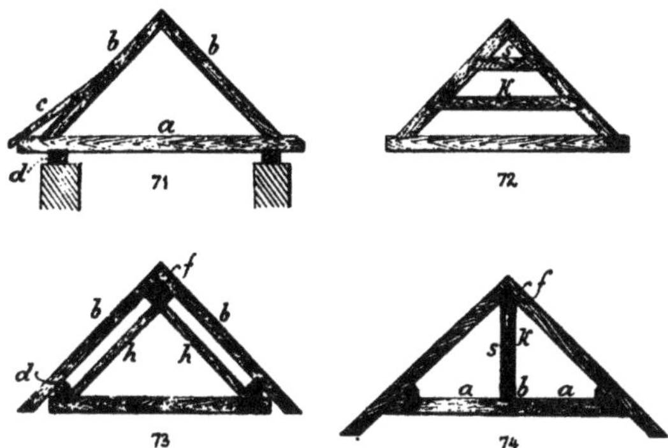

Fig. 71 bis 74. Schematische Darstellung der einfachsten Dachkonstruktionen.

2. Die Sparren sind unterstützt, und zwar:

*a)* Beim Kehlbalkendach (Fig. 72) durch Kehlbalken *k*; den nächst dem First angebrachten Kehlbalken *s* nennt man Spitzbalken. Mitunter sind auch hier Aufschieblinge nötig.

*b)* Beim Pfettendach (Fig. 73) erfolgt die Unterstützung durch die fünfkantigen Dachpfetten *d* und die Firstpfette *f*, die auch zugleich die Gespärre miteinander verbinden. Die den Wasserabfluß verlangsamenden Aufschieblinge fallen dabei weg. Auch ist hier insoferne eine Holzersparnis möglich, als man nur jedes vierte oder fünfte Gespärre durch Hauptsparren *h* und Dachsparren *b* so stark wie in Fig. 73 konstruiert, während bei den 2 bis 3 zwischen je zwei solchen starken Gebinden liegenden Gespärren die Hölzer *h* wegbleiben.

*c)* Bei den Stuhldächern endlich erfolgt die Unterstützung der Sparren mittels Säulen von den Dachbalken aus; sind diese Säulen in vertikaler Lage angebracht, so entsteht der stehende Dachstuhl, sind sie dagegen schief gestellt und den Sparren angeschmiegt, so hat man es mit dem liegenden Dachstuhle zu tun. Der stehende Dachstuhl kann in einfacher oder doppelter, der liegende aber nur in doppelter Form konstruiert werden.

*aa)* Der einfache stehende Dachstuhl*) (Fig. 74). Diesen Dachstuhl kann man sich dadurch entstanden denken, daß in einem einfachen Pfettendache bei Hinweglassung der Hölzer *h* die Firstpfette (hier Stuhlpfette) *f* durch eine Säule *s* gegen den Dachbalken (Bundtram) *a* gestützt ist; die Unterstützung der Stuhlpfette wird meist noch durch Kopfbüge *k* verstärkt. Die Säule *s* ist sowohl in die Stuhlpfette als in die Schwelle *b* verzapft. Durch die Stuhlsäulen in der Mitte des Dachraumes wird dieser unangenehm beschränkt; auch ist die ganze Konstruktion nicht sehr stabil und daher nur für kleinere und nicht sehr hohe Dächer anzuwenden. — Die Konstruktion des Pultdaches, das auch nur bei kleineren Bauten Anwendung finden soll, besteht aus halben solchen einfachen stehenden Stuhldachgespärren.

*bb)* Der doppelte stehende Dachstuhl (Fig. 75). Denkt man sich im Gespärre eines Kehlbalkendaches den Kehlbalken in der Nähe seiner beiden Enden je durch eine Pfette *h* und Stuhlsäule *i* unterstützt, wodurch zwei Stuhlwände im Dachraum gebildet werden, so entsteht der doppelte stehende Dachstuhl. Die Stuhlsäulen ruhen unmittelbar auf dem Dachbalken (Bundtram) *c* auf und sind in diesen und die Pfette *h* verzapft. Kopfbüge *k* verstärken noch die Verbindung zwischen Pfette und Stuhlsäule; Fußbänder *l* versteifen die Säule *i* gegen den Bundtram *c*.

In Fig. 75 ist der Kehlbalken *f* und der (nicht unbedingt nötige) Spitzbalken *g* mit den Sparren *b* verzapft, die Sparren selbst sind mit dem Bundtram durch Zapfen und Besteck verbunden, der Bundtram ist auf der Mauerbank *a* aufgekämmt, durch welche letztere die Last des Dachstuhles gleichmäßig auf die Mauern verteilt wird. Würde man nun alle Gespärre eines doppelten stehenden Dachstuhles in der eben beschriebenen Weise herstellen, so würde die Dachkonstruktion allzu viel Holz und Arbeit verschlingen, außerdem aber zumeist unnötigerweise übermäßig stark und schwer werden. Deshalb (siehe auch Fig. 75, unten) sind die bis etwa $^{18}/_{24}$ *cm* starken Sparren *b*, welche allgemein in 1 *m* Entfernung voneinander gestellt werden, nur bei den in 4 *m* Entfernung einzubauenden sogenannten Bundgespärren durch die bis $^{21}/_{28}$ *cm* starken Bundträme *c* festgehalten; in den zwischen je zwei solchen Bundgespärren angebrachten drei Leergespärren dagegen stützen sich die Sparren nur auf die etwa 1 *m* langen bis $^{21}/_{28}$ *cm* starken Stiche *m*, welch letztere selbst wieder durch den Wechsel *c* untereinander und mit den Bundträmen verbunden sind. In den Leergespärren entfällt natürlich auch die Stuhlsäulenkonstruktion, und diese Gespärre sind daher nur durch die Kehlbalken *f* (eventuell auch Spitz-

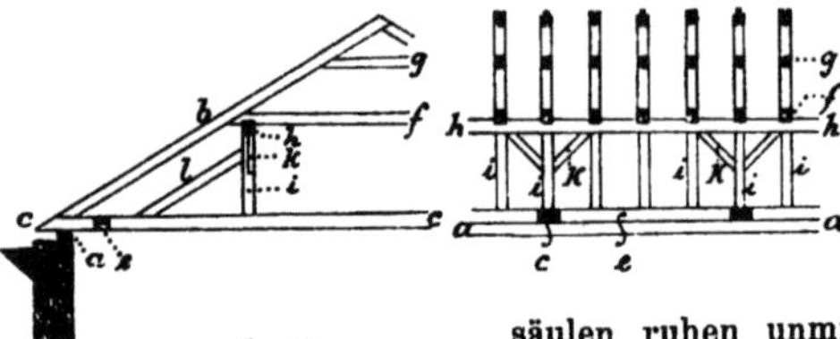

Fig. 75.

---

*) Das Wort „Dachstuhl" wird häufig als gleichbedeutend mit „Gespärre eines Stuhldaches" angewendet. Im Volksmunde wird wohl auch die ganze hölzerne Dachkonstruktion ohne Rücksicht auf deren Art „Dachstuhl" genannt.

balken g) unterstützt.*) Der eben beschriebene Dachstuhl wird bei Spannweiten bis etwa 13 m sehr gerne angewendet. Ist die Spannweite noch
größer, dann müßte in der Mitte des Kehlbalkens noch eine dritte Pfette
samt Stuhlsäule angebracht werden, was aber eine sehr starke Beanspruchung des dann dort zu unterstützenden Bundtrams und eine Be-
engung des Dachraumes durch drei Stuhlwände zur Folge hätte. Deshalb
findet man in solchen Fällen:

cc) den liegenden Dachstuhl angewendet, der noch für Spannweiten
von 18 m und darüber genügt. Die (nach Fig. 76) 16 cm dicken und 25
bis 30 cm breiten liegenden Stuhlsäulen m stemmen sich an ihrem
unteren Ende an die fünfkantig behauene, in den Bundtram eingelassene
Dachpfette (den Schweller) n, in welche sie zugleich verzapft werden.
An ihrem oberen Ende sind dieselben ausgeschnitten, um die Pfette h
aufzunehmen, welche auch alle Kehlbalken der Leergespärre zu unterstützen hat und damit verkämmt ist. Die liegenden Stuhlsäulen werden
in ihrer schiefen Stellung durch den Brustriegel o erhalten, welcher sie

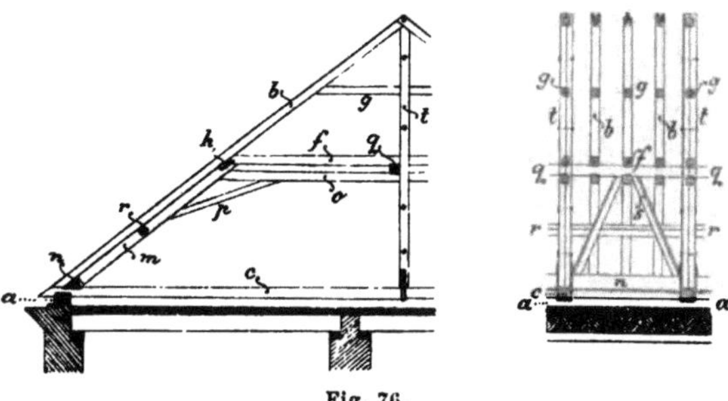

Fig. 76.

in der Form eines Sprengwerkes auseinanderhält, durch die Strebe p
(Jagtband genannt) noch unterstützt wird und zugleich den Durchzug q trägt. Zur weiteren Unterstützung der Sparren der Leergebinde
ist die liegende Stuhlsäule auch noch in der Mitte ihrer Länge ausgeschnitten, um den Dachwandriegel r aufzunehmen, mit welchem die
Dachwandbänder s überplattet sind. Zu den eben besprochenen Bestandteilen des liegenden Dachstuhls kann für größere Spannweiten noch
eine Hängsäule t hinzutreten, welche den Bundtram mittels Hängeisen
festhält. Diese Hängsäule wird aus zwei miteinander verschraubten Balken
gebildet, um alle horizontal liegenden Balken des Daches (Spitzbalken,
Kehlbalken, Brustriegel) zu umfassen. Wo der Bundtram in der Nähe
seiner Mitte ohnehin durch eine Mittelmauer des Gebäudes unterstützt
wird, fällt die Anwendung der Hängsäulen als unnötig weg.

Auch beim liegenden Dachstuhl werden in der Regel zwischen je
zwei 4 m voneinander entfernten Bundgespärren drei Leergespärre (ohne
Stuhlsäulen, ohne Strebe und ohne Hängsäule) so angebracht, daß die
Entfernung von Gespärre zu Gespärre je 1 m beträgt, wobei gleichfalls

---

*) Auch das gewöhnliche Kehlbalkendach (vorne, Fig. 72) wird (für Spannweiten
von 6 bis 9 m) unter Anwendung von Stichen und Wechseln so angeordnet, daß zwischen
je zwei Bundgespärren (mit ganzem Bundtram) drei Lehrgespärre (mit Stichen) eingebaut
werden; die Konstruktion eines solchen Daches nennt man dann den „leeren Dachstuhl",
der für kleinere Bauten häufig angewendet wird.

wie beim leeren und beim stehenden Dachstuhl Stiche und Wechsel zur Anwendung kommen.*)

Bei allen Dachkonstruktionen, welche Kehlbalken aufweisen (Kehlbalkendach, doppelter stehender und liegender Dachstuhl) ist darauf zu sehen, daß zwischen den Kehlbalken und den Bundträmen Raum genug bleibe, um das aufrechte Gehen eines Mannes im Bodenraume zu ermöglichen.

Bei Walmdächern wird auf den Walmseiten „Stichgebälk” eingebaut. Durch den Anfallspunkt *a* ist das Anfallsgebinde *a b c* (Fig. 77) bestimmt. Dieses muß bei Pfetten- und liegenden Stuhldächern ein Bundgespärre, beim stehenden Dachstuhl kann es ein Leergespärre sein. An das Anfallsgespärre *a b c* lehnen sich die Gratsparren *a d* an, welche halbe Dachgespärre bilden. An die Gratsparren sind dann die Dachsparren der Walmseite (Schiftsparren) angeschiftet (Fig. 78) und ruhen unten auf den Stichbalken. Der Vorteil der Walmdächer liegt darin, daß sie dem Sturme besser widerstehen, indem sie im Längsverband des Daches infolge des Gegeneinanderstrebens der Walmseiten stärker sind.

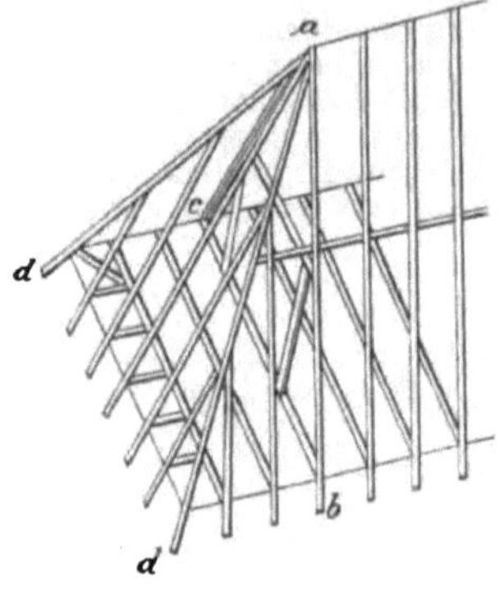

Fig. 77.    Fig. 78.

*B.* Die Dacheindeckung (Dachhaut).

Diese unterscheidet man nach dem Eindeckungsmaterial; es sind daher zu besprechen:

1. Die Strohdächer. Über die Sparren der Dachkonstruktion werden in horizontaler Lage in Abständen von 0·3 bis 0·5 *m* voneinander die sogenannten Dachlatten angenagelt (Verlattung). Sodann wird langes Stroh in dichten Bündeln von etwa 15 *cm* Durchmesser in halber Länge um die Latten herumgebogen, und diese Bündeln werden fest aneinander gebunden. Die Eindeckung mit Stroh schreitet in dieser Weise von unten beginnend nach oben hin (wie bei allen Dacheindeckungen) vor, wobei stets die untere Schar von Strohbündeln um etwa 15 *cm* von der oberen überragt werden muß. Die Neigung der Dachfläche soll mit Rücksicht auf den Wasserablauf ziemlich steil (etwa 45°) sein. Strohdächer (und die ebenso anzuordnenden Rohrdächer) brauchen nur eine leichte Konstruktion, sind daher billig herstellbar, ferner dicht, hinreichend luftig und warm, zur Aufbewahrung von Feldfrüchten also vorzüglich geeignet. Dagegen sind sie sehr feuergefährlich und in geschlossenen Orten daher keinesfalls anzuwenden.

2. Rindendächer. Die Verlattung erfolgt wie bei Strohdächern. Zur Eindeckung verwendet man 2 *m* lange Rindenstücke von zur Saftzeit gefällten, möglichst astreinen Fichten; die Rinde erhält sich, an einem schattigen Ort aufgeschichtet und mit Steinen beschwert, monatelang

---

biegsam und daher brauchbar. Mit solcher Rinde wird die verlattete Dachfläche doppelt oder besser dreifach eingedeckt, damit die Rinde möglichst lang etwas feucht und biegsam bleibe und sich infolge Schwindens nicht von den Nägeln losreiße. Auch das Rindendach ist ein leichtes, billiges Dach; es eignet sich für mehr vorübergehend zu benutzende Bauten, wie Holzknechthütten im Schlag, Kulturarbeiter-Unterstände u. dgl.

3. Dachpappedächer (Teer- oder Asphaltdächer). Über die Gespärre wird am besten zunächst eine Bretterverschalung (keine Verlattung!) aus mit ihrer Längsrichtung parallel zur Trauflinie Mann an Mann anzunagelnden, sehr gut ausgetrockneten Brettern angebracht. Auf diese Dachhaut werden dann die etwa 1 m breiten Dachpapperollen*) von unten beginnend gleichfalls parallel zur Trauflinie aufgerollt und an ihrem oberen Saum von 10 zu 10 cm angenagelt, während der untere Saum der etwas über die Trauflinie vorragenden untersten Rolle um die Verschalungsbretter herumgebogen und alle Zentimeter angenagelt wird. Am Dachfirst wird eine Dachpapperolle sattelartig angeordnet. Sodann wird das Dach geteert und endlich mit Sand beworfen. Die Dachneigung muß, damit der Teer in der Sommerhitze nicht abrinne, sehr flach sein (nicht viel über 10°). Wegen der geringen Dachneigung tritt sehr starke Schneebelastung ein, weshalb in schneereichen Gegenden dieses (sonst leichte und jedenfalls dauerhafte) Dach eine starke Dachkonstruktion verlangt.

4. Bretterdächer.

a) Die Bretter liegen mit ihrer Länge parallel zur Trauflinie; in diesem Falle werden sie direkt auf die Sparren, von der Trauflinie beginnend und nach oben hin fortschreitend, so angenagelt, daß sie sich jalousieartig übergreifen.

b) Die Bretter liegen mit ihrer Längsrichtung senkrecht auf die Trauflinie; in diesem häufigeren Falle muß die Dachfläche zunächst verlattet werden, und die Bretter werden an die Dachlatten angenagelt. Die Bretter werden hiebei entweder in einer einfachen Lage Mann an Mann angebracht und die Fugen durch darüber zu nagelnde, 8 bis 10 cm breite Latten gedeckt; oder die Bretter werden wie bei den Sturzböden (vgl. Seite 30 Text, unten, und Seite 31, Fig. 61, b b') in zwei Lagen so angeordnet, daß die obere Lage den Zwischenraum der unteren überdeckt und beiderseits um 3 bis 4 cm übergreift; oder endlich, sie kommen in zwei Mann an Mann gelegten Lagen, die voll auf Fug übereinander angeordnet werden, zur Anwendung. Bretterdächer erhalten eine Neigung von 30° bis 35°.

5. Schindeldächer, und zwar:

a) mit Legschindeleindeckung; Legschindel sind 1 m lange und etwa 30 cm breite Bretter (geschnittene Ware), welche auf die Verlattung der Dachfläche in zwei Lagen voll auf Fug übereinander aufgelegt (nicht angenagelt) werden; sodann kommen über die Dachfläche meist diagonal in etwa 1 m Abstand Latten (oder Stangen) gelegt, welche mit Steinen beschwert werden. Da die Eindeckung nicht angenagelt ist, muß die Dachneigung sehr flach sein. Die Arbeit und Reparatur ist sehr

---

*) Dachpappe ist eine mit Teer gemengte, daher wasserdichte Pappe; die Schnittfläche einer guten solchen Pappe muß schwarz und fettglänzend sein; die Pappe selbst muß biegsam (nicht brüchig) sein. — Es ist auch sehr ratsam, nicht weit vom Boden in alles Mauerwerk eines Gebäudes eine horizontale Lage solcher wasserdichter Pappe einzubauen, weil dann die Bodenfeuchtigkeit vom Aufsteigen in den oberen Mauerteil abgehalten wird.

einfach, der Wasserabfluß aber ein sehr langsamer, die Haltbarkeit der Dächer daher ziemlich gering. Für isolierte forstliche Gebäude empfehlen sich deshalb viel mehr die im folgenden beschriebenen Schindeldächer

*b)* mit Scharschindeleindeckung; sie geben ein billiges, sehr gutes, haltbares, auch in schnee- und hagelreichen Gegenden widerstandsfähiges Dach, besonders in Nadelholzgegenden, wo man leicht gute Lärchen- oder Fichtenschindeln bekommt. Nur in geschlossenen Ortschaften wird man Holzeindeckung überhaupt wegen der Feuersgefahr vermeiden. Die Scharschindeln sind etwa 9 *mm* dicke, 8 bis 13 *cm* breite, 30 bis 60 *cm* lange Nadelholz-Spaltstücke, die an ihrer dünneren Langseite eine Feder, an der stärkeren eine Nut besitzen und daher im Falz sehr dicht nebeneinander gelegt werden können. Die Dachfläche wird zunächst mit $^4/_5$ *cm* starken Dachlatten so dicht verlattet, als es die Länge der Schindeln und die Eindeckungsart erfordert. Man unterscheidet:

*aa)* Die einfache Scharschindeleindeckung, wobei jede Schindel nur auf zwei Latten ruht und sich die aufeinanderfolgenden Scharen um 8 bis 15 *cm* übergreifen;

*bb)* Die doppelte Scharschindeleindeckung, welche weit besser und dichter ist, wobei jede Schindel auf drei Latten ruht und die Übergreifung 8 *cm* beträgt.

Jedenfalls werden die Schindeln in den aufeinanderfolgenden Scharen voll auf Fug gelegt. Am First, wo sie stets doppelt gelegt werden sollen, läßt man sie an der Wetterseite über die Firstlinie etwa 5 *cm* vortreten. Die Schindel werden mit ihrer Längsrichtung entweder senkrecht auf die horizontal verlaufenden Dachlatten so angenagelt, daß sie mit ihrer Nutseite stets von der Wetterseite abgekehrt sind; oder so, daß ihre Nutseite (gleichfalls von der Wetterseite abgekehrt) eine geringe Neigung nach unten zu aufweist, so daß also weder das auffallende noch das abrinnende Wasser leicht in die Nuten eindringen kann. An den Graten und Ichsen werden die Schindeln entsprechend zugeschärft und meist bogenförmig angeordnet. Der Neigungswinkel von Scharschindeldächern beträgt meist 30 bis 35°, kann aber noch viel steiler sein (Türme!). Gute Schindeldächer halten etwa 20 Jahre fast ohne Reparatur.

6. Ziegeldächer. Die Dachdeckung erfolgt hier wie bei der Schindeleindeckung einfach (selten) oder besser doppelt, indem die Dachfläche zuerst entsprechend verlattet wird und an die Dachlatten die eigens geformten Dachziegel mit ihrem Vorsprung (Nase) so aufgehängt werden, daß sich die Scharen übergreifen.

*a)* Einfache Ziegeldeckung: Die Dachlattenentfernung ist gleich der Ziegellänge weniger 10 *cm*, die Fugen werden mit Kiefernholzspänen gedichtet und die ganze Dachfläche in Mörtel gelegt, der mit Kälberhaaren gemengt und ziemlich dick angemacht wird.

*b)* Doppelte Ziegeldekung: Die Dachlattenweite ist gleich der halben Ziegellänge weniger 3 *cm*; wenigstens der First, die Grate, Ichsen und die Umgebung der Dachfenster werden in Mörtel gelegt.

Bei den Ziegeldächern werden zur Dichtung des Firstes und der Grate meist Hohlziegel, an den Ichsen Metallbleche angeordnet. Besonders dichte Ziegeldächer erhält man bei Anwendung von Falzziegeln. Der Neigungswinkel der beschriebenen Ziegeldächer beträgt etwa 40°. Sie sind sehr haltbar und unter den feuersicheren Dächern die billigsten. Da die Ziegeleindeckung sehr schwer ist, wird eine starke Dachkonstruktion nötig.

7. Schieferdächer.

*a)* Einfache Schiefereindeckung: Die Dachfläche ist mit Brettern zu verschalen; die nach einer meist ungefähr quadratischen Form hergestellten Schieferplatten werden so in schiefen Reihen auf die Verschalung genagelt, daß ihre Ränder Winkel von etwa 45° mit der Trauflinie bilden und sich etwa 8 *cm* übergreifen. Am Firste überdeckt eine beiderseits horizontal verlaufende Reihe die oberen Enden der schiefen Reihen.

*b)* Doppelte Schiefereindeckung: Das Dach wird nur verlattet, und zwar auf halbe Schieferbreite. Die Schiefertafeln werden nach der Breite in zur Trauflinie parallelen Reihen, jede Tafel über drei Latten, angenagelt. Jede Platte überdeckt also die nächste zur Hälfte. Die Anordnung „voll auf Fug" gilt auch hier wie bei den Schindel- und Ziegeldächern.

Die Ichsen erhalten Blechrinnen, Firste und Grate Blechkappen. Besonders die entschieden vorzuziehende doppelte Schiefereindeckung gibt ein sehr haltbares, feuersicheres Dach, ist dabei nicht allzu schwer und daher in nicht sehr frostreichen Gegenden (Springen der Platten infolge Durchfrierens!) ein gutes Dach.

8. Metalldächer; die Dachfläche erhält vorerst eine Bretterverschalung; auf diese werden dann die Bleche (Schwarzblech = Eisenblech, das mit Ölfarbe gestrichen wird, verzinntes Eisenblech = Weißblech oder Zinkblech, seltener Kupferblech) angenagelt, wobei die einzelnen Blechtafeln meist mit einem Falz, häufig über einer Holzleiste, miteinander verbunden werden.

Zusatz 1. Dachfenster.

Dachfenster sind notwendig, um Licht und Luft in den Dachraum gelangen zu lassen, oder — bei Schoppen, Wildfutterstadeln und Ställen — um Futtervorräte durch die in diesem Falle türenartig anzuordnenden Dachöffnungen einzubringen. — Bei Bretter- und Schindeldächern stellt man meist ein hölzernes Geripp für die Dachfenster her und deckt und verschalt dieses mit Brettern und Schindeln. Bei den übrigen besseren Dacheindeckungsarten werden meist Dachfenster aus Eisenblech angewendet. — Dachtüren zur Futtereinbringung ordnet man so an, daß der Türstock auf der Mauerbank aufruht und die Türfläche sich nahezu in der verlängerten Wandfläche des Gebäudes befindet. Auch hier kommt wie bei den Dachfenstern ein einzudeckendes und zu verschalendes Gerippe zur Anwendung.

Zusatz 2. Dachrinnen.

Die aus Blech oder Holz angefertigten Dachrinnen haben den Zweck, das vom Dach abrinnende Wasser aufzunehmen und sodann abzuführen, indem sie es vermöge ihrer (geringen) Neigung in ein vertikales, blechernes oder hölzernes Abfallrohr leiten oder aber das Wasser frei herabfallen lassen; in letzterem Falle muß die Rinne mindestens 1 *m* über das Gebäude vorstehen, und die Auffallstelle des Wassers wird gepflastert. Das bis zum Boden gelangte Wasser wird sodann mittels einer meist gepflasterten Abzugsrinne abgeführt oder besser recht bald mittels eines unterirdischen Kanales etwa in einen Straßengraben, Unratskanal o. dgl. geleitet. Jedenfalls muß ein Anspritzen des Gebäudesockels oder ein Feuchtwerden des Fundaments durch die Art der Ableitung verhindert werden. Die Dachrinnen selbst können als Saumrinnen zur Anwendung kommen, welche wohl stets aus Blech bestehen und höchstens 30 *cm* von dem dort mit Blech einzudeckenden Dachsaume entfernt auf der Dachfläche angebracht werden (Fig. 79); oder man wendet sogenannte Hängrinnen an (minder hübsch, aber bei forstlichen Betriebsbauten sehr häufig), deren Anordnung in Verbindung mit einem Abfallrohr *a* aus Fig. 80 ersichtlich ist. Erwähnt sei hier, daß

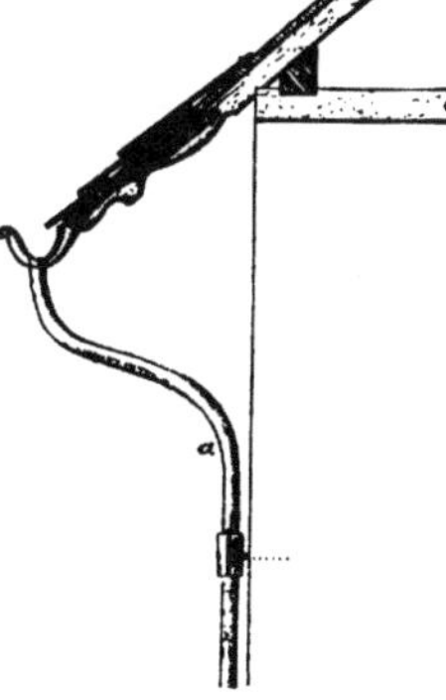

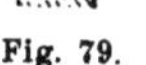

Fig. 79.        Fig. 80.

alle nach außen vorspringenden Teile der Gebäude (Gesimse, Türschwellen, Fensterbänke etc.) eine leichte Neigung nach außen haben müssen, um das Wasser vom Gebäude fern zu halten. Speziell die Gesimse erhalten eine Wassernase *w* (Fig. 79), damit das Wasser nicht längs der Mauer abläuft, sondern außerhalb derselben abtropft. Das so als Dachtraufe abtröpfelnde Wasser soll dadurch, daß auch um das Gebäude herum das Terrain abfallend gemacht, eventuell gepflastert oder dort eine gepflasterte Abflußrinne angebracht wird, unschädlich abgeleitet werden. Solche Pflasterungen können bei minderen Bauten in einfachster Weise aus auf Sand gebetteten, mit Mörtel vergossenen Bruchsteinen oder Bachgeschieben (Katzenköpfe!) bestehen.

Zusatz 3. Vorkehrungen gegen Feuersgefahr.

Von solchen Vorkehrungen sind vor allem die Blitzableiter (vgl. 2. Band, Seite 31) zu erwähnen. Ferner gehört hieher die Aufstellung größerer, stets mit Wasser gefüllt zu erhaltender Bottiche im Dachbodenraume oder, wenn Wasser mit genügender Steigkraft vorhanden ist, die Führung der Wasserleitung bis unters Dach, um im Falle des Ausbruches eines Brandes in dem gewöhnlich am meisten gefährdeten Dache genügend Wasser zum Löschen verfügbar zu haben. Um außerdem auch von außen stets rasch mit Wasser und Löschrequisiten zum Dache gelangen zu können, werden entsprechende Leitern entweder stets an dieses angelehnt oder leicht zugänglich aufbewahrt gehalten; ebenso werden an einem leicht erreichbaren Orte kleine Wasseramper bereit gehalten, mittels deren bei einem Brande in einer von Menschen zu bildenden Kette das Wasser von Hand zu Hand vom nächsten Bach, Brunnen u. dgl. bis zum Orte des Bedarfes gefördert wird. Bei längeren Gebäuden werden einzelne Scheidemauern durch den Dachbodenraum bis zum First emporgeführt; durch diese Feuermauern wird der Dachboden in mehrere Teile unterteilt, von deren einem das Feuer nicht so leicht in den anderen übertreten kann, besonders wenn die Löschmannschaften unter Benutzung dieses Vorteiles der Weiterverbreitung des Brandes entsprechend entgegentreten.

## § 14. Über den inneren Ausbau.

Einiges Hierhergehörige (Fußböden!) wurde schon im vorigen an geeigneter Stelle eingefügt. Im folgenden soll nur das Allerwichtigste über den inneren Ausbau kurz erwähnt werden; gerade die Einzelheiten der inneren Einrichtung sind der Beobachtung an schon bestehenden Gebäuden am leichtesten zugänglich, und der eifrige junge Forstwirt wird sich in dieser Hinsicht gewiß durch die Anschauung praktisch bald mehr aneignen, als dies durch Beschreibung aller solchen Details im beschränkten Raume dieses Werkes möglich ist.

### I. Über Fenster und Türen.

Fenster sind Maueröffnungen, welche den Zweck haben, die Räume der Gebäude mit Licht und Luft zu versehen; Türen dienen mitunter denselben Zwecken, in erster Linie aber zur Verbindung der Räume untereinander. Die Form der Fenster und Türen ist meist eine rechteckige; manchmal besitzen sie nach oben hin die Segment- oder die Spitzbogenform. Die Breite der Fenster und Türen soll sich zu ihrer Höhe annähernd wie 1 : 2 verhalten. Eine wesentliche Belastung wird durch Einbau von gewölbten Entlastungsbögen oberhalb dieser Maueröffnungen (scheitrechte, Segment-, eventuell Spitzbogengewölbe, vgl. Seite 20) hintangehalten. Anstatt der Wölbung werden häufig über die obere Flucht der Fenster- und Türöffnungen verlaufende eiserne Träger in das Mauerwerk eingefügt, welche die Wirkung gewölbter Entlastungsbögen ersetzen.

1. Fenster. Sie sind von der Gebäudemitte nach beiden Seiten hin in der Regel symmetrisch so anzuordnen, daß ihre vertikalen Mittellinien in den einzelnen Stockwerken lotrecht übereinander liegen. Die Wohnungsfenster werden innen 1·0 bis 1·3 m breit gemacht; die zwischen zwei benachbarten Fenstern befindliche Mauer (der Fensterpfeiler) soll mindestens ebenso breit sein. Die untere Seite der Fensteröffnung liegt 0·8 bis 1·0 m vom Fußboden des betreffenden Wohnraumes entfernt, so daß unter dem Fenster eine Lehnmauer von genannter Höhe entsteht. Bei luxuriösen Gebäuden erhält die Fensteröffnung zunächst einen eigenen

steinernen Fensterstock; bei gewöhnlichen Bauten werden jedoch die hölzernen, geschnittenen Fensterstöcke unmittelbar in das Mauerwerk eingemauert, und es müssen zu diesem Zwecke schon beim Aufbau der Mauern entsprechende Vertiefungen (Schmatzen) ausgespart werden, in welche die Fensterstöcke nachträglich eingesetzt werden. Je nachdem einfache (nur Sommer-) oder doppelte (auch Winter-) Fenster angebracht werden sollen, müssen ein oder zwei Fensterstöcke (vgl. Fig. 81, Ansicht vom Gebäudeinneren aus) zur Anwendung kommen, von denen im letzteren Falle der äußere meist keine Vorköpfe *v* besitzt und mit dem inneren durch Blechbänder oder Querhölzer *h* fest verbunden ist. Die Fensterstöcke werden schließlich verputzt oder mit Holz verschalt. An die Fensterstöcke sind — mit eisernen Beschlägen (Kegel und Bänder!) drehbar — die Fensterflügel befestigt, so daß sie mittels halber Falze gut anschließen. Größere Fenster sind im oberen Drittel der Höhe durch ein horizontales Querholz (Losholz), manchmal auch in der Mitte durch ein vertikales festes Mittelstück abgeteilt, wodurch das sogenannte Fensterkreuz entsteht; es

Fig. 81.

werden also dann vier, bei doppelten Fenstern acht Fensterflügel notwendig. Womöglich wird übrigens das vertikale Mittelstück weggelassen und sohin das Kreuz durch die beweglichen Fensterflügel selbst gebildet, wobei eine Leiste die Mittelfuge deckt. Die Fensterflügel und eventuell die Sprossen zur Unterteilung derselben erhalten an ihrer Außenseite halbe Falze, in welche die Glastafeln mittels Glasererkittes angearbeitet sind. Niedrige Fenster werden mitunter ohne Losholz nur zweiflügelig, ganz kleine, schmale Fenster (bei Jagdhütten u. dgl.) nur einflügelig gemacht. Wegen des Putzens und des Windanfalles sind nach innen zu öffnende ·Fenster vorzuziehen; bei den warmhaltenden doppelten Fenstern muß in diesem Falle der innere Fensterstock etwas zurückgesetzt werden. — Die Fenster müssen aus gut getrocknetem, womöglich Kiefern-, Lärchen- oder auch Eichenholz konstruiert sein. — Der Verschluß erfolgt beispielsweise mittels drehbarer „Reiber” oder, insbesondere wenn kein Fensterkreuz vorhanden ist, mittels vertikal wirkender „Schubriegel”.

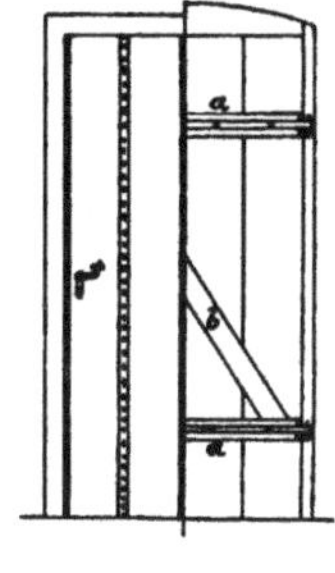

Fig. 82.

2. Türen. Die Dimensionen der Türen richten sich nach deren Bestimmung: Gebäudeeinfahrtstore werden demgemäß „im Lichten” 2·5 bis 4 *m* breit, Gebäudeeingangstüren 1·3 bis 1·8 *m*, Zimmertüren 0·8 bis 1·4 *m* breit und gewöhnlich doppelt so hoch, nie aber unter 2 *m* Höhe, angeordnet. Die Türen erhalten einen einzumauernden, hinreichend starken, hölzernen Türstock, der mit Vorköpfen versehen ist, und darüber einen gewölbten Entlastungsbogen, ebenso, wie dies bei den Fenstern beschrieben wurde. Am Türstock werden sodann die Türflügel angebracht, um die Türöffnung verschließen zu können. Türen unter 1·3 *m* Breite werden meist einflügelig, solche von mehr als 1·3 *m* Breite aber zweiflügelig gemacht. Je nach der Konstruktion der Türflügel unterscheidet man:

*a)* **Ordinäre Türen** für Schoppen, Holzlagen, Ställe etc. (Fig. 82); sie bestehen aus gehobelten Brettern, welche in der Tür in vertikaler Lage scharf aneinander stoßen oder durch Falze miteinander verbunden sind; quer darüber (in der Tür horizontal) werden zwei Leisten *a* genagelt, an welche die eisernen Beschläge („Bänder") zur Verbindung mit den „Kegeln" am Türstock angearbeitet werden. Oft werden endlich noch Diagonalleisten *b* angebracht.

*b)* **Verschalte Türen** für Stall- und gewöhnliche Haustüren (Fig. 83). Gehobelte Bretter werden wie bei den ordinären Türen aneinander ge-

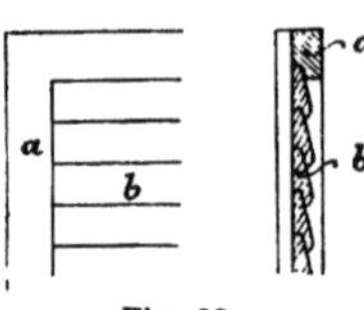

Fig. 83.

fügt; darauf werden Leisten *a* am Umfang befestigt, so daß sie einen Rahmen des Türflügels bilden; zwischen diesem Rahmen werden endlich sich jalousieartig übergreifende Bretter *b* in horizontaler Lage angebracht.

*c)* **Gestemmte Türen** (mit Fries und Füllung) sind die besten, schönsten und teuersten. Sie bestehen (ähnlich wie wir es bei den Parkettböden kennen gelernt haben) aus einem Rahmen (Fries), der je nach der Größe der Tür durch Kreuze unterteilt sein kann. Die so entstehenden Felder sind durch Füllungshölzer verschlossen, welche mit Federn in die Nuten der Rahmen und Kreuze passen.

Bei zweiflügeligen Türen wird die Fuge beim Schluß der Flügel durch eine Leiste (Schlagleiste) gedeckt. An Beschlägen werden solche zur Befestigung und Bewegung der Flügel (Kegel und Bänder), ferner solche zum Sperren der Türen (Riegel, Vorhängschlösser, einfache Kastenschlösser, eingestemmte Schlösser, letztere bei den besseren Türen) angewendet.

Was im vorigen für in gemauerten Wänden vorhandene Fenster und Türen gesagt wurde, gilt auch im großen ganzen für derlei Wandöffnungen in hölzernen Wänden.

## II. Stiegen (Treppen).

Stiegen dienen dazu, um den Verkehr zwischen den übereinander liegenden Geschossen zu ermöglichen. — Bei den einzelnen Stufen jeder Stiege ist wichtig: Die **Stufenhöhe**, welche in gewöhnlichen Wohnhäusern 14 bis 16 *cm,* und die **Stufenbreite**, welche 35 bis 31 *cm* beträgt. Die Stufenbreite ist übrigens immer von der Höhe der Stufe abhängig, beziehungsweise erstere muß zur letzteren in einem bestimmten Verhältnis stehen, wenn das Stiegensteigen ein bequemes sein soll; je höher nämlich die Stufe ist, desto mehr beträgt die naturgemäße Verkürzung des Schrittes, und je höher daher die Stufen einer Stiege sind, desto schmäler müssen sie sein. Eine praktische Formel, aus der Stufenhöhe *h*

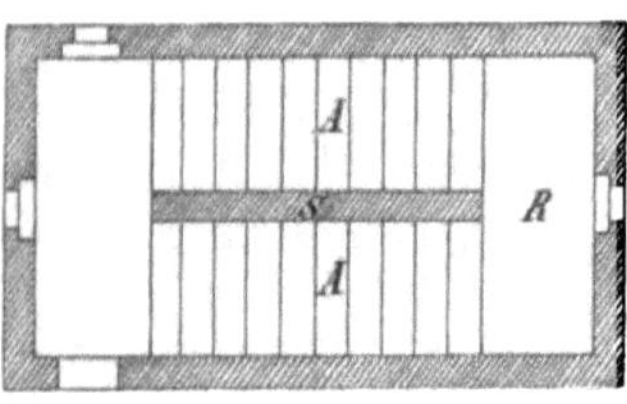

Fig. 84.

die entsprechende Stufenbreite *b* in *cm* zu berechnen, lautet: $b = 63\,cm - 2h$. Wäre beispielsweise *h* mit 16 *cm* gewählt worden, so müßten die Stufen eine Breite $b = 63 - 2 \times 16 = 63 - 32 = 31\,cm$ erhalten, wovon man möglichst wenig abgehen soll. Die Stiegenbreite, welche hauptsächlich für die Länge der Stufen maßgebend ist, soll etwa 1·5 *m,* jedenfalls aber nicht unter 1·2 *m* gemacht werden. — Unter Stiegenraum oder **Stiegenhaus** versteht man den ganzen Raum, in welchem die Stiege sich befindet (Fig. 84) und der von den **Stiegenhausmauern** eingeschlossen ist. Die Stiegenteile *A* heißen **Stiegenarme**; die breite Stufe *R*, welche eine Unterbrechung der Stiege bildet, heißt **Ruheplatz**; **Stiegenantritt** nennt man die erste, **Stiegenaustritt** die letzte Stufe in jedem Geschoß. — Je nach dem Material, aus welchem die Stiegen bestehen, unterscheidet man steinerne, hölzerne und eiserne Stiegen. Die Stufen können beiderseits unterstützt oder nur an einer Seite eingemauert (freitragend) sein. Je nachdem die von einem Geschoß zum nächsten führende Treppe aus einem, zwei, drei oder vier geraden Stiegenarmen besteht, bezeichnet man sie als geradlinige ein-, zwei-, drei-, vierarmige Stiege; ferner unterscheidet man runde (meist halbkreisförmige oder elliptische), sowie aus geraden und runden Teilen zusammengesetzte (gemischte) Stiegen. Bei allen runden Stiegenteilen werden Stufen von nach einer Seite hin abnehmender Breite (Spitzstufen) notwendig.

*A.* **Steinerne Stiegen.**

*a)* **Die Stufen sind beiderseits unterstützt.** Beispielsweise sei hier eine sogenannte **zweiarmige Spindelstiege**, die bei Wohnhäusern sehr häufig vorkommt, beschrieben. Die Stufen sind (wie in der vorstehenden Fig. 84) beiderseits unterstützt, so daß außer den Stiegenhausmauern inmitten des Stiegenhauses noch eine Mauerung, die **Stiegenspindel** *S*, zur Befestigung der Stufen dortselbst notwendig wird. Die Stiegenhausmauern erhalten in einem solchen Falle in allen Geschossen die gleiche Stärke von mindestens 45 *cm*, die Spindel mindestens

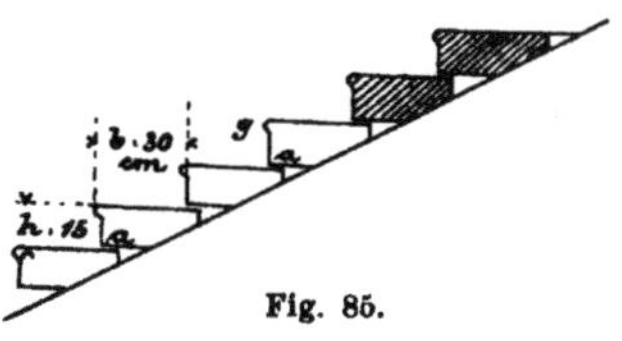

Fig. 85.

30 *cm*; die Stufen sind beiderseits 8 *cm* tief eingemauert. Die Ruheplätze und die unmittelbar an die Stiege anstoßenden Stiegengänge sind unterwölbt und gepflastert. Die Stufen selbst erhalten an ihrer oberen Kante meist ein kleines Gesimse *g* (Fig. 85), die aufeinanderfolgenden Stufen übergreifen sich bei *a* um etwa 3 *cm* und liegen nicht fest aufeinander, sondern lassen einen Zwischenraum von etwa 4 *mm*.

*b)* **Die Stufen sind nur auf einer Seite eingemauert (freitragende Stiegen).** In diesem Falle wird die Stiegenhausmauer 60 *cm* stark gemacht, und die hier fest aufeinander ruhenden, sich um 3 *cm* übergreifenden Stufen müssen mindestens auf 25 *cm* in dieselbe eingemauert sein. Die freitragenden Stiegen werden oft (häufiger als jene mit beiderseits unterstützten Stufen) als runde Stiegen (Wendeltreppen, Schneckenstiegen) angewendet; eine Spindel wird dabei nur an dem vom Erdgeschoß in den Keller führenden Stiegenteil notwendig, der stets beiderseits unterstützte Stufen haben muß.

**Anmerkung.** Die **Bodenstiege** soll vom übrigen Stiegenraum stets durch eine 30 *cm* starke Mauer vollkommen abgeschlossen werden; die hindurchführende eiserne **Bodentür** erhält einen steinernen Türstock (Feuersicherheit!). — Die **Kellerstiege** wird wegen der dortigen Verstärkung des Mauerwerks etwas schmäler, als die übrige Stiege; die Stiegenspindel wird hier stets voll gemauert, und die daher beiderseits unterstützten Stufen können bis etwa 18 *cm* hoch gemacht werden; sie erhalten dann nur eine beiläufige Breite von *b* = 63 — 36 = 27 *cm*.

*B.* **Hölzerne Stiegen.**

Bei den kleineren forstlichen Bauten bilden hölzerne, gerade Stiegen mit beiderseits unterstützten Stufen die Regel. Diese Treppen werden mit ihrer Längsrichtung meist parallel zur Lage der Bodenträme angeordnet; um den nötigen Raum zur Durchführung der Stiegen durch die Böden zu gewinnen, muß mindestens ein Tram abgeschnitten und mittels zweier Wechsel der nötige Raum geschaffen werden. Man verwende nur astfreies, trockenes Holz, und zwar für die Trittstufen womöglich Eichen-, für die übrigen Stiegenteile Lärchen- oder Kiefernholz. — Ein hölzerner Stiegenarm besteht aus den beiderseits verlaufenden Wangen *a* und den daran befestigten Stufen. Die Wangen sind 6 bis 9 *cm* starke Bohlen, welche auf der hohen Kante stehend, schief, oben zumeist an den Wechselbalken *m* angeschmiegt, unten auf die Blockstufe *n* aufgeklaut werden (siehe Fig. 86 und 87). Die Stufen bestehen aus zwei Teilen, nämlich den vertikal stehenden Setzstufen *b* und den horizontalen Trittstufen *c*. Je nachdem nun die Trittstufen auf entsprechenden Ausschnitten der Wangen angenagelt sind (Fig. 86), oder in Nuten, die sich an den Innenflächen der Wangen befinden, eingelassen werden (Fig. 87), unterscheidet man einerseits aufgesattelte, anderseits eingeschobene Treppen. Die ersteren erhalten breitere Wangen und sind dann auch sicherer und dauerhafter. Bei einer aufgesattelten Treppe (Fig. 86) mit ausgeschnittenen Wangen muß die Wange an den schwächsten Stellen vertikal gemessen noch 18 bis 21 *cm* hoch sein. Bei den eingeschobenen Treppen (Fig. 87) muß die Wange über der Vorderkante der Trittstufe noch 4 bis 6 *cm* Holz und ebensoviel unter der Setzstufe haben. Der Antritt (unterste Stufe) der hölzernen Treppen besteht aus einer massiven, teilweise in den Fußboden versenkten Blockstufe, auf welcher die Treppenwangen aufruhen und die auch den untersten Geländerpfosten trägt. Der Austritt muß mit dem Fußboden des oberen Geschosses in einer Ebene liegen. Bei hölzernen Treppen nimmt man die Stufenhöhe häufig zu 18 *cm* und die Stufenbreite dann etwa zu 27 *cm* an, also etwas steiler, was besonders bei minder wichtigen Gebäuden (Wirtschafts-, Jagdhäusern u. dgl.) zulässig ist.

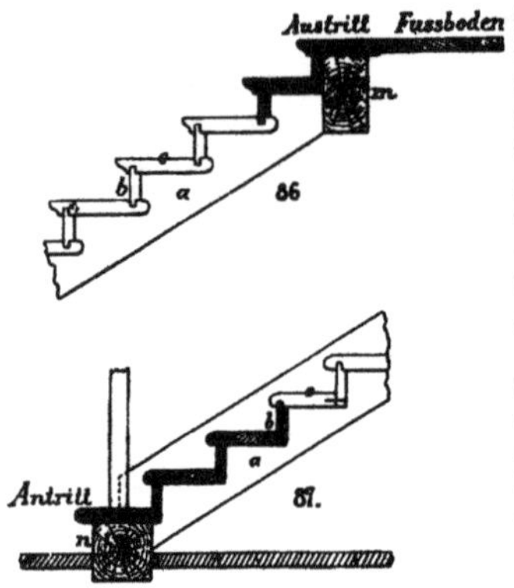



Fig. 86 und 87. Hölzerne Stiegen.

*C.* Eiserne Stiegen.

Sie werden schon wegen ihres hohen Preises seltener, meist nur als kleine, schmale Stiegen angewendet und schon fertig aus Eisenwerken bezogen. Man hat sowohl solche eiserne Stiegen, die ganz ähnlich den aufgesattelten Wangenstiegen konstruiert sind, als auch schmale Schneckenstiegen, die sehr wenig Raum benötigen.

### III. Feuerungsanlagen.

Die Feuerungsanlagen dienen zur Beheizung der Wohnräume oder zur Zubereitung der warmen Nahrungsmittel oder zu diesen beiden Zwecken. Für einfache Forstbetriebsgebäude, besonders, wenn sie nur vorübergehend benutzt werden (Holzknecht-, Jagdhütten etc.), kommt in Betracht:

*A.* Die offene Feuerung, an der gleichzeitig eine größere Anzahl von Personen sich rasch ihre Mahlzeit kochen und sich wärmen kann. Aus hölzernen Blockwänden wird, etwa 0·70 *m* hoch, ein rechteckiger Herd aufgezimmert, obenauf mit Steinen und Lehm ausgeschlagen und am Rande mit Blech verschalt. Der Rauch, der bei Verbrennnng gut getrockneten Buchenholzes am wenigstens lästig wird, zieht durch die Ritzen des Daches ohne Kamin ab, wenn die Hütte so orientiert ist, daß die Luft leicht durch den Dachraum streicht. Mitunter wird auch über dem offenen Herde eine den aufsteigenden Rauch aufnehmende Kaminhaube angebracht, aus welcher der Rauch durch einen Schornstein ins Freie gelangt. — Wird eine solche offene Feuerung in der letztbeschriebenen Art (etwa in einer Mauernische) nur zum Zweck der Beheizung eines Wohnraumes angeordnet, so bezeichnet man dies als Kaminheizung, die jedoch bei forstlichen Bauten nicht anzuwenden sein wird, da sie viel Brennmaterial verschlingt und dabei wenig (und zwar nur strahlende) Wärme gibt.

B. Geschlossene Feuerungen, bei welchen das Feuer in einem geschlossenen Raume angemacht wird und daher seine Wärme verhältnismäßig langsamer (zum Teil auch dann noch, wenn das Feuer schon erloschen ist) an die Umgebung abgibt. Aus allen geschlossenen Feuerungen wird der Rauch durch Schornsteine (Rauchfänge) abgeleitet, die durch den in ihnen entstehenden aufsteigenden Luftzug auch dem Feuer die nötige Luft zusaugen und daher zugleich einen Luftwechsel (eine Ventilation) des Raumes bewirken, in welchem sich das Heiz- und Aschentürchen des Ofens befindet. Die Schornsteine, die am besten in der Mittelmauer des Gebäudes angebracht werden, sind entweder *a)* schliefbare mit quadratischem Querschnitt von 45 *cm* Seitenlänge oder *b)* Rauchschlote mit kreisförmigem Querschnitte von 15 bis 20 *cm* Durchmesser. Die innere Fläche aller Schornsteine muß möglichst glatt verputzt werden, damit sich recht wenig Ruß ansetze; noch besser ist es, sie aus eigens geformten Ziegeln oder unglasierten Tonröhren herzustellen. Die Reinigung der Rauchfänge geschieht vom Dache aus, das Herausnehmen des Rußes dagegen im Keller durch entsprechend angebrachte, gut schließende, eiserne Putztürchen, in deren Nähe alles Holz mit Blech beschlagen sein muß. Alle Holzbestandteile müssen wenigstens 15 *cm*, Eisenbestandteile 8 *cm* von der inneren Schornsteinfläche entfernt bleiben (Feuersicherheit! vgl. über Wechsel bei den Oberböden, Seite 32!), und oben sollen die Rauchfänge über den Dachfirst emporgeführt werden. Die Heizung jedes Stockwerkes muß abgesondert einen Schornstein erhalten, und es darf der Rauch von einer einem oberen Geschosse angehörigen Heizung nicht in den Schornstein einer unterhalb liegenden Heizung geführt werden. Hingegen können mehrere Heizungen eines und desselben Geschosses einen gemeinschaftlichen Rauchfang erhalten; die einzelnen sich vereinigenden Rauchschlote müssen dabei (wie alle Rauchfänge) möglichst vertikal in der Mauer verlaufen und dürfen jedenfalls mit der Horizontalen nie einen kleineren Winkel als 60° einschließen. Parallel laufende Schornsteine müssen immer durch eine Mauerstärke von mindestens 15 *cm* voneinander getrennt sein. An ihrer oberen Ausmündung an die Luft werden die Schornsteine meist durch eine Blechhaube, die aber den Luftzug nicht hindern darf, geschützt; solche Blechhauben sind besonders zur Verhütung des Rostens angezeigt, wenn, wie bei kleineren hölzernen Diensthäuschen, der Einfachheit halber eiserne Rauchschlote verwendet werden. Wo eiserne Schlote durch Holzwände oder das Dach geführt werden, müssen sie dort durch eine Lehmumhüllung oder Tonröhrenstücke und viereckige eiserne Bleche vom Holz ferngehalten und in ihrer Lage befestigt werden. — Die nötige Größe des Querschnittes der Schornsteine hängt von der Größe und Art der Feuerung ab und wird bezüglich der Wohngebäude durch das Baugesetz bestimmt.

Von den Feuerungen mit eingeschlossenem Feuer seien hier beispielsweise erwähnt:

1. **Einfache eiserne Öfen** aus Blech und Gußeisen von den verschiedensten Formen; sollen sie auch als **Sparherde** zum Kochen dienen, so haben sie eine Gußeisenplatte mit einem oder zwei Kochlöchern eingefügt. Die größeren gußeisernen Öfen sind im Innern zumeist durch Scheidewände in mehrere miteinander in Verbindung stehende Abteilungen geteilt, so daß der heiße Rauch nur auf Umwegen (durch die sogenannten **Züge**) in den Schornstein gelangen kann; infolge der Anordnung solcher Züge gibt der Rauch seine Wärme großenteils an die Ofenwände ab, und die erzeugte Hitze kommt daher in höherem Ausmaße dem zu erwärmenden Raume zugute. Denselben Zweck verfolgt die Verbindung mehrfach gewundener Blechrohre mit dem Heizraum, nach deren Passierung der Rauch erst in den Rauchfang gelangt. Der schnellen Erwärmung dieser Öfen und Sparherde, die eine jähe, strahlende Hitze abgeben, folgt nach dem Ausgehen des Feuers eine sehr rasche Abkühlung, und der beheizte Raum wird sehr bald wieder kalt. Deshalb kommen solche eiserne Öfen zweckmäßigerweise nur in vorübergehend benutzten Räumen (Jagdhütten, die im strengen Winter nicht für öfteres Übernachten benutzt werden u. dgl.) zur Anwendung, ferner dort, wo man z. B. rasch und mit wenig Holzverbrauch abkochen will.

2. **Meidinger Öfen***) und verwandte Konstruktionen sind gleichfalls eiserne, und zwar sogenannte Füllöfen, die jedoch vermöge ihrer Konstruktion (dreifache Wand mit Luftzwischenraum) den Hauptnachteil der einfachen eisernen Öfen, die starke strahlende Wärme, nicht besitzen; auch bedürfen sie eines geringen Brennstoffaufwandes, nehmen wenig Raum ein, heizen rasch, sind einfach zu bedienen, bewirken bei Anwendung eines Ventilationsrohres eine gute Lüftung des Raumes, in dem sie stehen, gestatten je nach Bedarf eine Regulierung der Wärmeentwicklung und sind von großer Dauerhaftigkeit, ohne im Preis allzuhoch zu stehen. Je nach den Anforderungen, die man an diese Öfen stellt, sind sie verschieden konstruiert, und es muß daher bei der Bestellung insbesondere die Größe des zu beheizenden Raumes und die Art des zur Verwendung kommenden Heizstoffes (Kohle, Coaks, Holz oder Gerberlohe) sowie alles sonst Erwünschte (Anbringung eines Kochloches, wie dies wohl nur bei kleinen Meidingeröfen möglich ist etc.) angegeben werden. Die Meidingerfüllöfen, die wegen ihrer zahlreichen

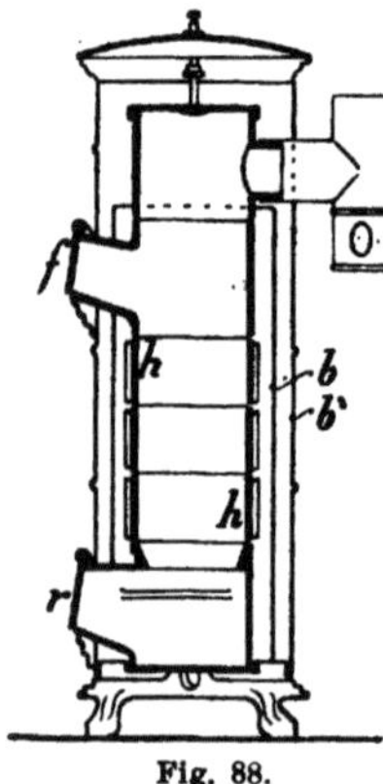

Fig. 88.

Vorzüge auch bei forstlichen Bauten immer mehr zur Einführung gelangen, bestehen (Fig. 88) im Wesentlichen aus einem starken, innen befindlichen gußeisernen Heizcylinder *hh*, der von zwei oben und unten offenen Blechmänteln *b* und *b'* umgeben wird. Der Heizcylinder wird durch die Fülltür *f* von oben gefüllt, und die Verbrennung erfolgt eben so rasch und mit solcher Wärmeentwicklung, wie man dies durch die unten befindliche Reguliertür *r* nach Belieben einrichtet. Nach einmaliger Füllung heizt so der Ofen ohne weitere Bedienung stundenlang (über Nacht) von selbst fort.

3. **Tonöfen** sind für die Beheizung ständig bewohnter Räume die besten, weil sie, nachdem sie sich allmählich erwärmt haben (schlechte Wärmeleiter!), die Wärme auch allmählich, andauernd und in angenehmer Weise (wenig jähe Strahlung!) wieder abgeben. Die Tonöfen werden auf einem gemauerten Sockel aus entsprechend geformten, großen, gebrannten Tonstücken von Ofenlänge (**Stucköfen**) oder aus kleineren Tonplatten (**Kachelöfen**) stets so angeordnet, daß die Rauchwärme durch horizontal oder vertikal verlaufende Züge zur Ausnützung gelangt. Fig. 89 zeigt eine Art solcher einfacher Zugöfen mit horizontalen Abteilungsfächern, wobei *a* das Aschentürchen, *a'* der Aschenfall, *b* das Heiztürchen, *cc* der Rost, *d* der Feuerungsraum ist, der so groß sein muß, um für die Aufnahme des Brennmaterials und guten Luftdurchzug auszureichen: *e e* sind die Züge, und bei *f* wird der Rauch in den Schornstein geleitet.

4. **Sparherde zum Kochen** für bessere, ständig benutzte Küchen werden etwa in der durch Fig. 90 dargestellten Weise aus Eisen und Ziegeln in Lehmmauerwerk hergestellt. Dabei ist *a*, der Feuerraum mit dem in der Figur links befindlichen Heiztürchen, durch einen aus Eisenstäben gebildeten Rost von dem durch das Aschentürchen verschließbaren Aschenfall *b* getrennt. Die Türchen erhalten eiserne Rahmen

---

*) Alle eisernen Öfen werden fertig aus Fabriken bezogen. Die beigesetzte Fig. 88 ist dem Preiscourant der Fabrik von H. Heim in Wien entnommen.

und Ansätze, um in der Mauerung gehörig befestigt zu werden und sind mit Schubern
zur Regulierung des Luftzuges versehen; *c c* sind gußeiserne Herdplatten, die mittels
Falzen aneinanderstoßen und auf
einem Rahmen aufruhen, mit dem
die Platten umfaßt sind; in diesen
Herdplatten sind ein oder mehrere
kreisförmige und in bekannter Weise
verschließbare Kochlöcher angebracht; bei *d* treten die heißen
Feuerungsgase zur Bratröhre *e* und
Backröhre *f*, mitunter auch noch
zu einer Warmwasserwanne über,
die sie umspülen und erwärmen;
bei *h* gehen die Heizgase in den
Schornstein; *g* ist ein Feuerungsraum, um die Röhren allein (ohne
den Hauptherd bei *a*) zu beheizen.

5. Waschkesselherde in
Waschküchen bestehen aus einer
Ummauerung des großen kupfernen
Waschkessels. Auch hier ist ein Feuerungsraum und Aschenfall vorhanden; in den
Feuerungsraum hängt der Waschkessel so hinein, daß er möglichst an seinem ganzen
Umfange den Flammen ausgesetzt ist. Über dem Herd wird ähnlich wie bei den offenen
Kaminheizungen eine Haube angebracht, um die Wasserdämpfe aufzufangen und durch
eine Dunströhre abzuleiten.

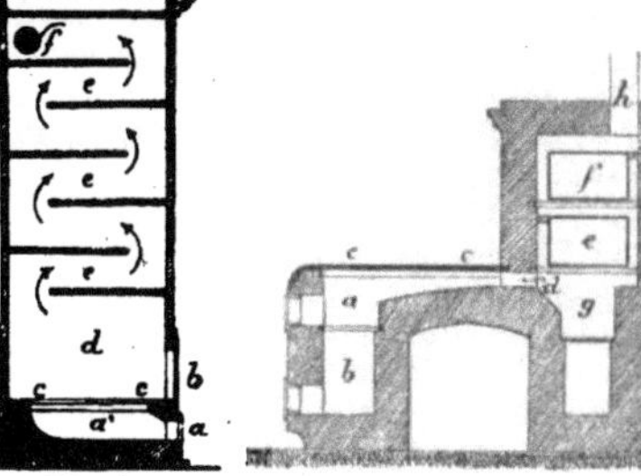

Fig. 89.        Fig. 90.

6. Backöfen, die speziell zum Backen des Brotes dienen. Der Herd besteht aus
einem etwa 15 *cm* ansteigenden Lehmestrich *a* (Fig. 91), unter dem sich eine mindestens
15 *cm* hohe Schotterschicht befindet; dieser Estrich ist durch ein kreisförmiges oder ellip-
tisches, 30 *cm* starkes Ziegelgewölbe *d* überwölbt, so daß der von außen durch eine eiserne
Tür beim Mundloch *c* zugängliche Ofenraum *b b* entsteht, aus welch letzterem durch meist
drei Kanäle (Füchse) *e* der Rauch und Dunst
abgeht. Das Ziegelgewölbe wird mit Lehmmörtel
hergestellt und oben noch mit einer etwa 8 *cm*
starken Lehmschicht überdeckt. Der übrige
Raum über dem Gewölbe wird etwa 45 *cm* hoch
mit Schotter ausgefüllt und die oberste Back-
ofenfläche mit Ziegeln gepflastert. Neben dem
Mundloch führt meist noch ein kleiner, sich
innen verbreiternder Gang in den Ofenraum,
um diesen beim Einschieben des Brotes durch
Holzspäne beleuchten zu können. Durch das
Mundloch *c* wird in den Ofenraum das nötige
Brennmaterial eingeführt und durch einige
Stunden Feuer unterhalten. Nachdem dadurch

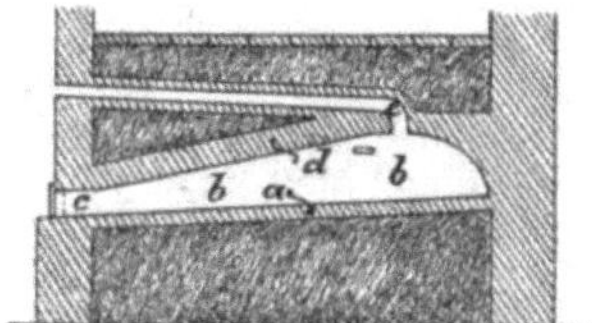

Fig. 91.

der ganze Ofen gehörig erhitzt ist, werden die Kohlen und die Asche herausgenommen,
der Ofen rasch gereinigt und die rohen Laibe aus Brotteig „eingeschossen". Durch die
nun noch von den heißen Ofenwänden ausgehende Hitze wird das Brot gebacken, und
weil diese Hitze eine langanhaltende sein muß, ist die vorbeschriebene Anordnung von
Wärme haltenden Schotter- und Lehmschichten notwendig.

## IV. Aborte (Retiraden).

Bei einer Abortanlage unterscheidet man 1. den Abortraum mit
dem Sitzbrett, 2. die Vorrichtung zum Abführen des Unrates, das ist
den sogenannten Abortschlauch, durch welchen der Unrat schließlich
in 3. einen Unratskanal oder aber in ein Sammelgefäß (Tonne, Senkgrube) gelangt.

Der Abortraum soll nicht zu eng (Sitzbrettbreite 60 *cm*) sein, der
Boden soll z. B. durch eine Pflasterung, unter welcher eine Lehmschicht
angebracht wird, wasserdicht gemacht werden. Durch die im Sitzbrett aus-
geschnittene, mindestens etwa 30 *cm* Durchmesser besitzende kreisförmige
und durch einen Deckel gut verschließbare Öffnung gelangt der Unrat zunächst in einen unter 45° bis 60° gegen die Horizontale schief verlaufenden kurzen Schlauch (die Gainze), der in den vertikalen Hauptschlauch

4*

mündet; letzterer wird des Luftdurchzuges halber durch die ganze Höhe des Gebäudes durchgeführt, so daß er oben über das Dach emporreicht; er nimmt den Unrat aller übereinander liegenden Retiraden der verschiedenen Stockwerke auf; unten mündet er in den in geschlossenen Ortschaften meist vorhandenen Unratskanal, bei einzelnstehenden Gebäuden in öfter zu entleerende, faßartige Tonnen oder aber in eine in Zement gemauerte, überwölbte, unterirdische, außen noch durch eine Tegelschicht gedichtete Senkgrube von größerem Fassungsraum, die daher nur seltener (durch eine kleine verschließbare Öffnung) ausgeräumt wird. Jedenfalls ist die Senkgrube möglichst entfernt von allen Brunnen und Wasserleitungen und nicht unmittelbar an die Gebäudegrundmauern anstoßend anzuordnen. Die schon erwähnten Abortschläuche*) können aus Holz, ferner aus gußeisernen oder tönernen, innen glasierten Röhren verfertigt werden; letztere bezieht man schon fertig aus Fabriken. Die hölzernen Abortschläuche, die bei kleineren forstlichen Bauten zumeist Anwendung finden, werden aus Föhren- oder Lärchenkernholz als „Röhren" mit quadratischem Querschnitte von 25 bis 30 $cm$ innerer lichter Weite hergestellt, indem 4 bis 5 $cm$ starke Pfosten, auf der Innenseite glatt gehobelt, zu einem Schlauch zusammengefügt und an den Stoßkanten verpicht werden; etwa von Meter zu Meter werden sie mit eisernen Bändern zusammengehalten und mittels einer Verspreizung durch Holzstücke zwischen den Abortmauern vertikal so befestigt, daß zwischen Mauern und Schlauch ein mindestens 8 $cm$ breiter Luftraum bleibt. Am unteren Ende ruht der durch alle Geschosse reichende Schlauch auf einem „Schlauchstock" (womöglich aus Eichenholz), welcher mit vorstehenden Vorköpfen in die Mauer reicht und auf diese Art festgehalten wird. Die Aborte werden womöglich in sonst weniger benutzbare Räume verlegt; auch sind die kühleren Nordseiten der Gebäude vorzuziehen; insbesondere aus Gesundheits- und Reinlichkeitsrücksichten ist die Vorsorge für leichten Zugang unter Dach, für genügenden Luftwechsel und Lichtzutritt (zumal bei ständig bewohnten Gebäuden) keinesfalls außeracht zu lassen. Jede Wohnpartei soll möglichst einen eigenen Abort bekommen.

Anmerkung 1. In besseren Wohngebäuden werden unter der Sitzbrettöffnung eiserne oder irdene Schalen, die unten mit Klappen verschließbar sind und durch eine Wasserausspülung rein gehalten werden (geruchlose, englische Retiraden) angewendet, wie solche aus Fabriken fertig beziehbar sind. — Anderseits wird bei nur selten und kurz bewohnten Jagdhütten u. dgl. ein leicht und womöglich gedeckt zugänglich gemachter einfachster Abort (eingedecktes und verschaltes Sitzbrett, an einer windruhigen Hüttenwand angebaut) genügen, wenn man den wenigen sich sammelnden Unrat zeitweise mit trockener Humuserde oder Asche bestreut und ihn nach Bedarf wegräumt. Besonders für unsere kleineren, nur vorübergehend benutzten forstlichen Bauten empfiehlt es sich überhaupt, die Retiraden außerhalb der eigentlichen Umfassungsmauer in einem Anbau (gegen Norden) unterzubringen.

Anmerkung 2. Mist- oder Kehrichtgruben sind ausgemauerte Gruben zur Aufnahme des Kehrichts und Stallmistes. Sie werden in rechteckiger Form, am besten durch eine Falltür verschließbar, und in einer solchen Lage zum Wohngebäude angelegt, daß einerseits ihre Ausdünstung nicht lästig wird, anderseits womöglich mit Wagen an sie herangefahren werden kann (Düngerverwertung!).

Zusatz. Die Anlage von Speisekammern, Kellern zur Aufbewahrung der verschiedensten Dinge, dann insbesondere die Anordnung von Eiskellern, ferner von Brunnen, Wasserleitungen und Zisternen kann hier mangels an Raum nicht eingehender behandelt werden. — Speisekammern sollen gegen Norden sehen (kühle Lage), von der Küche leicht erreichbar, licht, ferner gut und unabhängig lüftbar sein,

---

*) Den Unrat ohne Schläuche frei zwischen den Abortmauern herabfallen zu lassen, ist in Wohngebäuden unbedingt zu verwerfen (Gefahr für die Gesundheit der Bewohner, sowie für die Dauerhaftigkeit der Mauern, Geruch!).

so daß die Luft der Küche, Wohnräume und insbesondere der Aborte nicht dahin gelangt. — Keller, die größtenteils unter der Erde angelegt werden, erhalten Licht und Luft durch die im Gebäudesockel angebrachten Kellerfenster und sind durch die Kellerstiege zugänglich. Die Kellersohle muß über dem Grundwasser erhaben sein, um die Kellerräume vor Feuchtigkeit zu schützen; oder man legt den Boden und die Kellermauern in Zement. Da die Temperatur in solchen Kellern im Sommer und Winter wenig verschieden ist, eignen sie sich zur Aufbewahrung von Wein, Bier, Früchten, Kartoffeln etc., die weder große Hitze noch Frost vertragen. Ein gewisser Luftwechsel muß jedoch ermöglicht sein. — An kleineren Wasserleitungen, besonders, wo hölzerne Brunnrohre in Verwendung sind, wird eine Arbeit häufig vom Forstschutzorgan besorgt werden müssen, nämlich das Entfernen schadhafter und das Einlegen neuer Rohre. Das Wasser pflegt nämlich von der in einem sogenannten „Brunnkandl" gefaßten Quelle durch Rohrleitungen, von denen für uns die hölzernen besonders in Betracht kommen, zu dem tiefer gelegenen Verbrauchsorte geleitet zu werden. Diese Leitung soll geradlinig oder doch nur mit flachen Krümmungen verlaufen und, damit das Wasser nicht einfriere, gegen 1 m tief unter die Erde gelegt werden; bei kurzen Leitungen jedoch und insbesondere bei raschem Wasserdurchfluß können die Röhren wenigstens stellenweise (Felsgrund) auch seichter gelegt, beziehungsweise brauchen sie weniger sorgfältig verwahrt zu werden. Ungefähr alle 100 m soll die Leitung durch sogenannte „Brunnstuben" leicht zugänglich gemacht sein, so daß man dort nachsehen kann, wo das Wasser noch fließt, und damit man hiedurch rasch zu entdecken vermag, wo ein Fehler (Einfrierung, Wasseraustritt) liegt. Außer den hölzernen (Föhren- oder Lärchenholz!) Brunnrohren, die mit mindestens 5 cm lichter Weite und ebensolcher Wandstärke gebohrt und vor ihrer Verwendung in Wasser bevorrätigt werden sollen (sonst bekommen sie Risse!), hat man auch eiserne Brunnleitungsrohre, innerhalb der Gebäude auch Bleiröhren. Eiserne Rohre müssen stets an jenen Stellen angewendet werden, wo und soweit eine Wasserleitung unterirdisch eine öffentliche Straße kreuzt.

---

## III. Kapitel.

## Besonderheiten einiger forstlicher Hochbauten.*)

### § 15. Forstdienst- und Jagdhütten.

**Allgemeines.** Vor allem muß die Auswahl des Ortes für die Anlage von Forstdienst- und Jagdhütten mit Vorbedacht erfolgen. Die Gefahren einer Beschädigung oder Verschüttung durch Lawinen und Steinschläge oder der Zerstörung durch Hochwässer oder des Abrutschens und einer ungleichen Setzung infolge schlechten Untergrundes müssen wohl erwogen und vermieden werden. Der Zugang und die Hütte selbst soll einerseits vor Schneeverwehungen möglichst gesichert, anderseits dem Anprall des Sturmes entzogen sein. Forstdiensthütten, die nur dem Forstschutz dienen, wird man mitunter gern an solche Punkte verlegen, die eine weite Übersicht über den Waldkomplex gewähren und von denen man rasch in alle Waldteile gelangen kann; Jagdhütten werden am liebsten mit hübscher Aussicht auf einer Waldlichtung so erbaut werden, daß man von ihnen aus die nächsten Birschplätze und Jagdsteige bei „gutem Wind" rasch erreicht. Auch auf ein gefälliges Aussehen der Hütten soll man sehen. Die Eingangstür soll womöglich an der dem stärksten Windanfalle abgewendeten Seite angebracht werden. An der Windseite macht man möglichst wenig, kleine, oft auch gar keine Fenster und verschalt häufig diese Wand von außen noch durch Bretter oder Schindeln.

---

*) Die für unsere forstlichen Bauten gebräuchlichsten und empfehlenswerten Materialien und Konstruktionen wurden zweckmäßigerweise größtenteils schon im Zusammenhang des I. und II. Kapitels angeführt. Im Nachfolgenden sind die früheren grundlegenden Kapitel als bekannt vorausgesetzt, und es wird daher im einzelnen nicht mehr auf jene verwiesen werden.

Die Größe und innere Einteilung der Forstdienst- und Jagdhütten im Walde hängt ganz von ihrem Zweck, dann von der Anzahl und Art, oft auch von der speziellen Vorliebe der zu beherbergenden Personen und deren Ansprüchen an Bequemlichkeit, endlich von der voraussichtlich mehr oder minder vorübergehenden Benutzung ab, wobei wieder in Betracht kommt, ob die Hütte nur im Sommer bewohnt werden soll oder aber, ob sie auch bei kalter Jahreszeit und Witterung, die bekanntlich im Gebirge oft schon bald im Herbste beginnt und im Frühjahr lang andauert, als gute Unterkunft dienen muß. Mit Rücksicht auf diese mannigfachen Momente wird also eine solche Hütte sehr verschieden angelegt werden, und das nachfolgende praktische Beispiel wird daher bei weitem nicht überall unverändert angewendet werden dürfen.

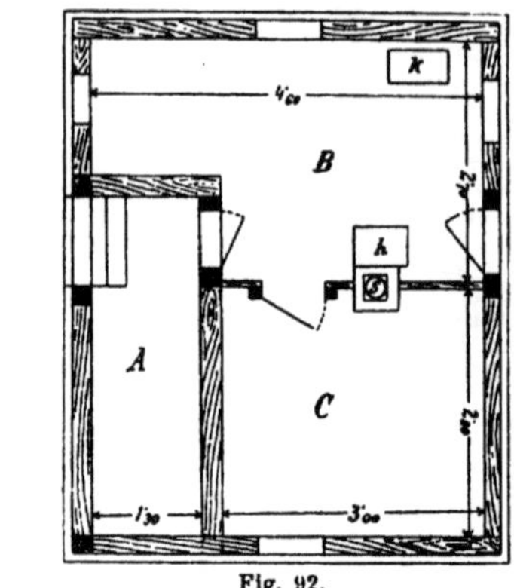

Fig. 92.

Beispiel einer Jagd- und Forstdiensthütte. Das Häuschen (Fig. 92 und 93) ist, auf einem Steinsockel stehend, als Blockwandbau, und zwar mit vierkantig ganz behauenen Hölzern geplant. Das Dach besitzt einen einfachen stehenden Dachstuhl; für die Dacheindeckung sind Lärchen-Scharschindeln zu empfehlen. Decke und Boden sind einfache, mit Brettern belegte Tramböden. Über einige Stufen gelangt man vom Freien zunächst auf den unter Dach befindlichen, an zwei Seiten offenen und nur durch Geländer umsäumten Vorraum (die Veranda) *A*, wo man unbelästigt vom Küchengeruch in der würzigen Waldesluft seine Mahlzeit einnehmen und ausruhen kann. Von diesem Vorraum führt eine Tür in den ersten Wohnraum (zugleich Küche) *B*, in welchem eventuell einige Schlafstellen für Forstschutzleute oder Jäger stehen können, und von wo man durch eine in der Scheidewand (einfache oder doppelte Bretterwand) angebrachte Tür in den zweiten Wohnraum *C* gelangt, der für die Beherbergung von (einem, im Notfalle von zwei) Forstbeamten oder Jagdgästen dient. Jäger oder Treiber können endlich von *B* aus durch eine Lucke in der Decke mittels einer wegnehmbaren Leiter ihre Schlafstelle unter Dach aufsuchen. *k* ist ein mit Holz ausgekleideter, teilweise in die Erde versenkter Kasten zur Aufbewahrung von Lebensmitteln u. dgl., der durch einen gut schließenden Deckel

Fig. 93.

(möglichst sicher gegen Mäuse, Blechauskleidung!) zugänglich ist. Der Rauch aus dem Herde *h* wird durch einen über das Dach gemauerten Schornstein *s* abgeführt; nächst diesem Schornstein kann im Raume *C* ein kleiner Ofen angebracht werden. Die Fenster sind am besten doppelt und, wenn sie sehr klein sind, einflügelig; das innere, nach innen aufgehende Fenster ist mit Glastafeln, das äußere, der einfachen Herstellung halber nach außen aufgehende Fenster aber ist mit starken hölzernen Fensterläden verschlossen. Verläßt man die Hütte für längere Zeit, so werden nur die äußeren Fenster gut zugemacht, die inneren bleiben dagegen offen, damit die Luft in der Hütte nicht durch allzu dichten Abschluß dumpfig werde.

## § 16. Holzknechthütten.

Holzknechthütten haben den Zweck, die Holzarbeiter in von ihren ständigen Wohnungen zu entfernten Waldorten während der Zeit der Holzfällung und -Bringung oder auch während der Kultur zu beherbergen. Je nach dem Umfange und der Dauer der Arbeiten, dann mit Rücksicht darauf, ob diese Hütten nur im Sommer oder auch im Winter benutzt werden sollen, ja vielleicht auch eine Stube enthalten, die zeitweilig einem Forstbeamten als Unterkunft zu dienen hat, wird auch ihre Ausführung verschieden sein. Die Auswahl des Ortes mit Rücksicht auf drohende Gefahren erfolgt natürlich wie bei den Forstdienst- und Jagdhütten.

1. Die Holzknecht-Sommerhütten werden meist direkt auf dem planierten Erdboden, der estrichartig gestampft wird, aus nur zweiseitig behauenen Hölzern als Blockwandbau aufgeführt. Das Dach erhält etwa einen einfachen stehenden Dachstuhl, der aber gewöhnlich ganz roh aus stärkeren runden Stangen aufgezimmert ist; Halbklüfte oder dünne Stangen dienen als Dachlatten; die Eindeckung erfolgt mit Rinden. Läßt sich kein Estrichboden schlagen, so wird auch der Fußboden mit Rinden belegt. Der Dachraum ist vom ebenerdigen Küchen- und Wohnraume nicht durch eine Zwischendecke getrennt. Im Inneren besitzt die Holzknecht-Sommerhütte (Grundriß Fig. 94) meist nur einen durch die Tür *t* zugänglichen Raum, in welchem sich sowohl der bei offener Feuerung benutzte Herd *H*, um den ringsherum Sitzbänke angeordnet sind, als auch bei *PP* die Schlafstellen (hölzerne Pritschen mit Strohaufschüttung) befinden. Ein Mann braucht als Schlafstelle einen Raum von 2*m* Länge

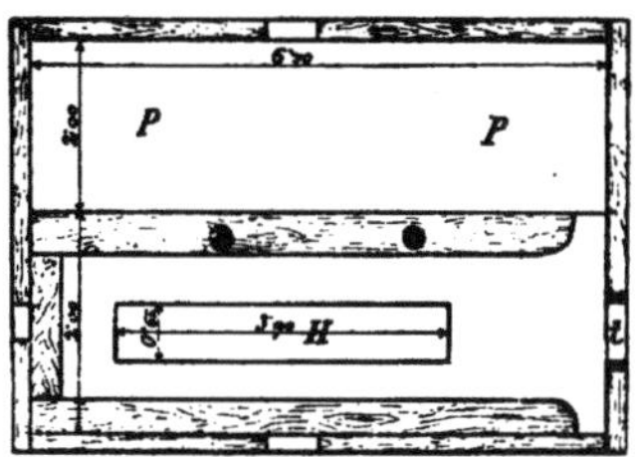

Fig. 94. Grundriß einer Holzknecht-Sommerhütte für 7 Mann.

und gegen 1*m* Breite. Die Fenster sind mit Rücksicht darauf, daß die Arbeiter fast nur zu kurzer Nachtruhe in der Hütte versammelt sind, in der Regel ganz kleine, mit einem einflügeligen Glasfenster verschließbare Lucken; die nötige Durchlüftung erfolgt ohnedies durch das wenig dichte Dach und die Fugen in den Holzwänden, die bei Sommerhütten durch Verstopfen mit Moos (Kalfatern) meist ohne viel Sorgfalt gedichtet sind.

2. Die Holzknecht-Winterhütten werden ähnlich den Sommerhütten, nur mit mehr Sorgfalt erbaut. Sie erhalten also einen Rindenboden aus mehrfachen Rindenlagen, oder wo möglich einen Steinsockel und einen etwas über die Erde erhobenen Bretterboden; die Blockwände

aus zweiseitig behauenen Balken werden genauer übereinandergefügt und die Fugen gut mit Moos kalfatert; auch das Dach wird aus besserem Material hergestellt und meistens mit Schindeln eingedeckt. — Holzknecht-Winterhütten sollen im Inneren stets in wenigstens zwei Räume abgeteilt sein, von denen der eine als Küche und als Raum zum Trocknen der Kleidungsstücke etc. dient, während der zweite, durch eine Pfostenwand ganz abgetrennte Raum die Schlafstellen enthält. Im Küchenraume ist der Herd meist mit offenem Feuer (da viele Leute zugleich kochen müssen) angebracht, ferner Bänke zum Sitzen längs der Wände, und Fächer oder Truhen zum Aufbewahren der Lebensmittel. Im Schlafraum befindet sich wo möglich ein Tonofen (etwa ein runder Kachelofen) oder wenigstens ein eisernes Öfchen zum Beheizen; es ist also ein Schornstein notwendig. Die unteren Räume sind vom Dachbodenraum durch einen wenigstens oberhalb des Schlafraumes dichten Bretterboden getrennt. Der Eingang in die Hütte erfolgt am besten durch eine an der windgesichertsten Seite der Hütte angebrachte doppelte Tür, oder es wird vor der einfachen Tür ein durch eine andere Tür zugänglich gemachter gedeckter Verschlag (Vorraum) angeordnet; ist nämlich nur eine einfache Tür vorhanden, so dringt insbesondere bei jedem Öffnen derselben im Winter ein kalter Luftstrom in den warmen Innenraum (Rheumatismus, Gicht etc., daher frühe Arbeitsunfähigkeit bei den Forstarbeitern!). Die Fenster werden wie bei den Forstdienst- und Jagdhütten konstruiert. Auch soll ein Abort in Form eines Anbaues angebracht werden. Für die Ableitung von Sicker- und Schneeschmelzwasser ist bei allen derlei Hütten wohl zu sorgen. — Wenn auch die Holzknechte sich ihre Hütten in landesüblicher Weise zumeist selbst nach Bedarf erbauen, so ist doch mit Rücksicht auf die Gefahren für ihr Leben und ihre Gesundheit darauf zu dringen, daß die im vorigen angeführten Momente nicht außer Acht gelassen werden.

Köhlerhütten werden nach denselben Grundsätzen wie die Holzknechthütten erbaut, nur werden sie gewöhnlich viel kleiner sein, da sie nur wenigen Leuten zur Unterkunft dienen.

## § 17. Kohlbarren.

Kohlbarren dienen zur Bevorrätigung der Holzkohlen, bis letztere zur Abfuhr gelangen können. Ihr Fassungsraum wird sich daher nach der Menge der voraussichtlichen Kohlenproduktion und dem mehrminder ausgiebigen und fortlaufenden Weitertransporte richten müssen. Die Kohle muß nur gegen Feuchtigkeit und gegen das Verwehtwerden durch Sturm geschützt sein. Deshalb bringt man die Kohlbarren in der Regel nächst den Kohlenmeilern, mit dem Wagen leicht anfahrbar, auf möglichst trockenem oder gut zu entwässerndem Boden an; ferner stellt man sie mit der Langseite ihres meist länglich-rechteckigen Grundrisses senkrecht auf die Richtung des Wind- und Regenanfalles und verschalt sie nur auf der langen Wetterseite und den beiden kurzen, nur 3 bis 4$m$ langen Stirnseiten mit Brettern oder Schwartlingen, während die zweite Langseite offen bleibt. Diese Verschalung wird an eine ganz einfache Holzkonstruktion (vertikal eingegrabene Säulen, durch horizontal verlaufende, überplattete Querriegel und oben durch mit Kopfbügen unterstützte Kapphölzer verbunden) angenagelt. Der Boden wird estrichartig geschlagen. Das Dach ist meist ein Pultdach mit gegen die Wetterseite stehender Dachfläche; die Eindeckung erfolgt mittels Schindeln oder Brettern. Bei allen kleineren, aber auch bei großen, ständigen Kohlungen findet man die Kohlbarren in der eben beschriebenen Weise einfach aus Holz erbaut. — Mitunter werden jedoch nächst den großen Länd- und Hüttenkohlungen auch gemauerte, mit einem Satteldach eingedeckte und auf allen vier Seiten geschlossene Kohlbarren für die längere Aufbewahrung großer Vorräte ausgeführt. Zwei in den gegenüberliegenden Wänden angebrachte Tore gestatten, daß man in einen solchen Kohlbarren einfahren, den Wagen füllen und auf der anderen Seite wieder herausfahren kann. Die Fensteröffnungen werden durch eine Licht und Luft hindurchlassende Ziegelschlichtung ausgefüllt. Der vom Kohlenvorratsraum durch eine einfache Bretterdecke getrennte Dachbodenraum kann zur Aufbewahrung verschiedener Geräte (Handschlitten, Werkzeuge etc.) verwendet werden.

## § 18. Stallungen.

Zunächst den verschiedensten forstlichen Bauten wird sehr oft die Anlage von Ställen insbesondere für Pferde und für Rindvieh notwendig; womöglich werden die Stallungen von den Wohngebäuden getrennt erbaut. Alle Stallungen sollen nachfolgende Eigenschaften und Einrichtungen besitzen: 1. Hinreichende Größe des Raumes zur Unterbringung der Tiere. 2. Gehörigen Schutz vor dem Einflusse der Hitze und Kälte, besonders vor Zugluft. 3. Hinreichendes, jedoch den Tieren nicht direkt in die Augen strahlendes Licht. 4. Entsprechende Ventilation. 5. Vorrichtungen zur Erhaltung größter Reinlichkeit.

Der Raum, den ein Pferd im Stalle erfordert (der sogenannte Stand), kann für Acker- und Zugpferde etwa 1·3 bis 1·5 m breit und 2·8 bis 3·0 m lang, für sehr schwere und für Luxuspferde aber noch entsprechend größer angenommen werden. Der Stand für ein ausgewachsenes, mittelstarkes Stück Rindvieh wird 1·2 m breit und 2·75 lang (die Jauchenrinne mitgerechnet) gemacht. Auch auf eine entsprechende Breite der Gänge zum Aus- und Einführen der Tiere (Mittelgänge etwa 1·5 bis 2·0 m breit) ist zu achten. Die Höhe der Stallräume soll nicht unter 3·4 m betragen. — Auf die Details der Ausführung kann hier nicht näher eingegangen werden.

## § 19. Wildfütterungen.

Zum Aufbewahren und zum Vorlegen der Futtermittel, insbesondere des Heues, dann der Roßkastanien, des Mais und Hafers etc., endlich der künstlich erzeugten Futterzusätze (phosphorsaurer Kalk etc.) dienen häufig eigene Gebäude, die man „Futterhütten" oder „Futterstadeln" nennt, zu denen noch zumeist ergänzend „Futterraufen" hinzukommen. Welche Erfolge die Wildfütterung, die in der Regel nur im Winter und anfangs Frühling in größerem Ausmaße nötig ist, erwarten läßt; die Wahl eines trockenen, windgeschützten Ortes und die Art der Verteilung der Futterplätze im Jagdrevier mit Rücksicht auf die Eigentümlichkeit des zu fütternden Jagdtieres; der mit den Verhältnissen nach Quantität und Qualität sehr wechselnde Futterbedarf per 1 Stück Wild — das sind alles Fragen, die im Jagdbetriebe eingehender erörtert werden müssen. Hier sei nur der Bauten kurz gedacht, die insbesondere bei der Hochwildfütterung zur Anwendung gelangen; man kann unterscheiden:

1. Futterraufen und zwar:

*a)* Einzelraufen (Fig. 95), die aus einem korbförmigen Futterrechen *r* für Heu und einer kleinen Krippe *k* für Körnerfrüchte oder Kastanien bestehen, meist an mäßig starken, recht dichtkronigen Bäumen befestigt werden, also kein künstliches Dach erhalten, und nur das Futter für 2 bis 3 Stücke aufnehmen können. Solche etwas abseits der großen Fütterungsanlagen angebrachte Einzelraufen werden auch besonders von

kapitalen Hirschen gern aufgesucht, die dem Lärm und Gedränge bei den größeren Fütterungen ausweichen.

*b)* Futterbarren für mehrere Stücke, deren Konstruktion aus Fig. 96 ersichtlich ist. Bei diesen bietet das Dach, welches recht breit gemacht werden soll, dem Wild auch einigen Schutz gegen Schnee und Regen. Wo die Fütterung des Wildes an solchen freistehenden Futterraufen erfolgt, werden gewöhnlich in deren Nähe zur Aufbewahrung der Futtermittel Scheunen erbaut; diese werden zumeist aus einer mit Brettern verschalten Holzkonstruktion ähnlich den hölzernen Kohlbarren (jedoch ringsherum geschlossen und meist mit einem Satteldach eingedeckt) mit gehörigem Fassungsraum

Fig. 95.

ausgeführt. Im Inneren dieser Scheunen muß auch auf Unterbringung der Körnerfrüchte, dann auf die Aufstellung einer Quetschmaschine für Kastanien etc. Bedacht genommen werden. Mit Ausnahme des von der Scheunentür eingenommenen Raumes können auch am ganzen Umfang einer solchen Scheune Futterleitern für Heu, sowie Krippen für Hafer etc. angeordnet werden. Alle derlei Fütterungsanlagen haben den großen Nachteil, daß das Heu (das Hauptfuttermittel) aus der Scheune herausgetragen und dann in die Futterleitern emporgehoben werden muß, was täglich viel Arbeit und Zeit erfordert. Daher empfehlen sich für größere Fütterungen:

Fig. 96.

2. Futterhütten, bei denen das Heu aus dem Aufbewahrungsraum *A* (Fig. 97) durch Öffnungen im Boden dieses Raumes ohne Mühe von oben herab durch entsprechend angebrachte Öffnungen direkt in die Futterleitern *ff* fallen gelassen wird und das Wild außerdem mehr Schutz gegen die Unbilden der Witterung findet. Auch läßt sich an diesen Futterhütten leicht ein Raum durch entsprechend eng gestellte Säulen nur den Hochwildkälbern zugänglich machen, die sonst von den stärkeren Stücken verdrängt würden („Kälberställe"). Auf das vollkommene Feststehen der die ganze

Fig. 97.

Hütte tragenden Säulen ist ganz besonders zu achten. Aus Fig. 97 läßt sich beispielsweise die Anlage einer derartigen Futterhütte entnehmen, wobei der Kälberstall mit *kk* bezeichnet ist. In der Nähe solcher großer Futterhütten wird dann sehr oft noch die Anbringung einiger Futterraufen, insbesondere von Einzelraufen, sowie von (mit Stroh einzudeckenden und durch einen Zaun vor dem Zutritt des Wildes zu sichernden) Heuschobern empfehlenswert, beziehungsweise notwendig sein, wenn der Vorrats- und Fütterungsraum der Hütte allein nicht ausreichend ist.

## § 20. Fischzuchthütten.

Da diese Hütten in Bezug auf ihre ganze Ausführung (Größe, Form, Einteilung) ihrem speziellen Zwecke, der künstlichen Fischzucht, entsprechend erbaut werden müssen, diese aber erst in einem späteren Teile dieses Buches abgehandelt wird, findet auch das über die Erbauung von Fischzuchthütten Hervorzuhebende besser im dortigen Zusammenhange Raum.

# Anhang.

## Das Bauelaborat für einen Hochbau, die Bauausführung und die Übernahme.

Jeder Bau soll in wirtschaftlicher Weise zur Ausführung kommen; diese anzustrebende Wirtschaftlichkeit wird dann erreicht, wenn das Gebäude mit den geringsten Kosten doch so aufgeführt wird, daß es die nötige Dauerhaftigkeit und Festigkeit, Bequemlichkeit und Zweckmäßigkeit besitzt und zugleich einen geschmackvollen Eindruck auf den Beschauer macht. Diesen Erfordernissen wird nun ein Bauwerk dann am besten gerecht gemacht werden können, wenn:

*I.* Ein Entwurf, das sogenannte Bauelaborat (Projekt), durch Baupläne anschaulich gemacht, die beim Bau vorkommenden Arbeiten und ihre Kosten im einzelnen sowie insgesamt wohl begründet und feststellt; wenn:

*II.* Die Bauausführung nach den uns aus der Baukonstruktionslehre (II. Kapitel dieses Abschnittes) bekannten Grundsätzen gut beaufsichtigt wird, sowie in entsprechender Reihenfolge und so erfolgt, wie es im Bauelaborat festgesetzt ist; wenn endlich nach Vollendung des Baues durch:

*III.* Die Übernahme (Kollaudierung) vom Bauherrn oder von einer Kommission bestätigt wird, daß das fertige Gebäude in jeder Beziehung dem Entwurfe entspricht und in allen Teilen solid ausgeführt ist.

### *I. Das Bauelaborat (Projekt).*[*]

Das Bauelaborat besteht bei größeren Bauten gewöhnlich aus mehreren Teilen, und zwar unterscheidet man:

1. Den technischen Bericht, der vor allem anderen den Zweck und die Stellung des Gebäudes, die Baustelle, die räumliche Anordnung und Verbindung im Inneren, alle gesetzlichen Bestimmungen und Rechtsverhältnisse wohl erwägt und feststellt.

2. Die Baupläne, welche das ganze Gebäude und alle seine wichtigeren Teile bildlich darstellen, zugleich als Grundlagen für die Kostenberechnung dienen und endlich bei der Bauausführung als Vorlagen zum Nachsehen brauchbar sein sollen. Die Baupläne für die Hochbauten (vgl. später Fig. 186 und Tafel II) sind:

*a)* Ein Situationsplan, der insbesondere die Lage des neuen Gebäudes zur Umgebung und die Terraingestaltung auf einer Karte ersehen läßt (Maßstab etwa 1 : 500 oder größer).

---

[*] Diese und die nachfolgenden anhangsweisen Ausführungen machen gar keinen Anspruch auf Vollständigkeit, sondern sollen dem Waldbauschüler nur eine ganz allgemeine Vorstellung über das Zustandekommen eines größeren Bauwerkes verschaffen.

*b)* Die **Grundrisse**, das sind **Horizontalschnitte des Gebäudes**, aus denen die Gestalt, Größe und Anordnung der einzelnen Räume, die Länge und Stärke der Mauern, die Anlage der Stiegen, Türen, Fenster, Heizungsanlagen u. s. w. entnommen werden können. Solche Grundrisse sind von den Fundamenten, dem Keller, von allen einzelnen Geschossen und vom Dachboden mit dem Dachwerksatz anzufertigen (Maßstab 1 : 100).

*c)* Die **Profile**, das sind meist senkrecht auf die Längenrichtung der Trakte geführte **Vertikalschnitte**, aus denen die Fundamenttiefe, die Höhe der Geschosse, die Konstruktion der Böden, Decken, Stiegen, des Dachstuhls u. s. w. ersichtlich ist (Maßstab 1 : 100).

*d)* Die **Façaden, Ansichten** oder **Aufrisse**, welche die äußere Ansicht des Gebäudes darstellen (Maßstab 1 : 100).

*e)* Die **Details**, das sind Darstellungen wichtigerer, aus den vorgenannten Plänen nicht gut ersichtlicher Einzelheiten der Konstruktion und Ausschmückung (Maßstab etwa 1 : 50, nach Bedarf noch größer, mitunter selbst in natürlicher Größe).

Besonders bei den sogenannten **Adaptierungen** (wenn ein schon vorhandenes Bauwerk durch teilweises Abtragen, Zubauen etc. für einen gewissen Zweck brauchbar gemacht werden soll), aber auch bei Neubauten werden die Baupläne häufig in **Farben** ausgeführt (koloriert). Es ist üblich, daß dann in den Grundrissen und Profilen das alte Mauerwerk mit schwarzer, das neue mit roter, alles abzutragende mit blaßgelber Farbe anzudeuten ist. Die Façaden und Details sowie sonstige Bestandteile pflegt man mit wenigstens annähernd naturgetreuen Farben darzustellen (Erdreich braun, Eisen blaugrau etc.). Näheres hierüber gibt der II. Teil dieses Bandes (Situations- und Bauzeichnen) an.

Auf jedem Bauplan muß der **Maßstab** ersichtlich gemacht und außerdem eine **Kotierung** angebracht sein. d. h. die einzelnen in Betracht kommenden Längen-, Breiten-. Höhen- und Tiefenmaße (Koten) müssen mit deutlichen Ziffern in leicht lesbarer Anordnung in den Plan eingeschrieben werden. — Jeder einzelne Plan bekommt ferner als Beilage des Bauelaborates eine **Überschrift** und zudem durch einen Buchstaben (*A, B . . .*) oder eine Ziffer (I, II . . .) eine rasch und unzweifelhaft auszusprechende Bezeichnung.

3. Die **Kostenentwicklung**, welche die Herstellungskosten des Gebäudes ergibt und an Hand eines Hilfsbuches (z. B. „Wiener Bauratgeber" von D. V. Junk) erfolgt; deren Teile sind:

*a)* Das **Vorausmaß**; dieses gibt in einer Tabelle die **Art und Menge** der beim Bau vorkommenden Leistungen übersichtlich und unter Bezugnahme auf die Baupläne an, so daß man also schließlich für jede Art der Arbeit von gleichem Preis die gesamte sich beim Bau ergebende Menge erhält. Die Bemessung der einzelnen Mengen erfolgt teils nach dem **Körpermaß**, und zwar nach Kubikmetern (z. B. bei Erdabgrabung, Mauerwerk, Schuttanschüttung, Quadern); oder nach dem **Flächenmaß** in Quadratmetern (z. B. Verputz, Pflasterungen, Dippelböden, Verschalungen, Dacheindeckung, Fußböden, Anstriche); oder nach dem **Längenmaß** in Kurrentmetern (z. B. das Dachgehölz, die Träme, Futterkrippen, Abortschläuche, Säulen aus Holz); oder nach dem **Gewicht** (die meisten Schmiedearbeiten, soweit sie fertig angekauft werden u. dgl.); oder endlich nach **Stücken** (z. B. Türen, Abortsitze, Beschläge, Schrauben, Ofen- und Putztürchen). Die verschiedenen Arbeitsgattungen werden im Vorausmaß in einer gewissen Anordnung angeführt: 1. Erdarbeiten, 2. Maurerarbeit, 3. Steinmetz-, 4. Zimmermanns-, 5. Dachdecker-, 6. Stuckatorer-, 7. Pflasterer-. 8. Tischler-, 9. Schlosser, 10. Schmied-, 11. Spengler- und Kupferschmied-, 12. Glaser-, 13. Anstreicher-, 14. Hafnerarbeiten. — Auf diese Weise wird im Vorausmaß die ganze Bauleistung in eine Anzahl von gleichartigen Summen (Mengen von gleichem Einheitspreis) zerlegt.

*b)* Die **Preistabelle** = der **Preistarif**; er gibt in einer Tabelle die Preise, nach welchen die Baugewerbsleute und Arbeiter entlohnt und um welche die Baumaterialien bezogen werden, an, also z. B. die Höhe des Maurer-, Zimmermanns-, Handlanger- etc. Taglohnes; der Tagesentlohnung für einspänniges und zweispänniges Fuhrwerk (ein- und zweispännige Pferdeschicht inklusive Kutscher); dann den Preis von 1 $m^3$ Bruchstein: von je 1000 Stück Ziegel, Schindeln, Nägeln; von 1 Kurrentmeter rundes Bauholz bestimmter Stärke; von 1 $kg$ ungelöschten Ätzkalk und 1 $m^3$ gelöschten Kalkes; für 1 $kg$ Draht etc. etc.

*c)* Die **Preisanalyse** berechnet in tabellarischer Form in derselben Reihenfolge und für die verschiedenen Leistungen wie im Vorausmaß die für die Baustelle giltigen **Kosten pro Einheit** und zwar unter Einführung der Preise aus dem Preistarif; so ergeben sich aus der Preisanalyse beispielsweise: Die Herstellungskosten für 1 $m^3$ gewöhnliches Ziegel-Kellermauerwerk ohne Verputz bis 2 m Tiefe: oder für 1 $m^3$ Gewölbemauerwerk aus Bruchstein im Erdgeschoß ohne Verputz; oder für 1 $m^2$ Verputz, ordinär; oder für 1 Kurrentmeter behauenen Holzes von bestimmter Dimension inklusive Anarbeiten; oder für das Versetzen von 1 Stück Türstock, von 1 Stück gewöhnlichem Sparherd etc. etc.

*d)* Der Kostenvoranschlag. Im Vorausmaß sind, wie erwähnt, die Mengen der beim ganzen Bau vorkommenden Leistungen (gleicher Art und gleichen Preises) berechnet; ferner gibt uns die Preisanalyse den Preis per Einheit jener Leistungen an. Multipliziert man nun die Menge mit dem zugehörigen Preis per Einheit, so erhält man (wieder, wie im Vorausmaß, in übersichtlicher Aufeinanderfolge) die Kosten der Herstellung im einzelnen und schließlich — durch Summierung — die Herstellungskosten des ganzen Baues. Die eben besprochene Aufstellung des Kostenvoranschlages erfolgt gleichfalls in tabellarischer Form.

4. Die Baubeschreibung unterzieht die aus dem technischen Berichte, den Bauplänen und der Kostenentwicklung noch nicht hinreichend klar hervorgehenden Punkte einer ergänzenden Erläuterung. Besonders wenn die Bauausführung durch einen Unternehmer erfolgt, werden in der Baubeschreibung die ihm obliegenden Leistungen genau vorgezeichnet.

Ein vollständiges, aus den eben besprochenen vier Teilen bestehendes Bauelaborat wird nur bei etwas größeren Bauten verfaßt. Bei kleinen Bauherstellungen, unbedeutenden Adaptierungen und Reparaturen wird nur eine als Kostenvoranschlag benannte Tabelle dazu benützt, um mittels derselben im Text die ganze Kostenentwicklung durchzuführen und die Gesamtkosten zu berechnen. Die hiebei geltenden Grundsätze sind aber dieselben, wie sie im vorigen (unter *I,* 1. bis inklusive 4.) dargestellt wurden; ergänzende Erläuterungen (eventuell auch kleine Skizzen) finden in derselben Tabelle in der Anmerkung Platz. — Beispiele und Aufgaben.

## II. Die Bauausführung.

Hieher gehören:

1. Die Voreinleitungen für den Bau.

Nachdem der Bauherr (z. B. der Herrschaftsbesitzer, die vorgesetzte Forstbehörde) dem Bauelaborat die Genehmigung erteilt hat, sind

*a)* Voreinleitungen zu treffen, um alle Anstände, welche die Behörde oder die Nachbarn allenfalls gegen die Bauführung erheben könnten, zu beseitigen. Hieher gehört insbesondere Einholung des Baukonsenses, d. h. der Bewilligung von Seite der hiezu berufenen Behörde (Gemeindevorstehung oder politischen Behörde), den betreffenden Bau ausführen zu dürfen.

*b)* Anordnungen, um den Bau selbst beginnen, anstandslos fortführen und beenden zu können; dabei wird es sich insbesondere um die Beistellung des nötigen Materials, der Arbeiter und Fuhren, sowie jener Baubestandteile handeln, welche schon fertig auf den Bauplatz geliefert werden sollen. Die erwähnten Anordnungen hat in Bezug auf solche Bauten, die „in eigener Regie" ausgeführt werden, der Bauherr oder sein Stellvertreter zu besorgen; wird dagegen die Bauausführung einem Bauunternehmer (meist durch einen Vertrag) übergeben, so sind diese Anordnungen Sache des Unternehmers.

2. Die wirkliche Ausführung des Baues.

Bei derselben handelt es sich vor allem um eine zweckmäßige Reihenfolge der einzelnen Arbeiten, wobei jedoch selbstverständlich manche im Folgenden getrennt angeführte Arbeiten mitunter vorteilhafterweise gleichzeitig vorgenommen werden müssen:

*a)* Einfriedung des Bauplatzes durch Aufstellen der Lantennen, Einplankung. Errichtung einer Werkzeugkammer.

*b)* Abtragung des etwa vorhandenen alten Gebäudes, wobei auf die Sicherung der Nachbargebäude (eventuell durch Pölzung) Bedacht zu nehmen ist. Oft kann ein Teil des bei der Abtragung (Demolierung) sich ergebenden Materials wieder verwendet werden; das Unbrauchbare wird beseitigt.

*c)* Herrichtung einer Kalkgrube und eines Brunnens, Beginn der Zufuhr des Maurermaterials, Löschen und Einsumpfen des Kalkes.

*d)* Ausstecken des künftigen Baues im Terrain.

*e)* Fundaments- und Kellerausgrabung mit gleichzeitiger Pölzung des gegen das Nachstürzen nicht gesicherten Erdreiches; Einebnungsarbeiten und Abfuhr des überflüssigen Erdreiches.

*f)* Aufführung des Fundamentmauerwerks der Haupt- und Mittelmauern. Man fängt an den Ecken an und führt das Mauerwerk möglichst gleichförmig in die Höhe. Anlage der Kellerfenster und Kellertüren, der „Schmatzen", wo Stiegen oder Scheidemauern ansetzen. Anlage der Gewölbsfüße und der in den Keller führenden Rauchschlote. Versetzung hölzerner Türfutter. Vollständige Ausführung der Unratskanäle.

*g)* Aufführung der Haupt- und Mittelmauern des Erdgeschosses. Anlage der Fenster- und Türöffnungen, Rauchschlote, Schließenritzen für die Durchschübe der Schließen, Schmatzen für die Scheidemauern. Ausmauerung der Gewölbsfüße, Versetzung der hölzernen Türfutter in die Mittelmauer gleichzeitig mit deren Aufführung. Herstellung der Schmatzen für alle steinernen Tür- und Fensterstöcke.

*h)* Herstellung der Gewölbseingerüstung und der Gewölbe in den Kellerräumen.

*i)* Herstellung der Gerüste für den ersten Stock und Aufführung der Haupt- und Mittelmauern desselben. Sonstige Anlagen wie beim Erdgeschoß *(g)*. Einziehen der Rastschließen.

*k)* Aufführung der Scheidemauern des unteren, d. i. des Erdgeschosses, zugleich Versetzung der hölzernen Türfutter und Überwölbung derselben.

*l)* Gerüstaufstellung und Aufführung der Mauern des zweiten Stocks, wie dies für den ersten Stock *(i)* angeführt wurde; dasselbe *(i bis l)* gilt für alle noch folgenden Stockwerke. Beim obersten Stockwerk ist darauf zu achten, daß die Schornsteine noch im Mauerwerk desselben zu Gruppen zusammengezogen werden, welche dann über das Dach hinausragen.

*m)* Aufstellung des Dachstuhles und vollständige Dacheindeckung.

*n)* Einwölbung der Räume des Erdgeschosses, zugleich Einziehen der betreffenden Schließen. Ausgerüstung der Kellergewölbe.

*o)* Legen der Dippelbäume und Bodenträme mit gleichzeitigem Einziehen der Schließen. Herstellung der Sturzbodenverschalung.

*p)* Gänzliche Fertigstellung der Rauchfänge, Vornahme sämtlicher Stein- und Retiradschlauch-Versetzungen. Versetzen der hölzernen Fensterstöcke.

*q)* Anlage des Hauptgesimses.

*r)* Schuttanschüttung in allen Stockwerken für die Fußbodenlegung.

*s)* Herstellung des äußeren Verputzes mit gleichzeitiger Ausführung der untergeordneten Gesimse.

*t)* Verputzherstellung im Inneren.

*u)* Legen aller Fußböden, sowie des Pflasters in den Gängen, Retiraden etc.

*v)* Innerer Ausbau, insbesondere Tischler-, Schlosser-, Glaser-, Anstreicher-, Hafnerarbeiten.

*w)* Abpflasterung im Hofraum.

*x)* Beseitigung der Verplankung und Abfuhr allen Gerüstwerkes.

*y)* Herstellung des Trottoirpflasters außerhalb des Gebäudes.

*z)* Reparatur der am eigenen und am Nachbargebäude etwa entstandenen kleinen Beschädigungen.

Alle genannten Arbeiten (von *a* bis *z*) werden häufig innerhalb eines Baujahres vollführt. Bei größeren forstlichen Wohngebäuden empfiehlt es sich jedoch oft, im ersten Jahre das Mauerwerk nur im rohen auszuführen und unter Dach zu bringen, den inneren Ausbau und die Vollendung aber zeitlich im zweiten Jahre vorzunehmen, wodurch dann das Haus bis zum Herbste des letzteren Jahres hinreichend austrocknen und gut bewohnbar sein wird. Bei sehr großen und soliden Gebäuden dehnt man mitunter die Arbeit sogar auf 3 Jahre aus. Im ersten Jahre nimmt man in diesem Falle die Arbeiten bis einschließlich der Fundamentherstellung vor; im zweiten Jahre bringt man das Gebäude unter Dach, und im dritten endlich besorgt man den inneren Ausbau und die gänzliche Vollendung.

Es ist selbstverständlich, daß bei jedem größeren Baue ein Bauleiter und Aufsichtsorgan (öfter braucht es sogar deren mehrere!) die nötigen Anordnungen gibt und die richtige und solide Ausführung beaufsichtigt. Über den täglichen Fortgang der Arbeiten, die Verwendung der Arbeiter und des Materials u. s. w. empfiehlt es sich sehr, daß die Bauleitung eine fortlaufende Aufschreibung, das sogenannte „Baubuch" oder „Baujournal" führe, wie dies z. B. in der Staatsforstverwaltung vorgeschrieben ist. Dieses Baubuch dient aber auch als wesentliche Kontrolle für die sogenannte Baurechnung, welche gleichfalls schon während der Bauführung angelegt werden muß und hauptsächlich nachzuweisen hat, daß und wie die dem Baue zugewendeten Gelder gehörig und wirklich verwendet wurden. Wo der Bau in Bausch und Bogen an einen Bauunternehmer übergeben wurde, wird die Baurechnung nur die Kosten allfälliger Mehr- oder Minderleistungen gegenüber dem Bauelaborat zu berechnen haben, wie solche mitunter während der Bauausführung als angezeigt oder notwendig erweisen. Bei Bauten in eigener Regie dagegen müssen alle an die einzelnen Werkleute und Lieferanten geleisteten Zahlungen im Detail nachgewiesen werden. Auch die Baurechnung wird in Tabellenform gelegt.

### III. Die Übernahme (Kollaudierung) des fertigen Baues.

Die Übernahme oder Kollaudierung des fertigen Baues hat stets den Zweck, genau zu kontrollieren, ob der Bau in jeder Beziehung nach dem Bauelaborat ausgeführt wurde; ferner, insbesondere bei Regiebauten, ob alle verrechneten Gegenstände wirklich notwendig waren und zur Ablieferung gelangten (zugleich Prüfung des Baubuches und der Baurechnung); bei Bauausführungen durch einen Unternehmer dagegen wird es sich darum handeln, bei der Kollaudierung darzutun, ob alle Punkte des Vertrages gehörig beachtet und alle übernommenen Verpflichtungen vom Bauunternehmer genau erfüllt worden sind. — Die Vornahme der Kollaudierung erfolgt bei kleineren Herstellungen in Gegenwart des Bauleiters durch einen technischen Sachverständigen (Bauherr oder sein Vertrauensmann), bei größeren Bauten durch eine Kommission, an der sich auch alle übrigen am Bau interessierten Personen beteiligen. Über den Befund wird ein Protokoll verfaßt. Zeigen sich bei der Übernahme kleine Mängel, so wird sofort bestimmt, wie dieselben behoben werden können. Ergeben sich aber bedeutende Anstände, so wird die Kollaudierung für diesmal abgebrochen; erst nach Beseitigung dieser Anstände erfolgt dann eine neuerliche Kollaudierung (Nachkollaudierung). Nach der endgiltigen, anstandsfreien Übernahme werden schließlich die letzten Auszahlungen und Ausgleichungen zwischen Bauherrn, Werkleuten, Lieferanten und Unternehmern vorgenommen.

Anmerkung. Neu erbaute und wesentlich umgebaute Wohnungen und Lokalitäten dürfen erst dann bezogen werden, wenn die Behörde sich von dem mit Rücksicht auf Sicherheit und Gesundheit entsprechenden Zustande des Gebäudes überzeugt und demgemäß die Bewohnungs- und Benutzungsbewilligung erteilt hat.

---

## II. Abschnitt.

# Vom Waldwegebau.

---

### I. Kapitel.

## Vorbegriffe.

### § 21. Begriff und Einteilung der Wege.

Unter Weg (Landweg) versteht man einen Terrainstreifen, welcher so vorbereitet und befestigt ist, daß auf ihm ein sicherer und bequemer Verkehr möglich ist. Unsere sogenannten Waldwege lassen sich je nach dem Zwecke, dem sie dienen, und nach der Art des Verkehrs, für den sie gebaut werden, einteilen in:

1. Fahrwege, welche dem Verkehr von Fuhrwerken dienen, im Walde also wohl in erster Linie für den Holztransport zu Wagen geeignet sein müssen. Diese Fahrwege lassen sich noch unterteilen in:

*a)* Waldstraßen oder Fahrwege I. Ordnung, die am solidesten und von ständiger Dauer sind, den Hauptverkehr im Forste zu vermitteln haben, in der Regel den Hauptkörper des Forstes durchschneiden und den Anschluß an die außerhalb desselben bestehenden Verkehrsanstalten (Straßen, Eisenbahnen etc.) herstellen; sie werden meistens (wo möglich) 4 bis 5 *m* breit gehalten, so daß auf ihnen überall zwei gewöhnliche Fuhrwerke anstandslos aneinander vorbeifahren können.

*b)* Fahrwege II. Ordnung, welche die Ausbringung der Forstprodukte aus umfangreicheren Teilen größerer Bringungsgebiete bis auf die Waldstraßen vermitteln; sie sind auch von dauerndem Bestande, aber nicht so stark und unausgesetzt befahren und können daher in mancher Beziehung etwas weniger fest gebaut sein; ihre Fahrbahnbreite beträgt häufig nur etwa 2 bis 3 *m*, weshalb stellenweise Ausweichen für sich begegnende Fuhrwerke oder zum Vorfahren angebracht werden müssen.

*c)* **Schlagwege oder Fahrwege III. Ordnung,** das sind vorübergehende Weganlagen, die nur die Zubringung des Holzes aus einem Schlagorte zu einem Weg höherer Ordnung zu ermöglichen haben und nach Beendigung der betreffenden Schlägerung aufgelassen werden; ihre Breite kann mit 1·5 bis 2·0 *m* angenommen werden.

2. **Schleifwege, Schlitt-, Zieh-,** oder **Zugwege,** sowie **Rieswege,** über deren Anwendung die Forstbenutzung näheren Aufschluß gibt, und die, je nachdem sie der Ausnutzung größerer Waldteile oder nur einzelner Schläge zu dienen haben, als:

*a)* **ständige** (entsprechend den Fahrwegen II. Ordnung) oder:

*b)* **vorübergehende** (entsprechend den Fahrwegen III. Ordnung) gebaut werden. — Die Breite dieser Wege wird dem auf ihnen verkehrenden Transportmittel entsprechend, und zwar zumeist unter 1·5 *m* anzunehmen sein.

3. **Reit-** und **Saumwege;** auf den ersteren muß ein Reiter entweder zu Pferd oder auf einem Esel oder einem Maultier reiten, auf den letzteren ein Tragtier mit seiner Last gehen (säumen) können. Die Wegbreite, die Steigungen und die Sicherheitsvorkehrungen insbesondere gegen das Abstürzen müssen nach lokalem Erfahren den Rassen der Tiere, welche sehr verschiedene Eigenschaften und Fähigkeiten besitzen, angepaßt werden; die Wegbreite beträgt jedenfalls mindestens 0·6 *m.*

4. **Fußsteige** für den Verkehr von Fußgängern, und zwar entweder:

*a)* **Forstschutzsteige** (Begangssteige), welche vorwiegend das Begehen und Überschauen der Forste erleichtern sollen, oder:

*b)* **Jagd-** und **Birschsteige,** welche hauptsächlich den bequemen Zugang zu den Jagdorten oder eine erfolgreiche Birsche zu vermitteln haben. Die Breite dieser Wege kann selbst bis etwa 0·4 *m* herabgehen.

<h3 align="center">§ 22. Anforderungen an einen guten Weg.</h3>

In dieser Beziehung sind folgende Punkte wohl zu beachten:

1. Die **Festigkeit** und **Sicherheit** der Wege muß eine derartige sein, daß durch den auf ihnen zu gewärtigenden Verkehr weder eine zu rasche, die Erhaltungskosten sehr erhöhende Abnutzung, noch eine Gefahr für die Verkehrenden (durch Bruch von Brücken, Abrutschen des Straßenkörpers o. dgl.) eintritt, und daß eine Verkehrsunterbrechung tunlichst hintangehalten wird (Hochwasserschäden!).

2. Die **Steigungsverhältnisse** (Gefällsverhältnisse) müssen entsprechende sein. Waldstraßen sollen wo möglich nahezu horizontal verlaufen oder doch nicht mehr als etwa 3 bis 5$^0/_0$ Steigung haben; schon von etwa 5$^0/_0$ an ist der Aufwärtstransport mit voller Wagenladung nicht mehr möglich, während der Abwärtstransport bei solchem Gefälle noch in keiner Beziehung behindert ist; wo es gar nicht zu umgehen wäre, und wenn es sich nur um den Holztransport nach abwärts handelt, während bergan bloß die leeren Wägen fahren, kann im Gebirge die Steigung selbst etwa 6 bis 10$^0/_0$ betragen, besonders wenn solche steilere Strecken nicht sehr lang sind. — **Fahrwege II. Ordnung** sollen in der Regel auch im Gebirge nicht mehr als 8$^0/_0$ und nur ausnahmsweise bis etwa 12$^0/_0$ Gefälle erhalten. — **Fahrwege III. Ordnung** endlich sollen auch wo möglich höchstens 8 bis 12$^0/_0$ Gefälle haben; etwa 20$^0/_0$ kann aber schon als die größte und nur für kurze Strecken noch bergabwärts befahrbare Steigung gelten. Eine geringe Neigung von $^1/_2$ bis 2$^0/_0$ in der Richtung des Holztransportes ist jedoch bei allen Fahrwegen wegen der

Austrocknung sogar angezeigt. — Schleifwege, auf denen der Transport längerer Holzsortimente in der Weise erfolgt, daß deren Stammende auf einem Wagenvordergestell ruht, während das Zopfende am Boden schleift, dürften heutzutage wohl kaum mehr neu erbaut werden, da das Holz bei dieser Transportweise beschädigt und zugleich der Weg selbst aufgewühlt wird, ohne daß diese Methode eine sonst irgendwie förderliche wäre; auch Schleifwege mit mehr als 20% Steigung sind schon schlecht befahrbar. — Das stets in der Richtung des Holztransportes zu verstehende Gefälle der gewöhnlichen Ziehwege geht mit Vorteil nicht unter 6 bis 8% herab und nicht über 12 bis 15% hinauf. — Rieswege, die vorzüglich zum Abriesen der Säge- und Langhölzer zu dienen haben, werden mindestens mit einem Gefälle zwischen 8 und 20%, in vielen Fällen sogar noch bedeutend steiler (streckenweise bis zu 50% und darüber) erbaut (vgl. Seite 112); lange, gerade Rieswege dürfen nicht zu steil gemacht werden. Zieh- und Rieswege dürfen auf keinen Fall ein Gegengefälle aufweisen, und auch innerhalb der zulässigen Gefälle sind plötzliche stärkere Änderungen des Gefälles (scharfe Gefällsbrüche) bei ihnen besonders sorgfältig zu vermeiden. — Fußwege werden je nach ihrem Zweck und dem Terrain wo möglich nahezu horizontal verlaufend angelegt, können aber stellenweise, wenn Stufen gemacht werden, selbst Neigungen bis 100% oder 45° haben und sehr wechselnde Gefällsverhältnisse besitzen. Schwebt die spätere Umwandlung in einen Ziehweg vor, so gibt man dem Fußweg natürlich gleich ein hiefür passendes, gleichmäßigeres Gefälle. Im Gebirge, wo der Fußsteig oft hauptsächlich den Zweck hat, eine bedeutende Höhe möglichst rasch und ohne sonderliche Anstrengung zugänglich zu machen, ist eine Steigung von etwa 20% angezeigt; dabei erleichtert es das Bergsteigen, wenn stellenweise ein kurzes horizontales Stück eingeschaltet wird. — Gegensteigungen (Gegengefälle in einem und demselben Wegzuge) sind nach aller Möglichkeit zu vermeiden und nur bei ganz zwingenden Gründen ausnahmsweise zulässig; selbst bei geringer Steigung erschwert und verteuert der Bergauftransport die Lieferung bedeutend.

Anmerkung 1. Für minder genaue Gefällsermittlungen gilt die für Steigungen bis etwa 30% annähernd richtige Regel, daß eine Neigung von $a$ Graden einer solchen von doppelt so viel (also $2\,a$) Prozenten gleich ist: $2°$ ist nahezu gleich $4\%$, $5° = 10\%$, $8° = 16\%$ etc., was bei der Aussteckung von Reit- oder Ziehwegen zu statten kommt.

Anmerkung 2. Anstatt in Prozenten drückt man die Steigung auch häufig durch ein Verhältnis oder in Bruchform aus, z. B. $1\% = (1:100) = \frac{1}{100}$; oder $2\% = (2:100) = \frac{1}{50}$; oder $3\% = (3:100) = \frac{1}{33\cdot3}$; oder $4\% = 4:100 = \frac{1}{25}$ u. s. w., was wohl keiner weiteren Aufklärung bedarf.

3. Die Richtungsverhältnisse. Die Krümmungen oder Kurven der Fahrwege (in der Regel Kreisbögen) müssen so flach sein, daß auch die längsten zur Verführung gelangenden Hölzer anstandslos verfrachtet werden können. Die an eine Kurve anschließenden geraden Wegstücke sollen die Richtung von Tangenten an die Krümmungsbögen haben. Zwischen zwei Kurven, besonders wenn dieselben scharf sind (einen kleinen Radius besitzen) und sich nach entgegengesetzten Seiten krümmen, fügt man womöglich eine gerade Wegstrecke von mindestens der Länge $L$ des Fuhrwerks samt Ladung und Gespann ein. Von $L$ und der Wegbreite $B$ hängt auch der geringste zulässige Halbmesser der kreisbogenförmigen Kurven, d. i. der Minimalkrümmungsradius $R$ ab, der praktisch nach der Formel:

$$R = \frac{L^2}{4 \times B}$$

berechnet werden kann. Nach dieser Formel wurde die nachstehende Tabelle ermittelt:

| Länge $L$ in Metern = | 10 | 15 | 20 | 25 |
|---|---|---|---|---|
| Breite $B$ = | Minimalradius $R$ in Metern | | | |
| = 2 Meter | 13 | 28 | 50 | 78 |
| 3 „ | 9 | 19 | 34 | 52 |
| 4 „ | — | 14 | 25 | 40 |
| 5 „ | — | — | 20 | 31 |

Bei scharfen Kurven empfiehlt es sich, in der betreffenden Strecke die Wegbreite zu vergrößern und der Straße ein möglichst geringes Gefälle zu geben. Eine Verbreiterung soll auch bei den sogenannten Serpentinen (Fig. 98) eintreten, welche insbesondere in dem (bei forstlichen Wegbauten seltenen und tunlichst zu vermeidenden) Falle entstehen, daß ein Weg im Zickzack eine Lehne emporsteigen muß; unter

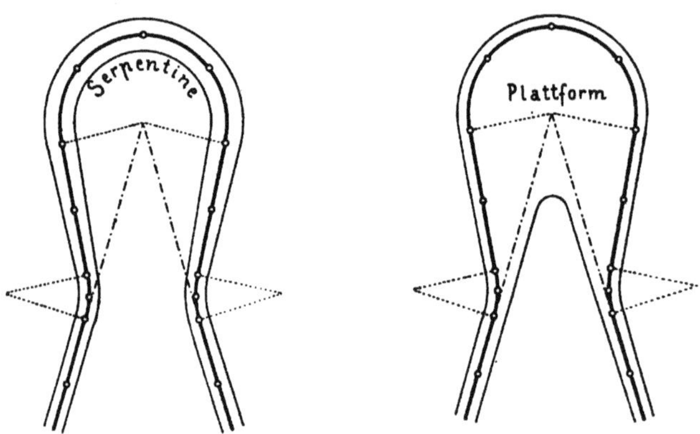


Fig. 98.                                        Fig. 99.

denselben Verhältnissen können anstatt der Serpentinen sogenannte Plattformen (Fig. 99) erbaut werden. In der eigentlichen Serpentine und auf der Plattform soll die Straße horizontal sein oder doch nur wenig (mit höchstens 3%!) steigen, beziehungsweise fallen. — Die Richtungsverhältnisse der Ries- und Zugwege müssen den auf ihnen anzuwendenden Verkehrsmitteln angepaßt sein; stets zieht man flachere Kurven den scharfen vor; letztere sind insbesondere bei großer Fahrgeschwindigkeit gefährlich, da dann dort die Fliehkraft den Wagen, Schlitten o. dgl. aus der Fahrbahn herauszuschleudern sucht.

**4. Die Materialverteilung.** Im allgemeinen gilt als Regel, daß sich beim Wegebau der **Auftrag** an Material (der Damm) mit dem **Abtrage** (Einschnitt) tunlichst ausgleichen soll, ohne daß das abgegrabene Material allzu weit zu einer anderwärts nötigen Anschüttung (Dammschüttung) verführt werden muß. Unabweisliche **Ausnahmen** von dieser Regel treten ein:

*a)* An steilen Lehnen, wo große Dammanschüttungen der Festigkeit und Sicherheit halber mitunter vermieden werden müssen; dort ist es oft zweckmäßig, den Weg mehr in die Lehne hineinzuschneiden, wenn auch die Abtragsmasse eine größere wird, als man zum Auftrage bedarf, und das überschüssige Abtragsmaterial daher seitlich abgelagert werden muß.

*b)* Der entgegengesetzte Fall kann in der Ebene besonders bei schlechtem Untergrunde oder Überschwemmungsgefahr vorkommen, wo man zur Herstellung des Auftrages (der Dämme) nicht selten das Anschüttungsmaterial seitlich der Straße aus besonderen Materialgräben zu entnehmen genötigt ist.

§ 23. Das Legen der Trace (Tracieren).

Unter der **Trace** einer Straße (eines Weges) im weiteren Sinne versteht man den Terrainstreifen, auf dem künftighin die Straße (der Weg) erbaut werden soll.

1. Die Tracen-Bestimmung im allgemeinen.

**Über die Wahl der Trace** muß man sich zunächst im allgemeinen klar werden und dabei den Zweck des auszuführenden Weges einerseits und die Terrainverhältnisse anderseits in Betracht ziehen. Man muß sich beispielsweise vor Augen halten, ob der betreffende Weg etwa nur die Holzausfuhr aus einem bestimmten, engbegrenzten Waldorte zu vermitteln, oder ob er ein Tal, und zwar nur eine Lehne desselben oder beide Lehnen aufzuschließen habe u. dgl. m.; auch wird die Wahl der Trace anders und zumeist leichter ausfallen, wenn eine nur vorübergehende Weganlange etwa zur Ausnutzung eines Schlages zur Ausführung gelangen soll, anders und schwieriger dagegen, wenn es sich um den Bau eines ständigen Waldweges handelt, der im Laufe kommender Jahre und Jahrzehnte die Aufschließung zahlreicher Waldorte zu vermitteln haben wird, so daß man schon bei der Wahl der Trace einen Blick bis in die ferne Zukunft zu werfen hat. Neben dem mit Rücksicht auf den zu erreichenden Zweck im allgemeinen als richtig erkannten Wegverlaufe spielen besonders im Gebirge die Terrainverhältnisse eine wichtige, oft ausschlaggebende Rolle. Mitunter stellen sich einem Wegbaue so bedeutende und nicht zu umgehende Terrainhindernisse (Felswände, tiefe Schluchten, Rutschterrain u. dgl.) entgegen, daß die Kosten eines solchen schwierigen Straßenbaues durch die erzielte Ermöglichung, beziehungsweise Erleichterung des Holztransportes nie hereingebracht werden könnten; dann wird wegen der ungünstigen Terrainverhältnisse eine solche unrentable Weganlage ganz unterbleiben, und man wird erwägen müssen, ob nicht statt eines Weges die Erbauung einer Drahtseil- oder einer Holzriese zum Ziele führe oder aber die Trift beizubehalten, beziehungsweise einzuführen sei u. dgl. m. — worauf hier nicht näher eingegangen werden kann. Ist das Terrain aber günstiger oder harren so bedeutende und wertvolle Holzmassen der Aufschließung, daß sich selbst die Aufwendung hoher Kosten für einen Wegbau als vorteilhaft erweist, so wird man immerhin die Trace innerhalb des im allgemeinen als richtig erkannten Verlaufes möglichst in das leichter und billiger zu

5*

bewältigende Terrain verlegen, so weit der mit dem Wegbaue zu erreichende Zweck dies gestattet.

Aus dem Angeführten läßt sich unschwer der hohe Wert eines Wegnetzentwurfes folgern, wie ein solcher für jeden noch nicht hinlänglich aufgeschlossenen Waldgutskörper angefertigt werden sollte. Zeichnet man in eine Karte des betreffenden Waldkomplexes alle schon bestehenden Wege ein und skizziert man in dieselbe planmäßig und unter entsprechender Rücksichtnahme auf die Terrain- und Bestandesverhältnisse noch jene Tracen hinein, durch deren Ausführung schließlich der ganze Komplex einer vorteilhaften Ausnutzung zugänglich gemacht würde, so wird ein solcher Wegnetzentwurf bei jedem einzelnen der nach Bedarf auszuführenden ständigen Wegbauten den Fingerzeig enthalten, wie die Trace im allgemeinen zu führen sei, damit nicht nur ein augenblicklicher Zweck dieses Weges (also etwa die Erschließung eines eben hiebsreifen Bestandes) erfüllt, sondern auch für alle Zukunft eine vollwertige und vorteilhafte Transportlinie geschaffen werde. Es ist klar, daß auf diese Weise im Verlaufe von ungefähr einer Umtriebszeit das ganze planmäßig entworfene Wegnetz zur Ausführung gelangen und dadurch fernerhin für immerwährende Zeiten die Ausnutzung des ganzen Waldgutes in anstandsloser Weise gewährleistet wird. Baut man dagegen, wie dies leider auch heutzutage noch nur zu häufig geschieht, die Waldwege ohne Plan und Projekt einfach so, wie man sie eben für den Augenblick braucht, so werden solche Wege oft, weil unbenutzt oder unbenutzbar, bald wieder aufgelassen, so daß ihre Herstellungskosten nicht vollkommen zur Ausnutzung gelangen, oder es werden späterhin kostspielige Umlegungen nötig, die bei einer von vornherein planmäßigen, in die Zukunft blickenden Wahl der Trace zu vermeiden gewesen wären. Der hier für diesen Gegenstand verfügbare Raum gestattet es nicht, auf das Entwerfen von Wegnetzen für größere Forstkomplexe näher einzugehen. Es mag nur erwähnt werden, daß die Wegtracen in ebenem oder flachwelligem Terrain vielfach mit Vorteil den ohnehin holzleer gehaltenen Linien der räumlichen Einteilung (den Wirtschaftsstreifen und Schneisen) folgen werden. Im Gebirge dagegen, wo zudem oft die verschiedensten Holzbringungs- und Transportmethoden abwechselnd und sich gegenseitig ergänzend zur Anwendung gelangen, bedingt in erster Linie das jeweilige Terrain den Verlauf der Wege, so daß sich — zumal in Kürze — keine allgemeinen Regeln aufstellen lassen; nur bezüglich der Talwege gilt fast ausnahmslos der Grundsatz, dieselben ein wenig über dem Hochwasser unten in der Talsohle zu führen, damit ein Weg tunlichst beide Lehnen aufschließe. Bei jedem einzelnen größeren Wegbau soll immer erst dann mit der Ausführung begonnen werden, wenn das Projekt für den ganzen Bau wenigstens im allgemeinen entworfen ist. Denn bei stückweisem Entwurf und Ausbau von Wegen drängt nur zu oft die zuerst ausgebaute Wegstrecke die nachfolgende Strecke in ungünstiges Bauterrain.

## II. *Einiges über die Detailtracierung und Projektsverfassung.*

Im nachstehenden sollen nun einige Andeutungen gegeben werden, welche in erster Linie die Detailtracierung eines Zugweges betreffen, immerhin aber auch einen gewissen Einblick in den bei Tracierung einer Waldstraße einzuschlagenden Vorgang und das daraus abzuleitende Projekt gewähren.

Vor allem sucht man die (unter Beachtung der vom Wege zu verfolgenden Terrainkrümmungen sich ergebende) Distanz und den Höhenunterschied der durch den betreffenden Weg zu verbindenden Hauptpunkte der im allgemeinen gewählten Trace zu ermitteln, was z. B. durch barometrische Höhenmessungen (vgl. I. Band, Seite 335) und an der Hand einer (vielleicht sogar mit Schichtenlinien ausgestatteten) Forstkarte, mitunter auch mittels der Militärkarten im Maßstab 1 : 25.000 wenigstens annähernd genau gelingen wird. Hätte man so beispielsweise die Distanz von einem Hauptpunkte $A$ an einem bestehenden Wege bis zu dem vom künftigen Weg zu berührenden Punkte $B$ mit 116 $m$ und den Höhenunterschied zwischen $A$ und $B$ mit 3·90 $m$ ermittelt (vgl. Tafel I, 6 und 8), so ergibt sich, daß ein Weg mit gleichmäßiger Steigung von $A$ gegen $B$ auf 100 $m$ $\dfrac{3·90 \times 100}{116} = 3·362 \, m$, d. i. rund 3·36% ansteigen muß. Befindet sich nun beispielsweise in der Entfernung von 65 $m$ von $A$ aus eine nicht sehr hohe Felswand, über die man lieber oben hinweggeht, um in billigerem Terrain zu bauen, so wird man von $A$ bis zu diesem Felsen bei $hm$ 0·65 steiler, etwa annähernd mit dem beispielsweise anzunehmenden Maximalgefälle von 5% gehen und dafür späterhin flacher bleiben müssen. Das Ausstecken der Linien erfolgt, damit sich diese immer innerhalb zulässiger Gefällsgrenzen bewegen, mit einem einfachen Gefällsmesser, sehr gut mit Boses Nivellierinstrument (vgl. I. Band, Seite 314), im Notfall auch mit Preßlers Meßknecht oder Faustmanns Spiegelhypsometer (vgl. III. Band, Seite 407 und Seite 405) o. dgl. Hat man für die zwischen $A$ und $B$ einzuhaltenden Gefällsverhältnisse keinen Anhaltspunkt aus einer entsprechenden Karte o. dgl., so muß man mit dem Gefällsmesser auf gut Glück so lange versuchen und probieren, bis man eine Verbindungslinie zwischen $A$ und $B$ festgestellt hat, welche gute oder doch zulässige, nicht allzu oft wechselnde Gefällsverhältnisse besitzt und dabei in möglichst günstigem Bauterrain verläuft. Lange Strecken teilt man sich zu diesem Zwecke zwischen je zwei jedenfalls zu berührenden Punkten (Fixpunkten) in Teilstrecken. Selbst wenn man so endlich die beste Trace schon gefunden zu haben glaubt, soll man sie noch wiederholt begehen und sie, sowie das umgebende Terrain beurteilen, um sich volle Sicherheit über die Richtigkeit der getroffenen Wahl zu verschaffen; oft wird man dabei noch zu vorteilhaften Umlegungen angeregt werden, die, so lange man noch mit den einfachen und eine sehr rasche Arbeit gestattenden Gefällsmessern traciert, in kürzester Zeit durchgeführt werden können. Bei jeder dieser versuchsweisen Tracenaussteckungen bezeichnet man die verfolgte Linie in Abständen von etwa 10 bis 20 $m$ mit leicht in den Boden gesteckten Pflöcken oder Schindeln, entfernt aber diese Zeichen dann wieder von den fallen gelassenen Linien und beläßt sie nur auf der als die beste erkannten Trace, die im Walde zudem noch durch Anplätzen der zunächst stehenden Bäume auf der der Trace zugewendeten Seite sichtbar gemacht wird.

Durch das eben besprochene versuchsweise Ausstecken mit einfachen Gefällsmessern erhält man schließlich eine Linie, die allen Krümmungen des Terains folgt und bei richtigem Vorgehen zwar immer zufriedenstellende Gefällsverhältnisse, in einigermaßen gegliedertem*) Terrain aber in der Regel unzulässige Richtungsverhältnisse besitzt. Diese Linie wird zumeist eine vielfach gebrochene sein, wie sie beispielsweise in Tafel I, 6 durch das Polygon $a\,b\,c\,d\,e\,.\,.\,.\,.\,.\,n\,o$ dargestellt ist; sie muß nun zu einer von ihr nicht zu sehr abweichenden, aber möglichst günstige

---

*) Unter „gegliedertem" Terrain ist ein solches zu verstehen, welches mehrminder scharfe Rücken, Täler, Schluchten u. dgl. aufweist.

Richtungsverhältnisse aufweisenden, sonach als künftige Wegachse verwendbaren Linie umgestaltet werden, wie dies beispielsweise von der Linie $a\,b^|\,c^|\,d^|$ . . . . . . $n^|\,o^|$ gilt; dabei muß man sich stets das Terrain vor Augen halten, damit die künftige Straße durch die Verschiebung der Punkte $b$ nach $b^|$, $c$ nach $c^|$, $d$ nach $d^|$ u. s. w. nirgends besonders hohe Dämme oder sehr tiefe Einschnitte erhalte und das Gefälle dabei ein dem ursprünglich ausgesteckten möglichst gleiches, günstiges, nicht zu oft wechselndes sei. In steilem Terrain und bei hartem Boden wird die Straßenachse $a\,b^|\,c^|\,d^|$ . . . . . sich besonders nahe dem im Gefälle ausgesteckten Polygon $a\,b\,c\,d$ . . . . und damit auch dem Terrain anschmiegen müssen, da in diesem Falle jede bedeutendere Abweichung vom Polygon tiefe Einschnitte oder hohe Dämme, Stützmauern u. dgl. nötig macht, die besonders bei schwer bearbeitbarem Material (Fels) außerordentlich hohe Kosten erfordern würden; man wird sich in diesem Falle also zumeist mit minder günstigen Richtungsverhältnissen begnügen müssen und öfter den eben noch zulässigen Minimalradius anzuwenden haben. In flachem Terrain, zumal bei gleichzeitig leichtem Boden dagegen kann die Wegachse etwas mehr abweichend von dem „Polygon streckenweise gleichen Gefälles" abgesteckt werden, da hier dadurch weder eine sehr bedeutende noch sehr kostspielige Materialbewegung platzgreift; doch wird man bei Waldwegen behufs tunlichster Sparung an Kosten auch in günstigem Terrain nur so weit vom Polygon $a\,b\,c\,d$ . . . abweichen, als notwendig ist, um eine befriedigende Richtung der Wegachse zu erhalten. Auch wird man — etwa an einer Lehne abwechselnd links und rechts — derart abzuweichen suchen, daß das infolge der Abweichungen nach der Bergseite anfallende Einschnittsmaterial in nicht zu weit entfernten Dämmen, wie sie durch Abweichungen vom Polygon gegen die Talseite hin entstehen, untergebracht werden kann (Materialausgleichung!). — Um, von dem im Gefälle ausgesteckten Polygon ausgehend, die Wegachse so abzustecken, daß sie tunlichst in Geraden und diese verbindenden Kreiskurven von entsprechenden Radien verläuft (vgl. Tafel I, 6 und 7), können verschiedene Methoden angewendet werden, z. B.:

*a)* Für Zugwege und in nicht allzu kompliziertem Terrain können die Kurven (Bögen) zumeist nach dem Augenmaß unter gleichzeitiger Zuhilfenahme von etwa fünf Absteckstäben (Visierstäben, Tracierstangen, vgl. I. Band, Seite 219) abgesteckt werden, indem man die Pflöcke $b$, $c$, $d$ . . . unter gehöriger Rücksicht auf das Terrain so nach $b^|\,c^|\,d^|$ . . . versetzt, daß sie in eine Linie von entsprechender Richtung zu stehen kommen; das Versetzen der Pflöcke des Polygons $a\,b\,c$ . . . erfolgt dabei erst dann, nachdem deren künftige Standpunkte $a$, $b^|$, $c^|$ . . ., stets gleichzeitig für etwa fünf oder mehr benachbarte Punkte, versuchsweise durch Absteckstäbe bezeichnet und dem Augenmaß nach als günstige (vor allem in einer befriedigenden Richtung befindliche) erkannt wurden.

*b)* In gegliedertem, unübersichtlichem Terrain und wenn man höhere Ansprüche an die zu erzielenden Richtungsverhältnisse eines Weges stellt, wird das Polygon $a\,b\,c\,d$ . . . . nach den Regeln der Feldmeßkunst aufgenommen, und dann daheim zumeist im Maßstabe 1 : 1000 sehr genau auf Papier aufgetragen. Nun zeichnet man unter möglichster Anschmiegung an dieses Polygon die künftige Wegachse $a\,b^|\,c^|\,d^|$ . . . . mit den gewünschten Richtungsverhältnissen ein und greift am Papier im betreffenden Maßstab ab, um wieviel — von $a$ ausgehend — $b$ nach links,*) *c, d* und *e* nach rechts,*) *f* wieder nach links u. s. w. von den bezüglichen Polygon-Punkten seitlich gestellt werden müssen, damit die zur Wegachse geeignete Linie $a\,b^{\mathrm I}\,c^{\mathrm I}\,d^{\mathrm I}\,e^{\mathrm I}\,f^{\mathrm I}$ . . . (vgl. Tafel I, 6) entstehe. Dann geht man wieder hinaus und versetzt im Terrain die Pflöcke *a b c d* . . . des Polygons je nach jener Seite und so weit, als sich dies aus der Zeichnung am Papier ergab; damit wird auch in der Natur draußen die Linie $a\,b^{\mathrm I}\,c^{\mathrm I}\,d^{\mathrm I}$ . . . mit den gewünschten, am Papier entworfenen Richtungsverhältnissen festgelegt. Bei der Konstruktion der Wegachse am Papier muß sich der Projektant aus den schon früher berührten Gründen stets das Terrain vor Augen halten, wenn der Bau mit der geringsten Materialbewegung und sohin möglichst billig zur Ausführung gelangen soll.

c) Für Wege und Straßen, denen man eine besonders korrekte Richtung geben will, wird — zuerst am Papier und dann in der Natur, oder direkt in der Natur — in das vieleckige Polygon *a b c d . . . n o* ein Polygon *a I II* . . . eingelegt; zur Abrundung der Ecken dieses Polygons werden dann die Bögen von entsprechenden Radien mit Hilfe eigener Kurventafel**) abgesteckt, bei deren Anwendung eine größere Genauigkeit möglich ist, als nach den früher besprochenen Methoden.

Die in der Achse ausgesteckten Punkte $a$, $b^{\mathrm I}$, $c^{\mathrm I}$, $d^{\mathrm I}$ . . . . heißen **Detailpunkte**; solche werden — und zwar besonders im Falle der Anwendung der eben unter *a)* und *b)* besprochenen Methoden der Hauptsache nach bereits bei der Aussteckung des im Gefälle liegenden Polygones durch entsprechende Wahl der Punkte *a, b, c, d* . . . . — in gleichmäßigem Terrain **etwa von 20 zu 20** $m$, **außerdem aber an allen markanten**, d. i. an **solchen Punkten** fixiert, an welchen die Wegachse einen schärferen Terrainbruch, einen Rücken oder einen Graben passiert, bei Überquerung größerer Bäche mindestens am Rand der beiderseitigen Uferabbrüche und des beiderseitigen Wasserrandes, dann zumeist am Anfang, in der Mitte und am Ende der Bögen *(B. A., B. M., B. E.!).*

**Die Fixierung der Detailpunkte** geschieht in der Natur draußen auf Fels (der stets vorher zu reinigen ist) etwa durch Aufmalen eines Kreuzes mittels roter Ölfarbe, auf einem Terrain dagegen, welches das Einschlagen von Pflöcken gestattet, durch solche. Hiebei kommen bis an die Bodenoberfläche einzutreibende sogenannte **Grundpflöcke** *G* (Fig. 100) zur Verwendung, welche — etwa 6 bis 8 *cm* stark, 30 *cm* lang, unten zugespitzt und oben quer abgeschnitten — in jedem Detailpunkt genau in der Weg-

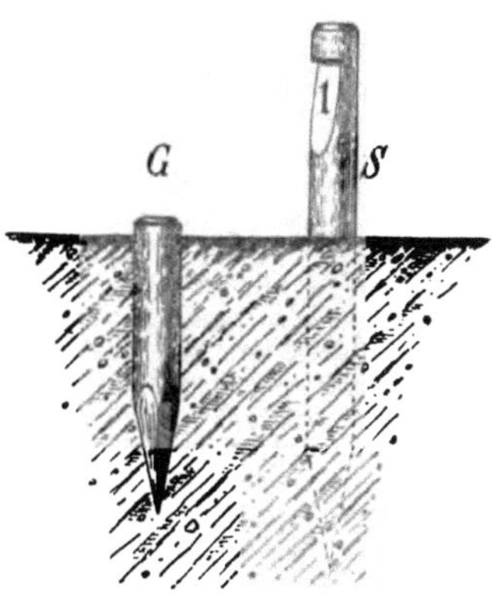


Fig. 100.

---

*) Wenn man in einem Wegprojekte von „rechts" und „links" spricht, so ist damit immer jene Seite gemeint, welche zu rechter, beziehungsweise linker Hand eines Menschen liegt, den man sich vom Weganfang *A* (*hm* 0·000) aus längs der Trace gegen $b^{\mathrm I}$, $c^{\mathrm I}$, . . . . . bis *B* gehend denkt.

**) Solche Tafeln zum Kurvenabstecken existieren beispielsweise von Kröhnke, ferner von Sarrazin und Oberbeck. In diesen Tafeln ist auch die nötige Anleitung zu ihrer Anwendung enthalten, weshalb hierauf in diesem Werke um so weniger eingegangen werden soll, als dies mathematische Kenntnisse verlangen würde, die vom Forstschutzorgane im allgemeinen nicht vorausgesetzt werden.

achse bis zum Kopf eingeschlagen werden und neben welche (mit der
Schreibfläche dem dadurch stets leicht auffindbaren Grundpflock zu-
gewendet) in etwa 20 bis 40 *cm* Entfernung die bedeutend längeren
Schreibpflöcke *S* fest eingetrieben werden, wie dies Fig. 100 darstellt.
Nun werden die Detailpunkte vom Anfang *A* des projektierten Weges
(vgl. Taf. I, 7 und 8) ausgehend entweder mit fortlaufenden Nummern
oder mit den Zahlen bezeichnet, welche die jedenfalls mit einem guten
Meßband zu messende Entfernung jedes Punktes (Grundpflockes) vom
Anfang aus gerechnet in Hektometern *(hm)* angeben (Hektometrierung).
So würde der Punkt *a* die Bezeichnung 0, beziehungsweise 0·000, der
Punkt $b^!$ die Bezeichnung 1, beziehungsweise 0·252 (oder auch 0 + 25·2),
der Punkt $c^!$ die Bezeichnung 2, beziehungsweise 0·340 (auch 0 + 34·0),
....., der Punkt $n^!$ die Bezeichnung 12, beziehungsweise 1·112 (auch
1 + 11·2) u. s. w. erhalten. Diese Bezeichnungen werden neben das Detail-
punktzeichen am Fels, beziehungsweise auf den Schreibpflock am besten
mit roter Ölfarbe angeschrieben; gleichzeitig empfiehlt es sich, besonders
im Wald, und wenn der Projektierung erst nach längerer Zeit die Bauausführung folgt, die Köpfe der definitiven Grundpflöcke und Schreibpflöcke mit derselben Farbe zu bestreichen, um Verwechslungen mit
Wurzelenden u. dgl. hintanzuhalten und seinerzeit die sichere Wieder-
auffindung der Detailpunkte (d. i. der Grundpflöcke) zu erleichtern.

Zu einem Wegprojekte, mit Hilfe dessen der Bau dann in jeder
Beziehung entsprechend ausgeführt werden kann, gehören unter anderem
die folgenden, am besten bereits im hiesigen Zusammenhange zu be-
sprechenden, zeichnerisch ausgeführten Teile:

1. Die Situation, d. i. der Grundriß (die Draufsicht) des Wegzuges.
Dieselbe ist in der Regel im Maßstabe 1 : 1000 (1 *cm* am Papier = 10 *m*
in der Natur) gehalten und stellt vor allem die Richtungsverhältnisse in anschaulicher Weise dar (vgl. Tafel I, 7). Außer der hekto-
metrierten Wegachse werden zumeist die beiderseitigen Wegränder, oft
auch die Seitengräben, die Füße der Damm- und die Ränder der Einschnittsböschungen und die auszuführenden Stützmauern u. dgl., wie sie
für jeden Detailpunkt aus den Querprofilen (siehe später, Seite 75)
entnommen werden können, in die Situation eingezeichnet; endlich
sollen auch alle Brücken und Durchlässe samt den dort vorhandenen
Gräben und Bächen, die nächst der Trace verlaufenden Wege, die Zäune
und Waldränder, die vorhandenen Grenzsteine, Schneisensteine, eventuelle Denkzeichen, Gebäude u. s. w. in richtiger Lage in der Situation
ersichtlich gemacht werden, damit man sich darnach möglichst leicht zu
orientieren und eventuell noch nötige Einmessungen rasch vorzunehmen
vermag. Wurden die Bögen nach der oben unter *b)* (Seite 70) besprochenen Methode auf Grund einer vorangegangenen Feldaufnahme
konstruiert, so konnten und sollten gelegentlich derselben auch bereits
alle eben angeführten Details (Gräben, Bäche, Wege, Grenzsteine u. s. w.)
eingemessen werden, und es ist dann des Weiteren die ganze „Situation"
daheim leicht zu konstruieren; anderen Falles aber ist eine spezielle
geodätische Aufnahme in Absicht auf die Herstellung der „Situation"
nötig. — (Vgl. auch den Anhang zum Waldwegebau.)

2. Das Längenprofil (vgl. Tafel I, 8) stellt einen in die Papier-
ebene aufgerollten Vertikalschnitt durch die Weg- oder Straßenachse dar;
dasselbe hat uns in erster Linie die Steigungsverhältnisse des Weges
in anschaulicher Weise vor Augen zu führen, was dadurch erreicht
wird, daß die Längen, beziehungsweise die horizontalen Distanzen zwischen
den einzelnen Detailpunkten wie bei der Situation zumeist im Maßstabe

1 : 1000 (1 *cm* = 10 *m*), die Höhen, beziehungsweise die Höhenunterschiede zwischen den einzelnen Punkten dagegen in zehnmal größerem Maßstabe, d. i. 1 : 100 (1 *cm* = 1 *m*) gezeichnet werden.

Um das Längenprofil für das Projekt einer Wegstrecke konstruieren zu können, müssen vorerst die Detailpunkte dieser Strecke nach den Köpfen der Grundpflöcke nivelliert werden. Aus dem Nivellement (vgl. 1. Band, Seite 322 u. f.) kann man nun den Höhenunterschied zwischen den einzelnen Detailpunkten berechnen, d. h. man erfährt (vgl. Tafel I, 6 bis 8), um wieviel $b^{|}$ höher als $A = a$, $c^{|}$ höher als $b^{|}$, $d^{|}$ höher als $c^{|}$ ist, daß $e^{|}$ gleich hoch liegt wie $d^{|}$, um wieviel $f^{|}$ wieder niedriger liegt als $e^{|}$ u. s. w. Kennt man die sogenannten Terrain-Höhenkote des Punktes $A = a$ (absolute Höhe des Punktes $a$ über dem Meere), und sei dieselbe z. B. 301·77 *m*, so läßt sich aus dieser und den berechneten Höhenunterschieden zwischen den weiteren Detail- oder Terrainpunkten die Höhenkote für jeden der letzteren ermitteln.

Da nämlich in unserem Beispiel $b^{|}$ um 0·43 *m* höher liegt als $a$, so ist die Terrain-Höhenkote (Terrainkote) des Punktes $b^{|}$ = 301·77 + 0·43 = 302·20 *m*; $c^{|}$ liegt um 1·62 *m* höher als $b^{|}$, daher ist die Terrainkote von $c^{|}$ = 302·20 + 1·62 = 303·82; $d^{|}$ liegt um 1·05 *m* höher als $c^{|}$, daher lautet die Terrainkote von $d^{|}$ = 303·82 + 1·05 = 304·87 *m*; $e^{|}$ ist gleich hoch wie $d^{|}$, besitzt also auch die Terrainkote 304·87 *m*; $f^{|}$ ist um 1·02 *m* tiefer gelegen als $e^{|}$, hat also die Höhenkote 304·87 — 1·02 = 303·85 *m* u. s. w. — Ist Einem keine Meeres-Höhenkote irgend eines Detailpunktes bekannt, aus welcher man die richtigen Meereshöhen (Terrainkoten) der übrigen Detailpunkte ableiten kann, so nimmt man sich irgendeine andere horizontale, tiefer als der tiefste Tracenpunkt gedachte Vergleichsebene mit der Höhe Null an und bezieht die Koten aller Detailpunkte auf diese.

In unserem Beispiel (vgl. Tafel I, 8) hat der tiefstgelegene Detailpunkt $a$ die Terrainkote 301·77 *m*. Zur Auftragung des Längenprofils wird es hier daher praktisch sein, eine Horizontalebene von der Meereshöhe 300 als Vergleichsebene anzunehmen, welche im Längenprofil als die Linie $MN$ erscheint. Man trägt nun auf $MN$ von links bei $A = a$ (*hm* 0·000) beginnend und gegen rechts fortschreitend die „Längen" aller Detailpunkte nach ihrer Hektometrierunng, also in Übereinstimmung mit der „Situation" im Maßstabe 1 : 1000 auf; man errichtet ferner in jedem der so auf $MN$ durch einen Nadelstich mit der sogenannten Pikiernadel bezeichneten Punkte eine Senkrechte und trägt auf letzterer die zu jedem Punkte gehörige Terrainhöhe — auf $MN$ bezogen — im Maßstabe 1 : 100 auf; dadurch erhält man die Terrainpunkte $A$, $b^{|}$, $c^{|}$, $d^{|}$ ... des Längenprofils, die in der gehörigen Reihenfolge miteinander verbunden werden, wodurch die vielfach gebrochene Terrainlinie $A\ b^{|}\ c^{|}\ d^{|}$ ... des Längenprofils entsteht. Diese Linie stellt die Steigungsverhältnisse des Terrains in der Richtung der Wegachse dar, welche, wie in unserem Beispiel, für einen Weg zumeist ganz unzulässige sind und erst durch entsprechende Aufschüttungen und Abgrabungen befriedigend gestaltet werden müssen. Die in Tafel I, 8 stark ausgezogene, die Steigungsverhältnisse der künftigen Wegachse darstellende sogenannte Nivellette $A\ g^{||}\ l^{||}\ o^{||}$ zeigt an, wie man dies zu bewerkstelligen denkt; dabei werden offenbar in jenen Strecken, wo die Terrainlinie unter der Nivellette bleibt (in der Wegachse), Anschüttungen, in jenen, wo die Terrainlinie oberhalb der Nivellette zu stehen kommt (in der Wegachse), Abgrabungen nötig, um der Fahrbahn des künftigen Weges die gewünschten Steigungsverhältnisse der Nivellette zu geben. Die Punkte wie $g^{||}$, $l^{||}$, an welchen die Nivellette sich bricht und wo daher auch das Gefälle des künftigen Weges eine Änderung erfahren wird, werden als Gefällsbrüche bezeichnet und im Längenprofil des Projektes durch ein Fähnchen ersichtlich gemacht.

Man kann nun für die Gefällsbruchpunkte $g''$, $l''$ ... der Nivellette deren Meereshöhen, die sogenannten Nivellettenkoten, im Maßstab abgreifen; so wird in Tafel I, 8 die Nivellettenkote $g''$ 305·01 $m$ betragen; die Nivellettenkote in $A = a$ ist gleich der Terrainkote, nämlich 301·77 $m$. Da die horizontale Länge von $a$ bis $g''$ 64·8 $m$ und der Höhenunterschied zwischen diesen beiden Punkten 305·01—301·77 = 3·24 $m$ beträgt, ist behufs Ermittlung des Steigungsprozentes $x$ der Nivellette in der Strecke $a\,g''$ die Proportion 64·8 : 3·24 = 100 : $x$ aufzustellen, woraus sich $x = 5^0/_0$ berechnet, d. h. nach dem vorliegenden Projekte wird der künftige Weg in dieser Strecke mit $5^0/_0$ ansteigen. In derselben Weise werden die Gefällsverhältnisse von Gefällsbruch zu Gefällsbruch berechnet. Nun kann man ohne Schwierigkeit auch für alle übrigen Detailpunkte die Nivellettenhöhe, d. i. die Meereshöhe der Punkte $b''$, $c''$, $d''$, $e''$ ... entweder berechnen oder im Längenprofil im Maßstab abgreifen. Die Differenz zwischen Terrainkote und Nivellettenhöhe für jeden Detailpunkt gibt endlich die Höhe des Dammes z. B. $b''\,b'$ oder $f''\,f'$, beziehungsweise die Tiefe des Einschnittes z. B. $c'\,c''$, $d'\,d''$ oder $g'\,g''$ u. s. w. in der Wegachse an. Die die Dammhöhen bezeichnenden Zahlen nennt man auch Auftragskoten, und diese werden mit dem Zeichen + (Plus) versehen; so beträgt die Auftragskote für den Detailpunkt $b'$ 303·03 — 302·20 = + 0·83. Dagegen werden die die Einschnittstiefen angebenden Zahlen Abtragskoten genannt und mit dem Zeichen — (Minus) versehen; so lautet beispielsweise für den Punkt $c'$ die Abtragskote 303·82 — 303·47 = — 0·35 u. s. w. Außer der Hektometrierung, der zeichnerischen Längenprofildarstellung, den Gefällsbrüchen, den Terrain-, Nivelletten-, Auf- und Abtragskoten, woraus man sich sowohl über die Steigungsverhältnisse als (bei einiger Kenntnis des Terrains) teilweise auch über die Materialverteilung*) ein Bild machen kann, werden im Längenprofil zumeist auch die Objekte (Brücken, Durchlässe) angedeutet und die Richtungsverhältnisse (in Übereinstimmung mit der „Situation") unten in der aus Tafel I, 8 ersichtlichen Weise zum Ausdruck gebracht; so folgt hier beispielsweise auf die 34·0 $m$ lange Gerade von $a$ bis $c''$ ein 44·8 $m$ langer „Bogen rechts" mit dem Radius 30 $m$, der bis $i''$ reicht, und dann sofort (ohne eine Zwischengerade, als sogenannter Kontrabogen) ein 37·2 $m$ langer „Bogen links" mit dem Radius 35 $m$ (vgl. Seite 71, Fußnote).

Bei allen größeren, wenn auch nur vorübergehenden Zugweganlagen u. dgl. soll — wenn die Zeit mangelt, ein vollständiges Projekt auszuarbeiten — doch wenigstens in einfachster Weise ein Längenprofil aufgenommen und konstruiert werden. Man steckt hiezu, wie schon auf Seite 68, unten, u. f. besprochen, zunächst das Polygon im Gefälle aus, erzielt dann nach der auf Seite 70 unter $a)$ berührten Methode dem Augenmaß nach eine Wegachse von befriedigender Richtung und schlägt in derselben entsprechend viele Detailpunkte. Nun mißt man die Distanzen von einem zum anderen Detailpunkt und nivelliert die Detailpunkte. Aus der daraus leicht zu ermittelnden Hektometrierung und den Höhenkoten der Detailpunkte kann man ein einfaches, aber die Gefällsverhältnisse, ferners die Auf- und Abtragskoten enthaltendes Längenprofil konstruieren, welches der Ausführung des Zugwegbaues sehr zu statten kommen wird.

---

*) Darauf, wie mit Hilfe der Auf- und Abtragsmassenberechnung aus den Querprofilen die zu gewärtigende Materialbewegung und auch alle notwendigen Materialtransporte und hiemit in Zusammenhang die anzustrebende Materialverteilung und Materialausgleichung für den Bau übersichtlich in das Längenprofil eingezeichnet werden, kann hier Raummangels halber nicht eingegangen werden. An der Hand eines Beispiels (Musterprojekt in der Schulsammlung!) läßt sich dies übrigens nicht schwer in den Schulvortrag einflechten.

8. Die Querprofile, welche nach erfolgter Detailtracierung zumeist für alle Detailpunkte aufgenommen, beziehungsweise konstruiert werden, gelangen im folgenden Paragraph ausführlich zur Besprechung.

### § 24. Die Querprofile.

Denkt man sich in irgend einem Detailpunkte senkrecht auf die Straßenachse oder -Mittellinie (welche bekanntlich den Verlauf des Weges der Länge nach bezeichnet) eine Vertikalebene gelegt, welche die Straße und das zunächst liegende Terrain schneidet, so stellt uns der so entstandene Schnitt das Querprofil der Straße (des Weges) im betreffenden Punkte dar. Ein solches Profil kann wieder sein:

1. Ein Profil im Terrain, das weder einen nennenswerten Auftrag noch Abtrag besitzt (Tafel I, 1, $hm\ 0^{\cdot}_{000}$).

2. Ein Dammprofil, das ganz aus Auftrag besteht (Tafel I, 2, $hm\ 0^{\cdot}_{252}$).

3. Ein Einschnittsprofil, das ganz im Abtrag liegt (Tafel I, 3, $hm\ 0^{\cdot}_{395}$).

4. Ein Anschnittsprofil, das im selben Querprofil aus Auf- und Abtrag gebildet wird (Tafel I, 4, $hm\ 0^{\cdot}_{648}$).

An diesen für einen Fahrweg I. oder II. Ordnung gedachten Profilen kann man (vgl. Tafel I, 1, $hm\ 0^{\cdot}_{000}$) unterscheiden: *a)* Die durch einen Steinbau gefestigte Fahrbahn *a* von der Breite $a^{l}$. *b)* Die Bankette *b*, welche beiderseits in der Breite $b^{l}$ den Steinbau einfassen und zusammenhalten, zugleich aber auch dem Verkehr der Fußgänger und als Ablagerungsplätze für den Schotter dienen; die Fahrbahn samt den Banketten nennt man die Straßenkrone, und die Breite $a^{l} + 2\,b^{l}$ heißt Kronenbreite oder auch schlechthin Wegbreite (Straßenbreite). *c)* Die Seitengräben *c*, welche dem Wasserabzug dienen, in der Breite $c^{l}$. *d)* Die Böschungen, welche beim Damm-, Einschnitts- und Anschnittsprofil in größerem Ausmaße nötig werden.

Auch ersieht man aus den auf Tafel I unter 2 und 3 dargestellten Querprofilen, daß Stützmauern *S* bei höheren Dämmen, sowie Futtermauern *F* bei tiefen Einschnitten, besonders an steilen Lehnen und bei leicht nachrutschendem Material den Erfolg haben, daß man weniger Auf-, beziehungsweise Abtrag benötigt und zugleich sichere, feste Böschungen erhält. An steilen Hängen gibt man der Dammschüttung (vgl. Tafel I, 4) einen festen Halt, indem man sie mit dem gewachsenen Boden verzahnt.

Solche Querprofile werden bei jeder größeren Weganlage in allen Detailpunkten — also in gleichmäßigem Terrain etwa von 20 zu 20 $m$, sowie in allen markanten Punkten (vgl. Seite 71), meist auf Grund der durch Staffelmessung erfolgenden Terrainaufnahme in der Natur — ermittelt und am Papier im Maßstab 1 : 100 konstruiert. Die Querprofile sind in derselben Reihenfolge fortlaufend numeriert oder durch die Hektometrierung ebenso bezeichnet, wie die entsprechenden Punkte in der Situation und dem Längenprofil, und ihre Darstellung bildet einen wesentlichen Teil jedes Wegprojektes.

---

## II. Kapitel.

## Die Bauarbeiten an einer Waldstraße.

### § 25. Die Erdarbeiten und die Versicherung der Böschungen.

Ist die Trace in Übereinstimmung mit dem Projekte in der Natur ausgesteckt, so handelt es sich darum, durch die nötigen Erdbewegungen der Straße in allen ihren Teilen, insbesondere bezüglich ihrer Steigungsverhältnisse einen technisch richtigen Verlauf und zugleich der künftigen Fahrbahn einen festen, sicheren Unterbau zu geben. Je steiler und je gegliederter das Terrain ist, desto mehr Erdarbeiten (große Dämme und Einschnitte) werden beim Straßenbau nötig sein, und zwar um so mehr, je geradliniger oder nur mit flacheren Kurven verlaufend die Straße gemacht werden soll. Schmiegt man sich dagegen mit dem Verlaufe des Weges dem Terrain an, so werden fast nur Anschnittsprofile nötig, die weniger Erdbewegung verlangen; die Straße wird aber dann schärfere Kurven aufweisen und eine größere Länge bekommen. Wegen letzterer Nachteile wird ein vollständiges Anschmiegen des Wegverlaufes ans Terrain oft nicht ratsam sein. — Es handelt sich nun um nachstehende Arbeiten:

I. Die Auswahl, Beschaffung, beziehungsweise Zurichtung der Werkzeuge, Arbeiter, Transportmittel und solcher Baustoffe, die sich bei der Arbeit nicht von selbst ergeben, sondern von anderwärts bezogen werden müssen. Bei den sogenannten Stichböden (z. B. lockerer, humoser Tonboden) werden hauptsächlich Stich- und Faßschaufeln, bei den Hauböden (z. B. etwas zusammengebackener Schutt) auch Picken und Krampen, bei den Brechböden (z. B. klüftiges, bröckelndes Felsgestein) auch Brechstangen und eiserne Keile, endlich bei den Sprengböden (z. B. fester Fels) das Werkzeug und die Sprengmittel zum Steinsprengen beschafft werden müssen. Zu dem im folgenden unter IV. besprochenen Profilieren werden ferner Profillatten, Stangen und entsprechende schwache Nägel (sogenannte Stiften) notwendig. Auf die Beschaffung von Karren, Wägen, Zugtieren, Bauhölzern, Baustein etc. ist gleichfalls Bedacht zu nehmen.

II. Die Entwässerung versumpften und vernäßten Bodens, welche auch dem Straßenbau zugute kommt, wenn man solchem Terrain nicht mit der Trace ausweichen kann, ist bereits im § 12 des Forstschutzes (III. Band, Seite 191 u. f.) besprochen, worauf hier vollinhaltlich verwiesen wird.

Handelt es sich speziell nur darum, den Unterbau einer Straße zu entwässern, so wird unter der Straßenachse und parallel mit derselben ein als Sickergraben (III. Band, Seite 193, 2) konstruierter Längsgraben $a$ (Tafel I, 5) ausgehoben, von dem aus zweigartig ebensolche Quergräben $b$ und $b^i$ ausgehen und in die beiderseitigen Straßengräben münden. Auch in diesem Falle kann man statt der Haupt- und Quergräben Tonröhren (Haupt- und Quer-Drainröhren) legen, welche, wenn eine ungleichmäßige Setzung zu erwarten ist, eine Holzunterlage erhalten müssen, sonst aber auf der Sohle der Entwässerungsgräben liegen. Besteht die Sohle der Gräben, die zwecks Wasserabfuhr stets ein entschiedenes Gefälle haben muß, aus einem dem Wasserangriffe leicht unterliegenden Material, so muß sie mit Steinen oder Ziegeln gepflastert werden. Über dem so entwässerten Straßenunterbau kann nun der Steinbau (Oberbau) gesichert ausgeführt werden.

III. Das Abräumen der Baufläche; hieher gehört insbesondere die Rodung des Waldes, soweit die Straße und ihre Böschungen reichen; auch nahe dem Rand der Einschnittsböschungen dürfen keine hochstämmigen Bäume stehen, da diese (zumal bei Sturm) leicht gestürzt werden, die Böschung einreißen und die Fahrbahn verrammeln. Holzstücke, Strauchwerk, Steintrümmer u. dgl. sind zu entfernen und, wenn sie späterhin beim Straßenbau Verwendung finden sollen, entsprechend abseits abzulagern. Wo Dämme geschüttet werden sollen, muß insbesondere an Lehnen die obere Bodenschicht mit ihrem Humus und der Vegetationsdecke abgeschält und entfernt werden (Abrutschungsgefahr!); der darunter befindliche festere Boden wird verwundet und rauh gemacht, damit er sich mit dem künftigen Damm fest verbinde; an steilen Hängen empfiehlt sich (vgl. § 24) ein Verzahnen des Untergrundes mit dem Damm.

IV. Das Profilieren oder das Schlagen (Aufstellen) der Profile. Das Aufsuchen eines beliebigen Detailpunktes der Straßentrace im Terrain mit Hilfe der Situation und des Längenprofils ist aus § 23 bekannt. Das Querprofil in demselben Punkte ist nun sehr oft in der gezeichneten Darstellung der Querprofile direkt zu ersehen; oder aber, es ist wenigstens die Höhe des Dammes (oder Tiefe des Einschnittes) im betreffenden Punkte der Straßenachse aus dem Längenprofil leicht abzulesen; oft endlich schreibt der Ingenieur diese Höhe (oder Tiefe) gleich deutlich auf die Pflöcke im Terrain. Dann erfolgt das Profilieren wie folgt:

1. Das Profilieren der Dämme. Ist (in Fig. 101) $a$ der durch einen Pflock bezeichnete Punkt der Straßenachse, in welchem ein Damm-

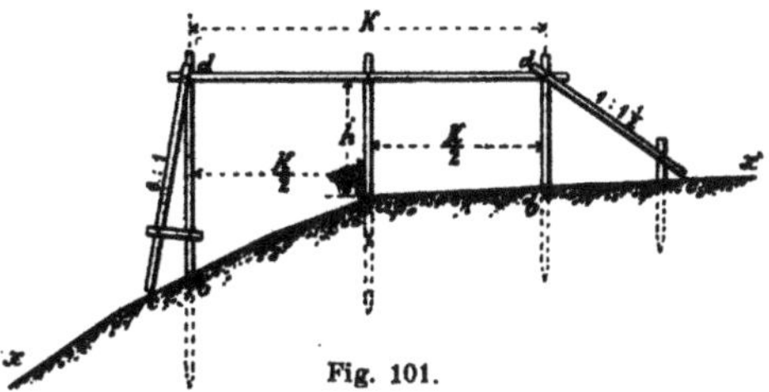

Fig. 101.

profil von der Höhe $h$ zu schlagen ist, so wird zunächst im Punkte $a$ eine Stange (Latte) von genügender Länge vertikal so festgemacht (eingetrieben), daß sie etwas mehr als mit der Höhe $h$ emporragt; dann wird von $a$ aus senkrecht auf die Richtung der Straßenmittellinie beiderseits je die halbe gewünschte Straßenkronenbreite $\dfrac{k}{2}$ (in geneigtem Terrain durch Staffeln) aufgetragen, wodurch man die beiden im Querprofil liegenden Punkte $bb$ erhält, in welchen nun gleichfalls entsprechend lange Stangen (Latten) vertikal aufgestellt werden. An die drei nun vorhandenen Stangen wird eine Latte von gut Straßenbreite horizontal so angenagelt, daß ihre Mitte mit der unteren Flucht (an der mittleren Stange gemessen) genau in die Höhe $h$ über den Punkt $a$ zu liegen kommt; die Länge $dd$ wird daher der Breite der künftigen Straße gleich sein. Nun werden beiderseits, und zwar wieder in senkrechter Richtung zur Straßenmittellinie, von $d$ nach $c$ meist mittels eines Böschungsmessers die gewünschten Damm-, beziehungsweise Stützmauer-Böschungen ermittelt und durch entsprechend anzubringende Latten markiert. — Der hiebei anzuwendende Böschungs-

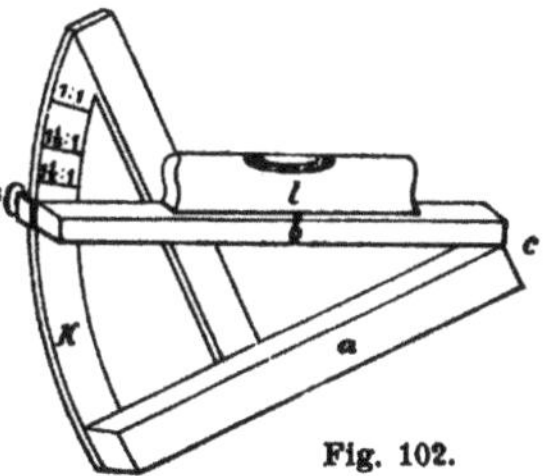

Fig. 102.

messer (Fig. 102) besteht aus dem Messingfuße $a$, mit welchem ein Stab $b$ (Libellenschenkel), der die Libelle $l$ trägt, im Punkte $c$ drehbar verbunden ist. Am anderen Ende des Messingfußes $a$ befindet sich ein Kreisbogenabschnitt $k$, auf welchem die gewöhnlichsten Böschungsverhältnisse (1 : 1, 1 : 1¼, 1 : 1½, 1 : 2 etc.) durch Striche entsprechend angedeutet sind, und dessen Mittelpunkt mit dem Drehpunkt $c$ des Libellenschenkels $b$ zusammenfällt. Der Libellenschenkel kann mittels der Schraube $s$ in jeder beliebigen Lage an dem Kreisabschnitte $k$ festgehalten werden. Beim Gebrauche wird die untere Kante des Libellenschenkels auf das gewünschte am Kreisabschnitt ersichtliche Böschungsverhältnis gestellt, sodann das Instrument mit dem Messingfuß $a$ auf die zunächst nur an ihrem oberen Ende (bei $d$, Fig. 101) befestigte Böschungslatte des zu errichtenden Querprofils gesetzt und die Latte samt dem Instrument so lange auf- oder abwärts geneigt, bis die Libelle einspielt. Die Latte hat dann das gewünschte Böschungsverhältnis erhalten und wird in dieser Lage befestigt. — Hat man keinen Böschungsmesser zur Hand, so wird sich das projektierte Böschungsverhältnis (1 : 1, 1 : 1½ oder die einfüßige, anderthalbfüßige etc. Böschung) in jedem einzelnen Falle auch etwa mit Hilfe der Setzwage oder Bergwage (vgl. I. Band, Seite 225 u. f.) unschwer konstruieren und profilieren lassen.

Jeder frisch angeschüttete Damm „setzt sich" mit der Zeit in der aus Fig. 103 ersichtlichen Weise, und zwar wird er nicht nur niedriger,

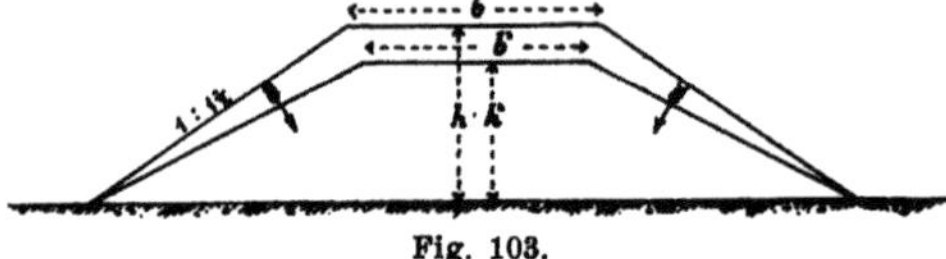

Fig. 103.

sondern, da sich die Böschungen auch in der Richtung der Pfeile senken, zugleich etwas schmäler. Auf diese sogenannte Setzung, die besonders bei hohen Dämmen ins Gewicht fällt, muß beim Profilieren Rücksicht genommen und daher das Profil entsprechend höher (und breiter) gemacht werden. Die am meisten zu beachtende Setzung in der Richtung der Dammhöhe beträgt bei Schotter ungefähr $\frac{1}{40}$ der Dammhöhe $h$, bei Sand $\frac{1}{25}$, bei Dammerde, Ton und Lehm etwa $\frac{1}{12}$ von $h$.

2. Das Profilieren der Einschnitte ergibt sich, indem man vom Pflock $a$ (Fig. 104) ausgeht, in der Weise, daß man zunächst die Tiefe

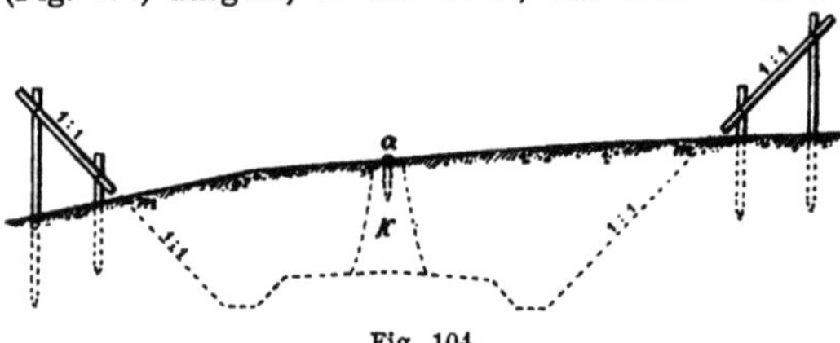

Fig. 104.

des Einschnittes unter $a$, wenn sie noch nicht am Pflock angeschrieben steht, aus dem Quer- oder dem Längenprofil abliest; dann ermittelt man die beiden Punkte $m$ (aus dem Terrainprofil und der Einschnittstiefe leicht zu konstruieren oder oft gleich aus der Querprofildarstellung ersichtlich); die Punkte $m$ müssen dabei stets in der durch $a$ verlaufenden Senkrechten auf die Straßenmittellinie liegen. Nun markiert man die Richtung der künftigen Böschungen in den Punkten $m$ (in denen sich die Böschungen mit dem Terrain schneiden) durch Lattengestelle in der aus der Figur ersichtlichen Weise. — Bei dieser Gelegenheit sei auch erwähnt, daß alle Detailpunkte (Pflöcke) in der Regel bis zum Ende der Bauarbeit zu erhalten sind. Wird daher z. B. der nach Fig. 104 profilierte Einschnitt ausgeführt, so wird der Detailpunkt $a$ samt dem Erdkegel $k$ so lange belassen, bis man über die richtige Ausführung der betreffenden Straßenstrecke sicher ist und der Pflock nie mehr für weitere Nachmessungen gebraucht wird.

3. Das Profilieren der Anschnitte nach Fig. 105 bietet, da der Anschnitt sich aus Damm und Einschnitt zusammensetzt, keine weiteren Schwierigkeiten. — Profile, die ganz oder nahezu „im Terrain" liegen, bedürfen keiner Profilierung, sondern es wird nur neben den „Grundpflock (meist auf dem Schreibpflock) die Auf-, beziehungsweise Abtragskote angeschrieben.

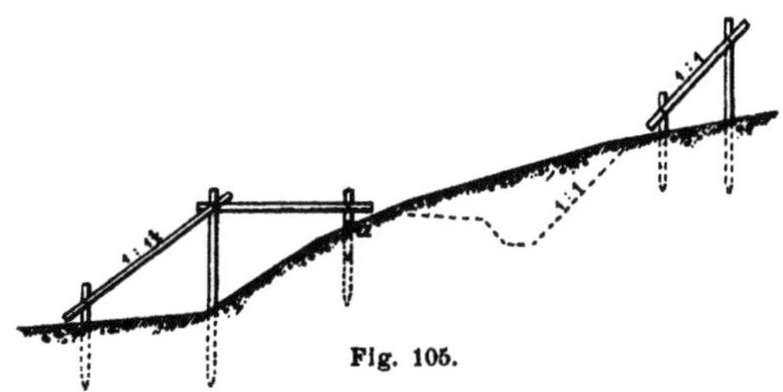

Fig. 105.

V. Die Erdbewegung und Materialverteilung tritt entweder hauptsächlich in der Richtung senkrecht auf die Straßenmittellinie ein (soweit das Anschnittsprofil vorwiegt), oder aber, das Material hat eine Bewegung in der Richtung der Straßenlänge zu erfahren, muß also im Einschnitt gewonnen und bis zur nächsten Dammschüttung transportiert werden.

1. Der Abtrag, wie er an der Bergseite des Anschnittsprofiles und bei Herstellung der Einschnitte sowie überhaupt zur Materialgewinnung nötig ist, erfolgt mit dem jeweiligen Boden (Stich-, Hau-, Brech- oder Sprengboden!) angepaßten Werkzeugen durch Arbeiter, welche so angestellt sein müssen, daß sie sich gegenseitig nicht behindern, und in solcher Anzahl, daß der Arbeitsfortschritt kein zu langsamer ist, daß ferner unter entsprechender Rücksicht auf die Transportweite alle Arbeiter stets genug Beschäftigung haben und sohin niemals eine Stockung der Arbeit eintritt. Damit die Materialgewinnung flott von statten gehe, ist ferner eine der Bodenart angemessene Verteilung der Werkzeuge sehr wichtig: Bei einem leichten Hauboden wird man die Mehrzahl der Arbeiter mit Schaufeln und die Minderzahl mit Krampen versehen; bei einem festen Hauboden dagegen werden mehr Leute mit dem Loslösen durch Krampen und weniger Arbeiter mit der Schaufel Beschäftigung finden. In dieser Beziehung wird man das Richtige übrigens zum Teil erst durch Beobachtung feststellen müssen, wenn man nicht ohnehin erfahrene Erdarbeiter zur Verfügung hat. Im Waldstraßenbau, wo es sich zumeist nicht um sehr tiefe Einschnitte handelt, erfolgt die Loslösung des Materials in der Regel in horizontalen Schichten oder Lagen in jener Ausdehnung und bis zu jener Tiefe, welche durch die vorhergegangene Einschnittsprofilierung markiert ist. Bei diesem lagen-

weisen Abbau ist jedoch eine gewisse Vorsicht geboten: In lockerem, brüchigem Material dürfen die Lagen nicht zu hoch und nicht mit zu steilen Böschungen abgegraben werden, da sonst die Wände der Abgrabung oft plötzlich nachstürzen und die Arbeiter verschütten könnten; am größten ist die Verschüttungsgefahr, wenn mit der Absicht, rasch viel Material zu gewinnen, die Wände des im Abbau befindlichen Erdreiches untergraben (unterhöhlt) werden; in vielen Fällen ist daher diese Arbeitsweise nur bei Vornahme entsprechender Pölzungen zulässig.

2. Der Transport des Materiales. Mit Rücksicht auf die Transportweite kommen hiebei verschiedene Arten des Transportes in Betracht, und zwar: *a)* Das Werfen mit der Schaufel, für eine nur wenige Meter weite Erdbewegung, also insbesondere beim Anschnittsprofil, wo das bergseits abgegrabene Material im selben Querprofil an der Talseite wieder angeschüttet wird. *b)* Das Verführen mit Schubkarren (Radelböcken) ist angezeigt, wenn das Material von der Abtragsstelle bis zur Anschüttung nicht weit, und zwar nicht weiter als etwa $120\,m$ zu transportieren ist; es ist der Arbeit sehr förderlich, wenn die Fahrbahn für die Schubkarren eingeebnet und tunlichst gefestigt oder mit Brettern (Radelladen) belegt wird. Die Arbeiter werden so eingeteilt, daß die Abgrabenden eben genug Material gewinnen, um den Schubkarrenfahrern und den das Material im Damm unterbringenden Leuten stets vollauf Arbeit zu geben, so daß nirgends eine die Arbeitsleistung vermindernde Stockung eintritt, jede Arbeitskraft also voll ausgenutzt wird; man muß auch darüber an Ort und Stelle Beobachtungen machen, um die beste Anstellung und Verteilung der Arbeitskräfte herauszufinden. Dieselben Grundsätze gelten auch für die folgenden Arten des Materialtransportes, nämlich: *c)* Das Verführen mit zweirädrigen Handkarren (Ziehkarren), welche von Arbeitern gezogen werden; dies empfiehlt sich für Transportweiten von 120 bis etwa $300\,m$. *d)* Das Verführen mittels Pferdekarren, dann mittels Rollwagen, welche letzteren auf einem vorher zu legenden Schienengeleise durch Menschen oder Pferdekraft oder durch Lokomotiven bewegt werden, rentiert sich nur für noch größere Transportweiten und zugleich große Materialmengen.

3. Der Auftrag (die Dammschüttung). Nachdem die Baufläche „abgeräumt", ferner der Boden entsprechend verwundet oder abgetreppt ist und die Profile geschlagen wurden, wird der durch letztere bezeichnete Dammkörper angeschüttet. Kommt bei der Dammschüttung ein günstiges Material (wie Sand, Kies, kantige, schotterartige Steinstücke, endlich auch Gerölle) zur Anwendung, so ist keine weitere Vorsicht geboten; ist das für den Damm zu verwendende Material dagegen ein ungünstigeres, insbesondere ein gegen Feuchtigkeit empfindliches (wie Humus, Lehm, Ton), so erfolgt die Dammschüttung stets in horizontalen Lagen von etwa $0·20$ bis $0·40\,m$ Höhe, die festgestampft oder gewalzt werden müssen, bevor die nächste Lage darauf geschüttet und dann ebenso behandelt wird. Die erwähnten ungünstigen Materialien sollen ferner in mäßig feuchtem Zustande angeschüttet werden, weil sie sich dann so binden und mit so wenig Zwischenräumen aneinanderfügen, daß die Gefahr einer Abrutschung des Dammes und der Nachteil allzustarker Setzung am geringsten ist. Aus naheliegenden Gründen darf eine Dammaufführung wenigstens mit den genannten ungünstigen Materialien nie bei Frost erfolgen, da das oft in großer Menge enthaltene festgefrorene Wasser beim Auftauen im Frühling leicht ein vollständiges Eingehen oder Abrutschen der

Dämme verursachen könnte. Wo sehr hohe Dämme aufgeführt werden sollen, erbaut man in der Höhe und Richtung der künftigen Straßenfahrbahn hölzerne, brückenartige Gerüste, so daß das anderswo gewonnene Material mittels Karren oder Rollwägen herbeigeführt und von den Gerüsten herab (über Kopf) in den durch die Profile ausgesteckten Dammraum geschüttet werden kann; die Erdanschüttung von oben herab geht nämlich dann viel flotter und mit weniger Arbeits- und Kostenaufwand von statten, als das Aufwerfen eines hohen Dammes von unten in die Höhe. Auch wenn so „über Kopf" geschüttet wird, muß bedenkliches Material jedenfalls von Zeit zu Zeit in horizontale Lagen ausgebreitet und gestampft werden.

4. Die Böschungen und ihre Versicherung. Sowohl bei Dämmen als bei Einschnitten müssen die Böschungen eine solche Neigung bekommen, daß sie, selbst wenn sie durch Regen oder Frost erweicht und dadurch in ihrem Zusammenhange gelockert werden, nicht abbröckeln oder abrutschen. Diese Neigung hängt nun wesentlich vom Material ab, aus welchem die Böschungen gebildet werden; ferner werden in der Regel die Böschungen des Dammes auch bei gleichem Material flacher sein müssen, als die Böschungen des Einschnittes, weil erstere von einer frischen, noch lockeren Anschüttung, letztere von vollkommen zusammengesessenem, gewachsenem Boden gebildet werden.

*A.* Der natürliche Böschungswinkel. Die steilste für ein bestimmtes Material zulässige Böschungsneigung ist durch den sogenannten „natürlichen Böschungswinkel" gegeben; diesen findet man, indem man an einer schon vorhandenen alten oder an einer eigens zu diesem Zwecke neu aufgeführten Anschüttung, welche über Sommer und Winter liegen geblieben ist, den Winkel beobachtet, unter welchem sich das betreffende Material von selbst abböscht; die gleiche Neigung kann man dann den Böschungen der aus demselben Material aufzuführenden Dämme geben, jedenfalls aber keine steilere. Da nun dieser natürliche Böschungswinkel für verschiedene Materialien ein verschiedener ist, werden selbst in einem und demselben Straßenzuge, wenn derselbe z. B. durch Waldorte mit wechselndem Grundgestein und Boden zieht, die Böschungen streckenweise verschieden angelegt werden müssen. Im großen Durchschnitt kann man die Regel aufstellen: Unbekleidete Dammböschungen sollen nicht steiler als einundeinhalbfüßig, die Böschungen der Einschnitte nicht steiler als einfüßig gemacht werden, ausgenommen natürlich festen Fels, der sich im Einschnitt nahezu oder ganz vertikal, unter Umständen sogar überhängend („Galerien" an Felswänden!) hält; ausgenommen ferner kantiges Steinmaterial (Schotter), welches auch im Damme einfüßig geböscht hält.

*B.* Bekleidete Böschungen. Oft will oder muß man steilere Böschungen anwenden, als die im vorigen besprochenen „natürlichen". Denn steilere Böschungen bringen den Vorteil mit sich, daß man weniger Auf- beziehungsweise Abtrag benötigt, wodurch die Kosten der Erdbewegung geringer werden (vgl. § 24, Wirkung der Stützmauern), wogegen allerdings die Kosten der Böschungsversicherung in Betracht kommen; außerdem wird durch den Straßenbau eine um so kleinere (schmälere) Fläche einer anderwärtigen Ausnutzung entzogen, je steiler die Böschungen sind, was bei wertvollen Kulturgründen in Betracht kommt. Selbst mit dem natürlichen Böschungswinkel geneigte Böschungen vermögen übrigens der Wirkung außerordentlich starker Niederschläge (Wolkenbrüche) bei ungünstigem Material oft nicht zu widerstehen, so daß eine Festigung derselben geraten ist. Um nun eine Böschung mit einer stärkeren, als der dem natürlichen Böschungswinkel entsprechenden Neigung anwenden zu können, wird sie künstlich bedeckt oder bekleidet, und hiedurch meist zugleich auch der wesentliche Vorteil erreicht, daß der stets gefährliche Einfluß von Regen und Frost ferngehalten, die Böschung also möglichst sicher und fest wird. Die gewöhnlichsten Arten der Bekleidung sind:

*a)* Die Besamung. Die Böschung wird oberflächlich verwundet und dort am besten im Frühling auf gutem Boden eine Mischung von Gras- und Kleesamen, auf minderem von Esparsette und Riedgras, auf strengem Ton auch Luzerne, auf ziemlich trockenem, feinem Sand die Quecke angebaut und so nach einiger Zeit eine Bindung erzielt. Häufig berasen sich übrigens die Böschungen bald von selbst in ganz entsprechender Weise. Wo die Böschung aus ganz unfruchtbarem Material besteht (z. B. aus ganz hartem Ton, Quarzsand u. dgl.) muß zunächst oberflächlich auf die der Bindung halber gleichfalls verwundeten Böschungen gutes Erdreich aufgebracht werden. Besamte Böschungen macht man nicht steiler als einfüßig (1 : 1 geneigt).

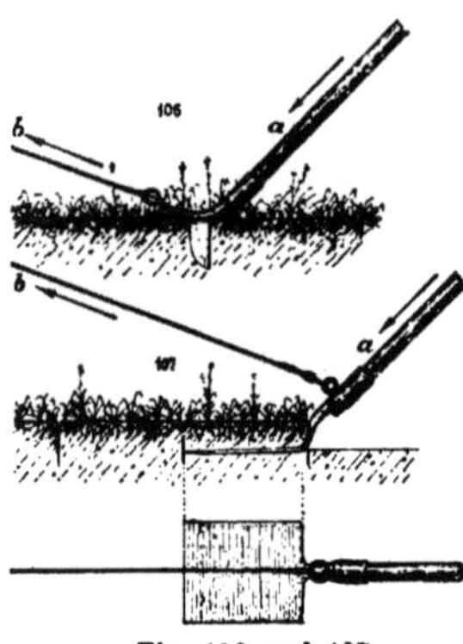

Fig. 106 und 107.

*b)* Die Rasenziegelbekleidungen. Rasenziegel sind ungefähr in Ziegelform abgelöste Rasenstücke, die man in geringen Quantitäten mit der Faßschaufel vom gewachsenen Rasen gewinnt; bei großem Bedarfe erzeugt man sie mittels eigener Werkzeuge, nämlich mittels des Rasenmessers (Fig. 106) und der Rasenschaufel (Fig. 107), die je von zwei Personen zu handhaben sind und von denen das erstere zum Vorschneiden der Ziegelrechtecke im natürlichen Rasen nach einer entsprechend gespannten Schnur oder einem gelegten Brett — und die Rasenschaufel sodann zum Abschälen der Rasenziegel vom Boden dient. Eine Person dirigiert dabei den Stiel des Werkzeuges und drückt ihn in der Richtung des Pfeiles bei *a*, während die zweite Person an der (nicht zu kurz zu haltenden) starken

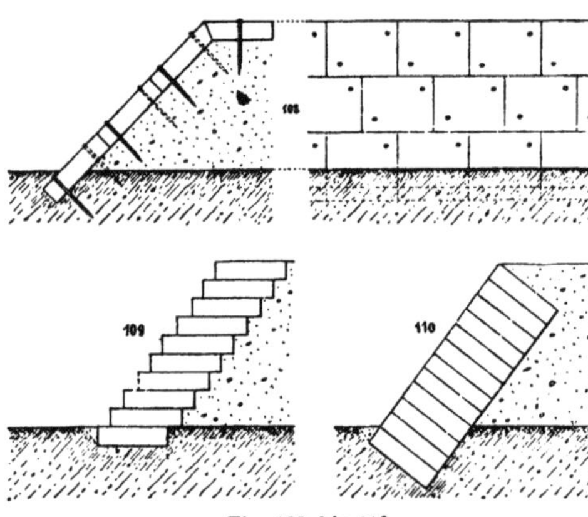

Fig. 108 bis 110.

Schnur *b* zieht. Solche Rasenziegel können nun auf die Böschung zu deren Befestigung *aa* als „Flachrasen" (Fig. 108), d. h. knapp aneinander flach aufgelegt und mit Holzstiften festgenagelt werden; oder man wendet *bb* „Kopfrasen” an, welche eine weit festere Bekleidung bilden; bei Kopfrasenbekleidung werden die Ziegel, in einem der beim Ziegelmauerwerk (Seite 15) besprochenen Verbände, entweder in horizontalen Lagen nach Fig. 109 angeordnet, oder, wenn man eine besonders dicke Bekleidung wünscht, nach Fig. 110 mit ihren Hauptflächen senkrecht auf die Böschung gelegt und mit Holznägeln aufeinandergenagelt. Wichtig ist, daß die Auflager für die unterste Schar der Rasenziegel ein wenig in den gewachsenen Boden versenkt und gut eingeebnet werden. Rasenziegel geben sofort eine gute Deckung; bleibende Böschungen erhalten sich so kaum steiler als einfüßig, weil sich mit der Zeit auch aus den Kopfrasen nur eine gewöhnliche wiesenartige Fläche bildet. Dient jedoch die Bekleidung nur für einen vorübergehenden Zweck, so kann man mit Kopfrasen auch ¹/₂- oder ¹/₃füßige Böschungen erhalten.

*c)* **Bepflanzung mit Holzgewächsen.** Dieselbe ist in der Regel nur zur Sicherung von Ufern und Einschnittsböschungen, nicht aber von Dammschüttungen anwendbar und hat den Zweck, den Boden durch die Wurzeln der Holzgewächse zu binden und dadurch, sowie durch Zurückhaltung von Wasser in den Kronen die bei manchem Material auch an mäßig geneigten Flächen zu fürchtende Abschwemmungsgefahr infolge starker Regengüsse zu beseitigen. Die Bepflanzung erfolgt zumeist mit Weidenstecklingen, auf heißem Sandboden mit der falschen Akazie (Robinie) gewöhnlich durch einjährige Pflänzlinge, an den Ufern der Gewässer auch mit Erlen, die jedoch an brüchigen Ufern (wie alle etwa dort angesiedelten Holzarten) nie zu hochstämmigen Bäumen heranwachsen gelassen werden dürfen, weil letztere insbesondere bei Wind das Abbrechen solcher Ufer nur fördern würden. — Dieselbe Gefahr (Einreißen der Böschungen) würde durch das Bepflanzen der Dämme mit Holzgewächsen herbeigeführt; dazu kommt speziell bei den sogenannten Inundationsdämmen (vgl. III. Band, Seite 194), welche irgend ein Kulturland vor der Überschwemmung (Inundation) durch die Hochfluten eines vorbeifließenden Gewässers zu schützen haben und auf deren oberer Fläche (Krone) sehr oft Straßen geführt werden, der bedenkliche Umstand, daß die in den Dammkörper eindringenden Wurzeln von Holzgewächsen, besonders wenn sie dann zu verfaulen beginnen, den mit Gewalt andringenden Wasserfluten zuerst kleine, sich aber rasch erweiternde Bahnen öffnen, die den Dammbruch zur Folge haben könnten. Solche Dämme dürfen daher nie mit Holzgewächsen bepflanzt werden. — Nicht sehr gefährdete, ausgedehnte, flache Böschungen können endlich durch Anbau beliebiger dort gedeihender Holzarten gebunden werden, wenn man selbe fernerhin durch räumige Stellung (Durchforstungen!) zu einem sturmfesten Walde erzieht.

*d)* **Flechtzäune.** Um ausgedehntere Böschungen zu beruhigen, an welchen insbesondere bei starken Regengüssen das Material (Sand, Verwitterungsmaterial, wie es im Gebirg oft massenhaft an den Hängen abgelagert ist) leicht in Bewegung gerät, abrieselt oder oberflächlich abrutscht, werden vielfach Flechtzäune angewendet. Ihre Herstellung geschieht in der Weise, daß zunächst das Material ungefähr mit der Neigung des natürlichen Böschungswinkels abskarpiert (abgeböscht) wird; dann werden etwa 10 *cm* starke, unten zugespitzte Pflöcke oder kleine Pfähle gewöhnlich in horizontal verlaufenden Reihen oder annähernd im Quadratverband (nach Fig. 111, beziehungsweise 112) eingeschlagen und mit Reisig verflochten. — Die Entfernung der Pflöcke in den Reihen wird mit ungefähr 1 *m* und der Abstand der Reihen untereinander meist zwischen

1 und 8 *m*, die Seitenlänge des Quadratverbandes endlich mit 1 bis 2 *m*
angenommen. Die Länge der Pflöcke, welche wohl nie unter 1 *m* betragen soll, hat sich nach dem Böschungsmaterial und seiner Mächtigkeit zu richten; man muß sie nämlich möglichst tief und am besten
nahezu mit ihrer ganzen Länge eintreiben, mindestens aber soweit, daß
sie mehr als zur Hälfte fest im Boden stecken. Zu den Pflöcken verwendet
man ausschlagfähige (Weiden-) Stangen oder aber wegen der für diesen
Zweck günstigeren Form zumeist Nadelholz, welches hinreichend lange
und gerade Pfähle liefert. Zum Verflechten der am besten nur wenig
über den Boden ragenden Pflockköpfe wird wohl fast immer ausschlag-
fähiges, schlankes (Weiden-) Reisig genommen; das nach Fig. 113 anzu-
fertigende Geflecht wird einige Centimeter in den Boden hineingearbeitet,
damit gute Bewurzelung und reichlicher Ausschlag erfolge und die
Flechtzaunbekleidung daher von dauernder Wirksamkeit sei. — Sollen
ausnahmsweise die Flechtzäune nur eine vorübergehende Festigung einer

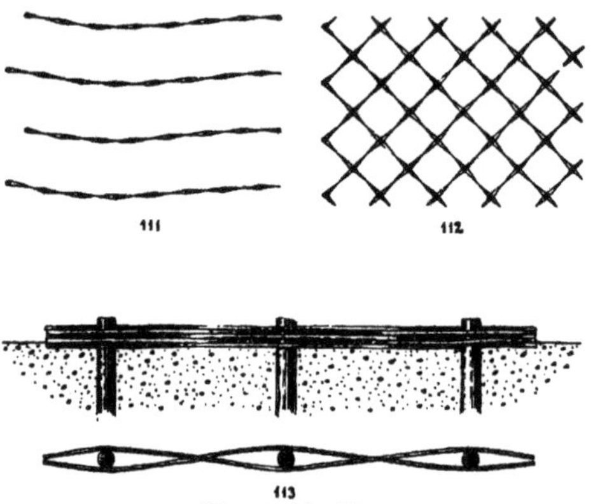

Fig. 111 bis 113.

Böschung bewirken, so kann man auch sich nicht begrünendes Reisig
zur Verflechtung verwenden; oft pflanzt man dann, wenn dies überhaupt
zulässig (vgl. Seite 83, *c*) ist, zwischen die Zäune geeignete Holzgewächse
an, die mit der Zeit die dauernde Bindung der Lehne übernehmen.
Treten an einer mit Flechtzäunen zu versichernden Lehne Quellen,
aufsteigende Nässe, kleine Rinnsale u. dgl. auf, oder kann sich bei Regen
dort eine größere Wassermenge ansammeln, so ist für unschädliche
Abfuhr des Wassers z. B. durch Unterfangen und Fassen der Quellen,
Herstellung gepflasterter Abflußrinnen u. dgl. Sorge zu tragen.

 *e)* Pflasterungen (Taludierungen). Diese werden beim Straßenbau
zur Festigung der Böschungen zumeist aus größeren Bruchsteinen ausgeführt, die nur soweit behauen werden, daß sie gut aneinanderstoßen;
kleine Zwischenräume werden schon während der Pflasterung (nie nachträglich!) mit Steinchen verzwickt; das Pflaster wird auf eine entsprechend eingeebnete, am besten feinkörnige (Sand-) Schichte gelegt.
Da Pflasterungen den Böschungskörper meist vorwiegend durch ihr
Gewicht festhalten sollen, führt man sie in der Regel trocken aus, so
daß sie sich auch einer Setzung (z. B. bei gepflasterten Dammböschungen)
anschmiegen können. Nur, wenn die Nässe sehr sorgfältig vom darunter

liegenden Material ferngehalten werden muß, legt man die Pflasterung nach guter Setzung des Böschungskörpers in Mörtel; solche Pflasterungen wirken dann nicht mehr durch ihr Gewicht. — Die solidesten Pflaster, welche mittels großer, ganz behauener Platten oder sonst entsprechender, sorgfältig zugerichteter Steine hergestellt werden, sind für den Waldstraßenbau meist zu kostspielig. — Die Neigung gepflasterter Böschungen wird kaum viel steiler als 1 : 1 gemacht.

*f)* **Futter- und Stützmauern** ermöglichen die steilsten, ja ausnahmsweise sogar vertikale Böschungen (vgl. das hierüber Besprochene im Hochbau Seite 18, und im Waldwegebau, Seite 75). „**Futtermauern**" (Fig. 114) nennt man solche Bekleidungsmauern, welche keinen wesentlichen Seitendruck des dahinterliegenden Materials („**Erddruck**") auszuhalten haben und teilweise sogar ähnlich wie die Pflasterungen durch ihr Gewicht wirken; sie werden zumeist aus mäßig starkem Trockenmauerwerk aufgeführt und meist auch nicht so steil geböscht als die „**Stützmauern**" (Fig. 115), die einen größeren Erddruck auszuhalten haben und zur Sicherung gegen das Umkippen aus wesentlich stärkerem Trockenmauerwerk, häufig aber auch aus Quader-, Bruchstein- oder Ziegelmauerwerk in Mörtel bestehen. Da sich hinter solchen in Mörtel aufgeführten Mauern das bergseits eindringende Wasser stauen, das Material dort lockerer machen und daher den Erddruck bedenklich verstärken kann, empfiehlt es sich, bei *a* (Fig. 115) eine gepflasterte Rinne herzustellen, auf welche grobe, kantige Steine geschüttet werden und in der das Wasser zusammenfließt, um dann durch Schlitze *b* stellenweise unschädlich durch die Mauer abgeführt zu werden. Eben-

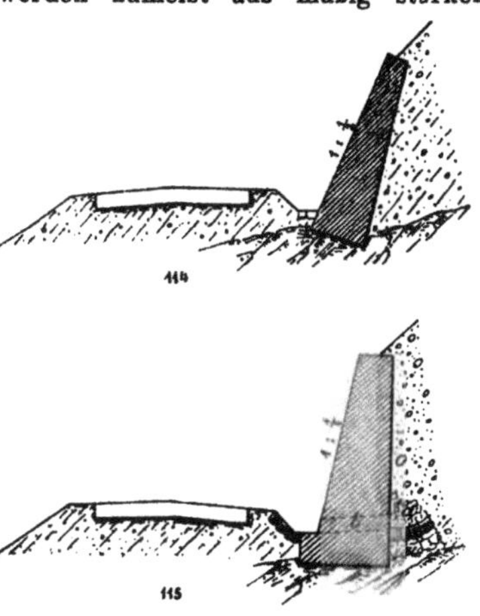

Fig. 114 und 115.

so ist alle aufquellende Nässe durch die Stützmauern hindurchzuleiten. Solche Schlitze sind übrigens oft auch bei Trockenstützmauern zweckmäßig, da — infolge der meist zur Böschung senkrechten Lage der Steinlagerflächen — das Wasser eher in das dahinter befindliche Material, als aus demselben heraus geleitet wird. Gewöhnlich erhalten die Stütz- und Futtermauern nach der zu Tage liegenden Seite eine Böschung (bei Trockenmauerwerk 1 : $^1/_5$ bis 1 : $^1/_2$, bei Mörtelmauerung 1 : $^1/_{10}$ bis 1 : $^1/_5$), an der Erdseite dagegen sind sie steiler, meist sogar vertikal. Im Einschnitt können die Stützmauern meist etwas schwächer gehalten und steiler geböscht werden (gewachsener Boden!), als solche, welche zur Bekleidung von neuen Aufschüttungen dienen. Die Stütz- und Futtermauern müssen an ihrer Basis feste und ebene Auflager haben und werden daher dementsprechend tief in den Boden eingelassen; um ihre Stabilität zu erhöhen, werden besonders die Stützmauern nach unten zu oft absatzförmig verdickt. — Ganz außergewöhnlich starke Stützmauern sind zur Festhaltung der Böschungen im **Rutschterrain** notwendig, d. h. in solchem Terrain, das sich in einer zumeist sehr langsamen, aber

stetigen nachrutschenden Bewegung befindet, die durch unsere Mauern
im Bereiche der Straße möglichst aufgehalten werden soll; zur Beruhigung solchen Terrains werden außerdem schwere, massive Mauerstreifen
(Steinsätze) in die Böschungen eingelassen; die Aufsuchung und Ableitung aller, auch der oft unterirdisch verlaufenden Wässer ist im Rutschterrain von der größten Wichtigkeit. Womöglich wird man aber derlei
unsicherem Boden bei allen Bauten überhaupt ausweichen. — Nicht nur
im Rutschterrain, sondern in jedem leicht abbrechenden Boden müssen
die durch Mauern zu versichernden Böschungen während der Mauer-
aufführung entsprechend gepölzt werden (Verschüttungsgefahr für die
Arbeiter!); hinter der fertigen Mauer wird dann, so wie dies bei den
Dammschüttungen beschrieben wurde, das Erdreich in horizontalen
Lagen hinterfüllt und gestampft, oder es wird dort eine Steinschlichtung
ausgeführt, was zur Folge hat, daß der Erddruck gegen die Mauer ein
möglichst geringer wird.

Zusatz: Eine besondere Vorsicht ist den Böschungsversicherungen an Gewässern (zumal an fließenden) zuzuwenden, sei es, daß
die Böschungen der Straße unmittelbar vom Wasser bespült werden,
oder daß nahe Ufer vor Wasserangriff geschützt werden müssen, da deren
Einriß sich bis zu unserer Straßenanlage fortsetzen könnte. Vor allem muß
natürlich die Trace über dem höchsten Hochwasserstande gewählt
werden. — Zur Sicherung von Böschungen an Gewässern dienen außer
der schon besprochenen Anpflanzung von Weidenstecklingen und
Ausführung sich begrünender Flechtzäune insbesondere:

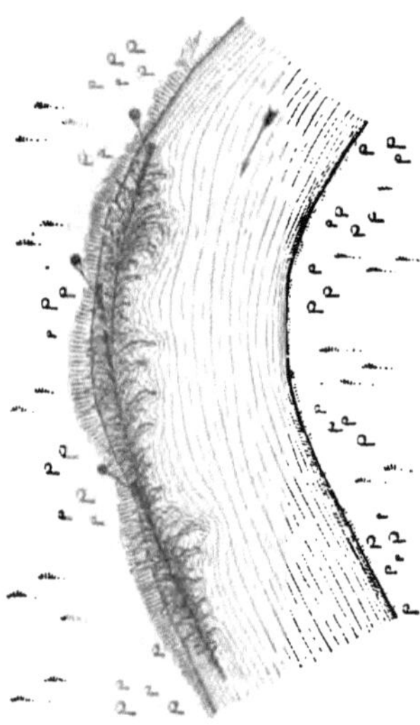

Fig. 116.

*a)* Rauhbäume, das sind womöglich schlanke, zweig- und laubreiche
Bäume, am besten Nadelhölzer, welche
in der Nähe des Flusses oder Baches
gefällt und mit ihrem Stammende am
Ufer an vorhandene Bäume, Stöcke u. dgl.
oder an eigens einzurammende Pfähle
mittels Ketten oder Stricken so befestigt
werden, daß immer der Wipfel des oberen
das Stammende des unterhalb befindlichen
Rauhbaumes übergreift, und die Rauhbäume selbst, im Wasser hängend und
von der Strömung gegen das Ufer
gedrängt, mit ihrem Gezweige die Gewalt des Wasserangriffs brechen (Fig. 116).
Das Einhängen solcher Rauhbäume an
einer gefährdeten Strecke ist von vorübergehender Wirksamkeit und wird zur
Sicherung von Ufereinrissen als Notbehelf
bei Eintritt von Hochwässern häufig
angewendet; wo Gefahr am Verzuge
haftet, leistet diese Maßregel oft vorzügliche Dienste.

*b)* Faschinenbekleidung der
Ufer. Faschinen sind Reisigwürste, die
am besten aus Weidenzweigen hergestellt
werden, indem man solche durch Wieden oder Draht etwa von 30 zu
30 *cm* zu so dicken Würsten zusammenschnürt, daß die Faschine an den
Schnürstellen (Bünden) 25 bis 30 *cm* stark ist. Dünne, nur 10 bis 15 *cm*
starke Faschinen nennt man Wippen. Faschinen, die unter Wasser ein-

gebaut werden sollen (Senkfaschinen), erhalten im Innern eine Füllung
von groben Steinen, welche durch das sie zusammenhaltende Reisig nicht
hindurchfallen können. Wo viele Faschinen erzeugt werden sollen, erfolgt
dies am besten auf nach Fig. 117 anzulegenden Faschinenbänken, wobei
das Reisig zwischen die in etwa 45 cm über dem Boden befindlichen,
durch eine Schnur in eine Gerade eingerichteten Gabelungen der Pflöcke
eingelegt, dort geordnet, an den Bundstellen mittels des Faschinen-
zwängers (Fig. 118) zusammengeradelt und dabei mittels guter Wieden
oder Draht zusammengeschnürt wird. Die Länge der Faschinen, deren
eine in Fig. 119 dargestellt ist, richtet sich nach dem Bedarfe. — Die
Ausführung einer Böschungsbekleidung mit Faschinen erfolgt nach Fig. 120
in der Weise, daß zunächst das Profil der künftigen Böschung 1- bis $\frac{1}{2}$-
füßig, bei niedrigen Böschungen oder wenn die Bekleidung nur vorüber-

Fig. 117.

Fig. 118.

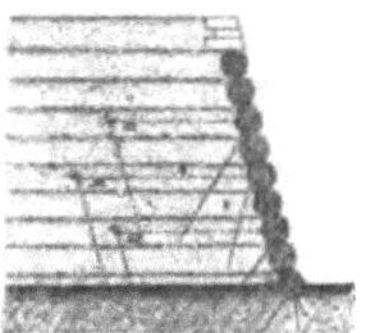

Fig. 119.

gehend zu halten braucht, selbst bis $\frac{1}{4}$ füßig (mittels Latten) ausgesteckt
wird; dann wird ein Fundamentgräbchen etwa 15 cm tief ausgehoben,
in welches die erste Faschinenlage, die sogenannte Grundfaschine, mit
den Bundknoten nach der Landseite gelegt und in jedem zweiten Raum
zwischen zwei Schnürungen mittels zweier zirka 75 cm langer Pflöcke an
den Boden angenagelt wird; der eine Pflock wird
dabei parallel, der andere schief zur Böschung (vgl.
Fig. 120) eingeschlagen. Gleichen Schritt mit der Aufführung der Bekleidung hält das lagenweise Hinter-
füllen und Feststampfen der Anschüttung. Auf
die Grundfaschine wird die zweite Faschinenlage so
gelegt, daß nie zwei Stoßfugen übereinander zu stehen
kommen; die Bunde aller Lagen müssen jedoch übereinander fallen, damit sie nicht von den Pflöcken einer
oberen Lage zersprengt werden. In der zweiten Lage
(sowie in allen folgenden) werden jene Räume zwischen

Fig. 120.

zwei Schnürungen angepflockt, welche in der nächst unteren Lage nicht
angepflockt wurden, jedoch nur je mit einem 1 m langen Pflocke, und
zwar teils schief nach einwärts, teils durch die untere Faschine. Außerdem wird etwa die dritte, fünfte, siebente Faschinenlage von 1·5 zu 1·5 m
durch Anker $a$ (aus langen Wieden oder besser aus Draht), welche die
Faschine umfassen und anderseits an gut eingetriebenen Pflöcken befestigt werden, in ihrer Lage besonders festgehalten. Die beiden obersten
Faschinenlagen bedürfen keinesfalls einer Verankerung. Die Hinterfüllung
soll oben mit Rücksicht auf die zu erwartende Setzung keine Faschinenbekleidung, sondern nur allenfalls einen Rasenbelag erhalten. — Im
Vorigen wurde nur ein Beispiel einer Anlage aus Faschinen gegeben.
Letztere finden im Wasserbau, dann auf moorigem, sumpfigem Terrain
auch sonst die verschiedenartigste Anwendung, besonders, wo es an
anderem Baumaterial mangelt. — Alle Reisig- und Faschinenbauten,

die sich, wenn zur richtigen Jahreszeit bewerkstelligt, auch rasch begrünen und die Böschung dann durch einen dichten Wurzelfilz binden,
haben bei guter Ausführung eine vieljährige Dauer.

*c)* Uferbeschläge (B'schlachte, Schlachten) aus Holz, das
sind Pilotenreihen, die mit etwa 1 bis 2 *m* Entfernung der Piloten untereinander längs des zu sichernden Ufers eingerammt und mit Bohlen so
beschlagen werden, daß sie das Ufer mit ihrer Holzwand schützen. Wo
sich vom Ufer her voraussichtlich ein stärkerer Erddruck gegen die
Uferschlachte äußern wird, soll der Bohlenbeschlag auf der Landseite der
Piloten angebracht werden; oft genügt es auch, landseits der Pfähle nur
starkes, schlankes Reisig (statt der Bohlen) einzuschlichten, wobei dann
das schichtenweise Einbringen und Stampfen der Hinterfüllung mit der
Herstellung der Reisigverkleidung gleichen Schritt halten muß. Wo
dagegen in erster Linie heftiger Eisgang zu befürchten ist, nagelt man
die Bohlen zum Schutz der Piloten auf deren Wasserseite an. Wo Erddruck und Eisgang in Betracht zu ziehen sind, müssen die Piloten

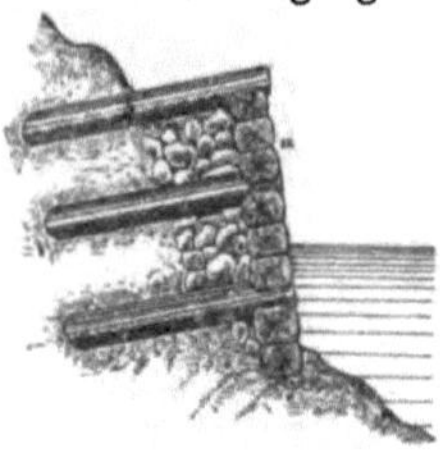

beiderseits mit Bohlen beschlagen werden, wenn
man in diesem Falle überhaupt eine solche hölzerne Uferversicherung anwendet.

*d)* Steinkastenbau (Grainerwerke) aus
Holz und Stein; bei diesen werden die der
Länge nach übereinander gearbeiteten Schrottbäume *a* (Fig. 121) durch in das Ufer eingelassene und dort wenn nötig noch durch Pfähle
festgehaltene Ankerbäume *b* zu einem Kastenbau zusammengefügt, in dessen leere Räume grobe
Steine möglichst dicht hineingeschlichtet werden.

Fig. 121.

— Diese, wie alle derartigen ganz oder teilweise
hölzernen Werke unterliegen vielfachen Beschädigungen und Reparaturen;
deshalb sind bei mehr ständigen Anlagen und vorhandenem Baustein:

*e)* Steinpflasterungen, dann Stütz- und Futtermauern vorzuziehen, wobei der Fuß dieser steinernen Werke oft auf einen groben,

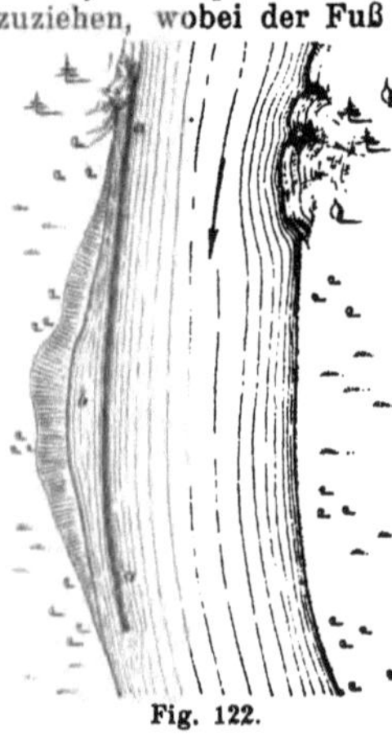

bis zur Niederwasserhöhe reichenden Steinwurf gestellt wird, dessen Steintrümmer man
vorher mittels Stangen unter Wasser möglichst fest schlichtet. Auch ein grober Steinwurf allein, vor dem brüchigen Ufer ausgeführt, genügt mitunter, um letzteres gegen
den Wasserangriff zu versichern.

*f)* Parallelwerke (Längswerke, Uferdeckbauten, Leitwerke) sind parallel zur
Stromrichtung ausgeführte Bauten *aa* (Fig.
122), welche das Gerinne regulieren, den
Wasserangriff von den Ufern abhalten und
zugleich den Zweck haben, allmählich eine
Verlandung des zwischen Ufer und Parallelwerk befindlichen, durch letzteres „abgebauten" Flußbettstreifens *b* herbeizuführen;
wegen dieser Aufgabe werden sie zumeist
nur ebenso hoch ausgeführt, daß bei Hochwässern ihre obere Flucht (Krone) noch überronnen wird, wobei dann die von den Fluten

Fig. 122.

mitgerissenen Sinkstoffe die gewünschte Verlandung herbeiführen; aus
demselben Grunde endlich läßt man mitunter in den Parallelwerken

stellenweise Lücken, durch die Wasser, Schlamm und Sand auf die Landseite der Werke gelangen kann. Häufig werden längere Parallelbauten
durch von ihnen abzweigende Flügel mit den Ufern fest verbunden. Das
ganze Werk muß, damit es nicht unterspült werden könne, gut fundiert
(z. B. pilotiert) sein, besonders bei raschfließenden Gewässern und losem
Untergrund. Ist endlich die Verlandung gelungen, so bildet das frühere
Parallelwerk fernerhin noch eine gute Uferversicherung. Parallelwerke
können, je nachdem sie länger oder kürzer dauern sollen, ferner je nach
der Wucht des andrängenden Wassers, Triftholzes, Eisganges u. dgl., endlich je nach den zur Verfügung stehenden Materialien und Geldmitteln
aus pilotierten Bohlenwänden, wie sie oben für Uferbeschläge beschrieben wurden, bestehen; oder aus einem Steinkastenbau, der durch
zwei Reihen eingerammter Piloten zusammengehalten und gefestigt ist;
oder aus gepflasterten, meist auf eine grobe Steinschüttung gestellten
Steindämmen. Sehr oft empfiehlt es sich, nur einen starken Flecht-
zaun oder deren zwei parallel aufzuführen, wodurch infolge des Wurzel-
fassens und der Begrünung des Weidengeflechtes für die Zukunft in einfachster Weise widerstandsfähige Ufer erzeugt werden; bei Errichtung
zweier paralleler Flechtzäune füllt man den Zwischenraum zwischen beiden
mit Steintrümmern, Schotter, Sand und Erde aus, um die Begrünung zu
befördern, ferner verbindet man die Pfähle des einen Zauns mit jenen
des anderen durch Wieden u. dgl., um dadurch dem Parallelwerke eine
erhöhte Widerstandskraft zu geben. Auch aus Faschinenbau können
Parallelwerke aufgeführt werden; denkt man sich statt der Schrott- und
Ankerbäume eines Steinkastens gut aufeinander gearbeitete Faschinen
und in die entstehenden Zwischenräume eine Sand- und Schotterfüllung,
so erhält man hiemit ungefähr eine Vorstellung, wie derlei sich bald
begrünende Dämme mit Hilfe von Faschinen erbaut werden.

Hier sei endlich auch darauf hingewiesen, daß Pilotenreihen (Verpfählungen), dann Reihen von Steinkörben aus Flechtwerk oder von
steinbeschwerten hölzernen Böcken, welch letztere mitunter noch durch
einen Pfostenbeschlag miteinander verbunden werden — lauter Anlagen,
wie sie beim Triftbetrieb das „Ausbeugen"
des Triftholzes in Buchten oder Nebenarme
verhindern sollen — besonders wenn sie
dicht gestellt werden, zugleich die Ufer gegen
den Wasserangriff schützen und allmählich
eine Hinterlandung bewirken, somit den
Parallelwerken vergleichbar sind.

*g)* Buhnen oder Traversen (ortweise
auch Sporne genannt) erzielen die gleichen
Wirkungen wie die Parallelwerke — Sicherung,
sowie Regulierung der Ufer und Verlandung
eines Teiles des Gerinnes — auf eine andere
Weise; indem sie nämlich (Fig. 123) vom Ufer
aus mehrminder senkrecht in das fließende
Gewässer hinausragen, bricht sich an ihnen
die Gewalt der Fluten, es entstehen zwischen
je zwei Buhnen Buchten mit geringerer,
wirbelartiger Strömung, und letztere ist
dann dort nicht mehr im stande, die draußen
im unbehinderten Wasserlauf mitgeführten

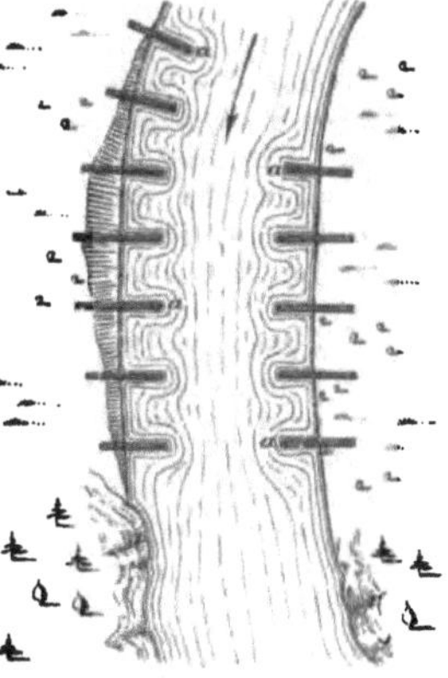

Fig. 123.

Sinkstoffe fortzutragen, sondern muß diese Stoffe (Schlamm, Sand, Schotter)
zwischen den Buhnen fallen lassen und so dort die Verlandung und eine

Sicherung der Ufer herbeiführen. — Die Materialien für die Ausführung
von Buhnenbauten sind genau dieselben, welche bei den Parallelwerken
besprochen wurden; gute Fundierung ist hier von größter Wichtigkeit.
Besonders die Buhnenköpfe (bei *a*), die den Wasseranprall auszuhalten
haben, und die Anschlüsse an der Landseite, wo durch die entstehenden
Wasserwirbel und das überfallende Wasser eine „Unterkolkung" zu fürchten
(daher eventuell unterhalb der Buhnen auch eine Pflasterung anzubringen)
ist, müssen solid ausgeführt werden. Wo beide Ufer eines Flusses in der
nämlichen Strecke durch Buhnen versichert werden, pflegt man je zwei der
letzteren gegenüber, d. h. im selben Querprofil des Gewässers, zu erbauen.

## § 26. Der Steinbau.

Durch die im § 25 besprochenen Erdarbeiten wurde die Straße,
und zwar insbesondere die Lage der künftigen Fahrbahn, schon im wesentlichen festgelegt. Man läßt nun, wo höhere Dammschüttungen gemacht
wurden, diese sich womöglich setzen, und korrigiert, wo etwa durch
nicht richtig vorhergesehene stärkere Setzungen u. dgl. stellenweise die
Steigungsverhältnisse nicht ganz entsprechende geworden sind, solche
unbedeutende Mängel durch kleine Nachschüttungen, beziehungsweise
Abgrabungen.

Nun wird unter Zuhilfenahme einer aus Brettern entsprechend angefertigten Schablone *s* (Fig. 124) das Kofferbett *b c d e* hergestellt,

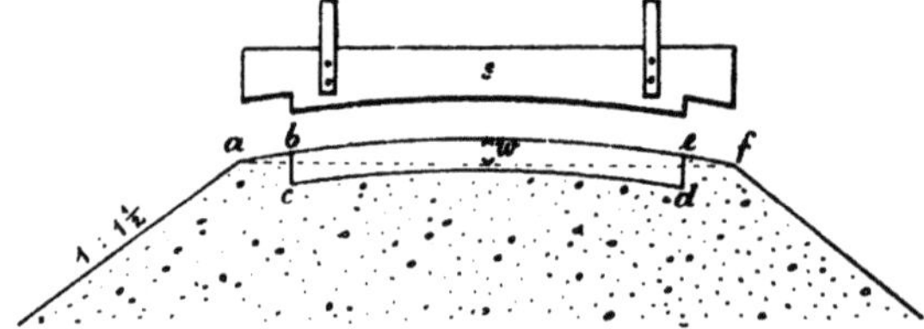

Fig. 124.

in welches der Steinbau hineingefügt werden soll; die Bankette beiderseits des Steinbaues (*a b* und *e f*) werden je etwa 0·50 bis 1·00 *m* breit gehalten. Wie aus der Figur ersichtlich, erhält sowohl die künftige Fahrbahn samt den Banketten, als auch das sogenannte Planum *c d* (die
Sohle des Kofferbettes) eine Wölbung, deren Größe sich am besten
durch die Pfeilhöhe *w* bezeichnen läßt. Diese Wölbung beträgt gewöhnlich etwa $\frac{1}{30}$ der Breite; sonach wird bei einer Straßenbreite *a f* von
6 *m* das gesuchte $w = \frac{6}{30}\,m = 20\,cm$ sein. Straßen im Walde, die oft eine
rauhe Fahrbahnfläche besitzen und schwer austrocknen, erhalten jedoch
häufig eine Wölbung von $\frac{1}{20}$ der Breite, während anderseits gut gepflasterte, glatte Straßen in Ortschaften nur eine solche von $\frac{1}{60}$ zu besitzen brauchen, um den wichtigsten Zweck der Straßenwölbung, nämlich
rasche Abfuhr des Wassers und geringes Wassereindringen in den Straßenkörper, zu erfüllen. Straßen mit starker Steigung bedürfen auch einer
geringeren Wölbung, als sanft geneigt oder horizontal verlaufende, weil
bei ersteren der Wasserabfluß ohnehin vollkommener erfolgt, als bei
letzteren. Bekanntlich stehen bei den meisten Fuhrwerken (mit Ausnahme der schwersten) die Radachsen mit ihren Enden etwas nach abwärts, daher die Räder oben nach auswärts, wodurch man erreicht, daß
der Kot vom Wagen weggespritzt und der Laderaum des Fuhrwerks

vergrößert, sowie die Verteilung der Schmiere von selbst bewirkt wird; diese Stellung der Räder harmoniert mit der Wölbung der Fahrbahn. — Bei nicht festem Untergrunde wird das Planum zunächst gewalzt oder festgestößelt und sodann der Steinbau in Angriff genommen; an diesem selbst kann man nun folgende Teile unterscheiden:

1. Die Randsteine oder Leistensteine *r* (Fig. 125); diese werden hochkantig derart gelegt, daß sie sich mit ihrer größten Fläche an die Seitenwände des Kofferbettes anschmiegen und so den ganzen Steinbau einfassen. Als Randsteine verwendet man stets größere Steine, die nach unten zu sogar noch etwas unter das Planum reichen können, mit ihrer

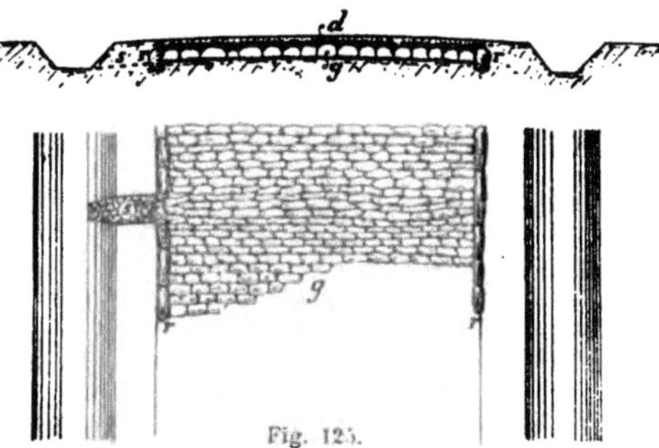

Fig. 125.

oberen Flucht jedoch stets unter der Fläche der Fahrbahn bleiben müssen, am besten aber nur gleich hoch reichen, als:

2. Der Grundbau *g* (auch Packlage genannt). Der Grundbau besteht gleichfalls aus größeren Steinstücken, die zumeist auch hochkantig, aber mit ihrer größten Längendimension senkrecht zur Straßenachse dicht nebeneinander auf das Planum gelegt werden; von den Schmalseiten der Steine wird die breitere nach unten, die schmälere oder spitzere nach oben gestellt, und die Fugen zwischen den Steinen werden mit kleineren Steinchen gut verkeilt, so daß schon der Grundbau allein eine möglichst feste, dichte, zusammenhängende Kruste bildet. In Abständen von etwa 10 zu 10 m werden aus dem Planum heraus beiderseits abwechselnd die sogenannten Bankett-Sickerschlitze *s* durch die Bankette in den Straßengraben geführt; diese mit groben, eckigen und daher wasserdurchlässigen Steinen auszufüllenden Schlitze haben den Zweck, das durch den Steinbau eingedrungene und am gewölbten Planum nach den Seiten abfließende Wasser aus dem Straßenkörper abzuleiten und dadurch ein Aufweichen des Untergrundes zu vermeiden, welches beim Befahren das Einsinken des Steinbaues in die erweichte Unterlage zur Folge haben könnte.

3. Die Beschotterung oder Decklage *d*; dieselbe besteht zweckmäßigerweise aus zwei ungefähr gleich mächtigen Lagen geschlägelten Schotters, deren untere aus gröberen, 5 bis 8 cm starken und deren obere aus kleineren, 3 bis 5 cm starken Steinstücken besteht. Die Festigkeit des Steinbaues wird sehr erhöht, wenn man die Beschotterung schichtenweise aufträgt und jede Schichte (nach vorheriger Befeuchtung) mittels einer schweren Walze oder doch durch Anwendung von Handstößeln zusammenpreßt und so bindet und dichtet. Hiebei wird auf die oberste Schotterschichte eine Besandung mit feinem, reschem Sand aufgebracht, die alle Schotterzwischenräume ausfüllt, sonach bewirkt, daß das Wasser fast gar nicht in den Steinbau eindringt, sondern abfließt.

Für den Steinbau, insbesondere für die Beschotterung, eignet sich am besten ein möglichst harter Stein; nur die glasharten Steine sind wegen der besonders hohen Zerkleinerungskosten minder vorteilhaft. Mürbes Gestein eignet sich nicht zur Straßenschottererzeugung. Es muß daher auch, wo Straßen von Unternehmern gebaut werden, dem zur Verwendung gelangenden Steinmaterial die besondere Aufmerksamkeit der Bauaufsichtsorgane zugewendet werden, damit nicht leicht und billig bearbeit- und zerkleinerbares, aber schlechtes Gestein verwendet werde. Mürbes Steinbaumaterial (vgl. Seite 2 u. f.) vermindert die Festigkeit und erhöht so sehr die Erhaltungskosten einer Straße, daß man womöglich schon bei Auswahl der Trace auch darauf Rücksicht nimmt, daß selbe im Bereiche guten Straßenbausteines verlaufe. Je härter der Stein ist, desto feiner wird der Schotter geschlägelt. Die Form der Schotterstücke soll ungefähr jene von Würfeln sein, da andere, z. B. plattenförmige oder scharfspitzige Stücke weniger widerstandsfähig sind und deshalb zu rasch zermalmt werden.

Bei wenig festem Untergrund empfiehlt es sich stets, einen vollständigen Steinbau, wie er eben beschrieben wurde, herzustellen. Dagegen kann man, um Geld zu sparen, in festem Terrain anstatt des geschlichteten Grundbaues eine Schichte groben Naturschotters oder Schlägelsteines auf die Sohle des Kofferbettes bringen und festwalzen; darüber kommen dann noch weitere Schotterschichten wie bei Straßen mit Steinbau. — Würde man aber auf weichem Untergrund eine derartige Schlägelsteinstraße*) ohne Grundbau ausführen, so würden die Erhaltungskosten die Ersparnis bei der Anlage bald weit übertreffen; in einem solchen Falle wird nämlich der Schotter durch den Raddruck der darüber fahrenden Fuhrwerke in das Planum eingedrückt, und es entstehen stets nach kurzer Zeit tiefe Geleise, die immer wieder und wieder mit Schotter ausgefüllt werden müssen; in diesen eingedrückten Schotterstreifen sammelt sich zudem leicht Wasser an, dieses durchweicht den Untergrund immer stärker und es entstehen schließlich oft sogenannte Schottersäcke, die Unmassen von Schotter verschlingen.

Die Dicke (Mächtigkeit) des Steinbaues einer soliden Straße beträgt im ganzen etwa 24 bis 32 *cm*, wovon die untere Hälfte auf den Grundbau, die obere Hälfte auf die beiden gleich mächtigen Schotterschichten entfällt. Je größer der Verkehr von Fuhrwerken ist und je schwerer letztere sind, desto mächtiger und massiver muß der Steinbau gehalten werden, besonders bei wenig widerstandsfähigem Untergrund. Bei einer Straße mit einem 32 *cm* dicken Steinbau würden beispielsweise auf den Grundbau 16 *cm*, auf die gröbere Schotterschichte 8 *cm* und auf die darüber befindliche Schichte feineren Schotters gleichfalls 8 *cm* entfallen.

## § 27. Wegobjekte.

Unter Wegobjekten versteht man insbesondere die Durchlässe und Brücken**), welche beide in der Regel den Zweck haben, eine mehrminder stark und konstant fließende Wasserader quer zur Straßenlängsrichtung unter der Straßenfahrbahn hindurchzuleiten. Kleinere derlei Objekte heißen Durchlässe, die kleinsten derselben speziell „Dohlen"; Brücken dagegen sind gewöhnlich einen natürlichen Wasserlauf über-

---

*) Solche Straßen wurden von Mac Adam empfohlen und heißen nach ihm auch macadamisierte Straßen.

**) Mitunter versteht man außerdem auch größere oder eine besondere Vorsicht erheischende Stütz- und Futtermaueranlagen, Dammschüttungen u. dgl. unter dem Worte „Wegobjekte".

setzende Objekte mit größerer Spannweite. Die Straßengräben stehen im engsten Zusammenhang mit den Durchlässen und mögen daher auch hier besprochen werden.

### I. Die Straßengräben.

Die Seitengräben (der Straße) haben den Zweck, das von der gewölbten Fahrbahn und den Böschungen abfließende Wasser aufzunehmen und abzuleiten, sowie die Durchlüftung und Austrocknung des Straßenkörpers zu vermitteln (vgl. § 24 und Tafel I.). — Beim Profil im Terrain und im Einschnitt, mitunter auch beim Dammprofil in der Ebene werden beiderseits Straßengräben angebracht; beim Anschnittsprofil (mitunter auch längs Dammschüttungen an Lehnen) ist nur bergseits der Straße ein Seitengraben notwendig. Wo ausnahmsweise beim Anschnittsprofil die Fahrbahn keine Wölbung, sondern dafür senkrecht zur Straßenachse ein Gefälle von etwa $^1/_{30}$ nach der Talseite erhält (vgl. Fig. 126), kann auch der bergseitige Graben entfallen.

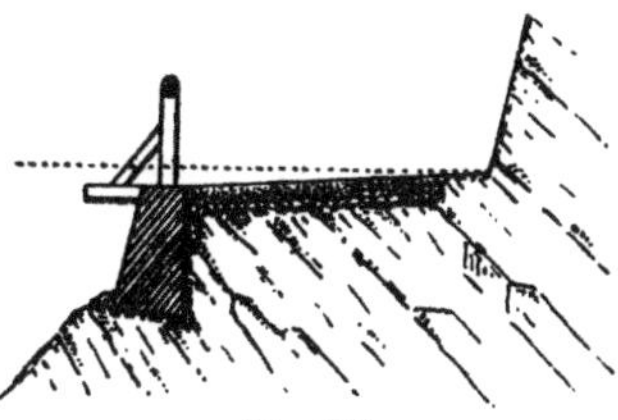

Fig. 126.

Über die Dimensionen der Seitengräben lassen sich keine allgemein giltigen Ziffern angeben; je mehr Wasser sie von der Straße und insbesondere von den Böschungen aufzunehmen und weiterzuführen haben und auf je größere Entfernungen die Vorrichtungen zum Ableiten des Wassers (insbesondere die Durchlässe) angebracht sind, desto breiter und tiefer müssen die Seitengräben angelegt werden; gewöhnlich macht man sie aber 0·30 bis 0·50 m tief und daher, einfüßige Böschungen vorausgesetzt, 0·90 bis 1·50 m breit. Die Sohle der Seitengräben muß etwa 10 cm unter dem Grundbau der Straße liegen. In nassem oder sumpfigem Terrain aber müssen die Gräben, wenn die Straße nicht im Dammprofil verläuft, viel tiefer ausgehoben werden, um die Trockenhaltung des Straßenkörpers herbeizuführèn. — Bei minder festem Boden darf die Sohle der Seitengräben nur ein Gefälle von 1·5 bis 2⁰/₀ haben, damit sie von dem darin fließenden Wasser nicht angegriffen werde, wodurch eventuell sogar der ganze Straßenbau unterwaschen werden könnte; die Straße selbst steigt aber mitunter mit 6 bis 10⁰/₀ und darüber (vgl. Seite 64). In solchen Fällen hat eine Abtreppung der Seitengraben-Sohle etwa nach Fig. 127 (Längsschnitt des Straßengrabens) durch sogenannte Überfälle einzutreten, so daß das Gefälle im Graben von einem Überfall zum anderen das zulässige Maß nicht übersteigt. Wo das Wasser (bei *a*) auffällt, ist eine Pflasterung nötig, welche bei *b* ein gutes Stück unter die Überfallmauer reichen muß.

Fig. 127.

### II. Durchlässe.

1. Röhrendurchlässe; sie dienen außer zur Abfuhr des Wassers aus dem Seitengraben zum Ableiten geringerer Wassermengen, z. B. kleiner abzufangender Quellen, die unter der Straße nach der Talseite abzuführen sind. Die dazu meist verwendeten gebrannten Ton-, Steingut- oder Betonrohre, welche mit verschiedenen lichten Weiten fabriksmäßig erzeugt werden, bettet man mit einer entsprechenden Neigung für den Wasserabfluß in eine Sandschichte. Ein- und Ausfluß des Durchlasses werden gegen das Verschüttetwerden nötigenfalls (etwa

durch ein Steinpflaster) versichert; vor dem Einfluß empfiehlt es sich oft, ein einfaches, wenn auch nur hölzernes Gitter anzubringen, welches verhindert, daß sich derlei enge Durchlässe im Innern mit Laub u. dgl. verstopfen. Eiserne Röhren werden wegen ihres höheren Preises selten, hölzerne wegen ihrer geringen Dauerhaftigkeit nur bei minder wichtigen, z. B. vorübergehenden Weganlagen verwendet.

2. Dohlen (kleinere, „gedeckte" Durchlässe):

*a)* Hölzerne Dohlen, und zwar entweder solche aus 15 bis 20 *cm* starken Rund- oder aus waldkantig oder rein behauenen Kanthölzern, aus welchen Rahmen zusammengezimmert und so dicht verschalt werden, daß keine Erde hindurchrieselt (vgl. den Rahmendurchlaß Fig. 128).

*b)* Steinerne Dohlen (z. B. Deckeldohlen nach Fig. 129); sie sind wegen ihrer größeren Dauerhaftigkeit den hölzernen beiweitem vorzuziehen; sie erhalten eine lichte Weite von höchstens 1 *m* und werden gewöhnlich aus Trockenmauerwerk hergestellt. Die Deckplatten haben hiebei eine Stärke von 15 bis 30 *cm*, die Auflagermauern je nach der Höhe eine Stärke von 40 bis 70 *cm*.

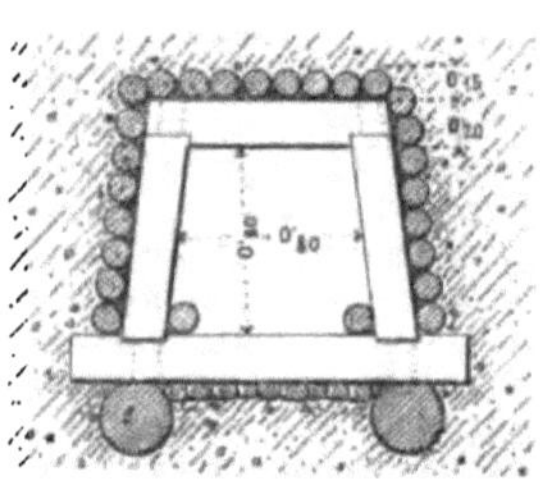

Fig. 128.

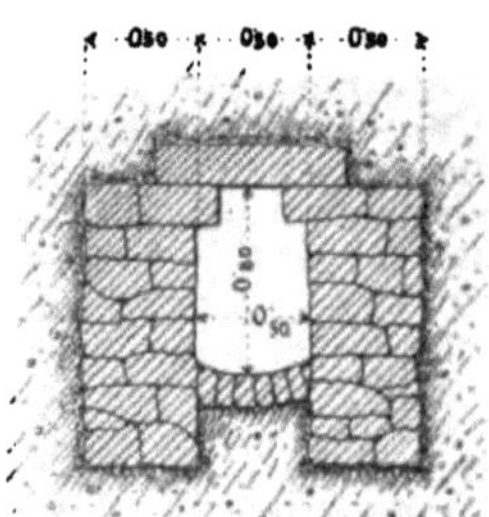

Fig. 129.

3. Gewölbte Durchlässe sind „gedeckte" Durchlässe von größeren Dimensionen, bestehend aus zwei gemauerten Seitenwänden (entsprechend den Auflagermauern bei den Deckeldohlen), die durch ein steinernes Gewölbe (vgl. Seite 20) eingedeckt sind.

4. Brückendurchlässe („offene" Durchlässe), wobei über die gemauerten oder aus verschalten Pfählen hergestellten Seitenwände hölzerne oder eiserne Träger gelegt werden, und über diesen durch einen Belag mit Hölzern eine erddichte Decke erzeugt wird.

Die unter 3. und 4. erwähnten Durchlässe unterscheiden sich von steinernen, beziehungsweise hölzernen und eisernen Brücken nur durch ihre geringere Spannweite. Ober ihnen (bis zur Fahrbahn der Straße) liegt zumeist noch eine Materialschüttung, die bei allen steinernen Objekten mindestens 50 bis 80 *cm* betragen soll, damit die Durchlässe nicht unter der Erschütterung durch die Fuhrwerke leiden. — Bei allen Durchlässen soll deren Sohle mindestens ein Gefälle von 2 bis 3$^0/_0$ erhalten; sie wird in der Regel versichert (gepflastert) werden müssen. — Die „lichte" Weite und Höhe der Durchlässe ist stets so zu wählen, daß selbst die größte etwa bei Regengüssen zu erwartende Wassermenge anstandslos abrinnen kann. Die Anschüttung um die Durchlässe herum erfolgt erst, wenn diese fertiggestellt sind, durch schichtenweises Aufbringen und Feststampfen des Materials, um den seitlichen Erddruck

für die Zukunft möglichst zu vermindern. — Im Anschluß an größere
Durchlässe, die mitunter begehbar oder sogar befahrbar sein müssen,
erhält der die Flügel der Auflagermauern (Widerlager) einschließende
Damm gewöhnlich gemauerte oder gepflasterte, sich kegelförmig ab-
rundende Flächen (Flügel).

### III. Brücken.

Jede Straßenbrücke*) weist sogenannte Unterlagen auf, und zwar
beiderseits die Endunterlagen $a$ und $b$ (Fig. 130), bei längeren Brücken
auch eine Mittelunterlage $c$ oder deren mehrere; über die Unterlagen
werden in der Richtung der Straßenmittellinie die Träger $d$ gelegt, und
quer über letztere kommen die Bruckstreuhölzer $e$, welche beiderseits
je durch eine Saumschwelle $f$ niedergehalten werden; seitlich ist die
Brücke durch Geländer $g$ eingefaßt.

Als Richtung der Brücke wird die Lage der Brückenmittellinie
(eigentlich eine Fortsetzung der Straßenmittellinie) bezeichnet. Die
Brückenrichtung soll so gewählt werden, daß die Brücke möglichst kurz
wird, also meist senkrecht auf die Ufer des Gerinnes und damit gewöhnlich zugleich auch ungefähr senkrecht zur Wasserströmung.

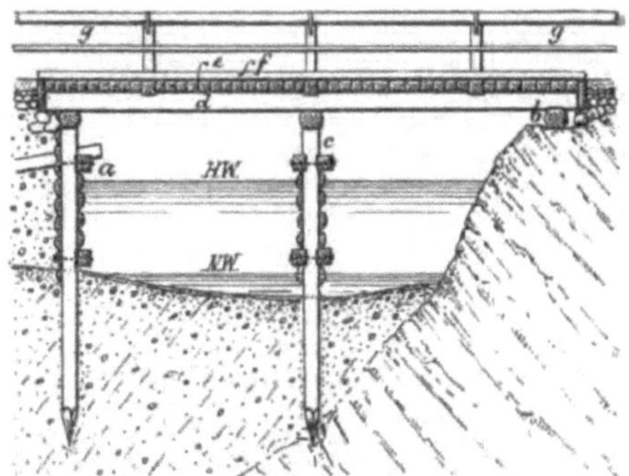


Fig. 130. Längsschnitt durch eine einfache Holzbrücke mit zwei Feldern.

Jeder zwischen zwei benachbarten Unterlagen (z. B. zwischen $a$ und $c$
oder zwischen $c$ und $b$) befindliche Brückenteil heißt ein „Brücken-
feld". Die freie (nicht unterstützte) Länge der Träger jedes Brückenfeldes bezeichnet man als dessen „Spannweite". Letztere ist für die
ganze Brückenkonstruktion insoferne maßgebend, als man, gleich starke
Belastung vorausgesetzt, die Träger um so stärker wählen muß, je größer
die Spannweite ist. Übrigens muß die Wahl der vorteilhaftesten Brückenkonstruktion, sowie die rechnerische Bestimmung der Dimensionen für
die einzelnen Brückenteile bei einem größeren derartigen Objekt in
jedem einzelnen Falle einem technisch vollständig gebildeten Organ überlassen werden, weil durch eine zu schwache Konstruktion oder Dimensionierung die Sicherheit des Verkehres gefährdet wäre, der Bau einer
stärker als notwendig gehaltenen Brücke aber eine Verschwendung an
Material, Arbeit und daher auch an Kosten bedeutet. — Stets muß sich
die untere Flucht der Träger mindestens etwa 0·80 bis 1·00 $m$ höher als

---

*) Nur die hölzernen Brücken können hier ausführlicher behandelt werden.

der höchste mögliche Hochwasserstand (Fig. 130, *H. W.*) befinden,
der in jeden Brückenplan einzuzeichnen ist.

### 1. Brücken-Unterlagen.

*A*. Endunterlagen, das sind solche Unterlagen, welche an den
Enden der Brücke als Auflager für die Träger dienen; sie, sowie die im
Zusammenhang mit ihnen anzulegenden Uferversicherungen nennt man
mit einem Worte auch „Brückenköpfe". Die Endunterlagen können
wieder sein:

*a)* Landschwellen (Seite 95, Fig. 130, *b*), welche bei festen, dem
Wasserangriff nicht unterliegenden Ufern des zu überbrückenden Hindernisses (Gewässers, Gerinnes) angewendet werden können. Eine Landschwelle ist ein mindestens zweiseitig behauener Balken, der als Auflager für die Brückenträger horizontal, und zwar flachkantig in der
Regel so auf den Boden aufgelegt wird, daß er sich mit seiner Länge
parallel zum Ufer und zur Strömung, also zumeist in senkrechter Lage
zur Brückenrichtung befindet; nur wenn ausnahmsweise die Brücke
schief zum Ufer über ein Hindernis geführt werden muß, liegt die Landschwelle (weil parallel zum Ufer) nicht senkrecht zur Richtung der
Brückenmittellinie. Das Auflager für die Landschwelle wird eingeebnet,
so daß sie ganz aufliegt; sodann wird sie mittels beiderseits einzutrei-
bender kleinerer Holzpfähle in ihrer Lage festgemacht. Bei Felsufern versenkt man die Landschwelle am besten ein wenig in den Stein und befestigt sie mittels eiserner Pflöcke, sorgt aber jedenfalls dafür, daß das
Wasser neben ihr abzufließen vermag.

*b)* Landjoche (Fig. 130, *a*, und Fig. 131, bei *a*); sie müssen bei
brüchigen Ufern sowie, wenn sich die natürlichen Ufer aus einem anderen

Fig. 131.

Grunde nicht zum Auflegen von Landschwellen eignen, angewendet werden.
Da ferner über Gewässer mit sehr flachen Ufern eine sehr lange Brücke
erbaut werden müßte, wenn man entsprechend hoch über dem Hoch-
wasserstand Landschwellen auf die Ufer legen wollte, zieht man auch in
diesen Fällen den Bau von Landjochen vor, die ein Stück weiter draußen
im Bette des Gewässers erbaut werden können, bis wohin man dann statt

der Brücke eine Dammschüttung ausführt; keinesfalls darf aber durch eine solche Anlage die Gefahr herbeigeführt werden, daß der beeinträchtigte Durchfluß bei einem zu gewärtigenden Hochwasser eine Beschädigung der Brücke nach sich ziehe, was dann zu fürchten wäre, wenn man das Bett durch beiderseitige Landjoche allzusehr einengte. Nach Fig. 131 einer einfachen Balkenbrücke besteht ein Landjoch gewöhnlich aus der **Brustwand** a, d. i. einer erddicht verschalten Pilotenwand, auf deren gleich lang abgeschnittene Piloten c oben das **Brustwandkappholz** (auch Kappschwelle oder Jochschwelle genannt) h angearbeitet ist (kurze Verzapfung der Piloten in das Kappholz, oder Befestigung mit Gerüstklammern, oder beides!). Ist mit Rücksicht auf den vorhandenen Erddruck die Verschalung auf der Landseite der Piloten angebracht worden, so wird deren Wasserseite gegen Beschädigungen durch Schwemmholz, Eisgang etc. wenigstens mittels sogenannter **Wasserruten** f geschützt, die an die Piloten genagelt werden. Bei **größerem Erddruck** können die **Piloten mit einer kleinen landseitigen Neigung** eingerammt werden. Im selben Falle wendet man auch häufig einen nach Fig. 131 mittels Schraubenbolzen an die Piloten zu befestigenden **Brustriegel** d an, welcher durch die **Ankerriegel** e von der Landseite aus festgehalten wird; die Ankerriegel reichen nämlich in die sorgfältig mit horizontalen Schichten anzuschüttende Hinterfüllung und sind dort zudem noch durch Ankerpfähle entsprechend befestigt (vgl. auch später, Seite 102, Fig. 188). Bei kleineren Spannweiten und bedeutendem Erddruck kann man auch die beiden gegenüberliegenden Landjoche oben durch Riegel gegeneinander verspreizen und braucht dann keine Verankerung. An die Brustwand a schließen sich, soweit eine Sicherung der Uferböschungen nötig ist, stromauf- und stromabwärts die **Flügelwände** b an, das sind gleichfalls verschalte Pilotenwände, die oben durch ein **Flügelwandkappholz** i verbunden und, wenn nötig, in die Hinterfüllung verankert werden.

Denkt man sich in dem eben beschriebenen „hölzernen Brückenkopf", an Stelle der Brust- und Flügelwände starke Brust- und Flügelmauern, die nach Art der Stützmauern aufzuführen sind und auf welche die Landschwelle gelegt wird, so erhält man eine Vorstellung vom sogenannten „gemauerten Brückenkopf" (vgl. später, Seite 102, Fig. 139).

*B.* Mittelunterlagen werden bei Brücken mit mehreren Feldern notwendig, um, da jedes Feld in der Regel seine eigenen Träger besitzt, den letzteren als Auflager zu dienen.

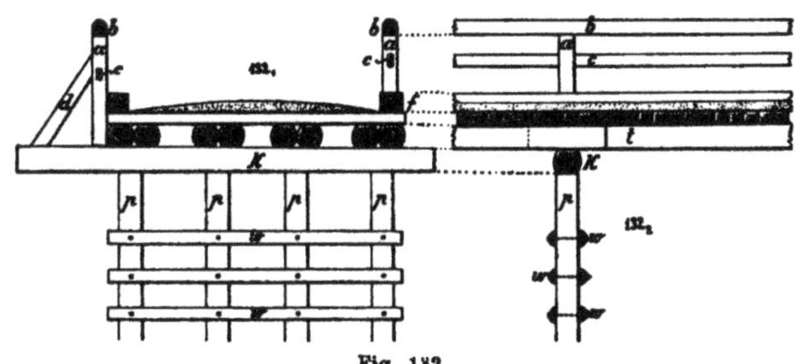

Fig. 132.

Die gewöhnlichsten Mittelunterlagen bei Waldstraßenbrücken sind die einfachen Pilotenjoche nach Fig. 132₁ und 132₂, bestehend aus

einer Reihe von nach den Regeln des Pilotierens (vgl. Hochbau,
Seite 26) eingerammten Piloten $p$, auf welche, wie bei den Landjochen eine Kappschwelle (Jochschwelle) $k$ horizontalliegend angearbeitet wird; durch Wasserruten $w$ oder eine Pfostenverkleidung verhindert man tunlichst, daß die Piloten durch schwimmende Gegenstände
beschädigt werden und daß Wurzelstöcke o. dgl. am Joche hängen
bleiben. Bei Strömung und Eisgang werden die beiden Randpiloten (wie $e$
nach Fig. 133, rechts) schief eingetrieben; die stromaufwärtige Pilote $e$
wird dann Eispilote genannt. Ist der Anprall von Eis, eventuell auch

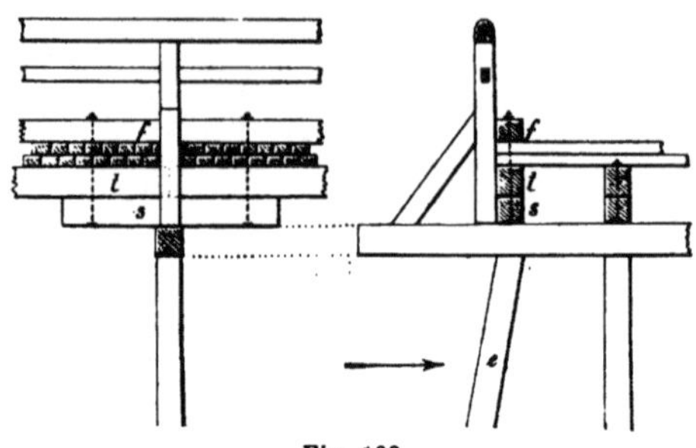

Fig. 133.

von Schwemmholz u. dgl. stark, so wird stromaufwärts des Joches und
nicht mit ihm zusammenhängend ein gleichfalls pilotierter sogenannter
Eisbrecher $E$ (Fig. 134) angebracht, an dem sich die Gewalt der
schwimmenden Schollen bricht, ohne daß die Erschütterung sich der

Fig. 134.

Brücke selbst mitteilt. Die Eispilote sowie das schiefe Kappholz des Eis-
brechers werden zumeist mit Eisen beschlagen. Die Richtung der Pilotenreihen (daher auch der Kappschwelle) jedes Joches und der Eisbrecher muß stets möglichst parallel mit der Richtung der Wasserströmung laufen; es brauchen also (z. B. wenn eine Brücke schief
über einen Fluß führt) die Träger keineswegs immer senkrecht auf die
Richtung der Kappschwelle zu liegen. — Stärker pilotierte Joche erhält
man, wenn man statt einer einfachen Reihe von Piloten Paare oder
Gruppen von Piloten einrammt und durch Kapphölzer miteinander
verbindet; so konstruiert man insbesondere bei den sogenannten auf-
gesetzten Pilotenjochen das untere Joch, in dessen Kappschwelle die
Hölzer des oberen Joches verzapft werden; solche aufgesetzte Joche,
deren eines in Fig. 135 (auf Seite 99) skizziert ist, werden bei Über-
brückung großer Tiefen notwendig.

Bei genügender Breite des Bachbettes, wo eine zu starke Einengung des Durchflusses nicht zu fürchten ist, werden auch gut fundierte Pfeiler aus Steinkastenbau selbst dort feststehende Mittelunterlagen bilden, wo das Eintreiben von Piloten nicht gelingt.

Die festesten Mittelunterlagen sind in Zement gemauerte steinerne Joche (Pfeiler), welche, um nicht unterwaschen zu werden, bis auf festen Untergrund oft tief unter die Sohle des Gewässers versenkt werden müssen. Auf diese häufig sehr schwierigen Fundierungen von Pfeilern kann hier nicht eingegangen werden. — Wo einem schon vorhandenen Pfeiler Unterwaschungsgefahr droht, schlage man vor Eintritt eines neuerlichen Hochwassers rings um ihn herum Mann an Mann starke Piloten.

Als Mittelunterlagen seien hier auch die sogenannten Ständer-Joche erwähnt, wobei statt der Piloten unten stumpf abgeschnittene und ein Stück weit eingegrabene Holzsäulen zur Anwendung kommen; ferner Böcke, die z. B. wie die gewöhnlichen Zimmermannsböcke oder auch als sogenannte Sohlschwellenböcke (Fig. 136) auf den vorher eingeebneten Boden gestellt werden. — Ständerjoche und Böcke können nur dort als (nicht sehr hohe) Unterlagen einer Straßenbrücke verwendet werden, wo der Boden fest ist und wo sie nicht zu tief in fließendes oder gar reißendes Wasser zu stehen kommen.

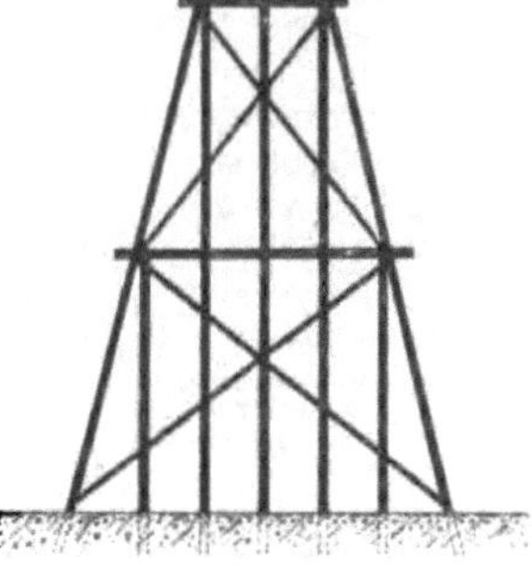

Fig. 135.

Fig. 136.

## 2. Die Brücken-Träger.

*A*. Einfache Träger oder Endsbäume, das sind im Waldbrückenbau gewöhnlich zweiseitig behauene (wie *t* in Fig. 132) oder ganz behauene Balken (wie *t* in Fig. 133), welch letztere stets hochkantig gelegt werden. Auf den Kappschwellen der Mittelunterlagen können sich die Träger der benachbarten Brückenfelder entweder, wie dies in Fig. 132 angedeutet ist, übergreifen, oder aber nach Fig. 133 über einem Sattelholz *s* stumpf stoßen. Außerdem verbindet man die Träger oft durch Gerüstklammern mit den Unterlagen. — Die zweiseitig behauenen Balken werden nach Fig. 137 auf die Breite des halben Durchmessers in der Trägermitte bezimmert und haben den Vorteil, daß sie bei möglichst geringem Holzverluste und Arbeitsaufwande beim Bezimmern dennoch die größte Tragfähigkeit besitzen, welche von demselben Rundholze nach seiner Zurichtung zu einem Träger überhaupt erreichbar ist; ein ganz behauener Balken von gleich großer Querschnittsfläche ist zwar tragfähiger, würde aber nur aus einem viel stärkeren Rundholze erzeugt werden können. Nachstehende Tabelle gibt, die Anwendung zweiseitig behauener Balken (Träger) vorausgesetzt, den Mitten-Durchmesser des zu verwendenden Rundholzes an, wenn die Träger in 1 *m* beziehungsweise 75 *cm* Entfernung von Mitte zu Mitte gelagert werden, und zwar für den Fall, daß die Brücke nur durch leichtes Fuhrwerk (1·5 *fm³*

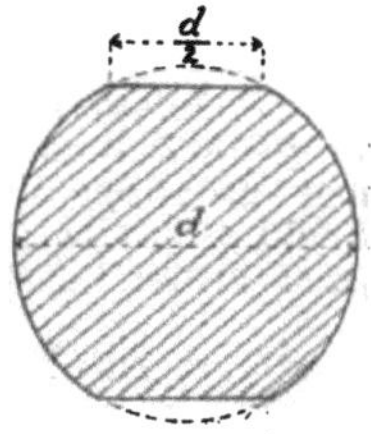

Fig. 137. Querschnitt eines zweiseitig behauenen Balkens in der Trägermitte.

7*

Holz + Wagengewicht = rund 2400 *kg*) und für den weiteren Fall, daß sie auch durch schweres Fuhrwerk (3·0 *fm³* Holz + Wagengewicht = rund 3700 *kg*) befahren wird. — Aus der Breite der Brückenfahrbahn und der Entfernung der Träger läßt sich die Anzahl der letzteren leicht berechnen.

| Balkenquerschnitt in der Trägermitte wie in Fig. 137 | Der nötige mittlere Balkendurchmesser $d$ für Träger in *cm* bei Waldbrücken mit | | | |
| | leichter (1·₅ *fm³*) | | schwerer (3·₀ *fm³*) | |
| | L a d u n g | | | |
| Spannweite in *m* | Eiche. Ulme | Fichte | Eiche, Ulme | Fichte |
|---|---|---|---|---|
| *a)* bei einer Entfernung der Träger von 1 *m* von Mitte zu Mitte | | | | |
| 1 | 13 | 14 | 15 | 16 |
| 2 | 17 | 18 | 19 | 21 |
| 3 | 20 | 21 | 23 | 25 |
| 4 | 23 | 25 | 27 | 29 |
| 5 | 27 | 28 | 30 | 33 |
| 6 | 30 | 31 | 34 | 36 |
| 7 | 32 | 34 | 37 | 40 |
| 8 | 35 | 38 | 41 | 44 |
| *b)* bei einer Entfernung der Träger von 75 *cm* von Mitte zu Mitte | | | | |
| 4 | 21 | 22 | 23 | 25 |
| 5 | 24 | 25 | 27 | 29 |
| 6 | 27 | 29 | 30 | 32 |
| 7 | 30 | 32 | 34 | 36 |
| 8 | 32 | 35 | 37 | 39 |
| 9 | 35 | 38 | 40 | 42 |
| 10 | 38 | 40 | 43 | 46 |

*B.* Zusammengesetzte Träger, und zwar gekoppelte Träger. verzahnte Balken, gesprengte Rosse, verdübelte Balken, Klötzelholzträger und Gitterträger, wie sie im § 6 des Hochbaues (Seite 10 und 11) in Punkt 14 bis 18 beschrieben sind; diese läßt man auf den Mittelunterlagen in der Regel über einem Sattelholz stumpf aneinanderstoßen.

### 3. Die Bruckstreuhölzer oder der Brückenbelag.

Der Brückenbelag besteht aus etwa 12 bis 15 *cm* starken Bohlen oder behauenen Hölzern, welche, wie dies aus Fig. 130, *e*, 131, 132 und 133 ersichtlich ist, Mann an Mann quer über die Träger gelegt werden. Bei starkem Wagenverkehr, der auch bei dem zeitweilig notwendig werdenden Auswechseln der Bruckstreuhölzer keine Unterbrechung erleiden soll, gibt man einen doppelten Brückenbelag (Fig. 133). Wo Fäulnis nicht sehr zu fürchten ist (Eichenholz, luftige Lage!), erhält der Brückenbelag oft noch eine schwache Schotter- oder eine 4 bis 6 *cm* hohe Kiesschichte als Bedeckung (Fig. 132).

## 4. Die Saumschwellen.

Die Saumschwellen (Kot- oder Schotterschwellen, auch Schwer-
bäume genannt) sind beiderseits der Brückenfahrbahn gelegte Hölzer
(siehe Fig. 130, 131, 132, 133, $f$), welche mindestens an ihrer der Bruckstreu zugekehrten Seite behauen sein sollen, um zwischen sich und den
Randträgern die Hölzer des Brückenbelages festzuhalten und, wenn eine
Beschotterung vorhanden ist, dieser als Begrenzung zu dienen.

## 5. Das Geländer.

Das Geländer besteht aus den etwa 1 $m$ über die Brückenfahrbahn
emporragenden Säulen $a$ (vgl. Fig. 132), über deren abgeglichene obere
Enden die Geländerkapphölzer oder Holme $b$ verlaufen, in welche
letzteren die Säulen meist verzapft sind. Besteht ein Holm aus mehreren
Stücken, so erfolgt deren Verbindung über einer Säule z. B. durch eine
Überplattung, durch welche ein Nagel bis in die Säule eingetrieben wird;
die Verbindung von Säule und Holm wird zudem häufig durch eine
darüber genagelte Blechverkleidung verstärkt und gegen Nässe geschützt.
Gewöhnlich verläuft parallel zum Holm eine schwächere Verdichtungs-
latte $c$, welche die Säulen durchdringt. Die Säulen selbst sind unten in
die Kapphölzer der Unterlagen (z. B. in die deshalb länger gehaltene
Kappschwelle $k$, vgl. den Brückenquerschnitt Fig. $132_1$, links, und Fig. 133)
oder in die Saumschwelle (Fig. $132_1$, rechts) oder in seitlich vorspringende
längere Brückenbelaghölzer (die dann Geländerpölster $o$ heißen, vgl. Fig.
131) verzapft und zumeist wenigstens ober den Unterlagen durch Streben
(Fig. 131, $p$, und Fig. $132_1$, $d$) versteift. Für die Säulen und Holme verwendet man bei Straßenbrücken etwa 18 bis 24 $cm$ starke behauene Hölzer.

## 6. Verstärkungen der Brücke.

Hieher gehören insbesondere gewisse auch im Hochbau übliche und
dort (vgl. Seite 11 und 12) in Bezug auf ihre Wirkung besprochene Konstruktionen, nämlich:

$a)$ Sattelhölzer (mitunter in Verbindung mit Kopfbügen), die
über den Unterlagen und unter jedem Träger angebracht werden (vgl.
auch Fig. 133, $s$).

$b)$ Unterzüge, die parallel zu den Kappschwellen der Unterlagen
unterhalb der Träger angebracht und zumeist mit jedem derselben durch
Schraubenbolzen oder Eisenbänder fest verbunden werden; zu dieser Verbindung eignen sich jedoch Schraubenbolzen besonders bei schwächeren
Brückenträgern deshalb minder gut, weil letztere durch die Durchbohrung
geschwächt werden. Man bringt gewöhnlich einen Unterzug in der Mitte
des Brückenfeldes oder deren 2 bis 3 in solchen Abständen an, daß das
Feld dadurch in gleiche Teile unterteilt wird.

$c)$ Hängwerke; zwei parallele einfache Hängwerke, welche um
etwas mehr als Brückenbreite auseinander stehen, tragen am unteren
Ende ihrer Hängsäulen den Unterzug $u$ (vgl. Hochbau, Seite 12, Fig. 35
und 36; dann Fig. 138 auf Seite 102); dieser Unterzug dient den Brückenträgern $a$ in ihrer Mitte als Unterlage und teilt sonach eigentlich die
Brücke in zwei Felder. — Denkt man sich in gleicher Weise (statt der
einfachen) zwei parallele doppelte Hängwerke, die dann zwei Unterzüge tragen, so wird die Brücke an zwei Querschnitten unterstützt und
demnach in drei Felder geteilt.

$d)$ Sprengwerke; die Brückenträger $a$ (vgl. Hochbau, Seite 12,
Fig. 38; dann Fig. 139 auf Seite 102) können durch einen Unterzug $u$,
der durch zwei oder mehrere parallele einfache Sprengwerke in seiner

Lage festgehalten wird, unterstützt werden — oder es kommen (nach Hochbau, Seite 12, Fig. 39) doppelte Sprengwerke und daher zwei Unterzüge zur Anwendung. Die Unterzüge wirken auch hier ähnlich wie Mittelunterlagen und unterteilen daher die Brücke in zwei, beziehungsweise drei Felder.

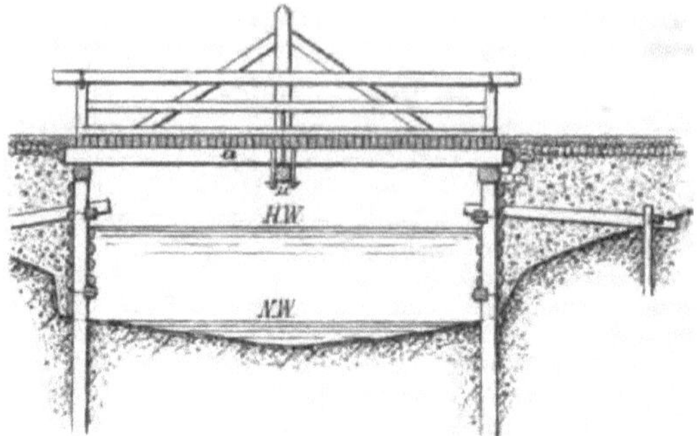

Fig. 138. Einfache Hängwerksbrücke im Längsschnitt.

Sowohl Häng- als Sprengwerke ermöglichen es, breitere Hindernisse ohne Anwendung von Jochen zu überbrücken; dies wird insbesondere bei tief eingeschnittenen, wildbachartigen Gewässern notwendig, wo die Joche dem Anprall der Hochfluten oft kaum widerstehen würden. Hängwerke sind schwieriger herzustellen als Sprengwerke; man

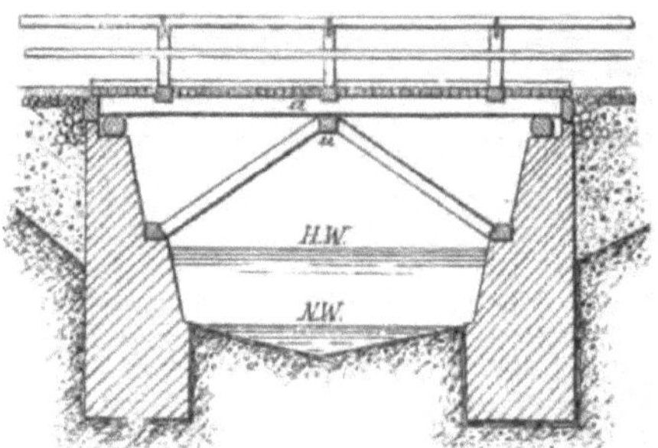

Fig. 139. Einfache Sprengwerksbrücke im Längsschnitt.

wird daher erstere zumeist nur dort anwenden, beziehungsweise anwenden müssen, wo die zu erwartenden Hochwässer bis nahe an die Brückenfahrbahn, also über die Widerlager eines Sprengwerkes reichen würden. Jedenfalls müssen nämlich die Hänge-, beziehungsweise Sprengstreben und ihre Widerlager stets über dem Hochwasserstande liegen, wenn die Brücke von Bestand sein soll. Die Festigkeit der Häng- und Sprengwerke läßt sich noch erhöhen, indem man die Hänge-, beziehungsweise Sprengstreben wenigstens mit den Randträgern durch Zangenhölzer $z$ und untereinander mittels der Durchzüge $d$ verbindet, wie dies

in Fig. 140 für eine etwas kompliziertere Sprengwerkskonstruktion beiläufig angedeutet ist. — Fig. 141 zeigt, wie sich die Sprengstreben *s* einer

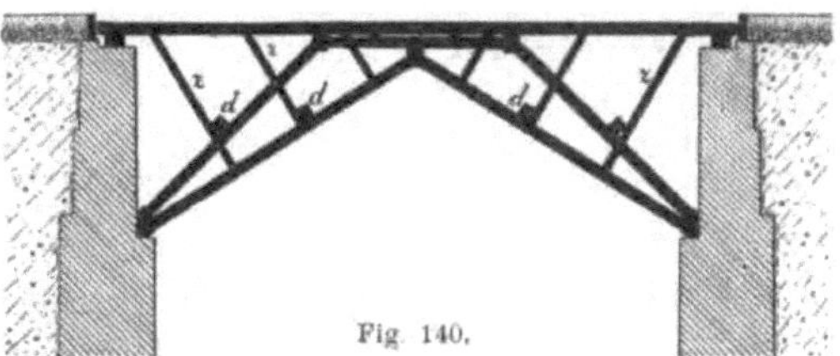

Fig. 140.

Sprengwerksbrücke (gewöhnlich mit Einfügung eines Polsterholzes *p*) gegen die Brückenkopf-mauern oder den entsprechend vorzubereitenden natürlichen Uferfels stützen.

*e) Tragende Saumschwellen und Ge-länder.* Durch eine feste Verbindung der Rand-träger mit den darüber liegenden Saumschwellen oder mit stark konstruierten und gut ver-strebten Geländern, wobei Eisenketten oder Eisenbänder oder Schraubenbolzen zur Anwen-dung kommen können, werden aus den Rand-trägern eigentlich gekoppelte Träger, bezie-

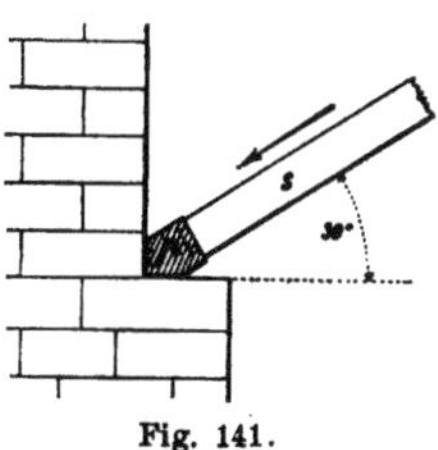

Fig. 141.

hungsweise eine Art Gitterträger gemacht; soll die solchermaßen er-höhte Tragfähigkeit der Randträger der ganzen Brücke möglichst zu-gute kommen, so müssen gleichzeitig Unterzüge angebracht werden.

Anmerkung: Die Erdarbeiten und ihre Versicherung (Stützmauern!), sowie die Wegobjekte werden häufig unter dem Namen „Unterbau" der Straße zusammengefaßt, während man den Steinbau als „Oberbau" bezeichnet.

## § 28. Nebenanstalten der Straße.

Zu den Nebenanstalten einer Straße rechnet man einige Vorrich-tungen, welche die Sicherheit und Bequemlichkeit des Verkehrs erhöhen; hieher gehören insbesondere:

1. Radabweiser und Geländer; sie verhindern, daß Wagen zu nahe zum Rande des Straßenkörpers hinausfahren oder gar von demselben

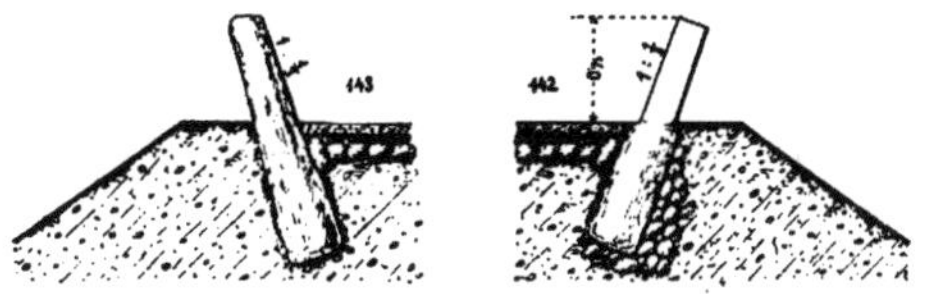

Fig. 142 (rechts) und 143 (links).

abstürzen. — Den Radabweisern, die man in 1·5 bis 3 *m* Entfernung setzt, gibt man an ihrem oberen, mindestens 0·75 über den Straßenkörper hervorragenden Ende eine entschiedene Neigung nach der Außenseite der Straße hin, damit die Achsstengel der Fuhrwerke nicht anstoßen können. Bei hölzernen Radabweisern (Fig. 142) ist der untere, im Boden steckende Teil unbehauen, und wird insbesondere gerade dort, wo der

Radabweiser in den Boden hineingeht und wo er wegen des fortwährenden Wechsels von Trockenheit und Nässe leicht zuerst abfault, zumeist angekohlt und geteert; der obere Teil wird gewöhnlich behauen und soll dann mindestens 15 *cm* im Geviert stark sein. Steinerne Radabweiser werden nach Fig. 143 hergestellt. — Geländer bestehen in dauerhaftester Weise aus Steinsäulen, über welche eiserne Schienen als Holme

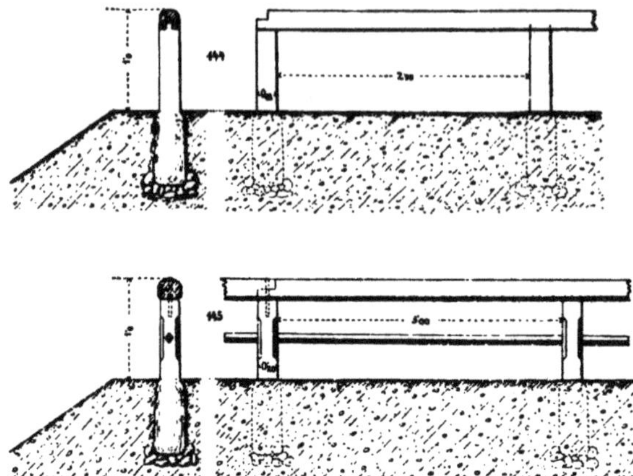

Fig. 144 und 145.

verlaufen, oder aus schwachen Mauern (Parapetmauern), die längs des Straßenrandes aufgeführt werden. Hölzerne Geländer können etwa nach Fig. 144, 145 oder 146 angelegt werden; letztere Anordnung (nach Fig. 146),

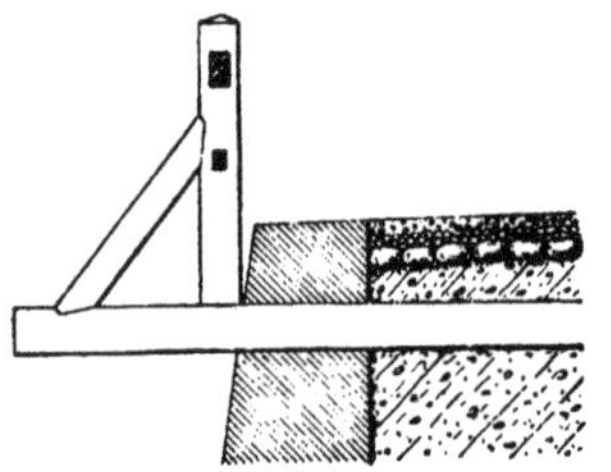

Fig. 146.

welche an die bei Brücken besprochenen Geländer erinnert, gewährt den Vorteil, daß die Fahr- und Gehbahn nicht verschmälert wird.

2. Ausweichplätze; diese ermöglichen das Ausweichen entgegengesetzt fahrender und einander vorfahrender Wägen bei einer hiezu im übrigen zu geringen Wegbreite. So wie für die Wegbreite überhaupt, ist auch für die Dimensionen der Ausweichen die Entfernung der Räder an der Achse voneinander (die sogenannte Radspurweite) und die Breite der üblichen Wagenladung, dann auch die Länge der Fuhrwerke samt ihrer Ladung maßgebend, und da diese Größen in einer Gegend ganz andere zu sein pflegen, als in einer anderen, müssen die Maße der Straßenverbreiterung zwecks Herstellung von Ausweichen jeweils diesen Größen entsprechend gewählt werden. Meist aber müssen die Ausweichplätze 15 bis 20 *m* lang sein, und die Fahrbahn muß in dieser Strecke auf etwa 5 *m* verbreitert werden. Diese Verbreiterung erfolgt entweder nach einer Seite hin, oder nach beiden Seiten der Straße, je nachdem das Terrain es als vorteilhafter erscheinen läßt. — Ausweichen

sollen an allen schärferen Wendepunkten, in der geraden Strecke etwa auf je 200 m Entfernung angebracht werden; jedenfalls muß man von einer Ausweiche bis zur nächsten sehen können, weshalb die Wahl der Ausweichplätze mit entsprechender Überlegung und Rücksicht auf die Terrainkrümmungen zu geschehen hat.

3. Rasten und Mulden. Bei stark und anhaltend steigenden Strecken müssen für die Fuhrwerke um so mehr Ruhepunkte (Rasten) eingeschaltet werden, je größer die Steigung ist. Diese Rasten bestehen nach Fig. 147 aus einem quer über die Straße ausgeführten flachen Wulst, der durch einen Stein- oder Holz- und Steinkern gefestigt wird. — Da bei ansteigenden Straßenstrecken stets auch in der Straßenrichtung Wasser läuft, insbesondere in den nicht ganz hintanzuhaltenden Geleisen, und da dann eine Auswaschung der Fahrbahn zu befürchten wäre, wird dieser Wasserablauf mitunter durch Anbringung von Mulden (Querrinnen, Wasseranschlägen, Wasserspullen) eingeschränkt, welche das Wasser nach der Seite ableiten. Solche Mulden, welche die Rasten vollkommen ersetzen, werden nach Fig. 148 angelegt. Sie erhalten ebenso wie die Rasten ein Gefälle nach einer Straßenseite und sollen etwas schräg zur Straßenmittellinie verlaufen, weil dann der Wasserabfluß besser erfolgt und die Pferde nur immer ein Wagenrad gleichzeitig über die Mulde zu ziehen haben. Der durch die Mulden oder Rasten abgehende Kot soll über eine

Fig. 147.                                   Fig. 148.

kultivierte Lehne nicht frei ablaufen, sondern in entsprechend angebrachten Gruben so aufgefangen werden, daß er sich (als guter Dünger!) ansammelt.

4. Materialplätze sind nächst der Straße derart vorbereitete Stellen, daß man das zu den Straßenbau- und -ausbesserungsarbeiten nötige Materiale dort in geeigneter Weise aufbewahren kann, um es jederzeit rasch zur Hand zu haben; solche mitunter zu bevorrätigende Materialien sind: Hölzer, Steine, Ziegel u. dgl. Der Schotter bedarf in der Regel keiner besonders vorbereiteten Ablagerungsplätze, sondern wird auf den Banketten der Straße in Vorrat gehalten.

5. Einteilungszeichen. Um stets jeden Teil der Straße sofort kurz und genau bezeichnen zu können, wird, gewöhnlich von der Abzweigung von einem schon bestehenden Fahrwege mit 0 beginnend, seitlich knapp neben der Straße alle Kilometer ein größeres Einteilungszeichen gesetzt und fortlaufend mit 1 $km$, 2 $km$, 3 $km$ . . . bezeichnet; außer dieser sogenannten Kilometrierung werden zwischen je zwei Kilometerzeichen im selben Sinne fortlaufend gewöhnlich alle 100 $m$ kleinere Einteilungszeichen längs der Straße gesetzt und mit 0·1, 0·2, 0·3 . . . . . . 0·9 ($km$) bezeichnet; letzteres ist die sogenannte Hektometrierung. Die Standpunkte der Einteilungszeichen werden mitunter schon gelegentlich der Straßentracierung bestimmt. Die Kilometerzeichen nennt man auch Straßennummern, die Hektometerzeichen Straßenmarken. Kilometer- wie Hektometerzeichen können aus Steinsäulen bestehen, oder man verwendet wenigstens zu ersteren steinerne, zu letzteren hölzerne Zeichen (Eichen- oder Lärchenholz!), oder endlich alle Einteilungszeichen werden durch Holzsäulen gebildet, welche vertikal, mit der Bezeichnung gegen

die Straße und im übrigen nach den für das Aufstellen der Radabweiser angegebenen Grundsätzen im Boden befestigt werden. In Holzsäulen brennt man die Ziffern am besten ein; gemalte Ziffern werden bald unkenntlich. — Die ständige Überwachung und Instandhaltung aller Straßen-Einteilungszeichen ist eine wichtige Aufgabe des Forstschutzorganes.

6. **Baumpflanzungen** seitlich längs der Straße dienen dazu, in heißen Lagen die Fahrbahn zu beschatten, sowie ihren Verlauf auch z. B. bei Neuschnee und nachts kenntlich zu machen. In feuchten Lagen, wo der Straßenkörper ohnehin schwer austrocknet, dürfen die Bäume der Straßenalleen nur in weiten Abständen voneinander stehen, oder man vermeidet es dann am besten ganz, Baumpflanzungen anzulegen. Wo aber Alleen längs unserer Straßen zulässig oder angezeigt sind, werden wir womöglich eine nutzbare Holzart wählen, z. B. die Roßkastanie, deren Früchte uns Hochwildfutter liefern; oder jene Varietät der Vogelbeere, die eßbare Früchte trägt.

7. **Orientierungs- und Warnungstafeln.** Orientierungtafeln empfehlen sich besonders in unübersichtlichem Terrain (Auwälder!), damit sich die Kutscher zurechtfinden. Warnungstafeln deuten an, wann das Befahren der Straße zu unterlassen ist (z. B. nächst Steinbrüchen); dann auch, ob Giftbrocken unweit der Straße liegen. Damit sich ferner niemand durch Ersitzung die Servitut der Wegbenutzung verschaffen könne, wird man an geeigneten Stellen (besonders beim Straßenbeginn und an den Abzweigungspunkten) **Tafeln** anbringen, auf welchen etwa: „Privatweg" oder „Gegen Widerruf freigegebener Weg" geschrieben steht. Endlich kann man Privatwege durch Tafeln mit entsprechenden Aufschriften gegen die Benutzung durch gewisse z. B. zu schwere Fuhrwerke oder überhaupt gegen alle Fremden absperren.

### § 29. Von der Erhaltung der Straßen.

Von dem Augenblicke an, in welchem eine Straße dem Verkehr übergeben wird, hat auch deren Unterhaltung zu beginnen, denn Gebrauch und Witterung üben sofort ihren zerstörenden Einfluß aus; selbst die solidest ausgeführte Straße wird aber bei vernachlässigter Erhaltung zumeist bald gebrauchsunfähig und kann dann nur mit vieler Mühe und unverhältnismäßig großen Kosten wieder in einen brauchbaren Zustand versetzt werden.

Kurz gesagt muß die Straße mit allen ihren Teilen stets möglichst in jenem Zustand erhalten werden, den man ihr — nach reiflicher Überlegung — beim Bau gegeben hat. Grundsätzlich sind ferner alle Schäden jedesmal sogleich nach ihrem Entstehen gründlich auszubessern, damit sie sich nie ausbreiten und vergrößern können und damit solchermaßen die Erhaltungskosten möglichst geringe seien. Um stets möglichst bald zur Kenntnis aller Schäden an unseren Straßen zu gelangen, müssen selbe von Zeit zu Zeit, besonders aber bei Beginn des Frühjahrs und nach stärkeren Regengüssen aufmerksam begangen und besichtigt werden. Die gewöhnlichsten sich als notwendig ergebenden Erhaltungsarbeiten sind sodann:

1. **Das Entfernen von Staub** mittels Krücke und Besen aus Birkenreisig; dies, sowie:

2. **Das Kotabziehen** mit Hilfe von Krücke oder Kotkratzer und Besen, sollte überhaupt, besonders aber in und zunächst von Ortschaften nicht unterlassen werden.

3. Nachschotterung, insbesondere sorgfältiges Ausfüllen der Geleise, nachdem behufs guter Bindung der alte Schotterbelag etwas aufgehackt worden ist und womöglich bei mäßig feuchtem Wetter. Fuhrwerke mit 10 bis 12 *cm* breiten Radfelgen bilden viel weniger tiefe Geleise, als solche mit schmalen; man wird daher womöglich darauf Einfluß nehmen, daß die Holzabfuhrswägen Räder mit breiten Felgen erhalten, wodurch dann die Straßenerhaltungskosten wesentlich vermindert werden können.

4. Die Wölbung der Fahrbahn ist stets gut zu erhalten und, besonders bei lehmigem Untergrund, die Fahrbahn durch Besandung möglichst dicht zu machen, so daß stets vollständiger Wasserabfluß erfolgt.

5. Aufsteigende Nässe und Quellen, die öfter erst nachträglich sichtbar werden, sind entsprechend zu fassen und für die Straße unschädlich zu machen.

6. Straßengräben und Durchlässe sind stets offen zu halten, also von Laub u. dgl. zu säubern; ebenso sind die Mulden und Rasten in Stand zu halten.

7. Böschungen, welche abbröckeln, abrutschen oder eingehen, sind entsprechend flacher zu machen (abzuskarpieren) oder zu binden.

8. Schadhafte Teile an Durchlässen und Brücken (namentlich der Brückenbelag) sind rechtzeitig auszuwechseln.

9. Das Schneeausschaufeln im Winter hat in der Regel so zu erfolgen, daß auch bei breiteren Straßen zunächst nur eine Bahn für ein Fuhrwerk (einen Schlitten) freigemacht und durch Ausschaufeln von Ausweichen (von deren einer man bis zur nächsten sehen kann) auch für den Fall der Begegnung von Fuhrwerken vorgesorgt wird. Erst dann wird die Straße, wenn größerer Verkehr zu erwarten ist, in ihrer ganzen Breite ausgeschaufelt.

10. Den Schneeschmelzwässern ist der Abfluß vom Straßenkörper in geeigneter Weise zu erleichtern, insbesondere, indem man Durchstiche durch die seitlich der Straße meist länger liegenbleibenden Schneewände und -Haufen eröffnet.

---

## III. Kapitel.

## Die Bauarbeiten an Waldwegen niedrigerer Ordnung.

### § 30. Grundsätze.

Die Grundsätze beim Bau von Waldwegen niedrigerer Ordnung, d. i. von Fahrwegen II. Ordnung bis herab zu den Fußwegen, sind dem Wesen nach dieselben, wie sie im II. Kapitel dieses Abschnittes für den Bau von Waldstraßen ausführlicher beschrieben wurden; vor allem muß bei Waldwegen überhaupt darauf geachtet werden, daß man den Angriffen, die in verschiedenster Weise durch das Wasser bewirkt werden, mit Erfolg begegne. Die Mittel aber, welche beim Bau der Waldwege niedrigerer Ordnung zur Anwendung kommen, müssen zumeist mit Rücksicht auf den Kostenpunkt möglichst einfache und billige sein, soweit dies ohne Gefahr für die Leichtigkeit und Sicherheit des in Betracht kommenden Verkehres möglich ist. Insbesondere werden bei Waldwegen, die nur vorübergehend benutzt werden sollen, alle jene Vorkehrungen unnötig sein, die man nur zwecks Erzielung großer Dauerhaftigkeit des Wegbaues bei Waldstraßen treffen muß; so z. B. wird man die Böschungen eines Fahrweges III. Ordnung nicht mittels teurer Stützmauern sichern oder das Wasser mittels in Stein gewölbter Durchlässe ableiten, sondern man wird zumeist billigere und für den vorliegenden Zweck auch genügende Flechtwerk- oder Holzobjekte vorziehen. Ein besonderes Augenmerk ist bei solchen Wegbauten der Wasserableitung von der Fahrbahn durch Wasseranschläge (Querrinnen, Mulden, vgl. Seite 105) zu widmen, ohne deren Anwendung — wie man dies leider häufig beobachtet — speziell die Schlagwege oft durch einen einzigen heftigen Regenguß vollkommen unfahrbar werden.

Jedenfalls kann gesagt werden, daß demjenigen, welcher sich die beim Bau einer Waldstraße geltenden Regeln mit Verständnis zu Eigen gemacht hat, auch die Ausführung eines anderen Waldweges keine Schwierigkeit machen wird, wenn er sich einerseits die dort aufgestellten Grundsätze und anderseits den hier zu erreichenden Zweck vor Augen hält.

Endlich sei darauf hingewiesen, daß die wichtigsten Vorbegriffe — insbesondere die Einteilung, die Wegbreite, die Steigungs- und Richtungsverhältnisse, das Tracieren und die Arten der Querprofile betreffend — auch für die Waldwege niedrigerer Ordnung schon in den §§ 21 bis 24 dieses Abschnittes im dortigen Zusammenhange besprochen wurden.

### § 31. Über Fahrwege II. und III. Ordnung.

*I.* Die Fahrwege II. Ordnung, die gleich den Waldstraßen ständig benutzt werden, sind auch in Bezug auf die Bauausführung diesen im allgemeinen vollständig gleich zu halten; nur kann ihre Dimensionierung, insbesondere die Breite der Fahrbahn zumeist eine geringere sein, weshalb dann stets nach den im § 28 besprochenen Grundsätzen Ausweichplätze anzubringen sind. Wegen des geringeren Verkehres wird ferner auf Fahrwegen II. Ordnung der Steinbau minder mächtig sein dürfen, bei genügend festem Untergrund aber vielfach die Herstellung der Fahrbahn nur mit Hilfe von Schlägelstein (nach Art der Schlägelsteinstraßen, § 26) am Platze sein.

*II.* Die Fahrwege III. Ordnung (Schlagwege) werden, da sie nur von vorübergehender Dauer sind, möglichst einfach und billig angelegt. Daher wird man sie tunlichst dem Terrain anschmiegen und fast nur mit dem „Profil im Terrain" oder „im Anschnitt" ausführen, um möglichst wenig Erdbewegung zu haben, und aus denselben Gründen wird man mitunter selbst vor mäßigen Gegensteigungen nicht zurückschrecken. Zudem sind auch infolge der geringen Wegbreite bei den Schlagwegen nur wenig hohe Böschungen vorhanden, die, wenn nötig, mit den einfachsten Mitteln und nur für die Dauer der voraussichtlichen Benutzung versichert werden (vgl. § 25). Von einer Profilierung der Böschungen sieht man zumeist ab, oder man schlägt doch nur in größeren Entfernungen einzelne besonders markante Profile, und es können dann die Erdarbeiten sofort nach der in einfachster Weise gleich im Terrain draußen erfolgten Bestimmung der Trace in Angriff genommen werden. Bei festem Untergrund, sowie bei ausschließlicher Benutzung im Winter (Schlittentransport auf Schneebahn) erhalten die Fahrwege III. Ordnung öfter gar keinen Steinbau; zumeist, jedenfalls aber bei ungünstigem, insbesondere lehmigem Boden empfiehlt es sich doch, die Fahrbahn wenigstens durch Aufbringung einer Schotter-, Kies- oder Sandschichte zu festigen, zumal wenn ein solcher Schlagweg stärker, mehrere Jahre lang und auch bei nasser Witterung befahren werden soll. Die Wasserableitung erfolgt, indem man der Fahrbahn im Querprofil eine ganz schwache Neigung nach einer Seite (an Lehnen nach der Talseite) hin gibt, oder durch kleine Seitengräben von dreieckigem Querschnitt; außerdem soll das Wasser recht häufig durch Querrinnen (Wasseranschläge, Mulden) über den Weg oder durch kleine Durchlässe unterhalb der Fahrbahn abgeführt werden; die Durchlässe kann man aus in Form einer dreikantigen „Röhre" zusammengefügten größeren Steinen nach Fig. 149 oder aus drei Rundholzstangen nach Fig. 150, oder (z. B. nach Fig. 128, Seite 94) als Rahmendurchlässe herstellen. Bei den Brücken der Schlagwege dienen,

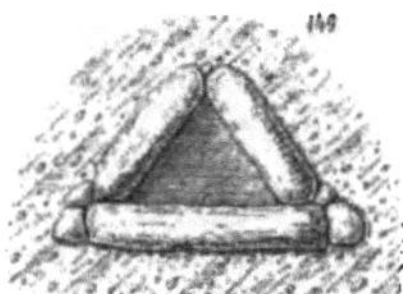 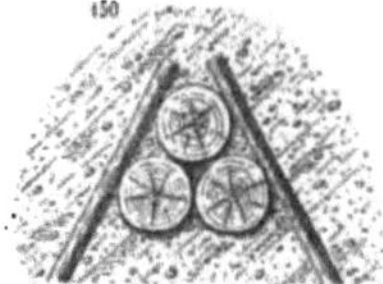

Fig. 149 und 150.

wenn die Wasserverhältnisse es zulassen, als Unterlagen vorwiegend Böcke, Ständerjoche und Stöße sich kreuzender Hölzer (Fig. 151), wobei übrigens zumeist anstatt der dargestellten behauenen Holzstücke unbehauene und nur an den Verbindungs- und Auflagerstellen entsprechend vorgerichtete Rundhölzer zur Anwendung kommen. Die Träger sind höchstens zweiseitig behauene Balken, und die Bruckstreu wird aus Holzprügeln hergestellt, über die behufs Einebnung etwas Material (womöglich Kies) gegeben wird. Die Saumschwellen befestigt man an die Randträger mittels Holznägeln, Stricken oder Eisenketten so, daß sie als Brückenverstärkungen dienen. Geländer (auch meist aus Rundholz) werden auf den Brücken, sonst aber nur dort, wo es unbedingt nötig ist, angebracht. Zur Versicherung der Brückenköpfe werden Flechtzäune oder Pfahlreihen mit Reisighinterfüllung gute Dienste tun. Auch bei

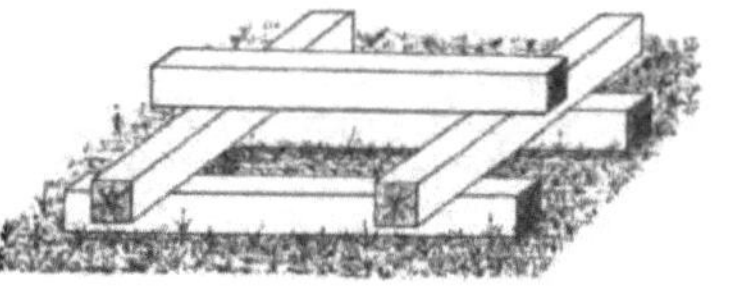

Fig. 151.

allen etwas größeren Brücken einer Schlagweganlage ist darauf zu sehen, daß sie wenigstens den Durchfluß der gewöhnlichen Hochwässer sicher gestatten, womöglich aber ganz außer jeder Hochwassergefahr seien.

*III.* Wo Fahrwege im Sumpfterrain, also über nicht genügend tragfähigen Boden geführt werden müssen, geht es wenigstens bei den Schlagwegen zumeist nicht an, dem Untergrunde durch kostspielige Entwässerungen oder Fundierungsarbeiten die nötige Festigkeit zu geben, sondern es kommen in diesem Falle zur Anwendung:

1. Der gewöhnliche Prügelweg oder Knüppelweg (Fig. 152), welcher nach Art einer am Boden ruhenden Brückendecke gebaut wird. Die Fahrbahn erhält im Querprofil nach einer Seite hin einen Fall von etwa $^1/_{30}$ ihrer Breite. Die Unterlagshölzer *u*, welche in der Richtung der Straßenmittellinie gelegt werden, sind beiläufig 20 *cm* stark, oben roh behauen und liegen nur wenig (etwa zur Hälfte) in der Erde, weil im Sumpfterrain die infolge des Wurzelfilzes der Pflanzen tragfähigere obere

Bodenschichte möglichst unverletzt bleiben soll. Die Zwischenräume zwischen den Unterlagshölzern werden mit Schotter oder Kies ausgefüllt. Senkrecht auf die Unterlagshölzer laufen die etwa 15 cm starken, beiderseits etwa 25 cm über die gewünschte Fahrbahnbreite reichenden Prügel, die stärkeren Enden abwechselnd nach einer und nach der anderen Seite gewendet. Zum Niederhalten der Prügel sind die Saumschwellen *s* an den Rändern nach der Länge des Weges zu legen und durch Hakenpflöcke *h* zu befestigen. Innerhalb der Saumschwellen wird auf die Prügel eine dünne Schichte von Schotter, grobem Sand oder im Notfalle Erde aufgebracht.

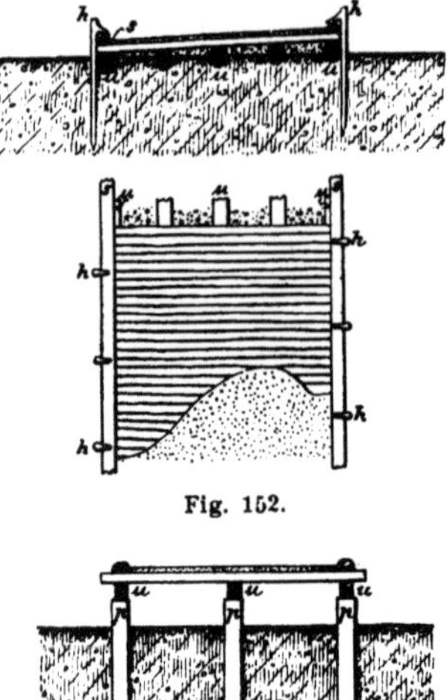

Fig. 152.

Fig. 153.

2. Der erhöhte Prügelweg (Fig. 153); denkt man sich die entsprechend behauenen Unterlagshölzer *u* eines gewöhnlichen Prügelweges durch Reihen wenig über den Boden hervorragender Pfähle *p* unterstützt, somit die ganze Fahrbahn etwas über das Terrain erhoben, so erhält man die Vorstellung vom erhöhten Prügelweg.

3. Der Brückenweg; bei ihm liegen die Unterlagshölzer als Träger auf den Kappschwellen niederer pilotierter Joche auf, das Sumpfterrain wird also eigentlich durch eine niedrige Brücke überquert. Bei den unter 2. und 3. besprochenen Weganlagen müssen die Hölzer die für Brücken nötigen Dimensionen erhalten.

4. Wege mit Buschbett-Unterbau (Fig. 154); man breitet 30 bis 50 cm starke Reisigbünde *r* dicht aneinander am Boden so aus, daß die Zweige (Büsche) senkrecht zur Straßenachse liegen; senkrecht auf das

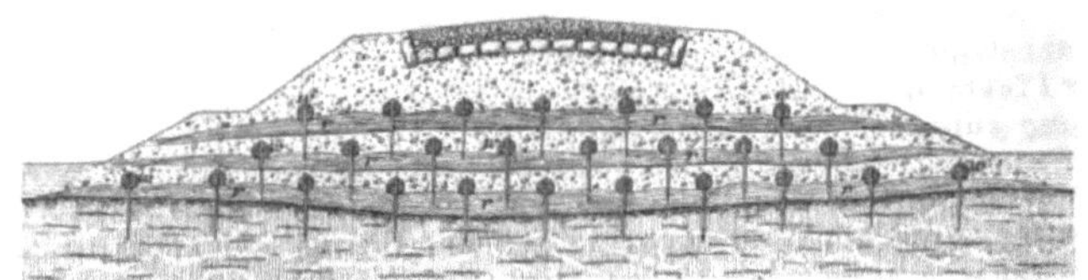

Fig. 154.

Reisig, also in der Richtung der Straßenlänge, legt man die Wippen *w* (lange, dünne Faschinen von 10 bis 15 cm Durchmesser) und pflockt das Buschbett mittels durch die Wippen geschlagener Pflöcke nieder. Darauf kommt eine Lage möglichst schotterigen Materials, dann nach Bedarf wieder eine Buschbettlage etc. Auf einem solchen Unterbau, der unten entsprechend breit gehalten wird, damit er wenig in den Boden einsinke, kann dann ein regelrechter Steinbau angebracht werden. Derartige Reisigbauten, die eine langjährige Dauer besitzen, finden im Notfalle auch für ständige Weganlagen Anwendung, ebenso wie:

5. **Die Wege mit Faschinenunterbau**, welche den vorigen fast ganz gleichen und sich nur dadurch von ihnen unterscheiden, daß statt der Buschbettlagen **Mann an Mann** gelegte **Senkfaschinen** verwendet und diese durch Wippen und Pflöcke niedergehalten werden.

### § 32. Über Schleifwege; Schlitt-, Zieh-, Zugwege; Rieswege; Reit- und Saumwege; Fußsteige.

Alle die im obigen Titel genannten Weganlagen können hier ganz kurz gemeinsam besprochen werden, da die hierbei vorkommenden Bauarbeiten sehr ähnliche und nur ganz einfache sind, zudem aber durch die **Praxis** bald ebensogut erlernt werden können, als durch eine ausführliche Beschreibung; werden ja doch insbesondere im Hochgebirge mitunter Zugwege ebenso wie die Holzriesen (vgl. III. Band, Seite 809 u. f.) ohne ein Projekt von den Holzknechten in ganz zweckentsprechender Weise ausgeführt.

*I.* **Schleifwege.** Bei diesen erfolgt die Fortbewegung der Stämme gewöhnlich durch Zugtiere, welche vor das Vordergestell eines Langholzwagens oder Schlittens gespannt sind; auf letzterem ruht, entsprechend befestigt, das Stammende eines Baumes, der beim Transport mit seinem Zopfende am Wegkörper nachgeschleift wird. Die Bauarbeiten bei Herstellung eines Schleifweges sind dieselben, wie für einen Schlagweg (Fahrweg III. Ordnung). Sollen die Schleifwege durch die Art der Benutzung nicht in kürzester Zeit unfahrbar werden, so müssen sie auf allen Strecken mit nicht ganz festem Untergrund eine Einlage von Querhölzern (sogenannten **Streichrippen**) erhalten; letztere sind etwa $0.25\,m$ starke, runde (am besten Buchen-) Abschnitte, welche für das Schleifen von Sagklötzen auf je $2.5\,m$, für Langholz auf je $3.0$ bis $6.0\,m$ Abstand querüber etwa $6\,cm$ tief in die Bahn versenkt werden. Bei trockener Witterung werden die Streichrippen benetzt oder eingefettet.

*II.* **Schlitt-, Zieh-** oder **Zugwege** dienen dem Holztransport durch Menschenkraft, mitunter auch durch Pferdezug, mittels eines leichtgebauten Schlittens und unter tunlichster Ausnutzung der Schwerkraft. Schlittwege, die als **Winterbahn** bei Schnee benutzt werden, bilden im Gebirge eines der wichtigsten Bringungsmittel. Im allgemeinen schmiegen sie sich völlig dem Terrain an; nasse Stellen passieren sie als Reisig-, Prügel- oder Brückenwege von leichtem Rundholz. Die Fahrbahn ist eben (nicht gewölbt), meist so, wie es die Kurven verlangen, nach einer Seite geneigt, und erhält keinen Steinbau. Die Objekte werden wie bei Schlagwegen vorwiegend aus Rundholz erbaut; speziell die Unterlagen der kleinen Brücken sind gewöhnlich Böcke aus Stangenholz, deren Kappschwellen nach den Seiten zu mehrfach durch schiefstehende Stangen verstrebt sind. An der Talseite, besonders an der Außenseite von Kurven, werden die Zugwege durch gut angepflockte **Abwehrhölzer** (**Wehrbäume**) besäumt. Eine Entwässerung der Fahrbahn ist auch hier am Platze, damit die Sommerregen dem Wegkörper keinen Schaden zufügen; diese Entwässerung erfolgt zumeist durch **Wasseranschläge** (Mulden, Querrinnen), nur selten durch Seitengräben; die Wasseranschläge werden im Winter mit Schnee eingeebnet. Für die Genauigkeit und Solidität, mit welcher man die Zugweganlagen projektiert und ausführt, ist maßgebend, ob selbe wenige oder mehrere **Jahre** dauern sollen oder gar **ständig** benutzt sein werden; in letzterem Falle wird man schon bei der Wahl der Trace mehr auf Zweckmäßigkeit und nicht nur auf Billigkeit sehen, und dann ist es auch gerechtfertigt, steinerne Objekte und Böschungsversicherungen anzuwenden. — Soll ein Schlittweg als Sommerbahn (Schmierweg) benutzt werden, so legt man quer über ihn in 0·3 bis 0·5 *m* Abstand glatte Scheiter (Streichrippen, vgl. Seite 111), die etwas in den Boden eingelassen und an beiden Enden mittels bergauf geneigter Pfähle festgehalten werden. Die Unebenheiten und Schärfen der Querrippen (Streichrippen) werden weggehauen, so daß die Schlittenkufen anstandslos dahingleiten können. Querrippen und Schlittenkufen werden bei trockener Witterung mit Seife oder Talg eingeschmiert. Da trotzdem eine starke Abnutzung der Schlittenkufen eintritt, werden auf selbe unten Sohlen aus Buchen- oder Ahornholz mit Holzstiften aufgenagelt und nach Bedarf erneuert.

*III.* Rieswege (Wegriesen) sollen die Förderung entasteter und entrindeter Stämme durch freies Fortgleiten, also nur mit Hilfe der Schwere gestatten. Sie müssen daher ebenso wie die Holzriesen in möglichst geraden oder schwachgekrümmten Zügen verlaufen (Minimalradius für Langholzbringung etwa 60 *m*), eine geglättete Bahn besitzen und dürfen keine plötzlichen starken Gefällsbrüche erhalten. In der Regel weisen die Rieswege nach Fig. 155 im Querprofile eine gegen die Mitte muldenförmig vertiefte Bahn auf, aus der das Wasser durch zahlreiche Wasseranschläge abgeführt werden muß; letztere erhalten durch eine hölzerne Querschwelle die nötige Dauerhaftigkeit. An Lehnen gibt man den Wegriesen im Querprofil nach Fig. 156 häufig eine Neigung gegen die Talseite hin.

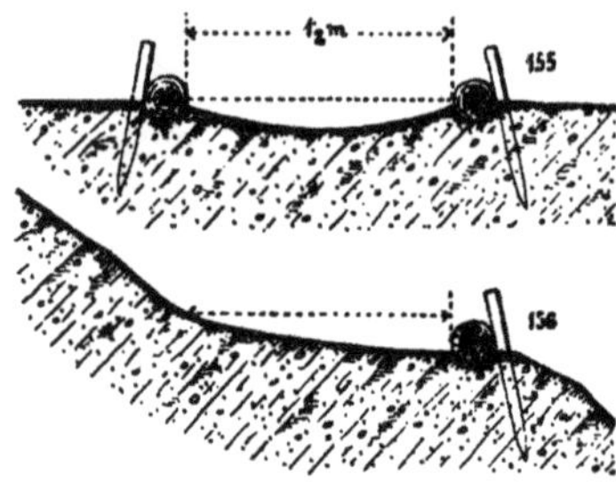


Fig. 155 und 156.

An der Außenseite von Kurven sind statt eines Wehrbaumes deren zwei oder mehrere übereinander anzubringen, um ein Ausspringen des Holzes zu verhindern; zu demselben Zwecke werden auch die Rieswege in Kurven an der Außenseite „überhöht". Damit ferner das Holz in den Kurven nicht stecken bleibe, muß dort die Rieswegbreite um so mehr vergrößert werden, je länger die abzuriesenden Holzsortimente sind. Das anstandslose Abriesen erfordert bei Eisbahn mindestens ein Gefälle von etwa 8 bis 10%, bei guter Schneebahn von 10 bis 12%; bis gegen 20% bedarf es für Erdbahn der Einlage von glatten Querhölzern und der Nässung derselben sowie der abzuriesenden Stämme; bei Strecken mit starkem Gefälle (bis 50% und darüber) dagegen, wie sie bei Rieswegen die Regel bilden, ist sogar trockene Witterung und daher rauhe Bahn notwendig, besonders bei Abriesung starker Stämme; in solchem Falle ist dann noch häufig die Reibung durch Aufbringung von Erde oder Fichtenzweigen absichtlich zu erhöhen. Wird ein Riesweg nur kurze Zeit benutzt, so werden Bodeneinschnitte nicht regelrecht überbrückt oder durch einen soliden Damm überquert, sondern mit Stämmen „ausgepritscht", d. h. der Länge nach dicht überlegt, oder es werden in solchen Strecken einige „Fächer" entsprechend dimensionierter Holzriesen (vgl. III. Band, Seite 319 u. f.) eingeschaltet. Sind die abzuriesenden Stämme abgelassen, so werden bei einem nicht ständigen Riesweg, von oben beginnend, die Wehrbäume und Pritschenhölzer nachgefördert. Bei Rieswegen ist es wegen des hier einzuhaltenden großen Minimalradius zumeist unmöglich, an einer Lehne Serpentinen zur Anwendung zu bringen. An deren Stelle werden im Bedarfsfalle sogenannte Spitzkehren $C$ (vgl. die Skizze Fig. 157) angelegt, die besonders bei Klotzholzlieferung gut funktionieren. Die von $A$ aus abgeriesten Klötzer verlieren in dem sich verflachenden und schließlich sogar ein kurzes Gegengefälle aufweisenden Rieswegteil bei $B$ an Geschwindigkeit, bleiben schließlich in der vollständig mit Holz verpritschten, entsprechend verwehrten, schiefliegenden Spitzkehre $C$ einen Moment stehen, rollen aber dann sofort in in den zweiten Rieswegarm $C B' C'$ über und gelangen auf demselben in die nächste Spitzkehre $C'$ u. s. w., so daß das Klotz schließlich an seinen Bestimmungsort $D$ gelangt; das auf

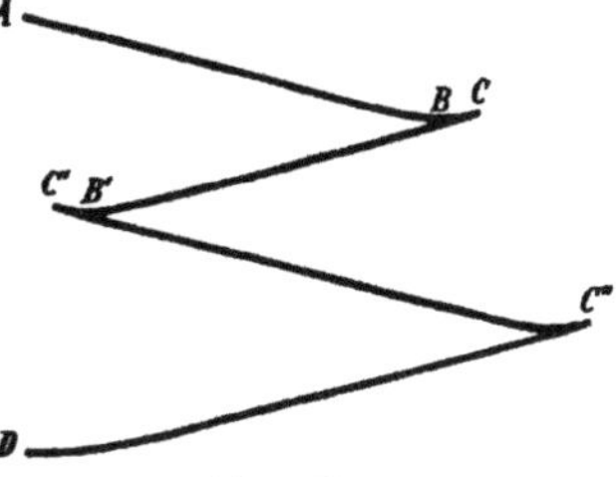

Fig. 157.

der Strecke $A C$ vordere Ende des betreffenden Klotzes wird auf der Förderungsstrecke $C C'$ das rückwärtige, dann auf der Strecke $C' C''$ wieder das vordere sein u. s. w. Durch Begießen mit Wasser und Einwurf von Schnee einerseits, durch Bestreuen der Bahn mit Erde u. dgl. anderseits wird der Riesweg nach Bedarf mehr oder minder rauh gemacht und so den Klötzern die entsprechende Geschwindigkeit gegeben, damit sie nirgends stecken bleiben, aber auch nicht über die Spitzkehren und die Verpritschung hinausschießen. Namentlich nächst der Spitzkehren aufgestellte „Riesenhirten" beseitigen stets sofort die etwa beim Abriesen eintretenden Stockungen.

*IV.* **Reit-, Saum- und Fußwege.** Dieselben schmiegen sich vollständig dem Terrain an, weisen daher die geringste Erdbewegung und nur die kleinsten, einfachsten Objekte auf. Eine schwache Schlägelsteinschichte von kleinen Steinstücken oder eine Sandlage ist bei Reitwegen zumeist sehr erwünscht. Bei Fußsteigen ist auf kotbildendem Untergrund die Besandung am Platz; bei Pürschsteigen auf knirschendem Boden dagegen sind auf Schrittlänge abgeschälte Rasenstücke mit der Wurzelseite nach oben auf den Weg aufzulegen. Die Wasserableitung erfolgt bei den Reit-, Saum- und Fußwegen, indem man der Gehbahn eine schwache Neigung nach der Talseite zu gibt, sowie durch Anbringung von Wasseranschlägen.

---

# Anhang.

## Das Bauelaborat für einen Wegbau, die Bauausführung und die Übernahme.

Die im Anhange des I. Abschnittes (Hochbau, Seite 59) über das Bauelaborat, über die Bauausführung und die Übernahme eines Hochbaues angegebenen Grundsätze gelten auch für den Wegebau, und zwar ebensowohl für den Bau eines ständigen Fahrweges (I. oder II. Klasse), wie für größere ständige Zugweganlagen. Indem auf das dort und auf Seite 67 bis 74 Gesagte verwiesen wird, seien hier insbesondere für einen Wegebau besprochen:

*I.* Das Bauelaborat (Projekt), welches bei größeren Straßenanlagen häufig nicht sofort vollständig ausgearbeitet wird, sondern zunächst als sogenanntes *A)* Vorprojekt der vorgesetzten Behörde (z. B. Forstdirektion) vorgelegt wird. Dieses Vorprojekt besteht hauptsächlich aus einem technischen Berichte, d. i. hier insbesondere einer Begründung für die Notwendigkeit der betreffenden Weganlage und der vorgeschlagenen Trace, deren Verlauf durch einen womöglich mit Schichtenlinien ausgestatteten Situationsplan und ein vorläufiges Längenprofil veranschaulicht wird, und deren Kosten in einem Kostenüberschlage samt Vorausmaß, Preistabelle und Preisanalyse zunächst nur annähernd ermittelt werden. Erst wenn dies Vorprojekt genehmigt ist, wird mit Berücksichtigung der von der vorgesetzten Behörde vorgenommenen Änderungen auf Grund des Vorprojektes ein ins Detail ausgearbeiteter und daher als *B)* Detailprojekt bezeichneter Entwurf verfaßt; letzterer enthält ganz ähnlich wie für einen Hochbau folgende Teile:

1. Den technischen Bericht.
2. Die Baupläne, nach denen dann die wirkliche Ausführung des Straßenbaues zu erfolgen hat (vgl. Tafel I), nämlich:

*a)* Situationsplan (Maßstab meist 1 : 1000);

*b)* Längenprofil, in welchem die endgiltig gewählte Nivellette sowie das Planum nach der Straßenachse enthalten ist (Maßstab für die Längen wie im Situationsplan 1 : 1000, für die Höhen jedoch 1 : 100, damit dadurch die Gefällsverhältnisse und zum Teil die Materialbewegung leicht ersichtlich werden);

*c)* Querprofile (Maßstab meist 1 : 100);

*d)* Details, insbesondere für Brücken, Durchlässe, Uferversicherungen u. dgl.

Diese Pläne werden zumeist in Farben ausgeführt (koloriert), und zwar werden alle Terrainlinien mit schwarzem Tusch ausgezogen; die Art des Bodens wird in den Querprofilen durch Zeichnung mit lichtem Tusch angedeutet; die Nivellette wird im Längenprofil durch eine volle zinnoberrote Linie, das Planum durch eine unterbrochene Zinnoberlinie, die Sohle der Straßengräben durch eine unterbrochene blaue Linie dargestellt; die Straßenachse wird in der Situation durch eine kräftige Zinnoberlinie bezeichnet; der Auftrag wird im Längenprofil und eventuell auch in den Querprofilen lichtkarminrot, in der Situation grün, der Einschnitt stets lichtgelblich bezeichnet; Mauern aus Trockenmauerwerk werden in den Querprofilen tiefkarminrot schraffiert, Mörtelmauern tiefkarminrot angelegt, in der Situation karmin angedeutet. Die Kotierung besteht hauptsächlich in der Einzeichnung der Kilometrierung und Hektometrierung, beim Längenprofil auch in der Angabe der Höhenkoten des Terrains und der Nivellette sowie (als Differenz dieser beiden) der Höhe des Auftrages, beziehungsweise Tiefe des Einschnittes für alle Querprofilspunkte, stets in der Straßenachse gemessen (vgl. Seite 68 u. f. und Tafel I). — Jeder Plan bekommt endlich (wie jede Beilage des Projektes) eine Überschrift und kurze Bezeichnung (*A, B, C . . .,* oder *I, II, III . . .*).

3. Die Kostenentwicklung, welche nun im Detailprojekte auf Grund eines endgiltigen, genauen Vorausmaßes mit Hilfe von Preistabelle und Preisanalyse zu einem möglichst richtigen Kostenvoranschlag führt. Dabei wird sowohl der Abtrag wie der Auftrag, je nach der Schwierigkeit der Bearbeitung (demnach für die verschiedenen Bodenarten getrennt) nach Kubikmetern veranschlagt; alles Mauerwerk wird gleichfalls nach Kubikmetern, andere Böschungsversicherungen werden teils (Pflasterungen, Rasenziegelverkleidung) nach dem Quadratmeter, teils (Flechtzäune) nach dem Kurrentmeter berechnet; das Holz für Piloten, Brückenträger, Saumschwellen etc. wird nach dem Kurrentmeter und für den Brückenbelag und Verschalungen nach dem Quadratmeter in Anschlag gebracht.

Dividiert man die Baukostensumme einer Straße durch deren Länge in Metern, so erhält man die Herstellungskosten für 1 Kurrentmeter derselben; wo ein Straßenzug durch ein Gebiet mit wesentlich wechselnder Terraingestaltung oder Bodenart geht, muß die Berechnung für die verschiedenen gleichartigen Strecken abgesondert gemacht werden, wenn die sich ergebenden Kostenziffern pro 1 Kurrentmeter für die einzelnen Strecken bezeichnend sein sollen.

Bei einfachen Zugwegen, Reit- und Fußsteigen, die sich ganz dem Terrain anschmiegen, keine wesentlichen Objekte aufweisen und meist fast nur „im Anschnitt" geführt werden, so daß für lange Strecken ein Querprofil dem anderen gleicht, sind die Herstellungskosten für jeden Kurrentmeter nahezu die gleichen; berechnet man daher diese Kosten für 1 Längenmeter aus der Erdbewegung oder kennt man sie aus Erfahrung von früheren solchen Weganlagen her, die bei gleichen Terrain- und Bodenverhältnissen ausgeführt wurden, so kann man die Kostenveranschlagung für derlei untergeordnete Wege in der Weise vornehmen, daß man (für gleichartige Strecken getrennt) die berechneten oder bekannten Baukosten pro 1 Kurrentmeter mit der womöglich gemessenen Länge des Weges (der Strecke) multipliziert. Von einer Kostenentwicklung sieht man also bei solchen kleinen Wegherstellungen ab.

4. Die Baubeschreibung, wie bei einem Hochbauprojekt (vgl. Seite 61).

*II.* Die Bauausführung. Die Voreinleitungen für einen größeren Straßenbau sind im wesentlichen dieselben, wie bei einem Hochbau; die für die wirkliche Ausführung geltenden Grundsätze wurden schon in den §§ 21 bis 32 behandelt. — Was die Aufstellung eines Bauleiters, die Führung des Baubuches und der Baurechnung, ferner:

*III.* Die Übernahme (Collaudierung) betrifft, wird wieder auf den Anhang zum Hochbau (Seite 62, unten) verwiesen.

III. Abschnitt.

# Von der Wildbachverbauung.

I. Kapitel.

## Charakteristik der Wildbäche.

### § 33. Vorbegriffe.

Unter einem Wildbach versteht man ein meist aus kurzen, steilen Rinnsalen herabkommendes Gebirgswasser, welches, durch mancherlei Umstände unterstützt, seine Sohle und Ufer angreift, Material (Schutt, Schotter, Gerölle etc.) talwärts führt und an geeigneten Stellen wieder ablagert. Dieser Vorgang geht in größerem Maße nicht ununterbrochen vor sich, sondern nur dann, wenn nach heftigen Regengüssen oder zur Zeit der Schneeschmelze plötzlich eine außerordentlich starke Wasserabfuhr stattfindet; dieses plötzliche, gewaltige Auftreten ist für die Wildbäche bezeichnend und ist auch zumeist die Ursache ihrer verderbenbringenden Wirkung.

Auch größere Gewässer (Etsch, Eisack, Rienz, Drau) weisen eine den Wildbächen ganz ähnliche Tätigkeit auf; diese größeren Wildwässer erhalten aber diese ihre Eigenschaft von den Wildbächen, aus denen sie sich zusammensetzen.

### § 34. Die Abfuhr des Wassers.

Für unsere Zwecke wird es sich vor allem darum handeln, die Umstände kennen zu lernen, welche die Menge, Raschheit und Plötzlichkeit der Wasserabfuhr zu vermindern geeignet sind; diesbezüglich kommt in Betracht:

1. Die Vegetationsdecke. Mit Vegetation bedeckte Flächen weisen einen langsameren Wasserabfluß auf und halten einen größeren Teil des Wassers auf sich zurück, als kahle Flächen, besonders nackte Felsen oder durchlässige Schutthalden; die beste Wirkung äußert in dieser Hinsicht der Wald, der, ohne eine irgend namhafte Vermehrung der Niederschlagsmenge zu bewirken (II. Band, Seite 70), schon in seinen Baumkronen etwa $20^0/_0$ des Regenwassers festhält, das dann teils verdunstet, teils späterhin nur allmählich tropfenweise zum Boden gelangt. Auch vom Schnee bleibt in den Baumkronen ein wesentlicher Anteil hängen und verdunstet dort, während der übrige, zum Boden gelangte Teil im Schatten der Bäume nur langsam schmilzt.

2. Die Bodendecke; sie bildet nicht nur eine das Abrinnen des Wassers hindernde Schichte, sondern sie nimmt zudem infolge ihres Aufsaugungsvermögens (Bodenstreu, Humus, Moose!) oft ein Vielfaches ihres eigenen Lufttrockengewichtes an Wasser in sich auf.

Die Entfernung der Vegetations- und Bodendecke, besonders die kahle Abholzung ausgedehnter Flächen, tragen also viel zur Entstehung der Wildbäche bei.

### § 35. Die Abfuhr von Material.

I. Die Vorgänge, welche dem Wildbache Material (besonders Schutt und Geröllmassen) zuführen, sind die Verwitterung, die Erosion und die Unterwühlung.

1. Die Verwitterung tritt je nach der Gesteinsart und Vegetationsdecke in verschiedenem Grade auf. Bei gleichem Gestein tritt eine um so

stärkere Verwitterung ein, je öfter und unbehinderter Feuchtigkeit
und abwechselnd Frost und Wärme auf dasselbe einwirken; deshalb
verwittern kahle (unbewaldete), ferner nach Süden abdachende Teile der
Gebirge, sowie die sich der Grenze des ewigen Schnees nähernden Re-
gionen am raschesten und liefern daher auch das meiste Verwitterungsmaterial, das dann in Form von Steinschlägen und Bergstürzen ins
Bett des Wildbaches gelangt oder durch die Tätigkeit von Wasser und
Schnee (Lawinen) oder mit den Eisströmen der Gletscher dorthin
gebracht wird. Auf die Gletscher fallen nämlich von den umliegenden
Felsen die abbröckelnden Gesteinstrümmer herab; da nun das Gletschereis
stets in langsamer Bewegung nach abwärts fortschreitet und an seinem
unteren Ende abschmilzt, kommen insbesondere an den Seiten der Gletscher
(wo deren zwei zusammentreffen auch in der Mitte des vereinigten Eis-
stroms), sowie stets auch am unteren Ende jedes Gletschers bedeutende
Schuttmassen zu liegen, die man als Moränen (Seiten-, Mittel-, beziehungsweise Endmoränen) bezeichnet. In der Eiszeit, wo ganz Europa von
Gletschern durchzogen war, und die Eisströme sich über weite Strecken
bewegten, hatte diese eben beschriebene Tätigkeit die größte Ausdehnung;
aus dieser Zeit stammen auch die vielenorts abgelagerten großen Glacial-
schuttmassen (Moränen aus der Eiszeit), welche aus oft weither zu-
geführten, mehrminder abgerundeten und abgeschliffenen Trümmern verschiedener Gesteinsarten bestehen. Jener Schutt dagegen, welcher nur
von den nachbarlichen Hängen herabkollert und daher seine natürliche
Form beihält, heißt Gehängeschutt. — Die angehäuften Glacial- und
Gehängeschuttmassen haben sich vielfach mit Vegetation bedeckt und
blieben zunächst ruhig liegen. Wo ihnen aber die Vegetationsdecke genommen wird oder sie den Angriffen des Wassers ausgesetzt sind, geraten
sie leicht in Bewegung und bilden eben wegen ihrer leichten Beweglich-
keit und großen Masse die gefährlichste Nahrung der Wildbäche.

2. Die Erosion; diese besteht in einer durch oberirdisch fließende
Gewässer (Tagwässer) bewirkten allmählichen Sohlenvertiefung und
im Zusammenhang damit oft
in einer Unterwaschung der
Uferböschungen, die dann
einstürzen. Die Erosion wird
offenbar einerseits dann eine
größere sein, wenn Sohle und
Ufer des Wildbaches von wenig
widerstandsfähigem Material
(z. B. Gehänge- oder Glacial-
schutt, tonigem Konglomerat,
manchen Schiefern!) gebildet

Fig. 158.

werden, anderseits aber wird
sich die Erosion auch in um so höherem Grade äußern, je größer die
Steilheit des Gerinnes und die Abflußmenge ist, also mit je größerer
Gewalt das Wasser plötzlich zu Tale schießt; nicht nur die Verwitterung,
sondern auch die gefährliche Erosionstätigkeit der Wildbäche wird sonach bei einem bewaldeten Zuflußgebiete eine minder drohende sein, als
bei einem kahlen. — Fig. 158 zeigt das ursprüngliche Querprofil $a\,b\,c\,d$
des Wildbaches; durch die Erosion wird zunächst bei $A$ eine Sohlenvertiefung hervorgerufen, so daß die neue Bachsohle nach $b'\,c'$ zu
liegen kommt; dann werden aber bei lockerem Material zumeist
auch die Uferböschungen bei $B$ nachstürzen, wodurch sich ein
neues Bett $a'\,b'\,c'\,d'$ bildet. — Ein anderes Beispiel der Erosion ist in

Fig. 159 dargestellt. Fällt nämlich etwa bei einem Bergsturz grobes, schweres Material, welches der Wildbach nicht weiterzuführen vermag, von einer Seite in das Gerinne, so wird dann das Wasser gegen die andere Seite des Bachbettes drängen und dort zunächst bei $A$ eine Seiten-Erosion herbeiführen, infolge deren die Böschung $B$ einstürzt; das nun im Rinnsal des Wildbaches liegende, gelockerte Material wird neuerdings von der Gewalt des Wassers angenagt und allmählich fortbewegt. — Auf solche Weise hat die Erosion im Laufe der Jahrtausende die Bildung vieler Täler veranlaßt; sie ist es aber auch, welche in unseren Wildbächen vorherrschend für die Beschaffung jenes Materiales sorgt, das schon oft die fruchtbarsten Kulturgründe in Steinwüsten verwandelte.

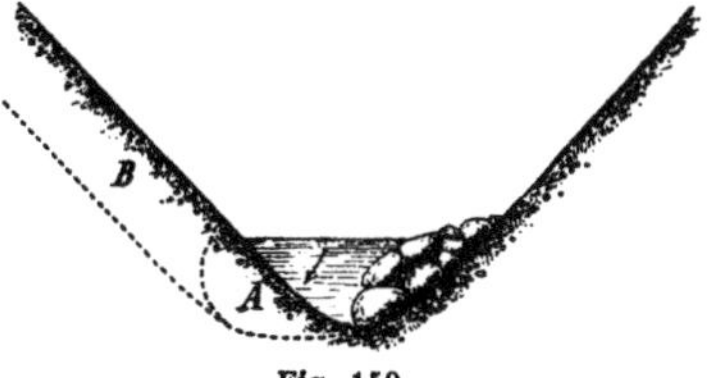

Fig. 159.

3. Unterwaschung, Unterwühlung, Abgehen der oberen Bodenschichten; das Material gerät dabei vorwiegend infolge der unterirdisch

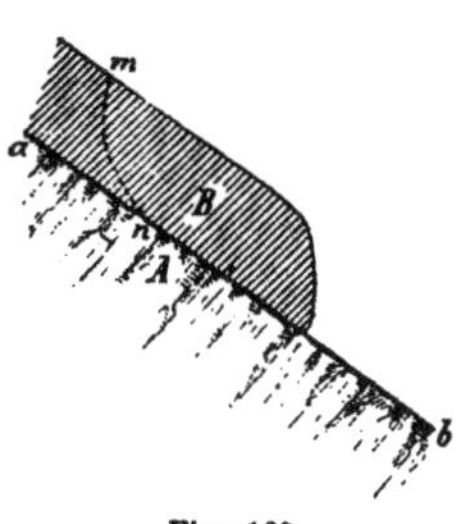
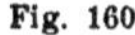

Fig. 160.

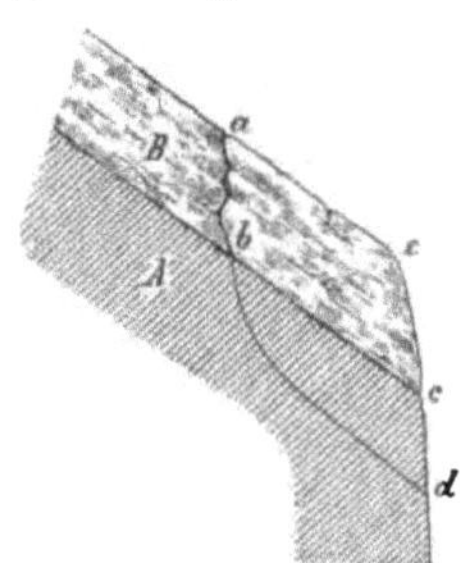

Fig. 161.

wirkenden Quellwässer und der in den Boden eingedrungenen Sickerwässer in Bewegung. Meist kann man in solchen Fällen zwei Bodenschichten (Fig. 160) unterscheiden: Eine untere $A$ (die sogenannte liegende) und eine obere (die sogenannte hangende) Schichte $B$. Eine Materialbewegung kann dann in verschiedener Weise eintreten, z. B.:

a) Die liegende Schichte $A$ (vgl. Fig. 160) sei ziemlich glatt und wasserundurchlässig; die hangende Schichte $B$ dagegen tonig, so daß sie bei Regen Wasser aufnimmt, bei Dürre aber Risse bekommt, durch welche bei neuerlichem Regen Wasser eindringt und längs $ab$ abzurinnen sucht. Dann wird die (besonders längs der geneigten Trennungsfläche $ab$ durchweichte) obere Schichte $B$ leicht ganz oder teilweise abrutschen. Im letzteren Falle erfolgt der Abbruch meist nach einer gegen oben zu steiler werdenden Bruchfläche $mn$.

b) Die liegende Schichte sei brüchig, z. B. tonig, die hangende Schichte dagegen fest und wasserdicht (vgl. Fig. 161); trotzdem dringt durch einzelne Spalten der hangenden Schichte $B$, z. B. längs $ab$, Wasser ein, welches längs der Trennungsfläche abfließt und in den Frostriß $bd$ eindringt; dann wird das Stück $bcd$ herausbrechen und zumeist auch das Stück $abce$ vom „Hangenden" nachstürzen.

*c)* Die Schichten sind wie bei $b$ geartet. Das längs der Trennungsfläche $fc$ (Fig. 162) abfließende Wasser staut sich nächst $c$, etwa da sich dort bei Frost Eis gebildet hat; das gestaute Wasser wird den Teil $cdgf$

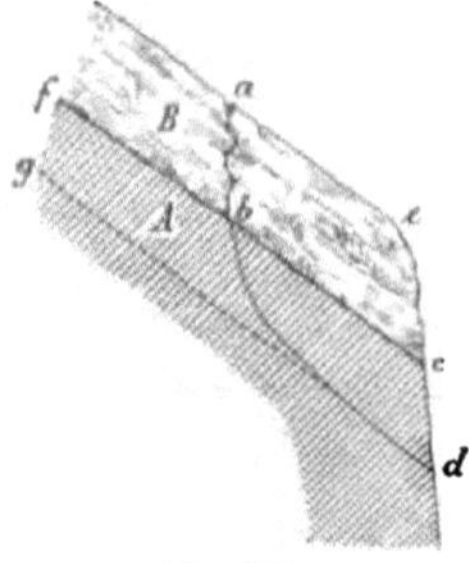

Fig. 162.

der liegenden Schichte zu einer mehrminder breiartigen Maße machen, von der endlich das Stück $bcd$ zum Weichen gelangt, worauf wieder meistens das darüberliegende Material $abce$ gleichfalls abstürzt.

Diese und ähnliche Fälle von Unterwühlung durch unterirdische Wässer führen den Wildbächen besonders bei starken Terrainneigungen und leicht erweichbaren Bodenarten große Mengen von Material zu. Wieder ist es der Wald, der zumeist die verderblichen Folgen der Unterwühlung wesentlich zu vermindern oder ganz zu verhüten vermag, da durch seine Baumkronen und die Bodendecke nur weit weniger Wasser in den Untergrund eindringt, und letzterer zudem noch durch die Wurzeln der Bäume gebunden ist.

II. Bezüglich der Art des Materialtransportes ist zu unterscheiden:

1. Der Einzeltransport, wobei das Material vorwiegend durch die Stoßkraft des Wassers fortbewegt wird. Letztere ist um so stärker, je steiler das Gerinne ist; nun besitzen unsere Wildbäche, wenn auch ihre Gefällsverhältnisse im einzelnen ziemlich wechselnde sind, im allgemeinen doch in ihrem oberen Laufe die steilsten Rinnsale, während deren Gefälle im weiteren Verlauf nach unten zu immer flacher wird. Daher nimmt auch die Stoßkraft des Wassers in den Wildbächen im allgemeinen von oben nach unten zu ab, und deshalb vermag der Bach nur in seinem obersten Teile die größten Materialmengen und die schwersten Felsblöcke fortzubewegen; bei abnehmender Steilheit des Gerinnes bleibt dann ein Teil des Materiales liegen, und zwar zuerst das schwerste, während nur weniger und kleineres Material weiterhin fortbewegt wird. Die Stoßkraft des Wassers nimmt ferner auch dann ab, wenn sich das Bachbett mit flachen Ufern verbreitert; auch in diesem Falle wird ein Liegenbleiben von Material erfolgen. Hiemit sind die Hauptursachen der Materialausscheidung überhaupt und zugleich auch die Erscheinung erklärt, daß — abgesehen von der Abstoßung und Abschleifung der Gesteinstrümmer — das abgelagerte Material ein um so kleineres ist, je weiter wir bachabwärts gehen.

2. Der Massentransport, bei welchem große Mengen von Material unmittelbar durch die Wirkung der Schwere in Bewegung gelangen. Bei stärkerer Terrainneigung werden nämlich z. B. lose Schuttmassen bei anhaltendem Regen so in ihrem Zusammenhang gelockert, daß sie, besonders wenn sie zudem noch in ihrem unteren Teile unterwaschen wurden, plötzlich zu Tale stürzen. Dabei übt das Wasser keine Stoßkraft aus, sondern es geht ein buntes Gemisch von Schutt, Felsblöcken und Wasser ab, an welchem letzteres der Menge nach oft den geringsten Anteil hat. Auf die eben beschriebene Weise entsteht die bekannte Erscheinung der Muhrbrüche. Auch Berg- und Steinlawinen-Stürze müssen dem Massentransport beigezählt werden, bei welchem (im Gegensatz zum Einzeltransport) das stets mit größter Wucht voraneilende schwerste Material zu unterst zur Ablagerung gelangt.

### § 36. Verlauf und Einteilung der Wildbäche.

Die Gesamtheit aller Lehnen, welche gegen einen Bach abdachen, also das ganze Terrain, dessen Wasser ihm zustrebt, nennt man das Niederschlagsgebiet dieses Baches. Diesem ganzen Niederschlagsgebiete (Perimeter) eines Wildbaches ist die größte Aufmerksamkeit zuzuwenden, damit dort überall die geeigneten Vorkehrungen und Verbauungen durchgeführt werden können.

I. Der Bachverlauf. Innerhalb seines Perimeters verläuft der Wildbach gewöhnlich in der Weise, daß man unterscheiden kann (siehe Fig. 163):

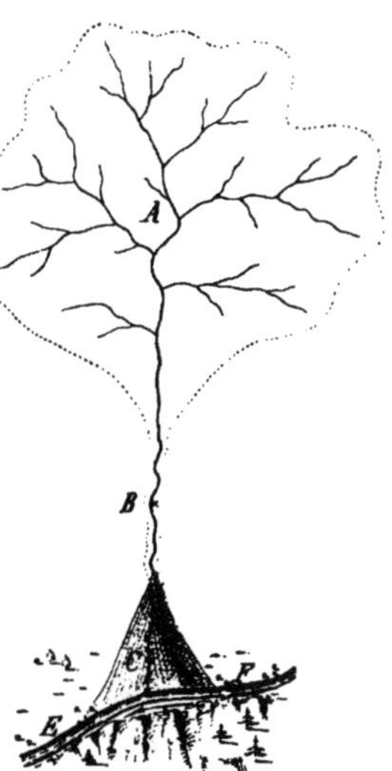


Fig. 163.

A. Das Sammel- oder Aufnahmsgebiet A, das ist der oberste, zahlreiche steile und oft nur bei Regen wasserführende Runsen aufweisende Teil; in diesem Gebiete findet die lebhafteste Erosion statt, und von dort werden die größten Mengen von Verwitterungsprodukten entführt.

B. Der Abflußkanal B, gewöhnlich durch eine mehr minder lange Schlucht gebildet, durch die das oberhalb losgelöste Material hindurchgeführt wird; eine wesentliche Materialerzeugung findet hier ebensowenig statt, als eine größere Ablagerung.

C. Der Schuttkegel. Sobald das materialführende Wasser den Sammelkanal verläßt, wird es im weiten Tale meist in ein Gebiet mit geringerem Gefälle gelangen und sich gleichzeitig ohne feste Ufer fächerförmig ausbreiten; aus beiden Gründen verliert es bekanntlich an Stoßkraft und läßt daher den größten Teil des mitgeführten Materials annähernd in Form eines liegenden Kegelabschnittes als sogenannten Schuttkegel, liegen. In diesem losen Schuttkegel gräbt sich späterhin, wenn wieder normaler Wasserstand eingetreten ist, der Bach ein meist unausgesprochenes, öfter wechselndes Bett, oder er durchzieht den Schuttkegel in mehreren zerstreuten Rinnsalen, welche sich dann mitunter wieder vereinigen und

D. den Tallauf des Wildbaches bilden, bis letzterer ohne wesentlichen weiteren Materialtransport in den Fluß E F des Haupttales mündet. Ein eigentlicher Tallauf fehlt übrigens, wie in Fig. 163, sehr oft gänzlich; ja der Schuttkegel schiebt sich sogar nicht selten soweit in das Haupttal hinaus, daß eine Stauung des Flusses eintritt, die dann eine Versumpfung des oberhalb der Wildbachmündung liegenden Gebietes (im Haupttal, von F stromaufwärts) zur Folge hat.

Wenn auch der Verlauf der Wildbäche nicht immer die vorbeschriebenen Teile ganz streng ausgeprägt aufweist, so trifft die gegebene Darstellung doch im allgemeinen zu, besonders im Urgebirge, minder im Kalkgebirge. Wenigstens bei jedem Wildbach in den Alpen ist aber ein Gebiet der Materialbeschaffung (entsprechend dem Sammelgebiete A) und ein Gebiet der Materialablagerung (entsprechend dem Schuttkegel C) unverkennbar vorhanden.

II. **Die Einteilung der Wildbäche.** Nach der Art des Verlaufes, welche auch für die Mittel der Verbauung von größter Wichtigkeit ist, erfolgt die Einteilung der Wildbäche in:

1. **Wildbäche der Alpen** mit deutlich getrennten Gebieten der Materialbeschaffung und -Ablagerung, steilen Runsen wenigstens im Sammelgebiete und starker Führung von Geschieben, aber auch von grobem, schwerem Material. Die Wildbäche der Alpen lassen sich noch unterteilen in solche, die vorwiegend *a)* **Erosions- und Unterwühlungprodukte,** und solche, die vorwiegend *b)* **Verwitterungsprodukte führen.**

2. **Wildbäche der Berg- und Hügelländer** (Galizien, Böhmen!), bei denen die Gebiete der Materialbeschaffung und -Ablagerung nicht deutlich unterscheidbar sind, und die sich mehr durch große Wassermengen sowie (wegen ihres geringeren Gefälles) durch den Transport nur kleinerer Geschiebe auszeichnen.

---

II. Kapitel.

## Die Verbauung der Wildbäche.

**§ 37. Verbauung von Wildbächen der Alpen, die vorwiegend Erosions- und Unterwühlungsprodukte führen.**

Die in diesen Wildbächen vorzunehmenden Arbeiten sind folgende:

I. **Verhinderung der Sohlenerosion oder Sohlenvertiefung.** Diesen Zweck kann man auf verschiedene Weise erreichen und zwar:

1. Indem man die Sohle des Baches **direkt gegen den Wasserangriff** versichert. Dies geschieht insbesondere durch:

*a)* **Pflasterung** des Gerinnes mit schweren, auf die hohe Kante zu stellenden Steinen. Solche gepflasterte Rinnsale (Schalen, Kunetten) werden oben in den kleineren Runsen des Sammelgebietes häufig angewendet; sie dürfen aber dort nicht errichtet werden, wo die Gefahr besteht oder nicht abgewendet werden kann, daß schwere Felstrümmer mit Wucht auf die Kunette (Schale) herabstürzen und sie zerstören könnten. Bei Ausführung jeder solchen Kunette wird an ihrem unteren Ende mit der Pflasterung begonnen und nach oben hin weiter gearbeitet.

*b)* **Grundschwellen,** das sind starke Hölzer oder Steinmauern, welche quer über das Gerinne vollständig in die Sohle des Wildbaches versenkt werden oder doch nur wenig über selbe emporragen; sie müssen sowohl in der Sohle als in den Uferböschungen gut befestigt sein, damit die Möglichkeit ihrer Unterwaschung ausgeschlossen sei. Die Grundschwellen müssen in um so kürzerem Abstande voneinander eingebaut werden, je steiler das Gerinne ist.

2. Man vermindert das **Gefälle** des Rinnsales, wodurch die **Erosion mittelbar verringert** wird. Zu diesem Zwecke werden quer über das Bachbett meist mehrere Meter über dessen Sohle vorragende Querwerke, sogenannte **Sperren,** errichtet und dadurch eine Staffelung des Gerinnes herbeigeführt. Fig. 164 stellt das Längenprofil eines Wildbaches dar, welches (ebenso wie das Längenprofil eines Wegebauprojektes) die

Gefällsverhältnisse nach der Mitte des Rinnsales erkennen läßt. — Aus diesem Längenprofil ist ersichtlich, daß durch Errichtung der Querwerke *I*, *II* und *III* die Strecke mit dem ursprünglichen Gefälle $a\,b$ in drei Strecken mit dem geringeren Gefälle $a^{\mathrm{I}}\,b^{\mathrm{I}}$, $a^{\mathrm{II}}\,b^{\mathrm{II}}$, $a^{\mathrm{III}}\,b$ unterteilt wurde. Außer der gewünschten Gefällsverminderung bewirken aber die Querwerke noch einen anderen Erfolg; es werden nämlich bei $m^{\mathrm{I}}$, $m^{\mathrm{II}}$ und $m^{\mathrm{III}}$ Geschiebe liegen bleiben und sogenannte Verlandungskörper bilden, und es findet daher, wenn die Querwerke nahe genug aufeinander folgen, nicht nur keine Sohlenerosion, sondern sogar eine Sohlenhebung und eine Zurückhaltung von Material statt, welch letzteres dadurch dem Hauptgebiete der Verheerung, dem Schuttkegel, entzogen bleibt. Je höher ein Querwerk ist, desto mehr Material vermag es im Innern des Wildbaches festzuhalten, und zwar zeigt Fig. 164 deutlich, daß das (punktierte) höhere Querwerk $W$ bei *I* einen viel mächtigeren Verlandungskörper bilden kann, als die drei kleinen Werke *I*, *II* und *III* zusammengenommen. Auch ist leicht einzusehen, daß die Querwerke um so näher aneinander stehen

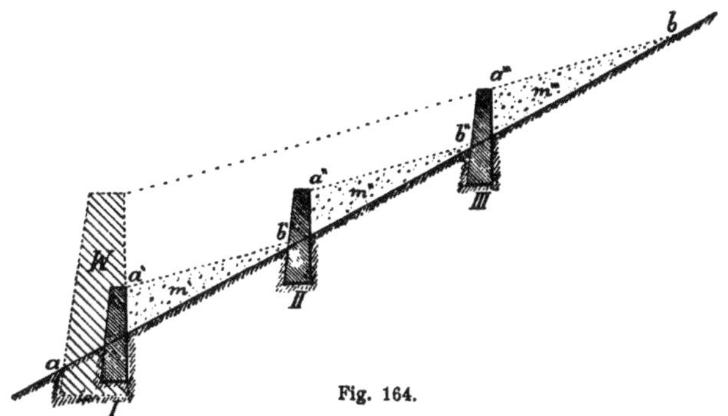

Fig. 164.

müssen, je niedriger sie sind und je steiler das ursprüngliche Rinnsal ist. — Die Querwerke können aus höchstens 1 bis $2\,m$ hohen, starken Flechtzäunen bestehen, wobei deren Pfähle mit nur $0{.}_4$ bis $0{.}_5\,m$ Abstand voneinander in Reihen quer über das Rinnsal besonders tief eingetrieben und dann sorgfältig verflochten werden. Gewöhnlich aber müssen stärkere Querwerke errichtet werden, die man Talsperren nennt und aus Holz, aus Steinkastenbau oder endlich in solidester Weise ganz aus Stein erbaut (vgl. nächste Séite, Fig. 165). Das Wichtigste über die Benennung der einzelnen Teile und den Bau der Talsperren ist unten im § 40 mitgeteilt.

II. **Verhinderung der Seiten-Erosion**, wie sie insbesondere durch einseitigen Wasseranprall, infolge des Hereinfallens schweren Materials ins Bachbett oder an der Außenseite schärferer Bachkrümmungen erfolgt. Die hier zumeist anzuwendenden Gegenmaßregeln sind:

1. **Querwerke**, etwa nach der Figur 165, welche das Querprofil eines Wildbaches mit der Ansicht einer steinernen Talsperre von unten darstellt. Die „Abflußsektion" *A* wird, wenn die Ufer ungleich fest sind, so angebracht, daß das Wasser gegen das feste, felsige Ufer bei *B* gedrängt

und von dem der Erosion unterworfenen Ufer *C'* ferngehalten wird. Sonst liegt die Abflußsektion in der Mitte. — Querwerke, welche vorwiegend die Sohlen- und Seitenerosion verhindern, also die unmittelbar oberhalb liegende Strecke des Bachbetts gegen den Wasserangriff sichern (konsolidieren), nennt man Konsolidierungswerke im Gegensatz zu den im folgenden unter IV erwähnten Materialstauwerken.

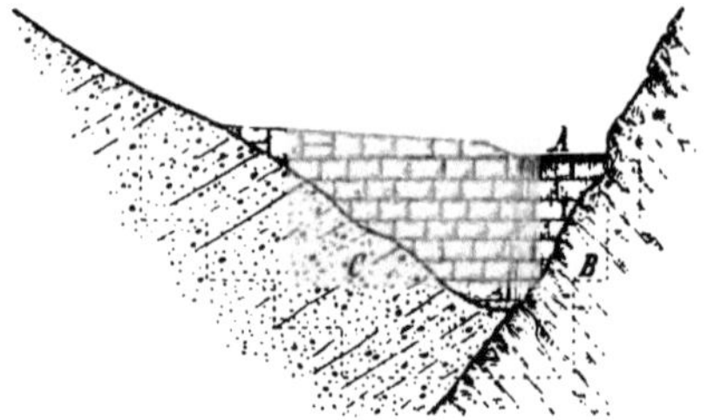

Fig. 165.

2. Buhnen, an die sich talseits häufig eine Pflasterung anschließen muß, da sonst das über die Buhne herabstürzende Wasser dort eine Unterwaschung herbeiführen würde.

3. Parallelwerke (Uferdeckbauten, Leitwerke), die öfter durch Grundschwellen gegen Unterkolkung geschützt werden.

4. Pflasterung der Ufer mit schweren Steinen.

5. Grainerwerke und Ufermauern.

Die Ausführung der unter 2 bis 5 erwähnten Uferschutzbauten, die wir schon aus dem Waldwegebau (vgl. Seite 88 u. f.) kennen, hat mit Rücksicht auf die Gewalt der Wildbachfluten in solidester Weise zu erfolgen.

III. Unschädliche Ableitung der Quell- und Sickerwässer behufs Verhinderung der Unterwaschung und Unterwühlung durch dieselben. Diesbezüglich kommen die uns aus dem Forstschutz (III. Band, Seite 191 u. f.) bekannten Entwässerungsarbeiten, insbesondere die Drainage und das Abfangen der Quellen in Betracht. Hat man es mit einem beweglichen Terrain zu tun, das durch die Entwässerung allein nicht sofort zur Ruhe kommen würde, so ist vorerst für dessen Beruhigung zu sorgen: Zu steile Böschungen müssen abgeflacht (abskarpiert) werden; Bruchterrain hält man fest, indem man ihm am Fuße einen Schutz gibt, z. B. eine Stützmauer mit Schlitzen für den Durchfluß der Sickerwässer u. dgl.

IV. Zurückhaltung des bereits im Wildbache angesammelten Materials; sie erfolgt durch Talsperren, welche zu diesem Zwecke womöglich so angelegt werden, daß sich ober ihnen eine wenig geneigte Bachstrecke mit breitem Bett und flachen Ufern befindet; dann wird nämlich der Verlandungskörper ein großer sein, und das Querwerk wirkt dann vorwiegend als sogenanntes Materialstauwerk.

Von früher her besonders häufig in den Talweitungen des Wildbaches abgelagerte Schuttmassen sind zu versichern, indem man sie z. B. durch sich begrünende Flechtzäune bindet.

V. Die Bindung der Gehänge im Niederschlagsgebiet an ihrer Oberfläche (siehe Waldwegebau § 25, Seite 81 u. f.). — Der Bindung hat stets das Abskarpieren zu steiler Böschungen und das Fällen der Bäume am Rand der zu bindenden Fläche voranzugehen, um so neuerlichen Einrissen vorzubeugen; sodann können zur Anwendung kommen:

1. Flechtzäune (Verflechtung), die, über die Bodenoberfläche nur ganz wenig hervorstehend, in horizontalen Reihen oder im Quadrat-

verbande (vgl. Seite 84) oder schief gegen ein Rinnsal gerichtet angelegt werden; letzteres wird dann zumeist abgepflastert werden müssen (vgl. Fig. 166). Diese Anordnung bildet an quellenführenden Gehängen die Regel, wo das zutage tretende Wasser unschädlich abgeleitet werden muß.

2. **Mauern, Faschinen, Pflockreihen mit hinterlegten Schwarten**; solche Anlagen werden horizontal verlaufend (also wie die Schichtenlinien!) ausgeführt und erscheinen im Schnitt wie Fig. 167, 168, beziehungsweise 169 ausgeführt.

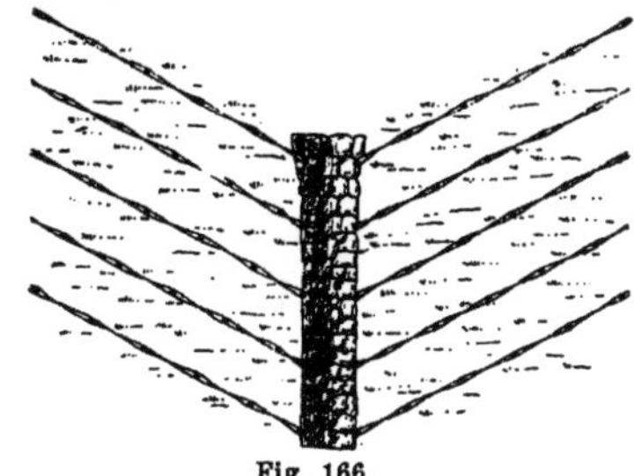

Fig. 166.

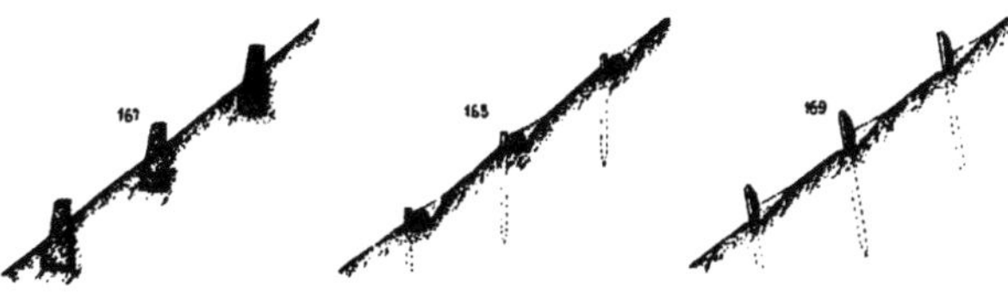

Fig. 167 bis 169.

3. **Berauhwehrung** (Fig. 170); es werden kleine Horizontalgräbchen (30 bis 50 *cm* tief) ausgehoben, in selbe ausschlagfähige Ruten gesteckt und letztere nach Zufüllung des Grabens durch dünne Faschinen (Wippen) an die Böschung befestigt.

4. **Rasenziegelbelag** mit Flachrasen eignet sich für kleinere Bruchflächen mit feinerem, fruchtbarem Material.

5. **Besamung** mit Esparsette, gewöhnlich in Mischung mit Riedgras oder Hafer; auch die Waldblatterbse, dann auf dürren, kalkigen Gebirgsböden das riedgrasartige Rauhgras, werden vielfach zur Berasung verwendet. Hat man durch die Berasung eine Bodendecke geschaffen, so schreitet man zur:

6. **Aufforstung**; oft ist übrigens eine vorherige Berasung nicht nötig. Gewöhnlich sucht man zuerst einen Niederwald zu erziehen.

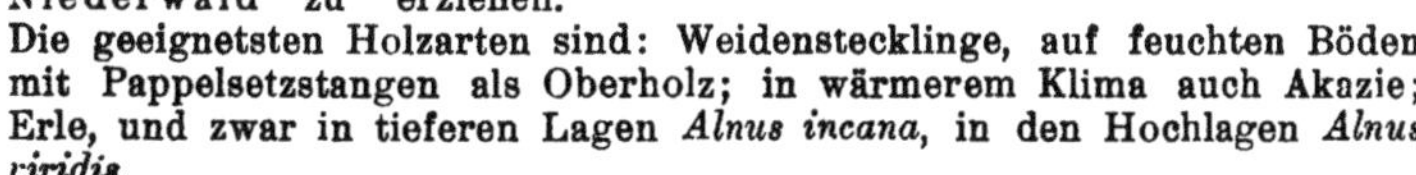

Fig. 170.

Die geeignetsten Holzarten sind: Weidenstecklinge, auf feuchten Böden mit Pappelsetzstangen als Oberholz; in wärmerem Klima auch Akazie; Erle, und zwar in tieferen Lagen *Alnus incana*, in den Hochlagen *Alnus viridis*.

VI. **Besserung der wirtschaftlichen Verhältnisse im Perimeter.** Diesbezüglich ist vor allem darauf zu achten, daß die Bestimmungen des Forstgesetzes strenge eingehalten werden.

Auf Grund der Gesetze über die unschädliche Ableitung der Gebirgswässer können im Perimeter selbst gegen den Willen der Grundbesitzer auch alle anderen Maßnahmen durchgeführt werden, welche zur Besserung der Verhältnisse im Wildbachgebiete beitragen; für einen dadurch dem Besitzer erwachsenden Nachteil muß er entschädigt werden. So sollen im Wildbachgebiete die Alpen nicht zu stark beweidet werden, weil in den durch Viehtritt verwundeten Boden leicht Wasser einsickert und dadurch Absitzungen veranlaßt werden können; wenn nötig, ist die Bewässerung der Alpenwiesen zu regeln oder einzustellen; oder es ist zu verbieten, daß die Rinnsale der Bäche befahren werden, weil dadurch die Bachsohle gelockert wird u. s. w.

### § 38. Verbauung von Wildbächen der Alpen, die vorwiegend Verwitterungsprodukte führen.

In diesen Wildbächen, welche besonders den Kalkalpen angehören, sind hauptsächlich folgende Maßnahmen zu treffen:

I. Erhaltung, beziehungsweise Schaffung eines Waldgürtels und möglichstes Hinaufschieben der Waldvegetationsgrenze; nur dadurch kann die Verwitterung bekämpft werden.

Fig. 171.

II. Bau größerer Talsperren, die vorwiegend als Materialstauwerke (vgl. Seite 122) dienen und daher möglichst an hiezu geeigneter Stelle (unterhalb einer flachen Talerweiterung) errichtet werden müssen. Diese (sowie überhaupt höhere) Querwerke erhalten öfter eine Durchflußöffnung, die sogenannte Dohle $D$ (Fig. 171), durch welche die gewöhnlichen Wässer abfließen können.

III. Vorkehrungen gegen das Abgehen von Lawinen und Steinschlägen. Hieher gehören und dienen vor allem zur Abwehr der Lawinen:

1. Verpflockung glatter Lehnen, besonders oben an der voraussichtlichen Abbruchstelle der Lawine. Wo die Gefahr der Lawinenbildung besteht, wird man bei dort vorzunehmenden Holznutzungen ungefähr 1 $m$ hohe Stöcke stehen lassen, die dann wie eine Verpflockung wirken.

2. **Schneefänge aus Holzwänden** (bergseits verschalten Pfahlreihen) oder Steinmauern, die ebenso wie die nach Fig. 167 bis 169 (Seite 123) zur Bindung der Gehänge anzuwendenden Anlagen horizontal verlaufend angelegt werden, jedoch bedeutend höher über den Boden hervorstehen müssen.

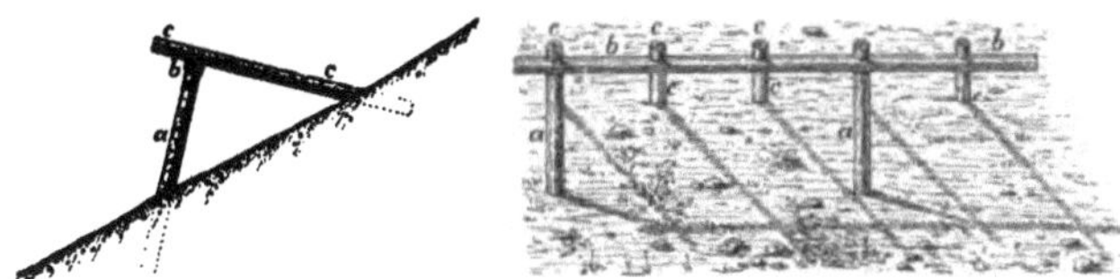

Fig. 172.

3. **Schneebrücken**, die man aus Holz nach Fig. 172 herstellt, und welche gleichfalls horizontal verlaufen; sie bestehen aus den Sperrhölzern *a*, den Trämen *b* und den Traghölzern *c*.

4. **Absprengen von vorspringenden Felspartien** — wie *a* in Fig. 173 —, über die sich an steilen Lehnen häufig überhängende Schneemassen (sogenannte Schneeschilde) *b* vorschieben, welch letztere abbrechen und im Herabkollern das Entstehen einer Lawine verursachen.

Als Mittel gegen Steinschlag sind zumeist anzuwenden: Erhaltung oder Schaffung von Wald, nach den Schichtenlinien verlaufende Wände wie die Schneefänge aus Stein, Holz oder auch aus starken Flechtzäunen.

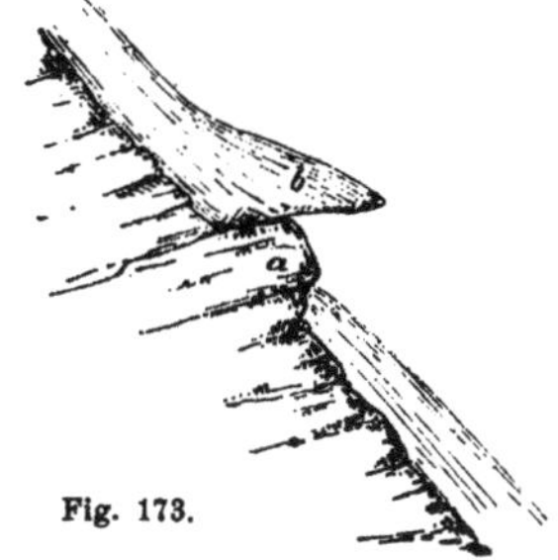

Fig. 173.

**IV. Arbeiten am Schuttkegel**, besonders Korrektion des dortigen Bachverlaufes durch Schaffung eines entsprechend geräumigen,

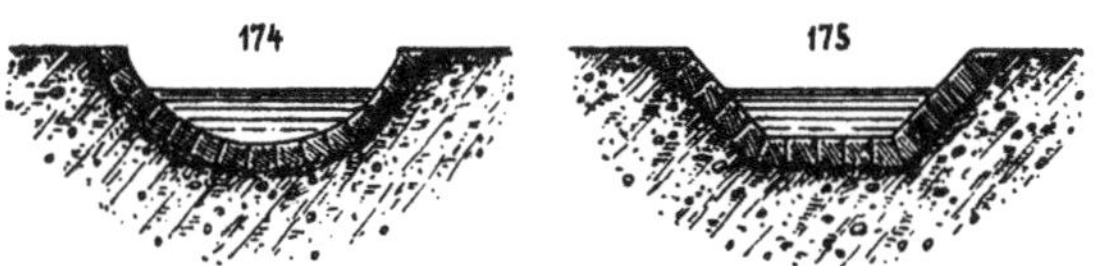

Fig. 174 und 175.

etwa gepflasterten oder durch Grundschwellen versicherten Gerinnes; man gibt letzterem nach Fig. 174 beziehungsweise 175 gewöhnlich ein schalenförmiges oder ein trapezförmiges Querprofil.

## § 39. Verbauung von Wildbächen der Berg- und Hügelländer.

Die Wildbäche der Berg- und Hügelländer weisen im allgemeinen nur in ihren höchsten Partien ein größeres Gefälle des Rinnsals und der umliegenden Gehänge auf; nur dort sind daher mitunter größere

Lehnenbrüche vorhanden. Im übrigen Verlaufe, der bei geringem Gefälle große Wassermassen aufweist, sind es stete Uferbrüche der wenig festen, meist niederen Ufer, sowie leicht angreifbare Schotterablagerungen und Sandbänke, von denen der Bach fortwährend Material erhält, das er anderwärts wieder ablagert. Die in solchen Wildbächen nötigen Verbauungsarbeiten erstrecken sich demnach insbesondere auf:

I. Unschädliche Ableitung der Quell- und Sickerwässer behufs Verhinderung der Unterwaschung und Unterwühlung, ferner Bindung der Gehänge an ihrer Oberfläche, wie uns dies für die Wildbäche der Alpen aus § 37, III und V (Seite 122) bekannt ist. Diese Vorkehrungen werden bei den Wildbächen der Berg- und Hügelländer fast nur in den obersten Partien nötig.

II. Uferschutzbauten zur Sicherung der brüchigen Ufer und zwar: Faschinenbekleidung; Uferbeschläge aus Holz; Grainerwerke; Steinwürfe, Steinpflasterungen, Ufermauern; Parallelwerke (Längswerke, Uferdeckbauten, Leitwerke) aus Holz, Steinkastenbau oder Stein, vielfach aber auch nur aus Flechtwerk und Faschinenbau ausgeführt; Pilotenreihen (Verpfählungen), Reihen von Steinkörben oder steinbeschwerten hölzernen Böcken; Buhnen. Alle die genannten Uferschutzbauten kennen wir bereits aus dem Waldwegebau, § 25, Zusatz (Seite 83 bis 89).

Erwähnt seien hier außerdem noch die nach ihrem Erfinder benannten „Wolfschen Gehänge", die mitunter bei geringem Gefälle und mäßiger Materialführung zur Flußregulierung Anwendung finden. Dabei werden nach Art eines Längswerkes Pfähle a (Fig. 176) in einer Reihe längs des brüchigen Ufers eingerammt und durch Querhölzer b miteinander verbunden; an letztere werden Reisigbünde c, die sogenannten Gehänge, angebunden. Kommt das materialführende Wasser an diese Gehänge an, so bricht sich seine Kraft, die Geschiebe sinken zu Boden, und es tritt landseits der Gehängeanlage allmählich eine Verlandung ein, welche durch das sich begrünende und bewurzelnde Reisig gebunden wird.

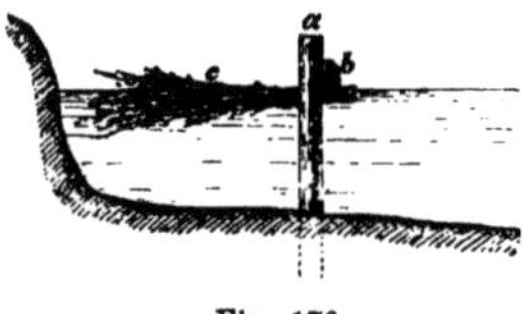

Fig. 176.

III. Bindung der Schotterablagerungen und Sandbänke im Flußbett. Innerhalb dieser Ablagerungen muß dem Gewässer ein oft noch

Fig. 177.

durch Grundschwellen zu versicherndes, ständiges Gerinne gegeben werden; die seitlich vorhandenen Schotter- und Sandmassen bindet man z. B. durch sich begrünende Flechtzäune, die als Uferverkleidung längs des Gerinnes und in entsprechendem Verbande auf den dahinter befindlichen Ablagerungen auszuführen sind. — Mitunter sind stärkere Anlagen nötig, wie die in Fig. 177 in einem Bachquerprofile dargestellten. Hier wurden zur Deckung der Ufer des künftigen Gerinnes beiderseits Parallelwerke a errichtet, welche je aus zwei Reihen von verflochtenen oder verschalten („dunklen") Verpfählungen bestehen; zwischen letztere ist Schotter gefüllt und oben abgepflastert. Zwischen diese Längswerke sind Grundschwellen $b$ eingezogen. Bei stärkeren Hochwässern überflutet der Bach die Längswerke und lagert bei $c$ auf das schon vorhandene Material neue Massen ab, die durch Bepflanzung mit Weidenstecklingen oder Anlage von Flechtzäunen gebunden werden. — Auch die Regulierung des Gerinnes durch Buhnen (Traversen) führt dazu, daß dort vorhandene Schotterablagerungen vor dem Weitertransporte gesichert sind.

### § 40. Vom Bau der Sperren.

I. Die Bestandteile einer Talsperre sind aus der Fig. 178, welche einen Schnitt durch die Sperre im Sinne eines Bach-Längenprofils darstellt, ersichtlich und werden wie folgt benannt:

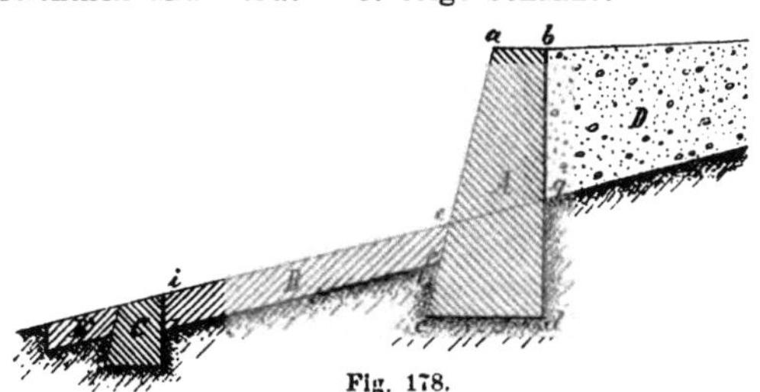

Fig. 178.

1. Der eigentliche Sperrkörper $A$.
2. Die Vorfeldversicherung $B$ des Sperrkörpers, welche diesen gegen Unterwaschung durch das herabstürzende Wasser sichert.
3. Die Gegensperre $C$, an die sich mitunter noch talseits eine schwächer gehaltene „Vorfeldversicherung der Gegensperre" $B^1$ anschließt.

Am eigentlichen Sperrkörper $A$ unterscheidet man wieder dessen Fundament $e\,c\,d\,g$, die bergseitige Stirnwand $b\,d$, die talseitige Stirnwand $a\,c$, die Krone $a\,b$ und den Fuß der Sperre bei $e$. Dieselben Bestandteile und Benennungen weist auch die Gegensperre $C$ auf. An der Vorfeldversicherung $B$ nennt man $c\,i$ deren Breite, $h\,i$ deren Stärke. Bei $D$ ist der Verlandungskörper angedeutet. Bergseits und talseits schließen sich mitunter seitlich, besonders bei steinernen Sperren, gemauerte „Flügel" zu Versicherungen der dortigen Uferböschungen an.

II. Die Ausführung der Sperren.

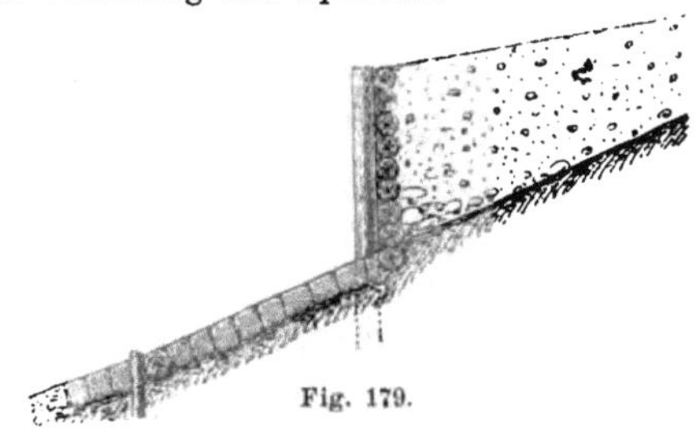

Fig. 179.

1. Sperren aus Holz können entweder nach Fig. 179 ähnlich den einfachsten Holzklausen aus einer starken, sich gegen eventuell

noch zu verspreizende Piloten stützenden **Holzwand** bestehen, welche
für Zwecke der Wildbachverbauung nicht wasserdicht zu sein braucht
(Rundholz!), oder die hölzernen Sperren werden (vgl. Fig. 180) nach Art
einer quer über das Gerinne verlaufenden **Grainerwand** erbaut; verwendet man statt der Ankerbäume *a* des Grainerwerks (vgl. auch Seite 88)

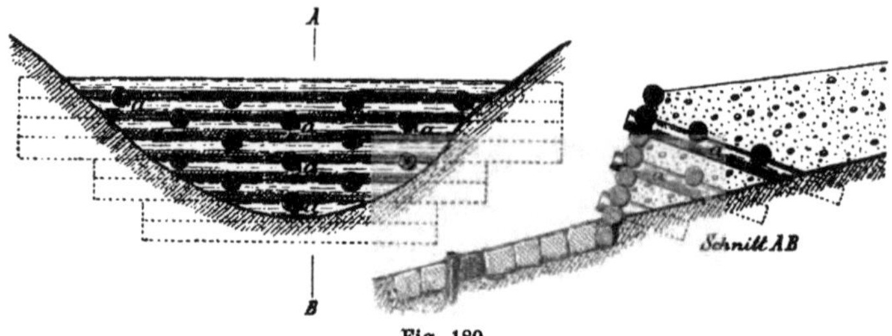

Fig. 180.

**Rauhbäume,** so entsteht eine einfache hölzerne **Rauhbaumsperre.** Die
beiden letzteren Konstruktionen eignen sich besonders zur Verbauung kleiner
Runsen. Indem sich der Verlandungskörper auf die Ankerbäume, be-
ziehungsweise Rauhbäume legt, trägt er zur Festigung der Sperren bei.
— Das beste Holz für solche Querwerke ist Lärchen-, dann Zirben- und
Kiefernholz; Fichte und Tanne sind minder geeignet.

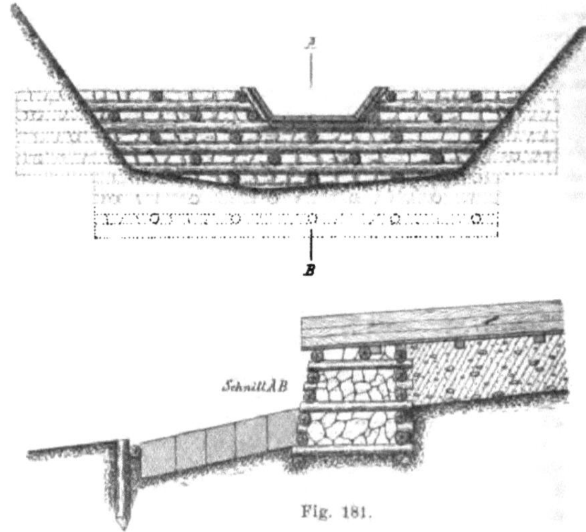

Fig. 181.

2. **Sperren aus Holz und Stein;** diese bestehen aus einem Holz-
gerippe, das, um die Standfestigkeit des Werkes zu erhöhen, mit Steinen
dicht ausgeschlichtet ist. — Hieher gehören die Steinkastensperren
(z. B. nach Fig. 181), welche im wesentlichen ebenso wie die Steinkasten-

klausen erbaut werden, jedoch nicht wasserdicht zu sein brauchen, wie Klausdämme. Aus letzterem Grunde ist bei Sperren ein dichtes Anarbeiten der Hölzer und das Kalfatern der Fugen nicht nötig; ebenso ist für die Tiefe und Art der Fundierung nur die Sicherheit gegen Unterwaschung und Unterkolkung maßgebend. Die Vorfeldversicherung besteht aus einer starken Pflasterung oder einer hölzernen Abdielung; an ihrem unteren Ende kann diese Vorfeldversicherung sich gegen eine Art Gegensperre stützen, welche aus eingetriebenen, durch Querhölzer verbundenen Pfählen besteht. Der Abfluß der normalen Wässer erfolgt häufig durch ein Holzgerinne, das über die Krone der Sperre führt. — Ein anderes Beispiel eines Querwerkes aus Holz und Stein ist die in Fig. 182 im Schnitt dargestellte pilotierte Rauhbaumsperre mit Steinfüllung.

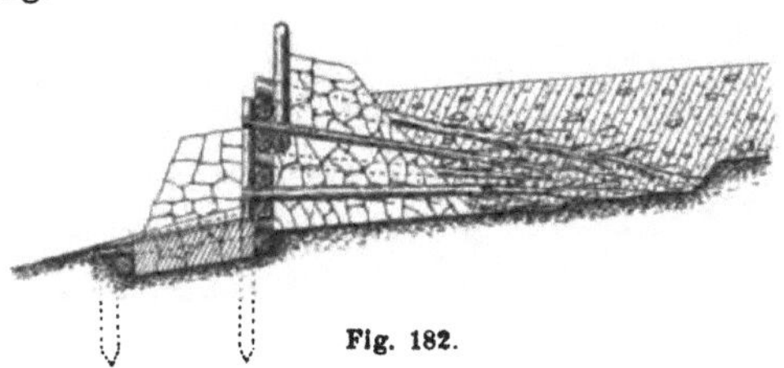

Fig. 182.

3. Sperren aus Stein. Die größten und wichtigsten Sperren werden in der Regel ganz in Stein ausgeführt, und es gelten dabei im allgemeinen die folgenden (auch beim Bau von Klausen maßgebenden) Grundsätze: Zuerst wird die Vorfeldversicherung der Gegensperre, dann diese selbst ausgeführt, dann von unten nach oben fortschreitend die Vorfeldversicherung angeschlossen und zuletzt die eigentliche Sperre errichtet. — Das Fundament der Sperren soll auf festem Boden, womöglich auf Fels ruhen; für die unterste Schichte verwendet man das härteste Material; das Fundamentmauerwerk kann breiter gehalten werden, als der darüber auszuführende oberirdische Sperrkörper; zur erhöhten Sicherheit wird das Fundamentmauerwerk öfter noch etwas in die feste Fundamentsohle versenkt, in anderen Fällen ruht es auf einem Pilotenrost; die Wasserableitung von der Baugrube erfolgt am besten mittels eines hölzernen Gerinnes, minder gut durch fortwährendes Schöpfen; die Fundamentherstellung soll möglichst rasch durchgeführt werden, da bei Eintritt eines Hochwassers die Fundamentgrube verschüttet würde. — Der emporragende Sperrkörper wird in (die gleiche Höhe einhaltenden) Horizontalschichten emporgeführt, wobei in jeder Schichte von der Mitte beginnend gegen die Seiten hin gearbeitet wird; die Lagerfugen der Steine sollen senkrecht auf die Fläche der geneigten talseitigen Stirnwand stehen; die Krone mit der Abflußsektion, die talseitige Stirnwand und die Dohle der Sperren leiden am leichtesten Schaden und müssen daher besonders solid ausgeführt werden; wird eine eigentliche (höhere) Talsperre ganz in Mörtelmauerwerk erbaut, so ist es nötig, eine Dohle (vgl. Seite 124) einzubauen, durch welche das Wasser aus dem Verlandungskörper abfließen kann; in Österreich werden die steinernen Talsperren fast durchwegs aus Cyklopenmauerwerk (vgl. Seite 16) erbaut; die oben genannten gefährdetsten Teile werden aus dem schönsten Material (Quadern!) ausgeführt, und bei stärker beanspruchten Sperren werden wenigstens die Krone und die

Dohle in Mörtel (Zement) gelegt; zu dem sich an die talseitige Stirnwand anschließenden Mauerwerk wird zumeist schöner Bruchstein verwendet; stets muß der Sperrkörper seitlich so weit in die Uferböschungen hineinreichen, daß auch dort eine Auskolkung oder ein Durchbruch unmöglich ist; öfter müssen an die Sperre gemauerte Flügel als Böschungsversicherung angeschlossen werden; bergseits schlichtet man an den fertigen Sperrkörper nach Art eines Steinwurfes grobes Trümmergestein, damit das Werk dem ersten Anprall der Wildfluten leichter Widerstand leiste.

Anmerkung. Das Bauelaborat (Projekt) für die Verbauung eines Wildbaches weist im wesentlichen dieselben Teile auf, wie wir sie schon im Anhange zum Hochbau und zum Waldwegebau kennen gelernt haben.

Die Bauausführung muß in allen ihren Teilen mit größter Sorgfalt und daher unter stetiger gewissenhaftester Aufsicht erfolgen, weil hier schlechte Arbeit (und als deren Folge etwa der Bruch einer Talsperre) nur allzuleicht furchtbare Verheerungen gerade jener Kulturgründe zur Folge haben könnte, welche man durch die Wildbachverbauung zu schützen beabsichtigte. — Alle Verbauungswerke müssen auch späterhin stets beobachtet werden, um etwa auftretende Mängel sofort entdecken und gründlich beheben zu können.

Eine Übernahme (Kollaudierung) der fertigen Werke findet wie bei Hoch- und Straßenbauten statt,

## II. Teil.

# Situations- und Bauzeichnen.

***

**Vorbemerkungen.** Der Forstschutzmann wird häufig in die Lage kommen, Pläne und Karten mannigfacher Art, wenn auch seltener selbständig aufzunehmen und zu verfassen, so doch zeichnerisch auszuführen oder deren Kopierung vorzunehmen. Diese Arbeiten verlangen, abgesehen von einer gewissen technischen Fertigkeit, vor allem ein eingehendes Verständnis für die Sache; wer aber Pläne und Karten mit Verständnis und korrekt — wenn auch vielleicht nicht zeichnerisch tadellos — auszuführen im stande ist, dem wird es auch nicht schwer fallen, sich in denselben genau zu orientieren, sie lesen zu können. — Für den Forstschutzmann nun, dem ein meist größerer Komplex von Grund und Boden zur Beaufsichtigung anvertraut ist, spielt insbesondere das richtige Lesen der Karte seines Revieres, die ihm bei seinen Dienstgängen ein steter Begleiter sein soll, eine sehr wichtige Rolle, wenn er seinen mannigfaltigen Pflichten nachkommen und dem Forste im wahren Sinne des Wortes „ein Schutz" sein will. Nebstbei wird er aber gewiß auch oft in Lagen kommen, wo ihm eine gewisse Fertigkeit, sich in Bauplänen zurechtzufinden, sehr zustatten kommt.

Aus dem Gesagten ergibt sich die im folgenden eingehaltene Einteilung des Stoffes in zwei Abschnitte, deren erster die Ausführung von Situationsplänen und Forstkarten und deren zweiter das Bauzeichnen zum Gegenstande haben wird.

***

## I. Abschnitt.

# Ausführung von Situationsplänen und Forstkarten.

***

## I. Kapitel.

## Situationspläne.

### § 1. Allgemeines.

Im I. Bande dieses Werkes wurde gelehrt, auf welche Art und Weise kleinere Situationspläne, welche die horizontale Projektion eines Grundkomplexes darstellen, aufzunehmen und zu verfassen sind.

Es genügt jedoch für viele Zwecke nicht, nur die Größe und gegenseitige Lage der aufgenommenen Parzellen zu kennen, sondern es soll unter anderem auch die Benutzungsart der Parzelle (Wald, Wiese, Acker), ob sie eingefriedet und welcher Art die Einfriedigung ist (Holzzaun, Mauer), ferner aus welchem Materiale (Holz, Stein, Eisen) die Baulichkeiten hergestellt sind, zu welchem Zwecke sie dienen u. s. w., zu ersehen sein; mit einem Worte, die Aufnahme muß meist zu einem vollständigen Plane ausgearbeitet werden, der ein so klares und getreues Bild über die tatsächlichen Verhältnisse des aufgenommenen Grundkomplexes geben soll, daß auch derjenige, welchem die betreffende Örtlichkeit vollkommen fremd ist, sich genau zu orientieren vermag. Dies geschieht nun dadurch, daß in die Aufnahme einheitliche Bezeichnungen für die Kulturgattungen, Bauten, Brücken u. s. w. eingetragen werden.

Die Ausführung der Pläne erfolgt entweder mit Tusch (schwarze Pläne!) oder auch mit Farbe (kolorierte Pläne!), durch welche letztere Darstellungsweise die Übersichtlichkeit noch bedeutend erhöht wird. Für gewisse Zwecke ist es ferner notwendig, die Terrainkonfiguration durch Einzeichnen von Schichtenlinien (Schichtenpläne!), oder auch — obwohl für forstliche Zwecke seltener — durch Schraffierung (schraffierte Schichtenpläne!) zum Ausdrucke zu bringen.

### § 2. Ausführung von Situationsplänen.

#### *I. Schwarze Pläne.*

An Materialien benötigt man zu dieser Arbeit vor allem eine gute Reißfeder, ein Dreieck oder besser deren zwei, einen Nullenzirkel, einige feine Ausziehfedern (Zeichenfedern) und Tusch.

Da von der Güte der Reißfeder sehr häufig der Eindruck, den ein Plan in Bezug auf Schönheit der Ausführung auf den Beschauer macht, abhängt, so ist diese stets mit der größten Sorgfalt zu behandeln; die Reißfeder ist nach dem jedesmaligen Gebrauche sehr gut zu reinigen und zu trocknen, sowie nach der Tagesarbeit in das zugehörige Etui zu verschließen, um vor Rost geschützt zu sein; in keinem Falle darf sie auch gleichzeitig zum Ziehen von Linien in Journalen und Drucksorten verwendet werden, weil sie durch eine derartige Benutzung, besonders bei Verwendung von Tinte, stark leidet. Von großem Vorteile ist es, jene Lage der Reißfeder herauszufinden, in welcher sie die besten Resultate gibt; ist dies gelungen, so merke man sich diese Lage und behalte sie bei allen zeichnerischen Arbeiten bei. Aus diesem Grunde ist es auch nicht ratsam, die einmal an die eigene Hand gewöhnte Reißfeder fremden Händen zu überlassen. Auch der Nullenzirkel ist in Bezug auf Reinlichkeit sehr sorgfältig zu behandeln.

Das Stück Tusch, mittels dessen die Tuschfarbe zumeist auf einer kleinen flachen Porzellanschale oder auf einer eigens für diesen Zweck etwas rauh hergestellten Glasplatte „angerieben" wird, ist nach dem Anreiben stets sofort mit einem keine Haare lassenden Papier oder Tuche gut abzutrocknen. Der „angeriebene Tusch", welcher in der „Tuschschale" aufbewahrt wird, ist nach getaner Arbeit gut zuzudecken, wenn man ihn nach längerer Zeit (am nächsten Tage) wieder verwenden will; sollte er zu dickflüssig geworden sein, so reibe man sich frischen Tusch an: ein Verdünnen des dick gewordenen Tusches mit Wasser ist aus vielen Gründen unzulässig.

Die gebräuchlichsten und wichtigsten Bezeichnungen für Kulturgründe, natürliche und künstliche Terrainobjekte und Grenzen sind im nachfolgenden zusammengestellt:

*a)* **Bezeichnung der Kulturgattungen.**

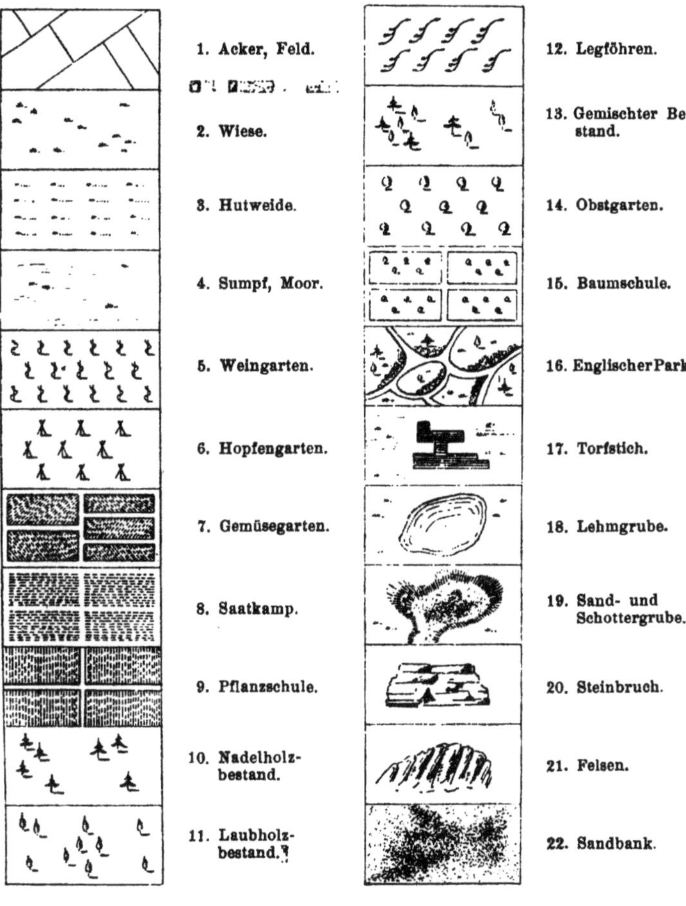

*b)* Bezeichnungen für natürliche und künstliche Objekte.

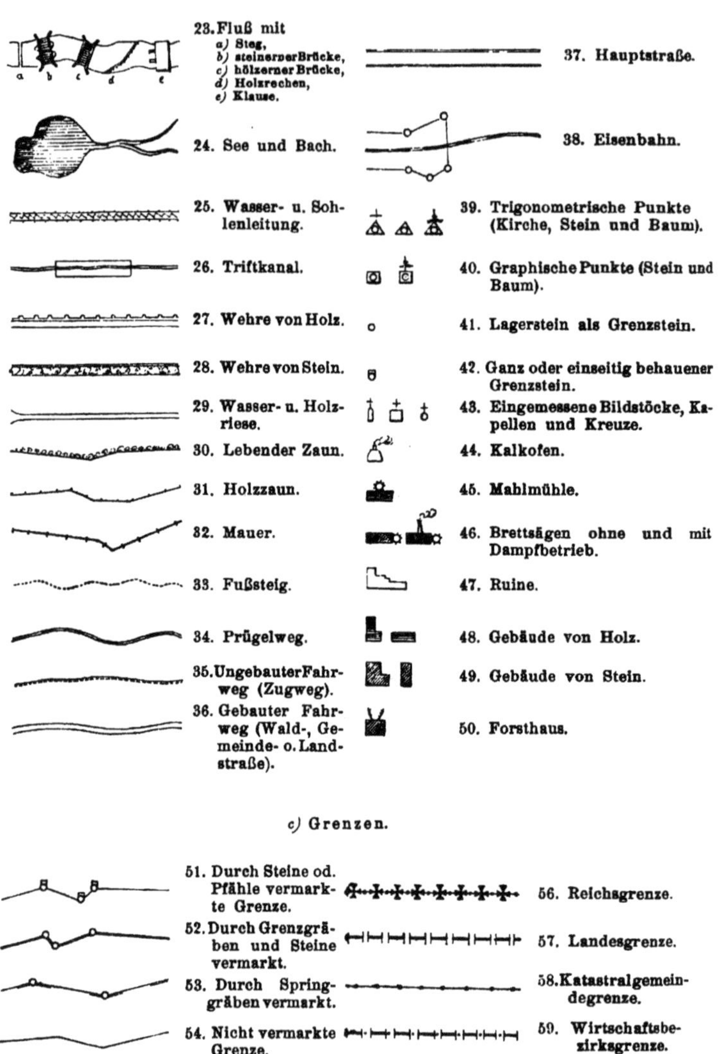

23. Fluß mit
  *a)* Steg,
  *b)* steinerner Brücke,
  *c)* hölzerner Brücke,
  *d)* Holzrechen,
  *e)* Klause.

24. See und Bach.

25. Wasser- u. Sohlenleitung.

26. Triftkanal.

27. Wehre von Holz.

28. Wehre von Stein.

29. Wasser- u. Holzriese.

30. Lebender Zaun.

31. Holzzaun.

32. Mauer.

33. Fußsteig.

34. Prügelweg.

35. Ungebauter Fahrweg (Zugweg).

36. Gebauter Fahrweg (Wald-, Gemeinde- o. Landstraße).

37. Hauptstraße.

38. Eisenbahn.

39. Trigonometrische Punkte (Kirche, Stein und Baum).

40. Graphische Punkte (Stein und Baum).

41. Lagerstein als Grenzstein.

42. Ganz oder einseitig behauener Grenzstein.

43. Eingemessene Bildstöcke, Kapellen und Kreuze.

44. Kalkofen.

45. Mahlmühle.

46. Brettsägen ohne und mit Dampfbetrieb.

47. Ruine.

48. Gebäude von Holz.

49. Gebäude von Stein.

50. Forsthaus.

*c)* Grenzen.

51. Durch Steine od. Pfähle vermarkte Grenze.

52. Durch Grenzgräben und Steine vermarkt.

53. Durch Springgräben vermarkt.

54. Nicht vermarkte Grenze.

55. Strittige Grenze.

56. Reichsgrenze.

57. Landesgrenze.

58. Katastralgemeindegrenze.

59. Wirtschaftsbezirksgrenze.

60. Schutzbezirksgrenze.

Über die Stärke der Tuschlinien lassen sich allgemeine Vorschriften nicht aufstellen; jedenfalls aber sind zu feine Linien, welche beim späteren Gebrauche des Planes leicht verschwinden können, ebenso zu vermeiden, als zu starke Linien, welche unschön wirken.

Die Arbeit, bei welcher das Aufnahmsblatt nur mit Reißnägeln am Brette befestigt wird und nicht aufgespannt zu werden braucht, ist mit dem Einzeichnen der Grenzsteine und trigonometrischen Punkte mittels Nullenzirkel und Reißfeder zu beginnen; hierauf sind die Eigentums- und Parzellengrenzen auszuziehen und endlich alle übrigen Details auszuführen, wobei zu beachten ist, daß die Krümmungen der untergeordneten Straßen, Wege und der kleineren Wasserläufe bei einiger Übung viel vorteilhafter mit freier Hand mittels einer feinen Zeichenfeder, als mit einem „Curvenlineale" und der Reißfeder ausgezogen werden. In den so weit fertig gestellten Plan sind nunmehr die Kulturgattungen einzuzeichnen. Dieselben dürfen sich in den Parzellen nicht allzusehr überhäufen, damit die Übersichtlichkeit nicht gestört wird; wo es tunlich ist, sind sie am zweckmäßigsten nur zerstreut in kleinen Gruppen anzubringen, wodurch auch zugleich Zeit und Mühe erspart wird.

Da jeder erhöhte und vertiefte Gegenstand in der Natur Schatten wirft, so sucht man dies bei den Plänen dadurch zum Ausdrucke zu bringen, daß man die betreffenden Konturen mit Schattenlinien (stärker ausgezogenen Linien) versieht. Wenn man sich das Licht, wie dies bei derartigen Arbeiten stets angenommen wird, von links oben unter einem Winkel von 45° einfallend denkt, so ist leicht einzusehen, daß erhöhte Gegenstände die Schattenlinien rechts und unten, dagegen vertiefte dieselben links und oben erhalten müssen.

## II. Kolorierte Pläne.

Die kolorierten Pläne gewähren eine noch größere Übersichtlichkeit und ermöglichen ein rascheres Lesen dadurch, daß man sich bemüht, auch die natürliche Farbe der Kulturen, des Wassers u. s. w. beiläufig nachzuahmen.

Zur Ausführung kolorierter Pläne benötigt man außer den auch für schwarze Pläne erforderlichen Hilfsmitteln noch:

*a)* Einen guten Tusch zum Anlegen von Flächen. Derselbe darf nicht, wie zum Zeichnen, in einer Schale angerieben werden, weil die sich hiebei abbröckelnden Stückchen leicht in den Pinsel gelangen und beim Anlegen einer Fläche scharfe, schwarze, unaustilgbare Striche hinterlassen; man reibt am besten mit dem im Wasser angenetzten Finger an dem Tuchstücke und verreibt sodann den am Finger haften gebliebenen Teil in der mit etwas Wasser gefüllten Tuschschale; statt des Fingers kann auch ein nasser Pinsel benutzt werden, der in der Schale ausgedrückt wird. Dies setzt man solange fort, bis der gewünschte, entsprechend dunkle „Ton" erreicht ist.

*b)* An Farben: Siena gebrannt und ungebrannt, Sepia römisch, Gummigutt, Berlinerblau, Karmin, Zinnober, Mitisgrün, Deckweiß, Grünspan (letzteren gewöhnlich in flüssigem Zustande). — Für technische Zwecke finden entweder die Aquarellfarben von Anreiter oder jene von Günther-Wagner, welche in runden Stücken zu billigen Preisen käuflich sind, Verwendung. Sie sind ebenso wie der Tusch zum Anlegen in der Schale aufzulösen, also nicht anzureiben. Zum Anlegen von Flächen in brauner Farbe bedient man sich mit Vorliebe wegen des gleichmäßigen, fleckenlosen Tones des Tabaksaftes, den man sich selbst bereitet, indem man besseren Pfeifentabak in einem Glase mit Wasser übergießt und nach einigen Stunden die braune Flüssigkeit durchfiltriert.

*c)* Einen guten (doppelten) Haarpinsel, bei welchem die eine Spitze zum Anlegen, die andere zum Aufsaugen der am Rande etwa zusammenlaufenden Farbe dient.

Die im § 2 (Seite 133) angeführten Kulturen erhalten folgende Farben:

1. Acker und Feld: Sehr lichtes Blaßgelb, durch Mischung aus Tabaksaft mit etwas Karmin zu erzeugen. Die Einzeichnung der Kulturgattung entfällt.

2. Wiese: Hellgrün; Mischung von Grünspan und Gummigutt; Grasbüscheln schwarz in regellosen Gruppen.

3. Hutweide: Fahlgrün; Mischung wie bei der Wiese, nur weniger Gummigutt; Grasbüscheln in regelmäßiger Reihenfolge.

4. Sumpf und Moor: Untergrund hellgrün wie Wiese; verlaufende Wasserstreifen mit Berlinerblau.

5. Weingarten: Grund lichtrosa (Karmin); die schwarzen Weinstöcke sind mit Mitisgrün zu übertupfen.

6. Hopfengarten: Grund hellbraun (Siena gebrannt); die Hopfenstöcke mit Mitisgrün zu übertupfen.

7., 8., 9. Gemüsegarten, Saatkamp, Pflanzschule: Wege braun (Sepia mit Siena); die kleinen Stricheln mit Mitisgrün.

10., 11., 12., 13. Wälder: Grund graugrün; die Fläche wird zuerst mit einem mitteldunklen Tuschtone und hierauf mit verdünnter Wiesenfarbe angelegt; die Bäume erhalten Tupfen mit Mitisgrün.

14. Obstgarten: Grund wie Wiese; Bäume mit Mitisgrün betupft.

15., 16. Baumschule, englischer Park: Grundton mit Grünspan; Bäume und Sträucher mit Mitisgrün betupft; Wege braun.

17. Torfstich: Grund- und Sumpfbezeichnung wie bei 4, nur mit braunen Streifen untermischt; der Stich selbst braun (Sepia und Siena).

18. Lehmgrube: Mit Siena gebrannt in zwei oder drei verschiedenen Tönen, und stärkere Risse mit Sepia; auch mit Sepia gestrichelt.

19. Sand- und Schottergrube: Grund hell Siena; Punkte mit Sepia und Siena.

20., 21. Steinbruch und Felsen: Hellbraun (Sepia) und bläulichgrau in mehreren Tönen scharf und kantig aufgetragen.

22. Sandbank: Braun (Sepia); mit Tupfen.

Über die farbige Ausführung der in § 2 (Seite 134) verzeichneten natürlichen und künstlichen Objekte sei nachfolgendes erwähnt:

Wasser: Hiezu wird ausschließlich Berlinerblau in stark verdünntem Zustande verwendet. Seen und breite Flüsse sind an den zuerst mit Tusch ausgezogenen Uferrändern in stärkeren Tönen anzulegen, und die noch nasse Farbe ist mit einem feuchten Pinsel gegen die Mitte hin zu verwaschen, so daß der blaue Ton gegen die Mitte zu immer lichter wird. Flüsse und Bäche von geringerer Breite werden gleichmäßig mit lichtem Berlinerblau angelegt. Gräben, welche an den Ufern viel Schottermaterial ablagern und normal nur sehr wenig Wasser führen, erhalten an den Ufern die Bezeichnung für Sandbänke und nur dort, wo normal das Wasser läuft, einen schmalen, blauen Streifen. Kleine, untergeordnete Wasseradern zieht man mit der Feder direkt in blauer Farbe aus.

Objekte aus Stein (Mauern, Ruinen, Gebäude, Brücken, Wehren, Klausen, Mahl- und Sägemühlen) sind mit einem mittelstarken Karmintone anzulegen.

Objekte aus Holz (Gebäude, Brücken, Stege, Rechen, Klausen, Wehre, Holzriesen, Mahl- und Sägemühlen) erhalten einen gelben Ton von Gummigutt mit etwas Siena gemischt.

Hauptstraßen und Eisenbahnen: Sehr verdünnter Karmin.

Wege: Sepia mit Siena, und zwar ziemlich stark und dabei Sepia vorherrschend bei Prügel- und ungebauten Fahrwegen; schwächer und Siena vorherrschend bei gebauten Fahrwegen (Wald-, Land- und Gemeindestraßen); reine Sepia bei Plätzen, Gassen, Hofräumen und Gartenwegen.

Fußsteige sind in kleinen braunen Strichen (Sepia mit Siena) darzustellen.

Holzzäune werden mit brauner Farbe (Sepia und Siena) ausgezogen.

Eigentumsgrenzen erhalten gewöhnlich auf der dem fremden Grunde zugekehrten Seite ihrem ganzen Umfange nach ein etwa 2 bis 4 *mm* breites, nicht ganz an die Grenzlinie anschließendes rotes (Karmin-)Band derart, daß sich der aufgenommene eigene Besitz immer innerhalb des Bandes befindet.

Der Reihenfolge nach wären zwecks Ausführung kolorierter Pläne folgende Arbeiten vorzunehmen:

*a)* Aufspannen des Aufnahmsblattes in nassem Zustande auf ein Reißbrett; dies ist hier unbedingt notwendig, um ein Werfen des Papieres bei der Behandlung mit Farbe zu verhindern. Zum Kolorieren eignet sich am besten ein gutes, starkes, nur wenig geleimtes Zeichenpapier.

*b)* Nach dem Trockenwerden des Papieres erfolgt das Ausziehen der Konturen der Parzellen und der aufgenommenen Details mit Tusch wie bei den schwarzen Plänen, jedoch unter Weglassung der Schattenlinien.

*c)* Gründliche Reinigung des Papieres mit einer Brotkrume oder mit weißen Handschuhlederabfällen.

*d)* Obwohl der Tusch zum Ausziehen, wie eingangs erwähnt, stets frisch anzureiben ist, so kommt es trotz aller Vorsicht häufig vor, daß die Tuschlinien mit der feuchten Farbe zusammenfließen; es ist daher vorteilhaft, den ausgezogenen Plan nach der Reinigung mit einem in reines Wasser getauchten weichen Schwamm leicht so oft zu waschen, eventuell auch noch einige Gläser Wasser rasch darüber zu schütten, bis die etwa lösbaren Tuschpartikelchen weggeschwemmt sind.

*e)* Anlegen der Parzellen mit Farbe oder Tusch, bei den gewaschenen Plänen selbstverständlich erst nach dem Trocknen. Vor allem versuche man stets auf einem bereit gehaltenen weißen Papier derselben Gattung, ob die gemischte Farbe dem Tone nach die gewünschte ist; sicherheitshalber sind diese Farbenproben eintrocknen zu lassen, weil sie sich im Tone manchmal etwas verändern; so wird z. B. Grünspan und Tabaksaft dunkler, Sepia dagegen lichter. Die Farbe ist, immer bei schiefer Haltung des Reißbrettes, von links oben nach rechts unten mit ziemlich vollem Pinsel in kräftigen Strichen aufzutragen; die am unteren Rande der Parzelle sich ansammelnde Farbe wird mit der zweiten, etwas feuchten Spitze des Pinsels vorsichtig aufgesaugt. Die Umfangslinien (Konturen) der Parzellen sind selbstverständlich genau einzuhalten; die Farbe darf ferner während des Auftragens nicht stellenweise am Papiere eintrocknen. weil beim Überstreichen dieser Partien mit dem nassen Pinsel Flecken entstehen. Hat man die oben erwähnten Vorsichtsmaßregeln beachtet und insbesondere den Plan gewaschen, so können die eingezeichneten Tuschlinien anstandslos mit Farbe übergangen werden, ohne daß man ein Zusammenfließen befürchten müßte. Alle Flächen, die gleiche Farbentöne haben, sind nacheinander anzulegen; eine mit Grünspan angelegte Fläche muß vollständig trocken sein, bevor man die anstoßende Parzelle mit

Farbe behandelt, weil sich Grünspan in feuchtem Zustande sehr leicht löst und dann unreine, verwischte Konturen gibt. Es ist in der Regel vorteilhafter, mit stark verdünnter Farbe zu arbeiten und die Flächen bis zur Erreichung des gewünschten Tones öfter zu überstreichen, als sofort den richtigen Farbenton aufzutragen; denn durch den hiemit empfohlenen Vorgang wird das Entstehen fleckiger Stellen verhindert. Sollten sich solche jedoch trotzdem ergeben, so sind sie mit halbfeuchter, verdünnter Farbe in kurzen Pinselstrichen auf den Gesamtton auszugleichen (Retouchierung). Diese Arbeit verlangt jedoch viel Übung, und der Anfänger tut zumeist besser, sie ganz zu unterlassen.

*f)* Ausziehen der Schattenlinien.

*g)* Einzeichnen der Kulturen.

*h)* Vollständige Beschreibung des Planes.

### III. Schichtenpläne.

Die Bodengestaltung eines Grundkomplexes wird am häufigsten durch Schichtenlinien*) dargestellt; diese werden vor der Ausführung des Details mit brauner, unverwaschbarer Farbe (Indelibel) mit freier Hand ausgezogen, und die Koten werden mit derselben Farbe in kleiner Rundschrift dazu geschrieben. Je nach dem Maßstabe des Planes, respektive je nach der Entfernung der aufgenommenen Schichten voneinander, wird meist jede fünfte oder jede zehnte Linie stärker als die zwischenliegenden ausgezogen.

### IV. Schraffierte Schichtenpläne.

Die Darstellung der Bodengestaltung durch Schraffierung setzt nicht nur ein genaues Verständnis dieser Arbeit, sondern auch ein größeres Maß zeichnerischen Talentes voraus, so daß der Zweck dieses Buches es wohl nicht erfordert, hierauf näher einzugehen; es sei daher hier nur folgendes kurz erwähnt:

Die Ausführung von Schraffierungen fußt auf dem Grundsatze, daß Flächen von vertikal auffallendem Lichte in der Natur desto intensiver beleuchtet werden, je weniger steil sie sind; ebene Flächen werden daher am stärksten, d. h. voll beleuchtet, während vertikal stehende Flächen nur mehr vom Lichte gestreift werden, also — nur strahlendes Licht vorausgesetzt — im Dunkeln liegen. Zwischen diesen beiden Extremen liegt nun eine ganze Reihe von mehr oder weniger hellen Tönen, je nach der Neigung der Fläche.

Diese Tonabstufungen können sowohl mittels Farben, als auch durch enger oder weiter aneinandergereihte Striche (Schraffen) hervorgebracht werden. Letztere Methode ist insbesonders von Lehmann ausgearbeitet worden; dieser nimmt an, daß für die Plandarstellung praktischerweise die Böschungen von 45° und darüber, weil in der Natur seltener vorkommend, schon als unbeleuchtet (dunkelster Ton!) zu gelten haben, und daß die Breite der Schraffen und der dazwischen liegenden weißen Zwischenräume bei gegebenem Neigungswinkel der darzustellenden Böschung in einem ganz bestimmten Verhältnisse zueinander stehen. Die Ausführung richtig schraffierter Schichtenpläne ist daher eine überaus schwierige, und es wird für unsere Zwecke vollständig genügen, eine annähernd richtige Schraffierung kleinerer Karten nach den folgenden Angaben vornehmen zu können.

---

*) Über die Aufnahme von Schichtenlinien siehe I. Band, Seite 332 u. f.

Die stets gleichbleibende Anzahl der Schraffen, welche auf 1 *cm* Länge der Schichtenlinie entfallen, richtet sich nach dem Maßstabe des Planes; gewöhnlich genügen 20 und weniger Striche auf 1 *cm*. Die Schraffen sind immer in der Richtung des größten Gefälles (also des fließenden Wassers) zu ziehen. Je steiler die Fläche, desto dicker (breiter) und, wie sich aus den Schichtenlinien ergibt, auch desto kürzer werden die Striche und desto enger daher die Zwischenräume.

Die Schraffierung setzt immer einen Schichtenplan voraus; nachdem die Schichtenlinien mit Bleistift ausgezogen worden sind, zeichnet man sich genügend viele Linien des größten Gefälles mit Blei ein, um die Richtung der Schraffen immer vor Augen zu haben; sodann werden die Schraffen selbst mit freier Hand in Tusch oder Farbe gezogen, wobei für die Stärke derselben eine vorher aufgestellte annähernde Tonskala gute Anhaltspunkte liefert. Bei einer überall ganz gleichmäßig geneigten Lehne sind die Striche offenbar so zu ziehen, daß die ganze Fläche einen einheitlichen Ton erhält; Übergänge in steilere oder sanftere Lagen dürfen in der Regel nicht abgebrochen und eckig, sondern müssen allmählich übergehend ausgeführt werden. Ferner haben die Schraffen genau von einer Schichtenlinie zur anderen zu reichen; nur bei sehr langen Strichen (in schwach geneigtem Terrain) schaltet man Zwischenschichtenlinien ein.

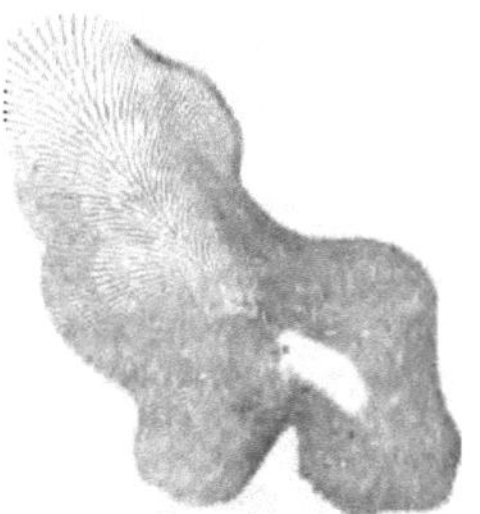

Fig. 183.

Fig. 183 zeigt die Ausführung eines kleinen Teiles einer Terrainschraffierung. — Nach Beendigung der Schraffierung werden die Details, oft auch die Hauptschichtenlinien bleibend eingezeichnet, und sodann die mit Blei gezogenen Linien des größten Gefälles (und eventuell die Schichtenlinien) mit einem weichen Gummi ausradiert.

In ähnlicher Weise kann die Terraingestaltung auch mittels Farbe oder durch „Schummern" mit dem Bleistifte dargestellt werden, wobei immer von dem Grundsatze, daß die steilsten Partien die dunkelsten Töne, die flachsten Terrainteile dagegen die lichtesten Töne erhalten, auszugehen ist.

### Beschreibung der Situationspläne (vgl. Seite 153 u. f.).

Hiezu eignet sich am besten die Rundschrift, deren Größe dem Maßstabe des Planes anzupassen ist. Zur Beschreibung mit Tusch gelangen alle wichtigeren Objekte, Wasserläufe u. s. w., insoferne sie ortsübliche Namen besitzen; für manche Zwecke ist es auch von Vorteil, über die Umgebung des aufgenommenen Besitzes orientiert zu sein, und dann ist dieselbe kurz zu beschreiben (Name des Anrainers, Steuergemeinde u. s. w.). Die Katastralnummern werden gewöhnlich mit roter oder besser mit unverwaschbarer brauner Farbe (Indelibel) in die Grund- und Bauparzellen eingetragen. Am Kopf des Planes kommt in Kürze zu stehen, was der betreffende Plan darstellt; unterhalb ist das Jahr, ferner der Maßstab der Aufnahme (entweder nur durch Angabe der Verjüngung 1 : 100, 1 : 200 u. s. w. oder auch durch Einzeichnen eines kleinen Maßstabes) anzugeben und endlich seitwärts an passender Stelle die wahre Mittagslinie (Orientierung nach Nord und Süd) anzubringen.

## II. Kapitel.

# Forstkarten.

### § 3. Allgemeines.

Die für den Forstschutzmann hauptsächlich in Betracht kommenden Karten sind:

1. Die Aufnahms- und Wirtschaftskarten.
2. Die Übersichts- und Bestandeskarten.

Die Aufnahmskarten gehen aus der genauen geodätischen Vermessung eines ganzen Wirtschaftsbezirkes hervor und werden entweder im Maßstabe der betreffenden Katastralkarte (meist 1 : 5.760) oder durchwegs im Maßstabe 1 : 5.000, selten 1 : 10.000, ausgearbeitet. Die Kopien der Aufnahmskarten führen den Namen Wirtschaftskarten, weil sie als Grundlage für die Wirtschaft zu dienen haben; in dieselben müssen daher alle sich ergebenden Veränderungen (Schlagflächen, Kulturen u. s. w.) eingetragen werden. Die Übersichts- und Bestandeskarten sind mittels des Pantographen bis auf den Maßstab 1 : 15.000 oder 1 : 20.000 verkleinerte Aufnahmskarten, welche eine Übersicht über das ganze Revier bieten und in welchen außerdem die einzelnen Waldbestände je nach ihrem Alter, ihrer Holzart, Mischung und Betriebsart durch Farbentöne ersichtlich gemacht werden können.

### § 4. Ausführung von Aufnahms- und Wirtschaftskarten.

Die Aufnahms- und Wirtschaftskarten werden gewöhnlich in „schwarzer Manier" ausgearbeitet, und nur die Gewässer und die zum aufgenommenen Grundbesitze gehörigen Objekte aus Stein und Holz werden, wie bei den kolorierten Situationsplänen, mit einem Farbentone versehen. In Bezug auf die Kulturen und die künstlichen und natürlichen Terrainobjekte gelten auch hier die in § 2 (Seite 133 und 134) für Situationspläne aufgestellten Bezeichnungen, nur entfällt die Eintragung der kleinen Bäume in die Waldparzellen.

Für die künstlichen Linien der räumlichen Einteilung (versteinte Durchhaue) ist folgendes Zeichenschema einzuhalten:

| | |
|---|---|
| ------------------- | Wirtschaftsstreifen, aufgehauen. |
| ------------------- | Wirtschaftsstreifen, nicht aufgehauen. |
| ━━━━━━━━━━━━━ | Schneise, aufgehauen. |
| ━━  ━━  ━━  ━━ | Schneise, nicht aufgehauen. |

Die natürlichen Linien der räumlichen Einteilung (Bäche, Gräben, Wege u. s. w.) sind genau so zu zeichnen, wie in Situationsplänen, nur wird ihnen das Zeichen des Wirtschaftsstreifens (eine fein strichlierte Linie), beziehungsweise jenes der Schneise (eine stark strichlierte Linie) beigesetzt, wie folgt:

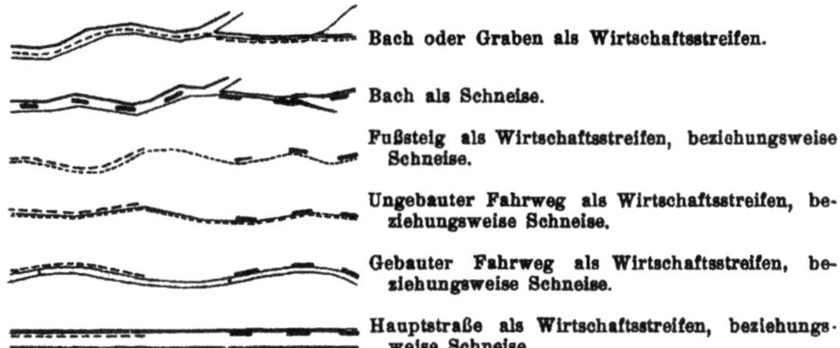



Die Sicherheitsmarken (Steine oder Läufer) der räumlichen Einteilung sind durch kleine rote, mit dem Nullenzirkel auszuführende Ringe zu bezeichnen. Diese Marken, untereinander durch Gerade verbunden, stellen die in der Natur festgelegte Linie der räumlichen Einteilung vor. Der von dieser versteinten Linie aus erfolgende Aufhieb — und zwar bei Wirtschaftsstreifen auf etwa 8 bis 10 $m$, bei Schneisen auf 2 bis 4 $m$ Breite — wird in der Karte durch Einzeichnung einer zweiten, parallelen, vollen Linie zum Ausdrucke gebracht. Bei der nicht zum Aufhiebe projektierten räumlichen Einteilung wird der Verbindungslinie der Sicherheitsmarken nur das Zeichen des Wirtschaftsstreifens oder der Schneise, also ohne zweite volle Linie, auf der Seite des gedachten Aufhiebes beigesetzt. Nachdem die Karte mit Tusch unter Beachtung der im § 2 gegebenen Vorschriften ausgezogen und gründlich gereinigt worden ist, sind die Wasserläufe und die Gebäude mit Farben anzulegen und schließlich die Grenzen mit farbigen Bändern — z. B. die Reichsgrenze (an der äußeren Seite) mit einem stärkeren und einem daran stoßenden schwächeren Karminbande, die Landesgrenze mit einem schwachen, die Fremdgrenze mit einem mittelstarken Karminbande und endlich die Wirtschaftsbezirks-(Revier-)Grenze innerhalb desselben Besitzes mit einem grünen Bande — zu versehen.

Beschreibung der Aufnahms- und Wirtschaftskarten (vgl. Seite 153 u. f.).

Dieselbe wird nach vollkommener Beendigung der zeichnerischen Arbeiten der Reihe nach vorgenommen, wie folgt*):

Die Grenzsteine, Triangulierungspunkte und die in der Katastralkarte nicht ausgeschiedenen Nichtholzbodenflächen**), welche im ganzen Wirtschaftsbezirke (mit Ausnahme der Linien der räumlichen Einteilung) fortlaufend zu numerieren sind, werden mit kleinen arabischen Ziffern beschrieben, während es für die im Kataster ausgeschiedenen Nichtholz-

---

*) Vgl. Fig. 184, Seite 142, in welcher Darstellung die üblichen farbigen Bezeichnungen (wegen der hohen Kosten farbiger Illustrationen) nicht wiedergegeben werden konnten, über die Art der Bezeichnung jedoch alles Wichtige zu entnehmen ist.

**) Unter Nichtholzboden versteht man alle vom Waldlande für die Dauer ausgeschiedenen Flächen, als: Gräben, Bäche, Schottergruben, Steinbrüche, unproduktives Land, ständige Saat- und Pflanzgärten, Kohlstätten, Deputat-, sowie sonstige landwirtschaftlich benutzte Gründe u. s. w. Auch die Flächen der räumlichen Einteilungslinien gehören hieher, doch erhalten diese eine besondere Bezeichnung.

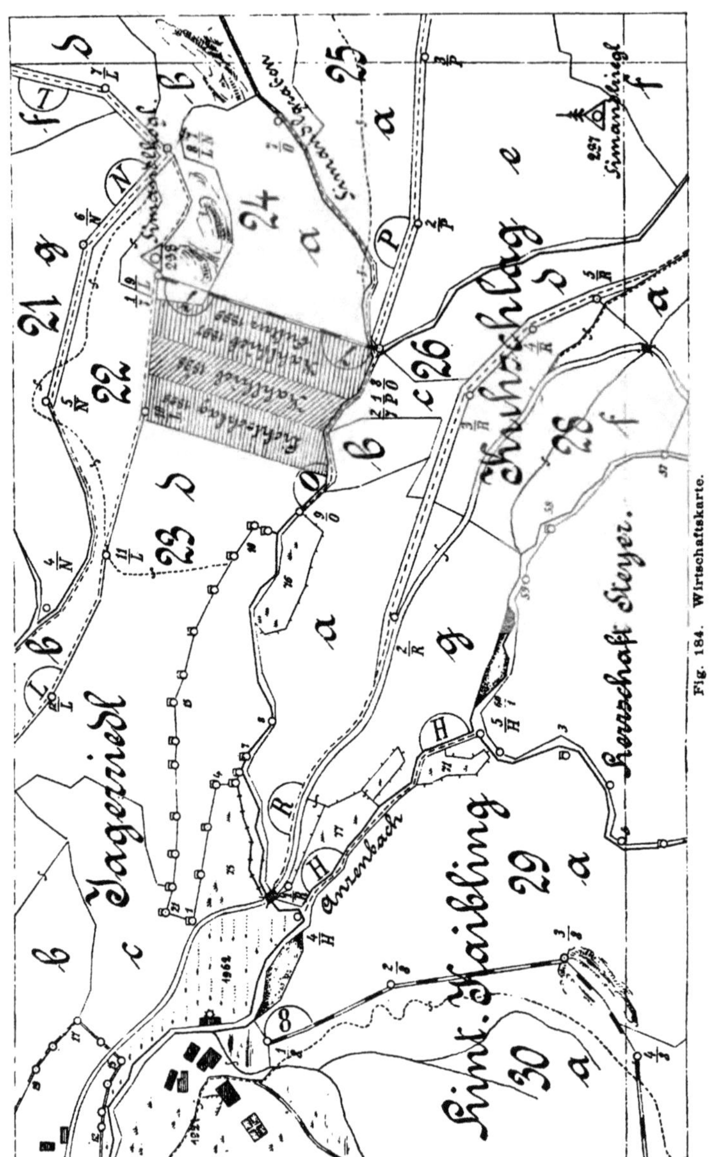

Fig. 184. Wirtschaftskarte.

bodenflächen genügt, die betreffende Katastralnummer mit brauner Farbe
einzusetzen. Die Wirtschaftsstreifen werden mit großen Buchstaben in
Kursivschrift und die Schneisen mit arabischen Ziffern beschrieben;
man bringt diese Bezeichnung am Anfange und am Ende jeder Linie,
bei längeren Linien außerdem stellenweise in ihrem Verlaufe in roter
Farbe (rote Metalltinte mit Zinnober gemischt) an, und überringt dieselbe unter Zuhilfenahme des Nullenzirkels mit einem Halbkreise derselben Farbe. — Die Sicherheitsmarken sind gleichfalls rot, selbstverständlich in Übereinstimmung mit der Bezeichnung in der Natur, in Bruchform derart zu beschreiben, daß der Zähler die fortlaufende Nummer
der Marke und der Nenner die Bezeichnung der betreffenden Einteilungs-
linie erhält. — Weiters gelangen zur Beschreibung mit Rundschrift und
Tusch, und zwar mit großer Schrift (Soennecken-Rundfedern Nr. $2^1/_2$
und 3) die Umgebung des Forstes (Reich, Kronland, Steuergemeinde,
Revier, Anrainer), dann die Namen der Waldorte, welche in die Abteilungen, ohne viel Detail zu verdecken, einzutragen sind, endlich die
Ziffern der Abteilungen und die Buchstaben der Unterabteilungen; mit
mittlerer Schrift (Federn Nr. 4 und $3^1/_2$) alle hervorragenden und
wichtigen Details (Enklaven, Alpen, größere Wasserläufe, Bergspitzen u. s. w.);
mit kleiner Schrift (Federn Nr. $4^1/_2$ bis 6) alle übrigen Details (Straßen,
Wege, kleinere Gräben, Namen von Gehöften und andere ortsübliche Bezeichnungen). Alle Linien (Wasserläufe, Wege, Zäune u. s. w.), welche
durch eine ganze Unterabteilung hindurch gehen, ferner alle Grenzen
von innerhalb der Unterabteilung liegenden, nicht separat bezeichneten
Flächen (z. B. kleinen aufgenommenen Blößen, Kulturen u. s. w.) werden
mit kleinen schwarzen Klammern versehen, damit über den Umfang
der Unterabteilung selbst kein Zweifel entstehen kann. Zum Schlusse ist
jedes Kartenblatt mit der Aufschrift: Auftrags-(Wirtschafts-)Karte des
Wirtschaftsbezirkes N. N. und mit der Nummer des Blattes zu versehen
und der Maßstab, gewöhnlich nur durch Angabe des Verjüngungsver-
hältnisses, sowie das Jahr der Aufnahme beizusetzen.

### Eintragung von Schichtenlinien in die Aufnahmskarten.

Sollen die Karten zwecks besserer Orientierung im Terrain mit
Schichtenlinien versehen werden, so gelangen diese mitunter, wenn nämlich keine besondere Schichtenaufnahme vorgenommen wurde, aus den
Spezialkarten des militär-geographischen Institutes mittels des Pantographen zur Übertragung. Diese Arbeit darf erst nach beendetem Ausziehen der Karten vorgenommen werden, um nicht zu viele verwirrende
Bleistiftlinien zu bekommen; die pantographierten Schichtenkurven müssen
sodann einer Korrektur insoferne unterzogen werden, als sie mit den
aufgenommenen Gräben und Rückenlinien (Schneisen u. s. w.) in Übereinstimmung zu bringen sind. Es genügen meist Schichten von 10 zu 10 $m$,
welche mit brauner Farbe, dabei etwa jede fünfte Linie stärker, mit
freier Hand ziemlich kräftig auszuziehen sind.

### § 5. Evidenthaltungsarbeiten der Wirtschaftskarten.

In die Wirtschaftskarten werden, wie schon früher erwähnt, alle
Veränderungen eingetragen, die sich innerhalb des Zeitraumes, für
welchen die Wirtschaftspläne aufgestellt sind, ergeben. Da diese Änderungen zumeist durch die erfolgten Holznutzungen und Kulturen hervorgerufen werden, sind vor allem die „Hiebsorte", d. h. jene Waldbestände

(Unterabteilungen), in welchen im laufenden Wirtschaftszeitraume eine Haubarkeitsnutzung stattfindet, schon im vorhinein mit einem lichtgrauen Tone zu kennzeichnen; beträgt der Wirtschaftszeitraum 10 Jahre, so werden diese Flächen kurzweg „Dezennalflächen" genannt. Den grauen Ton durch eine Tuschanlage hervorzubringen, ist nicht zu empfehlen; am vorteilhaftesten hat sich ein Schummern mit einem nicht zu weichen Bleistift (etwa Hardtmuth Nr. 3) unter Zuhilfenahme eines Wischers bewährt, weil der Ton gegebenen Falles leicht mit dem Gummi entfernt werden kann. In diese geschummerten Nutzungsflächen sind nun alljährlich die sich aus den Aufnahmen ergebenden Grenzen der Schläge und jene der Kulturen, ferner die Art der Hiebsführung (Kahlhieb, Lichtstellung, Räumung, Plenterung) und das Jahr des Vollzuges mit Bleistift einzutragen; die im schlagweisen Betriebe genutzten Flächen sind außerdem zu schraffieren. Bei den zur Zwischennutzung vorgesehenen Beständen genügt es, in die Karten nur das Jahr der Ausführung und die Art der Nutzung (Säuberung, Durchforstung, Läuterung) vorzumerken.

In Fig. 184 auf Seite 142 ist die Ausführung eines kleinen Teiles einer in Evidenz gehaltenen Wirtschaftskarte unter Hinweglassung der Farben im Maßstabe 1 : 5000 dargestellt.

### § 6. Ausführung von Übersichts- und Bestandeskarten.

1. **Übersichts- oder Bestandeskarten in vorwiegend schwarzer Manier.** Diese „Bestandeskarten" führen richtiger nur den Namen „Übersichts- oder Gerippkarten", weil sie infolge ihres kleinen Maßstabes eine Übersicht über den ganzen Wirtschaftsbezirk bieten und sozusagen dessen Gerippe darstellen. Sie werden, wie auf Seite 140 schon erwähnt, durch Verkleinerung der Aufnahmskarten mittels des Pantographen entweder direkt auf Zeichenpapier, oder aber zum Zwecke der Vervielfältigung zumeist auf sehr durchsichtigem Pauspapier (Oleate!) mit Tusch und Farben in derselben Art und Weise wie die Auftragskarten ausgeführt. Abweichend von letzteren werden nachstehende Details behandelt:

Die Grenzsteine sind mit einem kleinen schwarzen Ringe ohne Dach, und nur die Kreuzungs- und wichtigsten Bruchpunkte der räumlichen Einteilung mit kleinen roten Ringen zu versehen. Die kleineren und mittleren Wasserläufe werden direkt mit Berlinerblau, die Fußsteige mit punktierten oder strichlierten, die ungebauten Wege mit einfachen vollen, und endlich die gebauten Wege mit vollen doppelten Linien in roter Farbe (Zinnober) ausgezogen.

Die Übersichtskarten sind ferner, weil sie vornehmlich zur Orientierung dienen, möglichst reich, jedoch ohne daß ihre Deutlichkeit beeinträchtigt wird, mit Details auszustatten. Sie müssen die an den Wirtschaftsbezirk angrenzenden Katastralparzellen, deren Kulturgattung und die eventuell anstoßende räumliche Einteilung des Nachbarbezirkes enthalten; außerdem sind sie, besonders bei nicht arrondierten Revieren, durch die Einzeichnung der Umgebung der Forste, der die einzelnen Komplexe verbindenden Straßen, Wege, Eisenbahnen, Wasserläufe und der dazwischen liegenden Ortschaften und Gehöfte aus den Katastral- oder aus den Spezialkarten des militär-geographischen Institutes möglichst zu vervollständigen. Schichtenlinien dürfen nur in sehr lichtbraun gehaltenem Tone eingetragen werden, um nicht verwirrend zu wirken.

Die Beschreibung der Übersichtskarten erfolgt teils mit römischer und Kursivschrift, teils mit Rundschrift in entsprechender Größe (vgl. Seite 153 u. f.), und zwar gelangt zur Anwendung: Die römische Schrift bei Städten, Märkten und größeren Ortschaften, welche sofort ins Auge fallen sollen; die Kursivschrift, in verschiedener Größe je nach der Bedeutung der betreffenden Details, bei Steuergemeinden, Dörfern, Weilern, Einschichten, Flüssen, Bächen, Gräben, Straßen, Wegen, Eisenbahnen u. s. w.; die Rundschrift bei Bergspitzen, Alpen u. s. w. Die Wasserläufe werden mit blauer Farbe, die Abteilungsnummern, die Buchstaben zur Bezeichnung der Unterabteilungen, ferner die Bezeichnungen für die Linien der räumlichen Einteilung und die Sicherheitsmarken mit Zinnober beschrieben. Die kleinen Klammern innerhalb der Unterabteilung sind wie bei den Aufnahms- und Wirtschaftskarten (vgl. S. 143) anzubringen. Am Kopfe der Karte sind an geeigneter Stelle die Aufschriften: „Bestandeskarte vom Wirtschaftsbezirke N. N.", das Jahr der Aufnahme der Originalkarte und der Maßstab der Verjüngung, ferner seitwärts die ortsüblichen Namen der Abteilungen, geordnet nach den aufeinanderfolgenden Nummern derselben in Übereinstimmung mit der Wirtschaftskarte, anzubringen.

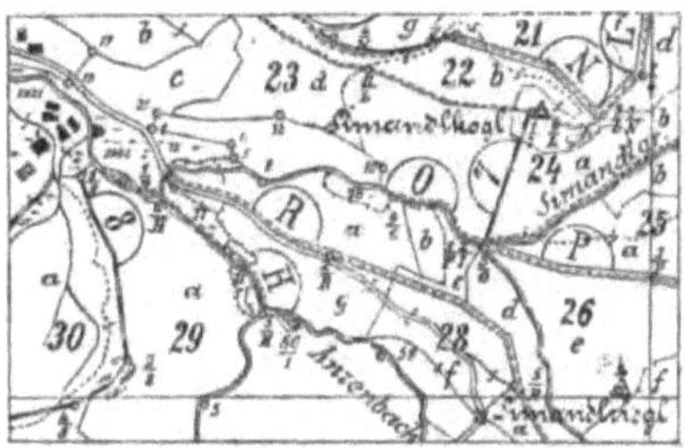

Fig. 185. Übersichtskarte.

Fig. 185 zeigt die Ausführung der Übersichtskarte im Maßstabe 1 : 15.000 für den in Fig. 184 dargestellten Teil der Wirtschaftskarte*).

2. Kolorierte Übersichts- oder Bestandeskarten. Die Kolorierung hat den Zweck, ein anschauliches Bild auch über die Betriebs- und Holzarten, sowie über die Lagerung der Altersklassen zu geben; diese eigentliche Bestandeskarte wird aus der oben unter 1. beschriebenen Übersichtskarte geschaffen. Wie dies zu geschehen hat, wird im Nachfolgenden kurz erläutert.

Die im Hochwaldbetriebe, und zwar im schlagweisen Betriebe stehenden Nadelholzbestände werden mit Tusch, die Laubholzbestände mit brauner Farbe (Siena mit etwas Sepia) angelegt, wobei die Altersklassen**) durch verschiedene Tonabstufungen dieser beiden Farben

---

*) Auch Figur 185 konnte (wie Fig. 184) leider nur ganz schwarz ausgeführt werden und bietet daher nur über die Art und Größe der Bezeichnungen, nicht aber über die zu wählenden Farben Anhalt, welche letzteren sonach nur aus dem Text zu entnehmen sind.

**) Eine Altersklasse umfaßt zumeist 20 Jahre; es fallen daher in die I. Altersklasse die 1- bis 20jährigen, in die II. Altersklasse die 21- bis 40jährigen Bestände u. s. w., so daß bei z. B. 120jährigem Umtriebe 120 : 20 = 6 Altersklassen gebildet werden.

derart zum Ausdrucke gebracht werden, daß die jüngste Klasse den lichtesten, die älteste Klasse dagegen den dunkelsten Farbenton erhält. Die reinen Bestände erhalten n u r diese Farbentöne, während in die Nadelholzbestände, welche mit Laubholz gemischt sind, überdies kleine Laubholzbäumchen und in die mit Nadelholz gemischten Laubholzbestände kleine Nadelholzbäumchen eingezeichnet werden. Außerdem kann das Mischungsverhältnis durch die Anzahl der gruppenweise einzuzeichnenden Bäumchen beiläufig angedeutet werden. Für die Einreihung der Bestände in Nadel- oder Laubhölzer ist das Mischungsverhältnis maßgebend, je nachdem eine oder die andere Holzart vorwiegt. Die mit je zur Hälfte beider Holzarten gemischten Bestände — z. B. 0·5 *Fi*, 0·5 *Bu* — werden, was die Kolorierung anbetrifft, einheitlich zu den Nadelholzbeständen gerechnet. — Die der V e r j ü n g u n g s k l a s s e *) angehörigen L i c h t s c h l ä g e werden je nach der vorherrschenden Holzart grau, beziehungsweise braun in senkrechter Richtung strichliert, die D u n k e l - oder B e s a m u n g s s c h l ä g e dagegen senkrecht schraffiert.

P l e n t e r - **) und S c h u t z w ä l d e r sind mit einem gleichmäßigen g r a u - g r ü n e n Farbenton (wie Wald bei den kolorierten Situationsplänen) zu versehen, die Schutzwälder außerdem mit der Bezeichnung „*S*" in roter Farbe, welche unterhalb der Abteilungsnummer beigesetzt wird, zu kennzeichnen, oder auch, was noch übersichtlicher wirkt, mit grüner Farbe horizontal zu schraffieren. Auf die Altersklassen wird hier keine Rücksicht genommen, ebenso entfällt die Einzeichnung von Bäumchen.

M i t t e l - und N i e d e r w a l d wird mit (je nach der Altersklasse im Tone verschiedener) g r ü n e r Farbe (Mischung von Berlinerblau und Gummigutt) angelegt, wobei wieder die jüngste Klasse den hellsten Ton erhält. Die Einzeichnung von Bäumchen unterbleibt.

B l ö ß e n , R ä u m d e n und u n p r o d u k t i v e s Gelände bleiben w e i ß , die Wirtschaftsstreifen können grün, alle übrigen Kulturgattungen wie in kolorierten Situationsplänen nach § 2 angelegt werden.

Meist handelt es sich um die farbige Ausfertigung einer mittels eines Druckverfahrens vervielfältigten Übersichtskarte, welche alle Details samt der Beschreibung in schwarzer, blauer und roter Farbe bereits enthält. Hierbei ist nun folgendermaßen vorzugehen: Aus der Bestandesbeschreibung, respektive dem Altersklassenverhältnisse des Betriebseinrichtungsoperates fertigt man sich eine übersichtliche Zusammenstellung der Nadel- und Laubholzbestände nach den einzelnen Altersklassen an. Sodann beginnt man auf der zu diesem Zwecke aufgespannten Übersichtskarte mit der Auftragung des lichtesten Tuschtones für alle Nadelholzbestände der I. Altersklasse, trägt sich diesen Ton gleichzeitig auf ein Stück bereit gehaltenes gleichartiges weißes Zeichenpapier auf, und übergeht ferner auch das Farbenschema (die Farbenskala) auf der Karte für die I. Altersklasse mit demselben Tone. Sodann bereitet man sich einen etwas dunkleren Ton und versucht auf dem Stück Papier, ob er sich von dem vorhergehenden eben nur wenig, aber doch deutlich genug unterscheidet; ist dies der Fall, so werden alle Bestände der II. Altersklasse und gleichzeitig das zugehörige Farbenschema der Karte damit angelegt. So fährt man fort, bis alle ge-

---

*) In die „Verjüngungsklasse" werden jene Bestände des Schirm- bezw. Femelschlag-Betriebes eingereiht, in welchen zum Zwecke der natürlichen Verjüngung eine Nutzung im haubaren Holze vorgenommen wurde. Als Besamungsschlag wird dann zumeist jener Bestand angesehen, welchem $^1/_4$, als Lichtschlag jener, welchem bereits die Hälfte der ursprünglichen Masse entnommen worden ist.

**) Unter „Plenterwälder" sind hier nur jene Bestände des Hochwaldbetriebes verstanden, welche eben tatsächlich „Plenterwaldform" besitzen, einerlei ob sie späterhin im plenter- oder schlagweisen Betriebe zur Bewirtschaftung gelangen.

gebenen Altersklassen der Nadelholzbestände mit Tuschtönen versehen sind, wobei strenge darauf zu achten ist, daß sich die einzelnen Tonabstufungen deutlich von einander unterscheiden; dies vorausgesetzt, wird man gewöhnlich schon bemüssigt sein, die V. Altersklasse mit vollkommen schwarzem Tusche anzulegen: die eventuelle VI. Altersklasse (bei 120jährigem Umtriebe) erhält dann denselben Ton wie die V. Klasse und wird überdies nachträglich mit einem dünnen Lack überzogen, wodurch ein noch tieferes, glänzendes Schwarz erzielt wird. Auf dieselbe Art und Weise ist unter Verwendung brauner Farbe mit den Laubholzbeständen zu verfahren; fleckige Stellen können „retouchiert" werden.

Daß das Schema für die Farbenerklärung, welches bei keiner Bestandeskarte fehlen darf, unter Einem mit dem Anlegen der einzelnen Altersklassen auszuführen ist, wurde bereits erwähnt; es ist dies unumgänglich notwendig, weil die Tonabstufungen des Schemas mit jenen der Karte nachträglich nur sehr schwer in Übereinstimmung gebracht werden können.

Die in die beiden letzten (dunkelsten) Altersklassen fallenden Teillinien der Zeichnung, sowie auch die Beschreibung werden von den dunklen Tönen vollkommen gedeckt und müssen daher mit Kremserweiß nachgezogen werden, so daß sie dann weiß auf schwarzem, beziehungsweise braunem Grunde erscheinen. Ebenso sind auch die gedeckten Abteilungsnummern und Unterabteilungsbezeichnungen, dann die Wege, Steige u. s. w. mit Zinnober zu überschreiben, beziehungsweise neu zu zeichnen.

Nach Beendigung dieser Arbeiten sind bei gemischten Beständen die kleinen Bäumchen — und zwar auf den lichten Flächen mit Tusch, auf den dunklen mit Kremserweiß — einzutragen und bei Laubholz außerdem grün und gelb zu betupfen. Zum Schlusse werden die Grenzen mit färbigen Bändern (wie bei den Aufnahmskarten) versehen.

Außer der eben besprochenen, ein gewisses Maß von zeichnerischem Talent voraussetzenden Methode der Anfertigung von kolorierten Bestandeskarten findet noch ein bei weitem einfacheres Verfahren vielfach Anwendung. Hierbei werden die einzelnen Altersklassen, ohne nach Nadel- und Laubholz zu unterscheiden, einfach mit verschiedenen lichten, durchsichtigen Farben angelegt. Ein solches Farbenschema wäre z. B.: I. Klasse gelb (Gummigutt), II. Klasse rot (Karmin), III. Klasse blau (Berlinerblau), IV. Klasse grün (Mischung von Berlinerblau und Gummigutt), V. Klasse braun (Siena), VI. Klasse grau (Tusch).

Durch Anwendung von lichten Tönen dieser Farben wird ein fleckiges Aussehen der Flächen, somit eine zeitraubende Retouchierung sowie das Nachziehen der Linien und der Beschreibung mit Kremserweiß, beziehungsweise mit Zinnober vermieden; sinngemäß unterbleibt auch die Einzeichnung der kleinen Bäumchen; die Licht- und Dunkelschläge erhalten eine strichlierte, beziehungsweise volle Tuschschraffierung.

Plenter- und Schutzwälder, Alpen, Weiden, Wiesen, Blößen, unproduktives Land und Grenzen werden ebenso bezeichnet, respektive mit denselben Farben behandelt, wie auf den zuerst erwähnten Bestandeskarten.

### § 7. Anfertigung von Plan- und Kartenkopien auf Pauspapier oder Pausleinwand.

Derartige Kopien sollen womöglich ganz oder doch vorwiegend in „schwarzer Manier" mit Tuschlinien ausgeführt werden, weil durch das Auftragen der nassen Farbe sich die Papier- und Leinwandfaser stark und ungleichmäßig zusammenzieht, und die Kopien, abgesehen von einem sehr unschönen, welligen Aussehen, viel an Richtigkeit verlieren. Die Pausleinwand kann auf beiden Seiten zum Zeichnen benutzt werden; die glänzende ist jedoch zu diesem Zwecke vorher mit einem weichen Gummi abzureiben, damit der Tusch besser angenommen wird.

Wenn kleinere Teile solcher Kopien unbedingt koloriert werden müssen, so hat dies immer auf der Rückseite der Zeichnung (bei Pausleinwand auf der matten Seite) zu geschehen, nachdem die Tuschlinien auf der anderen Seite ausgeführt wurden; dabei sind die Farben etwas dunkler zu nehmen, als sie auf der Vorderseite erscheinen sollen; größere Flächen mit Farbe anzustreichen ist jedoch aus den obenerwähnten Gründen stets zu vermeiden.

II. Abschnitt.

# Bauzeichnen.

### § 8. Allgemeines.

Die Aufgaben, welche an das Forstschutzpersonal in Bezug auf Bauzeichnen herantreten können, sind ziemlich beschränkter Natur; zumeist wird es sich nur um die zeichnerische Ausführung von kleineren Hochbauten (Forsthäusern und Wirtschaftsgebäuden), einfachen Brücken und Verbauungen u. dgl. handeln. Da dies bei Brücken und anderen kleineren forstlichen Objekten nicht schwer fallen wird und aus dem Zusammenhange der im nachfolgenden gegebenen Anhaltspunkte von selbst hervorgeht sowie teilweise (wenigstens bezüglich der Ausführung in schwarzer Manier) aus der forstlichen Baukunde entnommen werden kann, so soll an dieser Stelle hauptsächlich die korrekte zeichnerische Ausfertigung von Hochbauplänen insoweit Berücksichtigung finden, als sie kleinere Objekte betrifft, und an einem Beispiel dergestalt erläutert werden, daß sie mit Verständnis in ähnlichen Fällen durchgeführt werden kann. Bezüglich der hiezu zur Verwendung gelangenden Materialien und deren Behandlung wird auf die im I. Abschnitte (Seite 132 u. f.) gegebenen Vorschriften hingewiesen.

### § 9. Ausführung von Bauplänen.

Diese werden auf starkem, gutem Zeichenpapier des rascheren Lesens wegen zumeist koloriert, also mit Tusch und Farbe, seltener in schwarzer Manier, hergestellt. Das Ausziehen der Pläne hat mit ziemlich kräftigen Tuschlinien (ohne Anwendung von Schattenlinien) zu erfolgen, und ist hiezu die größte Genauigkeit erforderlich; nachdem das Papier mit einem weichen Gummi oder mit einer Brotkrume gründlich gereinigt worden ist, wird mit dem Auftragen der Farben begonnen.

Als Grundsatz gilt, daß nur alle jene Flächen, welche in der Zeichnung im Durchschnitte dargestellt sind, mit den im Nachfolgenden zusammengestellten Farbentönen, respektive konventionellen Bezeichnungen versehen werden, während alle Ansichtsflächen weiß zu bleiben haben; ausgenommen hiervon sind Glasabdeckungen, welche auch in der Ansicht mit Berlinerblau anzulegen sind, und alle Bauteile aus Metall (Ab- und Zuflußröhren, eiserne Träger, Blechbedeckungen u. s. w.), welche mit blauen Linien ausgezogen werden. Ferner sind bei den verschiedenen Schnitten alle sichtbaren Linien voll, alle unsichtbaren, welche zur Vervollständigung der Zeichnung eingetragen werden, hingegen strichliert auszuziehen.

Die gebräuchlichsten Farben und Bezeichnungen für die bei kleineren forstlichen Bauten in Betracht kommenden Materialien sind:

Mauerwerk: Neue Mauern werden mit stark verdünntem Karmin, alte Mauern, welche bei Adaptierungen stehen bleiben, mit lichtem Tusch, alle abzutragenden Mauern werden hellgelb angelegt, oder mit diesen Farben (meist unter einem Winkel von etwa 30°) schraffiert.

Bei größeren Bauten werden auch die verschiedenen Gesteinsarten, aus welchen die Mauern aufgeführt werden sollen (Granit, Sandstein, Ziegel, gewachsene Steine u. s. w.), durch besondere Farben gekennzeichnet.

Kanalisations- und Abflußröhren aus Ton: Gebrannte Siena.

Zuflußröhren aus Metall: Berlinerblau.

Bauteile aus Zement: Sepia mit etwas Indigo.

Holz im Längsschnitte: Gebrannte und ungebrannte Siena, in sehr lichten Tönen. Holz im Querschnitte: Gebrannte Siena, etwas dunkler aufgetragen.

Gewachsener Boden: Siena mit dunklen Rissen von Sepia.

Schotterausfüllungen: Sepia.

Schieferplatten: Tusch mit Indigo.

Falzziegel: Karmin mit gebrannter Siena.

Asphalt und Dachpappe: Dunkler Tusch.

Schmiedeisen: Berlinerblau.

Gußeisen: Indigo mit Neutraltinte.

Fig. 186. Ansicht des Försterhauses auf Tafel II vom Haupteingange aus.

Bezüglich der Ausfertigung von Bauplänen in schwarzer Manier ist aus Fig. 186 und der dazugehörigen rückwärts eingefügten Tafel II*) alles Wesentliche zu entnehmen. Zu einem vollständigen solchen Bauplane, welcher an Hand der Zeichnungen (Neubau eines kleinen Försterhauses mit gemauertem Erdgeschoß und hölzernen Blockwänden im ersten Stocke) kurz erläutert werden soll, gehören:

---

*) Type eines Försterhauses, projektiert von k. k. Forst- und Domänenverwalter Julius Marchet. Wegen Raummangel hier im Maßstabe 1 : 200 ausgeführt.

## I. Die Situation.

Die Situation gibt über die Lage der zu erbauenden Objekte und der auf die Bauten Einfluß nehmenden Umgebung Aufschluß; sie wird etwa im Maßstabe 1 : 200 genau nach dem im I. Abschnitte (Seite 131 bis 139) für Situationspläne überhaupt erteilten Vorschriften ausgeführt, und in dieselbe werden die Bauobjekte eingezeichnet; besitzt das Terrain ein stark wechselndes Gefälle, so muß es durch Schichtenlinien dargestellt werden, und außerdem sind Querprofile zu legen, um sich über die Niveauunterschiede klar zu werden, wobei bei angrenzenden Wasserläufen der Normal- sowie der tiefste und der Hoch-Wasserstand zu verzeichnen sind.

## II. Die Bauzeichnungen.

Diese, in der Regel im Maßstabe 1 : 100 hergestellt, haben den Zweck, ein übersichtliches Bild über die Art und Weise der Herstellung der Bauten, sowie über die Dimensionierung und Anlage der einzelnen Baubestandteile zu geben; sie bilden die Grundlage für die Ermittlung der Baukosten und für die Bauausführung. Um diesen Zweck zu erreichen, wird das Bauobjekt durch horizontale und vertikale Schnitte, Ansichten und außerdem oft auch durch Detailzeichnungen (letztere in größerem Maßstabe!) veranschaulicht.

### a) Horizontalschnitte (Grundrisse).

Sie stellen die horizontale Projektion des Baues dar; diese Aufgabe wird bei einfachen Brücken u. dgl. ziemlich leicht zu lösen sein, da es sich meist nur um einen Grundriß handelt. Nicht so bei einem Hochbaue; hier muß jeder einzelne Teil desselben besonders dargestellt werden; so das Fundament, Erdgeschoß, erster, zweiter u. s. w. Stock durch je einen Grundriß, welcher über die Anordnung der Räume, die Mauerstärke, Anlage der Stiegen, Fenster, Türen u. s. w. Aufschluß zu geben hat, dann außerdem die Balkenlage der Träme und des Dachstuhles (Werksatz). Denkt man sich das Fundament, Erdgeschoß u. s. w. durch je eine horizontale Ebene geschnitten, so gibt die Schnittfläche dieser Ebene mit dem betreffenden Teile des Gebäudes dessen Grundriß; diese verschiedenen Grundrisse sind in Tafel II dargestellt, und die Lage der gedachten Schnittebenen $A\,B$, $C\,D$ und $E\,F$ ist in der Zeichnung für den Schnitt $G\,H\,I\,K$ angegeben.

Grundriß des Fundamentes. Nachdem auf dem Fundamente das ganze Gebäude ruht, so ist es selbstverständlich, daß sich die in den übrigen Grundrissen darzustellenden Mauern u. s. w. in Übereinstimmung mit dem Fundamente befinden müssen; es ist daher angezeigt, sämtliche Grundrisse, wenn dies möglich ist, unter einander zu zeichnen. Die Schnittebene $A\,B$ ist hier durch den Fußboden des Erdgeschosses gelegt; unter Hinweglassung desselben werden daher die Fundamentmauern des Gebäudes, jene der Senkgrube, der Hof- und Verandastiege und die Sockelmauer für die Verandasäule geschnitten; sie sind demnach in kolorierten Plänen mit roter Farbe anzulegen oder zu schraffieren; außerdem ist die Hof- und Verandastiege (als nicht vom Schnitte getroffen) in der Ansicht dargestellt. Im linken Teile des Grundrisses ist der gewachsene Boden mit Sepia und Siena (in der Zeichnung schwarz ausgeführt) anzudeuten. Rechts befindet sich ein gewölbter Keller; die Wölbungen, ebenso Gurt- und Nischenbögen, werden durch strichlierte Kreissegmente, die Rauchröhren in den Kaminmauern durch kleine Kreise (russische Kamine) gekennzeichnet. Die äußerste Linie stellt den Rand der das Haus umgebenden Pflasterung vor.

Für den Grundriß des Erdgeschosses liegt die Schnittebene $C\,D$, wie aus der Darstellung der Stiege zu ersehen ist, in halber Höhe zwischen dem Fußboden und der Decke des Erdgeschosses; sie durchschneidet daher die Mauern desselben, die Treppenpfosten (Säulen) und die Verandasäulen; erstere sind demnach im kolorierten Plane mit roter Farbe, die beiden letzteren mit dem Holztone anzulegen. In den Grundriß des Erdgeschosses ist stets die in den ersten Stock führende Stiege einzuzeichnen; im vorliegenden Falle ist der erste Treppenarm, weil sichtbar, durch volle, der zweite Treppenarm jedoch, weil unsichtbar beziehungsweise oberhalb der Schnittebene liegend, durch strichlierte Linien dargestellt. Außerdem sind einzutragen: Die Aborte mit dem Sitzbrett und der Öffnung, der Kochherd in der Küche, an die Kaminmauer anschließend, und die Öfen in den Zimmern, von der Kaminmauer etwas abstehend. Kachelöfen, im Quer-

schnitte rechteckig oder dreieckig, werden durch einfache, dagegen rechteckige oder runde
eiserne Öfen durch rechteckige beziehungsweise kreisförmige Doppellinien gekennzeichnet.

Aus dem Grundrisse des ersten Stockes ist zu ersehen, daß die in halber
Höhe zwischen dem Fußboden und der Decke gedachte Schnittebene $EF$ die Holzbalken
der Blockwände (in der Zeichnung schwarz), die sich aus dem Fundamente fortsetzenden
Kaminmauern mit den Rauchröhren, die Treppenpfosten und die Verandasäule durchschneidet, weshalb diese Flächen eventuell mit den entsprechenden Farben anzulegen
sind. In der Aufsicht sind hier ferner sichtbar beziehungsweise dargestellt: Die Mauern
des Erdgeschosses, auf welchen die Blockwände ruhen, der erste Treppenarm der zum
Boden führenden Stiege voll, der zweite strichliert, ferner die Geländerholme der Veranda. Etwas entfernt von den Kaminmauern sind die viereckigen Kachelöfen in den
beiden Kammern und in dem Zimmer eingezeichnet

Der Werksatz hat die Balkenlage des Dachstuhles in der Aufsicht zu ver-
anschaulichen; als geschnitten gedacht werden nur die beiden Kaminmauern, welche
daher eventuell rot anzulegen wären. Das Dach ist im vorliegenden Falle als ein sogenanntes „zusammengesetztes" zu bezeichnen, weil zwei Dächer so an einander stoßen,
daß ausspringende Winkel (Grate) und einspringende (Ichsen) entstehen; der Konstruktion nach ist es ein Kehlbalkendach mit Bund- und Leergespärren. Mit den Mauer-
bänken $a$, auf welchen der ganze Dachstuhl zwecks Verteilung der Last ruht, sind die
Bundträme $b$ durch Aufkämmung und diese mit den Sparren (welche jedoch in den
Werksatz, weil sie die übrige Balkenlage verdecken würden, nicht einzuzeichnen sind)
mittels Zapfen und Besteck verbunden; die Sparren unter sich stehen an ihrem oberen
Ende, wie aus dem Schnitte $GHIK$ zu ersehen ist, durch Scheerzapfen in Verbindung,
während die Kehlbalken in dieselben meist halbschwalbenschwanzförmig eingezapft sind.
Zwischen den Bundgespärren liegen je zwei, respektive ein Leergespärre. In der Ebene
des Zusammenstoßes der beiden Dächer ist ein eigenes Bundgespärre $d$ mit einem „Grat-
und Ichsensparren" und dem dieselben verbindenden Kehlbalken eingelegt; $e$ stellt einen
„Wechsel" dar, mit dem alle Kehlbalken, welche die Kaminmauer treffen, verbunden
sind, um eine Einmauerung dieser Balken wegen Feuersgefahr zu umgehen. Die First-
und Gratlinien des Daches sind durch strichpunktierte Linien, der Dachüberstand
(die Dachtraufe) ist in den Werksatz umgebenden vollen Linien einzuzeichnen.

### $b)$ Vertikalschnitte (Profile).

Um die Höhe der Geschosse, Türen, Fenster, ferner die Anlage der Stiegen, Fußböden, Decken, die Tiefe der Keller und überhaupt möglichst alle aus den Grundrissen
nicht hervorgehenden Baukonstruktionen zu ersehen, werden die Gebäude auch noch
durch vertikal stehende Ebenen geschnitten gedacht. Die Anzahl und Richtung dieser
Schnitte (Profile) wird durch ihren Zweck bedingt, wonach man alle eben angeführten
Teile beziehungsweise Dimensionen aus denselben ersehen muß. Für kleinere Bauten
genügt es meist, einen Schnitt, und zwar senkrecht auf die Längsrichtung des Gebäudes
auszuführen. Die Schnittlinien sind in sämtliche Grundrisse bei kolorierter Darstellung
mit Zinnober einzutragen und sowohl am Anfang und Ende, als auch in den Bruch-
punkten mit großen Buchstaben in fortlaufender Reihe derart zu beschreiben, daß in
Übereinstimmung mit der Schnittfigur der erste Buchstabe stets links zu stehen kommt.

Aus dem Vertikalschnitte $GHIK$ ist zu ersehen, daß das in der Zeichnung
schraffierte, sichtbare Mauerwerk des Fundamentes und Erdgeschosses, ferner die (schwarz
angelegten) Blockwände im ersten Stockwerke und endlich eine Mauerbank des Dachstuhles (links) vom Schnitte getroffen werden, somit eventuell mit dementsprechenden
Farben anzulegen wären. Im Fundamente sind durch strichlierte Linien angegeben: Die
Erdoberfläche $ab$, der notwendige Abhub der Humusdecke $cd$, die Kellerstiege samt der
Untermauerung $ef$, die Kellertiefe $gh$ und endlich die Fundamenttiefe $ik$. Links ist die
Tiefe der Senkgrube und rechts die um das Haus gelegte Pflasterung ersichtlich. Aus
dem Schnitte können weiters entnommen werden: Die Höhen der einzelnen Geschosse,
des Daches und jene der Kaminmauer; ferner die Höhe der Hoftür, einiger Fenster, die
zweiarmige, durch alle Stockwerke bis zum Bodenraume führende Stiege mit Spitzstufen
statt der Ruheplätze samt dem Geländer und dem Treppenpfosten, die Stiegenwangen,
der Bretterfußboden im Erdgeschosse, die Decke desselben (eine Einschubdecke, vgl.
Seite 31), die Verschalungen der Blockwände des ersten Stockwerkes, die Dachstuhl-
konstruktion mit der Hirnfläche einer Mauerbank, einem Kehlbalken und einem Teile
der Sparren mit dem Scheerzapfen, die Pflasterung des Bodens unterm Dache mit Ziegel-
steinen u. s. w.

### $c)$ Ansichten des Gebäudes (Façaden, Aufrisse).

Sie haben insbesondere den Zweck, die architektonische Ausschmückung zu ver-
anschaulichen. Die Zahl der darzustellenden Façaden hängt von der Verschiedenheit der

äußeren Ansichten ab; je ungleichmäßiger in seiner Anordnung sich ein Bau auf verschiedenen Seiten repräsentiert, desto mehr Aufrisse werden notwendig sein. Bei kleineren Bauten genügen meist zwei Ansichten, eine mit dem Haupteingange und eine von der Seite. Die Ausführung der Façaden erfolgt gewöhnlich in schwarzer Manier mit der Feder, seltener in Farben; zurückliegende Flächen und Schlagschatten werden entweder durch Tuschschraffierung als solche gekennzeichnet oder auch erstere hell mit Tusch, letztere unter Beimischung von Sepia in dunkleren Tönen angelegt. Für die Baumaterialien gilt im Falle kolorierter Darstellung das auf Seite 149 aufgestellte Farbenschema. In Fig. 186 auf Seite 149 ist die Ansicht des Forsthauses vom Haupteingange aus, mit den Zierhölzern, Fensterumrahmungen, Veranda-Geländern und dem bossierten Sockelmauerwerk dargestellt.

#### *d)* Details (Werkzeichnungen).

In vielen Fällen ist man zum Zwecke der Bauausführungen genötigt, einzelne, besonders wichtige Bauteile separat in einem größeren Maßstabe (meist 1 : 10) im Schnitte darzustellen; so kann aus den Details in Tafel II die Holzverbindung bei der Stiege (Verzapfung der Tritt- mit der Setzstufe), die Konstruktion des Trambodens beziehungsweise der Decke im ersten Stocke als Einschubdecke (vgl. S. 31) und des Fußbodens im Erdgeschosse entnommen werden. Die Details sind entweder in schwarzer Manier (wie in der Zeichnung) oder in Farben auszuführen.

### Beschreibung der Baupläne (vgl. S. 153 u. f.).

Zur Beschreibung der Baupläne findet die Nadelschrift oder die Rundschrift Verwendung, welche in nicht zu aufdringlicher Größe und in gefälliger Form anzubringen ist. Überschrieben werden die Pläne, wie dies zum Teile aus Tafel II ersichtlich ist, mit: Situation, Fundament, Erdgeschoß, erster, zweiter u. s. w. Stock, Werksatz, Vertikalschnitte, Ansichten und Details.

Eine sehr große Sorgfalt lege man auf die mit Zinnober oder Tusch auszuführende Kotierung der Pläne, das ist die Eintragung der für die Bauausführung wichtigen Maße als: Stärke der Mauern und Balken, Entfernungen der einzelnen Bauteile von einander, Höhe und Breite der Fenster, Türen u. s. w. Die Längen- und Breitenmaße sind mit deutlichen Ziffern, eventuell in der Mitte zweier durch eine Linie verbundener „Maßhaken" in Metern auf zwei Dezimalen, z. B. 1·25 *m*, 0·18 *m* u. s. w., die Stärkemaße der Bauhölzer in Bruchform in Centimetern, z. B. $^{20}/_{30}$, einzuschreiben; außerdem haben in den Grundrissen die einzelnen Räume das Flächenausmaß in Quadratmetern mit einer Dezimale, z. B. 13·9 *m*², und die Art ihrer Bestimmung (Zimmer, Küche u. s. w.) zu enthalten.

III. Teil.

# Schreiben.

Vorbemerkungen. Wir haben es hier hauptsächlich mit zwei Gattungen von Schrift zu tun, nämlich mit der eigentlichen Handschrift in Kurrent und Latein und mit jenen Arten von Planschrift, welche zur Beschreibung der forstlichen Pläne, Karten und Bauzeichnungen verwendet werden, d. i. die Rundschrift, die römische (Lapidar-) und die Kursiv-Schrift.

## § 1. Die Handschrift.

Die Handschrift soll vor allem eine gleichmäßige sein: Die Haar- und Schattenstriche sind an der richtigen Stelle anzubringen, die Buchstaben des großen Alphabetes müssen zu jenen des kleinen in einem bestimmten Größenverhältnisse und in entsprechender gegenseitiger Entfernung von einander stehen, ferner eine gleiche Richtung besitzen; nur eine derartig ausgeglichene und gleichmäßige Schrift wird einen günstigen Eindruck auf den Lesenden hervorrufen. Eine gute Handschrift ist namentlich für den Forstschutzmann von großer Bedeutung, weil schlecht und undeutlich geschriebene dienstliche Vormerkungen Anlaß zu unangenehmen Irrungen geben können, welche besonders in Bezug auf Ziffern in Nummerbüchern und anderen Materialjournalen umso schwerer ins Gewicht fallen, als die Ziffern auch Geldwerte repräsentieren. Auf welche Art und Weise eine gute Handschrift zu erlangen ist, muß in der Schule gelehrt werden, welche mit aller Strenge auf eine diesbezügliche gute Ausbildung dringen soll. Die am Ende dieses Buches eingefügte Tafel III bildet für den Schul- und Selbstunterricht eine Mustervorlage.

Im allgemeinen erübrigt zu dieser Vorlage nur zu erwähnen, daß gewöhnlich für den Text die Kurrentschrift, für Titel, Überschriften und alle besonders hervorzuhebenden Worte dagegen die Lateinschrift Verwendung findet. Zum Schreiben bedient man sich der Stahlfedern; unter den vielen Sorten sind besonders die „$R$"-Federn und Klapsfedern der Firma Kuhn, erstere für eine leichtere und letztere für eine schwerere Hand, empfehlenswert. Die Schreibtinte muß eine tiefschwarze Farbe haben, welche im Laufe der Zeit nicht vergilbt und soll leicht und vollständig eintrocknen; letztere Eigenschaft ist besonders zu beachten, weil die Schrift von schwer trocknender, eingedickter Tinte sich abdrückt, und in Berührung mit der feuchten Hand sich verwischt. Als Unterlage, wenn eine solche überhaupt notwendig ist, bedient man sich am besten mehrerer Lagen glatten Packpapieres. Das Löschpapier soll gut aufsaugend sein und darf nicht sofort stark auf die nassen Schriftzüge gepreßt, sondern

soll erst aufgelegt und allmählich durch ein schwaches Darüberstreichen
mit der Handfläche angedrückt werden. Zum eventuellen Unterstreichen
der Überschriften und hervorzuhebenden einzelnen Worte ist ein Tinten-
lineal, die hohle Kante nach abwärts, zu verwenden.

### § 2. Die Planschrift-Arten.

Die Planschrift-Arten, welche zur Beschreibung der forstlichen Pläne
und Karten gebraucht werden, sind neben den Handschriftvorlagen in
Tafel III zusammengestellt; in welchem Falle die eine oder die andere
Schriftart Anwendung findet, geht aus dem II. Teile dieses Bandes hervor.

Die Rundschrift ist, wie schon der Name besagt, durch die
runden, schwungvollen Formen der Buchstaben charakterisiert; sie wird
mit freier Hand mittels eigener Stahlfedern, sogenannter Rundfedern*),
welche je nach der Größe, respektive Stärke der Schrift mit mehr oder
weniger breiten „Spitzen” hergestellt werden, geschrieben. Die Feder ist
steil und in einer solchen Richtung zu halten, daß der Aufstrich einen
Haarstrich gibt. Verwendet man Farbe oder Tusch zum Schreiben, so
darf die Feder in die Flüssigkeit nicht eingetaucht werden, sondern ist
letztere etwa mittels eines kleinen Papierstreifens auf die obere Seite
der Feder, welche zu diesem Zwecke eine Vertiefung besitzt, aufzutragen;
nur dadurch wird man im stande sein, feine Haarstriche zu erzielen. Beim
Schreiben mit Tinte kann diese Maßregel entfallen. Damit die Schrift
korrekt ausfällt, ist es notwendig, sich vorher Bleistiftlinien für die Höhe
der großen und kleinen Buchstaben, beziehungsweise für die Ober- und
Unterlängen derselben zu ziehen; bei der Beschreibung von Plänen und
Karten hat man vorher den nötigen Raum und eine gefällige Verteilung der
Schrift durch flüchtiges Einschreiben der Worte mit Bleistift auszumitteln.

Die römische (Lapidar-) und die Kursivschrift sind stets
zuerst mit Bleistift in die Pläne und Karten einzuzeichnen, wobei strenge
darauf zu achten ist, daß die Buchstaben des großen, beziehungsweise des
kleinen Alphabetes unter sich die gleiche Höhe, Stärke, Richtung und
Entfernung von einander besitzen. Die Konturen der Buchstaben und
Ziffern werden sodann mit Tusch oder Farbe, und zwar die geraden
Linien mit Lineal und Reißfeder, die krummen dagegen mit einer feinen
Zeichenfeder aus freier Hand ausgezogen. Die Zwischenräume der parallelen Linien in den Schatten werden mittels eines feinen Pinsels mit
Tusch oder Farbe ausgefüllt. Die römischen Ziffern können entweder,
wie in Tafel III, in schiefer, oder auch in senkrechter Richtung zur Ausführung gelangen. Hat die Beschreibung (wie z. B. bei den Bestandeskarten) in sehr kleiner Kursivschrift zu erfolgen, so kann die Vorzeich-
nung der Buchstaben mit Bleistift entfallen, und ist dann die Schrift
mit freier Hand ohne Anwendung der Reißfeder auszuführen; hiezu ist
jedoch einige Übung erforderlich.

Die zur Beschreibung von Bauplänen häufig angewandte Nadelschrift ist in senkrechter oder schiefer Richtung ausführbar und unterscheidet sich von der römischen, beziehungsweise Kursivschrift nur dadurch, daß sie durchwegs in Haarstrichen (also mit Hinweglassung der
Schattenverstärkung in den Buchstaben und Ziffern der beiden letztgenannten Schriftarten) ausgeführt wird.

---

*) Die „Soennecken-Rundfedern” sind in 11 Nummern (1, 1½, 2, 2½ u. s. w. bis 6)
erhältlich; Nr. 1 besitzt die breiteste Spitze für die größte Schrift, Nr. 6 die schmalste
Spitze für die kleinste Schrift. Zum Musteralphabete auf Tafel III wurde Feder Nr. 3 benützt.

# IV. Teil.

# Jagd- und Fischereikunde.

---

## I. Abschnitt.

## Die Jagdkunde.

**Vorbemerkungen.** Schon im I. Bande dieses Werkes wurde angekündigt (vgl. I. Band, Einleitung, Seite XIV), daß die Jagdkunde in Anbetracht der vorliegenden sehr brauchbaren Abhandlungen nicht aufgenommen werden wird. Mitbestimmend ist übrigens hiefür auch gewesen, daß gerade die Jagdkunde entschieden zu jenen Fächern gehört, welche weit weniger aus Büchern, als vielmehr fast nur durch praktische Erfahrung gründlich erlernt werden können.

Nachstehende Werke können einerseits dem Lehrer als Behelf für seine Vorträge über Jagdkunde an einer Waldbau- oder Försterschule dienen, anderseits dem Forst- und Jagdschutzorgane, wenn sich das Bedürfnis danach einstellt, zum Studium empfohlen werden:

Frank, Österreichisches Jagdbuch, $K$ 1.20.

Grunert, Jagdlehre, 2 Bde. $K$ 9.60.

Keller, Der weidgerechte Jäger Österreichs, $K$ 6.—.

Der Steirische Lehrprinz (für bescheidene Anforderungen), $K$ 3.—.

Böhmerle, Taschenbuch für Jäger und Jagdfreunde, $K$ 9.—.

Für eingehenderes Studium wären zu nennen:

Dombrowski, Lehr- und Handbuch für Berufsjäger, $K$ 12.—.

Train, Weidmanns Praktika, $K$ 12.—.

---

## II. Abschnitt.

## Die Fischereikunde.

**Vorbemerkungen.** In der Fischereikunde findet vor allem die Zoologie der Fische Raum (vgl. II Band, Seite 254), in welcher wir insbesondere die in unseren Binnengewässern häufiger vorkommenden Süßwasserfische kennen lernen werden; sodann wird die rationelle Anzucht der wichtigsten unter diesen Fischarten, d. i. in erster Linie die sogenannte künstliche Fischzucht (insbesondere bei der Forelle) und die sogenannte natürliche Fischzucht (für den Karpfen) etwas eingehender besprochen und des weiteren der mannigfachen Gefahren gedacht werden, welche der Fischerei drohen und nach aller Tunlichkeit bekämpft werden müssen (Fischereischutz!); endlich werden, wenn auch nur in Kürze, die üblichen Fangmethoden, mittels deren die Fischerei betrieben wird, sowie gewisse weitausgreifende Maßnahmen berührt werden, welche zur Hebung der Fischerei in unseren Binnengewässern wesentlich beitragen und deren Beachtung erst häufig dazu führt, diesen Nebenbetrieb in vielen Waldgütern zu einem dauernd gesicherten und unter Umständen zu einem sehr ertragreichen zu gestalten.

Aus dem Angeführten ergibt sich bereits die im nachstehenden eingehaltene Einteilung des Stoffes in fünf Kapitel: I. Die Naturgeschichte der Fische. II. Die künstliche Fischzucht. III. Die natürliche Fischzucht. IV. Der Fischereischutz. V. Der Fischereibetrieb. — Mit Absicht sind viele der folgenden Darstellungen ganz kurz, fast nur in Schlagworten gehalten worden, einmal, um den Umfang dieses Bandes nicht allzusehr zu erweitern, dann aber auch, weil die Erlernung der Fischerei (gleichwie jene der Jagdkunde) bezüglich vieler Details doch am besten der Praxis überlassen bleibt, sobald nur einmal die wichtigsten Vorbegriffe vermittelt sind und das Interesse für den Gegenstand erweckt ist.

## I. Kapitel.

# Die Naturgeschichte der Fische.

### § 1. Allgemeiner Charakter der Fische.

Die Fische sind Wirbeltiere, welche ein rotes, wechselwarmes Blut besitzen und durch Kiemen atmen; sie leben im Wasser und bewegen sich in demselben mittels der Flossen; ihre Haut trägt meist Schuppen.

Der Körper der Fische ist in der Regel spindelförmig und gleichzeitig seitlich zusammengedrückt. Ein Hals fehlt, und der Kopf bildet mit dem Rumpfe eine einzige Körpermasse, welche nach hinten allmälig in den Schwanzteil übergeht. Dieser ist mit der an seinem Ende angebrachten Flosse das wichtigste Werkzeug zur Vorwärtsbewegung, ähnlich der Schraube eines Dampfschiffes; außer der Schwanzflosse dienen noch die anderen paarigen oder unpaarigen Flossen zur Unterstützung der Schwimmbewegung, indem sie hauptsächlich als Steuerorgane wirken. In der glatten, schleimigen Haut stecken meist lose zahlreiche, in Reihen angeordnete knöcherne Plättchen, das sind die Schuppen, welche bei den verschiedenen Arten von wechselnder Größe sind; manche Fische tragen auf der Haut fest angewachsene Knochenplatten; einige Arten haben auch eine ganz nackte, schuppenlose Haut.

Das Gerippe (Skelet) der Fische ist ein knorpeliges oder ein knöchernes; die spitzen, dünnen, im Fleische steckenden Knochen nennt man Gräten.

Die Flossen bestehen auch aus knorpeligen oder knöchernen Strahlen, zwischen denen fächerartig eine Haut ausgespannt ist. Die Flossenstrahlen können aus einem Stücke bestehen, das hart und spitzig ist — das ist bei den sogenannten Stachelflossen der Fall — oder, die Strahlen werden aus Reihen von kleinen Knochenstücken zusammengesetzt — und dann spricht man von Weichflossen. Die paarweise vorhandenen Brust- und Bauchflossen entsprechen den vorderen und hinteren Gliedmaßen der übrigen Wirbeltiere. Außer diesen kommen auch Flossen vor, die nur in der Einzahl vorhanden sind, das sind nebst der bereits erwähnten Schwanzflosse noch die Rücken- und Afterflossen. Auf dem Rücken finden sich oft flossenförmige Hautauswüchse, die nicht von Strahlen gestützt werden, dieselben bezeichnet man als Fettflossen. Es kommt vor, daß bei einer oder der anderen Fischgattung eine oder die andere Art von Flossen fehlt.

Der Mund der Fische ist an den Kieferrändern meist mit Zähnen besetzt; außerdem finden sich oft noch Zähne am Gaumen, an den Schlundknochen und selbst auf der Zunge.

Der Verdauungsapparat besteht bei den Fischen aus dem Schlundrohr, dem Magen und dem Darme. Von den Eingeweiden wären noch die Leber und die Milz hervorzuheben.

Das Herz liegt weit nach vorne gerückt über den Brustflossen. Die Kiemen bestehen aus mehreren harten Bogen, die beiderseits an der hinteren, unteren Seite des Kopfes sitzen, und die mit zarten, weichen Fransen besetzt sind, welche durch das Blut hell rot gefärbt erscheinen. Diese nehmen die im Wasser stets aufgelöste Luft auf, deren Sauerstoff das Blut auffrischt, wie dies bei den Landtieren in den Lungen geschieht. Die Kiemen werden durch hinten am Kopfe angewachsene Knochenplatten, die Kiemendeckel, oder auch nur durch Hautfalten geschützt.

Viele Fische besitzen in ihrer Leibeshöhle einen über dem Darme gelegenen mit Luft gefüllten Sack, das ist die Schwimmblase. Dieselbe ist entweder allseits abgeschlossen, oder sie steht durch einen Luftgang mit dem Schlunde in Verbindung.

Die Fische sind stumm. Das Auge ist wohl entwickelt, es fehlen ihm aber die Augendeckel oder -Lider; ein äußeres Ohr ist zwar nicht vorhanden, doch hören die Fische ganz gut mittels ihres im Schädel eingeschlossenen Gehörorganes; man kann z. B. manche Fische daran gewöhnen, daß sie auf das Geläute einer Glocke zur Fütterung herbeischwimmen. Der Geschmacks- und der Geruchssinn sind weniger ausgebildet.

Die Fortpflanzung geschieht in der Regel durch Eier, welche die Fische in das Wasser ablegen. Dieses Geschäft bezeichnet man als das Laichen oder Streichen. Die Eier selbst nennt man den Laich oder Rogen, und daher heißen die weiblichen Fische Rogner. Die abgelegten Eier sind entweder frei, oder sie hängen durch eine gallertartige, schleimige Masse, zu einer sogenannten Schnur verbunden, zusammen. Der Samen (das Sperma) der Männchen wird gewöhnlich als Milch bezeichnet, und die Männchen nennt man darum auch Milchner. Die Befruchtung der Eier geschieht in der Regel in der Weise, daß die Männchen den Samen (die Milch) über die eben abgelegten Eier (Rogen) fließen lassen; eine Begattung findet also gewöhnlich nicht statt. Es gibt nur einige wenige Arten von Fischen, welche lebende Junge zur Welt bringen.

### § 2. Einteilung und Beschreibung der für uns wichtigsten Arten von (Süßwasser-)Fischen.

Von den im II. Bande, Seite 254, angeführten Gruppen, in welche die gesamten Fische eingeteilt werden, kommen für uns nur die Knochenfische, Schmelzschupper und Rundmäuler und von diesen wieder nur die im Süßwasser lebenden Arten in Betracht; wogegen die Doppelatmer, welche nebst den Kiemen auch Lungen besitzen und in tropischen Gegenden von Afrika, Amerika und Australien leben, dann die Quermäuler, zu denen die Haifische und Rochen gehören, welche ausschließlich Meeresbewohner sind, und endlich die durch den nur fingerlangen sogenannten Lanzettfisch *(Amphióxus)* vertretenen Röhrenherzen im folgenden nicht weiter behandelt werden.

## I. Knochenfische. *(Teleóstei.)*

Diese Ordnung umfaßt solche Fische, welche ein knöchernes Gerippe mit harten Gräten besitzen. Man teilt sie in 3 Unterordnungen, die Stachelflosser, Kehl-Weichflosser und Bauch-Weichflosser, ein.

### A. *Stachelflosser, Acanthópteri.*

Knochenfische mit zwei Rückenflossen, von denen die vordere nur Stachelstrahlen enthält, oder mit nur einer Rückenflosse, vor der einzelne, nicht durch Haut verbundene Stachelstrahlen stehen (Stichling); Bauchflossen brustständig, beim Stichling nur aus zwei Strahlen bestehend. Schwimmblase geschlossen.

*Familie: Barsche, Percidae.* Mit an ihrem freien Rande gezähnelten Schuppen (Kammschuppen); Dornen und Zähne an den Kiemendeckeln; zwei Rückenflossen, die meist zusammenhängen; Bauchflossen ganz vorne unter den Brustflossen stehend.

Der **Barsch**, *Pérca fluviátilis L.* Hintere Rückenflosse mit 14 weichen Strahlen. Alle Zähne gleichmäßig hechelförmig; Körperseiten gelblich, ins Grünliche schillernd, Rücken dunkelgrün; schwärzliche Querbinden und ein schwarzer Fleck am Ende der ersten Rückenflosse; Brustflossen gelbrot, Afterflosse hellrot. Länge 20 bis 30 *cm.* Laichzeit: April bis Juni. Setzt 2—300.000 Eier an Pflanzen und Steinen am Grunde ab, in Form eines 1 bis 2 *cm* breiten, aus weißen netzartig verschlungenen Schnüren bestehenden Bandes. Die Eier lassen sich künstlich befruchten; doch wird zum Zwecke der Übertragung in zu besetzende Gewässer meist der bereits ins Wasser abgesetzte und auf natürliche Weise befruchtete Laich in Körben gesammelt. Der Barsch ist fast in ganz Europa gemein, in Seen und Flüssen; er ist ein Raubfisch mit weißem geschätztem Fleische; man fängt ihn leicht mit Grundangeln. — Barsche kommen außerdem in Asien und Nordamerika vor. — Unser Barsch geht auch in das Brackwasser.

Der **Zander** oder **Schill**, am Plattensee auch **Fogosch** genannt, *Pérca luciopérca L. (Luciopérca sándra).* Zweite Rückenflosse mit 20 bis 22 Strahlen; Afterflosse mit zwei Stachel- und elf Weichstrahlen. Zwischen den kleinen Zähnen einzelne größere. Leib grünlichgrau mit verwaschenen Binden und Flecken am Rücken; Rückenflosse schwarz punktiert. Länge 40 bis 50 *cm.* Laichzeit: April bis Juni; setzt 1—200,000 Eier auf Kiesgrund und an Wurzeln im stillen Wasser ab. Die Anzucht ist schwierig, weil sich die Eier ebenso wie die lebenden Fische schlecht versenden lassen. Der Zander lebt in Österreich und Deutschland in Seen und Flüssen und findet sich auch noch in Rußland und Norditalien. Er ist ein (als Speisefisch geschätzter) Raubfisch. Man züchtet ihn in größeren, tiefen und kalten Teichen, auch statt des Hechtes in Karpfenabwachsteichen.

Der **Wolgazander** oder **Berschik**, *Pérca volgénsis Pall. (Luciopérca volgénsis)* ist dem eben genannten ähnlich, wird bisweilen in der Donau und March gefangen. In seiner Heimat (Rußland) ist er ein wertvoller Speisefisch.

Der **Schwarzbarsch**, *Micrópterus dolomiéni Lac. (Grýstes nigricans)* und der **Forellenbarsch**, *Micrópterus salmoídes Lac. (Grýstes salmoídes)* sind zwei Fischarten, welche in neuerer Zeit aus Amerika, wo sie sehr beliebte Speisefische sind, nach Europa verpflanzt wurden; sie gedeihen da stellenweise, besonders in Teichen, ganz gut; auch hat man sie schon mit Erfolg ausgesetzt. Der Schwarzbarsch kommt bei uns besser fort als der Forellenbarsch.

In die Familie der Barsche gehört noch eine Reihe anderer Fische, die, weil sie von nur geringer wirtschaftlicher Bedeutung sind, hier bloß ganz kurz Erwähnung finden. Es sind dies: Der Kaulbarsch, *Acerina cérnua L.* und der Schrätzer (Schratz), *Acerina schraëtzer L.*, die nur 10 bis 18 *cm* lang werden, dann der Zingel (30 bis 40 *cm* lang) und der Streber (14 bis 17 *cm* lang); sie kommen alle im Donaugebiete vor.

Zu den Stachelflossern ist auch zu rechnen die Groppe oder Koppe, *Cóttus góbio L.* (10 bis 15 *cm* lang), welche in unseren schnell fließenden Bächen häufig neben der Forelle angetroffen wird; sie hält sich gerne unter Steinen auf und dient als Köder beim Forellenfang.

Als dem Laiche und der jungen Brut sehr schädliche Raubfische sind der kleine und der große Stichling, *Gasterósteus aculeátus L.* und *G. pungítius L.*, ersterer 3 bis 6 *cm*, letzterer 4 bis 9 *cm* lang, zu nennen; im Donaugebiete fehlen beide.

### *B. Kehl-Weichflosser, Anacanthini.*

Knochenfische mit durchaus weichen Flossenstrahlen und weit nach vorne an die Kehle gerückten Bauchflossen, über und hinter denen die Brustflossen stehen; die meisten leben im Meere, wie die Stock- und Schellfische, Schollen, Flundern u. s. w. Aus dem Süßwasser ist für uns nur erwähnenswert:

Die **Aalraupe, Aalrutte** oder **Quappe,** *Lóta lóta L. (Lóta vulgáris)* mit abgeflachtem Kopfe, rundlichem Leibe und zusammengedrücktem Schwanze. Am Kinn ein Bartfaden. Oberseite olivengrün oder hellbraun und dunkel marmoriert; Unterseite schmutzig weiß. Länge 30 bis 60 *cm*. Laichzeit: Dezember und Januar; die Weibchen ziehen stromaufwärts und legen ihren klebenden Laich an Steine und Wasserpflanzen. In Europa bis hinab nach Norditalien in süßen Wässern vorkommend. Nächtlicher, am Grunde lebender Raubfisch, der unter Umständen dem Laich anderer Fische verderblich werden kann. Fleisch wohlschmeckend, doch bei uns wenig gesucht.

### *C. Bauch-Weichflosser, Physóstomi.*

Knochenfische mit rückwärts am Bauche stehendem zweiten Flossenpaare; die Schwimmblase ist durch einen Luftgang stets mit dem Schlunde in Verbindung. Die Flossen besitzen weiche Strahlen, nur in manchen Fällen finden sich außer diesen einzelne Stachelstrahlen am Vorderrande der Flosse. In diese Abteilung gehören die meisten einheimischen Süßwasserfische, die man in sechs Familien gruppiert und zwar die Weißfische, Lachse, Welse, Hechte, Häringe und Aale.

*Familie: Weißfische, Cyprinidae.* Bauch-Weichflosser mit kleinem, zahnlosem Munde, welche am Eingange des Schlundes, gleich hinter den Kiemen zwei große harte Knochen, die sogenannten Schlundknochen besitzen, auf denen eine oder mehrere Reihen von Zähnen sitzen, die zur Zermalmung der Nahrung dienen und Schlundzähne heißen. Diese Zähne sind wichtig zur sicheren Bestimmung der verschiedenen Weißfische, weil sie bei jeder Art in anderer Zahl und Anordnung vorkommen. Die Schlundknochen lassen sich leicht bei gekochten Fischen herauslösen. — Bei vielen Weißfischen, besonders den Männchen, bedeckt sich zur Laichzeit der Körper mit mehr oder weniger zahlreichen Knötchen von meist weißlicher Farbe, wie mit einem Ausschlage — man spricht darum auch vom Laichausschlage. — Manche nahe verwandte Arten kreuzen sich und bilden Bastarde oder Blendlinge.

Die Familie der Weißfische zerfällt in zahlreiche Gattungen und Arten; nur wenige davon sind jedoch von einem direkten Nutzen und als Speisefische höher geschätzt, wie der Karpfen, die Schleihe und allenfalls die Karausche; die meisten anderen haben nur geringeren Wert, wenn auch manche in Massen gefangen als Volksnahrung dienen; andere haben als Futterfische für edle Raubfische Verwendung.

Der **Karpfen** oder **Edelkarpfen**, *Cyprínus cárpio L.* Leib schwach zusammengedrückt, Schuppen groß, Maul endständig mit vier Bartfäden, Rückenflosse lang, vorne mit 3 bis 4 Stachelstrahlen und dahinter 17 bis 22 weichen Strahlen; Schwanzflosse kurz; Afterflosse mit 3 Stachelstrahlen und 5 bis 6 weichen Strahlen. Färbung nach Alter, Jahreszeit und Aufenthalt verschieden, doch meist grünlich- oder bläulich-goldig. Länge 30 bis 60 *cm*. Laichzeit: April bis Juni. Ein Weibchen legt 2—700.000 Eier von 1·5 *mm* Durchmesser unter Geplätscher an Steine und Wasserpflanzen einzeln ab. Die Jungen schlüpfen bei warmem Wetter schon nach 4 bis 8 Tagen aus. Der Karpfen, ursprünglich nur in den Zuflüssen des Schwarzen und Kaspischen Meeres heimisch, ist seit langem schon in ganz Europa verbreitet, in größeren stehenden oder langsam fließenden Gewässern, die reich an Wasserpflanzen sind. Er ist der wichtigste Zuchtfisch für flache und warme Teiche mit schlammigem, lehmigem Grunde. Auf dem Wege der Zucht sind zwei Rassen des Karpfen entstanden; die eine mit nur einer Längsreihe sehr großer Schuppen an den Körperseiten führt den Namen **Spiegelkarpfen**, die andere Rasse heißt **Lederkarpfen** und ist fast ganz schuppenlos.

Die Karausche, auch Gareisel oder Schneiderkarpf, *Carássius carássius L.* *(Carássius vulgáris)* ist dem Edelkarpfen nahe verwandt, jedoch kleiner, mit stärker zusammengedrücktem Leib, hohem Rücken und ohne Bartfäden. Die Rückenflosse hat 3 bis 4 harte und 14 bis 21 weiche Strahlen, die Afterflosse 2 bis 3 harte und 5 bis 7 weiche Strahlen. Größe 15 bis 30 *cm* Laichzeit: Mai und Juni. Fast in ganz Europa in trägfließenden und stehenden Gewässern. Mäßig wohlschmeckender Speisefisch, der sich zur Besetzung von sonst nutzlosen kleinen Wässern, wie Schacht- und Mergelgruben eignet. — Wegen seiner Eigenschaft, leicht mit den Karpfen Bastarde zu erzeugen, muß man trachten, ihn von Karpfenteichen fern zu halten. Die Karausche ist auch als Futterfisch für edle Raubfische von Wert.

Eine kleinbleibende, niedrige, in kleinen Wasserlöchern vorkommende messinggelbe Form heißt Giebel. Der als Zierfisch gezüchtete Goldfisch ist auch nichts anderes als eine Spielart der Karausche.

Die **Schleihe**, *Tinca tínca L. (Tinca vulgáris)* ist in der Körperform wieder mehr dem Karpfen ähnlich, aber mit nur ganz kleinen Schuppen bedeckt, die in der schleimigen Haut stecken; an den Mundwinkeln zwei kurze Bartfäden; Rückenflosse k u r z mit 4 harten und 8 bis 9 weichen Strahlen, Afterflosse mit 3 bis 4 harten und 6 bis 7 weichen Strahlen. Farbe dunkel, olivgrün. Körperlänge 20 bis 30 *cm*. Laichzeit: Mai bis Juli. Häufiger Grundfisch in ruhigen, schlammigen Gewässern von fast ganz Europa und Nordasien, hält eine Art Winterschlaf, indem er sich im Schlamme einwühlt. Beliebter Speisefisch. Sehr gut als Nebenbesatz in Karpfen- und auch in nicht zu kalten Forellenteichen; weniger zur besonderen Zucht in eigenen Teichen geeignet.

Eine als Zierfisch beliebte Rasse ist die Goldschleihe.

Die Barbe, *Bárbus bárbus L. (Bárbus vulgáris).* Langgestreckt, fast walzenförmig, mit großen Schuppen; unterständigem Maule mit dicken fleischigen Lippen und vier dicken Bartfäden; Rücken- und Afterflosse kurz; erstere vorne mit 3 Stachelstrahlen, von denen der erste hinten grob gesägt ist, und mit 8 bis 9 Weichstrahlen; Afterflosse mit drei harten und fünf weichen Strahlen. Wird 30 bis 50 *cm* lang. Laichzeit: Mai und Juni. Geselliger nächtlicher Grundfisch schneller, fließender Gewässer; auch in Seen. Als Speise wegen der vielen Gräten wenig geschätzt; der Rogen soll giftig sein, Erbrechen und Durchfall erzeugen.

Die Grundel (Gründling oder Greßling), *Góbio góbio L. (Góbio fluviátilis)*. Leib fast walzenförmig, nur der Schwanz mehr zusammengedrückt, mit zwei kurzen Bartfäden, wird bloß 10 bis 15 *cm* lang. In schnellfließenden Bächen. Als Futterfisch für Forellen und als lebender Köder zum Angeln auf Raubfische verwendbar.

Die Ellritze oder Pfrille, *Leuciscus phóxinus L. (Phóxinus laévis)*, mit kleinen Schuppen; Rücken und Seiten dunkel mit undeutlichen Querbinden und goldigem Längsstreif, Unterseite meist gelblich. Länge 7 bis 14 *cm*. Geselliger Oberflächenfisch der klaren Flüsse und Seen, kommt in den Alpen bis in eine Höhe von 2000 *m* vor. Wird auch im Rhein massenhaft gefangen und verzehrt; bei uns hauptsächlich nur als Forellenfutter und Angelköder gebraucht.

In dieselbe Gattung *(Leuciscus)* wie die Ellritze gehören u. a. noch folgende meist kleinere und wenig wertvolle Fischarten:

Der Strömer oder die Laube, *Leuciscus agassizi C. V.*

Der Döbel oder die Aitel (Aitl), *Leuciscus céphalus L.*

Die Hasel oder der Weißfisch, *Leuciscus leuciscus L. (Leuciscus vulgáris)*.

Der Nerfling oder Aland, *Leuciscus idus L. (Idus melanótus)*.

Die Rotfeder, *Leuciscus erythrophthálmus L.*

Das Rotauge oder die Plötze, *Leuciscus rútilus L.*

Der Frauenfisch oder ebenfalls Nerfling genannt, *Leuciscus virgo Heck.*

Der Perlfisch, der gleichfalls auch Frauenfisch genannt wird, *Leuciscus meidingéri Heck.*

Die Nase, *Chondróstoma násus L.* ist eine etwas größer werdende Art, die in der Donau Gegenstand des Massenfanges ist; ihr Fleisch ist weich und grätig. Sie ist ein Laichräuber.

In die Gattung *Áspius* gehören:

Der Schied oder Rupfen, *Aspius áspius L. (A. rápax)*.

Die Mairenke oder der Schiedling, *Aspius ménto Ag.*

Der Ukelei, auch meist als Weißfisch bezeichnet, *Aspius albúrnus L. (Albúrnus lúcidus)*; derselbe wird gelegentlich in Massen mit dem Netz gefangen, da aus seinen Schuppen die Perlessenz zur Herstellung der falschen Perlen gemacht wird; Fleisch ohne Wert.

*Abrámis* ist eine andere, mehrere Arten umfassende Gattung, aus welcher namhaft zu machen wäre:

Der Brachsen oder Blei, *Abrámis bráma L.*, welcher eine Länge von 40 bis 70 *cm* erreicht und einen ziemlich hohen Rücken hat; die Afterflosse ist lang, mit 23 bis 28 Strahlen. Frißt den Laich anderer Fische; ist stellenweise Gegenstand des Massenfanges.

Die Bartgrundel oder Schmerle, *Cobítis barbátula L.* Leib walzenförmig, mit kleinen Schuppen; 6 Bartfäden an der Oberlippe; bräunlich marmoriert; wird 10 bis 15 *cm* lang. In Bächen und klaren Teichen; kann als Laichräuber einigen Schaden bereiten; Fleisch in manchen Gegenden geschätzt. Der Fisch wird sogar hie und da gezüchtet.

*Familie: Lachse, Salmonídae.* Bauchweichflosser von spindelförmiger, mehr oder weniger seitlich zusammengedrückter Körperform. Sie sind dadurch eigentümlich und leicht erkennbar, daß sich hinter der durch Strahlen gestützten Rückenflosse noch eine kleine weiche Flosse, die sogenannte Fettflosse, befindet. Viele der lachsartigen Fische nehmen zur Laichzeit ein Hochzeitskleid an, indem sich ihre Färbung verändert und viel lebhafter wird. Die Laichperiode dieser Fischarten fällt entweder in das Frühjahr, oder in den Herbst und Winter, man unterscheidet demnach Frühjahrslaicher und Winterlaicher. Ähnlich wie bei den Weißfischen kommt auch hier Bastardbildung vor; dieselbe erfolgt aber kaum in der freien Natur, sondern durch die künstliche Befruchtung, indem man die Eier einer Art mit der Milch einer anderen Art befruchtet, z. B. Lachseier mit Forellenmilch. Diese Bastarde wachsen zwar schnell, doch ist ihre Entwicklung unsicher und man soll sie daher nur in Teiche, nicht aber in freie Gewässer aussetzen. — Die lachsartigen Fische sind durch besonders schmackhaftes Fleisch und wenig Gräten ausgezeichnet, darum als Tafelfische am höchsten geschätzt und Hauptgegenstand künstlicher Zucht.

Der **Lachs**, *Sálmo sálar L.* Schnauze gestreckt, Leib seitlich zusammengedrückt. Rücken blaugrau, Seiten heller, mit spärlichen kleinen schwarzen Flecken, Bauch silberweiß. Bei alten Männchen ist der Unterkiefer hakig nach aufwärts gekrümmt. Wird bis 1½ m lang. — Winterlaicher. Der Lachs ist eigentlich ein Seefisch, doch wandert er im Frühjahr vom Meere flußaufwärts bis in die Bäche und wird im November und Dezember laichreif. Ein Weibchen legt 10—30.000 Eier von Erbsengröße an flachen Stellen der Bäche in Kiesgruben ab. Nach einem Jahre kehren die dann etwa spannlangen jungen „Salmlinge" in das Meer zurück, aus dem sie erst wieder in mannbarem Alter zu ihren Brutstellen aufsteigen. Das Vorkommen in Europa ist auf die Zuflüsse der Nord- und Ostsee beschränkt, also bei uns auf die Gebiete der Elbe und des Rheines. — Das rötliche Fleisch ist sehr hoch im Preise stehend.

Die Meerforelle, *Sálmo trútta L.* Schnauze stumpfer, Leib gedrungener als beim Lachs. Mundspalte nur bis unter das Auge reichend. Färbung ähnlich wie beim Lachs. Erreicht eine Länge von 70 *cm.* Winterlaicher. Wandert gleichfalls aus den Küstenwässern der Nord- und Ostsee in die Flüsse; das Fleisch ist sehr schmackhaft. Wird zum Aussetzen in die größeren Ströme gezüchtet. Für Teiche ebensowenig wie der Lachs geeignet.

Die **Lachsforelle** oder **Seeforelle**, *Sálmo lacústris L.*, ähnlich der Meerforelle; Mundspalte bis hinter das Auge reichend; Schuppen kleiner; viele schwarze Flecken an den Seiten des Körpers. Länge bis 70 *cm* und mehr. Lebt in den Alpenseen und steigt im Oktober und November aus diesen in die Flüsse und Bäche auf, um zu laichen; er ist also auch ein Winterlaicher. Fleisch sehr schmackhaft und geschätzt. Diese Lachsart eignet sich besonders gut zur künstlichen Zucht und Besetzung von Seen und großen Teichen.

Die **Forelle** oder **Bachforelle**, *Sálmo fário L.*, ist die am zahlreichsten vorkommende Lachsart. Rücken grünlich grau, Seiten gelblich mit vielen roten, weiß oder blau eingesäumten Flecken. Die Färbung ändert sich sehr nach dem Grunde des Wassers; in Bächen mit dunklem Schotter sind die Fische auch dunkel (bis braunschwarz), in Wässern mit hellem Schotter werden sie auch licht (hellgrau). Man unterscheidet nach den verschiedenen Gewässern auch zahlreiche natürliche Varietäten oder besser gesagt Rassen; eine solche besonders auffallende Form ist beispielsweise die Isonzoforelle, welche ein stark rötliches Fleisch besitzt und am Rücken und den Seiten schwarz (nicht rot) gefleckt ist u. s. w. — Die Bachforellen werden 20 bis 40 *cm* und darüber lang. Winterlaicher. Die Eier werden in kälteren Bächen schon im Oktober oder November abgesetzt; in gleichmäßiger warmen Wässern aber, welche später abkühlen, erst im Januar und Februar. Von einem Weibchen kommen in einer Kiesgrube 500 bis 2000 4 bis 5 *mm* große Eier zur Ablage, die eine gelbliche bis rötliche Farbe haben. Die Forelle ist ein Standfisch klarer Seen und rasch fließender Gewässer in ganz Europa; sie bevorzugt die Gebirgswässer, in denen sie bis zu 2500 *m* Seehöhe vorkommt; sie findet sich aber auch in der Ebene. — Wichtigster, gut bezahlter Edelfisch und für die künstliche Zucht am besten geeignet; nicht nur zur Besetzung fließender Wässer, sondern auch für kältere Teiche. Beliebter Angelfisch für den Fang mit Wurm oder künstlicher Fliege (Fang mit der Handangel).

Der **Saibling**, auch **Rotforelle**, *Sálmo salvelínus L.* Vorderrand der mehr oder weniger rötlichen Brust-, Bauch- und Afterflossen milchweiß; sonstige Färbung sehr wechselnd, im ganzen dunkelgrau, meist an den Seiten mit gelben bis roten, weißumrandeten Flecken; zur Laichzeit haben die Männchen einen lebhafter gelb oder rötlich gefärbten Bauch. Länge 20 bis 50 *cm.* Winterlaicher in der Zeit vom Oktober bis Dezember oder Jänner. Der Saibling ist ein Tiefenfisch der Alpenseen, von deren Grunde er an die Oberfläche kommt, um seine 4 bis 5 *mm* großen Eier zu 10—30.000 Stück an flacheren Stellen der Seeufer abzulegen. Ebenfalls sehr geschätzter Tafelfisch, der sich züchten läßt und auch in tieferen kalten Teichen wohl gedeiht.

Eine kleinere Abart der Saiblinge sind die **Schwarzreiter** des Gosau- und Königsees.

Der **Huchen** oder **Donaulachs**, *Sálmo húcho L.* Kopf groß, flach, mit weiter Mundspalte. Leib rundlich, Fettflosse groß. Rücken grau. Bauch weißlich, oben oft mit vielen kleinen schwarzen Flecken und mit rötlichem Anfluge. Länge ¹/₂ bis 2 *m.* Winterlaicher, der die Donau und ihre aus den Alpen kommenden Zuflüsse bewohnt; Fleisch jüngerer Fische vorzüglich; Zucht schwierig.

Der **Asch** oder die **Äsche**, *Thymállus thymállus L. (Th. vulgáris)* ist auch ein Vertreter der Familie der Lachse. Er sieht äußerlich einem Weißfisch ähnlich, hat große, goldig und silberig glänzende Schuppen, eine lange, dunkelgefleckte Rückenflosse mit 5 bis 7 harten und 14 bis 17 weichen Strahlen. Größe 20 bis 40 *cm.* Er ist ein Frühjahrslaicher. Legt im März, April und Mai 5—10.000 Stück 3 bis 4 *mm* große Eier an Stellen mit festem Grunde. Der Asch ist ein mehr geselliger Bewohner der schnell fließenden Bäche und Flüsse von Nord- und Mitteleuropa, neben der Bachforelle. Fleisch geschätzt, aber, weil der Fisch lebend schwerer versendbar, weniger marktfähig; auch die künstliche Zucht schwierig. Besonders für den Angelsport mit der künstlichen Fliege beliebt.

Aus der Salmonidengattung *Corégonus*, welche vielerlei zum Teile noch nicht sicher unterschiedene Arten enthält, sind der **Blaufelchen** und eine Abart desselben, die **Rheinanke**, endlich der kleine **Riedling**, die beiden letzteren aus dem Traunsee, zu nennen.

Zur künstlichen Fischzucht hat man mit Erfolg u. a. den amerikanischen **Bachsaibling**, *Sálmo fontinális Mitch.* und die californische **Regenbogenforelle** *Sálmo irídeus W. Gibb.* eingeführt und ausgesetzt, so daß sie sich in manchen Gegenden bei uns bereits im Freien natürlich fortpflanzen.

*Familie: Welse, Siluridae.* Schuppenlose Fische mit langem, rundem Vorderleibe, bauchständigen Bauchflossen, breitem niedergedrückten Kopfe, weitem Maule, langen Bartfäden, großen Brustflossen, die von einem starken ersten Knochenstrahle gestützt werden; Schwanzteil seitlich zusammengedrückt.

Der **Wels, Waller** oder **Schaiden**, *Silúrus glánis L.* Leib kurz, Schwanz lang. Rückenflossen ganz klein, Afterflosse lang, bis zur Schwanzflosse reichend und mit dieser verbunden. Zwei sehr lange Bartfäden auf der Oberlippe und vier kleinere an der Unterlippe. Das Maul breit und weit mit zahlreichen hechelförmigen Zähnen. Augen klein. Farbe oben dunkelgrün, braun oder schwärzlich marmoriert, unten weißlich. Wird 1 bis 3 *m* lang. Laichzeit: Mai, Juni. Der Wels zieht dann paarweise an die pflanzenbewachsenen Ufer, wo das Weibchen bis zu 100.000 Eier ablegt. Er ist ein einsam lebender Grundfisch der größeren mitteleuropäischen Flüsse und Seen und ein gefräßiger Räuber. Als Speisefisch sehr geschätzt.

*Familie: Hechte, Esocídae.* Beschuppte Fische mit bauchständigen Bauchflossen, langem, niedergedrücktem Kopfe, schnabelartiger Schnauze, weitem, stark bezahnten Maule, langem rundlichen Leibe, weit nach hinten gerückter kurzer Rücken- und Afterflosse und kurzem Schwanz.

Der **Hecht**, *Ésox lúcius L.* ist außer durch die eben erwähnten Familienmerkmale noch durch folgende Eigenschaften gekennzeichnet: Unterkiefer vorstehend; zwischen kleinen Hechelzähnen große Fangzähne; Färbung wechselnd, meist am Rücken dunkelbraun mit grünlichem Schimmer, an den Seiten heller, mit lichten Flecken und Querstreifen, Bauch weißlich. Länge bis zu 1 *m.* Laichzeit: Februar bis April. Die

Hechte ziehen nach dem Auftauen des Eises an pflanzenreiche Ufer und in seichte Gräben, wo das Weibchen gegen 100.000 Eier ablegt; die Jungen wachsen sehr schnell. Der Hecht ist ein räuberischer Standfisch in Flüssen und Seen. Das Fleisch ist sehr wohlschmeckend. Der Hecht ist dadurch unter Umständen nützlich, daß er viele wertlose Fische und die Frösche frißt und wird auch darum gerne in beschränkter Zahl in die Karpfenteiche gesetzt, damit er dort die überschüssige Brut wegfängt.

*Familie: Heringe, Clupéidae.* Aus dieser Gruppe, in die hauptsächlich Seefische gehören, wäre hier der **Maifisch** oder die **Alse**, *Clúpea alósa L.* zu erwähnen, ein Wanderfisch, der im Frühling aus dem Meere in die Flüsse aufsteigt und in der Elbe bis nach Böhmen kommt.

*Familie: Aale, Muraenidae.* Körper langgestreckt schlangenartig, ohne Bauchflossen; Kopf klein, Schnauze spitz; Haut gänzlich schuppenlos, glatt und schleimig, Rücken-, Schwanz- und Afterflosse hängen mit einander zusammen und bilden einen fortlaufenden Saum längs der hinteren Körperhälfte.

Der **Flußaal**, *Anguilla anguilla L. (A. vulgáris)* ist außer durch die eben erwähnten Merkmale noch besonders dadurch charakterisiert, daß die Rückenflosse weit hinter den Brustflossen beginnt. Länge 40 *cm* bis 1 *m* und darüber. Die Aale wandern im Herbst flußabwärts dem Meere zu, und die dort erzeugte junge Brut von 5 bis 8 *cm* langen kleinen Aalen steigt dann im Frühjahr wieder in die Ströme hinauf. Laichräuber. Vorkommen in allen Zuflüssen des Mittelmeeres, des atlantischen Ozeans und der Nord- und Ostsee. Fleisch sehr geschätzt. Der Aal ist durch Einsetzen der Brut leicht in Gewässer, wo er noch nicht vorkommt, zu verpflanzen; so wurde er bereits in das Gebiet der Donau eingeführt.

## II. Schmelzschupper. *Ganóidei.*

Die bei uns vorkommenden Vertreter dieser Ordnung umfassen grätenlose Fische, deren Skelet nur aus Knorpelmasse besteht.

*Familie: Störe, Accipenseridae.* Langgestreckte Knorpelfische, die statt mit Schuppen mit Knochenplatten bedeckt sind, welche auf dem Kopfe, längs des Rückens, und in zwei Reihen an den Körperseiten sitzen. Der Mund ist unterständig und mit Bartfäden besetzt. Schwanz aus zwei ungleichen Hälften, einer größeren oberen und einer kleineren unteren gebildet.

Der **Stör**, *Accipénser stúrio L.* wird sehr groß, 1½ bis 3 *m* lang. Er ist mit 30 bis 33 großen Knochenschilden bedeckt. Laichzeit: April bis Juni; ein Weibchen produziert mehrere Millionen Eier, die in den Flüssen abgelegt werden; die Jungen wandern ins Meer. Größter Wanderfisch des atlantischen Ozeans, des Mittelmeeres, der Nord- und Ostsee; fehlt in der Donau. Fleisch frisch und geräuchert beliebt; sehr wertvoll die als Kaviar konservierten Eier; Schwimmblase liefert guten Leim.

Der **Sterlet** oder **Störl**, *Accipénser ruthénus L.*, auch Stirl genannt. An den Körperseiten mit je einer Reihe von 60 bis 70 kleinen Knochenplatten. Wird nur 60 bis 70 *cm* lang. Standfisch, der im Mai und Juni in den Zuflüssen des schwarzen Meeres laicht; besonders häufig in der Donau. Sehr geschätzter Speisefisch, der auch guten Kaviar und den feinsten Fischleim liefert.

## III. Rundmäuler. *Cyclóstomi.*

*Familie: Neunaugen, Petromyzóntidae.* Knorpelfische von langer wurmförmiger Gestalt; hinter dem Kopfe je sieben Kiemenlöcher; ohne Brust- und Bauchflossen.

Das **Meerneunauge** oder die **Lamprete**, *Petromýzon marínus L.* Von der Größe des Aales (50 bis 90 *cm* lang), oben gelbgrau mit dunkler Marmorierung, unten hell. Steigt im Frühjahr in die Flüsse; bei uns in der Elbe in Böhmen; fehlt in der Donau.

Das **Flußneunauge** oder die **Pricke**, *Petromýzon fluviátilis L.* wird daumendick und 30 bis 40 *cm* lang; Rücken einfärbig dunkel grünlich; Seiten heller, Bauch weiß.

Wanderfisch aller europäischen Küstengewässer. Handelsartikel besonders in marinirtem Zustande.

Das Bachneunauge, *Petromýzon planéri Bl.* von der Dicke eines Bleistiftes, 15 bis 20 *cm* lang, Rücken grünlich, Bauch heller. Standfisch in kleinen Flüssen und Bächen bis in das Forellengebiet. Eßbar, aber wirtschaftlich bedeutungslos; wird als Angelköder verwendet.

---

## II. Kapitel.

# Die künstliche Fischzucht.

### § 3. Begriff.

Die künstliche Fischzucht umfaßt eigentlich nichts Künstliches, sondern ihr Wesen besteht darin, daß der Mensch die natürlichen Vorgänge bei der Befruchtung und Ausbrütung der Eier und Ernährung der Fische unter möglichster Hintanhaltung aller diese Vorgänge schädigenden Einflüsse nachzuahmen sucht, um hiedurch bei der Nachzucht einen möglichst großen Erfolg zu erzielen. Die Lehre von der künstlichen Fischzucht, für welche namentlich die Bachforelle in Betracht kommt, hat uns daher die Kenntnis von der entsprechendsten Beschaffung der Laichfische, der Bebrütung der Eier, der Behandlung der Fische im ersten Lebensalter bis zur weiteren Verwendung sowie der hiebei zur Anwendung gelangenden Apparate, Werkzeuge und Vorkehrungen zu verschaffen.

### § 4. Beschaffung der Laichfische.

Die für die künstliche Fischzucht in Betracht kommenden Fische gehören sämtlich zur Familie der Lachse (Salmoniden) und sind als solche, wie bereits erwähnt wurde, teils Winter- teils Frühjahrslaicher; der genaue Zeitpunkt des Eintritts der Laichzeit wird übrigens auch durch die Temperatur des Wassers beeinflußt, und einzelne Salmonidenarten werden in Behältern überhaupt nicht laichreif, wie Huchen, Äschen und Renken. Fische, welche in Behältern die Laichreife erlangen und von denen die Bachforelle diesbezüglich die größte Bedeutung hat, werden vor der Laichzeit gefangen und dann nach Geschlechtern getrennt bevorrätigt. Werden die Behälter von der gleichen Quelle gespeist, so ist Vorsorge zu treffen, daß das Wasser aus dem Behälter der Milchner in jenen der Rogner übertritt, weil im umgekehrten Falle vorzeitige Milch- oder Eierabgabe zu befürchten wäre; aus dem gleichen Grunde erfolgt die Trennung nach Geschlechtern.

Von den Fischen, welche in Behältern nicht laichreif werden, muß der Laich und die Milch unmittelbar nach dem Fange genau zur Laichzeit gewonnen werden, was die Laichgewinnung nicht bloß schwieriger, sondern auch unzuverlässiger gestaltet. Die Laichreife ist eingetreten, wenn die Fische, beziehungsweise die Rogner beim Herausnehmen aus dem Wasser einige Eier abgeben, oder wenn die Abgabe der Eier und Milch sofort infolge ganz leichten Streichens des Bauches erfolgt.

### § 5. Gewinnung des Laiches und dessen Befruchtung.

Die Gewinnung des Laiches und der Milch von den laichreifen Fischen, namentlich der Bachforelle, erfolgt auf folgende Art: Der (dem Behälter entnommene) Fisch wird mit dem Daumen und Zeigefinger der einen Hand hinter den Kiemen erfaßt — wobei jedoch die Brustflossen frei zu bleiben haben — und über das zur Aufnahme des Laiches bestimmte Gefäß gebracht.

Damit die nun folgende Laich-, respective Milchgewinnung durch die lebhaften Bewegungen des Fisches nicht gestört werde, ist es zumeist notwendig, daß ein Gehilfe den Schwanzstiel des Fisches festhält, während der Bauch des Fisches mit dem Daumen und Zeigefinger der zweiten Hand sanft gestrichen wird. Jeder Druck ist hierbei zu vermeiden und der Fisch, falls er die Eier oder die Milch nicht leicht abgibt, als noch nicht laichreif in den Behälter zurück zu versetzen. Ein Druck ist hiebei nicht bloß zwecklos, sondern auch schädlich, weil einerseits die Laichfische durch denselben beschädigt, ja mitunter sogar getötet werden, anderseits der hiedurch gewaltsam gewonnene Laich in den Apparaten bald abstirbt und durch seine notwendige Auslese nur neuerliche Mühe und Arbeit erfordert. Für das Erfassen der Fische kann die Benützung eines weichen Tuches umsomehr empfohlen werden, als sich hiedurch die Gefahr des unbedingt hintanzuhaltenden Druckes vermindert.

Die Befruchtung des Laiches kann sowohl durch die sogenannte nasse, wie auch durch die trockene Befruchtung erreicht werden. Bei der trockenen Befruchtung wird zuerst der Laich von 2 bis 3 Rognern auf die vorgeschriebene Weise in einem flachen. Gefäße gesammelt, hierauf die Milch von einem Milchner hineingestrichen und dies solange fortgesetzt, als Brutfische vorhanden sind, oder bis das Gefäß zu einem Drittel gefüllt ist. Zeitweilig ist die Mischung von Milch und Eiern mit einer Feder oder mit der Schwanzflosse eines Fisches umzurühren, damit eine innige Vermengung stattfindet. Endlich wird langsam Wasser zugesetzt und das Gefäß dann einige Zeit in einem Raume von der Temperatur des zukünftigen Brutraumes stehen gelassen. Nach einer Viertelstunde wird durch Zuleitung von frischem Wasser und Ableitung des milchigen Wassers das Waschen des Laiches vorgenommen; bleibt endlich das Wasser in der Schüssel klar, so sind die Eier für die Beschickung der Apparate bereit. — Bei der nassen Befruchtung wird der gleiche Vorgang eingehalten, nur ist schon zu Beginn etwas Wasser in der flachen Schüssel; da aber die Eier sofort nach dem Verlassen des Fischkörpers das Wasser begierig aufnehmen, bis sie ganz prall sind, und dann ein Eindringen der Milch nicht mehr möglich ist, wenn sie dem Wasser nicht rasch genug beigemengt war, wird allgemein der trockenen Befruchtung der Vorzug eingeräumt, zumal da mit derselben tatsächlich höhere Befruchtungsprozente erreicht werden. — Die Größe der Eier ist nach den Fischarten verschieden, und zwar haben Äscheneier 3 bis 4 *mm*, Forelleneier 4 bis 5 *mm*, Lachseier 5 bis 6 *mm* Durchmesser.


### § 6. Bebrütung der Eier.

Zur Bebrütung der Eier ist reines, lufthaltiges Wasser erforderlich, denn nur unter Einwirkung von Wasser, Luft, Wärme und Licht entwickelt sich der Embryo. Die Entwicklung ist eine um so kräftigere, je langsamer sie vor sich geht, was von der Temperatur des Wassers abhängig ist. Professor Metzger in München machte an Bachforellenbrut die nachstehende, in Bergmanns „Fischerei im Walde" veröffentlichte Beobachtung, aus welcher hervorgeht, daß die Entwicklung umso langsamer (und zugleich besser) erfolgt, je niedriger die Wassertemperatur ist:

| Wassertemperatur | Entwicklungsdauer von der Befruchtung bis zum Auskriechen des Dottersackfischchens | Hievon bis zum Erscheinen der Augenpunkte |
|---|---|---|
| 2º Réaumur | 200 Tage | 109 Tage |
| 3º „ | 134 „ | 73 „ |
| 4º „ | 101 „ | 55 „ |
| 5º „ | 80 „ | 44 „ |
| 6º „ | 66 „ | 36 „ |
| 7º „ | 57 „ | 31 „ |
| 8º „ | 50 „ | 27 „ |

Da weiters die Fischchen bei einer Wassertemperatur von zirka 2º erst in 77 Tagen, bei 8º aber schon in 30 Tagen den Dottersack aufgezehrt haben, so folgt hieraus, daß die Fischchen umso eher von außen Nahrung aufnehmen müssen, je wärmer das Brutwasser ist, daß also auch deshalb eine niedrige Wassertemperatur im Brutapparat angezeigt ist (vgl. auch Seite 168). Außerdem muß aber das Wasser auch vollkommen rein sein, damit sich die Unreinigkeiten desselben (erdige, sandige, schlammige Beimengungen) nicht auf den Eiern absetzen, wodurch diese getötet werden könnten. Dieser Bedingung entspricht das zur Verfügung stehende Wasser in den seltensten Fällen; es muß daher gereinigt werden was durch sogenannte Filteranlagen geschieht.

Die einfachste und billigste Filteranlage ist der Kies-, Schwamm- oder Kohlefilter. In zwei kommunizierenden Gefäßen (Fässern, Tonnen, vgl. Fig. 187) mit doppeltem Boden ist auf dem oberen, durchlöcherten Boden die Filtermasse $f$ (also gewaschener Kies, Schwammstückchen oder Holzkohle) aufgelagert; zwischen den Böden sind verschließbare Öffnungen zum Reinigen der Filtermasse, was am besten täglich geschieht; das bei $a$ zufließende Wasser fließt bei $b$ gereinigt ab. — Eine zweite Art ist der Filzfilter, bestehend aus einer längeren hölzernen Rinne, in welche mit Filz überspannte Rähmchen eingepaßt sind; nach dem Grade der Verunreinigung richtet sich die Zahl der eingehängten Rähmchen.

Fig. 187.

Durch Auswechslung beziehungsweise Putzen der Rähmchen erfolgt die Reinigung des Apparates, welcher übrigens einen geringen Gefällsverlust mit sich bringt, da das Wasser hinter dem Rähmchen immer etwas tiefer steht, als vor demselben. Bei sehr unreinen Wässern kann auch eine Vereinigung der einzelnen Filtergattungen eintreten. — Chemisch (durch Abfallprodukte mancher Fabriken) verunreinigte Wässer sind zumeist für die Fischzucht untauglich.

In dem befruchteten Ei entwickelt sich unter dem Einflusse von Wasser, Luft, Wärme und Licht allmählich der Embryo, und zwar erscheint zuerst eine markierte, viertelkreisförmige, weißliche Linie, welche die künftige Wirbelsäule darstellt; diese vergrößert sich allmählich, und man bemerkt zunächst zwei anfänglich braune, später glänzend schwarze

Punkte, die Augen. Bis zum Erscheinen der Augenpunkte sind die Eier sehr empfindlich und müssen vor jeder (selbst der geringsten) Erschütterung bewahrt werden. Nach dem Erscheinen der Augenpunkte sind die Eier unempfindlicher gegen äußere Einflüsse, es ist daher dann der Zeitpunkt, in welchem eventuell die Versendung vorgenommen werden kann, gekommen; doch ist auch in dieser Periode noch immer Vorsicht in der Behandlung geboten. Jedenfalls ist während der ganzen Bebrütungsperiode die Pflege der Eier durch sofortiges Entfernen der toten, welche undurchscheinend weiß werden, niemals außeracht zu lassen, und die Brutapparate sind daher täglich zu revidieren.

Ist das Fischchen zum Ausschlüpfen reif, so zeigt sich in der Schalenhaut des Eies eine Öffnung, durch die sich sofort ein entsprechender Teil herausdrängt, bis sich das Fischchen nach lebhaften Bewegungen ganz von der Schale befreit hat. Der Zeitraum, welcher von der Befruchtung bis zum Ausschlüpfen vergeht, ist von der Fischart und der Wassertemperatur abhängig. Winterlaicher brauchen länger als Sommerlaicher. Da eine langsame Entwicklung des Embryo und Individuums von günstigem Einfluß auf die normale Lebensfähigkeit desselben ist, hat die Erbrütung in kälterem Wasser vor jener in wärmerem um so mehr den Vorzug, als es besonders bei den Winterlaichern vorteilhaft ist, die Entwicklung des Fisches solange auszudehnen, bis das auszusetzende Fischchen in den natürlichen Wasserläufen schon genügende Nahrung findet, oder bis (bei Auffütterung), begünstigt durch die bereits eingetretene höhere Tagestemperatur, die Nachzucht des natürlichen Futters keinen großen Schwierigkeiten mehr begegnet.

### § 7. Die Dottersackperiode.

Das aus dem Ei ausschlüpfende Fischchen ist nicht vollkommen ausgebildet, sondern erscheint als ein durchscheinender Streifen mit einem kugeligen oder birnförmigen orangeroten Sack (dem Dottersack), in welchem die Nahrung des Fischchens für die nächste Zeit aufgespeichert ist. Im gleichen Maße, wie sich der Dottersack verkleinert, nimmt das Fischchen an Größe zu; gewöhnlich ist der Dottersack nach 5 bis 6 Wochen aufgezehrt und das Fischchen so ausgebildet, daß es nun selbst seine Nahrung aufsuchen kann. Deshalb sind die kleineren Fische, wenn nicht die künstliche Ernährung (Auffütterung) platzgreifen soll, sofort nach Aufzehrung des Dottersackes in die natürlichen Gewässer auszusetzen. In der Dottersackperiode zeigt sich, ob alle für die Bebrütung erforderlichen Momente eingehalten wurden, und ob das Brutwasser den nötigen Luftgehalt hat; nur wenn dies der Fall ist, sind schließlich die Fischchen normal entwickelt und widerstandsfähig.

Nach dem Ausschlüpfen ist es vorteilhaft, die Fischchen in größere Behälter zu übertragen, so daß beiläufig die dreifache Fläche der Brutapparate für die Bewegung der Fischchen vorhanden ist. In diese größeren Tröge sollen Steine oder besser eigens konstruierte Töpfe eingestellt werden, welche es den Fischchen ermöglichen, Schutz zu suchen; denn einerseits lieben sie verdunkelte Stellen, anderseits gewöhnen sie sich auf diese Weise daran, Schutz aufzusuchen und zu finden. Auch in dieser Periode ist tägliche Nachschau notwendig und sind tote Fische sofort zu entfernen, daher die erwähnten Töpfe (mit abnehmbarem Deckel) sehr bequem.

### § 8. Die Brutapparate.

Die Brutapparate dienen zur Aufnahme der befruchteten Eier, welche bis zum Ausschlüpfen der Fische in denselben verbleiben; auch dienen sie den Fischchen bis zur Aufzehrung des Dottersackes als Aufenthalt. Sie müssen daher den Anforderungen, welche für die Erbrütung gestellt werden, entsprechen, also die weitgehendste Hintanhaltung aller den Eiern in der Natur drohenden Gefahren ermöglichen und bei vollkommen hinreichendem Raum für Eier und Brut doch selbst nicht zu große Raumansprüche erheben, vielmehr die tunlichste Ausnützung des zur Verfügung stehenden Wassers und Lokales gestatten. Aus der Mannigfaltigkeit der angeführten Bedingungen ergibt sich auch die Vielfältigkeit der bestehenden Apparate, und zwar unterscheiden wir einerseits Apparate mit seitlicher oder mit aufsteigender Wasserzuführung, anderseits Apparate mit einfacher oder mit wiederholter Wasserausnützung, wobei das Wasser durch die Anordnung der Apparate beim Übergang von einem in den anderen Apparat neuerlich lufthältig gemacht wird. Jedenfalls sind für die jeweilige Wahl der Apparate die gegebenen Verhältnisse des Aufstellungsortes maßgebend; hier soll nur erwähnt werden, daß bei Kleinbetrieben, die in Verbindung mit dem Forstbetriebe wohl die Regel sein dürften, jene Apparate am empfehlenswertesten sind, welche bei größter Ruhe der Eier die leichteste Übersicht gewähren und daher die Überwachung weder zeitraubend noch an besondere Vorsichtsmaßregeln gebunden gestalten. Als die gebräuchlichsten Typen der Brutapparate sind zu nennen:

Der Brutkorb. Dieser ist der einfachste Apparat, bestehend aus einem gewöhnlichen geflochtenen Korbe mit Deckel. Der Korb wird in laufendes Wasser respektive in einen Bach derart eingestellt, daß der mit Kies oder Schlamm bedeckte Korbboden, auf welchen der gesammelte beziehungsweise befruchtete Laich zu liegen kommt, beiläufig 15 bis 20 *cm* hoch vom Wasser überdeckt wird. Der Brutkorb dient vorwiegend zur Erbrütung von Frühjahrslaichern, welche sich nach dem Ausschlüpfen von selbst durch das Geflecht des Korbes in die Besatzstrecke überstellen. Das Nachsehen während der Bebrütung ist bei Verwendung von Brutkörben umständlich und zeitraubend.

Die Jakobische Brutkiste. Diese ist eine bis zu 2 *m* lange, 50 *cm* breite und 25 *cm* hohe Kiste aus leichten Brettern, welche an den schmalen Stirnseiten durch engmaschige, gut lackierte Drahtgitter geschlossen ist und einen verschließbaren Deckel hat. Den Boden bedeckt man mit Kies, stellt sodann die Kiste in nicht zu tiefes, strömendes Wasser und streut in dieselbe die befruchteten Eier schütter ein. Die Jakobische Brutkiste eignet sich hauptsächlich zur Erbrütung von Frühjahrs- und Sommerlaichern, da bei den Winterlaichern die Gefahr des Einfrierens der Kiste in nicht frostfreien Gewässern (wie bei den Brutkörben) zu groß ist.

Der Kuffersche Bruttopf. Dieser ist ein mit einem Deckel verschließbarer, an den Seitenwänden und am Boden kleinlückig durchlöcherter Topf, in welchen die Eier eingelegt und so verwahrt entweder in natürliche fließende Gewässer oder in künstlich hergestellte Rinnsale eingestellt werden. Ähnlich ist auch der schwimmende Topf von Weeger konstruiert.

Die bisher genannten Apparate erhalten das lufthaltige Wasser auf natürlichem Wege; bei den folgenden wird durch die Anordnung der Apparate das Wasser beim Übertritt von einem in den anderen neuerlich lufthaltig gemacht.

Die kalifornischen Apparate sind Apparate mit aufsteigender Strömung, d. h. das Wasser wird den Eiern von unten zugeführt und strömt zwischen denselben hindurch; der Austritt der Fischchen aus dem Apparate wird durch ein Netz verhindert. Zur Erläuterung des Prinzipes wird der kalifornische Bruttrog von dem Borne (vgl. Fig. 188) näher beschrieben; er besteht aus drei ineinander passenden Zinkblechkästen,

Fig. 188.

von welchen der äußere 40 *cm* lang, 25 *cm* breit und 25 *cm* tief, der mittlere 30 *cm* lang, 25 *cm* breit und 20 *cm* tief, der dritte 10 *cm* lang, 25 *cm* breit und 10 *cm* tief ist; die beiden letzteren Kästen haben feine Drahtsiebe statt des Bodens und alle drei Kästen unterhalb des oberen Randes genau ineinanderpassende zylindrische Abflußrohre. Das Brutwasser wird bei *a* in den großen Kasten eingelassen, tritt dann von unten her durch den Siebboden *b* des mittleren Kastens (auf welchen Forelleneier selbst bis zu 5 *cm* Höhe, d. i. bis 7000 Stück aufgelagert werden) in diesen, und verläßt endlich nach Durchströmen des Siebes *c* des dritten Kastens durch das zylindrische Ablaufrohr *d* den Apparat. Nachdem das Sieb des dritten Kastens nur das Entweichen der jungen Fischchen zu hindern hat, wird dieser Kasten erst eingehängt, wenn das Ausschlüpfen der Fischchen beginnt. Für die Durchsuchung des Apparates behufs Entfernung der toten Eier ist bei einer mehrfachen Eilage deren Umlagerung vorzunehmen. welche auf folgende Weise erfolgt: Der mittlere Kasten wird an der dem Ausflußrohr entgegengesetzten Seite sehr langsam gehoben und dann rasch in seine frühere Stellung zurückgedrückt; das hiebei unten durch das Sieb *b* rasch einströmende Wasser wirbelt die auf demselben liegenden Eier in die Höhe und bringt die untern auf die Oberfläche. Zum Schutz gegen Wassermäuse, Licht und Staub wird der Apparat mit einem über den mittleren und inneren Kasten reichenden Deckel geschlossen. — Die verschiedenen anderen kalifornischen Brutapparate unterscheiden sich untereinander zumeist durch die Art der Verhinderung des Entweichens der Jungbrut.

Der Costesche Brutapparat besteht aus einem 50 *cm* langen, 15 *cm* breiten und 7 *cm* tiefen Zinkblechkasten oder glasierten Tonkachel, welcher eine Abflußrinne und am Boden eine verschließbare Öffnung zur Reinigung des Apparates, ferner an den inneren Längsseiten Vorsprünge als Träger für die „Glashürden" hat. Die Glashürden sind Rahmen, in welche Glasstäbe der Länge nach so eng aneinender eingelegt sind, daß ein Durchfallen der Eier zwischen den Glasstäben nicht möglich ist. Diese Hürden passen in die Kästen, beziehungsweise Kacheln derart hinein, daß die zwischen den Stäben unmittelbar nebeneinander liegenden Eier noch vollkommen vom Wasser überspült werden. Die Apparate werden übereinander terrassenförmig so aufgestellt, daß das Wasser sämtliche Apparate vom obersten bis zum untersten durchfließt und beim Übergang von einem zum andern immer neuerlich Luft aufnimmt. Durch diese Anordnung ist auch die Übersicht über die Apparate und Eier sehr vereinfacht und erleichtert, weshalb diese Apparate in Großbetrieben sehr verbreitet sind. Zur Sicherung der Eier vor Mäusen, Schmutz und Licht empfiehlt sich die Anbringung von Deckeln. Bei Verwendung von Metallkästen ist zu beachten, daß die Rahmen alle von gleichem Metall sein müssen, da sonst die Eier unter den entstehenden elektrischen Strömungen zu leiden haben. Das Reinigen der Eier von einem sich etwa trotz der Filtrierapparate doch absetzenden Schlamm erfolgt sehr einfach, indem durch Öffnung des Reinigungsabflusses das Wasser zum Sinken bis unter die Glasstäbe gebracht und die Eier sodann aus einer feingelochten Brause vorsichtig übersprüht werden. In einem Costeschen Apparate von der angegebenen Größe können zirka 1500 Bachforelleneier erbrütet werden.

Der Eiskasten oder Eisschrank dient zur Erbrütung von Eiern bei Mangel an fließendem, hinreichend kühlem Wasser; er besteht aus einem würfelförmigen Kasten von 20 bis 50 *cm* Tiefe, in welchen an der vorderen, offenen Seite 10 bis 15 flache Schubladen übereinander eingeschoben werden können. Diese Schubladen haben einen vielfach durchlochten, mit Flanell überspannten Holzboden oder sind überhaupt nur mit Flanell oder Baumwollenzeug überspannte Rahmen, auf welche die Eier zu liegen kommen. Obenauf wird ein tieferer Blechkasten mit Siebboden aufgestellt, in welchen auf einer Unterlage von Flanell Eis und Schnee eingebracht werden, welche immer zu ergänzen sind. Zur gleichmäßigen Erbrütung sind bei der Nachsicht die Laden derart zu wechseln, daß die oberste allmählich die unterste wird. Dieser Apparat hat nur eine beschränkte Verwendung,

In der Praxis haben die vorstehenden Apparate die mannigfachste Abänderung erfahren, ja fast jeder größere Fischzüchter hat eine seinen Erfahrungen und den lokalen Verhältnissen angemessene Abänderung der verwendeten Type vorgenommen, weshalb auch nicht der eine oder andere Apparat als allein oder besonders geeignet bezeichnet werden darf.

### § 9. Transport der Eier und der Brut.

Die Versendung der Eier kann erst nach dem Erscheinen der Augenpunkte vorgenommen werden (vgl. S. 168). Da die Versendung der Eier zumeist nur über Bestellung erfolgt, sind die Eier vor der Versendung auch zu zählen. Dies geschieht entweder in zimentierten Gefäßen, d. h. in Glasgefäßen, welche eben eine bestimmte Anzahl Eier zu fassen vermögen, oder mit dem Meßlineal, das ist ein mit einer Einteilung und aufgebogenen Kanten versehenes Lineal. Die Eier werden auf das Lineal und längs der Zählkante in eine Reihe gebracht und sodann die Anzahl der Maßeinheiten abgelesen; da eine bestimmte Anzahl Maßeinheiten durchschnittlich einer bestimmten Anzahl Eier entspricht, was für jede Fischart leicht zu ermitteln ist, so ergibt schließlich eine Multiplikation die gesuchte Anzahl der Eier.

Der Transport der Eier geschieht entweder in speziell hiezu hergerichteten, mit Flanell überspannten, buchartig zuklappbaren Rähmchen, welche aufeinandergelegt und mit Fäden verschlossen werden, oder in Holzschachteln zwischen angefeuchteten weichen Wassermoosen. Im letzteren Falle wird der Boden der Schachtel mit Moos bedeckt, hierüber eine dünne Schicht Eier gelagert, hierauf wieder Moos und so fort, bis die Schachtel gefüllt ist; schließlich wird noch soviel Moos zugegeben, daß durch das Schließen der Schachtel ein gelinder, die Verschiebung der Eier hindernder Druck ausgeübt wird. Bei Transport auf weite Distanzen kommt über die so gepackte Schachtel noch eine mit Moos ausgefütterte Überschachtel, in welche zur Herabminderung der Temperatur*) Eisstücke

---

*) Bei entsprechender Signierung (deutlicher Bezeichnung) sind die Postanstalten gehalten, die Sendungen vor Wärme und vor Frost zu schützen, respektive in Lokalen mit unzweckmäßiger Temperatur nicht länger zu belassen.

eingepackt sind. Das Moos ist derart zu befeuchten, daß die Eier während des Transportes nicht durch Trockenheit verderben.

Bei Erhalt einer solchen Sendung wird nach Öffnung der Schachtel der Inhalt mit dem künftigen Brutwasser überbraust und einige Zeit stehen gelassen, damit sich die Eier allmählich an die Temperatur des neuen Brutwassers gewöhnen. Nach etwa einer Viertelstunde werden dann die einzelnen Moosschichten mit den darauf liegenden Eiern vorsichtig herausgehoben, partienweise in eine Schüssel mit Brutwasser gelegt, und die Eier durch leichteres Schütteln zum Sinken auf den Boden der Schüssel gebracht; endlich wird das Moos mit der Hand entfernt. Ist auf diese Weise die ganze Schachtel entleert, so werden die Eier mit dem Sieblöffel auf die Apparate verteilt.

In den meisten Fällen ist bei kleinerem Fischzuchtbetriebe mit der Erbrütung der Jungfische und ihrer Hütung bis zum Verluste des Dottersackes die Aufgabe der künstlichen Fischzucht beendet, da dann bereits die Übergabe der Brutresultate an die freien Gewässer erfolgen kann; nur in selteneren Fällen erfolgt die weitere Aufzucht in besonderen, hiefür hergerichteten Örtlichkeiten. Für den in jedem Falle nötigen Transport der Brutfische ist auf kurze Entfernungen jedes Gefäß geeignet; auf größere Entfernungen bedarf das Transportgefäß aber bestimmter Einrichtungen, welche es ermöglichen, dem Wasser immer den nötigen Luftgehalt sowie die entsprechende Temperatur zu verschaffen; dies wird einerseits durch Einpumpen von Luft, in neuester Zeit auch durch Zuführung von Sauerstoff mittels eigener Vorrichtungen, Bewegung des Wassers im nicht vollgefüllten Transportgefäß oder wohl auch durch Wasserwechsel, anderseits durch Anbringung von Eisbehältern oder Abkühlung der Transportgefäße erreicht. Am häufigsten werden Kannen aus Weiß- oder Zinkblech mit weitem Hals verwendet. In diesen Hals paßt ein Blechgefäß mit Siebboden, welches mit Eis gefüllt wird; ist außerdem noch eine an den Boden der Kanne reichende, mit einem Siebe abgeschlossene Röhre vorhanden, durch welche Luft eingepumpt werden kann, so ist dies besonders vorteilhaft. Die Kanne wird in einen Korb mit Häcksel und Eis gesetzt und dadurch kühl erhalten; durch Aufhängen im Transportwagen wird sie vor zu großen Erschütterungen bewahrt.

Transporten in Tonnen auf der Eisenbahn ist in der Regel ein Begleiter beizugeben, welcher Sorge zu tragen hat, daß die Längsachse der Tonnen senkrecht zur Fahrtrichtung ist, daß ferner das Wasser der Tonnen auch in den Stationen in Bewegung bleibt und stets kühl erhalten wird. Wasserwechsel ist im allgemeinen nicht empfehlenswert.

Soll bei dem Aussetzen der Fischbrut in die freien Gewässer der Erfolg der bisher aufgewendeten Mühe nicht sehr in Frage gestellt werden, so sind als Aussatzorte jene Orte zu wählen, an welchen die Laichplätze der bezüglichen Fischgattung sich vorfinden, oder zumindest nicht zu tiefe und dabei langsam fließende Gewässer, welche die Jungfische nicht forttragen, sondern ihnen das Aufsuchen von Schlupfwinkeln gestatten. Außerdem ist jeder rasche Temperaturwechsel strenge zu vermeiden und daher vorerst durch langsames und zeitweiliges Zugiessen das Wasser des Transportgefäßes auf die Temperatur des Wassers an der Aussatzstelle zu bringen.

### § 10. Künstliche Ernährung der Brut.

Wo die Vorbedingungen für die weitere künstliche Ernährung, beziehungsweise Aufzucht der Jungfische gegeben sind, sollte dieselbe gepflegt werden, da einerseits hiedurch die Möglichkeit geboten ist, die Fische in einem widerstandsfähigeren Alter den freien Gewässern zu übergeben, anderseits höhere Erträge erzielt werden können, nachdem solche erfahrungsgemäß in weit größerem Maße aus der „zahmen" als aus der „freien" Fischerei erreicht werden. Die Aufzucht der Jungfische erfolgt entweder in Aufzuchtgräben oder in Teichen. Bedingung für erfolgreiche Forellenaufzucht ist fließendes, klares, kühles, lufthaltiges Wasser; flache, kiesige und schattige Quellen oder Bäche, in welchen Brunnenkresse wächst, sind den Teichen im allgemeinen vorzuziehen, obgleich Teiche namentlich in Verbindung mit solchen Bachstrecken auch recht gute Resultate liefern.

Vor dem Einsetzen der Brut sind die Wasserläufe von allen Feinden der Jungfische gründlich zu reinigen und durch Einlegen hohlliegender Steine und Scherben oder Drainröhren zahlreiche Verstecke herzustellen. In den Gräben oder kleinen Bächen sollen durch Einsetzen kleiner Staubrettchen oder größerer Steine kleine Wasserfälle errichtet werden, welche die Jungfische besonders gerne aufsuchen. Die mit Fischbrut besetzten Gräben, Bachstrecken oder Teiche müssen von den übrigen Gewässern derart abgesondert sein, daß ein Eindringen von Fischräubern oder Fischfeinden im Wasser nicht stattfinden kann, was durch Gitter in Verbindung mit Stauvorrichtungen oder Kiesfiltern erreicht wird; dabei werden Drahtgitter, wenn nicht ein Kiesfilter vorgelagert ist, in einem rechten oder spitzen Winkel, also schief gegen die Strömung, aufgestellt, weil dann eine Verstopfung oder Verunreinigung des Gitters weniger oft erfolgt. Die Stauvorrichtung hinter dem Gitter hat den Zweck, ein langsameres Fließen des Wassers hervorzurufen, damit das auf Holzrahmen gespannte Drahtgitter nicht unterspült wird, wodurch den Fischen ein Ausweg gebahnt würde. In diesen Gräben beläßt man die Fische in der Regel bis zum Spätherbst nach dem Ausschlüpfen oder bis zum nächsten Frühjahr.

Es ist verhältnismäßig leicht, eine beliebige Anzahl Eier zu erbrüten, aber sehr schwierig, die Brut künstlich zu ernähren. Die Auffütterung

Fig. 189. Krustentierchen, stark vergrößert; links ein Hüpferling von oben, rechts ein Wasserfloh von der Seite gesehen.

mit geschabtem Fleische, Leber oder Blut ergibt große Verluste, weil dieses Futter der natürlichen Nahrung wenig entspricht. Die natürliche Nahrung der Fische besteht zumeist aus ganz kleinen Tierchen, welche im Wasser schwimmen oder an den Wasserpflanzen haften. Es sind dies die winzig kleinen, nur bis etwa 2 *mm* langen Krustentierchen *(Crustacéen)*, von welchen für die Ernährung der Brut besonders der Kronenhüpferling, der kurzschwänzige, der gezähnte, der schlanke und der große Hüpferling und die Wasserflöhe von hervorragender Bedeutung sind (vgl. Fig. 189).

Obwohl nun diese Krustentiere (Kruster) sich sehr rasch vermehren und sich auch in fast allen Wasserläufen, die nicht chemisch verunreinigt sind, vorfinden, so wird ihre Anzahl in den Aufzuchtgräben oder Teichen keinesfalls eine so große sein, daß sie für die Ernährung der eingesetzten Fischbrut genügt; es ist sonach Aufgabe des Fischzüchters, dieses natürliche Futter in hinreichender Menge zu beschaffen, was für kleineren Bedarf in Bottichen, für größeren Bedarf in kleinen, mit Lehm gedichteten Teichen erfolgen kann. Zur Beschaffung der Muttertiere der Krustaceen werden Straßengräben, Jauchenpfützen oder Tümpel mit stehenden Gewässern auf das Vorhandensein der „Kruster" untersucht, am besten durch Schöpfen einer Probe in den Abendstunden und Untersuchung derselben auf einem weißen Teller unter Zuhilfenahme eines Vergrößerungsglases (einer Lupe). Der Zuchtwasserbehälter (Bottich oder kleiner Teich) für die Aufzucht der Krustentiere wird vorerst am Boden mit nicht ganz trockener Ackererde zirka 7 cm hoch bedeckt und mit Jauche und tierischen Excrementen gedüngt; sodann wird wieder zirka 7 cm hoch Schlamm aus den Fundorten der Krustaceen (wenn auch bereits trocken) aufgebracht, mit leicht verwesbarem Laub überdeckt und dann zirka 40 bis 50 cm hoch mit Wasser überstaut. Nur das jeweils verdunstete Wasser wird ersetzt. Nach zirka 14 Tagen haben sich die Tierchen entwickelt und können nun mit einem Netze gefangen und für die Fütterung in Töpfen bevorrätigt werden. Die zeitweilige Nachdüngung der Zuchtwasserbehälter ist sehr vorteilhaft. Kröten, Frösche, Unken und Molche sind von Zuchtwasserbehältern fernzuhalten.

Die Zuchtwasserbehälter in Verbindung mit den Aufzuchtgräben derart anzulegen, daß den Fischen das Eindringen in erstere zeitweilig ermöglicht wird, hat sich bei der Forellenaufzucht nicht bewährt, da die Temperatur, welche der Entwicklung der Kruster am vorteilhaftesten ist, für die Forelle schon zu hoch ist.

Sind die Jungfische bereits etwas erstarkt, so kann mit Vorteil neben der Krustaceenfütterung auch mit Maden gefüttert werden, da auch diese auf folgende einfache Weise in fast beliebigen Mengen beschafft werden können: In einer mit Torfmull ausgekleideten gewöhnlichen Kiste werden je 10 cm hohe Schichten von 1. Torfmull, 2. überbrühter oder gerösteter Getreidekleie, 3. geronnenem Blut und endlich 4. zerkleinerten Waldschwämmen in der eben angegebenen Reihenfolge übereinander geschlichtet und sodann mit Wasser überbraust; die offene Kiste wird nun unter Dach an einem warmen, schattigen Orte aufgestellt. Nach 48 Stunden können bereits Maden gewonnen werden. Bei sehr warmer Witterung kann durch Überbrausen die zu rasche Madenentwicklung etwas verzögert werden. In schwach fließenden Gewässern dürfen nur die (durch Sieben zu gewinnenden) Maden eingebracht werden; in sehr rasch fließendem Wasser ist das direkte Entleeren der Kisten dann zulässig, wenn nicht statt des Torfmulls Sägespäne zur Verwendung kamen, welch letztere dem Leben der Fischchen gefährlich sind.

Da natürliches Futter nicht immer zur Hand ist, kann die Nötigung eintreten, zu Not- oder Ersatzfutter zu greifen, welches sich möglichst lange schwimmend erhalten und frei von Fäulniserregern sein soll.

Eierdotter, Eiweiß, kleingeschabtes Fleisch, Hirn, Leber, Blut von Säugetieren sinken sehr rasch und werden dann von der Forellenbrut nicht mehr aufgenommen, sondern gehen — zumal in ruhigen Gewässern — bald in Fäulnis über, weshalb am besten Weegers Fleischstaub zu verwenden ist, welcher auf folgende Weise hergestellt wird: Frisches, von jedem Fett befreites Rindfleisch wird in große Stücke geschnitten und im Bratrohre langsam geröstet, bis es auch innen ganz gar ist. Nach dem Erkalten werden die Stücke auf dem Reibeisen zerkleinert und dann durch ein feines Sieb gepreßt. Dieses durchgesiebte Fleisch wird nochmals geröstet und endlich neuerlich durch ein feines Sieb getrieben. Dieses Futtermehl kann in Dosen an trockenen Orten auch längere Zeit aufbewahrt werden.

Bezüglich der Fütterung gilt der Satz: „Wiederholt, aber nie zu viel", also nur insolange das gereichte Futter noch angenommen wird; außerdem ist aber besondere Fürsorge zu treffen, daß allfällige Futterreste das Wasser nicht verderben, sohin rechtzeitig entfernt werden.

<h3 style="text-align:center">§ 11. Errichtung von Brutanstalten.</h3>

In den seltensten Fällen steht dem Fischzüchter ein Gewässer zur Verfügung, bei welchem die Gefahr des Erfrierens sowie der Beunruhigung oder Beschädigung der Apparate nicht besteht; es wird daher in den meisten Fällen notwendig sein, die Apparate an sicheren Orten aufzustellen, beziehungsweise für die künstliche Fischzucht besondere Räume zu beschaffen. Bei Mühlen und Sägewerken wird sich in deren nicht der Erschütterung unterliegenden Teilen noch am leichtesten Gelegenheit bieten, die Apparate unterzubringen, ohne hiefür eine besondere Baulichkeit aufzuführen; sonst wird aber die Errichtung einer eigenen Bruthütte (Fischzuchthütte) kaum zu umgehen sein, besonders wenn eine größere Eierzahl zur Ausbrütung gelangen soll. Bei Aufstellung der Bruthütte, für welche selbstredend Wasser von entsprechender Temperatur und dem nötigen Gefälle vorhanden sein muß, ist für deren Größe die Anzahl der zu erbrütenden Eier und die Art der zur Verwendung kommenden Apparate maßgebend. Annäherungsweise können in den verschiedenen gangbarsten Apparaten pro Quadratmeter nutzbarer Apparatfläche ausgebrütet werden: In Costeschen Glasrostapparaten zirka 15.000 Stück, in Kufferschen Bruttöpfen 18.000 Stück, in Kalifornischen Apparaten 36.000 Stück Forelleneier.

Da die Apparate leicht zugänglich sein sollen und außerdem der Filterapparat aufzustellen ist, kann bei kleineren Bruthütten als Manipulationsfläche fast die doppelte Apparatfläche als erforderlich angenommen werden; bei größeren Brutanstalten kann dieses Maß verhältnismäßig etwas verringert werden.

Die kleineren Bruthütten werden in den meisten Fällen aus bezimmerten Hölzern (Blockwandbau) errichtet; zur Abhaltung der Kälte sind solche Hütten innen mit Läden zu verschalen und alle Fugen und Zwischenräume durch schlechte Wärmeleiter auszufüllen; ferner ist der Oberboden (Abschluß gegen das Dach) mit einer dichten Laubschichte zu bedecken. Der Fußboden der Hütte ist am besten in Beton herzustellen, und zwar mit einem Gefälle nach einem Punkte hin, an welchem der Abfluß des Wassers thunlichst unter Verwendung eines sogenannten Syphonverschlusses erfolgt, der das Eindringen von Kälte und Fischfeinden hintanhält. Größere Fischzuchthütten, in welchen oft nicht bloß die Erbrütung des eigenen Bedarfes die Hauptaufgabe ist, sondern auch auf Verkauf von Eiern und Jungfischen gerechnet wird, werden am zweckmäßigsten in Mauerwerk hergestellt, weil in solchen Bauten die Hintanhaltung der schädlichen Einflüsse leichter gelingt als in Holzbauten, welch letztere außerdem eine kürzere Haltbarkeit haben.

Zur Einrichtung und Ausstattung der Bruthütten gehören (außer den Tischen und Gestellen für die Brutapparate, eventuell für die Tröge für die Jungfische mit dem Dottersack und für den Filterapparat) noch die kleinen Zangen (Pinzetten) zur Entfernung der toten Eier aus den Apparaten, „Pipetten" zum Herausheben toter Eier und Fische aus den Trögen, kleine Gießkannen zum Überbrausen der Eier beim Reinigen der Apparate, Befruchtungsschüsseln und Sieblöffeln zum Verteilen der Eier in die Apparate, endlich Mäusefallen zum Fang gewisser den Eiern sehr gefährlicher Mäusearten (Spitzmäuse, vgl. II. Band, Seite 216).

Die Aufstellung der Bruthütte hätte, soweit dies überhaupt tunlich ist, in größtmöglicher Nähe der Wohnung des Aufsichtsorganes zu erfolgen, so daß bei geringstem Zeitverluste die intensivste Betreuung stattfinden kann.

---

III. Kapitel.

## Die natürliche Fischzucht (Teichwirtschaft).

### § 12. Begriff.

Die natürliche Fischzucht befaßt sich mit der Herbeiführung einer möglichst zahlreichen Nachzucht von Fischen auf natürlichem Wege durch Schaffung günstiger Befruchtungsbedingungen, und sodann mit der Aufzucht der gewonnenen Laichprodukte. Da die offenen Gewässer, wie Bäche, Flüsse oder Seen, in den seltensten Fällen dem Menschen derartige Eingriffe oder Vorkehrungen gestatten, durch welche die der Fischzucht günstigsten Bedingungen geschaffen würden, kann die natürliche Fischzucht fast nur in Teichen betrieben werden; sie wird daher auch schlechthin Teichwirtschaft genannt; für dieselbe kommt in erster Linie der Karpfen in Betracht, auf den sich die nachstehenden Darstellungen vornehmlich beziehen. Die Lehre von der Teichwirtschaft zerfällt in die Kenntnisse von der Teicheinrichtung, von den Teicharten und vom Teichwirtschaftsbetriebe.

### § 13. Die Teicheinrichtungen.

Die Teiche sind vorwiegend künstlich hervorgerufene Wasseransammlungen, deren Trockenlegung der Fischzüchter in der Hand haben soll; eine solche künstliche Wasseranstauung kann nur durch entsprechende Errichtung von Dämmen an den tiefsten Terrainteilen erreicht werden, nach denen sonst das Wasser abfließen würde. Hiebei trachtet man die Terrainformation so auszunützen, daß mit dem verhältnismäßig kleinsten Damme die größtmöglichste Teichfläche hergestellt wird; sohin wird in einem muldenförmigen Terrainteile der Damm dort errichtet werden müssen, wo sich die gleichen Schichtenlinien (Isohypsen von gleicher Höhe) von den beiderseitigen Lehnen oder Abdachungen her am meisten einander nähern. Vor der Errichtung des Dammes ist der Grund auf sein Vermögen, Wasser zu halten, zu prüfen; sehr durchlässige Böden sind ohne vorherige Behebung der Durchlässigkeit als Teichflächen nicht zu brauchen. Einschläge (Gruben), in welchen Wasser stehen bleibt, deuten auf geeigneten Untergrund. Die Höhe des Dammes ist durch die Höhe, bis zu welcher das Wasser angestaut werden soll, gegeben, wobei beachtet werden muß, daß der Damm die Wasserfläche mindestens um 40 *cm* überragen soll.

Nachdem weiters die Dammkrone meist der halben Dammhöhe, der Dammböschungsfuß der doppelten Dammhöhe gleichgemacht wird, sind die Dimensionen für den Dammbau im übrigen durch die lokalen Verhältnisse gegeben. Steilere Böschungen als solche von 50° sind unbedingt zu vermeiden, weil das Dammateriale gerne abrollt und auch die Widerstandsfähigkeit des Dammes leidet. Besondere Aufmerksamkeit ist der Fundierung des Dammes zu schenken, damit derselbe nicht durchlässig wird; bei durchlässigem Dammateriale ist ein undurchlässiger Dammkern *a* (vgl. später, Fig. 190), wie bei Erdklausen, herzustellen. Bei der Errichtung des Dammes ist auch sofort das Ablaßrohr einzubetten und mit undurchlässigem Materiale zu umgeben. Nach seiner Aufschüttung wird der Damm an den Böschungen mit Rasenziegeln (Flachrasen) belegt und muß sodann vor dem Spannen (d. i. vor der Anstauung) mindestens noch ein halbes Jahr Zeit zum Setzen haben. Die Teichfläche muß, falls sie nicht ein Gefälle nach nur einer Richtung hat, eingeebnet werden; sie wird gleich einer Entwässerungsanlage mit einem Hauptgraben und einer entsprechenden Anzahl von Neben- und Seitengräben versehen, die alle in die an der tiefsten Stelle beim Ablaßrohr errichtete „Fischgrube" münden, einerseits, um die Fische zu zwingen, sich beim Sinken des Wassers allmählich nach dieser tiefsten Stelle (Fischgrube) zurückzuziehen, anderseits, um ein vollständiges, gleichmäßiges Abfließen des Wassers zu ermöglichen. Am Ende des Ablaßrohres hinter dem Damme befindet sich die „Schlögelgrube" zur Aufnahme der Fische, welche das Ablaßrohr passieren.

Bei Teichen, welche ihr Wasser aus Bächen mit stark wechselndem Wasserstand und Geschiebeführung erhalten, sind besondere Vorkehrungen am Zuflusse notwendig, um diesen konstant zu erhalten. Für die übergroßen Wassermassen und das Geschiebe muß der Bach seitwärts vom Teiche ein eigenes Gerinne haben, in welchem sie in einer für den Teich ungefährlichen Art abgeleitet werden können, während der Teich durch Schließen der „Schütze" am Einfluß vor dem Eindringen der Geschiebe bewahrt wird. Derartige zur Ableitung des überschüssigen Wassers und zur Abhaltung der Geschiebe ausgeführte Anlagen heißen „Abweisgräben" oder „Wildgerinne".

Ein weiterer Teil der Teicheinrichtung sind die Abflußvorrichtungen, bezüglich welcher man die „Überflußrinnen" und die „Ablaßvorrichtungen" unterscheidet. Die Überflußrinnen haben den Zweck, dem über die normale Stauhöhe in den Teich zufließenden Wasser den Abfluß zu ermöglichen; sie sind daher bei allen Teichen mit ständigem Zufluß notwendig, wenn nicht ohnehin die Ablaßvorrichtungen (wie beim Mönch oder Ablässen mit Standrohr, vgl. *b* in Fig. 190) ebenfalls zur Ableitung des Überwassers eingerichtet sind. Die Überflußrinnen haben meist die Gestalt einer gedielten Überfallwehre, welche im Damme gewöhnlich an seiner niedrigsten Stelle eingebaut ist, wobei gerade oder schiefwinklig vorgebaute Fischrechen (Gitter) das Entweichen der Fische verhindern. Die Ablaßvorrichtungen dienen dazu, das gesamte Wasser des Teiches nach Belieben ablassen zu können; sie sind verschieden konstruiert und unterscheiden sich in solche, bei welchen das Wasser am Grunde des Teiches abfließt (das sind Zapfen-, Klappen- und Schleusen-Verschlüsse), und in solche, bei welchen sich durch allmähliches Abfließen des Wassers an der Oberfläche der Wasserstand bis zur Entleerung vermindert (das sind die sogenannten Mönche).

Je nachdem das in den Teich vorstehende Ende des Ablaßrohres durch einen Zapfen (bei *c*, Fig. 190, Seite 178), eine Klappe oder eine Schleuse verschließbar ist, unterscheidet man die vorgenannten Verschlüsse, welche aber alle den Nachteil haben, daß bei ihrer Öffnung das Wasser mit großer Gewalt abfließt und daher leicht Fische mitreißt oder doch dadurch beschädigt, daß sie mit Gewalt an den Fischrechen, welcher vor der Abflußöffnung angebracht ist, angepreßt werden.

Häufig sind bei diesen Abflußvorrichtungen an Stelle und als Ersatz der Überflußrinnen „Standrohre" *b* (Fig. 190) angebracht, das sind in die Abflußrohre eingezapfte Rohre, deren vergitterte Öffnung genau in der gewünschten Stauhöhe des Teiches liegt, so daß durch sie das über die Stauhöhe zugeflossene Wasser jeweils sogleich wieder abfließen kann, die Höhe des Wasserspiegels im Teiche also konstant bleibt.

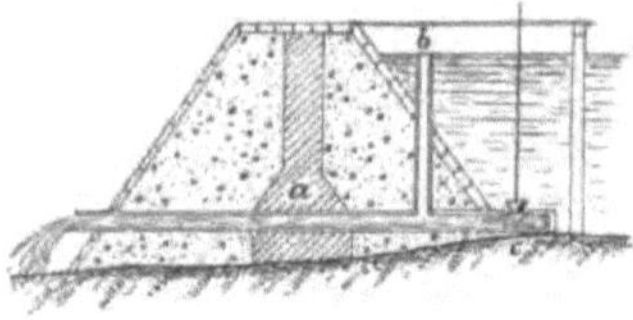

Fig. 190. Zapfenverschluß.

Bei den Mönchen ist an das Ablaßrohr ein gezimmerter Kasten *K* (Fig. 191) angebaut, dessen vierte Seite durch einschiebbare, mit Falz und Nut dicht aneinanderpassende Bretter verschließbar ist, so daß das Wasser bis zur Krone des Kastens gestaut werden kann. Oberhalb des obersten dieser Staubrettchen wird ein verstellbarer Fischrechen eingesetzt; für gewöhnlich bleibt der Kasten sodann mittels seines versperrbaren Deckels verschlossen, um ein unbefugtes Ablassen zu verhindern. Das Ablassen des Teiches erfolgt durch die allmähliche Herausnahme der einzelnen Staubretter an der vierten Seite des Kastens, indem durch die Abnahme je eines Brettchens der Wasserstand allmählich um die Höhe des Brettchens sinken wird; nach Her-

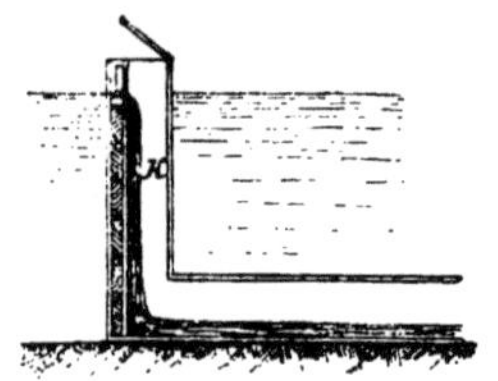

Fig. 191. Mönch.

ausnahme des untersten Brettchens ist der Teich entleert. Der Mönch kann (statt durch den verstellbaren Fischrechen) an seiner ganzen Vorderseite durch ein Gitter abgeschlossen sein, um die Fische zurückzuhalten.

### § 14. Die Arten der Teiche.

Nach der Art der Speisung unterscheidet man Himmels-, Quell-, Bach- und Flußteiche.

Die Himmelsteiche sind künstliche Wasseransammlungen, welche aus nicht wahrnehmbaren Zuflüssen der umgebenden Gelände, zumeist aus den atmosphärischen Niederschlägen, ihr Wasser erhalten; sie haben sehr lufthaltiges, aber meist bald sehr warmes Wasser und sind daher vorzügliche Streichteiche (vgl. unten).

Die Quellteiche erhalten ihr Wasser entweder aus naheliegenden Quellen oder aus Quellen innerhalb des Teichbeckens; ihr Wasser ist meist lufthältig und dabei kalt, und sie sind daher besonders für Salmoniden oder als Winterteiche für Karpfen geeignet.

Die Bachteiche erhalten ihr Wasser entweder aus einem Bache, oder sie werden geradezu von einem Bache durchflossen; sie sind sehr gute Teiche, besonders für Salmoniden, nur ist darauf Bedacht zu nehmen, daß eine Überflutung des Teiches, sowie die Geschiebezuführung vollkommen vermieden wird.

Flußteiche erhalten ihr Wasser aus Flüssen oder sind abgebaute Altarme; ihr Wasser ist sehr nahrhaft und kommt dem der Bachteiche ziemlich gleich.

Nach der Art der Verwendung der Teiche als Streich- oder Laichteiche, Streckteiche, Abwachs- oder Hauptteiche, Winterteiche und Vorratsteiche oder Heller richtet sich deren Einrichtung bezüglich Größe und Tiefe, wobei im folgenden stets lediglich die Karpfenzucht im Auge behalten wird.

Die Streich- oder Laichteiche sind für die Karpfenzucht unentbehrlich, weil in ihnen die Karpfenbrut gewonnen wird. Zu Laichteichen eignen sich am besten kleine Himmelsteiche mit mäßiger Tiefe, welche während des Winters unbedingt trocken liegen (wodurch die Fischfeinde vernichtet werden), und die erst knapp vor ihrem Gebrauche gespannt (mit Wasser gefüllt) werden sollen. Sobald die Temperatur des Wassers 15° C. erreicht hat, wird der Teich mit den Laichfischen besetzt, und zwar pro Hektar Teichfläche mit 8 bis 10 Rognern, 4 bis 6 erwachsenen Milchnern und 2 bis 4 kleineren Milchnern als sogenannte Anhetzer. Schon in den nächsten Tagen findet bei warmer Witterung in den Morgenstunden die Laichabgabe statt. Die Fische schwimmen plätschernd an den flachen Teichrändern herum und setzen an den Wasserpflanzen oder eingelegten Zweigen (besonders geeignet sind Wacholderzweige) den Laich ab, welcher durch die fast gleichzeitige Milchabgabe der Milchner stets nur teilweise befruchtet wird. Da die Laichabgabe in mehreren durch etwa acht Tage voneinander getrennten Perioden stattfindet, ist es vorteilhaft, nach einer Periode der Laichabgabe die Laichfische aus dem Teiche zu entfernen, weil hiedurch ganz gleichaltrige Brut herangezogen wird. Ist diese Maßregel wegen Mangel an weiteren Laichteichen nicht ausführbar, so müssen jedenfalls nach gänzlich vollzogenem Laichgeschäfte die Laichfische entfernt werden — was mit zweckentsprechenden Netzen geschieht — weil sie sonst teilweise die eigene Brut wieder aufzehren. Bei normaler Witterung erscheinen die jungen Fische in 4 bis 8 Tagen; bei regnerischem oder windigem Wetter ist die Brut meist verloren, da sie bei solchen Witterungsverhältnissen schon im Ei zugrunde geht. Obgleich ein Rogner 200.000 bis 700.000 Eier ablegt, so ist der Erfolg doch ein sehr günstiger zu nennen, wenn der Laichteich im Herbst per eingesetzten Rogner 1000 Jungfische aufweist. Im Herbste müssen die Streichteiche abgefischt werden, einerseits um die Jungfische (Streichbrut, einsömmerige Fische) in den Winterteichen zu überwintern, anderseits um die Teichfläche während des Winters trockenzulegen und so für das nächste Jahr vorzubereiten. Wird der Laichteich durch Quell-, Bach- oder Flußwasser gespeist, so ist das Filtrieren des Wassers notwendig, um das Eindringen laichverzehrender Tiere hintanzuhalten.

Die Streckteiche sind etwas größere Teiche, welche nicht tief und sehr nahrungsreich sein sollen. In dieselben werden die einsömmerigen Fische im Frühjahre eingesetzt, um „sich zu strecken"; im Herbste werden sie wieder abgefischt, und es kommt der nun zweisömmerige Satz neuerlich in den Winterteich. Wenn die Streckteiche nicht zu klein sind, empfiehlt sich deren Verwendung als Viehschwemme, weil die Excremente der Tiere neue Nahrung schaffen. Die sogenannte „Sämerung" (vgl. später S. 180) der Streckteiche ist sehr vorteilhaft. Kann die Sämerung nicht erfolgen, so sind die Teiche zumindest über Winter trockenzulegen. — Mitunter kommen die zweisömmerigen Karpfen nach der Überwinterung in Streckteiche zweiter Ordnung.

Die Abwachs- oder Hauptteiche sind große, tiefere Teiche, welche zur Aufnahme der zwei- oder dreisömmerigen Fische dienen; diese werden entweder schon im Herbst oder im Frühjahr eingesetzt, um je nach dem Fortschritte des Wachstumes ein oder zwei Jahre in diesen Teichen zu verbleiben, bis sie zur marktfähigen Ware herangewachsen sind. In die Abwachsteiche werden gewöhnlich einige kleine Raubfische (zirka fünf kleine Hechte pro 100 dreisömmeriger Karpfen) eingesetzt, welche den Zweck haben, allfällige minderwertige Fische, die durch Zuflüsse Eingang fanden oder als Laich an den Federn der Wasservögel übertragen wurden, sowie den Laich der Besatzfische aufzuzehren und so minderwertiges Fischfleisch in mehrwertiges umzuwandeln und unberufene Fresser zu vertilgen. Bewachsene Uferränder sind in diesen Teichen sehr vorteilhaft; dagegen ist zu üppiger Schilfwuchs zu unterdrücken, und vorkommende Algen sind mit Harken zu entfernen.

Die Winterteiche sind kleine, 2 bis 4 m tiefe Teiche mit steilen Uferrändern, festem, aber weder hartem noch schlammigem Boden, welcher vertiefte Stellen, die sogenannten Fischstätten oder Winterlager hat. In Winterteichen muß für stete Luftzufuhr gesorgt werden und sollen die Fische nicht beunruhigt werden; daher ist Eisgewinnung oder Schlittschuhlaufen auf solchen Teichen nicht zu gestatten. Für Luftzufuhr sorgt man entweder dadurch, daß man nach Bildung der ersten festen Eisdecke den Wasserspiegel so viel senkt, daß zwischen der Eisdecke und der Wasseroberfläche eine Luftschicht entsteht, oder durch Einschlagen von Löchern („Wuhnen") in die Eisdecke, in welche man senkrecht Strohbündel einsteckt. Wird das Wasser in einem Winterteich luftarm, so zeigt sich dies dadurch, daß vorerst tote Insekten und dann die Fische luftschnappend an der Oberfläche erscheinen; kann dann das Wasser nicht erneuert werden, so ist der Teich unverzüglich vom Eise zu befreien und abzufischen, und die Fische sind in einen anderen Winterteich zu bringen, um wenigstens einen Teil derselben zu retten. Die vorbeschriebene Erscheinung wird von einzelnen Fischwirten „Teichaufstand" genannt. Die Beunruhigung der Winterteiche ist zu vermeiden, weil sonst die Fische die Fischstätten verlassen, unstät umherschwimmen und schließlich durch Anfrieren an der Eisdecke verloren gehen.

Heller oder Vorratsteiche sind kleine Teiche, in welchen Verkaufsfische bevorrätigt werden und die daher derart eingerichtet sind, daß die mühelose Entnahme jeder gewünschten Fischmenge möglich ist.

### § 15. Teichwirtschaftsbetrieb.

Für die Bewirtschaftung der Teiche ist deren Reinigung von Ungeziefer erforderlich. Diese Reinigung wird teils durch Trockenliegenlassen der Teiche über Winter, teils durch Schlammabfuhr, teils durch Sämerung der Teiche erreicht. Stark von Ungeziefer besetzte Laichteiche können nach dem Abfischen (der Trockenlegung) mit etwas grob zerstückeltem, ungelöschtem Kalk bestreut werden, welcher durch selbsttätiges Löschen die Ungezieferbrut vernichtet. Die zeitweilige Schlammabfuhr aus den tieferen Teichorten ergibt auch einerseits einen sehr guten Dünger für landwirtschaftliche Grundstücke und verhindert anderseits, daß die Fische durch Aufwühlen des Schlammes das Teichwasser verunreinigen. Die sogenannte „Sämerung" der Teiche ist die landwirtschaftliche Benutzung des Teichbodens durch 1 bis 2 Jahre zu Wiesen- oder Haferbau zum Zwecke der Aufschließung und in deren weiterer Folge zur Hebung der Nährkraft des Teiches.

Die Fütterung der Teichfische (Karpfen) ist eine sehr wichtige Frage, wenn man möglichst gute Erfolge erzielen will; denn der Wachstumsgang der Fische ist in höherem Grade als bei anderen Tieren von der Nahrungsmenge abhängig. Es sind daher schon die verschiedensten

Fütterungsmethoden in Anwendung gekommen; da aber gleichzeitig die Kosten der Futterbeschaffung schwer ins Gewicht fallen, so ist eine für alle Fälle passende rationelle Fütterungsmethode bis jetzt noch nicht bekannt. Die Fütterung kann auf zweierlei Weise erfolgen, nämlich mit natürlichem (lebendem) und mit totem Futter.

Die Fütterung mit natürlichem Futter erfolgt, indem man die Vorbedingungen für ein reichliches Gedeihen der Futtertiere an den Teichrändern oder in mit den Teichen in Verbindung stehenden Gräben schafft, oder indem man die Futtertiere in separaten Anlagen erzieht und in die Teiche überführt; weiters durch Anbau gewisser Wasserpflanzen (wie Wassernuß, Kalmus, Wasserährchen, Schwaden, Laichkraut und Froschkraut), welche einerseits das Wasser reinigen und mit Sauerstoff versorgen, anderseits auch das Fortkommen animalischer Nahrung begünstigen; endlich durch Aufstellung von Aasfutterkästen, das sind am Boden und an den Seiten durchlochte Kästen mit Deckel, welche über der Wasserfläche aufgestellt und mit wertlosen Fleischresten gefüllt werden, um Insekten zur Eiablage anzulocken; die ausschlüpfenden Maden fallen durch die Löcher ins Wasser; der Deckel dient zur Abhaltung der Vögel von dem Kasteninhalt. Eine Überfütterung findet auf diese Weise (bei entsprechender Vorsicht bezüglich der Aasfutterkästen) nicht statt, weil einerseits die Fische nicht mehr aufnehmen, als ihnen zusagt, anderseits die meist im Wasser lebenden Futtertiere das Wasser nicht verunreinigen.

Die Fütterung der Fische mit totem Futter erfolgt mit kleingemachten wertlosen Fleischmassen oder eingesammelten Insekten; dabei besteht jedoch die Gefahr, daß ein Zuviel das Wasser durch Verwesung verunreinigt. Es ist daher Sorge zu tragen, daß die nicht verzehrten Fleischreste immer wieder weggeräumt werden. Man füttert deshalb auf stets leicht zu reinigenden sogenannten Futtertischen, das sind aus Brettern hergestellte, mit einem niedrigen Rand versehene Tafeln, welche sich 20 bis 30 *cm* unter dem Wasserspiegel befinden und auf in den Teichgrund eingetriebenen Pflöcken ruhen; sie werden von den Fischen auch sonst gerne aufgesucht, weil unter ihnen schattige Plätze entstehen.

Über den Besatz der Teiche, das entsprechende Größenverhältnis der verschiedenen Teichgattungen unter einander und über den normalen Fütterungserfolg pro 100 Stück Fische gibt nachstehende Tabelle Aufschluß.

| Teichgattung | Fläche % | Fischzahl pro 1 *ha* | Fischgattung | Durchschn.-Gewicht pro 100 St. |
|---|---|---|---|---|
| Streichteich | 4 | 8—10 | laichreife Rogner | |
| | | 4—6 | „ Milchner | |
| | | 2—4 | Anhetzer | |
| Streckteich | 30 | 300—500 | 1·sömmerige Karpfen | |
| Abwachsteich | 60 | 150—250 | 2—3- „ „ | |
| Winterteich | 6 | 50—100.000 | 1- „ „ | 1 *kg* |
| | | 30—40.000 | 2- „ „ | 30 *kg* |
| | | 15—30.000 | 3- „ „ | 60 *kg* |
| | | 5—6000 | ältere Karpfen | 100 *kg* |

Das Abfischen der Streich-, Streck- und Abwachsteiche findet im Herbste, das der Winterteiche im Frühjahre statt. Das Abfischen soll stets bei kühler Witterung stattfinden; es sind daher die Morgenstunden dazu am geeignetsten, und es muß der Zeitraum bekannt sein, welchen der Teich zum Ablaufen braucht. Bei flachrandigen Teichen soll das Ablassen nur sehr langsam erfolgen, damit die Fische Zeit finden, durch die Gräben in die Fischgrube zu gelangen, und damit sie nicht im Buschwerk zurückbleiben. Die Fische sind schließlich sorgsam, ohne Drücken, am besten mit Handnetzen herauszufischen, bei schlammigem Wasser zu waschen (damit die Kiemen rein werden), zu wiegen und in die Transportfässer zu füllen, wobei jedes Werfen zu vermeiden ist. Bei Versetzung von einem Teich in den andern ist der letztere bereits gespannt zu halten.

## IV. Kapitel.

# Der Fischereischutz.

### § 16. Begriff.

Im Fischereischutz lernen wir die Gefahren kennen, welche den Fischen drohen — und zwar von der Pflanzenwelt, dem Tierreiche und nicht zuletzt durch den Menschen — sowie auch die Mittel, diese Gefahren wenigstens teilweise zu bekämpfen, beziehungsweise abzuwenden.

### § 17. Schaden durch Pflanzen.

Die Pflanzen sind im allgemeinen nützlich; nur wenn sie in den Gewässern überhandnehmen, ist ihre Entfernung zu veranlassen. Als besonders schnellwüchsig sind zu fürchten die Wasserpest und die Wasserlinsen. Den Fischen schädlich werden auch gewisse Algen, Wasserblüte genannt, welche die Wasseroberfläche überziehen, ja das Wasser bis zu einer gewissen Tiefe grün färben und öfter das Absterben der Fische mit sich bringen.

Ein speziell in den Fischzuchtanstalten zu fürchtender Pilz ist der Bissuspilz *(Saprolégnia)*; es ist dies ein Schimmelpilz, welcher in erster Linie abgestorbene Fischeier, tote Fische und andere im Wasser liegende Tiere mit einer Schimmelschicht bedeckt, aber auch auf lebenden Fischen vorkommt. Er breitet sich ungemein rasch aus und ist entschieden ansteckend, so daß er in den Brutapparaten stets bald auch die den befallenen Eiern zunächst liegenden gesunden Eier ergreift und tötet. In Brutanstalten ist das einzige Mittel gegen diesen Pilz die sorgfältige tägliche Revision der Apparate und die Entfernung aller toten oder befallenen Eier, welche man an der trüben Färbung, beziehungsweise an dem strahlenförmigen Schimmelüberzug leicht erkennt.

Besondere Schutzmittel gegen andere wahrscheinlich durch Pilze hervorgerufene Krankheiten der Fische, wie Krebsbeulen, Kiemenausschlag und Fleckenkrankheit, sind nicht bekannt, weil die Krankheitsursachen noch nicht hinreichend erforscht sind. Die bisherigen Erfahrungen geben aber für die Fischzucht im allgemeinen den Fingerzeig, daß bei der Auswahl der Laichfische mit größter Sorgfalt vorzugehen ist und nur

vollkommen gesunde, normal entwickelte Fische zur Fortpflanzung aus-
erlesen werden dürfen, wenn man eine gesunde Nachzucht erzielen will.
Vorteilhaft ist auch die zeitweilige Heranziehung von Brutfischen aus
fremden Gewässern.

## § 18. Schaden durch Tiere.

Unter den Säugetieren ist der Fischotter der gefährlichste
Feind; er taucht und schwimmt sehr gut; nährt sich hauptsächlich von
Fischen, von denen er täglich zirka 2 *kg* braucht, aber zur Befriedigung
seiner Mordlust wohl noch mehr tötet. Es ist ihm daher mit aller Energie
nachzuspüren und auf seine Ausrottung hinzuarbeiten. Am meisten Erfolg
versprechend ist der Otterfang mit Eisen oder die Jagd mit Hunden.

Die Wasserspitzmaus ist trotz ihrer geringen Größe sehr gefährlich, besonders in Fischzuchtanstalten, wo sie unter der Brut bedeutende Verheerungen anrichten kann; sie fällt aber auch über große
Fische her, denen sie Augen und Gehirn ausfrißt. Gegenmaßregeln:
Bedecken der Bruttröge, Aufstellen von Fallen mit Fischköder.

Die Wasserratten, Maulwürfe und Mäuse werden den Teichen
durch Unterwühlen der Dämme gefährlich. Als Gegenmaßregel wird die
Unterlassung des Anbaues der Weiden genannt, da diese als Schlupf-
winkel bevorzugt werden. Auslegen von mit Strychnin vergiftetem Korn
gegen Mäuse (vgl. III. Band, S. 216).

Von den Vögeln lebt der Fischreiher fast ausschließlich von Fischen,
ist sehr gefräßig und wird daher in Teichen und anderen Fischwässern
von geringer Tiefe (in denen er stehend die Beute an sich herankommen
läßt, um sie dann blitzschnell zu erfassen) sehr gefährlich. Er ist sehr
scheu, daher schwer zu Schuß zu bekommen. Hauptsächlichstes Ver-
tilgungsmittel ist die Zerstörung der Horste mit den Jungen und der
Fang in Eisen.

Der Kormoran ist ein arger Fischräuber an der mittleren und
noch mehr an der unteren Donau; er fischt schwimmend und tauchend,
soll hiebei aber fast nur minderwertige Fischarten erbeuten. Die Zerstörung des Horstes veranlaßt ihn zum Verlassen seines Aufenthaltes.

Die Sägetaucher sind ebenfalls gefährliche Fischräuber; sie kommen
hauptsächlich in Norddeutschland vor, erscheinen aber auch bei uns im
Winter und sind ob ihrer großen Vorsicht schwer zu erlegen.

Der Haubentaucher kommt häufiger vor, ist ebenfalls sehr scheu,
die Eier sind jedoch im Schilf leicht aufzufinden.

Der wilde und der zahme Schwan, die zahmen Gänse und die
Enten sind dem Fischlaich sehr gefährlich; ersterer ist aber selten und
letztere können als Haustiere von den Laichstätten leicht ferne gehalten
werden. — Die wilden Gänse und Enten sind dem Fischlaich und den
Jungfischen ebenfalls gefährlich; erstere sind bei uns vorwiegend Zug-
vögel, die sich besonders an den ungarischen Seen und der Donau
häufiger, in vereinzelten Exemplaren aber auch an den großen böhmischen Fischteichen aufhalten; Wildenten treten in verschiedenen Arten
vielfach ständig auf und sind wegen ihrer großen Vorsicht schwer zu
erlegen.

Der Eisvogel bringt Forellenbächen großen Schaden, da er fast
ausschließlich von Fischen lebt; er ist leicht zu schießen und fängt sich
gerne in kleinen Eisen, deren Sitzpflock etwas über das Wasser emporragt.

Die Wasseramsel wird wahrscheinlich ebenfalls den Jungfischen
gefährlich, was von anderer Seite allerdings wieder bezweifelt wird; es

wird nämlich behauptet, daß sie nur etwas Laich vertilgt, zumeist aber von Wasserinsekten und deren Larven lebt.

Der Fischadler lebt vorwiegend von Fischen; er ist nicht häufig und kann leicht mit Bussarden verwechselt werden.

Von geringerer Bedeutung als Fischschädlinge sind Milane, Weihen, Krähen und Rohrdommeln.

Einzelne Fischgattungen leben vom Raub, der sich selbst bis zum Aufzehren der eigenen Brut steigert. Die ärgsten Räuber sind der Hecht, Zander und Barsch; Laichräuber sind der Aal, die Quappen, Brachsen und Nasen, wie auch der Stichling, der in keinem Falle in einem Teiche zu dulden ist, da er den Angriffen der Fische widersteht, selbst aber auch größere Fische verwundet.

Von den Amphibien frißt der grüne eßbare Wasserfrosch mit Vorliebe den Fischlaich und schmälert die Teichnahrung; er ist aus Laichteichen und Aufzuchtgräben durch Abschließen der Zuflüsse mit feinen Drahtgeflechten fernzuhalten. Die Wassermolche treten hauptsächlich in neu angelegten Teichen beim erstmaligen Spannen auf und schmälern besonders stark die Forellenbrut; später verschwinden sie, wahrscheinlich werden sie von den heranwachsenden Forellen aufgezehrt.

Von den Crustaceen geht der Flußkrebs dem Laiche und der Brut der Forellen nach, der Flohkrebs stellt der jungen Forellenbrut nach, wird aber dann bald selbst Nahrung für diese. Die Karpfenlaus befällt junge Karpfen, Hechte und Barsche als Schmarotzer, behindert die Fische im Wachstum und führt bei zahlreichem Auftreten sogar den Tod der Fische herbei. Die Hörnerläuse befallen ebenfalls als Schmarotzer Karpfen, Forellen und Karauschen und erzeugen Geschwüre, mit welchen die Fische manchmal über und über bedeckt sind. Als Gegenmittel sowohl gegen die Karpfenlaus als auch gegen die Hörnerläuse gilt ein ausgiebiges Kalken des trockengelegten Teichgrundes.

Von den Insekten befallen verschiedene Schwimmkäfer selbst größere Fische und fressen sie an; ihre Larven machen auf die Fischbrut eifrig Jagd; sie kommen in allen Teichen vor und finden sich alsbald in neu angelegten Teichen ein. Beim Ablassen der Teiche sind vorkommende Käfer und Larven zu vertilgen. Auch die Larven der Wasserjungfern verhalten sich wie die Schwimmkäfer; da sie in den Teichen überwintern, können sie beim Ablassen im Frühjahr gesammelt werden. Der Rückenschwimmer ist der Fischbrut schädlich, da er sie mit seinem Stachel ansticht und dann aussaugt. Abfangen von Brutteichen mit Schmetterlingnetzen und Vernichten beim Teichablassen sind die Gegenmaßregeln.

Von den Würmern ist der Fischegel den Fischen lästig; er wird ebenfalls durch Kalken des Teichgrundes bekämpft.

## § 19. Schaden durch den Menschen.

Der Schaden, welcher der Fischerei teils beabsichtigt, teils (und zwar wohl noch öfter) unbeabsichtigt durch den Menschen zugefügt wird, ist der weitaus bedeutendste.

Zu den absichtlichen Schädigungen der Fischerei gehört vor allem:

1. Der Fischdiebstahl, welcher auf die verschiedenste Weise ausgeübt wird, und zwar mit Netzen und Angeln, durch Ausnehmen der Reusen, durch Fangen mit der Hand an den Uferrändern zur Laichzeit, durch Stechen sowohl bei Tag als bei Nacht und Fackellicht, durch Be-

täuben der Fische mit narkotisierenden Mitteln (wie Kokelskörner und Krähenaugen), endlich durch örtliche Vernichtung der Fische (Einwerfen von ungelöschtem Kalk, Explosion von Sprengstoffen im Wasser). Die Benutzung der Netze in Teichen kann durch Einschlagen von Pflöcken mit Widerhaken oder Nägeln, an welchen die Netze hängen bleiben, verhindert werden. Gegen die anderen Arten des Fischdiebstahles hilft nur fleißige Aufsicht und Handhabung der fischereigesetzlichen Bestimmungen.

2. Nicht minder gefährlich wie der Diebstahl ist die übergroße Ausnutzung von Fischereigebieten entweder durch den Eigentümer oder durch den Pächter. Abhilfe ist zu erwarten von einer strengen Einhaltung der Schonzeiten, der gesetzlich bestimmten Minimalgrößen für die Verbrauchsfische und eventueller Bestimmungen über die Maschenweiten der Netze.

Unbeabsichtigter Schaden wird hervorgerufen:

1. Durch Verunreinigung der Gewässer, wie das Einwerfen von Unrat, Fäkalien, Sägespänen und Einleitung der Abwässer gewisser Fabriksbetriebe und Grubenanlagen. Bei Neuanlage solcher Betriebe kann der Fischereiberechtigte entweder Entschädigung fordern oder verlangen, daß die durch Beimengung schädlicher chemischer Verbindungen verunreinigten Abwässer vor der Einleitung gereinigt, beziehungsweise unschädlich gemacht werden.

2. Durch das Wasser beunruhigende Betriebe, wie Trift, Flößerei und Dampfschiffahrt. Diesen Schäden kann meist nur durch künstlichen Besatz der Fischwässer entgegengewirkt werden; er ist übrigens meist nicht so bedeutend, als von mancher Seite behauptet wird, da diese Betriebe zur durch sie am meisten gefährdeten Eizeit der wichtigsten Salmoniden (d. i. in den Wintermonaten) gewöhnlich nicht ausgeübt werden.

3. Durch Betriebe, welche den Wechsel der Fische verhindern oder deren Wohn- und Laichstätten zerstören, wie dies durch die Errichtung von Buhnen, Wehren, Schützen, Klausen und Schiffahrtsschleusen geschieht. Teilweise kann der Schädlichkeit dieser Bauten durch die Errichtung von sogenannten „Fischwegen" und „Fischleitern" (vgl. später, S. 187) entgegengewirkt werden, die vom Fischereiberechtigten bei Neuanlage solcher Wasserbauten anzusprechen, beziehungsweise zu verlangen ist.

4. Durch unmittelbar mechanisch schädliche Betriebe, nämlich insbesondere Wasserräder, welche den abwärtsgehenden Fischen gefährlich werden; hiebei schaden oberschlächtige Wasserräder weniger als unterschlächtige. Auch hier kann der Schaden durch Anbringung von Fischwegen vermindert werden.

Am gefährlichsten wirkt auf die Fischwässer die oben erwähnte chemische Verunreinigung der Wässer durch Einleitung gewisser Abfallstoffe aus Fabriken oder Industrien, weil diese eingeleiteten Stoffe nicht selten, wenn sie auch die Lebensfähigkeit des Fisches selbst nicht unmittelbar beeinträchtigen, durch Vernichtung der kleineren Lebewesen und auch teilweise des Pflanzenwuchses die Nahrung und sohin mittelbar die Existenzbedingungen der Fische zerstören.

## V. Kapitel.

# Vom Fischereibetrieb.

### § 20. Fangmethoden.

Die einfachste Methode ist der Handfang. Bei einiger Übung ist diese Methode unter Umständen erfolgreich, hat aber den Übelstand, daß die eigentlichen Lieblingsplätze der Fische verändert oder beschädigt werden, weshalb die Fische bei zu häufiger Wiederholung dieser Fangweise auswandern. — Der Angelfang findet mit der Handangel, der Stand-, Lege- und Schleppangel statt. Die einfache Handangel besteht aus der Rute, der Schnur, dem Vorfach und dem Haken. Die Rute soll möglichst lang, leicht und biegsam sein; Wurzelausschläge der Hasel sind sehr geeignet. Die Schnur soll dünn, aber fest sein; sie wird an der Rutenspitze befestigt, läuft aber längs der Rute bis zur Hand, damit bei Rutenbruch die Beute nicht verloren geht. Das am Fangende der Schnur anzubringende Vorfach besteht aus Roßhaar oder dem Gutfaden des Seidenspinners. Der Haken wird am Vorfach befestigt; soll er in einer gewissen Tiefe schwimmend erhalten werden, so wird auch noch das schwimmende Floß aus Kork oder Federspule an der Schnur befestigt. Das Fischen mit der Handangel wird als zu zeitraubend von den Berufsfischern verhältnismäßig seltener ausgeübt; dagegen werden die Standangel (bei welcher der Stock am Ufer befestigt wird und die Schnur sich nach dem Anbiß abrollt) sowie die Legangeln (das sind Schnüre mit zahlreichen Haken, die am Grunde liegen und zumeist von einem Ufer zum andern reichen) häufig angewendet. Die Schleppangel ist eine lange Schnur mit einem spinnenden Löffelapparat; sie wird von langsam fahrenden Booten aus angewendet und dient zum Fang größerer Raubfische. Die Benutzung künstlicher Köder (Fliegen) bei der Handangel findet zumeist nur bei der Sportfischerei statt. — Beim Fischfang mit Netzen unterscheidet man: 1. Feststehende Netze, Reusen und Setznetze, 2. Hebenetze, Hamen und Senknetze, 3. Zugnetze, 4. Treibnetze und 5. Wurfnetze. Die Reusen sind einfache, über Reifen gespannte, mit einem trichterförmigen Eingang versehene Garnsäcke, aus welchen die einmal hineingeratenen Fische den Ausgang nicht mehr finden; sie werden meist in den Stromstrich mit der Öffnung nach aufwärts eingestellt; bei umgekehrter Stellung muß die Reuse durch Stäbe gespannt erhalten werden. Nach beiden Seiten fängisch gestellt sind die ebenfalls durch Stäbe gespannt erhaltenen sogenannten Trommelreusen. Die Setznetze sind lange, viereckige Netze, welche an Stäben senkrecht aufgestellt werden, am unteren Rande mit Blei beschwert sind, am oberen Ende dagegen Stockschwimmer haben. Diese Netze sind entweder einfache Riemennetze, bei denen die Fische in den Maschen hinter den Kiemen stecken bleiben, oder dreifache Spiegelnetze (gleich den Hühner- und Hasenspiegelnetzen). Hamen sind beutelartige Netze an Stielen mit dreieckiger Öffnung zum Absperren von Löchern. Die Heb- beziehungsweise Senknetze sind viereckige einfache Netztücher, welche durch zwei sich kreuzende Bügel auseinander gehalten werden; am Kreuzungspunkte der Bügel ist die Hebestange befestigt. Die Zug- und Treibnetze sind Spiegelnetze, welche an den Enden entweder gezogen oder dem Treiben des Wassers überlassen werden; im letzteren Falle folgen dem Netze Kähne. Das Wurfnetz ist ein rundes, trichterförmiges Netz, dessen Peripherie mit Bleikugeln besetzt ist; der Gebrauch erfordert eine große Geschicklichkeit, damit sich das Netz ausbreitet und den zu fangenden Fisch bedeckt.

### § 21. Hebung der Fischerei.

Infolge der Freizügigkeit der Fische werden Maßregeln zur Besserung der Fischereiverhältnisse, wenn sie sich nur auf kurze Uferstrecken ausdehnen, von geringem Erfolge begleitet sein; es ist daher die Schaffung größerer Fischereigebiete oder Reviere eine Vorbedingung für eine erfolgreiche Hebung der Fischzucht. In den meisten Kronländern ist die Bildung solcher Reviere durch entsprechende Gesetze angebahnt und wird diese Revierbildung meist dadurch zu erreichen gesucht, daß eine größere Anzahl von Gewässern oder eine längere Wasserstrecke nebst Seitenbächen als eine Wirtschaftseinheit zu einem Revier vereinigt wird und die dort vorhandenen kleinen Fischwasserbesitzer (d. i. die Fischereiberechtigten von kürzeren Ufer- oder Bachstrecken) durch Schadloshaltung zur Überlassung ihrer kleinen Strecken an die sohin gebildete größere Wirtschaftseinheit bewogen werden.

Innerhalb dieser so geschaffenen, größeren, zusammenhängenden Wassergebiete ist namentlich die möglichste Förderung der natürlichen Vermehrung — durch Schaffung neuer Laichplätze und tunlichste Erhaltung der früheren, durch Anlage von Durchlässen bei Regulierungsdämmen und Offenhaltung der Altwässer — die Aufgabe des Fischwirtes.

Bei Anlage industrieller Unternehmungen mit schädlichen Abwässern ist bei mechanischen Beimengungen der schädigenden Stoffe die Anlage von Klärteichen mit sehr langsamem und allmählichem Abfluß des Klärwassers oder die Anlage von Sickerteichen zu erwirken, und zwar im Notfalle durch Beihilfe der Behörden; bei chemischer Verunreinigung der Abwässer ist die Ausscheidung (Fällung) der schädigenden Stoffe anzustreben, hiebei aber wohl im Auge zu behalten, ob durch die Fällungsstoffe nicht ebenfalls eine chemische Verunreinigung der Fischwässer stattfindet.

Bei Betrieben, welche eine zeitweise Abkehr (Trockenlegung) der Wasserläufe zur Reinigung der Gerinne nötig machen, ist auf die Anlage von entsprechenden Fischgruben zu dringen, welche den Fischen den Rückzug und Aufenthalt bis zur Wiederankehr des Wassers ermöglichen.

Bei Turbinen und Wasserradanlagen können entsprechende Absperrnetze oder Fischrechen am Beginn und Ende der Gerinne vor größeren Verlusten bewahren, zumal da einzelne Fischarten besonders gerne im Sprudelwasser dieser Betriebe stehen und dann dort leicht von unbefugten Händen entwendet werden könnten.

Für die Hebung der Fischerei ist auch die Aufrechthaltung der tunlichsten Freizügigkeit der Fische notwendig, weil nur hiedurch den Fischen die Aufsuchung der für ihr Fortkommen vorteilhaftesten Laichplätze ermöglicht wird. Bei Absperrung des Fischwassers in seiner ganzen Breite durch Wehre oder ähnliche Einbauten wäre für die Freizügigkeit durch die Anlage von Fischleitern, Fischwegen oder Aalrinnen*) Vorsorge zu treffen. Fischleitern und Fischwege bedürfen zu ihrer Speisung größerer Wassermengen; für die Brutrinnen oder Aal-

---

*) Näheres hierüber vgl.: „Anleitung betreffend die Herstellung von Fischwegen. Herausgegeben vom k. k. Ackerbauministerium. Wien 1891."

rinnen genügen auch geringe Wassermengen. Bei Fischleitern werden größere, für die Fische auch im Sprunge unüberwindliche Niveaudifferenzen durch Aufteilung in kleinere Cascaden, beziehungsweise Fächer passierbar gemacht; bei Fischwegen wird durch Verlängerung des Abflußweges die Wassergeschwindigkeit in einem kontinuierlichen Gerinne auf eine für die Fische überwindliche, geringere Raschheit herabgemindert. Aalrinnen werden in der Sohle der Wasserläufe eingelegt. Alle diese künstlichen Verbindungswege sollen an ihrem unteren Ende in den Stromstrich in solcher Art eingebaut sein, daß die Fische sie auch leicht auffinden; ihre Anlage in einer den Zweck auch wirklich erfüllenden Form ist daher häufig mit nicht geringen Schwierigkeiten verbunden. Weiters ist zur Hebung der Fischzucht die beständige Anwendung der (im IV. Kapitel, Fischereischutz, Seite 182 bis 185 angeführten) wirksamen Vorbeugungsmittel und die stete Verfolgung der Fischfeinde nötig, wie auch der Fischwirt der entsprechenden Unterstützung durch die Gesetze nicht entraten kann; diesbezüglich sind besonders hervorzuheben die strenge Einhaltung der Schonzeiten und der erlaubten Fangmethoden, Beobachtung der verwertbaren Fischgrößen, anwendbaren Maschengröße und der Vorschriften über den Fischvertrieb (eventuell nur mit Ursprungszeugnissen) — stets in Verbindung mit einer wohlorganisierten und strenge gehandhabten Aufsicht.

V. Teil.

# Gesetzkunde.

————

### § 1. Begriff und Einteilung der Gesetzkunde.

Die in dieses Werk aufgenommene Gesetzkunde umfaßt die Lehre von denjenigen Gesetzen und Verordnungen, deren Kenntnis bei der Ausübung der Rechte und Pflichten eines österreichischen Staatsbürgers im allgemeinen und eines Forstschutzmannes im besonderen notwendig ist.

Der österreichische Staatsbürger soll die Grundzüge der Verfassung und Verwaltung des Staates kennen und soll einen Überblick über die wichtigsten Bestimmungen des bürgerlichen Rechtes und des Strafrechtes, sowie über das zur Ermittlung des Rechtes anzuwendende Verfahren besitzen. Solche Bestimmungen des bürgerlichen Rechtes und des Strafrechtes, welche der Forstschutzmann in Ausübung seines Berufes kennen muß, dann die Vorschriften des Forstgesetzes, der Jagd-, Fischerei- und Feldschutzgesetze, der Karstaufforstungs- und Wildbachverbauungsgesetze werden in unserer Gesetzeskunde eingehend gelehrt; die gesetzlichen Bestimmungen über die Steuern dagegen nur in allgemeinen Umrissen.

Zur Vereinfachung werden zur Bezeichnung der verschiedenen Gesetze folgende Abkürzungen gebraucht: a. b. G. B. = allgemeines bürgerliches Gesetzbuch. Z. Pr. O. = Zivil-Prozeß-Ordnung. Str. G. = Strafgesetz. Str. Pr. O. = Strafprozeß-Ordnung. St. Gr. G. = Staats-Grundgesetz. H. G. B. = Handels-Gesetzbuch. W. P. = Waffen-Patent. F. G. = Forstgesetz. J. G. = Jagdgesetz. Fi. G. = Fischereigesetz. F. Sch. G. = Feld-Schutzgesetz. W. V. G. = Wildbachverbauungsgesetz. R. G. Bl. = Reichs-Gesetzblatt. L. G. Bl. = Landes-Gesetzblatt. M. Vdg. = Verordnung des Ministeriums. A. M. = Ackerbau-Ministerium. Fin. M. = Finanz-Ministerium. Statth. Vdg. = Statthalterei-Verordnung. Statth. Kundm. = Statthalterei-Kundmachung. A. H. H. = Allerhöchstes Handschreiben. A. H. E. = Allerhöchste Entschließung.

Wenn Paragraphe ohne spezielle Bezeichnung angeführt werden, so sind immer jene des a. b. G. B. gemeint.

————

I. Abschnitt.

# Die Grundzüge der Staatsverfassung und Staatsverwaltung.

## I. Kapitel.

## Die staatsrechtlichen Grundlagen der österreichisch-ungarischen Monarchie.

### § 2. Begriff der österreichisch-ungarischen Monarchie.

Österreich-Ungarn ist ein zweiteiliger, durch einen Herrscher und durch gemeinsame Angelegenheiten geeinter Verfassungsstaat. (Dualistische konstitutionelle Monarchie, Real-Union.)

### § 3. Bestandteile der österreichisch-ungarischen Monarchie.

Das Kaisertum Österreich besteht aus den Königreichen Böhmen, Dalmatien, Galizien, den Erzherzogtümern Österreich unter und ob der Enns, den Herzogtümern Salzburg, Steiermark, Kärnten, Krain, Schlesien und Bukowina, der Markgrafschaft Mähren und Istrien, der gefürsteten Grafschaft Tirol, Görz und Gradiska, dem Lande Vorarlberg und der Stadt Triest mit ihrem Gebiete.

Mit dem Kaisertum Österreich ist das Königreich Ungarn samt seinen Nebenländern Kroatien, Slavonien, der Militärgrenze und Siebenbürgen derart verbunden, daß zwar jeder Reichsteil seine besondere innere Verfassung besitzt, nach außen jedoch beide zusammen nur eine Macht, die österreichisch-ungarische Monarchie, bilden.

Österreich-Ungarn verwaltet überdies gemäß des Berliner Vertrages vom 13. Juli 1878 Bosnien und die Herzegowina.

### § 4. Begriff der österreichisch-ungarischen Staatsverfassung; deren Grundgesetze.

Österreich ist — ebenso wie Ungarn und die österreichisch-ungarische Gesamt-Monarchie — ein Verfassungs-(konstitutioneller)Staat, in welchem die Staatsbürger zur Teilnahme an den Regierungsgeschäften berufen sind. Die Gesamtheit aller rechtlichen Bestimmungen über die Teilnahme der Staatsbürger an der Regierung ist die Verfassung.

Die wichtigsten Grundgesetze der österreichischen Verfassung sind:

1. Die pragmatische Sanktion Kaiser Karl des VI. vom 19. April 1713, welche das Thronfolgerecht der weiblichen Linie des Hauses Habs-

burg feststellte und bestimmte, daß die Länder und Provinzen, welche
dieser Erbfolgeordnung gemäß unter einem gemeinsamen Herrscher
stehen, einen unteilbaren und unzerreißbaren Besitz bilden sollen.

2. Das Pragmatikalgesetz des Kaisers Franz II. vom 1. August 1804,
durch welches Österreich zu einem erblichen Kaisertum erklärt
wurde.

3. Das kaiserliche Diplom vom 20. Oktober 1860, R. G. Bl. Nr. 226
(Oktober-Diplom), durch welches die Rechte der einzelnen Länder der
Monarchie anerkannt und ein für alle gemeinsamer Reichsrat be-
stellt wurde.

4. Das kaiserliche Patent vom 26. Februar 1861, R. G. Bl. Nr. 20
(Februar-Patent), welches die Befugnisse des Reichsrates erweiterte und
die Wirksamkeit der Landesvertretungen feststellte.

5. Die Gesetze vom 21. Dezember 1867 (Dezember-Verfassung); von
diesen hat das erste den mit der Vertretung des Königreiches Ungarn
abgeschlossenen Ausgleich anerkannt, die anderen haben den Wirkungskreis des Februar-Patentes auf die nicht ungarischen, diesseits des
Leithaflusses gelegenen Königreiche und Länder (Cisleithanien, im Gegensatze zu Transleithanien) beschränkt, ferner die Rechte des Reichsrates und der Landtage erweitert, außerdem die Ministerverant-
wortlichkeit festgestellt, endlich als sogenannte „Staatsgrundgesetze”
die allgemeinen Rechte der Staatsbürger feierlich verkündet.

6. Das Gesetz vom 2. April 1873, R. G. Bl. Nr. 40, mit welchem die
unmittelbaren Wahlen für das Abgeordnetenhaus des Reichsrates
eingeführt wurden.

7. Das Gesetz vom 4. Oktober 1882, R. G. Bl. Nr. 142, durch welches
das Wahlrecht für das Abgeordnetenhaus auch jenen zuerkannt wurde,
die jährlich mindestens fünf Gulden an direkten Steuern entrichten.
(Wahlrecht der Fünfguldenmänner.)

8. Das Gesetz vom 14. Juni 1896, R. G. Bl. Nr. 169, durch welches
eine neue allgemeine Wählerklasse („fünfte Kurie”) geschaffen
wurde; in dieser steht das Wahlrecht jedem mindestens 24jährigen, eigen-
berechtigten Manne zu, wenn er am Wahlorte bereits sechs Monate seß-
haft ist.

---

## II. Kapitel.

# Der Kaiser.

### § 5. Der Kaiser.

Das Oberhaupt des österreichischen Staates ist der Kaiser. Der
Kaiser ist geheiligt, unverletzlich und unverantwortlich. Der Kaiser führt
den Oberbefehl über die bewaffnete Macht, erklärt Krieg und schließt
Frieden; er schließt auch die Staatsverträge ab. Das Münzrecht wird im
Namen des Kaisers ausgeübt; er verleiht Titel, Orden und sonstige Aus-
zeichnungen.

Jede Unternehmung, durch welche die Person des Kaisers an Körper,
Gesundheit oder Freiheit verletzt oder gefährdet wird, begründet das Verbrechen des Hochverrates.

Der Kaiser ist für seine Regierungshandlungen niemandem verantwortlich; die Verantwortlichkeit hiefür trifft die Minister, welche jeden Regierungsakt des Kaisers mitunterzeichnen müssen.

Der Kaiser leistet beim Antritte der Regierung in Gegenwart beider Häuser des Reichsrates das eidliche Gelöbnis: „Die Grundgesetze der im Reichsrate vertretenen Königreiche und Länder unverbrüchlich zu halten und in Übereinstimmung mit denselben und den allgemeinen Gesetzen zu regieren."

Der Kaiser übt die gesetzgebende Gewalt aus im Vereine mit den gesetzgebenden Körperschaften, nämlich den Delegationen für die den beiden Reichshälften gemeinsamen Angelegenheiten, mit dem Reichsrate für die österreichische Hälfte und mit den Landtagen für die einzelnen Kronländer, indem er den beschlossenen Gesetzen die Genehmigung (= Sanktion) erteilt oder verweigert.

Der Kaiser übt die Regierungsgewalt durch seine Minister und die denselben untergeordneten Beamten und Diener aus.

Alle Gerichtsbarkeit im Staate wird im Namen des Kaisers ausgeübt; alle Urteile und Erkenntnisse werden im Namen des Kaisers ausgefertigt.

Die Richter werden vom Kaiser oder in dessen Namen definitiv und auf Lebensdauer ernannt.

Der Kaiser hat das Recht, Amnestie zu erteilen, und die Strafen, welche von den Gerichten ausgesprochen wurden, zu erlassen oder zu mildern, sowie die Rechtsfolgen von Verurteilungen nachzusehen. Auch steht dem Kaiser das Recht zu, anzuordnen, daß wegen einer strafbaren Handlung ein strafgerichtliches Verfahren nicht eingeleitet oder das eingeleitete Verfahren wieder eingestellt werde.

---

## III. Kapitel.

# Die gesetzgebenden Körperschaften.

### § 6. Begriff des Gesetzes.

Gesetz ist eine allgemeine Willensäußerung des Staates zur dauernden Regelung der verschiedensten Rechte und Pflichten des Staates und seiner Bürger.

Das Recht Gesetze zu geben, abzuändern oder aufzuheben wird vom Kaiser nur unter Mitwirkung der verfassungsmäßigen Volksvertretung, d. i. der gesetzgebenden Körperschaften, ausgeübt. Man unterscheidet Reichs- und Landesgesetze.

Zur Giltigkeit eines Gesetzes ist außerdem die gehörige Kundmachung erforderlich; diese geschieht durch die Einschaltung in die Reichs- oder in die Landesgesetzblätter. Die Kundmachung muß im Namen des Kaisers unter Berufung auf die Zustimmung der gesetzgebenden Körperschaft erfolgen und muß mindestens von einem Minister unterfertigt sein.

Im Gegensatze zu den Gesetzen sind die Verordnungen Festsetzungen der obersten Verwaltungsbehörden (als der vollziehenden Staatsgewalt) über die Durchführung der allgemeinen gesetzlichen Grundsätze; die Verordnungen dürfen mit den Gesetzen nicht in Widerspruch stehen.

Die gesetzgebenden Körperschaften sind: 1. Der Reichsrat. 2. Die Delegationen. 3. Die Landtage.

### § 7. Der Reichsrat.

Der Reichsrat ist zur gemeinsamen Vertretung aller Königreiche und Länder der österreichischen Reichshälfte berufen und besteht aus dem Herrenhause und dem Hause der Abgeordneten.

Mitglieder des Herrenhauses sind vermöge ihrer Geburt die großjährigen Prinzen des kaiserlichen Hauses und die großjährigen Häupter hervorragender Adelsgeschlechter; dann vermöge ihrer Würde die Erzbischöfe und Fürstbischöfe; endlich werden ausgezeichnete Männer vom Kaiser auf Lebensdauer in das Herrenhaus berufen.

Die Mitglieder des Abgeordnetenhauses werden kronländerweise nach folgenden Gruppen gewählt:

1. Der Großgrundbesitz mit 85 Abgeordneten.
2. Die Städte, Märkte und Industrialorte ⎱ mit 138 Abgeordneten.
3. Die Handels- und Gewerbekammern ⎰
4. Die Landgemeinden mit 129 Abgeordneten.
5. Die allgemeine Wählerklasse mit 72 Abgeordneten.

Die 1., 2. und 3. Gruppe wählt ihre Abgeordneten unmittelbar, die 4. und 5. meist mittelbar durch Wahlmänner.

Zur Teilnahme an diesen Wahlen ist, abgesehen von den besonderen Erfordernissen für jede Gruppe, im allgemeinen jeder eigenberechtigte österreichische Staatsbürger männlichen Geschlechtes berufen, welcher das 24. Lebensjahr vollstreckt hat; die Wählbarkeit beginnt mit dem zurückgelegten 30. Lebensjahre; in den ersten 4 Wählerklassen ist überdies die Wahlberechtigung von einer bestimmten Steuerleistung oder geistigen Bildung abhängig; in der 5. Wählerklasse fällt diese Beschränkung weg (siehe oben S. 191), doch steht den Wählern der ersten vier Gruppen auch in der 5. Gruppe das Wahlrecht zu.

Von dem Wahlrechte und der Wählbarkeit ausgeschlossen sind: a) Alle unter Vormundschaft oder Kuratel (siehe unten S. 211) stehenden Personen, b) diejenigen, welche eine Armenversorgung aus öffentlichen oder Gemeindemitteln genießen, c) Personen, über deren Vermögen der Konkurs eröffnet worden ist, d) diejenigen Personen, welche wegen eines Verbrechens oder wegen der Übertretung des Diebstahls, der Veruntreuung oder des Betruges zu einer Strafe verurteilt worden sind.

Die Wahlen erfolgen in der Regel mittels Stimmzettel, nur bei den Wahlen aus den Landgemeinden jener Länder mündlich, wo die mündliche Wahl auch für den Landtag angeordnet ist. Die Mitglieder des Abgeordnetenhauses werden für die Dauer von sechs Jahren gewählt. Die Mitglieder des Reichsrates können wegen der in Ausübung ihres Berufes vorgenommenen Abstimmungen gar nicht, wegen ihrer Äußerungen nur von dem Hause, dem sie angehören, zur Verantwortung gezogen werden. Kein Mitglied des Reichsrates darf während der Dauer der Session wegen einer strafbaren Handlung ohne Zustimmung des Hauses verhaftet oder gerichtlich verfolgt werden. Dieses Vorrecht (Privilegium) der Volksvertreter heißt Immunität.

Der Reichsrat hat die Interessen aller in demselben vertretenen Länder zu wahren; durch ihn nehmen die Staatsbürger an den Regierungsgeschäften, insbesondere an der Gesetzgebung und Steuerbewilligung teil. Jedes der beiden Häuser des Reichsrates ist berechtigt, die Minister zu interpellieren, die Verwaltungsakte der Regierung zu prüfen und Auskünfte über Petitionen zu verlangen.

Die wichtigsten in den Wirkungskreis des Reichsrates fallenden Angelegenheiten sind:

1. Prüfung und Genehmigung der Staats- und Handelsverträge.

2. Bewilligung der jährlich auszuhebenden Militärmannschaft.

3. Feststellung des Staatshaushaltes und jährliche Bewilligung der Steuern.

4. Regelung des Münz- und Geldwesens.

5. Gesetzgebung in Bank- und Gewerbesachen, im Sanitätswesen, über Staatsbürger- und Heimatsrecht, über konfessionelle Verhältnisse, über das Vereins- und Versammlungsrecht, über die Presse, über das Unterrichtswesen und das gesamte Rechtswesen, über die grundlegenden Einrichtungen der Gerichts- und Verwaltungsbehörden, über die Staatsgrundrechte, über die Rechte und Pflichten der Kronländer untereinander.

Wenn auf verfassungsmäßigem Wege ein Gesetz zur Erfüllung der dringendsten Bedürfnisse des Staates nicht zu stande kommt, so werden derartige Staatsnotwendigkeiten im Sinne des § 14 des St. Gr. G. vom 21. Dezember 1867, R. G. Bl. Nr. 141, gegen nachträgliche Gutheißung des Reichsrates im Wege einer kaiserlichen Verordnung (Notverordnung) von Zeit zu Zeit bewilligt; so wurde zuletzt mit Verordnung vom 27. Dezember 1899, R. G. Bl. Nr. 265, der Staatshaushalt für das Jahr 1900 festgestellt.

Alle jene Gegenstände der Gesetzgebung, welche dem Reichsrate nicht ausdrücklich vorbehalten sind und nicht zu den beiden Reichshälften gemeinsamen Angelegenheiten gehören, fallen in den Wirkungskreis der Landtage.

## § 8. Die Delegationen.

Sowohl der österreichische Reichsrat, wie der ungarische Reichstag wählen jährlich je 60 Delegierte zur Beratung und Beschlußfassung über die beiden Reichshälften gemeinsamen Angelegenheiten. Diese sind:

*a)* Die auswärtigen Angelegenheiten, *b)* das Kriegswesen, einschließlich der Kriegsmarine, *c)* das gemeinschaftliche Finanzwesen.

Jede Delegation faßt ihre Beschlüsse für sich und teilt diese schriftlich der anderen mit; können sie sich über eine Frage nicht einigen, so kann hierüber in gemeinschaftlicher Sitzung und Abstimmung entschieden werden.

Abgesehen von den gemeinsamen Angelegenheiten gibt es noch solche, die zwar nicht gemeinsam, aber in beiden Reichshälften nach gleichen Grundsätzen zu behandeln sind; zu diesen gehören:

*a)* Die Zollgesetzgebung, *b)* die mittelbaren ("indirekten") Abgaben gewisser fabriksmäßiger Erzeugungen (= Industrie-Produktionen), *c)* Münz und Geldwesen, *d)* Eisenbahnen, die beide Reichsteile berühren, *e)* Feststellung des Wehrsystemes.

Über diese Angelegenheiten wird eine Vereinbarung dadurch erzielt, daß in beiden Reichsvertretungen (= Parlamenten) übereinstimmende Gesetzentwürfe beschlossen und der kaiserlichen Genehmigung (= Sanktion) unterbreitet werden; die Gesetzentwürfe werden entweder von den beiderseitigen Ministerien, oder von eigens gewählten Bevollmächtigten (Deputationen) aus den beiden Reichsvertretungen ausgearbeitet. Dieser letztere Vorgang ist insbesondere einzuhalten bei der Bestimmung über die Beiträge der beiden Reichshälften zu den gemeinsamen Angelegenheiten; gegenwärtig beträgt der Anteil (die Quote) der österreichischen Reichshälfte $66^{46}/_{49}\%$, der Anteil der ungarischen $33^{3}/_{49}\%$.

## § 9. Die Landtage.

Die gesetzgebende Tätigkeit der Landtage erstreckt sich auf: *a)* Landeskultur und Gemeindeangelegenheiten, *b)* öffentliche Bauten, welche aus Landesmitteln bestritten werden, *c)* Wohltätigkeitsanstalten, die aus Landesmitteln dotiert sind, *d)* Verwaltung des Landesvermögens, *e)* alle jene die Wohlfahrt oder die Bedürfnisse des Landes betreffenden Angelegenheiten, welche nicht ausdrücklich der Tätigkeit des Reichsrates unterworfen sind (siehe oben S. 193).

Die Vorschläge zu den Landesgesetzen werden entweder von der Regierung oder von dem Landesausschusse oder auch von Abgeordneten eingebracht, nach dem Beschlusse des Hauses dem Kaiser zur Sanktion unterbreitet und alsdann als Gesetze im Landesgesetzblatte kundgemacht.

Die Mitglieder der Landtage werden teils nach den Gruppen: 1. Großgrundbesitz, 2. Städte, Märkte, Industrialorte, Handels- und Gewerbekammern, 3. Landgemeinden auf sechs Jahre gewählt, teils sind sie vermöge ihres Amtes als Erzbischöfe und Bischöfe oder als Rektoren der Universitäten hierzu berufen.

Die Landeswahlordnungen sind im einzelnen verschieden, beruhen jedoch alle auf dem Grundsatze der Interessenvertretung, d. h. jede der drei eben bezeichneten Gruppen der Bevölkerung soll eine ihrer Bedeutung in wirtschaftlicher oder geistiger Beziehung entsprechende Vertretung im Landtage erhalten. Die Wahlen für die Gruppe des Großgrundbesitzes und der Städte sind überall, jene für die Gruppe der Landgemeinden aber nur in Niederösterreich und Krain direkt, sonst indirekt.

Über die Landesverwaltung siehe unten S. 202.

---

### IV. Kapitel.

# Die Gliederung der Verwaltung.

### *1. Die Staatsverwaltung.*

### § 10. Die einzelnen Zweige der Staatsverwaltung und die Abstufungen (Instanzen) der Verwaltungsbehörden.

Außer durch die gemeinsamen Ministerien zur Verwaltung der beiden Reichshälften gemeinsamen Angelegenheiten (siehe oben S. 194) wird die Verwaltung des Staates oder die Regierungsgewalt (siehe oben S. 192) in der österreichischen Reichshälfte in oberster (3.) Instanz durch folgende österreichische Ministerien oder Zentralbehörden ausgeübt: Ministerium des Innern, für Kultus und Unterricht, Finanz-, Justiz-, Handels-, Ackerbau-, Eisenbahn-, Landesverteidigungsministerium.

Diesen obersten Verwaltungsstellen für das ganze Reich unterstehen Landesbehörden (2. Instanz) für den Bereich einzelner oder mehrerer Kronländer. Für die Angelegenheiten der inneren Verwaltung, für Kultus und Unterricht, Handel und Landeskultur bestehen die Statthaltereien und Landesregierungen, für die Rechtsangelegenheiten die Oberlandesgerichte, für das Finanzwesen die Finanz-Landesdirektionen, für das Postwesen die Postdirektionen, für das Bergwesen die Berghauptmannschaften, für die Staatsforstverwaltung die Forst- und Domänendirektionen, für das Eisenbahnwesen die Eisenbahndirektionen.

Die Bezirksbehörden oder untersten Verwaltungsstellen (1. Instanz) sind die Bezirkshauptmannschaften oder für Stadtbezirke die Magistrate, die Bezirks- und in gewissen Fällen auch die Landesgerichte, die Steuerämter, die Post- und Telegraphenämter, die Bergrevierämter, die Forst- und Domänenverwaltungen, die Eisenbahnämter.

Die oberste Behörde zur Entscheidung in allen jenen Fällen, in denen jemand durch eine gesetzwidrige Entscheidung oder Verfügung einer Verwaltungsbehörde in seinen Rechten verletzt zu sein behauptet, ist der Verwaltungsgerichtshof. Die Verwaltungsbehörden, gegen deren Entscheidungen oder Verfügungen bei dem Verwaltungsgerichtshofe Beschwerde erhoben werden kann, sind sowohl die Organe der Staatsverwaltung, als die Organe der Landes-, Bezirks- und Gemeindeverwaltung. Der Verwaltungsgerichtshof schreitet nicht von amtswegen, sondern nur auf Anrufung einer Partei ein. Die Beschwerde kann bei dem Verwaltungsgerichtshofe erst dann erhoben werden, wenn die Angelegenheit vor den Verwaltungsbehörden in allen Abstufungen (Instanzen) ausgetragen wurde und ist eine Beschwerde unzulässig, wenn der administrative Instanzenzug versäumt wurde. Der Verwaltungsgerichtshof besteht aus einem Präsidenten und der erforderlichen Anzahl von Senatspräsidenten und Räten. Die Verhandlungen vor dem Verwaltungsgerichtshofe sind mündlich und öffentlich, jedoch hat denselben ein schriftliches Vorverfahren vorherzugehen.

## § 11. Die richterliche Gewalt und die Verwaltung des Rechtswesens.

Die Richter sind in Ausübung ihres richterlichen Amtes selbstständig und unabhängig. Sie dürfen nur in den vom Gesetze vorgeschriebenen Fällen und nur auf Grund eines förmlichen richterlichen Erkenntnisses ihres Amtes entsetzt werden; die zeitweise Enthebung derselben vom Amte darf nur durch Verfügung des Gerichtsvorstandes oder der höheren Gerichtsbehörde, unter gleichzeitiger Verweisung der Sache an das zuständige Gericht, die Versetzung an eine andere Stelle oder in den Ruhestand wider Willen nur durch gerichtlichen Beschluß erfolgen. Die Prüfung der Giltigkeit gehörig kundgemachter Gesetze steht den Gerichten nicht zu, dagegen haben sie über die Giltigkeit von Verordnungen im gesetzlichen Instanzenzuge zu entscheiden.

Die Behörden zur Entscheidung streitiger bürgerlicher Rechtsangelegenheiten und Strafsachen sind in 1. Instanz entweder Einzelngerichte oder Gerichtshöfe, je nachdem nur ein Richter oder eine Mehrheit von Richtern (ein Richterkollegium) über den Fall entscheidet; die Bezirksgerichte gehören zu ersterer, die Kreis- und Landesgerichte zu letzterer Art. Die 2. und 3. Instanz, das Oberlandesgericht und der oberste Gerichts- und Kassationshof, sind Richterkollegien.

Nur in Angelegenheiten der Verwaltung, des Gerichtswesens ist das Justizministerium die oberste Instanz, auf die Rechtssprechung hat das Justizministerium keinen Einfluß.

Die Gerichtsbehörden sind auch zur Führung verschiedener wichtiger nicht streitiger Rechtsangelegenheiten berufen, wie zur Abhandlung von Verlassenschaften, Bestellung von Vormundschaften und zur Führung der öffentlichen Bücher.

Zur Aufnahme beweiskräftiger öffentlicher Urkunden (Notariatsakte) bestimmter Verträge zwischen Ehegatten, mit blinden, tauben oder stummen Personen, dann zur Vermögensaufnahme bei Todesfällen, zur

Beurkundung der Echtheit von Unterschriften (Legalisierung), dann der Übereinstimmung von Abschriften mit den Urschriften der Urkunden (Vidimierung). zur Verwahrung von Urkunden und Geldern, sowie zur Mitwirkung bei einigen anderen außerstreitigen Rechtsangelegenheiten sind die Notare berufen.

Die staatliche Anklagebehörde in Strafsachen ist die Staatsanwaltschaft; auch diese gliedert sich in drei Instanzen. Bei den Einzelgerichten 1. Instanz ist ein staatsanwaltschaftlicher Funktionär bestellt, bei den Gerichtshöfen 1. Instanz ein Staatsanwalt; bei den Oberlandesgerichten (der 2. Instanz) ein Oberstaatsanwalt; beim Kassationshof (3. Instanz) der Generalprokurator.

In gewissen Fällen besteht für die rechtsuchenden Parteien die Pflicht, sich durch einen Rechtsanwalt (Advokat) vor Gericht vertreten zu lassen; als Rechtsanwalt der staatlichen Behörden treten die Finanzprokuraturen auf.

### § 12. Die Verwaltung des Forstwesens.

Die Verwaltung des Forstwesens wird in höchster 3. Instanz durch das Ackerbauministerium geführt, und zwar gehört zum Wirkungskreis desselben: a) Die oberste Verwaltung der im Eigentum des Staates als Privatbesitzer (k. k. Ärar) und verschiedener öffentlicher Fonde (insbesondere der Religionsfonde) befindlichen Forste, b) die oberste Leitung aller Angelegenheiten des Forst- und Jagdwesens, insbesondere die Forstpolizei über sämtliche Forste der österreichischen Reichshälfte, c) die Leitung des forstwirtschaftlichen Unterrichtes. Auch die oberste Leitung der von Forsttechnikern auszuführenden Arbeiten zur unschädlichen Ableitung von Gebirgswässern, der sogenannten Wildbachverbauung, untersteht dem Ackerbauministerium.

Die Behandlung der hier bezeichneten Verwaltungsangelegenheiten erfolgt im Ackerbauministerium in verschiedenen Abteilungen (Departements), und zwar besteht für die technisch-wirtschaftlichen Angelegenheiten, für die juridischen und administrativen Angelegenheiten, für die juridischen und administrativen Angelegenheiten der Staatsforstverwaltung, dann für die Forstpolizei und Wildbachverbauung je ein eigenes Departement; die Handhabung der Forst- und Jagdgesetze, dann die Angelegenheiten des forstlichen Unterrichtes werden zusammen mit anderen Angelegenheiten in je einem besonderen Departement behandelt.

In 2. und in 1. Instanz werden die im Ministerium vereinigten Hauptzweige des Forstwesens von verschiedenen Organen verwaltet; die Verwaltung der Staats- und Fondsforste obliegt den Forst- und Domänendirektionen, sowie den diesen unterstellten Forst- und Domänenverwaltungen; die Handhabung der Forstaufsicht und Forstpolizei dagegen den politischen Landes- und Bezirksbehörden.

I. Zur Verwaltung der im Eigentum des Staates, der Religions- und Stiftungsfonde stehenden Forste sind als Behörden 2. Instanz die Forst- und Domänendirektionen in Unterordnung unter das Ackerbauministerium bestellt. Solche Direktionen bestehen in Wien für Niederösterreich, Obersteiermark, Böhmen und für die in Oberösterreich gelegenen Wirtschaftsbezirke Reichraming und Weyer, in Gmunden für das oberösterreichische und steirische Salzkammergut und den in Salzburg gelegenen Wirtschaftsbezirk Zinkenbach, in Salzburg für das Kronland Salzburg, in Innsbruck für Tirol und Vorarlberg, in Görz für Görz und Gradiska, Istrien, Kärnten, Krain und Dalmatien, in Lemberg je eine Direktion für die westgalizischen und ostgalizischen Forste, in Czernowitz die Direktion der Güter des Bukowinaer griechisch-orientalischen Religionsfondes.

An der Spitze jeder Direktion steht ein Hofrat oder Oberforstrat; die forstwirtschaftlichen Angelegenheiten behandeln die forstlichen Inspektionsbeamten, Oberforsträte, Forsträte oder (inspizierenden) Forstmeister, die juridischen-administrativen Angelegenheiten Administrationsräte oder Administrationssekretäre; für die Angelegenheiten der Betriebseinrichtung besteht eine eigene Abteilung, an deren Spitze ein Forstrat steht; die Bausachen sind ebenfalls einer eigenen Bauabteilung zugewiesen; für die Verrechnung, Kontrolle und Zensur besteht ein besonderes Rechnungsdepartement, dem ein Oberrechnungsrat oder Rechnungsrat vorsteht, für die Besorgung der Kanzleigeschäfte sind eigene Kanzleibeamte aufgestellt.

Den Forst- und Domänendirektionen obliegt die Verwaltung der in ihrem Bereiche gelegenen Staats- und Fondsgüter, somit die Leitung und Überwachung des technischen Betriebes und des gesamten administrativen Dienstes der zu diesem Zwecke bestellten, ihr untergeordneten Organe.

Den Forst- und Domänendirektionen sind als unterste Verwaltungsstelle (1. Instanz) die Forst- und Domänenverwaltungen untergeordnet, welche von Forst- und Domänenverwaltern oder wirtschaftführenden Forstmeistern geleitet werden. Diese haben mit Unterstützung des ihnen zugewiesenen Hilfs- und Schutzpersonales das ihnen anvertraute Staats- und Fondsvermögen unter der allgemeinen Leitung und Oberaufsicht der Direktion selbständig zu verwalten und sind für die ordentliche Besorgung der Verwaltungsgeschäfte persönlich verantwortlich.

Das Hilfs- und Schutzpersonale (Förster und Waldaufseher) handhabt unter der Leitung des ihm unmittelbar vorgesetzten Forstverwalters den Forst- und Jagdschutz nach Maßgabe der bestehenden Gesetze und Verordnungen; das Schutzpersonale ist für die Beschützung seines Aufsichtsbezirkes in erster Linie verantwortlich, hat bei allen im Bezirke vorkommenden Betriebsoperationen den Vorgesetzten kräftigst zu unterstützen und die Befehle und Anordnungen desselben unweigerlich zu vollziehen.

II. Die Forstaufsicht und Forstpolizei wird in 2. Instanz von den politischen Landesbehörden ausgeübt; bei jeder Statthalterei oder Landesregierung befinden sich zu diesem Zwecke forsttechnische Beamte unter der Leitung eines Oberforstrates oder Forstrates als Landesforstinspektor.

In 1. Instanz steht die Forstaufsicht und Forstpolizei den Bezirkshauptmannschaften zu, welchen zu diesem Zwecke Bezirks-Forsttechniker als Forstinspektions-Kommissäre, sowie Forstwarte als forsttechnisches Hilfspersonale beigestellt sind.

Die Forsttechniker der politischen Verwaltung haben die Aufgabe:
1. Die politischen Behörden in der Ausübung der staatlichen Forstaufsicht und in der Handhabung der das Forstwesen betreffenden Gesetze und Verordnungen überhaupt zu unterstützen, und zwar insbesondere durch fachlichen Beirat, durch unausgesetzte Beobachtung der forstlichen Zustände und durch Anzeige der hiebei wahrgenommenen Gesetzwidrigkeiten;
2. die Forstkultur durch Belehrung der einer Unterweisung oder Anleitung bedürftigen Waldbesitzer und durch Anregung jener Maßnahmen und Vorkehrungen, welche nach den obwaltenden Verhältnissen zur Hebung der forstlichen Zustände beitragen könnten, zu fördern;
3. in gewissen Fällen die Bewirtschaftung von Gemeinde-, Gemeinschafts- und anderen Wäldern selbst zu führen oder zu leiten;
4. jene sonstigen Obliegenheiten zu erfüllen, welche diesem Personal durch besondere Gesetze oder Verordnungen (betreffend Jagd, Fischerei u. s. w.) ausdrücklich zugewiesen werden;

5. über Auftrag der politischen Behörde kommissionelle Lokalerhebungen in Angelegenheiten, welche Dienstesaufgaben des forsttechnischen Personales der politischen Verwaltung betreffen, selbständig zu leiten;

6. den Dienst bei der k. k. forsttechnischen Abteilung für Wildbachverbauung nach Maßgabe der hierüber bestehenden besonderen Vorschriften zu versehen, insoferne die Zuweisung zu diesem Dienste durch das Ackerbauministerium erfolgt.

Die forsttechnische Abteilung für Wildbachverbauung ist ein fachliches Organ des Ackerbauministeriums.

Die der forsttechnischen Abteilung für Wildbachverbauung obliegenden Aufgaben sind:

1. Über Auftrag des Ackerbauministeriums die Arbeiten und Maßnahmen zur unschädlichen Ableitung von Gebirgswässern zu projektieren und zu leiten.

2. über Auftrag des Ackerbauministeriums oder über Ersuchen einer politischen Landesbehörde die etwa von anderer Seite verfaßten Projekte für Wildbachverbauungen zu prüfen.

Gegenwärtig bestehen Sektionen der forsttechnischen Abteilung für Wildbachverbauung in Linz für Salzburg, Ober- und Niederösterreich und Steiermark; in Villach für Kärnten, Krain und Küstenland; in Innsbruck für Tirol und Vorarlberg; in Zara für Dalmatien; in königlichen Weinberge für Böhmen, Mähren und Schlesien; in Sambor für Galizien und die Bukowina.

An forstlichen Unterrichts-Anstalten bestehen in Österreich:

1. Die Hochschule für Bodenkultur in Wien, an deren forstlicher Abteilung die höchste forstwissenschaftliche Ausbildung erlangt wird; die Studiendauer beträgt drei Jahre. Diese Hochschule untersteht dem Unterrichtsministerium, welches sich in wichtigeren dieselbe betreffenden Fragen mit dem Ackerbauministerium verständigt.

2. Die höhere Forstlehranstalt in Mähr.-Weißkirchen hat den Zweck, tüchtige Forstmänner heranzubilden, um sie zur späteren Ablegung der Prüfung für selbständige Forstwirte zu befähigen; die Studiendauer beträgt drei Jahre. Die gleichen Lehrziele verfolgen:

3. Die höhere Forstlehranstalt in Weißwasser.

4. Die höhere Forstlehranstalt in Bruck an der Mur.

5. Die Landeslehranstalt für Forstwirtschaft in Lemberg.

6. Die niederösterreichische Waldbauschule zu Aggsbach bei Melk dagegen bezweckt bei einjähriger Studiendauer nur die Heranbildung von Forstschutz- und technischem Hilfspersonale.

7. bis 11. Die k. k. Försterschulen in Gußwerk, Hall in Tirol, Idria und Bolechów, sowie der Waldaufseherkurs in Franztal (Bukowina) sind in erster Linie zur Heranbildung von Forstschutz- und technischem Hilfspersonale im Staatsforstdienste bestimmt; die Studiendauer beträgt ein Jahr.

12. Die Waldbauschule in Mähr.-Weißkirchen ist bestimmt zur Heranbildung von forstlichem Schutz- und Hilfspersonale, das auch zur Bewirtschaftung kleinerer Forste, z. B. von Gemeindewäldern, verwendet werden kann; Studiendauer ein Jahr.

13. Die Waldbauschule in Budweis; Studiendauer ein Jahr; auch sonst wie die vorige.

14. Die Försterschule in Pisek verfolgt in zweijähriger Studienzeit die gleichen Lehrziele.

## 2. Die Selbstverwaltung (Autonomie).

### § 13. Die Selbstverwaltungskörper.

Außer der staatlichen Verwaltung bestehen noch verschiedene selbstständige Verwaltungskörper, welche zunächst ihre eigenen Angelegenheiten nach selbst geschaffenen Ordnungen (Statuten) und durch selbstgewählte Organe, ausnahmsweise aber auch staatliche Angelegenheiten besorgen; die Tätigkeit der Selbstverwaltungskörper untersteht jedoch der staatlichen Aufsicht.

Die wichtigsten Selbstverwaltungskörper sind 1. die Gemeinden im sogenannten eigenen Wirkungskreise (im übertragenen Wirkungskreise vollziehen sie Geschäfte der staatlichen Verwaltung), 2. in den Kronländern Steiermark, Böhmen, Galizien, die Bezirke als Zwischenglied zwischen Gemeinde und Land, 3. die Länder, 4. die Kirchen der verschiedenen Religionsgemeinschaften, 5. die Universitäten, 6. die Handels- und Gewerbe-, Advokaten-, Notariats- und Ärztekammern, 7. die Berufsgenossenschaften der Land- und Forstwirte, 8. die Vereine, Genossenschaften und Aktiengesellschaften.

Das Recht der Selbstverwaltung wird auch Autonomie genannt; man spricht z. B. von Gemeinde-, Landes-, Kirchen-Autonomie. Die Rechte und Pflichten der Mitglieder eines Selbstverwaltungskörpers werden durch eigene Ordnungen geregelt, z. B. Gemeinde-, Bezirks-, Landes-, Kammerordnungen.

Die Selbstverwaltung der Gemeinde und der Länder wird in den zwei folgenden Paragraphen dargestellt.

## § 14. Die Gemeinde.

Die Selbständigkeit der Gemeinde ist durch das Gesetz vom 5. März 1862, R. G. Bl. Nr. 18 gewährleistet.

Der Wirkungskreis der Gemeinde ist ein doppelter, nämlich *a)* ein selbständiger und *b)* ein übertragener.

Der selbständige, das ist derjenige Wirkungskreis, in welchem die Gemeinde mit Beobachtung der bestehenden Reichs- und Landesgesetze nach freier Selbstbestimmung anordnen und verfügen kann, umfaßt überhaupt alles, was das Interesse der Gemeinde zunächst berührt und innerhalb ihrer Grenzen durch ihre eigenen Kräfte besorgt und durchgeführt werden kann.

In diesem Sinne gehören hieher insbesondere:

1. Die freie Verwaltung ihres Vermögens und ihrer auf den Gemeindeverband sich beziehenden Angelegenheiten;

2. die Sorge für die Sicherheit der Person und des Eigentums;

3. die Sorge für die Erhaltung der Gemeindestraßen, Wege, Plätze, Brücken, sowie für die Sicherheit und Leichtigkeit des Verkehres auf Straßen und Gewässern und die Flurenpolizei;

4. die Lebensmittelpolizei und die Überwachung des Marktverkehres, insbesondere die Aufsicht über Maß und Gewicht;

5. die Gesundheitspolizei;

6. die Gesinde- und Arbeiterpolizei und die Handhabung der Dienstbotenordnung;

7. die Sittlichkeitspolizei;

8. das Armenwesen und die Sorge für die Gemeinde-Wohltätigkeitsanstalten;

9. die Bau- und die Feuerpolizei, die Handhabung der Bauordnung und Erteilung der polizeilichen Baubewilligung;

10. die durch das Gesetz zu regelnde Einflußnahme auf die von der Gemeinde erhaltenen Mittelschulen, dann auf die Volksschulen, die Sorge für die Errichtung, Erhaltung und Ausstattung der letzteren;

11. der Vergleichsversuch zwischen streitenden Parteien durch aus der Gemeinde gewählte Vertrauensmänner;

12. die Vornahme freiwilliger Feilbietungen beweglicher Sachen (siehe unten S. 236).

Aus höheren Staatsrücksichten können bestimmte Geschäfte der Ortspolizei in einzelnen Gemeinden besonderen landesfürstlichen Organen im Wege des Gesetzes zugewiesen werden.

Der übertragene Wirkungskreis der Gemeinde umfaßt alle jene Geschäfte, bei denen sie zur Mitwirkung für Zwecke der öffentlichen Verwaltung verpflichtet ist; im übertragenen Wirkungskreise ist die Gemeinde stellvertretend als Organ der Staatsgewalt tätig, z. B. bei der Ausfertigung von Heimatsscheinen, beim Meldungswesen, Schubwesen, Nachweisung der Stellungspflichtigen und Landsturmpflichtigen, Mitwirkung bei Steuereinhebung u. s. w.

Die Gemeinde wird in ihren Angelegenheiten durch einen Gemeindeausschuss und einen Gemeindevorstand vertreten. Diese Vertretung wird von den Gemeindemitgliedern und Gemeindeangehörigen in regelmäßigen Zeitabschnitten nach eigenen Wahlordnungen gewählt. Die Fähigkeit, in den Gemeindeausschuß gewählt werden zu können, nennt man Wählbarkeit oder passives Wahlrecht; das Recht hingegen, an der Wahl der Mitglieder des Gemeindeausschusses teilzunehmen, also seine Wahlstimme abzugeben, nennt man Wahlberechtigung oder aktives Wahlrecht. Unerläßliche Eigenschaften zur Wählbarkeit sind die Großjährigkeit und der Vollgenuß der bürgerlichen Rechte. Wer nicht (aktiv) wahlberechtigt ist, dem mangelt auch das Recht der (passiven) Wählbarkeit (Wahlfähigkeit).

Der Gemeindeausschuß ist in den Angelegenheiten der Gemeinde das beschließende und überwachende, der Gemeindevorstand hingegen das verwaltende und vollziehende Organ.

In allen Gemeindeangelegenheiten entscheidet die Mehrheit der in beschlußfähiger Anzahl anwesenden Vertreter.

Die Ausschußsitzungen sollen öffentlich sein, doch kann ausnahmsweise die Ausschließung der Öffentlichkeit über Antrag des Gemeindevorstehers oder einer gewissen Anzahl von Ausschußmitgliedern beschlossen werden. Für jene Sitzungen des Ausschusses, in welchen die Gemeinderechnungen oder der Gemeindevoranschlag (das Präliminare) vorgelegt werden, darf die Öffentlichkeit niemals ausgeschlossen werden.

Gemeinderechnungen und Gemeindevoranschläge müssen öffentlich zu jedermanns Einsicht aufgelegt werden.

Die Staatsverwaltung übt das Aufsichtsrecht über die Gemeinden dahin aus, daß dieselben ihren Wirkungskreis nicht überschreiten und nicht gegen die bestehenden Gesetze vorgehen.

Zur Bestreitung der Gemeindebedürfnisse dient in erster Linie das Gemeindeeigentum; dieses wird in Gemeindegut und Gemeindevermögen eingeteilt. Zum Gemeindegute gehören alle jene Sachen und Rechte, welche von Gemeindemitgliedern benutzt werden, z. B. Gemeindewald, Gemeindeweide, Gemeindebrunnen u. dgl.; manchmal sind Nutzungen z. B. an Wald oder Weide nicht allen Gemeindeangehörigen, sondern nur bestimmten kleineren Kreisen (Fraktionen) zugänglich; es liegt dann nicht ein Gemeinde-, sondern nur ein Gemeinschafts-(Fraktions-) Eigentum vor. Zum Gemeindevermögen gehören jene Teile des Gemeindeeigentums, deren Erträgnisse und Nutzungen unmittelbar der Gemeinde als juristische Person, also der Gemeindekassa zufließen, z. B. ein Gemeindehaus, eine Badeanstalt, welche durch Vermietung einen Ertrag abwerfen.

Für Gemeindeschulen und zur Verpflegung der Gemeindearmen bestehen oft eigene Stiftungen.

Über die Gemeindeumlagen siehe unten VII. Abschnitt, II. Kapitel.

Im Rahmen dieser durch das Reichsgesetz festgestellten Grundsätze bewegen sich die für die einzelnen Kronländer erlassenen Gemeindeordnungen, die in verschiedenen Einzelheiten voneinander abweichen.

Manche größere städtische Gemeinden haben für ihr Gebiet auch die gesamten Befugnisse einer politischen Behörde 1. Instanz, so die meisten Landeshauptstädte und (besonders in Böhmen, Mähren und Steiermark) mehrere Provinzstädte; sie haben ein eigenes Statut; die Geschäfte der politischen Behörde besorgt hier der Magistrat.

In Galizien und Bukowina gibt es auch Gutsgebiete als Selbstverwaltungskörper, welche aus dem Gemeindegebiete ausgeschieden und einen der Gemeinde ähnlichen Wirkungskreis besitzen; sie werden durch die Besitzer und den von denselben bestellten Geschäftsführer oder Vorsteher vertreten. In Mähren werden größeren land- und lehentäflichen Gütern einige Selbstverwaltungsrechte, z. B. Wegerhaltung, Flurenpolizei eingeräumt.

## § 15. Die Länder.

Es wurde bereits oben S. 195 angeführt, daß die Länder verschiedene Landesangelegenheiten im Wege der Landesgesetzgebung zu ordnen berechtigt sind. Die zur Gesetzgebung berufenen Landtage sind aber auch zur Verwaltungstätigkeit bestimmt.

Der Landtag hat die Sorge und Aufsicht über die Erhaltung und Verwaltung des gesamten Landesvermögens, sowie des Grundentlastungsfondes und der davon erhaltenen oder errichteten Fonde und Anstalten; er verwaltet das Kredit- und Schuldenwesen des Landes und hat für die Erfüllung der diesfalls dem Lande obliegenden Verpflichtungen zu sorgen. Weiter hat das Land die anderen öffentlichen Landesfonde zu verwalten, z. B. die Irrenhaus-, Krankenhaus-, Waisen-, Taubstummen-, Armen-, Siechenfonde, den Landeskulturfond, Meliorationsfond u. a. m. Zu diesem Zwecke ist ihm auch das Recht eingeräumt, zu den schon bestehenden direkten Reichssteuern einen entsprechenden Prozentsatz hinzuzufügen und denselben zu Gunsten des Landesfondes einzuheben. Außerdem ist dem Landtage überhaupt eine mitwirkende und überwachende Einflußnahme in Steuersachen, namentlich in Betreff der Umlegung, Einhebung und Abfuhr der landesfürstlichen direkten Steuern eingeräumt. Das Land stellt für jedes Wirtschaftsjahr seinen Haushalt auf; es wird ein Voranschlag der Einnahmen und Ausgaben gemacht und ein Rechnungsabschluß verfaßt.

Der Landtag bildet durch sein Organ, den Landesausschuß, die überwachende Behörde der Gemeinden und hat ein gewisses, durch die Gemeindegesetze beschränktes Aufsichtsrecht über die Gebarung und Verwaltung des Gemeindevermögens. Der Landesausschuß besteht aus einer durch die verschiedenen Landesordnungen für jedes Land besonders bestimmten Anzahl von Mitgliedern des Landtages, welche von demselben mit Stimmenmehrheit auf die Dauer von sechs Jahren gewählt werden, während welcher Zeit sie ohne Unterbrechung oder Vertagung den ihnen zugewiesenen Geschäften obliegen. Der Landesausschuß hat die Aufgabe, über die Ausführung der vom Landtage getroffenen Anordnungen zu wachen.

Der Landesausschuß führt alle Rechtsangelegenheiten, er besorgt die gewöhnlichen Verwaltungsgeschäfte des Landesvermögens, der Landesfonde und Anstalten; er leitet und überwacht die Dienstleistung der ihm untergebenen Beamten und Diener; er hat hierüber, sowie über die Ausführung der vollziehbaren Landtagsbeschlüsse dem Landtage Rechenschaft zu geben und Anträge in Landesangelegenheiten für den Landtag über dessen Auftrag oder aus eigenem Antriebe vorzuberaten.

## V. Kapitel.

# Die Grundrechte der Staatsbürger.

### § 16. Die staatsbürgerlichen Grundrechte im allgemeinen.

Das oben S. 191 angeführte St. Gr. G. vom 21. Dezember 1867, R. G. Bl. Nr. 142, über die allgemeinen Rechte der Staatsbürger hat folgendes bestimmt:

I. „Für alle Angehörigen der im Reichsrate vertretenen Königreiche und Länder besteht ein allgemeines österreichisches Staatsbürgerrecht. Das Gesetz bestimmt, unter welchen Bedingungen das österreichische Staatsbürgerrecht erworben, ausgeübt und verloren wird."

Die österreichische Staatsbürgerschaft wird auf zweierlei Weise erworben; entweder *a)* durch Abstammung von einem österreichischen Vater (bei unehelichen Kindern richtet sich die Staatsbürgerschaft nach der Mutter) oder *b)* durch Aufnahme in den österreichischen Staatsverband.

II. „Vor dem Gesetze sind alle Staatsbürger gleich."

Hiemit soll ausgedrückt sein, daß keine Nationalität, kein Stand oder keine Religionsgenossenschaft u. s. w. irgendwelchen Vorzug vor den anderen in der Behandlung vor dem Gesetze genießt, sondern daß vielmehr jeder, wer und was er immer sei, gleichen Anspruch auf den Schutz der Gesetze hat.

III. „Die öffentlichen Ämter sind für alle Staatsbürger gleich zugänglich. Für Ausländer wird der Eintritt in dieselben von der Erwerbung des österreichischen Staatsbürgerrechtes abhängig gemacht."

Wer die erforderliche Befähigung nachweist, dem sind ohne Unterschied auf Stand, Religion u. s. w. alle öffentlichen Ämter zugänglich.

IV. „Die Freizügigkeit der Person und des Vermögens innerhalb des österreichischen Staatsgebietes unterliegt keiner Beschränkung. Allen Staatsbürgern, welche in einer Gemeinde wohnen und daselbst von ihrem Realbesitz, Erwerb oder Einkommen eine Steuer entrichten, gebührt das aktive und passive Wahlrecht zur Gemeindevertretung unter denselben Bedingungen wie den Gemeindeangehörigen. Die Freiheit der Auswanderung ist von staatswegen nur durch die Wehrpflicht beschränkt."

Unter Freizügigkeit versteht man das Recht eines jeden Staatsbürgers, mit seiner Familie und mit seinem Vermögen innerhalb der Grenzen des Reiches an jedem Orte seinen Aufenthalt und Wohnsitz zu nehmen, sowie unter den gesetzlichen Bedingungen jeden Erwerbszweig auszuüben.

V. „Das Eigentum ist unverletzlich. Die Enteignung gegen den Willen des Eigentümers kann nur in den Fällen und in der Art eintreten, welche das Gesetz bestimmt."

Die Enteignung oder Expropriation kann nur bei unbeweglichen Gütern, und zwar nur dann eintreten, wenn die Ausführung von Bauten und Anlagen (Eisenbahnen, Straßen, Wasserleitungen u. s w.), welche dem allgemeinen Wohle dienen, die Abtretung eines im Privatbesitze stehenden Grundstückes erheischen. Eine solche zwangsweise Abtretung kann jedoch nur gegen eine entsprechende Entschädigung erfolgen. Über den Begriff der Enteignung nach dem bürgerlichen Rechte siehe unten II. Abschnitt, III. Kapitel, wo auch einzelne wichtige Fälle, in denen das Gesetz die Enteignung zuläßt, angeführt sind.

VI. „Jeder Staatsbürger kann an jedem Orte des Staatsgebietes seinen Aufenthalt und Wohnsitz nehmen, Liegenschaften jeder Art erwerben und über dieselben frei verfügen. Für die tote Hand sind Beschränkungen des Rechtes Liegenschaften zu erwerben und zu veräußern im Wege des Gesetzes aus Gründen des öffentlichen Wohles zulässig."

Unter dem Ausdrucke „tote Hand" versteht man die irdischen Güter der Kirche.

VII. „Jeder Untertänigkeits- und Hörigkeitsverband ist für immer aufgehoben. Jede auf dem Titel des geteilten Eigentums auf einer Liegenschaft haftende Schuldigkeit oder Leistung . . . . . . . ist ablösbar und darf in Zukunft keine Liegenschaft mit einer derartigen unablösbaren Leistung belastet werden." (Die Untertänigkeit und Hörigkeit besteht seit dem Jahre 1849 nicht mehr.)

VIII. „Die Freiheit der Person ist gewährleistet." (Vgl. § 17, S. 205.)

IX. „Das Hausrecht ist unverletzlich." (Vgl. § 18, S. 208.)

X. „Das Briefgeheimnis darf nicht verletzt, und die Beschlagnahme von Briefen außer dem Falle einer gesetzlichen Verhaftung oder Hausdurchsuchung nur in Kriegsfällen oder auf Grund richterlichen Befehles in Gemäßheit bestehender Gesetze vorgenommen werden."

XI. „Das Petitionsrecht steht jedermann zu. Petitionen unter einem Gesamtnamen dürfen nur von gesetzlich anerkannten Körperschaften oder Vereinen ausgehen."

Petitionsrecht ist das Recht jeder physischen oder moralischen (Gemeinde, Gesellschaft u. s. w. siehe S. 212) Person, der Regierung Vorschläge, Beschwerden und Bitten zur Anhörung und Erwägung vorzulegen.

XII. „Die österreichischen Staatsbürger haben das Recht, sich zu versammeln und Vereine zu bilden. Die Ausübung dieser Rechte wird durch besondere Gesetze geregelt."

Die österreichischen Staatsbürger sind berechtigt, welche Vereine immer und so auch politische Vereine, d. h. Vereine, deren Zweck die Besprechung öffentlicher Angelegenheiten ist, zu gründen und öffentliche Versammlungen zur Besprechung gemeinsamer und öffentlicher Angelegenheiten und Interessen abzuhalten. (Vereins- und Versammlungsfreiheit.) Jedoch ist die Ausübung dieses Rechtes an gewisse Bedingungen gebunden, welche die Aufrechterhaltung der Ruhe und Ordnung erfordern. Diese Bedingungen sind in den Gesetzen über das Vereins- und Versammlungsrecht vom 15. November 1867 R. G. Bl. Nr. 134 und 135 enthalten.

XIII. „Jedermann hat das Recht, durch Wort, Schrift, Druck oder durch bildliche Darstellung seine Meinung innerhalb der gesetzlichen Schranken frei zu äußern.

Die Presse darf weder unter Zensur gestellt, noch durch das Konzessionssystem beschränkt werden. Administrative Postverbote finden auf inländische Druckschriften keine Anwendung."

Unter Zensur versteht man die Überwachung der Presse von Seite der Behörden durch eine dem Drucke vorangehende Kenntnisnahme und Prüfung der zu druckenden Schriften, um deren Drucklegung und Vervielfältigung zu hindern, falls der Inhalt derselben anstößig erscheinen sollte. Das Konzessionssystem ist eine Art der Beschränkung der Preßfreiheit, wobei das Recht zur Herausgabe periodischer Zeitschriften an die von der Regierung oder Lokalobrigkeit erteilte Ermächtigung gebunden und mit vielen erschwerenden Bedingungen verknüpft ist. Alle diese Beschränkungen jedoch sind in Österreich aufgehoben.

XIV. „Die volle Glaubens- und Gewissensfreiheit ist jedermann gewährleistet."

Unter Glaubens- und Gewissensfreiheit versteht man das Recht eines jeden Staatsbürgers, sich ein Religionsbekenntnis frei zu wählen, ohne daß er wegen Übertrittes zu einer anderen Religionsgesellschaft, noch wegen seiner inneren Glaubensüberzeugung untersucht oder bestraft werden kann.

Nach vollendetem vierzehnten Lebensjahre hat jedermann, ohne Unterschied des Geschlechtes, die freie Wahl des Religionsbekenntnisses nach seiner eigenen Überzeugung und ist in dieser freien Wahl nötigenfalls von der Behörde zu schützen. Derselbe darf sich jedoch zur Zeit der Wahl nicht in einem Geistes- oder Gemütszustande befinden, welcher die eigene freie Überlegung ausschließt. Welchen Einfluß die Eltern oder Vormünder auf das Religionsbekenntnis der Kinder unter vierzehn Jahren zu nehmen berechtigt sind, wird durch besondere Gesetze bestimmt.

Ebensowenig wie das Religionsbekenntnis eines Staatsbürgers kann auch dessen Übertritt von einer Religionsgenossenschaft zur anderen auf seine bürgerlichen und politischen Rechte Einfluß nehmen.

Niemand kann zu einer kirchlichen Handlung oder zur Teilnahme an einer kirchlichen Feier gezwungen werden, insoferne er nicht der nach dem Gesetze hiezu berechtigten Gewalt eines anderen (Eltern, Vormünder u. s. w.) untersteht.

XV. „Jede gesetzlich anerkannte Kirchen- und Religionsgenossenschaft hat das Recht der gemeinsamen öffentlichen Religionsübung."

Die in Österreich gesetzlich anerkannten Religionsgesellschaften sind: die römisch-katholische, die griechisch-katholische und die armenisch-katholische Kirche, die alt-katholische Kirche, die evangelische beider Konfessionen, nämlich der Augsburger und der helvetischen, die unitarische Kirche, die griechisch-nichtunierte Kirche, die Herrn-huter-Brüderkirche und die Religionsgesellschaft der Israeliten.

XVI. „Den Anhängern eines nicht gesetzlich anerkannten Religionsbekenntnisses ist die häusliche Religionsübung gestattet, insoferne dieselbe weder rechtswidrig noch sittenverletzend ist."

XVII. „Die Wissenschaft und ihre Lehre ist frei."

Unter der Freiheit der Wissenschaft und Lehre versteht man das jedem Staatsbürger zustehende Recht, ohne Beschränkung der Wissenschaft obliegen und seine Erfahrung durch Wort und Schrift der Mitwelt bekannt geben zu können. Unterrichts- und Erziehungsanstalten zu gründen und an solchen Unterricht zu erteilen, ist jeder Staatsbürger berechtigt, der seine Befähigung hiezu in gesetzlicher Weise nachgewiesen hat. Der häusliche Unterricht unterliegt keiner solchen Beschränkung. Für den Religionsunterricht in den Schulen ist von der betreffenden Kirche oder Religionsgesellschaft Sorge zu tragen. Dem Staate steht rücksichtlich des gesamten Unterrichts- und Erziehungswesens das Recht der obersten Leitung und Aufsicht zu.

XVIII. „Es steht jedermann frei, seinen Beruf zu wählen und sich für denselben auszubilden, wie und wo er will."

XIX. „Alle Volksstämme im Staate sind gleichberechtigt, und jeder Volksstamm hat ein unverletzliches Recht auf Wahrung und Pflege seiner Nationalität und Sprache."

Die landesüblichen Sprachen, deren Gleichberechtigung in Schule, Amt und öffentlichem Leben vom Staate anerkannt wird, sind folgende: die deutsche, böhmische, polnische, ruthenische, rumänische, italienische, slovenische und kroatische Sprache. In denjenigen Ländern, in welchen mehrere Volksstämme wohnen, sollen die öffentlichen Unterrichtsanstalten derart eingerichtet sein, daß ohne Anwendung eines Zwanges zur Erlernung einer zweiten Landessprache jeder dieser Volksstämme die erforderlichen Mittel zur Ausbildung in seiner Sprache erhält.

XX. „Über die Zulässigkeit der zeitweiligen und örtlichen Suspension (= Aufhebung) der in den Artikeln VIII, IX, X, XII und XIII enthaltenen Rechte durch die verantwortliche Regierungsgewalt wird ein besonderes Gesetz bestimmen."

Dieses Gesetz ist am 5. Mai 1869, R. G. Bl. Nr. 66, kundgemacht worden und gestattet im Kriegsfalle oder bei drohenden inneren Unruhen die Aufhebung verschiedener Grundrechte.]

## § 17. Die persönliche Freiheit und die Zulässigkeit von Verhaftungen.

Durch den Artikel VIII des im vorigen Paragraphen wiedergegebenen St. Gr. G. vom 21. Dezember 1867, R. G. Bl. Nr. 142, wurde die persönliche Freiheit in feierlicher Weise als ein unantastbares Gut des Staatsbürgers gewährleistet.

Schon vor der Kundmachung der Staatsgrundgesetze war ein Gesetz erflossen, durch welches die Freiheit der Person geschützt und deren Beschränkung oder Aufhebung durch die Verhaftung an scharf bestimmte Voraussetzungen geknüpft worden war.

Dieses zum Schutze der persönlichen Freiheit erlassene Gesetz vom 27. Oktober 1862, R. G. Bl. Nr. 87, bestimmt Folgendes:

§ 1. Niemand darf seinem gesetzlichen Richter entzogen werden.

§ 2. Die Verhaftung einer Person darf nur kraft eines richterlichen, mit Gründen versehenen Befehles erfolgen. Dieser Befehl muß sogleich bei der Verhaftung oder doch innerhalb der nächsten 24 Stunden zugestellt werden.

§ 3. Wegen eines durch die strafbare Handlung verursachten großen öffentlichen Ärgernisses kann weder die Verwahrung- noch die Untersuchungshaft verhängt werden.

§ 4. Die zur Anhaltung berechtigten Organe der öffentlichen Gewalt dürfen zwar in den vom Gesetze bestimmten Fällen eine Person in Verwahrung nehmen, sie müssen aber jeden, den sie in Verwahrung genommen haben, innerhalb der nächsten 48 Stunden entweder freilassen oder an die zuständige Behörde abliefern. Unter der zuständigen Behörde ist diejenige zu verstehen, welcher das weitere Verfahren bezüglich der in Verwahrung genommenen Person nach Maßgabe des Falles gesetzlich zukommt.

§ 5. Niemand kann zum Aufenthalte in einem bestimmten Orte oder Gebiete ohne rechtlich begründete Verpflichtung verhalten (interniert, konfiniert) werden. Ebenso darf niemand außer den durch ein Gesetz bezeichneten Fällen aus einem bestimmten Orte oder Gebiete ausgewiesen werden.

§ 6. Jede in Ausübung des Amtes oder Dienstes gegen die vorstehenden Bedingungen vorgenommene Beschränkung der persönlichen Freiheit ist im Falle des bösen Vorsatzes als Verbrechen des Mißbrauches der Amtsgewalt (§ 101 des Str. G.) zu behandeln, außer diesem Falle aber als Übertretung mit Arrest bis zu drei Monaten, und bei wiederholter Verurteilung mit eben so langem strengen Arreste zu bestrafen.

§ 7. Die wegen des Verdachtes der Flucht (Str. P. O. § 151, lit. a, § 156, lit. c, § 424) verhängte Verwahrungs- oder Untersuchungshaft muß gegen Kaution oder Bürgschaft für eine vom Gerichte mit Rücksicht auf die Folgen der strafbaren Handlung, die Verhältnisse der Person des Verhafteten und das Vermögen des Sicherheit Leistenden zu bestimmende Summe auf Verlangen unterbleiben oder aufgehoben werden. Jedoch hat der Beschuldigte mittels Handgelöbnisses zu versprechen, daß er sich bis zur rechtskräftigen Entscheidung nicht entfernen, noch auch die Untersuchung zu vereiteln suchen werde.

Der Zweck des Gesetzes zum Schutze der persönlichen Freiheit ist also, die Staatsbürger gegen Übergriffe der Organe der öffentlichen Gewalt zu schützen. Die Verhaftung einer Person kann nur unter der Bedingung geschehen, daß ihr entweder sogleich bei der Verhaftung oder doch innerhalb der nächsten vierundzwanzig Stunden ein mit Gründen versehener, richterlicher Befehl zugestellt werde, kraft dessen die Verhaftung erfolgt. Der diesen Befehl hinausgebende Beamte ist für alle seine Amtshandlungen verantwortlich, und das Gesetz bestimmt außerdem, daß jede gesetzwidrig verfügte oder verlängerte Verhaftung den Staat zum Schadenersatze an den Verletzten verpflichtet. In der Str. Pr. O. ist sodann genau bestimmt, welchen Gerichtsbehörden in den einzelnen Fällen die gerichtliche Behandlung in Verwahrung genommener Personen zusteht; um aller Willkürlichkeit im Strafverfahren zuvorzukommen, bestimmt das Gesetz zum Schutze der persönlichen Freiheit ausdrücklich, daß immer gemäß den Bestimmungen des Strafprozesses vorzugehen sei und niemand seinem gesetzlichen Richter entzogen werden kann.

Zu den eben genannten Organen der öffentlichen Gewalt, welche ausnahmsweise auch ohne richterlichen Befehl zur Verhaftung von Personen schreiten können, gehören auch die zum Schutze einzelner Zweige der Landeskultur aufgestellten Wachmänner, also auch die Forstschutzorgane.

Das Gesetz vom 16. Juni 1872, R. G. Bl. Nr. 84, bestimmt über ihre amtliche Stellung Folgendes:

§ 1. Wird zum Schutze einzelner Zweige der Landeskultur, wie der Land- und Forstwirtschaft, des Bergbaues, der Jagd, der Fischerei oder anderer Wasserberechtigungen auf Grund von Landesgesetzen ein besonderes Wachpersonale aufgestellt, so haben in Ansehung der amtlichen Stellung der zu demselben gehörigen Wachmänner (Aufseher, Hüter u. s. w.), wenn diese durch die politische Bezirksbehörde in ihrem Amte bestätigt und in Eid genommen sind, ohne Unterschied, ob sie in öffentlichen oder in Privatdiensten stehen, die nachfolgenden Bestimmungen insoweit in Anwendung zu kommen, als die den Wirkungskreis der Wachmänner regelnden Anordnungen nicht einschränkende Verfügungen enthalten.

§ 2. Die Wachmänner sind, wenn sie in Ausübung ihres Dienstes handeln und hiebei das ihnen vorgeschriebene Dienstkleid oder Dienstzeichen tragen, als öffentliche Wachen anzusehen und genießen die in den Gesetzen gegründeten Rechte, welche den obrigkeitlichen Personen und Zivilwachen zukommen. Die gesetzlichen Bestimmungen über das von beeideten Staatsdienern in Bezug auf deren dienstliche Wahrnehmungen in Strafsachen abgelegte Zeugnis finden auch auf die gleichartigen Zeugenaussagen der Wachmänner Anwendung.

§ 3. Der Wachmann darf Verhaftungen nur zum Zwecke der Ablieferung an die zum weiteren Verfahren zuständige Behörde, und nur unter folgenden Voraussetzungen vornehmen:

1. Wenn der bei Verübung einer strafbaren Handlung an den Gegenständen seiner Beaufsichtigung Betretene a) dem Wachmanne unbekannt ist oder innerhalb der Gemeinde oder der Gemeinden, in welchen sein Aufsichtsgebiet liegt, keinen Wohnsitz hat, oder b) sich seiner dienstlichen Aufforderung widersetzt, ihn beschimpft, oder sich an ihm vergreift, oder c) einen bedeutenden Schaden verursacht oder mit besonderer Bosheit gehandelt hat.

2. Wenn ein Unbekannter auf fremdem Grund und Boden in der Nähe von Gegenständen der Beaufsichtigung des Wachmannes unter Umständen getroffen wird, welche den dringenden Verdacht erregen, daß er eine strafbare Handlung an den erwähnten Gegenständen verübt oder zu verüben versucht habe.

§ 4. Wenn eine Person, welche nach § 3 in Verwahrung genommen werden darf, sich derselben durch die Flucht entzieht, so ist der Wachmann berechtigt, diese Person auch über sein Aufsichtsgebiet hinaus zu verfolgen und außerhalb desselben festzunehmen.

§ 5. Den auf frischer Tat betretenen Personen können die von der strafbaren Handlung herrührenden, sowie die zur Verübung derselben bestimmten Sachen abgenommen werden.

§ 6. Auch außer dem Falle der Betretung auf frischer Tat ist der Wachmann berechtigt, solchen Personen, welche dringend verdächtig erscheinen, eine strafbare Handlung an den Gegenständen seiner Beaufsichtigung verübt zu haben oder vorzubereiten, diejenigen Sachen abzunehmen, welche allem Anscheine nach von Verübung einer solchen strafbaren Handlung herrühren oder hiezu bestimmt sind, falls die Mitnahme dieser Gegenstände nicht gerechtfertigt wird.

§ 7. Die durch einen Wachmann in Verwahrung genommenen Personen, sowie die abgenommenen Sachen sind sofort der zur Übernahme derselben berufenen Behörde zu übergeben, insoweit nicht durch besondere Gesetze etwas anderes angeordnet ist (vgl. auch unten die Ausführungen bei § 53 des F. G.).

Das Gesetz gestattet also die Verhaftung 1. beim Betreten auf frischer Tat, 2. bei dringendem Verdachte.

1. Beim Betreten auf frischer Tat wird vorausgesetzt, daß die strafbare Handlung an einem Gegenstande verübt wurde, dessen Beaufsichtigung dem Schutzorgane obliegt. Weiters muß der Betretene:

a) Entweder dem Wachmanne unbekannt sein oder keinen festen Wohnsitz haben. Wenn daher der Wachmann unter den vom Gesetze angeführten Umständen einen Menschen trifft, den er genau kennt, der aber keinen bestimmten Aufenthaltsort hat (Landstreicher), so ist er unbedingt zur Verhaftung berechtigt. — Beim Feld- und Fischereischutze genügt es, wenn der Betreffende keinen Wohnsitz im Schutzgebiete hat; doch hüte sich der Wachmann, notorisch anständige Personen, die er kennt, wegen eines kleineren Frevels zu verhaften, auch wenn sie außerhalb seines Bezirkes wohnen.

b) Widersetzt sich der Übeltäter der dienstlichen Aufforderung, z. B. der Ausweisung aus dem Walde oder dem Verlangen, die von der strafbaren Handlung herrührenden Gegenstände, beziehungsweise die zu ihrer Verübung dienenden Werkzeuge abzugeben, ferner bei Beschimpfung oder gar, wenn der Betretene sich an dem Wachmanne vergreift, Hand an ihn legt, kann zur Verhaftung geschritten werden.

c) Wenn der Betretene einen bedeutenden Schaden verursacht hat, kann er in Verwahrung genommen werden, ebenso, wenn er mit besonderer Bosheit gehandelt hat.

2. Die Verhaftung wegen dringenden Verdachtes kann nur einem Unbekannten gegenüber eintreten. Dieser Unbekannte muß ferner unter Umständen betreten werden, welche den Verdacht einer verübten oder beabsichtigten strafbaren Handlung rechtfertigen. Diese Voraussetzung ist insbesondere dann gegeben, wenn der Betreffende mit Werkzeugen gesehen wird, die z. B. zum Holzfällen gebraucht werden, deren Besitz er nicht rechtfertigen kann. Wenn ein verdächtig aussehender Mensch im Schutzgebiete des Wachmannes außerhalb des Weges herumstreicht oder um die Häuser einer Ortschaft schleicht, ohne einen stichhältigen Grund dafür angeben zu können, so kann der Betreffende verhaftet werden. Dies wird namentlich dann einzutreten haben, wenn sich in der Gegend öfter Feld-, Holz-, Fisch- oder Wilddiebstähle ereignen und die Täter unbekannt bleiben. Wenn eine Person, deren Verhaftung nach den oben angeführten gesetzlichen Vorschriften zulässig wäre, die Flucht ergreift und aus dem Schutzgebiete,

für das der Wachmann bestellt ist, entkommt, so hat derselbe das Recht, diese auf frischer Tat betretene oder verdächtige Person auch außerhalb seines Aufsichtsgebietes zu verfolgen und festzunehmen. Hat der Schutzmann bei dieser Verfolgung irgendwo den Eisenbahnkörper zu überschreiten, so darf er dies, ohne besondere Bewilligung nur an den allgemeinen Übergangspunkten tun. Wenn aber der Dienstherr des Wachmannes bei der Direktion der betreffenden Eisenbahn schriftlich darum bittet und es aus Verkehrsrücksichten zulässig ist, so bewilligt das k. k. Eisenbahnministerium unter gewissen Vorsichten die Überschreitung des Bahnkörpers auch an anderen Punkten als den allgemeinen Übergangsstellen, nie aber die Benutzung desselben als Gehweg.

Das Schutzorgan ist, wie schon oben ausgeführt, berechtigt, die von der strafbaren Handlung herrührenden oder zu ihrer Verübung dienenden Gegenstände dem Täter oder Verdächtigen abzunehmen, ob er diesen verhaftet oder nicht. Er muß die in Verwahrung genommenen Personen, sowie die Sachen, die er ihnen abgenommen hat, sofort der zum weiteren Verfahren zuständigen Behörde übergeben, bei verhafteten Personen darf die im Gesetze bestimmte Frist von 48 Stunden (von der Verhaftung bis zur Einlieferung gerechnet) keinesfalls überschritten werden. Sollte die Einlieferung an die zum weiterem Verfahren zuständige Behörde während der gesetzlichen Frist ganz unmöglich sein, so darf das Schutzorgan die verhaftete Person doch keinesfalls in eigener Verwahrung behalten, sondern hat sie dem nächsten Gemeindevorsteher zum Zwecke der einstweiligen Anhaltung im Gemeindeamte zu übergeben.

Jede unberechtigt vorgenommene Verhaftung wird im Falle, als böser Vorsatz vorhanden ist, als Verbrechen des Mißbrauches der Amtsgewalt, sonst als Übertretung bestraft. Diese Strafbestimmungen gelten auch dann, wenn zwar die Verhaftung an sich berechtigt war, aber die Einlieferung nicht während der gesetzlichen Frist erfolgte.

## § 18. Die Unverletzlichkeit des Hausrechtes und die Zulässigkeit von Hausdurchsuchungen.

Durch den Artikel IX des im § 16 wiedergegebenen St. Gr. G. vom 21. Dezember 1867, R. G. Bl. Nr. 142, wurde auch die Unverletzlichkeit des Hausrechtes als ein unantastbares Gut der Staatsbürger erklärt. Weder ein Privatmann, noch ein Organ der öffentlichen Gewalt hat hienach das Recht, vorsätzlich und widerrechtlich in die Wohnung, Geschäftsräume, Ställe eines anderen gegen dessen Willen einzutreten, oder nach der Betretung gegen dessen Willen dort zu verbleiben. Jede Verletzung des Hausfriedens wird nach § 83 des Str. G. bestraft (siehe unten IV. Abschn.). Über die ausnahmsweise Berechtigung öffentlicher Wachorgane zum Betreten fremder Wohnungen und Hausdurchsuchungen enthält das zum Schutze des Hausrechtes erlassene „Gesetz vom 27. Oktober 1862, R. G. Bl. Nr. 88, über die Zulässigkeit der Vornahme von Hausdurchsuchungen" eigene Bestimmungen.

Dieses Gesetz bestimmt Folgendes:

§ 1. Eine Hausdurchsuchung, das ist die Durchsuchung der Wohnung oder sonstiger zum Hauswesen gehöriger Räumlichkeiten darf in der Regel nur kraft eines mit Gründen versehenen richterlichen Befehles unternommen werden. Dieser Befehl ist den Beteiligten sogleich oder doch innerhalb der nächsten 24 Stunden zuzustellen.

§ 2. Zum Zwecke der Strafgerichtspflege kann bei Gefahr im Verzuge auch ohne richterlichen Befehl eine Hausdurchsuchung von Gerichtsbeamten, Beamten der Sicherheitsbehörden oder Gemeindevorstehern angeordnet werden. Der zur Vornahme Abgeordnete ist mit einer schriftlichen Ermächtigung zu versehen, welche er dem Beteiligten vorzuweisen hat. Zu demselben Zwecke kann eine Hausdurchsuchung auch durch die Sicherheitsorgane aus eigener Macht vorgenommen werden, wenn gegen jemanden ein Vorführungs- oder Verhaftbefehl erlassen, oder wenn jemand auf der Tat betreten, durch öffentliche Nacheile oder öffentlichen Ruf einer strafbaren Handlung verdächtig bezeichnet oder im Besitze von Gegenständen betreten wird, welche auf die Beteiligung an einer solchen hinweisen. In beiden Fällen ist dem Beteiligten auf sein Verlangen sogleich oder doch binnen der nächsten 24 Stunden die Bescheinigung über die Vornahme der Hausdurchsuchung und deren Gründe zuzustellen.

§ 3. Zum Behufe der polizeilichen und finanziellen Aufsicht dürfen von den Organen derselben Hausdurchsuchungen nur in den durch das Gesetz bestimmten Fällen vorgenommen werden. Jedoch gelten auch hier die Vorschriften des vorhergehenden Paragraphen bezüglich der Ermächtigung zur Hausdurchsuchung und der Bescheinigung über deren Vornahme.

§ 4. Jede in Ausübung des Amtes oder Dienstes gegen die vorstehenden Bestimmungen vorgenommene Hausdurchsuchung ist im Falle des bösen Vorsatzes als das Verbrechen des Mißbrauches der Amtsgewalt (§ 101 des Str. G.), außer diesem Falle aber als Übertretung gegen die Pflichten eines öffentlichen Amtes nach Vorschrift der §§ 381 und 382 des Str. G. zu bestrafen.

§ 5. Die Hausdurchsuchungen zum Behufe der polizeilichen Aufsicht sind, sowie jene zum Zwecke der Strafgerichtspflege nach den Vorschriften der Strafprozeßordnung vorzunehmen. Die Vornahme der Hausdurchsuchungen zum Behufe der finanziellen Aufsicht hat nach den Bestimmungen des Gefällsstrafgesetzes zu geschehen.

§ 6. Bei jeder Hausdurchsuchung, bei welcher nichts Verdächtiges ermittelt wurde, ist dem Beteiligten auf sein Verlangen eine Bestätigung hierüber zu erteilen.

Das Gesetz zum Schutze des Hausrechtes hat also den Zweck, die Staatsbürger gegen willkürliche Hausdurchsuchungen und willkürliches Eindringen in die Häuser von Seite der Organe der öffentlichen Gewalt zu schützen.

Über die Zulässigkeit der Vornahme von Hausdurchsuchungen durch das Forst- und Jagdschutzpersonale enthält die M. Vdg. vom 28. April 1874, Z. 9173 (Vdg. Bl. des Fin. M. Nr. 23), besondere Bestimmungen.

Der Inhalt dieser M. Vdg. ist folgender:

Das von den politischen Behörden beeidete Forst- und Jagdschutzpersonale ist als Wache und somit im Sinne des § 4 des Gesetzes zum Schutze der persönlichen Freiheit als ein zur Anhaltung berechtigtes Organ der öffentlichen Gewalt, respektive nach § 2 des Gesetzes zum Schutze des Hausrechtes als Sicherheitsorgan anzusehen und zu den, nach den erwähnten Paragraphen diesen Organen zukommenden Amtshandlungen berechtigt. Das Forst- und Jagdschutzpersonale wird daher in allen jenen Fällen, in welchen die Organe der öffentlichen Gewalt nach den obbezogenen Gesetzen und Verordnungen überhaupt zur Anhaltung einer Person berechtigt sind, dieselbe auch fortan vornehmen können, wobei sich dieses Personal jedoch die Bestimmung des obenerwähnten § 4 gegenwärtig zu halten hat, welchem zufolge dasselbe jeden, den es in Verwahrung genommen hat, innerhalb der nächsten 48 Stunden entweder freilassen, oder an die zuständige Behörde abliefern muß. Dem § 2 des Gesetzes zum Schutze des Hausrechtes zufolge kann zum Zwecke der Strafgerichtspflege bei Gefahr im Verzuge auch ohne richterlichen Befehl eine Hausdurchsuchung durch die Sicherheitsorgane, daher nach dem Vorerwähnten auch durch das Forst- und Jagdschutzpersonale aus eigener Macht vorgenommen werden, wenn gegen jemanden ein Vorführungs- oder Verhaftbefehl erlassen, oder wenn jemand auf der Tat betreten, durch öffentliche Nachteile oder öffentlichen Ruf einer strafbaren Handlung verdächtig bezeichnet, oder im Besitze von Gegenständen betreten wird, welche auf die Beteiligung an einer solchen hinweisen. Dem Beteiligten ist auf Verlangen sogleich oder binnen der nächsten 24 Stunden die Bescheinigung über die Vornahme der Hausdurchsuchung und deren Gründe zuzustellen.

In Ausübung der polizeilichen Aufsicht hingegen darf das Forst- und Jagdschutzpersonale Hausdurchsuchungen nicht vornehmen, in welcher Beziehung jedoch gleichfalls durch das Gesetz zum Schutze des Hausrechtes an der bisherigen Stellung des Schutzpersonales nichts geändert ist.

Von dieser Vorschrift ist das Ärarialforst- und Jagdschutzpersonal in angemessener Weise in Kenntnis zu setzen.

Die bloß zum Fischereischutz bestellten Organe oder die allgemein zum Schutze der Landeskultur beeideten Personen dürfen Hausdurchsuchungen überhaupt nicht vornehmen; das beeidete Forst- und Jagdschutzpersonale hat bei Vornahme der Hausdurchsuchung genau die gesetzlichen Vorschriften, insbesondere auch die im Folgenden im Kleindruck angeführten Bestimmungen zu beachten.

Die Vornahme von Hausdurchsuchungen darf nur zum Zwecke der Strafgerichtspflege, nie aber in Ausübung der polizeilichen Aufsicht geschehen; also nicht, wenn es sich bloß um einen von der politischen Behörde zu verfolgenden Forstfrevel handelt, wohl aber dann, wenn ein Verbrechen, ein Vergehen oder eine Übertretung vorliegt, welche von den Strafgerichten geahndet werden (siehe unten IV. Abschnitt). Ferner dürfen Hausdurchsuchungen in der Regel nur über richterlichen Befehl stattfinden, ohne richterlichen Befehl aber nur, wenn Gefahr im Verzuge ist, und auch dann nur unter ganz bestimmten Voraussetzungen, und zwar wenn gegen jemanden ein Vorführungs- oder Verhaftsbefehl erlassen oder, wenn jemand auf der Tat betreten, durch öffentliche Nacheile

(„Haltet den Dieb!") oder Steckbrief, oder öffentlichen Ruf einer strafbaren Handlung verdächtig bezeichnet, oder im Besitze von Gegenständen betreten wird, welche auf die Beteiligung an einer solchen hinweisen. Dem von der Hausdurchsuchung Betroffenen ist über sein Verlangen sofort, oder doch binnen der nächsten 24 Stunden eine Bescheinigung über die Vornahme der Hausdurchsuchung und deren Gründe zuzustellen. Hausdurchsuchungen sind stets mit Vermeidung alles unnötigen Aufsehens, jeder nicht unumgänglich nötigen Belästigung oder Störung der Beteiligten, mit möglichster Schonung ihres Rufes und ihrer mit dem Gegenstande der Untersuchung nicht zusammenhängenden Privatgeheimnisse, sowie mit sorgfältigster Wahrung der Schicklichkeit und des Anstandes vorzunehmen. Der Inhaber der Räumlichkeit, welche durchsucht werden soll, ist aufzufordern, der Durchsuchung beizuwohnen; ist er verhindert oder nicht anwesend, so muß die Aufforderung an ein erwachsenes Mitglied seiner Familie oder in dessen Ermangelung an einen Hausgenossen oder Nachbar ergehen. Außerdem sind bei der Durchsuchung stets zwei Zeugen beizuziehen. Das über die Durchsuchung aufzunehmende Protokoll ist von allen Anwesenden zu unterfertigen. Ist nichts Verdächtiges ermittelt worden, so ist dem Beteiligten auf sein Verlangen eine Bestätigung hierüber zu erteilen.

---

## II. Abschnitt.

# Das bürgerliche Recht.

### I. Kapitel.

## Das bürgerliche Recht im allgemeinen.

### § 19. Der Begriff des bürgerlichen Rechtes.

Der Inbegriff der Gesetze, durch welche die Privatrechte und Pflichten der Einwohner des Staates unter sich bestimmt werden, macht das bürgerliche Recht aus (§ 1).

Das für die österreichische Reichshälfte allgemeine bürgerliche Gesetzbuch wurde am 1. Juni 1811 veröffentlicht und ist seit 1. Januar 1812 in Geltung.

In einem eigenen Handelsgesetzbuche vom 17. Dezember 1863, R. G. Bl. Nr. 1, werden die Rechtsverhältnisse zwischen Kaufleuten und aus Handelsgeschäften (z. B. Kauf von Waren, Wertpapieren zur Weiterveräußerung, Versicherungsgeschäfte, gewerbsmäßige Fracht- und Kommissionsgeschäfte) geregelt. Die aus dem Abschlusse eines Wechselvertrages hervorgehenden Rechte und Verbindlichkeiten werden durch die Wechselordnung vom 25. Januar 1850, R. G. Bl. Nr. 51, bestimmt.

Die politischen sowie die Finanzgesetze haben nicht den Zweck, die Privatrechte und Pflichten der Einwohner des Staates unter sich zu bestimmen, sondern sie bestimmen Rechte und Pflichten des Staatsbürgers mit Rücksicht auf das Gesamtwohl des Staates, sie regeln also das öffentliche Recht. So ist z. B. der Eigentümer eines Waldes aus höheren Rücksichten auf das allgemeine Wohl (siehe I. Band, Seite 12 und III. Band, Seite 1) in dem freien Verfügungsrechte mit seinem Eigentum beschränkt; die bezüglichen Bestimmungen bilden nicht einen Bestandteil des Privatrechtes, sondern des öffentlichen Rechtes, sind daher nicht im a. b. G. B., sondern im F. G. enthalten.

Der Ausdruck Recht kann in zweifacher Bedeutung gebraucht werden entweder im subjektiven Sinne als Befugnis, Berechtigung, z. B. ich habe das Recht, über des Nachbars Grundstück zu gehen, oder im objektiven Sinne als Inbegriff von Gesetzen, durch welche die Rechte im subjektiven Sinne bestimmt werden, z. B. das bürgerliche Recht, das Handelsrecht.

### § 20. Die Wirksamkeit der Gesetze.

Sobald ein Gesetz gehörig kundgemacht worden ist, kann sich niemand damit entschuldigen, daß ihm dasselbe nicht bekannt geworden sei (§ 2). Von der Kundmachung der Gesetze war bereits oben Seite 192 die Rede. Die verbindende Kraft eines Reichsgesetzes beginnt mit dem 45. Tage, die eines Landesgesetzes mit dem 15. Tage nach Ablauf des Kundmachungstages, wenn in demselben nichts anderes bestimmt wird (§ 3). Die neuen Zivilprozeßgesetze vom 1. August 1895 (siehe unten III. Abschnitt) traten z. B. erst nach drei Jahren in Wirksamkeit. Gesetze wirken nicht zurück; sie haben daher auf vorhergegangene Handlungen und auf vorher erworbene Rechte keinen Einfluß (§ 5). Gesetze behalten so lange ihre Kraft, bis sie von dem Gesetzgeber abgeändert oder ausdrücklich aufgehoben werden (§ 9).

### § 21. Haupteinteilung des bürgerlichen Rechtes.

In dem a. b. G. B. werden die Personenrechte und die für beide Arten geltenden gemeinschaftlichen Bestimmungen geregelt (§ 14).

---

## II. Kapitel.

# Vcn dem Personenrechte.

### § 22. Begriff und Einteilung der Personenrechte.

Die Personenrechte beziehen sich teils auf persönliche Eigenschaften und Verhältnisse, teils gründen sie sich in dem Familienverhältnisse (§ 15).

Jeder Mensch hat angeborene, schon durch die Vernunft einleuchtende Rechte, und ist daher als eine Person zu betrachten. Sklaverei oder Leibeigenschaft und die Ausübung einer darauf sich beziehenden Macht wird in diesen Ländern nicht gestattet (§ 16). Jedermann ist unter den von den Gesetzen vorgeschriebenen Bedingungen fähig, Rechte zu erwerben (§ 18). Jedem, der sich in seinem Rechte beschränkt zu sein erachtet, steht es frei, seine Beschwerde vor der durch die Gesetze bestimmten Behörde anzubringen. Wer sich aber mit Hintansetzung derselben der eigenmächtigen Hilfe bedient, oder wer die Grenzen der Notwehr überschreitet, ist dafür verantwortlich (§ 19).

Der zweite Satz des § 19 enthält das Verbot der eigenmächtigen Selbsthilfe; wer dieses Verbot überschreitet, ist dafür verantwortlich. Nur ausnahmsweise kann sich die eigenmächtige Selbsthilfe als erlaubte Selbstverteidigung darstellen, wenn die richtige Hilfe zu spät käme (siehe unten Seite 215 bei § 889); über die gerechte Notwehr siehe IV. Abschnitt.

Die wichtigsten Personenrechte sind:

1. Die Rechte der Ehegatten (Eherecht), 2. die Rechte zwischen Eltern und Kindern (Familienrecht im engeren Sinne), 3. das Vormundschaftsrecht.

Unter besonderem Schutze des Gesetzes stehen Kinder, die das siebente, Unmündige, die das vierzehnte, Minderjährige, die das vierundzwanzigste Jahr ihres Lebens noch nicht zurückgelegt haben, dann solche Personen, welche des Gebrauches ihrer Vernunft entweder gänzlich beraubt oder wenigstens unvermögend sind, die Folgen ihrer Handlungen einzusehen (§ 21); diese erhalten einen Vormund oder Kurator. Die Rechte, welche vorzüglich dem Vater als Haupt der Familie zustehen, machen die väterliche Gewalt aus (§ 147); die unter dieser Gewalt stehenden Kinder können ohne seine ausdrückliche oder stillschweigende Einwilligung keine giltige Verpflichtung eingehen (§ 182). Was die Kinder auf was immer für eine gesetzmäßige Art erwerben, ist ihr Eigentum, dem Vater kommt aber die Verwaltung desselben zu (§ 149). Dieselben Grundsätze gelten auch für den Vormund und seine Pflegebefohlenen (§ 187 u. ff.).

Personen, welche den Gebrauch ihrer Vernunft nicht besitzen, also Wahnsinnige, Blödsinnige, gerichtlich erklärte Verschwender können ihre Angelegenheiten nicht selbst besorgen und ihre Rechte nicht selbst verwahren; für solche wird daher, insoweit sie nicht unter der väterlichen Gewalt stehen, vom Gerichte ein Sachwalter (Kurator) bestellt (§ 269).

Außer den natürlichen Personen, d. i. den verschiedenen Menschen, kennt das Gesetz noch sogenannte moralische oder juristische Personen (§ 26).

Alles Recht ist um der Menschen willen gesetzt, aber nicht alles um der einzelnen Menschen willen, ein großer Teil der Güter dient Zwecken, die über den einzelnen Menschen hinausgehen, nämlich den Aufgaben der Gesamtheit oder einer größeren Gruppe von Menschen und der Fürsorge für künftige Menschengeschlechter. Dazu bedürfen jedoch auch diese Güter des Schutzes des Privatrechtes; damit sie dessen teilhaftig werden können, muß für sie künstlich ein „Rechtssubjekt" geschaffen werden, welches eines vernünftigen Willens fähig ist. Es wird also ein Willen zum Mittelpunkt von Rechtsverhältnissen gemacht, er wird in Menschen verkörpert (personifiziert), es wird eine sogenannte juristische oder moralische Person geschaffen.

Es gibt verschiedene Arten von juristischen Personen, a) Personenvereinigungen (Korporationen) und b) bloße Vermögensmassen; juristische Personen sind, z. B. a) der Staat, die sogenannten Gebietskörperschaften: Land, Bezirk, Gemeinde, die durch das Gesetz geschaffenen Genossenschaften, die freiwillig gebildeten Vereine; aber auch b) die verschiedenen Anstalten wie Kunstakademien, Arbeiterversicherungs-Anstalten, Bruderladen, die Stiftungen, z. B. Spitäler und Armenhäuser, dann die verschiedenen Erwerbsgesellschaften wie Aktiengesellschaften, Raiffeisenkassen und die mannigfaltigen Fonde, z. B. Landesfonde, Religionsfonde, Donau-Regulierungsfond u. a. m. Die Willensäußerungen dieser juristischen Personen werden nach eigenen Satzungen (Statuten) kundgegeben, z. B. durch den Vorstand der Gemeinden, des Vereines oder der Aktiengesellschaft, beziehungsweise durch die Stiftungsverwalter; diese schließen namens der durch sie vertretenen juristischen Person Verträge, erwerben Eigentum, üben öffentliches Wahlrecht aus, zahlen Steuern u. s. w.

---

## III. Kapitel.

## Von den Sachenrechten.

### § 23. Begriff und rechtliche Einteilung der Sachen.

Alles, was von der Person unterschieden ist und zum Gebrauche der Menschen dient, wird im rechtlichen Sinne eine Sache genannt (§ 285).

Die Sachen in dem Staatsgebiete sind entweder ein Staats- oder ein Privatgut. Das Letztere gehört einzelnen oder moralischen Personen, kleineren Gesellschaften oder ganzen Gemeinden (§ 286).

Sachen, welche allen Mitgliedern des Staates zur Zueignung überlassen sind, heißen freistehende Sachen. Jene, die ihnen nur zum Gebrauche verstattet werden, als: Landstraßen, Ströme, Flüsse, Seehäfen und Meeresufer, heißen ein allgemeines oder öffentliches Gut. Was zur Bedeckung der Staatsbedürfnisse bestimmt ist, als: das Münz- oder Post- und andere Regalien, Kammergüter, Berg- und Salzwerke, Steuern und Zölle, wird das Staatsvermögen genannt (§ 287). Auf gleiche Weise machen die Sachen, welche nach der Landesverfassung zum Gebrauche eines jeden Mitgliedes einer Gemeinde dienen, das Gemeindegut; diejenigen aber, deren Einkünfte zur Bestreitung der Gemeindeauslagen bestimmt sind, das Gemeindevermögen aus (§ 288).

Auch dasjenige Vermögen des Landesfürsten, welches er nicht als Oberhaupt des Staates besitzt, wird als ein Privatgut betrachtet (§ 289).

Die Sachen werden nach dem Unterschiede ihrer Beschaffenheit eingeteilt: in körperliche und unkörperliche; in bewegliche und unbewegliche; in verbrauchbare und unverbrauchbare; in schätzbare und unschätzbare (§ 291).

Körperliche Sachen sind diejenigen, welche in die Sinne fallen; sonst heißen sie unkörperliche; z. B. das Recht zu jagen, zu fischen und alle anderen Rechte (§ 292).

Sachen, welche ohne Verletzung ihrer Substanz von einer Stelle zur anderen versetzt werden können, sind beweglich; im entgegengesetzten Falle sind sie unbeweglich (§ 293).

Gras, Bäume, Früchte und alle brauchbaren Dinge, welche die Erde auf ihrer Oberfläche hervorbringt, bleiben so lange ein unbewegliches Vermögen, als sie nicht von Grund und Boden abgesondert worden sind. Selbst die Fische in einem Teiche und das Wild in einem Walde werden erst dann ein bewegliches Gut, wenn der Teich gefischt oder das Wild gefangen oder erlegt worden ist (§ 295). Auch das Getreide, das Holz, das Viehfutter und alle übrigen, obgleich schon eingebrachten Erzeugnisse, sowie alles Vieh und alle zu einem liegenden Gute gehörigen Werkzeuge und Gerätschaften werden insoferne für unbewegliche Sachen gehalten, als sie zur Fortsetzung des ordentlichen Wirtschaftsbetriebes erforderlich sind (§ 296). Ebenso gehören zu den unbeweglichen Sachen diejenigen, welche auf Grund und Boden in der Absicht aufgeführt werden, daß sie stets darauf bleiben sollen, als: Häuser und andere Gebäude mit dem in senkrechter Linie darüber befindlichen Luftraum; ferner nicht nur alles, was erd-, mauer-, niet- und nagelfest ist, als Braupfannen, Branntweinkessel und eingezimmerte Schränke, sondern auch diejenigen Dinge, die zum anhaltenden Gebrauche eines Ganzen bestimmt sind, z. B. Brunnen, Eimer, Seile, Ketten, Löschgeräte u. dgl. (§ 297).

Rechte werden den beweglichen Sachen beigezählt, wenn sie nicht mit dem Besitze einer unbeweglichen Sache verbunden sind (§ 298).

Unter Zugehör versteht man dasjenige, was mit einer Sache in fortdauernde Verbindung gebracht wird. Dahin gehören nicht nur der Zuwachs einer Sache, so lange er von derselben nicht abgesondert ist, sondern auch die Nebensachen, ohne welche die Hauptsache nicht gebraucht werden kann (§ 294).

Sachen, welche ohne ihre Zerstörung oder Verzehrung den gewöhnlichen Nutzen nicht gewähren, heißen verbrauchbare; die von entgegengesetzter Beschaffenheit aber unverbrauchbare Sachen (§ 301).

Ein Inbegriff von mehreren besonderen Sachen, die als eine Sache angesehen und mit einem gemeinschaftlichen Namen bezeichnet zu werden pflegen, macht eine Gesamtsache aus und wird als Ganzes betrachtet (§ 302), z. B. eine Herde, ein Warenlager, eine Bibliothek.

Schätzbare Sachen sind diejenigen, deren Wert durch Vergleichung mit anderen im Verkehre befindlichen bestimmt werden kann; darunter gehören auch Dienstleistungen, Hand- und Kopfarbeiten. Sachen hingegen, deren Wert durch keine Vergleichung mit anderen im Verkehre befindlichen Sachen bestimmt werden kann, heißen unschätzbare (§ 303).

## § 24. Begriff und Einteilung der Sachenrechte.

Die Sachenrechte oder Vermögensrechte sind entweder persönliche oder dingliche Rechte. Ein persönliches oder Forderungsrecht hat derjenige, der von einem anderen eine Leistung fordern darf. Das dingliche Recht dagegen gewährt eine unmittelbare Herrschaft über ein Objekt. Das dingliche Recht ist gegen jedermann wirksam, es bringt eine sogenannte dingliche Klage hervor; das persönliche dagegen kann nur gegen eine durch das Rechtsverhältnis selbst schon bestimmte Person geltend gemacht werden, es begründet nur eine persönliche Klage.

Das dingliche Recht ist entweder Eigentumsrecht, wenn mit der Sache selbst und ihren Nutzungen willkürlich geschaltet und jeder andere davon ausgeschlossen werden kann, oder es stellt sich als Beschränkung eines fremden Eigentumsrechtes dar. Geht es in diesem Falle bloß auf die gänzliche oder teilweise Benutzung der fremden Sache, so entsteht eine Dienstbarkeit, bezweckt es aber die Sicherstellung einer Forderung in der Art, daß im Falle der Nichterfüllung die Befriedigung daraus erlangt werden kann, so ist ein Pfandrecht vorhanden. Das a. b. G. B. bezeichnet außerdem noch den Besitz und das Erbrecht als dingliche Rechte.

Im folgenden werden zuerst die dinglichen Rechte, dann die Forderungsrechte dargestellt.

## *A. Die dinglichen Rechte.*

### IV. Kapitel.

# Der Besitz.

### § 25. Begriff und Arten des Besitzes.

Wer eine Sache in seiner Macht oder Gewahrsamkeit hat, heißt ihr Inhaber. Hat der Inhaber einer Sache den Willen, sie als die seinige zu behalten, so ist er ihr Besitzer (§ 309).

Der Besitz ist die tatsächliche Möglichkeit, über eine Sache beliebig und ausschließlich zu verfügen. Ich bin z. B. im Besitze eines Jagdgewehres, wenn ich es über der Schulter trage, wenn es in meinem Zimmer an der Wand hängt, im Walde neben mir auf dem Boden liegt, oder wenn es mir ein Holzknecht trägt, in allen Fällen liegt für mich die Möglichkeit vor, über das Gewehr willkürlich zu verfügen. Es ist dabei gleichgiltig, ob es mein eigenes Gewehr ist oder ob ich es z. B. von meinem Freunde geliehen hatte, ich habe dabei stets den Willen, das Jagdgewehr als das meinige zu behandeln. Trägt mir ein Holzknecht das von einem Freunde geliehene Gewehr, so ist der Freund Eigentümer, ich selbst bin Besitzer, der Holzknecht Inhaber; würde z. B. der Holzknecht davon laufen, in der Absicht sich das Gewehr zu behalten, so würde er aus dem bloßen Inhaber wirklicher, wenn auch unredlicher (siehe unten § 326) Besitzer werden, weil er nun auch den Besitzwillen, d. h. den auf die ausschließende Verfügung über das Jagdgewehr gerichteten Willen hat.

Alle körperlichen und unkörperlichen Sachen, welche ein Gegenstand des rechtlichen Verkehres sind, können in Besitz genommen werden (§ 311). — Körperliche, bewegliche Sachen werden durch physische Ergreifung, Wegführung oder Verwahrung; unbewegliche aber durch Betretung, Verrainung, Einzäunung, Bezeichnung oder Bearbeitung in Besitz genommen. In den Besitz unkörperlicher Sachen oder Rechte kommt man durch den Gebrauch derselben im eigenen Namen (§ 312). — Den Besitz sowohl von Rechten als von körperlichen Sachen erlangt man entweder unmittelbar, wenn man freistehender Rechte und Sachen, oder mittelbar, wenn man eines Rechtes oder einer Sache, die einem anderen gehört, habhaft wird (§ 314).

Die Besitzergreifung kann also unmittelbar eigenmächtig geschehen, z. B. wenn ich einen Vogel in der Schlinge fange, oder wenn der unredliche Nachbar seinen Zaun gegen meinen Grund hereinrückt, oder wenn er sein Vieh auf meine Alpe treibt, in der Absicht, dort ein Weiderecht zu erwerben; oder mittelbar einverständlich durch Übergabe. In diesem Falle braucht aber nicht jeder einzelne Teil übergeben und übernommen zu werden, sondern es genügen deutliche Zeichen, welche den Willen des Übertragenden und Übernehmenden ausdrücken, z. B. Übergabe einer Jagdhütte samt Einrichtung durch Einhändigung des Schlüssels; siehe unten Seite 222 andere solche Zeichen bei (§ 427) Eigentumsübergabe.

Der Besitz einer Sache heißt rechtmäßig, wenn er auf einem giltigen Titel, das ist auf einem zur Erwerbung tauglichen Rechtsgrunde beruht. Im entgegengesetzten Falle heißt er unrechtmäßig (§ 316).

Wer aus wahrscheinlichen Gründen die Sache, die er besitzt, für die seinige hält, ist ein redlicher Besitzer. Ein unredlicher Besitzer ist derjenige, welcher weiß oder aus den Umständen vermuten muß, daß die in seinem Besitze befindliche Sache einem anderen zugehöre (§ 326). — Ein redlicher Besitzer kann schon allein aus dem Grunde des redlichen Besitzes die Sache, die er besitzt, ohne Verantwortung nach Belieben brauchen, verbrauchen, auch wohl vertilgen (§ 329). — Dem redlichen Besitzer gehören alle aus der Sache entspringenden Früchte, sobald sie von der Sache abgesondert sind; ihm gehören auch alle andern, schon eingehobenen Nutzungen, insoferne sie während des ruhigen Besitzes bereits fällig gewesen sind (§ 330).

Der unredliche Besitzer ist verbunden, nicht nur alle durch den Besitz einer fremden Sache erlangten Vorteile zurückzustellen, sondern auch diejenigen, welche der Verkürzte erlangt haben würde, und allen durch seinen Besitz entstandenen Schaden zu ersetzen. In dem Falle, daß der unredliche Besitzer durch eine in den Strafgesetzen verbotene Handlung zum Besitze gelangt ist, erstreckt sich der Ersatz bis zum Werte der besonderen Vorliebe (§ 335).

## § 26. Rechtsmittel des Besitzes bei reiner Störung oder Entziehung des Besitzes.

Der Besitz mag von was immer für einer Beschaffenheit sein, so ist niemand befugt, denselben eigenmächtig zu stören. Der Gestörte hat das Recht, die Untersagung des Eingriffes und den Ersatz des erweislichen Schadens gerichtlich zu fordern (§ 339).

Eine Folge des im Gesetze ausgesprochenen Verbotes der Selbsthilfe ist die Bestimmung, daß niemand befugt ist, den Besitz, er mag von was immer für einer Beschaffenheit sein, eigenmächtig zu stören. Als rasch wirksames Mittel in Fällen der Besitzstörung dient die Besitzstörungsklage; sie ist gerichtet auf Unterlassung der Störung oder Untersagung des Eingriffes und auf Ersatz des erweislichen Schadens. Das Gericht kann zur Aufrechthaltung seiner Verfügungen Geld- und Arreststrafen androhen und vollziehen; sollte durch den Ungehorsam einer Partei die öffentliche Ruhe gestört oder Gewalttätigkeit verübt werden, so hat auch noch die politische Behörde oder das Strafgericht einzuschreiten. Der wegen Besitzstörung Klagende muß nachweisen:

1. seinen Besitz; dies geschieht durch den Beweis der zum Besitzerwerbe notwendigen Erfordernisse, nämlich einer Besitzhandlung und des Besitzwillens,

2. eine Störung des Besitzes durch den Beklagten.

Die Klage kann sowohl gegen denjenigen, der die besitzstörende Handlung selbst vorgenommen hat, gerichtet werden, d. i. gegen die unmittelbaren Täter, als auch gegen denjenigen, welcher den unmittelbaren Täter zur Vornahme der Störung bestimmt hat, d. i. gegen den Auftraggeber oder mittelbaren Täter. — Die Besitzstörungsklage verjährt in 30 Tagen vom Augenblicke an, als der Besitzer zur Kenntnis der Störung gekommen ist. — Über das Verfahren in Besitzstörungsangelegenheiten siehe III. Abschnitt.

Zu den Rechten des Besitzes gehört auch das Recht, sich in seinem Besitze zu schützen und in dem Falle, als die richterliche Hilfe zu spät kommen würde, Gewalt mit angemessener Gewalt abzutreiben. Übrigens hat die politische Behörde für die Erhaltung der öffentlichen Ruhe sowie das Strafgericht für die Bestrafung öffentlicher Gewalttätigkeiten zu sorgen (§ 344).

Eine der wichtigsten Aufgaben der für die verschiedenen Zweige der Landeskultur aufgestellten Schutzorgane ist es, den ihnen anvertrauten Besitz vor unberechtigten Eingriffen zu schützen. Wie aus den vorausgeschickten Grundsätzen über den Besitz hervorgeht, knüpft das Gesetz an die bloße Tatsache des ruhigen Besitzes schwerwiegende rechtliche Folgen. Wer sich im letzten ruhigen Besitze eines Grundstückes, eines Jagdrechtes, eines Fischereirechtes oder einer Servitut befunden hat, wird in diesem Besitze durch die Gerichte so lange geschützt, als es nicht einem anderen gelingt, ein stärkeres Recht als den bloßen Besitz des Grundstückes, der Jagd, der Fischerei, der Servitut nachzuweisen. Dies kann nur im Wege der Klage vor dem ordentlichen Gerichte geschehen; der Besitzer befindet sich dann in der vorteilhaften Lage des Beklagten; vorteilhaft deshalb, weil nicht ihm, sondern dem Gegner die Last des Beweises auferlegt ist. Um nun diese vorteilhafte Prozeßlage zu erhalten, muß das Schutzorgan die größte Aufmerksamkeit auf alle jene Handlungen dritter Personen richten, welche geeignet sind, eine Veränderung des bestehenden Besitzstandes herbeizuführen. In vielen Fällen wird es genügen, wenn das Schutzorgan die von unbekannten Tätern vorgenommenen Änderungen einfach beseitigt. Das Forstschutzorgan findet z. B. innerhalb der zweifelhaften Grenzen des ihm anvertrauten Waldes an einer Stelle, wo vorher keinerlei Vorrichtungen bestanden, einzelne Stangen zur Errichtung eines Futterstadels oder einer Streuhütte in den Boden eingetrieben; diese Stangen kann das Schutzorgan einfach entfernen und wird hiedurch vielleicht bewirken, daß der Täter sich meldet und sein angebliches Recht zur Aufstellung darlegt. Findet das Schutzorgan aber einen bereits fertiggestellten neuen Futterstadl oder eine neue Streuhütte vor, so wird er vorsichtigerweise diese Vorrichtungen nicht eigenmächtig beseitigen, sondern nach den Tätern forschen; sind diese (oder wenn es Arbeiter waren, deren Auftraggeber) ermittelt, ist unverweilt dem leitenden Verwaltungsbeamten die Anzeige zu erstatten. In dieser sind gleich die Beweise für den letzten ruhigen Besitz sowie für die erfolgte Störung anzuführen. Im vorliegenden Falle wird die Anzeige z. B. lauten:

„Am 31. August 1900 gelegentlich der Holzabmaß für den Käufer Josef Gmachl fand ich in der Unterabteilung 21 g Tannwald, Parz. Nr. 421/3 K. G. Uttendorf auf der in der beiliegenden Skizze bezeichneten Stelle einen ganz neu erbauten Heustadl, in den bereits einige Traglasten Alpenheu eingebracht waren. Die noch am gleichen Tage gepflogenen Nachforschungen ergaben, daß dieser Heustadl von Lukas Reinholz und Josef Wienner, Taglöhner beim Seppelbauer Georg Bernsteiner, Haus Nr. 16 in Winklern, in dessen Auftrag errichtet wurde. Bernsteiner hat auf Befragen diesen Auftrag mit der Begründung zugegeben, daß er berechtigt sei, auf dieser Stelle Heustädl zu errichten, da er selbst vor mehreren Jahren und auch seine Besitzvorgänger an der gleichen Stelle Heu bis zur Abfuhr im Winter abgelagert hätten, daß er deshalb auch sich nicht dazu herbeilasse, einen Lagerzins an die Forstverwaltung zu entrichten. An meinem letzten Dienstgange in Abteilung 21 g am 14. August d. J. ging ich in Begleitung des Aushilfsjägers Peter Stöckl aus Gries, Haus Nr. 26 und des Holzhauers Josef Schlosslenthner aus Gries, Haus Nr. 4, an der gleichen Stelle vorüber; an diesem Tage war der Heustadl noch nicht vorhanden, was ich und die Genannten bezeugen können."

Eine Besitzstörung wird vorliegen, wenn im Walde unberechtigte Personen auf Blößen Heu mähen oder Streu rechen, im anvertrauten Fischwasser angeln oder Netze auslegen und beim Betreten behaupten, hiezu berechtigt zu sein; wenn ein Grundnachbar einen Forstschutzsteig in der Absicht begeht, sich damit das Wegerecht auf einer Abkürzung zu seinem Hause zu erwerben; nicht aber dann, wenn den gleichen Weg ein Spaziergänger zu seinem Vergnügen benutzt; ebenso wenig wird eine Besitzstörung begangen, wenn jemand im Fischwasser badet, im Walde Erdbeeren sammelt, auf der Wiese Blumen pflückt, es sei denn, er behauptet, hiezu berechtigt zu sein und er handle in der Absicht, sich ein Besitzrecht zu schaffen.

Ausnahmsweise wird das Schutzorgan im Sinne des § 344 von der Selbstverteidigung Gebrauch machen, um seinen Dienstherrn im Besitze zu schützen, wenn nämlich die Entziehung des Besitzes drohend oder schon eingetreten ist. In diesem Falle kann das Schutzorgan von der gerechten Notwehr (siehe IV. Abschn.) Gebrauch machen, welche dann vorliegt, wenn sich aus der Beschaffenheit der Personen, der Zeit, des Ortes, der Art des Angriffes oder aus anderen Umständen mit Grund schließen läßt, daß sich der „Täter" (hier das Schutzorgan), nur der nötigen Verteidigung bedient habe, um einen rechtswidrigen Angriff auf das ihm anvertraute Vermögen abzuwehren. Jedoch muß der Angriff ein gegenwärtiger und wirklicher, nicht bloß als ein möglicher vorausgesetzt sein, und es darf nur angemessene Gewalt, d. i. eine solche angewendet werden, welche geeignet und notwendig ist, den stattgefundenen Angriff abzuwehren.

Sowie bei der Störung des Besitzes im engeren Sinne dem Gestörten das Recht zusteht, die Untersagung des Eingriffes und den Ersatz des erweislichen Schadens gerichtlich zu fordern, so hat das Gesetz auch zur Wiedererlangung eines verlorenen Besitzes die nötigen Rechtsmittel an die Hand gegeben; nach § 346 findet gegen den unrechten Besitzer die sogenannte Besitzentsetzungsklage statt. Außerdem kann durch die sogenannten (petitorischen) ordentlichen Klagen das Recht auf die verlorene Sache selbst geltend gemacht werden.

---

## V. Kapitel.

# Das Eigentumsrecht.

### § 27. Begriff des Eigentumsrechtes.

Das Eigentumsrecht ist die vollständige und ausschließliche rechtliche Herrschaft einer Person über eine Sache. Im Eigentum liegt also im Gegensatze zum Besitze die rechtliche, nicht bloß die tatsächliche Möglichkeit, nach Willkür über eine Sache zu verfügen. In der Regel ist der Eigentümer einer Sache zugleich ihr Besitzer, der Unterschied kommt erst zu Tage, wenn dies nicht der Fall ist.

Bin ich z. B. Eigentümer eines Jagdgewehres und über einen Fehlschuß auf einen Gemsbock erbost, so kann ich das Gewehr in den Abgrund werfen, ohne daß ich hiefür jemanden verantwortlich bin, weil ich eben als Eigentümer frei mit meiner Sache schalten und walten kann; hätte ich das Gewehr in dem gleichen Falle von einem Freunde entlehnt, so habe ich zwar gleichfalls die tatsächliche Möglichkeit, das Gewehr nach dem Fehlschuß in den Abgrund zu werfen, nicht aber die rechtliche Möglichkeit, denn ich bin als Entlehner bloß Besitzer des Gewehres und habe die Verpflichtung es, dem Eigentümer zurückzustellen.

Wenn eine noch ungeteilte Sache mehreren Personen zugleich zugehört, so entsteht ein gemeinschaftliches Eigentum. In Beziehung auf das Ganze werden die Miteigentümer für eine einzige Person angesehen; insoweit ihnen aber gewisse, obgleich unabgesonderte Teile angewiesen sind, hat jeder Miteigentümer das vollständige Eigentum des ihm gehörigen Teiles (§ 361).

Kraft des Gesetzes, frei über sein Eigentumsrecht zu verfügen, kann der vollständige Eigentümer in der Regel seine Sache nach Willkür benutzen oder unbenutzt lassen; er kann sie vertilgen, ganz oder zum Teile auf andere übertragen, oder unbedingt sich derselben begeben, das ist, sie verlassen (§ 362). — Die Befugnis der willkürlichen Verfügung des Eigentümers geht nur so weit, als dadurch weder in die Rechte eines Dritten ein Eingriff geschieht, noch die im Gesetze zur Erhaltung und Beförderung des allgemeinen Wohles vorgeschriebenen Einschränkungen überschritten werden.

### § 28. Die Eigentumsbeschränkungen.

Das Eigentumsrecht findet seine natürliche Begrenzung darin, daß durch Ausübung desselben kein Eingriff in die Rechte eines Dritten geschehen darf. An sich darf der Eigentümer mit seiner Sache beliebig schalten und walten, er darf auch anderen verbieten, seine Sache zu benutzen oder auf dieselbe einzuwirken. Der Eigentümer kann also auf seinem Grunde ein neues Gebäude errichten oder ein bestehendes erhöhen, wenn auch dadurch dem Nachbar Luft, Licht und Aussicht benommen wird, er kann Bäume pflanzen, wenn sie auch dem Nachbar lästig fallen, er kann einen Brunnen graben, wenn auch dadurch dem Nachbar die Wasseradern abgeschnitten werden, er darf aber nicht in den fremden Luftraum bauen, sein Wasser auf des Nachbars Grund leiten, den Rauch durch fremden Schornstein führen. Nicht gestattet ist es dem Eigentümer, solche Handlungen auf seinem Eigentum vorzunehmen, welche direkt in das Nachbareigentum eingreifen, z. B. Maschinen aufzustellen, durch welche Steine oder Erde auch auf den Nachbargrund geworfen werden; gewöhnliche Belästigungen durch indirekte Einwirkungen, z. B. durch Rauch, Lärm oder Gestank muß sich der Nachbar gefallen lassen, da dies das Zusammenleben erfordert. Über die Zulässigkeit oder Abstellung außergewöhnlicher Belästigungen durch Gewerbe oder Industrie entscheiden die politischen Behörden.

Gewisse Eigentumsbefugnisse darf der Eigentümer kraft des Gesetzes nicht willkürlich ausüben; z. B. nach den verschiedenen Bauordnungen, den Berggesetzen, dem Forstgesetze, den Fischerei- und Jagdgesetzen, den Wassergesetzen; er darf nicht höher bauen, kein anderes Material zum Dachdecken benutzen, als es die Bauordnung vorschreibt, er darf eigenmächtig keinen Wald ausroden, das Jagdrecht nur auf Komplexen über 200 Joch ausüben, seine Privatgewässer nicht so anstauen, daß des Nachbars Grund überschwemmt wird. — Anderseits darf der Eigentümer kraft des Gesetzes ausnahmsweise gewisse Eingriffe nicht verbieten, muß sie vielmehr gestatten: So kann der Grundeigentümer, wenn eine Wegverbindung gänzlich mangelt oder unzulänglich ist, nach dem Notwegegesetz vom 7. Juli 1896, R. G. Bl. Nr. 140, die gerichtliche Einräumung eines Notweges über fremde Liegenschaften gegen Entschädigung begehren, auch wenn die Voraussetzungen für eine Enteignung (siehe unten) nicht vorliegen; für Waldgrundstücke findet die Einräumung nach diesem Gesetze nicht statt, weil für diese schon die §§ 24, 25 und 26 des F. G. Vorsorge getroffen haben.

Nach § 24 des F. G. ist jeder Grundeigentümer verpflichtet, fremde Waldprodukte über seine Grundstücke liefern zu lassen, wenn sie anders gar nicht oder nur mit unverhältnismäßigen Kosten weiter geschafft werden könnten; nach §§ 24, 36 und 39 des F. G. muß sich der Eigentümer das Betreten seines Grundes zu Triftzwecken gefallen lassen, ebenso nach den §§ 5 und 6 des Reichs-Fischerei-Gesetzes zur Ausübung der Fischerei an Ufergrundstücken u. s. w.

In gewissen Fällen spricht das Gesetz Veräußerungs- und Belastungsverbote aus, durch welche der Eigentümer verhindert ist, über sein Eigentum zu verfügen, es an andere zu übertragen und Pfandrechte darauf einzuräumen; dies ist z. B. der Fall bei den Familien-Fideikommissen (§ 618, siehe unten S. 232), beim katholischen Kirchenvermögen; die Veräußerung oder Belastung ist hier nur unter den gesetzlichen Beschränkungen zulässig.

## § 29. Das Recht der Enteignung.

Wenn es das allgemeine Beste erheischt, muß ein Mitglied des Staates gegen eine angemessene Schadloshaltung selbst das vollständige Eigentum einer Sache abtreten (§ 365).

Die grundsätzliche Zulässigkeit solcher zwangsweiser Eigentumsabtretungen oder Enteignungen ist schon in dem St. Gr. G. vom 21. Dezember 1867, R. G. Bl. Nr. 142, Art. V (siehe oben Seite 203) ausgesprochen. Enteignung kann z. B. stattfinden zu Zwecken des Baues öffentlicher Straßen, der Herstellung und des Betriebes von Eisenbahnen, zur nutzbringenden Verwendung oder zur Beseitigung schädlicher Wirkungen des Wassers, zur Herstellung von Triftbauten, zu Zwecken der Karstaufforstung, Wildbachverbauung u. s. w. (siehe unten VI. Abschnitt).

In allen Fällen ist die Unternehmung, zu deren Gunsten die Enteignung stattfindet, verpflichtet, dem Enteigneten angemessene Schadloshaltung zu gewähren, und zwar nicht bloß nach dem gemeinen Werte, sondern nach dem besonderen Werte des Objektes für den früheren Eigentümer. Am ausführlichsten sind die gesetzlichen Bestimmungen über die Enteignung zu Eisenbahnzwecken (18. Februar 1878, R. G. Bl. Nr. 30).

## § 30. Die Eigentumsklagen (§ 366—379).

Abgesehen von der Selbstverteidigung, durch welche sich auch der Eigentümer unter den Voraussetzungen des § 344 schützen kann, dienen zum Schutze des Eigentums verschiedene Rechtsmittel. So ist mit dem Rechte des Eigentümers, jeden anderen von dem Besitze seiner Sache auszuschließen, auch das Recht verbunden, seine ihm vorenthaltene Sache von jedem Inhaber durch die Eigentumsklage gerichtlich zu fordern (§ 366, 1. Satz).

Die hier eingeräumte eigentliche Eigentumsklage verlangt die Rückstellung der vorenthaltenen Sache; findet dagegen nur eine teilweise Störung des Eigentümers statt, z. B. durch Anmaßung von Dienstbarkeiten, so wird der Eigentümer das Klagebegehren auf Untersagung des eigentumswidrigen Eingriffes stellen.

Die Eigentumsklage findet gegen den redlichen Besitzer einer beweglichen Sache nicht statt, wenn er beweist, daß er diese Sache entweder in einer öffentlichen Versteigerung oder von einem zu diesem Verkehre befugten Gewerbsmanne, oder gegen Entgelt von jemandem an sich gebracht hat, dem sie der Kläger selbst zum Gebrauche, zur Verwahrung oder in was immer für einer anderen Absicht anvertraut hatte. In diesen Fällen wird von den redlichen Besitzern das Eigentum erworben, und dem vorigen Eigentümer steht nur gegen jene, die ihm dafür verantwortlich sind, das Recht der Schadloshaltung zu (§ 367). — Wird aber bewiesen, daß der Besitzer entweder schon aus der Natur der an sich gebrachten Sache, oder aus dem auffallend zu geringen Preise derselben, oder aus den bekannten persönlichen Eigenschaften seines Vormannes, aus dessen Gewerbe oder anderen Verhältnissen einen gegründeten Verdacht gegen die Redlichkeit seines Besitzes hätte schöpfen können, so muß er als ein unredlicher Besitzer die Sache dem Eigentümer abtreten (§ 368).

## § 31. Die Sicherung der Grenzen des Eigentums von Liegenschaften und die Begrenzungsklagen (§ 844—858).

Zur Sicherung des Eigentums an unbeweglichen Grundstücken ist es notwendig, die Grenzen auf eine deutliche und unwandelbare Art zu bezeichnen, um künftigen Grenzverwirrungen möglichst vorzubeugen und Streitigkeiten zu verhindern. (Über die Arten der Grenzen und deren Sicherung siehe III. Band, III. Abschn., § 34.)

Wenn die Grenzen zwischen benachbarten Grundstücken noch bestehen, aber sich in einem solchen Zustande befinden, daß zu besorgen ist, sie könnten unkenntlich werden, so hat jeder Grenznachbar das Recht auf Grenzerneuerung zu dringen. Eine solche Erneuerung der Grenzen kann entweder durch Übereinkommen der Parteien, also außergerichtlich oder gerichtlich erfolgen. In letzterem Falle werden die Anrainer schon auf Begehren eines derselben zur Grenze vorgeladen, die Grenzen genau besehen und, wenn es nötig, neue Grenzzeichen gesetzt; so lange die Nachbarn über die Grenzlinien im Einverständnisse sind, ist die gerichtliche Verhandlung eine außerstreitige. Die Kosten der Verhandlung und Abmarkung sind von allen teilnehmenden Nachbarn zu tragen, weil sie allen zum Vorteil gereicht, und zwar nach Maß der Grenzlinien. Sollte sich ein Nachbar weigern Beiträge zu leisten, so müßte der Richter über die Notwendigkeit der Grenzerneuerung erkennen, und wenn diese nicht vorläge, es jedem einzelnen Grundeigentümer überlassen, die Herstellung zu besorgen.

Sind die Grenzen schon unkennbar geworden, so kann die Berichtigung der Grenzen mit der sogenannten Grenzscheidungsklage erlangt werden; diese Klage ist auf Ausmittlung und Wiederherstellung der Grenzen gerichtet. Für die Zeit bis zur rechtskräftigen Entscheidung des Grenzscheidungsprozesses hat der Richter den letzten Besitzstand zu schützen. Liefert im Laufe des Verfahrens eine oder die andere Partei den Beweis ihres Eigentums oder eines stärkeren Besitzrechtes, so wird der Richter hienach erkennen; vermag niemand ein ausschließendes Recht darzutun, so wird der ruhige Besitzstand aufrecht erhalten, also jedem dasjenige zugeteilt, was er bisher im ruhigen Besitze hatte.

Die wichtigsten Behelfe bei solchen Grenzstreitigkeiten sind der Augenschein an Ort und Stelle unter Beiziehung von Sachverständigen (Geometern), dann die Ausmessung, Beschreibung und Abzeichnung des streitigen Grundes, die Vergleichung mit vorhandenen Urkunden, Kaufverträgen, Teilungsbriefen oder Vermarkungsprotokollen, die Einsichtnahme in die öffentlichen Bücher und den Kataster, endlich Zeugenaussagen.

Erdfurchen, Zäune, Hecken, Planken, Mauern, Privatbäche, Kanäle, Plätze und andere dergleichen Scheidewände, die sich zwischen benachbarten Grundstücken befinden, werden für ein gemeinschaftliches Eigentum angesehen, wenn nicht Wappen, Auf- oder Inschriften oder andere Kennzeichen und Behelfe das Gegenteil beweisen (§ 854).

Jeder Mitgenosse kann eine gemeinschaftliche Mauer auf seiner Seite bis zur Hälfte in der Dicke benutzen, auch Blindtüren und Wandschränke dort anbringen, wo auf der entgegengesetzten Seite noch keine angebracht sind. Doch darf das Gebäude durch einen Schornstein, Feuerherd oder andere Anlagen nicht in Gefahr gesetzt, und der Nachbar auf keine Art in dem Gebrauche seines Anteiles gehindert werden (§ 855).

Alle Miteigentümer tragen zur Erhaltung solcher gemeinschaftlicher Scheidewände verhältnismäßig bei. Wo sie doppelt vorhanden sind oder das Eigentum geteilt ist, bestreitet jeder die Unterhaltungskosten für das, was ihm allein gehört (§ 856).

Ist die Stellung einer Scheidewand von der Art, daß die Ziegel, Latten oder Steine nur auf einer Seite verlaufen oder abhängen; oder sind die Pfeiler, Säulen, Ständer, Bachställe auf einer Seite eingegraben, so ist im Zweifel auf dieser Seite das ungeteilte Eigentum der Scheidewand, wenn nicht aus einer beiderseitigen Belastung, Einfügung, aus anderen Kennzeichen oder sonstigen Beweisen das Gegenteil erhellt. Auch derjenige wird für den ausschließenden Besitzer einer Mauer gehalten, welcher eine in der Richtung gleich fortlaufende Mauer von gleicher Höhe und Dicke unstreitig besitzt (§ 857).

In der Regel ist der ausschließende Besitzer nicht schuldig, seine verfallene Mauer oder Planke neu aufzuführen; nur dann muß er sie im guten Stande erhalten, wenn durch die Öffnung für den Grenznachbar Schaden zu befürchten stünde. Es ist aber jeder Eigentümer verbunden, auf der rechten Seite seines Haupteinganges für die nötige Einschließung seines Raumes und für die Abteilung von dem fremden Raume zu sorgen (§ 858).

## § 32. Die Arten der Eigentumserwerbung.

### a) *Die Erwerbung des Eigentums durch Zueignung.*

Ohne Titel, d. h. ohne rechtlichen Erwerbungsgrund und ohne rechtliche Erwerbungsart, kann kein Eigentum erlangt werden (§ 380).

*a)* Bei freistehenden Sachen besteht der Titel in der angeborenen Freiheit, sie in Besitz zu nehmen. Diese Erwerbungsart ist die Zueignung, wodurch man sich einer freistehenden Sache bemächtigt, in der Absicht, sie als die seinige zu behandeln (§ 381). Freistehende Sachen können von allen Mitgliedern des Staates durch die Zueignung erworben werden, insoferne diese Befugnis nicht durch politische Gesetze eingeschränkt ist, oder einigen Mitgliedern das Vorrecht der Zueignung zusteht (§ 382).

Dieses gilt insbesondere von dem Tierfange. — Wem das Recht zu jagen oder zu fischen gebühre, wie der übermäßige Anwuchs des Wildes gehemmt und der vom

Wilde verursachte Schaden ersetzt werde, wie der Honigraub, der durch fremde Bienen geschieht, zu verhindern sei, ist in den politischen Gesetzen festgesetzt. — Wie Wilddiebe zu bestrafen seien, wird in den Strafgesetzen bestimmt (§ 283).

Häusliche Bienenschwärme und andere zahme oder zahmgemachte Tiere sind kein Gegenstand des freien Tierfanges, vielmehr hat der Eigentümer das Recht, sie auf fremdem Grunde zu verfolgen; doch soll er dem Grundbesitzer den ihm etwa verursachten Schaden ersetzen. Im Falle, daß der Eigentümer des Mutterstockes den Schwarm durch zwei Tage nicht verfolgt hat; oder, daß ein zahm gemachtes Tier durch 42 Tage von selbst ausgeblieben ist, kann sie auf gemeinem Grunde jedermann, auf dem seinigen der Grundeigentümer für sich nehmen und behalten (§ 384).

Das Gesetz unterscheidet wilde, zahme und zahmgemachte Tiere.

1. Wilde Tiere sind solche, die sich regelmäßig im Zustande ihrer natürlichen Freiheit befinden und wenn sie eingefangen sind, ihre natürliche Freiheit wieder zu erlangen streben. Gesetzlich sind die wilden Tiere in zwei Gruppen zu scheiden: a) Nicht jagdbare wilde Tiere unterliegen der freien Zueignung, z. B. Mäuse, Sperlinge, Insekten, Schlangen. b) Jagdbare Tiere, wie sie in den verschiedenen Landesgesetzen aufgezählt werden, kann sich nur der Jagdberechtigte, c) Fische, Muscheltiere und Krebse nur der Fischereiberechtigte zueignen (siehe unten VI. Abschn.).

2. Zahme Tiere, wie Hunde, Pferde, Schafe, Hausgeflügel, bilden keinen Gegenstand des freien Tierfanges.

3. Zahmgemachte Tiere sind den zahmen gleichzustellen; wenn sie aber entlaufen und ihre frühere Wildheit annehmen, sind sie wieder als wilde Tiere zu behandeln.

Keine Privatperson ist berechtigt, die dem Staate durch die politischen Verordnungen vorbehaltenen Erzeugnisse sich zuzueignen (§ 385), z. B. Gegenstände des Staatsmonopols (wie Salz, siehe unten VII. Abschn.) oder die nach § 3 des Berggesetzes vom 23. Mai 1854, R. G. Bl. Nr. 146, vorbehaltenen Mineralien, welche metall-, schwefel-, alaun-, vitriol- oder salzhältig sind, dann Zementwässer, Graphiterze und Erdharze, endlich Stein- und Braunkohle; die Gewinnung derselben kann nur in einem von der Bergbehörde zugewiesenen Schurfgebiete erfolgen. Bewegliche Sachen, welche der Eigentümer nicht mehr als die seinigen behalten will und daher verläßt, kann sich jedes Mitglied des Staates eigen machen (§ 386).

Inwiefern Grundstücke wegen gänzlicher Unterlassung ihres Anbaues, oder Gebäude wegen der unterlassenen Herstellung für verlassen anzusehen, oder einzuziehen seien, bestimmen die politischen Gesetze (§ 387).

Es ist im Zweifel nicht zu vermuten, daß jemand sein Eigentum wolle fahren lassen; daher darf kein Finder eine gefundene Sache für verlassen ansehen und sich dieselbe zueignen. Noch weniger darf sich jemand des Strandrechtes anmaßen (§ 388). Der Finder ist also verbunden, dem vorigen Besitzer, wenn er aus den Merkmalen der Sache oder aus anderen Umständen deutlich erkannt wird, die Sache zurückzugeben. Ist ihm der vorige Besitzer nicht bekannt, so muß er, wenn das Gefundene 2 Kronen an Wert übersteigt, den Fund innerhalb acht Tagen auf die an jedem Orte gewöhnliche Art bekannt machen lassen und, wenn die gefundene Sache mehr als 12 Kronen wert ist, den Vorfall der Ortsobrigkeit anzeigen (§ 389). — Die Ortsobrigkeit hat die gemachte Anzeige, ohne die besonderen Merkmale der gefundenen Sache zu berühren, ungesäumt auf die an jedem Orte gewöhnliche Art, wenn aber der Eigentümer in einer der Umständen angemessenen Zeitfrist sich nicht entdeckt und der Wert der gefundenen Sachen 50 Kronen übersteigt, dreimal durch die öffentlichen Zeitungsblätter bekannt zu machen. Kann die gefundene Sache nicht ohne Gefahr in den Händen des Finders gelassen werden, so muß die Sache (oder wenn diese nicht ohne merklichen Schaden aufbewahrt werden könnte, der durch öffentliche Feilbietung daraus gelöste Wert) gerichtlich hinterlegt, oder einem Dritten zur Verwahrung übergeben werden (§ 390). Wenn sich der vorige Inhaber oder Eigentümer der gefundenen Sache in einer Jahresfrist von der Zeit der vollendeten Kundmachung meldet und sein Recht gehörig dartut, wird ihm die Sache oder das daraus gelöste Geld verabfolgt. Er ist jedoch verbunden, die Auslagen zu vergüten und dem Finder auf Verlangen zehn von hundert des gemeinen Wertes als Finderlohn zu entrichten. Wenn aber nach dieser Berechnung die Belohnung eine Summe von 2000 Kronen erreicht hat, so soll sie in Rücksicht des Übermaßes zu fünf von hundert ausgemessen werden (§ 391). — Wird die gefundene Sache innerhalb der Jahresfrist von ·niemandem mit Recht angesprochen, so erhält der Finder das Recht, die Sache oder den daraus gelösten Wert zu benutzen. Meldet sich der vorige Inhaber in der Folge, so muß ihm nach Abzug der Kosten und des Finderlohnes die Sache oder der gelöste Wert samt den etwa daraus gezogenen Zinsen zurückgestellt werden. Erst nach der Verjährungszeit erlangt der Finder, gleich einem redlichen Besitzer, das Eigentumsrecht (§ 392). — Wer immer die in den §§ 388 bis 392 angeführten Vorschriften außer Acht läßt, haftet für alle schädlichen

Folgen. Läßt sie der Finder außer Acht, so verwirkt er auch den Finderlohn und macht sich zufolge des Strafgesetzbuches noch überdies nach Umständen des Betruges schuldig (§ 393). — Mehreren Personen, welche eine Sache zugleich gefunden haben, kommen in Rücksicht derselben gleiche Verbindlichkeiten und Rechte zu. Unter die Mitfinder wird auch derjenige gezählt, welcher zuerst die Sache entdeckt und nach derselben gestrebt hat, obgleich ein anderer sie früher an sich gezogen hätte (§ 394).

### *b)* Die Erwerbung des Eigentums durch Zuwachs.

Zuwachs heißt alles, was aus einer Sache entsteht oder neu zu derselben kommt, ohne daß es dem Eigentümer von jemand anderen übergeben worden ist. Der Zuwachs wird durch Natur, durch Kunst, oder durch beide zugleich bewirkt (§ 404). — Die natürlichen Früchte eines Grundes, nämlich solche Nutzungen, die er, ohne bearbeitet zu werden, hervorbringt, als: Kräuter, Schwämme u. dgl. wachsen dem Eigentümer des Grundes, sowie alle Nutzungen, welche aus einem Tiere entstehen, dem Eigentümer des Tieres zu (§ 405).

Der Eigentümer eines Tieres, welches durch das Tier eines anderen befruchtet wird, ist diesem keinen Lohn schuldig, wenn er nicht bedungen worden ist (§ 406). Wenn in der Mitte eines Gewässers eine Insel entsteht, so sind die Eigentümer der nach der Länge derselben an beiden Ufern liegenden Grundstücke ausschließend befugt, die entstandene Insel in zwei gleichen Teilen sich zuzueignen und nach Maß der Länge ihrer Grundstücke unter sich zu verteilen. Entsteht die Insel auf der einen Hälfte des Gewässers, so hat der Eigentümer des näheren Uferlandes allein darauf Anspruch. Inseln auf schiffbaren Flüssen bleiben dem Staate vorbehalten (§ 407). Werden bloß durch die Austrocknung des Gewässers, oder durch desselben Teilung in mehrere Arme Inseln gebildet, oder Grundstücke überschwemmt, so bleiben die Rechte des vorigen Eigentums unverletzt (§ 408). Wenn ein Gewässer sein Bett verläßt, so haben vor allem die Grundbesitzer, welche durch den Lauf des Gewässers Schaden leiden, das Recht, aus dem verlassenen Bette oder dessen Werte entschädigt zu werden (§ 409). Außer dem Falle einer solchen Entschädigung gehört das verlassene Bett, sowie von einer entstandenen Insel verordnet wird, den angrenzenden Uferbesitzern (§ 410). Das Erdreich, welches ein Gewässer unmerklich an ein Ufer anspült, gehört dem Eigentümer des Ufers (§ 411). Wird aber ein merklicher Erdteil durch die Gewalt des Flusses an ein fremdes Ufer gelegt, so verliert der vorige Besitzer sein Eigentumsrecht darauf nur in dem Falle, wenn er es in einer Jahresfrist nicht ausübt (§ 412). Jeder Grundbesitzer ist befugt, sein Ufer gegen das Ausreißen des Flusses zu befestigen. Allein niemand darf solche Werke oder Pflanzungen anlegen, die den ordentlichen Lauf des Flusses verändern, oder in der Schiffahrt, den Mühlen, der Fischerei oder anderen fremden Rechten nachteilig werden könnten. Überhaupt können ähnliche Anlagen nur mit Erlaubnis der politischen Behörden gemacht werden (§ 413). Wer fremde Sachen verarbeitet, wer sie mit den seinigen vereinigt, vermengt oder vermischt, erhält dadurch noch keinen Anspruch auf das fremde Eigentum (§ 414). Können dergleichen verarbeitete Sachen in ihren vorigen Stand zurückgebracht, vereinigte, vermengte oder vermischte Sachen wieder abgesondert werden, so wird einem jeden Eigentümer das seinige zurückgestellt, und demjenigen Schadloshaltung geleistet, dem sie gebührt. Ist die Zurücksetzung in den vorigen Stand oder die Absonderung nicht möglich, so wird die Sache den Teilnehmern gemein; doch steht demjenigen, mit dessen Sache der andere durch Verschulden die Vereinigung vorgenommen hat, die Wahl frei, ob er den ganzen Gegenstand gegen Ersatz der Verbesserung behalten, oder ihn dem andern ebenfalls gegen Vergütung überlassen wolle. Der schuldtragende Teilnehmer wird nach Beschaffenheit seiner redlichen oder unredlichen Absicht behandelt. Kann aber keinem Teile ein Verschulden beigemessen werden, so bleibt dem, dessen Anteil mehr wert ist, die Auswahl vorbehalten (§ 415). Werden fremde Materialien nur zur Ausbesserung einer Sache verwendet, so fällt die fremde Materie dem Eigentümer der Hauptsache zu, und dieser ist verbunden, nach Beschaffenheit seines redlichen oder unredlichen Verfahrens, dem vorigen Eigentümer der verbrauchten Materialien den Wert derselben zu bezahlen (§ 416). Wenn jemand auf eigenem Boden ein Gebäude aufführt und fremde Materialien dazu verwendet hat, so bleibt das Gebäude zwar sein Eigentum, doch muß selbst ein redlicher Bauführer dem Beschädigten die Materialien, wenn er sie außer den in § 367 angeführten Verhältnissen an sich gebracht hat, nach dem gemeinen, ein unredlicher aber muß sie nach dem höchsten Preise, und überdies nach allen anderweitigen Schaden ersetzen (§ 417). Hat im entgegengesetzten Falle jemand mit eigenen Materialien, ohne Wissen und Willen des Eigentümers auf fremdem Grunde gebaut, so fällt das Gebäude dem Grundeigentümer zu. Der redliche Bauführer kann den Ersatz der notwendigen und nützlichen Kosten fordern; der unredliche wird gleich einem Geschäftsführer ohne Auftrag behandelt. Hat der Eigentümer des Grundes die Bauführung gewußt und sie nicht sogleich dem redlichen Bauführer untersagt, so kann er nur den gemeinen Wert für den Grund fordern (§ 418). Ist das Gebäude auf fremdem Grunde und aus fremden Materialien entstanden, so wächst auch in diesem Falle das Eigentum desselben dem Grundeigentümer zu. Zwischen dem Grundeigentümer und dem Bauführer treten die nämlichen Rechte und Verbindlichkeiten, wie in dem vorstehenden Paragraphe ein, und der Bauführer muß dem vorigen Eigentümer der Materialien, nach Beschaffenheit seiner redlichen oder unredlichen Absicht, den gemeinen oder den höchsten Wert ersetzen (§ 419).

Was bisher wegen der mit fremden Materialien aufgeführten Gebäude bestimmt worden ist, gilt auch für die Fälle, wenn ein Feld mit fremden Samen besäet oder mit fremden Pflanzen besetzt worden ist. Ein solcher Zuwachs gehört dem Eigentümer des Grundes, wenn anders die Pflanzen schon Wurzel geschlagen haben (§ 420).

Das Eigentum eines Baumes wird nicht nach den Wurzeln, die sich in einem angrenzenden Grunde verbreiten, sondern nach dem Stamme bestimmt, der aus dem Grunde hervorragt. Steht der Baum auf den Grenzen mehrerer Eigentümer, so ist ihnen der Baum gemein (§ 421). Jeder Grundeigentümer kann die Wurzeln eines fremden Baumes aus seinem Boden reißen, und die über seinem Luftraume hängenden Äste abschneiden oder sonst benutzen (§ 422).

### c) Die Erwerbung des Eigentums durch Übergabe.

Sachen, die schon einen Eigentümer haben, werden mittelbar erworben, indem sie auf eine rechtliche Art von dem Eigentümer auf einen anderen übergehen (§ 423).

Der Titel (d. h. der rechtliche Grund) der mittelbaren Erwerbung liegt in einem Vertrage, in einer Verfügung auf den Todesfall, in dem richterlichen Ausspruche, oder in der Anordnung des Gesetzes (§ 424).

Der bloße Titel gibt noch kein Eigentum. Das Eigentum und alle dinglichen Rechte überhaupt können, außer den in dem Gesetze bestimmten Fällen nur durch die rechtliche Übergabe und Übernahme erworben werden (§ 424).

Bewegliche Sachen können in der Regel nur durch körperliche Übergabe von Hand zu Hand an einen anderen übertragen werden (§ 426). Bei solchen beweglichen Sachen aber, welche ihrer Beschaffenheit nach keine körperliche Übergabe zulassen, wie bei Schuldforderungen, Frachtgütern, bei einem Warenlager oder einer anderen Gesamtsache gestattet das Gesetz die Übergabe durch Zeichen, indem der Eigentümer dem Übernehmer die Urkunden, wodurch das Eigentum dargetan wird, oder die Werkzeuge übergibt, durch die der Übernehmer in den Stand gesetzt wird, ausschließend den Besitz der Sache zu ergreifen; oder, indem man mit der Sache ein Merkmal verbindet, woraus jedermann deutlich erkennen kann, daß die Sache einem anderen überlassen worden ist (§ 427). — Durch Erklärung wird die Sache übergeben, wenn der Veräußerer auf eine erweisliche Art seinen Willen an den Tag legt, daß er die Sache künftig im Namen des Übernehmers inne habe, oder, daß der Unternehmer die Sache, welche er bisher ohne ein dingliches Recht inne hatte, künftig aus einem dinglichen Rechte besitzen solle (§ 428). — In der Regel werden überschickte Sachen erst dann für übergeben gehalten, wenn sie der Übernehmer erhält; es wäre denn, daß dieser die Überschickungsart selbst bestimmt oder genehmigt hätte (§ 429). — Hat ein Eigentümer ebendieselbe bewegliche Sache an zwei verschiedene Personen, an eine mit, an die andere ohne Übergabe veräußert, so gebührt sie derjenigen, welcher sie vorerst übergeben worden ist, doch hat der Eigentümer dem verletzten Teile zu haften (§ 430).

Zur Übertragung des Eigentumes unbeweglicher Sachen muß das Erwerbungsgeschäft in die dazu bestimmten öffentlichen Bücher eingetragen werden. Diese Eintragung nennt man Einverleibung oder Intabulation (§ 431).

Von den Eintragungen in den öffentlichen Büchern handelt das VIII. Kapitel.

## VI. Kapitel.

# Das Pfandrecht (§§ 447—471).

### § 33. Begriff und Arten des Pfandrechtes.

Das Pfandrecht ist das dingliche Recht eines Gläubigers, ein fremdes Vermögensrecht für die Befriedigung seiner Forderung in Anspruch zu nehmen und sich nötigenfalls durch dessen Verwertung bezahlt zu machen. Das Pfandrecht unterscheidet sich von den Dienstbarkeiten dadurch, daß diese dauernd, jenes einmal ausgeübt werden, daß diese Gebrauchsrechte sind, während jenes dem Eigentümer die Benutzung des Pfandgegenstandes ungeschmälert läßt.

Das Gesetz stellt folgende Begriffsbestimmung auf: Das Pfandrecht ist das dingliche Recht, welches dem Gläubiger eingeräumt wird, aus einer Sache, wenn die Verbindlichkeit zur bestimmten Zeit nicht erfüllt wird, die Befriedigung zu erlangen. Die Sache, worauf dem Gläubiger dieses Recht zusteht, heißt überhaupt ein Pfand (§ 447). Als Pfand kann jede Sache dienen, die im Verkehre steht. Ist sie beweglich, so wird sie Faust- oder Handpfand, oder ein Pfand in enger Bedeutung genannt, ist sie unbeweglich, so heißt sie Hypothek oder ein Grundpfand (§ 448).

Grunddienstbarkeiten können keinen Gegenstand des Pfandrechtes bilden; wohl aber kann das Pfandrecht selbst weiter verpfändet werden (Afterpfandrecht). Sachen, die dem Verkehre entzogen sind, können nicht verpfändet werden, z. B. verbotene Waffen. Für verschiedene Gegenstände und Rechte ist durch Sondergesetze die Verpfändung untersagt, z. B. für Einlagen im Postsparkassenamte, für Brandschadenvergütungsbeträge, für Notstandsgelder; weiter bestehen Pfändungsbeschränkungen, z. B. für Eisenbahnbetriebsmittel, Gegenstände des Staatsmonopoles, welche zur Verfügung für den Staatsschatz vorbehalten sind, auf Forderung aus Verträgen mit dem k. k. Ärar, auf Kirchen- und Pfründervermögen, auf Bezüge der in öffentlichen Diensten stehenden Beamten und Diener u. a. m.

Zur Entstehung des Pfandrechtes ist erforderlich: 1. eine giltige Forderung, 2. ein verpfändbares Objekt, 3. ein Pfandrechtstitel, d. i. ein Entstehungsgrund, 4. die wirkliche Bestellung des Pfandrechtes.

Das Pfandrecht kann ein vertragsmäßiges, ein letztwilliges, ein richterliches oder ein gesetzliches sein. Die Bestellung des Pfandrechtes erfolgt beim Handpfande durch die Übergabe, bei der Hypothek durch Eintragung in die öffentlichen Bücher (vgl. Kapitel VIII).

Wird der Pfandgläubiger nach Verlauf der bestimmten Zeit nicht befriedigt, so ist er befugt, die Feilbietung des Pfandes gerichtlich zu verlangen. Das Gericht hat dabei nach Vorschrift der Gerichtsordnung zu verfahren (§ 461). Die Befriedigung des Gläubigers aus dem Pfande hat mittels Feilbietung zu geschehen, weil auf diese Weise der größtmögliche Preis erzielt werden kann; das Verfahren ist dabei verschieden, je nachdem es sich um unbewegliche oder bewegliche Sachen handelt (siehe unten, III. Abschn.). Wird der Schuldbetrag aus dem Pfande nicht gelöst, so ersetzt der Schuldner das Fehlende; ihm fällt aber auch das zu, was über den Schuldbetrag gelöst wird (§ 464).

Beispiel. Ich habe dem *B* 50 Kronen bis zum 1. Oktober 1900 geliehen; um mich leichter hiezu zu bewegen und mir die Rückzahlung zu sichern, hat er mir seine Büchsflinte als Pfand übergeben. Ich bin nun berechtigt, wenn *B* seine Schuld nicht zur versprochenen Zeit begleicht, vor allen anderen sonstigen Gläubigern des *B* — und wenn es selbst der Gewehrhändler wäre, der von *B* die volle Bezahlung noch nicht erhalten hätte — aus dem Pfande Befriedigung zu holen. Wenn nun nicht etwa bei der Bestellung des Pfandes *B* mir ausdrücklich das Recht eingeräumt hätte, nach dem 1. Oktober 1900 das Gewehr an Zahlungsstatt zu behalten oder zu verkaufen, so darf ich die Büchsflinte nicht verkaufen und mich aus dem Erlöse bezahlt machen, sondern ich muß die Befriedigung meines Pfandrechtes gerichtlich verlangen. Das Gericht veräußert dann die Büchsflinte im Wege der Feilbietung; wird hiebei nur ein Erlös von 40 Kronen erzielt, so ist mir *B* die restlichen 10 Kronen noch weiter schuldig. werden aber 60 Kronen gelöst, so gehört der nach Abzug der Gerichts- und Versteigerungskosten verbleibende Rest dem *B*.

Für die Befriedigung aus einem im Handelsverkehre unter Kaufleuten bestellten Faustpfande verlangt das Gesetz keine gerichtliche Dazwischenkunft, sondern gestattet dem Gläubiger, sich selbst aus dem Pfande bezahlt zu machen.

Wird Bargeld oder Wertpapiere als Pfand für die Sicherstellung einer Verbindlichkeit gegeben, so spricht man von einem Geldpfande oder einer Kaution. Über den Pfandvertrag siehe unten, X. Kap., § 56.

VII. Kapitel.

## Die Dienstbarkeiten (§§ 472—530).

### § 34. Begriff und Einteilung der Dienstbarkeiten.

Durch das Recht der Dienstbarkeit wird ein Eigentümer verbunden, zum Vorteile eines anderen in Rücksicht seiner Sache etwas zu dulden oder zu unterlassen. Es ist ein dingliches, gegen jeden Besitzer der dienstbaren Sache wirksames Recht (§ 472). Die Dienstbarkeit (Servitut) ist also ein dingliches, den ausschließlichen Vorteil einer Person oder eines bestimmten Grundstückes bezweckendes Recht an fremder Sache, vermöge dessen diese dem Berechtigten rücksichtlich ihrer Benutzung dient. (Über den Unterschied vom Pfandrechte siehe oben Seite 223.)

Die Servitut ist eine Belastung der dienenden Sache, kraft deren der Eigentümer verpflichtet ist, entweder etwas zu unterlassen, was er sonst befugt wäre (z. B. ein Stockwerk auf sein Haus aufzubauen), oder etwas zu dulden, was er sonst zu untersagen berechtigt wäre (z. B. das Beweiden seines Waldes durch fremdes Vieh); nicht aber etwas zu leisten oder zu tun. Das Rechtsverhältnis, nach welchem der jeweilige Eigentümer einer dienenden Sache verpflichtet ist, gewisse Dienste oder Abgaben zu leisten, heißt Reallast; eine solche liegt z. B. vor, wenn der jeweilige Eigentümer einer Bauernwirtschaft grundbücherlich verpflichtet ist, eine im Zuge eines öffentlichen Weges befindliche Brücke auf eigene Kosten zu erhalten.

Wird das Recht der Dienstbarkeit mit dem Besitze eines Grundstückes zu dessen vorteilhafteren oder bequemeren Benutzung verknüpft, so entsteht eine Grunddienstbarkeit; außerdem ist die Dienstbarkeit persönlich (§ 473). Grunddienstbarkeiten setzen zwei Grundbesitzer voraus, deren einem als Verpflichteten das dienstbare, dem andern als Berechtigten das herrschende Gut gehört. Das herrschende Grundstück ist entweder zur Landwirtschaft oder zu einem anderen Gebrauche bestimmt; demnach unterscheidet man auch die Feld- und Hausservituten (§ 474).

Die Hausservituten sind gewöhnlich: 1. das Recht, eine Last seines Gebäudes auf ein fremdes Gebäude zu setzen; 2. einen Balken oder Sparren in eine fremde Wand einzufügen; 3. ein Fenster in der fremden Wand zu öffnen, sei es des Lichtes oder der Aussicht wegen; 4. ein Dach oder einen Erker über des Nachbars Luftraum zu bauen; 5. den Rauch durch des Nachbars Schornstein zu führen; 6. die Dachtraufe auf fremden Grund zu leiten; 7. Flüssigkeiten auf des Nachbars Grund zu gießen oder durchzuführen. Durch diese und ähnliche Hausservituten wird ein Hausbesitzer befugt, etwas auf dem Grunde seines Nachbars vorzunehmen, was dieser dulden muß (§ 475). — Durch andere Hausservituten wird der Besitzer des dienstbaren Grundes verpflichtet, etwas zu unterlassen, was ihm sonst zu tun frei stand. Dergleichen sind: 8. sein Haus nicht zu erhöhen; 9. es nicht niedriger zu machen; 10. dem herrschenden Gebäude Licht und Luft; 11. oder die Aussicht nicht zu benehmen; 12. die Dachtraufe seines Hauses von dem Grunde des Nachbars, dem sie zur Bewässerung seines Gartens oder zur Füllung seiner Zisterne oder auf eine andere Art nützlich sein kann, nicht abzuleiten (§ 476).

Die vorzüglichsten Feldservituten sind: 1. das Recht, einen Fußsteig, Viehtrieb oder Fahrweg auf fremdem Grund und Boden zu halten; 2. das Wasser zu schöpfen, das Vieh zu tränken, das Wasser ab- und herzuleiten; 3. das Vieh zu hüten und zu weiden; 4. Holz zu fällen, verdorrte Äste und Reiser zu sammeln, Eicheln zu lesen, Laub zu rechen; 5. zu jagen, zu fischen, Vögel zu fangen; 6. Steine zu brechen, Sand zu graben, Kalk zu brennen (§ 477).

Die persönlichen Servituten sind: Der nötige Gebrauch einer Sache, die Fruchtnießung und die Wohnung (§ 478).

Es können aber auch Dienstbarkeiten, welche an sich Grunddienstbarkeiten sind, der Person allein, oder es können Begünstigungen, die ordentlicherweise Servituten sind, bloß auf Widerruf zugestanden werden. Solche Abweichungen von der Natur einer Servitut werden jedoch nicht vermutet; wer sie behauptet, dem liegt der Beweis ob (§ 479).

## § 35. Erwerbung der Dienstbarkeiten.

Der Titel (d. i. der rechtliche Erwerbungsgrund) zu einer Servitut ist auf einem Vertrage, auf einer letzten Willenserklärung, auf einem bei der Teilung gemeinschaftlicher Grundstücke erfolgten Rechtsspruche, oder endlich auf Verjährung gegründet (§ 480).

Das dingliche Recht der Dienstbarkeit kann auf unbewegliche Sachen und überhaupt auf solche Gegenstände, die in öffentlichen Büchern eingetragen sind, nur durch die Eintragung in dieselben erworben werden; auf andere Sachen aber erlangt man es durch die oben (§§ 426 bis 428) angegebenen Arten der Übergabe (§ 481).

## § 36. Allgemeine Vorschriften über die Dienstbarkeiten.

Alle Servituten kommen darin überein, daß der Besitzer der dienstbaren Sache in der Regel nicht verbunden ist etwas zu tun, sondern nur einem anderen die Ausübung eines Rechtes zu gestatten, oder das zu unterlassen, was er als Eigentümer sonst zu tun berechtigt wäre (§ 492). Daher muß auch der Aufwand zur Erhaltung und Herstellung der Sache, welche zur Dienstbarkeit bestimmt ist, in der Regel von dem Berechtigten getragen werden. Wenn aber diese Sache auch von dem Verpflichteten benutzt wird, so muß er verhältnismäßig zu dem Aufwande beitragen, und nur durch die Abtretung derselben an den Berechtigten kann er sich auch ohne dessen Bestimmung von dem Beitrage befreien (§ 483).

Der Besitzer des herrschenden Gutes kann zwar sein Recht auf die ihm gefällige Art ausüben, doch dürfen Servituten nicht erweitert, sie müssen vielmehr, soweit es ihre Natur und der Zweck der Bestellung gestattet, eingeschränkt werden (§ 484).

Keine Servitut läßt sich eigenmächtig von der dienstbaren Sache absondern, noch auf eine andere Sache oder Person übertragen. Auch wird jede Servitut insoferne für unteilbar gehalten, als das auf dem Grundstücke haftende Recht durch Vergrößerung, Verkleinerung oder Zerstückung desselben weder verändert, noch geteilt werden kann (§ 485).

Ein Grundstück kann mehreren Personen zugleich dienstbar sein, wenn anders die älteren Rechte eines Dritten nicht darunter leiden (§ 486).

## § 37. Besondere Vorschriften über die Grunddienstbarkeiten.

Nach den hier aufgestellten Grundsätzen sind die Rechtsverhältnisse bei den besonderen Arten der Servituten zu bestimmen. Wer also die Last des benachbarten Gebäudes zu tragen, die Einfügung des fremden Balkens an seiner Wand oder den Durchgang des fremden Rauches in seinem Schornsteine zu dulden hat, der muß verhältnismäßig zur Erhaltung der dazu bestimmten Mauer, Säule, Wand oder des Schornsteines beitragen. Es kann ihm aber nicht zugemutet werden, daß er das herrschende Gut unterstützen oder den Schornstein des Nachbars ausbessern lasse (§ 487).

Das Fensterrecht gibt nur auf Licht und Luft Anspruch; die Aussicht muß besonders bewilligt werden. Wer kein Recht zur Aussicht hat, kann angehalten werden, das Fenster zu vergittern. Mit dem Fensterrechte ist die Schuldigkeit verbunden, die Öffnung zu verwahren; wer diese Verwahrung vernachlässigt, haftet für den daraus entstehenden Schaden (§ 488). Wer das Recht der Dachtraufe besitzt, kann das Regenwasser auf das fremde Dach frei oder durch Rinnen abfließen lassen; er kann auch sein Dach erhöhen, doch muß er solche Vorkehrungen treffen, daß dadurch die Dienstbarkeit nicht lästiger werde. Ebenso muß er häufig gefallenen Schnee zeitig hinwegräumen, wie auch die zum Abflusse bestimmten Rinnen unterhalten (§ 489). Wer das Recht hat, das Regenwasser von dem benachbarten Dache auf seinen Grund zu leiten, hat die Obliegenheit, für Rinnen, Wasserkästen und andere dazu gehörige Anstalten die Auslagen allein zu bestreiten (§ 490). Erfordern die abzuführenden Flüssigkeiten Gräben und Kanäle, so muß sie der Eigentümer des herrschenden Grundes errichten; er muß sie auch ordentlich decken und reinigen und dadurch die Last des dienstbaren Grundes erleichtern (§ 491). Das Recht des Fußsteiges begreift das Recht in sich, auf diesem Steige zu gehen, sich von Menschen tragen oder andere Menschen zu sich kommen zu lassen. Mit dem Viehtriebe ist das Recht, einen Schiebkarren zu gebrauchen, mit dem Fahrwege das Recht, mit einem oder mehreren Zügen zu fahren, verbunden (§ 492). Hingegen kann ohne besondere Bewilligung das Recht, zu gehen, nicht auf das Recht, zu reiten oder sich durch Tiere tragen zu lassen, weder das Recht des Viehtriebes auf das Recht, schwere Lasten über den dienstbaren Grund zu schleifen, noch das Recht, zu fahren, auf das Recht, freigelassenes Vieh darüber zu treiben, ausgedehnt werden (§ 493). — Zur Erhaltung des Weges, der Brücken und Stege tragen verhältnismäßig alle Personen oder Grundbesitzer, denen der Gebrauch derselben zusteht, folglich auch der Besitzer des dienstbaren

Grundes soweit bei, als er davon Nutzen zieht (§ 494). — Der Raum für die drei Wegservituten muß dem nötigen Gebrauche und den Umständen des Ortes angemessen sein. Werden Wege und Steige durch Überschwemmung oder durch einen anderen Zufall unbrauchbar, so muß bis zu der Herstellung in den vorigen Stand, wenn nicht schon die polizeiliche Behörde eine Vorkehrung getroffen hat, ein neuer Raum angewiesen werden (§ 495).

Mit dem Rechte, fremdes Wasser zu schöpfen, wird auch der Zugang zu demselben gestattet (§ 496). Wer das Recht hat, Wasser von fremdem Grunde auf den seinigen, oder von seinem Grunde auf fremden zu leiten, ist auch berechtigt, die dazu nötigen Röhren, Rinnen und Schleusen auf eigene Kosten anzulegen. Das nicht zu überschreitende Maß dieser Anlagen wird durch das Bedürfnis des herrschenden Grundes festgesetzt (§ 497).

Ist bei Erwerbung des Weiderechtes die Gattung und die Anzahl des Triebviehes, ferner die Zeit und das Maß des Genusses nicht bestimmt worden, so ist der ruhige 30jährige Besitz zu schützen. In zweifelhaften Fällen dienen folgende Vorschriften zur Richtschnur (§ 498). Das Weiderecht erstreckt sich, insoweit die politischen und die im Forstwesen gegebenen Verordnungen nicht entgegenstehen, auf jede Gattung von Zug-, Rind- und Schafvieh, aber nicht auf Schweine und Federvieh, ebensowenig in waldigen Gegenden auf Ziegen; unreines, ungesundes und fremdes Vieh ist stets von der Weide ausgeschlossen (§ 499). — Hat die Anzahl des Triebviehes während der letzten 30 Jahre abgewechselt, so muß aus dem Triebe der drei ersten Jahre die Mittelzahl angenommen werden. Erhellt auch diese nicht, so ist teils auf den Umfang, teils auf die Beschaffenheit der Weide billige Rücksicht zu nehmen, und dem Berechtigten wenigstens nicht gestattet, daß er mehr Vieh auf der fremden Weide halte, als er mit dem auf dem herrschenden Grunde erzeugten Futter durchwintern kann. Säugevieh wird nicht zur bestimmten Anzahl gerechnet (§ 500). Die Triftzeit[*]) wird zwar überhaupt durch den in jeder Feldmarke eingeführten unangefochtenen Gebrauch bestimmt; allein in keinem Falle darf der vermöge politischer Bestimmungen geordnete Wirtschaftsbetrieb durch die Behütung verhindert oder erschwert werden (§ 501). Der Genuß des Weiderechtes erstreckt sich auf keine andere Benutzung. Der Berechtigte darf weder Gras mähen, noch in der Regel den Eigentümer des Grundstückes von der Mitweide ausschließen, am wenigsten aber die Substanz der Weide verletzen. Wenn ein Schaden zu befürchten ist, muß er sein Vieh von einem Hirten hüten lassen (§ 502). Was bisher in Rücksicht auf das Weiderecht vorgeschrieben worden, ist verhältnismäßig auch auf die Rechte des Tierfanges, des Holzschlages, des Steinbrechens und die übrigen Servituten anzuwenden. Glaubt jemand diese Rechte auf das Miteigentum gründen zu können, so sind die darüber entstehenden Streitigkeiten nach den in dem Hauptstücke von der Gemeinschaft des Eigentums enthaltenen Grundsätzen zu entscheiden (§ 503).

### § 38. Die auf Waldgrund bestehenden Dienstbarkeiten, deren Regelung (Regulierung) und Ablösung.

Die wichtigsten, auf Waldboden bestehenden Grunddienstbarkeiten sind: 1. Das Holzbezugsrecht, 2. das Streubezugsrecht, 3. das Viehweiderecht, 4. Wegrechte aller Art, 5. Bodenbenutzungsrechte für Alphütten, Heustadl, Streuschupfen, Wasserleitungen, Brunnentröge u. s. w.

Diese Waldservituten sind meist schon vor langer Zeit entstanden, wurden in ungeregelter Weise zum Schaden des Waldbesitzers ausgeübt und stets erweitert. Diesem Zustande hat das kaiserliche Patent vom 5. Juli 1853, R. G. Bl. Nr. 130, ein Ende gemacht, durch welches Bestimmungen über die Regulierung und Ablösung der Holz-, Weide- und Forstproduktenbezugsrechte, dann einiger Servituts- und gemeinschaftlicher Besitz- und Benutzungsrechte festgesetzt wurden.

Die den Gegenstand des Patentes bildenden Servitutsrechte sind entweder gegen Entgelt aufzuheben, oder wenn dies nicht tunlich, in allen ihren Beziehungen (sohin rücksichtlich des Umfanges, des Ortes und der Art ihrer Ausübung, der Zeit, der Dauer und des Maßes des Genusses) dergestalt zu regeln, daß hiedurch die möglichste Entlastung des Bodens stattfinde.

---

[*]) Triftzeit ist die Weidedauer; Trift selbst die Weidefläche (auch in der Verbindung Flur und Trift), also mit der Holztrift nicht zu verwechseln.

Die Aufhebung der Servituten gegen Entgelt, die sogenannte Servitutenablösung, kann entweder durch Abtretung von Grund und Boden in das Eigentum der Berechtigten oder durch Bezahlung eines Kapitales an dieselben erfolgen. Die Feststellung aller Beziehungen der Servitut nennt man Servitutenregulierung.

Zur Durchführung der Servitutenablösung oder Regulierung wurden für jedes Kronland eigene Behörden, die Servitutenablösungs- und Regulierungs-Landeskommissionen, eingesetzt; diese haben entweder die von den Besitzern der berechtigten und belasteten Liegenschaften abgeschlossenen Vergleiche genehmigt und ausgefertigt, oder falls eine Einigung nicht zu stande kam, im Erkenntniswege entschieden; es gibt daher Ablösungsvergleiche und -Erkenntnisse, sowie Regulierungsvergleiche und -Erkenntnisse; alle bezeichnet man mit dem gemeinsamen Ausdrucke Servitutsurkunden. Diese Urkunden bilden nun die Grundlage zur Beurteilung des Rechtsverhältnisses zwischen den Eigentümern der belasteten und berechtigten Liegenschaften.

Die Holzbezugsrechte der bäuerlichen Realitäten lauten meist auf eine ziffermäßig bestimmte Menge Brenn-, Bau-, Zeug-, Zaun-, Lichtholz; selten z. B. für Alpenwirtschaften auf den jeweiligen Bedarf. Weitere Vorschriften hierüber enthält das F. G. (siehe VI. Abschn.). Die Streubezugsrechte sind entweder nach dem Raummaße oder nach der Fläche des Gewinnungsortes reguliert. Weiderechte sind für eine bestimmte Anzahl Pferde, Rindvieh, Schafe, Ziegen, Schweine, Esel und Maultiere eingeräumt; auch ist die Dauer der Weidezeit bestimmt.

Für die Weideservitut haben schon das a. b. G. B. im § 500 und fast alle Regulierungsurkunden das sogenannte Auswinterungsprinzip als Grundsatz aufgestellt, vermöge dessen wenigstens nicht mehr Vieh auf der Weide gehalten werden soll, als der Berechtigte mit dem auf dem herrschenden Gute erzeugten Futter durchwintern kann, weil eben auf das landwirtschaftliche Bedürfnis des herrschenden Gutes der Natur einer Grunddienstbarkeit zufolge hauptsächlich zu sehen ist (§ 474, 483, 497).

Fremdes Vieh ist nach § 499 niemals zur Weide zuzulassen, weil dadurch die Dienstbarkeit gegen die Vorschrift des § 484 erweitert oder gewissermaßen auf eine andere Person übertragen würde (§ 485), doch ist hierunter der Fall nicht begriffen, wenn der Servitutsberechtigte das zur Landwirtschaft notwendige Vieh in Bestand genommen hat, weil er solches nicht eigentümlich besitzt; Vieh, welches bloß zum Handel bestimmt ist, darf nicht aufgenommen werden; Säugevieh dagegen ist (nach § 500) nicht in Anschlag zu bringen, weil es seine Nahrung nicht unmittelbar aus der Weide, sondern eigentlich vom Muttertiere empfängt.

Vor dem Auftriebe in die belasteten Waldungen muß das Vieh auf Verlangen des Verpflichteten eingemarkt, d. h. in solcher Art gekennzeichnet werden, daß es jederzeit von unberechtigtem Vieh unterschieden werden kann.

Was die Art des Genusses anbelangt, so erstreckt sich das Weiderecht nur auf das Recht, Vieh auf das dienstbare Grundstück zu treiben, damit es daselbst sein Futter suche, keineswegs aber auf eine andere Benutzung. Der Weideberechtigte darf also nicht das auf der Weide wachsende Gras abmähen, wenn auch nur nach Maßgabe des Viehauftriebes, zu welchem er berechtigt wäre; er darf weder Holz fällen, noch Rohr oder Schilf schneiden, am wenigsten aber die Substanz der Weide verletzen, also Torf stechen, Steine brechen, Lehm graben, einen Ziegelofen oder eine Kalkbrennerei errichten u. dgl. Überhaupt muß die Ausübung des Weiderechtes auf solche Art geschehen, daß dadurch dem Eigentümer des dienstbaren Gutes kein irgend vermeidbarer Schaden zugefügt werde (vgl. §§ 484, 488, 489, 491). Es ist daher die nötige Vorsicht anzuwenden, damit das Vieh, wenn es auf die Weide getrieben wird, oder daselbst angelangt ist, nicht durch Abweiden der Saaten oder sonst bebauter Strecken, welche sich in der Nähe des Weidegrundes befinden, nachteilig werde, daß es sich nicht verlaufe und in Waldungen, Weingärten oder Wiesen durch seinen Einbruch etwas verderbe; deshalb soll, wenn es notwendig ist, das Vieh nicht einzeln, sondern herdenweise, und zwar unter der Aufsicht eines Hirten geweidet werden. Weitere Bestimmungen über die Ausübung der Waldweide enthält das F. G. (siehe VI. Abschn.).

Die Weg- und sonstigen Bodenbenutzungsrechte, welche durch die Sevitutenregulierung bestellt oder festgestellt worden sind, werden nach den im a. b. G. B. enthaltenen Vorschriften ausgeübt.

Den Servitutenerkenntnissen und Vergleichen kommt die Rechtskraft gerichtlicher Urteile und Vergleiche zu.

Es gehört zu den wichtigsten Obliegenheiten der Schutzorgane in den Alpenländern, die Einhaltung der Bestimmungen der Servitutenregulierungsurkunden seitens der Eingeforsteten zu überwachen. Übertretungen der Eingeforsteten sind als Forstfrevel anzusehen und zu bestrafen. (§§ 9—18, 60, 61—66 des F. G.)

### § 39. Die Jagdreservate.

Als Grunddienstbarkeiten sind auch die sogenannten Jagdrechtsvorbehalte oder Jagdreservate anzusehen. Durch Allerhöchste Entschließung vom 30. Juli 1859 wurde nämlich bewilligt, daß der Eigentümer servitutsbelasteter, mehr als 200 Joch umfassender Wälder gelegentlich der Abtretung derselben in das Eigentum des Berechtigten zum Zwecke der Ablösung sich das Jagdrecht auf den abzutretenden Grundstücken vorbehalten könne; er hält gleichsam einen Teil seines früheren Eigentumsrechtes, nämlich die Ausübung des Jagdrechtes, zurück. Das abgetretene Grundstück erscheint als dienendes, das im Eigentum verbliebene als herrschendes Grundstück (vgl. unten, § 53, das Beispiel eines Jagdpachtvertrages).

Verschieden hievon ist das Jagdreservat der Krone, wie es z. B. im § 50 des böhmischen J. G. für die Umgebung von Prag gesetzlich anerkannt ist; dies ist ein staatsrechtlich dem jeweiligen Kaiser von Österreich zustehendes Recht.

### § 40. Besondere Vorschriften für die persönlichen Servituten.

Die Ausübung persönlicher Servituten wird, wenn nichts anderes verabredet worden ist, nach folgenden Grundsätzen bestimmt: Die Servitut des Gebrauches besteht darin, daß jemand befugt ist, eine fremde Sache, ohne Verletzung der Substanz, bloß zu seinem Bedürfnisse zu benutzen (§ 504). — Die Fruchtnießung ist das Recht, eine fremde Sache mit Schonung der Substanz ohne alle Einschränkung zu genießen (§ 509). Die Servitut der Wohnung ist das Recht einer bestimmten Person, die bewohnbaren Teile eines Hauses zu ihrem Bedürfnisse zu benutzen. Sie ist also eine Servitut des Gebrauches von dem Wohngebäude. Werden aber jemandem alle bewohnbaren Teile des Hauses mit Schonung der Substanz, ohne Einschränkung, zu genießen überlassen, so ist es eine Fruchtnießung des Wohngebäudes (§ 521).

### § 41. Erlöschung der Dienstbarkeiten.

Die Servituten erlöschen (§ 524—529) durch Untergang der dienenden Sache, oder durch Ablauf der Zeit, auf welche das Recht eingeschränkt war (z. B. das Wohnungsrecht der bäuerlichen Ausgedinger oder Austrägler mit deren Tode) oder dadurch, daß das Servitutsrecht und das Eigentumsrecht an der dienenden Sache sich in einer Person vereinigen oder durch Verzicht des Servitutsberechtigten, das ist durch einen Vertrag zwischen dem Berechtigten und Verpflichteten, nach welchem jener sein Recht aufgibt, dieser den Verzicht annimmt, oder durch Untergang des herrschenden oder des dienenden Grundes oder durch Tod der berechtigten Person oder durch Verjährung.

## VIII. Kapitel.

# Die öffentlichen Bücher, insbesondere das Grundbuch.

### § 42. Zweck und Wesen der Grundbücher.

Zweck der öffentlichen Bücher ist es, die Eigentumsverhältnisse unbeweglicher Güter und die darauf haftenden Lasten, insbesondere Hypotheken und Servituten, für jedermann ersichtlich darzustellen. Dies geschieht dadurch, daß alle Tatsachen und Rechte, welche sich auf das Eigentum oder auf die Belastung eines unbeweglichen Gutes beziehen, in das öffentliche Buch eingetragen werden.

Durch die Eintragung in das öffentliche Buch erwirbt derjenige, zu dessen Gunsten die Eintragung geschieht, ein dingliches Recht, das ist ein gegen jeden Besitzer des unbeweglichen Gutes ohne Rücksicht auf dessen Person wirksames Recht.

Die wichtigsten öffentlichen Bücher sind die Grundbücher; sie sind gemeindeweise angelegt und bestehen aus einem Hauptbuche und aus dem Urkundenbuche oder aus der Urkundensammlung.

Das Hauptbuch besteht aus einzelnen Grundbuchseinlagen, in welchen die Bestandteile des unbeweglichen Gutes, Grundstücke, Häuser, samt den dazugehörigen Rechten beschrieben (*A* Gutsbestandsblatt), der Eigentümer angegeben (*B* Besitzstandsblatt), sowie die auf denselben haftenden Lasten verzeichnet sind (*C* Lastenblatt). Die Erwerbung, Übertragung, Beschränkung oder Aufhebung von Rechten an einem solchen unbeweglichen Gute, sowie von Lasten auf demselben, kann nur durch Eintragung in den Teilen des Hauptbuches erwirkt werden. Die grundbücherlichen Eintragungen können nur auf Grund von Urkunden vorgenommen werden, welche dem Grundbuchsgerichte vorgelegt werden müssen, die Urkunden müssen im Hauptbuche angegeben werden; von jeder derselben wird eine beglaubigte Abschrift in das Urkundenbuch einverleibt.

Das Grundbuch kann als öffentliches Buch von jedermann zu den gewöhnlichen Amtsstunden in Gegenwart eines Grundbuchsführers eingesehen werden; auch ist jedermann berechtigt, sich selbst Auszüge aus den Grundbüchern zu machen oder sogenannte amtlich beglaubigte Grundbuchsextrakte zu verlangen.

Die Eintragungen im Grundbuche sind entweder unbedingte (Einverleibungen) oder bedingte (Vormerkungen), je nachdem ihnen Rechtswirksamkeit sofort oder nur unter der Bedingung nachfolgender Rechtfertigung zukommt. Auch Anmerkungen über gewisse persönliche Verhältnisse, wie Minderjährigkeit, Kuratel, Konkurs des Eigentümers, oder sachliche Verhältnisse, Abtrennung von Grundstücken, exekutive Feilbietung, Aufkündigung einer Satzpost, sind im Grundbuche zulässig und bewirken, daß derjenige sich mit Unkenntnis dieser Tatsachen nicht entschuldigen kann, der eine Eintragung in der betreffenden Grundbuchseinlage erwirken will.

Urkunden, auf Grund deren eine Eintragung im Grundbuche erfolgen soll, müssen besonderen Anforderungen entsprechen (Tabularurkunden): 1. müssen dieselben den Rechtsgrund angeben, auf Grund dessen die bücherliche Eintragung verlangt wird, z. B. Eigentumserwerb durch Kauf, Tausch, Schenkung; 2. die am Rechtsgeschäfte beteiligten Personen müssen genau bezeichnet werden, so daß eine Verwechslung nicht stattfinden kann, ebenso darf Ort und Tag der Ausstellung nicht fehlen; 3. müssen sie auch nach der äußeren Form glaubwürdig erscheinen; 4. müssen sie ausdrückliche Einwilligung zur Einverleibung desjenigen enthalten, dessen Recht beschränkt, belastet oder aufgehoben wird (Aufsandungserklärung).

Zur Erwirkung der Einverleibung ist entweder eine öffentliche Urkunde, das ist eine von einer öffentlichen Behörde ausgestellte, oder eine solche Urkunde erforderlich, auf welcher die Unterschriften gerichtlich (siehe unten, § 51, das Beispiel des Tauschvertrages), oder notariell legalisiert sind (Legalisierungszwang); nur bei geringfügigen Grundbuchsachen, wo es sich um einen Wert von weniger als 200 Kronen handelt, genügt die Mitfertigung zweier Zeugen, welche eigenhändig beisetzen müssen, daß ihnen der Aussteller der Urkunde persönlich bekannt ist.

Gegenstand der bücherlichen Eintragungen können nur dingliche Rechte und Lasten sein, also Eigentums- und Pfandrechte, Servituten, Reallasten und Erbrechte, dann Wiederkaufs- und Vorkaufsrechte (siehe unten § 52), endlich Bestandrechte; das Miteigentumsrecht kann nur nach bestimmten Anteilen im Verhältnisse zum Ganzen z. B. zur Hälfte, zum Drittel u. s. w., das Pfandrecht kann nur auf einen ganzen Grundbuchskörper eingetragen werden.

Eintragungen in den Grundbüchern erfolgen nicht von amtswegen, sondern nur auf Ansuchen der Partei (über ein Grundbuchsgesuch) beim Grundbuchsgerichte.

Einverleibte Pfandrechte können im Falle eines exekutiven Verkaufes der Liegenschaft nur nach Reihenfolge der Eintragung zur Befriedigung gelangen; über den Vorrang (die Priorität) einer Satzpost entscheidet also das Eintreffen des Grundbuchsgesuches beim Gerichte.

Die Vorschriften über die Grundbücher sind durch das Reichsgesetz vom 25. Juli 1871, R. G. Bl. Nr. 95, geregelt, in den einzelnen Ländern wurden eigene Gesetze über die Anlegung neuer Grundbücher erlassen. Für Tirol, wo früher sogenannte Verfachbücher als öffentliche Bücher bestanden, sind erst durch das Gesetz vom 17. März 1897, R. G. Bl. Nr. 77 und L. G. Bl. Nr. 9, ebenfalls Grundbücher eingeführt worden, die von sonstigen Grundbüchern in verschiedenen Punkten abweichen.

Für abgetrennte Teile eines Grundstückes ist entweder eine neue grundbücherliche Einlage zu errichten, oder sie werden zu einem schon behördlich eingetragenen Gute des neuen Erwerbers zugeschrieben. — Soll die Trennung eines Teiles von einem unbeweglichen Gute in der Weise geschehen, daß die auf dem Stammgute haftenden bücherlichen Lasten (Tabularlasten) nicht auf das abgetrennte Stück übergehen, so muß entweder die ausdrückliche Zustimmung sämtlicher im Grundbuche eingetragenen Gläubiger zur lastenfreien Abtrennung nachgewiesen, oder das Aufforderungsverfahren eingeleitet werden; in diesem Falle werden jene Personen, für welche ein dingliches Recht auf dem Grundstücke bücherlich eingetragen ist, vom Grundbuchsgerichte aufgefordert, binnen einer bestimmten Frist ihren etwaigen Einspruch gegen die Abtrennung beim Gerichte vorzubringen, widrigenfalls angenommen würde, daß die Aufgeforderten in die lastenfreie Abtrennung einwilligen. — Wird ein Einspruch rechtzeitig erhoben, so wird die beabsichtigte Trennung gehemmt; diese Hemmung kann dadurch behoben werden, daß entweder der Tabulargläubiger durch Bezahlung seiner Forderung befriedigt wird, oder daß der Einspruch vom Gerichte als unwirksam erklärt wird, wenn z. B. die Forderung des einsprechenden Gläubigers auch nach der Abtrennung in dem zurückbleibenden Grundstücke noch hinreichende Sicherheit findet.

---

## IX. Kapitel.

## Das Erbrecht (§§ 531—824).

### § 43. Begriff und Arten des Erbrechtes.

Der Inbegriff der Rechte und Verbindlichkeiten eines Verstorbenen, insofern sie nicht bloß in persönlichen Verhältnissen gegründet sind, heißt desselben Verlassenschaft oder Nachlaß (§ 531).

Das ausschließende Recht, die ganze Verlassenschaft, oder einen in Beziehung auf das Ganze bestimmten Teil derselben (z. B. die Hälfte, ein Dritteil) in Besitz zu nehmen, heißt Erbrecht. Es ist ein dingliches Recht, welches gegen einen jeden, der sich die Verlassenschaft anmaßen will, wirksam ist. Derjenige, dem das Erbrecht gebührt, wird Erbe, und die Verlassenschaft, in Beziehung auf den Erben, Erbschaft genannt (§ 532).

Das Erbrecht gründet sich auf den nach gesetzlicher Vorschrift erklärten Willen des Erblassers, auf einen nach dem Gesetze zulässigen Erbvertrag (§ 602) oder auf das Gesetz (§ 533).

Wird jemanden kein solcher Erbteil, der sich auf den ganzen Nachlaß bezieht, sondern nur eine einzelne Sache, eine oder mehrere Sachen von gewisser Gattung, eine Summe oder ein Recht zugedacht, so heißt das Zugedachte, obschon dessen Wert vielleicht den größten Teil der Verlassenschaft ausmacht, ein Vermächtnis (Legat); derjenige, dem es hinterlassen worden, ist nicht als ein Erbe, sondern nur als ein Vermächtnisnehmer (Legatar) zu betrachten (§ 535).

### 1. Die letztwillige Erklärung (das Testament).

Die Anordnung, wodurch der Erblasser sein Vermögen oder einen Teil desselben einer oder mehreren Personen widerruflich auf den Todesfall überläßt, heißt eine Erklärung des letzten Willens (§ 552). Wird in einer letzten Anordnung ein Erbe eingesetzt, so heißt sie Testament; enthält sie aber nur andere Verfügungen, so heißt sie Codicill (§ 553).

Der Wille des Erblassers muß bestimmt, nicht durch bloße Bejahung eines ihm gemachten Vorschlages, er muß im Zustande der vollen Besonnenheit, mit Überlegung und Ernst, frei von Zwang, Betrug und wesentlichem Irrtum erklärt werden (§ 565).

Man kann außergerichtlich oder gerichtlich, schriftlich oder mündlich, schriftlich aber mit oder ohne Zeugen testieren.

Wer mündlich testiert, muß vor drei fähigen Zeugen seinen Willen erklären. Diese drei Zeugen müssen zu gleicher Zeit während der Abgabe der letztwilligen Erklärung zugegen sein; sie müssen den Erblasser persönlich kennen und bestätigen, daß in seiner Person kein Betrug oder Irrtum unterlaufen sei. Damit nicht irgend ein Umstand dem Gedächtnisse der Zeugen entschwinde, ist geraten, daß die drei Zeugen entweder gemeinschaftlich oder ein jeder für sich die Erklärung des Erblassers aufschreiben oder durch einen anderen aufschreiben lassen.

Wer schriftlich und ohne Zeugen testieren will, muß seinen letzten Willen eigenhändig schreiben und unterfertigen. Die Beisetzung des Jahres und Tages, dann des Ortes der Errichtung des schriftlichen Testamentes ist zwar nicht unbedingt notwendig, jedoch zur Vermeidung von Streitigkeiten, welche nach dem Tode des Erblassers leicht entstehen könnten, anzuraten.

Wenn der Erblasser seinen letzten Willen nicht selbst niedergeschrieben hat, wenn also das Testament von einer anderen Person geschrieben wurde, so muß der Aufsatz von dem Erblasser eigenhändig unterfertigt werden, er muß ferner vor drei Zeugen, von denen wenigstens zwei zugleich gegenwärtig sein sollen, die Schrift als seinen letzten Willen erklären und bestätigen. Der Inhalt des Testamentes braucht den Zeugen nicht mitgeteilt zu werden, jedoch müssen sich die Zeugen auf der Urkunde selbst (also nicht etwa auf einem bloßen Umschlage) als Zeugen des letzten Willens unterschreiben.

### 2. Gesetzliche Erbfolge (§§ 727—761).

In Ermangelung einer giltigen, letztwilligen Anordnung fällt der ganze Nachlaß dem gesetzlichen Erben zu. Ist aber eine giltige letztwillige Verfügung vorhanden, so fällt auf die gesetzlichen Erben nur jener Teil das Nachlasses, über welchen in dem Testamente oder Codicille keine Verfügung getroffen ward.

Gesetzliche Erben sind diejenigen, welche mit dem Erblasser durch die eheliche Abstammung in nächster Linie verwandt sind.

Die gesetzliche Erbfolge erstreckt sich auf sechs Linien: Zur ersten Linie gehören jene Personen, welche sich unter dem Erblasser, als ihrem Stamm vereinigen, nämlich seine Kinder, Enkel und Urenkel. Zur zweiten Linie gehören die Eltern des Erblassers samt denjenigen, die mit ihm unter den Eltern, als dem gemeinschaftlichen Stamm vereinigen; diese sind die Geschwister und deren Nachkömmlinge. Zur dritten Linie gehören die Großeltern des Erblassers samt deren Nachkommen. Zur vierten Linie gehören des Erblassers erste Urgroßeltern samt ihren Nachkömmlingen. Zur fünften Linie gehören des Erblassers zweite Urgroßeltern samt ihren Nachkömmlingen. Zur sechsten Linie endlich gehören des Erblassers dritte Urgroßeltern samt deren Nachkömmlingen. Auf diese sechs Linien ehelicher Verwandtschaft ist das Recht der gesetzlichen Erbfolge beschränkt. — Sind keine Nackommen des Erblassers, also keine Verwandten der ersten Linie vorhanden, so fällt die Verlassenschaft an die Verwandten der zweiten Linie, nämlich an Vater und Mutter des Erblassers oder an deren Nachkommen. Ist der Vater oder die Mutter gestorben, so wird die auf jede dieser beiden Personen entfallende Hälfte unter deren Nachkommen verteilt. Ist ein Elternteil ohne Hinterlassung anderer Nachkommen als des Erblassers verstorben, so fällt die ganze Erbschaft dem noch lebenden Elternteile, oder wenn dieser auch schon verstorben wäre, seinen Nachkommen zu. Sind beide Elternteile des Erblassers ohne Hinterlassung von Nachkömmlingen verstorben, sind also keine Verwandten der zweiten Linie mehr vorhanden, so fällt die Erbschaft den Verwandten der dritten Linie u. s. w. zu.

### 3. Das Noterbrecht (§§ 762—796).

Der Erblasser muß, wenn er ein Testament errichtet, seine Kinder, und wenn er keine Kinder hätte, seine Eltern mit einem Erbteile bedenken. Diese Personen nennt man Noterben und der Erbteil, welcher ihnen zugewendet werden muß, heißt Pflichtteil. Sind die Kinder des Erblassers nicht mehr am Leben, so fällt der Pflichtteil auf deren Nachkommen, also auf die Enkel und Urenkel des Erblassers. Sind die Eltern des Erblassers nicht mehr am Leben, so fällt der ihnen gebührende Pflichtteil auf die Großeltern oder Urgroßeltern. Als Pflichtteil bestimmt das Gesetz einem Kinde die Hälfte dessen, was ihm ohne Beschränkung auf den Pflichtteil nach der gesetzlichen Erbfolge zugefallen wäre. Den Eltern gebührt als Pflichtteil das Drittel dessen, was sie bei der gesetzlichen Erbfolge erhalten haben würden.

Das Gesetz gestattet in gewissen Fällen dem Erblasser, auch dem Noterben den Pflichtteil zu entziehen und ihn gänzlich zu enterben. Das Kind kann enterbt werden: 1. Wenn es den Erblasser im Notstande hilflos gelassen hat, 2. wenn es wegen eines Verbrechens zur lebenslänglichen oder doch zur zwanzigjährigen Kerkerstrafe verurteilt worden ist, 3. wenn es einen gegen die öffentliche Sicherheit anstößigen Lebenswandel beharrlich führt.

### 4. Die Verlassenschaftsabhandlung.

Die Verlassenschaftsabhandlung (kais. Patent vom 9. August 1854, R. G. Bl. Nr. 208) ist der Inbegriff aller gerichtlichen Schritte, welche die Ausmittlung und Sicherung eines Nachlasses an die einzelnen Ansprecher und die Übergabe (Einantwortung) der Erbschaft an die Erben zum Zwecke haben.

Die Verlassenschaftsabhandlung wird durch die Todfallsaufnahme eingeleitet. Ein Gerichtsabgeordneter oder ein k. k. Notar oder der Gemeindevorsteher haben sich nämlich in die Wohnung des Verstorbenen zu begeben und daselbst zu erforschen, wer und wo die Kinder und sonstigen nächsten Verwandten des Erblassers seien, ob der Nachlaß von Bedeutung sei, ob unbewegliche Güter zu dem Nachlasse gehören, ob und welche Schulden vorhanden seien, ob ein Testament, ein Codicill, ein Heirats- oder Erbvertrag vorhanden sei, ob der Verstorbene ein Vormund oder Kurator gewesen sei, ob für seine minderjährigen Kinder etwa schon ein Vormund bestellt sei, oder wen die Witwe als Mitvormund vorschlagen wolle, und ob der Verstorbene nicht etwa eine Pension oder eine Besoldung aus einer öffentlichen Kassa bezogen habe.

Die Übergabe der Erbschaft in das Eigentum des Erben geschieht durch die Abhandlungsinstanz und heißt die Einantwortung des Nachlasses.

### 5. Das Familien-Fideikommiß (§§ 618—646).

Ein Familien-Fideikommiß ist eine unter Genehmigung der gesetzgebenden Gewalt (§ 627) getroffene Anordnung, kraft welcher ein Vermögen für alle künftigen, oder doch für mehrere Geschlechtsfolgen als ein unveräußerliches Gut einer Familie erklärt wird. Das Recht, ein Fideikommiß zu stiften, ist in Österreich nicht auf den höheren oder niederen Adel beschränkt, wiewohl für bürgerliche Familien nur selten Fideikommisse errichtet worden sind.

Die Errichtung kann durch eine letztwillige Anordnung oder durch eine Verfügung unter Lebenden und im letzteren Falle wieder durch einen einseitigen Akt, oder durch einen Vertrag erfolgen (§ 628). wonach dann auch entweder die für testamentarische Anordnungen vorgeschriebenen Förmlichkeiten, oder die gesetzlichen Bestimmungen über einseitige Willenserklärungen unter Lebenden, oder über Verträge beobachtet werden müssen.

Das Familienfideikommiß ist entweder eine Primogenitur oder ein Majorat oder ein Seniorat, je nachdem der Stifter desselben die Nachfolge dem Erstgeborenen aus der älteren Linie, oder dem nächsten aus der Familie dem Grade nach unter mehreren gleich nahen aber dem Älteren, oder endlich ohne Rücksicht auf die Linie dem Älteren aus der Familie zugedacht hat.

Nach dem Gesetze vom 13. Juni 1868, R. G. Bl. Nr. 61, kann die Bewilligung zur Errichtung eines Fideikommisses nur durch ein Reichsgesetz erteilt werden.

Gegenwärtig bestehen in Österreich gegen 300 Familienfideikommisse mit 800 Gütern; in Salzburg und Vorarlberg bestehen gar keine, in Böhmen die meisten, in Tirol, Istrien, Dalmatien die wenigsten Fideikommisse.

---

## B. Die Forderungsrechte (§§ 859—1341).

### X. Kapitel.

## Forderungsrechte aus Verträgen (§§ 859—1292).

### a) Die Verträge im allgemeinen.

**§ 44. Begriff und Einteilung der Verträge; allgemeine Bestimmungen.**

Der Vertrag (Kontrakt) ist die Willenseinigung zweier oder mehrerer Personen über eine Rechtsübertragung; die eine Partei verspricht etwas zu gestatten, zu geben, zu tun oder zu unterlassen (= macht ein Offert), die andere Partei nimmt dieses Versprechen an (§ 861). So lange unterhandelt wird, liegt noch kein Vertrag vor, erst wenn die Parteien einig sind, das Offert angenommen worden, ist der Vertrag geschlossen; ohne Zustimmung beider vertragschließender Teile kann dann am Vertrage nichts mehr geändert werden.

Wenn zur Annahme des Versprechens kein Zeitraum bedungen worden ist, so muß ein mündliches Versprechen ohne Verzug angenommen werden. Bei dem schriftlichen kommt es darauf an, ob beide Teile sich an demselben Orte befinden oder nicht. Im ersten Falle muß die Annahme in 24 Stunden, im zweiten aber innerhalb jenes Zeitraumes, welcher zur zweimaligen Beantwortung nötig ist, erfolgen und dem versprechenden Teile bekannt gemacht werden; widrigenfalls ist das Versprechen erloschen. Vor Ablauf des festgesetzten Zeitraumes kann das Versprechen nicht zurückgenommen werden (§ 862).

Wenn ein Teil dem anderen ein Versprechen gibt, ohne sich dafür eine Gegenleistung auszubedingen, wie z. B. bei der Schenkung, ist ein einseitig verbindlicher Vertrag vorhanden; wenn sich beide Teile Rechte übertragen und wechselseitig annehmen, liegt ein zweiseitig verbindlicher Vertrag vor; erstere heißen auch unentgeltliche, letztere entgeltliche Verträge (§ 864).

Die Verträge können mündlich oder schriftlich abgeschlossen werden; der schriftliche Vertrag ist deshalb vorteilhafter, weil damit ein bleibendes Beweismittel (Urkunde) für die Vertragsrechte geschaffen wird. In einigen Fällen ist die Giltigkeit des Vertrages von der schriftlichen Ausfertigung vor dem Notar abhängig (Notariatsakte).

Die Einwilligung der vertragschließenden Teile muß frei, ernstlich, bestimmt und verständlich erklärt werden. Ist die Erklärung unfrei, scherzhaft, unverständlich, ganz unbestimmt, oder erfolgt die Annahme unter anderen Bedingungen, als unter denen das Versprechen geschehen ist, so entsteht kein Vertrag (§ 869).

Wenn mir z. B. jemand auf offener Straße in der Nacht begegnet, mir den Revolver vor den Kopf hält, mich fragt: „Verkaufen Sie mir Ihre goldene Uhr um

20 Heller?" und ich antworte: „Ja" und übergebe ihm die Uhr, so ist kein giltiger
Kaufvertrag entstanden, weil meine Einwilligung nicht frei war. Wenn ein Jagdgast,
dessen Vorstehhund eben einen Hasen gerissen, zum Forstgehilfen sagt: „Ich verkaufe
Ihnen den Hund doch nicht unter 200 Kronen" und wenn dieser antwortet: Ich gebe
Ihnen 1 Million Kronen dafür, so ist kein giltiger Kaufvertrag entstanden, weil die Erklärung des Forstgehilfen nicht ernst, sondern scherzhaft gemeint war. Wenn eine
Sommerpartei die Fremdenzimmer des Forstmeisters besichtigt und zu diesem sagt: „Die
Wohnung gefällt mir, ich möchte sie für 300 bis 400 Kronen mieten, aber ich will noch
die anderen Fremdenwohnungen im Orte ansehen", so liegt noch keine bestimmte Erklärung vor und ist deshalb kein Mietvertrag zu stande gekommen. Wenn endlich Holzhauer X zum Holzhauer Y sagt: „Leihe mir bis zum 1. Dezember 30 Kronen", Y antwortet: „Ja aber ich kann sie dir nur bis zum 1. Oktober leihen, gegen 2 Kronen
Zinsen", so ist kein Vertrag zu stande gekommen, weil die Annahme unter anderen Bedingungen erfolgte.

Es ist nicht notwendig, daß die Einwilligung in einem Vertrage
ausdrücklich (d. h. durch Worte oder allgemein geltende Zeichen)
erklärt wird, sondern es genügt, wenn jemand seine Willensmeinung
stillschweigend durch solche Handlungen an den Tag legt, über deren
Bedeutung niemand zweifeln kann.

Wenn ich z. B. auf der Eisenbahnfahrt in einer größeren Station aussteige, zum
Bierschank eile, eines der gefüllten Biergläser ergreife und austrinke, so habe ich, ohne
ein Wort zu sprechen, mit dem Bahnhofwirt einen Vertrag des Inhaltes abgeschlossen,
daß ich ihm das im Bierglase enthaltene Bier zu dem von ihm begehrten Preise abkaufe.

Ist jemand durch ungerechte und gegründete Furcht von dem
anderen vertragschließenden Teile zur Eingehung des Vertrages gezwungen worden, so ist er nicht verpflichtet, den Vertrag einzuhalten.
Wenn ein Teil von dem anderen durch falsche Angaben irregeführt
worden und der Irrtum die Hauptsache oder eine wesentliche Beschaffenheit derselben betrifft, so entsteht für den Irregeführten keine
Verbindlichkeit.

Wenn jemand eine Sache auf eine entgeltliche Art einem anderen überläßt, so
leistet er Gewähr, daß sie die ausdrücklich bedungenen, oder gewöhnlich dabei voraus-
gesetzten Eigenschaften habe, und daß sie der Natur des Geschäftes oder der getroffenen
Verabredung gemäß benutzt und verwendet werden könne (§ 922).
Wer also der Sache Eigenschaften beilegt, die sie nicht hat, und die ausdrücklich
oder vermöge der Natur des Geschäftes stillschweigend bedungen worden sind; wer
ungewöhnliche Mängel oder Lasten derselben verschweigt, wer eine nicht mehr vorhandene, oder eine fremde Sache als die seinige veräußert, wer fälschlich vorgibt, daß
die Sache zu einem bestimmten Gebrauche tauglich, oder daß sie auch von den gewöhnlichen Mängeln und Lasten frei sei, der hat, wenn das Widerspiel hervorkommt,
dafür zu haften (§ 923).
Hat bei zweiseitig verbindlichen Geschäften ein Teil nicht einmal die Hälfte
dessen, was er dem andern gegeben hat, von diesem an dem gemeinen Werte erhalten,
so räumt das Gesetz dem letzteren Teile das Recht ein, die Aufhebung und die Herstellung
in den vorigen Stand zu fordern. Dem anderen Teile steht aber bevor, das Geschäft
dadurch aufrecht zu erhalten, daß er den Abgang bis zum gemeinen Werte zu ersetzen
bereit ist. Das Mißverhältnis des Wertes wird nach dem Zeitpunkte des geschlossenen
Geschäftes bestimmt (§ 934; vgl. § 51 im Muster des Tauschvertrages).
Im Wege der Versteigerung können entgeltliche Verträge abgeschlossen werden,
wenn jemand einen größeren Kreis von Bietern in der Absicht heranzieht, um mit demjenigen den Vertrag zu schließen, der die günstigsten Bedingungen stellt. Die Einladung
ist entweder an denjenigen gerichtet, der den höchsten Preis bieten will (Meistbot),
z. B. bei Verkäufen, Pachtungen, oder an denjenigen, der den niedersten Preis, z. B. bei
Lieferungen von Arbeiten, verlangt (Absteigerung).
Die Versteigerung kann eine mündliche oder eine schriftliche sein. Die
mündliche Versteigerung erfolgt in Gegenwart der Bieter durch Ruf und Zuschlag sowohl
bei der Aufsteigerung, wie bei der Absteigerung. Die schriftliche Versteigerung erfolgt
durch Entgegennahme schriftlicher Angebote seitens der Bieter zu einem bestimmten
Termine (schriftliche Offertverhandlung). Diese Art der Versteigerung hat den Vorteil,
daß Verabredungen unter den Bietern nicht so leicht möglich sind, weil das schriftliche
Anbot geheim bleibt. Auch kann sich bei diesem Verfahren der Versteigerer die Auswahl
unter den Bietern vorbehalten, so daß er nicht gebunden ist, dem Bestbieter den Gegen-

stand. zuzuschlagen; dies muß jedoch ausdrücklich in den Offertbedingungen festgestellt werden (vgl. das unten folgende Muster der Holzverkaufsbedingungen).

Die gerichtliche Versteigerung ist in der Regel mündlich und kann eine freiwillige oder eine zwangsweise sein; letztere findet statt in Exekutionsfällen, sowie beim Konkurse (vgl. III. Abschn.).

Wird über einen Vertrag zur größeren Sicherheit der vertragschließenden Teile eine schriftliche Urkunde ausgefertigt, so muß diese enthalten:

1. Den Vor- und Zunamen, Stand und Wohnort der vertragschließenden Teile.

2. Die genaue und deutliche Bezeichnung des Gegenstandes, über welchen der Vertrag geschlossen wird.

3. Die Bedingungen und nebensächlichen Bestimmungen über Zeit, Ort und Art der Erfüllung des Vertrages, Verzinsung u. s. w.

4. Die Vertragssumme, und zwar ist es geraten, dieselbe zur Verhütung von Fälschungen nicht nur mit Ziffern, sondern auch mit Buchstaben auszudrücken.

5. Ort und Tag (Datum) der Ausstellung der Urkunde.

6. Die Unterschrift der vertragschließenden Teile und der Zeugen, deren Beiziehung, wenn sie auch durch das Gesetz nicht geboten erscheint, doch immer rätlich ist.

7. Die schriftlichen Verträge müssen endlich mit dem erforderlichen Stempel versehen sein, und zwar ist die Stempelmarke in solcher Weise auf der Urkunde zu befestigen, daß die erste Zeile des Textes (nicht die Aufschrift) über den unteren Teil der Stempelmarke geschrieben wird.

Ist zwar noch nicht die förmliche Vertragsurkunde, aber doch über die Hauptpunkte des Vertrages ein Aufsatz (Punktationen) errichtet und von den Parteien unterschrieben worden, so gründen solche Punktationen doch schon die darin ausgedrückten Rechte und Verbindlichkeiten.

Kann ein Kontrahent seinen Namen nicht schreiben, so muß er der Urkunde in Gegenwart zweier Zeugen sein Handzeichen (gewöhnlich drei Kreuze) beisetzen; einer der Zeugen muß dann den Namen jenes Kontrahenten unter das Handzeichen setzen, z. B.: „+ + + das ist: Josef Werner", und muß beifügen: „durch mich Alois Wegmayr, Namensschreiber und Zeuge."

Haben die Parteien sich ausdrücklich auf die Errichtung eines schriftlichen Vertrages geeinigt, so wird der Vertrag vor der geschehenen Unterschrift nicht als geschlossen angesehen.

## *b) Die Verträge im besonderen.*

## § 45. Die wichtigsten Arten der Verträge.

Die wichtigsten Arten der Verträge sind: 1. der Schenkungsvertrag, 2. der Verwahrungsvertrag, 3. der Leihvertrag, 4. der Darlehensvertrag, 5. der Bevollmächtigungsvertrag, 6. der Tauschvertrag, 7. der Kaufvertrag, 8. der Bestandvertrag, 9. der Dienst- und Lohnvertrag, 10. der Bürgschaftsvertrag, 11. der Pfandvertrag, 12. der Vergleich, 13. der Abtretungsvertrag (Zession), Anweisungsvertrag (Assignation) und der Wechselvertrag, 14. Verträge aus Inhaberpapieren, 15. der Versicherungsvertrag.

## § 46. Der Schenkungsvertrag.

Ein Schenkungsvertrag liegt vor, wenn eine Partei einer anderen eine Sache unentgeltlich überläßt und diese die Überlassung annimmt (§ 938). Man unterscheidet Schenkungen unter Lebenden und auf den Todesfall.

Bei Schenkungsverträgen unter Lebenden ist ein jeder Bogen mit einer Stempelmarke von 1 Krone zu versehen; wird der Gegenstand nicht gleich übergeben, überdies nach Prozenten vom Werte (1—8% je nach dem Verwandtschaftsverhältnis der beiden Teile). Von Schenkungsverträgen auf den Todesfall ist erst beim Erbanfalle die Vermögensübertragungsgebühr zu entrichten.

## § 47. Der Verwahrungsvertrag.

Der Verwahrungsvertrag besteht darin, daß jemand eine fremde Sache in seine Obsorge zur Aufbewahrung übernimmt (§ 957). Ein solcher

Vertrag entsteht z. B., wenn ich dem Besitzer einer Badeanstalt meine Uhr für die Zeit, während welcher ich das Schwimmbad benutze, zur Aufbewahrung übergebe; er ist verpflichtet, mir meine Uhr auf Verlangen zurückzustellen. Eine Verwahrungsgebühr ist nur dann zu entrichten, wenn dies ausdrücklich bedungen. Pretiosen, Urkunden, Wertpapiere und dgl. werden häufig in Verwahrung gegeben und hierüber ein Vertrag abgeschlossen.

Stempel nach Skala II, wenn ein Lohn bedungen wurde; sonst 1 Krone von jedem Bogen.

### § 48. Der Leihvertrag.

Ein Leihvertrag entsteht, wenn jemandem eine unverbrauchbare Sache zum unentgeltlichen Gebrauche auf eine bestimmte Zeit übergeben wird (§ 971); z. B. ein Förster leiht seinem Jagdfreunde ein Jagdgewehr für einen Pürschgang. Nach gemachtem Gebrauche muß der Entlehner die geliehene Sache wieder in unbeschädigtem Zustande zurückstellen. Als schriftliches Beweismittel des Leihvertrages genügt die vom Entlehner unterfertigte Erklärung, daß er die entlehnte Sache übernommen habe und sich verpflichte, dieselbe nach der bedungenen Zeit zurückzustellen; eine solche Erklärung heißt Revers.

Von jedem Bogen ist 1 Krone Stempel zu entrichten.

Beispiel eines Reverses:

**Revers.**

1 Kronenstempel.

Ich erkläre hiemit, daß ich vom Herrn Alfred Hollerbaum, gräflicher Revierförster in Althütte, einen steierischen Jagdwagen für die Zeit vom 16. bis 31. Oktober 1902 leihweise zur unentgeltlichen Benutzung in vollkommen gebrauchsfähigem Zustande übernommen habe. Ich verpflichte mich, diesen Wagen in schonendster Weise zu verwenden, sorgfältig zu erhalten, in gleich gutem Zustande zurückzustellen und für jegliche etwaige Beschädigung zu haften.

Louisenthal, am 15. Oktober 1902.

Otto Straub
Waldbereiter der Kruppschen Herrschaft.

### § 49. Der Darlehensvertrag (§§ 983—1001), nebst einem Anhange über das österreichische Geldwesen.

Wird jemandem Geld oder eine andere verbrauchbare Sache, z. B. Mehl, Waldsamen, Schießpulver unter der Bedingung übergeben, daß er zwar willkürlich darüber verfügen könne, aber nach einer gewissen Zeit ebensoviel von derselben Gattung zurückgeben soll, so entsteht ein Darlehensvertrag (§ 983). Meist wird eine Verzinsung des in Geld gegebenen Darlehens (Kapital) bedungen. Als Beweismittel über einen Darlehensvertrag wird ein Schuldschein vom Schuldner ausgestellt und dem Gläubiger übergeben. Das Beweismittel für die Rückzahlung bildet die Quittung, mit welcher der Gläubiger bestätigt, daß der Schuldner seine Verbindlichkeit erfüllt hat.

Die Höhe der gesetzlichen Zinsen, d. h. der Zinsen in allen jenen Fällen, in denen die Parteien über den Zinsenbetrag keine Vereinbarung getroffen haben, beträgt $5^0/_0$, nur bei Handelsgeschäften, welche nach dem Handelsgesetze zu beurteilen sind, $6^0/_0$.

Der Schuldschein sowohl wie die Quittung ist nach Skala II zu stempeln.

**Beispiel eines Schuldscheines.**

### Schuldschein.

5 Kronen Stempel.

Ich bekenne hiemit, von Herrn Pinkas Melzer in Karlsberg den Betrag von 1000 *K* (ein tausend Kronen) als Darlehen heute bar und richtig erhalten zu haben und verpflichte mich hiefür 6% (sechs Prozent) jährliche Zinsen, vierteljährig im vorhinein längstens am 2. des betreffenden Monates zu entrichten, das geliehene Kapital aber nach zwei Jahren, das ist am 1. November 1904 vollständig zurückzuzahlen.

Katharinendorf, am 1. November 1902.

Fritz Ast<br>Waldaufseher.

Beispiel einer Quittung siehe bei § 64.

Wenn ein Gläubiger planmäßig die Notlage oder Unerfahrenheit des Schuldners dadurch ausbeutet, daß er sich oder einem dritten Vermögensvorteile versprechen läßt, welche durch die Maßlosigkeit das wirtschaftliche Verderben des Schuldners herbeiführen oder befördern, macht er sich des Wuchers schuldig. Dieses Vergehen wird mit Arrest und Geldstrafen bestraft; das Rechtsgeschäft wird nichtig erklärt und die gegenseitigen Leistungen sind zurück zu erstatten (Gesetz vom 28. Mai 1882, R. G. Bl. Nr. 47).

### Anhang: Das österreichische Geldwesen.

Seit 1. Januar 1858 bestand die sogenannte österreichische Währung als der alleinige gesetzliche Münz- und Rechnungsfuß und die Grundlage der ausschließenden gesetzlichen Landes-Währung (Valuta); nach dieser wurden aus einem Zollpfunde feinen Silbers 45 Gulden geprägt, der Gulden als die österreichische Münzeinheit erklärt, und in hundert Teile (Neukreuzer, soldi austriaci) geteilt.

Durch die Geldnot des Staates nach den Kriegen des Jahres 1866 veranlaßt, wurden in diesem Jahre Staatsnoten zu 1 fl. und 5 fl., 1867 auch zu 50 fl. als Papiergeld ausgegeben und wurde jedermann verpflichtet, dieselben nach ihrem vollen Nennwerte in Zahlung anzunehmen (Zwangskurs). Neben diesen Staatsnoten bestanden als Papiergeld auch Noten der österreichisch-ungarischen Bank zu 10 fl., 100 fl. und 1000 fl.; auch diese mußten bei allen in österreichischer Währung zu leistenden Zahlungen zum vollen Nennwerte angenommen werden.

Am 11. August 1892 sind die Gesetze betreffend die Kronenwährung kundgemacht worden (R. G. Bl. Nr. 126—128).

Die Courantmünzen der Kronenwährung sind Goldmünzen zu 10 und 20 Kronen; diese vor allem werden als gesetzliche Zahlungsmittel erklärt. Die Landesgoldmünzen werden im Mischungsverhältnisse von 900 Tausendteilen Gold und 100 Tausendteilen Kupfer (Legierung) ausgeprägt. Auf 1 *kg* Münzgold gehen 2952 Kronen, demnach auf 1 *kg* feines Gold 3280 Kronen. Aus 1 *kg* Münzgold werden 147·6 zu 20 Kronen, beziehungsweise 295·2 Stücke zu 10 Kronen, daher aus 1 *kg* feinen Goldes 164 Stücke zu 20 Kronen oder 328 zu 10 Kronen ausgeprägt. Das 20-Kronenstück hat also das Rohgewicht von 6·7750 und das Feingewicht von 6·0975 *g*.

Die Goldmünze war bisher in Österreich nur Handelsmünze (Dukaten, Achtgulden-Goldstücke), durch die neuen Gesetze ist sie Währungsmünze geworden (Goldwährung).

Neben den Courantmünzen der Kronenwährung sind auch die Scheidemünzen als Zahlungsmittel, jedoch nur mit beschränkter Zahlkraft erklärt worden, und zwar müssen die Silberscheidemünzen (1 Kronenstücke) bis zu 50 Kronen, die Nickelscheidemünzen (20- und 10-Hellerstücke) bis zu 10 Kronen, die Bronzescheidemünzen (2- und 1-Hellerstücke) bis zu 2 Kronen in Zahlung genommen werden.

Außer diesen Zahlungsmitteln der Kronenwährung bleiben aber einstweilen die Silbergulden der österreichischen Währung, dann die Banknoten zu 10, 100 und 1000 fl., sowie die Staatsnoten zu 5 und 50 fl. als rechtskräftige Zahlungsmittel in Verwendung (die Staatsnoten zu 1 fl., wurden bereits im Jahre 1891 eingezogen); die Scheidemünzen der österreichischen Währung sind bereits außer Kurs gesetzt. Seit 1. Oktober 1900 sind auch Banknoten zu 20 Kronen in Umlauf gesetzt und können als Zahlungsmittel verwendet werden.

Der Umrechnungsschlüssel der österreichischen und der Kronenwährung ist 1 Gulden = 2 Kronen.

Die Staatsnoten der österreichischen Währung, denen keine metallische Bedeckung zu grunde liegt, die vielmehr nur einen Teil der sogenannten schwebenden Staatsschuld ausmachen und nur insoferne Zahlungskraft besitzen, als sie bei allen Staatskassen als Zahlungsmittel angenommen werden müssen (sogenannte Steuerfundierung), sollen eingezogen und in Zukunft nur mehr Banknoten ausgegeben werden. Die Banknoten haben eine sogenannte metallische Fundierung, d. h. die österreichisch-ungarische Bank wird gesetzlich ermächtigt, Noten bis zu einem gewissen Betrage auszugeben, anderseits verpflichtet, mindestens zwei Fünftel dieses Betrages in Barren- oder Münzgold als Bedeckung für die mögliche Einlösung der Noten in ihren Kellern zu verwahren, den Rest aber bankmäßig. d. i. durch statutenmäßig belehnte Wechsel und Effekten zu bedecken. Auf den neu ausgegebenen 20-Kronennoten verpflichtet sich die österreichisch-ungarische Bank bei ihren Hauptstellen in Wien und Ofen-Pest sofort auf Verlangen 2) Kronen in gesetzlichem Metallgold, d. i. Goldmünze zu bezahlen.

### § 50. Der Bevollmächtigungsvertrag.

Der Vertrag, wodurch jemand ein ihm aufgetragenes Geschäft im Namen des anderen zur Besorgung übernimmt, heißt Bevollmächtigungsvertrag (§ 1002). Sowohl das Vertragsverhältnis selbst, wie auch die hierüber ausgestellte Urkunde wird Vollmacht genannt. Die Vollmacht kann eine allgemeine oder besondere, eine unumschränkte oder beschränkte sein.

Die Vollmacht erfordert einen Stempel von 1 Krone für jeden Bogen; wird ein Lohn zugesichert, so unterliegt die Vollmacht der Stempelung nach Skala II.

Beispiel einer besonderen beschränkten Vollmacht:

#### Vollmacht.

1 Krone Stempel.

Wir unterzeichneten Holzhauer ermächtigen den Rottmeister Rupert Stöger, wohnhaft zu Reith im Winkel, Haus Nr. 7, die für uns beim Rentamte Elbeswald vom 1. Mai bis 31. Dezember 1901 zur Auszahlung angewiesenen Löhne aus der Holzarbeit im fürstlich Schwarzenbergschen Schlage am Arzberge zu Hintersdorf in unserem Namen zu beheben.

Reith im Winkel, am 1. Mai 1901.

Jakob Pointleitner,     Lukas Meyer,<br>
Franz Unterweger,     Josef Dürrlinger.

Georg Hofer,<br>
Holzarbeiter, als Vollmachtgeber.

Als Zeugen:

Franz Heglinger, Gastwirt.     Ignaz Heinzl, Kaufmann.

Reith im Winkel, am 3. Mai 1901.

Diese Vollmacht nehme ich an.

Rupert Stöger.

### § 51. Der Tauschvertrag.

Überläßt jemand eine ihm gehörige Sache einem anderen und empfängt hiefür von diesem wieder irgend eine Sache, so entsteht ein Tauschvertrag (§ 1045). Tauschende sind vermöge des Vertrages verpflichtet, die vertauschten Sachen der Verabredung gemäß mit ihren Bestandteilen und mit allem Zugebör, zu rechter Zeit, am gehörigen Orte und in dem Zustande, in welchem sie sich bei Schließung des Vertrages befunden haben, zum freien Besitze zu übergeben und zu übernehmen. Wer seine Verpflichtung zu erfüllen unterläßt, haftet dem anderen für Schaden und entgangenen Nutzen (§ 1047). Dem Besitzer gebühren die Nutzungen der vertauschten Sache bis zur bedungenen Zeit der Übergabe. Von dieser Zeit an gehören sie samt dem Zuwachs dem Übernehmer, obgleich die Sache noch nicht übergeben worden ist (§ 1050).

Der Stempel der Urkunde beim Tausche beweglicher Sachen richtet sich nach Skala III; beim Tausche unbeweglicher Sachen beträgt der Stempel von jedem Bogen der Urkunde 1 Krone; außerdem ist die Perzentualgebühr nach dem Zahlungsauftrage des Gebührenbemessungsamtes zu entrichten. Tauschverträge zum Zwecke von Arrondierungen genießen Gebührenerleichterungen; siehe unten, VI. Abschnitt.

Beispiel eines Grund-Tauschvertrages:

### Tauschvertrag,

1 Krone Stempel.

welcher zufolge Erlasses des Ackerbauministeriums vom 2. Oktober 1896, Z. 15589, zwischen der k. k. Forst- und Domänendirektion in Gmunden in Vertretung des k. k. Ärars einerseits und Michael Roßbichler, Besitzer des Einödgutes zu Gschwandt, Haus Nr. 19, anderseits, folgendermaßen abgeschlossen wurde:

1. Michael Roßbichler vertauscht und übergibt dem k. k. Ärar und dieses übernimmt im Tauschwege von Michael Roßbichler die im Grundbuche der Gemeinde Traunstein, Einlage Zahl 31, auf Grund des Kaufvertrages vom 16. November 1891 als Eigentum des Michael Roßbichler eingetragene Realität, bestehend aus der Grundparzelle Nr. 35 der Katastralgemeinde Traunstein, Wiese, Stücklmahd im katastralen Ausmaße von 6294 $m^2$ samt allem Zubehör und allen damit verbundenen Rechten lasten- und hypothekenfrei ins volle und unbeschränkte Eigentum.

2. Dagegen vertauscht und übergibt das k. k. Ärar dem Michael Roßbichler und dieser übernimmt im Tauschwege vom k. k. Ärar aus der im Grundbuche der Gemeinde Gschwandt, Einlage Zahl 46, als Eigentum des k. k. Ärars eingetragenen Grundparzelle Nr. 42/3, Oberlackwald, die im beigehefteten, einen integrierenden Bestandteil dieses Vertrages bildenden Situationsplane des k. k. Evidenzhaltungs-Geometers in Gmunden vom 6. Juni 1901 als Grundparzelle Nr. 42/76, Wald mit 2316 $m^2$ ausgeschiedene Teilfläche lasten- und hypothekenfrei in das volle und unbeschränkte Eigentum.

3. Zur Ausgleichung des Wertes der Tauschobjekte verpflichtet sich Michael Roßbichler, dem k. k. Ärar überdies eine Tauschaufgabe von 628 Kronen (sechshundertachtundzwanzig Kronen) binnen 14 Tagen nach Abschluß des Vertrages beim k. k. Hauptsteueramte in Gmunden zu bezahlen; zugleich räumt er dem k. k. Ärar zur Sicherstellung dieser Auszahlung samt 5% Zinsen das Pfandrecht an dem von ihm eingetauschten Parzellenteile ein.

4. Die Übergabe und Übernahme der Tauschobjekte in den beiderseitigen Besitz und Genuß geschieht mit dem Tage des Vertragsabschlusses; von diesem Tage trägt der Erwerber auch die auf den Tauschobjekten haftenden Steuern und Umlagen.

5. Das k. k. Ärar bewilligt, daß der unter Punkt 2 bezeichnete Teil der Parzelle 42/3 im Grundbuche der Katastralgemeinde Gschwandt abgeschrieben und unter Einverleibung des Eigentumsrechtes des Michael Roßbichler auf eine neue Grundbuchseinlage übertragen werde, jedoch nur unter der Bedingung, daß gleichzeitig bei dieser neuen Einlage prima loco das Pfandrecht für die Tauschaufgabe von 628 Kronen samt 5% Verzugszinsen, dann bei der Realität im Grundbuche der Gemeinde Traunstein, Einlage Zahl 31, das Eigentumsrecht zu gunsten des k. k. Ärars einverleibt werde, zu welchen Einverleibungen Michael Roßbichler seine Zustimmung erteilt.*) Beide Teile ermächtigen sich gegenseitig, diese Einverleibung auch im Namen des anderen anzusuchen.

6. Beide Teile verzichten auf das Recht, diesen Vertrag wegen angeblicher Verletzung über die Hälfte des wahren Wertes anzufechten.

7. Die Kosten der Errichtung dieses Vertrages, die Stempel zu einem Exemplare dieser Urkunde und die Vermögensübertragungsgebühr hat Michael Roßbichler allein zu tragen. Der Wert des Stücklmahdes wird zur Gebührenbemessung mit 2000 Kronen und jener des unter Punkt 2 bezeichneten Parzellenteiles mit 1372 Kronen angegeben.

8. In den aus diesem Vertrage etwa entspringenden Rechtsstreitigkeiten, welche nicht kraft des Gesetzes einem besonderen Gerichtsstande ausschließlich vorbehalten sind, ist das k. k. Ärar, wenn es als Kläger auftritt, berechtigt, auch bei den sachlich zuständigen Gerichten am Sitze der k. k. Finanzprokuratur in Linz einzuschreiten.

9. Dieser Vertrag ist für beide Teile vom Zeitpunkte der erfolgten Unterfertigung durch die k. k. Forst- und Domänendirektion Gmunden rechtsverbindlich und wirksam.

---

*) D. i. die sogenannte Aufsandungserklärung.

Urkund dessen wurde dieser Vertrag in zwei gleichlautenden Exemplaren, von welchen das gestempelte für das k. k. Ärar, das ungestempelte für Michael Roßbichler bestimmt ist, ausgefertigt und von beiden Teilen unterzeichnet.

Für das k. k. Ärar,

k. k. Forst- und Domänendirektion

Gmunden, den 1. Juli 1901.

Der k. k. Hofrat
Titz.

Traunstein, am 17. Juni 1901.

Michael Roßbichler.

72 *h* Stempel.

Laut Beglaubigungsregister Z. 77/1901 hat der dem Gerichte persönlich bekannte Michael Roßbichler, Besitzer des Einödgutes in Gschwandt, Nr. 19, vorstehende Urkunde heute vor Gericht eigenhändig unterschrieben.

(L. S.)

Gerichtskanzlei des k. k. Bezirksgerichtes

Gmunden, am 17. Juni 1901.

Adam Waggerl,
k. k. Kanzlist.

## § 52. Der Kaufvertrag (§§ 1053—1089).

Durch den Kaufvertrag wird eine Sache um eine bestimmte Summe Geldes einem anderen überlassen. Die Erwerbung erfolgt erst durch die Übergabe des Kaufgegenstandes; bis zur Übergabe behält der Verkäufer das Eigentumsrecht, genießt den Nutzen, trägt aber auch die Gefahr des Unterganges oder der Beschädigung.

Beim Verkaufe unbeweglicher Sachen kann sich der Verkäufer ausbedingen, die verkaufte Liegenschaft wieder vom Verkäufer einzulösen (Wiederkaufsrecht), oder es kann sich der Käufer das Recht vorbehalten, die Sache dem Verkäufer wieder zurück zu verkaufen (Rückverkaufsrecht). Das Vorkaufsrecht endlich besteht darin, daß der Käufer, wenn er die erkaufte Sache weiter verkaufen will, selbe zuerst dem Verkäufer vor allen anderen Personen zum Ankaufe anbieten muß.

Besonderen vom bürgerlichen Rechte abweichenden Bestimmungen unterliegen die Kaufverträge der handelsgerichtlich protokollierten Kaufleute, für welche das Handelsgesetzbuch vom 17. Dezember 1862, R. G. Bl. Nr. 4 von 1863, maßgebend ist (siehe oben Seite 22).

Verträge über den Kauf beweglicher Sachen unterliegen der Stempelgebühr nach Skala III, unbeweglicher Sachen dem Urkundenstempel von 1 Krone pro Bogen und der vom Gebührenbemessungsamte festzustellenden Perzentualgebühr.

Verträge über den Verkauf von Holz aus Staats- und Fondsforsten werden bei kleineren Mengen und bei Brennholzabgaben von der Legstätte aus meist mündlich abgeschlossen. Größere Holzmengen werden selten mehr im Wege des mündlichen Versteigerungsverfahrens, sondern in der Regel im Wege einer schriftlichen Offertverhandlung (d. i. geheime schriftliche Versteigerung, siehe oben Seite 47) verkauft. (Vgl. III. Band, Seite 334 und 335.) In einem solchen Falle werden Kauflustige durch öffentliche Kundmachung aufgefordert, für Holz aus bestimmten Waldorten oder von bezeichneten Lagerplätzen mit beiläufiger oder ziffermäßig genauer Angabe der Menge und Bezeichnung der Gattung (Sortiment) des Holzes ihre schriftlichen versiegelten Kaufangebote (Offerte) bis zu einem bestimmten Tage und einer bestimmten Stunde bei einer amtlichen Stelle einzubringen. Über die Annahme oder die Ablehnung der Offerte erfolgt dann eine Entscheidung. Wird auf ein solches Offert beigesetzt „wird angenommen" oder „angenommen", oder wird der Offerent sonst von der Annahme seines Anbotes schriftlich verständigt, so macht diese Annahmeerklärung in Verbindung mit dem Offerte einen schriftlichen Kaufvertrag aus. In dem Offerte verpflichtet sich der Kauflustige, die eventuell, z. B. für ärarische Holzverkäufe bestehenden Bedingungen, welche ihm schon vorher bekannt gegeben wurden, einzuhalten. In manchen Fällen wird auch ein förmlicher Kaufvertrag auf Grund der im Offerte enthaltenen Anbote und sonstigen Verpflichtungen ausgefertigt; in einem solchen Vertrage werden dann die Kaufbedingungen, wie sie schon der Offertverhandlung zugrunde gelegen waren, vollständig und genau aufgenommen.

In ganz ähnlicher Weise werden die Holzkaufverträge von der Forstdirektion des Fürsten Johann Liechtenstein in Olmütz abgeschlossen, wie das folgende Beispiel eines mit den Verkaufsbedingungen verbundenen Offertes zeigt.

### Verkaufsbedingungen

für den Offertverkauf der Nutzhölzer aus dem Einschlage des Wirtschaftsjahres 1901 in dem Fürst Johann Liechtenstein'schen Forstamtsbezirke Goldenstein.

1 Krone Stempel.

§ 1. **Holzquantum der regelmäßigen Schläge.** Von dem im Jahre 1901 anfallenden Nutzholz werden nur jene Hölzer an die Herren Offerenten abgegeben, welche nach Befriedigung des Bedarfes für den Detailverkauf, für die fürstliche Güterregie und Brettsägen und nach Ausscheidung jener Hölzer, welche sich das Forstamt als Reserve oder für andere Käufer vorbehält, erübrigen. Es ist daher die verkaufende Seite nicht gebunden, das angekündigte Quantum voll einzuhalten oder annähernd genau zu liefern, dagegen ist der Herr Käufer (Offerent) verpflichtet, jede Holzmenge zu übernehmen, sie mag nur weniges geringer oder bedeutend größer sein als die in den Zeitungen angekündigte.

§ 2. **Windbruch- und andere Hölzer.** Überdies ist der Herr Käufer des 1901-er Nutzholzanfalles gebunden, die aus allen, vom Tage des Abschlusses bis zum 31. Oktober 1901 durch etwaige Elementar- und Insektenschäden veranlaßten oder aus anderen Ursachen in obigem Termine in jenen Revieren, in welchen der Herr Käufer das Holz erstanden hat, vorkommenden Holzungen sich ergebenden Nutzhölzer zu den angebotenen und angenommenen Preisen zu übernehmen.

§ 3. **Holzübergabe.** Der Tag der vorzunehmenden Übergabe wird vom fürstlichen Forstamte acht Tage vorher dem Herrn Käufer durch ein rekommandiertes Schreiben, gegen Retourrezepisse, bekanntgegeben, worauf derselbe an dem bestimmten Tage zur Übernahme zu erscheinen oder seinen beglaubigten Stellvertreter hiezu zu entsenden hat. Unmittelbar nach der Beendigung der Übergabe wird durch Fertigung der Konsignation oder eines summarischen Ausweises die Anerkennung der Übernahme nach Quantität und Qualität bestätigt. Sollte der Herr Käufer oder dessen Stellvertreter trotz erfolgter Verständigung bei der Übergabe nicht erscheinen oder die Übernahme verzögern, so kann das Holz auch in seiner Abwesenheit ihm zugewiesen werden, worüber ein Protokoll zu verfassen und von zwei Zeugen zu fertigen ist. Am nächsten Tage wird dem Herrn Käufer eine Abschrift des Protokolles nebst Konsignation und Rechnung zugesendet, und es tritt dieser Übergangsmodus an Stelle der faktischen Übergabe. — Der Herr Käufer erklärt ausdrücklich durch Fertigung dieser Bedingungen, daß er mit der hier beschriebenen Art der Übergabe einverstanden ist, und hat die von ihm übernommenen Hölzer sofort bei der Übernahme mit seinem Zeicheisen durch Anschlagen jedes Stammes oder Stoßes mit der Konsignationsnummer, oder im Falle die Stämme im Walde später zerschnitten werden, auf den frischen Schnittflächen zu bezeichnen. Ohne Einwilligung des Forstamtes ist eine Holzverarbeitung im Walde nicht gestattet.

§ 4. **Zahlung.** Der Verkauf der Hölzer geschieht nur gegen Barzahlung und hat der Herr Käufer längstens binnen vierzehn Tagen, vom Tage der Zuweisung (Übergabe) an gerechnet, den für die übernommenen Hölzer entfallenden Barbetrag an das fürstliche Rentamt jenes Gutes franko und spesenfrei zu senden, in dessen Rayon die Übernahme stattgefunden hat. Sollte es einem oder dem anderen der Herren Käufer von der fürstlichen Forstdirektion bewilligt werden, die Kaufsumme in Teilzahlungen zu erlegen, deren jede mindestens 25% von der Gesamtkaufsumme betragen muß, so werden solche nur gegen eine Verzinsung der entfallenden Kaufsumme mit 4 (vier) Prozent pro anno gewährt, wenn nicht von derselben bedingungsweise unverzinsliche Raten bewilligt werden. In diesem Falle hat der Herr Käufer die erste Teilzahlung sofort nach der Übergabe, die folgenden längstens am 30. Juni, 30. September und 31. Dezember desselben Jahres franko und spesenfrei beim fürstlichen Rentamte bar zu erlegen. Kommt der Herr Käufer dieser Verpflichtung nicht nach, d. h. hält er die Zahlungstermine nicht genau ein, so ist derselbe verpflichtet pro rata temporis, vom Zahlungstermine beginnend, 5%ige Verzugszinsen bis zum Datum des Einlangens der geleisteten Teilzahlungen beim fürstlichen Rentamte zu bezahlen. Nur nach jedesmaliger Zahlung einer Rate wird dem Herrn Käufer die weitere Ausfuhr des Holzes, jedoch nur bis zur Höhe des eingezahlten Betrages bewilligt. Sollte der Herr Käufer Hölzer im Werte über die geleisteten Zahlungen ausführen wollen, so ist das Forstamt berechtigt, die weitere Ausfuhr der Hölzer sofort einzustellen. Unbedingt und unter allen Umständen muß der Herr Käufer den Kaufschilling bis 31. Dezember 1901 bezahlen, widrigenfalls sich die verkaufende Seite an der erlegten Kaution ohne weitere gerichtliche Dazwischenkunft schadlos halten kann. — Solange der Herr Käufer seinen Verpflichtungen nicht zur Gänze nachgekommen ist, behält sich das Forstamt das volle Eigentumsrecht auf die übergebenen Hölzer vor, welches Eigentumsrecht der Käufer erst mit der Bewilligung zur Ausfuhr der Hölzer erlangt. Das Forstamt ist berechtigt, für den Fall als die vollständige Bezahlung bis zum 31. Dezember des laufenden Jahres nicht erfolgt sein sollte, das Holz auf Kosten und Gefahr des Käufers zu veräußern und den Erlös als Abschlagszahlung zu verwenden.

§ 5. **Kubische Berechnung.** Die Berechnung des kubischen Inhaltes der Hölzer geschieht nach den zweistelligen Walzentafeln aus der Länge und dem wirklichen, rindenfreien Mittendurchmesser des Stammes, ebenso erfolgt deren Einteilung in die bestimmten Stärkeklassen (Preisklassen) nach dem Mittendurchmesser.

§ 6. **Entrindung.** Nachdem die Kubierung des Holzes rindenfrei geschieht, hat der Herr Käufer auch keinen Anspruch auf die Rinde; es steht daher der verkaufenden Seite frei, die Hölzer mit oder ohne Rinde oder auch teilweise entrindet zu liefern. Der Käufer ist jedoch verpflichtet, das Entrinden oder Schippen jener Nadelhölzer, welche vom Forstamte nicht geschält wurden, bis Ende Mai eines jeden Jahres vorzunehmen. Im Unterlassungsfalle nimmt das Entrinden oder Schippen dieser Hölzer das Forstamt auf Kosten des Käufers vor und es hat der Käufer in diesem Falle eine Konventionalstrafe von 10 $K$ pro Tag vom 1. Mai gerechnet bis zum beendeten Entrinden oder Schippen zu entrichten.

§ 7. **Form der Offerte.** Die Kaufofferte sind, mit Benutzung des beigehefteten Formulares und mit 1 Kronenstempel versehen, samt den ebenso gestempelten Verkaufsbedingungen, entweder an das Forstamt oder an die Fürst Johann Liechtensteinsche Forstdirektion in Olmütz, Bahnhofstraße, einzubringen.

§ 8. **Preise ab Wald.** Alle offerierten Preise für die verschiedenen, im weiteren näher bezeichneten Nutzholzsortimente verstehen sich loko Wald an Ort und Stelle der Erzeugung.

§ 9. **Rückung der Hölzer.** Sollte über Wunsch des Käufers oder aus waldbaulichen und anderweitigen Rücksichten die Ausrückung oder das Aufwälzen der Hölzer auf Rollen vom Forstamte für notwendig erachtet werden, so hat der Käufer die Kosten hiefür dem Forstamte zu ersetzen.

§ 10. **Revierweiser oder Teilverkauf.** Es bleibt den Herren Offerenten unbenommen, auch nur auf einzelne Teile der abzugebenden Hölzer der gesamten Nutzholzproduktion, nämlich auf einzelne Reviere oder Revieranteile zu offerieren. Die Offertstellung kann bloß auf die Hartholzproduktion oder auf Hart- und Weichholz erfolgen.

§ 11. **Vadium.** Jedem schriftlichen Offerte ist ein Vadium von 10% (zehn Prozent) des beiläufigen Wertes des zum Ankaufe beabsichtigten Holzquantums, und zwar in pupillarsicheren Wertpapieren unter gesondertem Umschlage beizufügen.

§ 12. **Kaution.** Zur Sicherung der Abnahmeverpflichtung ist von dem Herrn Käufer binnen acht Tagen nach Bekanntgabe der Annahme seines Offertes eine Kaution in pupillarsicheren Wertpapieren, wobei Lose ausgeschlossen sind, in der Höhe von beiläufig 25% des Wertes der erkauften Hölzer, welcher vom Forstamte bestimmt wird, unter Beischluß einer ordnungsmäßig verfaßten Kautions-Widmungserklärung bei dem fürstlichen Rentamte jenes Gutes zu erlegen, in dessen Gebiet die betreffenden Forste liegen.

§ 13. **Einhaltung des Offertes.** Der Herr Käufer erklärt, durch sechs Wochen vom Tage des zur Einbringung des Offertes festgesetzten Termines im Worte zu bleiben und ist damit einverstanden, daß sich die verkaufende Seite für jene Verluste, welche ihr aus der vom Herrn Käufer verschuldeten Stornierung des Kaufgeschäftes zugehen, an dem erlegten Vadium ohne weiteres schadlos halten könne. Nach vollständiger Abwicklung des Kaufgeschäftes erfolgt die Rückstellung der Kaution gegen Rückstellung des Erlagscheines.

§ 14. **Freie Wahl des Käufers.** Der verkaufenden Seite bleibt das Recht der Wahl unter den Herren Offerenten ohne Rücksicht auf die Höhe der gebotenen Preise unbenommen, dieselbe kann daher nach ihrem Gutdünken den Ersteher des ganzen Nutzholzquantums oder die Ersteher einzelner Teile davon beliebig wählen und bestimmen, ohne das höchste Anbot annehmen zu müssen.

§ 15. **Einteilung der offerierten Hölzer und Preisklassen.** Die Offerte haben zu enthalten die Preise pro Festmeter für:

### I. Nadelhölzer.

*A.* **Rundholz,** abgestuft nach folgenden Stärkeklassen (Preisklassen), und zwar:
I. Klasse von 11 bis 15 *cm* Mittenstärke, II. Klasse von 16 bis 20 *cm* Mittenstärke, III. Klasse von 21 bis 25 *cm* Mittenstärke, IV. Klasse von 26 bis 30 *cm* Mittenstärke, V. Klasse von 31 bis 35 *cm* Mittenstärke, VI. Klasse von 36 bis 40 *cm* Mittenstärke, VII. Klasse von 41 und mehr Zentimeter Mittenstärke.

Diese Preise sind nach den Holzarten zu trennen, und zwar: *a)* Für Fichte und Tanne, *b)* für Kiefer, und *c)* für Lärche.

Das Rundholz wird mit einer Oberstärke, und zwar bei schwachen Stämmen (bis 25 *cm* Mittenstärke) bis zu 9 bis 11 *cm* ausgeschnitten, bei stärkeren Stämmen über 25 *cm* Mittendurchmesser wird bei der Erzeugung einer Oberstärke in der Dimension der halben Mittenstärke angestrebt. In dieses Sortiment gehören alle Rundhölzer (einschließlich Klötzer), welche die unter „*B*. Nadelholz-Ausschußstücke" näher beschriebene mindere Qualität nicht besitzen. Klötzer werden bloß ganz ausnahmsweise von gebrochenen oder sonst zur Langholzerzeugung nicht geeigneten Stämmen erzeugt, mithin wegen des geringen Anfalles der Quantität unter einem mit dem Langholze verrechnet. Die Minimallänge der Klötzer beträgt 3 *m*.

*B.* **Nadelholz-Ausschußstücke.** In dieses Sortiment gehören alle stark ästigen und stark krummen Rundhölzer. Als stark ästig werden jene Stücke betrachtet, deren unten näher beschriebener stark ästiger Teil über die Mitte der Stammlänge reicht. Als stark ästig gilt, wenn die Astspuren, im Holze gemessen, der Mehrzahl nach mindestens 6 *cm* im Durchmesser betragen und in der Längenachse des Stammes gemessen, unter 40 *cm* voneinander entfernt sind. Als stark krumm werden jene Stücke betrachtet, deren Längenachse eine Abweichung von mindestens $4^0/_0$ (vier Prozent) von der idealen Achse beträgt, ferner Stücke, die nach mehr als einer Richtung krumm sind und deren Abweichungen von der idealen Achse mindestens $5^0/_0$ betragen.

*C.* **Grubenhölzer** nach folgenden Klassen: Klasse I, 6 *m* lang, 6 *cm* Zopfstärke; Klasse II, 7 *m* lang, 7 *cm* Zopfstärke; Klasse III, 8 *m* lang, 8 *cm* Zopfstärke.

*D.* **Schleif- und Cellulosehölzer.** 1 und 2 *m* lange Schleifhölzer werden in zwei Stärkeklassen erzeugt, und zwar: Von 8 bis 12 *cm* Oberstärke als schwaches, und von 12 bis 18 *cm* Oberstärke als starkes Schleifholz und in Raummeter aufgestellt; der feste Kubikinhalt wird mit den entsprechenden Reduktionsfaktoren berechnet nach Festmaß. 3 *m* lange und längere Schleifhölzer werden aus Länge und Mittendurchmesser berechnet.

*E.* **Nadelholzstangen** (Waldlatten) und Hopfenstangen nach erwünschten handelsüblichen Dimensionen.

## II. Laubhölzer.

*A.* **Rundholz** nach Stärkeklassen wie unter I *A* angegeben, doch getrennt nach folgenden Holzarten: *a)* Eiche, *b)* Esche, *c)* Rotbuche, *d)* Weißbuche, *e)* Birke, *f)* Ahorn, Ulme, *g)* Erle, *h)* Linde, Aspe und Pappel. Diese Holzarten werden bis zu 2 *m* Minimallänge und von 50 zu 50 *cm* abgestuft ausgeschnitten. Die für das Nadelholz bestehende Vorschrift bezüglich der Oberstärken hat hier keine Anwendung. In dieses Sortiment gehören alle Rundhölzer, welche die unter „*B.* Laubholz-Ausschußstücke" näher beschriebene mindere Qualität nicht besitzen.

*B.* **Laubholz-Ausschußstücke**, nach Stärkeklassen wie bei I *A* und Holzarten wie bei II *A*. Hieher gehören alle stark ästigen, stark krummen, teilweise anbrüchigen, stark gedrehten, stark kernschäligen und doppelkernigen Ausschnitte. Als stark ästig werden jene Stücke betrachtet, deren weiter unten beschriebener stark ästiger Teil über zwei Drittel der Stammlänge ausmacht. Als stark ästig gilt hier, wenn die Astspuren im Holze gemessen 10 *cm* im Durchmesser und die Abstände derselben, der Längenachse des Stammes nach gemessen, weniger als 50 *cm* betragen. Als stark krumm gelten jene Stämme, deren Längenachse mehreremal von der idealen Achse abweicht und die Summe der Abweichungen mindestens $8^0/_0$ der Stammlänge ausmacht. Als teilweise anbrüchig werden jene Ausschnitte betrachtet, welche neben einer gesunden, zur Verarbeitung vollkommen geeigneten Holzmasse auch in Zersetzung begriffene Holzteile enthalten. Hiebei kommen bloß Stämme von 36 *cm* aufwärts in Betracht. Die Holzmassenberechnung geschieht bei solchen Stücken auf die Weise, daß bloß der kubische Inhalt des gesunden Teiles in Rechnung gebracht wird. Als stark gedreht sind jene Stücke anzusehen, deren Drehung pro 1 *m* Länge ein Zehntel des Umfanges übersteigt. Als stark kernschältig gelten jene Stämme oder Stücke, bei welchen die Ring- oder Kernschäligkeit ganz umgreifend ist oder wenigstens 40 *cm* im Durchmesser enthält, bei größerem Durchmesser des Schälkörpers den halben Kreis übersteigt. Als doppelkernig sind jene Stücke zu betrachten, bei welchen sich dieser Fehler über die halbe Länge des Ausschnittes erstreckt.

Laubholz-Stammstücke, welche die Qualität *A* neben der Qualität *B* besitzen, werden zwar nach Qualität getrennt vermessen, jedoch nicht zerschnitten. Die Numeration und Dimensionierung werden in diesem Falle auf beiden Endflächen angebracht.

*C.* **Laubholzstangen, hart.** Die Preise sind nach erwünschten Dimensionen pro Festmeter für folgende Holzarten einzusetzen, und zwar: Eiche, Rotbuche, Weißbuche, Esche und Birke, mindestens in vier Längenabstufungen und Stärkeklassen.

*D.* **Spaltnutzholz.** Die Offerte sind nach Holzarten, wie bei Rundholz bestimmt und pro Festmeter oder Raummeter zu stellen. Die im Schichtmaße aufgestellten Hölzer werden mit dem entsprechenden Festgehalte berechnet, und es behält sich die verkaufende Seite vor, dieses Nutzholz entweder im runden oder im gespaltenen Zustande, jedoch in Scheitlängen, welche dem Wunsche des Käufers entsprechen, im Schichtmaße aufzustellen.

### III. Eisenbahnschwellen

nach gewünschten Dimensionen.

*A*. Für Eiche, *B*. für Kiefer, pro Stück zu offerieren. Diese Schwellen werden auch nach Wunsch auf zwei Seiten bezimmert loko Wald geliefert.

§ 16. Ausfuhrtermin. Als Termin der gänzlichen Abfuhr des erkauften Gehölzes wird der 1. Februar 1902 festgesetzt.

§ 17. Keine Haftung für innere Schäden. Im allgemeinen wird bemerkt, daß hinsichtlich jener Stämme, deren etwaige innere Schadhaftigkeit bei der Erzeugung durch äußere Kennzeichen nicht konstatiert werden konnte und erst beim Zerschneiden seitens des Käufers sichtbar wird, von dem fürstlichen Forstamte keinerlei Entschädigung geleistet wird.

§ 18. Ersatzpflicht des Käufers für Schäden durch Ausführung und Rückung. Der Käufer ist verpflichtet, die Ausfuhr der Hölzer unter größtmöglicher Schonung des Unterbaues, Anfluges oder Auf- und Ausschlages vorzunehmen oder vornehmen zu lassen. Für jeden bei der Holzverfrachtung durch Verschulden des Käufers oder dessen Frächters verursachten Schaden ist derselbe haftbar und ersatzpflichtig. Das Reißen und Schleppen der Hölzer auf den Wegen ist nur bei Schneelage gestattet. Werden bei dieser Art der Rückung die Waldwege beschädigt, so ist das Forstamt berechtigt, die Ausbesserung oder Herstellung der Wege auf Kosten des Käufers zu veranlassen und sich eventuell an der Kaution schadlos zu halten.

§ 19. Schlichtung der Streitigkeiten. Bei etwa vorkommenden Streitigkeiten über Auslegung dieser Verkaufsbedingungen oder über Maß, Kubierung und Qualität des Holzes entscheidet die fürstliche Forstdirektion durch deren abgesandte Organe an Ort und Stelle, und es trägt der Herr Käufer, wenn er sachfällig wird, die durch eine solche Kommission aufgelaufenen Reisespesen.

Schließlich wird bemerkt, daß die hochfürstlichen Waldungen des Forstamtes Goldenstein in der Nähe der Eisenbahnstationen Goldenstein und Ramsau der k. k. Staatsbahnlinie Sternberg-Ziegenhals liegen.

Von der Fürst Johann Liechtensteinschen Forstdirektion, Olmütz, am 1. März 1901.

Der fürstliche Forstrat:
**Julius Wiehl.**

Vorstehende Bedingungen sind dem gefertigten Offerenten vollkommen bekannt und er erklärt dieselben für sich als bindend:

Zöptau, am 1. April 1901.

Florian Wegerer, Holzhändler.

### Kaufofferte.

1 Krone Stempelmarke.

Auf Grund der vorliegenden von mir gefertigten Verkaufsbedingungen offeriere ich für das im fürstlich Liechtensteinschen Forstamtsbezirke Goldenstein in Mähren im Jahre 1901 in den normalmäßigen Jahresschlägen anfallende, als auch in den in diesem Forstamtsbezirke etwa zufolge von Elementarereignissen zur Aufarbeitung gelangende Nutzholz nachstehende Preise in Kronenwährung pro 1 Festmeter Rundholz loko Wald, an Ort und Stelle der Erzeugung, nach den in den Verkaufsbedingungen angeführten Normen erzeugt, und zwar:

### I. *A*. Rundholz.

| Stärke der Preisklassse | I. *A*. Nadelholz | | |
| --- | --- | --- | --- |
| | *a)* Fichte, Tanne | *b)* Kiefer | *c)* Lärche |
| I. Kl. 11 bis 15 *cm* | 6 \| 00 | | |
| II. „ 16 „ 20 *cm* | 9 \| 00 | | |
| III. „ 21 „ 25 *cm* | 12 \| 00 | | |
| IV. „ 26 „ 30 *cm* | 16 \| 00 | | |
| V. „ 31 „ 35 *cm* | 18 \| 00 | | |
| VI. „ 36 „ 40 *cm* | 20 \| 00 | | |
| VII. „ 41 *cm* und mehr | 24 \| 00 | | |

I. *B*. Für Ausschußstücke 20% weniger.

Vorstehendes Offert erachte ich unter Verzichtleistung auf das Recht nach § 862 a. b. G. B. für den Fall eines Holzabschlusses für mich als bindend und lege als Vadium den Betrag von 2000 *K* unter besonderem Umschlage bei.

Zöptau, am 1. April 1901.

Florian Wegerer, Holzhändler.

Bei den meisten größeren Privat-Waldbesitzern werden Holzkäufe heute einfach in Form von kaufmännischen Schlußbriefen abgeschlossen.

## § 53. Der Bestandvertrag (§§ 1090—1150).

Ein Bestandvertrag liegt vor, wenn jemanden der Gebrauch einer unverbrauchbaren Sache auf eine gewisse Zeit und gegen einen bestimmten Preis überlassen wird. Läßt sich die in Bestand gegebene Sache ohne weitere Bearbeitung gebrauchen, wie z. B. eine Wohnung, ein Lagerplatz, so liegt ein Mietvertrag vor; wenn sie aber nur durch Fleiß und Mühe benutzt werden kann, wie z. B. ein Gemüsegarten, eine Gastwirtschaft, so liegt ein Pachtvertrag vor.

Ist im Vertrage nichts anderes bedungen, so ist der Bestandgeber (Vermieter und Verpächter) verpflichtet, die Bestandsache auf seine eigenen Kosten in gutem Zustande zu erhalten und den Bestandnehmer (Mieter, Pächter) in der vertragsmäßigen Benutzung dieses Gegenstandes nicht zu stören. Die gewöhnlichen Ausbesserungen der Wirtschaftsgebäude hat der Pächter insoweit, als sie mit den Materialien des Gutes und den Diensten, die er nach der Beschaffenheit des Gutes zu fordern berechtigt ist, bestitten werden können, selbst zu tragen, die übrigen aber dem Verpächter zur Besorgung anzuzeigen (§ 1096). Mieter und Pächter sind berechtigt, die Miet- und Pachtstücke dem Vertrage gemäß durch die bestimmte Zeit zu gebrauchen und zu benutzen oder auch in Afterbestand zu geben, wenn es ohne Nachteil des Eigentümers geschehen kann, oder im Vertrage nicht ausdrücklich untersagt worden ist (§ 1098). Weiter muß der Bestandnehmer den vereinbarten Zins zu den ausbedungenen oder ortsüblichen Terminen entrichten.

Nach geendigtem Bestandvertrage muß der Bestandnehmer die Sache dem etwa errichteten Inventarium gemäß oder doch in dem Zustande, in welchem er sie übernommen hat, gepachtete Grundstücke aber mit Rücksicht auf die Jahreszeit, in welcher der Pacht geendet worden ist, in gewöhnlicher wirtschaftlicher Kultur zurückstellen. Weder die Einwendung des Kompensationsrechtes (siehe unten § 65, Seite 262), noch selbst des früheren Eigentumsrechtes kann ihn vor der Zurückstellung schützen (§ 1109).

Der Bestandvertrag löst sich von selbst auf durch Untergang des Miet- oder Pachtgegenstandes oder er erlischt durch Verlauf der bedungenen Zeit.

Der Bestandvertrag kann auch aufgekündigt werden (siehe § 6 des folgenden Beispiels); wenn nämlich die Dauer eines Bestandvertrages weder ausdrücklich, noch stillschweigend, noch durch besondere Vorschriften bestimmt ist, muß derjenige, welcher den Vertrag aufheben will, dem anderen die Pachtung sechs Monate, die Mietung einer unbeweglichen Sache 14 Tage und einer beweglichen 24 Stunden vorher aufkündigen, als die Abtretung erfolgen soll (§ 1116). Es steht aber den vertragschließenden Teilen frei, ein beliebiges Übereinkommen über die Zeit zur Aufkündigung und Räumung der Bestandsache zu treffen. — Für die verschiedenen Kronländer und einzelnen Orte bestehen besondere Fristen zur Einbringung der Aufkündigung und Räumung der Wohnungen.

Der Bestandvertrag endet auch mit der Veräußerung des Bestandstückes, außer es wäre das Recht des Bestandnehmers grundbücherlich sichergestellt (Kauf bricht Miete!).

Bestandverträge sind nach Skala II zu stempeln; über die Berechnung des stempelpflichtigen Betrages bei wiederkehrenden Leistungen (siehe unten VII. Abschnitt).

Beispiel eines Mietvertrages:

## Mietvertrag,

(7 *K* 50 *h* Stempel)

welcher zwischen der Gemeinde Altenmarkt als Vermieterin einerseits und dem Förster der Stadtgemeinde Komotau, Hubert Unteregger, anderseits abgeschlossen wird.

§ 1. Die Gemeinde Altenmarkt vermietet und Herr Hubert Unteregger mietet die ebenerdige Wohnung im Gemeindehause Nr. 16 zu Altenmarkt, bestehend aus zwei Zimmern, einer Kammer und einer Küche samt einem Anteil an Keller und Dachboden, ferner einer Holzlage im Hofraume auf die Dauer von fünf Jahren, d. i vom 1. August 1900 bis 31. Juli 1905.

§ 2. Der jährliche Mietzins beträgt 360 *K* und ist zu den ortsüblichen vierteljährigen Terminen (am 1 Februar, 1. Mai, 1. August und 1. November) im vorhinein bei der Gemeindekassa zu bezahlen.

§ 3. Die vermietende Gemeinde verpflichtet sich, auf ihre Kosten den im größeren Wohnzimmer befindlichen schadhaften Ofen bis längstens 1. Oktober 1900 durch einen neuen schwedischen Ofen zu ersetzen und in der Küche sofort einen neuen Dunstabzug herstellen zu lassen.

§ 4. Dem Mieter ist es nicht gestattet, die Wohnung ganz oder teilweise ohne vorherige Zustimmung des Gemeindevorstandes in Aftermiete zu geben.

§ 5. Reparaturen bis zum Betrage von 10 *K* hat der Mieter, kostspieligere die vermietende Gemeinde zu bestreiten.

§ 6. Wird dieser Vertrag nicht längstens ein Vierteljahr vor seiner Endigung, d. i. bis 30. April 1905 aufgekündigt, gilt er für ein weiteres Jahr stillschweigend als erneuert.

Altenmarkt, am 15. September 1900.

Franz Weber, Gemeindevorsteher.
Ottokar Hanke, Gemeinderat.
(L. S.)

Hubert Unteregger, städtischer Förster,
Fritz Längle, städtischer Buchhalter,
Alois Engel, Webermeister,
als Zeugen.

Beispiel eines Jagdpachtvertrages:

## Jagdpachtvertrag,

(25 *K* Stempel)

welcher über Ermächtigung des k. k. Ackerbauministeriums vom 28. September 1899, Z. 20.237/1111, zwischen der k. k. Forst- und Domänendirektion Salzburg in Vertretung des k. k. Ärars als Verpächter einerseits und Seiner Durchlaucht dem Fürsten Sigismund Sapieha in Krakau als Pachtnehmer anderseits abgeschlossen wird.

§ 1. Die k. k. Forst- und Domänendirektion in Salzburg verpachtet und Seine Durchlaucht der Fürst Sigismund Sapieha pachtet die Ausübung der Jagd auf dem nachstehend bezeichneten Gebiete: *A.* Auf den zusammenhängenden ärarischen Parzellen Nr. 7—16, 211/1 und 317 Katastralgemeinde Jesdorf, Nr. 501—507 Katastralgemeinde Wald und Nr. 423/9 Katastralgemeinde Mörtschach im Gesamtausmaße von 485 *ha*; *B.* auf den nicht ärarischen Parzellen Nr. 46, 49—67, 201—210 der Katastralgemeinde Jesdorf im Gesamtausmaße von 712 *ha*, auf welchem dem k. k. Ärar das Jagdrecht gemäß Servituts-Ablösungs-Erkenntnis vom 9. Dezember 1863, Z. 446, vorbehalten worden ist; *C.* auf den nicht ärarischen Parzellen, Nr. 3, 4, Katastralgemeinde Jesdorf, Nr. 500, Katastralgemeinde Wald und Nr. 423/1, 423/2, Katastralgemeinde Mörtschach, welche als Jagd-Enklaven in dem unter *A* angeführten Gebiete inliegen, im Gesamtausmaße von 42·69 *ha*, auf welchen dem k. k Ärar gemäß Erkenntnis der k. k. Bezirkshauptmannschaft Zell am See vom 25. August 1899, Z. 16971, das Verpachtrecht zuerkannt wurde.

Dieses Jagdgebiet ist auf dem beigehefteten Situationsplane dargestellt; es wird im Süden von der Salza, im Osten vom Kottinggraben, im Norden vom Rücken des Gebirgszuges Mandlitz-Kogel-Rettenstein, im Westen von dem Weidehage der Sonnberg-Alpe begrenzt.

§ 2. Das gesamte Jagdgebiet wird auf die Dauer vom 1. Januar 1900 bis 31. Dezember 1909, d. i. auf zehn Jahre verpachtet.

§ 3. Der Pachtschilling beträgt 800 *K* (achthundert Kronen) jährlich und ist für das Jahr 1900 binnen 14 Tagen nach Unterfertigung des Vertrages, für die folgenden Jahre im vornhinein, jedesmal am 1. Januar beim k. k. Steueramte Zell am See zu entrichten.

§ 4. Der Pächter verpflichtet sich, die gepachtete Jagd unter genauer Beobachtung aller bereits bestehenden und künftig noch erfließenden jagdpolizeilichen Gesetze und

Vorschriften, im übrigen aber rücksichtlich der Pflege und des Abschusses streng weidmännisch auszuüben. Die Verwendung von hochstämmigen, weitjagenden Hunden ist
nicht gestattet.

§ 5. Das von dem Pächter bestellte Jagdpersonale ist der k. k. Forst- und
Domänenverwaltung Piesendorf, welcher die Oberaufsicht über die Einhaltung der
Pachtbedingungen bei dem Betriebe der verpachteten Jagd zusteht, sofort bekannt zu
geben. Übel beleumundete Personen, namentlich solche, welche wegen Forstfrevel oder
eines anderen Vergehens bereits abgestraft wurden, dürfen nicht als Jagdschutzorgane
verwendet werden und sind auf Verlangen der k. k. Forst- und Domänenverwaltung
sofort zu entlassen.

§ 6. Die Mitwirkung des k. k. Forstpersonales beim Jagdschutzdienste ist nur mit
Genehmigung der k. k. Forst- und Domänen-Direktion Salzburg zulässig.

§ 7. Das Forstpersonale ist berechtigt, das verpachtete Jagdgebiet mit dem Gewehre zu begehen und die Jagd- und Schutzhütten, soweit dieselben nicht etwa von
dem Pächter und seinen Jagdgästen in Anspruch genommen werden, jederzeit unentgeltlich und unbehindert zu benutzen.

§ 8. Der Pächter ist verpflichtet, den Wildschaden sowohl den Privatbesitzern als
auch dem verpachtenden Ärar und zwar dem letzteren nur mit dem Rechte der Einsprache an die k. k. Forst- und Domänendirektion in Salzburg nach dem Befundaus-
weise der k. k. Forst- und Domänenverwaltung Piesendorf zu ersetzen. — Der Jagdpächter ist zur möglichsten Berücksichtigung der wirtschaftlichen Interessen der auf dem
Jagdterritorium weideberechtigten Parteien verpflichtet und hat alle jene Maßregeln und
Vorkehrungen sofort auf eigene Kosten und ohne jedweden Ersatzanspruch auszuführen,
welche die Staatsforstverwaltung zur Hintanhaltung der Benachteiligung der Alpweide-
berechtigten für notwendig erklärt und fordert.

§ 9. Der ärarische Wirtschaftsbetrieb darf durch die Jagdausübung in keinerlei
Weise behindert werden, und steht dem Pächter gegenüber dem Ärar zu.

§ 10. Die Neuanlage von Wegen, die Erbauung von Jagdhütten, Futterstadeln u. s. w.
ist nur mit vorher eingeholter Genehmigung des k. k. Ärars als Grundeigentümer
statthaft und wird über Ansuchen des Pächters das hiezu erforderliche Holz und sonstige
Material, nach Maßgabe der wirtschaftlichen Zulässigkeit, um den jeweiligen Tarifpreis
abgegeben werden. Die Plätze für die Wildfütterung dürfen nur in den älteren Beständen
möglichst weit von den Forstkulturplätzen und im Einverständnis mit der k. k. Forst-
und Domänenverwaltung gewählt werden. Nach Auflösung dieses Vertrages gehen alle
von dem Pächter errichteten Neuanlagen und Baulichkeiten, sowie die sonstigen Melio-
rationen unentgeltlich in das Eigentum des Ärars über.

§ 11. Der Pächter erklärt, von dem Pachte vor Ablauf der festgesetzten Pacht-
dauer, ohne irgend einen Entschädigungsanspruch, gegen vorausgegangene halbjährige
Aufkündigung abzustehen, wenn ärarisches Grundeigentum, welches zum Jagdgebiete
gehört, veräußert oder mit demselben eine anderweitige, jedoch nicht die Verpachtung
der Jagdbarkeit an einen anderen betreffende Verfügung von Seite der Staatsforstverwaltung getroffen werden sollte. Bei einer nur teilweisen Veräußerung des ärarischen
Grundeigentums bleibt der Pachtvertrag bezüglich des nicht veräußerten Teiles bestehen,
es tritt aber dafür gleichwie in dem nachstehend vorgesehenen Falle der Aberkennung
der selbständigen Jagdausübung durch das k. k. Ärar auf den Reservatgrundstücken
eine Verminderung des Pachtzinses nach dem Verhältnisse des in Abfall kommenden
Teiles zum ursprünglichen ganzen Jagdgebiete ein. Für den Fall, daß das k. k. Ärar in
einer rechtskräftigen Entscheidung einer Gerichts- oder Verwaltungsbehörde der selbst-
ständigen Ausübung des demselben auf fremden, das ist nicht ärarischen Grundstücken
vorbehaltenen Jagdrechtes für verlustig erklärt werden sollte, hat der Pächter sofort
nach Bekanntgabe der betreffenden Entscheidung von der Jagdausübung auf jenen Parzellen, auf welchen das k. k. Ärar der Ausübung des Jagdrechtes verlustig erklärt wurde,
abzustehen und dieses Pachtobjekt dem k. k. Ärar zurückzustellen, ohne dieserhalb an
das k. k. Ärar irgend welchen Ersatzanspruch stellen zu dürfen. Außerdem findet ein
Nachlaß vom Pachtschillinge unter keinerlei Umständen statt.

§ 12. Beide vertragschließenden Teile verzichten auf die Anfechtung dieses Vertrages wegen Verletzung über die Hälfte.

§ 13. Dem Pächter ist es nicht gestattet, den Vertrag, beziehungsweise die ihm aus
demselben erwachsenden Rechte und Pflichten vollständig oder auch nur teilweise auf
einen anderen zu übertragen oder das Pachtobjekt in einen Gesellschaftsvertrag einzubeziehen, und es übernimmt der Pächter die Verpflichtung, dieses Verbot in keiner
Weise zu umgehen.

§ 14. Mit dem Tode des Pächters erlischt dieser Vertrag.

§ 15. Der Pächter ist verpflichtet, zur Sicherstellung des k. k. Ärars sofort nach
Abschluß des Vertrages eine Kaution im Betrage von 200 $K$ in Barem oder in pupillarsicheren Wertpapieren, deren Wert nach dem Kurse des Erlagstages, bei Losen jedoch nicht
über den Nennwert berechnet wird, bei dem k. k. Steueramte in Zell am See zu erlegen.

§ 16. Sollte der Pächter ungeachtet der an ihn ergangenen Aufforderung binnen der festgesetzten Frist seinen vertragsmäßigen Verpflichtungen nicht nachkommen, so ist die k. k. Staatsforstverwaltung berechtigt, entweder vorbehaltlich allfälliger Schadenersatzansprüche des k. k. Ärars sofort den Vertrag als aufgelöst zu erklären, die Jagd nach eigenem Ermessen entweder selbst zu übernehmen oder anderweitig zu vergeben und sich aus der erlegten Kaution ohne gerichtliche Dazwischenkunft schadlos zu halten, oder aber den Pächter auf Einhaltung der Vertragsbedingungen gerichtlich zu belangen. Im Falle der Auflösung des Pachtvertrages wegen Vertragsbruches des Pächters findet seitens des k. k. Ärars keinerlei Rücksatz des vorausbezahlten Jahrespachtschillings statt.

§ 17. Dieser Vertrag ist für den Pächter sofort nach erfolgter Unterfertigung des Vertrages rechtsverbindlich und verzichtet derselbe auf die Einhaltung der im § 862 a. b. G. B. normierten Fristen seitens des k. k. Ärars.

§ 18. Für alle aus diesem Vertrage etwa entspringenden Rechtsstreitigkeiten, welche nicht kraft Gesetzes vor einen ausschließlichen besonderen Gerichtsstand gehören, sind in erster Instanz die fachlich zuständigen Gerichte am Sitze der k. k. Finanz-Prokuratur in Salzburg ausschließlich zuständig.

Dieser Vertrag wurde in zwei Exemplaren ausgefertigt, wovon das auf Kosten des Pächters gestempelte in Verwahrung der k. k. Forst- und Domänendirektion bleibt; das ungestempelte wurde dem Pächter eingehändigt.

Für das k. k. Ärar:

K. k. Forst- und Domänen-Direktion.

Salzburg, am 24. November 1900.

Der k. k. Hofrat:

Krutter.

Krakau, am 31. März 1900.

Der Pächter:

Fürst Sigismund Sapieha.

Graf Odo Wratislav, Zeuge.

Norbert Rettmayer, fürstlicher Sekretär, Zeuge.

## § 54. Der Dienst- und Lohnvertrag (§§ 1151—1172).

Wenn jemand sich zur Dienstleistung oder Verfertigung eines Werkes gegen einen gewissen Lohn im Gelde verpflichtet, so entsteht ein Lohnvertrag oder ein entgeltlicher Vertrag über eine Dienstleistung, Arbeitsvertrag, auch Gedingvertrag genannt.

Hat jemand eine Arbeit oder ein Werk bestellt, so wird auch angenommen, daß der Besteller gewillt sei, einen angemessenen Lohn zu entrichten (sogenannter stillschweigender Lohnvertrag). Ist die Höhe des Lohnes nicht bestimmt worden, so wird sie gerichtlich festgesetzt. — Besitzt das gefertigte Werk oder die hergestellte Arbeit solche wesentliche Mängel, welche das Werk untauglich machen oder gegen eine ausdrückliche Vertragsbedingung verstoßen, so kann der Besteller von dem Vertrage abgehen; oder, wenn er dies nicht will, oder wenn die Mängel weder wesentlich noch einer ausdrücklichen Bedingung zuwiderlaufend sind, ist er berechtigt, zu diesem Behufe einen verhältnismäßigen Teil des Lohnes zurückzuhalten. Wird die bestellte Sache aus Verschulden des Arbeiters in der bedungenen Zeit nicht vollendet, so braucht der Besteller sie nicht mehr anzunehmen und er kann auch den Ersatz des ihm durch die Versäumnis verursachten Schadens begehren. — In der Regel gebührt dem Arbeiter der Lohn erst nach vollbrachter Arbeit. Wird aber eine Arbeit in gewissen Zeiträumen oder in einzelnen Abteilungen geleistet, oder sind mit der Herstellung eines Werkes für den Arbeiter Vorauslagen verbunden, so ist der Besteller zur Entrichtung eines angemessenen Vorschusses, oder zur Vergütung der baren Auslagen des Arbeiters, oder zur Auszahlung eines verhältnismäßigen Teiles des Lohnes verbunden. — Arbeiter, welche auf eine bestimmte Zeit oder bis zur Vollendung irgend eines Werkes bestellt oder gedungen worden sind, können ohne rechtmäßigen Grund vor Ablauf der bestimmten Zeit oder vor völliger Vollendung der Arbeit weder die Arbeit aufgeben, noch aus dem Dienste entlassen werden.

Nimmt jemand eine Person in seinen Dienst, welche nicht in die Klasse der gewöhnlichen Dienstleute, sondern in die Klasse der Privatbeamten oder Geschäftsführer (Werkführer, Aufseher u. s. w.) gehört, so wird der diesbezügliche Dienstvertrag zumeist ein Bestallungsvertrag genannt. Der Bestallungsvertrag ist also im Grunde nur ein Dienstvertrag und alle Bestimmungen, welche den Dienstvertrag betreffen, kommen auch auf den Bestallungsvertrag in Anwendung.

Zu den Lohnverträgen gehört auch der Bauvertrag. Derselbe ist jenes Übereinkommen, durch welches sich ein Bauverständiger zur Herstellung einer Baulichkeit gegen eine Entlohnung oder Bezahlung verpflichtet.

Abgesehen von den Bestimmungen des a. b. G. B. sind manche Arbeitsverträge noch nach besonderen Bestimmungen zu beurteilen; die Gewerbeordnung regelt die Rechtsverhältnisse der gewerblichen Hilfsarbeiter, das Handelsrecht die der

Handelsgehilfen, Buchhalter, Handlungsreisenden, das Berggesetz und sonstige besondere Verordnungen die der Bergbaubediensteten, die Gesindeordnungen die der Dienstboten.

Eigenen Gesetzen unterliegen die Rechtsverhältnisse der Staatsbeamten und Staatsdiener.

Durch das Gesetz vom 28. Dezember 1887, R. G. Bl. Nr 1 aus 1888, wurden die Arbeiter in den meisten Betrieben gegen die Folgen von Betriebsunfällen versichert; auf die land- und forstwirtschaftlichen Arbeiter hat dieses Gesetz indes keine Anwendung. Die gegen Unfall versicherten Arbeiter und Betriebsbeamten sind nach dem Gesetze vom 30. März 1888, R. G. Bl. Nr. 33, auch für den Krankheitsfall versichert.

Die Dienst- und Lohnverträge unterliegen der Stempelgebühr nach Skala II; wird jedoch auch die Verpflichtung übernommen, Stoffe oder Material zu liefern, d. i. zu verkaufen, so unterliegt der Vertrag der Stempelgebühr nach Skala III.

Gedingverträge werden in der Staatsforstverwaltung meist nicht in der Form eines reinen Vertrages abgeschlossen, sondern derart, daß der Gedingsunternehmer vor dem Forstverwalter, dem Förster und zwei Zeugen mündlich erklärt, um welchen Einheitslohn er den $fm^3$ oder $rm^3$ Holz in einem bestimmten Schlagorte erzeugt und bis zu einem bestimmten Lagerplatze liefert. Hierüber wird dann ein Amtsprotokoll aufgenommen, das alle genannten Personen, mit Ausnahme des Unternehmers unterschreiben Das folgende Beispiel enthält ein solches Amtsprotokoll samt den allgemeinen Bedingungen, wie sie bei der Innsbrucker Forstdirektion üblich sind.

Beispiel eines Gedingvertrages:

Amtsprotokoll

aufgenommen bei der k. k. Forst- und Domänenverwaltung in Telfs am 26. Januar 1901 in Gegenwart der Gefertigten.

Gegenstand bildet die

### Vergebung der Gedingsarbeiten

für die gemäß genehmigten Fällungsantrages pro 1901, Post-Nr. 76 zur Nutzung zu bringenden Forstprodukte im Waldorte Prameben.

Außer der Beobachtung der bei der k. k. Forst- und Domänenverwaltung angeschlagenen und den Arbeitsunternehmern bekannten allgemeinen Vorschriften für die Holzfällungs- und Lieferungsarbeiten in den Staats- und Fondsforsten im Bereiche der k. k. Forst- und Domänendirektion für Tirol und Vorarlberg, insoferne sie hier sinngemäß Anwendung finden können und nicht durch die nachfolgenden Bestimmungen aufgehoben werden, werden für die vorstehend bezeichneten Gedingsarbeiten nachstehende speziellen Bedingnisse vorgeschrieben:

1. Art der Nutzung und Nutzungsquantum: In dem Waldorte Prameben, Abteilung 86 *e* und *f* ist die durch die Pflöcke *a* *g* und durch die mit dem Waldhammer markierten Plätze an den Stämmen der Schlagsgrenze bezeichnete Fläche von 4·53 *ha* Fichten und Lärchen kahl zu schlagen. Das gesamte Nutzungsquantum beträgt beiläufig 2265 $fm^3$, und zwar rund 1500 $fm^3$ Nutzholz, 765 $fm^3$ Brennholz.

2. Sortierung und Aufbereitung des Holzes: Das Nutzholz ist in 4 *m* langen Sägeblochen, ungerechnet einen beiderseitigen Spronz von je 12 *cm*, bis zu 18 *cm* Stärke am dünnen Ende unter den sonstigen Voraussetzungen der allgemeinen Bedingungen auszuformen; schwächeres oder sonst als Sägeholz nicht taugliches Material ist in Drehlingen von 2 *m* Länge und bis zu einer Stärke von 10 *cm* am dünnen Ende als Schleifholz auszuformen; der Rest endlich ist als Brennholz nach den Maßen der allgemeinen Bedingungen aufzuarbeiten. Zur Erleichterung der Lieferung wird jedoch gestattet, daß das Schleif- und Brennholz in 4 *m* langen Drehlingen abgeliefert und erst am Aufsatzplatze aufgeschnitten wird.

3. Art und Weise der Lieferung: Die Lieferung vom Schlagorte erfolgt mittels Handschlitten über den neu angelegten Zugweg bis nach Ochsengarten und von hier auf der ärarischen Waldstraße bis zum Aufsatzplatze nach Flaurling.

4. Herstellung und Erhaltung der Lieferanstalt: Nach Beendigung der Lieferung wird die Lieferstrecke vom k. k. Forst- und Domänenverwalter und dem Unternehmer begangen; der letztere hat Beschädigungen des Zugweges und der Waldstraße, welche durch ihn selbst oder seine Leute verursacht worden sind, auf eigene Kosten nach Angabe des Forstverwalters wieder gut zu machen.

5. Aufsatzplatz: Der ärarische Aufsatzplatz befindet sich neben dem Bahnhofe der k. k. Staatsbahn in Flaurling. Das Blochholz ist in Stößen von höchstens 1 *m* Höhe, gesondert nach Stärkeklassen von 18—30 *cm*, 30—40 *cm*, endlich von 40 und mehr *cm* am dünnen Ende aufzustapeln. Das Schleifholz ist wie das Brennholz in Zainen von 1·5 *m* Höhe und 1 *m* Tiefe aufzustocken.

6. Arbeitstermin: Mit den Schlagarbeiten ist längstens im Monate Juni zu beginnen. Die Fällung und Vorlieferung bis zum Zugwege muß bis zum 15. November

vollendet sein, damit sofort nach dem ersten Schneefalle mit der Ablieferung begonnen werden kann. Die ganze Arbeit muß bis zum 15. Februar 1902 vollendet und das Holz bis zu diesem Termine zur Abmaß gestellt sein.

7. **Kautionserlag:** Als Kaution zur Sicherstellung der übernommenen Verpflichtungen hat der Unternehmer den Betrag von 200 $K$ (zweihundert Kronen) in Barem oder in pupillarsicheren Wertpapieren bei dem k. k. Steueramte in Telfs bis längstens 1. Juni 1901 zu erlegen. Nach klagloser Erfüllung des Gedingvertrages wird diese Kaution dem Unternehmer zurückgestellt.

Der Unternehmer Thomas Ramseider aus Brandenberg hat sich vor dem Gefertigten rechtsverbindlich verpflichtet, unter genauer Einhaltung der nachfolgenden allgemeinen Vorschriften und voraufgeführten speziellen Bedingnisse die bezeichneten Gedingsarbeiten gegen nachstehende Lohnvergütung zu übernehmen und zum vereinbarten Termine zu Ende zu führen: Für die Erzeugung, Lieferung, Sortierung und Aufstapelung von je 1 $fm^3$ Sägeholz 3 $K$ 50 $h$ (d. i. drei Kronen fünfzig Heller), von 1 $fm^3$ Schleifholz 3 $K$ (d. i. drei Kronen), von je 1 $fm^3$ Brennholz 2 $K$ 20 $h$ (d. i. zwei Kronen zwanzig Heller).

Telfs, am 26. Januar 1901.

Vor mir!                       **August Bacher, k. k. Förster,**
G. von Zötl,        **Georg Unterladstätter, Tomanbauer in Flaurling,**
k. k. Forstmeister.        **Franz Fuchs, Wastlbauer in Flaurling,**
                                   als Zeugen.

**Allgemeine Vorschriften für Holzfällungs- und Lieferungsarbeiten in den Staats- und Fondsforsten im Bereiche der k. k. Forst- und Domänendirektion für Tirol und Vorarlberg.**

1. **Übergabe der Forstprodukte auf dem Stocke an den Gedingnehmer.** Sobald von der k. k. Forst- und Domänendirektion in Innsbruck die Genehmigung des Holzarbeits- und Liefervertrages erfolgt und dem k. k. Forstverwalter mitgeteilt ist, wird der Gedingnehmer hievon verständigt und aufgefordert, zur Übernahme der zu nutzenden Forstprodukte zu erscheinen.

Der Forstverwalter oder einer seiner Untergebenen übergibt sodann dem Gedingnehmer an Ort und Stelle im Walde die zur Nutzung bestimmten Forstprodukte durch Vorweisung derselben und erteilt gleichzeitig Weisungen über die Fällung, Aufarbeitung und Lieferung.

Die Nutzung erfolgt entweder *a)* im schlagweisen Betriebe, *b)* im Plänterbetriebe, *c)* durch Aufbereitung von zufälligen Ergebnissen oder *d)* im Wege der Durchforstung. In jedem dieser Fälle werden zunächst die Grenzen des einzulegenden Schlages gegen den Nachbarbestand, insoferne sie nicht mit Abteilungslinien zusammenfallen, durch Anschalmen der stehenbleibenden Stämme der künftigen Schlagwand deutlich ersichtlich gemacht und dem Unternehmer vorgewiesen. Innerhalb dieser Grenzen sind beim Kahlschlage sämtliche Stämme, mit Ausnahme der etwa eigens gekennzeichneten Überhälter zu nutzen; beim Femelschlage wird dem Gedingnehmer bekannt gegeben, ob die mit dem Markzeichen versehenen Stämme zur Nutzung oder zum Überhalten bestimmt sind. Bei der Nutzung im Plänterbetriebe, der Aufbreitung der zufälligen Ergebnisse und bei der Durchforstung werden die zur Nutzung zu bringenden Stämme mit dem Mark- oder Auszeigehammer bezeichnet.

2. **Fällung des Holzes.** Alle zur Nutzung bestimmten Stämme müssen so nahe als möglich am Boden abgeschnitten werden, es sei denn, daß aus besonderen Rücksichten höhere Wurzelstöcke belassen werden müssen, in welchem Falle die Höhe derselben besonders namhaft gemacht wird. Das Fällen des Holzes mit der Axt allein ist nur ausnahmsweise über eigene Ermächtigung des Forstverwalters gestattet. Die Fällung des Holzes muß derart erfolgen, daß jede Beschädigung der gefällten Stämme sowohl als auch des etwa vorhandenen Unterwuchses oder der von der Nutzung ausgeschlossenen Stämme möglichst vermieden werde und sind zu diesem Zwecke erforderlichenfalls vor der Fällung die stärkeren und astreichen Stämme zu entasten. Die Fällungsarbeiten sind in der Regel derart einzurichten, daß damit auf einer vom Forstverwalter zu bestimmenden Grenze der Schlags- und Nutzungsfläche begonnen und bis zur entgegengesetzten Grenze, beziehungsweise bis zur Vollendung der übernommenen Arbeiten fortgesetzt wird.

3. **Einhaltung des Hiebsatzes.** Dem Gedingnehmer ist es nicht gestattet, Stämme, die von der Nutzung ausgeschlossen sind, zum Einschlag zu bringen. Für jeden gefällten, nicht zur Nutzung bestimmten Stamm hat der Gedingnehmer, abgesehen von seiner Schadenersatzpflicht überhaupt (Punkt 8), insoferne derselbe der Haubarkeitsnutzung angehört, eine Konventialstrafe von 5 $K$, bei der Zwischennutzung eine solche von 1 $K$ zu leisten.

Sollten die in der Schlagfläche zum Einschlag bestimmten Stämme das angeschätzte und verdungene Nutzungsquantum übersteigen, so ist der Gedingnehmer dennoch verpflichtet, innerhalb der bedungenen oder innerhalb einer vom k. k. Ärar zugestandenen verlängerten Frist, dieselben zur Gänze in Einschlag zu bringen, und er hat aus der vergrößerten Nutzung keinen Anspruch auf eine besondere Vergütung, sondern nur auf den pro Einheit vereinbarten Schläger- und Lieferlohn, und im entgegengesetzten Falle — wenn die zur Nutzung bestimmten Stämme das angeschätzte und verdungene Nutzungsquantum nicht erreichen — aus der Mindererzeugung keinen Anspruch auf Entschädigung für den Verdienstentgang. Dem k. k. Ärar steht es überdies frei, im Verlaufe der Schläge in der Nutzungsfläche oder angrenzend an dieselbe den Holzeinschlag durch weitere Auszeigung zu vermehren und die Aufbereitung der in der Nähe der Nutzungsfläche angefallenen zufälligen Ergebnisse zu verlangen, und der Gedingnehmer ist verhalten, auch diese größere Holzmenge, um die vereinbarten Einheitspreise zur Aufbereitung und Lieferung zu übernehmen, wobei gleichfalls die bedungene oder nachträglich verlängerte Frist nicht überschritten werden darf. Wenn dagegen das k. k. Ärar es für notwendig erachten sollte, im Verlaufe der Nutzung die ausgezeigte Holzmenge zu vermindern oder die Nutzung in der betreffenden Schlag- oder Nutzungsfläche gänzlich einzustellen, so ist der Gedingnehmer verpflichtet, auch die verringerte Holzmenge um die vereinbarten Einheitspreise zur Nutzung zu bringen, oder die Nutzung ganz einzustellen, und hat für den entstandenen Verdienstentgang keinen Anspruch auf Entschädigung.

4. Sortierung und Aufbereitung des Holzes. Die zur Nutzung vorgewiesenen Hölzer müssen vom Gedingnehmer nach Maßgabe der besten Verwendbarkeit und bestmöglichen Verwertbarkeit bis herab zu 5, beziehungsweise 7 cm oberen Durchmesser nach den besonderen Vertragsbestimmungen innerhalb der festgesetzten Frist zu gut gemacht, knapp am Schafte entastet und insbesondere die Bau-, Säge- und Werkhölzer gänzlich entrindet, oder bei der Fällung außer der Saftzeit abgeschürft und an ihren Enden gehörig, d. i. in einem der Stärke jedes einzelnen Stückes und der betreffenden Lieferung entsprechenden Grade, abgerundet (gesprenzt) werden. Zu Bau- und Marineholz sind nur vollkommen gesunde, geradschaftige und nicht gedrehte Stämme von entsprechenden Dimensionen zu verwenden; die Erzeugung dieser Hölzer wird in jedem einzelnen Falle eigens angeordnet; dieselben sind, um jede Beschädigung, insbesondere aber das Zerbrechen des Schaftes zu vermeiden, mit größter Vorsicht zu fällen. Bei der Aufbereitung und der Lieferung der Marinehölzer darf die Spitze des Zappins entweder gar nicht oder nur an den äußersten Stammteilen angewendet werden, damit dieselben durch Einrisse an der Oberfläche ihre technische Brauchbarkeit nicht verlieren. Zu Säg- und Werkhölzern müssen alle jene Stämme und Stammstücke aufgearbeitet werden, welche bei der im betreffenden Vertrage festgesetzten Länge, ausschließlich der beiden Abrundungen, am Dünnende noch einen Durchmesser von 18 cm und mehr halten, und nicht in einem Grade anbrüchig oder sonst fehlerhaft sind, daß deren Verwendung zu Sägholz nach den handelsmäßigen Usancen als ausgeschlossen betrachtet wird. Als Kleinnutzholz sind Wagnerstangen, Telegraphenstangen, Eisenbahnschwellen, Zaunstangen etc. nach Maßgabe ihrer Verwendbarkeit und über besonderen Auftrag des Forstverwalters auszuhalten. Aus den zu Bau- und Säge- oder Werkholz nicht geeigneten Stammteilen ist in erster Linie das Schichtnutzholz auszuscheiden und je nach der Verwendbarkeit zu Weingarten-, Resonanz-, Binder- oder Schindelholz auszuhalten; ob eines oder mehrere der vorbezeichneten Sortimente und mit welchen Längen- und Stärkedimensionen dieselben zu gut zu machen sind, wird von Fall zu Fall im Gedingvertrage festgesetzt.

Alle anderen Stämme und Stammteile, welche zu keiner der vorbezeichneten Sorten die Eignung besitzen, sind zu Brenn- und Kohlholz aufzuarbeiten. Beim Brennholz werden nachstehende Sortimente unterschieden: *a)* Drehlingsholz, das sind Rundstücke von 1 und 2 m Länge und von mehr als 7 cm Durchmesser am Dünnende. *b)* Scheitholz, bestehend aus 1 m langen, mittels Spaltung aus Rundhölzern von über 14 cm Stärke am schwächeren Ende gewonnenen Spaltscheiten (Halb-, Viertel-, Achtelklüfte etc.). *c)* Prügelholz, Rundholzstücke von 1 m Länge und 7 bis einschließlich 14 cm Dünnendedurchmesser und *d)* Ast- und Gipfelholz, Rundholzstücke und Äste unter 7 cm Durchmesser.

Wenn die Erzeugung von Drehling- oder Kohlholz nicht ausdrücklich verlangt wird, ist alles Brennholz von mehr als 14 cm Dünnendedurchmesser aufwärts zu spalten, und zwar bis 20 cm Durchmesser in Halbklüfte, von 21 bis 50 cm in Viertel- und Achtelklüfte nach der Radienrichtung, und von mehr als 50 cm Durchmesser am Dünnende mittels Ausspalten eines vierseitigen Kernes, welcher durch Spalten nach der Diagonale in dreikantige Klüfte weiter geteilt werden kann, oder mittels Spalten in zwei Kränze oder auch in anderer Anordnung, immer aber so, daß die einzelnen Spalten am Rücken (an der Rückenseite), dann an den Spaltseiten im Mittel 20 cm nicht übersteigen, aber auch nicht bedeutend schwächer gemacht werden. Rundholzstücke unter 14 cm am Dünnende bleiben ungespalten, desgleichen auch solche knorrige Rundholzstücke über 14 cm Durchmesser, welche nur mit unverhältnismäßigen Kosten zu zerspalten wären.

Über die Abrundung der Sägehölzer, dann über die Längendimensionen des Brenn- und Kohlholzes, sowie über die Sortierung desselben entscheidet der Forstverwalter mit Rücksicht auf die Lieferungs- und Absatzverhältnisse, und wird dieses im Gedingvertrage vorgeschrieben.

Die Fichtenrinde ist, insoferne dieselbe nach ihrer Beschaffenheit und den bestehenden Absatz- und Lieferungsverhältnissen als Gärbestoff verwendet werden kann, von den zur Zeit des Saftganges gefällten Stämmen in einer Länge von 1 *m* vom Stamme sorgfältig loszutrennen, dann im frischen Zustande an beiden Längenseiten derart aufzurollen, daß die innere oder Bastseite durch die Borke geschützt wird. Die aufgerollte Rinde ist dann an luftigen, trockenen Stellen oder auf Latten unter dem Schutze ausgebreiteter Rindendecken zu trocknen, besonders aber vor Regen zu schützen, und die getrocknete Rinde (wie das Brennholz) in das Raummaß zu stocken und mit ausgebreiteten Rindenteilen zu überdecken.

Der Gedingnehmer wird bei der Aushaltung von Nutzhölzern in einer den handelsmäßigen Usancen oder den gegebenen Weisungen nicht entsprechender Qualität nur nach dem Einheitspreise für jenes Sortiment entlohnt, zu welchem die betreffende Ware verwendet werden kann; für jedes nicht in der vorgeschriebenen Länge erzeugte Sägebloch hat er eine Konventionalstrafe von 3 *K* und für jedes nicht entsprechend gesprengte Nutzholzstück eine Konventialstrafe von 2 *K* zu leisten.

5. **Lieferung der Forstprodukte zu den Lagerplätzen.** Die Art und Weise der Lieferung der Forstprodukte von den Schlags- oder Nutzungsplätzen zu den Ablagerungsplätzen, dann ob hiezu lediglich schon vorhandene, natürliche oder künstliche Lieferungsanstalten zu benutzen oder neue zu errichten sind, wird in jedem einzelnen Falle im Gedingvertrage angeordnet, und der Unternehmer hat sich strenge hieran zu halten. Als oberster Grundsatz hat die möglichste Schonung der Forstprodukte, des Waldbodens, sowie der etwa vorhandenen Bestockung zu gelten. Schon vorhandene natürliche oder künstliche Lieferungsanstalten werden dem Unternehmer zu Beginn der Fällungsarbeiten vorgewiesen, und obliegt demselben, die etwa erforderlichen Ausbesserungen vorzunehmen, die Anstalten in gutem Zustande zu erhalten und nach Beendigung der Lieferung wieder in gutem Zustande zu übergeben. Die vertragsmäßig neu herzustellenden Lieferungsanstalten müssen kunstgerecht, solid, dauerhaft, sowie mit dem geringsten Aufwande an Holz hergestellt und in vollkommen brauchbarem Zustande nach Beendigung der Lieferung dem Forstverwalter übergeben werden; das zu diesen Bauten, sowie auch zu den Ausbesserungen erforderliche Holz wird dem Unternehmer vom Forstpersonale vorgewiesen, beziehungsweise ausgezeigt; die Gewinnung und Lieferung der Hölzer zum Verbrauchsorte obliegt dem Gedingnehmer. Auf Verlangen des Forstverwalters ist der Unternehmer auch gehalten, die Lieferanstalt nach beendeter Lieferung abzutragen und das anfallende Holz nach Maßgabe der ferneren Verwendbarkeit aufzubereiten und gleich den übrigen Schlagserzeugnissen auf die bestimmten Lagerplätze zu liefern.

6. **Aufstockung des Holzes.** Die Aufstockung der gewonnenen Hölzer, hinsichtlich welcher durch den Gedingvertrag bestimmt wird, ob sie in den Schlags- oder Nutzungsflächen vor, oder auf bestimmten Lagerplätzen nach der Lieferung — oder auch hier wie dort — zu erfolgen habe, muß immer in zweckentsprechender Weise nach den jeweiligen Anordnungen des Forstpersonals derart zu erfolgen, daß die Abmaß, Abzählung und weitere Bringung mit der tunlichsten Leichtigkeit vorgenommen werden kann. Auf den Ablagerungsplätzen ist das Nutzholz nach den einzelnen Sorten und innerhalb dieser nach gleichen Längendimensionen getrennt zu lagern. Das Schichtnutzholz und das Brennholz ist in regelmäßigen Stößen (Zainen) von 1 oder 2 *m* Höhe mit einer Überhöhe von mindestens 5%  mit den geringsten Zwischenräumen aufzustocken, wobei die Länge der einzelnen Stöße nur ganze Meter ohne Bruchteile enthalten soll. Die Stockung des Schichtnutz- und Brennholzes über Wurzelstöcke oder anlehnend an Stämme mit starkem Wurzelanlauf ist untersagt. Wird die sorgfältige Sortierung des Brennholzes im Schlage oder an den Ablagerungsplätzen verlangt, so hat dieselbe nach der Sortierungsvorschrift für die österreichischen Staatsforste zu erfolgen.

7. **Abmaß und Abzählung der zu gut gemachten Materialien und Lohnberechnung.** Zur Abmaß und Abzählung der gewonnenen Forstprodukte hat der Gedingnehmer entweder persönlich zu erscheinen, oder sich durch einen Bevollmächtigten vertreten zu lassen; auch hat er die erforderliche Anzahl von Hilfsarbeitern auf seine Kosten beizustellen. Das Bau- und Nutzholz in Stämmen oder Stammabschnitten wird nach dem Festgehalt, das Schichtnutz- und Brennholz nach dem Rauminhalt entlohnt; kleinere Nutzhölzer, wie Telegraphensäulen, Ruderstangen, Weingartenstangen, Latten oder Zaunpfähle u. dgl. können auch nach Stücken entlohnt werden. Als Faktoren für die Berechnung des Holzmassengehaltes der Bau- und Nutzhölzer in Stämmen und Stammabschnitten dienen die Länge- und Stärkedimensionen. Marinehölzer (Mastbäume) werden in Sektionen von 2 *m*, vom unteren Stammende angefangen, geteilt, und es wird in jeder Sektion der mittlere Durchmesser in Zentimetern gemessen. Bauhölzer über 8 *m* Länge werden in Sektionen von 4 *m* geteilt, und in jeder Sektion wird der mittlere Durchmesser

in Zentimetern gemessen. Stammabschnitte unter 8 *m* Länge und Werkhölzer werden nur einmal in der Mitte des Stückes in Zentimetern gemessen. Bei Säghölzern wird in der Regel der obere Durchmesser, 30 *cm* vom Zopfende einwärts, in Zentimetern gemessen, es steht jedoch dem k. k. Ärar auch frei, die Säghölzer nach dem mittleren Durchmesser messen und berechnen zu lassen. Sowohl die Abmaß des mittleren, als auch die des oberen Durchmessers erfolgt mit der Kluppe, und bei flachen, nicht vollkommen runden Hölzern wird der Durchmesser zweimal, und zwar übers Kreuz gemessen und aus den beiden Abmaßen das Mittel genommen. Der Festgehalt wird bei allen jenen Stämmen und Stammstücken, bei denen der mittlere Durchmesser gemessen wurde, nach den Preßlerschen Kubierungstafeln nach Mittelstärken, bei jenen, wo der obere Durchmesser gemessen wurde, nach den bei der k. k. Forst- und Domänendirektion in Innsbruck in Gebrauch stehenden Kubierungstafeln nach Oberstärken berechnet. Die Abmaß des Schichtnutz- und Brennholzes erfolgt entweder durch Abzählung der bevorrätigten Meterstöße, oder es wird das Quantum aus dem Produkt der Stoß- oder Zainlänge mit der Stoßhöhe (jedoch ohne Überhöhe) und der Scheitlänge ermittelt. Das Abmaßresultat wird in dem im Gebrauche stehenden Nummerbüchern und Holzschlagregistern verzeichnet; dieselben sind vom Gedingnehmer zu fertigen und bilden die Grundlage zur Berechnung der Gedinglöhne. Sollten sich zwischen dem Gedingnehmer und dem k. k. Forstpersonale hinsichtlich der Handhabung der Kluppe und des Meßbandes, oder der Abmaß und Abzählung Differenzen oder wie immer geartete Anstände ergeben, so hat die k. k. Forst- und Domänendirektion in Innsbruck, welche sich überhaupt die Prüfung und Richtigstellung der Abmaßakte vorbehält, endgiltig zu entscheiden.

8. **Verantwortlichkeit des Schlagunternehmers.** Der Gedingnehmer ist verpflichtet, die übernommenen Holzfällungs- und Lieferungsarbeiten zu dem vom Forstverwalter bestimmten Termine mit den erforderlichen oder vereinbarten Hilfskräften in Angriff zu nehmen, und ist sowohl für die eigenen Handlungen und Unterlassungen, als für diejenigen, welche sich seine Untergebenen und Mitarbeiter im Widerspruche mit den Vertragsbestimmungen zuschulden kommen lassen, verantwortlich und haftet, abgesehen von den in den Punkten 3, 4 und 10 bestimmten Konventialstrafen für jede Übertretung oder Umgehung der ihm oder seinem Arbeitsvorgänger erteilten Vorschriften, sowie auch für jeden Schaden, welcher durch ungeeignete, vorschriftswidrige Fällung, Aufbereitung und Abstückung der Stämme und Materialien, sowie durch unzeitige und nachteilige Bringung, Aufstockung und Ausscheidung der Sortimente und durch Nichteinhaltung der vertragsmäßigen Termine oder auf irgend eine andere Weise verursacht wird, mit seiner Kaution und anderweitigem Vermögen. In allen vorbezeichneten Fällen ist der Gedingnehmer verpflichtet, dem Gedinggeber jene Vergütung zu leisten, welche vom k. k. Forstverwalter des betreffenden Bezirkes angesprochen und von der k. k. Forst- und Domänendirektion in Innsbruck gutgeheißen wird. Diese Vergütung wird dem Gedingnehmer von seinem Verdienstlohne ebenso in Abzug gebracht, wie die in den Punkten 3, 4 und 10 normierten und zuerkannten Konventionalstrafen.

9. **Vorgehen beim Vertragsbruch von Seite des Gedingnehmers.** Kommt der Gedingnehmer den Vertragsbestimmungen nicht oder nicht vollständig nach, so behält sich das k. k. Ärar das Recht und die Wahl vor, entweder *a)* auf Erfüllung des Vertrages zu dringen, oder *b)* den Vertrag als null und nichtig zu erklären, die Kaution als verfallen, ohne gerichtliche Dazwischenkunft einzuziehen und die Arbeit mit Annahme beliebiger Löhne und Bedingungen anderweitig zu vergeben, den aus der Vertragsbrüchigkeit des Gedingnehmers dem k. k. Ärar erwachsenen Schaden aber, insoferne er nicht durch die Kaution gedeckt ist, aus dem sonstigen Vermögen des Gedingnehmers zu erholen.

10. **Ausschließung oder Beseitigung von Forstfrevlern, Wilderern und widersetzlichen Taglöhnern von der Arbeit.** Forstfrevler und Wilderer oder solche Personen, die des Forstfrevelns und des Wilderns verdächtig sind, und solche, die sich den Aufträgen des Forstpersonals nicht fügen, dürfen vom Gedingnehmer zu Waldarbeiten nicht aufgenommen werden, und falls solche schon angestellt sein sollten, müssen sie auf Verlangen des Forstverwalters ungesäumt wieder entlassen werden, widrigenfalls für jeden Tag, den ein solcher Arbeiter in der ärarischen Holzarbeit noch zubringt, vom Gedingnehmer eine Konventionalstrafe von 5 *K* zu zahlen ist.

11. **Vertragsabtretungen.** Der abgeschlossene Arbeitsvertrag darf vom Gedingnehmer weder im ganzen noch teilweise an dritte Personen abgetreten werden, noch darf derselbe die Arbeitsausführung durch einem dem k. k. Ärar nicht genehmen Unternehmer in Vollmacht vornehmen zu lassen. Solche Abtretungen und Bevollmächtigungen dürfen unter allen Umständen nur mit Bewilligung der k. k. Forst- und Domänendirektion in Innsbruck, und nur an solche erprobte und rechtschaffene Parteien gemacht werden, welche vom Forstverwalter des Bezirkes als hiezu geeignet erkannt werden; auch darf in dem Vertrage, welcher hierüber mit dritten Personen abgeschlossen werden soll, weder eine Abweichung von diesen Bestimmungen, noch aber von den früher festgesetzten Bedingungen stattfinden. Unter allen Umständen bleibt auch der erste Ge-

dingnehmer für die pünktliche Einhaltung der von ihm eingegangenen Vertragsbestimmungen haftbar.

12. Zahlung des Verdienstlohnes. Dem Gedingnehmer werden nach Maßgabe der vertragsmäßig ausgeführten Arbeiten Abschlagszahlungen gewährt., welche aber nie mehr als vier Fünftel des wirklich ins Verdienen gebrachten Lohnes betragen dürfen. Auf Grund der vom Förster vorgenommenen Aufnahme des fertiggestellten Materiales oder der vollführten Lieferung fertigt der Forstverwalter den vorschriftsmäßigen Lohnzettel aus und sendet denselben an die Forstkassa; der Unternehmer hat den angewiesenen Betrag bei der Forstkassa gegen Quittung zu beheben, zu welchem Behufe ihm vom Forstverwalter eine Legitimation ausgestellt wird, die von der Kassa nach erfolgter Auszahlung einzuziehen ist. Der Restbetrag der ins Verdienen gebrachten Löhnungen wird nach erfolgter Prüfung und Genehmigung der Abmaßergebnisse von Seite der k. k. Forst- und Domänendirektion in Innsbruck zur Zahlung angewiesen.

13. Verhütung von Waldbränden. Beim Anmachen von Feuern und dem Gebrauche feuergefährlicher Gegenstände ist vom Gedingnehmer und dessen Arbeitern die größte Vorsicht zu beobachten. Wenn aus Vernachlässigung solcher Vorsicht oder aus sonstigen Verschulden des Gedingnehmers oder der von ihm angestellten Arbeiter Brandschäden entstehen, so hat der Gedingnehmer für den daraus der Staatsforstverwaltung entsprungenen Schaden Ersatz zu leisten. Der Gedingnehmer mit seinem Personale ist verpflichtet, wahrgenommene Waldbrände ungesäumt dem k. k. Forstpersonale mitzuteilen und alles aufzubieten, um das Schadenfeuer entweder im Entstehen rechtzeitig zu unterdrücken, oder dessen Weiterverbreitung zu verhindern und den Brand zu löschen.

**Beispiel eines Bauvertrages. (Siehe IV. Buch, S. 59.)**

### Bauvertrag,

(35 Kronenstempel.)

welcher, über Ermächtigung des k. k. Ackerbauministeriums vom 12. Oktober 1899, Z. 17568, zwischen der k. k. Forst- und Domänendirektion in Görz namens des k. k. Ärars einerseits und Johann Supersberg, Maurermeister in Hermagor, anderseits abgeschlossen wird.

§ 1. Die k. k. Forst- und Domänendirektion in Görz übergibt und Johann Supersberg übernimmt die Erbauung des Försterhauses in Paßriach auf der ärarischen Parzelle Nr. 16/4 der Katastralgemeinde Paßriach, k. k. Forstwirtschaftsbezirk Hermagor, nach dem Bauplane, Vorausmaße und Kostenvoranschlage, welche einen integrierenden Bestandteil dieses Vertrages bilden und zum Zeichen dessen von beiden vertragschließenden Teilen unterzeichnet, diesem Vertrage jedoch nicht angeheftet sind, um den Pauschalbetrag von 7000 $K$ (siebensausend); hievon entfallen 3000 $K$ auf den Wert der Arbeitsleistung, 4000 $K$ auf den Wert des vom Bauunternehmer beizustellenden Materiales.

§ 2. Der Unternehmer ist verpflichtet, den ihm übertragenen Bau nach den behördlich genehmigten Bauplänen und Vorausmaßen klaglos auszuführen und sich nach den Weisungen der k. k. Forst- und Domänenverwaltung Hermagor zu richten, welche mit der Bauleitung betraut ist. Die Originalbaupläne samt Vorausmaß und Kostenvoranschlag liegen während der Bauzeit bei der k. k. Forstverwaltung in Hermagor auf und können während der Amtsstunden jederzeit eingesehen werden. Zum Gebrauche bei der Bauausführung werden dem Unternehmer genaue Kopien der Baupläne, sowie des Vorausmaßes und Kostenanschlages seitens der Bauleitung vor Beginn des Baues unentgeltlich ausgefolgt werden.

§ 3. Johann Supersberg übernimmt die Ausführung dieses Baues um den angegebenen Pauschalbetrag und verpflichtet sich, für das Gebäude alle Arbeiten und Materiallieferungen unter Berücksichtigung der im § 4 für das Ärar gemachten Vorbehalte vollständig auf seine Rechnung durchzuführen und das Gebäude tadellos fertig und benutzungsfähig herzustellen. Der Bauunternehmer hat insbesondere alle Taglohn-, Erd-, Maurer-, Steinmetz-, Zimmermanns-, Spengler-, Tischler-, Schlosser-, Glaser-, Anstreicher- und sonstige Handwerkerarbeiten samt allen Materialien und deren Frachtkosten aus Eigenem zu bestreiten, wogegen ihm das k. k. Ärar den vereinbarten Pauschalbetrag bezahlt. ·

§ 4. Alle verwendeten Materialien und alle Arbeitsleistungen bei dem herzustellenden Gebäude müssen von bester Beschaffenheit und dauerhaft sein; insbesondere ist der Unternehmer verpflichtet, alle von der k. k. Forstverwaltung als nicht vertrags- oder qualitätsmäßig erklärten Materialien unverzüglich zu entfernen und durch Materialien zu ersetzen, welche von der Bauleitung als gut anerkannt werden, ohne daß er hiefür eine besondere Entschädigung beanspruchen darf. Das vom k. k. Ärar für diesen Bau bereits vorbereitete und beim projektierten Försterhaus befindliche Bauholz im

Ausmaße von 56 *fm³* hat der Bauunternehmer gegen Bezahlung des Tarifpreises und Rückvergütung der aufgewendeten Erzeugungs- und Lieferungskosten im Gesamtbetrage von 672 *K* kaufweise zu übernehmen.

§ 5. Der Bauunternehmer hat den Bau sofort nach Unterfertigung dieses Vertrages zu beginnen, ohne Unterbrechung fortzuführen und bis längstens 1. September 1900 vollständig fertig zu stellen, so daß die Übergabe und Übernahme des Baues an diesem Tage stattfinden kann. Im Falle der Überschreitung dieses Termines hat der Bauunternehmer dem Ärar eine Konventionalstrafe von 100 *K* für jede Woche der über den bezeichneten Termin hinausreichenden Bauzeit zu leisten.

§ 6. Der Bauunternehmer ist verpflichtet, den Bau selbst zu führen; es steht ihm nicht das Recht zu, den Bau an einen Subunternehmer zu übergeben.

§ 7. Während der Bauführung muß von der Bauleitung ein Baujournal geführt werden, in welches die Witterungsverhältnisse, die Arbeitsfortschritte sowie besondere Wahrnehmungen und Änderungen durch die Bauleitung eingetragen werden. Der Bauunternehmer hat in das Journal allwöchentlich einmal Einsicht zu nehmen und dasselbe zu unterfertigen; es steht 'ihm auch frei, etwaige Einwendungen aufnehmen zu lassen. Das Baujournal gilt als Beweismittel bei etwaigen Streitigkeiten.

§ 8. Der Bauunternehmer darf von dem Projekte und den Weisungen der Bauleitung nicht eigenmächtig abgehen, sondern hat für jede beabsichtigte Änderung vorher die Zustimmung der Bauleitung einzuholen. Er ist verpflichtet, nach Anordnung der Bauleitung sofort diejenigen Bauten und Baubestandteile auf eigene Kosten umzubauen, deren Ausmaß oder Anordnung den gestellten Anforderungen nicht entspricht.

§ 9. Sollte sich während des Baues, beziehungsweise vor der endgiltigen Bauabnahme die Notwendigkeit von Mehrarbeiten herausstellen, so verpflichtet sich der Bauunternehmer, dieselben gegen eine verhältnismäßige Vergütung, die mit der Bauleitung unter Vorbehalt der Zustimmung der k. k. Forst- und Domänendirektion zu vereinbaren ist, gleichfalls auszuführen. Die Notwendigkeit und Zweckmäßigkeit derartiger Mehrarbeiten ist im Baujournale eingehend zu begründen und sind daselbst deren Umfang und Beschaffenheit, sowie die hiedurch verursachten Mehrkosten anzugeben. — Es wird jedoch ausdrücklich vereinbart, daß aus den im Projekte eingesetzten Ausmaßen und Einheitspreisen auf keinen Fall Mehrkosten abgeleitet werden dürfen. Etwaige, gegen den Voranschlag zulässige Minderleistungen sind mit diesen Mehrleistungen zu kompensieren.

§ 10. Der Bauunternehmer haftet für jeden beim Baue und am Bauplatze oder durch den Materialtransport entstehenden Schaden und hat denselben zu vergüten. Nach vollendetem Bau hat der Unternehmer allen auf der Baustelle befindlichen Schutt und alle Materialien auf eigene Kosten auf den von der Bauleitung bezeichneten Platz zu überführen.

§ 11. Der Bauunternehmer verpflichtet sich, zur Sicherstellung der Einhaltung der Vertragsbedingungen einen Betrag von 700 *K* entweder in Barem oder in pupillarsicheren Wertpapieren als Kaution bei der k. k. Forstperzeptionskasse in Hermagor sofort nach Abschluß des Bauvertrages zu erlegen. Sobald die im Grunde des nachstehenden § 12 zurückbehaltenen Verdienstbeträge die Höhe der Kaution erreichen, wird dieselbe dem Unternehmer zurückgestellt.

§ 12. Die Auszahlung der vereinbarten Baukostensumme von 7000 *K* erfolgt in der Weise, daß seitens des Ärars an den Bauunternehmer auf Grund der von ihm vorgelegten, von der k. k. Forst- und Domänenverwaltung in Hermagor bestätigten und von der k. k. Forst- und Domänendirektion in Görz überprüften Verdienstausweise allmonatlich gegen gestempelte Quittung eine Abschlagszahlung bis zu 90% der Verdienstsumme bei der k. k. Forstperzeptionskassa in Hermagor geleistet wird. — Der vom Ärar zurückbehaltene 10"/₀ige Verdienstbetrag wird dem Bauunternehmer erst nach anstandslosem Ablauf des im § 17 vereinbarten Garantiejahres ausgefolgt.

§ 13. Nach Beendigung des Baues verpflichtet sich der Bauunternehmer, den fertiggestellten Neubau in allen Teilen entsprechend dem Vertrage zu übergeben, und unterwirft sich zu diesem Zwecke einer förmlichen Bauabnahme oder Kollaudierung durch das vom k. k. Ackerbauministerium speziell bezeichnete Organ.

§ 14. Die bei dieser Kollaudierung seitens der k. k. Staatsforstverwaltung erhobenen Mängel erkennt der Bauunternehmer im vorhinein als richtig an und verpflichtet sich, dieselben ohne Verzug auf seine Kosten zu beseitigen.

§ 15. Sollte der Bauunternehmer vor Beendigung des Baues mit Tod abgehen oder in Konkurs verfallen, so steht es dem Ärar frei, diesen Bauvertrag als aufgelöst zu betrachten und den Bau in eigener Regie zu beendigen. — In einem solchen Falle wird den Erben des Bauunternehmers oder der Konkursmassenverwaltung der auf die ausgeführte Arbeit entfallende Verdienstbetrag, sowie der Wert der vorgefundenen Materialien, welche zur Benutzung bei Fortsetzung des Baues geeignet gefunden werden, nach den von der Bauleitung aufgestellten und von der k. k. Forst- und Domänendirektion genehmigten Berechnungen ausgezahlt werden.

§ 16. Bei Zweifeln oder Meinungsverschiedenheiten zwischen der Bauleitung und dem Bauunternehmer steht die Entscheidung über den Streitpunkt zunächst der k. k. Forst- und Domänendirektion in Görz und im Falle eines Rekurses dem k. k. Ackerbauministerium in Wien zu; die Rekursfrist beträgt 14 Tage. Es bleibt jedoch dem Bauunternehmer, wenn er sich mit dieser Entscheidung nicht zufrieden stellt, unbenommen, den Rechtsweg zu betreten.

§ 17. Der Bauunternehmer haftet für alle während eines Jahres nach erfolgter Baukollaudierung zu Tage tretenden Mängel an den von ihm ausgeführten Bauten und ist verpflichtet, dieselben nach Aufforderung der k. k. Staatsforstverwaltung auf eigene Kosten vollständig zu beheben. Verabsäumt der Bauunternehmer die Behebung dieser Mängel innerhalb der ihm von der k. k. Forst- und Domänendirektion festgesetzten Zeit, so werden dieselben vom k. k. Ärar auf seine Kosten und Gefahr beseitigt werden und die dabei erlaufenden Kosten aus den als Kaution zurückbehaltenen 10%igen Garantierücklässen ohne gerichtliche Dazwischenkunft gedeckt.

§ 18. Der Unternehmer hat alle aus der Errichtung dieses Vertrages und der Abquittierung der Auszahlungen erwachsenden Stempel und sonstigen Gebühren aus Eigenem zu bestreiten.

§ 19. Beide Teile verzichten auf das Recht, diesen Vertrag wegen Verletzung über die Hälfte des Wertes anzufechten.

§ 20. In den aus diesem Vertrage etwa entspringenden Rechtsstreitigkeiten, welche nicht kraft Gesetzes einem besonderen Gerichtsstande ausschließlich vorbehalten sind, ist das Ärar, wenn es als Kläger auftritt, berechtigt, auch bei den sachlich zuständigen Gerichten am Sitze der k. k. Finanzprokuratur in Klagenfurt einzuschreiten.

§ 21. Dieser Vertrag wurde in zwei gleichlautenden Parien ausgefertigt, von denen das gestempelte bei der k. k. Forst- und Domänendirektion in Görz verbleibt, das ungestempelte der Bauunternehmer erhält.

<table>
<tr><td>Für das k. k. Ärar:</td><td>Hermagor, am 20. April 1900.</td></tr>
<tr><td>Die k. k. Forst- und Domänendirektion<br>Görz, am 26. April 1900.</td><td>Der Unternehmer:<br>Johann Supersberg.</td></tr>
<tr><td>Der k. k. Hofrat<br>Steininger.</td><td>Eduard Wörndle, Zeuge.<br>Ferdinand Fuchs, Zeuge.</td></tr>
</table>

### § 55. Die Bürgschaft (§ 1346—1367).

Wer sich zur Befriedigung des Gläubigers auf den Fall verpflichtet, daß der erste Schuldner die Verbindlichkeit nicht erfülle, wird ein Bürge, und das zwischen ihm und dem Gläubiger getroffene Übereinkommen ein Bürgschaftsvertrag genannt. Hier bleibt der erste Schuldner noch immer der Hauptschuldner und der Bürge kommt nur als Nachschuldner hinzu (§ 1346).

Gegen den Bürgen kann in der Regel erst dann die Klage auf Bezahlung der verbürgten Schuld eingebracht werden, wenn der eigentliche Schuldner nach Einmahnung des Gläubigers seine Verbindlichkeit nicht erfüllt hat. — Die Bürgschaftsverträge unterliegen, wenn eine schätzbare Verbindlichkeit verbürgt wird, der Stempelgebühr nach Skala II, sonst dem Urkundenstempel von 1 $K$ für jeden Bogen.

Beispiel eines Bürgschaftsvertrages.

**Bürgschaft.**

35 Kronenstempel.

Ich erkläre hiemit für alle Verbindlichkeiten des Herrn Johann Ortlieb, Holzhändler in Althammer, aus dem Holzkaufvertrage vom 3. November 1902, welchen er mit der fürsterzbischöflichen Zentraldirektion in Kremsier abgeschlossen hat, als Bürge und Zahler einzutreten und verpflichte mich alle Forderungen gegen Ortlieb aus diesem Vertrage, insbesondere auf Zahlung des Kaufschillings von 10.000 $K$ (zehntausend Kronen) dann zu begleichen, falls er als Hauptschuldner seine Verbindlichkeiten nicht erfüllen sollte.

<table>
<tr><td>Hochwald, am 5. November 1902.</td><td>Ignaz Schustala<br>Kaufmann.</td></tr>
</table>

### § 56. Der Pfandvertrag (§ 1368—1374).

Pfandvertrag heißt derjenige Vertrag, durch welchen der Schuldner oder ein anderer anstatt seiner auf eine Sache dem Gläubiger ein Pfandrecht wirklich einräumt, folglich ihm das bewegliche Pfandstück übergibt oder das unbewegliche durch Eintragung in den öffentlichen Büchern verschreibt (§ 1368).

Wer zu einer Sicherstellung verpflichtet ist, muß ein Handpfand geben, oder eine Hypothek (siehe oben § 42) bestellen; nur wenn dies der Schuldner nicht tun kann, muß sich der Gläubiger auch eine Bürgschaft gefallen lassen.

Zur Sicherstellung von Verbindlichkeiten aus Verträgen mit dem Ärar müssen Kautionen in Barem oder im mündelsicheren (pupillarsicheren) Wertpapieren geleistet werden.

Die Pfandverträge unterliegen, wenn eine schätzbare Forderung vorliegt, der Stempelgebühr nach Skala II, sonst dem Urkundenstempel von 1 $K$ für jeden Bogen.

Wird über die Verpfändung beweglicher Sachen keine Urkunde errichtet, so kann der Pfandgeber begehren, daß ihm vom Pfandnehmer eine Empfangsbestätigung über die Pfandsache, der sogenannte Pfandschein oder Versatzschein ausgestellt wird.

Wenn der Schuldner das Pfand zur festgesetzten Zeit nicht einlöst, so ist der Gläubiger noch nicht berechtigt, das Pfand zu verkaufen und sich aus dem Erlöse bezahlt zu machen, sondern er muß ein gerichtliches Urteil erwirken und sodann auf das Pfand Exekution führen (siehe oben § 42 und unten § 74).

Im kaufmännischen Verkehre sind diese Förmlichkeiten nicht erforderlich, vielmehr gestattet das Handelsgesetzbuch die sofortige Befriedigung des Pfandgläubigers aus dem bestellten Faustpfande, insbesondere aus Wertpapieren.

### § 57. Der Vergleich (§ 1380 bis 1391).

Ein zweiseitig verbindlicher Vertrag, durch welchen streitige oder zweifelhafte Rechte, Ansprüche oder Forderungen derartig festgestellt werden, daß sich jede Partei zu einer Leistung verpflichtet, heißt Vergleich. Der Vergleich enthält daher meist auch den Verzicht auf einen Teil des strittigen oder zweifelhaften Anspruches.

Vergleiche können wegen Verletzung über die Hälfte nicht angefochten werden (siehe oben § 44). — Vergleiche können gerichtlich oder außergerichtlich abgeschlossen werden; ersteren kommt, wenn auch keine Klage vorausgegangen, die Wirkung eines rechtskräftigen Urteiles zu, d. h. er ist sofort vollstreckbar. — Vergleiche unterliegen, wenn der Vergleichsgegenstand schätzbar ist, der Stempelgebühr nach Skala II, sonst dem Urkundenstempel von 1 $K$ von jedem Bogen.

### § 58. Die Abtretungsverträge (§ 1392 bis 1410).

Wenn eine Forderung von einer Person an die andere übertragen und von dieser angenommen wird, so entsteht die Umänderung des Rechtes mit Hinzukunft eines neuen Gläubigers; eine solche Handlung heißt Abtretung (Zession) und kann mit oder ohne Entgelt geschlossen werden (§ 1392).

Die abgetretene Forderung erleidet durch die Zession keine Änderung, sondern es tritt nur eine Änderung in der Person des Gläubigers ein, z. B.: Förster $A$ hat seinem Dienstnachbar $B$ 50 $K$ geliehen; vor dem Fälligkeitstermine wird Förster $A$ versetzt: er zediert nun seine Forderung an seinen Dienstnachfolger $C$, welcher ihm dafür sofort die 50 $K$ auszahlt und damit die Forderung des $A$ gegenüber dem $B$ erwirbt.

Wird die Zession schriftlich ausgefertigt, so ist sie stempelpflichtig, und zwar wenn sie gegen Entgelt erfolgte, nach Skala II, sonst wie eine Schenkung.

Die Aufforderung eines Gläubigers an seinen Schuldner, dieser solle die Schulden einer dritten Person bezahlen, heißt eine Anweisung oder Assignation; wenn der Schuldner und diese dritte Person hiemit einverstanden sind, entsteht ein Vertrag, der Anweisungsvertrag; jeder solche Vertrag enthält auch eine Zession. Die Rechte aus einem solchen Vertrage können auf einfache Weise durch sogenanntes Giro oder Indossament weiter übertragen werden, was besonders im kaufmännischen Leben häufig vorkommt. — Anweisungsverträge sind nach Skala II zu stempeln.

### § 59. Der Wechselvertrag.

Eine besondere Art der kaufmännischen Anweisung ist der Wechsel. Der Wechselvertrag wird zumeist unter Kaufleuten zur Bezahlung gelieferter Ware und zur Beschaffung von Kredit abgeschlossen. Wenn beispielsweise der Möbelfabrikant Josef Grohmann in Olmütz dem Kaufmann Karl Newald in Neutitschein eine Zimmereinrichtung am 1. März 1901 geliefert hat und dieser sich verpflichtet hat, am 1. September 1901 den Preis der Ware von 2000 *K* bar zu zahlen, so stellt der Möbelfabrikant Josef Grohmann einen Wechsel auf 2000 *K* aus (Trassant und Aussteller des Wechsels), welchen Karl Newald (Trassat oder Bezogener und Akzeptant) annimmt; der Möbelfabrikant läßt dann die Wechselsumme seinem eigenen Gläubiger, dem Holzhändler Florian Wegerer in Zöptau (Remittent) auszahlen, dem er für geliefertes Holz noch einen gleichfalls am 1. September fälligen Restbetrag schuldet. Der vom Bezogenen, Kaufmann Newald, unterschriebene Wechsel wird dem Aussteller, Möbelfabrikant Grohmann, eingehändigt, welcher ihn wieder an den Remittenten, Holzhändler Wegerer, abgibt. Dieser kann den Wechsel weiter begeben (indossieren oder girieren), z. B. an den Eisenhändler, der ihm Sägeblätter und Werkzeuge für sein Sägewerk geliefert. Derjenige, in dessen Händen sich schließlich der Wechsel am Verfallstage befindet, ist im allgemeinen Wechselgläubiger; Wechselschuldner ist jeder, der am Wechsel als Akzeptant oder Girant oder Bürge unterschrieben ist.

Im besprochenen Beispiele hätte der Wechsel folgende Form:

Olmütz, am 1. März 1901.

Am 1. September 1901 zahlen Sie gegen diesen Prima-Wechsel an die Ordre des Herrn Florian Wegerer, Holzhändler in Zöptau, zweitausend Kronen, den Wert bar und stellen ihn auf Rechnung laut Bericht.

<table>
<tr><td>Herrn Karl Newald<br>in Neutitschein.</td><td>Josef Grohmann<br>Angenommen Karl Newald.</td></tr>
</table>

Der Wechselvertrag wird nach den strengen Vorschriften des Wechselrechtes (25. Jänner 1880, R. G. Bl. Nr. 51) behandelt. Wenn zur Verfallszeit die Bezahlung eines Wechsels nicht erfolgt, so muß der Inhaber, um sein Wechselrecht gegen den Aussteller und die Indossanten zu erhalten, den Protest mangels Zahlung am Zahlungsorte vor dem Notar oder dem Gerichte erheben lassen; versäumt er die Protesterhebung, so verliert er sein Wechselrecht gegen diese Personen.

Die wechselmäßige Verpflichtung trifft den Akzeptanten, den Aussteller und die Indossanten, sowie jeden, der den Wechsel unterzeichnet hat; diese Personen haften einer für alle. Der Wechselinhaber kann von jeder dieser Personen die nicht bezahlte Wechselsumme samt $6^0/_0$ Verzugszinsen vom Verfallstage, die Protestkosten und eine Provision von $1/_3$ der Wechselsumme fordern. Das Gericht beauftragt den Wechselschuldner auf die Klage des Wechselgläubigers binnen drei Tagen bei sonstiger Exekution zu bezahlen.

Die Wechsel sind im allgemeinen nach Skala I zu stempeln.

## § 60. Die Verträge aus Inhaberpapieren.

Eine eigentümliche Form des Schuldverhältnisses wurde durch die sogenannten Inhaberpapiere geschaffen; ihr Wesen besteht darin, daß das Recht der Forderung an das Eigentum einer Urkunde oder eines Wertzeichens gebunden ist und mit derselben übertragen wird; jeder Inhaber dieses Papieres ist berechtigt, die auf derselben bezeichnete Forderung an den gleichfalls bezeichneten Schuldner zu stellen.

Hieher gehören z. B.: 1. Die Staats- und Banknoten (siehe oben § 49), welche den Inhaber berechtigen, mit der Staatsnote bei der Staatskasse bis zum angegebenen Betrage Steuern zu bezahlen oder bei der Bankzahlstelle Metallgeld im angegebenen Werte für die Note zu fordern; 2. die Obligationen, das sind Schuldverschreibungen des Staates, dann die Aktien und Obligationen von Unternehmungen, welche den Inhaber berechtigen, jährlich eine bestimmte Rente vom Aussteller zu fordern oder ein zu einem bestimmten Termine fälliges Kapital sich ausbezahlen zu lassen; 3. die Einlagebücher von Sparkassen, wenn nicht ausdrücklich die Rückzahlung nur auf den namentlich bezeichneten Eigentümer beschränkt ist (die Postsparkassebücher sind keine Inhaberpapiere), ferner die auf den Überbringer lautenden Lebensversicherungs-Polizzen; 4. die Fahrkarten der Eisenbahnen u. dgl., welche dem Inhaber das Recht zur Beförderung auf einer bestimmten Strecke bescheinigen; 5. die Eintrittskarten zu Theatervorstellungen oder zu öffentlichen Vorträgen, welche dem Inhaber das Recht zum Besuche der Veranstaltung geben u. s. w.

Der Schuldner ist nur verpflichtet, gegen Vorweisung und Rückgabe des Inhaberpapieres Zahlung zu leisten.

### § 61. Der Versicherungsvertrag (§ 1288).

**Versicherungs- oder Assekuranzvertrag** ist die vertragsmäßige Übernahme fremder Gefahr gegen Entgelt. — Der Zweck der Versicherung liegt darin, daß die Schäden, welche ungewisse Ereignisse an dem Vermögen einzelner Personen verursachen könnten, auf eine größere Anzahl von Fällen verteilt werden, in welchen zwar dieselbe Gefahr droht, aber nicht auch durchgängig wirklich eintritt. Gegenstand der Versicherung kann jeder Vermögensnachteil sein, dessen Gefahr der Versicherte zu tragen hätte.

Die Versicherung ist eine **gegenseitige**, wenn mehrere Mitglieder durch den Beitritt zu einer Gemeinschaft sich verpflichten, Schäden, welche einzelne von ihnen treffen sollten, gemeinsam zu ersetzen. Dies geschieht z. B. bei vielen Landes-Brandschadengesellschaften; der Schaden, welcher in einem Jahre durch Feuersbrunst an dem Vermögen der Mitglieder entsteht, wird auf die Mitglieder der Gesellschaft im ganzen Lande aufgeteilt und durch eine jährlich wechselnde Umlage eingebracht. Bei der Versicherung **gegen Prämie** übernimmt eine Unternehmung den Ersatz des Schadens; die Versicherungsgesellschaft sucht möglichst viele Teilnehmer heranzuziehen, weil nur dann die Summe der einlaufenden Prämie größer wird als die Summe aller wirklich eintretenden Schäden; sie trägt aber auch die Gefahr des Verlustes (das **Risiko**). Die Vertragsurkunde wird auch **Polizze** genannt. — Der Versicherte ist verpflichtet, den auf ihn entfallenden Beitrag oder die Prämie zu bezahlen und den eingetretenen Schaden der versichernden Gesellschaft oder Unternehmung anzuzeigen; diese müssen die Versicherungssumme nach Maßgabe des Vertrages und des eingetretenen Schadens bezahlen.

Die wichtigsten Arten der Versicherung sind: 1. Die Lebensversicherung auf den Todesfall oder auf den Erlebensfall, 2. die Krankenversicherung, 3. die Unfallversicherung, 4. die Versicherung von Waren gegen Schäden auf dem Transporte, 5. die Feuerversicherung, 6. Versicherung der Feldfrüchte gegen Hagelschlag, 7. Versicherung des Viehes gegen Seuchen.

Die Versicherungsverträge sind nach den Bestimmungen des Handelsgesetzbuches zu beurteilen.

---

### XI. Kapitel.

# Forderungsrechte aus Beschädigungen (§ 1293 bis 1341).

### § 62. Begriff des Schadens und allgemeine Bestimmungen über den Schadenersatz.

**Schade** ist jeder Nachteil an rechtlich geschützten Gütern, also nicht nur an Vermögen, sondern auch an Leben, Freiheit, Ehre und Unversehrtheit des Körpers. **Schadenersatz** ist die Wiedergutmachung eines solchen erlittenen Nachteiles. Bei Vermögensbeschädigungen besteht der Schadenersatz in der Vergütung des Interesses. **Interesse** ist die in Geld veranschlagte Differenz zwischen dem Gesamtwerte des Vermögens einer Person **nach** und **vor** der erlittenen Beschädigung; dieser Schade kann sowohl in einer Wertverminderung, wie auch im entgangenen Gewinn bestehen. Die Schadenersatzpflicht kann begründet sein: 1. In vertragsmäßiger Übernahme (Versicherung, siehe vorigen Paragraph); 2. in unerlaubtem Verhalten; 3. in gesetzlichen Bestimmungen, nach denen auch ohne Verschulden eine Ersatzpflicht eintritt. — Jedermann ist berechtigt, von dem Beschädiger den Ersatz des Schadens, welchen dieser ihm aus Verschulden zugefügt hat, zu fordern, der Schade mag nun durch Übertretung einer Vertragspflicht oder ohne Beziehung auf einen Vertrag verursacht worden sein (§ 1295).

Den Schaden, welchen jemand **ohne Verschulden** oder durch eine unwillkürliche Handlung verursacht hat, ist er in der Regel zu ersetzen nicht schuldig (§ 1306).

17*

Wenn sich aber jemand aus eigenem Verschulden in einen vorübergehenden Zustand der Sinnenverwirrung versetzt hat, so ist auch der in demselben verursachte Schade seinem Verschulden zuzuschreiben. Eben dieses gilt von einem dritten, welcher diesen Zustand durch sein Verschulden bei dem Beschädiger veranlaßt hat (§ 1307). Der bloße Zufall trifft denjenigen, in dessen Vermögen oder Person er sich ereignet. — Hat aber jemand den Zufall durch ein Verschulden veranlaßt, hat er ein Gesetz, das den zufälligen Beschädigungen vorzubeugen sucht, übertreten, oder sich ohne Not in fremde Geschäfte gemengt, so haftet er für allen Nachteil, welcher außerdem nicht erfolgt wäre (§ 1311). Wenn z. B. jemand durch unvorsichtiges Abbrennen der Stoppeln am Felde bei heftigem Winde eine Feuersbrunst verursachte, welche seinem Nachbar Schaden zufügte, wird er diesen ersetzen müssen; wenn aber bei vorsichtiger Gebarung plötzlich ein Sturm losbricht, wird ihn keine Verantwortung treffen. — Gesetze, die zufälligen Beschädigungen vorzubeugen suchen, sind z. B. §§ 388 bis 392, 434 und 435 des Str. G. (siehe unten § 87); neben der dort ausgesprochenen Strafe muß der Schuldige auch noch Schadenersatz leisten.

Wird jemand durch ein Tier beschädigt, so ist derjenige dafür verantwortlich, der es dazu angetrieben, gereizt oder zu verwahren vernachlässigt hat. Kann niemand eines Verschuldens dieser Art überwiesen werden, so wird die Beschädigung für einen Zufall gehalten (§ 1320). Außerdem wird der Schuldtragende auch noch nach dem Strafgesetz § 388 bis 392 bestraft (siehe unten § 87).

Ausnahmsweise haftet für unverschuldet zugefügte Schäden die Eisenbahnunternehmung für die durch Ereignisse des Verkehres hervorgerufenen körperlichen Verletzungen oder Tötungen von Menschen, der Besitzer wutkranker Tiere für den durch das Tier verursachten Schaden, die Postverwaltung für den Verlust rekommandierter Briefe oder Fahrpostsendungen, der Wirt, Fuhrmann und Schiffer für Beschädigung und Verlust an den bei ihm eingebrachten Sachen, welche durch ihre Dienstleute verursacht wurden (§ 1310).

### § 63. Ersatz von Viehschäden im besonderen und das Recht der Viehpfändung.

Aus rechtspolizeilichen und Billigkeitsrücksichten bestimmt das Gesetz, daß der Vieheigentümer auch ohne sein Verschulden jenen Schaden ersetzen muß, den sein Vieh auf fremden Grund und Boden angerichtet hat.

Wer auf seinem Grund und Boden fremdes Vieh antrifft, ist deswegen noch nicht berechtigt, es zu töten. Er kann es durch passende Gewalt verjagen, oder wenn er dadurch Schaden gelitten hat, das Recht der Privatpfändung über so viele Stücke Viehes ausüben, als zu seiner Entschädigung hinreicht. Doch muß er binnen acht Tagen sich mit dem Eigentümer abfinden, oder seine Klage vor den Richter bringen, widrigenfalls aber das gepfändete Vieh zurückstellen (§ 1321).

Das gepfändete Vieh muß auch zurückgestellt werden, wenn der Eigentümer eine andere angemessene Sicherheit leistet (§ 1322).

Mit diesen Vorschriften hat das Gesetz eine Ausnahme von dem allgemeinen Grundsatze aufgestellt, daß Selbsthilfe verboten sei (§ 19 des a. b. G. B., siehe oben § 22), weil es nur auf diesem Wege möglich wird, die Fortsetzung der Beschädigung zu hindern und einen Beweis herzustellen, von welchem Tiere ein Schaden angerichtet wurde, sowie den Eigentümer, dem der Ersatz obliegt, ausfindig zu machen.

Die Befugnis der im Gesetze gestatteten Selbstpfändung steht nicht bloß dem Eigentümer, sondern auch dem Pächter oder Fruchtnießer des Grundes und Bodens, überhaupt demjenigen zu, welcher die Früchte desselben zu beziehen das Recht hat und deshalb zunächst als beschädigt erscheint. Die Ausübung der Pfändung setzt einen wirklich vorhandenen Schaden voraus, mag derselbe durch Zertreten der Pflanzungen, durch Abweiden der Saaten oder sonst in anderer Weise herbeigeführt worden sein. Sowohl die Tatsache der Beschädigung, als das Maß des zugefügten Schadens muß von dem angeblich Beschädigten erwiesen werden.

Gepfändet dürfen nur so viele Viehstücke werden, als der Zweck der Pfändung erheischt, nämlich Sicherstellung für den Ersatz des angerichteten Schadens zu gewähren. Dabei ist es aber nicht notwendig, daß gerade die nämlichen Viehstücke ergriffen werden, welche den Schaden (etwa durch Abweiden u. dgl.) verursacht haben, wenn nur die gepfändeten mit diesen auch auf dem beschädigten Grundstücke angetroffen wurden. Wären dagegen mehr Stücke gepfändet worden, als zur Sicherstellung des Beschädigten notwendig ist, so müßte der Überschuß zurückgestellt werden. Auf die ergriffenen Viehstücke erlangt der Pfändende alle Rechte, übernimmt aber auch alle Verbindlichkeiten eines Pfandgläubigers (§ 459).

Da es dem Eigentümer oft sehr daran gelegen sein kann, das gepfändete Vieh so bald als möglich zurück zu erhalten, weil er es z. B. in seinem Wirtschaftsbetriebe benötigt, so verfügt das Gesetz (§ 1322) die Herausgabe desselben auch dann, wenn dem Beschädigten eine andere angemessene Sicherheit geleistet wird. Außer diesem Falle ist der Pfändende berechtigt, das Pfand nicht eher herauszugeben, bis er wegen seines Schadens (worunter auch die Verpflegung des gepfändeten Viehes und andere nötige Auslagen, z. B. Abtriebkosten gehören) befriedigt ist. Um zu dieser Befriedigung zu gelangen, darf der Beschädigte nicht etwa eigenmächtig die gepfändeten Viehstücke für sich behalten oder veräußern, sondern er hat, wie überhaupt die Pfandgläubiger, zur Verwirklichung seines Pfandrechtes (§ 461) den Weg der gerichtlichen Klage einzuschlagen. Hiezu ist ihm aber nur eine ganz kurze Frist, nämlich von acht Tagen (§ 1321) gegeben, damit dem Eigentümer sein Vieh nicht zu lange entzogen werde. Läßt der Pfändende diese Frist verstreichen, ohne die Klage einzubringen oder sich mit dem Eigentümer des Viehes abzufinden, so muß er auf Verlangen dieses zurückstellen; er verliert also sein Pfand, nicht aber seinen persönlichen Anspruch auf Schadenersatz gegen den Schuldtragenden.

Die Klage ist der Regel nach bei dem Zivilrichter anzubringen und gegen den Eigentümer der gepfändeten Viehstücke zu richten. Gehören diese mehreren Eigentümern, so können sie zur gesamten Hand in Anspruch genommen werden, wenn sich die Anteile der einzelnen an der Beschädigung nicht ermitteln lassen. Ist durch den Eintrieb des Viehes auf fremden Grund und Boden zugleich eine strafbare Handlung (z. B. ein Waldfrevel) begangen worden, so ist bei der zum Verfahren hiefür zuständigen Behörde (Bezirkshauptmannschaft) auch das Begehren um Schadenersatz anzubringen.

Über die Verpfändung nach dem Forstgesetze und nach den Feldschutzgesetzen vgl. VI. Abschnitt.

<hr>

## XII. Kapitel.

# Aufhebung der Rechte und Verbindlichkeiten.
### (§ 1412—1450.)

### § 64. Die Zahlung.

Die Verbindlichkeit wird vorzüglich durch die Zahlung, d. i. durch die Leistung dessen, was man zu leisten schuldig ist, aufgelöst (§ 1412.)

Gegen seinen Willen kann weder der Gläubiger gezwungen werden, etwas anderes anzunehmen, als er zu fordern hat, noch der Schuldner etwas anderes zu leisten, als er zu leisten verbunden ist. Dieses gilt auch von der Zeit, dem Orte und der Art, die Verbindlichkeit zu erfüllen (§ 1413).

Kann eine Schuld aus dem Grunde, weil der Gläubiger unbekannt, abwesend, oder mit dem Angebotenen unzufrieden ist, oder aus anderen wichtigen Gründen nicht bezahlt werden, so steht dem Schuldner bevor, die abzutragende Sache **bei dem Gerichte zu hinterlegen** (Deponierung), oder, wenn sie dazu nicht geeignet ist, die gerichtliche Einleitung zu deren Verwahrung anzusuchen. Jede dieser Handlungen, wenn sie rechtmäßig geschehen und dem Gläubiger bekannt gemacht worden ist, befreit den Schuldner von seiner Verbindlichkeit, und wälzt die Gefahr der geleisteten Sache auf den Gläubiger (§ 1425).

Der Zahler ist in allen Fällen berechtigt, von dem Befriedigten eine Quittung, nämlich ein schriftliches Zeugnis der erfüllten Verbindlichkeit zu verlangen. In der **Quittung** muß der Name des Schuldners und des Gläubigers, sowie der Ort, die Zeit und der Gegenstand der getilgten Schuld ausgedrückt, und sie muß von dem Gläubiger oder dessen Machthaber unterschrieben werden (§ 1426).

Die Quittung unterliegt der Stempelung nach Skala II.

Wird eine Verbindlichkeit zur gehörigen Zeit nicht erfüllt, so tritt eine **Verzögerung** ein, für welche der Schuldner haftet. Er muß vom Tage der Fälligkeit auch für den Zufall haften. Hat z. B. *A* dem *B* einen Vorstehhund bis zum 1. September geliehen. *B* stellt den Hund aber nicht zurück; am 5. September wird dem Hund von einem abrollenden Stein der Vorderlauf abgeschlagen, so ist *B* ersatzpflichtig, während diese Ersatzpflicht nicht eingetreten wäre, wenn der Unfall am 30. August sich ereignet hätte, da der Zufall den *A* als Eigentümer getroffen hätte. Wird eine Geldschuld am Fälligkeitstage nicht bezahlt, so hat der säumige Schuldner **Verzugszinsen** zu entrichten, dieselben betragen im gewöhnlichen Verkehre 5%, im Handelsverkehre 6%.

## § 65. Die Kompensation (§ 1438—1444).

Unter **Kompensation** versteht man die gegenseitige Aufhebung der Verbindlichkeiten durch Aufrechnung; damit die Kompensation eintreten könne, müssen die Forderungen gegenseitige sein, d. h. Forderung und Gegenforderung müssen zwischen denselben Personen bestehen, sie müssen beide richtig fällig und gleichartig sein.

Z. B.: Förster *A* hat beim Kaufmann *B* in der Stadt gegen vierteljährige Abrechnung Mehl, Kaffee, Zucker, Petroleum bezogen und hätte am 1. Oktober hiefür 34 *K* zu bezahlen; dagegen hat *B* vom Förster *A* ein Hirschgeweih zur Ausschmückung der Wohnung am 20. Oktober um 28 *K* gekauft; diese beiden Forderungen können aufgerechnet werden und *A* hat dem *B* nur mehr 6 *K* zu zahlen.

## § 66. Die Entsagung (§ 1444).

In allen Fällen, in welchen der Gläubiger berechtigt ist, sich seines Rechtes zu begeben, kann er denselben auch zum Vorteile seines Schuldners entsagen und hiedurch die Verbindlichkeit des Schuldners aufheben.

Die **Entsagung**, auch Verzichtleistung oder Erlaß genannt, führt nur dann eine Erlöschung des Rechtes herbei, wenn derjenige, zu dessen Gunsten die Entsagung geschieht, dieselbe annimmt. Die Verzichtleistung kann entgeltlich oder unentgeltlich erfolgen. Die hierüber ausgestellte Urkunde heißt **Revers**. — Die Reverse sind mit dem Urkundestempel von 1 *K* zu versehen, wenn der Gegenstand des Verzichts nicht schätzbar ist, sonst nach dessen Werte und nach Skala II.

## § 67. Die Vereinigung (Konfusion).

So oft auf was immer für eine Art das Recht mit der Verbindlichkeit in einer Person vereinigt wird, erlöschen beide, doch wird durch die Nachfolge des Schuldners in die Verlassenschaft seines Gläubigers in den Rechten der Erbschaftsgläubiger, der Miterben und der Legatare und durch die Beerbung des Schuldners und Bürgen in den Rechten des Gläubigers nichts geändert (§ 1445).

## § 68. Der Untergang der Sache.

Der zufällige gänzliche Untergang einer bestimmten Sache hebt alle Verbindlichkeit, selbst die, den Wert derselben zu vergüten, auf. Dieser Grundsatz gilt auch für diejenigen Fälle, in welchen die Erfüllung der Verbindlichkeit oder die Zahlung einer Schuld durch einen anderen Zufall unmöglich wird (§ 1447).

Wäre in dem bei § 64 als Beispiel angeführten Falle der Hund nicht verletzt, sondern vom Blitz erschlagen worden, so hätte auch der säumige *B* keinen Ersatz zu leisten.

Durch den Tod erlöschen nur solche Rechte und Verbindlichkeiten, welche auf die Person eingeschränkt sind, oder die bloß persönliche Handlungen des Verstorbenen betreffen.

## § 69. Verlauf der Zeit.

Rechte und Verbindlichkeiten erlöschen auch durch den Verlauf der Zeit, worauf sie durch einen letzten Willen, Vertrag, richterlichen Ausspruch, oder durch das Gesetz beschränkt sind. Wird z. B. jemandem ein Steinbruch zur Ausnützung bis zum 1. Jänner 1902 überlassen, so erlischt das Benützungsrecht mit diesem Zeitpunkte von selbst. Verschieden hievon ist die Aufhebung der Rechte und Verbindlichkeiten durch die Verjährung.

## § 70. Die Verjährung und Ersitzung.

Es liegt in der Natur der Sache, daß die meisten Rechte dadurch sich stets neu sichern müssen, daß von ihnen Gebrauch gemacht wird; durch lange Zeit nicht ausgeübte Rechte sollen den bestehenden ruhigen Zustand nicht stören und gehen deshalb durch Verjährung unter. Sie gehen hiebei entweder spurlos zu grunde, oder es erwirbt aus diesem Anlasse ein anderer neue Rechte durch Ersitzung.

Die Verjährung ist der Verlust eines Rechtes, welches während der von dem Gesetze bestimmten Zeit nicht ausgeübt worden ist (§ 1451). Wird das verjährte Recht vermöge des gesetzlichen Besitzes zugleich auf jemand anderen übertragen, so heißt es ein ersessenes Recht und die Erwerbungsart Ersitzung (§ 1452).

Zur Ersitzung wird nebst der Fähigkeit der Person und des Gegenstandes erfordert, daß jemand die Sache oder das Recht, die auf diese Art erworben werden soll, wirklich besitze, daß sein Besitz rechtmäßig, redlich und echt sei und durch die ganze von dem Gesetze bestimmte Zeit fortgesetzt werde (§§ 309, 316, 326 und 345; § 1460).

Zur Ersitzung und Verjährung ist auch der in dem Gesetze vorgeschriebene Verlauf der Zeit notwendig. Außer dem durch die Gesetze für einige besondere Fälle festgesetzten Zeitraum wird hier das in allen übrigen Fällen zur Ersitzung oder Verjährung nötige Zeitmaß überhaupt bestimmt. Es kommt dabei sowohl auf die Verschiedenheit der Rechte und der Sachen, als der Personen an (§ 1466). Das Eigentumsrecht, dessen Gegenstand eine bewegliche Sache ist, wird durch einen dreijährigen rechtlichen Besitz ersessen (§ 1465). Von unbeweglichen Sachen ersitzt derjenige, auf dessen Namen sie den öffentlichen Büchern einverleibt sind, das volle Recht gegen allen Widerspruch ebenfalls durch Verlauf von drei Jahren. Die Grenzen der Ersitzung werden nach dem Maße des eingetragenen Besitzes beurteilt (§ 1467). Wo noch keine ordentlichen öffentlichen Bücher eingeführt sind und die Erwerbung unbeweglicher Sachen aus den Gerichtsakten und anderen Urkunden zu erweisen ist oder wenn die Sache auf den Namen desjenigen, der die Besitzrechte darüber ausübt, nicht eingetragen ist, wird die Ersitzung erst nach dreißig Jahren vollendet (§ 1468). Dienstbarkeiten und andere auf fremdem Boden ausgeübte besondere Rechte werden wie das Eigentumsrecht von denjenigen, auf dessen Namen sie den öffentlichen Büchern einverleibt sind, binnen drei Jahren ersessen

(§ 1469). Wo noch keine ordentlichen öffentlichen Bücher bestehen cder ein solches Recht denselben nicht einverleibt ist, kann es der redliche Inhaber erst nach dreißig Jahren ersitzen· (§ 1470). Bei Rechten, die selten ausgeübt werden können, z. B. bei dem Rechte, eine Pfründe zu vergeben, oder jemanden bei Herstellung einer Brücke zum Beitrage anzuhalten, muß derjenige, welcher die Ersitzung behauptet, nebst einem Verlaufe von 30 Jahren zugleich erweisen, daß der Fall zur Ausübung binnen dieser Zeit wenigstens dreimal sich ergeben und er ein jedes Mal dieses Recht ausgeübt hat (§ 1471).

Gegen den Fiskus, d. i. gegen die Verwalter der Staatsgüter und des Staatsvermögens, insoweit die Verjährung platzgreift, ferner gegen die Verwalter der Güter der Kirche, Gemeinden und anderer „erlaubten Körper" reicht die gemeine ordentliche Ersitzungszeit nicht zu. Der Besitz beweglicher Sachen, sowie auch der Besitz der unbeweglichen cder der darauf ausgeübten Dienstbarkeiten und anderer Rechte, wenn sie auf den Namen des Besitzers den öffentlichen Büchern einverleibt sind, muß hier durch sechs Jahre fortgesetzt werden. Rechte solcher Art, die auf den Namen des Besitzers in die öffentlichen Bücher nicht einverleibt sind und alle übrigen Rechte lassen sich gegen den Fiskus und die hier angeführten begünstigten Personen nur durch den Besitz von vierzig Jahren erwerben (§ 1472).

Das Recht der Dienstbarkeit wird durch den Nichtgebrauch verjährt, wenn sich der verpflichtete Teil der Ausübung der Servitut widersetzt und der Berechtigte durch drei aufeinander folgende Jahre sein Recht nicht geltend gemacht hat (§ 1488).

Beispiele: Wenn ein Mieter seinem Hausherrn jährlich 200 $K$ Mietzins zu entrichten hat, den am 1. Jänner 1897 für dieses Jahr im vorhinein fälligen Zins aber nicht bezahlt, so ist die Forderung des Hausherrn auf den 1897er Zins gemäß § 1480 am 1. Jänner 1900 verjährt wenn sie bis dahin nicht gerichtlich geltend gemacht wurde; wenn sich der Hausherr vom Jahre 1897 um das Haus nicht kümmert, die Mietzinse nicht einhebt, so verjährt sein Eigentumsrecht durch den Nichtgebrauch in 30 Jahren, d. i. am 1. Jänner 1927, wenn auch sein Recht in den öffentlichen Büchern einverleibt wäre; der Mieter, welcher das Haus seit 1. Jänner 1897 gleich einem Eigentümer, in der Meinung, es sei ihm geschenkt, also redlich besitzt, die Steuern dafür bezahlt, ersitzt das Eigentumsrecht an dem Hause ebenfalls am 1. Jänner 1927 (§ 1468) und kann auf Grund der nachgewiesenen Ersitzung die Einverleibung seines Eigentumsrechtes in die öffentlichen Bücher verlangen. Wäre das Haus Eigentum des Staates, einer Kirche oder Gemeinde, so würde Verjährung und Ersitzung erst am 1. Jänner 1937 eintreten (§ 1472).

---

## III. Abschnitt.

# Das Verfahren in bürgerlichen Rechtsstreitigkeiten (Zivilprozeß).

---

## I. Kapitel.

## Die Grundzüge des allgemeinen und besonderen Gerichtsverfahrens.

### § 71. Das allgemeine Gerichtsverfahren.

Jedes gerichtliche Verfahren, welches zur Durchsetzung eines strittigen Privatrechtes durchgeführt wird, ist ein Zivilprozeß. Dieses Verfahren wurde für Österreich durch das Gesetz vom 1. August 1895, R. G. Bl. Nr. 110 und 112, das sind die neue Jurisdiktionsnorm und die Zivilprozeßordnung geregelt. Will ein Gläubiger eine Zahlung oder Leistung, Duldung oder Gestattung vom Schuldner erzwingen, deren dieser sich weigert, so muß er sich an das Gericht wenden. Er muß jene Person bezeichnen, gegen welche er sein Recht ausführen will,

die Tatsachen anführen, durch welche sein Recht verletzt wurde, die
Beweismittel darlegen, welche sein Recht erhärten, schließlich den Antrag stellen, daß ihm sein Recht zugesprochen und dem Gegner die
angesprochene Zahlung, Leistung, Duldung oder Gestattung vom Gerichte
aufgetragen werde.

Dieser erste Schritt, mit dem der Prozeß eröffnet wird, heißt die
Klage, welche der Kläger gegen den Beklagten erhebt. Jede Klage wird
vom Gerichte dem Beklagten mitgeteilt, damit er den klägerischen Anspruch erfahre und gegen denselben seine Einwendungen zur Kenntnis
des Gerichtes bringe.

Das ganze Verfahren im Zivilprozesse beruht auf den Grundsätzen
der Mündlichkeit, Öffentlichkeit, der unmittelbaren Darlegung vor
dem erkennenden Richter und der freien Beweiswürdigung desselben. Der Richter ist verpflichtet, den wahren Sachverhalt zu ermitteln,
nach diesem den Urteilsspruch zu fällen, sowie dem Rechtsuchenden so
rasch als möglich zu seinem Rechte zu verhelfen.

Sowohl vor den Einzelgerichten, wie vor den Gerichtshöfen erster Instanz, dann
auch in der zweiten Instanz ist das Verfahren mündlich, in der dritten Instanz ist das
Verfahren regelmäßig schriftlich.

Bei der mündlichen Verhandlung kommen die Streitteile persönlich oder ihre
Bevollmächtigten an einem vom Gerichte festgesetzten Tage vor dem Richter zusammen
(Tagsatzung); die Forderungen und Einwendungen werden im Wechselgespräche vor-
gebracht. Für die behaupteten Tatsachen sind folgende Beweismittel zulässig: 1. Das
Geständnis, 2. schriftliche Beurkundungen, 3. Aussagen von Zeugen, 4. Sachverständigen-
beweis, 5. gerichtliche Gutachten, 6. Beweis durch Vernehmung der Parteien.

Die Würdigung der von den Parteien vorgebrachten Behauptungen und Beweismittel jeder Art ist dem freien Ermessen des Gerichtes überlassen (freie Beweiswürdigung). Der Beweis durch eidliche Einvernehmung der Parteien kann von Amts wegen
oder auf Antrag angeordnet werden, wenn es an anderen Beweismitteln fehlt. Auch die
Zulassung dieses Beweismittels hängt von dem nach sorgfältiger Würdigung aller Umstände zu treffenden freien Ermessen des Richters ab; auch steht es dem Richter frei,
zu beurteilen, welche der beiden Parteien eidlich einzuvernehmen sei. Über dieselbe
Behauptung kann immer nur einer Partei die eidliche Aussage aufgetragen werden.

Nach durchgeführter Verhandlung und Beweisaufnahme erfolgt die
richterliche Entscheidung, das Urteil.

Das Urteil wird wo möglich sofort nach Schluß der Verhandlung, zugleich mit
dem Urteilstatbestande und den Entscheidungsgründen verkündet, oder wenn dies nicht
geschehen kann, den Parteien schriftlich zugestellt. Der Urteilstatbestand ist eine ge-
drängte Darstellung des ganzen Ganges der mündlichen Streitverhandlung, namentlich
des Parteien-Vorbringens, der Beweise, sowie der Zwischenanträge und Gerichtsbeschlüsse.
— Ist im Urteile die Verbindlichkeit zu einer Leistung ausgesprochen, so muß auch eine
angemessene Frist zur Erfüllung festgesetzt werden. — Glaubt eine Partei, daß im Tat-
bestande des Urteiles Unklarheiten, Widersprüche oder Unrichtigkeiten vorkommen, so
kann sie die Berichtigung des Tatbestandes beantragen, worüber das Gericht nach An-
beraumung einer Tagsatzung zur mündlichen Verhandlung mit tunlichster Beschleu-
nigung durch Entschluß entscheidet.

Im wesentlichen ist das Verfahren vor den Gerichtshöfen und
Einzelgerichten erster Instanz dasselbe.

Vor den Gerichtshöfen müssen sich die Parteien durch Advokaten vertreten lassen (Anwaltszwang). Hier wird über die Klage zunächst eine Tagsatzung zur mündlichen Verhandlung mittels Bescheides
angeordnet. Wenn sich nach den Ergebnissen der ersten Tagsatzung die
Anordnung einer eigentlichen Streitverhandlung als notwendig darstellt, so wird dem Beklagten die Beantwortung der Klage innerhalb
angemessener Frist mit Beschluß aufgetragen. Sobald die Klagebeant-
wortung mittels vorbereitenden Schriftsatzes überreicht worden ist,
ordnet das Gericht die Tagsatzung zur mündlichen Streitverhandlung an.

Bei den Einzelgerichten wird eine eigene Tagsatzung zur Klage-
beantwortung nicht angeordnet, auch findet kein vorbereitendes Ver-

fahren statt. Rechtsunkundigen Parteien, die nicht durch Advokaten vertreten sind, hat der Richter die nötige Anleitung und Belehrung zur Prozeßführung und Ergreifung von Rechtsmitteln zu erteilen, er hat ihnen auch Klagen und alle Anträge außerhalb der mündlichen Verhandlung über ihr Ansuchen zu Protokoll zu nehmen und über eine schriftlich überreichte, aber unklare oder unvollständige Klage vor deren Erledigung der Partei die Anleitung zu geben, sie namentlich auf prozeßhindernde Einwendungen aufmerksam zu machen, kurz, in allem den Parteien zur Durchführung des Rechtes tunlichst an die Hand zu gehen.

Besondere Bestimmungen bestehen für das Verfahren in **Bagatell-sachen** und in **Besitzstörungsangelegenheiten**.

Wenn die in der Klage geforderte Geldsumme oder der Wert des Streitgegenstandes den Betrag von 100 *K* nicht übersteigt, findet wegen der Geringfügigkeit der Angelegenheit (Bagatelle) ein abgekürztes Verfahren statt. Das Verhandlungsprotokoll beschränkt sich nur auf die wichtigsten Aussagen der Parteien, auf die Beschlüsse und Urteile des Richters. Das Urteil wird mündlich verkündet.

Das Verfahren in Besitzstörungsstreitigkeiten hat den Zweck, gerichtlich festzustellen, wer sich im faktischen Besitze einer Sache oder eines Rechtes befunden habe und ob eine Störung erfolgt sei oder nicht. Der Besitz mag von was immer für einer Art sein, niemand hat das Recht, ihn eigenmächtig zu stören; der in seinem Besitze Gestörte ist berechtigt, den richterlichen Schutz anzurufen und die Untersagung jeder weiteren Störung, sowie den Ersatz des Schadens zu fordern. Zuständig ist bei unbeweglichen Sachen jenes Bezirksgericht, in dessen Sprengel das unbewegliche Gut gelegen; bei beweglichen jenes Gericht, in dessen Sprengel die Störung erfolgte. Das Ansuchen um diesen richterlichen Schutz erfolgt durch die Besitzstörungsklage, welche aber nur innerhalb eines Zeitraumes von 30 Tagen, nachdem dem Gestörten die Störung bekannt wurde, eingebracht werden kann. Ist diese Frist ungenützt verstrichen, kann sich der Gestörte nur mehr durch die umständliche Klage im ordentlichen Rechtswege helfen. In der Besitzstörungsklage muß dargetan werden: 1. daß sich der Kläger im Besitze der Sache oder des Rechtes befunden hat, 2. zu welcher Zeit und auf welche Weise er im Besitze gestört worden ist. Auf die Besitzstörungsklage ordnet das Gericht schleunigst, wenn notwendig, noch auf denselben Tag, an welchem die Klage eingebracht wurde, eine Tagsatzung an. Die eidliche Vernehmung der Parteien ist ausgeschlossen, Urkunden und Zeugen, auf welche sich die Parteien berufen, sind gleich zur Verhandlung mitzubringen. Nach geschlossener Verhandlung fällt das Gericht einen Endbeschluß, durch welchen der letzte tatsächliche Besitzstand einstweilen geregelt wird. (Siehe auch oben § 26 der Gesetzeskunde.)

### § 72. Die besonderen Arten des Verfahrens.

Besondere Arten des Verfahrens, welche von dem allgemeinen Verfahren erheblich abweichen, finden Anwendung:

1. im **Mandatsverfahren** zur Erlangung eines sofortigen Zahlungsauftrages, 2. in **Wechselstreitigkeiten**, 3. in **Streitigkeiten aus dem Bestandvertrage** (Wohnungs- und Pachtkündigungen und Ausziehstreitigkeiten), 4. in **Ehestreitigkeiten**, 5. in **Konkursfällen**, 6. vor den **Gewerbegerichten**, 7. im **Mahnverfahren**, 8. beim **Verfahren in Streitigkeiten wegen der von richterlichen Beamten zugefügten Rechtsverletzungen**, 9. beim **Verfahren vor dem Reichsgerichte**, 10. beim **Verfahren vor dem Verwaltungsgerichtshofe**.

Das Konkursverfahren wird eingeleitet, damit die Gläubiger eines Überschuldeten in einer durch das Gesetz bestimmten Rangordnung nach. der Höhe und den Vorrechten ihrer Forderungen zu deren Befriedigung sich in das Vermögen des Schuldners teilen.

Das Mahnverfahren ist auf Forderungen beschränkt, die den Betrag von 400 *K* nicht übersteigen; der Gläubiger überreicht keine Klage, sondern gibt mündlich oder schriftlich dem Gerichte Namen, Stand und Wohnung seiner Gegner an, sowie den Rechtsgrund und den Betrag der Forderungen. Das Gericht erläßt, ohne den Schuldner zu befragen, einen bedingten Zahlungsbefehl, in welchem dieser beauftragt wird, die Zahlung der eingemahnten Forderung binnen 14 Tagen bei sonstiger Exekution zu leisten oder aber rechtzeitigen Widerspruch gegen den Zahlungsbefehl zu erheben. Wird gegen den Zahlungsbefehl Widerspruch erhoben, so ist der Gläubiger genötigt, eine Geltendmachung seiner Forderung einzubringen.

### § 73. Die Rechtsmittel.

Gegen das Urteil, welches die erste Instanz geschöpft hat, ist die Berufung an die zweite Instanz zulässig und zwar von den Bezirksgerichten an die Kreis- und Landesgerichte, welche in diesen Fällen als zweite Instanz erscheinen, von den Kreis- und Landesgerichten an das Oberlandesgericht.

Die Revision ist die an den obersten Gerichtshof gerichtete Beschwerde gegen ein Urteil zweiter Instanz.

Gegen gerichtliche Erkenntnisse und Verfügungen, welche nicht Urteile sind, können Rekurse eingebracht werden.

Glaubt eine Partei, daß eine vom Gerichte geschöpfte Entscheidung eine Nichtigkeit enthalte, d. h. wegen formeller Gebrechen des Verfahrens oder des Urteiles selbst null und nichtig ist, so kann sie gegen diese Entscheidung die Nichtigkeitsklage einbringen; ein Nullitätsgrund liegt z. B. vor, wenn ein unberechtigtes, nicht zuständiges Gericht die Entscheidung getroffen, oder wenn eine Partei im Verfahren gar nicht oder nicht auf gesetzliche Weise vertreten war.

### § 74. Das Vollstreckungsverfahren (Exekution).

I. Damit vor Einleitung oder während der Dauer eines Rechtsstreites der Beklagte durch Verheimlichung, Verschleppung oder Wegschaffung seines Vermögens den Kläger nicht um die Befriedigung seiner Forderung bringen könne, gestattet das Gesetz die einstweilige Sicherstellung der Forderung durch das Gericht; die Sicherung von Geldforderungen kann durch Verwahrung oder durch das Verbot der Veräußerung und Verpfändung beweglicher Sachen oder durch das Verbot an einen Schuldner des Beklagten erfolgen, daß er diesem nicht zahle, sondern die Zahlung für den klägerischen Anspruch zurückhalte. Die Person des Beklagten kann endlich auch angehalten oder verhaftet werden, wenn der gegründete Verdacht besteht, daß der Beklagte flüchten will und hiedurch die Befriedigung des klägerischen Rechtes vereitelt würde.

II. Ist ein Streitteil rechtskräftig verpflichtet worden, eine Zahlung zu leisten oder eine andere Verbindlichkeit zu erfüllen und ist die im Urteil bestimmte Frist fruchtlos abgelaufen, so kann der obsiegende Teil vom Gerichte begehren, daß gegen den Verurteilten Zwangsmaßregeln angewendet werden; die Anwendung derselben nennt man Exekutionsführung. Die Exekution kann nur bewilligt werden, wenn eine exekutionsfähige Urkunde vorliegt, als solche gelten rechtskräftige Urteile, Bescheide und Vergleiche, sowie Notariatsakte.

Die Exekutionsschritte gegen den Verpflichteten sind: a) Pfändung von beweglichen und unbeweglichen Sachen (Mobiliar- und Immobiliarexekution), b) Pfändung von Vermögensrechten, c) die Zwangsversteigerung, d) Überweisung von Forderungen, Bezügen oder Pensionen an Zahlungsstatt, e) die Verfällung des Verpflichteten zu einer Geldstrafe, f) die Abnahme des Eides über die Vermögenslosigkeit des Verpflichteten, endlich g) auch die Haftnahme desselben.

Von der einstweiligen und von der endgiltigen Exekution sind gänzlich befreit: 1. Kleidungsstücke, Betten, Wäsche, Haus- und Küchengeräte, sowie die auf 14 Tage erforderlichen Nahrungs- und Feuerungsmittel für den Verpflichteten, seine Familienglieder und Dienstleute; 2. eine Milchkuh oder zwei Ziegen oder drei Schafe, nebst dem Unterhalte und den bis zur nächsten Ernte erforderlichen Futter- und Streuvorräten; 3. Almosen und Armengelder; 4. Geld- und Naturalgebühren öffentlicher Beamten und Diener, dann Kondukt- und Sterbequartal, sowie ähnliche Bezüge für ihre Familie; 5. die beim Postsparkassenamte angelegten Spargelder, außerdem noch einige andere minder wichtige Gegenstände.

Teilweise ist die Exekution beschränkt in folgenden wichtigeren Fällen: 1. bei ständigen Dienstesbezügen der öffentlichen Beamten und Diener, dann der Seelsorger auf ein Drittel und dieses nur mit der Beschränkung, daß ein Jahresbezug von 1600 $K$ freizubleiben hat; bei den Ruhegenüssen, Witwen- und Waisenbezügen gilt dasselbe mit der Beschränkung auf 1000 $K$; 2. in gleicher Art bei dauernd angestellten Privatbediensteten; 3. Einlagen gewerblicher Arbeiter in Gewerbesparkassen bis zu 1000 $K$; 4. Brandschaden-Vergütungsbeträge dürfen durch die Exekution ihrem Zwecke zur Wiederherstellung der zerstörten Gebäude nicht entzogen werden.

### § 75. Die Zuständigkeit (Kompetenz) der Gerichte.

Die Klage muß bei dem zur Verhandlung und Entscheidung der betreffenden Streitsache berufenen und zuständigen Gerichte eingebracht werden. Das zuständige (kompetente) Gericht heißt der Gerichtsstand; dieser richtet sich: 1. in der Regel nach der Person des Beklagten, oder 2. nach der örtlichen Lage der Sache, oder 3. nach der besonderen Beschaffenheit der Rechtssache, um die es sich in der Klage handelt.

1. Der allgemeine (Personal-) Gerichtsstand ist jenes Gericht, in dessen Sprengel der Beklagte zur Zeit der Einbringung der Klage seinen Wohnsitz hat; dieses Gericht kann entweder ein Gerichtshof oder das Bezirksgericht sein.

Vor die Bezirksgerichte (mit einem Einzelrichter, siehe oben, Seite 8) gehören alle Streitigkeiten in Vermögenssachen, deren Wert 1000 $K$ nicht übersteigt, Streitigkeiten über Grenzen unbeweglicher Güter, in Besitzstörungssachen aus Bestand- und Lohnverträgen und in anderen minder häufigen Streitfällen.

Vor die Gerichtshöfe erster Instanz (mit einem Richterkollegium, siehe oben, Seite 8) gehören Streitigkeiten in Ehesachen und Familienangelegenheiten, Lebens- und Fideikommißsachen, ferner in Vermögensangelegenheiten, wenn der Streitgegenstand 1000 $K$ übersteigt und in allen sonstigen bürgerlichen Rechtsstreitigkeiten, welche nicht den Bezirksgerichten zugewiesen sind.

2. Der Realgerichtsstand für eine Sache ist jenes Gericht, in dessen Sprengel das unbewegliche Gut gelegen ist.

3. Der Kausalgerichtsstand ist jener, vor welchen gewisse Rechtsstreitigkeiten vermöge der Beschaffenheit der Rechtssache gehören, und zwar Handelssachen und alle Wechselangelegenheiten vor das Handelsgericht, Bergwerksangelegenheiten vor das Berggericht, Seesachen vor das Seegericht.

---

## IV. Abschnitt.

# Die strafbaren Handlungen.

### § 76. Einteilung der strafbaren Handlungen.

Strafbare Handlungen sind entweder Verbrechen, Vergehen und Übertretungen, welche nach dem Strafgesetze vom 27. Mai 1852, R. G. Bl. Nr. 117, von den Gerichten zu verfolgen sind, oder endlich sogenannte Polizeiübertretungen, welche nicht von den Gerichten, sondern von den politischen Finanz-Behörden oder den Gemeinden verfolgt und bestraft werden.

## I. Kapitel.

## Die Verbrechen.

### § 77. Begriff und Einteilung der Verbrechen.

Damit eine strafbare Handlung sich als Verbrechen darstelle, muß böser Vorsatz des Täters vorliegen; Verbrechen werden je nach der Schwere der Tat mit Kerkerstrafen, auch mit dem Tode bestraft; die Todesstrafe wird mit dem Strange vollzogen, die Kerkerstrafe ist einfacher oder schwerer Kerker.

Die Handlung oder Unterlassung wird nicht als Verbrechen zugerechnet (§ 2 Str. G.): *a)* wenn der Täter des Gebrauches der Vernunft ganz beraubt ist: *b)* wenn die Tat bei abwechselnder Sinnesverrückung zu der Zeit, da die Verrückung dauerte; oder *c)* in einer ohne Absicht auf das Verbrechen zugezogenen vollen Berauschung oder einer anderen Sinnesverwirrung, in welcher der Täter sich seiner Handlung nicht be-

.wußt war, begangen worden; *d)* wenn der Täter noch das vierzehnte Jahr nicht zurückgelegt hat; *e)* wenn ein solcher Irrtum mitunterlief, der ein Verbrechen in der Handlung nicht erkennen ließ; *f)* wenn das Übel aus Zufall, Nachlässigkeit oder Unwissenheit der Folgen der Handlung entstanden ist; *g)* wenn die Tat durch unwiderstehlichen Zwang oder in Ausübung der Notwehr erfolgte.

Gerechte Notwehr ist aber nur dann anzunehmen, wenn sich aus der Beschaffenheit der Personen, der Zeit, des Ortes, der Art des Angriffes oder aus anderen Umständen mit Grund schließen läßt, daß sich der Täter nur der nötigen Verteidigung bedient habe, um einen rechtswidrigen Angriff auf Leben, Freiheit oder Vermögen von sich oder anderen abzuwehren. — Notwehr kann natürlich nur stattfinden gegen einen wirklichen Angriff. Als solcher ist aber auch eine Drohung aufzufassen, wenn nach den begleitenden Umständen anzunehmen ist, daß diese Drohung sofort ausgeführt würde. Wenn also ein von einem Schutzorgane angehaltener Wilderer das Gewehr in Anschlag bringt, oder ein Holzdieb die Axt aufhebt, so ist dies zwar nur eine Drohung, aber eine solche, auf welche der Angriff unmittelbar zu folgen pflegt; der Wachmann braucht natürlich nicht zu warten, bis jener geschossen oder einen Hieb nach ihm geführt hat, sondern er kann sich sofort der nötigen Verteidigung bedienen. Wie weit diese zu gehen habe, läßt sich nur im einzelnen Falle beurteilen. Gegen eine bloße Drohung, später dem Bedrohten einen Schaden an Leben, Freiheit oder Vermögen zufügen zu wollen, kann es keine Notwehr geben. Diese ist auch der Natur der Sache nach nur so lange möglich, als der Angriff dauert, so lange, bis die Gefahr vorüber ist. Wendet sich der Angreifer zur Flucht oder läßt er sonst von dem Angriffe ab, so hört selbstverständlich die Notwendigkeit einer Verteidigung auf; einem **flüchtigen Übeltäter nachzuschießen, einen schon kampfunfähig gemachten oder seiner Waffen Entledigten in irgend einer Weise anzugreifen oder absichtlich zu verletzen, ist nicht Notwehr, sondern eine strafbare Handlung.** — Es darf nur die **nötige Verteidigung** angewendet werden. Wenn man den Angriff durch einen Hieb auf einen Arm oder ein Bein voraussichtlich abwehren kann und trotzdem eine Verletzung zufügt, aus welcher gewöhnlich eine schwere Beschädigung oder gar der Tod des Verletzten hervorgeht, so ist dies eine strafbare Überschreitung der Notwehr. — Notwehr ist nicht nur zulässig, wenn es sich um die Abwehr eines Angriffes von sich handelt, sondern auch dann, wenn es gilt, einen solchen von anderen abzuwehren. Es muß auch nicht ein Angriff auf das Leben, es kann ein solcher auf Freiheit oder Vermögen sein. Kommt z. B. ein Jäger dazu, wie ein anderer Jäger von Wildschützen umringt ist, welche ihm sein Gewehr wegnehmen oder ihn mit Gewalt zurückhalten wollen, damit er eine gewisse Zeit nicht in seinem Schutzgebiete zubringen könne und während der Zeit das Wildern daselbst nicht gestört werde, so ist nicht nur der von den Wilderern bedrohte Jäger, wenn er Gewalt gegen seine Angreifer anwendet, im Stande der Notwehr, sondern auch der zu seiner Hilfe herbeigeeilte Genosse.

Als **Verbrechen** werden bestraft: 1. Hochverrat. 2. Beleidigungen der Majestät und der Mitglieder des kaiserlichen Hauses. 3. Störung der öffentlichen Ruhe. 4. Aufstand. 5. Aufruhr. 6. Öffentliche Gewalttätigkeiten aller Art. 7. Mißbrauch der Amtsgewalt. 8. Verfälschung der öffentlichen Kreditpapiere. 9. Religionsstörung. 10. Unzuchtsverbrechen. 11. Mord. 12. Totschlag. 13. Verbrechen der Mutter gegen das Kind. 14. Schwere körperliche Beschädigung. 15. Zweikampf. 16. Brandlegung. 17. Diebstahl. 18. Veruntreuung. 19. Raub. 20. Betrug. 21. Zweifache Ehe. 22. Verleumdung. 23. Den Verbrechern geleisteter Vorschub.

In den folgenden Paragraphen werden die Bestimmungen des Str. G. über einige dieser Verbrechen wiedergegeben und erläutert.

### § 78. Aufstand und Aufruhr.

Die Zusammenrottung mehrerer Personen, um der Obrigkeit mit Gewalt Widerstand zu leisten, ist das Verbrechen des Aufstandes (§ 68 Str. G.)

Dabei macht es keinen Unterschied, ob diese Gewalttätigkeit gegen einen Richter, eine obrigkeitliche Person, einen Beamten, Abgeordneten, Bestellten oder Diener einer Staats- oder Gemeindebehörde, gegen eine Civil-, Finanz- oder Militärwache oder einen Gendarmen oder gegen einen zur Bewachung der Wälder aufgestellten, wenn auch in Privatdiensten stehenden, jedoch von der ständigen landesfürstlichen Behörde beeideten Forstbeamten oder gegen das auf solche Weise beeidete Forstaufsichtspersonale oder gegen einen zur Aufsicht auf Staats- oder Privateisenbahnen oder zur Besorgung des Verkehres auf denselben oder zum Schutze oder Betriebe des Staatstelegraphen Bestellten gerichtet ist, insofern diese Personen in Vollziehung eines obrigkeitlichen Auftrages oder in Ausübung ihres Amtes oder Dienstes begriffen sind. Den hier genannten Personen werden noch beigezählt das beeidete Jagdpersonale, sowie das beeidete Feldschutzpersonale, aber nur dann, wenn sie das vorgeschriebene Dienstkleid oder Armschild tragen, ferner die zum Schutze einzelner Zweige der Landeskultur, wie der Land- und Forstwirtschaft, des Bergbaues, der Jagd, der Fischerei oder anderer Wasserberechtigungen auf Grund von Landesgesetzen aufgestellten Wachmänner, wenn sie durch die politische Bezirksbehörde in ihrem Amte bestätigt und in Eid genommen sind, in Ausübung ihres Dienstes handeln und hiebei das ihnen vorgeschriebene Dienstkleid oder Dienstzeichen tragen.

Wenn es bei einer solchen Zusammenrottung durch die Vereinigung wirklich gewaltsamer Mittel soweit kommt, daß zur Herstellung der Ruhe und Ordnung eine außerordentliche Gewalt angewendet werden muß, so ist Aufruhr (§ 73 Str. G.) vorhanden.

### § 79. Öffentliche Gewalttätigkeit.

Das Verbrechen der öffentlichen Gewalttätigkeit kann unter anderem begangen werden:

Durch gewaltsame Handanlegung oder gefährliche Drohung gegen obrigkeitliche Personen in Amtssachen. Dieses Verbrechens (§ 81 Str. G.) macht sich schuldig, wenn jemand für sich allein oder auch wenn mehrere, jedoch ohne Zusammenrottung, sich einer der beim Verbrechen des Aufstandes genannten Personen in Vollziehung eines obrigkeitlichen Auftrages oder in Ausübung ihres Amtes oder Dienstes in der Absicht, um diese Vollziehung zu vereiteln, mit gefährlicher Drohung oder wirklicher gewaltsamer Handanlegung, obgleich ohne Waffen und Verwundung, widersetzt, oder eine dieser Handlungen begeht, um eine Amtshandlung oder Dienstverrichtung zu erzwingen.

Durch gewaltsamen Einfall in fremdes unbewegliches Gut (§ 83 Str. G.), wenn mit Übergehung der Obrigkeit der ruhige Besitz von Grund und Boden oder der darauf sich beziehenden Rechte eines andern, mit gesammelten mehreren Leuten durch einen gewaltsamen Einfall gestört, oder, wenn auch ohne Gehilfen in das Haus oder die Wohnung eines anderen bewaffnet eingedrungen und daselbst an dessen Person oder an dessen Hausleuten, Hab und Gut, Gewalt ausgeübt wird;

es geschehe solches, um sich wegen eines vermeinten Unrechtes Rache zu verschaffen, ein angesprochenes Recht durchzusetzen, ein Versprechen oder Beweismittel abzunötigen oder sonst eine Gehässigkeit zu befriedigen.

**Durch boshafte Beschädigung fremden Eigentums (§ 85 Str. G.), wenn gewisse erschwerende Umstände hinzutreten.**

Solche erschwerende Umstände liegen vor, wenn: *a)* der Schade, welcher entstanden oder in dem Vorsatze des Täters gelegen, 50 *K* übersteigt, oder wenn, ohne Rücksicht auf die Größe des Schadens, *b)* daraus eine Gefahr für das Leben, die Gesundheit, körperliche Sicherheit von Menschen oder in größerer Ausdehnung für fremdes Eigentum entstehen kann; oder *c)* die boshafte Beschädigung an Eisenbahnen, diese mögen mit oder ohne Dampfkraft betrieben werden, oder an den dazu gehörigen Anlagen, Beförderungsmitteln, Maschinen, Gerätschaften oder anderen zum Betriebe derselben dienenden Gegenstände, oder an Dampfschiffen, Dampfkesseln, Wasserwerken, Brücken, Vorrichtungen in Bergwerken oder überhaupt unter besonders gefährlichen Verhältnissen verübt worden ist.

### § 80. Mißbrauch der Amtsgewalt (§ 101 Str. G.).

Jeder Staats- oder Gemeindebeamte, welcher in dem Amte, in dem er verpflichtet ist, von der ihm anvertrauten Gewalt, um jemandem, sei es der Staat, eine Gemeinde oder eine andere Person, Schaden zuzufügen, was immer für einen Mißbrauch macht, begeht durch solchen Mißbrauch ein Verbrechen; insbesondere begeht dieses Verbrechen jeder in Pflichten stehende Beamte, der sich von der gesetzmäßigen Erfüllung seiner Amtspflicht abwenden läßt, oder der in Amtssachen eine Unwahrheit bezeugt, oder der ein ihm anvertrautes Amtsgeheimnis gefährlicher Weise eröffnet, eine seiner Amtspflicht anvertraute Urkunde vernichtet oder jemandem pflichtwidrig mitteilt. Als Verbrechen des Mißbrauches der Amtsgewalt wurde ferner erklärt: jede mit bösem Vorsatze in Ausübung des Amtes oder Dienstes gegen die Bestimmungen des Gesetzes 1. zum Schutze der persönlichen Freiheit vorgenommene Beschränkung der persönlichen Freiheit (siehe oben § 17), 2. zum Schutze des Hausrechtes vorgenommene Hausdurchsuchung (siehe oben § 18).

### § 81. Geschenkannahme in Amtssachen (§ 104 Str. G.).

Ein Beamter, der bei Verwaltung der Gerechtigkeit, bei Dienstverleihungen oder bei Entscheidungen über öffentliche Angelegenheiten (hiezu ist unter Umständen auch die Ausübung des Schutzdienstes zu rechnen) zwar sein Amt nach Pflicht ausübt, aber, um es auszuüben, ein Geschenk unmittelbar oder mittelbar annimmt, oder sonst sich daher einen Vorteil zuwendet oder versprechen läßt, ingleichen, welcher dadurch überhaupt bei Führung seiner Amtsgeschäfte sich zu einer Parteilichkeit verleiten läßt, soll mit Kerker zwischen sechs Monaten und einem Jahre bestraft werden. Auch hat er das erhaltene Geschenk oder dessen Wert zum Armenfonde des Ortes, wo er das Verbrechen begangen hat, zu erlegen.

Verleitung zum Mißbrauche der Amtsgewalt (§ 105 Str. G.). Wer durch Geschenke einen Zivil- oder Strafrichter, einen Staatsanwalt, oder in Fällen einer Dienstverleihung oder einer Entscheidung öffentlicher Angelegenheiten was immer für einen Beamten zu einer Parteilichkeit oder Verletzung der Amtspflicht zu verleiten sucht, macht sich eines Verbrechens schuldig; die Absicht mag auf seinen eigenen oder eines Dritten Vorteil gerichtet sein, sie mag ihm gelingen oder nicht. Die Strafe einer solchen Verleitung ist Kerker von sechs Monaten bis zu einem Jahre; bei großer Arglist oder wirklich verursachtem erheblichen Schaden schwerer Kerker von einem bis zu fünf Jahren. Außerdem ist das angetragene oder wirklich gegebene Geschenk zum Armenfonde des Ortes zu erlegen.

### § 82. Mord (§ 134 Str. G.), Totschlag (§ 140 Str. G.) und schwere körperliche Beschädigung (§ 152 und 153 Str. G.).

Wer gegen einen Menschen, in der Absicht ihn zu töten, auf eine solche Art handelt, daß daraus dessen oder eines anderen Menschen Tod erfolgte, macht sich des Verbrechens des Mordes schuldig.

Wird die Handlung, wodurch der Mensch um das Leben kommt, zwar nicht in der Absicht, ihn zu töten, aber doch in anderer feindseliger Absicht ausgeübt, so ist das Verbrechen ein Totschlag.

Wenn z. B. der vom Schutzorgane betretene Wilderer verfolgt und eingeholt wird und mit den Worten „Du mußt hin werden", den Jäger in den Kopf schießt, so liegt ein Mord vor; schießt er den verfolgenden Jäger in die Füße, um ihn an der Verfolgung zu hindern, der Jäger stirbt aber infolge hinzugetretenen Wundbrandes, so liegt Totschlag vor.

Wer gegen einen Menschen, zwar nicht in der Absicht, ihn zu töten, aber doch in anderer feindseliger Absicht auf eine solche Art handelt, daß daraus eine Gesundheitsstörung oder Berufsunfähigkeit von mindestens 20-tägiger Dauer, eine Geisteszerrüttung oder eine schwere Verletzung desselben erfolgte, macht sich des Verbrechens der schweren körperlichen Beschädigung schuldig.

Dieses Verbrechens macht sich auch derjenige schuldig, der seine leiblichen Eltern oder wer einen öffentlichen Beamten, einen Geistlichen, einen Zeugen oder Sachverständigen, während sie in der Ausübung ihres Berufes begriffen sind oder wegen derselben, vorsätzlich an ihrem Körper beschädigt, wenn auch die Beschädigung nicht die eben bezeichnete besondere Beschaffenheit hat.

### § 83. Diebstahl (§ 171 Str. G.), Veruntreuung (§ 181 Str. G.) und Betrug (§ 197 Str. G.).

Wer um seines Vorteiles willen eine fremde bewegliche Sache aus eines andern Besitz ohne dessen Einwilligung entzieht, begeht einen Diebstahl. Die Handlung muß somit in gewinnsüchtiger Absicht erfolgt sein. — Wenn z. B. jemand sich zu seinem Vorteile aus fremden Waldungen Bodenstreu ohne Einwilligung des Besitzers aneignet, so ist dies Diebstahl.

Der Diebstahl wird zu einem Verbrechen entweder aus dem Betrage oder aus der Beschaffenheit der Tat oder aus der Eigenschaft der entzogenen Sache oder aus der Eigenschaft des Täters.

Der Betrag macht den Diebstahl zum Verbrechen, wenn derselbe oder der Wert desjenigen, was gestohlen wurde, mehr als 50 $K$ ausmacht.

Aus der Beschaffenheit der Tat wird der Diebstahl zum Verbrechen: 1. ohne alle Rücksicht auf den Betrag, wenn der Dieb mit Gewehr oder anderen, der persönlichen Sicherheit gefährlichen Werkzeugen versehen gewesen, oder, wenn er bei seiner Betretung auf dem Diebstahle wirkliche Gewalt oder gefährliche Drohung angewendet hat, um sich im Besitze der gestohlenen Sache zu erhalten; 2. wenn der Diebstahl mehr als 10 $K$ beträgt und zugleich a) während einer Feuersbrunst, Wassernot oder eines anderen gemeinen oder dem Bestohlenen zugestoßenen Bedrängnisses, b) in Gesellschaft eines oder mehrerer Diebsgenossen, c) an einem zum Gottesdienste geweihten Orte, d) an versperrten Sachen, e) an Holz, entweder in eingefriedeten Waldungen oder mit beträchtlicher Beschädigung der Waldungen, f) an Fischen in Teichen, g) an Wild, entweder in eingefriedeten Waldungen oder mit besonderer Kühnheit oder von einem gleichsam ein ordentliches Gewerbe damit treibenden Täter verübt worden ist.

Aus der Eigenschaft der gestohlenen Sache wird ein Diebstahl zum Verbrechen, wenn der Wert mehr als 10 $K$ beträgt und a) an Früchten auf dem Felde oder von Bäumen, b) am Viehe auf der Weide oder vom Triebe, c) an Ackergerätschaften auf dem Felde verübt worden ist.

Aus der Eigenschaft des Täters ist Diebstahl ein Verbrechen: 1. ohne Rücksicht auf den Betrag, wenn der Täter sich das Stehlen zur Gewohnheit gemacht hat; 2. wenn der Betrag 10 $K$ übersteigt, ist der Diebstahl ein Verbrechen: a) wenn der

Täter schon, sei es des Verbrechens oder der Übertretung des Diebstahls wegen gestraft worden, *b)* wenn der Diebstahl von Dienstleuten an ihren Dienstgebern oder anderen Hausgenossen, *c)* von Gewerbsleuten, Lehrjungen, Taglöhnern an ihrem Meister oder denjenigen, welche die Arbeiten bedungen haben, verübt wird.

Als ein Verbrechen ist diejenige Veruntreuung zu behandeln, wenn jemand ein, vermöge seines öffentlichen (Staats- oder Gemeinde-) Amtes oder besonderen obrigkeitlichen oder Gemeindeauftrages ihm anvertrautes Gut im Betrage von mehr als zehn Kronen vorenthält, oder sich zueignet.

Jeder Diebstahl und jede Veruntreuung hört auf strafbar zu sein, wenn der Täter aus tätiger Reue, obgleich auf Andringen des Beschädigten, nicht aber ein Dritter für ihn, eher als das Gericht oder eine andere Obrigkeit sein Verschulden erfährt, den ganzen aus seiner Tat entspringenden Schaden wieder gut macht. Eben dieses gilt auch von der Teilnehmung; doch reicht es zur Befreiung hin, wenn der Teilnehmer an einem Diebstahle oder an einer Veruntreuung vor der obrigkeitlichen Entdeckung den ganzen aus seiner Teilnehmung entstandenen Schaden, insoferne sich dieser Anteil erheben läßt, gut gemacht hat.

Wenn daher ein Beschädigter bei der Obrigkeit die Anzeige eines an ihm verübten Diebstahles erstattet, ohne auch nur aus entfernten Inzichten auf einen Täter deuten zu können, von dem Täter aber, ehe die Obrigkeit zur Kenntnis gelangt, daß er der Täter sei, der Schaden gut gemacht würde, so ist der Täter allerdings straflos; dagegen findet die Bestimmung des vorstehenden Paragraphen keine Anwendung: *a)* wenn ein Dieb, bevor er das gestohlene Gut in Sicherheit brachte, auf der Flucht von dem Bestohlenen eingeholt wird und es auf dessen Abforderung zurückstellt, oder es bei der Verfolgung hinwegwirft; oder *b)* wenn der Täter sich verpflichtet, dem Beschädigten binnen einer bestimmten Zeit Vergütung zu leisten, aber den Vergleich nicht hält und dann von dem Beschädigten angezeigt wird; oder *c)* wenn unter diesen Verhältnissen bei der Abschließung des Vergleiches nur ein Teil des entwendeten Gutes zurückgestellt worden ist; oder *d)* wenn der Täter einen Teil des entwendeten Gutes vor der obrigkeitlichen Entdeckung zurückstellt, und in Rücksicht des Überrestes einen Vergleich anbietet, der Beschädigte aber keinen Vergleich eingeht und den Täter verhaften läßt (§ 188 Str. G.).

Wer durch listige Vorstellungen oder Handlungen einen anderen in Irrtum führt, durch welchen jemand, sei es der Staat, eine Gemeinde oder andere Person an seinem Eigentum oder anderen Rechten Schaden leiden soll; oder wer in dieser Absicht und auf die eben erwähnte Art eines anderen Irrtum oder Unwissenheit benützt, begeht einen Betrug; er mag sich hiezu durch Eigennutz, Leidenschaft, durch die Absicht, jemanden gesetzwidrig zu begünstigen, oder sonst durch was immer für eine Nebenabsicht haben verleiten lassen (§ 197 Str. G.).

Der Betrug wird zum Verbrechen, wenn der verursachte oder beabsichtigte Schade mehr als 50 *K* beträgt und unter Umständen ohne Rücksicht auf den Betrag, schon aus der Beschaffenheit der Tat. Ein solcher Fall liegt z. B. vor, wenn die zur Bestimmung der Grenzen besetzten Markungen weggeräumt oder versetzt werden.

---

## II. Kapitel.

# Vergehen und Übertretungen.

### § 84. Begriff der Vergehen und Übertretungen.

Außer den Verbrechen werden auch Vergehen und Übertretungen nach dem Strafgesetze durch die Gerichte verfolgt und zwar die Vergehen gleich den Verbrechen vom Gerichtshofe I. Instanz (Landesgericht, Kreisgericht), die Übertretungen vom Bezirksgerichte; von beiden letzteren werden im folgenden Paragraphen einige angeführt.

## § 85. Einzelne Vergehen und Übertretungen.

Jede Handlung oder Unterlassung, von welcher der Handelnde schon nach ihren natürlichen, für jedermann leicht erkennbaren Folgen, oder vermöge besonders bekannt gemachter Vorschriften, oder nach seinem Stande, Amte, Berufe, Gewerbe, seiner Beschäftigung, oder überhaupt nach seinen besonderen Verhältnissen einzusehen vermag, daß sie eine Gefahr für das Leben, die Gesundheit oder körperliche Sicherheit von Menschen herbeizuführen, oder zu vergrößern geeignet sei, soll, wenn hieraus eine schwere körperliche Beschädigung (§ 152 Str. G.) eines Menschen erfolgte, an jedem Schuldtragenden als Übertretung, dann aber, wenn hieraus der Tod eines Menschen erfolgte, als Vergehen geahndet werden (§ 335 Str. G. Vergehen und Übertretung gegen die Sicherheit des Lebens).

Diese Vorschriften finden insbesondere Anwendung, wenn der Tod oder die schwere körperliche Verletzung aus einem der nachstehenden Verschulden eingetreten ist: durch Außerachtlassung der nötigen Vorschriften bei Wasserfahrten; durch Nichtanbringung von Warnungszeichen, bei Aufstellung von Fangeisen, Schlingen, Wolfsgruben und Selbstgeschossen; durch Außerachtlassung der besonderen Vorschriften über Erzeugung, Aufbewahrung, Verschleiß, Transport und Gebrauch von Feuerwerkskörpern, Knallpräparaten, Zündhütchen, Reib- und Zündhölzchen und allen durch Reibung leicht entzündbaren Stoffen, Schießpulver und explodierenden Stoffen (Schießbaumwolle), insbesondere auch dadurch, daß derlei Gegenstände heimlich den Frachten der Postanstalten oder Eisenbahnen beigepackt werden.

Die Zulassung von Zündhütchen und Metallpatronen zum Posttransporte ist an besonders strenge Bedingungen geknüpft (Verordnung des Handelsministeriums vom 6. Mai 1885, R. G. Bl. Nr. 75); solche Munitionsgegenstände müssen in Kartons von steifer Pappe so verpackt sein, daß sie nicht schlottern; die Kartons sind in feste Holzkisten zu verpacken, die Zwischenräume ebenfalls fest auszufüllen; die Kistenwände müssen 2·5—3 *cm* stark sein und sind mit Holzschrauben zu verschließen; das Gewicht der einzelnen Sendung darf 5 *kg* nicht überschreiten. Bei Metallpatronen müssen die Geschosse mit den Metallhülsen so fest verbunden sein, daß ein Ablösen der Kugel und Ausstreuen des Pulvers nicht stattfinden kann. Die Kisten mit Metallpatronen müssen einen Plombenverschluß erhalten und mit rotem Papiere verklebt sein. Der Absender muß eine eigene Erklärung ausfertigen, daß die Sendung diesen Bestimmungen entspricht und er für jeden Schaden haftet. Wer diese Sicherheitsmaßregeln außer acht läßt, ist nach § 236 des Str. G. strafbar, muß 50 *K* Konventionalstrafe erlegen und haftet für allen Schaden.

Für den Eisenbahntransport bestimmt der § 29 des Betriebsreglements: Feuergefährliche Gegenstände, sowie alles Gepäck, welches Flüssigkeiten und andere Gegenstände enthält, die auf irgend eine Weise Schaden verursachen können, insbesondere geladene Gewehre, Schießpulver, leicht entzündbare Präparate und andere Sachen gleicher Eigenschaft dürfen in den Personenwagen nicht mitgenommen werden. Das Eisenbahndienstpersonal ist berechtigt, sich in dieser Beziehung die nötige Überzeugung zu verschaffen. Der Zuwiderhandelnde haftet für allen aus der Übertretung des obigen Verbotes an dem fremden Gepäck oder sonst entstehenden Schaden und verfällt außerdem in die durch das Bahnpolizeireglement bestimmte Strafe.

Jägern und im öffentlichen Dienste stehenden Personen ist jedoch die Mitführung von Handmunition gestattet. Der Lauf eines mitgeführten Gewehres muß nach oben gehalten werden. In dem Ausdrucke „Jäger" sind nicht allein berufsmäßige Jäger und Forstleute, sondern auch Jagdherren und Jagdliebhaber inbegriffen; unter „Handmunition" ist eine Anzahl von dreihundert Stück Patronen nicht übersteigender Munitionsvorrat zu verstehen, welcher von den betreffenden Jägern nicht in einfacher Umhüllung, sondern nur in eigens bestimmten Behältern (Gurten, Patronen- und Jagdtaschen, Kassetten etc.) oder in ihrem Handgepäcke wohl verwahrt, in das Coupé mitgenommen werden darf.

Wer einen Hund oder sonst ein Tier, an welchem Kennzeichen der wirklichen Wut oder auch nur solche wahrzunehmen sind, die vermuten lassen, daß die Wut erfolgen könne, anzuzeigen unterläßt, ist einer Übertretung schuldig und zu Arrest, bei wirklich erfolgtem Ausbruche und Beschädigung von Menschen und Tieren aber zum strengen Arreste von drei Tagen bis zu drei Monaten zu verurteilen. Ist aber hieraus der Tod oder die schwere körperliche Beschädigung eines Menschen erfolgt, so ist die Unterlassung der Anzeige nach § 335 zu ahnden (§ 387 Str. G.). Ohne besondere Erlaubnis der Obrigkeit ist niemandem erlaubt, wilde oder ihrer Natur nach sonst schädliche Tiere zu halten. Die Nichtbeachtung dieses Verbotes ist eine Übertretung und es soll nicht nur das schädliche Tier sogleich weggeschafft, sondern auch nach Beschaffenheit der Umstände mit einer Geldstrafe von 50 *K* belegt werden (§ 388 Str. G.). Wird jemand von einem solchen ohne obrigkeitlicher Erlaubnis gehaltenen Tiere beschädigt, so ist nach Maß des Schadens die Geldstrafe auf 50 bis 200 *K* zu erhöhen (§ 389 Str. G.). Aber auch, wenn die Obrigkeit ein wildes Tier zu halten die Erlaubnis erteilt, ist der Eigentümer wegen sicherer Verwahrung desselben stets verantwortlich. Die Vernachlässigung dieser Verwahrung ist als Übertretung mit 20 bis 100 $K$ zu bestrafen, wenn dadurch jemand beschädigt wurde (§ 390 Str. G.).

Jeder Eigentümer eines Haustieres von was immer für einer Gattung, von welchem ihm eine bösartige Eigenschaft bekannt ist, muß dasselbe sowohl bei Haus, als wenn er außer dem Hause davon Gebrauch macht, so verwahren oder besorgen, daß niemand beschädigt werden kann. Die Vernachlässigung dieser Vorsicht ist eine Übertretung und auch ohne erfolgte Beschädigung mit einer Strafe von 10 bis 50 $K$, bei wirklich erfolgtem Schaden aber von 20 bis 100 $K$ zu belegen. (§ 391 Str. G.). Kommt bei einer Untersuchung einer von einem Tiere zugefügten Beschädigung hervor, daß jemand durch Anhetzen, Reizen oder was immer für absichtliches Zutun den Vorfall veranlaßt hat, so macht sich der Täter einer Übertretung schuldig und ist mit Arrest von einer Woche, der nach Umständen zu verschärfen ist, zu bestrafen (§ 392 Str. G.).

Wer in der Nachbarschaft einer Scheuer, eines Heu- oder Getreideschobers oder eines Feldes, wo die Ernte entweder noch steht oder die geschnittene Ernte noch nicht eingeführt ist, Feuer aufmacht, in einem Walde angezündetes Feuer verwahrlost oder, ohne es ganz ausgelöscht zu haben, verläßt, begeht eine Übertretung (§ 453 Str. G.).

Wenn jemand mit Fackeln reiset oder fährt, müssen diese vor den hölzernen Brücken und vor den Ortschaften oder Wäldern bei Strafe ausgelöscht werden (§ 454 Str. G.).

Diebstähle minderer Art und mindere Veruntreuungen sowie Betrügereien, welche nicht als Verbrechen anzusehen sind, werden als Übertretungen bestraft; das gleiche gilt von der boshaften Beschädigung fremden Eigentumes, wenn sie sich nicht als Verbrechen darstellt (§ 460, 461 und 468 Str. G.).

---

### III. Kapitel.

## Die Polizeiübertretungen.

### § 86. Begriff der Polizeiübertretungen.

Alle jene strafbaren Handlungen, welche nicht nach dem Strafgesetze zu verfolgen sind, sich also weder als Verbrechen, Vergehen, noch als eigentliche Übertretungen darstellen, werden unter der Bezeichnung Polizeiübertretungen zusammengefaßt. Zu diesen gehören z. B. die Gefällsübertretungen, d. s. strafbare Handlungen, welche durch Übertretung der Finanzgesetze und -Verordnungen in Zoll-, Maut- und Monopolssachen begangen werden, weiter Übertretungen der Gewerbeordnungen, der Vorschriften über den Besitz und das Tragen von Waffen, der Forst-, Jagd-, Feldschutz-, Wasser- und Fischereigesetze sowie einiger anderer Landeskulturgesetze und Verordnungen. Die Übertretungen der letztgenannten Gesetze und Verordnungen werden auch Frevel genannt, man spricht also von Forst-, Jagd-, Feld-, Wasser- und Fischereifreveln.

Die Vorschriften über den Besitz und das Tragen von Waffen sowie die Übertretungen derselben werden in den folgenden Paragraphen, die Übertretungen der einzelnen Landeskulturgesetze werden bei der Erörterung dieser Gesetze selbst, siehe unten VI. Abschnitt, dargestellt.

### § 87. Die Übertretungen gegen das Waffenpatent.

Das kaiserliche Patent vom 24. Oktober 1852, R. G. Bl. Nr. 223, welches in allen Kronländern mit Ausnahme von Tirol und Vorarlberg Geltung besitzt, bestimmt über die Erzeugung, den Verkehr und den Besitz von Waffen und Munitionsgegenständen, dann über das Waffentragen folgendes:

§ 1. Die Bestimmungen dieses Patentes beziehen sich teils auf solche Waffen und Munitionsgegenstände, rücksichtlich welcher die Erzeugung, der Besitz und Gebrauch, wie auch der Verkehr damit in der Regel verboten ist, teils auf solche, welche unter den nachfolgenden Beschränkungen erzeugt und in Verkehr gesetzt, besessen und gebraucht werden dürfen.

§ 2. Als verbotene Waffen werden erklärt:

Dolche, Stilette und hohlgeschliffene stilettartige Messer, dreischneidige Degen, Trombone, Terzerole unter dem Maße von 7 Wiener Zollen, mit Inbegriff des Schaftes und Laufes, Windbüchsen jeder Art, Hand- und Glasgranaten, Petarden und Brandraketen, endlich alle verborgenen, zu tückischen Anfällen geeigneten Waffen, was immer für einer Art, wie z. B. Stockflinten, Degenstöcke u. dgl. Zu den verbotenen Waffen sind auch alle jene Werkzeuge zu rechnen, deren ursprüngliche und natürliche Form absichtlich verändert erscheint, um damit schwerer verwunden zu können, sowie im allgemeinen jedes versteckte, zu tückischen Anfällen geeignete Werkzeug, welches seiner Beschaffenheit nach, weder zur Ausübung einer Kunst oder eines Gewerbes, noch zum häuslichen Gebrauche bestimmt ist.

§ 3. Als verbotene Munition werden die Schießbaumwolle und ähnliche explodierende Stoffe erklärt.

§ 4. Außer den zur Anfertigung und zum Verkaufe von Waffen oder Munitionsgegenständen befugten Gewerbs- und Handelsleuten ist in der Regel niemand berechtigt, Waffen oder Munition von was immer für einer Art, auch nicht zum eigenen Gebrauche zu verfertigen, oder gewerbemäßig zu veräußern. Verbotene Waffen und Munitionsgegenstände dürfen aber selbst solche berechtigte Gewerbs- und Handelsleute (§ 11) nur dann verfertigen und veräußern, wenn sie hiezu eine besondere Bewilligung erhalten haben. (Auch die Kapseln und Zündhütchen sowie Patronenhülsen mit Zündhütchen gehören zu den Munitionsgegenständen.)

§ 5. Diese Bewilligung ist bei der politischen Landesbehörde anzusuchen, welche dieselbe nur ausnahmsweise, aus rücksichtswürdigen Gründen, nach Vernehmung der landesfürstlichen Sicherheitsbehörde zu erteilen hat, wobei die Gattung und der Umfang der Erzeugung, dann des Verkehres, genau zu bestimmen ist.

§ 6. Die Erzeugung von erlaubten und selbst von verbotenen Munitionsgegenständen kann ausnahmsweise in den chemischen Laboratorien der öffentlichen Lehranstalten, jedoch auch dort nur in den zu wissenschaftlichen Zwecken erforderlichen Quantitäten stattfinden. Ebenso ist jedem zum Tragen eines Feuergewehres Berechtigten gestattet, sich die Bleiladung selbst zu bereiten.

§ 7. Die zur Erzeugung und dem Verkehre mit Waffen oder Munitionsgegenständen berechtigten Gewerbs- und Handelsleute dürfen diese Geschäfte nur in ihren Werkstätten und Verschleißlokalitäten betreiben. Sie werden demnach durch jede, außer diesen Orten, oder sonst heimlich betriebene Erzeugung oder Veräußerung von Waffen oder Munitionsgegenständen, wie auch durch jede Verheimlichung ihrer derartigen Vorräte, welche gegenüber der sie zur Angabe auffordernden Behörde stattfindet, straffällig.

§ 8. Der Besitz verbotener Waffen oder Munition ist in der Regel nur demjenigen gestattet, welcher eine besondere schriftliche Bewilligung dazu erhalten hat.

§ 9. Die Bewilligung zum Besitze einer verbotenen Waffe oder Munition ist unter Nachweisung rücksichtswürdiger Gründe, aus welchen die verbotene Waffe oder Munition benötigt wird, bei der politischen Landesbehörde anzusuchen. Die angesuchte Bewilligung ist, wenn kein Anstand dagegen obwaltet, nach Vernehmung der landesfürstlichen Sicherheitsbehörde schriftlich zu erteilen und derselben, wenn es verlangt wird, noch eine besondere Bewilligung zum Ankauf für den betreffenden Gewerbsmann beizufügen. (Die Bewilligung, eine verbotene Waffe zu besitzen, schließt nicht die Bewilligung zum Tragen derselben in sich, welche nur ganz ausnahmsweise von der politischen Landesbehörde erteilt wird.)

§ 10. Insbesondere kann eine derlei Bewilligung an befugte Waffenhändler, zum Kaufe und Verkaufe und an einzelne Personen zum Besitze, auch dann erteilt werden, wenn es sich um alte oder außer Gebrauch stehende verbotene Waffen handelt, welche nur einen historischen oder Kunstwert oder einen Wert der besonderen Vorliebe haben.

§ 11. Die an Gewerbs- und Handelsleute erteilte Bewilligung, verbotene Waffen und Munition verfertigen oder veräußern zu dürfen, schließt auch die Bewilligung in sich, solche Gegenstände zu besitzen, gleichwie durch die den chemischen Laboratorien und öffentlichen Lehranstalten erteilte Befugnis der rechtmäßige Besitz der dort erwähnten Munitionsgegenstände gewährt ist. Ebenso bedürfen diejenigen, welche zur Ausübung eines Gewerbes oder Geschäftes berechtigt sind, wobei sie solcher Werkzeuge, welche die Beschaffenheit verbotener Waffen haben, oder verbotene Munition benötigen, zum Besitze dieser Gegenstände keiner besonderen Bewilligung. Dieselben sind jedoch stets nur in den hiezu bestimmten Gewerbsräumen zu verwahren. Der Besitz der in Rede stehenden Waffen und Munition darf jedoch nur in einer solchen Anzahl und Menge gestattet werden, oder stattfinden, welche den Verhältnissen des Besitzers angemessen ist, und jeden gegründeten Verdacht eines Mißbrauches ausschließt. Die mit der Bewilligung zum Verkaufe verbotener Waffen und Munition versehenen Gewerbs- und Handelsleute haben über diesen Verkauf ein Vormerkbuch zu führen, in welchem die Personen, an welche der Zeitpunkt, wann solche Waffen und Munition verkauft wurden, dann die Erlaubnis, gegen deren Vorzeigung der Verkauf nur stattfinden darf, genau zu verzeichnen sind.

§ 12. Der Besitz anderer als der im § 2 als verboten bezeichneten Waffen und Munitionsgegenstände ist zwar Personen, denen derselbe nicht vom Gesetze oder von der Behörde ausdrücklich untersagt ist, gestattet, jedoch darf auch erlaubte Waffen und Munitionsgegenstände niemand in einer unverhältnismäßigen, gegründeten Verdacht eines Mißbrauches erregenden Menge besitzen. Wer eine seinen persönlichen Bedarf überschreitende Menge solcher Waffen und Munitionsgegenstände besitzt, hat hierüber der politischen Landesstelle die Anzeige zu erstatten, von welcher das Geeignete diesfalls zu veranlassen sein wird. Der Besitz von Militärmunition ist nur denjenigen gestattet, welche entweder ihr Dienst dazu berechtigt, oder welche eine ausnahmsweise besondere Ermächtigung zum Besitze solcher Munitionsgegenstände erhalten haben. Waffen und Munitionsgegenstände, welche aus dem im § 12 angegebenen Grunde dem Eigentümer nicht belassen werden können, oder deren fernerer Besitz nach dem folgenden § 42 sich als unstatthaft darstellt, sind amtlich zu hinterlegen, dem Eigentümer bleibt es jedoch freigestellt, die ihm abgenommenen Waffen und Munitionsgegenstände zu veräußern, er muß aber die Übernehmer namhaft machen; er kann aber auch verlangen, daß die Waffen auf seine Kosten unbrauchbar gemacht und ihm ausgefolgt werden. Sollte aber der Eigentümer binnen drei Monaten weder in der einen noch in der anderen Weise eine Verfügung getroffen haben, so sind die abgenommenen Waffen und Munitionsgegenstände an zum Waffenbesitze geeignete Personen im Wege der öffentlichen Feilbietung von Amts wegen zu veräußern. Unbrauchbare Waffen können als Brucheisen und anderweitiges Material hintangegeben werden. Verbotene Waffen, für welche sich kein zum Besitze berechtigter Übernehmer findet, sind unbrauchbar zu machen und in diesem Zustande zu veräußern. In jedem Falle ist der Erlös nach Abzug der allfälligen Kosten dem Eigentümer auszuhändigen. Wenn sich in der Verlassenschaft eines Verstorbenen oder unter den zu einer öffentlichen Versteigerung bestimmten Gegenständen Waffen oder Munitionsgegenstände befinden, zu deren Besitz wohl der bisherige Eigentümer berechtigt war, der neue Erwerber aber hiezu einer besonderen Erlaubnis bedarf, so sind dieselben nur gegen Nachweis dieser Erlaubnis auszuliefern, widrigens der politischen Behörde zuzumitteln, welche mit selben nach obigen Bestimmungen vorzugehen hat. Wird der Besitz von Waffen nach § 42 nur zeitweilig eingestellt, so sind dieselben bis zur Beseitigung des Hindernisses in sicheren Verwahrsam zu nehmen, falls der Eigentümer mit diesen Waffen nicht eine andere für zulässig erkannte Bestimmung treffen sollte.

Werden Personen wegen Jagdfrevel oder anderer Mißbräuche durch Verfügung der politischen Behörde entwaffnet, so sind sie nach § 12 vom Rechte des Waffenbesitzes fortan ausgeschlossen.

§ 13. Gewerbs- und Handelsleute machen sich noch insbesondere einer strafbaren Handlung schuldig: a) wenn sie verbotene Waffen oder Munition an jemanden, ohne von ihm beigebrachte Ankaufsbewilligung, welche sie aufzubewahren haben (§ 9) veräußern; b) wenn sie über derlei verbotene Gegenstände, die ihnen ohne ausgewiesene Bewilligung zu solchem Besitze, zur Veräußerung, Versendung oder zu was immer für einem sonstigen Zwecke überbracht und zugesendet werden, nicht sogleich an die Ortssicherheitsbehörde die Anzeige erstatten und die verbotenen Waffen und Munitionsgegenstände, wenn es tunlich ist, bis zur erfolgten weiteren Verfügung zurückbehalten.

§ 14. Das Befugnis oder die Bewilligung, Waffen zu besitzen, schließt das Befugnis und die Bewilligung, Waffen zu tragen, nicht in sich. Rücksichtlich des k. k. Militärs wird das Befugnis, Waffen zu besitzen und zu tragen, durch die Militärvorschriften bestimmt. Für andere Personen ist zum Waffentragen in der Regel eine besondere Bewilligung erforderlich.

Nur die aktiv dienenden Offiziere sind von der Notwendigkeit befreit, nebst der Jagdkarte auch den Waffenpaß zu besitzen und auch sie nur dann, wenn sie sich in Uniform auf die Jagd begeben; wenn sie sich dabei der Zivilkleidung bedienen, müssen sie nach der Zirkularverordnung des Armeeoberkommandos 28. August 185:{ mit einem von ihrer vorgesetzten Militärbehörde auszustellenden Waffenpasse — nebst der Jagdkarte — versehen sein. Letzteres gilt, nach der Verordnung des Armeeoberkommandos 26. Dezember 1853, auch für die der Jagd, sei es in Uniform, sei es in Zivilkleidung, obliegenden, der Militärgerichtsbarkeit unterstehenden aktiven Militärbeamten. Die pensionierten und sonstigen nichtaktiven Offiziere bedürfen, gleichgiltig ob sie in Uniform oder Zivilkleidung sich auf die Jagd begeben, nebst der Jagdkarte auch des Waffenpasses und es ist zur Ausstellung desselben für sie, nach der Verordnung des Reichskriegsministeriums 23. Juni 1873, sowie zur Ausstellung der Waffenpässe für die der Jagd obliegenden aktiv dienenden, jedoch der Militärgerichtsbarkeit nicht unterstehenden und für die nicht aktiven Militärbeamten die Zivilbehörde kompetent. Auch die Personen des Mannschaftsstandes und die in keine

Rangsklasse eingereihten, Gage beziehenden Personen des Heeres müssen zur Jagd, nebst der Jagdkarte, auch den Waffenpaß besitzen, zu dessen Ausstellung an solche Personen die Militär- oder die Zivilbehörde berufen ist, je nachdem die Betreffenden aktiv sind oder nicht (Erlaß des Ministeriums des Innern an alle Landeschefs 29. Oktober 1887, Z. 4054).

§ 15. Ausnahmsweise sind zum Waffentragen ohne Einholung einer besonderen Bewilligung befugt: a) alle diejenigen, welche vermöge ihres Dienstes oder Charakters das Recht oder die Pflicht haben, Waffen zu tragen, jedoch nur Waffen, welche zur vorschriftsmäßigen Ausrüstung oder zur Amtskleidung gehören; b) diejenigen, deren Gewerbs- oder Geschäftsbetrieb den Gebrauch der Waffen oder ihnen gleichgehaltenen Werkzeuge auch außer dem Hause nötig macht. jedoch nur während der Zeit des wirklichen Gewerbs- oder Geschäftsbetriebes; c) diejenigen Zivilpersonen, bei welchen in einzelnen Kronländern Waffen, nach dem bisher bestehenden Herkommen, ein Zugehör der daselbst üblichen Landestracht bilden, insoferne ihnen dieses Befugnis nicht in einzelnen Fällen entzogen wird und nur bezüglich der zur Landestracht gehörigen Waffen; d) die Privatdienerschaft, zu deren Uniform oder Livrée Waffen üblich sind, insoferne den einzelnen Individuen das Befugnis, Waffen zu tragen, nicht entzogen wird und nur als Zugehör der Uniform oder Livrée; e) ausländische Reisende, welche zur Uniform oder Landestracht Waffen tragen, sowie ihre Diener, in Bezug auf die Livrée unter den obigen Beschränkungen a, c und d; endlich f) die Schützen eines ordentlich organisierten, mit Bewilligung der Behörden bestehenden Schießstandes, insoferne nicht einzelnen das Waffenrecht entzogen wird, beim Besuche des Schießstandes.

§ 16. Wer das Befugnis besitzt, Waffen zu tragen, ist auch berechtigt, seine Waffen und seine Munitionsgegenstände durch seine Dienerschaft an bestimmte Orte bringen zu lassen.

§ 17. Jedermann, welcher nicht einen der in den §§ 15 und 16 angeführten Ausnahmsfälle für sich geltend machen kann, erhält die Befugnis. Waffen zu tragen, nur mittels der Erteilung eines Waffenpasses, welcher nur an unbedenkliche Personen ausgefertigt werden darf.

§ 18. Die Erfolgung eines Waffenpasses ist bei den Behörden, welche hiezu in jedem Kronlande nachträglich werden bezeichnet werden, anzusuchen.

§ 19. Die Waffenpässe sind nach einem vorzuschreibenden Formulare auszufertigen. Sie gelten nur für jene Waffenstücke, jene Personen, jenen Zweck und jene Zeit, auf welche sie lauten, und müssen nach Ablauf der letzteren wieder erneuert werden. Die Waffenpässe dienen zur Legitimation auch außerhalb jenes Verwaltungsbezirkes, für welchen sie ausgestellt wurden. Überträgt aber der Waffenbesitzer mit einem noch giltigen Waffenpasse seinen Wohnsitz in einen anderen Verwaltungsbezirk, so hat er binnen sechs Wochen nach der stattgefundenen Übersiedlung den Waffenpaß von der zur Ausfertigung des Waffenpasses kompetenten Behörde des neuen Bezirkes bei sonstiger Ungiltigkeit vidieren zu lassen.

§ 20. Die Waffenpässe sind auf drei Jahre, oder auch zu bestimmten Zwecken (z. B. auf Reisen) für kürzere Zeit auszustellen.

§ 21. Für den Waffenpaß wird außer der Stempelgebühr von zwei Kronen keine andere Gebühr entrichtet.

§ 22. Wenn ein Waffenpaß in Verlust gerät, so kann die Partei um Ausfertigung eines Duplikates einschreiten.

§ 23. Ausländischen Reisenden, welche mit gesetzmäßigen Geleitsurkunden versehen sind, ist gestattet, die zu ihrem persönlichen Schutze erforderlichen, oder auch die zu ihrer Uniform, Landestracht oder zur Livrée ihrer Dienerschaft gehörigen Waffen, nebst dazu bestimmter Munition, mit sich zu führen, welche aber, insoferne sie nicht ohnehin schon auf der Geleitsurkunde angemerkt erscheinen, auf eben dieser bei dem Eintritte des Reisenden in die österreichische Grenze von der k. k. Sicherheitsbehörde ersichtlich zu machen sind.

§ 24. Wer zum Waffentragen eines Waffenpasses bedarf, hat denselben, wenn er Waffen trägt, bei sich zu führen, um sich erforderlichen Falles damit ausweisen zu können.

§ 25. Wird jemand bei gesetzwidrigem Waffentragen betreten oder besitzt er zwar einen Waffenpaß, vermag er aber denselben nicht vorzuweisen, so ist ihm in einem und dem anderen Falle die Waffe sogleich abzunehmen und er zu deren unweigerlichen Abgabe verpflichtet.

§ 26. Die Überlassung des Waffenpasses an einen anderen ist verboten.

§ 27. Wer einen fremden Waffenpaß an sich bringt oder sich dessen fälschlich bedient, macht sich, insoferne hierin nicht ein Mittel zur Verübung einer schwerer bedrohten strafbaren Handlung liegt, einer Verletzung dieses Gesetzes schuldig.

§ 28. Wer sich bei Übertretung dieses Gesetzes einer der in den §§ 335, 336 lit. f, 372, 431 und 445 des allgemeinen Strafgesetzes bezeichneten strafbaren Handlung schuldig macht, ist nach den Bestimmungen des letzteren zu behandeln.

§ 29. Jede unbefugte Verfertigung von, wenn auch nicht verbotenen oder durch ihre Beschaffenheit verdächtigen Waffen, sowie von Munitionsgegenständen ist mit Arrest von 1 bis 14 Tagen, jeder unbefugte Handel mit Waffen und Munitionsgegenständen aber, worunter auch die Kommissions- und Speditionsgeschäfte mit denselben begriffen sind, mit Arrest von 3 Tagen bis zu einem Monate, nebst dem Verfalle der vorgefundenen Gegenstände zu bestrafen.

§ 30. Wer Waffen oder Munition unbefugterweise in einer unverhältnismäßigen, gegründeten Verdacht eines Mißbrauches erregenden Menge erzeugt, bestellt, bezieht oder veräußert, ist, insoferne er sich hiedurch nicht einer schwerer verpönten strafbaren Handlung schuldig macht, nebst dem Verfalle der vorgefundenen Gegenstände mit Arrest von drei Monaten bis zu einem Jahre zu bestrafen.

§ 31. Bei der unbefugten Erzeugung von Pulver oder bei dem unbefugten Verkehre damit, ist außer den obigen Strafen auch noch, sofern eine Gefälls-Übertretung verübt oder versucht wurde, wegen der letzteren auf diejenigen Strafen von der kompetenten Behörde zu erkennen, welche in den hierüber bestehenden Vorschriften insbesondere verhängt sind.

§ 32. Der unbefugte Besitz von Waffen und Munitionsgegenständen ist mit einer Geldstrafe von 20 bis 200 $K$, oder mit Arrest von drei Tagen bis zu einem Monate, nebst dem Verfalle der vorgefundenen Waffen und Munition zu bestrafen. Bei eintretenden erschwerenden Umständen kann auf eine Geldstrafe bis 1000 $K$ oder auf Arrest bis zu drei Monaten erkannt werden.

§ 33. Wenn jemand zwar erlaubte Waffen und Munitionsgegenstände, aber in einer unverhältnismäßigen, gegründeten Verdacht eines Mißbrauches erregenden Menge besitzt, ohne die Anordnung des § 12 beobachtet zu haben, so ist derselbe, insoferne hiebei nicht eine schwerer verpönte strafbare Handlung eintritt, nebst dem Verfalle der vorgefundenen Gegenstände mit Arrest von drei Monaten bis zu einem Jahre zu bestrafen.

§ 34. Wenn Gewerbs- oder Handelsleute die in den §§ 7, 11 und 13 bezeichneten Übertretungen begehen, so sind sie nach den in den §§ 28 bis 33 enthaltenen Bestimmungen zu bestrafen. Bei besonders erheblichen Erschwerungsumständen kann denselben auch ihr Gewerbs- und Handelsbefugnis entzogen werden.

§ 35. Gewerbs- und Handelsleute, die das im § 11 vorgeschriebene Vormerkbuch zu führen unterlassen, sind das erste Mal mit einer Geldstrafe von 20 bis 100 $K$, das zweite Mal bis 200 $K$ zu belegen. Bei fernerer Wiederholung ist der Verlust des Gewerbes zu verhängen.

§ 36. Wer unbefugt und ohne erwiesene Notwendigkeit zur Abwendung einer drohenden Gefahr Waffen trägt, wird, nebst dem Verfalle der unbefugt getragenen Waffe, mit einer Strafe von 10 bis 30 $K$ oder Arrest von einem bis zu drei Tagen belegt. (Als ein solcher Notfall ist anzusehen, wenn von der politischen Behörde zur Erlegung reißender Tiere, Treibjagden oder sonst aus Sicherheitsrücksichten Streifungen oder Patrouillen unter Mitwirkung von Privatpersonen angeordnet werden.)

§ 37. Treten aber dabei (§ 36) erschwerende Umstände ein, so ist die Strafe mit 20 bis 600 $K$, oder mit Arrest von drei Tagen bis zu drei Monaten auszusprechen. Als ein solcher erschwerender Umstand ist insbesondere die Überlassung des Waffenpasses an einen anderen, oder die Anwendung eines, für eine andere Person ausgestellten Waffenpasses, zu behandeln.

§ 38. Insoweit die Überlassung eines Waffenpasses an einen anderen nicht als ein erschwerender Umstand bei der Bestrafung des unbefugten Waffentragens zu behandeln ist, soll diese Überlassung sowohl an demjenigen, der seinen Waffenpaß an einen anderen überlassen hat, als auch an jenem, der solchen an sich gebracht hat, mit einer Strafe von 20 bis 200 $K$ geahndet werden.

§ 39. Fällt jemandem nichts weiter zur Last, als daß er sich gegen die Vorschrift des § 24 mit dem erforderlichen Waffenpasse bei seiner Betretung nicht auszuweisen vermochte, so ist ihm, wenn er diesen nachträglich beibringt oder im Falle des Verlustes darzutun vermag, daß er einen noch in Wirksamkeit stehenden Waffenpaß besessen habe, die abgenommene Waffe (§ 25) gegen Erlag eines, von der für die Aufrechthaltung der öffentlichen Sicherheit bestellten Behörde ohne Zulassung einer Berufung auszusprechenden Strafbetrages von 2 bis 10 $K$ wieder zurückzustellen. Diese Strafe findet jedoch in einem erwiesenen Notfalle (§ 36) keine Anwendung.

§ 40. In den Fällen, in denen es sich lediglich um die Anwendung der §§ 36 und 39 des gegenwärtigen Gesetzes rücksichtlich des Waffentragens handelt und in denen weder erschwerende Umstände eintreten, noch die Außerachtlassung der Vorschriften über das Waffentragen mit einer anderen, den Gerichten zur Entscheidung zugewiesenen strafbaren Handlung im Zusammenhange steht, haben die politischen Bezirksbehörden das Verfahren zu pflegen und die gesetzliche Strafe zu verhängen. In allen anderen Fällen steht das Verfahren und das Straferkenntnis über die dem gegenwärtigen Patente zuwiderlaufenden Handlungen oder Unterlassungen den zur Anwendung des allgemeinen Strafgesetzes bestellten Gerichtsbehörden zu.

§ 41. Jedem, der wegen einer Übertretung gegen dieses Patent straffällig wird, kann das Befugnis zum Besitze oder zum Tragen von Waffen entzogen werden.

§ 42. Wenn die öffentliche Sicherheit es fordert, so können über die Anordnung des Statthalters die in Anwendung dieses Patentes zugestandenen Befugnisse zum Besitze oder zum Tragen von Waffen zeitweilig, örtlich oder auch in Bezug auf einzelne Individuen nach Maßgabe der erkannten Notwendigkeit Beschränkungen unterworfen oder ganz eingestellt werden.

§ 43. Wenn eine zu verhängende Geldstrafe den Vermögensumständen oder dem Nahrungsbetriebe des zu Verurteilenden oder seiner Familie zum empfindlichen Abbruche gereichen würde, so ist sie in eine verhältnismäßige Arreststrafe in der Art umzuwandeln, daß für je 10 $K$ auf einen Tag erkannt wird.

§ 44. Die in diesem Patente verhängten Geldstrafen sind zum Besten der Armen an das Armeninstitut des Ortes, wo die Übertretung begangen wurde, abzuführen.

§ 45. Wenn jemand wegen des Besitzes oder des Tragens verbotener Waffen oder Munitionsgegenstände zur Verantwortung gezogen wird, hat die Behörde stets zu erheben, woher diese Gegenstände kommen, um nach Umständen auch deren Erzeuger und Verbreiter zur Strafe ziehen zu können.

§ 46. Für verfallen erkannte Waffen sind, wenn sie nicht zu militärischen Zwecken oder für öffentliche Waffensammlungen verwendet werden können, entweder als solche, oder im Falle sie schon unbrauchbar sind, oder wegen ihrer Gefährlichkeit unbrauchbar gemacht werden müssen, als Brucheisen und anderweitiges Materiale zu veräußern. Ebenso sind verfallene Munitionsgegenstände, wenn sie nicht zu Kriegszwecken verwendet werden können oder vertilgt werden müssen, zu veräußern und der in einem und dem andern Falle erzielte Erlös ist gleich den Geldstrafen (§ 44) zu verwenden.

§ 47. Der Verfall der Waffen und Munitionsgegenstände kann nur aus sehr rücksichtswürdigen Gründen in eine Geldstrafe verwandelt werden, wie z. B., wenn der Schuldige derlei Gegenstände dringend zu seinem Schutze oder Geschäfte benötigt und sich nicht leicht andere zu verschaffen im stande ist oder wenn sich die verfallenen Gegenstände nicht mehr vorfinden. Die Geldstrafe ist in derlei Fällen mit billiger Berücksichtigung des Wertes der verfallenen Gegenstände, von 4 $K$ bis 1000 $K$ zu bemessen.

§ 48. Die Sicherheitsbehörden, die Gendarmerie und überhaupt alle zur Aufrechthaltung der öffentlichen Sicherheit bestellten Organe, sowohl in den Städten als auf dem flachen Lande, sind insbesondere verpflichtet, die genaue Befolgung dieser Bestimmungen zu überwachen und die ihnen bekannt werdenden strafbaren Handlungen der kompetenten Behörde anzuzeigen.

§ 49. Der Statthalter wird in jedem Kronlande einen angemessenen Zeitraum festsetzen, innerhalb dessen jedermann in Bezug auf die in diesem Patente getroffenen Anordnungen sich zu benehmen hat.

---

## IV. Kapitel.

# Die Verjährung der strafbaren Handlungen.

### § 88. Verjährung der Verbrechen, Vergehen und Übertretungen sowie der Frevel.

Das Verbrechen erlischt durch Verjährung:
*a)* bei Verbrechen, auf die lebenslange Kerkerstrafe gesetzt ist, in 20 Jahren;
*b)* bei einer Strafzeit von 10 bis 20 Jahren, in 10 Jahren;
*c)* in allen anderen Fällen, in 5 Jahren.

Die Verjährung kommt aber nur dem zu statten, der von dem Verbrechen keinen Nutzen mehr in Händen; auch, insoweit es die Natur des Verbrechens zugibt, nach seinen Kräften Wiedererstattung geleistet; sich nicht aus diesen Staaten geflüchtet und in der zur Verjährung bestimmten Zeit kein Verbrechen begangen hat.

Vergehen und Übertretungen erlöschen durch Verjährung:
*a)* wenn der Täter aus dem Vergehen oder der Übertretung keinen Nutzen mehr in Händen hat; *b)* soweit es die Natur der strafbaren Handlung zugibt, Erstattung geleistet hat; *c)* in der zur Verjährung bestimmten Zeit weder ein Verbrechen, noch ein Vergehen oder eine Übertretung begangen hat. Die Zeit beträgt, wenn als Strafe nur Arrest 1. Grades oder eine Geldstrafe bis 100 $K$ festgesetzt ist, 3 Monate; wenn Arrest mit Verschärfung oder eine Geldstrafe bis 400 $K$ festgesetzt ist, 6 Monate, bei allen

schweren verpönten Vergehen und Übertretungen, sowie, Verlust von Rechten und
Befugnissen eintritt, 1 Jahr.

Die Verjährung für Frevel ist nicht an die oben angeführten, vom Strafgesetze
geforderten Bedingungen geknüpft, sondern es ist nur erforderlich, daß der Täter während
einer gewissen Zeit wegen des Frevels nicht in Untersuchung gezogen wurde. Diese Zeit
beträgt: für Forstfrevel 6, für Feldfrevel 3, für Übertretungen der Fischereigesetze im
allgemeinen 6 Monate. Kann einerseits bei Freveln die Verjährung viel leichter eintreten,
als bei den durch das Strafgesetz verpönten Handlungen, so sind anderseits die Frevler
ungünstiger gestellt, indem ihnen der Strafaufhebungsgrund der tätigen Reue nicht zu
statten kommt. Wenn jemand den aus einem von ihm begangenen Frevel herrührenden
Schaden auch freiwillig gut macht, bevor die Behörde ihn als Täter kennt, so wird er
dadurch doch noch nicht straflos.

---

## V. Abschnitt.

# Das Strafverfahren.

### I. Kapitel.

## Die Grundzüge des Strafverfahrens.

### § 89. Die Arten des Verfahrens.

Das Verfahren zur Ermittlung des Täters einer strafbaren Handlung und die Verhandlung über die Anklage ist verschieden, je nachdem die Gerichte, die politischen Behörden oder die Gemeinde über die
Strafbarkeit zu verhandeln und zu erkennen haben.

### § 90. Die Strafanzeige.

In allen Fällen wird das Verfahren auf Grund einer Anzeige eingeleitet, die jedermann erstatten kann. Die für den Forst-, Jagd-, Feld-,
Fischereischutz oder zum Schutze der Landeskultur bestellten Organe
sind jedoch verpflichtet, alle strafbaren Handlungen, welche an den ihnen
anvertrauten Gegenständen begangen oder versucht wurden, zur Anzeige
zu bringen. Der Schutzmann hat in seinem Eide gelobt, dies zu tun und
sich hiebei von persönlichen Rücksichten nicht beeinflussen zu lassen.
Bei welcher Behörde die Anzeige zu erstatten ist, hängt von der Art der
strafbaren Handlung ab, die leitenden Gesichtspunkte hiefür wurden im
vorigen Kapitel dargelegt. Es widerspricht vollständig der Würde des
Amtes, wenn sich der Schutzmann in seiner Anzeige zu beleidigenden
Ausdrücken hinreißen läßt, es schadet dem Ansehen der öffentlichen
Wache und setzt diese selbst der Rüge und Strafe aus, wenn sie nicht
alle dienstlichen Handlungen, also auch Anzeigen mit der nötigen Ruhe
und strengen Sachlichkeit vollzieht. Hat der Wachmann eine Anzeige
erstattet, so muß er auch gewärtig sein, im Verlaufe der Untersuchung
oder bei der Verhandlung über dieselbe als Zeuge vernommen zu werden;
häufig muß er um seine Vernehmung, wenn sie ihm besonders wichtig
erscheint, ansuchen, oder sie wenigstens in der Anzeige anbieten. Dies
gilt insbesondere bezüglich der Verhandlungen in Frevelfällen, also vor
den politischen Behörden. Von jeder gerichtlichen Vorladung eines
Schutzorganes muß dessen unmittelbarer Vorgesetzte verständigt werden.

Bei Verhandlungen vor den politischen Behörden, sowie bei solchen in Übertretungsfällen vor den Gerichten braucht das beeidete Schutzorgan, wenn es über Tatsachen und Umstände, welche in Ausübung des Dienstes wahrgenommen wurden und Gegenstände dieser Dienstausübung betreffen, einvernommen wird, nicht neuerdings wie andere Zeugen, den Zeugeneid zu schwören, sondern es genügt in solchen Fällen die Berufung auf den Diensteid.

Hat der Wachmann bei einer Verhandlung über ein Verbrechen auszusagen, so wird er, wie jeder andere Zeuge beeidet. Es wird also z. B. wenn das beeidete Schutzorgan in einem Frevel- oder Übertretungsfalle den Beschuldigten als den Täter bezeichnet, den er bei der Tat betreten hat, die Berufung auf den Diensteid genügen, nicht aber für eine Aussage über einen Totschlag und überhaupt nicht für Aussagen über Dinge, welche nicht zum Berufe des Wachorganes gehören.

Bei einer gerichtlichen Vernehmung hat der Zeuge, also auch das beeidete Schutzorgan, wenn er mehr als 15 Kilometer vom Orte seiner Vernehmung entfernt wohnt, den Anspruch auf eine angemessene Vergütung der Auslagen für die Reise und den Aufenthalt am Orte der Vernehmung. Der Sitz des Gerichtes ist hier nur dann maßgebend, wenn die Zeugeneinvernahme daselbst stattfindet; ist dies aber nicht der Fall, werden die Zeugen an Ort und Stelle der Tat, z. B. im Walde, vernommen, so kommt ausschließlich die Entfernung dieses Ortes vom Wohnsitze in Betracht. Findet die Vernehmung an Ort und Stelle, im Schutzbezirke des Wachorganes statt, so hat er keinen Anspruch auf eine Vergütung. Die Zeugengebühr muß längstens binnen 24 Stunden nach der Vernehmung verlangt werden, sonst erlischt der Anspruch darauf. Falls sich das Schutzorgan, welches als Zeuge bei Gericht vernommen wurde, durch eine Entscheidung oder Verfügung des Gerichtes bezüglich der Kosten gekränkt erachtet, steht es ihm frei, die Beschwerde an das Oberlandesgericht zu ergreifen, welche aber binnen 14 Tagen beim Gerichte I. Instanz überreicht werden muß.

Im folgenden werden nun die Hauptzüge des Verfahrens in Strafsachen bei den verschiedenen Behörden dargestellt.

### § 91. Das Verfahren vor den Strafgerichten.

Das strafgerichtliche Verfahren (Strafprozeß) bezweckt die Erforschung, Überweisung und Bestrafung des Täters einer nach dem Strafgesetze strafbaren Handlung. Dieses Verfahren wird durch die Strafprozeß-Ordnung vom 23. Mai 1873, R. G. Bl. Nr. 119, geregelt.

Die gerichtliche Verfolgung der strafbaren Handlungen tritt auf Antrag eines Anklägers ein; bei solchen Handlungen, die nur auf Begehren des Beteiligten verfolgt werden können, insbesondere bei Ehrenbeleidigungen, muß dieser als Privatkläger auftreten, in allen übrigen Fällen wird die Anklage von Amts wegen durch den öffentlichen Ankläger, den Staatsanwalt, erhoben.

Derjenige, welchen der Verdacht einer strafbaren Handlung trifft, kann erst dann als Beschuldigter angesehen werden, wenn gegen ihn die Anklageschrift oder der Antrag auf Einleitung der Voruntersuchung eingebracht worden ist. Als Angeklagter ist jener Beschuldigte anzusehen, gegen den eine Hauptverhandlung angeordnet wurde.

Der Beschuldigte kann sich eines Verteidigers bedienen.

Der Versetzung in den Anklagestand muß eine Voruntersuchung vorausgehen, wenn es sich um ein Verbrechen handelt, dessen Aburteilung einem Geschworenengerichte vorbehalten ist. Die Voruntersuchung soll die gegen eine Person erhobene Anschuldigung einer vorläufigen Prüfung unterziehen und den Sachverhalt soweit klar stellen, daß entweder die Einstellung des Verfahrens herbeigeführt oder die Versetzung in den Anklagezustand ausgesprochen werden kann.

Tritt der Ankläger von der Verfolgung des Beschuldigten nicht zurück, so hat er die Anklageschrift einzubringen; der auf freiem Fuße befindliche Beschuldigte kann dagegen binnen 8 Tagen Einspruch erheben, über welchen der Gerichtshof II. Instanz entscheidet. Wird ein Einspruch nicht erhoben oder zurückgewiesen, so ordnet der Gerichtshof I. Instanz die Hauptverhandlung an.

Die Hauptverhandlung ist öffentlich, und wird von einem Vorsitzenden geleitet; er ist verpflichtet, die Ermittlung der Wahrheit zu befördern, er vernimmt den Angeklagten und die Zeugen und wacht über Aufrechthaltung der Ordnung bei der Verhandlung. Die Hauptverhandlung beginnt mit dem Vortrage der Anklage, hierauf folgt das Verhör des Angeklagten. Der Vorsitzende befragt die Zeugen und Sachverständigen, läßt einschlägige Akten zur Verlesung bringen und erteilt dem Staatsanwalte, dem Privatankläger, dem Beschädigten, dem Verteidiger und dem Angeklagten das Wort zur Stellung ihrer Schlußanträge. Ist das Beweisverfahren geschlossen, so schöpft das Gericht das Urteil. Das Gericht ist nicht an bestimmte Beweisregeln gebunden, sondern urteilt nach seiner freien, aus der gewissenhaften Prüfung aller Beweismittel gewonnenen Überzeugung, ob der Angeklagte schuldig zu sprechen und zu einer angemessenen Strafe zu verhalten, oder ob er von der Anklage frei zu sprechen ist. Im ersteren Falle erfolgt ein Schuld- und Strafurteil, im zweiten Falle die Freisprechung von der Anklage.

Bei besonders schweren Verbrechen und Vergehen und bei solchen, die durch Druckschriften begangen worden, gehört die Hauptverhandlung und Entscheidung vor die Geschworenengerichte, welche nicht aus rechtsgelehrten Richtern, sondern aus unbescholtenen verständigen Männern aus dem Volke zusammengesetzt sind.

Zum Amte eines Geschworenen sind nur solche Männer berufen, welche das 30. Jahr zurückgelegt haben, des Lesens und Schreibens kundig sind, in einer österreichischen Gemeinde das Heimatsrecht besitzen, in der Gemeinde ihres Aufenthaltes mindestens 1 Jahr ansässig sind und mindestens 20 $K$, in größeren Orten 40 $K$ an direkten Steuern entrichten oder aber höher gebildeten Ständen angehören. Staatsbeamte, Offiziere, Geistliche und Volksschullehrer sind aus Rücksichten des öffentlichen Dienstes nicht zum Geschworenenamte zu berufen, auch wenn sie hiezu die gesetzliche Eignung besitzen. Es ist Aufgabe der Gemeindevorsteher, jährlich im September ein Verzeichnis aller jener Personen, welche als Geschworene zu berufen sind, anzulegen; dieses Verzeichnis ist die Urliste der Geschworenen. Die Urliste muß mindestens acht Tage am Amtssitze des Gemeindevorstehers zur allgemeinen Einsicht aufliegen, innerhalb welcher Einsprache wegen Übergehung gesetzlich zulässiger oder Eintragung gesetzlich unfähiger Personen erhoben werden kann. Aus den Urlisten wird durch eine besondere Kommission beim Gerichtshofe I. Instanz die Jahresliste der Geschworenen gebildet. Vierzehn Tage vor Beginn einer jeden Schwurgerichtsperiode wird bei dem Gerichtshofe in öffentlicher Sitzung die Dienstliste durch Auslosung aus der Jahresliste gebildet, indem 36 Hauptgeschworene und 9 Ersatzgeschworene ausgelost werden. Aus diesen wird unmittelbar vor Beginn der Hauptverhandlung die aus 12 Geschworenen bestehende Geschworenenbank gebildet. Die Namen der einzelnen Geschworenen werden aus der Urne gezogen. Der Ankläger, Privatbeteiligte, Angeklagte und Verteidiger haben hiebei das Recht zu erklären, ob sie den Geschworenen annehmen oder ablehnen. Sobald 12 nicht abgelehnte Geschworene gezogen sind, ist die Geschworenenbank gebildet.

Die Geschworenen haben die ihnen vom Gerichtshofe vorgelegten Fragen nur mit ja oder nein zu beantworten. Das Gesetz verlangt von den Geschworenen, daß sie alle für und wider den Angeklagten vorgebrachten Beweismittel sorgfältig und gewissenhaft prüfen und sich dann selbst fragen, welchen Eindruck die in der Hauptverhandlung wider den Angeklagten vorgeführten Beweise und die Verteidigung auf sie gemacht haben. Nur nach der selbst gewonnenen Überzeugung haben die Geschworenen ihren Anspruch über die Schuld oder Nichtschuld des Angeklagten zu fällen; die Geschworenen haben ihre Erklärung ohne Rücksicht auf die gesetzlichen Folgen ihres Ausspruches abzugeben, der Ausspruch über die Art und Dauer der Strafe steht den gelehrten Richtern zu. Die Geschworenen dürfen das Beratungszimmer nicht verlassen, bevor sie ihren Ausspruch gefällt haben, auch ist ihnen während der Beratung jeder Verkehr mit dritten Personen untersagt. Nach abgehaltener Beratung läßt der Obmann die Geschworenen über die einzelnen Fragen mündlich abstimmen, er selbst stimmt zuletzt. Zur Bejahung der Schuldfrage ist eine Mehrheit von zwei Dritteln erforderlich, sonst ist der Angeklagte frei zu sprechen. Nach beendeter Abstimmung kehren die Geschworenen in den Sitzungssaal zurück; der Obmann verkündet das Ergebnis der Beratung mit den Worten: „Die Geschworenen haben nach Eid und Gewissen die an sie gestellten Fragen beantwortet wie folgt" sodann verliest er die Fragen und den Wahrspruch der Geschworenen.

In Übertretungsfällen hat der Beschädigte oder der Privatankläger unmittelbar bei demjenigen Bezirksgerichte, in dessen Sprengel die strafbare Handlung begangen wurde oder der Beschuldigte wohnt, die Anzeige zu erstatten. Das Verfahren beschränkt sich darauf, in summarischer Weise die wesentlichen Umstände, von denen die Bestrafung abhängt, ohne weitere Förmlichkeiten zu erheben; die Zeugen werden in der Regel nicht beeidigt.

Wenn von einer öffentlichen Behörde oder einer mit der Vollziehung eines obrigkeitlichen Auftrages betrauten Person gegen einen auf freiem Fuße befindlichen Beschuldigten auf Grund ihrer eigenen dienstlichen Wahrnehmung eine Gesetzesübertretung angezeigt wird, welche nur mit Arrest von 1 Monat oder einer Geldstrafe bedroht ist, so kann der Richter auf Antrag des staatsanwaltschaftlichen Funktionärs die verwirkte Strafe ohne vorausgehendes Verfahren festsetzen. Der Beschuldigte kann dagegen binnen 8 Tagen Einspruch erheben, in welchem Falle die Verhandlung eingeleitet wird und das gewöhnliche Strafverfahren eintritt.

## § 92. Das Strafverfahren vor den politischen Behörden.

Dieses Verfahren ist nicht wie der Strafprozeß durch eigene Gesetze geregelt: es wird jedoch nach allgemeinen rechtlichen Grundsätzen als ein einfaches mündliches Verfahren geführt. Über die Anzeige ordnet die politische Behörde eine mündliche Verhandlung an, bei welcher der Angeschuldigte, der Kläger, die etwa angebotenen Zeugen vernommen, auch Beweismittel vorgebracht werden; die streitigen Tatsachen können durch verschiedene Beweismittel dargetan werden, deren Würdigung dem freien Ermessen der Behörde anheimgegeben ist. Jede Partei hat Anspruch auf rechtliches Gehör. Die Behörden haben auch von Amts wegen alles zu tun, um den wahren Sachverhalt zu erforschen, sie sind also nicht auf die Angaben der Parteien beschränkt. Über den Verlauf der Verhandlung wird ein eigenes Protokoll geführt; nach dem Ergebnis dieser Verhandlung wird entweder gleich das Erkenntnis über Schuld, Strafe und Schadenersatz gefällt oder noch weitere Erhebungen gepflogen. Das Erkenntnis wird nach freier Würdigung der Sachlage und der Beweismittel gefällt. Gegen das Erkenntnis steht dem Verurteilten der Rekurs offen an die Landesbehörde und an das Ministerium. Die vom Frevler zu entrichtenden Strafgelder werden zu Gunsten des Landeskulturfonds eingezogen, auch auf Arreststrafen kann die politische Behörde erkennen.

Das Verfahren im weiteren Instanzenzuge ist in der Regel ein schriftliches, doch kann jederzeit die mündliche Einvernahme der Parteien verfügt werden.

Die Strafanzeigen in Angelegenheiten der Landeskultur werden entweder von Fall zu Fall oder monatlich mittels sogenannter Frevellisten erstattet. In denselben müssen Vor- und Zuname, Beschäftigung und Aufenthalt des Frevlers, die Bezeichnung der Übertretung, der Zeitpunkt, wann und der Ort, wo der Frevel begangen wurde, angegeben sein; weiter muß die Anzeige die Angabe enthalten, wer den Angeschuldigten betreten habe, ob derselbe auf frischer Tat ergriffen oder aus anderen Wahrnehmungen beschuldigt werde, ob und welche Zeugen dafür vorhanden; endlich muß die Art und Größe des durch Übertretung verursachten Schadens angegeben sein. Von Wichtigkeit für die Fällung des Erkenntnisses ist auch die Tatsache, ob der Angeschuldigte bereits früher wegen einer strafbaren Handlung von den Gerichten oder den politischen Behörden verurteilt worden war.

## § 93. Das Verfahren in Feldfrevelfällen.

Die Durchführung des Verfahrens aus Anlaß vorkommender Feldfrevel (s. u. im VI. Abschnitt) beziehungsweise die Untersuchung und Bestrafung derselben, steht dem Gemeindevorsteher jener Gemeinde zu, in deren Gebiete die Gesetzesübertretung begangen wurde.

Dieses Strafrecht wird nach Vorschrift der Gemeindeordnung vom Gemeindevorsteher in Gemeinschaft mit zwei Beisitzern (Gemeinderäten) im übertragenen Wirkungskreise, siehe oben § 14, ausgeübt. Sind jedoch diese Organe befangen, so steht das Strafverfahren in erster Instanz der politischen Bezirksbehörde zu.

Die Einleitung des Strafverfahrens findet nur auf Verlangen des durch den Feldfrevel Beschädigten oder Gefährdeten, oder über die unmittelbare Anzeige des beeideten Feldhüters statt.

Der Gemeindevorsteher ist verpflichtet, von allen zu seiner Kenntnis gebrachten Verletzungen der Sicherheit des Feldgutes den Beschädigten ungesäumt in Kenntnis zu setzen, und insbesondere diejenigen Verletzungen, welche der Behandlung nach dem allgemeinen Strafgesetze unterliegen, ohne Verzug der Strafbehörde zur weiteren Amtshandlung anzuzeigen. Der Gemeindevorsteher hat die von einem Feldfrevel herrührenden, ihm übergebenen Sachen dem beschädigten Eigentümer auszufolgen; ist dieser nicht bekannt, so hat er die Ermittlung desselben zu veranlassen. Der Gemeindevorsteher hat über jeden einzelnen zur Untersuchung gelangenden Fall eines Feldfrevels ohne Verzug die Sicherstellung des Tatbestandes und die Aufnahme der Beweismittel durchzuführen und, falls zwischen dem Beschädigten und dem Beschuldigten ein Vergleich über den Schadenersatz nicht zu stande kommt, zugleich auch den Betrag des letzteren mittels Schätzung festzustellen.

Zur Schätzung des durch einen Feldfrevel verursachten Schadens ist zunächst das beeidete Feldschutzpersonale berufen. Übersteigt aber der Schaden nach dem Dafürhalten des Feldhüters 10 Kronen, so hat der Gemeindevorsteher die Abschätzung desselben durch einen beeideten Schätzmann ohne Verzug zu veranlassen. Insoweit die Schätzung nicht durch das beeidete Feldschutzpersonale vorgenommen wird, hat sich der Gemeindevorsteher hiezu der für Gerichtszwecke bestellten und beeideten Schätzmänner zu bedienen.

Mit dem Straferkenntnisse ist auch der Ausspruch über den Schadenersatz zu verbinden, welcher dem Beschädigten auf Grund seines etwaigen diesfälligen Vergleiches mit dem Feldfrevler oder auf Grund der vorgenommenen Schätzung gebührt, wenn diese den Betrag von 80 Kronen nicht übersteigt, oder wenn ihre Richtigkeit von den Verurteilten nicht bestritten wird.

Wird die Richtigkeit einer den Betrag von 80 Kronen übersteigenden Schätzung bestritten, so ist der Schade im Straferkenntnisse bloß bis zum Betrage von 80 Kronen zuzusprechen und der Beschädigte mit seinem Mehranspruche auf den Zivilrechtsweg zu verweisen.

Die Berufung gegen das Erkenntnis des Gemeindevorstehers geht an die politische Behörde, welcher die betreffende Gemeinde bezüglich des übertragenen Wirkungskreises unmittelbar untersteht (Bezirksbehörde, Landesstelle). Die Berufung ist binnen acht Tagen vom Tage der Kundmachung, beziehungsweise Zustellung des angefochtenen Erkenntnisses gerechnet, beim Gemeindevorsteher schriftlich oder mündlich einzubringen. Gegen zwei gleichlautende Erkenntnisse findet eine weitere Berufung nicht statt. Die Geldstrafen fließen in den Armenfonds jener Gemeinde, in deren Gebiete der Feldfrevel begangen wurde. Im Falle der Nichteinbringlichkeit ist die Geldstrafe in Arreststrafe oder in Arbeitstage zu gemeinnützigen Zwecken umzuwandeln.

---

## VI. Abschnitt.

# Die zum Schutze der Landeskultur bestehenden Gesetze und Verordnungen.

### § 94. Übersicht dieser Gesetze.

Von diesen Gesetzen werden im folgenden behandelt 1. das Forstgesetz und die zu dessen Durchführung bestehenden Verordnungen, 2. die Karstaufforstungsgesetze, 3. die Jagdgesetze, 4. die Vogelschutzgesetze, 5. die Feldschutzgesetze, 6. die Wassergesetze, 7. die Fischereigesetze, 8. das Wildbachverbauungsgesetz.

Nachdem das Forstgesetz mit der im Gesetze selbst durchgeführten Einteilung nach Abschnitten und Paragraphen mit vollem Wortlaute wiedergegeben wird, so wird zur Vermeidung von Irrtümern von einer weiteren Unterteilung des Gesetzesstoffes abgesehen und es werden die eben angegebenen acht Gruppen in je einem Kapitel (das zumeist auch nur aus einem einzigen die Reihenfolge der Gesetzeskunde fortsetzenden Paragraph besteht) abgehandelt. Der Text der nun folgenden Gesetze wurde lediglich aus Raumersparnis in kleinem Druck wiedergegeben.

## I. Kapitel.

# Das Forstgesetz und die zu dessen Durchführung bestehenden Verordnungen.

### § 95. Das Forstgesetz.

Es wurde bereits in der Einleitung dieses Lehrbuches, im I. Bande, Seite 3 und 4, hervorgehoben, daß der Wald nicht bloß dazu bestimmt ist, den für die Wirtschaft des Einzelnen und des Volkes unentbehrlichen Rohstoff des Holzes zu liefern, sondern daß seine mittelbaren Einwirkungen auf Klima, Bodenfeuchtigkeit, Wasserabfuhr, auf die Gesundheit und das geistige Leben des Menschen der Allgemeinheit zugute kommen. Es liegt also im öffentlichen Interesse, daß der Wald als eine wertvolle Quelle der Volkswirtschaft und des Volkswohles geschützt und dauernd erhalten bleibe. Deshalb kann der Staat das Schicksal des Waldes nicht der Willkür und dem Eigennutze des einzelnen Eigentümers überlassen, sondern er muß die dem allgemeinen Wohle schädliche, mißbräuchliche Ausnützung des privaten Waldeigentumes durch gesetzliche Beschränkung und Aufsicht verhüten (siehe auch III. Band, Seite 175); weiter wird der Staat den vorhandenen Wald dadurch zu erhalten suchen, daß er die Ausrodung nur nach behördlicher Bewilligung gestattet und die Wiederaufforstung abgetriebener Waldteile innerhalb kurzer Zeiträume verlangt. Beschädigungen des Waldes oder einzelner Bäume durch Menschenhand und Übergriffe bei der Ausübung von Dienstbarkeiten werden bestraft. Die Bewirtschaftung von Waldungen, welche im Besitze von Gemeinden, öffentlichen Körperschaften stehen, oder dem Fideikommißbande unterliegen (siehe oben § 43), wird der Staat in entsprechender Weise beaufsichtigen. Endlich wird der Staat verlangen, daß Besitzer von Wäldern in entsprechender Größe fachkundiges Wirtschafts- und Schutzpersonal aufstellen; die Wirtschaft in kleineren Waldungen wird er durch seine eigenen Organe überwachen.

Die Gesamtheit aller dieser staatlichen Vorschriften sind im Forstgesetze und in den Durchführungsvorschriften für die forstpolizeilichen Organe enthalten.

Mit kaiserlichem Patente vom 3. Dezember 1852, R. G. Bl. Nr. 250, wurde für die österreichischen Kronländer ein neues Forstgesetz mit der Wirksamkeit vom 1. Jänner 1853 (für Dalmatien vom 1. November 1858) erlassen.

Im Einführungspatente wird die Notwendigkeit des neuen Gesetzes folgendermaßen begründet:

Die Sicherstellung der in alle Lebensverhältnisse eingreifenden Holzbedürfnisse hat der Regierung stets die Verpflichtung auferlegt, für den besonderen Schutz des Eigentumes, der Erhaltung und Pflege der Wälder und Holzpflanzungen, durch eigene Gesetze und Vorschriften Sorge zu tragen, welche in den einzelnen für die verschiedenen Teile unseres Reiches erlassenen Waldordnungen aufgenommen sind. In der Betrachtung, daß diese vereinzelten Waldordnungen vielen veränderten Verhältnissen nicht mehr ganz entsprechen, finden Wir nach Vernehmung Unserer Minister und nach Anhörung Unseres Reichsrates, das gegenwärtige Forstgesetz zu beschließen, mit dessen Wirksamkeit die bis nun in den bezeichneten Kronländern bestandenen forstpolizeilichen Vorschriften außer Kraft gesetzt werden.

Das Forstgesetz handelt in sieben Abschnitten von der Bewirtschaftung der Forste, von der Bringung der Waldprodukte, von den Waldbränden und Insektenschäden, vom Forstschutzdienste, von den Übertretungen gegen die Sicherheit des Waldeigentumes von den Waldschadenersatzbestimmungen und von dem Instanzenzuge.

## 1. Von der Bewirtschaftung der Forste.

§ 1. Die Forste werden unterschieden:

*a)* In Reichsforste, nämlich Staats- und solche Wälder, welche unmittelbar von den Staatsbehörden verwaltet werden;

*b)* in Gemeindewälder, d. h. solche Forste und Holzpflanzungen, welche den Stadt- und Landgemeinden gehören; dann

*c)* in Privatwälder, d. h. Wälder der einzelnen Staatsbürger, dann der verschiedenen Orden, Klöster, Pfründen und Stiftungen, endlich solcher Gemeinschaften, welche auf einem privatrechtlichen Verhältnisse beruhen.

Vergl. I. Band, S. 11.

Für die Verwaltung und Bewirtschaftung der Staats- und Fondsforste ist maßgebend die Kundmachung des Ackerbauministeriums vom 3. April 1873, R. G. Bl. Nr. 44 und vom 19. Mai 1875, R. G. Bl. Nr. 81, dann die Dienstinstruktion und der Wirkungskreis für die Forst- und Domänendirektionen, sowie für die Güterdirektion in Czernowitz, die Instruktionen für Vermarkung, Begrenzung, Vermessung und Betriebseinrichtung, für die Forst- und Domänenverwaltungen, für die Förster, für das Rechnungs- und Kassenwesen.

Für die Bewirtschaftung der Gemeindewälder in **Böhmen** besteht das Gesetz vom 14. Jänner 1893, L. G. Bl. Nr. 11, in der **Bukowina** das Gesetz vom 2. Juli 1897, L. G. Bl. Nr. 15, in **Istrien** das Gesetz vom 24. Mai 1893, L. G. Bl. Nr. 34, für jene von **Tirol** gilt noch der II. Teil der provisorischen Waldordnung vom 24. Dezember 1839.

§ 2. Ohne Bewilligung darf kein Waldgrund der Holzzucht entzogen und zu anderen Zwecken verwendet werden. Die Bewilligung hiezu kann bei Reichsforsten (§ 1, *a*) nur von den mit diesen Geschäften betrauten Ministerien und, wo strategische oder Defensionsrücksichten eintreten, auch nur im Einvernehmen mit jenem des Krieges, nach genau gepflogener Erhebung der politischen Behörden, über Anhörung aller dabei Beteiligten, erteilt werden.

Bei Gemeindewäldern (§ 1, *b*) und Privatwäldern (§ 1, *c*) steht die Erteilung einer solchen Bewilligung der Kreisbehörde zu, die hierüber erst die Besitzer selbst, nebst jenen, die Rechtsansprüche auf den fraglichen Wald haben, einvernehmen und darüber entscheiden wird, ob die Bewilligung aus öffentlichen Rücksichten gegeben werden könne oder nicht. Werden bei dieser Verhandlung von anderen Personen privatrechtliche Einwendungen erhoben, so hat die Kreisbehörde den die Bewilligung ansuchenden Waldbesitzer zur Austragung seiner Rechte gegen dieselben an den ordentlichen Zivilrichter zu weisen. Bis zu der hierüber erfolgten Entscheidung darf keine dem Waldstande nachteilige Veränderung vorgenommen werden.

Die eigenmächtige Verwendung des Waldgrundes zu anderen Zwecken ist mit zwei bis zehn Kronen vom niederösterreichischen Joche zu bestrafen.

Die betreffenden Waldteile sind nach Erfordernis binnen einer angemessenen, über Ausspruch von Sachverständigen festzusetzenden Frist wieder aufzuforsten. Wird die Aufforstung binnen der festgesetzten Frist nicht bewerkstelligt, so hat die Bestrafung wiederholt einzutreten.

§ 3. Frisch abgetriebene Waldteile sind bei Reichs- und Gemeindeforsten (§ 1, *a* und *b*) spätestens binnen fünf Jahren wieder mit Holz in Bestand zu bringen.

Von den älteren Blößen ist der sovielte Teil jährlich aufzuforsten, als die eingeführte Umtriebszeit Jahre enthält.

Bei Privatwäldern (§ 1, *c*) können unter den Bedingungen des § 20, rücksichtlich des Verfahrens, soferne eine Auflassung nicht bewilligt war, nach Umständen auch längere Fristen gewährt werden.

Die Nichterfüllung dieser Vorschrift ist, gleich der eigenmächtigen Verwendung des Waldgrundes zu anderen Zwecken zu bestrafen und die hiernach unterlassene Aufforstung nach § 2 zu erzwingen.

§ 4. Kein Wald darf verwüstet, d. h. so behandelt werden, daß die fernere Holzzucht dadurch gefährdet oder gänzlich unmöglich gemacht wird. Ist die fernere Holzzucht nur gefährdet, so ist die Verwüstung gleich der eigenmächtigen Verwendung des Waldgrundes zu anderen Zwecken und der unterlassenen Aufforstung zu bestrafen, die Wiederaufforstung aber in derselben Weise zu erzwingen. Wurde die Holzzucht dagegen gänzlich unmöglich gemacht, so kann die Strafe bis auf zwanzig Kronen vom niederösterreichischen Joche erhöht werden.

Über die Führung von Kahlhieben (siehe III. Band, S. 161) sind in einzelnen Kronländern besondere Vorschriften aufgestellt worden, so in **Kärnten**, Gesetz vom 1. März 1885, L. G. Bl. Nr. 13, in **Steiermark**, Gesetz vom 28. Juli 1898, L. G. Bl. Nr. 14 aus 1899 und in **Salzburg**, Gesetz vom 7. August 1895, L. G. Bl. Nr. 28 und vom 11. Dezember 1899, L. G. Bl. Nr. 36. Der Kahlhieb wird da entweder gänzlich verboten oder darf nur nach behördlicher Bewilligung stattfinden oder endlich es müssen alle Holzfällungen in Bann- und Schutzwäldern, dann alle Holzfällungen zum Zwecke der Veräußerung angemeldet werden. Im **Küstenlande** ist der Kahlhieb, d. i. die gänzliche Abstockung der Wälder, verboten (Statth.-Kundm. vom 4. März 1882, L. G. Bl. Nr. 9 und vom 24. Februar 1884, L. G. Bl. Nr. 6). In **Tirol** unterliegen nach dem Gesetze vom 29. März 1886, L. G. Bl. Nr. 22, gemeingefährliche forstliche Übertretungen besonderer Bestrafung.

§ 5. Eine Waldbehandlung, durch welche der nachbarliche Wald offenbar der Gefahr einer Windbeschädigung ausgesetzt wird, ist verboten. Insbesondere soll dort, wo eine solche Gefahr durch das gänzliche Aushauen eines Waldteiles eintreten würde, ein wenigstens 20 Wiener Klafter breiter Streifen des vorhandenen Holzbestandes, ein sogenannter **Wald- oder Windmantel** (siehe III. Band, S. 160, 179, 181, 187, 189, 191) insolange zurückgelassen werden, bis der nachbarliche Wald nach forstwissenschaftlichen Grundsätzen zur Abholzung gelangt. Der Windmantel darf mittlerweile nur durchplentert werden.

§ 6. Auf Boden, der bei gänzlicher Bloßlegung in breiten Flächen leicht fliegend wird, und in schroffer, sehr hoher Lage sollen die Wälder lediglich in schmalen Streifen, oder mittelst allmählicher Durchhauung abgeholzt und sogleich wieder mit jungem Holze gehörig in Bestand gebracht werden. Die Hochwälder des oberen Randes der Waldvegetation dürfen jedoch nur im Plenterhiebe (siehe III. Band, S. 161) bewirtschaftet werden.

§ 7. An den Ufern größerer Gewässer, wenn jene nicht etwa durch Felsen gebildet werden, dann an Gebirgsabhängen, wo Abrutschungen zu befürchten sind, darf die Holzzucht nur mit Rücksicht auf Hintanhaltung der Bodengefährdung betrieben und das Stockroden (siehe III. Band, S. 292, 293 und 295) und Wurzelausgraben nur insoferne gestattet werden, als der hiedurch verursachte Aufriß gegen jede weitere Ausdehnung sogleich versichert wird.

§ 8. Übertretungen der in den vorstehenden §§ 5, 6 und 7 enthaltenen Anordnungen werden mit 40 bis 400 $K$ bestraft. Die dadurch veranlaßten Beschädigungen anderer sind von den Schuldtragenden zu vergüten.

§ 9. Wälder, auf welchen Einforstungen (sogenannte Waldservituten) lasten, müssen nicht bloß erhalten, sondern auch in angemessener Betriebsweise nachhaltig bewirtschaftet werden.

Die Art und Größe der Waldnutzungen in derlei Wäldern bestimmt der nach diesem Grundsatze auf Verlangen des Berechtigten oder Belastenden festzustellende Wirtschaftsplan, welcher, aber ebenfalls nur auf Verlangen des einen oder des anderen von der Kreis-, und wo keine solche in irgend einem Kronlande besteht, von der untersten politischen Behörde, nach Anhörung beider Teile und auf Grund eines von unparteiischen Sachverständigen verfaßten oder überprüften Entwurfes festgesetzt wird.

Stellt sich überhaupt oder bei dieser Gelegenheit heraus, daß der Berechtigte und Belastete bloß über die Art und Weise der Ausübung einer an sich unbestrittenen Einforstung nicht übereinstimmen, so gebührt die Entscheidung den oben angedeuteten politischen Behörden.

Das Rechtsverhältnis zwischen den Besitzern der belasteten Waldungen und der berechtigten Grundstücke wird meist durch die **Servituten-Regulierungs-Urkunden** geregelt (siehe oben § 38). Nach den Bestimmungen derselben und soweit diese nicht ausreichen, nach den allgemeinen Grundsätzen über die Dienstbarkeiten werden Streitigkeiten zwischen den Parteien geschlichtet. Der Waldeigentümer ist verpflichtet, den mit einer Einforstung belasteten Wald forstmäßig zu bewirtschaften; er darf ihn zum Nachteil des Berechtigten nicht durch unwirtschaftliche Gebarung verwüsten, ausroden oder in eine andere Kulturfläche umwandeln. Um beiderseitigen Übergriffen vorzubeugen, wird ein Forstwirtschaftsplan aufgestellt. Falls sich beide Teile darüber nicht einigen, entscheidet die politische Behörde nach vorausgegangenem Vergleichsversuche auf Grund des von den beeideten Sachverständigen über den Wirtschaftsplan abgegebenen Gutachtens.

§ 10. Die Waldweide darf in den zur Verjüngung bestimmten Waldteilen, in welchen das Weidevieh dem bereits vorhandenen oder erst anzuziehenden Nachwuchse des Holzes verderblich wäre (Schonungsflächen, Hegeorte siehe III. Band, S. 8 und 42), nicht ausgeübt, und in die übrigen Waldteile nicht mehr Vieh eingetrieben werden, als daselbst die erforderliche Nahrung findet.

Die Schonungsflächen sollen in der Regel bei dem Hochwaldbetriebe mindestens ein **Sechstel**, und bei dem Nieder- und Mittelwaldbetriebe mindestens ein **Fünftel** der gesamten Waldfläche betragen (über die Betriebsarten siehe III. Band, Seite 160—174).

Die Waldbesitzer und Weideberechtigten haben das Weidevieh durch Aufstellung von Hirten oder in anderer angemessener Weise von den Schonungsflächen abzuhalten. Auch soll es, insoweit es zulässig erscheint, nicht vereinzelt, sondern gemeinschaftlich weiden.

Der Viehtrieb hat mit Rücksicht auf die nötige Waldschonung und nach Erfordernis auch auf Umwegen zu geschehen.

Im **Küstenlande** besteht die Vorschrift, daß die Verhegung von Weideflächen den Berechtigten von den Waldbesitzern mit genauer Angabe der verhegten Flächen durch die Gemeindevorstehungen bekannt zu geben ist. Auch in den anderen Kronländern empfiehlt sich dieser Vorgang, um die Übertretungen sicher der gesetzlichen Bestrafung zuführen zu können. Werden gegen die Hegelegung keine Rekurse eingebracht oder die eingebrachten abgewiesen, so ist zur Ausscheidung der Hegeflächen durch Anbringung leicht sichtbarer Hegezeichen zu schreiten. Die Hegezeichen sind nach Erfordernis jährlich zu erneuern und die Fortdauer der Verhegung durch die Gemeindevorstände kundmachen zu lassen.

Die Verpflichtung, Schonungsflächen in dem vom Gesetze angegebenen Minimalausmaße anzulegen, besteht auch hinsichtlich der mit Weideservituten belasteten Wälder ohne Rücksicht darauf, ob ein Wirtschaftsplan für selbe aufgestellt ist oder nicht. Zur Abhaltung des von dem Weideberechtigten aufgetriebenen Viehs von den Schonungsflächen ist dieser allein verpflichtet, der Waldbesitzer ist nicht verhalten, an der Abhaltung mitzuwirken, außer wenn er selbst die Mitweide ausübt. Die Kosten der Aufstellung von Viehhirten, der Errichtung von Hegezäunen oder der Verpflockung der Kulturen fällt also den Berechtigten allein zur Last nach dem oben § 34 angegebenen Grundsatze, daß der Besitzer eines dienstbaren Grundes nicht verpflichtet ist, etwas zu leisten, sondern nur etwas zu dulden oder zu unterlassen.

Die auf das Weiderecht bezüglichen Bestimmungen des a. b. G. B. wurden bereits oben § 34—41 wiedergegeben. Das Weiden der Ziegen im Walde ist in den meisten Ländern verboten oder doch an sehr strenge Bedingungen geknüpft.

§ 11. **Bodenstreu** (siehe III. Band S. 341—342) darf, insoferne sie aus abgefallenen Blättern (Laub und Nadeln) und Moos besteht, nur mit hölzernen Rechen gesammelt werden, und es ist keineswegs gestattet, mit denselben auch die Erde (den Boden selbst) aufzukratzen und zu sammeln. Heide, Heidelbeeren, Besenpfriemen, Ginster und andere derlei Gewächse, welche als Streumateriale benützt werden, dürfen nur mit Schonung der inzwischen befindlichen Holzpflanzungen abgeschnitten werden.

In Durchforstungsschlägen (siehe III. Band S. 145—156) hat die Gewinnung der Bodenstreu gänzlich zu unterbleiben. Ebenso in Verjüngungsschlägen (siehe III. Band S. 36), wenn dadurch die Wiederanzucht des Holzes gefährdet würde.

§ 12. Die **Aststreu** (Schneitelstreu, Hackstreu, Graßet), wo solche üblich, ist zunächst in den Fällungsorten (Abtriebs- und Durchforstungsschlägen, Plenterungen) zu gewinnen.

Von gefällten Stämmen kann die ganze Verästlung; von noch stehenden, aber zur Fällung bestimmten Stämmen dürfen dagegen nur die unteren zwei Drittel entnommen werden. Die zur Fällung nicht bestimmten Stämme dürfen in den Fällungsorten gar nicht geschneitelt werden. Außer den Fällungsorten soll nur ein Drittel der stärkeren Äste hinweggenommen werden.

Die zwischen den starken Ästen befindlichen schwächeren Ästchen (Lebenszweige) müssen stehen bleiben.

An Bäumen, welche nicht zur alsbaldigen Fällung bestimmt sind, kann das **Schneiteln** (siehe III. Band S. 341) nur vom Monate August bis Ende März, jedoch mit Ausschluß der strengsten Winterszeit, stattfinden; hiebei ist die Benützung von Steigeisen verboten.

§ 13. Die **Streugewinnung** darf höchstens jedes dritte Jahr auf derselben Stelle wiederholt und nie auf Boden- und Aststreu zugleich ausgedehnt werden. Die Benützung junger Holzpflanzen als Streumateriale ist dagegen nach dem Ermessen des Besitzers gestattet. Über die Gewinnung von Aststreu in den mit Streubezugsrechten belasteten Staats- und Fondsforsten hat das Ackerbauministerium mit Erlaß vom 2. Februar 1887, Z. 7213 aus 1886, besondere Vorschriften herausgegeben.

§ 14. Nach Maßgabe der in den §§ 9 bis einschließlich 13 enthaltenen Bestimmungen haben die Besitzer von Wäldern, auf welchen Einforstungen lasten, den Berechtigten das ihnen Gebührende an Holz oder Streu nach vorausgegangener Anmeldung zur angemessenen Zeit anzuweisen und die ausgeschiedenen Schonungsflächen mit entsprechenden Hegezeichen zu versehen. Tag und Ort der Anweisung, sowie die erfolgte Ausscheidung der Schonungsflächen sind den Waldbesitzern durch die Gemeindevorsteher gehörig bekannt zu geben.

Zu nachträglichen Anweisungen innerhalb des Umfanges der betreffenden Einforstung sind die Waldbesitzer nur dann verpflichtet, wenn unvorhergesehene Ereignisse solche notwendig machen.

§ 15. Die Anweisung des Holzes hat bei stehenden, stärkeren Baumstämmen in deren Bezeichnung mit dem Waldhammer (siehe III. Band S. 47), bei schwächeren Stämmen und Stangen in der genauen Erklärung und beispielsweisen Bezeichnung desjenigen, was hinweggenommen werden dürfe, bei Lager- und Abholz (Aufraumholz) in der Vorweisung desselben an Ort und Stelle, und bei Stock- und Wurzelholz (siehe III. Band S. 261 u. f.), sowie bei Raff- und Klaub- oder Leseholz (siehe III. Band S. 7) in der Bezeichnung der Orte, wo das Holz zu gewinnen sei, zu bestehen.

§ 16. Wo es die Schonung des Nachwuchses erheischt, muß die Gewinnung des Holzes im Herbste oder im Winter bei Schnee erfolgen, und die Aufarbeitung und Bringung des Holzes der Fällung ohne Verzug angereiht werden.

Im Übrigen darf das Holz auch im Frühjahre und Sommer gewonnen werden, es ist jedoch alsdann spätestens vor Beginn des nächsten Frühjahres aus dem Walde zu schaffen.

Das im Safte und zur Zeit der Belaubung gefällte Holz ist, mit Ausnahme des Prügel- und Astholzes, sogleich, das nach Abfall des Laubes gefällte wenigstens vor Ausbruch des neuen Laubes ganz oder streifenweise zu entrinden, aufzuspalten oder zu behauen (zu beschlagen).

Bei dem Abhiebe der zu fällenden Bäume dürfen die Stöcke nicht überflüssig hoch gelassen werden. Jede Beschädigung nebenstehender Bäume und jungen Holzes muß bei der Fällung, Aufarbeitung und Bringung des Holzes vermieden werden. Dasselbe gilt für das Aus- und Abbringen der Streu, welche spätestens drei Monate nach ihrer Gewinnung aus dem Walde zu schaffen ist. Diese Verfügungen sind den Berechtigten bei der Anweisung von Holz und Streu in Erinnerung zu bringen.

§ 17. Alle Forstprodukte müssen auf den bleibenden oder sonst angemessenen, vom Waldbesitzer zu bezeichnenden Wegen, Erdriesen oder Erdgefährten aus dem Walde geschafft werden. Der Waldbesitzer kann ferner verlangen, daß das Holz vor der Bringung aus dem Walde von ihm oder seinem Forstpersonale markiert werde, daß sich die Berechtigten über die ihnen zu verabfolgenden Forstprodukte Anweisezettel ausstellen lassen, welche bei dem Bezuge dieser Produkte auf Verlangen vorzuzeigen sind, und daß deren richtiger Empfang von den Berechtigten bestätigt werde.

Über Forstprodukte, welche die Berechtigten nach Ablauf der festgesetzten Zeit und ungeachtet einer von dem Waldbesitzer mit Festsetzung einer Frist von längstens 14 Tagen zu veranlassenden Mahnung nicht aus dem Walde geschafft haben, hat der Waldbesitzer zu verfügen.

§ 18. Über Zweifel, Anstände und Streitigkeiten, welche sich in Wäldern, die mit Einforstungen belastet sind, rücksichtlich der Anwendung der im Vorstehenden enthaltenen Bestimmungen ergeben, haben die politischen Behörden mit Ausschluß des Rechtsweges zu entscheiden (siehe auch III. Band S. 274).

Waldbesitzer, welche diesen Bestimmungen und den bezüglichen Anordnungen der politischen Behörden zuwider handeln, sind für jeden einzelnen Fall mit einer von der politischen Behörde auszusprechenden Strafe von 40 bis 400 Kronen zu belegen.

Übertretungen der Eingeforsteten sind als Forstfrevel anzusehen und zu bestrafen (§§ 60, 61, 62 F. G.).

§ 19. Wenn die Sicherung von Personen, von Staats- und von Privatgut eine besondere Behandlungsweise der Wälder, als: Schutz gegen Lawinen, Felsstürze, Steinschläge, Gebirgsschutt, Erdabrutschungen u. dgl. dringend fordert, kann diese von Staatswegen angeordnet und hienach der Wald im betreffenden Teile in Bann gelegt werden. Die Bannlegung besteht in der genauen Vorschreibung und möglichsten Sicherstellung der erforderlichen besonderen Waldbehandlung. Insoferne Ansprüche auf Entschädigung aus solchen Maßregeln erhoben werden, sind sie nach den bestehenden Gesetzen zu behandeln.

Die mit der Bewirtschaftung der Bannwälder zu betrauenden Individuen sind hiefür eigens in Eid und Pflicht zu nehmen, und für die Verwirklichung der besonderen Behandlung verantwortlich zu machen.

Über den Unterschied von Bann- und Schutzwald siehe unten § 96 der Gesetzeskunde. Die Bannlegung eines Waldes, auf welchen Einforstungen haften, darf nicht vom Eigentümer zum Nachteile der Berechtigten, sondern kann nur durch die Behörde verfügt werden (Ministerialerlaß vom 4. November 1854, Z. 19320). Bannlegungen zum Schutze des Eisenbahnkörpers und Betriebes sind in Gemäßheit des Gesetzes vom 18. Februar 1878, R. G. Bl. Nr. 30, betreffend die Enteignung zum Zwecke der Herstellung und des Betriebes von Eisenbahnen, zu behandeln.

§ 20. Die Bannlegung wird auf Ansuchen der Ortsgemeinde, der sonst dabei Beteiligten, oder über die Anzeige eines öffentlichen Beamten, dann auf Grundlage einer besonderen kommissionellen Erhebung von den Kreis-, oder, wo keine solchen bestehen, von den untersten politischen Behörden ausgesprochen.

Zu der kommissionellen Erhebung sind die Vorstände der Ortsgemeinden, sämtliche beteiligte Parteien, sowie die erforderlichen Sachverständigen zu berufen. Auf Bannwäldern haftende Einforstungen ruhen nach Erfordernis gänzlich.

Gleichwie Wälder mit dem Bann belegt werden, so können sie auch des Bannes unter Beobachtung des gleichen Verfahrens wie bei der Bannlegung wieder entbunden werden.

§ 21. Gemeindewälder dürfen in der Regel nicht verteilt werden. Sollte in besonderen Fällen deren Aufteilung dringendes Bedürfnis sein oder Vorteile darbieten, die mit der allgemeinen Vorsorge für die Walderhaltung nicht im Widerspruche stehen, so kann in jedem derlei Falle die Bewilligung hiezu durch die Landesstelle erteilt werden.

Rücksichtlich der übrigen Waldteilungen entscheiden die Gesetze über die Zerstücklung und Zusammenlegung der Gründe.

Die früheren Beschränkungen wegen Zerstücklung oder Zusammenlegung von Gründen bestehen jetzt insoferne nicht mehr, als sie dort, wo sie überhaupt in Giltigkeit waren, durch Landesgesetze aus den Jahren 1868 und 1869 aufgehoben wurden.

Für Tirol hat das Gesetz vom 12. Juni 1900 L. G. Bl. Nr. 47 im Zusammenhange mit dem Gesetze vom 17. Mai 1897 L. G. Bl. Nr. 9 Beschränkungen der Verfügungsfreiheit des Eigentümers aufgestellt, welche auch die Zerstücklung von Wald betreffen können. Gehört nämlich Waldgrund zu einem geschlossenen Hofe, der in der Höfeabteilung des Grundbuches eingetragen ist, so wird die Bewilligung zur Abtrennung vom Hofe von den zur Entscheidung berufenen Behörden dann nicht erteilt, wenn der Hof nach der Abtrennung des Waldgrundes zur Erhaltung einer Familie von fünf Köpfen nicht hinreicht oder wenn der Abtrennung erhebliche wirtschaftliche oder landeskulturelle Bedenken entgegenstehen.

Über die Teilung gemeinschaftlicher und Zusammenlegung landwirtschaftlicher Grundstücke sind in **Mähren, Schlesien, Niederösterreich, Salzburg, Kärnten** und **Krain** eigene Gesetze erflossen, durch welche für derartige agrarische Operationen besondere Behörden mit weitgehenden politischen und rechtlichen Machtvollkommenheiten aufgestellt, sowie ein besonderes Verfahren eingeführt wurde. Auch Wälder und selbst Gemeindewälder aller Art können nach diesen Gesetzen aufgeteilt werden, allerdings nur insoweit (§ 53 des niederösterreichischen Landesgesetzes vom 3. Juni 1886 L. G. Bl. Nr. 39), als hiedurch die pflegliche Behandlung und zweckmäßige Bewirtschaftung der einzelnen Teile nicht gefährdet wird.

In erster Instanz werden agrarische Operationen von beeideten Lokalkommissären geleitet, welche auch über Streitigkeiten entscheiden, in zweiter Instanz von eigenen Landeskommissionen, in dritter Instanz von der Ministerialkommission.

Die beiden letzten Kommissionen sind auch die zuständigen Behörden in Angelegenheiten betreffend die Bereinigung des Waldlandes von fremden Enklaven und die Arrondierung der Waldgrenzen nach dem Gesetze vom 7. Juni 1883 R. G. Bl. Nr. 93 und den für die eben bezeichneten Länder erflossenen Landesgesetze. Tauschverträge, welche zum Zwecke der Enklavenbereinigung oder Grenzenarrondierung geschlossen werden, genießen nämlich verschiedene Begünstigungen bezüglich der Zustimmung der servitutsberechtigten Parteien und Hypothekargläubiger und bezüglich der Gebührenbehandlung (Siehe § 51 der Gesetzkunde).

§ 22. Damit die in Ansehung der Bewirtschaftung der Wälder und Forste vorgezeichneten gesetzlichen Bestimmungen in allen Beziehungen genau befolgt werden, sind von den Eigentümern für Wälder von hinreichender Größe, welche durch die Landesstelle nach den besonderen Verhältnissen festzusetzen ist, sachkundige Wirtschaftsführer (Forstwirte), welche von der Regierung als hiezu befähigt anerkannt sind, aufzustellen.

Über die Befähigungsanerkennung haben die bestehenden Vorschriften zu gelten. Zu Anzeigen bei den politischen Behörden über wahrgenommene gesetzwidrige Eigenmächtigkeiten in Verwendung des Waldgrundes zu anderen Zwecken, unterlassene Aufforstung, Verwüstung und nicht entsprechende Waldbehandlung (§§ 2, 3, 4, 5, 6 und 7) ist jedermann, unter Rücksicht auf § 23, befugt.

Für **Mähren** wurde das Ausmaß jener Waldungen, für welche ein sachkundiger Wirtschaftsführer aufzustellen ist, mit 1000 Joch, für **Krain** mit 2000 Joch, für **Kärnten** mit 1500 *ha* festgestellt.

§ 23. Die politischen Behörden haben die Bewirtschaftung sämtlicher Forste ihrer Bezirke im allgemeinen zu überwachen.

Über die ihnen von wem immer nach § 22 zur Kenntnis kommenden Fälle haben sie mit Zuziehung der Beteiligten und unparteiischer Sachverständiger, sodann,

19*

wo der Fall Privatwälder betrifft, auch noch der nachbarlich anstoßenden Waldbesitzer oder deren Bevollmächtigten die Erhebungen zu pflegen und die Entscheidung zu fällen.

Die Kommissionskosten sind von den nicht schuldfrei erkannten Beanzeigten, bei nichtigen Anzeigen und Anklagen aber von den hieran Schuldtragenden zu bestreiten.

Können sich die Parteien über den von den Sachverständigen ermittelten Schadenersatz (§ 8) nicht einigen, so steht ihnen der Rechtsweg offen.

## 2. Von der Bringung der Waldprodukte.

### (Siehe III. Band Seite 307—332 und IV. Band Seite 63—114.)

§ 24. Jeder Grundeigentümer ist gehalten, Waldprodukte, welche anders gar nicht, oder nur mit unverhältnismäßigen Kosten aus dem Walde geschafft und weiter gefördert werden könnten, über seine Gründe bringen zu lassen. Dies soll aber auf die mindest schädliche Weise geschehen, sowie auch dem Grundeigentümer von dem Waldbesitzer für den durch dessen Veranlassung zugefügten Schaden volle Genugtuung zu leisten ist.

Über die Notwendigkeit der Bringung des Holzes über fremde Gründe hat die unterste politische Behörde nach Vernehmung der Parteien und der Sachverständigen zu entscheiden, und dabei auch eine vorläufige Bestimmung über die Entschädigung zu treffen.

Wollen sich die Parteien mit derselben nicht begnügen, so steht ihnen von der untersten politischen Entscheidung der Rekurs an die höheren politischen Instanzen zu (§ 77 F. G.)

In Absicht auf die Bestimmung streitiger Entschädigungsbeträge steht, soferne auf politischem Wege kein Übereinkommen erzielt werden konnte, den Parteien der ordentliche Rechtsweg frei. Die Bringung des Holzes darf jedoch, sobald der vorläufig ausgemittelte Betrag erlegt ist, nicht aufgehalten werden.

Das Gesetz stellt also zur Ausbringung von Waldprodukten Eigentumsbeschränkungen auf und räumt Dienstbarkeiten ein (siehe § 28 und 29 der Gesetzkunde).

Noch weiter geht das ebendort erwähnte Gesetz betreffend Einräumung von Notwegen.

§ 25. Zur Fortführung von Riesen jeder Art (Erdriesen oder Erdgefährte, Eis- und Schneeriesen, Wasserriesen), oder sonstigen Holzbringungswerken über öffentliche Wege und Gewässer, durch Ortschaften, an oder über fremde Gebäude ist die Bewilligung der Kreisbehörde erforderlich, welche dieselbe über Einvernehmen von Sachverständigen und allen Beteiligten nach Zulässigkeit zu erteilen hat.

§ 26. Die Holztrift (Bringung des Holzes zu Wasser im ungebundenen Zustande oder sogenanntes Schwemmen), dann das Flößen gebundenen oder ungebundenen Holzes mit Hilfe eigener Flößereigebäude (siehe III. Band, Seite 315—332) sowie die Errichtung von Triftbauten (Schwemmwerken) bedürfen der besonderen Bewilligung. Diese Bewilligung steht der Kreisbehörde und in den Ländern, wo keine Kreisbehörden bestehen, der Landesstelle zu, es möge die Trift nur durch einen Bezirk oder durch mehrere Bezirke desselben Kreises bewerkstelligt werden sollen, und kann von dieser Behörde höchstens für drei Jahre erteilt werden.

Soll die Trift durch mehrere Kreise gehen, so steht die Bewilligung der politischen Landesbehörde zu; soll sie durch verschiedene Kronländer gehen, oder wenn die Triftausübung auf mehr als drei Jahre beabsichtigt wird, ist die Bewilligung dem Ministerium des Innern vorbehalten.

Wird zur Holzbringung die Benützung von Privatgewässern unumgänglich nötig, so ist diesfalls im Sinne des § 24 vorzugehen.

§ 27. Die Bewerbung zur Bewilligung einer Trift und zur Errichtung von Triftbauten steht jedermann frei.

Erstreckt sich eine bereits bestehende Triftbefugnis auf die ausschließliche Benützung eines bestimmten Triftwassers, so darf ohne Einwilligung des Berechtigten während der Dauer der alten Berechtigung niemand anderem ein neues Triftrecht auf demselben Triftwasser erteilt werden. Der Befugte ist indes an die nachfolgenden Bestimmungen in Betreff der Übernahme von Trifthölzern oder deren Mittrift, dann der Schutzbauten und Triftschäden gebunden (§§ 31 und 34).

§ 28. Die Gesuche um neue Triftbewilligungen oder um Erneuerung bereits abgelaufener Triftberechtigungen haben die Zeit der Trift, den Ort, an welchem sie beginnen und bis wohin sie gehen soll, sowie die Sorten und Menge der Trifthölzer möglichst genau anzugeben.

Die Gesuche um Bewilligung zur Errichtung von Triftbauten müssen den Ort und den Zweck der Errichtung angeben und in beigefügten Zeichnungen und Beschreibungen die beabsichtigte Einrichtung der Bauten, deren Verhältnis zur ganzen Umgebung, sowie zu den, am Triftwasser schon bestehenden anderweitigen Bauten und Wasserwerken auseinandersetzen.

§ 29. Sowohl die Gesuche um neue Triftbewilligungen oder um die Erneuerung der abgelaufenen Triftberechtigungen, als auch jene um Bewilligung zur Errichtung von Triftbauten sind durch die politischen Behörden ohne Verzug in jenen Gemeinden, durch deren Markung die Trift geht oder die Wirkung der Triftbauten sich erstrecken würde, zu veröffentlichen.

Allfällige Mitbewerbungen sind, wenn es sich um Triftbewilligungen für das laufende Jahr handelt, binnen 14 Tagen, sonst aber binnen sechs Wochen einzubringen. Nach Ablauf dieser Frist haben die politischen Behörden die nötigen kommissionellen Erhebungen an Ort und Stelle, unter Zuziehung der betreffenden Gemeinden, aller Anrainer, der sonst dabei Beteiligten und der Sachverständigen vorzunehmen und auf Grundlage dieser Erhebungen oder der ohnehin bekannten Verhältnisse zu entscheiden.

§ 30. Bewilligungen zur Trift oder zur Errichtung von Triftbauten sollen, wenn sie nach Inhalt des § 27 zulässig sind, nur dort versagt werden, wo dieselben mit großen Gefahren verbunden erscheinen, wo sie die Hinwegschaffung anderer, schon bestehender Anlagen, welche aus öffentlichen Rücksichten von größerer oder doch gleicher Wichtigkeit sind, und keine Verlegung an einen anderen Ort gestatten, notwendig machen, oder wo dieselben voraussichtlich Beschädigungen verursachen würden, welche von den Unternehmern nicht ersetzt werden könnten.

Bewerben sich mehrere um eine Trift oder um die Errichtung einer Triftbaute an gleicher oder nahezu gleicher Stelle, und werden Trift oder Triftbauten als zulässig erkannt, so ist auf eine gütliche Einigung der Bewerber hinzuwirken.

Kommt die Einigung binnen einer von den politischen Behörden festzusetzenden Frist nicht zu Stande, so entscheiden diese oder nach Umständen (§ 26) das Ministerium.

Was die zur Errichtung einer Trift nötigen Enteignungen betrifft, so haben hierüber die bestehenden Gesetze zu gelten.

§ 31. Eine für zulässig erkannte Trift, über welche sich mehrere Bewerber gütlich nicht vereinigen konnten, ist entweder so einzuteilen, daß jedem einzelnen Bewerber eine besondere Triftzeit eingeräumt wird, oder, falls dies nicht möglich wäre, für die erforderlichen Strecken je demjenigen zu überlassen, der die wertvollste Holzmenge zu triften hat.

Bei gleich wertvollen Holzmengen gebührt der Vorzug dem bereits länger Triftenden, bei einer ganz neuen Errichtung dem, der die Trift durch eine längere Strecke benützen will.

Die ausschließlich zur Trift Befugten sind jedoch gehalten, die Trifthölzer der übrigen Triftbewerber auf deren Verlangen insoweit um den örtlichen Wert zu übernehmen oder gegen angemessene Vergütung mitzutriften, als dadurch die Abtriftung ihrer eigenen Hölzer nicht verhindert wird. Können hiernach nicht die Hölzer sämtlicher Triftbewerber mitgetriftet werden, so gebührt jenen der Vorzug, welche sich den Holzvorräten des Triftunternehmers zunächst vorfinden.

§ 32. Die Bewilligung zur Errichtung einer Triftbaute ist, wenn mehrere an gleicher oder nahezu gleicher Stelle bauen wollen, und ein gütliches Übereinkommen nicht zu stande kam, gleichfalls demjenigen von ihnen zu erteilen, der die wertvollste Holzmenge zu triften hat. Bei gleich wertvollen Holzmengen ist der Vorzug dem bereits länger Triftenden einzuräumen.

An jede Bewilligung zur Errichtung einer Triftbaute ist die Bedingnis geknüpft, daß der Unternehmer allen jenen, welche Triftbewilligungen erlangen, den nötigen Gebrauch seiner Baute um angemessene Vergütung gestatte.

§ 33. Jede neue Triftbaute muß so eingerichtet werden, daß durch dieselbe die bereits bewilligten Triften nicht beirrt und die Wirksamkeit von schon bestehenden brauchbaren derlei Bauten nicht gestört werde.

Die bereits errichteten Triftbauten müssen neuen Triftunternehmungen auf ihr Verlangen gegen angemessene Vergütung zum Gebrauche überlassen werden, jedoch nur insoferne, als sie nicht ausschließlich Triftberechtigten angehören und insoweit die Eigentümer dadurch nicht in der eigenen Benützung derselben gehindert werden.

Will sie ein Eigentümer fernerhin nicht im guten Stande erhalten, so hat er sie zu veräußern oder in Pacht zu geben, und, falls sie gar nicht mehr gebraucht würden, vollständig abzutragen.

§ 34. Jeder Triftunternehmer ist gehalten, die Uferstrecken, Gebäude und Wasserwerke, welche durch die Trift bedroht sind, soweit es die politische Behörde für notwendig findet, durch Schutzbauten zu sichern. Zu den Kosten von Schutzbauten jedoch, welche nicht bloß der Trift wegen, sondern überhaupt gegen Beschädigung durch Wasserfluten auszuführen sind, hat die Triftunternehmung verhältnismäßig beizutragen. Ein Schaden, der nachweisbar bloß durch die Trift verursacht wird, und zwar einschließlich

desjenigen, welcher ungeachtet der Schutzbauten eintritt, ist von den Triftunternehmern
zu vergüten. Beschädigungen hingegen, welche nicht bloß durch die Trift veranlaßt
wurden, sind von den Triftunternehmern und Beschädigten verhältnismäßig, und wenn
das Verhältnis nicht ermittelt werden kann, zu gleichen Teilen zu tragen. Für Beschädigungen endlich, welche auch ohne Bestand der Trift eingetreten wären, haben die
Triftunternehmer keinen Ersatz zu leisten.

§ 35. Fordert die Einführung einer Trift oder die Errichtung von Triftbauten
hinsichtlich der zu Wasserwerken benützten Wässer bestimmte Anordnungen, so
sind diese mit Beachtung der bezüglichen besonderen Gesetze zu treffen. Über die
Ablagerung zu triftender Hölzer ist nötigenfalls durch die politische Behörde zu entscheiden.

§ 36. Nach Maßgabe der in den vorstehenden Paragraphen enthaltenen Bestimmungen und mit Rücksicht auf alle sonst noch beachtungswerten Umstände ist die
Bewilligung zur Trift oder zur Errichtung einer Triftbaute zu erteilen oder zu versagen;
für mehr als 30 Jahre darf keine Triftbefugnis erteilt werden. Die Zeitdauer derselben
ist innerhalb dieser äußersten Grenze nach Maßgabe der bezüglichen Anlagekosten zu
bemessen.

§ 37. Als Bürgschaft für die Einhaltung der an die Bewilligung zur Trift oder
zur Errichtung einer Triftbaute geknüpften Bedingnisse, insbesondere in Ansehung der
Schadenersätze, kann von den Unternehmern eine Kaution verlangt werden, welche
von der betreffenden politischen Behörde über Einvernehmen der Beteiligten und der
berufenen Sachverständigen (§ 42) zu bemessen ist.

§ 38. Die Trifthölzer sind, mit Ausnahme der Brennholzscheite und Prügel, mit
einer den politischen Behörden bekannt zu gebenden und durch diese zur öffentlichen
Wissenschaft zu bringenden Marke zu bezeichnen. Bei Brennholzscheiten und Prügeln
vertritt die ihnen gegebene besondere Länge die Stelle der Marke.

§ 39. Den Arbeitern der Triftbefugten darf nicht verwehrt werden, behufs der
Triftbesorgung längs der Triftgewässer über fremde Gründe zu gehen. Den Grund-
eigentümern ist jedoch der hiedurch zugefügte Schaden zu vergüten.

§ 40. Nach jedesmaliger Beendigung einer einzelnen Trift hat der Unternehmer
sogleich der politischen Behörde hievon Anzeige zu machen. Diese fordert unverweilt
sämtliche Beteiligte auf, allfällige Schadenersatzansprüche innerhalb 14 Tagen anzumelden, soferne sie dies nicht bereits früher getan hätten. Für die erst nach Ablauf
dieser Frist angemeldeten Ersatzansprüche wird der Triftunternehmer der Haftung entbunden.

§ 41. Übertretungen dieser für die Holztrift und Triftbauten festgesetzten Bestimmungen sind, nach Maßgabe des hiedurch veranlaßten Schadens, und zwar bei
minder bedeutenden Beschädigungen mit Arrest von einem Tage bis zu drei Wochen
oder von 10 bis 200 Kronen, bei bedeutenderen aber mit Arrest von drei Wochen bis zu
drei Monaten oder mit 200 bis 1000 Kronen, oder mit dem Verluste der Befugnis
zu bestrafen. Die Übertreter haben überdies sämtliche hiedurch verursachten Schäden
zu vergüten.

Besondere Bestimmungen wurden in einzelnen Kronländern über die Fällung,
Bringung und Lagerung der Hölzer in Wildbachgebieten (siehe IV.
Band Seite 115—130 und unten, § 104 der Gesetzeskunde) erlassen, und zwar für
Kärnten mit dem Gesetze vom 1. März 1885 L. G. Bl. Nr. 13, für Schlesien mit
dem Gesetze vom 2. Mai 1886 L. G. Bl. Nr. 25, für Salzburg mit dem Gesetze vom
7. August 1895 L. G. Bl. Nr. 28. So wurde z. B. in letzterem Gesetze verfügt (§ 3
und folgende):

Zur Herstellung größerer Holzbringungsanlagen (Haupt- oder Heimriesen) ist
die Bewilligung der politischen Bezirksbehörde erforderlich. Die Benützung einzelner
Erdriesen, Erdgefährten, Eis-, Schnee- und Wasserriesen zur Holzbringung kann,
wenn diese unmittelbar in verbaute Wildbäche führen und besonders gefährlich
erscheinen, ganz oder für bestimmte Jahreszeiten von der politischen Bezirksbehörde
verboten werden. In Betreff der Bringung des Holzes über Gebirgsabhänge ohne
Benützung von Riesen oder Bringungsanlagen kann die politische Bezirksbehörde
für Örtlichkeiten, in denen die Verhältnisse eine besondere Vorsicht zur Hintanhaltung der Bodenlockerung erheischen, die bei der Ablieferung zu beobach-
tende Vorsicht anordnen, auch wenn dieselbe nur über den eigenen Grund des
Waldbesitzers statt hat. Für die Außerachtlassung dieser Anordnungen, sowie für
die ohne Bewilligung oder mit Hintansetzung der an dieselbe geknüpften Bedingungen erfolgte Herstellung von Bringungsanlagen ist außer dem Bringungsunternehmer, beziehungsweise jenem, der die Anlage herstellen ließ, auch der Besitzer des betreffenden Grundes dann verantwortlich, wenn die Bringung, beziehungsweise die Herstellung der Anlage mit seiner ausdrücklichen oder stillschweigenden
Zustimmung geschah. Der Bringungsunternehmer, beziehungsweise jener, der die
Anlage herstellen ließ, und der Grundbesitzer, der letztere jedoch nur rücksichtlich

des über seinen Grund und Boden führenden Teiles der Bringungsanlage, sind solidarisch verpflichtet, nach jedesmaliger Holzbringung die durch die Ablieferung des Holzes oder durch die Riesen verursachten Bodenrisse auszufüllen und zu versichern, sowie die zur Befestigung des etwa gelockerten Bodens und zur schnellen Vernarbung der beschädigten Rasendecke geeigneten Vorkehrungen zu treffen. Die politische Bezirksbehörde kann über die Art und die Ausführung dieser Vorkehrungen erforderlichen Falles nach Anhörung von Sachverständigen nähere Vorschriften erteilen. Das in Wildbachgräben und an deren Einhängen geschlagene Holz darf im Inundationsbereiche der Wildbäche ohne Bewilligung der politischen Bezirksbehörde nicht gelagert werden. Die Behörde hat bei Erteilung der Bewilligung die etwa notwendigen Vorkehrungen gegen plötzliche Verschwemmungen des Holzes aufzuerlegen. Die Errichtung von Kohlstätten im Inundationsgebiet der Wildbäche bedarf gleichfalls der Bewilligung der politischen Bezirksbehörde. Jeder Waldbesitzer, in dessen Waldung eine Holzstockung vorgenommen wird, ist solidarisch mit dem Schlag- und dem Bringungsunternehmer verpflichtet, die Räumung der in das Wildbachgebiet einhängenden Schlagflächen sofort vorzunehmen und die während der Fällung oder Bringung des Holzes in ein Wildbachbett gelangten Baumstämme und Abfälle ohne unnötigen Verzug aus dem Bachbette und aus dem Wasserbereiche zu schaffen und, wo dies nicht möglich ist, dieselben an Ort und Stelle zu zerkleinern und zu verbrennen. Das bei der Trift in den Bachbetten und im Bereiche der Inundation zurückgebliebene Triftholz ist von den Triftunternehmern sofort nach Beendigung der Trift fortzuräumen und außer den Bereich der Abschwemmungsgefahr zu bringen. Die politische Bezirksbehörde ist berechtigt, wenn die den Waldbesitzern und Schlag- oder Bringungsunternehmern, sowie den Gemeinden oder anderen Interessenten auferlegten Verpflichtungen trotz behördlicher Aufforderung in der hiezu bestimmten Frist gar nicht oder nur unvollständig erfüllt werden, die unterlassenen Arbeiten auf Gefahr und Kosten der im konkreten Falle Verpflichteten ausführen zu lassen. Ebenso ist die politische Bezirksbehörde berechtigt, während der Wirksamkeit dieses Gesetzes ohne die nach demselben erforderliche Bewilligung errichteten Holzbringungsanlagen und Kohlstätten auf Gefahr und Kosten des Waldbesitzers, beziehungsweise Unternehmers beseitigen zu lassen, oder die sonst nötigen Vorkehrungen zu treffen, wenn dem vorausgegangenen behördlichen Auftrage in der hiezu bestimmten Frist nicht Folge geleistet wird. Für jene Gewässer des Landes, welche in bedeutenderem Umfange zur Holzbringung benützt werden, kann die Landesregierung mit Zustimmung des Landesausschusses die geeigneten allgemeinen Vorschriften für diese Benützung, insbesondere in Absicht auf die Hintanhaltung von Beschädigungen der Ufer, Brücken, Schutz- und Regulierungswerke mit Rücksicht auf die erfahrungsmäßigen Hochwasserstände innerhalb der bestehenden Gesetze im Verordnungswege erlassen.

§ 42. Zu den in Ansehung der Triftunternehmungen und der Errichtung von Triftbauten erforderlichen Kommissionen sind stets unparteiische Sachverständige zuzuziehen.

Dieselben haben sich über den Wert der Trifthölzer, die angemessenen Triftkosten, die Gebrauchsvergütung für Triftbauten, die Schutzbauten und Schadenersätze, sowie über die Art und Höhe der allfälligen Kaution (§§ 31, 32, 33, 34, 37, 39, 40 und 77 des F. G.) auszusprechen.

Sind die Beteiligten mit dem Ausspruche der Sachverständigen in Betreff des Wertes der zu übernehmenden Trifthölzer, der angemessenen Vergütung für die Mittrift und den Gebrauch der Triftbauten, dann der zu leistenden Schadenersätze und Kaution nicht einverstanden, und kann eine diesfällige Vermittlung nicht erzielt werden, so sind die ausgemittelten Beträge inzwischen sicherzustellen, und die Parteien auf den Rechtsweg zu weisen.

Den Anordnungen der politischen Behörden, rücksichtlich des Triftbetriebes, ist dessenungeachtet Folge zu leisten.

§ 43. Die Gemeindevorstände und politischen Behörden sind verpflichtet, den Triftunternehmern zur Wiedererlangung verschwemmter Hölzer behilflich zu sein.

### 3. Von den Waldbränden und Insektenschäden.

(Siehe III. Band S. 217—219.)

§ 44. Bei Anmachung von Feuern und dem Gebrauche feuergefährlicher Gegenstände in Wäldern und am Rande derselben ist mit strenger Vorsicht vorzugehen.

Wenn aus Vernachlässigung solcher Vorsicht oder aus sonstigem Verschulden Brandschäden entstehen, hat der daran Schuldtragende für den so entsprungenen

Schaden Ersatz zu leisten, und kann nach Maßgabe der Umstände, insofern nicht das allgemeine Strafgesetz in Anwendung zu bringen ist, mit einer Geldstrafe von 10 bis 80 *K* oder mit einer Arreststrafe von einem bis zu acht Tagen belegt werden.

§ 45. Jeder, der im Walde oder an dessen Rande ein verlassenes und unabgelöschtes Feuer trifft, ist nach Tunlichkeit zu dessen Löschung verpflichtet. Nimmt jemand einen **Waldbrand** wahr, so hat er dies den Bewohnern der nächstbefindlichen Behausung in der Richtung, wohin ihn sein Weg führt, bekannt zu geben. Diese sind verbunden, bei dem nächsten Ortsvorstande und dem Waldbesitzer oder seinem Forstpersonale hierüber allsogleich die Anzeige zu machen. Die unterlassene Anzeige eines Waldbrandes ist mit 10 bis 30 *K* oder Arrest von einem bis drei Tagen zu bestrafen.

§ 46. Alle umliegenden Ortschaften können von dem Waldbesitzer, dem Forstpersonale oder den Ortsvorständen zur Löschung des Waldbrandes aufgeboten werden. Die aufgebotene Mannschaft hat mit den erforderlichen Löschgeräten, als: Krampen, Hauen, Schaufeln, Hacken, Wassereimern u. dgl., sogleich an die Stelle des Brandes zu eilen und daselbst tätigst Hilfe zu leisten. Die Ortsvorstände und die Forstbediensteten sollen die Löschmannschaft begleiten.

Die Leitung des Löschgeschäftes kommt dem am Platze befindlichen höchstgestellten Forstbediensteten und, falls kein solcher zugegen sein sollte, dem Vorstande der Ortsgemeinde, in deren Markung der Waldbrand statthat, oder dessen Stellvertreter zu.

§ 47. Demjenigen, dem diese Leitung obliegt, ist in den Anordnungen zur Löschung des Waldbrandes jedenfalls unbedingte Folge zu leisten.

Die übrigen Ortsvorstände und Forstbediensteten haben die Ordnung unter der Löschmannschaft zu erhalten und auf Ausführung der angeordneten Löschmaßregeln hinzuwirken. Nach gelöschtem Brande ist die Brandstelle durch einen bis zwei Tage oder nach Erfordernis noch länger zu bewachen, weshalb die hiezu nötige Mannschaft zu bestellen ist.

§ 48. Ortsvorstände, welche das Aufgebot zur Waldbrandlöschung unterlassen, sind mit 10 bis 100 *K*, diejenigen Personen, welche dem Aufgebote der Ortsvorstände ohne zureichenden Grund keine Folge leisten, aber mit 10 bis 30 *K* oder Arrest von einem bis zu drei Tagen zu bestrafen.

§ 49. Beschädigungen fremden Grundeigentumes durch die Löschanstalten sind von jenen zu ersetzen, zu deren Gunsten die Löschung unternommen worden ist, ausgenommen ein Beschädigter selbst würde durch die Löschanstalten vor größeren Nachteilen bewahrt worden sein.

Kann die Untersuchungsbehörde den durch die Übertretungen gegen die Vorschriften zur Verhütung eines Waldbrandes verursachten Schaden nicht bestimmen, so sind die Beschädigten auf den Rechtsweg zu verweisen.

§ 50. Auf die Beschädigung der Wälder durch Insekten ist stets ein wachsames Auge zu richten (siehe III. Band S. 219—271). Die Waldeigentümer oder deren Personale, welche derlei Beschädigungen wahrnehmen, sind, wenn die dagegen angewendeten Mittel nicht zureichen, und zu besorgen steht, daß auch nachbarliche Wälder von diesem Übel ergriffen werden, verpflichtet, der politischen Behörde bei Strafe von 10 bis 100 *K* sogleich die Anzeige zu erstatten. Zu einer solchen Anzeige ist übrigens jedermann berechtigt.

§ 51. Die politische Behörde hat unter Mitwirkung geeigneter Sachverständiger sogleich in Überlegung zu nehmen, ob und welche Maßregeln gegen die etwa zu besorgenden Insektenverheerungen zu treffen seien, und das Nötige nach früherer unverzüglicher Einvernehmung der beteiligten Waldeigentümer und ihres Forstpersonales schleunigst zu verfügen. Alle Waldeigentümer, deren Wälder in Gefahr kommen könnten, sind zur Beihilfe verpflichtet und müssen den Anordnungen der politischen Behörde, welche hierin selbst zu Zwangsmaßregeln befugt ist, unbedingte Folge leisten. Die Kosten sind von den beteiligten Waldeigentümern nach Maßgabe der geschützten Waldflächen zu tragen.


## 4. Vom Forstschutzdienste.

(Siehe III. Band S. 175, dann 271 u. f.)

§. 52. Dem Forstverwaltungspersonale (§ 22) ist ein angemessenes **Schutz-** und **Aufsichtspersonale** nach Maßgabe des landesüblichen Gebrauches beizugeben.

Insoferne darüber Zweifel und Anstände sich erheben, und öffentliche Rücksichten es erheischen sollten, hat die Landesstelle mit Beachtung aller Verhältnisse die angemessene Bestimmung zu treffen.

Dieses gesamte Personale ist, wo es vom Staate oder Gemeinden aufgestellt wird, jedenfalls, wo es aber Privatwaldbesitzer anstellen, nur wenn die letzteren, um der damit verbundenen Vorteile teilhaftig zu werden, es verlangen, für den Forstverwaltungs- und Forstschutzdienst von den politischen Behörden in Eid und Pflicht zu nehmen.

Die Eidesformel siehe bei § 54 F. G.

Die Befähigung zur Ausübung des selbständigen Forstverwaltungs- dienstes sowie auch des Schutz- und Hilfsdienstes muß durch eigene Prüfungen erwiesen werden, welche für alle Länder in gleicher Weise durch die Verordnung des Ackerbauministeriums vom 3. Februar 1903 R. G. Bl. Nr. 30 vorge- schrieben ist; dieselbe bestimmt in ihrem II. Abschnitte Folgendes:

Staatsprüfung für den Forstschutz- und technischen Hilfsdienst.

Behufs Zulassung zur Prüfung hat der Kandidat nachzuweisen:

1. Die Vollendung des 18. Lebensjahres:

2. *a)* die Absolvierung einer der k. k. Försterschulen in Hall, Gußwerk, Idria und Bolechow oder einer der Waldbauschulen in Aggsbach Budweis, Eger, Pisek und Mährisch-Weißkirchen mit gutem Erfolge, oder *b)* die Absolvierung mindestens einer Volksschule und

3. eine dreijährige praktische Verwendung im Forstdienste. Die an inländischen forstlichen Lehranstalten verbrachte Lehrzeit ist in die dreijährige praktische Ver- wendung einzurechnen.

Die Gesuche um Zulassung zu dieser Prüfung müssen spätestens 31. März des Jahres, in welchem die Prüfung abgelegt werden soll, bei der nach dem Wohnorte des Kandidaten zuständigen Landesbehörde eingereicht werden.

Jeder Kandidat hat seinem Gesuche beizulegen: 1. Den Tauf- oder Geburts- schein; 2. ein von der politischen oder Polizeibehörde des Aufenthaltsortes aus- gestelltes Sittenzeugnis; 3. die Zeugnisse über die im § 28 geforderte Vorbildung und praktische Verwendung.

Über die Zulassung zur Prüfung entscheidet die politische Landesbehörde. Die Entscheidung über Gesuche um Nachsicht von den Bedingungen um Zulassung zur Prüfung ist dem Ackerbauministerium vorbehalten.

Die vorgeschriebene Praxis kann auch nach dem Einreichungstermin beendigt werden, aber jedenfalls vor dem Prüfungsbeginne beendigt sein und der Prüfungs- kommission nachgewiesen werden. Personen, welche wegen eines Verbrechens oder wegen der Übertretung des Diebstahls oder der Veruntreuung, der Teilnahme an den- selben oder des Betruges oder wegen der im § 1 des Gesetzes vom 28. Mai 1881, R. G. Bl. Nr. 47, oder im § 1 des Gesetzes vom 25. Mai 1883, R. G. Bl. Nr. 78, an- geführten Vergehen, beziehungsweise Übertretungen verurteilt worden sind, werden während der im Gesetze vom 15. November 1867, R. G. Bl. Nr. 131 festgesetzten Zeitdauer zur Prüfuug nicht zugelassen.

Die Prüfung wird alljährlich bei der politischen Landesbehörde ab- gehalten.

Jeder Kandidat hat in der Regel die Prüfung bei jener Landesbehörde ab- zulegen, bei welcher er um Zulassung zur Prüfung einzuschreiten hat. Wenn jedoch zur Prüfung bei einer Landesbehörde weniger als zehn Kandidaten zugelassen wurden, so kann das Ackerbauministerium diese Kandidaten einer anderen Landesbehörde zur Prüfung zuweisen. Sind zur Prüfung bei einer Landesbehörde mehr als 30 Kandidaten zugelassen, so kann die Landesbehörde nach eingeholter Genehmigung des Ackerbauministeriums anordnen, daß die Prüfung auch bei einer oder mehreren Bezirkshauptmannschaften abzuhalten ist. In diesem Falle sind die Kandidaten unter tunlichster Rücksichtnahme auf ihren Wohnort in angemessener Verteilung den ein- einzelnen Prüfungskommissionen zuzuweisen.

Die Prüfungskommission besteht aus dem Landesforstinspektor oder einem anderen, von der politischen Landesbehörde jährlich zu bestimmenden Forsttechniker der politischen Verwaltung als Vorsitzenden und aus zwei Forsttechnikern, welche, und zwar je für eine Gruppe von Prüfungsgegenständen, ebenfalls von den politischen Landesbehörden alljährlich bestellt werden. Von letzterer ist einer der Prüfungs- Kommissäre als Ersatzmann für den Vorsitzenden und außerdem noch ein Ersatz- mann zu bestimmen, welcher an Stelle des den Vorsitz übernehmenden oder über- haupt au Stelle eines verhinderten Prüfungskommissärs zu prüfen hat.

Die Prüfungskommission ist von der politischen Landesbehörde nicht früher als für den ersten Prüfungstag einzuberufen. Der Ersatzmann für die Prüfungs- kommissäre ist, und zwar, wenn die Prüfung bei einer politischen Behörde erster Instanz stattfindet, von dieser, nur im Falle des Bedarfes und auf die Dauer der- selben einzuberufen.

Der Vorsitzende leitet den gesamten Prüfungsakt, er hat das Recht, aus allen Prüfungsgegenständen Fragen zu stellen und wirkt bei der Klassifikation mit. Jeder Kommissär prüft nur aus jener Gruppe von Gegenständen, für welche er in die

Kommission berufen wurde. Der Vorsitzende oder ein Prüfungskommissär darf, wenn er mit einem Kandidaten blutsverwandt oder verschwägert ist, bei der Prüfung dieses Kandidaten nicht mitwirken. In einem solchen Falle sind die schriftlichen Arbeiten des Kandidaten von den übrigen Mitgliedern der Prüfungskommission zu beurteilen; die mündliche Prüfung ist aber von dem Ersatzmanne für die Prüfungskommissäre vorzunehmen.

Die Prüfung hat nach der Prüfung für Forstwirte und im tunlichsten Anschlusse an dieselbe stattzufinden. Der Tag und die Stunde des Prüfungsbeginnes ist von der politischen Landesbehörde, und zwar, wenn mehrere Prüfungskommissionen gebildet wurden, für alle gleichzeitig festzusetzen, in der amtlichen Landeszeitung kund zu machen und den Kandidaten rechtzeitig bekannt zu geben. Der erste Tag ist für die schriftliche Prüfung bestimmt, dann folgt die mündliche Prüfung im geschlossenen Raume. Bei Beginn der Prüfung haben die Kandidaten dem Vorsitzenden in geeigneter Weise ihre Identität, ferner bei Beendigung der Praxis nach dem Einreichungstermine die Vollendung der vorgeschriebenen Praxis sowie den Erlag der Prüfungstaxe oder die Befreiuung hievon nachzuweisen und den vorschriftsmäßigen Zeugnisstempel zu übergeben.

Sowohl bei der schriftlichen als bei der mündlichen Prüfung sind nur solche Fragen zu stellen, welche den praktischen Forstschutz- und technischen Hilfdienst betreffen.

Gegenstände der Prüfung sind:

### I. Gruppe.

1. **Waldbau**, d. i. Kenntnis der forstlich wichtigen Holzgewächse und der ihnen zusagenden Standorte, der Bestandesbegründung und Bestandespflege, sowie der Umtriebszeiten mit Rücksicht auf die wichtigsten Betriebsarten.

2. **Forstbenutzung**, und zwar Vorgang bei der Ernte, bei der Aufbereitung und Sortierung, beim Transport und dem Vertriebe des Holzes; forstliche Nebennutzungen, deren Gewinnung und Bedeutung für den Wald; die einfachen forstlichen Nebengewerbe, deren Zweck und Betrieb.

3. **Forstliche Meßkunde**, umfassend die Kenntnis des Vorganges bei der Vermessung und Berechnung kleinerer Flächen und der im Forstbetriebe häufig vorkommenden Körper, sowie Kenntnis der hiezu erforderlichen einfachen Hilfsmittel.

### II. Gruppe.

4. **Forstschutz**, und zwar Kenntnis der Art und Weise, in welcher Elementarereignisse, Menschen, Tiere und Pflanzen den Wald schädigen, wie diesen Schäden vorgebeugt wird und wie dieselben bekämpft werden können; Kenntnis der den Schutz des Waldes, beziehungsweise des Waldgutes und der die Rechte und Pflichten der Schutzorgane betreffenden gesetzlichen Vorschriften jenes Landes, in welchem der Kandidat wohnhaft ist

5. **Jagd**, d. i. Kenntnis der jagdbaren Tiere und ihrer Lebensweise. der verschiedenen Jagd- und Fangmethoden, der im Jagdbetriebe üblichen weidmännischen Benennungen, endlich der die Jagd betreffenden gesetzlichen Vorschriften jenes Landes, in dem der Kandidat wohnhaft ist.

Für die schriftliche Prüfung werden vom Vorsitzenden aus jeder Gruppe von Prüfungsgegenständen je zwei Fragen gestellt. Die schriftliche Prüfung dauert längstens drei Stunden. Der Vorsitzende und die Prüfungskommissäre haben die schriftlichen Ausarbeitungen noch am Tage nach der schriftlichen Prüfung selbst durchzusehen.

Die mündliche Prüfung beginnt am Tage nach der schriftlichen Prüfung und ist öffentlich. Die Kandidaten sind in alphabetischer Reihenfolge, und zwar an jedem Tage mindestens sechs, aus jedem Gegenstand zu prüfen. Die Prüfungszeit beträgt für jeden Kandidaten höchstens anderthalb Stunden.

Die Prüfung geschieht in der oben angegebenen Reihenfolge der Gruppen.

Nach Beendigung der Prüfung hat die Kommission, deren Mitglieder sich über die Leistungen jedes Kandidaten schon bei der schriftlichen und bei der mündlichen Prüfung die erforderlichen Aufzeichnungen zu machen haben, über die jedem Kandidaten nach dem Gesamtergebnisse der schriftlichen und mündlichen Prüfung zu erteilenden **Klassifikation** zu beraten und abzustimmen. Die Klassen sind: nicht genügend, genügend, gut, sehr gut.

Der Kandidat erhält jene Klassifikation, für welche sich die beiden Prüfungskommissäre übereinstimmend ausgesprochen haben. Ergibt sich keine solche Übereinstimmung, so dirimiert der Vorsitzende. Kandidaten, welche während der Prüfung von derselben zurücktreten, sind so zu behandeln, als ob sie sich der Prüfung gar nicht unterzogen hätten.

Die Klassifikation erfolgt in nicht öffentlicher Sitzung und ist, nachdem sämtliche Kandidaten geprüft sind, am letzten Prüfungstage im Prüfungslokal öffentlich
kundzumachen.

Für Kandidaten, welche die Prüfung mit wenigstens genügendem Erfolge bestanden haben, ist das Zeugnis nach Formular *H*, für jene Kandidaten aber, welche
die Prüfung nicht bestanden haben, die Verständigung nach Formular *J* auszufertigen.

Hinsichtlich derjenigen Kandidaten, welche die Prüfung nicht bestanden haben,
ist von der Prüfungskommission ein nach Formular *K* zu verfassender Ausweis anzufertigen und dem Prüfungsprotokolle beizulegen.

Die Wiederholung der Prüfung kann höchstens zweimal, und zwar in den
ordentlichen Prüfungsterminen erfolgen, zu welchen die Anmeldungen gemäß § 29 zu
geschehen hat.

Die stattgehabte Wiederholung ist in dem Zeugnisse nicht ersichtlich zu machen.

Über den gesamten Prüfungsakt ist ein Protokoll nach Formular *L* aufzunehmen. Dasselbe hat nebst den aus dem Formulare ersichtlichen Angaben auch
die Beratungen und Beschlüsse der Kommission sowie die etwaigen besonderen Vor-
kommnisse zu enthalten.

Zur Führung des Protokolles ist der Kommission von der politischen Landesstelle, beziehungsweise von der Bezirkshauptmannschaft ein Schriftführer zuzuweisen.

Das Prokoll ist vom Vorsitzenden, von den Prüfungskommissären sowie vom
Schriftführer zu fertigen und nebst dem Ausweise über jene Kandidaten, welche die
Prüfung nicht bestanden haben, an die politische Landesbehörde einzusenden.

Die Prüfungsprotokolle samt einer tabellarischen Übersicht nach Formular *M*
sind dem Ackerbauministerium nebst einer Abschrift der Ausweise über jene Kandidaten, welche die Prüfung nicht bestanden haben, einzusenden. Von Seite des Ackerbauministeriums erhalten alle Landesstellen alljährlich vor dem 31. März ein Verzeichnis jener Kandidaten, welche im Vorjahre die Prüfung nicht bestanden haben.

Jeder Kandidat hat vor Beginn der Prüfung, beziehungsweise der Wieder-
holungsprüfung, eine Prüfungstaxe von 10 *K* bei der betreffenden k. k. Landeszahl-
stelle zu erlegen und die bezügliche Quittung dem Vorsitzenden der Prüfungskommission einzuhändigen (§ 9); diese Quittung ist dem Prüfungsprotokolle beizulegen.
Die Befreiung von der Entrichtung der ganzen oder halben Prüfungstaxe kann die
nach dem Wohnorte des Kandidaten zuständige politische Landesbehörde in besonders
berücksichtigungswürdigen Fällen erteilen. Das Gesuch um diese Befreiung ist gleichzeitig mit dem Gesuche um Zulassung zur Prüfung, aber abgesondert von demselben
einzubringen. Die Armut des Kandidaten, und wenn dritte Personen zu seiner Erhaltung gesetzlich verpflichtet sind, auch die Armut dieser Personen, ist durch ein
von der Gemeindevorstehung des letzten Wohnortes ausgestelltes Armutszeugnis nachzuweisen. In dem Gesuche um Befreiung und in dem Armutszeugnisse sind jene
Verhältnisse anzuführen und zu bestätigen, welche die Armut begründen. Der politischen Landesbehörde steht es frei, nach eigenem Ermessen in einzelnen Fällen dem
Befreiungswerber noch weitere Nachweisungen über die Armut aufzutragen oder
solche von Amtswegen einzuholen. Die Befreiung von der Entrichtung der ganzen
oder halben Prüfungstaxe kann unter den eben angeführten Voraussetzungen auch
für Wiederholungsprüfungen angesucht und erteilt werden. Kandidaten, welche während
der Prüfung von derselben zurücktreten, haben keinen Anspruch auf Ersatz der
eingezahlten Prüfungstaxe.

Die Mitglieder der Prüfungskommission, welche nicht am Prüfungsorte selbst
ihren Wohnsitz haben, erhalten für die Hin- und Rückfahrt von ihrem Wohnorte
zum Prüfungsorte die Reisekostenvergütung, und zwar wenn sie Staatsbeamte sind,
normalmäßig, in anderen Fällen in dem für die VIII. Rangsklasse der Staatsbeamten
geltenden Ausmaße. Außerdem erhalten die Prüfungskommissäre von dem Tage der
Einberufung (§ 7) einschließlich angefangen, für jeden Tag der ganzen Prüfungsdauer, an welchem sie Prüfungsgeschäfte vornehmen, wenn sie nicht Staatsbeamte
sind, eine Taxe von 16 *K*, wenn sie aber Staatsbeamte sind, eine solche von 8 *K*,
und in letzterem Falle außerdem, soferne sie ihren Amtssitz außer dem Prüfungsorte haben, die normalmäßigen Diäten. Für jene Tage während der Prüfungsdauer, an
welchen das Prüfungsgeschäft ruht, erhalten die Prüfungskommissäre keine Prüfungstaxe; diejenigen Prüfungskommissäre, deren Wohnsitz außerhalb des Prüfungsortes sich
befindet, erhalten für diese Tage Diäten, und zwar: die Staatsbeamten normalmäßig,
die übrigen aber nach dem für Staatsbeamte der VIII. Rangsklasse geltenden Ausmaße.

Die im ersten Absatze enthaltenen Bestimmungen über die Reisekostenvergütung
finden bei Hin- und Rückfahrten vom Prüfungsorte zum Orte der Waldprüfung sinngemäße Anwendung, und zwar mit der Abweichung, daß Prüfungskommissäre, welche
nicht Staatsbeamte sind, keine Diäten, sondern nur Prüfungstaxengebühren, während
die Staatsbeamten nebst den normalmäßigen Diäten auch die Prüfungstaxen erhalten.

Die hienach den Mitgliedern der Prüfungskommission zukommenden Gebühren sind von denselben nach Schluß der Prüfung unter Vorlage der nach dem entfallenden Tax- und Diätenbetrage skalamäßig gestempelten Quittungen bei der politischen Landesbehörde mittels von letzterer zu prüfendem Partikulare anzusprechen und werden vom Ackerbauministerium zur Zahlung angewiesen.

Der politischen Landesbehörde wird vom Ackerbauministerium für die mit der Abhaltung der Prüfung verbundenen Regiekosten ein Pauschalbetrag von 1 $K$ für jeden Kandidaten angewiesen.

Diejenigen, welche eine höhere Fachbildung nachweisen, sind von der Ablegung der Prüfung für den Forstschutz- und technischen Hilfsdienst befreit.

§ 53. Das auf den Forstschutzdienst nach § 52 beeidete Personale wird im Forstdienste als öffentliche Wache angesehen, genießt in dieser Beziehung alle in den Gesetzen gegründeten Rechte, welche den obrigkeitlichen Personen und Zivilwachen zukommen, und ist befugt, im Dienste die üblichen Waffen zu tragen. Jedermann ist gehalten, seinen dienstlichen Aufforderungen Folge zu leisten.

Die Beeidigung für den Forst- und Jagdschutzdienst findet gemäß Ministerialverordnung vom 1. Juli 1857 R. G. Bl. Nr. 124 in folgenden Kronländern statt: Bukowina, Dalmatien, Istrien, Kärnten, Krain, Niederösterreich, Schlesien, Steiermark, Tirol, Triest; diese Verordnung bestimmt;

§ 1. Für den Forst- und Jagdschutzdienst dürfen von den politischen Behörden nur Personen von unbescholtenem Benehmen in Eid und Pflicht genommen werden.

§ 2. Insbesondere ist noch für die Beeidigung für den Forst- und Jagdschutzdienst entweder a) die mit gutem Erfolge abgelegte Staatsprüfung für das Forstschutz- und technische Hilfspersonale, oder b) das zurückgelegte Alter von 20 Jahren erforderlich.

§ 3. Personen, welche wegen eines Verbrechens, eines aus Gewalttätigkeit gegen die Person eines anderen verübten Vergehens oder einer solchen Übertretung, ferner eines aus Gewinnsucht entspringenden oder der öffentlichen Sittlichkeit zuwiderlaufenden Vergehens oder einer Übertretung dieser Art schuldig erkannt oder bloß wegen Unzulänglichkeit der Beweismittel freigesprochen worden sind, endlich Personen, welche wegen einer anderen Gesetzesübertretung zu einer wenigstens sechsmonatlichen Freiheitsstrafe verurteilt worden sind, dürfen für den Forst- und Jagdschutzdienst, ohne besondere Bewilligung der politischen Landesstelle, welche nur in sehr rücksichtswürdigen Fällen zu erteilen ist, nicht in Eid und Pflicht genommen werden.

§ 4. Die Zulassung zur Beeidigung kann wegen Schwäche des Wahrnehmungs- und Erinnerungsvermögens, wegen Hang zur Trunkenheit, zum Spiele, zu Rauf-händeln und Exzessen, wegen Verdachtes der Bestechlichkeit und des Schleich-handels, überhaupt wegen solcher physischer oder moralischer Gebrechen verweigert werden, die nach dem Dafürhalten der Behörden zur Ausübung des Forst- und Jagdaufsichtsdienstes, zu dem Rechte einer obrigkeitlichen Person und Zivilwache minder geeignet oder ganz unfähig machen.

§ 5. Die für den Forst- und Jagdschutzdienst beeideten Personen verlieren im Falle des Eintrittes eines der im § 3 festgestellten Ausschließungsgründe die durch die Beeidigung erlangten Rechte einer obrigkeitlichen Person und Zivilwache kraft des Gesetzes. Übrigens kann nach Maßgabe der Bestimmungen des § 4 wegen eingetretener physischer und moralischer Gebrechen auf den Verlust dieser Rechte erkannt werden.

§ 6. Die zur Beeidigung für den Forst- und Jagdschutzdienst berufenen untersten politischen Behörden haben auch über die Zulassung der Eidesablegung und über den Verlust der mit der Beeidigung erworbenen Rechte (§ 5) zu erkennen.

Gegen diese Erkenntnisse findet das Rechtsmittel des Rekurses nach den Bestimmungen des § 77 des Forstgesetzes statt.

§ 7. Jedem auf dem Forst- und Jagdschutzdienst Beeideten ist eine schriftliche Bestätigung des geleisteten Eides zu erfolgen, welche ihm zur Legitimation zu dienen hat.

§ 8. Die untersten politischen Behörden haben über alle in ihrem Bezirke befindlichen, auf den Forst- und Jagdschutzdienst beeideten Personen genaue Vermerke zu führen und in steter Evidenz zu erhalten.

Die Dienstgeber oder deren Stellvertreter sind bei Vermeidung einer Ordnungsstrafe von 4 bis 20 $K$ verpflichtet, jede Veränderung in dem Stande ihres auf den Forst- und Jagdschutzdienst beeideten Dienstpersonales innerhalb einer Frist von längstens sechs Monaten zur Kenntnis der betreffenden politischen Behörde zu bringen.

Die Eidesformel für den Forstdienst lautet:

Ich schwöre, das meiner Aufsicht anvertraute Waldeigentum stets mit mög-lichster Sorgfalt und Treue zu überwachen und zu beschützen, alle diejenigen, welche dasselbe auf irgend eine Weise zu beschädigen trachten, oder wirklich beschädigen, ohne persönliche Rücksicht gewissenhaft anzuzeigen, nach Erfordernis in gesetzmäßiger Weise zu pfänden oder festzunehmen, keinen Unschuldigen fälschlich anzuklagen oder zu verdächtigen, jeden Schaden möglichst hintanzuhalten, und die verursachten Beschädigungen nach meinem besten Willen und Gewissen anzugeben und abzuschätzen, sowie deren Abhilfe im gesetzlichen Wege zu verlangen, mich den mir aufliegenden Pflichten ohne Wissen und Genehmigung meiner Vorgesetzten, oder ohne unvermeidliche Verhinderung niemals zu entziehen, und über das mir anvertraute Gut jederzeit gehörig Rechenschaft zu geben; **so wahr mir Gott helfe.**

Für einige Länder, nämlich für **Galizien, Görz, Gradiska, Mähren, Österreich ob der Enns und Vorarlberg** bestehen im Sinne des Reichsgesetzes vom 16. Juni 1872 R. G. Bl. Nr. 84 (siehe § 17 der Gesetzkunde), für das gesamte zum Schutze der Landeskultur bestellte öffentliche Wachpersonale, also für Forst-, Jagd-, Feld- und Fischereischutz-Personale gemeinsame Bestimmungen über die Bestätigung und Beeidigung. Die wesentlichsten Bestimmungen dieser Gesetze sind folgende:

1. Die Beeidigung erfolgt für den Wachdienst zum Schutze der Landeskultur überhaupt, gleichgiltig, ob der Wachmann für den Schutz einzelner, oder auch aller Zweige der Landeskultur bestellt wurde.

2. Die wesentlichen Erfordernisse zur Bestätigung und Beeidigung sind: *a)* die österreichische Staatsbürgerschaft; *b)* das zurückgelegte 20. Lebensjahr, oder die mit gutem Erfolge abgelegte Staatsprüfung für Forstwirte oder für den Forstschutz- und technischen Hilfsdienst, oder endlich das Vorhandensein jener Vorbildung, welche von der Ablegung dieser Prüfungen befreit; *c)* die Kenntnis der Rechte und Pflichten einer öffentlichen Wache.

3. Personen, welche wegen eines Verbrechens oder wegen der Übertretung des Diebstahls oder der Veruntreuung, der Teilnahme an denselben oder des Betruges, ferner wegen Wuchers oder Exekutionsvereitelung verurteilt worden sind, dürfen im Falle der Verurteilung zu einer wenigstens fünfjährigen Kerkerstrafe während zehn Jahren, wenn die Verurteilung wegen Verbrechens oder Vergehens zu einer kürzeren Strafe erfolgte, während fünf Jahren, wenn die Strafe nur wegen einer Übertretung verhängt wurde, während drei Jahren, vom Ende der Strafe an gerechnet, für den Schutzdienst weder bestätigt noch beeidigt werden. — Sollte ein beeideter Schutzmann eine der oben angeführten strafbaren Handlungen begehen, so verliert er kraft des Gesetzes die Rechte der öffentlichen Wache und kann sie während der vorbezeichneten Fristen nicht wieder erlangen. Seine Legitimation ist einzuziehen.

4. Die Bestätigung und Beeidigung kann Personen verweigert werden, welche infolge körperlicher oder geistiger Eigenschaften zum öffentlichen Wachdienste ungeeignet oder wegen sittlicher Eigenschaften nicht vertrauenswürdig sind. Wenn eine solche Eigenschaft erst nach der Bestätigung und Beeidigung entsteht oder bekannt wird, können die durch die Bestätigung und Beeidigung erworbenen Rechte sofort wieder entzogen werden. Die Legitimation des Betreffenden ist einzuziehen.

5. Solange das Wachorgan für den Schutzdienst bestellt bleibt, werden die Rechte als öffentliche Wache weder durch eine Veränderung in der Person des Dienstherrn, noch durch die Bestellung für ein anderes Schutzgebiet berührt.

6. Wenn ein Wachmann ohne Eintritt eines der unter 3 und 4 aufgezählten Ausschließungsgründe aufhört, für den Schutzdienst bestellt zu sein, so erlöschen auch die durch die Beeidigung erlangten Rechte einer öffentlichen Wache; wird jedoch der Betreffende wieder für den Schutzdienst bestellt, so braucht er nicht neuerdings bestätigt und beeidigt zu werden, sondern es ist nur die Anzeige an die politische Behörde zu machen, welche die neuerliche Bestellung in der Legitimation anmerkt. Hinsichtlich jener Schutzorgane aber, welche die Kenntnis der Rechte und Pflichten der öffentlichen Wachen nicht durch die unter 2 *b* genannten Prüfungen oder Vorbildung nachgewiesen haben, kann sich die politische Behörde im Falle einer längeren Unterbrechung des Schutzdienstes die Überzeugung von der fortdauernden Eignung zu diesem Dienste verschaffen und bei ungünstigem Ergebnisse die Ausübung des Wachdienstes für so lange untersagen, bis sie die Überzeugung von der Eignung des Betreffenden gewinnt. In diesem Falle ist die Legitimation einzuziehen.

7. In allen Angelegenheiten der Bestätigung, Beeidigung, Entziehung der Rechte u. s. w. der Landeskulturschutzorgane ist diejenige Bezirkshauptmannschaft zuständig, in deren Sprengel das Schutzgebiet liegt; befindet sich aber dieses im Sprengel mehrerer Bezirkshauptmannschaften, dann ist jene zuständig, in deren Sprengel das Schutzorgan seinen dienstlichen Wohnsitz hat, oder zu nehmen haben wird.

8. Gegen die Verweigerung der Zulassung zur Bestätigung und Beeidigung gegen die Aberkennung der Rechte einer öffentlichen Wache, oder das Verbot der

Ausübung dieser Rechte kann bei der Bezirkshauptmannschaft, welche die Entscheidung gefällt hat, binnen 14 Tagen vom Tage der Zustellung der letzteren, die an die Statthalterei gerichtete Berufung eingebracht werden. Eine weitere Berufung findet nicht statt.

9. Die Besteller der Wachorgane sind bei Vermeidung einer Strafe von 10 bis 100 $K$ verpflichtet, jede Änderung im Stande ihres beeideten Wachpersonales, sowie hinsichtlich der Schutzgebiete binnen vier Wochen unter Vorlage der Legitimation der Bezirkshauptmannschaft anzuzeigen, welche die Veränderung in der Legitimation anmerkt.

10. Der Schutzmann ist bei Strafe verpflichtet, im Dienste das vorgeschriebene im Landesgesetzblatte beschriebene Dienstesabzeichen zu tragen. Diese Abzeichen sind bei den politischen Behörden erhältlich. Über die amtliche Stellung des öffentlichen Wachpersonales siehe § 17 der Gesetzkunde.

Das beeidete Schutzorgan ist berechtigt, im Dienste „die üblichen Waffen" zu tragen; diese sind für den Forst- und Jagdschutz ein Jagdgewehr und ein kurzes Seitengewehr (Hirschfänger, Standhauer) für den Feld- und Fischereischutz nur das letztere. Von diesen Waffen darf jedoch gegen Personen nur im Falle gerechter Notwehr Gebrauch gemacht werden.

Jedermann ist gehalten, den dienstlichen Aufforderungen des Schutzpersonales Folge zu leisten; Widersetzlichkeit gegen dasselbe ist strafbar. Beleidigungen der Schutzorgane in Ausübung des Dienstes werden höher gestraft, als wenn sie gegen andere Personen begangen worden wären; gewaltsamer Widerstand oder gefährliche Drohung gegen eine öffentliche Wache begründen das Verbrechen der öffentlichen Gewalttätigkeit (siehe § 79 der Gesetzkunde); wird der Widerstand von mehreren Leuten versucht, so ist er als Verbrechen des Aufstandes, unter Umständen auch des Aufruhres zu bestrafen (siehe § 78 der Gesetzkunde). Leistet jemand den dienstlichen Aufforderungen des beeideten Schutzpersonales nicht Folge, so ist dasselbe unter Umständen berechtigt, ihn zu verhaften; es kann die von einer strafbaren Handlung herrührenden oder zu ihrer Verübung dienlichen Gegenstände in Verwahrung nehmen, seine Aussagen genießen vor den Behörden eine erhöhte Glaubwürdigkeit.

Eine obrigkeitliche Person mit so bedeutenden Rechten muß natürlich in jeder Richtung unantastbar dastehen und es muß auch ein Schutz vor etwaigem Mißbrauch dieser Gewalt existieren. Dieser ist gegeben durch die Bestimmungen des Strafgesetzes bezüglich der Verbrechen des Mißbrauches der Amtsgewalt und der Geschenknahme in Amtssachen (siehe §§ 80 und 81 der Gesetzkunde).

Das beeidete Schutzpersonale hat einen doppelt gefährlichen Dienst und eine sehr schwierige Aufgabe. Einerseits Gesundheit und Leben, anderseits Freiheit und Ehre auf das Spiel setzend muß der Schutzmann nebst einem harten gestählten Körper, Mut, Unerschrockenheit und Ruhe, sowie Kenntnis seiner Rechte und Pflichten besitzen, um nicht die Strenge der Gesetze, die er gegen andere handhaben soll, gegen sich zu kehren.

§ 54. Von den Waffen darf das Forstpersonale nur im Falle gerechter Notwehr Gebrauch machen.

Damit dasselbe erkannt und als öffentliche Wache geachtet werden könne, hat es im Dienste das vorgeschriebene Dienstkleid zu tragen, oder wenigstens durch bezeichnende und zur öffentlichen Kenntnis des Bezirkes gebrachte Kopfbedeckung oder Armbinde sich kenntlich zu machen.

Die Vorschriften über das Tragen von Waffen siehe § 87 der Gesetzkunde. Über den Begriff der gerechten Notwehr siehe § 77 der Gesetzkunde. Durch verschiedene Landesgesetze wurde für alle Kronländer bestimmt, daß die zum Schutze der Landeskultur bestellten und beeideten Wachorgane sich zur Kennzeichnung dieser ihrer Eigenschaft ausschließlich des vorgeschriebenen Dienstzeichens zu bedienen haben. Die beeideten Wachorgane sind verpflichtet, bei Ausübung ihres Wachdienstes das Dienstzeichen in der vorgeschriebenen Weise zu tragen; die Außerachtlassung dieser Verpflichtung wird von den politischen Behörden gestraft.

Das beeidete Schutzorgan genießt die Rechte einer obrigkeitlichen Person und Zivilwache nur in seinem Schutzbezirke, nur in Ausübung des Schutzdienstes und nur dann, wenn es mit dem Dienstkleide oder Dienstesabzeichen versehen ist.

§ 55. Das ämtlich beeidete Forstpersonale ist verpflichtet, jeden außer den öffentlichen Wegen im Forste Betretenen, wenn sein Aufenthalt im Walde zu Besorgnissen für die öffentliche Sicherheit oder das Waldeigentum Anlaß gibt, aus dem Forste hinauszuweisen.

Wird jemand im Forste außer den öffentlichen Wegen mit Werkzeugen betreten, welche gewöhnlich zur Gewinnung oder Bringung der Forstprodukte verwendet werden (Hacken, Sägen, Handgeräte jeder Art etc.), so sind ihm diese Werkzeuge, falls er deren Mitnahme nicht zu rechtfertigen vermag, abzunehmen, und dem Ortsarmenfonde zuzuweisen.

§ 56. Ist ein im Forste Betretener eines vollbrachten Waldfrevels verdächtig, so önnen die allenfalls vorgefundenen verdächtigen Forstprodukte mit Beschlag belegt werden.

§ 57. Beim Frevel auf der Tat betretene oder des Frevels verdächtige·unbekannte Personen sind festzunehmen, auf dem Frevel betretene bekannte Personen aber nur dann, wenn sie sich dem Forstpersonale widersetzten, es beschimpften oder sich an ihm vergriffen; ferner, wenn sie keinen festen Wohnsitz haben oder sehr bedeutende Frevel verübten.

Die festgenommenen Personen sind ohne Verzug der kompetenten Behörde zu übergeben.

§ 58. Im Falle, als der auf frischer Tat Betretene entfloh, kann er außer den Forsten verfolgt, und das von ihm entwendete Forstprodukt mit Beschlag belegt werden.

Im Walde und im Felde, ebenso an einem Fischwasser hat kein Fremder außerhalb der öffentlichen oder derjenigen Wege, deren Benützung ihm zusteht (z. B. Servitutswege), etwas zu suchen. Das Schutzpersonale ist daher immer berechtigt, unter Umständen sogar verpflichtet, Unberufene, welche im Schutzgebiete außerhalb der oben bezeichneten Wege getroffen werden, auszuweisen.

Das beeidete Feld- und Forstschutzpersonale ist verpflichtet, wenn es im Aufsichtsgebiete außerhalb der öffentlichen Wege einen Unberufenen trifft, dessen Verweilen daselbst zu Besorgnissen für die öffentliche Sicherheit oder für das Eigentum, zu dessen Schutze das Personale bestellt ist, Anlaß gibt, denselben hinauszuweisen. Der für den Jagdschutzdienst beeidete Wachmann ist berechtigt, wenn ihm die Anwesenheit eines Fremden außerhalb der öffentlichen Wege im Reviere für die Jagd gefährlich zu sein scheint, den Betreffenden auszuweisen. Hat derselbe ein Gewehr, so kann es ihm weggenommen werden, dasselbe ist aber sofort der politischen Behörde zu übergeben, welche allein berechtigt ist, die Konfiskation des Gewehres zu verfügen. Aktiven Offizieren, welche in einem fremden Jagdgebiete ohne Erlaubnis des Jagdberechtigten, beziehungsweise ohne Jagdkarte jagen, ist das Gewehr nicht wegzunehmen, sondern sie sind nur zum Verlassen des Jagdgebietes und zur Angabe von Namen, Charakter und Truppenkörper aufzufordern und ist von der erfolgten Beanständung der politischen Behörde oder dem, dem Offizier vorgesetzten Kommando die Anzeige zu erstatten. Dieser Vorgang ist einzuhalten, ob sich der betretene Offizier in Uniform befindet oder sonst als aktiver Offizier ausweist. Wenn jemand im Schutzgebiete außerhalb der öffentlichen Wege betreten wird, und Werkzeuge bei sich führt, welche zur Gewinnung von Forstprodukten, beziehungsweise von Feldfrüchten dienen, ebenso, wenn er mit Fischgeräten versehen ist und die Mitnahme dieser Gegenstände nicht zu rechtfertigen vermag, so kann ihm das Schutzorgan, dessen Schutzgegenstände in Gefahr geraten könnten, die betreffenden Werkzeuge oder Geräte wegnehmen, hat dieselben aber sofort dem Gemeindevorstande zu übergeben. Ebenso ist zu verfahren, wenn der Betretene sich im Besitze von Gegenständen befindet, welche allem Anscheine nach von einer strafbaren Handlung herrühren, die an den Gegenständen der Beaufsichtigung des Wachmannes begangen wurde.

Hat das Schutzorgan den begründeten Verdacht, daß der von ihm Betretene von der strafbaren Handlung herrührende oder zu ihrer Verübung dienende Gegenstände bei sich verborgen habe, so kann es auch dessen Habseligkeiten, allenfalls sogar die Kleider durchsuchen. Letzteres darf jedoch nur in einer das Sittlichkeitsgefühl des Durchsuchten nicht verletzenden Art und Weise geschehen. Unter allen Umständen hat das Schutzorgan bei derartigen Amtshandlungen jede Beschimpfung oder gar Gewaltanwendung zu vermeiden. Ferner ist es unbedingt untersagt, irgendwelche andere, als die oben bezeichneten Gegenstände wegzunehmen; der Schutzmann, welcher dies tut, macht sich einer groben Überschreitung seiner Befugnisse schuldig. Es kommt z. B. oft vor, daß ein Schutzorgan jemandem irgend ein Kleidungsstück, einen Schmuckgegenstand, die Uhr u. s. w „pfändet", um für einen Teil des verursachten Schadens Deckung zu haben; dies ist unbedingt verboten.

Über die Vornahme von Verhaftungen und Hausdurchsuchungen durch Wachorgane siehe § 17 der Gesetzkunde.


**5. Von den Übertretungen gegen die Sicherheit des Waldeigentumes, den zur Untersuchung und Bestrafung derselben, sowie aller übrigen in diesem Patente festgestellten Übertretungen bestimmten Behörden und dem dabei zu beobachtenden Verfahren.**

§ 59. Diejenigen Verletzungen der Sicherheit des Waldeigentumes, welche in dem allgemeinen Strafgesetze vorgesehen sind, werden nach eben diesem Gesetze beurteilt und behandelt.

Die zunächst rücksichtlich der Forste in Anwendung kommenden Bestimmungen des Strafgesetzes sind: §§ 85, 86, 174 I und II *e*, 175 II lit. *a*, 199 *e*, 453, 454, 460, 469 (siehe §§ 77—85 der Gesetzkunde); Holz- oder Streu-Diebstahl, Entfachung eines Waldbrandes, Wegräumung oder Versetzung von Waldgrenzen ist also als Verbrechen, Vergehen oder Übertretung nach dem Str. G. zu beurteilen.

§ 60. Nebst den Übertretungen der Eingeforsteten (§ 18 F. G.) und den in den §§ 44 bis einschließlich 51 F. G. bezeichneten unerlaubten Handlungen und Unterlassungen sind auch noch nachstehende Handlungen, insoweit auf dieselben das allgemeine Strafgesetz keine Anwendung findet, und falls sie ohne Zustimmung des Waldeigentümers oder dessen Stellvertreters oder den festgesetzten Bedingungen entgegen ausgeübt werden, als Forstfrevel anzusehen und zu bestrafen:

1. Das Sammeln von Raff- und Klaub- oder Leseholz.

2. Das Anhacken und Anplätzen oder sogenannte Ankosten stehender Bäume und Stangenhölzer, das Anbohren derselben, das Einhauen von Kerben, Besteigen mittels Steigeisen, die Beschädigung durch Weiterförderung von Holz und Steinen (Anpirschen), das Beklopfen und Anschlagen an dieselben und ihre Entrindung (Streifenziehen, Anlachen, Ringeln).

3. Die Zueignung von Rinde am Boden liegender Bäume, die Entblößung von Baumwurzeln, das Stockroden, dann das Abhauen, Abschneiden und Abreißen von Gipfeln, Ästen und Zweigen, sowie das Abstreifen von Laub (Schneiteln oder Schnatten, Graßethauen, Laubstreifen).

4. Das Ausgraben, Aushauen oder Ausziehen und jede anderweitige Beschädigung junger Baum- und Strauchpflanzen, dann die Gewinnung von Besenreis, Gerten, Wieden, Stöcken, Reifstangen und anderer kleinen Holzsorten.

5. Das Sammeln von Baumsäften (Harz, Terpentin, Birken- und Ahornsaft), von Waldfrüchten (Holzsamen, Waldobst, Beeren), von Schwämmen und Baummoder, sowie das Wurzelgraben.

6. Die unberechtigte Gewinnung von Bodenstreu jeder Art (Laub, Nadeln, Unkräuter, Moos etc.), ganz besonders die Sammlung derselben mit Hauen und eisernen Rechen; die Zueignung von Erde, Lehm, Torf, Steinen, Gips und anderen mineralischen Stoffen, das Rasen-Abschälen (Plaggenhauen, Molten), dann das Mähen, Abschneiden und Ausrupfen von Waldgras, Kräutern und anderen Gewächsen, welche keine Forstkulturpflanzen sind.

7. Das Verbleiben im Walde gegen die ausdrückliche Weisung des Forstpersonales, § 55, die Bildung neuer und die Benutzung außer Gebrauch gesetzter Wege und Stege, die Anlage von Erdgefährten (Erdriesen), die Ableitung von Wässern in nachbarliche Waldungen, die Anlage von Kohlstätten und jede anderweitige Benützung des Waldbodens.

8. Der unberechtigte Vieheintrieb in fremde Wälder überhaupt, dann der Eintrieb einer größeren Anzahl anderer Gattung oder Altersklasse des Viehes, die Benützung der Waldweide an anderen Orten und zu einer anderen Zeit, als die erteilte Bewilligung gestattet.

Auch Übertretungen der Eingeforsteten sind unter Umständen als Verbrechen, Vergehen oder Übertretungen nach dem Str. G. zu behandeln. Wenn z. B. ein Weideberechtigter aus Rache, in der erweisbaren Absicht, dem Waldbesitzer einen Schaden zuzufügen, sein Vieh in die verhegte Kultur eintreibt und dort ein Schaden von mehr als 50 *K* angerichtet wird, so liegt das Verbrechen der boshaften Beschädigung nach § 85 a. Str. G. vor. Das gleiche ist der Fall, wenn z. B. durch das im § 60, Pkt. 2 F. G. erwähnte und als Forstfrevel bezeichnete Ringeln ein Schaden von mehr als 50 *K* entstanden ist; hier wird der Forstfrevel zum Verbrechen. Für das Königreich **Dalmatien** wurden im Anschlusse an diese Bestimmungen durch das Gesetz vom 19. Februar 1873 R. G. Bl. Nr. 20 noch folgende forstschädliche Handlungen unter Strafe gestellt:

1. Das Ausgraben oder Ausreißen von Wurzeln und Wurzelstöcken der Forstgewächse, sowie das Ausgraben oder Ausreißen stehender Bäume mit Ausnahme der Nadelhölzer, in Fällen, wo nicht auf Grund des § 2 des F. G. von der politischen Behörde die Rodung gestattet wurde, ferner die Entrindung von Föhrenbäumen ohne vorläufig hiezu eingeholte von der politischen Bezirksbehörde vidierte Bewilligung des betreffenden Gemeindevorstandes ist in den Gemeindewäldern verboten. Übertretungen dieses Verbotes sind, soferne nicht das Str. G. Anwendung findet, als Forstfrevel zu behandeln und mit Arrest in der Dauer bis zu vierzehn Tagen oder mit einer Geldstrafe bis zu 100 *K* zu ahnden.

2. Werden Wurzeln, Wurzelstöcke oder Föhrenrinden transportiert oder zum Verkaufe gebracht, so müssen dieselben von einem den erlaubten Ursprung nachweisenden, von der politischen Bezirksbehörde vidierten Zertifikate begleitet sein, in welchem Gattung und Menge der Wurzeln und Wurzelstöcke oder der Föhrenrinden, sowie die Zeit, für welche das Zertifikat Geltung hat, anzugeben sind. In allen anderen Fällen ist die Verfrachtung oder der Verkauf solcher Wurzeln, Wurzelstöcke oder Föhrenrinden mit der im Absatz 1 dieses Gesetzes angedrohten Strafe

zu ahnden und sind diese Forstprodukte samt den zur Gewinnung derselben gebrauchten Werkzeugen mit Beschlag zu belegen und zu Gunsten des Armenfonds des Ortes, in dessen Bezirke die strafbare Handlung begangen wurde, in Verfall zu erklären. (Durch das Gesetz vom 25. November 1884, Nr. 33 L. G. B., erhielt dieser Punkt den nachfolgenden Zusatz.) Den Polizei- und Sicherheitsorganen, den Finanzwachen, den Hafen- und Sanitätswachen, welche die oben erwähnten Produkte und Geräte mit Beschlag belegen, wird ein Drittel des durch den Verkauf dieser Gegenstände erzielten Erlöses dann zuerkannt, wenn die Beschlagnahme im Walde erfolgt ist und die Übertreter bei der Übertretung aufgegriffen wurden; findet die Beschlagnahme in anderer Weise statt, dann erhalten sie nur ein Viertel. Die Prämie bekommen die Forsthüter nicht.

3. Das Weiden der Ziegen kann an bestimmten Plätzen der Gemeindewälder für eine gewisse Zeit von der politischen Bezirksbehörde verboten werden. Übertretungen dieses Verbotes sind mit einer Geldstrafe von 1 $K$ für jedes Stück Ziege zu ahnden, doch darf in den einzelnen Straffällen der höchste im Absatz 1 festgesetzte Strafsatz von 100 $K$ nicht überschritten werden. Die Geldstrafe ist erforderlichenfalls durch Pfändung und öffentliche Versteigerung einer zur Deckung des Strafbetrages hinreichenden Anzahl von Ziegen hereinzubringen. Sollte auch auf diesem Wege die Geldstrafe nicht einbringlich sein, so ist dieselbe in eine entsprechende Arreststrafe von 12 Stunden bis zu 14 Tagen umzuwandeln. (Vorstehende Fassung erhielt Punkt 3 nachträglich durch das Gesetz vom 9. Januar 1882, L. G. Bl. Nr. 11.)

4. Zum Zwecke der Erlassung solcher Verbote haben die Gemeindevorstände die Plätze, von deren Beweidung Ziegen auszuschließen sind, nach Anhörung der Ortskonvokate zu ermitteln und der politischen Bezirksbehörde behufs Erlassung des Verbotes in Antrag zu bringen. Das Verbot ist in den betreffenden Gemeinden öffentlich kund zu machen. Sollten die Gemeindevorstände diese Ermittlung unterlassen, oder nicht in einer der Forstkultur entsprechenden Weise vornehmen, so haben die politischen Bezirksbehörden dieselbe auf Kosten der betreffenden Gemeinde zu bewirken und sofort die entsprechenden Verbote zu erlassen.

5. Die normale Zeit der Gewinnung des Holzes wird für alle Wälder in Dalmatien, mit Ausnahme der Nadelhölzer und Hochwaldgebirgswälder, auf die Zeitperiode vom 1. September bis 31. März jeden Jahres festgestellt. Dieser Beschränkung unterliegen jedoch nicht die strauchartigen Holzarten, wie z. B. Ginster, Heide, Mastix, Pistazie u. dergl.

6. Werden die im Absatz 1 bezeichneten Handlungen in Waldungen der Einzelbesitzer von den Eigentümern selbst begangen, so unterliegen dieselben der Bestrafung nach Maßgabe der §§ 2, 4, 7 und 8 des F. G., soferne sie die nach diesen Paragraphen eintretende Behandlung zu begründen geeignet sind.

Das Sammeln von Ameiseneiern ist eine forstliche Nebennutzung, zu deren Ausübung durch dritte Personen die Zustimmung der Waldeigentümer erforderlich ist. Ein allgemeines Verbot kann nur in Fällen der §§ 50 und 51 des F. G. von der politischen Behörde erlassen, doch können aus forstpolizeilichen Rücksichten nebst der Zustimmung der Waldeigentümer Lizenzscheine von der politischen Behörde in einzelnen Bezirken gefordert werden. — Ein Forstfrevel im Sinne des § 60 des F. G. wird durch das unbefugte Sammeln nicht begründet, weil die Übertretungen des § 60 taxativ aufgezählt sind.

Die Statthalterei für Tirol hat mit Erl. v. 21. Oktober 1856 (L. G. B. Nr. 22), betreffend das Sammeln von Waldsamen folgendes bestimmt:

Bewilligt ein Waldeigentümer jemandem die Sammlung in seinem Nadelwalde, so ist derselbe mit einer schriftlichen Lizenz zu versehen, in welcher die Zeit, wann, der Waldort, wo, und die Art, wie das Sammeln der Zapfen vorzunehmen ist, genau vorgeschrieben sind. Mit dieser schriftlichen Lizenz sind auch jene Sammler zu versehen, die den Waldsamen zu eigenen Zwecken des Waldeigentümers sammeln. Diese Lizenzen werden von den zur Bewirtschaftung der verschiedenen Waldungen (Reichsforste, Gemeindewälder, Stiftungs- und Privatwälder) berufenen Forstwirten (Förstern) ausgestellt. Der Sammler hat die Lizenz während der Sammlung immer bei sich zu tragen. Laut § 60, 5 des F. G. ist das Sammeln des Waldsamens ohne Bewilligung des Waldeigentümers oder gegen die festgesetzten Bedingungen ein Forstfrevel, der nach § 62 zu strafen ist. Wer also ohne Lizenz sammelt oder den vorgeschriebenen Bedingungen entgegenhandelt, unterliegt der Bestrafung. Der mit der Lizenz Beteilte haftet nicht bloß für seine eigenen Handlungen, sondern auch für jene seiner Hilfsarbeiter. Die zur Handhabung der Forstpolizei bestellten öffentlichen Forstorgane sind verpflichtet, diese Anordnung strenge zu überwachen und die Übertreter als Forstfrevler zur Bestrafung anzuzeigen.

Betreffend die Berechtigung zum Pechklauben und Terpentinbohren bestimmt das Gesetz vom 22. Mai 1888 (L. G. Bl. Nr. 22) für das Herzogtum Kärnten:

1. Die Gewinnung von Harz (Pech) und Terpentin (Lörget) ist in allen Waldungen und auf anderen mit Nadelholz bestockten Grundflächen (eigenen und fremden) an die Bewilligung der politischen Behörden gebunden.

2. Diese Bewilligung kann über Ansuchen des Waldeigentümers (Nutznießers) oder mit dessen Zustimmung für einen Wald, für Waldteile, oder besonders ausgezeigte Stämme nur dann und in dem Maße erteilt werden, als der Ausübung der Bewilligung forst- und sicherheitspolizeiliche Bedenken in keiner Weise entgegenstehen.

3. Die politische Bewilligung (Punkt 1) darf nur an eine vertrauenswürdige Person erteilt werden und hat immer auf bestimmt bezeichnete Grundflächen oder Stämme zu lauten.

4. Über die erteilte Bewilligung ist dem Berechtigten ein Erlaubnisschein auszufertigen. Von demselben muß in eigener Person Gebrauch gemacht werden und die Übertragung an jemand anderen ist verboten.

5. Bei Ausübung der Bewilligung zur Gewinnung von Harz (Pech) und Terpentin (Lörget) hat der Berechtigte den Erlaubnisschein (Punkt 4) stets bei sich zu führen und den Waldaufsichts- und Sicherheitsorganen auf Verlangen vorzuweisen.

6. Derjenige, welcher in Kärnten gewonnenes Harz (Pech) oder Terpentin (Lörget) verkauft oder versendet, muß den regelmäßigen Bezug seiner Ware durch einen von der Gemeinde des Bezugsortes auf Grund des betreffenden Erlaubnisscheines ausgestellten Lieferschein ausweisen, welcher die genaue Angabe über Ort und Zeit der Gewinnung, sowie das Gewicht des Verkaufs- oder Versandobjektes zu enthalten hat. Harz (Pech) und Terpentin (Lörget), das aus anderen Ländern bezogen wurde, ist durch Frachtbriefe oder in anderer glaubwürdigerweise zu decken.

7. Die Gewinnung von Harz (Pech) oder Terpentin (Lörget) ohne Erlaubnisschein (Punkt 4) oder mit Erlaubnisschein, jedoch auf Grundflächen oder an Stämmen, für welche derselbe nicht lautet, endlich der Mißbrauch einer auf eine andere Person lautenden Bewilligung der politischen Behörde (Punkt 1) ist, sofern diese Handlung nicht nach dem allgemeinen Strafgesetze zu ahnden kommt, als Forstfrevel anzusehen und mit einem Verweise oder mit einer Geldbuße von 10 bis 140 $K$, eventuell mit Arrest von 1 bis 14 Tagen zu bestrafen.

8. Einer Geldbuße bis zu 100 $K$, eventuell Arrest bis zu 10 Tagen unterliegt: *a)* Wer zur Erwirkung der im Punkt 1 erwähnten Bewilligung eine unrichtige Angabe gemacht hat. *b)* Wer die erhaltene politische Bewilligung zur Gewinnung von Pech und Terpentin an jemand anderen überträgt. *c)* Wer bei Ausübung der Bewilligung zur Gewinnung von Harz oder Terpentin den ihm erteilten Erlaubnisschein auf Verlangen (Pkt. 5) nicht vorzuweisen vermag. *d)* Der Grundeigentümer (Nutznießer), welcher jemand, der keine behördliche Bewilligung besitzt (Pkt. 1 und 4), die Gewinnung von Pech und Terpentin gestattet. *e)* Wer beim Verkauf oder Versand von Pech (Harz), Terpentin (Lörget) den rechtmäßigen Bezug seiner Ware nach Vorschrift des Punkt 6 nicht auszuweisen vermag. In den Fällen des Punkt 7, dann jenen des Pkt. 8 a und b ist auch der Erlaubnisschein (Pkt. 4) einzuziehen. Gesetzwidrig gewonnenes oder bezogenes Harz und Terpentin verfallen unbeschadet der Ansprüche schuldloser Dritter der Beschlagnahme. Der Erlös hiefür, sowie sämtliche Strafgelder fallen dem Landeskulturfonds zu.

9. Rücksichtlich der Behörden und des Verfahrens gelten die Bestimmungen d. F. G.

§ 61. Wer ohne Berechtigung oder ohne Erlaubnis, oder den festgesetzten Bedingnissen entgegen, Raff- und Klaubholz sammelt, kann zur Zurücklassung des bereits gesammelten Holzes gezwungen werden, die unerlaubterweise mitgenommenen Werkzeuge und Handgeräte verfallen dem Armenfonds des Ortes, in dessen Bezirke die strafbare Handlung begangen wurde. In Wiederholungsfällen hat eine Arreststrafe von ein bis drei Tagen einzutreten.

Alle infolge Handhabung des F. G. verhängten Geldstrafen haben in den Landeskulturfonds (siehe oben § 15 der Gesetzk.) zu fließen, dessen Verwaltung der politischen Landesbehörde zusteht.

§ 62. Insoferne nicht die allgemeinen Strafvorschriften oder die Bestimmungen der §§ 44 bis einschließlich 51, dann des § 61 einzutreten haben, sind die im § 60 als Forstfrevel erklärten Handlungen, also auch die Übertretungen der Eingeforsteten (§ 18) nach Verhältnis der Milderungs- oder Erschwerungsgründe mit einem bloßen Verweise zu ahnden, oder mit Arrest von einem bis vierzehn Tagen oder mit 10 bis 100 $K$ zu bestrafen.

§ 63. Wird Vieh unberechtigterweise in fremde Wälder getrieben oder aus Unachtsamkeit dahin gelassen, so ist der Waldeigentümer oder dessen Stellvertreter (das Forstpersonale) in der Regel (§ 65) zwar nicht berechtiget, es zu töten; er kann es aber durch anpassende Gewalt verjagen, oder wenn er dadurch Schaden gelitten hat, das Recht der Privatpfändung über so viele Stücke Viehes ausüben, als zu seiner Entschädigung hinreicht. Der dem Vieh etwa beigegebene Hirt kann verhalten werden, dasselbe ohne Verzug wegzubringen.

§ 64. Der Waldeigentümer oder dessen Stellvertreter hat sich aber binnen 8 Tagen mit dem Eigentümer des gepfändeten Viehes abzufinden oder gleichzeitig mit der Anzeige der durch den Viehtrieb etwa begangenen strafbaren Handlung bei der zu dem Verfahren hiefür kompetenten Behörde (§ 68) auch sein Begehren um Schadenersatz anzubringen, widrigens das gepfändete Vieh zurückzustellen. In den zu vergüenden Schaden sind auch die Auslagen einzurechnen, welche die Pfändung und die Verpflegung des gepfändeten Viehes (insbesondere die Bezahlung der zum Abtriebe aufgebotenen und erforderlich gewesenen Leute u. s. w.) verursachten.

Das gepfändete Vieh muß aber auch dann zurückgestellt werden, wenn der Eigentümer desselben eine angemessene Sicherheit leistet. Ist der Eigentümer des gepfändeten Viehes unbekannt, oder wurde keine strafbare Handlung begangen, so hat der Beschädigte in dem erwähnten Falle das Begehren auf Schadenersatz bei dem Zivilrichter anzubringen.

§ 65. Kann die Pfändung von Ziegen, Schafen, Schweinen und Federvieh nicht geschehen, so ist es gestattet, dieselben zu erschießen, worauf bei der Bestrafung der Frevler angemessene Rücksicht zu nehmen kommt. Das getötete Vieh ist an Ort und Stelle für den Eigentümer desselben zurückzulassen.

§ 66. Wenn nachweislich das Vieh nur durch Bergung in einem benachbarten Walde drohender Gefahr entzogen werden konnte (Schneeflucht, Bergung bei heftigen Gewittern, Hagelschlag etc. etc), so ist der vollführte Vieheintrieb nicht strafbar. Hiebei verursachte Beschädigungen sind jedoch zu vergüten.

§ 67. Hirten, welche den forstgesetzlichen Bestimmungen zuwider handeln, sind nach § 62 zu bestrafen.

Jedermann, der Hegezeichen abreißt, zerstört, oder wie immer beschädiget oder verdirbt, ist verbunden, hiefür Ersatz zu leisten, und soll außerdem, insoferne dadurch nicht eine nach dem allgemeinen Strafgesetze zu ahndende strafbare Handlung begangen wird, als Forstfrevler mit Arrest von 1 bis zu 3 Tagen, oder mit einer Geldstrafe von 10 bis 30 *K* belegt werden.

Die Bestimmungen des Forstgesetzes über die Viehpfändung stehen im Einklange mit den Bestimmungen der § 1321 und 1322 des a. b. G. B. (siehe oben § 63 der Gesetzk.). Die wesentlichen Bestimmungen, die der beeidete Forstschutzmann hiebei sich immer gegenwärtig zu halten hat, sind daher:

1. Es ist nur so viel Vieh zu pfänden, als zur Deckung des verursachten Schadens voraussichtlich notwendig ist. Das Vieh ist in den Pfandstall der betreffenden Gemeinde zu treiben.

2. Ist ein Hirte bei dem Vieh, so ist er zur Entfernung des nicht gepfändeten Viehes zu verhalten.

3. Kennt der Schutzmann den Eigentümer des Viehes, so hat er, beziehungsweise der Dienstherr des Schutzmannes sich mit dem Vieheigentümer binnen 8 Tagen vom Zeitpunkte der Pfändung an abzufinden. Kommt keine Einigung zu stande, so ist, im Falle ein Verschulden von Seiten des Besitzers oder des Hirten des Viehes vorliegt, in derselben Zeit (8 Tage) die Anzeige über den begangenen Frevel bei der politischen Behörde zu machen und gleichzeitig die Ersatzforderung anzumelden. Geschieht dies nicht während des obigen Zeitraumes, oder erlegt der Viehbesitzer einen angemessenen Betrag zur Schadengutmachung, so ist das Vieh zurückzustellen und der Schade gerichtlich geltend zu machen.

4. Mit der Schadenersatzforderung sind auch die durch die Pfändung wirklich erlaufenen Kosten anzumelden und müssen wie diese beglichen werden.

5. Ziegen, Schafe, Schweine und Federvieh können häufig nicht gepfändet werden, weil man ihrer nicht habhaft wird oder der Transport unmöglich ist. In diesem Falle können diese Tiere vom Forstpersonale erschossen werden. Da der Eigentümer der getöteten Tiere für den verursachten Schaden ersatzpflichtig bleibt, ist es natürlich, daß ihm auch das Eigentum derselben gewahrt werden muß, dieselben sind an Ort und Stelle für ihn zurückzulassen.

Über die Viehpfändung nach den Feldschutzgesetzen siehe § 102 der Gesetzesk.

§ 68. Das Verfahren hinsichtlich aller jener strafbaren Handlungen gegen die Sicherheit des Waldeigentums, welche nach den allgemeinen Strafgesetzen zu ahnden sind, ist von den Strafgerichten nach Maßgabe der bestehenden Gesetze zu pflegen.

Wenn sich indes derlei Handlungen nur als die eben angeführten Übertretungen (Forstfrevel §§ 60 bis 67) oder als Übertretungen der für die Holztrift und Triftbauten festgesetzten Bestimmungen (§ 41) darstellen, so steht das Strafverfahren und die Aburteilung der Übertretung den politischen Behörden ebenso zu, wie dies in Betreff der Übertretungen der Waldbesitzer (§ 18) und der in den §§ 43 bis einschließlich 51 bezeichneten unerlaubten Handlungen und Unterlassungen festgesetzt ist.

Über das Verfahren vor den Strafgerichten bei Verbrechen, Vergehen und Übertretungen und über das Strafverfahren vor den politischen Behörden siehe oben § 91 und 92 der Gesetzk.

Durch die Verjährung erlischt Untersuchung und Strafe jener strafbaren Handlungen oder Unterlassungen, welche sich als Übertretungen der Bestimmungen des mit dem allerhöchsten Patente vom 3. Dezember 1852 erlassenen Forstgesetzes darstellen, und welche nicht nach den Str. G. zu beurteilen und zu behandeln sind, wenn der Übertreter binnen sechs Monaten vom Tage der begangenen Übertretung nicht in Untersuchung gezogen worden ist, und es ist das Vorhandensein der im § 531, lit *a*, *b* und *c* des Str. G. für die Verjährung anderer Übertretungen geforderten Bedingungen dazu nicht erforderlich (M. Vdg. v. 3. Mai 1855, R. G. Bl. Nr. 84). Siehe oben § 88 der Gesetzk.

§ 69. Das Verfahren gegen diese Übertretungen ist nicht nur auf Verlangen des Beschädigten oder auf die Anzeige eines zur Aufsicht über die Wälder, Felder, Weingärten u. dgl. öffentlich von einer Gemeinde oder auch von Privaten bestellten und ämtlich beeideten Beamten oder Dieners (Forstaufsichtspersonale [§ 52], Feld-, Garten-, Weinhüter u. dgl.), ferner eines Beamten oder Dieners der allgemeinen Sicherheitsbehörden, insbesondere der Gendarmen und Finanzwächter einzuleiten und durchzuführen, sondern auch dann, wenn die politische Behörde auf was immer für eine andere Weise von dem begangenen Forstfrevel Kenntnis erhält.

§ 70. Den genannten Personen steht frei, die Anzeigen entweder einzelnweise von Fall zu Fall mündlich oder schriftlich oder von Monat zu Monat mittels einer Liste an die politische Behörde des Bezirkes, in welchem die Übertretung vorfiel, zu erstatten, welche nach der, im Anhange unter B vorgezeichneten Form auszufüllen ist.

In Übereinstimmung mit diesen Listen ist auch bei der so schnell als möglich vorzunehmenden Strafverhandlung selbst kein förmliches Protokoll aufzunehmen, sondern dieselbe nur mit den Hauptpunkten in das nach dem Formulare C zu führende Strafregister einzutragen, und den Beteiligten, statt der Urteilsabschriften, bloß auf ihr Verlangen ein Auszug aus diesem Register mitzuteilen.

Beilage B.                                                      Formulare.

**Monatsliste**

der von dem Unterzeichneten........................................im Laufe des Monates........................19........
entdeckten, und dem (der)..........................angezeigten Übertretungen gegen die Sicherheit des Waldeigentumes und Forstfrevel.

| Fortlaufende Post-Nr. | Vor- und Zuname, Stand, Gewerbe oder Beschäftigung und Aufenthaltsort des Angeschuldigten | Bezeichnung der Übertretung, deren der Angeklagte beschuldigt wird | Zeitpunkt (Tag und Stunde) wann, und Ort, wo die Übertretung begangen wurde | Angabe, wer den Angeschuldigten betreten habe, ob derselbe auf frischer Tat ergriffen, oder aus anderen Wahrnehmungen beschuldiget werde, ob und welche Zeugen dafür vorhanden seien, ob der Angeschuldigte festgenommen wurde, ein Pfand gegeben hat u. dgl. | Angabe der Art und Größe des durch die Übertretung verursachten Schadens | Anmerkung |
|---|---|---|---|---|---|---|
|  |  |  |  |  |  |  |

**Straf-Register**

über die bei dem (der) ........................ zur strafgerichtlichen Verhandlung gekommenen
Übertretungen gegen die Sicherheit des Waldeigentumes und Forstfrevel.

| Fortlaufende Post-Nr. | Vor- und Zuname, Alter, Stand, Gewerbe oder Beschäftigung und Aufenthaltsort des Angeschuldigten | Vor- und Zuname, Alter, Stand, Gewerbe oder Beschäftigung und Aufenthaltsort der als Ankläger, Beschädigter oder Anzeiger aufgetretenen Personen | Bezeichnung der Übertretung, deren der Angeklagte beschuldiget wurde | Genaue Angabe der Zeugen, welche für und wider den Angeschuldigten ausgesagt haben | Bezeichnung desjenigen, was von dem (der) als erwiesen angenommen wurde | Inhalt des von dem (der) gesprochenen Erkenntnisses, mit eigenhändiger Fertigung des Vorstandes und Protokollführers | Entschädigung, welche durch das Erkenntnis ausgesprochen worden ist | Anmerkung |
|---|---|---|---|---|---|---|---|---|
| | | | | | | | | |

§ 71. Gegen Erkenntnisse, welche über derlei Übertretungen, sowie jene der
Waldbesitzer (§ 18) und der in den §§ 44 bis einschließlich 51 bezeichneten unerlaubten
Handlungen und Unterlassungen gefällt wurden, stehen jene Rechtsmittel an die höheren
politischen Behörden offen, welche die bestehenden Gesetze über Übertretungen zulassen (§ 77).

Da die Übertretungen gegen das F. G. von Amts wegen, § 69, zu verfolgen
sind, wird die anzeigende und beschädigte Partei nicht als Privatankläger, sondern
nur als Beschädigter angesehen, welchem gegen ein freisprechendes Erkenntnis oder gegen das Strafausmaß kein Berufungsrecht zusteht. Den Forstämtern
und Forstorganen steht also eine Berufung nur zu, wenn ein Schulderkenntnis gefällt wurde und nur gegen jenen Teil des Erkenntnisses, welcher ihre privatrechtlichen Ansprüche betrifft.

## 6. Von den Waldschadenersatz-Bestimmungen.

§ 72. Wer sich einer strafbaren Handlung gegen die Sicherheit des Waldeigentumes
schuldig machte, hat dem beschädigten Waldbesitzer vollen Ersatz zu leisten, daher
nicht bloß den Wert des etwa entwendeten Forstproduktes, sondern auch den unmittelbaren Verlust zu vergüten, welcher durch Störung oder Minderung der Erzeugungs-
fähigkeit des Waldes allenfalls verursacht worden ist.

§ 73. Damit die Behörden den Betrag des Schadens mit Zuverlässigkeit entnehmen können, haben die Forstbediensteten die Art und Weise, sowie die Größe der
Beschädigung nach den in der Beilage D enthaltenen Grundsätzen zu beurteilen.

Die Angaben des Aufsichtspersonales sind von den ihm vorgesetzten Forstbeamten
zu bestätigen oder zu berichtigen.

§ 74. Steht das Forstaufsichtspersonale nicht unter der Leitung von Forstbeamten, oder wird die Anzeige von Beschädigungen durch andere Personen als das
gedachte Forstaufsichtspersonale gemacht, so soll die politische Behörde zur Schätzung
des Schadens einen der nächsten Forstbeamten, oder, in Ermangelung von Forstbeamten,
einen anderen unparteiischen, hiefür besonders zu beeidigenden, Sachverständigen berufen.

§ 75. Ergeben sich gegründete Bedenken gegen die Richtigkeit der Schätzung
eines Schadens, so hat die politische Behörde durch ihren Abgeordneten denselben an
Ort und Stelle durch, von ihr gewählte beeidete unparteiische Sachverständige, wovon
regelmäßig und nach Tunlichkeit zwei beizuziehen sind, erheben und schätzen zu lassen.

§ 76. Für jeden Bezirk einer politischen Behörde und nach Erfordernis auch für einzelne Teile desselben ist ein Waldschadenersatztarif, welcher der Bemessung der Ersätze zur Grundlage zu dienen hat, von den politischen Behörden im Einvernehmen von Sachverständigen nach den, in der Beilage D angeführten Grundsätzen, gleich nach der Kundmachung dieses Gesetzes, auszufertigen, welcher wieder zu erneuern ist, wenn im Laufe der Zeit die Holzpreise eine bedeutende Änderung erfahren haben, doch steht es dem Beschädigten, welcher in einzelnen Fällen einen größeren Schadenersatz, als im Tarife festgesetzt ist, ansprechen und erweisen zu können glaubt, frei, den ordentlichen Rechtsweg zu ergreifen.

Beilage D.

### Grundsätze, nach welchen der Waldschaden-Tarif zu entwerfen und der Schadenersatz zu leisten ist.

I. Das Holz ist bei Bestimmung des Waldschaden-Ersatz-Tarifes zu unterscheiden, als: 1. Feuerholz (Brenn-, Brand-, Kohl-, Rost- und Flammholz), und 2. Bau- und Werkholz (Stamm-, Rund- und Klotzholz, Nutzholz, Zeugholz, Maschinenholz etc.). Diese beiden Hauptsorten sind ferner nach den örtlich berücksichtigungswerten Holzarten, von welcher jedoch alle jene, die nahezu gleiche Werte haben, in eine Abteilung zusammenzufassen kommen, zu unterscheiden, und nach ihrer weiteren Beschaffenheit wieder in die a) beste, b) mittlere, und c) geringste Sorte aufzulösen. Für jede dieser Unterabteilungen sind sodann die Wald-Durchschnittspreise, und zwar einmal für einen oder bei sehr geringen Holzpreisen auch für mehrere Kubikschuhe solider Holzmasse, nach Abzug der Aufarbeitungs- und Fällungskosten, und das zweite Mal für die örtlichen Raummaße anzusetzen. Die ersteren Preise haben für stehendes und überhaupt als Rundholz leicht zu veranschlagendes Holz, unter Zurechnung etwaiger Bearbeitungskosten, in Anwendung zu kommen. Letztere gelten für das gefällte und bereits aufgearbeitete Holz, insoferne dieses wegen seiner Umformung und der dabei sich ergebenden Abfälle auf Rundholz nicht mehr leicht zurückgeführt werden kann. Holz, welches während der Aufarbeitung und Zurichtung entfremdet würde, ist so zu betrachten, als wäre es bereits gänzlich aufgearbeitet oder zugerichtet.

II. Die Walddurchschnittspreise der übrigen Forstprodukte sind, falls dieselben örtlich um bestimmte Preise veräußert werden, desgleichen für die gebräuchlichen Maße, und zwar sowohl mit als ohne Gewinnungskosten anzusetzen. Die Tarife haben ferner den gemeinüblichen Taglohn des gewöhnlichen Arbeiters, die bestehenden Fuhrlöhne und den Wert eines Joches Hutweide, nach den vorkommenden Hauptgüteklassen zu enthalten.

III. Bei Entwendungen von Holz, vorausgesetzt, daß nicht Gipfel, Äste oder Zweige hiebei abgehauen oder abgerissen, oder junge Pflanzen entnommen oder beschädigt werden, ist der Schadenersatz stets nach den tarifmäßigen Preisen zu leisten. Diese Preise sind zu bezahlen: 1. einfach für a) bereits gefälltes oder aufgearbeitetes, oder zur alsbaldigen Fällung bestimmtes oder zufällig am Boden liegendes oder gebrochenes Holz; b) dürre oder gänzlich unterdrückte, dann für wachsbare Bäume und Stangen, falls sie aus dem geschlossenen Stande vereinzelt hinweggenommen werden, und nicht besonders wertvollen, nur eingesprengt vorkommenden Holzarten angehören; c) Stockrodungen, wenn die hiedurch veranlaßten Löcher wieder geebnet worden sind, die Stöcke nicht etwa als Schutzmittel notwendig gewesen wären, und von ihnen keine Wiederausschläge erwartet wurden.

2. Ein- und einhalbfach, für: a) wachsbare Bäume und Stangen, falls zwei oder mehrere nebeneinander und aus dem geschlossenen Stande, ohne hiedurch mehr als eine lichte Stellung zu veranlassen, oder einzelne, aus dem lichten Stande hinweggenommen werden; b) zerstreut übergehaltene Laßreidel (siehe III. Band, S. 168) und Oberhölzer oder besonders wertvolle, in geschlossenen Beständen nur eingesprengt vorkommende Hölzer, von minder entsprechender Beschaffenheit; c) Stockrodungen, wenn die unter 1. aufgezählten erleichternden Umstände nur zum Teile statthaben.

3. Doppelt, für: a) wachsbare Bäume und Stangen, falls zwei oder mehrere, nebeneinander aus dem lichten, oder so viele aus dem geschlossenen Stande hinweggenommen werden, daß hiedurch mehr als eine lichte Stellung veranlaßt wird; b) zerstreut übergehaltene Laßreidel und Oberhölzer, oder besonders wertvolle nur eingesprengt vorkommende Hölzer von guter Beschaffenheit; c) Stockrodungen, wenn die unter 1. angeführten erleichternden Umstände in keiner Rücksicht statthaben.

Für Bau- und Werkhölzer dürfen übrigens die tarifmäßigen Preise nur bei den einfachen Zahlungen in Anwendung kommen. Bei Zahlungen im ein- und einhalbfachen oder doppelten Betrage sind die Mehrbeträge für dieselben nur nach dem Preise der besten Brennholzsorte zu veranschlagen. Allfällige Bringungskosten sind dem Waldbesitzer jedesmal insbesondere zu vergüten.

IV. Bei Beschädigungen, die durch das Anhacken und Anplätzen stehender Bäume und Stangen, das Anbohren derselben, das Einhauen von Kerben, Besteigen mittels Steigeisen, die Weiterbeförderung von Holz und Steinen, das Beklopfen und Anschlagen an dieselben, sowie durch die Entblößung von Baumwurzeln veranlaßt werden, ist der Ersatzbetrag mit einem Zehnteile des Wertes der gesamten Schaftholzmasse zu berechnen. Dieser Ersatzbetrag ist ferner dem Werte eines Vierteiles der gesamten Schaftholzmasse gleich zu setzen, wenn stehende Bäume und Stangen wie immer entrindet werden. Werden Beschädigungen durch das Abhauen, Abschneiden oder Abreißen von Gipfeln, Ästen und Zweigen veranlaßt, gleichviel, ob sich an denselben Laub oder Nadeln befinden oder nicht, so ist der Ersatzbetrag mit dem Preise, welcher der Sorte und dem doppelten Kubikinhalte des gefrevelten Holzes entspricht, zu bemessen.

Unter dem am Schlusse des vorstehenden Absatzes gebrauchten Ausdrucke „gefreveltes Holz" ist die Astholzmasse (d. i. die Masse der zur Streugewinnung abgehauenen oder abgeschlagenen Äste) und nicht die Schaftholzmasse (d. i. die Masse des beschädigten, verwundeten Stammes) zu verstehen (Note des A. M. an das Ministerium des Innern vom 81. Oktober 1873, Z. 5707).

Lassen jedoch diese Beschädigungen ein allgemeines Zurückbleiben im Holzzuwachse der verwundeten Stämme befürchten, so sind die gedachten Ersatzbeträge ein- und einhalbfach, und wenn das Absterben der verwundeten Stämme besorgt wird, zweifach zu bezahlen. Besenreis, Gerten, Wieden, Stöcke, schwache Reifstangen etc. sind, falls sie dem liegenden Holze entnommen werden, und für dieselben nicht besondere Preise bestehen, als Reisig, wenn sie von stehenden Stämmen und Stangen genommen werden, wie abgehauene Äste und Zweige, und wenn junge Stämmchen dazu benützt werden, gleich jungen Holzpflanzen anzurechnen. Stärkere Reifstangen sind als Werkholz zu betrachten.

Wurde bei Entrindungen die Rinde den Frevlern nicht abgenommen, so ist sie abgesondert zu vergüten. Bestehen keine bestimmten Rindenpreise, so ist für jedes Kubikmeter zu besonderen Zwecken verwendbare Rindenmasse, oder für Bruchteile dieser Menge, sie mag stehenden oder liegenden Hölzern entnommen sein, der doppelte Wert von einem Kubikmeter, beziehungsweise vom entsprechenden Bruchteile bester Brennholzsorte der betreffenden Holzart anzunehmen.

V. Für jedes Quadratmeter Bodenfläche, auf welcher irgend eine Entfremdung oder Beschädigung junger Holzpflanzen stattfand, ist, und zwar bei Pflanzen bis zum vollendeten zweijährigen Alter der Preis von 0·005 $m^3$, bei Pflanzen über dem zweijährigen bis einschließlich dem vollendeten sechsjährigen Alter von 0·008 $m^3$ und bei Pflanzen über das sechsjährige Alter von 0·01 $m^3$ solider Masse der mittleren Brennholzsorte und nach dem Tarife für stehendes Holz als Ersatzbetrag zu entrichten. Bruchteile vom Quadratmeter und Bruchteile von Kreuzern sind hiebei als ganze anzunehmen. Dieser Ersatzbetrag ist einfach in Rechnung zu bringen, wenn die jungen Pflanzen vereinzelt entfremdet oder beschädigt wurden, wenn die zurückgebliebenen unbeschädigten Pflanzen sich noch immer in einem ziemlich befriedigenden Schlusse befinden, und wenn die Kultur, in welcher die Beschädigung statthatte, nicht ungewöhnliche Auslagen verursachte; er ist dagegen mit dem ein- und einhalbfachen, oder mit dem doppelten zu berechnen, je nachdem die gedachten den Schaden mindernden Umstände nur zum Teile oder gar nicht obwalten.

Diese Textierung des Punkt V erfolgte durch Min. Vdg. vom 5. August 1878, R. G. Bl. Nr. 109.

VI. Für entfremdete Baumsäfte (Harz, Terpentin, Birken- und Ahornsaft), für Waldfrüchte (Holzsamen, Waldobst, Beeren), für Schwämme oder Baummoder sind stets nur einfache Ersatzbeträge zu leisten. Wurden sie den Frevlern nicht abgenommen, und bestehen für dieselben keine bestimmten Preise, so ist für jede einzelne, bei der Sammlung betretene Person sowie nach Maßgabe der Menge des gesammelten Produktes, und zwar für Harz und Terpentin der zwei- bis achtfache gemeinübliche Tagelohn, für anderweitige Baumsäfte, Waldfrüchte, Schwämme und Baummoder aber ein Viertel bis ein ganzer gemeinüblicher Taglohn als Ersatzbetrag anzunehmen. Hat bei der Entfremdung von Baumsäften, Waldfrüchten, Schwämmen und Baummoder eine Beschädigung der Bäume durch Anbohren, Anhauen u. dgl. stattgefunden, so ist hiefür insbesondere Ersatz zu leisten.

VII. Für abgestreiftes Laub, für Bodenstreu, Erde, Lehm, Torf, Stein, Gips, Rasenstücke, ausgegrabene Wurzeln, Waldgras und Kräuter ist, insoferne diese Produkte den Frevlern nicht abgenommen wurden, und nicht bestimmte Preise dafür bestehen, jede Traglast oder jene Menge, welche eine mittelstarke, erwachsene Person ohne übermäßige Anstrengung durch Tragen aus dem Walde zu schaffen vermag, mit dem Werte eines Vierteiles des gemeinüblichen Taglohnes zu berechnen. Werden die gedachten Produkte mittels Fuhrwerk weiter geschafft, so ist die bezügliche Last nach Tragen anzuschätzen.

Der tarifmäßige oder nach dem Vorstehenden bemessene Ersatzbetrag ist ferner:

a) bei abgestreiftem Laube, wenn es von liegenden Stämmen, oder von einzelnen Ästen stehender älterer Bäume entnommen wird, einfach; wenn ein großer Teil der Krone älterer Bäume, jedenfalls aber weniger als die Hälfte der Verzweigung oder einzelne Äste junger Stämmchen abgestreift werden, mit dem Ein- und Einhalbfachen, und wenn stehende ältere Bäume zur Hälfte oder darüber und junge Stämmchen über ein Drittteil entlaubt werden, doppelt; *b)* bei Entfremdung von Bodenstreu, wenn diese an keiner Stelle gänzlich hinweggenommen wird, wenn keine eisernen Rechen oder Hauen, oder andere scharfe Instrumente zur Sammlung benützt werden, wenn der Holzbestand nicht mehr im jugendlichen Alter, und auch nicht zur alsbaldigen Verjüngung bestimmt ist, wenn in demselben kurz vorher keine Durchforstung statthafte, und wenn der Boden von besserer Beschaffenheit ist, oder das Streumateriale in übergroßer Menge vorkommt, einfach; wenn eine oder zwei dieser Bedingnisse nicht erfüllt sind, ein- und einhalbfach; und wenn mehrere Bedingnisse unerfüllt erscheinen, doppelt, und *c)* bei Entwendung von Erde, Torf, Lehm, Steinen, Gips, Rasenstücken, Gras und Kräutern, und bei unerlaubtem Wurzelgraben, wenn keine nachteilige Veränderung des Grund und Bodens dadurch veranlaßt wurde, einfach; wenn jedoch eine solche Veränderung verursacht wird, je nachdem sie von geringerer oder größerer Bedeutung ist, ein- und einhalbfach oder doppelt zu entrichten.

VIII. Für jede Quadratklafter Waldgrund, die durch die Bildung neuer und die Benützung außer Gebrauch gesetzter Wege und Stege, durch die Anlage von Erdriesen (Erdgefährten u. dgl.), die unbefugte Ableitung von Wässern, die Anlage von Kohlstätten etc. nachteilig verändert wird, kann der Preis einer Quadratklafter Hutweide von einer Beschaffenheit, wie sie der Waldboden vor seiner nachteiligen Veränderung besaß, als Ersatzbetrag gefordert werden. Ist eine weitere Verbreitung der dadurch veranlaßten üblen Folgen mit Grund zu besorgen, so ist jedoch dieser Betrag, je nachdem die Besorgnis von geringerer oder größerer Bedeutung erscheint, ein- und einhalbfach — oder doppelt zu bezahlen.

Beschädigungen an stehenden Bäumen und jungen Holzpflanzen, welche bei derlei nachteiligen Veränderungen des Waldgrundes oder durch die im Punkt VII aufgezählten Entfremdungen statthaben, sind insbesondere zu vergüten.

IX. Für jedes Stück Vieh, welches ohne Berechtigung, oder mit Überschreitung der festgesetzten Zahl, Gattung oder Altersklasse, oder in verhegte Orte und zur unerlaubten Zeit in fremde Wälder getrieben wird, können nachstehende Beträge als Ersatz angesprochen werden:

der Preis von

| | |
|---|---:|
| für ein Pferd, ein Maultier oder einen Esel, die wenigstens halb erwachsen sind | 8 |
| die noch nicht halb erwachsen sind | 6 |
| für ein Stück Hornvieh, das wenigstens halb erwachsen ist | 4 |
| das noch nicht halb erwachsen ist | 3 |
| für eine Ziege (Geiß oder Bock) ohne Unterschied | 2 |
| für ein Schwein | 1 |
| für ein Schaf | 1 |
| für ein Stück Federvieh | $\frac{1}{4}$ |

Kubikschuh am Stocke befindlicher Holzmasse mittlerer Brennholzsorte der in den betreffenden, oder bei allfälligen Blößen, in dem angrenzenden Bestande vorherrschenden oder berücksichtigungswerteren Holzart, vorausgesetzt jedoch, daß der fragliche Holzpreis nicht weniger als 2 *h* für einen Kubikschuh solider Holzmasse betrage. Würde dieser noch weniger betragen, so könnte statt je eines Kubikschuhes solider Holzmasse 2 *h* als Entschädigungsbetrag in Anspruch genommen werden.

Diese Ersatzbeträge sind ferner dann, wenn die verhegten Orte noch ganz junge natürliche Nachwüchse oder Kulturen sind, oder wenn ohnehin schon so viel Weidevieh in den Wald getrieben wird, als wirtschaftlich zulässig ist, oder, wenn Bodenbeschaffenheit und Witterung, sowie eine nachgewiesene längere Dauer oder Wiederholung eines solchen unberechtigten Eintriebes eine größere Beschädigung begründen, ein- und einhalbfach, und wenn zwei oder mehrere dieser erschwerenden Umstände statthaben, doppelt zu bezahlen. Eine besondere Vergütung für die beschädigten jungen Pflanzen und verdorbenen Kulturen kann nebst den gedachten Ersatzbeträgen nicht angesprochen werden. Es steht jedoch dem Kläger frei, eines oder das andere in Anspruch zu nehmen.

X. Bei Beschädigungen, die im Vorstehenden nicht namentlich berücksichtiget sind, hat die Anschätzung einer ein- oder mehrfachen Vergütung nach jenen Anhaltspunkten zu geschehen, welche die aufgezählten ähnlichen Beschädigungen anhandgeben.

XI. Sind die entfremdeten Forstprodukte den Waldeigentümern, wie immer zurückgestellt worden, so kann nur jener Ersatzbetrag gefordert werden, welcher außer dem bezüglichen einfachen Betrage zu entrichten ist.

Bei der Bestimmung des Waldschadenersatzes darf nur nach dem festgesetzten Tarife vorgegangen werden ohne Rücksicht, ob ein wirklicher Schaden verursacht wurde, oder ob der Frevler ein Eingeforsteter ist oder nicht. Die politischen Behörden sind berechtigt, zur Einbringung der Schadenersätze Zwangsmaßregeln (sogenannte **politische Exekution**) durchzuführen, um deren Anordnung die Forstorgane dann einschreiten können, wenn die Frevler die zuerkannten Ersatzbeträge nicht freiwillig leisten. (Über den Begriff der Exekution = Zwangsvollstreckung siehe § 74 der Gesetzk.)

### 7. Von dem Instanzenzuge.

**§ 77.** Wer sich durch eine in Gemäßheit dieses Forstgesetzes erlassene Verfügung einer unteren politischen Behörde gekränkt erachtet, kann dagegen an die höhere politische Behörde den **Rekurs** ergreifen. Enthält der zu berufende Erlaß ein Straferkenntnis (§§ 2 bis 18, 41, 44, 45, 48, 50, 60, 61, 62 und 67) so hat der § 71 in Anwendung zu kommen.

Übrigens gelten für die in diesem Gesetze zugestandenen Berufungen nachfolgende Bestimmungen:

*a)* Stand die Entscheidung der untersten politischen Behörde zu (§§ 9, 18, 23, 24), so hat der Rekurs an die politische Landesbehörde und in dritter Instanz an das Ministerium des Innern statt, welches letztere jedoch stets, d. i. auch in den unter *b, c* und *d* vorkommenden Fällen nur nach gepflogenem Einvernehmen mit dem Ministerium für Landeskultur und Bergwesen die Entscheidung erläßt.

Aus wichtigen Gründen, wozu insbesondere die Vermeidung von Kosten gehört, kann die Kreisbehörde von der Landesbehörde entweder im allgemeinen oder in einzelnen Fällen die Ermächtigung erhalten, für letztere im Delegationswege zu entscheiden, gegen welche Entscheidung die Berufung an das Ministerium, jedoch durch die Landesbehörde, welche ihr Gutachten beizufügen hat, gerichtet werden muß.

*b)* Insoferne eine Kreisbehörde zur Entscheidung in erster Instanz berufen ist (§§ 2, 9, 20, 25, 26, 30), so geht der Beschwerdezug an die Landesbehörde und das Ministerium des Innern;

*c)* ist die erste Entscheidung der politischen Landesbehörde vorbehalten (§§ 21, 26 und 30), so findet ein weiterer Rekurs nur an das genannte Ministerium statt, von welchem eine weitere Berufung auch in dem Falle nicht mehr Platz greift, wenn

*d)* demselben die unmittelbare Entscheidung überlassen ist (§§ 2, 26 und 30).

Was die Behörde, bei welcher, und die Zeit, binnen welcher ein Rekurs zu überreichen ist, anbelangt, so gelten die allgemeinen politischen Vorschriften.

In Betreff der Rekurse in Strafsachen, siehe Bemerkungen zum § 71 F. G. — In Strafsachen entscheidet in dritter Instanz das Ministerium des Innern im Einvernehmen mit dem Ackerbauministerium, während in den sonstigen forstlichen Rekursfällen die Entscheidung in dritter Instanz dem Ackerbauministerium zusteht, in dessen Wirkungskreis auch die Handhabung des Forstgesetzes und die bezüglichen legislativen Verhandlungen gehören (Kundmachung d. A. M. vom 14. Februar 1869, R. G. Bl. Nr. 22). Falls es sich um eine gewöhnliche Flößung gebundenen Holzes ohne Hilfe eigener Flößereigebäude handelt, ist mit Rücksicht auf den Min.-Erlaß vom 20. April 1861, R. G. Bl. Nr. 49 nicht das Ackerbauministerium, sondern das Handelsministerium die kompetente oberste Instanz (A. M. E. v. 8. Februar 1873, Z. 11284).

Durch das Gesetz vom 12. Mai 1896, R. G. Bl. Nr. 101, wurde die **Frist** für **Rekurse** (Berufungen) gegen Entscheidungen der politischen Behörden 1. **Instanz auf 14 Tage, 2. Instanz auf 4 Wochen** festgesetzt, falls nicht eine andere besondere Frist vorgezeichnet ist. Der Rekurs kann mündlich, schriftlich, auch telegraphisch sein, muß aber bei jener Behörde eingebracht werden, welche in 1. Instanz entschieden hat. Die politischen Behörden müssen in ihren Entscheidungen stets angeben, ob und in welcher Frist ein Rekurs zulässig ist.

## § 96. Die Vorschriften über die Handhabung des Forstgesetzes.

Um die genaue Handhabung des Forstgesetzes zu sichern, hat das k. k. Ackerbauministerium den politischen Behörden mit der Verordnung vom 3. Juli 1873, Z. 6958, eigene Vorschriften gegeben.

Betreffend die Überwachung der **Waldbewirtschaftung** im allgemeinen wurden die politischen Behörden auf den § 23 F. G. verwiesen zur nachdrücklichen Verfolgung aller Verletzungen gegen die Sicherheit des Waldeigentums, soweit sie der politischen Entscheidung zustehen, und zur Durchführung des § 22 F. G. aufgefordert, nach welchem für Waldungen von hinreichender Größe fachkundige Wirtschaftsführer aufzustellen sind.

Im einzelnen wurde die Überwachung der Waldrodungen § 2 F. G. und der Aufforstungen § 3 F. G., über welche eigene Vormerkungen zu führen sind, eingeschärft, und die strenge Verfolgung der Waldverwüstungen angeordnet. Ein besonderes Augenmerk haben die politischen Behörden darauf zu richten, daß bei jeder sich darbietenden geeigneten dienstlichen Gelegenheit jene Waldungen oder Waldteile, welche im Sinne der §§ 6 und 7 F. G. bleibend als Schutzwaldungen anzusehen und in der in diesen Paragraphen vorgeschriebenen Weise zu bewirtschaften sind, ermittelt werden.

Bei Wahrnehmung einer den Bestimmungen des Gestzes nicht entsprechenden Bewirtschaftung solcher Waldungen ist die im § 23 F. G. vorgezeichnete Amtshandlung schleunigst durchzuführen. Bei den diesfälligen Erhebungen sind die Umstände genau zu erforschen und zu begründen, welche diesen Waldungen die Eignung als Schutzwaldungen geben.

In dem Erkenntnisse, in welchem die Waldungen oder Waldteile als Schutzwaldungen erklärt werden, sind dieselben hinsichtlich ihrer Grenzen, sowie die einzuhaltende Waldbehandlung genau festzustellen und sind zugleich die Vorkehrungen wegen einer etwa einzuleitenden besonderen Überwachung des Vollzuges zu treffen, in welchem Falle den mit dieser Überwachung zu betrauenden Individuen eine Abschrift des rechtskräftigen Erkenntnisses mitzuteilen ist. In analoger Anwendung der Bestimmung des § 19 F. G. über die Bannwaldungen können solche Individuen besonders in Eid und Pflicht genommen werden.

Wird von den Beteiligten das Ansuchen gestellt, daß Waldungen oder Waldteile, welche auf Grund eines früheren Erkenntnisses als Schutzwaldungen erklärt worden sind, mit Rücksicht auf die geänderten Verhältnisse aus dieser Kategorie ausgeschieden werden, so kann dies nur wieder auf Grund einer nach § 20 F. G. durchzuführenden Erhebung und nur bei gehörig nachgewiesener Zulässigkeit einer solchen Ausscheidung geschehen.

Die Schutzwaldungen sind bei jeder politischen Bezirksbehörde in einem Ausweise in Evidenz zu halten. In ähnlicher Weise sind die Bannwälder §§ 19 und 20 F. G. zu ermitteln, auszuscheiden und in Evidenz zu halten.

Die Bezeichnung „Schutzwald" ist dem Fortgesetze vom 3. Dezember 1852, R. G. Bl. Nr. 250, fremd, selbe wird jedoch im § 16 der ·Verordnung des Ackerbauministeriums vom 3. Juli 1873, Z. 6953, betreffend die Handhabung des Forstgesetzes gebraucht. Hierunter sind daselbst Wälder verstanden, auf welche die §§ 6 und 7 F. G. Anwendung finden, welche also auf einem Boden, der bei gänzlicher Bloßlegung in breiten Flächen leicht fliegend wird, oder in schroffen. sehr hohen Lagen, oder an den Ufern größerer Gewässer, wenn jene nicht etwa durch Felsen gebildet werden. dann an Gebirgsabhängen, wo Abrutschungen zu befürchten sind, sich befindet. Sind diese Eigenschaften vorhanden, so dürfen die Wälder nur in eingeschränkter Weise und zwar nur so bewirtschaftet werden, wie es die beiden Gesetzesparagraphe vorschreiben. Die Eigenschaft eines Waldes „Schutzwald" zu sein, ist unmittelbar im Gesetze begründet, und es bedarf nicht erst eines besonderen Erkenntnisses, durch welches das Vorhandensein jener Eigenschaft festgestellt und die Verpflichtung zur entsprechenden Bewirtschaftung ausgesprochen würde. Durch die Anordung der §§ 6 und 7 F. G. soll dem Waldboden die dauernde Ertragsfähigkeit gesichert und der Waldbestand erhalten werden. Die beschränkenden Bestimmungen dieser Paragraphe sind im Interesse der betreffenden Waldgrundstücke selbst gelegen.

Die Bezeichnung „Bannwald" wird in den §§ 19 und 20 F. G. gebraucht. Ein Wald ist erst dann „Bannwald" bis er in Bann gelegt, d. h. bis durch ein Erkenntnis ausgesprochen ist, daß der Wald in bestimmter, eingeschränkter Weise zu bewirtschaften ist, damit hiedurch Personen, Staats- und Privatgut gegen Lawinen, Felsstürze, Steinschläge, Rutschungen etc. gesichert werden. Die Bannlegung, d. i. die Verhängung von Wirtschaftsbeschränkungen, erfolgt zwar zur Erhaltung des Waldbestandes. aber nicht im Interesse desselben, sondern damit der Wald elementare Gefahren, die häufig außerhalb desselben ihren Ursprung haben und Menschen oder Objekte bedrohen. abwehre oder mindere. Daraus erklärt sich, daß die Bannlegung Entschädigungsansprüche seitens des Waldbesitzers im Gefolge haben kann, was bei einem „Schutzwalde" ausgeschlossen ist.

Die Bewirtschaftung von Wäldern, auf denen Einforstungen lasten, und von Wäldern, welche Stiftungen, öffentlichen Körperschaften, Gemeinden oder Genossenschaften gehören, ist besonders genau zu überwachen.

Weiter haben die politischen Behörden alle Umstände wahrzunehmen, welche in Bezug auf die vorhandenen oder auf neu anzulegende Bringungsanstalten insbesondere für größere Waldkomplexe oder zusammenhängende Waldgebiete von Bedeutung sind. Zu diesem Zwecke haben sie sich bei behördlich erteilten Konzessionen dieser Art, insbesondere bei den wichtigeren Bringungsanstalten, wie Holzbahnen auf fremden Grundstücken, Trift- und Flößereibewilligungen, Triftbauten und anderen Triftanstalten von der Einhaltung der in der bezüglichen Bewilligung festgestellten Bedingungen die Überzeugung zu verschaffen. Erscheinen zur Veranlassung der Einhaltung dieser Bedingungen oder zur Beseitigung vorgefundener Mißstände oder Gefahren besondere Vorkehrungen notwendig, so sind dieselben ohne Versäumnis zu treffen. Werden bezüglich der bestehenden Bringungsanstalten oder in Bezug auf die Art ihrer Benützung Umstände wahrgenommen, welche zu einer gegründeten Besorgnis von Gefahren oder Beschädigungen Anlaß geben, oder welche eine vorteilhafte Ausnützung der Waldungen nicht zulassen, so sind die Beteiligten auf die gemachten Wahrnehmungen und nach Umständen auf die Bildung von Genossenschaften zur Herstellung neuer, beziehungsweise verbesserter Bringungsanstalten aufmerksam zu machen. Die politische Behörde hat über die in ihrem Bezirke bestehenden Anstalten zur Bringung von Forstprodukten einen Vormerk zu führen.

Damit die politischen Behörden eine genaue Kenntnis sämtlicher Forste ihres Bezirkes erlangen, sind forstliche Durchforschungen vorzunehmen, ohne erst Anzeigen oder Beschwerden von Parteien abzuwarten.

Bei diesen gemeindeweise vorzunehmenden forstlichen Durchforschungen sind insbesondere zu ermitteln: die Lage und Bodenbeschaffenheit, mit Rücksicht auf die orographischen, hydrographischen und geognostischen Beziehungen, soweit dieselben auf den Forstbetrieb Einfluß nehmen; die Größe der einzelnen Besitzobjekte nach dem Katastralflächenmaße; die im Kataster eingetragene und die wirklich vorgefundene Kulturgattung; die Bestandes- und Zuwachsverhältnisse; die Art der Bewirtschaftung, insbesondere ob im Nachhalts- oder aussetzenden Betriebe; die Wirtschaftseinrichtung (Ertragsermittlung, Betriebspläne, Einteilungen); die Verjüngungsweise, insbesondere bei künstlichen Kulturen, die Art der Pflanzenerziehung; ferner die derzeit wirklich gewonnenen und die bei regelmäßiger Wirtschaft gewinnbaren Hauptprodukte und Nebennutzungen nach Gattungen und approximativen Mengen; die gewöhnliche Umtriebszeit, die Art der Gewinnung, Bringung, Bearbeitung und Verwertung der Forstprodukte, sowie besonders wichtige für diese Zwecke, sowie für Zwecke der Holzindustrie bestehende Einrichtungen und deren Beschaffenheit; die Art und Weise der Gebarung mit dem Holze und der Verwendung desselben, insbesondere mit Rücksicht auf abstellbare Mißbräuche und Verschwendung bei der Holzgewinnung, Holzlieferung, beim Verbrauche des Holzes zum Verbrennen, Verkohlen, Verbauen, Verzäunen, bei der Weidewirtschaft u. s. w.; dann die durchschnittlichen Preise der Forstprodukte; die Holzzucht auf den Feldern (Baumfeldwirtschaft); die etwa vorhandenen verschiedenen Holzersatzmittel und deren allfällige Verwendung; die wichtigeren wechselseitigen Beziehungen zwischen der Land- und Forstwirtschaft; ferner die Besitzverhältnisse, die Belastung mit Einforstungen; die Art der Benutzungsrechte für Gemeinde- und Gemeinschaftswaldungen; das bestellte Wirtschafts- und Schutzpersonale mit Rücksicht auf Zahl und Verhältnis zur Größe der Waldungen und auf besonders bemerkenswerte Dienst- und Lohnverhältnisse.

Zur geeigneten Benützung bei der forstlichen Durchforschung sind bezüglich der betreffenden Waldungen die einschlägigen ämtlichen Daten bei den Behörden und Gemeinden sowohl am Sitze des Forsttechnikers, als sonst in den Bezirken möglichst vollständig zu sammeln. Bei der Begehung der Waldungen ist zugleich festzustellen, ob die für selbe etwa erflossenen behördlichen Anordnungen und Erkenntnisse auch in Vollzug gesetzt worden sind.

Im übrigen sind die für die forstliche Beschreibung wichtigen tatsächlichen Verhältnisse teils im mündlichen Verkehre mit den Gemeindevorstehern, Mitgliedern der land- und forstwirtschaftlichen Vereine, Waldeigentümern und deren Wirtschaftspersonale, teils durch Einsicht von Ertragsermittlungen, Betriebsplänen und anderen Wirtschaftsakten, soweit solche zugänglich sind, zu ermitteln.

Soweit es für den bezeichneten Zweck notwendig oder wünschenswert ist, haben die Forsttechniker sowohl die Gemeindevorsteher als auch die Waldeigentümer oder deren Forstpersonale zu den Begehungen einzuladen. Die bei der forstlichen Durchforschung gewonnenen Daten sind in eine eigene übersichtliche Tabelle einzutragen; diese werden gemeindeweise gesammelt und bilden den Waldkataster, zu welchen auch noch Übersichtskarten angefertigt werden sollen.

Zur Erfüllung aller dieser Aufgaben wurde den politischen Behörden ein eigenes forsttechnisches Personale beigegeben, nämlich Forsttechniker bei den Landesbehörden und Bezirkshauptmannschaften; ferner Forstwarte für den äußeren Forstpolizeidienst, deren Stellung und Wirkungskreis zuletzt durch die Verordnung des Ackerbauministeriums vom 1. November 1895, R. G. Bl. Nr. 165, sowie durch die gleichzeitig erlassenen Instruktionen geregelt wurden.

## II. Kapitel.

# Die Karst-Aufforstungs-Gesetze.

### § 97. Grundzüge der Karst-Aufforstungs-Gesetze.

Um die Wiederbewaldung des Karstes in **Görz-Gradiska, Triest, Istrien, Krain** und **Dalmatien** zu fördern, wurden für diese Länder Karstaufforstungs-Gesetze erlassen, nämlich für Görz-Gradiska vom 9. Dezember 1883 L. G. Bl. Nr. 13,

|  |  |  |  |
|---|---|---|---|
| Istrien | . . . . 7. Mai . . . 1886 | . . . . . . . 32, 1887, |
| Krain | . . . . 9. Mai . . . 1885 | . . . . . . . 12, |
| Triest | . . . . 27. Dezember 1882 | . . . . . . . 5, 1882, |
| Dalmatien | . . 9. November 1880 | . . . . . . . 2. |

Die Karstaufforstung ist in den vier erstgenannten Ländern ganz gleichartig geregelt; die Durchführung der Aufforstung obliegt einer für jedes Land aufgestellten besonderen „Aufforstungs-Kommission", welche über alle Angelegenheiten zu beraten und zu beschließen hat. Diese Kommission hat aus den Waldgründen, Hutweiden und unproduktiven Flächen des Karstgebietes jene Parzellen festzustellen, deren ständige forstmäßige Behandlung zur Herbeiführung einer Milderung der elementaren und gemeinschädlichen Übelstände der Karstregion angemessen erscheint.

Diese Parzellen sind nach ihrer Feststellung und sobald das bezügliche Erkenntnis in Rechtskraft erwachsen sein wird, in einem besonderen Kataster zu verzeichnen, innerhalb dreißig Jahren der Aufforstung als Mittel- oder Hochwälder nach den folgenden Bestimmungen dieses Gesetzes zuzuführen und auch weiterhin nach den jeweiligen forstgesetzlichen Bestimmungen forstmäßig zu behandeln.

Bei Feststellung dieser Grundstücke ist insbesondere die Bewaldung der Bergkuppen oder dem Karstplateau und der schroffen Abhänge dieses Plateaus ins Auge zu fassen, und sind daher jene Grundstücke auf dem Karstplateau selbst, welche auch zu einer landwirtschaftlichen Kultur geeignet wären, in allen Fällen, wo es ohne erhebliche Beeinträchtigung des Hauptzweckes der Karstaufforstung geschehen kann, in die Aufforstung nicht einzubeziehen.

Die Kommission bewilligt Waldeigentümern Geldunterstützungen, unentgeltliche Abgabe von Pflanzen oder sie erteilt Unterweisungen zu Aufforstungen von Privat-Grundstücken, welche in den Karstkataster aufgenommen wurden. Die Kommission kann auch den Ankauf von Grundstücken oder die Ablösungen von Nutzungsrechten zu Aufforstungszwecken beschließen, wozu ihr ein eigener Aufforstungsfonds zur Verfügung steht.

Führen Grundbesitzer Aufforstungen nach Weisung der Kommission nicht aus oder weigern sie sich Grundstücke dem Fonds zu verkaufen, so kann die Kommission die Enteignung (siehe § 29 der Gesetzk.) bei der Landesbehörde beantragen.

Findet die Landesbehörde den Antrag der Aufforstungs-Kommission auf Enteignung des Grundstückes oder der Nutzungsrechte in den Bestimmungen des Gesetzes begründet, so hat sie demselben stattzugeben und zugleich den hiefür aus dem Aufforstungsfonds zu entrichtenden Betrag nach Einvernehmung zweier von ihr berufener Sachverständigen auszusprechen. Gegen diese Entscheidung steht jedem Beteiligten die Berufung an den Ackerbauminister, innerhalb vier Wochen von der Zustellung der Entscheidung an, offen.

Es steht überdies jedem, welcher sich durch die Entscheidung des Ackerbauministers über den für das zu enteignende Grundstück oder Nutzungsrecht zu entrichtenden Betrag nicht für befriedigt hält, frei, innerhalb dreißig Tagen, von der Zustellung der Entscheidung an, die gerichtliche Ermittlung und Feststellung der Entschädigung von den Gerichtsbehörden zu begehren. Die Ermittlung und Feststellung der Entschädigung im gerichtlichen Wege hat in diesem Falle unter sinngemäßer Anwendung der Vorschriften des Reichsgesetzes vom 18. Februar 1878, R. G. Bl. Nr. 30, (siehe § 29 der Gesetzk.) betreffend die Enteignung zum Zwecke der Herstellung und des Betriebes von Eisenbahnen, zu geschehen, insoferne mit gegenwärtigem Gesetze nicht anders verfügt wird. Im Falle einer solchen Inanspruchnahme des Gerichtes hat der Vollzug der Enteignung bis nach Durchführung des gerichtlichen Verfahrens und Zahlung oder gerichtlichem Erlage des in diesem Verfahren festgestellten Betrages aufgeschoben zu bleiben.

Die Geldstrafen, welche nach dem allgemeinen Forstgesetze für solche Forstfrevel verhängt werden, die an den im Aufforstungskataster verzeichneten Grundstücken verübt wurden, ferner die forstgemäßen Waldschadenersätze bezüglich der in das Eigentum des Aufforstungsfonds übergegangenen Waldgründe fließen in den Aufforstungsfonds.

Für die Gemeinde- und Genossenschaftswälder des Karstgebietes in **Istrien** und in den **quarnerischen Inseln** wurde durch die Gesetze vom 24. Mai 1893, L. G. Bl. Nr. 34, und 21. August 1894, L. G. Bl. Nr. 21, dem forsttechnischen Personal der politischen Behörden die wirtschaftliche Leitung übertragen und ein eigenes Aufsichtspersonal bestellt.

Das Landesgesetz für **Dalmatien** hat sich das weitergehende Ziel gesteckt, die bei der Aufteilung der Gemeindegründe für die Waldkultur bestimmten Flächen aufzuforsten. Die Aufforstung obliegt dem Eigentümer, der binnen Jahresfrist nach erfolgter Zuweisung der politischen Behörde einen Aufforstungsplan zur Genehmigung vorzulegen hat. Die Aufforstung kann durch bloße Hegelegung, d. i. Verbot der Weide und anderer Nutzungen erfolgen oder überdies durch Anspflanzung. Jede Fläche, auf welcher in Gemäßheit des Aufforstungsplanes die Weide ausgeschlossen ist, muß vom Grundbesitzer durch eine zweckentsprechende Einfriedung gegen das Vieh geschützt werden. Beschädigte Einfriedungen sind unverweilt vom Schuldtragenden herzustellen; kann letzterer nicht ermittelt werden, so ist der Grundbesitzer, unbeschadet seiner Entschädigungsansprüche an den Schuldtragenden, zur Herstellung verpflichtet. Im Falle der Unterlassung oder einer mangelhaften Ausführung solcher Einfriedungen ist deren Herstellung von der politischen Bezirksbehörde auf Kosten des Säumigen zu veranlassen. Die Besitzer der Waldgründe sind verpflichtet, für deren Überwachung in angemessener und genügender Weise vorzusorgen.

Die Gemeinden (Gemeindefraktionen) insbesondere sind verpflichtet, für die Beaufsichtigung ihrer Waldgründe Forsthüter zu bestellen und zwar in der nach Lage und Ausdehnung der Waldgründe erforderlichen Zahl; in der Regel soll der von einem solchen Forsthüter zu beaufsichtigende Waldgrund nicht mehr als 300 Hektar betragen. Die Bestimmung des Standortes der von der Gemeinde zu bestellenden Forsthüter steht dem Gemeindevorstande im Einvernehmen mit der politischen Behörde zu, im übrigen haben bezüglich der Bestellung, Entlassung und Entlohnung der Gemeindeforsthüter die für die Gemeindefeldhüter geltenden Vorschriften sinngemäße Anwendung zu finden. Die Obliegenheiten und Befugnisse, sowie die ämtliche Stellung der in Ausführung dieses Gesetzes bestellten Forsthüter regeln sich nach den Bestimmungen des Forstgesetzes und nach jenen des Reichsgesetzes vom 16. Juni 1872, R. G. Bl. Nr. 84, betreffend die ämtliche Stellung des zum Schutze einzelner Zweige der Landeskultur aufgestellten Wachpersonales. Die aufzuforstenden Waldgründe sind in einem eigenen Forstkataster, dessen Anlegung und Evidenthaltung den politischen Bezirksbehörden obliegt, zu verzeichnen. Übertretungen dieses Gesetzes werden als Forstfrevel nach dem Forstgesetze bestraft.

---

## III. Kapitel.

# Die Jagdgesetze.

### § 98. Begriff des Jagdrechtes und die allgemeinen Grundsätze der Jagdgesetzgebung.

Das Jagdrecht ist ein aus dem Grundeigentume fließendes Recht und besteht in der ausschließlichen Befugnis, innerhalb eines bestimmten Jagdgebietes die jagdbaren Tiere (siehe oben § 32) zu hegen, zu fangen oder zu erlegen und sich dieselben und deren nutzbare Teile anzueignen. Welche Tiere jagdbar sind, ist von Land zu Land verschieden bestimmt. Da sich die Jagd nur auf einem größeren Grundkomplexe weidmännisch ausüben und pflegen läßt, wird nur dem Besitzer eines zusammenhängenden Grundkomplexes von wenigstens 115 *ha* die Ausübung der Jagd als sogenannte Eigenjagd gestattet.

Ein zusammenhängender Grundkomplex ist vorhanden, wenn die Grundstücke, dieselben mögen in einer oder in mehreren angrenzenden Gemeinden gelegen sein, unter sich in einer solchen Verbindung stehen, daß man von einem Grundteile zum andern gelangen kann, ohne einen fremden Grundbesitz zu überschreiten.

Erreicht die Fläche des einem Besitzer gehörigen Grundes das Ausmaß von 115 *ha* nicht, so hat er kein Eigenjagdrecht auf seinem Grunde; vielmehr ist die Jagd auf diesem sowie auf allen übrigen, innerhalb einer Gemeindemarkung gelegenen, je einem Besitzer gehörigen Grundstücken, die das Ausmaß von je 115 *ha* nicht erreichen, der betreffenden Gemeinde (Gemeindejagd), beziehungsweise der Jagdgenossenschaft (Böhmen) zugewiesen. Diese Verfügung hat wiederum den Zweck, größere Jagdgebiete zu schaffen, in denen die Ausübung und Pflege der Jagd in weidmännischer Art möglich sei. In geschlossenen Tiergärten kann die Eigenjagd ausgeübt werden, auch wenn deren Fläche das gesetzliche Ausmaß von 115 *ha* nicht erreicht. Das Jagdrecht der Gemeinden oder Genossenschaften kann nur im Wege der Verpachtung ausgeübt werden. Sind Grundstücke unter 115 *ha* von einem Eigenjagdgebiete ganz oder z. B. in Böhmen auch nur zu zwei Dritteln umschlossen, so wird dem zur Jagdausübung berechtigten Besitzer des größeren umschließenden Grundkomplexes die Befugnis eingeräumt, die der Gemeinde oder der Genossenschaft auf der eingeschlossenen Enklave zuständige Jagd vor jedem anderen zu pachten. Auch für diese Bestimmung ist der Grund in jagdpfleglichen Rücksichten zu suchen; das Gesetz will verhindern, daß der Pächter der Gemeindejagd von der jagdlich günstigen Lage der Enklave inmitten des fremden Eigenjagdgebietes ungerechtfertigten Vorteil ziehe.

Die Jagdausübung ist in den einzelnen Ländern verschieden geregelt; zur leichteren Übersicht werden die verschiedenen Vorschriften gruppenweise dargestellt.

Die erste Gruppe umfaßt die Kronländer Bukowina, Istrien, Kärnten, Krain, Salzburg, Schlesien, Steiermark und Tirol, in welchen verschiedene, allen gemeinsame Vorschriften, daneben aber auch solche, welche nur für ein oder mehrere Kronländer gesondert bestehen. In der zweiten Gruppe werden jene Kronländer zusammengefaßt, in welchen das Jagdwesen in allen seinen Beziehungen einheitlich, durch ein Landesgesetz geregelt ist; zu diesen Kronländern gehören Böhmen, Galizien, Görz-Gradiska, Mähren, Österreich unter der Enns, Triest und Vorarlberg; das Jagdgesetz für Böhmen stammt aus früherer Zeit und weicht von den jagdgesetzlichen Vorschriften der ersten Gruppe, aber auch von den übrigen Landesgesetzen der zweiten Gruppe, welche erst in den letzten 10 Jahren zu stande gekommen sind, ganz erheblich ab. In einer dritten Gruppe sind endlich die jagdlichen Vorschriften für Dalmatien darzustellen, in welchem Kronlande die Jagd noch frei ist.

### § 99. Das Jagdwesen in der Bukowina, in Istrien, Kärnten, Krain, Salzburg, Schlesien, Steiermark und Tirol.

*a) Vorschriften über die Jagdberechtigung.*

In allen Ländern dieser Gruppe ist die Jagdberechtigung durch ein gemeinsames, früher für ganz Österreich geltendes Gesetz geregelt, nämlich durch das kaiserliche Patent vom 7. März 1849, R. G. Bl. Nr. 154; dasselbe hat folgenden Wortlaut:

Wir Franz Josef der Erste u. s. w. haben in der Erwägung, daß die mit dem Gesetze 7. September 1848 ausgesprochene Entlastung des Grund und des Bodens, sowie anderweitige Staatsrücksichten die Regelung der bisherigen Verhältnisse in Absicht auf die Ausübung der Jagdgerechtigkeit zu einem dringenden Bedürfnisse machen, über Antrag Unseres Ministerrates beschlossen, hierüber nachstehende Bestimmungen zu erlassen, und verordnen für diejenigen Kronländer, für welche das Gesetz 7. September 1848 erflossen ist, wie folgt:

§ 1. Das Jagdrecht auf fremdem Grund und Boden ist aufgehoben.

Mit A. H. E. vom 30. März 1859 wurde die Zulässigkeit von Jagdreservaten (siehe oben § 39), d. i. der Vorbehalt des Jagdrechtes auf den im Servituten-Ablösungswege in das Eigentum von Berechtigten abgetretenen Grundstücken ausgesprochen, wenn dem Eigentümer des Grundkomplexes, von welchem die Abtretung stattfindet, die Jagdausübung nach dem Patente zusteht.

§ 2. Eine Entschädigung für das aufgehobene Jagdrecht findet zu Gunsten der bisher Berechtigten nur in den Fällen statt, wo es sich erweislich auf einen mit dem Eigentümer des damit belasteten Grundes abgeschlossenen entgeltlichen Vertrag gründet. Die Modalitäten der Ablösung in diesen Fällen werden durch die zur Durchführung des Gesetzes 7. September 1848 bestellten Landeskommissionen festgestellt werden.

§ 3. Jagdfrohnen und andere Leistungen für Jagdzwecke sind ohne Entschädigung aufgehoben.

§ 4. Die Jagdgerechtigkeit in geschlossenen Tiergärten bleibt in der Art, wie selbe bisher zugestanden, aufrecht, es mögen die im abgeschlossenen Jagdbezirke gelegenen Grundstücke dem Eigentümer der Jagd oder dritten Personen gehören.

§ 5. Jedem Besitzer eines zusammenhängenden Grundkomplexes von wenigstens zweihundert Joch wird die Ausübung der Jagd auf diesem eigentümlichen Grundkomplexe gestattet.

§ 6. Auf allen übrigen in den §§ 4 und 5 nicht ausgenommenen, innerhalb einer Gemeindemarkung gelegenen Grundstücken wird vom Zeitpunkte der Wirksamkeit dieses Patentes die Jagd der betreffenden Gemeinde zugewiesen.

§ 7. Die Gemeinde ist verpflichtet, die ihr zugewiesene Jagd entweder ungeteilt zu verpachten, oder selbe durch eigens bestellte Sachverständige (Jäger) ausüben zu lassen.

§ 8. Der jährliche Reinertrag, der den Gemeinden zugewiesenen Jagd ist am Schlusse jedes Verwaltungs- oder Pachtjahres unter die Gesamtheit der Grundeigentümer, auf deren in der Gemeindemarkung gelegenem Grundbesitze die Jagd von der Gemeinde ausgeübt wird, nach Maßgabe der Ausdehnung des Grundbesitzes zu verteilen.

Zur weiteren Erläuterung der Vorschrift dieses Paragraphen wurde durch M. E. 31. Juli 1849, R. G. Bl Nr. 342, erklärt:

1. Ein zusammenhängender Grundkomplex — dessen Besitzer nach § 5 des erwähnten Jagdgesetzes zur Ausübung der Jagd berechtigt ist — ist vorhanden, wenn die Grundstücke, dieselben mögen in einer oder in mehreren angrenzenden Gemeinden gelegen sein, unter sich in einer solchen Verbindung stehen, daß man von einem Grundteile zum anderen gelangen kann, ohne einen fremden Grundbesitz zu überschreiten; öffentliche Verbindungswege. Eisenbahnen und deren Zugehör, Gewässer u. dgl. machen keine Unterbrechung des Grundkomplexes, und sind selbst Inseln als mit dem nachbarlichen Boden zusammenhängend zu behandeln.

2. Sind Grundstücke, deren Besitzer wegen des nicht 115 *ha* erreichenden Umfanges hierauf kein Jagdrecht haben, von einem 115 *ha* oder mehr betragenden Grundkomplexe ganz umschlossen, so wird dem zur Jagdausübung berechtigten Besitzer des größeren Grundkomplexes die Befugnis eingeräumt, die der Gemeinde auf dem Enklave (eingeschlossenem Grunde) zuständige Jagd vor jedem anderen, und zwar zu dem Preise zu pachten, wie dieselbe sich im Verhältnisse zu dem, für die Gemeindejagd sonst bedungenen Pachtzinse stellt, oder in Ermanglung dessen, zu einem Pachtzinse nach einer billigen Schätzung für eine längere Zeitperiode. Läßt sich der Besitzer des Grundkomplexes zur Pachtung nicht herbei, so begibt er sich hiedurch seines eigenen Jagdrechtes, und die Gemeinde ist befugt, die Jagd auf diesem Grundkomplexe wie auf dem Enklave auszuüben.

§ 9. Jede Gemeinde ist bei einer Strafe von 20 bis 400 *K* dafür verantwortlich, daß keine andere Benützung der ihr zugewiesenen Jagd als die im § 7 bezeichnete stattfinde. Über die Beobachtung dieser Anordnung haben die Verwaltungsbehörden zu wachen.

§ 10. Wildfrevel und Wilddiebstähle, sie mögen von einzelnen Gemeindegliedern oder von Auswärtigen begangen worden sein, sind nach dem bestehenden Strafgesetze zu ahnden.

§ 11. Den einzelnen Grundbesitzern bleibt das Recht auf Entschädigung für erlittene Wild- und Jagdschäden und dessen Geltendmachung nach den bestehenden Vorschriften gegen die nach diesem Patente zur Ausübung der Jagd berufenen physischen oder moralischen Personen gewahrt.

§ 12. Die bestehenden jagdpolitischen Vorschriften bleiben, insoweit ihnen das gegenwärtige Patent nicht entgegensteht, aufrecht, und wird den Behörden die genaue Handhabung zur strengsten Pflicht gemacht.

§ 13. Jagd-Pachtverträge, welche mit den Bestimmungen dieses Patentes nicht vereinbar sind, treten von dem im § 14 bestimmten Zeitpunkte außer Wirksamkeit. Allfällige Entschädigungsansprüche aus solchen Verträgen sind auf dem Rechtswege auszutragen.

§ 14. Dieses Patent tritt vom Tage der Kundmachung in Wirksamkeit.

*b) Vorschriften über die Ausübung der Jagdberechtigung.*

Diese Vorschriften sind ebenfalls für alle Kronländer der Gruppe durch die Verordnung des Ministeriums des Innern vom 15. Dezember 1852, R. G. Bl. Nr. 257, gemeinsam geregelt. Ergänzungen und Abänderungen dieser Verordnung hauptsächlich über die Dauer der Pachtzeit von Gemeindejagdpachtverträgen sind nachträglich für einzelne Kronländer gesondert durch eigene Landesgesetze festgesetzt worden, so für Bukowina vom 27. September 1887, L. G. Bl. Nr. 27, Istrien vom 27. September 1887, L. G. Bl. Nr. 30, Krain vom 27. September 1887, L. G. Bl. Nr. 27, Schlesien vom 27. September 1887, L. G. Bl. Nr. 48, Steiermark vom 10. März 1888, L. G. Bl. Nr. 22. Hier können jedoch nur die Bestimmungen der obigen Min. Vrdg. wiedergegeben werden; dieselbe hat folgenden Wortlaut:

In Gemäßheit des, von Seiner k. k. Apostolischen Majestät mit A. H. E. vom 23. September d. J. erhaltenen Auftrages, daß bis zur Erlassung eines, das Jagdwesen definitiv regelnden Gesetzes im administrativen Wege alle Maßregeln zu treffen seien, welche zur Beseitigung der Übelstände geeignet sind, die in dem Bereiche, für welchen das A. H. Jagdpatent vom 7. März 1849 in Ausübung steht, insbesondere bezüglich der den Gemeinden zugewiesenen Jagd stattgefunden haben, wird Nachstehendes verordnet:

§ 1. Das Jagdrecht auf dem den Gemeinden nach § 6 des A. H. Jagdpatentes vom 7. März 1849 zur Ausübung der Jagd zugewiesenen oder denselben eigentümlichen Grundbesitze darf, den Fall des § 10 dieser Verordnung ausgenommen, von nun an nicht anders, als im Wege der, durch die politische Bezirksbehörde vorzunehmenden Verpachtung ausgeübt werden.

§ 2. Die Verpachtung hat im Wege des öffentlichen Aufrufes in der Regel am Amtsorte der politischen Bezirksbehörde zu geschehen. Die Ausschreibung ist, soweit tunlich, drei Monate vor Ablauf des früheren Pachtes durch öffentlichen Anschlag bei der genannten Behörde nach Umständen auch auf eine ausgedehntere Art kundzumachen.

§ 3. Als Pächter der Jagd ist nur derjenige zuzulassen, gegen welchen in dieser Eigenschaft kein Bedenken obwaltet.

Die Gemeinde, als solche, ist von der Pachtung einer Jagd ausgeschlossen, und alle die Umgehung dieser Vorschrift bezielenden Pachtverträge sind ungiltig.

§ 4. Der Verpachtungsakt unterliegt der Bestätigung der politischen Bezirksbehörde.

§ 5. Kann die Verpachtung einer solchen Jagd nicht erzielt werden, so hat die politische Behörde mit Ausschluß der eigenen Ausübung durch die Gemeinde, die entsprechende anderweitige Verfügung zu treffen.

§ 6. Die Dauer der Pachtzeit soll in der Regel nicht unter fünf Jahre und nur aus erheblichen Gründen auf eine kürzere Zeit, niemals aber unter drei Jahre festgesetzt werden.

§ 7. Der Jagdpächter hat einen zweijährigen, stets in Geld festzusetzenden Pachtbetrag im vorhinein zu erlegen, wovon die eine Hälfte als Kaution, die andere Hälfte als Pachtschilling des ersten Jahres zu gelten hat. Die Kaution kann auch in Staatspapieren, nach dem Börsekurse des Erlagstages berechnet, erlegt werden.

§ 8. Der einjährige Pachtbetrag muß immer vier Wochen vor Beginn eines jeden Pachtjahres, bei sonstiger neuerlicher Lizitation des Pachtes auf Kosten und Gefahr des Pächters, im vorhinein entrichtet werden.

§ 9. Die Kautions- und Pachtbeträge sind bei dem Steueramte zu erlegen. Vier Wochen nach Ablauf der Pachtzeit wird dem Pächter der Kautionsbetrag, insoweit er nicht für Ersatz oder Strafbeträge in Anspruch genommen wird, über Anweisung der politischen Behörde erfolgt.

§ 10. Ausnahmsweise, und wenn der Pacht selbst den, in der gegenwärtigen Verordnung vorgezeichneten Bedingungen entspricht, kann die politische Bezirksbehörde bereits bestehende Pachtverträge nach Einvernehmung der betreffenden Gemeinde auch ohne Einleitung einer öffentlichen Lizitation nach Maßgabe der Vorschrift dieser Verordnung verlängern.

§ 11. Hinsichtlich die Verteilung des jährlichen Reinertrages der Jagd ist sich nach der Bestimmung des § 8 des Allerhöchsten Jagdpatentes vom 7. März 1849 zu benehmen.

§ 12. Die teilweise oder gänzliche Überlassung gepachteter Jagden in Afterpacht oder an Dritte gegen Vergütung in Geld oder Vorbehalt eines Teiles des Jagderträgnisses darf ohne Zustimmung der politischen Behörde, bei sonstiger Ungiltigkeit des Geschäftes und Straffälligkeit der Parteien, nicht stattfinden. Ebenso ist der Austausch einzelner Teile aneinander grenzender Jagdgebiete von der Genehmigung der politischen Behörde abhängig.

§ 13. Die Jagdpächter, sowie der im § 5 des A. H. Jagdpatentes vom 7. März 1849 bezeichneten Grundbesitzer müssen unter eigener Verantwortung zur Beaufsichtigung der Jagd gelernte Jäger oder doch wenigstens von der politischen Bezirksbehörde dazu als befähigt erkannte sachkundige Personen bestellen und der genannten Behörde namhaft machen.

§ 14. Mit Bewilligung der politischen Behörde kann auch der Jagdinhaber selbst (Grundeigentümer oder Jagdpächter) als sachkundiger Aufseher bestellt werden.

§ 15. Zu dieser Nachweisung (§§ 13 und 14) wird den dermaligen Jagdinhabern eine dreimonatliche Frist vom Tage der Kundmachung dieser Verordnung zugestanden. Erfolgt die Nachweisung nicht, so sind die selbstberechtigten Jagdbesitzer dazu durch die geeigneten Vollzugsmittel zu verhalten, gegen die Jagdpächter ist aber sofort mit Auflösung der Pachtung und Wiederverpachtung auf ihre Gefahr und Kosten vorzugehen.

§ 16. Einwendungen aus einem privatrechtlichen Titel gegen den Vollzug der in dieser Verordnung enthaltenen Bestimmungen finden nicht statt.

§ 17. Zur Ausübung der Jagd im eigenen oder fremden Namen ist niemand berechtigt, der nicht in Gemäßheit des A. H. Patentes vom 24. Oktober 1852 (§§ 14 und 19 die Bewilligung zum Tragen von Jagdwaffen erhalten hat (siehe oben § 87)).

§ 18 Jede Übertretung oder Umgehung dieser Vorschriften ist von der politischen Behörde mit einer Geldstrafe von 50 bis 400 $K$ zu belegen, welche dem Armeninstitute des Ortes, wo die Übertretung begangen wurde, zufällt.

Wenn die zu verhängende Geldstrafe an und für sich oder mit Rücksicht auf die Verhältnisse des Straffälligen nicht eingebracht werden kann, so ist sie in Arreststrafe von je einem Tag für 10 $K$ zu verwandeln.

Für einzelne Teile des Gemeindegebietes der Reichshaupt- und Residenzstadt Wien, welche in der Statthalterei-Verordnung vom 10. Dezember 1896, L. G. Bl. Nr. 2 ex 97, aufgezählt worden sind, hat das Gesetz vom 22. Juni 1892, L. G. Bl. Nr. 43, einige besondere Bestimmungen über die Ausübung der Jagd aufgestellt. Diese sind auch nach Rechtskraft des neuen Jagdgesetzes für das flache Land (siehe unten) aufrecht geblieben.

Welche Tiere zu den jagdbaren gehören, ist für die zur I. Gruppe gehörenden Kronländer ausdrücklich nicht festgestellt; es werden aber hiezu gerechnet 1. die in den Schonvorschriften als nützlich bezeichneten Haar- und Federwildarten, 2. die nicht als Raubtiere zu betrachtenden aber nach weidmännischer Art zu erlegenden Tiere, z. B. Fuchs, Iltis, Eichhörnchen, Marder, Kaninchen, Dachs. Alle diese Tiere können nur von Jagdberechtigten erlegt und ins Eigentum erworben werden.

Schwarzwild außerhalb des Tiergartens, die schädlichen Raubtiere, (nicht auch die Raubvögel), Fischotter und fischereischädliche Wasservögel können von jedermann erlegt und gefangen werden, aber das Eigentum am erlegten Wilde steht ausschließlich dem Jagdberechtigten zu.

Alle übrigen Tiere z. B. Igel, Wiesel, Geier, Adler, Falken, Eulen, Raben, Krähen sind freistehende Sachen, die jedermann fangen und erlegen, aber auch erwerben kann. (Siehe auch oben § 32.)

*c) Vorschriften über die Vergütung der Jagd- und Wildschäden.*

Wenn auch das Gesetz dem Jagdinhaber das Recht der Wildhege zugesteht, so hat doch schon der § 383 des a. b. G. B., siehe oben § 82, darauf hingewiesen, daß das übermäßige Anwachsen des Wildstandes durch die politischen Gesetze gehemmt werden sollte; ja selbst dann, wenn ein Jagdinhaber keinen übermäßigen, sondern nur einen entsprechenden Wildstand hegt, ist er trotzdem verpflichtet, den durch einen solchen Wildstand verursachten Schaden zu vergüten. Dieser Grundsatz erscheint als eine Ausnahme von der Bestimmung des § 1305 a. b. G. B., nach welchem niemand den durch Ausübung seines Rechtes, einem anderen erwachsenden Schaden zu verantworten hat. Von diesen eigentlichen Wildschäden sind die Jagdschäden zu unterscheiden, welche bei der Ausübung der Jagd von dem Jagdberechtigten, seinem Personale und seinen Gästen oder durch Jagdhunde an fremden Grund und Boden oder den noch nicht eingebrachten Erzeugnissen verursacht werden; wenn z. B. die Kugel eines Jägers ein junges, am Feldrande gepflanztes Obstbäumchen durchbohrt und zum Absterben bringt, liegt ein Jagdschaden vor.

In der Bukowina, in Istrien, Kärnten, Salzburg, Schlesien und Tirol gilt betreffend Vergütung der Jagd und Wildschäden noch die Jagd- und Wildschützenordnung vom 28. Februar 1786, welche aber auch jagdpolizeiliche Vorschriften enthält.

Diese Ordnung zählt zunächst als Befugnis des Jagdinhabers auf alle Gattungen Wild im Jagdbezirke mit Sulzen oder Heuschupfen zu hegen oder auf sonst eine Art zu füttern, weiter Wild zu fangen, zu schießen und zum eigenen Genusse zu verwenden oder zu verkaufen, endlich in Wäldern, Auen oder Gebüschen Fasanen einzusetzen, Hasen und anderes Wild im Jagdbezirke mit Hunden zu jagen oder zu hetzen, insoferne dies ohne Beschädigung was immer für eines Grundbesitzers geschieht; treten solche Schäden ein, hat sie der Jagdinhaber zu vergüten. Schwarzwild darf nur in geschlossenen und gegen allen Ausbruch gesicherten Tiergärten gehalten werden; wenn solches außerhalb des Tiergartens angetroffen wird, so ist es jedermann zu allen Jahreszeiten erlaubt, es wie Wölfe oder anderes schädliches Raubtier zu schießen oder auf sonstige Art zu erlegen. Das erlegte Wild ist jedoch dem Jagdberechtigten als Eigentümer abzuliefern, die Zueignung eines solchen ist Diebstahl.

Jeder Jagdinhaber ist befugt, in seinem Bezirke sich auch in Ansehung des vorüberziehenden Wildes (sogenanntes Streif- oder Wechselwild) seines Jagdrechtes zu gebrauchen und das Wild, das seinen Bezirk betritt, auf alle mögliche, ihm selbst gefällige Art zu fangen, zu schießen oder sonst zu erlegen. Das Vorrecht der Zueignung (§§ 382, 883 a. b. G. B.) steht also dem Jagdherrn auch bezüglich des Streifwildes zu.

Ein in dem eigenen Wildbanne angeschossenes und verwundetes Wild, das in einen fremden Wildbann übersetzt, darf daher nicht verfolgt werden, sondern es bleibt dem Besitzer desjenigen Bannes, in den es sich gezogen hat, frei, mit demselben, wie mit seinem Eigentume, zu schalten. Wenn ein außerhalb der Grenzen angeschossenes Wild in ein benachbartes Revier verfolgt wird, so liegt zwar keine Besitzstörung vor, aber ein solcher Vorgang unterliegt der Ahndung durch die politische Behörde, gemäß der jagdpolizeilichen Vorschriften.

Die politischen Behörden haben darauf zu sehen, daß die Jagdinhaber das Wild zum Nachteile der allgemeinen Kultur nicht übermäßig hegen, und sie sollen diejenigen, bei denen sie einen großen Anwachs des Wildstandes wahrnehmen, nach der bereits bestehenden Vorschrift ohne Nachsicht zur verhältnismäßigen Verminderung desselben anhalten.

Jeder Grundeigentümer ist befugt, seine Gründe, sie mögen inner oder außer den Waldungen und Auen sein, wie auch seine Waldungen und Auen mit Planken oder Zäunen von was immer für einer Höhe, oder mit aufgeworfenen Gräben gegen das Eindringen des Wildes und den daraus folgenden Schaden zu verwahren. Doch sollen solche Planken, Zäune und Gräben nicht etwa zum Fangen des Wildes gerichtet sein.

Jedermann ist befugt, von seinen Feldern, Wiesen und Weingärten das Wild auf was immer für eine Art abzutreiben. Sollte bei einer solchen Gelegenheit ein Wildstück sich durch das Sprengen verletzen oder zu grunde gehen, so ist der Jagdinhaber nicht berechtigt, dafür einen Ersatz zu fordern.

Auf Saaten, angebauten Grundstücken von was immer für einer Art und vor geendigter Weinlese in Weingärten ist weder den Jagdinhabern noch den Jägern erlaubt unter was immer für einem Vorwande zu jagen, zu treiben oder nur mit einem Vorstehhunde darauf zu suchen, selbst nicht unter dem Vorwande, den Eiern und Nestern von Fasanen und Rebhühnern nachzusehen.

Diese Bestimmung ist nur auf solche Grundstücke anwendbar, welche durch menschliche Tätigkeit mit Fruchtgattungen bestellt werden; eine Anwendung dieser Beschränkung auf Wiesen, wenn auch bei vollem Graswuchse vor der Mahd, ist unzulässig; jedoch sind alle auf was immer für einem Grundstücke dem Grundbesitzer zugefügten Jagdschäden vom Jagdinhaber zu vergüten.

Alle Wildschäden, sie mögen in landesfürstlichen oder Privatjagdbarkeiten an Feldfrüchten, Weingärten oder Obstbäumen geschehen, müssen den Untertanen nach Maß des erlittenen Schadens sogleich in Natura oder in Geld vergütet werden, daher alle dergleichen Beschädigungen zur Zeit, da sie noch sichtbar sind und beurteilt werden können, der Obrigkeit anzuzeigen sind. Die Obrigkeit hat alsdann durch unparteiische Männer aus der nämlichen oder der nächsten Gemeinde dieselben schätzen zu lassen und um deren Besichtigung bei dem Kreisamte anzulangen.

Zu dieser Besichtigung hat das Kreisamt bei landesfürstlichen Jagdbarkeiten den nächsten kaiserlichen, bei Privatjagdbarkeiten den Jäger der Herrschaft dieses Bezirkes beizuziehen, den Betrag des Schadens zu bestimmen und diejenigen, die die Vergütung zu machen haben, zur Bezahlung anzuhalten.

Überhaupt soll die Jagdgerechtigkeit nicht verhindern, daß zur Beförderung der Landeskultur jedermann, der in einem landesfürstlichen oder Privatwildbanne Gründe besitzt, dieselben unbeschränkt genieße, folglich darauf Wohnungen und Wirtschaftsgebäude erbauen, die Wiesböden von Unkraut und Dornen reinigen, ohne alles Hindernis abmähen und sein Vieh darauf zur bestimmten Zeit weiden könne.

Hunde, die in einem Walde oder Felde des Jagdbezirkes jagen, können von den Jägern des Jagdinhabers erschossen werden; nur sind darunter jene Hunde nicht zu verstehen, welche die Hüter zur Abtreibung des Wildes zu halten berechtigt sind.

Niemand darf in einem fremden Wildbanne außer auf der Straße oder dem Fußsteige bei der Durchreise sich mit einem Gewehre oder Fang- und Hetzhunde betreten lassen.

Wer ein Wild findet, das sich selbst gespießt oder sonst beschädigt hat und zu grunde geht, darf sich dasselbe keineswegs zueignen, sondern hat dem Jagdinhaber davon die Anzeige zu machen.

Über das Vorgehen der Schutzorgane beim Betreten eines aktiv dienenden Offiziers siehe oben F. G. § 58.

Die Vergütung der Jagd- und Wildschäden wird in Steiermark durch die Landesgesetze vom 17. September 1878, L. G. Bl. Nr. 10 und vom 24. September 1888, L. G. Bl. Nr. 40 geregelt, in Krain durch das Landesgesetz vom 19. Mai 1889, L. G. Bl. Nr. 12.

Nach diesen Gesetzen muß der Jagdberechtigte den bei der Ausübung der Jagd von ihm selbst, von seinen Jagdgästen und seinem Hilfspersonale verursachten Jagdschaden, sowie den innerhalb seines Jagdgebietes vom Wilde an Grund und Boden und an den darauf befindlichen Erzeugnissen verursachten Wildschaden vergüten. Der Jagdberechtigte kann sich aber für den von ihm bezahlten Jagdschaden an dem unmittelbar Schuldtragenden schadlos halten.

Für Steiermark bestimmen die obigen Gesetze folgendes:

§ 1. Der zur Ausübung der Jagd Berechtigte ist verpflichtet: a) den bei der Ausübung der Jagd von ihm selbst, von seinen Gehilfen, Dienern oder Jagdgästen verursachten Schaden (Jagdschaden), und b) in der Regel allen innerhalb seines Jagdgebietes von Wild an Grund und Boden und den darauf befindlichen Erzeugnissen desselben verursachten Schaden (Wildschaden) zu vergüten.

§ 2. Wenn das Recht zur Ausübung der Jagd mehreren Personen zusteht, haften diese für Jagd- und Wildschäden zur ungeteilten Hand.

§ 3. Dem zum Ersatze von Jagdschäden (§ 1 a) Verpflichteten steht der Regreß gegen den unmittelbaren Schuldtragenden nach den Grundsätzen des allgemeinen bürgerlichen Rechtes zu.

§ 4. Der Grundbesitzer kann den Ersatz des vom Wilde in Obst-, Gemüse- oder Ziergärten, in Baumschulen oder an einzeln stehenden jungen Bäumen angerichteten Schadens nur dann verlangen, wenn die beschädigten Gegenstände in ortsüblicher Weise gegen Beschädigungen durch Wild derart geschützt waren, daß die stoffliche oder konstruktive Beschaffenheit der Schutzmittel unter normalen Verhältnissen zur Hintanhaltung der Beschädigung geeignet erschien.

Durch § 4 des Gesetzes werden vom Grundbesitzer nur Vorkehrungen verlangt, welche nach Beschaffenheit der Schutzmittel unter gewöhnlichen Verhältnissen eine Beschädigung hintanzuhalten geeignet sind; Vorkehrungen, welche an und für sich — vom Zufalle oder höherer Gewalt abgesehen — die Möglichkeit jeder Beschädigung ausschließen, verlangt das Gesetz vom Grundbesitzer nicht.

Dem Anspruche auf Ersatz von Wildschaden kann der Mangel von Schutzvorkehrungen zu einer Zeit, wo ordentliche Grundwirte gewöhnlich noch keine solchen Vorkehrungen treffen, nicht entgegensteben.

§ 5. Wenn Jagd- oder Wildschäden an Getreide und anderen Bodenerzeugnissen, deren voller Wert sich erst zur Zeit der Ernte bemessen läßt, vor diesem Zeitpunkte vorkommen, ist der Schade in demjenigen Umfange zu ersetzen, in welchem er sich zur Zeit der Ernte darstellt. (§ 8.)

§ 6. Über Ansprüche auf Ersatz von Jagd- und Wildschäden entscheiden die politischen Behörden. In erster Instanz ist die politische Behörde des Bezirkes kompetent, in welchem die Beschädigung stattgefunden hat.

§ 7. Die politische Bezirksbehörde hat vorerst einen Vergleich zwischen den Parteien zu versuchen und, wenn dieser Versuch ohne Erfolg bleibt, die etwa notwendigen Erhebungen an Ort und Stelle zu pflegen und auf Grund derselben, sowie der von Sachverständigen vorgenommenen Abschätzung des Schadens sowohl über den Ersatz des letzteren, als auch über die Tragung der Kosten des Verfahrens (§ 10) zu entscheiden.

§ 8. Der Beschädigte hat nun den behördlichen Augenschein zu einer Zeit, wo der Schade noch sichtbar ist und beurteilt werden kann, um die Abschätzung des Schadens, aber in den Fällen des § 5 noch vor Beginn der Ernte anzusuchen, widrigens sein Anspruch auf Entschädigung erlischt.

§ 9. Die politische Behörde kann die Vornahme der an Ort und Stelle notwendigen Erhebungen und die Leitung des Schätzungsaktes dem Gemeindevorsteher auftragen. Von diesen, sowie von den im § 7 erwähnten Erhebungen sind die Beteiligten rechtzeitig zu verständigen.

§ 10. In der Regel trägt die sachfällige Partei die Kosten des Verfahrens; ein Ersatz der Vertretungskosten findet nicht statt.

Endlich wurden durch das Gesetz vom 13. Dezember 1898, L. G. Bl. Nr. 4 aus 1899 für Steiermark Verfügungen über die Verminderung eines übermäßigen Wildstandes getroffen und unter gewissen Voraussetzungen in Ortsgemeinden mit hervorragendem Weinbau die Ausrottung der Hasen in der Art gestattet, daß die Schonzeit für diese Wildgattung aufgehoben und der Jagdinhaber zur möglichsten Vertilgung derselben verpflichtet wird.

*d) Jagdpolizeiliche Vorschriften.*

Diese Vorschriften bezwecken einerseits den Schutz der öffentlichen Sicherheit und des Privateigentums durch Aufstellung von Vorschriften, welche bei der Ausübung der Jagd zu beobachten sind, durch Ausschließung bedenklicher Personen vom Jagdbetriebe, durch das Verlangen nach einer ausreichenden Jagdaufsicht, anderseits den Schutz volkswirtschaftlicher Interessen durch Einschränkung des Jagdbetriebes zur Schonung und Erhaltung des Wildstandes.

1. Die wichtigsten sicherheitspolizeilichen Beschränkungen des Jagdbetriebes sind in der Jagd- und Wildschützenordnung vom 28. Februar 1786 enthalten, deren Hauptbestimmungen unter Punkt ɛ dieses Paragraphes abgedruckt sind. In den meisten Kronländern wurde diese Ordnung in den Jahren 1852 und 1853 von den Landesbehörden neuerlich veröffentlicht.

Über die Erlegung, Einbringung und Vertilgung von Raubtieren, bestehen in den Ländern dieser Gruppen besondere Vorschriften; zur Aneiferung der Erlegung von Raubtieren wurden Prämien aus Staatsmitteln bestimmt.

2. Die Ausschließung bedenklicher Personen vom Jagdbetriebe wird erreicht durch die Einführung von Jagdkarten.

Wer zur Ausübung der Jagd Schießwaffen führt, muß den Vorschriften des Waffenpatentes gemäß einen Waffenpaß besitzen (siehe oben §. 87); das beeidete Schutzpersonale bedarf zur Führung der Waffe keines solchen Passes.

Weiter muß jedermann, der die Jagd ausübt, eine Jagdkarte besitzen, durch welche er den Nachweis für seine Berechtigung zur Jagdausübung dartun kann. Die Jagdkarten werden je nach den bestehenden für die einzelnen Kronländern verschiedenen Vorschriften für 1 Tag, 1 Monat, 1 Jahr, auch für 2 bis 3 Jahre ausgestellt. Zur Ausstellung der Jagdkarten sind die politischen Behörden I. Instanz, in deren Gebiet der Bewerber seinen Wohnsitz hat, berufen; die Jagdkarten gelten meist für das betreffende Kronland. Die Jagdkarte muß bei der Ausübung der Jagd mitgeführt und auf Verlangen der Sicherheitsorgane vorgewiesen werden. Für die Ausstellung der Jagdkarten sind in den einzelnen Kronländern verschiedene Gebühren zu entrichten, welche meist dem Landeskulturfonds zufließen; außerdem sind die Jagdkarten stempelpflichtig. und zwar in der Regel mit einem Stempel von 2 *K*; das mit der Jagdaufsicht betraute Dienstpersonale ist von der Jagdkartengebühr befreit und hat nur einen Stempel von 30 *h* zu entrichten.

Die Erteilung der Jagdkarte ist zu verweigern: *a)* Geisteskranken und notorischen Trunkenbolden; *b)* Minderjährigen unter 20 Jahren, jedoch sind Ausnahmen auf Ansuchen der Väter oder Vormünder zulässig; *c)* Personen, welche die Gewähr voller Vertrautheit in der Führung von Schießwaffen nicht geben; *d)* allen denjenigen, welche ihren Lebensunterhalt armutshalber aus öffentlichen Gemeindefonds oder sonstigen Wohltätigkeitsanstalten erhalten; *e)* den im Wochen- oder Taglohne stehenden Arbeitern; *f)* allen denen, die sich nicht mit einem Waffenpasse für Jagdwaffen oder einer dieser gleichzuhaltenden Bescheinigung auszuweisen vermögen, ausgenommen die Fälle, wo es sich um die Ausübung der Jagd ohne Schießwaffen handelt; *g)* für die Dauer von zehn Jahren nach Ablauf der Strafzeit jenen, die eines Verbrechens gegen die Sicherheit der Person oder des Eigentums; für die Dauer von fünf Jahren jenen, die nach § 335 des Str.-G, eines Vergehens oder einer Übertretung gegen die Sicherheit des Lebens durch unvorsichtige Handhabung der Schußwaffen oder der Übertretung des Diebstahls, der Diebstahlsteilnahme, der Veruntreuung oder des Betruges schuldig erkannt wurden; *h)* für die Dauer von drei Jahren denjenigen, die wegen Mißbrauches der Jagdkarte oder wegen Übertretung des Wildschongesetzes bestraft wurden.

Die Erteilung einer Jagdkarte kann Handwerksgesellen, Dienstboten und in solcher Kategorie stehenden Personen verweigert werden.

Einer Geldstrafe von 10 bis 40 *K*, im Wiederholungsfalle bis 100 *K* unterliegt: 1. wer, bevor er eine Jagdkarte gelöst hat, die Jagd ausübt; 2. wer einen Jagdgast auf die Jagd nimmt, der eine Jagdkarte nicht gelöst hat; 3. wer seine Jagdkarte bei Ausübung der Jagd nicht mit sich führt oder mit einer bereits abgelaufenen Jagdkarte jagt; 4. wer seine Jagdkarte einer anderen Person zum Zwecke der Jagdausübung überläßt oder mit einer fremden Jagdkarte die Jagd ausübt; 5. wer den berechtigten Aufsichtspersonen die Vorzeigung der Jagdkarte und bei sich ergebenden Anständen deren Abgabe verweigert.

Für den Fall der Uneinbringlichkeit ist dieselbe in eine Arreststrafe, und zwar für je 10 *K* mit einem Tage Arrest zu verwandeln.

Die Untersuchung und Abstrafung wegen Übertretung dieses Gesetzes steht jener politischen Behörde erster Instanz zu, in deren Gebiet die strafbare Handlung begangen wurde.

Die Strafbarkeit der Übertretungen gegen die Jagdkarten-Gesetze verjährt binnen drei Monaten von der begangenen Übertretung an, wenn der Übertreter seitdem nicht zur Verantwortung gezogen worden ist.

Dies sind im wesentlichen die Bestimmungen der Landesgesetze für **Bukowina** vom 2. Mai 1886, L. G. Bl. Nr. 22; **Istrien** vom 30. Juni 1886, L. G. Bl. Nr. 12; **Kärnten** vom 20. März 1887, L. G. Bl. Nr. 15 und vom 6. Juni 1894, L. G. Bl. Nr. 17; **Krain** vom 17. April 1884, L. G. Bl. Nr. 9 und vom 24. Juni 1889, L. G. Bl. Nr. 16; **Salzburg** vom 23. November 1887, L. G. Bl. Nr. 30; **Schlesien** vom 2. Juli 1878, L. G. Bl. Nr. 27 und vom 2. August 1896, L. G. Bl. Nr. 59.

Für **Steiermark** bestimmt das Gesetz vom 14. Mai 1894, L. G. Bl. Nr. 39, unter anderem:

Die Jagdkarten für das beeidete Jagdaufsichtspersonale, welche nur auf die Dauer eines Jahres ausgestellt werden können, gelten für das ganze Land und unterliegen einer Taxe von 3 *K*. Von dieser Begünstigung sind jene beeideten Jagdaufseher, welche gleichzeitig Eigenjagdbesitzer oder Jagdpächter sind, ausgenommen. Die Schüler einer öffentlichen niederen Forstschule in Steiermark sind bezüglich des Revieres der betreffenden Forstschule von der Lösung einer Jagdkarte gänzlich befreit.

Die politische Behörde hat die Ausfolgung der ermäßigten Jagdkarten an vom Jagdinhaber namhaft gemachte Jäger zu verweigern, wenn aus den Umständen zu entnehmen ist, daß durch die angebliche Bestellung solcher beeideter Jagdaufseher nur eine Umgehung der höheren Taxpflicht bezweckt wird.

Zur Legitimierung solcher Jagdgäste, welche nicht mehr in der Lage sind, rechtzeitig vor Ausübung der Jagd die ordentliche Jagdkarte bei der kompetenten politischen Behörde zu lösen, werden eigene **Jagdgastkarten** ausgegeben. Diese Karten werden von der politischen Behörde nach ihrem Ermessen den Jagdherren über ihr Ersuchen auf deren Namen, jedoch unter Offenlassung einer Rubrik, in welcher der Name des Jagdgastes und der Tag der Ausfolgung dieser Karte an den Jagdgast einzusetzen kommt, ausgefertigt. Die Jagdgastkarten, von welchen der Jagdherr nur innerhalb eines Jahres, vom Tage der amtlichen Ausstellung an gerechnet, Gebrauch machen kann, gelten für den Jagdgast nur während eines Zeitraumes von 14 Tagen vom Zeitpunkte der Ausfolgung an den Jagdgast und nur für das Gebiet des politischen Bezirkes. In die offengelassene Rubrik hat der Jagdherr vor Ausübung der Jagd den Namen des betreffenden Jagdgastes und den Tag der Ausfolgung der Karte an denselben und letzterer seine eigenhändige Namensfertigung einzusetzen. Diese Jagdgastkarten kann der Jagdherr bei der kompetenten politischen Behörde in beliebiger Anzahl lösen und hat für jede solche Karte einen Betrag von 6 $K$ zu erlegen.

In Tirol werden nach der Statthaltereiverordnung vom 5. Juli 1872, L. G. Bl. Nr. 19, Jagdkarten nur an die Jagdberechtigten, das sind Eigentümer, Jagdpächter und Mitpächter ausgegeben; von den Jagdkarten wird außer dem Stempel keine Gebühr eingehoben.

3. Den Jagdberechtigten ist schon durch den § 13 der Ministerialverordnung vom 15. Dezember 1852, R. G. Bl. Nr. 257, die Verpflichtung auferlegt, zur Beaufsichtigung der Jagd gelernte Jäger oder doch solche fachkundige Personen aufzustellen, welche von der politischen Behörde als befähigt erkannt worden sind. Die in dieser Richtung bestehenden gesetzlichen Vorschriften, sowie die Bestimmungen über die Beeidigung und Prüfung des Jagdschutzpersonales werden im § 103 zusammengefaßt.

4. Die Schonung und Erhaltung des Wildstandes wird durch die sogenannten Wildschongesetze gefördert, es sind dies für die Länder der ersten Gruppe folgende Landesgesetze:

Bukowina vom 20. Dezember 1874, L. G. Bl. Nr. 4 aus 1875, vom 1. Juni 1886, L. G. Bl. Nr. 25 und vom 6. Februar 1891, L. G. Bl. Nr. 6; Istrien vom 18. November 1882, L. G. Bl. Nr. 28, vom 30. Juni 1886, L. G. Bl. Nr. 10 und vom 16. Juni 1888, L. G. Bl. Nr. 22; Kärnten vom 27. Jänner 1878, L. G. Bl. Nr. 4 und vom 20. April 1883, L. G. Bl. Nr. 72; Krain vom 22. August 1889, L. G. Bl. Nr. 20; Salzburg vom 20. Dezember 1874, L. G. Bl. Nr. 5 aus 1875 und vom 23. Mai 1885, L. G. Bl. Nr. 14; Schlesien vom 2. Juli 1877, L. G. Bl. Nr. 26 und vom 17. April 1888, L. G. Bl. Nr. 38; Steiermark vom 13. Dezember 1898, L. G. Bl. Nr. 4 aus 1899. Für Tirol besteht kein Wildschongesetz; die bezüglichen Vorschriften sind in der Statthaltereikundmachung vom 5. Mai 1872, L. G. Bl. Nr. 19 enthalten. In den Kronländern der zweiten Gruppe sind die Schonvorschriften in dem betreffenden Landes-Jagdgesetze aufgenommen. In den oben angeführten Schongesetzen werden die Schonzeiten für die einzelnen Wildgattungen festgesetzt, aber auch Vorschriften über die zulässige Art des Fangens und Erlegens von Wild, sowie über den Verkauf von Wildpret während der Schonzeit erlassen; die wichtigsten gemeinsamen Bestimmungen aller dieser Gesetze, sind folgende:

Unter Schonzeit versteht man den Zeitraum, innerhalb dessen Wild weder gejagt, noch gefangen, noch getötet werden darf. Die Schonzeiten sind eingeführt, damit die Ausrottung des Wildes verhütet und dessen mäßige Vermehrung oder doch Erhaltung ermöglicht werde.

Für weibliches Wild dauert die Schonzeit in einigen Gesetzen durch das ganze Jahr. Das Fangen des Wildes in Schlingen, Fallen, Fangeisen u. dgl. ist verboten, ebenso das Ausnehmen des jungen Wildes aus den Nestern, das Sammeln und Vernichten der Eier. Von diesem letzteren Verbote können Ausnahmen bewilligt werden zum Zwecke der Aufzucht von Federwild. Die Behörden können die Verminderung des der Bodenkultur nachteiligen, übermäßig gehegten Wildes auch während der Schonzeit anordnen. Auf Wild in eingefriedeten Tiergärten und Fasanerien finden die Schonvorschriften keine Anwendung. Der Verkauf von Wild ist nur während der Schußzeit und meist noch eine kurze Frist nach derselben während der Schonzeit gestattet. Für die Übertretungen der Schonvorschriften sind Geldstrafen festgesetzt, welche dem Ortsarmenfonds zufließen; auch die Konfiskation des Wildprets kann verhängt werden. Zuständige Behörde ist die politische.

Die nach Kronländern vielfach voneinander verschiedenen Wild-
schon- und Abschußzeiten sind zumeist tabellarisch in den Forstkalendern,
dann auch auf der Rückseite der Jagdkarten ersichtlich gemacht, demnach so leicht zugänglich, daß von ihrer Anführung hier Umgang genommen werden kann.

### § 100. Das Jagdwesen in Böhmen.

Das böhmische Jagdgesetz vom 1. Juni 1866, L. G. Bl. Nr. 49, weicht
sowohl von den älteren Jagdgesetzen als auch von denen der übrigen Kronländer der II. Gruppe erheblich ab.

Die grundlegenden Bestimmungen über die selbständige Ausübung
des Jagdrechtes in Eigenjagdgebieten stimmen mit denen in den übrigen
Kronländern überein, insbesondere auch die über die Herstellung des
Zusammenhanges durch Wege, Straßen, Eisenbahnen, Flüsse und Wege
zwischen einzelnen Teilen eines Eigenjagdgebietes. Abweichend ist die
Bestimmung, daß auf vollständig eingefriedeten Grundstücken ohne Rücksicht auf das Ausmaß derselben, das Recht zur Ausübung der Jagd
dem Grundeigentümer gewahrt bleibt, daß schon durch Einschließung
zu $^2/_3$ eine 115 *ha* nicht erreichende Fläche zur Enklave wird; abweichend vom Jagdrechte in den anderen Kronländern sind auch die in
den §§ 4—22 folgenden Bestimmungen über die Bildung ortsweiser
Jagdgenossenschaften.

Ein weiterer grundlegender Unterschied des böhmischen Jagdgesetzes von den jagdrechtlichen Bestimmungen der anderen Kronländer ist
der, daß das Verfahren und die Entscheidung in den meisten Jagdangelegenheiten nicht den landesfürstlichen Behörden, sondern den Selbst-
verwaltungskörpern (autonomen Behörden) Bezirks- und Landesausschuß zusteht; Beschwerden gegen die Entscheidung des Landesausschusses sind an den Verwaltungsgerichtshof zu richten.

Das Gesetz hat nachstehenden Wortlaut:

§ 1. Das Jagdrecht ist Ausfluß des Grundeigentumes. Die Ausübung des Jagdrechtes wird durch gegenwärtiges Jagdgesetz geregelt.

§ 2. Die selbständige Ausübung des Jagdrechtes steht nur dem Besitzer eines zusammenhängenden Grundkomplexes von wenigstens 115 *ha* zu. Ein Grundkomplex ist
als zusammenhängend (Jagdgebiet) anzusehen, wenn die einzelnen Grundstücke desselben
derart gelegen sind, daß man von einem zum anderen gelangen kann, ohne einen
fremden Grundbesitz überschreiten zu müssen. Wege, Straßen, Eisenbahnen, Bäche und
Flüsse, welche diesen Grundkomplex durchziehen, unterbrechen den Zusammenhang desselben nicht.

§ 3. Auf vollständig und bleibend durch Mauern oder Zäune eingefriedeten Grundstücken bleibt ohne Rücksicht auf das Ausmaß derselben, das Recht zur Ausübung der
Jagd dem Grundeigentümer gewahrt. In Fällen, wo über die Vollständigkeit der Einfriedung ein Streit zwischen dem Grundbesitzer und benachbarten Jagdherrn entsteht,
entscheidet der Bezirksausschuß.

§ 4. In allen anderen Fällen bildet die Gesamtheit der Grundbesitzer einer Ortschaft
(§ 107 der Gemeindeordnung vom Jahre 1864), insoferne ihr zusammenhängender Grundkomplex mindestens 115 *ha* beträgt, eine Jagdgenossenschaft und selbe ist unter
den, durch dieses Jagdgesetz bestimmten Bedingungen (§ 6) zur Ausübung des Jagdrechtes auf ihrem Jagdgebiete befugt.

§ 5. Erreicht das Areale der Gesamtheit der Grundbesitzer einer Ortschaft nicht
das Ausmaß von 115 *ha*, so wird die Ausübung des Jagdrechtes auf selbem dem Besitzer
des zumeist angrenzenden Jagdgebietes (§§ 2 und 4) zugewiesen. Dasselbe gilt von Grundstücken, welche das Ausmaß von 115 *ha* nicht erreichen und von einem Jagdgebiete vollständig oder zu zwei Dritteilen umschlossen sind (Enklave). Die Zuweisung nimmt der
Bezirksausschuß vor. Derselbe hat auch eine entsprechende anderweitige Verfügung in
dem Falle zu treffen, wenn der Besitzer des zumeist angrenzenden oder umschließenden
Jagdgebietes die Übernahme der Ausübung des Jagdrechtes auf den zuweisenden Jagd-
grundstücken verweigern sollte.

§ 6. Die Jagdgenossenschaft (§ 4) ist verpflichtet, das ihr zustehende Recht zur Ausübung der Jagd entweder ungeteilt zu verpachten, oder durch eigens bestellte, vorschriftsmäßig beeidete Sachverständige zu ihren Gunsten ausüben zu lassen (Als Sachverständiger ist derjenige anzusehen, welcher bei der politischen Behörde unter Zuziehung eines geprüften Fachmannes die Prüfung aus dem Jagdwesen und Jagdgesetze mit gutem Erfolge bestanden hat.) Die Verpachtung kann entweder aus freier Hand oder im Wege der öffentlichen Lizitation stattfinden. Bei einem Jagdkomplexe von mindestens 1500 *ha* kann der Bezirksausschuß eine geteilte Verpachtung des Jagdgebietes bewilligen.

§ 7. Die Summe der Entschädigung der nach § 5 zur Ausübung des Jagdrechtes zugewiesenen Grundstücke bestimmt der Bezirksausschuß mit Rücksicht auf den Flächenraum nach dem Durchschnitte des Jagdpachtzinses in den drei nächstgelegenen verpachteten Jagdgebieten.

§ 8. Jede Jagdgenossenschaft verwaltet das ihr innerhalb der im § 6 bestimmten Grenzen zustehende Recht zur Ausübung der Jagd durch einen hiezu aus ihrer Mitte zu wählenden Ausschuß von drei bis fünf Mitgliedern. Derselbe ist auf die Dauer von sechs Jahren, und aus dessen Mitte der Obmann zu wählen. . . . .

§ 12. Der Jagdausschuß hat die Genossenschaft nach außen zu vertreten und ihre Beschlüsse innerhalb der gesetzlichen Grenzen zur Durchführung zu bringen.

§ 13. Der Jagdausschuß bestimmt unter Berücksichtigung der obwaltenden Verhältnisse, ob eine Verpachtung des der Jagdgenossenschaft zustehenden Jagdrechtes überhaupt, und in diesem Falle aus freier Hand oder im Wege der öffentlichen Lizitation stattzufinden habe; letztere hat der Gemeindevorsteher vorzunehmen.

§ 14. Der Jagdausschuß kann das einer Jagdgenossenschaft zustehende Jagdrecht nur dann durch Sachverständige ausüben lassen, wenn sich mindestens drei Vierteile aller Stimmen der Jagdgenossenschaft hiefür entscheiden.

§ 15. Der Jagdausschuß hat die Verpachtung wenigstens sechs Monate vor Ablauf des letzten Pachtjahres vorzunehmen.

§ 16. Als Jagdpächter ist in der Regel nur eine einzelne physische Person, insoferne derselben nicht ein Grund zur Verweigerung der Jagdkarte entgegensteht, zuzulassen.

§ 17. Die Verpachtung der Jagd auf Jagdgebieten einer Jagdgenossenschaft (§ 4), sowie die Zuweisung von Enklaven und Jagdparzellen (§ 5) hat mindestens auf die Dauer von sechs aufeinander folgenden Jagdjahren, welche mit 1. Februar beginnen und mit 31. Januar schließen, zu geschehen. Verpachtungen über die Dauer von zwölf Jahren sind nur mit Genehmigung des Bezirksausschusses zulässig. . . . . .

§ 21. Die freiwillige Arrondierung und Zusammenlegung angrenzender Jagdgebiete, soweit selbe im Interesse der Jagd geboten erscheint, ist zulässig. Sollte durch eine Anordnung ein oder das andere Jagdgebiet unter dem Minimalmaße von 115 *ha* ausfallen, so ist hiezu die Genehmigung des Bezirksausschusses erforderlich.

§ 22. Der jährliche Reinertrag (Pachtschilling) des einer Jagdgenossenschaft gehörigen Jagdgebietes, sowie die Entschädigung für Enklaven und Jagdparzellen (§ 5) ist an die einzelnen Grundbesitzer der betreffenden Ortschaft nach Maßgabe der Ausdehnung ihres Grundbesitzes zu verteilen.

§ 23. Die Überwachung der gesetzmäßigen Durchführung der in den §§ 2, 4, 6, 8 bis inkl. 22 enthaltenen Bestimmungen steht dem Bezirksausschusse zu.

Die übergeordneten autonomen Organe sind verpflichtet, jeden, der Anordnung des Jagdgesetzes widerstreitenden Zustand von Amts wegen zu beseitigen.

Die von den Jagdausschüssen vorgenommenen Verwaltungsakte dürfen von den übergeordneten autonomen Behörden nicht nach freiem Ermessen, sondern nur dann und insoweit außer Kraft gesetzt werden, als dieselben gegen eine, in den §§ 2, 4, 6 und 8 bis 22 des Jagdgesetzes enthaltene Bestimmung verstoßen.

§ 24. Zur persönlichen Ausübung der Jagd ist berechtigt: *a)* der Jagdherr, d. i. der zur selbständigen Ausübung der Jagd berechtigte Grundbesitzer (§§ 2 und 3) und der Jagdpächter innerhalb der ihm zustehenden Jagdbarkeit; *b)* das im Dienste des Jagdherrn oder der Jagdgenossenschaft stehende beeidete Jagdpersonale; *c)* der Jagdgast.

§ 25. Als Jagdgast ist jedermann anzusehen, der sich mit einer Jagdkarte ausweisen kann und in Gesellschaft oder mit Bewilligung des Jagdherrn die Jagd auf dessen Jagdterrain ausübt.

§ 26. Wer die Jagd persönlich ausüben will, hat sich mit einer Jagdkarte zu versehen und selbe bei Ausübung der Jagd stets bei sich zu führen. Jagdkarten werden vom Bezirksausschusse des zeitweiligen Aufenthaltsortes, für Prag und Reichenberg vom Stadtrate, auf den Namen lautend, nur für eine Person, für das ganze Land giltig, für die Dauer eines Jahres ausgestellt. Für die Ausstellung desselben ist nebst der Stempelgebühr von dem zur selbständigen Ausübung der Jagd berechtigten Grundbesitzer (§§ 2 und 3) und dem Jagdpächter eine Taxe von 20 *K* ö. W., von jenem, der die Jagd nur als Jagdgast ausübt, eine Taxe von 4 *K* ö. W. zu entrichten, und selbe hat in die Bezirkskasse, betreffend Prag und Reichenberg in die Gemeindekasse einzufließen.

Die Stempelgebühr beträgt 1 *K*, und für Personen, welche keinen den Taglohn übersteigenden Verdienst haben, 30 *h*.

§ 27. Das zur Ausübung, sowie zur Beaufsichtigung der Jagd angestellte und beeidete Dienstpersonale erhält statt der Jagdkarten vom Bezirksausschusse, für Prag und
Reichenberg vom Stadtrate, Jagdzertifikate. Selbe gelten nur für die Dauer der Dienst-
zeit und unterliegen keiner Taxe.

§ 28. Die Ausstellung der Jagdkarten ist zu verweigern: 1. Minderjährigen, insoferne nicht für selbe von ihren Vätern oder Vormündern, beziehentlich der Schüler einer
Forstschule oder Akademie von der Direktion, bei Forstlehrlingen und Gehilfen vom
Lehrherrn oder Forstrevierleiter darum angesucht wird; 2. Geisteskranken und Gewohn-
heitstrunkenbolden; 3. jenen Armen, die aus Gemeindemitteln oder wohltätigen Anstalten
erhalten werden; 4. den in Tag- oder Wochenlohn stehenden Arbeitern; 5. jedem, der
sich mit einem Waffenpasse nicht auszuweisen vermag (in Betreff des Waffenpasses gilt
auch für Böhmen das k. Patent vom 24. Okt. 1852); 6. für die Dauer von zehn Jahren
nach Ablauf der Strafzeit jenem, der eines Verbrechens gegen die Sicherheit der Person
oder des Eigentumes; für die Dauer von fünf Jahren nach Ablauf der Strafzeit jenem,
der nach § 335 des Strafgesetzes eines Vergehens gegen die Sicherheit des Lebens durch
unvorsichtige Handhabung von Schußwaffen, oder der Übertretung des Diebstahls, der
Diebstahlsteilnahme, der Veruntreuung oder des Betruges schuldig erkannt wurde;
7. für die Dauer von drei Jahren demjenigen, der wegen Mißbrauch der Jagdkarte bestraft wurde.

§ 29. Jagdzertifikate für das angestellte beeidete Jagdpersonale sind in den
im § 28, sub 2 und 6, angeführten Fällen zu verweigern.

§ 30. Das Jagdzertifikat oder die Jagdkarte ist, ohne Rückstellung der hiefür erlegten Taxe, einzuziehen, wenn nach der Ausstellung in Betreff der Person des Inhabers
ein Ausschließungsgrund eintritt oder bekannt wird......

§ 32. Es hat im allgemeinen eine Schon- und Hegezeit der jagdbaren Tiere
vom 1. Februar bis 31. Juli stattzufinden, innerhalb welchen Zeitraumes das Jagen,
Töten und Einfangen derselben, sowie das Einsammeln der Eier der zu schonenden
Vogelgattungen verboten ist. Auf Tiergärten, d. i. mit Dam-, Hoch- und Schwarzwild
besetzte Gärten findet die vorstehende Bestimmung keine Anwendung.

Auch während der Schon- und Hegezeit kann ausnahmsweise geschossen werden:
*a)* alles Raubwild, insoferne es nicht gesetzlichen Schutz genießt; *b)* die Waldschnepfe,
der Hahn des Auer-, Birk- und Haselwildes vom 1. März bis 31. Mai; *c)* die wilde Gans
und Ente vom 1. Juli bis 31. Januar; *d)* der Rehbock vom 1. Mai bis 31. Januar.

§ 33. Solange die Frucht am Felde nicht geerntet ist, darf dort, Erdäpfel-, Rüben-
und Krautfelder ausgenommen, ohne Erlaubnis des Eigentümers der Feldfrucht, weder
gejagt, noch ein Jagdhund eingelassen werden.

§ 34. Vom 14. Tage nach Eintritt der Hegezeit und während der übrigen Dauer
derselben dürfen weder die zu schonenden Wildgattungen, noch deren Eier zum Verkaufe gebracht werden, widrigenfalls sie zu Handen des Lokalarmenfonds zu konfiszieren sind.

Während der zweiten Hälfte der gesetzlichen Schonzeit für weibliches Rehwild, nämlich während der Monate Mai, Juni und Juli, darf unzerlegtes Rehwild,
bei welchem das Geschlecht nicht mehr mit Sicherheit zu erkennen ist, weder versendet, noch verkauft, noch zum Verkaufe herumgetragen oder ausgestellt, noch
sonst irgendwie feilgeboten werden (Statth.-Kundm. 23. Februar 1895, Z. 128710,
L. G. Bl. Nr. 88). Das im § 34 ausgesprochene Verbot ist ein absolutes und gilt nicht
nur für den Jagdberechtigten, sondern für jedermann, insbesondere auch für den Wildprethändler, auch wenn dieser das Wild vor Eintritt der Verbotzeit erworben hätte.

§ 35. Innerhalb der Jagdzeit hat sich jeder Wildprethändler hinsichtlich des feil-
gebotenen Wildes mit Lieferscheinen auszuweisen, welche in für Verzehrungssteuer-
gegenstände geschlossenen Ortschaften bei der Versteuerung gegen Bescheinigung abzugeben sind. Der Lieferschein ist von dem Jagdherrn oder in dessen Auftrage von dem
bestellten Jagdpersonale auszustellen und es ist in demselben der Jagdbezirk, die Zahl
und Gattung des Wildes und das Datum der Ausstellung anzugeben. Die öffentlichen
Aufsichtsorgane haben ohne Lieferschein eingebrachtes Wild für den Lokalarmenfonds
zu konfiszieren.

§ 36. Das Abfangen des Wildes mit Ausnahme des Raubwildes, mittels Schlingen
oder Fallen ist verboten.

§ 37. Die Verfolgung angeschossenen Wildes auf fremdes Jagdgebiet ist nur mit
Bewilligung des bezüglichen Jagdherrn gestattet.

§ 38. Wildschweine (Schwarzwild) dürfen nur in geschlossenen gegen Ausbruch
wohlverwahrten Tiergärten gehalten werden. Wenn ein Schwarzwildstück außerhalb
eines Tiergartens angetroffen wird, so ist es jedermann zu allen Jahreszeiten erlaubt,
dasselbe, sowie Wölfe, Bären und andere Raubtiere, sofern es die Verteidigung der Person
oder des Eigentumes erheischt, zu erlegen.

Auch in Böhmen ist wie in den Kronländern der Gruppe I nicht ausdrücklich bestimmt, welche Tiere jagdbar sind; über die Aneignung des erlegten Wildes gilt für Böhmen dasselbe wie § 99 *b* der Gesetzkunde für die Kronländer der I. Gruppe ausgeführt worden ist.

§ 39. Jedermann ist berechtigt, durch Klappern, aufgestellte Schreckbilder und durch zu diesem Zwecke errichtete Zäune das Wild von seinem Grundbesitze abzuhalten, oder in Wein- oder Obstgärten durch Schreckschüsse zu verscheuchen.

§ 40. Die Eigentümer von Hunden haben dafür Sorge zu tragen, daß selbe auf fremder Wildbahn nicht revieren; die Dawiderhandelnden sind mit Geldstrafen von 1 bis 4 *K* zu bestrafen. Katzen, welche auf einem Jagdreviere in einer Entfernung von mindestens 380 *m* vom nächsten Hause angetroffen werden, sowie ohne Beisein des Besitzers revierende Hunde in derselben Entfernung kann der Jagdberechtigte töten oder töten lassen.

§ 41. Zur unmittelbaren Überwachung der Bestimmungen dieses Gesetzes, und zur Hintanhaltung und Anzeige der Übertretungen desselben sind die k. k. Gendarmerie, die Bezirks- und Gemeindesicherheitsorgane und das zur Beaufsichtigung der Jagd angestellte beeidete Dienstpersonale verpflichtet.

§ 42. Einer Geldstrafe von 4 bis 40 *K*, im Wiederholungsfalle bis 100 *K*, unterliegt, und zwar ohne Rücksicht auf die Strafbarkeit der Handlung nach anderen Gesetzen: 1. der den Vorschriften dieses Gesetzes (§§ 32, 33, 36) zuwiderhandelt; 2. der von einer Jagdkarte Mißbrauch macht, indem er sich eine fremde Jagdkarte verschafft und sich derselben bedient, oder seine Jagdkarte jemand anderem zur Ausübung der Jagd überläßt; 3. der ohne giltige Jagdkarte oder Jagdzertifikat die Jagd persönlich ausübt oder durch einen Jagdgast, der nicht mit einer giltigen Jagdkarte versehen ist, ausüben läßt; 4. der ohne Bewilligung des Jagdherrn dessen Jagdgebiet außerhalb öffentlicher Wege, Wein- oder Obstgärten mit einem Schießgewehre, oder einem anderen Jagdwerkzeuge bewaffnet, betritt.

Für den Fall der Uneinbringlichkeit der Geldstrafe ist dieselbe in eine Arreststrafe, und zwar für je 10 *K* mit einem Tage zu verwandeln; bei Geldstrafen unter 10 *K* ist die Arreststrafe in der Dauer von wenigstens zwölf Stunden zu bestimmen.

§ 43. Die Verhängung dieser Strafen steht der kompetenten politischen Behörde zu. Die eingebrachten Strafgelder fließen in den Lokalarmenfonds jener Gemeinde, wo die strafbare Handlung begangen wurde.

§ 44. Die Strafbarkeit der Jagdpolizeiübertretungen verjährt binnen drei Monaten von der begangenen Übertretung an, wenn der Übertreter seitdem nicht zur Verantwortung gezogen worden ist.

§ 45. Den einzelnen Grundbesitzern bleibt das Recht auf Entschädigung für erlittene Jagd- und Wildschäden gewahrt, und zwar bezüglich der Jagdschäden gegen den Jagdherrn (§ 24) und bezüglich der Wildschäden gegen die Jagdgenossenschaft, insoweit es sich aber um Enklaven oder andere zugewiesene Grundstücke handelt, gegen den zur Ausübung der Jagd Berechtigten. Diesem ist es jedoch unbenommen, die Enklaven oder Jagdgrundstücke gegen allfällige Wildschäden durch Einschränkung oder andere Vorsichtsmaßregeln, welche den Besitzer in der Benützung seines Grundes nicht beeinträchtigen, zu schützen. Die Entschädigungsansprüche sind, insoweit in dem Pachtvertrage oder durch anderweitiges Übereinkommen der Parteien nicht etwas anderes bestimmt wird, vor einem zu diesem Zwecke gebildeten Schiedsgerichte geltend zu machen. . . . . . .

§ 50. Das Jagdreservatrecht der Krone in der Umgebung Prags bleibt durch dieses Gesetz unberührt.

## § 101. Das Jagdwesen in Galizien, Görz-Gradiska, Mähren, Österreich unter und ob der Enns, Triest und Vorarlberg.

In allen den angeführten Ländern dieser Gruppe ist das Jagdwesen, wie bereits früher erwähnt, einheitlich durch eigene Landesgesetze und durch zugehörige Durchführungsverordnungen geregelt und zwar in

Galizien: Ges. v. 5. März 1897, L. G. Bl. Nr. 71, Statth.-Vrdg. vom 1. April 1898, L. G. Bl. Nr. 21 und v. 10. Mai 1898, L. G. Bl. Nr. 38.

Görz-Gradiska: Ges. v. 15. Februar 1896, L. G. Bl. Nr. 26, Statt.-Vrdg. v. 15. Sept. 1896, L. G. Bl. Nr. 27 und 28.

Mähren: Ges. v. 20. Dezember 1895, L. G. Bl. Nr. 60 aus 1896, Statth.-Vrdg. v. 9. Juli 1896, L. G. Bl. Nr. 67, v. 18. April 1899, L. G. Bl. Nr. 31, v. 4. Mai 1899, L. G. Bl. Nr. 41, Statth.-Kundm. v. 27. Mai 1898, L. G. Bl. Nr. 42 u. v. 4. Mai 1899, L. G. Bl. Nr. 42.

Österreich ob der Enns: Ges. v. 13. Juli 1895, L. G. Bl. Nr. 8 aus 1896 u. v. 16. Juli 1895, L. G. Bl. Nr. 9 aus 1896, Statth.-Vrdg. v. 29. März 1896, L. G. Bl. Nr. 12.

Österreich unter der Enns: Ges. v. 22. November 1901, L. G. Bl. Nr. 42, Statth.-Vrdg. v. 3. Juni 1902, L. G. Bl. Nr. 43, 44, 45, 46 u. 47; alle diese Bestimmungen gelten jedoch nur für das Land mit Ausschluß des Gemeindegebietes der Reichshaupt- und Residenzstadt Wien.

Triest: Ges. v. 6. August 1895, L. G. Bl. Nr. 21.

Vorarlberg: Ges. v. 26. Juli 1892, L. G. Bl. Nr. 1 aus 1895, Statth.-Vrdg. v. 26. Dezember 1894, L. G. Bl. Nr. 2 aus 1895.

Diese vielfach voneinander abweichenden Gesetze können selbst auszugsweise in unserem Lehrbuche nicht wiedergeben werden. Beim Unterrichte werden diejenigen Landesgesetze zu verwenden sein, in deren Bereich die Unterrichtsanstalt gelegen ist; die Jagdgesetze der oben bezeichneten Länder samt den zugehörigen Verordnungen sind entweder in besonderen Gesetzesausgaben vereinigt oder es sind die betreffenden Nummern der Landesgesetzblätter zu mäßigem Preise vom Hilfsamte der Landesbehörde erhältlich.

Im folgenden wird nun eine Übersicht der hauptsächlichsten, allen Landesgesetzen gemeinsamen Bestimmungen zusammengestellt.

### *a) Das Jagdrecht und dessen Ausübung.*

Das Jagdrecht besteht in der ausschließlichen Berechtigung, innerhalb eines bestimmten Jagdgebietes die jagdbaren Tiere zu hegen, zu fangen und zu erlegen und dieselben, sowie deren etwa abgetrennte nutzbare Teile (abgeworfene Geweihe) und die vorgefundenen Eier des Federwildes sich anzueignen. Die jagdbaren Tiere sind in den Gesetzen ausdrücklich bezeichnet; in Görz, Mähren, Vorarlberg und Niederösterreich können auch noch andere Tierarten durch die Landesbehörde als jagdbar erklärt werden.

Das Jagdrecht ist mit dem Grundeigentume verbunden und steht dem jeweiligen Grundbesitzer zu. Dieses Jagdrecht kann entweder im Wege der Eigenjagd oder der Jagdverpachtung ausgeübt werden.

Als zusammenhängend ist eine Grundfläche dann zu betrachten, wenn die einzelnen Grundstücke unter sich in einer solchen Verbindung stehen, daß man von einem Grundteile zum anderen gelangen kann, ohne fremden Grundbesitz zu überschreiten, Wege, Straßen, Eisenbahnen und deren Zugehör, Flüsse und Bäche, welche die Grundfläche durchschneiden, sowie ganz oder teilweise derselben inneliegende stehende Gewässer begründen keine Unterbrechung des Zusammenhanges und sind in dieser Hinsicht selbst Inseln als mit den Ufergrundstücken zusammenhängend zu betrachten. Dagegen wird der für die Eigenjagd erforderliche Zusammenhang zwischen räumlich auseinanderliegenden Grundstücken durch den Längenzug der durch fremde Grundstücke führenden Wege, Straßen oder fließenden Gewässer nicht hergestellt.

Ohne Rücksicht auf das Flächenmaß steht die Befugnis zur Eigenjagd den Besitzern eingefriedeter Tiergärten u. dgl. zu.

Die in der Gemarkung einer Ortsgemeinde gelegenen Grundstücke, welche nicht zu einem Eigenjagdgebiet gehören, bilden das Gemeindejagdgebiet. Das Jagdrecht auf diesem Gebiete muß zu Gunsten der Grundbesitzer im Wege der öffentlichen Versteigerung verpachtet werden, welche von der politischen Behörde vorzunehmen ist.

Die Feststellung der Jagdgebiete erfolgt durch die politische Bezirksbehörde für die Dauer der nächstfolgenden Pachtperiode.

Nach dem Ergebnis des Versteigerungsaktes weist die politische Behörde die Jagd dem Bestbieter zu, falls er nicht nach gesetzlichen Bestimmungen von der Pachtung auszuschließen ist. Der Pächter hat eine Kaution in der Höhe des einjährigen Pachtschillings und den Pachtschilling für das erste Jahr zu erlegen. Die Kaution haftet für alle vom Pächter zu erfüllenden Verbindlichkeiten. Der Pachtschilling fließt zunächst in die Gemeindekassa, ist jedoch nach Verhältnis des Grundbesitzes unter die einzelnen Grundbesitzer zu verteilen. Die teilweise oder gänzliche Überlassung der Gemeindejagd in Afterpacht ist untersagt und kann nur ausnahmsweise bewilligt werden. Kann die Verpachtung im Wege der Versteigerung nicht erzielt werden, so hat die politische Behörde nach Anhörung der Gemeindevertretung Sachverständige zur Verwaltung der Jagd zu bestellen. Die Einnahmen dieser Jagdverwaltung fallen der Gemeindekasse zu, welche auch die bezüglichen Ausgaben zu bestreiten hat.

Nach Feststellung der Jagdgebiete für eine neue Periode kann die politische Behörde die Gemeindejagd mit Zustimmung der Gemeindevertretung dem früheren Pächter aus freier Hand ohne Versteigerung verpachten.

*b) Jagdpolizeiliche Bestimmungen.*

Jeder Jagdberechtigte ist verpflichtet, zur Beaufsichtigung und zum Schutze der Jagd Jagdschutzpersonale in entsprechender Anzahl zu bestellen und nach den bestehenden Vorschriften behördlich beeiden zu lassen.

Niemand darf ohne Jagdkarte, welche von der zuständigen Behörde ausgestellt sein muß, die Jagd ausüben. Dem bestellten Jagdschutzpersonale werden für die Dauer ihrer Bestellung ebenfalls Jagdkarten ausgestellt. Die Jagdkarte gilt nur für die betreffende Person, auf deren Namen sie lautet, sie gibt aber nicht die Befugnis, ohne Zustimmung des Jagdberechtigten zu jagen; sie müssen auf Verlangen den Sicherheitsorganen vorgewiesen werden, der Besitzer muß sie daher bei Ausübung der Jagd stets bei sich führen.

Für die Jagdkarten sind feste Taxen zu entrichten; die Jagdkarten des beeideten Schutzpersonales unterliegen dieser Taxe nicht; außerdem sind Forstschüler und Praktikanten während ihrer Lehrzeit von der Entrichtung der Taxe befreit. Die Ausstellung der Jagdkarte an Personen minderer Eignung wird verweigert, so an Vorbestrafte, Taglöhner, Minderjährige ohne Zustimmung des Vormundes, Geisteskranke u. dgl.

Während bestimmter Zeiten des Jahres dürfen einige Wildarten weder gejagt noch gefangen oder getötet werden (Schonzeiten). Auf Wild in Tiergärten finden die Schonvorschriften keine Anwendung. Von den Schonvorschriften kann die Landesbehörde für bestimmte Zeiten Ausnahmen gestatten, es können aber auf Antrag der Sachverständigen auch Verschärfungen der Schonvorschriften angeordnet werden.

Auch über die Jagd in der Nähe von Gebäuden, auf angebauten Feldern, über die Jagdausübung an Sonn- und Feiertagen, über die Wildfolge und ähnliche Fragen der Jagdpolizei sind in den Landesgesetzen und Verordnungen Bestimmungen enthalten, die jedoch vielfach voneinander abweichen.

*c) Jagd- und Wildschäden.*

Der Jagdberechtigte ist verpflichtet, den bei der Jagdausübung von ihm selbst, seinem Jagdpersonal und seinen Jagdgästen oder durch die Jagdhunde dieser Personen verursachten Schaden (Jagdschaden) und den von den jagdbaren Tieren an Grund und Boden, sowie an den noch nicht eingebrachten Erzeugnissen verursachten Schaden (Wildschaden) nach den Bestimmungen der einzelnen Landesgesetze zu ersetzen. Über den Anspruch entscheidet in Mähren, Österreich ob und unter der Enns ein Schiedsgericht, sonst die politische Behörde.

Durch Übereinkommen zwischen den Jagdberechtigten und den beschädigten Grundbesitzern können über den Ersatz von Wild- und Jagdschäden vom Gesetze abweichende Vereinbarungen getroffen werden.

*d) Behörden und Verfahren; Strafen.*

Zur Handhabung der Jagdgesetze sind im allgemeinen die politischen Behörden und in letzter Instanz das Ackerbauministerium berufen.

Auch die Übertretungen der Jagdgesetze und Jagdvorschriften haben die politischen Behörden zu bestrafen, falls nicht das allgemeine Strafgesetz zur Anwendung kommt. Die Behörden können Geld und Arreststrafen verhängen, aber auch auf Verfall von Waffen und Geräte, sowie von Wildpret erkennen, das vorschriftswidrig erlegt oder verkauft wird.

### § 102. Das Jagdwesen in Dalmatien.

In Dalmatien ist die Ausübung der Jagdbarkeit frei und nur durch die Bestimmungen des Waffenpatentes, siehe oben § 87, sowie durch das Feldschutzgesetz vom 13. Februar 1882, L. G. Bl. Nr. 11, siehe unten § 107 beschränkt, nach welchem das Jagen auf Privatgrundstücken ohne besondere Zustimmung des Grundbesitzers verboten ist. Über die Schonung des Wildes hat das Landesgesetz vom 14. Dezember 1895, L. G. Bl. Nr. 18 aus 1898, Bestimmungen getroffen. Nach diesen kann die Statthalterei absolute Schonzeiten, während welcher die jagdbaren Tiere überhaupt nicht gejagt, gefangen oder getötet werden dürfen oder relative Schonzeiten für einzelne Wildgattungen festsetzen. Vernichten der Eier des Federwildes und Ausnehmen des jungen Wildes aus den Nestern ist im ganzen Jahre verboten. Die jagdbaren Tiere dürfen nicht mit Fangeisen, Fallen u. dgl. oder mittels Gift gefangen werden. Acht Tage nach Verlauf der Schonzeit darf Wild nicht mehr zum Verkaufe ausgeboten werden. Übertretungen werden mit Geldstrafen und Beschlagnahme des Wildprets geahndet. Zuständig sind die politischen Behörden.

### § 103. Vorschriften über die Prüfung und Beeidigung des Jagdschutzpersonales.

Unter Berufung auf den § 13 der Ministerialverordnung vom 15. Dezember 1882, R. G. Bl. Nr. 257, erfloß die Verordnung der Ministerien des Innern und der Justiz vom 2. Januar 1854, R. G. Bl. Nr. 4, in Betreff der zulässigen Beeidigung des Forstschutz- und des Jagdaufsichtspersonales für den Jagddienst, welche folgendermaßen lautet: Zum größeren Schutze des Jagdrechtes gegen widerrechtliche Eingriffe, insbesondere gegen Wilddiebe und Jagdfrevler, wird auf Grund der von

Seiner k. u. k. Apostolischen Majestät mit Allerhöchster Entschließung vom 15. Dezember erteilten Ermächtigung verordnet: § 1. Das Personale für den Forstschutzdienst, welches nach Vorschrift des § 13 der Verordnung des Ministeriums des Innern vom 15. Dezember 1852, R. G .Bl. Nr. 257, auch zur Beaufsichtigung der Jagd bestellt und der politischen Behörde namhaft gemacht wird, ist von dieser Behörde auf Verlangen des Bestellers für den Jagddienst in dem ganzen ihm anvertrauten Jagdbezirk in Eid und Pflicht zu nehmen, und zwar: a) nachträglich bloß für den Jagddienst, wenn dasselbe auf den Forstschutzdienst nach den bestehenden Gesetzen bereits beeidet; b) für den Forstschutz- und Jagddienst zugleich, wenn dasselbe auf den Forstschutzdienst noch nicht beeidet ist. Die Beeidigung hat zu geschehen im Falle a) nach dem beiliegenden Formular der Eidesformel, im Falle b) nach der als Beilage des Forstgesetzes kundgemachten Eidesformel, in welcher in diesem Falle nach den Worten: „anvertraute Waldeigentum” einzuschalten ist „und Jagdrecht”. § 2. Ist es wegen der örtlichen Lage des Jagdrevieres nicht tunlich, das nach § 13 der Verordnung des Ministeriums des Innern vom 15. Dezember 1852, R. G. Bl. Nr. 257, zu bestellende, und der politischen Behörde namhaft zu machende Jagdaufsichtspersonale auch für den Forstschutzdienst zu verwenden, so wird die Beeidigung desselben für den Jagddienst allein gestattet, wenn es gelernte, im ausschließlichen Dienste des Jagdinhabers (Grundeigentümers oder Jagdpächters) stehende Jäger sind. Die Beeidigung hat in diesem Falle von der nach § 1 zuständigen politischen Behörde und nach dem beiliegenden Formular der Eidesformel zu geschehen. § 3. Das für den Forstschutz- und Jagddienst (§ 1) oder für den Jagddienst allein (§ 2) beeidete Personale wird auch im Jagddienste als öffentliche Wache angesehen, genießt auch in diesem Dienste alle in den Gesetzen gegründeten Rechte, welche den im § 68 des Strafgesetzes bezeichneten obrigkeitlichen Personen und Zivilwachen zukommen, und ist befugt, auch im Jagddienste die üblichen Waffen zu tragen, von welchen nur im Falle gerechter Notwehr Gebrauch gemacht werden darf. § 4. Damit das für den Jagddienst beeidete Personale erkannt und als öffentliche Wache geachtet werden könne, hat es das, auf Grund des § 54 des Forstgesetzes vorgeschriebene Dienstkleid, oder die zur öffentlichen Kenntnis des Bezirkes gebrachte bezeichnende Kopfbedeckung oder Armbinde im Jagddienste zu tragen. Jedermann ist gehalten, den dienstlichen Aufforderungen desselben Folge zu leisten, wogegen dasselbe sich aller gesetzwidrigen Vorgänge bei strenger Verantwortung zu enthalten hat.

Die Erfordernisse zur Beeidigung für den Forst- und Jagdschutzdienst hat die Ministerialverordnung vom 1. Juli 1857, R. G. Bl. Nr. 124, festgesetzt, welche aber bei § 53 des F. G. abgedruckt ist. Diese Verordnung gilt für Länder der I. Gruppe mit Ausnahme von Salzburg; für dieses Kronland gilt das Gesetz vom 6. März 1899, L. G. Bl. Nr. 8. Für das Jagdschutzpersonale Salzburgs gelten auch die Bestimmungen des Reichsgesetzes über die amtliche Stellung des Wachpersonales vom 16. Juni 1872, R. G. Bl. Nr. 84, abgedruckt bei § 17 der Gesetzkunde, nicht aber für die anderen Kronländer der I. Gruppe, weil hier landesgesetzliche Bestimmungen über Bestellung des Jagdschutzpersonales nicht bestehen.

Das Dienstabzeichen des Jagdschutzpersonales wird durch die Feldschutzgesetze bestimmt; siehe § 107, III. Abschnitt.

Der Nachweis der Befähigung zum Jagd- und Jagdschutzdienst ist für alle Länder gleichmäßig geregelt durch die Vdg. des A. M. vom

14. Juni 1889, R. G. Bl. Nr. 100 und durch die Vdg. des A. M. vom 3. Februar 1903, R. G. Bl. Nr. 31.

Die wesentlichsten Bestimmungen derselben sind folgende:

Kandidaten, welche die behördliche Bescheinigung ihrer Eignung zum Jagd- und Jagdschutzdienste anstreben, haben sich einer eigenen Prüfung für den Jagd- und Jagdschutzdienst zu unterziehen.

Zulassungsbedingungen: 1. Vollendung des 18. Lebensjahres; 2. mindestens einjährige praktische Verwendung im Jagddienste.

Die Zulassungsgesuche müssen bis spätestens 31. März des Jahres, in welchem die Prüfung abgelegt werden soll, bei der nach dem Wohnorte des Kandidaten zuständigen politischen Landesbehörde eingereicht werden; beizulegen sind: 1. Der Tauf- oder Geburtsschein; 2. ein von der politischen oder Polizeibehörde des Aufenthaltsortes ausgestelltes Sittenzeugnis und 3. das Zeugnis über die praktische Verwendung. Über die Zulassung entscheidet die politische Landesbehörde. Ausgeschlossen sind Personen, die wegen der Übertretung des Diebstahles oder der Veruntreuung, der Teilnahme an denselben verurteilt worden sind, während der gesetzlich (Gesetz vom 15. November 1867, R. G. Bl. Nr. 131) festgesetzten Zeitdauer.

Diese Prüfung hat nach der Staatsprüfung für den Forstschutz- und technischen Hilfsdienst und tunlichst im Anschlusse an diese stattzufinden. Sie wird vor der für letztere zusammengestellten Prüfungskommission abgelegt. Findet in einem Lande die letzterwähnte Prüfung nicht statt, so sind die Kandidaten der Prüfung aus dem Jagd- und Jagdschutzdienst einer anderen politischen Landesstelle, bei welcher diese Prüfung im betreffenden Jahre stattfindet, zuzuweisen.

Die Prüfung besteht aus einer schriftlichen und einer mündlichen Prüfung im geschlossenen Raume.

Die Kandidaten haben dem Vorsitzenden der Prüfungskommission bei Beginn der Prüfung die Identität, dann die Vollendung der vorgeschriebenen Praxis, wenn diese erst bis zum Prüfungstermine beendet wurde, sowie den Erlag der Prüfungstaxe oder die Befreiung hievon nachzuweisen und den Zeugnisstempel zu übergeben.

Gegenstände der Prüfung sind:

1. Jagd, d. i. Kenntnis der jagdbaren Tiere und ihrer Lebensweise, der verschiedenen Jagd- und Fangmethoden, der im Jagdbetriebe üblichen weidmännischen Benennungen, endlich der die Jagd betreffenden gesetzlichen Vorschriften jenes Landes, in dem der Kandidat wohnhaft ist.

2. Kenntnis der gesetzlichen Vorschriften über die Rechten und Pflichten der Schutzorgane des Landes.

Für die schriftliche Prüfung werden zwei Fragen gestellt, welche längstens in einer Stunde beantwortet sein müssen. Die mündliche Prüfung beginnt tunlichst noch am Tage der schriftlichen Prüfung. Die mündliche Prüfung ist öffentlich. Die Kandidaten sind in alphabetischer Reihenfolge zu prüfen. Die Prüfungsdauer beträgt für jeden Kandidaten höchstens eine Stunde.

Jene Kandidaten, welche die Prüfung bestanden haben, erhalten hierüber ein Zeugnis, diejenigen, welche dieselbe nicht bestanden haben, eine Verständigung über das Ergebnis der Prüfung. Die Wiederholung der Prüfung ist unbeschränkt.

Die Prüfungstaxe beträgt 10 $K$. Die Befreiung von der ganzen oder halben Prüfungstaxe erteilt in besonders rücksichtswürdigen Fällen die nach dem Wohnorte des Kandidaten zuständige politische Landesstelle und sind die bezüglichen Gesuche gleichzeitig mit den Zulassungsgesuchen, jedoch abgesondert von diesen, einzubringen. — Die Armut des Kandidaten, oder wenn dritte Personen zu dessen Erhaltung verpflichtet sind, auch die Armut dieser, ist durch ein von der Gemeindevorstehung des letzten Wohnortes des Kandidaten ausgestelltes Armutszeugnis nachzuweisen. Die Befreiung von der Prüfungstaxe kann auch für Wiederholungsprüfungen erteilt werden.

Das Zeugnis dieser Prüfung befreit nicht von der Ablegung der Staatsprüfung für den Forstschutz- und technischen Hilfsdienst im ganzen Umfange, dagegen gilt das Zeugnis über die bestandene letzterwähnte Staatsprüfung auch als Bescheinigung für die Eignung für den Jagd- und Jagdschutzdienst.

Die Vorschriften über die Beeidigung für den Forst- und Jagdschutzdienst wurden bereits oben bei § 53 F. G. wiedergegeben.

## § 104. Behörden in Jagdangelegenheiten.

In Angelegenheiten, welche die Jagd betreffen, überwacht die Bezirksbehörde im Umfange ihres Bezirkes die Aufrechthaltung der bestehenden Vorschriften und Einrichtungen, vollzieht die von den vorgesetzten Behörden erhaltenen Weisungen, und entscheidet in vorkommenden Fällen in erster Instanz, wenn die Entscheidung nicht zum

gerichtlichen Wirkungskreise gehört; auch handhabt dieselbe die jagdpolizeilichen Vorschriften (§§ 27, 46 der Beilage A der M. V. 19. Januar 1853, R. G. Bl. Nr. 10).

Ferner wurden durch den M. E. vom 14. Juli 1859, R. G. Bl. Nr. 128 die politischen Behörden zur Erhebung und instanzenmäßigen Entscheidung aller Wildschaden-
ersatzansprüche berufen und angeordnet, daß alle Eingaben und Beschwerden, welche
derlei Angelegenheiten betreffen, bei den politischen Behörden erster Instanz anzubringen sind.

Als zweite Instanz fungiert in Jagdangelegenheiten die politische Landesbehörde.
Die oberste Verwaltungsinstanz in Jagdangelegenheiten, einschließlich der Angelegenheiten, welche Wild- oder nicht zur gerichtlichen Kompetenz gehörige Jagdschäden betreffen (Kundmachung des A. M. vom 26. November 1890, R. G. Bl. Nr. 209), ist das
Ackerbauministerium mit der Beschränkung jedoch, daß die Entscheidung in letzter
Instanz bezüglich der Straf- oder Übertretungsfälle zum Wirkungskreise des Ministeriums
des Innern gehört (Kundmachung des A. M. vom 14. Februar 1869, R. G. Bl. Nr. 22).

Nur in Böhmen siehe oben § 100 entscheiden in Jagdangelegenheiten die
autonomen Behörden, in erster Instanz der Bezirksausschuß, in zweiter Instanz der
Landesausschuß, gegen welchen noch die Beschwerde an den Verwaltungsgerichtshof
offen steht.

---

## IV. Kapitel.

# Die Vogelschutzgesetze.

### § 105. Grundzüge der Vogelschutzgesetze.

Für den Vogelschutz bestehen folgende Landesgesetze:

Böhmen: Gesetz 30. April 1870, L. G. Bl. Nr. 39.

Bukowina: Gesetz 30. April 1870, L. G. Bl. Nr. 23.

Dalmatien: Gesetz 20. Dezember 1874, L. G. Bl. Nr. 5 ex 1857
und Novelle 14. Januar 1895, L. G. Bl. Nr. 6.

Galizien: Gesetz 21. Dezember 1874, L. G. Bl. Nr. 10.

Görz-Gradiska: Gesetz 11. September 1892, L. G. Bl. Nr. 26.

Istrien: Gesetz 2. September 1870, L. G. Bl. Nr. 46.

Kärnten: Gesetz 30. November 1870, L. G. Bl. Nr. 54 und Novelle
28. März 1883. L. G. Bl. Nr. 20.

Krain: Gesetz 17. Juni 1870, L. G. Bl. Nr. 11.

Mähren: Gesetz 30. April 1870, L. G. Bl. Nr. 36.

Österreich ob der Enns: Gesetz 30. April 1870, L. G. Bl. Nr. 24
und Novelle 6. Februar 1890, L. G. Bl. Nr. 6.

Österreich unter der Enns: Gesetz 28. August 1889, L. G. Bl.
Nr. 27.

Salzburg: Gesetz 31. Juli 1888, L. G. Bl. Nr. 29.

Schlesien: Gesetz 30. April 1870, L. G. Bl. Nr. 34.

Steiermark: Gesetz 10. Dezember 1868, L. G. Bl. Nr. 6.

Tirol: Gesetz 30. April 1870, L. G. Bl. Nr. 37.

Triest: Gesetz 28. August 1892, L. G. Bl. Nr. 25.

Vorarlberg: Gesetz 30. April 1870, L. G. Bl. Nr. 39.

Die allen diesen Gesetzen gemeinsamen wichtigsten Bestimmungen sind:

Das Ausnehmen oder Zerstören der Eier und Nester aller wildlebenden
Vögel mit Ausnahme der besonders angeführten schädlichen Gattungen
und Arten ist verboten. Das Fangen oder Töten der schädlichen Vögel
ist zu jeder Zeit gestattet. Alle übrigen Vögel dürfen in der Zeit vom
1. Februar bis 31. August eines jeden Jahres, d. i. während der Brutzeit,
weder gefangen noch getötet werden.

Die in einem besonderen Verzeichnisse angeführten Vogelarten,
die sich nur zum Teile von Insekten nähren, können in der Zeit vom

1. September bis 1. Januar, d. i. außer der Brutzeit mit Zustimmung des Grundbesitzers gefangen und getötet werden.

Zum Erlegen von Vögeln mit Schießgewehren ist nebst der Zustimmung des Grundbesitzers auch die des Jagdberechtigten erforderlich.

Als verbotene Fangarten und Fangmittel werden erklärt:

*a)* der Gebrauch geblendeter Lockvögel,

*b)* das Fangen mittels der Deck- und Stecknetze an niederen Hecken und Gebüschen, in allen Kronländern, außerdem ist verboten in Krain das Fangen mit Dohnen, in Görz das Fangen mit Netzen aller Art insbesondere mit roccolo, dann mit den sogenannten tese und uttie, in Tirol das Fangen mit Schnellbögen und Käuzchen u. s. w.

Der Vogelfänger hat sich mit der Bewilligung des Grundeigentümers und in gewissen Fällen der politischen Behörde auszuweisen.

Der Handel mit toten oder lebenden, während der verbotenen Zeit gefangenen Vögeln ist verboten.

Auf Übertretungen dieser Vorschriften sind Geldstrafen bis $K$ 40.— oder Arreststrafe bis 4 Tage gesetzt.

---

## V. Kapitel.

# Die Feldschutzgesetze.

**§ 106.  Grundzüge des Feldschutzgesetzes vom 30. Januar 1860, R. G. Bl. Nr. 28.**

Als Feldschutzgesetz für Nieder- und Ober-Österreich, Salzburg, Tirol und Steiermark gilt die Vrdg. der Min. des Innern und der Justiz vom 30. Januar 1860 R. G. Bl. Nr. 28.

Unter Feldgut werden alle Gegenstände begriffen, welche mit dem Betriebe der Land- und Feldwirtschaft im weitesten Sinne im unmittelbaren oder mittelbaren Zusammenhange stehen, insolange sie sich auf offenem Felde befinden.

Es sind daher ebensowohl die Grundstücke selbst, wie Acker, Wiesen, Gärten, Weingärten, Obstbäume und Pflanzungen aller Art, Preßhäuser, Heustadeln, Bienenhäuser, Feldhütten, Zäune, Hecken, Alleen, Fischteiche, Be- und Entwässerungsanlagen, Dämme, Wasserwerke und Leitungen, Feldwege und Stege, Feldbrunnen u. s. w. zum Feldgute zu rechnen, als auch alle noch nicht eingebrachten Früchte und Saaten, Heu- und Fruchtschober, die auf dem Felde zurückgelassenen landwirtschaftlichen Geräte und Werkzeuge, das Zug- und Weidevieh, der Dünger u. s. w.

Auf dem Feldschutzdienst können nur jene Feldhüter oder Flurwächter beeidet werden, welche: *a)* entweder von einer Gemeinde zur Überwachung des Feldgutes aller oder einzelner, in der Gemeindegemarkung gelegenen Fluren, oder *b)* von dem Besitzer eines größeren Guts- und Wirtschaftskomplexes zur Überwachung seines Feldgutes bestellt werden.

In den letzteren Falle muß der Besitzstand in der Regel mindestens 50 *ha* dem Feldbaue gewidmeter Grundstücke betragen; ausnahmsweise kann jedoch auch den Besitzern von Realitäten, welche diesen Umfang nicht erreichen, die Bewilligung von der politischen Behörde des Bezirkes erteilt werden, wenn nach den persönlichen Verhältnissen und den übrigen Umständen eine entsprechende Beobachtung der in dieser Verordnung enthaltenen Vorschriften mit Grund erwartet werden kann.

Die Vorschriften über die Beeidigung des Feldschutzpersonales sind im wesentlichen gleich mit jenen über die Beeidigung der Schutzorgane für die verschiedenen Zweige der Landeskultur, welche oben bei § 53 F. G. wiedergegeben wurden. Die beeideten Feldschutzorgane werden in Ausübung des Dienstes als öffentliche Wachen angesehen und genießen alle Rechte einer solchen. Ihre unter Berufung auf den Diensteid abgegebenen Aussagen, die sich auf die Ausübung ihres Dienstes beziehen, sind nach Maßgabe des § 460 der Str. P. O. beweiskräftig (siehe bei § 17 der Gesetzkunde). Zur Kennzeichnung ihrer Eigenschaft als öffentliche Wache müssen sie ein Armschild tragen, ihrer dienstlichen Aufforderung muß jedermann Folge leisten, wogegen sie sich aller gesetzwidrigen Vorgänge bei strenger Verantwortung zu enthalten haben.

Wenn eine Person bei Verübung eines Felddiebstahles oder einer anderen Beschädigung des Feldgutes betreten wird, so ist dieselbe, wenn sie unbekannt ist, oder keinen festen Wohnsitz hat, festzunehmen. Andere Personen dürfen nur dann festgenommen werden, wenn sie sich der dienstlichen Aufforderung des beeideten Feldschutzpersonales widersetzen, es beschimpfen, oder sich an ihm vergreifen, oder bedeutende Beschädigungen verübten. Ist eine Person, welche festgenommen werden darf, von dem Orte, an welchem sie auf der Tat betreten wurde, entflohen, so kann sie von dem beeideten Feldschutzpersonale verfolgt und auch außerhalb der Grenzen des Aufsichtsgebietes festgenommen werden.

Das beeidete Feldschutzpersonale hat den bei Verübung eines Felddiebstahles oder einer anderen Beschädigung des Feldgutes Betretenen die entwendeten Gegenstände, sowie die zur Verübung des Diebstahles oder Frevels verwendeten Werkzeuge abzunehmen.

Es ist demselben gestattet, auch den der Verübung eines Feldfrevels dringend verdächtigen Personen, wenn sie auf fremdem Grunde betreten werden, die gewöhnlich zur Gewinnung der Bodenprodukte verwendeten Werkzeuge, falls sie deren Mitnahme nicht zu rechtfertigen vermögen, abzunehmen.

Jede festgenommene Person muß ohne Verzug dem Ortsvorstande zur weiteren Stellung vor die kompetente Behörde eingeliefert werden.

Die abgenommenen Gegenstände und Werkzeuge sind gleichfalls ohne Verzug dem Ortsvorstande zu übergeben, welcher sie dem Beschädigten, wenn er bekannt ist, sogleich gegen Empfangsbestätigung zu erfolgen hat.

Ist der Beschädigte unbekannt, so hat der Ortsvorstand wegen dessen Ausforschung das geeignete zu verfügen und jedenfalls die Vorsorge zu treffen, daß die abgenommenen Gegenstände, wenn sie dem Verderben unterliegen, zum Besten des noch nicht ermittelten Beschädigten verwertet werden.

Die aus einem Felddiebstahle oder Flurenfrevel herrührenden Gegenstände oder der dafür erzielte Erlös verfallen dem Ortsarmenfonds, wenn der unbekannte Eigentümer deren Ausfolgung binnen der vom Tage des begangenen Frevels zu berechnenden Frist von einem Jahre nicht begehrt.

Wird das Feldgut durch Tiere beschädigt, so hat das beeidete Feldschutzpersonale die Privatpfändung für den Beschädigten zu vollziehen (§ 1321 des a. b. G. B. siehe oben § 63 der Gesetzkunde). Diese Pfändung hat von Seite des von der Gemeinde bestellten Feldschutzpersonales dann zu unterbleiben, wenn die Beschädigung durch die zu der Gemeindeherde gehörigen und einem von der Gemeinde bestellten Hirten zur Überwachung anvertrauten Tiere geschieht.

Das von einer Gemeinde oder von dem Besitzer eines selbständigen Gutsgebietes (siehe oben § 14 der Gesetzkunde) bestellte beeidete Feldschutzpersonale hat das gepfändete Vieh ohne Verzug dem Ortsvorstande zu übergeben, welcher hiervon sowohl den Eigentümer des gepfändeten Viehes, wenn dieser bekannt ist, als auch den Beschädigten und diesen letzteren, insbesondere mit dem Bedeuten sogleich zu verständigen hat, daß er sein Recht auf den Schadenersatz längstens binnen acht Tagen geltend zu machen habe, widrigens das gepfändete Vieh dem sich meldenden Eigentümer zurückgestellt werden würde.

Der Ortsvorstand hat über die Höhe der Entschädigung zwischen den Beschädigten und dem Eigentümer des gepfändeten Viehes ein gütliches Übereinkommen zu vermitteln, und ist im Falle, wenn beide Parteien ihm unterstehen und keine Abfindung zustande kommt, berechtiget, die Sicherstellungssumme festzusetzen, gegen deren Erlag das gepfändete Vieh dem Eigentümer noch vor der behördlichen Entscheidung über den Schadenersatz ausgefolgt wird (§ 1322 des a. b. G. B., siehe oben § 63 der Gesetzkunde).

Ist der Beschädigte zugleich Vorstand des selbständigen gutsherrlichen Gebietes, so ist derselbe verpflichtet, binnen acht Tagen entweder mit dem Eigentümer des Viehes sich abzufinden, oder seine Entschädigungsansprüche bei der Behörde anhängig zu machen, widrigenfalls das gepfändete Vieh zurückgestellt werden muß.

Das von Privatpersonen bestellte beeidete Feldschutzpersonale hat das gepfändete Vieh ohne Vorzug seinem Dienstherrn zu übergeben, und gleichzeitig dem Ortsvorstande die geschehene Pfändung anzuzeigen.

Der beschädigte Dienstherr hat sich binnen acht Tagen entweder mit dem Eigentümer des Viehes abzufinden, oder seine Entschädigungsansprüche bei der Behörde anhängig zu machen, widrigenfalls das gepfändete Vieh zurückgestellt werden muß.

Das beeidete Feldschutzpersonale ist verpflichtet, alle von ihm entdeckten Felddiebstähle und sonstigen Beschädigungen des Feldgutes zur Kenntnis seines Dienstherrn zu bringen.

Das Verfahren in Feldfrevelfällen wurde bereits oben, § 93 der Gesetzeskunde dargestellt.

Da durch das Gemeindegesetz die Flurenpolizei in den Wirkungskreis der Gemeinden überwiesen wurde, so wurde in Abänderung des § 25 der Ministerialverordnung vom 20. Januar 1860 das ganze Verfahren in Feldfrevelfällen ebenfalls an die Gemeinden abgegeben. Die oberste Entscheidung in Feldpolizeiangelegenheiten steht dem Ackerbauministerium zu, die Straf- und Übertretungsfälle jedoch dem Ministerium des Innern.

Durch Verjährung erlischt Untersuchung und Strafe der Feldfrevel, wenn der Frevler binnen drei Monaten vom Tage des begangenen Frevels nicht in Untersuchung gezogen worden ist. Die aus einem durch Verjährung erloschenen Feldfrevel herrührenden Schadenersatzansprüche sind auf dem Zivilrechtswege auszutragen.

Die zur Beeidigung berufenen politischen Behörden haben über alle in ihrem Bezirke befindlichen, auf den Feldschutzdienst beeideten Personen genaue Vormerke zu führen und in steter Evidenz zu erhalten.

Die Dienstherren oder deren Stellvertreter sind bei Vermeidung einer Ordnungsstrafe von 4 bis 20 *K* österr. Währ. verpflichtet, jede Veränderurg in dem Stande ihres auf den Feldschutzdienst beeideten Dienstpersonales innerhalb einer Frist von längstens sechs Wochen zur Kenntnis der betreffenden politischen Behörde zu bringen.

Eidesformel für das Feldschutzpersonale:

Ich schwöre, das meiner Aufsicht anvertraute Feldgut stets mit möglichster Sorgfalt und Treue zu überwachen und zu beschützen, alle diejenigen, welche dasselbe auf irgend eine Weise zu beschädigen trachten, oder wirklich beschädigen, ohne persönliche Rücksicht gewissenhaft anzuzeigen, nach Erfordernis in gesetzmäßiger Weise zu pfänden oder festzunehmen, keinen Unschuldigen fälschlich anzuklagen oder zu verdächtigen, jeden Schaden möglichst hintanzuhalten, und die verursachten Beschädigungen nach meinem besten Wissen und Gewissen anzugeben und abzuschätzen, sowie deren Abhilfe im gesetzlichen Wege zu verlangen, mich den mir aufliegenden Pflichten ohne Wissen und Genehmigung meiner Vorgesetzten, oder ohne unvermeidliche Verhinderung niemals zu entziehen, und über das mir anvertraute Gut jederzeit gehörig Rechenschaft zu geben. So wahr mir Gott helfe.

## § 107. Grundzüge der für einzelne Kronländer bestehenden Sondergesetze.

Für die übrigen Kronländer wurden eigene Feldschutzgesetze erlassen und zwar für:

**Böhmen** 12. Oktober 1875, L. G. Bl. Nr. 76; **Bukowina** 5. Oktober 1875, L. G. Bl. Nr. 21; **Dalmatien** 13. Februar 1882, L. G. Bl. Nr. 18; **Galizien** 17. Juli 1876, L. G. Bl. Nr. 28; **Görz-Gradiska** 18. März 1876, L. G. Bl. Nr. 11; **Istrien** 28. Mai 1876, L. G. Bl. Nr. 18; **Kärnten** 28. März 1875, L. G. Bl. Nr. 22; **Krain** 17. Januar 1875, L. G. Bl. Nr. 8; **Mähren** 13. Januar 1875, L. G. Bl. Nr. 12; **Schlesien** 30. Juni 1875, L. G. Bl. Nr. 21; **Triest** 20 Juli 1882, L. G. Bl. Nr. 18; **Vorarlberg** 28. März 1875, L. G. Bl. Nr. 18.

Diese Feldschutzgesetze sind im großen und ganzen gleichlautend, nur jene für Böhmen und Galizien zeigen mehrere Unterschiede in Einzelheiten.

Im folgenden werden nun die Bestimmungen des Krainer Feldschutzgesetzes wiedergegeben:

I. Von dem Feldgute und dem Feldfrevel.

§ 1. Das Feldgut wird unter den besonderen Schutz des gegenwärtigen Gesetzes gestellt. Für die Anwendung des Gesetzes werden unter Feldgut alle Gegenstände verstanden, welche mit dem Betriebe der Land- und Feldwirtschaft im weitesten Sinne im unmittelbaren oder mittelbaren Zusammenhange stehen, insolange, als sie sich auf offenem Felde befinden. Es sind daher ebensowohl die Grundstücke selbst, wie Äcker, Wiesen, Weiden, Gärten, Weingärten, Obstbäume, Alleen und Pflanzungen aller Art, Schoppen (Schupfen, Harpfen), Preßhäuser, Bienen-, Feld- und Alpenhütten, Zäune, Hecken, Fischteiche, Fischbehälter und Anlagen für künstliche Fischzucht, Be- und Entwässerungsanlagen, Dämme, Wasserwerke und Leitungen, Feldbrunnen, Feldwege, Stege u. s. w. zum Feldgute zu rechnen, als auch alle noch nicht eingebrachten Früchte und Saaten, Heu-, Stroh- und Fruchtvorräte in Schobern oder in Harpfen, die auf dem Felde zurückgelassenen landwirtschaftlichen Geräte und Werkzeuge, das Zug- und Weidevieh, der Dünger u. s. w.

§ 2. Als Feldfrevel werden alle Beschädigungen des Feldgutes (§ 1) und alle Übertretungen der in diesem Gesetze enthaltenen oder auf Grund dieses Gesetzes von der politischen Behörde (Bezirksbehörde, Gemeindeausschuß) zum Schutze des Feldgutes erlassenen besonderen Verbote bestraft, soferne diese Beschädigungen oder die Über-

22*

tretungen dieser Verbote nicht der Behandlung nach dem allgemeinen Strafgesetze oder nach besonderen, für den Schutz anderer Zweige der Landeskultur, namentlich der Wasserrechte, oder für die Handhabung der Straßenpolizei erlassenen Gesetze und Vorschriften unterliegen.

§ 3. Insbesondere werden als verboten erklärt:

*a)* Das unbefugte Gehen, Lagern, Reiten, Fahren in Gärten überhaupt, dann auf bebauten oder zum Anbaue bereits vorbereiteten Äckern, ferner auf Wiesen zur Zeit des Graswuchses, endlich auf Grundstücken jeder Art, sobald dieselben durch Einfriedung, Verbotstafeln oder andere kennbare Warnungszeichen als abgesperrt bezeichnet sind;

*b)* das unbefugte Betreten von Wegen, welche zur Zeit des Reifens der Trauben oder anderer Feld- oder Baumfrüchte über Verfügung des Gemeindevorstehers abgesperrt und durch Verbotstafeln oder andere kennbare Zeichen als verbotene Wege bezeichnet sind;

*c)* das unbefugte Beseitigen von Einfriedungen, das mutwillige Öffnen, sowie das ein fremdes Eigentum gefährdende Offenlassen der Sperrvorrichtungen an denselben und das Beseitigen oder Unkenntlichmachen der Verbotstafeln oder Warnungszeichen;

*d)* die eigenmächtige Eröffnung von Fußstegen oder Feldwegen;

*e)* die eigenmächtige Einackerung, Umgrabung oder sonstige Beschädigung gemeinschaftlicher Feldwege, Fußsteige oder Raine, Verrückung oder Beseitigung der Grenzzeichen, dann Abackerung von fremdem Grunde;

*f)* das unbefugte Abbrechen oder Abschneiden von Stämmen, Ästen, Zweigen, Blüten oder Früchten, dann Abstreifen von Laub von Bäumen oder Nutzungssträuchern, sowie Ausreißen von Baumpfählen;

*g)* das unbefugte Abschneiden oder Abreißen von Getreideähren, Schoten oder Pflanzen jeder Art von bebauten Äckern, dann Abschneiden oder Abreißen des Grases an Wegen oder Feldrainen;

*h)* das unbefugte Aufsammeln oder Graben von Knochen, Hadern oder Düngerstoffen in Gärten oder auf Äckern, Wiesen oder Weiden, und das unbefugte Graben von Erde, Sand, Schotter, Steinen, sowie Aufsammeln von Laub und abgefallenen reifen oder unreifen Früchten auf fremden Grundstücken;

*i)* das unbefugte Ablagern oder Werfen von Steinen, Schutt, Scherben, Unrat oder Unkraut auf fremde Grundstücke oder auf Wege;

*k)* der unbefugte Gebrauch fremder Heustadeln, Harpfen, Feldhütten oder auf dem Felde belassener Geräte und Werkzeuge, sowie das Verstecken, Verschleppen oder Beschädigen der letzteren;

*l)* das mutwillige Umwerfen oder Auseinanderstreuen fremder Erd- oder Düngerhaufen, Frucht- oder Streuhaufen, von Heu, Stroh und Früchten in Schobern oder in Harpfen, sowie das Beschädigen der am Felde befindlichen fremden Vorrichtungen zum Trocknen des Futters und der Feldfrüchte;

*m)* das eigenmächtige Abbrennen von Torfmooren.

§ 4. Außerhalb geschlossener oder sonst eingefriedeter Plätze darf kein Vieh ohne Aufsicht frei belassen werden. Wenn besondere Ortsverhältnisse Ausnahmen von dieser Vorschrift notwendig machen, können solche vom Gemeindeausschusse bewilligt werden.

§ 5. Das Weiden von Vieh außerhalb geschlossener oder eingefriedeter Plätze ist nur unter Aufsicht eines hiezu geeigneten Hirten gestattet. Auf Weideplätzen, die von einem so geringen Umfange oder von einer solchen Lage sind, daß von denselben ein Übertritt des Viehes auf fremde Grundstücke oder eine Beschädigung überhaupt des fremden Feldgutes durch das Weidevieh mit Grund zu besorgen ist, muß das Vieh in angemessener Weise mit Stricken an feste Gegenstände angebunden oder an Stricken geführt werden (Strickweide).

§ 6. Auf Grundstücken, die nicht von allen Seiten so eingeschlossen sind, daß dadurch das Austreten des Viehes verhindert wird, ist jede Weide (mit Ausnahme der Strickweide) zur Nachtzeit verboten. Mit Rücksicht auf besondere Verhältnisse kann der Gemeindeausschuß Ausnahmen von diesem Verbote für bestimmte Weideplätze gestatten.

§ 7. Der Auftrieb des Viehes zur Weide und der Eintrieb von derselben darf nur bei Tageszeit stattfinden mit Ausnahme des Auf- und Abtriebes von der Alpe und der Strickweide. Als Tageszeit im Gegensatze zur Nachtzeit im Sinne dieses Gesetzes ist die Zeit, eine Stunde vor Sonnenaufgang bis eine Stunde nach Sonnenuntergang anzusehen.

§ 8. Wenn die zur Weide führenden Wege von solcher Beschaffenheit sind, daß eine Beschädigung fremden Feldgutes durch das getriebene Vieh mit Grund zu besorgen ist, so kann der Gemeindeausschuß die Anordnung treffen, daß auf den von ihm bezeichneten Strecken der Wege das Vieh nicht anders als gekoppelt oder an Stricken geführt zur Weide gebracht werde.

§ 9. Die politische Bezirksbehörde kann mit Rücksicht auf die Ortsverhältnisse zum Schutze des Feldgutes das Verbot erlassen, daß der Durchtrieb fremder Viehherden zur Nachtzeit auf den durch uneingefriedete Felder oder Fluren führenden Straßen oder Wegen anders als unter Aufsicht eines vom Gemeindevorsteher zu bestellenden und vom Viehtreiber nach einem behördlich bestätigten Tarife zu entlohnenden Begleiters stattfinde.

§ 10. Das Treiben, Hüten oder Weiden von Vieh auf fremde Gründe ist unbeschadet besonderer Rechtstitel nur bei ausdrücklicher Zustimmung des betreffenden Grundbesitzers gestattet. Dies gilt namentlich auch bezüglich der Weide auf fremden Brach- oder Stoppelfeldern, dann auf Wegen und Feldrainen.

§ 11. Die Nachlese in Gärten, Obstanlagen, Weinbergen, oder auf Äckern und Wiesen ist zur Nachtzeit (§ 7) unbedingt verboten, bei Tage aber nur mit Einwilligung des betreffenden Grundbesitzers gestattet.

§ 12. Für bestimmte Teile des Gemeindegebietes, welche ausschließlich oder zum großen Teile aus zusammenhängenden Weingärten verschiedener Besitzer bestehen, kann der Gemeindeausschuß im Einverständnisse mit diesen Besitzern mittels ortsüblicher Kundmachung das Verbot erlassen, daß mit der Weinlese in dem betreffenden Gebiete vor dem vom Gemeindeausschusse festgesetzten Tage begonnen werde. Eine Ausnahme hievon hat der Gemeindevorsteher einzelnen Weingartenbesitzern dann zu bewilligen, wenn dieselben sich bereit erklären, die Kosten der wegen der früheren Lese in ihren Weingärten zum Schutze der übrigen Weingärten etwa erforderlichen besonderen Überwachungsmaßregeln selbst zu bestreiten.

II. Strafbestimmungen.

§ 13. Der Feldfrevel wird mit einer Geldstrafe von 2 bis 80 $K$ oder mit einer Arreststrafe von sechs Stunden bis zu acht Tagen geahndet. Diese Bestimmung erleidet jedoch die in den nachfolgenden §§ 14 und 15 bezeichneten Ausnahmen.

§ 14. Die Übertretung der in den §§ 4 bis 11 enthaltenen, den Schutz gegen Schaden durch Vieh bezweckenden Anordnungen und Verbote ist in der Regel mit einer Geldstrafe nach folgendem Ausmaße zu ahnden: Für je ein Stück Pferd, Maultier oder Esel mit 2 $K$, Rind mit 1 $K$, Schwein mit 60 $h$, Ziege mit 60 $h$, Schaf mit 40 $h$, Gans mit 20 $h$, anderen Federviehes mit 10 $h$.

Diese Strafsätze sind, wenn das Vieh absichtlich der Weide wegen auf ein Grundstück getrieben, oder wenn die Übertretung zur Nachtzeit (§ 7) begangen wurde, zu verdoppeln. Eine Verdopplung tritt auch dann ein, wenn die Übertretung auf bebauten Äckern, Gärten, Weingärten, nassen oder durchbrüchigen Wiesen oder auf solchen Grundstücken stattfand, welche durch Einfriedung, Verbotstafeln oder andere ortsübliche Zeichen als abgesperrt bezeichnet sind.

Die Übertretung des § 3 $a$ und $b$ ist, wenn sie durch unbefugtes Gehen oder Lagern begangen wurde, an jeder Person mit 1 $K$, wenn sie aber durch unbefugtes Reiten oder Fahren verübt wurde, mit 2 $K$ von jedem Stück Trag- oder Zugtier, dann die im § 3 bezeichnete Beschädigung von Bäumen oder Nutzungssträuchern am Stamme mit 4 $K$ für jeden Baum oder Strauch, das Abstreifen von Laub, sowie das Abbrechen oder sonstige Verletzungen von Ästen, Zweigen, Blüten oder Früchten mit 2 $K$ für jeden Baum oder Strauch, das Ausreißen von Baumpfählen mit 2 $K$ für jeden Pfahl zu bestrafen.

Bei Eintritt besonders rücksichtswürdiger Umstände kann auch auf geringere Einzelnbeträge, jedoch nicht auf weniger als auf die Hälfte des gesetzlichen Ausmaßes dieser Beträge erkannt werden.

In keinem Falle darf die aus der Summe der Einzelnbeträge sich ergebende Geldstrafe für denselben Straffall den Gesamtbetrag von 80 $K$ überschreiten.

§ 15. Wenn ein Feldfrevel durch Kinder, Dienstleute oder Hirten infolge mangelhaften Auftrages oder Unfähigkeit, den Auftrag ordnungsgemäß zu vollziehen, begangen wird, ist der Auftraggeber ohne Unterschied, ob die genannten Personen selbst einer Strafbehandlung unterzogen wurden oder nicht, wegen unterlassener pflichtmäßiger Obsorge mit einer Geldstrafe bis zu 20 $K$ zu bestrafen. Diese Bestimmung hat namentlich auch dann Anwendung zu finden, wenn den Hirten die Grenzen des Weidegebietes nicht genau bekannt gegeben wurden. Die dem Auftraggeber aufzuerlegende Strafe darf jedoch jenen Geldbetrag nicht übersteigen, welcher auf die von obigen Personen begangene Übertretung selbst gesetzt ist. Für den zugefügten Schaden haftet der Auftraggeber nach Maßgabe des § 1315 des a. b. G. B.

§ 16. Der Feldfrevler hat, abgesehen von der verwirkten Strafe, jedenfalls für den verursachten Schaden Ersatz zu leisten. Bei Feldfreveln, welche von mehreren Personen begangen wurden, haftet jeder für den zugefügten Schaden nach Maßgabe der §§ 1301 und 1302 des a. b. G. B.

III. Vom Feldschutzpersonale.

§ 17. Zum Schutze des Feldgutes gegen Feldfrevel sind Feldhüter (Flurwächter) zu bestellen und als solche in Eid zu nehmen. In der Regel ist jede Gemeinde verpflichtet, für die in ihrem Gebiete gelegenen, zum Feldgute gehörigen Grundstücke, für welche von einzelnen Grundbesitzern besondere Feldhüter auf Grund des § 18 nicht bestellt werden, ein gemeinschaftliches, beeidetes Feldschutzpersonale in entsprechender Anzahl zu bestellen.

Die Kosten für das von der Gemeinde bestellte Feldschutzpersonale sind im Sinne der Gemeindeordnung von den Besitzern der seiner Überwachung anvertrauten Grundstücke verhältnismäßig zu tragen.

Mit Genehmigung der politischen Bezirksbehörden können zwei oder auch mehrere Gemeinden für die innerhalb ihrer Gemarkungen zu beaufsichtigenden Grundstücke einen gemeinschaftlichen Feldhüter bestellen, insoferne damit der beabsichtigte Schutz des Feldgutes genügend gesichert erscheint.

§ 18. Einzelne oder mehrere Besitzer von zusammen mindestens 50 *ha* (86⁹/₁₀ n. ö. Joch) zum Feldgute gehöriger Grundstücke können für dieselben ein eigenes beeidetes Feldschutzpersonale bestellen, wobei es keinen Unterschied macht, ob die betreffenden Grundstücke in derselben Gemeinde gelegen sind oder nicht, falls nur ihrer Vereinigung zu einem Überwachungskomplexe keine örtlichen Hindernisse entgegenstehen. Zur Bestellung eines eigenen beeideten Feldschutzpersonales auf einem das obige Ausmaß nicht enthaltenden Grundkomplexe bedarf es einer vorläufigen besonderen Bewilligung der politischen Bezirksbehörde, welche übrigens nur wegen etwaiger gegen die beabsichtigte Bestellung sprechenden triftigen Gründe verweigert werden kann.

§ 19. Der bestellte Feldhüter ist von der politischen Bezirksbehörde zu bestätigen und in Eid zu nehmen. Er gilt sohin als öffentliche Wache im Sinne des Gesetzes vom 16. Juni 1872, R. G. Bl. Nr. 84. Diese Bestätigung und Beeidigung kann nur über Verlangen des Bestellers des Feldhüters erfolgen. Der Eid ist nach der beiliegenden Eidesformel abzunehmen.

§ 20. Die Bestätigung und Beeidigung kann wegen Mangels der physischen Tauglichkeit oder Vertrauenswürdigkeit von der politischen Bezirksbehörde verweigert werden.

§ 21. Für den Feldschutz dürfen nur Personen bestätigt und beeidet werden, welche das zwanzigste Lebensjahr zurückgelegt haben und die Kenntnis der auf ihre Dienstleistung bezüglichen Gesetze und Verordnungen besitzen. Auch das für den Forst- und Jagdschutz beeidete Personale kann zugleich für den Feldschutz bestellt und hiefür in Eid genommen werden.

§ 22. Jedem für den Feldschutz Beeideten ist seitens der politischen Bezirksbehörde zu seiner Legitimation eine Bescheinigung über die erfolgte Bestätigung im Amte und Beeidigung (§ 19) zu erfolgen, welche zugleich auch den Namen des Bestellers und die genaue Angabe des dem Feldhüter zur Überwachung zugewiesenen Gebietes zu enthalten hat. Allfällige Änderungen des Überwachungsgebietes hat der Besteller unverweilt der politischen Bezirksbehörde behufs Berichtigung der erwähnten Bescheinigung anzuzeigen. Beim Übertritte eines beeideten Feldhüters in den Feldschutzdienst eines anderen Bestellers hat der Feldhüter die Bescheinigung der politischen Bezirksbehörde seines neuen Standortes zu übergeben, welche demselben dagegen unter Berufung des bereits beim Antritte des früheren Dienstes geleisteten Eides, eine neue, den geänderten Verhältnissen entsprechende Bescheinigung auszufolgen hat. Das Formulare der Bescheinigung ist von der politischen Landesstelle festzusetzen.

§ 23. Treten bezüglich eines schon beeideten Feldhüters solche Umstände ein, welche in Gemäßheit des § 20 seiner Beeidigung entgegen gestanden wären, so hat die politische Bezirksbehörde, falls der Amtsverlust nicht schon kraft einer gerichtlichen Aburteilung auf Grund des Strafgesetzes eingetreten wäre, hinsichtlich des allfälligen Widerrufes der Bestätigung im Amte (§ 19) und Einziehung der im § 22 erwähnten Bescheinigung zu erkennen.

§ 24. Der im Amte bestätigte und beeidete Feldhüter ist verpflichtet, in Ausübung des Dienstes das von der politischen Bezirksbehörde zu bestimmende und gehörig kundzumachende Dienstzeichen zu tragen. Derselbe ist zugleich befugt, im Dienste ein kurzes Seitengewehr zu tragen, von welcher Waffe jedoch nur im Falle gerechter Notwehr Gebrauch gemacht werden darf.

§ 25. Hinsichtlich der amtlichen Stellung des beeideten Feldhüters und namentlich hinsichtlich der Glaubwürdigkeit seiner abgelegten Zeugenaussage, dann der Befugnisse desselben in Bezug auf die Verhaftung und Verfolgung von Personen, welche bei Verübung einer gegen die Sicherheit des Feldgutes gerichteten strafbaren Handlung betreten wurden oder einer solchen Handlung dringend verdächtig erscheinen, ferner hinsichtlich der Abnahme der von der strafbaren Handlung herrührenden, sowie der zur Verübung derselben bestimmten Sachen, endlich hinsichtlich der Verpflichtung zur Übergabe dieser Sachen, sowie der in Verwahrung genommenen Personen an die zuständige Behörde sind die Bestimmungen des Gesetzes vom 16. Juni 1872, R. G. Bl. Nr. 84, maßgebend (siehe oben § 17).

§ 26. Wenn das Grundstück durch Vieh beschädigt wird, hat der Feldhüter die Privatpfändung (siehe oben § 63), falls dieselbe nicht vom Beschädigten selbst bereits vorgenommen wurde, in Abwesenheit des letzteren für denselben über so viele Stücke

Viehes, als zur Entschädigung hinreicht, zu vollziehen (§ 1321 a. b. G. B.). Diese Pfändung hat von Seite des von der Gemeinde bestellten Feldhüters dann zu unterbleiben, wenn die Beschädigung durch die zur Gemeinde gehörigen und von einem von der Gemeinde bestellten Hirten gehüteten Viehstücke geschehen ist.

§ 27. Der Feldhüter ist verpflichtet, jeden wahrgenommenen Feldfrevel ohne Unterschied, ob der Täter bekannt ist oder nicht, unverweilt zur Kenntnis seines Bestellers zu bringen, und zwar der von der Gemeinde bestellte Feldhüter zur Kenntnis des Gemeindevorstehers und der nach § 18 bestellte Feldhüter zur Kenntnis seines Dienstherrn und gleichzeitig des Gemeindevorstehers.

§ 28. Der Feldhüter hat die nach Maßgabe der §§ 5 und 6 des Gesetzes vom 16. Juni 1872, R. G. Bl. Nr. 84, aus Anlaß des Feldfrevels abgenommenen Sachen und Werkzeuge sofort dem Gemeindevorsteher zu übergeben. Wenn Viehstücke durch einen von der Gemeinde bestellten Feldhüter gepfändet wurden, hat letzterer dieselben ohne Verzug dem Gemeindevorsteher zu übergeben.

Der nach § 18 bestellte Feldhüter hat die gepfändeten Viehstücke unverzüglich seinem Dienstherrn zu übergeben und gleichzeitig dem Gemeindevorsteher die geschehene Pfändung anzuzeigen.

§ 29. Die politische Bezirksbehörde hat über alle in ihrem Bezirke befindlichen beeideten Feldhüter einen Vormerk zu führen und selben in steter Evidenz zu erhalten. Die Gemeindevorsteher, beziehungsweise die Grundbesitzer (§ 18) sind bei Vermeidung einer Ordnungsstrafe von 4 bis 20 $K$ verpflichtet, jede Veränderung in dem Stande des von ihnen bestellten beeideten Feldschutzpersonales innerhalb der Frist von längstens 14 Tagen zur Kenntnis der politischen Bezirksbehörde zu bringen.

Das Verfahren und die zu dessen Durchführung bestimmten Behörden wurde bereits oben § 93 behandelt.

Die Geldstrafen fließen in den Armenfond jener Gemeinde, in deren Gebiete der Feldfrevel begangen wurde. Im Falle der Nichteinbringlichkeit ist die Geldstrafe in Arreststrafe oder in Arbeitstage zu gemeinnützigen Zwecken umzuwandeln. Hiebei kann für einen Strafbetrag bis 10 $K$ auf Arrest bis 24, niemals aber unter 6 Stunden erkannt werden. Der ortsübliche Taglohn ist einem Tage Arbeit gleichzuhalten.

Durch die Verjährung erlischt Untersuchung und Strafe der Feldfrevel, wenn der Frevler binnen drei Monaten vom Tage des begangenen Frevels nicht in Untersuchung gezogen worden ist. Die Schadenersatzansprüche aus einem wegen Verjährung nicht in Untersuchung gezogenen Feldfrevel können auf dem Zivilrechtswege geltend gemacht werden.

---

## VI. Kapitel.

# Die Wassergesetze.

### § 108. Grundzüge der Wassergesetze.

Gegenstand der Wassergesetze bilden die Vorschriften über die Benützung der nützlichen und Bekämpfung der schädlichen Eigenschaften des Wassers, also über die Wasserbenützung und Wasserabwehr.

Die Wasserbenützung kann erfolgen zum Genuß und zur Reinigung, zum Verkehr, Schifferei und Flößerei, für landwirtschaftliche Zwecke, Bewässerung und Entwässerung, durch Ausnützung der Triebkraft, endlich durch Nutzung der Wasserprodukte, das sind Fische und andere Tiere, Sand, Schwämme, Eis.

Die Wasserabwehr erfolgt durch Schutz und Erhaltung des Wasserablaufes, durch Entwässerung, Uferschutz und Gewässerregulierung.

Nach den allgemeinen Grundsätzen des Reichsgesetzes vom 30. Mai 1869, R. G. Bl. Nr. 93, wurden für sämtliche Kronländer im wesentlichen übereinstimmende Landesgesetze erlassen.

Die wichtigsten Bestimmungen dieser Gesetze werden im folgenden dargelegt.

Flüsse und Ströme sind von der Stelle an, wo deren Benützung zur Fahrt mit Schiffen oder gebundenen Flößen beginnt, mit ihren Seitenarmen öffentliches Gut, und behalten diese Eigenschaft auch dann, wenn diese Benützung zeitweise unterbrochen wird oder gänzlich aufhört. Auch die nicht zur Fahrt mit Schiffen oder gebundenen Flößen dienenden Strecken der Ströme und Flüsse, sowie Bäche und Seen und andere fließende oder stehende Gewässer sind öffentliches Gut, insoweit sie nicht infolge gesetzlicher Bestimmungen oder besonderer Privatrechtstitel jemandem zugehören

Die den Besitz schützenden Vorschriften des allgemeinen bürgerlichen Rechtes werden hiedurch nicht berührt.

Nachstehende Gewässer gehören, wenn nicht von anderen erworbene Rechte entgegenstehen, dem Grundbesitzer, sind also Privatgewässer: a) das in seinen Grundstücken enthaltene unterirdische und aus denselben zutage quellende Wasser, mit Ausnahme der dem Salzmonopole unterliegenden Salzquellen und der zum Bergregale gehörigen Zementwässer; b) die sich auf seinen Grundstücken aus atmosphärischen Niederschlägen ansammelnden Wässer; c) das in Brunnen, Teichen, Zisternen oder anderen auf Grund und Boden des Grundbesitzers befindlichen Behältern oder in von demselben zu seinen Privatzwecken angelegten Kanälen, Röhren etc. eingeschlossene Wasser; d) die Abflüsse aus den vorgenannten Gewässern, solange sich erstere in ein fremdes Privat- oder in ein öffentliches Gewässer nicht ergossen und das Eigentum des Grundbesitzers nicht verlassen haben.

Privatbäche und sonstige fließende Privatgewässer sind, insoferne nichts anderes nachgewiesen wird, als Zugehör (siehe oben § 23) derjenigen Grundstücke zu betrachten, über welche oder zwischen welchen sie fließen, und zwar nach Maßgabe der Uferlänge eines jeden Grundstückes.

Die Regierung kann fließende Privatgewässer, welche sich zur Befahrung mit Schiffen oder gebundenen Flößen eignen, zu diesem Zwecke unter Anwendung der Vorschrift des § 365 a. b. G. B. als öffentliches Gut erklären.

Die Uferbesitzer sind verpflichtet, das Landen und Befestigen der Schiffe, das Begehen der Ufer durch Aufsichtspersonale, sowie der Leinpfade d. i. der Schiffsziehwege unentgeltlich zu dulden (gesetzliche Eigentumsbeschränkung siehe oben § 28).

Privateigentümer dürfen ihr Wasser unbeschadet der Rechte anderer gebrauchen, also nicht so, daß es zum Nachteile anderer Rechte verunreinigt, oder daß fremde Gründe überschwemmt werden oder versumpfen. Auch darf der Grundeigentümer den natürlichen Abfluß eines über seinen Grund fließenden Wassers nicht willkürlich ändern.

Gehören die gegenüberliegenden Ufer eines fließenden Privatgewässers verschiedenen Eigentümern, so haben, wenn kein anderes nachweisbares Rechtsverhältnis obwaltet, die Besitzer jeder der beiden Uferseiten nach der Länge ihres Uferbesitzers ein Recht auf die Benützung der Hälfte der vorüberfließenden Wassermenge.

Auch wenn die Erfordernisse der Enteignung nach § 365 des a. b. G. B. nicht eintreten, kann, um die nutzbringende Verwendung des Wassers zu fördern oder dessen schädliche Wirkungen zu beseitigen, im Verwaltungswege verfügt werden:

a) Daß bei fließenden Privatgewässern derjenige, dem das Wasser zugehört, insoweit er es nicht benötigt und innerhalb einer ihm behördlich zu bestimmenden, den Verhältnissen entsprechenden Frist auch nicht benützt, andern, die es nutzbringend verwenden können, gegen angemessene Entschädigung überlasse;

b) daß Besitzer von Liegenschaften die Begründung von Servituten auf ihrem Besitztume gegen angemessene Entschädigung zu dem Ende gestatten, damit anderen gehörendes Wasser von einer Gegend nach einer anderen über ihren Grund und Boden geleitet und daselbst die zu dieser Leitung erforderlichen Werke und Anlagen errichtet werden. Von der Übernahme einer solchen Servitut können jedoch die Grundbesitzer durch Abtretung der zur Ausführung der Leitung und der entsprechenden Anlagen erforderlichen Grundfläche sich befreien, für welche Abtretung ihnen eine angemessene Entschädigung gebührt.

Öffentliche Gewässer können von jedermann zum sogenannten gemeinen Gebrauche benützt werden, also zum Baden, Waschen, Tränken, Schwemmen und Schöpfen, dann zur Gewinnung von Pflanzen, Sand, Erde, Schotter, Steinen und Eis, soweit dadurch weder Wasserlauf noch Ufer gefährdet, noch fremde Rechte verletzt werden. Jede andere Benützung der öffentlichen Gewässer, die Errichtung oder Änderung der hiezu erforderlichen Anlagen bedarf der Bewilligung der politischen Behörde. Solche Anlagen sind z. B. Wasserleitungen, Pump- und Schöpfwerke, Brücken und Stege, Einbauten, Uferbauten, Triebwerke und Stauanlagen, Schiffsmühlen.

Auch für Privatgewässer ist eine solche Bewilligung dann erforderlich, wenn durch deren Benützung auf fremde Rechte oder auf die Beschaffenheit, den Lauf oder die Höhe des Wassers in öffentlichen Gewässern ein Einfluß geschieht.

Die bewilligten Anlagen und Vorrichtungen sind von dem Besitzer in einem solchen Stande herzustellen und zu erhalten, daß sie dem Wasser und dem Eise einen tunlichst ungehinderten Ablauf lassen, der Fischerei und anderen Nutzungen keine unnötige Erschwerung oder Beeinträchtigung verursachen, und daß keine Wasserverschwendung eintrete.

Würde von dem Beteiligten der Nachweis geliefert werden, daß dieser Anordnung nicht entsprochen wird, so ist über dessen Ansuchen in angemessener Frist von der politischen Behörde die Abstellung der Gebrechen aufzutragen und nach fruchtlos verstrichener Frist auf Kosten der Säumigen zu bewerkstelligen.

Bei allen Triebwerken und Stauanlagen ist der erlaubte höchste und im Falle der Verpflichtung, das Wasser in einer bestimmten Höhe zu erhalten, auch der zulässig niederste Wasserstand durch Staupfähle (Normalzeichen, Ham-, Haim- oder Aichpfähle oder Aichstöcke) oder andere bleibende Staumaße auf Kosten der Besitzer dieser Werke und Anlagen zu bezeichnen.

Sobald das Wasser über die durch das Staumaß festgesetzte Höhe wächst, muß der Stauwerksbesitzer durch Öffnung der Schleusen, sowie überhaupt durch Wegräumung aller Hindernisse den Wasserabfluß solange befördern, bis das Wasser wieder auf die normale Staumaßhöhe herabgesunken ist.

Im Unterlassungsfalle sind diejenigen, welche dadurch gefährdet oder benachteiligt werden, vorbehaltlich des Anspruches auf Schadenersatz, zu verlangen berechtigt, daß dieser Abfluß durch die Ortspolizeibehörde auf Kosten und Gefahr des säumigen Stauwerksbesitzers bewerkstelligt werde.

Zu allen Schutz- und Regulierungswasserbauten in öffentlichen Gewässern muß vor ihrer Ausführung die Genehmigung der zuständigen politischen Behörde eingeholt werden. Diese Genehmigung ist zu solchen Bauten in Privatgewässern dann erforderlich, wenn durch dieselben auf fremde Rechte oder auf die Beschaffenheit, den Lauf oder die Höhe des Wassers in öffentlichen Gewässern eine Einwirkung entsteht.

Die Ufer, Dämme, Bette und Behälter, sowie die Anlagen an und in fließenden Gewässern sind in Gemäßheit des § 413 a. b. G. B. so herzustellen und zu erhalten, daß sie fremden Rechten nicht nachteilig sind und Überschwemmungen tunlichst vorbeugen (§§ 16 und 20).

Zur Erhaltung und Räumung der Kanäle und künstlichen Gerinne, sowie zur Instandhaltung der Anlagen für Benützung der Gewässer überhaupt, sind vorbehaltlich rechtsgiltiger Verpflichtungen anderer die Eigentümer der Anlage verpflichtet.

---

## VII. Kapitel.

## Die Fischereigesetze.

### § 109. Begriff des Fischereirechtes und Grundzüge der gesetzlichen Bestimmungen.

Durch den § 1 des Reichs-Fischereigesetzes vom 25. April 1885, R. G. Bl. Nr. 58, wurde die auf § 382 a. b. G. B. beruhende Befugnis zum freien Fischfangen, die sogenannte wilde Fischerei, aufgehoben.

Das Fischereirecht in jenen Binnengewässern, welche bisher der freien Fischerei unterlagen, wird denjenigen Personen zugewiesen, welche die Landesgesetzgebung bestimmen wird; diese Landesgesetze sind nun zumeist schon zu stande gekommen. Sonst bestehen noch die provisorischen älteren Fischereipolizeigesetze.

Nach allen diesen Gesetzen ist das Fischereirecht die ausschließliche Berechtigung, in dem betreffenden Fischwasser Fische, Muscheln und Krustentiere (siehe IV. Band, IV. Teil) zu hegen und zu fangen; das Fischereirecht ist also ein dingliches, gegen jedermann wirksames Recht.

Der Besitz und Erwerb des Fischereirechtes ist nach den allgemeinen Vorschriften des Privatrechtes zu beurteilen; im Streitfalle entscheidet über die Berechtigung der ordentliche Richter; über die Zuweisung von Fischwässern in ein wirtschaftlich zweckmäßiges Nutzungsgebiet sowie über die Zulässigkeit der Zerlegung von Fischereirechten dann über die Ausübung der Fischereirechte d. i. über den Fischereibetrieb entscheiden jedoch die politischen Behörden.

Im folgenden werden zuerst die neueren Landesgesetze erörtert, welche auf dem erwähnten Reichs-Fischereigesetze aufgebaut sind, sodann die älteren provisorischen Landesgesetze.

## § 110. Die neueren Landes-Fischereigesetze.

Die bereits erlassenen Landes-Fischereigesetze sind folgende:

Für **Galizien** vom 31. Oktober 1887 L. G. Bl. Nr. 87 vom 1890, dazu Statth. Vdg. vom 21. August 1890 L. G. Bl. Nr. 38 und 39.

Für **Görz und Gradiska** vom 17. September 1894 L. G. Bl. Nr. 16 von 1887, dazu Statth. Vdg. vom 17. Oktober 1894 L. G. Bl. Nr. 16, und Statth. Vdg. vom 30. Juni 1897 L. G. Bl. Nr. 18.

Für **Krain** vom 18. August 1888 L G. Bl. Nr. 16, dazu Vdg. des Land.-Präs. vom 9. Juni 1890 L. G. Bl. Nr. 17 und 18.

Für **Mähren** von 6. Juni 1895 L. G. Bl. Nr. 62, Statth. Vdg. vom 30. Juni 1896 L. G. Bl. Nr. 63, 64 und 65.

Für **Oberösterreich** vom 2. Mai 1895 L. G. Bl. Nr. 32 von 1896, dazu Statth. Vdg. vom 19. Dezember 1896 L. G. Bl. Nr. 33 und 34.

Für **Niederösterreich** vom 26. April 1890 L. G. Bl. Nr. 1 von 1891 dazu Statth. Vdg. vom 9. Januar 1891 L. G. Bl. Nr. 2 und 3.

Für **Salzburg** vom 25. Februar 1889 L. G. Bl. Nr. 10, dazu Vdg. der Land.-Reg. vom 1. Mai 1890 L. G. Bl. Nr. 18.

Für **Vorarlberg** vom 21. Februar 1889 L. G. Bl. Nr. 27 von 1891, dazu Statth. Vdg. vom 30. Dezember 1893 L. G. Bl. Nr. 2 von 1894.

### Die wesentlichsten Bestimmungen dieser Gesetze sind folgende:

Das Fischereirecht in jenen Gewässern, in denen bisher der freie Fischfang ausgeübt wurde, wird in künstlichen Wasseransammlungen oder Gerinnen den Besitzern dieser Anlagen, in natürlichen Gewässern bald der **Gemeinde** (z. B. Oberösterreich) bald dem **Lande** (z. B. Niederösterreich) zugewiesen.

Wird ein berufsmäßiger Fischer in seinem Erwerbe durch die Aufhebung des freien Fischfanges beeinträchtigt, so hat er gegenüber dem neuen Besitzer des Fischereirechtes einen Entschädigungsanspruch.

Fischereirechte in Seen sollen nicht weiter zerlegt werden.

Die Gewässer eines Landes sind in **Fischereireviere** zu teilen; jedes Revier soll eine solche ununterbrochene Wasserstrecke umfassen, welche die nachhaltige Hege eines der Beschaffenheit des Gewässers angemessenen Fischbestandes und eine ordentliche Bewirtschaftung des Revieres überhaupt zuläßt. Die Revierbildung hat für jene Gewässer zu unterbleiben, welche nach ihrer ständigen Beschaffenheit für keinen Zweig der Fischerei von Belang sind. Ebenso sind in die Revierbildung Teiche nicht einzubeziehen.

Eine Wasserstrecke, hinsichtlich deren nur **ein** Fischereirecht besteht — ist auf Verlangen des Fischereiberechtigten als **Eigenrevier**, das heißt als ein solches Fischereirevier anzuerkennen, dessen Betrieb dem Berechtigten unter Beobachtung der gesetzlichen Vorschriften anheimsteht. Ist die Wasserstrecke hiezu geeignet, so kann der Fischereiberechtigte auch die Unterteilung derselben in mehrere Eigenreviere beanspruchen.

Der Besitzer eines Eigenrevieres ist verpflichtet, über Auftrag der politischen Landesbehörde auch jene benachbarten Fischwässer in sein Revier aufzunehmen und mit demselben zu bewirtschaften, welche für sich allein weder ein Eigenrevier, noch mit Rücksicht auf ihre Lage den Bestandteil eines zusammengelegten (Pacht-) Revieres zu bilden geeignet sind.

Hiefür hat der Besitzer des Eigenrevieres den betreffenden Fischereiberechtigten eine jährliche Entschädigung zu zahlen. Wasserstrecken, die sich nicht zu Eigenrevieren eignen, sind zu zusammengelegten oder **Pachtrevieren** zu vereinigen. Die Fischereiausübung in denselben ist von der politischen Bezirksbehörde im Wege der öffentlichen Versteigerung auf 10 Jahre an den Meistbietenden zu vergeben.

Der erzielte Pachtschilling wird unter die Fischereiberechtigten des Revieres nach der Ausdehnung ihrer Fischwässer aufgeteilt.

In **Oberösterreich** und **Salzburg** besteht die Unterscheidung von Eigen- und Pachtrevieren nicht: dort bilden sämtliche Fischereiberechtigte eines Revieres eine **Reviergenossenschaft**.

Zur Besorgung der gemeinsamen Geschäfte zusammenhängender Fischereireviere und für verschiedene wirtschaftliche Maßnahmen ist der Fischereirevierausschuß berufen, dessen Mitglieder von den Besitzern der Eigenreviere und den Pächtern der Pachtreviere des ganzen Gebietes gewählt werden. Dieser Ausschuß hat die Aufgabe, die Eigen- und Pachtreviere seines Gebietes, deren Besitzer und Pächter, sowie die Pachtschillinge, ferner alle Änderungen in diesen Daten zu verzeichnen, von den Besitzern und Pächtern die jährliche Reviertaxe, sowie die etwaigen Strafgelder einzuheben, die vorhandenen Geldmittel zu verwalten, ferner fischereiwirtschaftliche Maßnahmen aller Art im Gebiete vorzunehmen, endlich die Ablösung bestehender Fischereirechte im Interesse des Gesamtgebietes zu beanspruchen. Die Einrichtung und Geschäftsführung des Revierausschusses ist in einer eigenen Geschäftsordnung zu regeln.

Für größere stehende Gewässer können eigene Fischereiordnungen erlassen werden; die Fischereiberechtigten in solchen Gewässern können sich zu eigenen Genossenschaften vereinigen. Wasserstrecken oder Wasserflächen, welche zum Laichen der Fische und zur Entwicklung der jungen Brut geeignet sind, können von der politischen Behörde als Laichschonstätten erklärt werden; in denselben kann der Fischfang, das Ausreißen von Schilf und Gras, das Ausheben von Sand und Schotter u. s. w. verboten werden.

Den Fischern und ihrem Hilfspersonale räumen die Gesetze zur Ausübung der Fischerei das Recht ein, fremde Ufergrundstücke zu betreten und Fanggeräte an denselben zu befestigen gegen Ersatz des etwa zugefügten Schadens (gesetzliche Eigentumsbeschränkung, siehe oben § 28 der Gesetzkunde).

Zu den Verhandlungen über die Errichtung von Anlagen zur Wasserbenützung. z. B. Stauwehren, Ableitungskanälen für Abfallstoffe u. s. w. sind die Fischereiberechtigten beizuziehen, damit sie ihre Einwendungen und Ansprüche vorbringen können; insbesondere können sie die Herstellung von Fischstegen, Fischlöchern oder anderen Vorrichtungen zur Ermöglichung des Fischzuges verlangen.

Den Fischereiberechtigten ist es gestattet, solche wild lebende Tiere, welche dem Fischbestande in erheblicher Weise schädlich sind, sowohl in seinem Fischwasser, als auch unmittelbar an demselben zu jeder Zeit auf beliebige Art, jedoch ohne Anwendung von Schußwaffen oder Giftstoffen, zu fangen oder zu töten. Dem Jagdberechtigten steht ein Einspruch dagegen nicht zu, doch bleibt ihm die Verfügung über die in solchen Fällen gefangenen oder erlegten Tiere vorbehalten.

Dieselbe Befugnis haben jene Personen, welche der Fischereiberechtigte zum Schutze seines Fischwassers bestellt, sowie jene, welche der Fischereiberechtigte oder der Fischereirevierausschuß mit Gestattung der politischen Bezirksbehörde mit dem Fange oder der Erlegung der für die Fischerei schädlichen Tiere betraut.

Die Bezeichnung der schädlichen Tiere dieser Art steht der politischen Landesbehörde zu, welche im Falle nachgewiesener Zweckmäßigkeit auch die Erlegung derartiger Tiere mit Schußwaffen innerhalb einer bestimmten Zeitperiode und unter den etwa für notwendig erachteten Vorsichten gestatten kann, insoferne die hiezu bestimmten Personen vertrauenswürdig erscheinen.

Zur Erhaltung und Hebung des Fischbestandes werden für die wertvolleren Fischarten mit Rücksicht auf ihre Laichperioden Schonzeiten festgesetzt, während welchen der Fang der betreffenden Fischgattung verboten ist: auch kann für gewisse Zeit der Fischfang überhaupt eingestellt werden. In der Schonzeit dürfen Haustiere, insbesondere Enten außer in die nächst der Ortschaften gelegenen Schwemmplätze nicht eingelassen werden.

Explodierende und betäubende Stoffe dürfen beim Fischfange nicht angewendet werden; Verbote über bestimmte Fangmittel und Fangarten, auch Vorschriften über die Beschaffenheit der zulässigen Fanggeräte insbesondere über die Länge und Maschenweite der Netze können von den politischen Landesbehörden erlassen werden.

Zur Bescheinigung über die Befugnis zum Fischfange dienen Fischerkarten und Fischerbüchel; erstere für Besitzer oder Pächter des Fischwassers und dessen Hilfspersonale, letztere an andere Personen.

Die Fischereiberechtigten können entweder bereits bestellte Schutzorgane für andere Zweige der Landeskultur auch mit dem Fischereischutz betrauen oder eigene Fischereischutzorgane aufstellen.

Auf die mit der Beaufsichtigung und dem Schutze der Fischerei betrauten und als solche bestätigten und beeideten Organe finden die für das Feldschutzpersonale überhaupt geltenden Bestimmungen und in Betreff ihrer amtlichen Stellung die Bestimmungen des Reichsgesetzes vom 16. Juni 1872, R. G. Bl. Nr. 84, Anwendung (siehe oben § 17 der Gesetzkunde).

Es steht ihnen insbesondere das Recht und die Pflicht zu: a) die Fischwässer ihres Dienstsprengels, die Wehren, Schleusen, Dämme, Radstuben u. s. w., insoferne diese Anlagen die Fischerei berühren, zu beaufsichtigen; b) die Fischerschiffe, Fischbehälter. sowie auch die Fischereigeräte zu untersuchen; c) die Beschlagnahme von Fischen und Fischereigerätschaften, sowie Verhaftungen nach dem Gesetze vom 16. Juni 1872, R. G. Bl. Nr. 84 vorzunehmen.

Die Handhabung der Fischereigesetze obliegt den politischen Behörden unter Einvernehmung von Sachverständigen, insbesondere der Forsttechniker und Forstschutzorgane, sowie der Revierausschüsse.

Zur Durchführung dieser Gesetze haben dann die politischen Landesbehörden in eigenen Verordnungen die dem Fischstande schädlichen Tiere bezeichnet, die Schonzeiten festgestellt, die verbotenen Fangarten und Fangmittel angegeben, die zulässige Maschenweite der Netze und Reusen bestimmt, sowie für jede Fischgattung jene mindeste Länge in Zentimetern festgestellt, unter welcher selbe weder zum Verkaufe feilgehalten noch in Gasthäusern angeboten oder verabreicht werden dürfen, endlich die Formularien für Fischerkarten und Fischerbüchel herausgegeben.

In einer eigenen „Edictal-Citation" d. h. einer öffentlichen amtlichen Ladung werden sodann alle jene, welche ein Eigenrevier beanspruchen, aufgefordert, binnen einer bestimmten Frist ihren Anspruch vor der Behörde darzulegen.

Hierauf werden von der Landesbehörde die Reviere festgestellt und deren Einteilung und Abgrenzung kundgemacht.

Von der beispielweisen Wiedergabe eines der neueren Landes-Fischereigesetze und der zugehörigen Durchführungsverordnung muß wegen des großen Umfanges derselben Abstand genommen werden. *)

### § 111. Die provisorischen Landes-Fischereigesetze.

In den übrigen Kronländern, für welche vollständige Fischereigesetze noch nicht erlassen worden sind, bestehen einstweilen Fischereipolizeigesetze, und zwar:

Für Böhmen vom 9. Oktober 1883 L. G. Bl. Nr. 22 aus 1885, für Bukowina vom 7. Oktober 1880 L. G. Bl. Nr. 11 aus 1881, für Kärnten vom 2. März 1882 L. G. Bl. Nr. 17, für Schlesien vom 9. Dezember 1882 L. G. Bl. Nr. 82 aus 1883, für Steiermark vom 2. September 1882 L. G. Bl. Nr. 12 aus 1883, für Tirol vom 4. April 1886 L. G. Bl. Nr. 28 aus 1887.

Beispielsweise werden im folgenden die Bestimmungen des Landesgesetzes für Steiermark wiedergegeben:

§ 1. Die politische Landesbehörde hat für die in den Gewässern des Landes vorkommenden wertvolleren Fischarten mit Rücksicht auf deren Laichperioden Schonzeiten festzustellen und kundzumachen.

§ 2. Fische, welche während ihrer Schonzeit lebend in die Gewalt des Fischers gelangen, sind von demselben sofort wieder mit der nötigen Vorsicht in das Wasser zurückzuversetzen. Diese Bestimmung findet auf solche Fischarten keine Anwendung, welche an ihren Standorten, wie insbesondere Saiblinge, Seeforellen und Renken in den Gebirgsseeen, überhaupt nur zur Laichzeit gefangen werden können. Diese Fischarten und die betreffenden Gewässer sind von der politischen Landesbehörde festzustellen und kundzumachen.

§ 3. Die politische Landesbehörde kann für bestimmte Gewässer mit Rücksicht auf die Laichperioden der darin vorherrschenden oder anzuziehenden wertvolleren Fischarten Zeiten festsetzen, in denen der Fischfang überhaupt in dem betreffenden Gewässer zu ruhen hat, insoferne — bei gemischtem Fischbestand — die Festsetzung solcher Zeiten tunlich ist, ohne durch die darin liegende Ausschließung des Fanges auch nicht laichender Fischarten die Nutzung des Gewässers erheblich zu beeinträchtigen. In Betreff der im zweiten Absatze des § 2 erwähnten Gewässer ist bei allfälliger Festsetzung solcher Verbotszeiten ferner darauf Rücksicht zu nehmen, daß hiedurch der Fang der nur zur Laichzeit zu erbeutenden Fischarten nicht ausgeschlossen werde.

§ 4. Während der in Ausführung des § 3 festgesetzten und kundgemachten Zeiten ist der Fischfang in dem betreffenden Gewässer verboten. Insbesondere dürfen Netze, Reusen, Fischkörbe, Fallen, Fangkästen und ähnliche Fanggeräte in das Wasser nicht eingelegt werden und sind, wenn sie schon früher eingelegt waren, vor Beginn der Verbotszeit zu beseitigen oder zum Fischfange unbrauchbar zu machen.

§ 5. Die politische Bezirksbehörde kann den Fischereiberechtigten selbst oder mit deren Zustimmung auch anderen Personen Ausnahmen von den Verboten der §§ 2 und 3

---

*) Sollte sich beim Unterrichte die Notwendigkeit herausstellen, auf die Gesetzesbestimmungen näher einzugehen, so müßte der Lehrer die oben angegebene Nummer des Landesgesetzblattes (meist zu mäßigem Preise erhältlich) als Unterrichtsbehelf anschaffen.

zu Zwecken der künstlichen Fischzucht oder zu wissenschaftlichen Untersuchungen gestatten. Auch kann die politische Bezirksbehörde den vorerwähnten Personen den Fischfang mit der Handangel bei Tageszeit ohne Rücksicht auf den Zweck während der gemäß § 3 festgestellten Verbotszeiten insoferne gestatten, als solche Gestattungen von der zur Feststellung der Verbotszeit berufenen Behörde überhaupt als zulässig erklärt wurden. In allen diesen Fällen hat die politische Bezirksbehörde einen besonderen, auf den Namen lautenden, das Gewässer und die sonstigen wesentlichen Punkte der Gestattung bezeichnenden Erlaubnisschein auszufolgen.

§ 6. Dynamit und andere explodierende Stoffe, ferner Kokelskörner, Krähenaugen und dergleichen betäubende Mittel dürfen zum Fischfange nicht angewendet werden. Für Fälle nachgewiesener Notwendigkeit kann die Anwendung explodierender Stoffe von der politischen Landesbehörde gestattet werden.

§ 7. In Wehrdurchlässen und Schleusen dürfen Reusen, Fischkörbe und andere Vorrichtungen zum Selbstfange der Fische nicht eingehängt werden.

§ 8. Weitere Verbote in Betreff bestimmter Fangarten, Fangmittel oder Fangvorrichtungen überhaupt, welche den Fischbestand schädigen, können von der politischen Landesbehörde für die einzelnen Gewässer oder Wassergebiete erlassen werden.

Insoferne jedoch in Ausführung dieser Bestimmung ein Verbot ergehen sollte, womit die fernere Verwendbarkeit bis dahin üblicher Netze ausgeschlossen würde, ist ein angemessener, mindestens zwei Jahre betragender Zeitraum für die fernere Verwendung solcher, bereits im Gebrauche stehender Netze offen zu halten.

§ 9. Für Gewässer, deren Ausdehnung über den Geltungsbereich dieses Gesetzes hinaus einen einvernehmlichen Vorgang mit anderen Ländern oder Staatsverwaltungen notwendig oder zweckmäßig erscheinen läßt, werden die in den §§ 1, 3 und 8 erwähnten Bestimmungen, beziehungsweise Verbote vom Ackerbauminister erlassen.

§ 10. Die Bestimmungen der §§ 1 bis 9 finden auf Teiche und andere ähnliche Wasserbehälter, welche zu den Zwecken der Fischzucht angelegt sind, keine Anwendung, ohne Unterschied, ob dieselben mit einem natürlichen Gewässer in Verbindung stehen oder nicht.

§ 11. Niemand darf den Fischfang ausüben, ohne mit einer seine Befugnis zum Fischfange in dem betreffenden Gewässer bescheinigenden „Fischerkarte" versehen zu sein. Nur zum Fischfang in Teichen, welche in ihrer ganzen Ausdehnung innerhalb geschlossener oder eingefriedeter Örtlichkeiten, wie z. B. Gärten oder Parkanlagen liegen, ist die Fischerkarte nicht erforderlich.

Die Fischerkarte wird stets auf den Namen ausgestellt, und zwar: 1. für die Besitzer oder Pächter des Fischereirechtes von der politischen Bezirksbehörde; 2. für dritte Personen von den Besitzern oder Pächtern des Fischereirechtes; 3. für Gewässer, welche dermalen von jedermann oder von allen Mitgliedern oder Einwohnern einer Gemeinde befischt werden dürfen, von dem Vorsteher der Ufergemeinde — unbeschadet der in Betreff der Zuweisung des Fischereirechtes in solchen Gewässern seinerzeit zu treffenden gesetzlichen Bestimmungen. Die Formularien für die Fischerkarten werden von der politischen Landesbehörde festgestellt und kundgemacht.

§ 12. Die Fischerkarten und die im § 5 genannten Erlaubnis- und Begleitscheine sind den öffentlichen Sicherheitsorganen, den Organen der Markt- und Strompolizei etc. und dem zur Beaufsichtigung der Fischwässer aufgestellten Wachpersonale auf Verlangen unweigerlich vorzuweisen.

§ 13. Die ohne Beisein des Fischers zum Fischfange ausliegenden Fischerzeuge müssen mit einem bei dem Amte der Ufergemeinde angemeldeten Kennzeichen versehen sein, durch welches die Person des Fischers ermittelt werden kann.

§ 14. Die politische Landesbehörde hat festzustellen und kundzumachen, welche Fischarten zum Zwecke der Erhaltung eines angemessenen Fischbestandes unter einem bestimmten Maße oder zu bestimmten Zeiten weder feilgeboten noch in den Gasthäusern verabreicht werden dürfen.

§ 15. Dem Fischereiberechtigten ist es gestattet, die Fischotter, Fischreiher und andere den Fischen schädliche wildlebende Tiere in seinem Fischwasser oder in unmittelbarer Nähe desselben zu jeder Zeit auf beliebige Art zu fangen oder zu töten; dem Jagdberechtigten steht ein Einspruch dagegen nicht zu, doch bleibt ihm die Verfügung über die in solchen Fällen gefangenen oder erlegten Tiere vorbehalten.

Dieselbe Befugnis haben die vom Fischereiberechtigten zum Schutze des Fischwassers bestellten und von der politischen Behörde in diesem Amte bestätigten Personen, ferner jene Personen, welche mit besonderer Gestattung der politischen Behörde vom Fischereiberechtigten fallweise oder zeitweilig mit dem Fange oder der Erlegung für die Fischerei schädlicher Tiere betraut werden.

§ 16. Übertretungen dieses Gesetzes und der auf Grund desselben erlassenen Vorschriften werden, insoferne nicht das allgemeine Strafgesetz zur Anwendung zu kommen hat, von den politischen Behörden mit einer Geldstrafe von 10 bis 100 $K$ geahndet, welche Geldstrafe im Falle der Wiederholung, sowie dann, wenn dem Fischbestande ein erheblicher Nachteil zugefügt worden ist, bis zu 200 *K* erhöht werden kann. Im Falle der Zahlungsunfähigkeit des Schuldigerkannten ist die Geldstrafe in Arreststrafe umzuwandeln, wobei 10 *K* einem Tage Arrest gleichzuhalten sind. Bei Übertretungen gegen die Bestimmungen der §§ 2, 4, 6 und 7, dann gegen die auf Grund der §§ 8 und 11 erlassenen Verbote ist zugleich auf den Verfall der wider die Vorschrift gefangenen Fische und der vorschriftswidrig verwendeten Fischereigerätschaften zu erkennen. Die Geldstrafen und der Erlös für die verfallenen Fischereigerätschaften und Fische fließen in den Landeskulturfond. Verfallene Fischereigerätschaften, welche zu einer der verbotenen Arten gehören, sind jedoch vor dem Verkaufe zum weiteren Gebrauche in der verbotenen Form untauglich zu machen.

§ 17. Die Gemeindevorstände und die Vorstände der Gutsgebiete, die k. k. Gendarmerie und die Organe der Strompolizei sind verpflichtet, die Beobachtung der Bestimmungen dieses Gesetzes zu überwachen und wahrgenommene Übertretungen zur Kenntnis der politischen Behörde zu bringen. Die gleiche Verpflichtung liegt insbesondere auch den Organen der Marktpolizei hinsichtlich der auf Grund des § 14 ergangenen Verbote ob.

§ 18. Die Fischereiberechtigten und die Gemeinden sind befugt, ihre zum Schutze anderer Interessen, namentlich land- und forstwirtschaftlicher Kulturzweige, einschließlich der Jagd, bereits bestellten Wachorgane auch mit der Beaufsichtigung und dem Schutze der Fischerei betrauen und hiefür von der politischen Bezirksbehörde nach der von der Landesbehörde vorzuschreibenden Eidesformel beeiden zu lassen. Auch können sie Wachorgane für die Fischerei insbesondere bestellen und beeiden lassen, wenn dieselben die für das Feldpersonale vorgeschriebenen Eigenschaften haben. Auf die hiernach mit der Beaufsichtigung und dem Schutze der Fischerei betrauten Organe finden die für das Feldschutzpersonale überhaupt geltenden Bestimmungen und in Betreff ihrer amtlichen Stellung die Bestimmungen des Reichsgesetzes vom 16. Juni 1872, R. G. Bl. Nr. 84 Anwendung.

§ 19. Den gemäß §§ 17 und 18 zur unmittelbaren Überwachung der Fischerei berufenen Organen steht insbesondere das Recht und die Pflicht zu: *a)* die Fischwässer ihres Dienstsprengels, die Wehren, Schleusen, Dämme, Radstuben etc., insoferne diese Anlagen die Fischerei berühren, zu beaufsichtigen; *b)* die Fischerschiffe, Fischbehälter, sowie auch die Fischereigeräte zu untersuchen; *c)* zur Beschlagnahme von Fischen und Fischereigerätschaften, sowie zu Verhaftungen nach Maßgabe des Gesetzes vom 16. Juni 1872, R. G. Bl. Nr. 84, zu schreiten.

§ 20. Die politischen Bezirksbehörden haben vorzusorgen, daß die Bestimmungen der §§ 2, 4, 6, 7, 11, 13 und 16 dieses Gesetzes und die auf Grund der §§ 1, 3, 8, 14 ergangenen Vorschriften alljährlich zu der für den Zweck angemessensten Zeit durch ortsübliche Verlautbarung in den Ufergemeinden in Erinnerung gebracht werden.

§ 21. Die Bestimmungen dieses Gesetzes finden nicht nur auf die Fischerei im engeren Sinne, sondern auch auf die Nutzung der Gewässer rücksichtlich der Zucht und des Fanges der verwertbaren und nicht der Jagd vorbehaltenen Wassertiere überhaupt Anwendung.

§ 22. In Betreff der in Ausführung der §§ 1, 2. 3, 8 und 14 dieses Gesetzes vorzunehmenden Feststellungen und zu erlassenden Vorschriften hat die politische Landesbehörde, beziehungsweise der Ackerbauminister (§ 9) Sachverständige und den Landesausschuß einzuvernehmen.

Die wichtigsten Bestimmungen der Durchführungsverordnung der Statthalterei vom 9. Juni 1883 L. G. Bl. Nr. 12, worin zum Teil noch dermalen bereits veraltete lateinische Bezeichnungen gebraucht werden (vgl. Fischereikunde), lauten:

Art. I (zu § 1 des Gesetzes). Als Schonzeiten werden festgesetzt für: Äsche *(Thymallus vulgaris)* März und April, Barsch *(Perca fluviatilis)* März und April, Bachforelle *(Salmo fario)* Oktober, November und Dezember, Huchen *(Salmo Hucho)* vom 15. März bis Ende April, Karpfen *(Cyprinus Carpio)* April, Mai, Juni und Juli, Lachs *(Salmo salar)* November, Dezember und Januar, Schlei *(Tinca vulgaris)* Juni, Störl *(Accipenser Ruthenus)* April und Mai, Barb *(Cyprinus barbus)* Mai und Juni, Flußkrebs vom 1. Oktober bis 31. Mai. Für folgende Fische: Saiblinge *(Salmo salvelinus)*, Seeforellen *(Salmo lacustris'*, Lachsforelle *(Salmo trutta)*, Renken *(Coregonus)*, Welse (Waller, Schaiden *[Silurus glanis])* wird keine Schonzeit festgesetzt, weil der Fang derselben in den Gewässern, in welchen sie in Steiermark vorkommen, nur während der Laichzeit möglich ist.

(Zu § 2, Absatz 2 und § 3 des Gesetzes) Allgemeine Ausnahmen von den vorstehenden Anordnungen des Artikels I (im Sinne des zweiten Absatzes des § 2 des Gesetzes) werden dermalen nicht getroffen, nachdem für die Fischarten, welche überhaupt nur zur Laichzeit gefangen werden können, im Artikel I auch keine Schonzeit bestimmt ist. Anderseits werden, vorbehaltlich etwaiger späterer Anordnungen, Zeiten in denen der Fischfang überhaupt in bestimmten Gewässern zu ruhen hat, vorläufig nicht festgesetzt.

(Zu den §§ 6, 7 und 8 des Gesetzes.) Außer den in den §§ 6 und 7 des Gesetzes vom 2. September 1887 verbotenen Arten des Fischfanges wird die Anwendung folgender Werkzeuge, Geräte und Arten des Fischfanges verboten: 1. alle Arten Stechwerkzeuge, als Haken, Gabeln, Spieße etc., ferner das Tollkeulen der Fische unter dem Eise; 2. das Legen von Fischfallen (Schlageisen); 3. der Gebrauch von Legschnüren mit oder ohne Senkel in fließenden Gewässern; 4. das Fangen mit Zug- oder Sperrnetzen, deren Maschenweite unter 40 *mm* im Gevierte im nassen Zustande beträgt; (die fernere Verwendung von bereits im Gebrauche stehenden Zug- und Sperrnetzen mit geringerer als der angegebenen Maschenweite ist nur noch für zwei Jahre vom Tage der Kundmachung dieser Verordnung an gestattet. Sogenannte Traupern mit engeren Maschen dürfen nur mit Bewilligung der politischen Bezirksbehörde verwendet werden); 5. das Einlegen und Einhängen von Reusen, Fischkörben und anderen Fangvorrichtungen bei Ein- und Ausflüssen von Seen, sowie bei Einmündungen eines Nebenflusses oder eines Baches in ein größeres Gewässer; 6. der Fisch und Krebsfang bei Nacht und bei Beleuchtung; 7. die Eisfischerei in den stillen Flußgebieten; 8. das Fischen mit Nachtschnüren, Nachtreusen und Stellnetzen; 9. das Schießen der Fische mit Schußwaffen; 10. die gänzliche Absperrung der Flußarme und deren Austrocknung zum Zwecke des Fischfanges; 11. das Fischen an den Laichplätzen der Brut wegen (doch gilt dieses Verbot nicht für die Seefischerei).

(Zu § 14 des Gesetzes.) Es ist verboten, feilzubieten oder in Gasthäusern zu verabreichen: 1. zehn Tage nach Beginn der im Art. I angeführten Schonzeiten die betreffenden daselbst benannten Fischarten; 2. während des ganzen Jahres: Äschen unter 24 *cm*, Barsch unter 15 *cm*, Bachforelle unter 22 *cm*, Seeforelle unter 30 *cm*, Huchen unter 45 *cm*, Karpfen unter 25 *cm*, Lachs unter 45 *cm*, Schlei unter 25 *cm*, Saibling aus dem Grundl-, dem Teplitzsee oder Altaussee unter 25 *cm*, Saibling aus anderen Seen unter 20 *cm*, Schnade (Waller *[Siluris glanis]*) unter 40 *cm*, Störl unter 25 *cm*, Rutte unter 25 *cm*, Barbe unter 20 *cm*, Hecht *(Esox lucius)* unter 20 *cm*, Flußkrebse unter 12 *cm*.

Die oben angegebenen Maße sind von der Maulspitze bis zum Schwanzende zu berechnen.

Um die Einhaltung der Bestimmung über das Minimalmaß für Saiblinge überwachen zu können, haben sich die Verkäufer von Saiblingen unter 25 *cm* von Fall zu Fall mit einem Provenienzscheine zu versehen, welcher von der Gemeinde, in welcher der betreffende See liegt, auszufertigen ist.

(Zu § 18 des Gesetzes.) Die von den Fischereiberechtigten oder Gemeinden mit der Beaufsichtigung und dem Schutze der Fischerei bestellten Organe sind über Anlangen des Bestellenden von der politischen Bezirksbehörde zu beeiden.

Über die erfolgte Beeidigung ist denselben von der politischen Bezirksbehörde ein Zertifikat auszustellen, welches von den Aufsichtsorganen, sowie den von ihren Amtshandlungen Betroffenen auf Verlangen vorzuweisen ist.

Im Sinne der §§ 19, 75 und 76 des Wasserrechtsgesetzes für Steiermark vom 8. Januar 1872, L. G. Bl. Nr. 8, haben die politischen Behörden in Betreff jener Wasserbenützungen, welche der behördlichen Bewilligung unterliegen, und insbesondere hinsichtlich der Verunreinigung des Wassers durch Einleitung von den Fischen schädlichen Stoffen die beteiligten Fischereiberechtigten zur Teilnahme an den bezüglichen Verhandlungen einzuladen und nach Maßgabe der §§ 19, 34 und 77 des bezogenen Wasserrechtsgesetzes auf die Hintanhaltung unnötiger Erschwerungen oder Beeinträchtigungen der Fischerei bedacht zu sein.

In Dalmatien, in Istrien und für das Stadtgebiet von Triest bestehen keine Gesetze oder Verordnungen für die Binnenfischerei.

Alle angeführten Gesetze und Verordnungen beschäftigen sich mit der Regelung der Süßwasser- oder Binnenfischerei. Die Vorschriften über Küsten- und Hochseefischerei im Adriatischen Meere werden hier nicht wiedergegeben, weil nur eine kleine Anzahl von Forstschutzorganen in Dalmatien und dem Küstenlande mit der Überwachung der Meeresfischerei betraut ist, und weil an den Förster- und Waldbauschulen dieser Zweig der Fischerei auch keinen Lehrgegenstand bildet. Kommt ein Schutzorgan in die Lage, die Meeresfischerei zu überwachen, so wird ihn über alles Wissenswerte das Werk „Die Fischerei im Adriatischen Meere" von Anton Krisch, Pola 1900, Preis 5 *K*, belehren.

## VIII. Kapitel.

# Das Wildbachverbauungsgesetz.

### § 112. Grundzüge dieses Gesetzes.

Durch das Gesetz vom 30. Juni 1884, R. G. Bl. Nr. 17, wurde die Verbauung der Wildbäche (siehe IV. Band, Seite 114) für das ganze Reich geregelt.

Das Gebiet, innerhalb dessen die Verbauung stattfinden soll, heißt Arbeitsfeld, Verbauungsgebiet; es umfaßt nicht nur das eigentliche Gerinne, sondern auch alle jene Parzellen des Sammelgebietes, auf welche sich die Vorkehrungen zur tunlichst unschädlichen Ableitung des Gebirgswassers zu erstrecken haben.

Innerhalb des Arbeitsfeldes können alle jene Bauten und sonstigen Vorkehrungen angeordnet werden, welche nach den obwaltenden Verhältnissen zur Sicherung der tunlichst unschädlichen Ableitung des Gebirgswassers erforderlich sind, wie insbesondere: im Gerinne die Herstellung von Ausschalungen, Grundschwellen, Wehren und Talsperren, in den anderen Teilen des Arbeitsfeldes die Befestigung des Bodens durch Entwässerungsanlagen, Hegelegung, Berasung, Flechtzäune oder Aufforstung und die Ausschließung oder Anordnung bestimmter Arten sowohl der Benützung der Wälder, Weiden und anderer Grundstücke, als auch der Bringung der Produkte.

Materialien, welche zu den eben bezeichneten Herstellungen notwendig und auf den zum Arbeitsfelde gehörigen oder benachbarten Grundstücken vorhanden sind, müssen von den Eigentümern zu diesem Zwecke überlassen werden.

Die Grundeigentümer müssen die Benützung der zur Zufuhr, Ablagerung und Bereitung der Materialien, sowie zur Herstellung der Unterkunftsräume für die Bauleitung und die Arbeiter erforderlichen Grundparzellen gestatten.

Für die mit der Überlassung der Materialien, beziehungsweise mit den letzterwähnten Gestattungen etwa verbundenen Nachteile haben die Grundbesitzer den Anspruch auf angemessene Entschädigung.

Auch Enteignung (siehe oben, § 29 der Gesetzkunde) von Grundstücken oder Nutzungsrechten kann stattfinden, wenn auf andere Weise der Zweck des Unternehmens nicht erreicht werden kann. Für die Enteignung ist angemessene Entschädigung zu leisten, wobei nicht nur auf den Wert des enteigneten Grundstückes oder Rechtes, sondern auch auf die Verminderung des Wertes, welchen der etwa zurückbleibende Teil des Grundbesitzes, beziehungsweise die vordem nutzungsberechtigte Realität erleidet, Rücksicht zu nehmen ist.

Es können aber auch die Grundeigentümer kraft des Gesetzes verpflichtet werden, die Herstellung von Sickergräben oder anderer Entwässerungsanlagen, Berasungen, Aufforstungen zu dulden (gesetzliche Eigentumsbeschränkungen siehe oben § 28).

Ist mit diesen Vorkehrungen oder Anordnungen eine dauernde Herabminderung des Reinertrages des Grundstückes, oder der Entgang einer wesentlichen Nutzung verbunden, so ist hiefür angemessene Entschädigung zu leisten.

Beim Waldgrunde insbesondere ist bei Beurteilung der Frage der Entschädigung des Grundbesitzers für die Einschränkung seines Eigentumsrechtes durch Einstellung der Weide- oder einer sonstigen Nutzung oder Nutzungsform auf den Umstand Rücksicht zu nehmen, ob und inwieferne die weitere Ausübung der eingestellten Nutzung oder Nutzungsform mit den forstgesetzlichen Bestimmungen überhaupt und namentlich mit jenen, welche die Erhaltung des Waldes selbst zum Gegenstande haben, vereinbar gewesen wäre.

Bei der Feststellung der bezeichneten Entschädigungen ist auf diejenigen Verhältnisse keine Rücksicht zu nehmen, hinsichtlich deren erhellt, daß sie in der Absicht hervorgerufen wurden, um sie als Grundlage für die Erhöhung der Ansprüche auf Entschädigung zu benützen, wie insbesondere auf solche Verwendungsarten des Grundstückes, die sich mit Rücksicht auf alle vorherrschenden Verhältnisse nicht als sachgemäß darstellen.

Als Unternehmer solcher, unter Anwendung dieses Gesetzes auszuführenden Werke zur tunlichst unschädlichen Ableitung der Gebirgswässer können die Staatsverwaltung, beteiligte Länder, Bezirke, Gemeinden und andere Interessenten einzeln oder in Gemeinschaft auftreten.

Der Unternehmer hat die vorgeschlagene Begrenzung des Arbeitsfeldes und das Generalprojekt für die auszuführenden Arbeiten vorzulegen.

Auf Grund des Generalprojektes entscheidet der Ackerbauminister im Einvernehmen mit den anderen etwa beteiligten Ministern über die öffentliche Nützlichkeit des beabsichtigten Unternehmens im allgemeinen sowie darüber, ob sich insbesondere das vorgelegte Generalprojekt zur weiteren Verhandlung eignet. Ist dies der Fall, so wird das Projekt durch 30 Tage zur öffentlichen Einsicht durch die Beteiligten bei der politischen Bezirksbehörde aufgelegt, innerhalb welcher Frist etwaige Einwendungen einzubringen sind. Hierauf wird die kommissionelle Verhandlung über das Projekt anberaumt: hier sollen alle voraussichtlichen Einwirkungen des Unternehmens auf die allgemeinen und privaten Interessen dargestellt, die erhobenen Einwendungen erörtert und eine gütliche Einigung mit den Beteiligten angestrebt werden. Zugleich sind die mit dem beabsichtigten Unternehmen verbundenen Entschädigungsfragen zu verhandeln, und, wenn ein Übereinkommen zwischen dem Unternehmer und den Entschädigungsberechtigten nicht erzielt wird, alle Verhältnisse zu erheben, welche für die Entscheidung dieser Fragen von Belang sind. Hiebei ist insbesondere auch darauf hinzuwirken, daß denjenigen, denen nach dem Projekte die Ausübung von Nutzungsrechten auf Grundstücken des Arbeitsfeldes eingestellt werden müßte, gleichartige und gleichwertige Rechte auf anderen Grundstücken eingeräumt werden (§ 5).

Die kommissionelle Verhandlung mit den Parteien ist mündlich zu führen und sind zu derselben nach Erfordernis Sachverständige von Amts wegen beizuziehen. Über die ganze Verhandlung ist ein Protokoll aufzunehmen, welches alle wesentlichen Momente der Verhandlung, insbesondere die erzielten Übereinkommen, die sonstigen Ergebnisse der mündlichen Erörterung unter Angabe der für und gegen das Projekt vorgebrachten Gründe und die hinsichtlich der Entschädigungsfragen erhobenen Verhältnisse zu enthalten hat. Das Verhandlungsprotokoll ist samt allen bezüglichen Behelfen von der Bezirksbehörde gutächtlich der politischen Landesbehörde vorzulegen, welche die Entscheidung über das Projekt fällt. Gegen diese Entscheidung steht die Berufung an das Ackerbauministerium offen. Wer sich durch die Entscheidung des Ackerbauministeriums betreffend einer Entschädigung beschwert erachtet, kann binnen 30 Tagen um die gerichtliche Ermittlung der Entschädigung bei jenem Bezirksgerichte ansuchen, in dessen Sprengel das Grundstück liegt; hiebei haben sich die Gerichte an die Vorschriften des Gesetzes vom 18. Februar 1878, R. G. Bl. Nr. 30, über Enteignung für Eisenbahnzwecke zu halten.

Die mit der Ausführung des Unternehmens verbundenen Kosten, einschließlich der Entschädigungen und Regieauslagen, sind von dem Unternehmer zu tragen. Demselben obliegen auch die Kosten für die fernere Erhaltung des Werkes, falls die Erhaltungspflicht nicht in anderer Weise geregelt wird.

Die Bestimmungen der Wasserrechtsgesetze über eine etwaige Heranziehung anderer zu Beiträgen für die Ausführung und Erhaltung des Werkes werden durch dieses Gesetz nicht berührt.

Um die Durchführungen von Wildbachverbauungen zu fördern, werden aus dem staatlichen Meliorationsfonds zur Förderung der Landeskultur auf dem Gebiete des Wasserbaues Beiträge geleistet.

Beschädigungen der Anlagen an den Gerinnen oder in anderen Teilen des Arbeitsfeldes sowie Übertretungen der getroffenen Anordnungen werden von der politischen Behörde mit Geldstrafen bis zu 2000 *K* oder 3 Monaten Arrest bestraft.

---

## VII. Abschnitt.

# Die Steuern und Umlagen.

### I. Kapitel.

## Die Steuern.

### § 113. Begriff und Arten der Steuern.

Unter Steuern oder Schatzungen versteht man jene öffentlichen, in den Staatsschatz fließenden Abgaben und Auflagen, welche von dem Erwerbe, Einkommen, Besitze, Vermögen oder Aufwande zu entrichten sind, damit der Staat eine Deckung für die mit der Führung des Staatshaushaltes verbundenen Auslagen hat. Die Steuern werden nach einem allgemeinen Maßstabe eingehoben und bilden die Haupteinnahme des Staates.

Die Gegenstände des Vermögens oder Einkommens, von welchen die Steuer entrichtet werden muß, nennt man Steuerobjekte.

Die Steuern werden nach der Art und Weise ihrer Einhebung in direkte und indirekte Steuern eingeteilt; die ersteren werden unmittelbar (direkt), die letzteren hingegen mittelbar (indirekt) eingehoben.

Die Steuern treffen in der Regel das Vermögen und sind **Vermögenssteuern** im Gegensatze zu den **Personalsteuern** oder **Kopfsteuern**, welche ohne Rücksicht auf das Vermögen nur auf die Person gelegt werden.

Jene indirekten Steuern, welche von dem Verbrauche gewisser Gegenstände zu entrichten sind, z. B. Zucker-, Kaffee-, Bier-, Wein-, Branntwein-, Fleisch- und Petroleumsteuer nennt man **Konsumtionssteuern** oder **Verzehrungssteuern.** Andere indirekte Steuern sind z. B. die Stempel und Gebühren, die Zölle sowie die durch das Salz- und Tabakmonopol auferlegten Abgaben. Wird der Verbrauch oder der Gebrauch von Gegenständen, welche nicht zu den notwendigen Lebensbedürfnissen gehören, einer Besteuerung unterzogen, so ist die entfallende Abgabe eine **Aufwands-** oder **Luxussteuer** (z. B. Pferdesteuer, Bedientensteuer, Jagdkartensteuer u. s. w.)

In Österreich bestehen folgende direkte Steuern: *a)* die **Grund-** oder **Bodensteuer**; *b)* die **Haus-** oder **Gebäudesteuer**; *c)* die **Steuer vom Gewerbe** oder **Erwerbsteuer**; *d)* die **Rentensteuer** und *e)* die **Personaleinkommensteuer**; *f)* die **Besoldungssteuer.**

## § 114. Die direkten Steuern.

### *a) Die Grundsteuer.*

Der **Grundsteuer** unterliegen nach dem Gesetze vom 24. Mai 1869, R. G. Bl. Nr. 88, alle Grundoberflächen, welche im Wege der land- und forstwirtschaftlichen Bodenkultur benützbar sind, und zwar auch dann, wenn sie dieser Benützung durch eine die Steuerfreiheit nicht begründende Verwendung entzogen sind.

Von der Grundsteuer sind befreit: 1. Alle unproduktiven Grundflächen; 2. Sümpfe, Seen und Teiche, insoferne sie nicht landwirtschaftlich kultiviert werden und weder durch Fischerei, noch durch Rohrschlag oder Gewinnung von Torf einen Ertrag abwerfen; 3. die öffentlichen Fuß- und Fahrwege, Leinpfade und Straßen, Ortsplätze, Gassen, die zu öffentlichen Zwecken dienenden Kanäle und Wasserleitungen, dann das Bett der Flüsse und Bäche; 4. die öffentlichen Beerdigungsplätze; 5. Bauplätze und Hofräume; endlich 6. die zur Bereitung des Meersalzes gewidmeten Flächen.

Eine zeitweise Steuerbefreiung von der Grundsteuer findet statt bei öden Grundstücken, welche durch Urbarmachung produktiv gemacht werden, auf die Dauer von 10 Jahren; bei der Anlage neuer Hochwälder dauert die Steuerfreiheit 25 Jahre.

Die Grundlage für die Einhebung der Grundsteuern bildet der sogenannte **Kataster,** das sind gemeindeweise angelegte Verzeichnisse aller steuerbaren Grundstücke, nach örtlicher Benennung (Ried), Parzellennummern, Kulturgattung, Flächengröße, Wertsklasse für die Steuerbemessung, dem hienach ermittelten katastralen Reinertrag. Alle diese Angaben werden in die sogenannten Katastralhauptbücher eingetragen, in welchen auch der Name und Stand des Besitzers, sowie die Einlagezahl des betreffenden Grundbuches (siehe oben § 42 der Gesetzkunde) angegeben ist, in welcher die Liegenschaft vorkommt

Um die Flächengröße der steuerpflichtigen Grundstücke genau zu ermitteln, und ihre örtliche Lage zu kennen, war es notwendig, alle Liegenschaften von Gemeinde zu Gemeinde geodätisch aufzunehmen und auf eigenen Karten darzustellen. Diese Arbeiten besorgte die **Katastralvermessung**; die Ergebnisse der Vermessung wurden in die **Katastralkarten** für jede Katastralgemeinde (Katastralmappe) gesondert eingezeichnet und die berechneten Flächen in die Hauptbücher eingetragen. Jene kleinsten Flächeneinheiten, welche für die Besteuerung als gleichartig angesehen werden, heißen **Parzellen.** Man unterscheidet Grund- und Bauparzellen; unter diese gehören alle mit Gebäuden besetzten Grundflächen und die Hofräume, zu jenen gehören alle übrigen Grundstücke. Die Bau- und die Grundparzellen werden in jeder Gemeinde von Nr. 1 beginnend fortlaufend gezählt. Wird eine Parzelle durch irgend eine Veranlassung geteilt, so wird auch die Parzellennummer unterteilt, z. B. $\frac{473}{1}, \frac{473}{2}, \frac{473}{3}$ u. s. w.

Die für die Steuerbemessung in Betracht kommenden Kulturgattungen der Grundparzellen sind: Äcker, Wiesen, Weingärten, Hutweiden, Alpen, Waldungen, Seen, Sümpfe und Teiche, Parifikationsland.

Als Parifikationsland werden jene Flächen behandelt, welche durch eine andere Benützung der Urproduktion entzogen sind, z. B. Kalk-, Sand-, Mergel-, Kies-, Torf- und Tongruben, Lager- und Werkplätze, Privatkanäle, Ufer, Raine, Alleen, Privatwege, das Territorium der Eisenbahnen, dann die zu Steinbrüchen und bei Bergwerken zu Stollen, Schachten, Wasserbehältern verwendeten Flächen. Außerdem wird die Bauarea, die unproduktiven Flächen und die sonstigen steuerfreien Flächen in den Hauptbüchern aufgeführt.

Auszüge aus den Hauptbüchern, sogenannte Besitzbögen, werden für jeden Besitzer ausgefertigt.

Der katastrale Reinertrag wird für jede Parzelle gesondert nach bezirksweise aufgestellten Bonitätsklassen abgeschätzt; als Reinertrag wird der nach Abzug der Bewirtschaftungs- und Gewinnungskosten vom Rohertrage verbleibende Überschuß betrachtet, welcher von den benützbaren Grundstücken nachhaltig erzielt werden kann. Für jede Gemeinde und für jedes Kronland werden nun die ermittelten Katastralreinerträge zusammengestellt. Wie viel dann jedes Kronland, jede Gemeinde und jeder einzelne Grundbesitzer an Grundsteuer zu bezahlen hat, das hängt von der Höhe der ''rundsteuerhauptsumme ab, welche von dem ganzen Reiche aufgebracht werden muß. (Gesetz vom 28. März 1880, R. G. Bl. Nr. 34.)

Die Grundsteuerhauptsumme wird im Wege des Gesetzes von 15 zu 15 Jahren festgestellt und nach Verhältnis des ermittelten Reinertrages der steuerpflichtigen Objekte auf die einzelnen Länder, Steuergemeinden und Grundstücke gleichmäßig verteilt, nämlich in gleichen Prozenten vom Reinertrage eingehoben. Die Grundsteuerhauptsumme beträgt gegenwärtig 71,000 000 $K$ oder 22·7 Prozent des katastralen Reinertrages.

Damit das große und wichtige Werk des Katasters dauernd seinen Wert erhalte, müssen alle Veränderungen, welche die steuerpflichtigen Grundstücke und die Grundbesitzer betreffen, in den Besitzbögen und in der Mappe eingetragen werden. Alle diese Arbeiten bezeichnet man als die Evidenzhaltung des Katasters, für welche eigene Beamte für jede Bezirkshauptmannschaft bestellt sind. Jeder Grundbesitzer hat die Pflicht, Änderungen an den Daten der Hauptbücher oder seiner Besitzbögen den Evidenzhaltungsbeamten anzuzeigen. Die Vorschriften über die Evidenzhaltung des Grundsteuerkatasters sind in dem Gesetze vom 23. Mai 1883. R. G Bl. Nr. 28, enthalten.

Endlich hat das Gesetz vom 12. Juli 1896, R. G. Bl. Nr. 118, folgende Bestimmungen getroffen:

Wird aus Anlaß eines Elementarereignisses oder eines anderen Schadens die Ertragsfähigkeit eines Grundstückes durch einen gewissen Zeitraum unterbrochen, so kann um Steuernachlaß angesucht werden.

Wegen Beschädigung des Naturalbetrages durch Elementarereignisse insbesondere hat eine verhältnismäßige Abschreibung an der Grundsteuer bei den landwirtschaftlichen Kulturen und Waldungen stattzufinden, und zwar bei ersteren, wenn bei einem Ausmaß der Parzelle $a)$ bis zu 4 $ha$ mindestens der vierte Teil des Naturalerträgnisses, $b)$ über 4 $ha$ Ausmaß aber das Naturalerträgnis von mindestens 1 $ha$ vernichtet worden ist; bei letzteren, wenn bei einem Ausmaß der Waldparzelle $a)$ bis zu 20 $ha$ mindestens der vierte Teil des Holzbestandes, $b)$ über 20 $ha$ mindestens 5 $ha$ durch Brand oder Insektenfraß vernichtet oder als zerstört anzusehen sind, oder wenn durch Schneebruch ganze Partien, und zwar mindestens ein Drittel des Holzbestandes niedergedrückt oder gebrochen worden ist, so daß neu aufgeforstet werden muß.

Der Schaden ist binnen acht Tagen nach dessen Wahrnehmung bei der Steuerbehörde I. Instanz von dem Besitzer anzuzeigen.

Falls durch außergewöhnliche Elementarereignisse ein ertragsfähiger Obergrund in einem Grade verschottert und versandet wird, daß über ein Jahr hinaus vollständige Ertraglosigkeit des beschädigten Grundstückes oder eines Teiles desselben eingetreten ist, und durch menschliche Kraft nicht behoben werden kann, so hat eine gänzliche Abschreibung der Steuer über eine binnen vier Wochen nach Eintritt des Ereignisses zu erstattende Anzeige stattzufinden. Ist Gefahr im Verzuge, z. B. wenn durch das unmittelbar bevorstehende Einheimsen der unversehrt gebliebenen Ernte die Beurteilung der Schadenhöhe später nicht mehr möglich sein sollte, muß zugleich mit der Anzeige an die politische Behörde auch die Anzeige an das Bürgermeisteramt gemacht und an letzteres das Ansuchen gestellt werden, den Schaden sogleich kommissionell festzustellen. Ein solches Ansuchen wird am besten mündlich erfolgen, und dient dann die kommissionelle mittlerweilige Schadenfeststellung seitens des Bürgermeisteramtes als Grundlage für die spätere Erhebung des Schadens unter Leitung der politischen Behörde I. Instanz.

### b) Die Gebäudesteuer.

Die Gebäudesteuer wird 1. entweder nach dem wirklichen oder möglichen Erträgnisse an Miet- und Pachtzinsen, oder 2. nach der Klasse, zu welcher ein Gebäude mit Rücksicht auf die Zahl der Stockwerke und Wohnungen gehört, bemessen. (Gebäude-steuerpatent vom 1. März 1820.) Im ersteren Falle nennt man sie H a u s z i n s s t e u e r, im letzteren Falle aber H a u s k l a s s e n s t e u e r.

Nur die bewohnten und bewohnbaren Teile eines Gebäudes unterliegen der Gebäudesteuer. Alle Ubikationen, welche weder bewohnt, noch überhaupt zur Bewohnung geeignet sind, bleiben von der Gebäudesteuer frei. Insbesondere bleiben die dem Staate gehörigen Gebäude, dann Kirchen, Spitäler, Schulhäuser, Bethäuser und Armenhäuser, ferner Alumnate, Rathäuser, Polizeiwachstuben, die Wohnungen der Bischöfe und Pfarrer. die als Kasernen dienenden Teile der Privatgebäude, endlich alle jene Gebäude und Wohnungen, welchen durch besondere Verordnungen der Staatsverwaltung eine Steuer-freiheit eingeräumt wird, von der Entrichtung der Gebäudesteuer befreit. Wird jedoch ein solches steuerfreies Gebäude oder ein Teil desselben gegen Entgelt vermietet oder verpachtet, so sind die in Bestand gegebenen Wohnungen der allgemeinen Besteuerung unterworfen. Zur Hebung der Baulust ist für Neubauten, für Um- und Zubauten eine S t e u e r f r e i h e i t von zwölf Jahren für alle der Gebäudesteuer unterliegenden Objekte bestimmt.

Die Parteien müssen zum Behufe der Bemessung der Hauszinssteuer die Höhe des Miet- oder Pachtzinses, welcher für vermietete Gebäude oder Hausteile bezahlt wird, von zwei zu zwei Jahren einbekennen. Dieses schriftliche Einbekenntnis heißt die Hauszins-fassion. Die Zinsfassionen müssen wahrheitsgetreu ausgestellt werden und dürfen weder absichtliche Verschweigungen noch überhaupt unrichtige Angaben enthalten. Jede Ver-heimlichung eines Zinsbezuges und überhaupt jede Unrichtigkeit in der Einbekennung wird bestraft.

Hat der Eigentümer eine Wohnung mit Zinsertrag einbekannt, dafür die Steuer entrichtet, konnte aber diese Wohnung weder vermietet noch von ihm benützt werden, so kann er dafür die Vergütung der Steuer ansprechen, dies muß jedoch unter genauer Angabe der Wohnbestandteile, des Zinses, des Zeitpunktes der Leerstehung binnen längstens 14 Tagen geschehen. (L e e r s t e h u n g s a n z e i g e.)

### c) Die Erwerbsteuer.

#### I. Die allgemeine Erwerbsteuer.

Der allgemeinen Erwerbsteuer unterliegt jede (wenn auch nicht gewerbliche) auf die Erzielung eines Gewinnes gerichtete Beschäftigung vom Zeitpunkte der tatsächlichen Ausübung derselben angefangen.

Von der Erwerbsteuer befreit sind: 1. Öffentliche und Privatbeamte oder derlei Bedienstete aller Kategorien (Beamte, Angestellte jeder Art, Diener, Gehilfen, Taglöhner etc.); 2. der Betrieb der Land- und Forstwirtschaft, des Gartenbaues, der Jagd und Fischerei auf eigenem Grunde und in eigenen Gewässern; 3. Unternehmungen, die auf Grund staatlicher Hoheitsrechte oder behufs öffentlicher Verwaltung vom Staate betrieben werden; 4. Arbeiterinnen, die gewöhnliche Handarbeiten und Verrichtungen ohne Hilfs-personen betreiben (Näherinnen, Strickerinnen, Wäscherinnen etc.); 5. die nur zeitweise und nicht gewerbemäßig ausgeübten Nebenbeschäftigungen kleiner Landwirte; 6. Studie-rende für erteilten Privatunterricht, und jene Personen, welche Privatunterricht oder Schriftstellerei als Nebengeschäft betreiben; 7. Nebenbeschäftigungen, deren Reinertrag 100 $K$ per Jahr nicht übersteigt und falls sie nicht einen Teil eines anderen regelmäßigen größeren Gewerbebetriebes bilden; 8. die vom Pächter allein oder nur mit dessen Familien-gliedern, wenn auch mit zeitweiligem und ausnahmsweisem Zuziehen von Mitarbeitern bearbeiteten Pachtungen und die in gleicher Weise betriebene Hausindustrie.

Außerdem können dürftige Erwerbssteuerpflichtige, welche ihr Gewerbe nur mit einer Hilfsperson ausführen, ein bis zwei Jahre, sowie Unternehmungen zu öffentlichem, wohltätigem und gemeinnützigem Zwecke, welche keinen oder nur einen äußerst geringen Ertrag abwerfen, von der Erwerbsteuerentrichtung überhaupt losgezählt werden.

Die Erwerbsteuerpflichtigen werden in vier Klassen eingeteilt, diejenigen, die bisher mehr als 2000 $K$ gezahlt haben, gehören in die erste, die mehr als 300 $K$ in die zweite, die mehr als 60 $K$ in die dritte, und die nicht mehr als 60 $K$ an vorgeschriebener jährlicher Steuerschuldigkeit zu entrichten hatten, in die vierte Klasse. Zum Zwecke der Bemessung werden V e r a n l a g u n g s b e z i r k e gebildet; als solche haben für die erste und zweite Klasse die Handelskammerbezirke, für die dritte und vierte Klasse die Städte und Industrieorte mit mehr als 20.000 Einwohner, im übrigen die politischen Bezirke zu gelten. Die Angehörigen jeder Erwerbsteuerklasse in jedem Veranlagungs-bezirke bilden eine S t e u e r g e s e l l s c h a f t; die von ihr aufzubringende, im vorhinein auf Grundlage der Staatssteuern des Vorjahres festzustellende Summe an allgemeiner Erwerb-steuer heißt das G e s e l l s c h a f t s k o n t i n g e n t. Alle Kontingente zusammen geben die E r w e r b s t e u e r h a u p t s u m m e, welche für die erste Veranlagungsperiode mit 35,464.000 $K$ festgesetzt wurde.

Der auf jedes einzelne Mitglied einer Steuergesellschaft entfallende Anteil an der Erwerbsteuerquote (seine Erwerbsteuer) wird nach Erwerbsgruppen durch die Erwerbsteuerkommission bemessen; die Mitglieder derselben werden zur Hälfte vom Finanzminister ernannt und zur Hälfte von den Gesellschaftsmitgliedern aus ihrer Mitte auf je vier Jahre gewählt.

Die Erwerbsteuerbemessung erfolgt auf Grundlage der von jedem Erwerbsteuerpflichtigen jedes zweite Jahr bei der Steuerbehörde erster Instanz (d. i. Bezirkshauptmannschaft, beziehungsweise Steueradministration) schriftlich innerhalb der behördlich kundgemachten Frist abzugebenden Erwerbsteuererklärung; die Angaben sind vollkommen wahrheitsgetreu auf Grund der Betriebsverhältnisse des vom 1. Juli bis 30. Juni zu zählenden, der Veranlagungsperiode vorangehenden Jahres zu machen.

### II. Die Erwerbsteuer von den der öffentlichen Rechnungslegung unterworfenen Unternehmungen.

Dieser Steuer unterliegt jede im Inlande betriebene, der öffentlichen Rechnungslegung unterworfene Unternehmung. Derlei Unternehmungen sind vorhanden, wenn ihr Gebaren irgendwie der Kontrolle der Öffentlichkeit unterliegt, sei es, daß ihre Jahresrechnung den staatlichen Behörden oder politischen Körperschaften, oder der Generalversammlung zur Prüfung und Genehmigung gesetzlich oder statutarisch vorgelegt werden muß. Es gehören hiezu also Aktien- und Versicherungsgesellschaften, Gewerke, Kreditanstalten, Eisenbahnen, Erwerbs- und Wirtschaftsgenossenschaften, Sparkassen, wechselseitige Versicherungsanstalten, Landes- und Gemeindevorschußkassen.

Ganz erwerbsteuerfrei sind jedoch die mittels besonderer Gesetze von der früheren Erwerbeinkommensteuer befreit gewesenen Unternehmungen; die auf Ausübung der staatlichen Hoheitsrechte und der öffentlichen Verwaltung beruhenden staatlichen Unternehmungen, z. B. die staatliche Postverwaltung, die staatlichen Bergwerke, Wohltätigkeitsanstalten, sowie die kleinen Spar- und Vorschußkassen, Genossenschaften und sonstigen Vereinigungen ohne Reinertrag, die von Landwirten gebildeten „Produktivgenossenschaften" zur gemeinsamen Beschaffung von Geräten, Maschinen und Materialien oder zur Verarbeitung und Verwertung landwirtschaftlicher Erzeugnisse, dann die Raiffeisenkassen. Gänzlich steuerfrei sind ferner die auf ihre eigenen Mitglieder sich beschränkenden Erwerbs- und Wirtschaftsgenossenschaften, sogenannte „Selbsthilfegenossenschaften". die Gemeinde- und Landesfondsvorschußkassen, wenn der jährliche Reinertrag 600 $K$ nicht übersteigt.

Als Grundlage der Bemessung dient der in dem letzten, dem Steuerjahre vorangegangenen Geschäftsjahre erzielte Reinertrag der steuerpflichtigen Unternehmung.

#### d) Die Rentensteuer.

Der Rentensteuer unterliegt gemäß Gesetz vom 25. Oktober 1896, R. G. Bl. Nr. 220, jede physische oder juridische Person, die aus Vermögensobjekten oder Vermögensrechten (Darlehens- oder Rentenverträgen etc.) Bezüge empfängt, welche nicht schon durch die Grund-, Gebäude-, Erwerb- oder Besoldungssteuer unmittelbar getroffen sind.

Fassionspflichtig, d. h. einzubekennen sind 1. die Zinsen von Darlehen aller Art, 2. Zinsen von Hypotheken, 3. Zinsen von Kautionen und Depositen, 4. Leibrenten, 5. Pensionen aus Versorgungskassen oder Versicherungsanstalten, nicht aber Pensionen der Offiziere, Beamten, Diener, 6. testamentarische Renten, 7. Zinsen und Renten ausländischer Wertpapiere.

Von inländischen Wertpapieren sind fast alle teils steuerfrei, teils wird eine Steuer nicht mehr eingehoben, weil schon vom Erträgnisse ein Abzug gemacht wurde, wie z. B. bei der Noten- und Silberrente, wo schon die Coupons von 100 fl. statt auf 5 fl. nur auf 4 fl. 20 kr. lauten, oder weil die Unternehmung (Aktiengesellschaft) schon selbst 10% Erwerbsteuer entrichtet und nicht noch einmal ihre Aktie oder Prioritätsobligation besteuert werden sollen.

#### e) Personaleinkommensteuer.

Alle bisher angeführten direkten Steuern sind Steuern von einzelnen Ertragsquellen: von Grund und Boden, Gebäuden, vom Gewerbe, von der Rente. Die Personaleinkommensteuer will aber gemäß Gesetzes vom 25. Oktober 1896, R. G. Bl. Nr. 220, das gesamte Einkommen treffen, und zwar abgestuft nach der Höhe; je kleiner das Einkommen, desto niederer der Steuerfuß. Auch wird die Personaleinkommensteuer in gleichen Prozenten ohne Unterschied der Steuerquelle eingehoben, nicht also mit 22.7% vom Grundbesitz, 26⅔% vom Gebäudebesitz, sondern mit demselben Prozentsatz vom gesamten Einkommen. Die Höhe dieses Prozentsatzes wächst mit der Höhe des Einkommens, und zwar von 0·59 bis 5%; deshalb heißt die Steuer auch progressive Einkommensteuer.

— 358 —

Einkommen unter 1200 $K$ sind von der Steuer überhaupt befreit (steuerfreies Existenzminimum).

Einzelne Steuerstufen sind z. B. folgende:

| 1. | Stufe | von | mehr | als | 1200 | $K$ | bis | einschließlich | 1250 | $K$ | 7 | $K$ | 20 | $h$ | Steuer | 0·59%, |
|----|-------|-----|------|-----|------|-----|-----|----------------|------|-----|-----|-----|-----|-----|--------|--------|
| 2. | „ | „ | „ | „ | 1250 | „ | „ | „ | 1300 | „ | 8 | „ | — | „ | „ | 0·61%, |
| 3. | „ | „ | „ | „ | 1300 | „ | „ | „ | 1350 | „ | 8 | „ | 80 | „ | „ | 0·65%, |
| 5. | „ | „ | „ | „ | 1400 | „ | „ | „ | 1500 | „ | 10 | „ | 80 | „ | „ | 0·71%, |
| 10. | „ | „ | „ | „ | 1900 | „ | „ | „ | 2000 | „ | 18 | „ | 20 | „ | „ | 0·93%, |
| 20. | „ | „ | „ | „ | 3800 | „ | „ | „ | 4000 | „ | 60 | „ | — | „ | „ | 1·51%, |
| 30. | „ | „ | „ | „ | 8400 | „ | „ | - | 9200 | „ | 202 | „ | — | „ | „ | 2·30%, |
| 42. | „ | „ | „ | „ | 20000 | „ | „ | „ | 22000 | „ | 638 | „ | — | „ | „ | 3·04%, |

u. s. w.

Als Besteuerungsgrundlage sind feststehende Einnahmen mit dem Betrage, den sie im letzten dem Steuerjahre vorangegangenen Kalenderjahre (auf Wunsch des Steuerpflichtigen auch in dem letzten Bilanzjahre) erreicht haben, ihrem Betrage nach unbestimmte und schwankende Einnahmen, dagegen nach dem Durchschnitte der letzten drei Jahre anzunehmen. Bestehen sie nicht solange, so wird ein Durchschnittsbetrag, respektive der mutmaßliche Jahresbetrag in Anschlag gebracht.

Dem Einkommen des Vorstandes der Haushaltung ist in der Regel auch das der Angehörigen dieser Haushaltung hinzuzurechnen, wobei Seitenverwandte, zu entgeltlichen Dienstleistungen in der Haushaltung aufgenommene Personen, Kostgänger, Aftermieter und Bettgeher nicht zu den Angehörigen des Haushaltes zu rechnen sind.

Wenn ein Haushaltungsvorstand mit nicht mehr als 4000 $K$ Einkommen außer seinem Ehegatten mehr als zwei, kein selbständiges Einkommen genießende Familienmitglieder zu versorgen hat, so wird für jedes weitere Familienmitglied vom Einkommen des Haushaltungsvorstandes $\frac{1}{20}$ in Abzug gebracht und der Steuersatz um mindestens eine Stufe ermäßigt.

Als Einkommen gelten alle in Geld und Geldeswert bestehenden Einnahmen des Steuerpflichtigen, darunter auch der Mietwert der Wohnung im eigenen Hause oder einer sonstigen freien Wohnung, sowie der Wert der zum Haushalte aus eigener Wirtschaft verwendeten oder sonst demselben zufließenden Naturalbezüge, sowie Gewinne aus Veräußerung von Vermögensobjekten im Wege eines Erwerbsunternehmens oder einer Spekulation. Dagegen sind von den Einnahmen alle zur Erlangung, Erhaltung und Sicherung des Einkommens verwendeten Auslagen, Versicherungsprämien, Steuern und Zinsen von Schulden in Abzug zu bringen. Bei selbstbewirtschaftetem Grundbesitze ist der gesamte reine Wirtschaftsertrag, bei Pachtobjekten der wirklich erzielte Pachtzins samt dem Werte etwaiger Naturalleistungen nach Abzug der Lasten, Nachlässe und des Abnützungsäquivalentes, bei Gebäuden der reine Mietzinsertrag als Besteuerungsgrundlage anzunehmen. Zu den Dienst- und Lohnbezügen gehören sowohl die stehenden, als die veränderlichen Bezüge, zum Einkommen aus Kapitalvermögen alle anderweitig von einer Steuer getroffenen Erträge aus Kapitalien und Rechten.

Die Bemessung erfolgt auf Grundlage der alljährlich von jedem Steuerpflichtigen, dessen Einkommen 2000 $K$ übersteigt, bei der Steuerbehörde erster Instanz einzubringenden Bekenntnisses (Fassion); die Frist zur Einbringung desselben wird öffentlich kundgemacht.

### f) Die Besoldungssteuer.

Beamte, Angestellte, Geistliche, Professoren, Lehrer u. s. w., dann Pensionisten, überhaupt Empfänger von Dienstbezügen, welche an Dienstbezügen 6400 $K$ oder mehr beziehen, haben neben der Personaleinkommensteuer gemäß Gesetz vom 25. Oktober 1896, R. G. Bl. Nr. 220, auch eine Besoldungssteuer zu entrichten, welche von 0·4% bis 6% je nach der Höhe des Einkommens steigt.

---

Jede mit Absicht einer Steuerentziehung in Steuersachen gemachte unrichtige Angabe wird als Steuerhinterziehung mit dem Drei- bis Neunfachen des beabsichtigten Steuerverkürzungsbetrages, eine ohne solche Absicht gemachte unrichtige Angabe aber mit Geldstrafe bis zu 100 $K$ bestraft.

Wer die rechtzeitige Einbringung des vorgeschriebenen Bekenntnisses unterläßt, begeht eine Steuerverheimlichung, welche bei der allgemeinen Erwerbsteuer mit dem Ein- bis Dreifachen, in allen anderen Fällen mit dem Zwei- bis Sechsfachen des verkürzten Betrages bestraft wird.

Außerdem ist die Steuer selbst nachzuzahlen.

Rückständige Steuern werden durch Zwangsvollstreckung (Exekution), eingebracht.

Berufungen und Rekurse in Steuersachen haben keine aufschiebende Wirkung.

Zur Empfangnahme der Steuern besteht in jedem Gerichtsbezirke ein Steueramt; in den Provinzialhauptstädten sind Landeshauptkassen errichtet.

Das Finanzministerium ist im allgemeinen die oberste Instanz in allen Finanz- und Steuerangelegenheiten. Gegen dessen Entscheidungen ist aber unter gewissen Umständen die Beschwerde an den Verwaltungsgerichtshof zulässig.

## § 115. Indirekte Steuern.

### a) Die Stempeln und Gebühren.

Der Abgabe einer Gebühr unterliegen gemäß Gesetz vom 9. Februar 1850, R. G. Bl. Nr. 50:

A. Alle Rechtsgeschäfte, durch welche Rechte begründet, übertragen, befestigt, umgeändert oder aufgehoben werden, wenn über das Rechtsgeschäft eine Rechtsurkunde ausgefertigt wird.

B. Auch ohne Ausfertigung einer Rechtsurkunde: 1. Wenn durch das Rechtsgeschäft das Eigentum oder die Dienstbarkeit des Gebrauches oder der Fruchtnießung einer unbeweglichen Sache entgeltlich oder unentgeltlich übertragen wird. 2. Schenkungen beweglicher Sachen, wenn die Übergabe der geschenkten Sache an den Geschenknehmer erst nach dem Tode des Geschenkgebers erfolgt.

C. Die Vermögensübertragungen auf den Todesfall.

D. Folgende Behelfe, und zwar: 1. Zeugnisse. 2. Handels- und Gewerbebücher, dann Bücher der Sensale und Notare.

E. Folgende Schriften und Amtshandlungen: 1. Alle Eingaben, welche bei dem Landesfürsten, den Reichs-, Landes- oder Gemeindevertretungen, den für Angelegenheiten des Staates, der Kronländer oder der Gemeinden aufgestellten öffentlichen Anstalten, Behörden, Ämtern oder Amtspersonen überreicht werden, ferner Duplikate, Beilagen und Rubriksabschriften dieser Eingaben; 2 die Eintragung zur Erwerbung dinglicher Rechte in die öffentlichen Bücher; 3. die Eintragungen in die Advokatenliste; 4. gewisse amtliche Ausfertigungen, insbesondere Erkenntnisse und Urteile.

F. Das Vermögen der Stiftungen, Kirchen, Gemeinden, Vereine, das unbewegliche Vermögen der Aktiengesellschaften, ferner der nicht auf Gewinn berechneten Vereine, welche sich die Versicherung von Krankengeldern, Alters-, Witwen- und Waisenpensionen u. s. w. zur Aufgabe machen und auf Wechselseitigkeit beruhen, endlich der Erwerbs- und Wirtschaftsgenossenschaften, unterliegen dem sogenannten Gebührenäquivalente.

Die Gebühr wird entweder mittelbar (mittels des Stempels) entrichtet, oder unmittelbar (durch das Gebührenbemessungs- oder Steueramt) von der Partei eingehoben. Sie wird entweder in einem unveränderten (fixen, festen) oder in einem mit dem Werte des Gegenstandes nach Abstufungen dieses Wertes (Skalen) oder nach Prozenten desselben wachsenden Betrage bemessen. Man teilt die Gebühren daher in fixe, skalenmäßige und Prozentualgebühren ein.

Als Grundsatz hat zu gelten, daß jede stempelpflichtige Urkunde oder Schrift auf einem schon mit der gesetzmäßigen (klassenmäßigen) Stempelmarke versehenen Papiere geschrieben werden muß. Zu diesem Behufe ist die der Höhe des Gebührenbetrages entsprechende Stempelmarke auf dem für die Urkunde bestimmten Papiere auf der ersten Seite eines Bogens zu befestigen. Die Stelle, an welcher die Marke befestigt werden soll, ist derart zu wählen, daß von der Schrift wenigstens eine Zeile, nie aber die Überschrift (Titel) oder Unterschrift, über die Marke unter dem Stempelzeichen in gerader Linie fortläuft, mithin der untere farbige Teil der Marke überschrieben wird. Das nachträgliche Befestigen und Überschreiben der Stempelmarken ist unstatthaft.

Die Stempelmarke ist als nicht vorhanden und die Schrift als ungestempelt anzusehen: 1. Wenn von der Stempelmarke ein Teil fehlt; 2. wenn Bestandteile einer Marke getrennt und wieder zusammengesetzt worden sind, sie mögen von derselben Marke herrühren oder nicht; 3. wenn die Marke auf der stempelpflichtigen Urkunde nicht vorschriftsmäßig befestigt, oder wenn sie entweder gar nicht oder doch nicht vorschriftsmäßig überschrieben ist.

Verdorbene Stempelmarken dürfen unter bestimmten Bedingungen ausgewechselt werden.

Bei der unmittelbaren Gebühreneinhebung bemißt das Steueramt oder das Gebührenbemessungsamt die Gebühr und erläßt an den Gebührenpflichtigen einen schriftlichen Zahlungsauftrag, die bemessene Gebühr binnen 30 Tagen zu berichtigen. Nach Ablauf dieser Frist kann die verfallene Gebühr, selbst wenn die säumige Partei gegen den erflossenen Zahlungsauftrag eine Vorstellung oder einen Rekurs eingebracht hat, im Wege der Exekution, gleichwie ein Steuerrückstand, eingetrieben werden.

Unmittelbar ist die Gebühr zu entrichten: Von Urkunden, wenn die Stempelgebühr samt Zuschlag den Betrag von 50 $K$ übersteigt; von der Eigentumsübertragung unbeweglicher Sachen, sie mag sich auf ein entgeltliches oder ein unentgeltliches Rechtsgeschäft gründen; von der Eintragung dinglicher Rechte in die öffentlichen Bücher, wenn sie den Betrag von 10 $K$, von Vermögensübertragungen auf den Todesfall und von Schenkungen beweglicher Sachen, wenn sie den Betrag von 50 $K$ und von gerichtlichen Erkenntnissen, wenn sie den Betrag von 10 $K$ übersteigt.

Während bei der unmittelbaren Gebührenentrichtung die Höhe der Gebühr von der Finanzbehörde bemessen wird, muß die Partei in jenen Fällen, wo die Gebühr mittels Stempelmarken zu entrichten ist, die Höhe selbst bemessen. Damit man nicht in eine Stempelstrafe verfalle, ist es daher notwendig, in jedem einzelnen Falle genau zu untersuchen, welcher Stempelgebühr eine Eingabe oder ein Rechtsgeschäft unterliegt Hierüber gibt der dem Gebührengesetze angefügte Gebührentarif und die Stempelskala Aufschluß.

Für die richtige Anwendung des Gebührentarifes im einzelnen Falle ist zu merken:

1. Hat eine und dieselbe Urkunde mehrere einzelne Leistungen zum Gegenstande, so richtet sich die Gebühr nach der Summe aller einzelnen Geldwerte. Wurden nebst einer Hauptleistung auch noch Nebenleistungen bedungen, so müssen zum Behufe der Bemessung der Gebühr die letzteren der Hauptleistung hinzugeschlagen werden.

2. Wenn das gebührenpflichtige Rechtsgeschäft wiederkehrende Leistungen umfaßt und eine solche für eine bestimmte Zeitdauer unter zehn Jahren bedungen ist, so richtet sich die Gebühr nach der Summe der für die ganze Zeitdauer berechneten Geldwerte. Sollen die Leistungen jedoch durch zehn oder mehr Jahre fortdauern, so muß die Stempelgebühr nach dem zehnfachen Betrage der jährlichen Leistung entrichtet werden. Ist die Dauer der wiederkehrenden Leistungen auf die Lebenszeit einer bestimmten Person beschränkt, so unterliegt sie der Gebühr nach dem zehnfachen, im Falle aber die Dauer sich nach der Lebenszeit mehrerer Personen richten soll, nach dem fünfzehnfachen Betrage der jährlichen Leistung. Lautet die Urkunde auf immerwährend wiederkehrende Leistungen, oder hat sich die Dauer der Leistung nach dem Bestande einer auf unbestimmte Zeit gegründeten Körperschaft oder Anstalt zu richten, so unterliegt sie dem Stempel nach dem zwanzigfachen Betrage der jährlichen Leistung. Ist die Leistung auf andere ungewisse Zeit bedungen, so muß die Stempelgebühr nach dem dreifachen Betrage der jährlichen Leistung entrichtet werden.

### b) Die Zölle.

Der Zoll ist jene an den Staatsschatz zu leistende öffentliche Abgabe, welche für die Versendung von Waren zu entrichten ist, die aus dem Auslande nach dem Inlande, oder aus dem letzteren nach dem Auslande geführt werden.

Die Zölle haben entweder den Zweck, eine Quelle von Einnahmen für die Staatskassa zu bilden, oder sie werden eingeführt, um die inländischen Erzeugnisse gegen den ausländischen Wettbewerb auf den Märkten des Inlandes dadurch zu schützen, daß bei der Einfuhr ausländischer Erzeugnisse an der Grenze eine Abgabe erhoben wird; um deren Betrag muß sich dann der Verkaufspreis der fremden Waren erhöhen, während die im Inlande erzeugten Waren von der Abgabe freibleiben. Die erste Art des Zolles nennt man Finanz- oder Steuerzoll, die zweite den Schutzzoll; die Finanzzölle sind lediglich eine finanzielle, die Schutzzölle hingegen vorwiegend eine volkswirtschaftliche (nationalökonomische) Maßregel.

Der Zoll ist entweder ein Einfuhr-, Ausfuhr- oder Durchfuhrzoll.

### c) Die Verzehrungssteuern.

Verzehrungssteuern bestehen in Österreich für folgende Gebrauchsgegenstände: Zucker, Kaffee, Petroleum, Fleisch, Bier, Wein und Branntwein.

Abgesehen von der staatlichen Verzehrungssteuer bestehen eigene Verzehrungssteuern für Wien, Triest (an den Linien d. i. Stadtgrenzen zu entrichten) sowie in einigen anderen geschlossenen Orten z. B. Krakau, Innsbruck, Laibach u. a.; in den letzteren unterliegt auch Brennholz der Verzehrungssteuer.

Die Länder und Gemeinden können zu den staatlichen Verzehrungssteuern einen Zuschlag einheben oder selbständige Verbrauchsabgaben einführen; in den meisten Fällen werden wiederum Wein, Bier und Branntwein einer solchen Besteuerung unterzogen.

### d) Die Jagdsteuern.

Als indirekte Steuer, und zwar als Luxussteuer ist auch jene Abgabe aufzufassen, welche verschiedene Länder von der Ausübung des Jagdrechtes zu gunsten des Landesarmenfonds einheben. Im Gegensatze zu den Gebühren oder Taxen für die Jagdkarten (siehe oben § 99, *d* und § 101 *b*), welche auch als Jagdsteuern bezeichnet werden, nennt man die hier zu behandelnden Abgaben Jagdrechtssteuern.

Bisher sind solche eingeführt in Niederösterreich, Steiermark und Salzburg.

Nach dem niederösterreichischen Landesgesetze vom 13. Oktober 1893, L. G. Bl. Nr. 55, welches durch den Art. I des Gesetzes vom 22. November 1901, L. G. Bl. Nr. 42, aus 1902 ausdrücklich aufrecht erhalten wurde, hat jeder Besitzer einer Eigenjagd, wenn aber eine Jagdbarkeit verpachtet ist, der Jagdpächter, beziehungsweise Afterpächter, eine jährliche Abgabe an den Landesarmenfonds zu entrichten. Diese Abgabe beträgt für ein Jagdgebiet von 115 *ha* jährlich 4 *K*. Für ein Jagdgebiet von mehr als 115 *ha* beträgt die Abgabe so vielmal 4 *K* jährlich, wie vielmal das Jagdgebiet volle 115 *ha* beträgt.

Die Abgabe ist für jedes Jagdgebiet nur einmal im Jahre, und zwar von derjenigen Person zu entrichten, welche nach § 1 dieses Gesetzes am 1. Januar des betreffenden Jahres abgabepflichtig war.

Als Grundlage der Bemessung der Abgabe haben die Bekenntnisse des Abgabepflichtigen zu dienen. Diese Bekenntnisse sind alljährlich nach dem angeschlossenen Muster von den abgabepflichtigen Personen nach dem Stande vom 1. Januar zu verfassen und bis 15. Januar dem Vorsteher der Ortsgemeinde, in der sich dieses Jagdgebiet befindet, wenn sich aber eine Eigenjagd über mehrere Ortsgemeinden erstreckt, dem Vorsteher jener Ortsgemeinde zu übergeben, in der sich der größte Teil des Jagdgebietes befindet.

Die Gemeindevorsteher sind verpflichtet, die eingelangten Bekenntnisse zu prüfen und mit ihren Bemerkungen innerhalb 14 Tagen an den Landesausschuß zu leiten. Hierauf wird die Gebühr vom Landesausschusse bemessen und dem Gemeindevorstande zur Einhebung sowie den Parteien bekannt gegeben.

Nach dem Gesetze vom 3. September 1896, L. G. Bl. Nr. 67 für Steiermark, ist von jedem Jagdgebiete eine in den Landesarmenfonds fließende jährliche Abgabe von dem Inhaber der Jagd zu entrichten.

Zur Entrichtung der Abgabe ist verpflichtet: *a)* hinsichtlich der im Pachtwege hintangegebenen Jagdrechte der Pächter; *b)* hinsichtlich der nicht im Pachtwege hintangegebenen Jagdrechte der Besitzer der Eigenjagdberechtigung.

Die Abgabenpflicht richtet sich nach dem Stande vom 1. Januar desjenigen Jahres, auf welches sich die Bemessungsgrundlagen beziehen und hat der hiernach Abgabenpflichtige die für das ganze betreffende Kalenderjahr entfallende Abgabe zu entrichten.

Die jährliche Abgabe beträgt: *a)* hinsichtlich der im Wege öffentlicher Versteigerung zur Verpachtung gelangenden Gemeindejagden zehn Prozent des jährlichen Pachtschillings; *b)* hinsichtlich der Eigenjagden 4 *K* für volle 100 *ha* Grundfläche.

Für die Eigenjagdgebiete müssen Bekenntnisse durch die Parteien selbst, für die Gemeindejagden durch die Bezirkshauptmannschaften beim Landesausschusse eingebracht werden. Hienach erfolgt die Vorschreibung der Gebühr, welche den Abgabepflichtigen zugestellt wird.

In Gemäßheit des Landesgesetzes vom 23. November 1887, L. G. Bl. Nr. 29, womit für das Herzogtum Salzburg einige Abgaben für Gegenstände besonderen Aufwandes eingeführt wurden, hat eine besondere jährliche Abgabe an den Landesfonds zu entrichten, wer im Lande: eine Jagd als Grundeigentümer oder als Jagdpächter oder als Afterpächter ausübt, *a)* für ein Jagdgebiet bis zu 250 *ha* 6 *K*, *b)* für ein Jagdgebiet bis zu 500 *ha* 8 *K*, *c)* für je weitere volle 500 *ha* 6 *K*.

Ist das Jagdgebiet Gebirgsland, so ist eine um 20 Prozent geringere Abgabe zu leisten. Welche Jagdgebiete Gebirgsland sind, hat die k. k. Landesregierung durch die im Einvernehmen mit dem Landesausschusse erlassene Verordnung vom 31. Januar 1888, L. G. Bl. Nr. 1, bestimmt.

### *e) Die Abgabe von Gegenständen des Staatsmonopoles.*

Jene dem Staate vorbehaltenen Hoheitsrechte, welche sich auf die ausschließliche Erzeugung gewisser Gegenstände und auf den ausschließlichen Handel mit demselben beziehen, nennt man Staatsmonopole. Sie sind eine Quelle des Einkommens für den Staatsschatz. Man zählt dieselben zu den indirekten Steuern.

Gegenstände des Staatsmonopoles in Österreich-Ungarn sind: 1. Das Kochsalz, sowohl in reinem wie in vermengtem Zustande (Salzmonopol oder Salzregal); 2. der Tabak, sowohl in reinem wie in verarbeitetem Zustande (Tabakfabrikate) und alle Abfälle des Tabakes (Tabakmonopol oder Tabakregal); endlich 3. das Schießpulver und alle die Stelle des Schießpulvers vertretenden explodierenden Stoffe (Schußmittel) (Pulvermonopol oder Pulverregal).

Die Monopolsgegenstände werden nur vom Staate oder unter staatlicher Aufsicht erzeugt und gewonnen und nur durch die Staatsverwaltung in Handel und Verkehr gesetzt; sie dürfen ohne besondere Bewilligung aus dem Auslande, weder zum Verbrauche, noch zur Verarbeitung in das Inland eingeführt werden; ebenso ist auch deren Durchfuhr strenge verboten.

Ohne Bewilligung der Gefällsbehörden darf niemand die Gegenstände des Staatsmonopols erzeugen, bereiten, verwenden oder mit denselben Handel treiben.

Der Verkauf der Monopolsgegenstände muß in öffentlichen Kaufläden oder Niederlagen stattfinden; jede solche Verkaufsstätte ist mit einem Schilde deutlich kennbar zu machen.

Die von den Monopolsgegenständen an den Staatsschatz zu entrichtende Verbrauchsabgabe ist bei jenen Gegenständen, welche aus den Verkaufsniederlagen des Staatsgefälles bezogen werden, in dem tarifmäßigen Verkaufspreise enthalten.

---

## II. Kapitel.

# Die Gemeindeumlagen.

### § 116. Zweck und Aufbringung der Gemeindeumlagen.

Damit die Gemeinde den zeitweiligen Stand ihres Vermögens (siehe oben § 14) kenne und sich in steter Übersicht desselben erhalte, muß sie von Zeit zu Zeit ihr Vermögen beschreiben und verzeichnen. Ein solches Vermögensverzeichnis ist das Gemeindeinventar. Da alljährlich Veränderungen in dem Vermögensstand einer Gemeinde eintreten, so ist es angezeigt, alljährlich das Gemeindeinventar neu zusammenzustellen oder zu berichtigen.

In das Gemeindeinventar sind einerseits die verschiedenen Zweige des Gemeindeeigentums, nämlich Realitäten, Gerechtsame, Kapitalien oder Fonds, Aktivaußenstände, Naturalvorräte, Requisiten, Gerätschaften und die etwa vorhandene Barschaft aufzunehmen, anderseits die Schulden und Lasten zu verzeichnen.

Aus dem Inventar ergeben sich die Einnahmen, welche die Gemeinde aus ihrem Vermögen bezieht. Diese Einkünfte sind vor allem zur Bedeckung der Ausgaben für Gemeindezwecke bestimmt. Bei der überwiegenden Mehrzahl der Gemeinden reichen jedoch die Einkünfte aus dem Gemeindevermögen nicht hin, um die mit der Verwaltung des Gemeindewesens verbundenen Auslagen zu decken. Der unbedeckte Abgang wird durch den Voranschlag (Präliminar) erforscht; in diesem müssen alle voraussichtlichen Einnahmen und Auslagen der Gemeinde im kommenden Verwaltungsjahr zergliedert aufgeführt werden.

Aus diesem Grunde soll der Voranschlag noch vor dem Beginne eines jeden Verwaltungsjahres angefertigt werden und sich auf ein volles Jahr beziehen.

Der vom Gemeindevorsteher zu verfassende Voranschlag bedarf der Genehmigung des Gemeindeausschusses.

Ergibt sich aus dem genehmigten Voranschlage ein unbedeckter Abgang, so kann die Gemeinde die Ausschreibung einer Gemeindeumlage beschließen, welche in der Einhebung von Zuschlägen zu den direkten Steuern oder zur Verzehrungssteuer besteht. Die Gemeindeumlage trifft jeden Steuerpflichtigen nach der Höhe seiner Steuerschuldigkeit.

Der Gemeindeausschuß kann die Einhebung von Umlagen auf die Steuern jedoch nicht in unbeschränkter Höhe beschließen, sondern er darf nur bis zu einer in den einzelnen Kronländern durch besondere Landesgesetze bestimmten höchsten Grenze gehen. Ist zur Bestreitung der durch die Einkünfte aus dem Gemeindevermögen nicht bedeckten Ausgaben eine noch höhere Umlage erforderlich, so kann eine solche nur mit Genehmigung der Bezirksvertretung oder des Landtages ausgeschrieben werden.

Die Gemeindeumlagen werden zugleich mit den landesfürstlichen Steuern eingehoben und wie diese mittels Zwangsvollstreckung eingetrieben, wenn der Schuldner nicht zahlen sollte.

VI. Teil.

# Erste Hilfe bei Verunglückten.

### § 1. Ohnmachten.

Die Ohnmacht (das Schwinden des Bewußtseins) entsteht weitaus am häufigsten durch plötzliche Blutleere des Gehirns infolge einer plötzlichen Herzschwäche, d. h. das Herz pumpt schwach oder fast gar nicht mehr; dadurch bekommt unser Gehirn kein frisches sauerstoffhaltiges Blut mehr, welches es zur Erhaltung seines Lebens und seiner Tätigkeit benötigt; da aber die Hauptaufgabe des Gehirnes die Beherrschung und Aufrechthaltung aller Lebensäußerungen des ganzen menschlichen Organismus ist, so wird jeder Abschwächung in der Lebenskraft des Gehirnes auch ein mehrminder tiefes und langes Darniederliegen und schließlich das Erlöschen der gesamten Lebenserscheinungen des Körpers, sohin auch das Erlöschen des Bewußtseins, folgen. Ist die Herzschwäche und infolge davon der Blutmangel des Gehirnes nur vorübergehend, so sprechen wir von einer leichten Ohnmacht.

Anzeichen der Ohnmachten sind: Schwarzwerden vor den Augen, Ohrensausen, Trübung des Bewußtseins und gleichzeitiges Erkalten der Hände, Füße, Nasenspitze u. s. w. Atmung und Puls sind schwach. Bei einer Ohnmacht fehlt das Bewußtein gänzlich, der Pulsschlag und die Atmung sind kaum wahrnehmbar.

Wird eine Person ohnmächtig, so lege man sie horizontal und, wenn sie blaß ist, mit dem Kopf tief, um die erforderliche Blutzufuhr zum Gehirn zu erleichtern; ist dagegen der Kopf gerötet, so ist Hochlagerung des letzteren notwendig, um den Blutabfluß zu bewirken; dann lockere man alle Kleidungsstücke, fächle dem Patienten frische Luft zu, bespritze ihn mit Wasser, wasche Stirn und Schläfen mit Essig oder Kölnischwasser und kitzle ihn mit einer Feder in der Nase; ferner lege man Senfteig auf das Herz und bürste die Fußsohlen kräftig mit einer Bürste. Kann der Ohnmächtige noch schlucken, so gebe man mit Vorsicht Wein, Cognac oder schwarzen Kaffee. Wurde die Person infolge eines Blutverlustes ohnmächtig, so ist natürlich zu allererst die Blutung zu stillen.

Weicht eine tiefe Ohnmacht trotz der angeführten Belebungsversuche nicht, so ist schon jener Zustand eingetreten, welchen wir „Scheintod" nennen und im folgenden Abschnitte besprechen wollen.


### § 2. Scheintod.

Als Scheintod bezeichnet man einen mit gänzlichem Ausbleiben der Atembewegungen und äußerster Herabsetzung der Herztätigkeit verbundenen Zustand tiefer Bewußtlosigkeit, welcher leicht in den wirklichen

Tod übergehen kann. Herbeigeführt wird zunächst der Scheintod u. a. durch Ertrinken, Erhängen, Einatmung giftiger Luftarten, Erfrieren, Hitzschlag, Sonnenstich, Blitzschlag.

1. Durch Ertrinken. Man befreie die aus dem Wasser gezogene bewußtlose Person zunächst von dem noch im Munde und in den Atmungswegen befindlichen Wasser und Schlamm, indem man sie auf die Seite oder auf den Bauch legt (nicht aber auf den Kopf stellt), die im Munde befindliche Flüssigkeit ausfließen läßt, sodann die Mund- und Rachenhöhle mit dem umwickelten Finger reinigt und alle engen Kleidungsstücke, besonders am Halse und an der Brust, entfernt. Hierauf schreitet

Fig. 192 a.

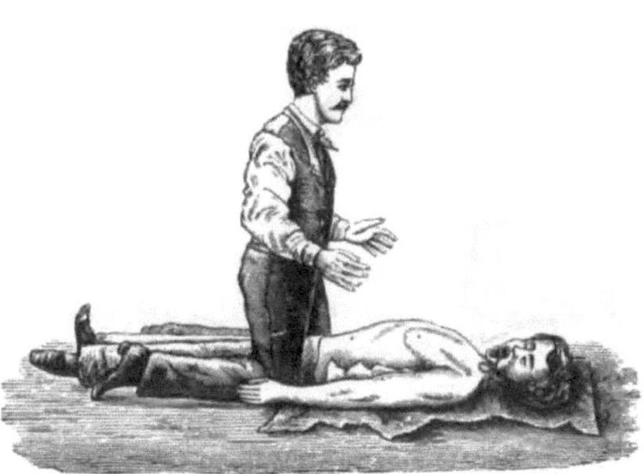

Fig. 192 b.

man zur künstlichen Atmung. Der Verunglückte wird am Fußboden tunlichst auf eine Decke oder Matratze gelegt und dabei das Kreuz durch ein unterschobenes Bündel ein wenig erhöht. Die Zunge wird aus dem Munde hervorgezogen und entweder von einer bei der Hilfeleistung beteiligten Person festgehalten, oder durch ein umgelegtes Band an den Unterkiefer festgebunden, damit sie nicht beim Zurückfallen den Zugang zum Kehlkopf verschließt. Hierauf kniet der Helfer, welcher die künstliche Atmung ausführt, nach Fig. 192 a rittlings über den Hüften des Scheintoten nieder und drückt mit dem unterhalb und seitlich von den Brustwarzen flach aufgelegten Händen, deren Finger sämtlich aneinanderliegen müssen, langsam aber mit voller Kraft die unteren Rippen gegen den Rücken und etwas zum Kopfe hin, so daß hörbar Luft aus den Lungen entweicht. Dieser die Ausatmung nachahmende Druck wird 2—3 Sekunden lang ausgeübt und kann durch Anstemmen der Ellenbogen an die Oberschenkel noch versärkt werden. Alsdann richtet sich der Helfer plötzlich wie in Fig. 192 b auf, der zusammengedrückte Brustkasten des Verunglückten dehnt sich nun nach Aufhebung des Druckes wieder aus und veranlaßt dadurch die Lungen, sich gleichfalls wie bei der natürlichen Einatmung durch Aufnahme von Luft zu erweitern. Nach wieder 2—3 Sekunden beginnt das Verfahren von neuem; es wird 10—12 mal in der Minute wiederholt und so lange fortgesetzt, bis die Atembewegungen

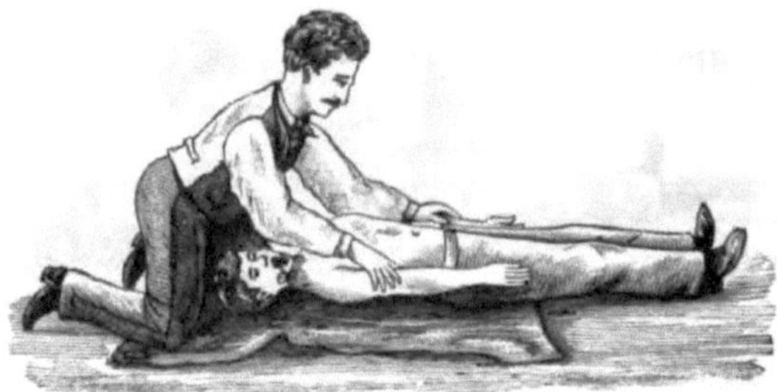

Fig. 193 a.

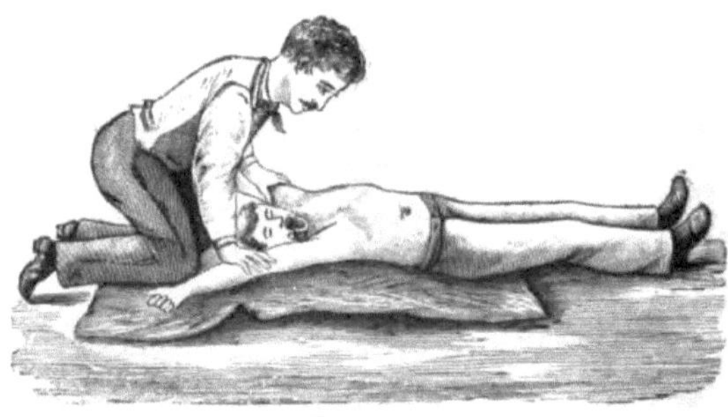

Fig. 193 b.

sich ohne Hilfe auf natürliche Weise und anhaltend vollziehen, sowie ein regelmäßiger, an Kraft zunehmender Pulsschlag fühlbar ist *), oder aber bis nach sachverständigem Urteil infolge des Eintrittes des wirklichen Todes eine Rettung nicht mehr möglich erscheint.

---

*) Den Pulsschlag prüft man mit dem eigenen Z e i g e f i n g e r am Patienten oberhalb des Handgelenkes an der Daumenseite, außen von der dort leicht fühl- und sichtbaren Sehne — aber nie mit dem eigenen Daumen. Die normale Schnelligkeit des Pulsschlages wechselt nach dem Alter, dem Kräftezustand, dem Geschlecht, sogar nach der momentanen Seelenstimmung zwischen 50 und 100 Schlägen in der Minute. In mittlerem Alter ist die Zahl um 80 herum zu finden. Je kräftiger der Puls und somit die Herztätigkeit ist, desto langsamer, je schwächer, desto rascher folgen die einzelnen Blutwellen (Pulsschläge). Je mehr Blut im Kreislaufe ist, desto weniger Schläge in der Minute sind fühlbar; je weniger Blut vorhanden ist (Verblutung, Bleichsucht, Blutarmut), desto schneller schlägt der Puls.

Beginnt der Verunglückte wieder zu atmen, so lasse man ihn ruhig in der Rückenlage verharren und suche Wärme und Blutumlauf zu fördern, indem man die Glieder in der Richtung nach oben, d. i. gegen das Herz hin stark mit Tüchern reiben läßt, an die Herzgrube und die unteren Körperteile Wärmeflaschen legt und den ganzen Körper in Decken oder in Betten warm einhüllt. Zur Beförderung der Herztätigkeit kann man von Zeit zu Zeit mit einem nassen Tuche u. dgl. kräftige Schläge gegen die Herzgegend ausführen. Ein gutes Mittel, um die einmal eingetretene Atmung zu fördern, ist ein Strahl kalten Wassers, welchen man von etwa 1 *m* Höhe in das Genick (weniger wirkungsvoll in die Herzgegend) leitet, was mit Hilfe eines Topfes oder einer Gießkanne (ohne Brause) bewerkstelligt werden kann. Erlangt der Verunglückte die Fähigkeit zu schlucken, so lasse man ihn von Zeit zu Zeit ein wenig erwärmtes Wasser mit etwas Wein oder Branntwein oder auch Kaffee oder Tee trinken. Es dauert in einzelnen Fällen zwei und mehr Stunden, bis auf diese Art das Atmen wieder hervorgerufen wird; man darf also die Versuche nicht zu früh aufgeben, vergesse aber nie, daß das durch längere Zeit fortgesetzte sog. „künstliche Atmen" eine ungeheure Anstrengung ist, welche eine Person auf die Dauer nicht erträgt; man sorge daher rechtzeitig für genügende Ablösung. Ein warmes Bad darf nur auf ärztliche Verordnung gegeben werden.

Eine zweite, noch bessere Art, künstliche Atmung herbeizuführen, wird durch die zusammengehörigen Fig. 193 a und Fig. 193 b zur Anschauung gebracht; am besten gehören hiezu stets gleichzeitig zwei helfende Personen, deren jede je einen Arm des Verunglückten bewegt.

2. Durch Erhängen (und Erwürgen). Vor allem löse man das Band, mit dem der Hals umschnürt ist, jedoch vorsichtig, damit der hängende Körper nicht herabfällt. Dann bringe man den Körper in eine sitzende Stellung, im Freien oder bei offenen Türen und Fenstern, löse alle engen Kleidungsstücke, bespritze Gesicht und Brust mit kaltem Wasser, mache kalte Umschläge um den Kopf, reinige Mund und Schlund, und wende weiterhin genau dasselbe Verfahren an, wie es bei Ertrunkenen anzuwenden ist.

3. Durch Ersticken in schädlicher Luft. Man verschaffe dem Verunglückten sofort frische Luft, indem man ihn womöglich ins Freie trägt, und beginne rasch die künstliche Atmung. Kann man den Verunglückten nicht ins Freie oder wenigstens in ein anderes Zimmer bringen, so öffne man alle Türen und Fenster, nachdem man die Quellen der schädlichen Luftarten nach Möglichkeit verstopft hat (Ofenklappe, Gashähne); doch muß man auch, bevor man die mit schädlichen Luftarten erfüllten Räume betritt, gewisse Vorsichtsmaßregeln zum eigenen Schutze beobachten. Man halte sich ein mit Wasser oder verdünntem Essig befeuchtetes Tuch vor den Mund und begebe sich zum Verunglückten erst dann, wenn man kräftigen Durchzug hergestellt hat. Ein gewöhnliches Licht (Kerze, Laterne oder Lampe) mitzunehmen ist unter allen Umständen gefährlich, da selbst in jenen Fällen, in welchen Leuchtgas ausgeschlossen ist, die Möglichkeit des Vorhandenseins anderer explodierender Gasgemische vorliegt. So sind z. B. die sogenannten schlagenden Wetter durchaus nicht an Kohlenbergbaue gebunden; auch Brunnenarbeiter sind ihnen ausgesetzt, ja in jedem tieferen und infolge dessen wärmeren Keller, der faulende organische Substanzen enthält, ist ihre Entstehung möglich und öfters beobachtet worden. Das richtige Licht zur Bergung Verunglückter aus solchen Schwaden (schlagenden Wettern) ist nicht die Davysche

Sicherheitslampe, die vielmehr nur dazu dient, durch kleine, sich nicht weiter fortpflanzende Explosionen innerhalb ihres Gitters die Anwesenheit der brennbaren Gasmischung anzuzeigen und zur Flucht zu mahnen, sondern es empfiehlt sich eine kleine, ringsum abgeschlossene, mittels Akkumulatoren betriebene, tragbare, von jeder Leitung unabhängige elektrische Glühlampe. Jede Rettungsstation, welche von einer elektrischen Starkstromanlage nicht allzuweit entfernt liegt, so daß zeitweises Laden der Akkumulatoren möglich ist, sollte mit solchen absolut feuer- und sturmsicheren Glühlampen versehen werden.

Befindet sich der Verunglückte in einem Brunnen oder Schachte u. dgl., so lasse man sich beim Hinabsteigen ein Seil umbinden, mittels dessen man im Notfalle zurückgezogen werden kann, bedecke Mund und Nase mit einem in Kalkwasser getauchten Tuch oder Schwamm, und verabrede mit der außen, bezw. oben zurückbleibenden Rettungsmannschaft ein Notsignal (etwa 2- bis 3maliges Zupfen an der Leine), auf welches hin sofort die Aufwindung des Seiles zu erfolgen hat. Man wende dieses Notsignal sogleich an, wenn man die leiseste Üblichkeit verspürt, denn die Ohnmacht ist bei Einatmung gewisser Gasgemische so plötzlich und unvermutet da, daß es sehr leicht zu spät sein könnte. Die Behandlung der möglichst rasch in gute Luft zu bringenden Verunglückten ist genau dieselbe, wie beim Ertrinken etc. angegeben.

Mit dem beliebten Einflößen von Cognac und anderen stärkenden „Geistern" beginne man bei Bewußtlosen ja nicht, bevor man sich durch vorsichtiges Eingeben weniger Tropfen Wassers überzeugt hat, daß der Verunglückte schon weit genug „bei sich" ist, um auf den Reiz, den die in den Schlund gebrachte Flüssigkeit ausübt, mit dem Verschlusse des Kehlkopfes durch den Kehldeckel und einer Schluckbewegung zu antworten. Eine Unvorsichtigkeit in dieser Richtung kann die mit vieler Mühe erzielten Erfolge in einem Augenblick zu nichte machen, indem nämlich Flüssigkeit in die Lungen läuft und — bei dem ohnehin noch immer geschwächten Kräftezustand des Verunglückten und der sicher noch nicht ganz gehobenen Überhäufung seines Blutes mit Kohlensäure — neue Erstickung, oder wenigstens größte Atemnot und peinliche Aufregung bewirkt.

4. Durch Erfrieren. Man bringe den Erfrorenen in einen ungeheizten Raum, entkleide ihn und bedecke ihn mit Schnee, so daß nur Nase und Mund frei bleiben, oder lagere ihn in einer Wanne mit kaltem Wasser, da eine schnelle Erwärmung schädlich sein würde. Sodann reibe man den starren Körper mit Schnee oder nassen Tüchern tüchtig ab, hüte sich aber sorgfältig, die durch den Frost erstarrten Glieder unvorsichtig anzufassen und aus ihrer Lage zu bringen, da dieselben ungemein leicht vollständig abbrechen — wie Glas! Das Abreiben mit Schnee muß längere Zeit, aber mit Unterbrechungen fortgesetzt werden, solange, bis die blasse, bläuliche Farbe der Haut einer frischen, rötlichen Platz macht und die Empfindung sowie die natürliche Körperwärme zurückkehrt. (Nie untersuchen, ob die Glieder schon wieder biegsam sind!) Sind diese Bedingungen erfüllt, so wird der Verunglückte auf ein ungewärmtes Bett gelegt und dort nötigenfalls mit „künstlicher Atmung" u. s. w. wie oben behandelt. In ein warmes Zimmer und Bett darf aber ein derartig Verunglückter erst gebracht werden, wenn entweder alle Erfrierungserscheinungen geschwunden sind, oder bis das sachverständige Urteil eines Arztes alle Hoffnung auf volle Wiederherstellung aufgegeben hat.

5. Durch Hitzschlag. Auch übermäßige Hitze führt Gefahren für die Gesundheit mit sich, indem sie den oft sogar tötlichen Hitzschlag veranlaßt. Erkrankungen dieser Art ereignen sich am leichtesten, wenn die Luft wenig bewegt und mit Feuchtigkeit gesättigt ist; die Verdunstung des Schweißes geht dann nur langsam von statten, und dementsprechend kühlt sich die Haut nicht genügend ab. Auch bei trockener Luft kann die

Hautausdünstung zu gering werden, wenn das dem Körper durch die Schweißabsonderung entzogene Wasser nicht von Zeit zu Zeit durch Aufnahme von Getränken ersetzt wird. Ist in einem dieser beiden Fälle die Luft zu warm, um eine ergiebige Abkühlung der Haut zu bewirken, kann also die im Körper gebildete Wärme nicht wieder verausgabt werden, so nimmt die Bluttemperatur zu und bedingt schließlich die gefährliche Hitzschlagerkrankung, besonders bei gleichzeitiger Anstrengung und Mangel an Nahrung (Übersehen der gewöhnten Zeit der Nahrungsaufnahme).

In diesem Falle säume man nicht, so schnell wie möglich den Arzt zu rufen. Bis zu dessen Eintreffen sorge man dafür, daß der Verunglückte von beengenden Kleidungsstücken befreit und an einem luftigen Orte gelagert werde. Besonders ist es notwendig, die etwa stockende Atmung auf künstlichem Wege (s. oben Pkt. 1) wiederherzustellen, und durch Eis- oder Kaltwasserumschläge auf den heißen Kopf, ferner, wenn tunlich, durch kalte Übergießungen oder wenigstens Besprengungen Abkühlung zu bewirken.

6. Eine dem Hitzschlag verwandte Erkrankung ist der Sonnenstich, welcher auch bei ruhenden, durch Muskelanstrengung nicht erhitzten Personen, durch die unmittelbare Bestrahlung des Kopfes von der heißen Mittagssonne entstehen kann. Personen, die vom Sonnenstich betroffen sind, soll man möglichst rasch in den Schatten bringen und daselbst in gleicher Weise wie Hitzschlagkranke weiter behandeln.

7. Ähnliche Hilfeleistungen kommen auch den vom Blitze getroffenen Personen zu. Dieselben werden meist im Zustande des Scheintodes gefunden, erholen sich aber nicht selten unter dem Einfluß der Wiederbelebungsversuche.

## § 3. Offene Wunden, Blutungen.

Das oberste Gesetz bei der Behandlung offener (blutender) Wunden, sei es nun durch Ärzte oder durch hilfbereite Laienhände, ist die peinlichste Reinlichkeit und Reinigung der Wunde, ihrer Umgebung und jedes Dinges, welches mit ihr in Berührung kommt. Die glänzenden Fortschritte der Chirurgie, sowohl im Erhalten von schwer verletzten Körperteilen als auch in der erfolggekrönten Ausführung der eingreifendsten, früher für unmöglich gehaltenen Operationen beruht einzig und allein auf dieser Erkenntnis.

Ungemein kleine, nur mit den schärfsten Vergrößerungen des Mikroskopes sichtbare Lebewesen, welche die Wissenschaft unter dem gemeinsamen Namen Bakterien (Spaltpilze) zusammenfaßt, und welche überall und jederzeit vorhanden und zum Schaden bereit sind, hat man als die Urheber aller jener gefährlichen Erkrankungen erkannt, welche von zufällig oder absichtlich erhaltenen Wunden ihren Ausgang nehmen (oft auch von kaum sichtbaren, unbeachteten Verletzungen der Oberhaut) und unter dem gemeinsamen Namen der „Wunderkrankungen" noch vor gar nicht solanger Zeit in den großen Spitälern wüteten, die kleinste Verletzung oder Operation lebensgefährlich machten und die Zahl der traurigen Opfer eines Krieges nicht verdoppelten, sondern verzehnfachten.

Alle Wunderkrankungen entstehen durch die Aufnahme jener Lebewesen durch die Wunde — die offene Eingangspforte — in das Blut, und ihr schädigender, oft vernichtender Einfluß auf den Körper beruht auf der vergiftenden Wirkung der Lebens- und Stoffwechselprodukte jener niederen Lebewesen, welche bald fermenten (gärungserregenden)

Substanzen, bald aber den schärfsten Pflanzengiften (Alkaloiden, wie Strychnin, Veratrin u. s. w.) in ihrer Wirkung gleichen. Die letzteren Produkte der Spaltpilze nennt man Ptomaine, und sind es diese, die unter anderem auch die gefährliche Wurstgifterkrankung, die Vergiftung durch Genuß fauler Fische u. dgl. verursachen.

Wir nennen heute diese Krankheiten „Wundinfektionskrankheiten" und kennen so ziemlich von jeder den erregenden Spaltpilz. Zellgewebsentzündung (Phlegmone), Wundrotlauf, Wundstarrkrampf (Tetanus), Spitalsbrand, Blutfäule (Septikämie), Eiterblutvergiftung (Pyämie) sind die Namen der hauptsächlichsten dieser Plagen der Menschheit, welche noch vor kaum einem halben Jahrhundert im Durchschnitte jeden zweiten Amputierten dahin rafften — und von denen manche heute schon sehr selten geworden sind. Der beste Schutz dagegen ist also: Reinlichkeit, wieder Reinlichkeit und zum dritten peinlichste Reinlichkeit! Man wasche sich demnach, — wenn man nur halbwegs Zeit dazu hat — vor jeder Berührung einer offenen Wunde die eigenen Hände auf das genaueste mit möglichst heißem Wasser und Seife; die Nägel sind möglichst zu kürzen und der Raum unter dem Nagel sowie der Nagelfalz besonders zu beachten! Danach reibe man die Hände recht sorgfältig mit konzentriertem Spiritus ein, wenn man solchen hat! Auch Lysol (1 Kaffeelöffel auf 1 $l$ Wasser) ist recht gut. Die Hauptsache aber ist und bleibt: Seife und Bürste!

Muß man irgend ein Instrument oder dergleichen verwenden, z. B. eine Pinzette zum Entfernen von Fremdkörpern aus der Wunde (was aber nur dann geschehen darf, wenn dieselben leicht abnehmbar sind, also nicht feststecken oder eingekeilt sind), so hat man dasselbe vorher durch einige Minuten in kochendes Wasser zu tauchen. Durch diesen Vorgang kann man jeden Metallgegenstand steril, d. h. frei von keimfähigen Ansteckungsstoffen machen, so daß in Ermanglung einer Pinzette sogar eine derart sterilisierte Haarnadel ungestraft verwendet werden kann — aber, wohlgemerkt, nur dann, wenn vorher ausgekocht!

Zur Reinigung einer Wunde verwende man entweder den heute schon überall bekannten und oft vorhandenen Irrigator, mit 2%iger Lysollösung (1 Kaffeelöffel Lysol auf 1 $l$ womöglich gekochtes und nur im Notfalle frisches Quellwasser) oder mit 20%iger Alkoholwassermischung (2 $dl$ reinen Spiritus auf 1 $l$ gekochtes Wasser oder frisches Quellwasser gefüllt; im Notfalle tut es auch ein reines, d. h. mit kochendem Wasser gründlich gespültes „Häferl", aus dem man die „Desinfektionsflüssigkeit" im Strahle über die Wunde gießt und damit alles nicht Hineingehörige wegschwemmt; oder ein Ballen reine Watta mit der Desinfektionsflüssigkeit getränkt, welchen man über der Wunde ausdrückt — Not muß eben erfinderisch machen. Am schlechtesten sind hiezu Spritzen, weil sie meist im Inneren von uraltem Schmutz starren, und ebensowenig sind Schwämme zu empfehlen (aus demselben Grunde).

Nur einen Fall gibt es, in welchem es nicht nur erlaubt, sondern geboten sein kann, selbst mit ungewaschenen Händen direkt eine Wunde zu berühren. Dieser Fall tritt ein, wenn man aus einer Wunde das hellrote Blut in starkem Strahle und stoßweise hervorspritzen sieht, wenn also große Schlagadern verletzt sind, besonders bei Wunden in der Achselhöhle, in der Leistenbeuge, Kniekehle, am Halse, am Handgelenk (Pulsader!) u. dgl.; hier kann nur momentan angewendeter konstanter, direkter Fingerdruck auf die blutende Stelle das Leben retten: Ehe sich der Helfer gereinigt hat oder bis er die später zu schildernde elastische Umschnürung gemacht hat, hätte sich in solchem Falle der Verletzte längst verblutet. Hat man Verbandzeug bei der Hand, so wickle man

rasch vorher etwas Jodoformgaze um seinen Finger — im Notfalle eine
ganz reine Leinwand. In allen anderen Fällen aber ist Zeit zum Waschen.

Blutgerinsel sollen im allgemeinen nicht entfernt werden, wenn
sie nicht durch den Wasserstrahl weggeschwemmt werden.

Nach der Reinigung der Wunde verbinde man dieselbe *) möglichst
rasch und recht sorgfältig mit Jodoformgaze, oder sterilisierter reiner
Gaze, eventuell Watta, im Notfalle mit ausgekochter Leinwand; darüber
am besten eine Lage Watta, um einen möglichst dichten Abschluß gegen
die Luft und die von ihr stets mitgeführten Spaltpilze zu erzielen. Den
Verband befestigt man mit etlichen Bindentouren — bei Blutung mit
einigem Druck und Sicherheitsnadeln.

Die Beschaffenheit und Gefahr einer Blutung hängt von der Art
und Zahl der verletzten Gefäße ab. Rieselt das Blut aus der Wunde
gleichmäßig, jedoch nicht in stärkerem Strahl hervor, so sind nur Haar-
gefäße und kleine Adern verletzt; ein leichter Druck, z. B. mittels eines
reinen Verbandstückes, genügt, um die Blutung zum Stehen zu bringen.
Ein ähnlicher, jedoch fester anzulegender Druckverband stillt die Blutung
aus einer verletzten Blutader, deren Kennzeichen in dem stärkeren Her-
vorquellen dunkeln Blutes besteht. Spritzt das Blut in hellrotem Strahl
aus der Wunde, oder erfolgt die Blutung, dem Herzschlage entsprechend,
stoßweise, ist also eine Schlagader verletzt, so genügt der einfache Verband in der Regel nicht, um das ausströmende Blut zurückzuhalten. Bis
zum Eintreffen des Arztes kann man dann das Ausfließen des Blutes
verhindern, indem man den Stamm der nächstgelegenen größeren
Schlagader auf seinem Wege zwischen dem Herzen und der Wunde mit
den Fingern gegen einen benachbarten Knochen drückt und so verschließt, oder mit einem Tuch oder mit einem elastischen Hosenträger
fest zusammenschnürt. Am besten aber dient hiezu der von dem be-
rühmten Chirurgen Esmarch in Kiel angegebene Gummischlauch
(ein etwa $1{\cdot}0 - 1{\cdot}5\,cm$ starker und $1{\cdot}0 - 1{\cdot}5\,m$ langer, dickwandiger Schlauch
mit Kettenverschluß) oder die ebenfalls von Esmarch angegebene Kom-
pressionsbinde aus starkem, sehr elastischem Gummigewebe, welche
den Blutaustritt vorzüglich verhindert, ohne einen allzu begrenzten,
schnürenden, schmerzhaften Druck auf die Weichteile auszuüben. Man
lege eine solche Kompresse, sei es nun Schlauch, Binde oder Hosenträger,
auch bei Wunden an den Händen oder Füßen immer am Oberarm und
Oberschenkel, nie am Unterarm (Handgelenk) oder Unterschenkel an,
wenn man sichere Wirkung erzielen will (starkes Blutgefäß zwischen
den beiden Knochen des Unterarmes und Unterschenkels!). Unterstützt
wird jede blutstillende Wirkung durch gleichzeitige Anwendung von
Kälte (kalte Umschläge von Wasser oder Wasser und Essig, die fort-
dauernd erneuert werden müssen). Die Lage, in die man den Verletzten
zu bringen hat, ist am besten gewöhnlich die Rückenlage mit erhöhtem
Oberkörper. Der Transport geschieht mittels einer Tragbahre, die man
sich im Notfall aus zwei Stangen und einem großen Stück starker Sack-
leinwand herstellen kann. Bei Verletzten, die das Bewußtsein verloren,
verfahre man, wie bei Ohnmachten und Scheintod angegeben.

§ 4. Brandwunden.

Diese kann man nach denselben Grundsätzen wie andere Wunden
behandeln; doch ist man wegen der Schmerzhaftigkeit und Flächenaus-
dehnung öfters gezwungen, eine andere Behandlung einzuleiten.

---

*) Wenn keine Blutung zu anderen Maßregeln zwingt.

Man unterscheidet Verbrennungen des ersten, zweiten und dritten Grades. Bei ersteren, ohne Blasenbildung mit starker Rötung und lebhaftem Schmerz, genügt schon Anwendung von Kälte in Form kalter Umschläge oder das Eintauchen des verbrannten Gliedes in kaltes Wasser. Auch Bepinselung der verbrannten Stelle mit Collodium ist zweckmäßig; nur muß man sich hüten, ein Glied, z. B. einen Finger, rundherum einzupinseln, weil sonst Brand und Absterben des Gliedes die Folge ist.

Bei stärkeren, sogenannten Verbrennungen des 2. und 3. Grades wird häufig die Kälte nicht gut vertragen; hier ist es entschieden wohltuender und zweckmäßiger, die verbrannten und der Haut entblößten Stellen durch einen umhüllenden Überzug von Fett, Öl oder trockener Substanz (Jodoformpulver) vor dem Einflusse der Luft zu schützen. Man begieße zu diesem Zwecke die Brandwunden reichlich mit Öl oder bestreiche einen Gazestreifen oder Leinwandflecken mit Fett und hülle sie (die Brandwunden) darauf sorgfältig in Gaze und reine weiche Watte ein. Auch ist in jeder Apotheke Brandsalbe zu erhalten, die aus Kalkwasser und Leinöl besteht, gut wirkt, aber sehr schmerzhaft ist. Wenn an einem die Kleider in Brand geraten, so ersticke man die Flamme oder Glut dadurch, daß man den Verunglückten zu Boden wirft, ihn mit Decken u. dgl., oder (bei Petroleum- und Spiritusflammen) mit Sand bedeckt.

Bei Verbrennungen durch Ätzkalk, Lauge u. s. w. spüle man die verbrannten Teile mit Essiglösung ab; den Kalk entferne man mit Öl, nicht mit Wasser.

Bei Verbrennungen durch Säuren (Schwefel-, Karbol-, Salpetersäure) spüle man die verbrannten Teile mit gekochtem Wasser oder mit Milch ab und bestreue sie dann mit Kreide, Magnesia oder besprenge sie mit Kalkwasser.

### § 5. Vergiftungen.

Hat die Vergiftung einer Person stattgefunden, so suche man vor allem zu ermitteln, welches Gift genossen worden ist. Nach Arsenik, Phosphor, Säuren und Laugen pflegt Erbrechen, heftiger Schmerz im Magen und im Leibe einzutreten; nach Säuren und Laugen sind Lippen und Mund oft wie verbrannt (gelblich, bräunlich oder weiß), nach den Pflanzengiften (sogenannten betäubenden Giften) tritt meistens Bewußtlosigkeit, schnarchender Atem, auch Irrereden ein.

1. Durch Arsenik. Ist eine Apotheke rascher zu erreichen als der Arzt, so lasse man das Gegengift gegen Arsenik holen und gebe davon mit heißem Wasser alle Viertelstunden 2 Eßlöffel voll. Bis dieses Mittel vorhanden ist, suche man sofort Erbrechen zu bewirken durch Kitzeln des Schlundes mit einem Federbarte und durch Trinken von Butterwasser. Dann lasse man viel schleimige, ölige Getränke oder Auflösungen von Eiweiß in Wasser trinken.

2. Durch Phosphor (Zündhölzchen). In diesem Falle darf man fetthaltige Flüssigkeiten nicht eingeben, weil diese das Gift auflösen und dessen Übertritt in das Blut erleichtern. Dagegen empfiehlt sich die Verabreichung von Hafer- oder Gerstenschleim, abgerahmter Milch und die halbstündlich zu wiederholende Gabe von 10 Tropfen Terpentinöl (höchstens 3mal).

3. Durch scharfe Mineralsäuren. Man gebe große Mengen von Wasser mit gebrannter Magnesia oder Kreide, oder Seifenwasser und schleimige Getränke.

4. Durch Lauge. Man lasse Essig mit Wasser verdünnt in Menge trinken.

5. Durch **Pflanzengift** (Opium, Schierling, Stechapfel, Bilsenkraut, Tollkirsche, Fingerhut, Tabak, giftige Pilze etc.). Ist in Vergiftungsfällen solcher Arten Erbrechen nicht schon vorhanden, so suche man es zur Herausbeförderung des genommenen Giftes zu erregen, indem man einen Finger tief in den Mund steckt, die Rachenwand mit einem Federbart kitzelt oder Öl, reichlich warme Milch, warmes Wasser oder etwas Seifenwasser als Brechmittel nehmen läßt. Dann lasse man starken Kaffee trinken und gebe wiederholt Klystiere*) aus starkem Kaffee und, abwechselnd mit dem Kaffee, säuerliche Getränke (Essigwasser, Citronenlimonade). Weiteres siehe bei Ohnmacht etc.

### § 6. Biß eines tollen Hundes oder einer Schlange.

**Man befördere** die etwa vorhandene Blutung durch Waschen mit warmem Wasser, wasche die Wunde dann mit Karbolwasser und halte sie rein, bis der schleunig herbeigerufene Arzt eingreift. Vorteilhaft ist, um die Entstehung der Krankheit (Tollwut) vorzubeugen, Wunden, welche durch den Biß krankheitsverdächtiger Tiere entstanden sind, auszusaugen, auszuschneiden, auszubrennen oder auszuätzen**).

**Kennzeichen der Hundswut.** Die Hundswut, welche zu jeder Jahreszeit vorkommt und keine Hunderasse verschont, gibt sich nicht durch Wasserscheu zu erkennen; tolle Hunde lecken oder trinken Wasser, Milch und andere Flüssigkeiten; es sind sogar einzelne tolle Hunde durch das Wasser geschwommen. Auch das ist unrichtig, daß tolle Hunde Schaum vor dem Munde haben müssen. Die meisten sehen um das Maul ganz wie andere Hunde aus. Nur bei manchen steht das Maul offen und es fließt Speichel oder Schleim, aber nicht Schaum aus dem Maule. Es ist ferner unrichtig, daß tolle Hunde immer geradeaus laufen und den Schwanz zwischen den Hinterbeinen gebogen halten. Wirkliche Merkmale der Hundswut sind vielmehr folgende: 1. **Veränderung des gewohnten Benehmens**, Traurigkeit, Verkriechen an dunkle Orte, oder Unruhe, Reizbarkeit, Neigung zum Beißen oder Fortlaufen. 2. **Verlust des Appetites** für gewöhnliches Futter, dagegen Neigung, andere Dinge, wie Erde, Torf, Stroh, Holz etc. zu verschlucken. 3. **Eigentümliches Bellen.** Der tolle Hund macht nicht mehrere voneinander getrennte Laute oder Schläge der Stimme, sondern nur einen Anschlag und zieht den Ton etwas lang und in die Höhe. Manche bellen viel, manche wenig; bei den ersteren wird die Stimme heiser. 4. **Beißsucht**, mehr noch gegen andere Tiere als gegen Menschen, oft selbst gegen leblose Gegenstände. Wenn der tolle Hund auch noch seinen Herrn erkennt und seinem Rufe folgt, so scheut er sich doch nicht, ihn auch zu beißen. 5. **Herabhängen des Unterkiefers** und Offenstehen des Maules gewahrt man bald anfangs, bald erst später. 6. **Rasche Abmagerung, Trübheit der Augen, Struppigkeit der Haare, Lähmung des Kreuzes und der Hinterbeine** stellen sich allmählich ein, und spätestens in 8 bis 9 Tagen erfolgt der Tod des Hundes.

---

*) Zum Anbringen einer Klystiere verwendet man am besten und ungefährlichsten einen zirka $1\frac{1}{2}$ m hoch hängenden Irrigator, dessen stumpfe Kanüle man etwa 8 cm weit in den After des — womöglich in hockender Stellung befindlichen — Kranken einführt, und zwar bei geöffnetem Hahne und schon ausströmender Flüssigkeit.

**) In Wien (III. Gemeindebezirk, Boerhavegasse Nr. 2 und Rudolfsgasse Nr. 12) besteht seit Juli 1894 eine neu errichtete Schutzimpfungsanstalt gegen Wut, welche auch auswärtigen Hilfsbedürftigen zugänglich ist. In dieser Anstalt werden von wütenden Hunden gebissene Menschen den Schutzimpfungen gegen Ausbruch der Wut unterzogen. Auch in Budapest besteht ein solches Institut.

Beim Bisse einer giftigen Schlange (Viper) verfahre man wie beim Bisse eines tollen Hundes. Bei jeder Wunde, die durch Biß oder Stich eines giftigen Tieres entstanden ist[*]), verhindere man vor allem, daß das im Finger, Fuß oder in der Hand abgelagerte Gift dem Blute beigemischt, dadurch zum Herzen und von dort im ganzen Körper verbreitet werde. Man versperre daher sofort nach geschehener Verletzung den Weg zum Herzen, indem man oberhalb der Wunde ein Tuch, eine Schnur, ein Band oder einen Hosenträger so fest als möglich herumbindet. Befürchtet man jedoch, daß schon Gift in das Blut gekommen ist, so nehme man viel warmes Getränk zu sich. Hiezu eignet sich heißer schwarzer Tee, Glühwein, kohlensäurehaltiges Wasser, am besten aber, und ein wirkliches Heilmittel, ist die Aufnahme von viel starkem Alkohol, im Notfalle in jeder Form; am meisten anzuempfehlen ist freilich guter Cognac, den man bis zur Berauschung, die übrigens gar nicht so leicht eintritt und selbst bei Kindern auffallend lange ausbleibt, in rasch, etwa viertelstündlich wiederholten, großen Einzelgaben (Kindern 1—2 Eßlöffel, Erwachsenen bis $1/_8\,l$ auf einmal) nimmt, beziehungsweise gibt. Ebenso Schnaps, selbst Spiritus. Durch viel Getränk, besonders warmes, wird das im Körper vorhandene Gift sehr verdünnt und durch vermehrte Sekretion ausgeschieden.

## § 7. Überführung der Kranken.

Ist es notwendig, den Kranken nach einem anderen Orte zu überführen, so muß er hiebei durch geeignete Umhüllungen gegen Erkältung geschützt werden. Beim Aufheben und Tragen müssen zwei Personen behilflich sein, von denen die eine die Beine unterstützt, während die andere mit je einer Hand unter das Kreuz und die Schulter greift und sich von dem Kranken selbst um den Hals fassen läßt. Zur Überführung von Haus zu Haus sind entweder Tragen oder gut federnde Wagen zu verwenden. Als Tragen kann man im Notfall eine ausgehobene Tür, einen großen Sack, durch den man zu beiden Seiten je eine lange Stange stößt, eine mit einer Matratze belegte Leiter u. dgl. verwenden (vgl. „Blutungen", § 3); bei Brüchen von Körperteilen[**]) stütze man den gebrochen Teil zunächst durch Schienen, welche man aus Holz oder Pappe zurechtschneidet, durch Umwicklungen polstert und mit Tüchern festbindet, während an der verletzten Gliedmaße ein leichter Zug angewendet wird, der den Zweck hat, die mehrminder gesplitterten Enden der gebrochenen Knochen voneinander zu entfernen. Bei Beinbrüchen soll der Verunglückte auf der Trage oder im Wagen möglichst gegen Stöße geschützt gelagert werden. Beim Aufheben des Verletzten sollen stets mehrere Personen Hilfe leisten; ein Druck auf die Stelle der Verletzung ist sorgsam zu vermeiden. Bei Verrenkungen, bei welchen auch eine abnorme Stellung der Glieder auffällt, welche einem sanften Versuche, sie zu beseitigen, federnden Widerstand entgegengesetzt, ist jeder Zug zu ver-

---

[*]) Besonders der Biß der Kreuzotter, übrigens der einzigen bei uns vorkommenden Giftschlange, kann gefährlich werden. Da diese Viper sich besonders gern zwischen niederem Gesträuch und an von der Sonne durchwärmten Rainen aufhält und sonnige offene Stellen in Wäldern, Heidegegenden und Steinbrüche liebt, so sollte man solche Plätze meiden und sie, zumal beim Suchen von Pilzen und Beeren, nicht ohne Stiefel betreten.

[**]) Man erkennt die Anwesenheit eines Knochenbruches aus abnormer Stellung der betroffenen Extremität, eventuell Verkürzung derselben. Beide lassen sich durch leichten Zug in der Richtung der Längsaxe der Extremität unter Erleichterung des Kranken ausgleichen; nach dem Aufhören des Zuges kehrt sofort wieder die abnormale Stellung zurück.

meiden und nur ein schützender Schienenverband, bei Schulterver-
renkungen einfach eine Schlinge anzulegen.

### Zusatz I. Über Schutzimpfung.

Eine alte Erfahrung lehrt, daß bei manchen Krankheiten der günstige Zustand
des Leibes, der während der Genesung hergestellt wurde, lange Zeit hindurch, oft lebens-
lang, bestehen bleibt. Das genesene Individuum bleibt oft bis ans Ende seines Lebens
unempfänglich gegen den betreffenden Schmarotzer, d. i. das in unserem Leibe an-
gesiedelte, die ansteckende Krankheit hervorrufende (parasitische) Lebewesen. Man nennt
diesen Zustand die erworbene Unempfänglichkeit. Eines der großartigsten Beispiele
für die erworbene Unempfänglichkeit liefern die Masern. Sie sind bei uns bekanntlich
eine Kinderkrankheit, aber nur deshalb, weil wir sie fast alle schon als Kinder über-
standen haben und gegen ihren Erreger unempfänglich geworden sind. Wenn die Krankheit zum ersten Male in ein Land verschleppt wird oder nach jahrzehntelanger Pause
wiederkehrt, dann erkrankt die ganze Bevölkerung, der Greis wie das Kind.

Bei solchen Krankheiten, welche erworbene Unempfänglichkeit hinterlassen, hat
man nun ferner die wichtige Erfahrung gemacht, daß Dauer und Festigkeit der Unempfänglichkeit nach leichten Erkrankungen nicht oder nicht wesentlich geringer sind
als nach schweren. Die leichte Erkrankung schützt für die Zukunft nicht
minder als die schwere.

Bei den Blattern, dieser furchtbaren Geißel des Menschengeschlechtes, hat man
die Erfahrung gemacht, daß im allgemeinen durch natürliche Ansteckung von schweren
Fällen wieder vorwiegend schwere, durch Ansteckung von leichten Fällen wieder leichte
Fälle erzeugt werden, wie denn die Schwere der ganzen Epidemie wechselt.

Und so kam man schon vor Jahrhunderten in China auf den Gedanken, Blattern-
gift von leichten Fällen absichtlich auf Gesunde zu verimpfen, um sie so durch leichte
Erkrankung gegen spätere schwere unempfänglich zu machen. Man übt dort die künstliche Blatterninfektion durch Einblasen der getrockneten und gepulverten Pustelborken
in die Nase. Höchstwahrscheinlich von China her verbreitete sich diese Art der Impfung
im Oriente. Im Anfange der Vierzigerjahre des vorigen Jahrhundertes wurde sie von
Lady Montague (sprich: Lähdy Montag) in der Form der Impfung in die Haut nach
Westeuropa verpflanzt.

Der Erfolg dieser Impfung entsprach im allgemeinen der Erwartung. Sie war aber
ein furchtbares Wagnis, denn niemand konnte bestimmt vorhersagen, daß die Erkrankung
eine leichte sein werde. Oft genug traten die schwersten Erscheinungen auf und etwa
drei Prozent der Geimpften sollen der Impfung erlegen sein. Außerdem konnte jeder
Geimpfte zum Ausgange einer Blatternepidemie werden und wurde es nur zu häufig. Es
gibt übrigens keinen schlagenderen Beweis für die Furchtbarkeit der Blatternkrankheit
vor der Einführung der Kuhpockenimpfung, als die Tatsache, daß die angegebene Impfung
(Variolation) trotz ihrer Gefahr geübt wurde, und daß die regierenden Familien sich ihr
unterzogen.*)

Welchen Segen brachte daher die Entdeckung Jenners, der Ersatz des echten
Blatternstoffes durch die harmlose Kuhpockenlymphe (die Vaccination)! Leider gibt
es noch immer Leute, die an dem Nutzen der Impfung zweifeln, obwohl er uns — um
von den tausendfältigen älteren Erfahrungen zu schweigen — in der letzten Zeit jahraus,
jahrein aufs schlagendste erzeigt wird.

### Zusatz II. Anleitung zum Desinfektionsverfahren bei ansteckenden Krank-<br>heiten.

Zur wirksamen Verhinderung der Weiterverbreitung ansteckender Krankheiten ist —
nebst der gleichzeitigen Sorge für die Beschaffung reiner Luft, reinen Wassers, reinen
Bodens und der peinlichsten Reinhaltung der Krankenstube, des Kranken und seiner
Umgebung — die umsichtigste Anwendung von Mitteln geboten, durch welche die An-

---

*) Bernoulli, ein berühmter Mathematiker, berechnete, daß im 18. Jahrhunderte in
je 25 Jahren nicht weniger als 15 Millionen Menschen an den Pocken starben. —
Direktor Jos. Körösi in Budapest weist in seiner Schrift „Neue Beiträge zur Frage des
Impfschutzes" (1891) statistisch nach, daß die Ungeimpften (infolge der unterlassenen
Impfung) um nahezu das Sechsfache häufiger der Gefahr an Pocken zu sterben ausgesetzt sind als die Geimpften, und daß die Impfung die Gesunden in hervorragender
Weise vor der Gefahr der Blatternerkrankung, die schon Erkrankten aber vor jener des
tötlichen Ausganges schützt. — Nach Mells „Encykl. Handb. des Blindenw." ist ein
hoher Prozentsatz der in Blindenanstalten untergebrachten Kinder durch Blattern er-
blindet, und zwar bis zu 35⁰/₀ aller Blinden, und doch gehört die Pocke zu den verhüt-
baren Blindheitsformen.

steckungsstoffe, die vom kranken Körper ausgehen und, auf gesunde Menschen übertragen, in denselben die gleiche Krankheit erzeugen, zerstört oder bis zur Unschädlichkeit verändert und, wo dies nicht angeht, wenigstens zeitweise unwirksam gemacht werden, bis sie an Orte gelangen, wo sie nicht weiter schaden können. Durch die Forschungen der neuesten Zeit sind die meisten der bisher näher bekannten Ansteckungsstoffe als pflanzliche, den Spaltpilzen angehörende Organismen nachgewiesen worden.

Die in den menschlichen Körper gelangten und daselbst während des Verlaufes der Krankheit sich vermehrenden Infektionsstoffe (Mikroben) verlassen mit den verschiedenen Absonderungsflüssigkeiten und Auswurfsstoffen den Körper. Die so an die Außenwelt gelangten Infektionsstoffe haften an dem Kranken und an allen Gegenständen, mit welchen er oder dessen Auswurfsstoffe in Berührung gekommen sind. Die Infektionspilze erhalten sich unter günstigen äußeren Umständen längere Zeit am Leben und behalten ihre Fähigkeit, sich zu entwickeln und zu vermehren. Letzteres gilt besonders für jene Spaltpilze, welche nach ihrem Austritte aus dem menschlichen Körper Dauerformen, sogenannte Sporen, entwickeln, die große Widerstandsfähigkeit gegen äußere Einflüsse besitzen. Es wird daher die Unschädlichmachung der Infektionsstoffe, d. i. die Desinfektion, so früh als immer möglich einzuleiten sein, um die Abtötung der Spaltpilze zu bewirken, bevor sich Sporen gebildet haben, da letztere, in eingetrocknetem Zustande als Staub mit der Luft verweht, der Desinfektion entzogen werden.

Die Krankheiten, gegen deren Verschleppung eine Desinfektion zur Durchführung zu kommen hat, sind: 1. asiatische Cholera; 2. Pocken (Blattern); 3. Diphtheritis; 4. Fleck- und Rückfalltyphus; 5. Darmtyphus; 6. epidemische Ruhr; 7. Scharlach; 8. Masern und Röteln; 9. Milzbrand und Rotzkrankheit; 10. Rotlauf; 11. Lungenschwindsucht u. a.

Der eingreifendsten Desinfektion sind die Absonderungsflüssigkeiten und Auswurfsstoffe des Kranken als Träger der Infektionsstoffe zu unterziehen.

Als Desinfektionsmittel sind in Anwendung zu bringen:

1. Das Verbrennen, jedoch bloß von wertlosen Gegenständen, die mit dem Auswurfe oder den Stuhlentleerungen stark verunreinigt sind.

2. Der gesättigte Wasserdampf von 100° C. oder noch höherer Temperatur in den hiezu eingerichteten Desinfektionsapparaten. Derselbe ist eines der wirksamsten Desinfektionsmittel, das ohne Schädigung des Materiales (mit Ausnahme des Pelzwerkes, Leders und geleimter Objekte) angewendet werden kann, weshalb es sich empfiehlt, transportable Apparate, wie sie schon viele Gemeinden nach dem Beispiele der Staatsverwaltung besitzen, beizustellen. Kleider müssen wenigstens eine Stunde, dichtere Gegenstände 2 bis 3 Stunden der Einwirkung des Dampfes ausgesetzt bleiben.

3. Dreiprozentige Karbolsäurelösung, hergestellt aus einem Teile kristallisierter Karbolsäure durch sorgfältiges Umrühren mit 18 Teilen warmen Wassers. Dieselbe tötet die meisten pflanzlichen Infektionsstoffe und findet deshalb, zumal bei waschbaren Gegenständen vielseitige Anwendung. Sie ist giftig, erfordert daher umsichtige Behandlung. (Gegenwärtig verwendet man als kräftiges Desinfektionsmittel auch zweiprozentige Lysollösung, welche weniger giftig ist, als die Lösung der Karbolsäure und vermöge ihres Gehaltes an Seife zugleich reinigend wirkt.)

4. Sublimatlösung (Ätzsublimat, Quecksilber-Chlorid). Dieselbe wird durch Auflösen von einem Gramm Quecksilber-Chlorid in einem Liter destillierten Wassers bereitet. Wegen ihrer großen Giftigkeit darf sie nur über besondere ärztliche Anordnung Anwendung finden.

5. Verdünnte Lösungen der ätz- und kohlensauren Alkalien, insbesondere der Schmierseife in Wasser (Kaliseife im Verhältnisse von 1 : 100) heben das Wachstum von Sporen auf, besitzen demnach gleichfalls desinfizierende Wirkungen, wie sie denn auch als geeignete Reinigungsmittel vielfach verwendet werden.

6. Kalkmilch (gesättigtes Kalkwasser) wirkt im Laufe weniger Stunden vernichtend auf Typhus- und Cholerakeime.

Die Desinfektion ist sofort einzuleiten, wenn das Vorhandensein der bezeichneten Infektionskrankheiten sichergestellt ist. Derselben sind die Personen und Gegenstände, welche mit dem Kranken in Berührung kamen, zu unterziehen. Zur Vereinfachung des Desinfektionsverfahrens ist der Erkrankte entsprechend zu isolieren, und aus dessen Umgebung alles fernzuhalten, was zu dessen Pflege nicht benötigt wird. Während der Krankheitsdauer ist es jedoch unstatthaft, Möbel und anderes aus dem Krankenzimmer zu schaffen. Die vom Kranken unmittelbar vor der Erkrankung getragenen Kleider, benützten Wäschestücke und Geräte dürfen von anderen Personen nur nach vorausgegangener Desinfektion gebraucht werden. Die zum Abwischen der Zimmereinrichtung benützten Tücher sind mit Karbolsäure- oder Lysollösung zu behandeln. Kehricht der Krankenstube und benutztes Bettstroh sind zu verbrennen.*)

---

*) Um den Erfolg der Desinfektion tunlichst zu sichern, werden vielfach unter Anleitung von Ärzten Kurse abgehalten, um Desinfektionsdiener heranzubilden. Bei

Bei Cholera ist das Erbrochene, der Stuhlgang und der Urin, bei allen Arten der typhösen Erkrankungen und bei der epidemischen Ruhr sind die Stuhlgänge, bei Scharlach, Diphtherie und bei Rotz der Auswurf, der Nasenschleim und der Urin in Gefäßen, welche zum Viertell mit Karbollösung gefüllt sind, aufzufangen und in den Abort zu schütten. Kranke der angegebenen Art sollen Aborte nicht benützen. Ist dies doch geschehen, so muß dem Gebrauch durch andere eine stärkere Bespülung des Sitzbrettes und des Abtrittstrichters mit Lysollösung vorausgehen. Auch muß der Sitz mit einem in Karbolsäurelösung getränkten Lappen abgerieben werden.

## *Zusatz III. Einiges über die Krankenpflege.*

Die Heilung der Kranken und Verletzten ist im allgemeinen Aufgabe der Ärzte, denn die richtige Beurteilung eines Krankheitszustandes und die Entscheidung über das einzuschlagende Heil- und Pflegeverfahren muß sich auf genaue Kenntnis der Teile und Verrichtungen des Körpers und auf ein Vertrautsein mit der Art der bekannten Heilverfahren stützen. Darum vertraue man das höchste Gut, die Gesundheit, nur der erfahrenen Hand eines Arztes, lasse sich nicht verleiten, die Hilfe der sogenannten Wunderdoktoren in Anspruch zu nehmen oder Geheimmittel anzuwenden, die häufig durch Zeitungen gegen allerlei Krankheiten angepriesen werden, die aber oft sehr gefährlich sind und schon viel Unheil angestiftet haben.

Neben dem Rate und der Hilfe des Arztes ist indessen eine sorgsame Pflege für den Verlauf und Ausgang des Leidens wie für die Erleichterung der mit dem Leiden verbundenen Beschwerden von großer Bedeutung. Da nun ein jeder in die Lage kommen kann, die Pflege eines Kranken selbst zu übernehmen, so sollte eigentlich niemand versäumen, sich mit den wesentlichsten Obliegenheiten der Krankenpflege vertraut zu machen.[*] Im nachstehenden mögen einige Winke für dieselbe gegeben werden.

1. Das erste Erfordernis ist — wenn eine Auswahl möglich — ein geeignetes Krankenzimmer, das Sonnenlicht und reine Luft hat und den Patienten, der der Ruhe benötigt, vor lauten Geräuschen zu schützen vermag; dasselbe sei zugleich möglichst geräumig und vor allem reinlich. Das Aufwirbeln von Staub muß darin tunlichst vermieden, staubfangende Gegenstände und überflüssige Möbel müssen daraus entfernt werden. Der Fußboden soll täglich feucht aufgewischt, das Gemach wenigstens einmal im Tage, besonders aber nach einer jeden Stuhlentleerung des Kranken gelüftet werden. Speisereste, benützte Geschirre, unsaubere Leib- und Bettwäsche des Kranken sind unverzüglich herauszuschaffen. Die Temperatur sei Tag und Nacht eine gleichmäßige; die geeignetste Temperatur ist diejenige von 14 bis höchstens 16° R. (17·5 bis 20° C.).

2. Nächst der Sorge für das Licht, die Luft, Wärme, Reinlichkeit und Lage des Krankenzimmers ist auf die Bettstätte besonderes Augenmerk zu richten. Es ist zweifellos richtig und bei Verletzungen oder nach Operationen notwendig, das Bett des Kranken so zu stellen, daß man von beiden Längsseiten aus herantreten kann. Es darf weder der unmittelbaren Ofenwärme noch einem lästigen Luftzug von der Tür oder den Fenstern her ausgesetzt sein. Als Unterlagen sind gute Matratzen zu verwenden. Die Bettwäsche soll stets rein sein und häufig gewechselt werden. Zur Bedeckung empfehlen sich wollene Decken; eine zu schwere und zu reichliche Bedeckung dem Kranken zu geben, ist nicht vorteilhaft. In Fällen der Atemnot erhöht man den Oberkörper durch eine gepolsterte, pultförmige Lehne, im Notfalle durch untergelegte Polster. Frostgefühl bekämpft man vorläufig durch gewärmte Steine oder durch Wärmeflaschen, d. i. mit warmem Wasser gefüllte, wohlverschlossene Metallbehälter. Solche Erwärmungsmittel werden dem Kranken in das Bett gelegt, müssen jedoch umwickelt werden.

3. Große Sorgfalt ist auf Reinlichkeit und Körperpflege des Kranken selbst zu verwenden. Schwache Kranke müssen an Gesicht und Händen, nötigenfalls auch am übrigen Körper durch den Pfleger mit lauwarmem Wasser unter Benützung eines weichen Schwammes mindestens einmal täglich gewaschen werden. Gleichzeitig sind die Haare zu kämmen; auch ist es notwendig, den Kranken anzuhalten, am Tage den Mund auszuspülen und die Zähne zu reinigen. Fiebernden Personen ist es oft erquickend, wenn die trockenen Lippen mit mildem Öl bestrichen werden.

4. Bei einem Schwerkranken sollte ein Pfleger oder eine Pflegerin dauernd anwesend sein, nicht bloß um ihm das Nötige zu reichen, sondern hauptsächlich auch, um ihn aus den vom behandelnden Arzte anzugebenden Gesichtspunkten zu beobachten

---

diesem Anlasse sei auf die instruktive Schrift des k. k. Bezirksarztes Dr. Kutschera von Eichbergen: „Anleitung zur Desinfektion in der Landpraxis, 1894", aufmerksam gemacht.

[*] Die Krankenpflege sollte eigentlich, sagt Dr. Aufrecht, ausschließlich den Händen und dem Herzen der Frau anvertraut sein. Geduld, Nachsicht und Güte sind bei der Krankenpflege die vor allem erforderlichen Eigenschaften, und diese finden sich beim weiblichen Geschlechte weit häufiger als beim männlichen.

und später an diesen zu berichten. Die Beobachtung des Kranken ist ein wichtiger Teil der Krankenpflege. Besondere Aufmerksamkeit ist auch denjenigen Veränderungen zuzuwenden, welche im Gesichte des Kranken vor sich gehen. Übrigens soll der Pfleger still und geräuschlos seines Amtes walten und den Kranken durch eigene Unsicherheit und durch Äußerungen der Besorgnis oder des Kummers nicht ängstigen.

5. Der Schlaf des Kranken soll in der Regel nicht gestört werden. Ob der Kranke zum Einnehmen der Arznei oder für seine Mahlzeiten geweckt werden soll, darüber gibt der Arzt entsprechende Anweisung. Ein gut gelüftetes Zimmer, ein frisch hergerichtetes Bett, bei fiebernden Kranken die Verabreichung kühlender Getränke erleichtern das Einschlafen. — Falls Rasseln auf der Brust eine Ansammlung von Schleim in den Luftwegen verrät, ist es nützlich, den Kranken aufzurichten, um ihm das Aushusten zu erleichtern, falls es nicht der Arzt ausdrücklich untersagt. Bei Typhuskranken, welche auch meistens husten, ist jedes Aufrichten zu vermeiden. Der Kranke ist anzuhalten, seinen Auswurf nicht zu verschlucken, sondern womöglich in Speigläser zu entleeren, welche ihm der Pfleger vorhält. Der Auswurf ist bis zur Ankunft des Arztes aufzuheben und diesem vorzuzeigen.

6. Zur Beförderung des Stuhlganges müssen zuweilen Klystiere mittels der dazu bestimmten großen Spritzen verabreicht werden, indem man Flüssigkeit in den Mastdarm einspritzt oder einlaufen läßt, noch besser mit einem Irrigator. Man verwende jedoch eine Klystierspritze niemals, ohne vorher für ihre gründliche Reinigung gesorgt zu haben. Um eine Entleerung zu erzielen, verwende man $^3/_4$ Liter lauwarmes Wasser, dem man 1 bis 2 Teelöffel voll Kochsalz zusetzen mag (vgl. § 5, 5 und Fußnote!).

7. Wenn vom Arzte die Verwendung eines Eisbeutels angeordnet wird, so ist dafür zu sorgen, daß derselbe auf die vom Arzte bezeichnete Hautstelle möglichst breit, aber nie direkt aufgelegt werde; immer ist zwischen Eisbeutel und Haut eine mehrfach zusammengelegte feuchte Kompresse einzulegen. Als Eisbeutel verwendet man Blasen, welche, am besten aus Gummi angefertigt, wohl verschlossen werden können. Zu ihrer Füllung benützt man hasel- bis walnußgroße Eisstückchen und etwas Salz. Wo es an einem Eisbeutel fehlt, versuche man ihn durch kalte Umschläge zu ersetzen, die jedoch, da sie sich auf der Haut rasch erwärmen, häufig, unter Umständen von Minute zu Minute, gewechselt werden müssen.

8. Um sich vor allfälliger Ansteckung zu hüten, soll man in das Krankenzimmer nicht gehen, ohne vorher etwas gegessen zu haben; in der Krankenstube darf jedoch der Pfleger nicht essen. Man genieße auch keine Speisen, die im Krankenzimmer stehen geblieben sind, ohne sie vorher noch einmal abgekocht zu haben. Der Krankenpfleger muß möglichst oft seine Hände waschen und öfter den Mund mit Wasser ausspülen; auch soll er jeden unnötigen Umgang mit anderen vermeiden. Hausgenossen von Kranken, die an Masern, Pocken, Scharlach, Typhus, Diphtheritis, Ruhr oder Cholera darniederliegen, dürfen Schulen und Kirchen nicht besuchen und sollen überhaupt den Verkehr mit Nachbarn und den Bewohnern anderer Gemeinden meiden (vgl. die Verordnung des k. k. st. Landesschulrates vom 5. August 1888, Z. 3956, 22. Heft der Ges. u. Verord. auf d. Geb. der Volksschule).

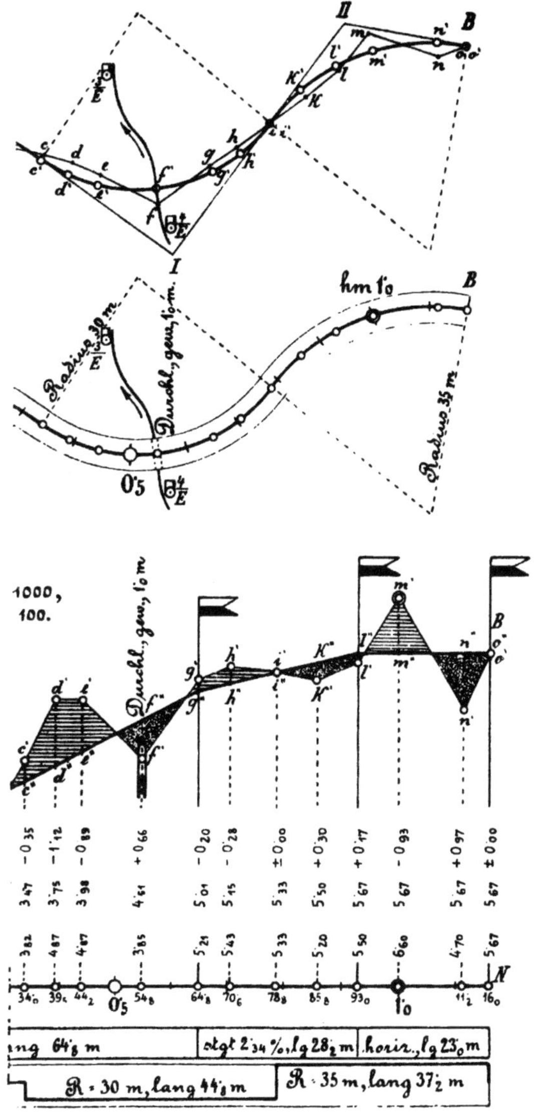

II
B
1000,
100.
ng 64/8 m
tgt 2·34 %, lg 28·2 m
horiz., lg 23·0 m
R · 30 m, lang 44·8 m
R · 35 m, lang 37·2 m
Radius 30 m
Durchl., gew., 1·0 m
Radius 35 m
hm 1·0
N
O·5
1·0
E